KB160497

• FINAL

기계안전기술사

에듀인컴 · 서창희 · 이종주

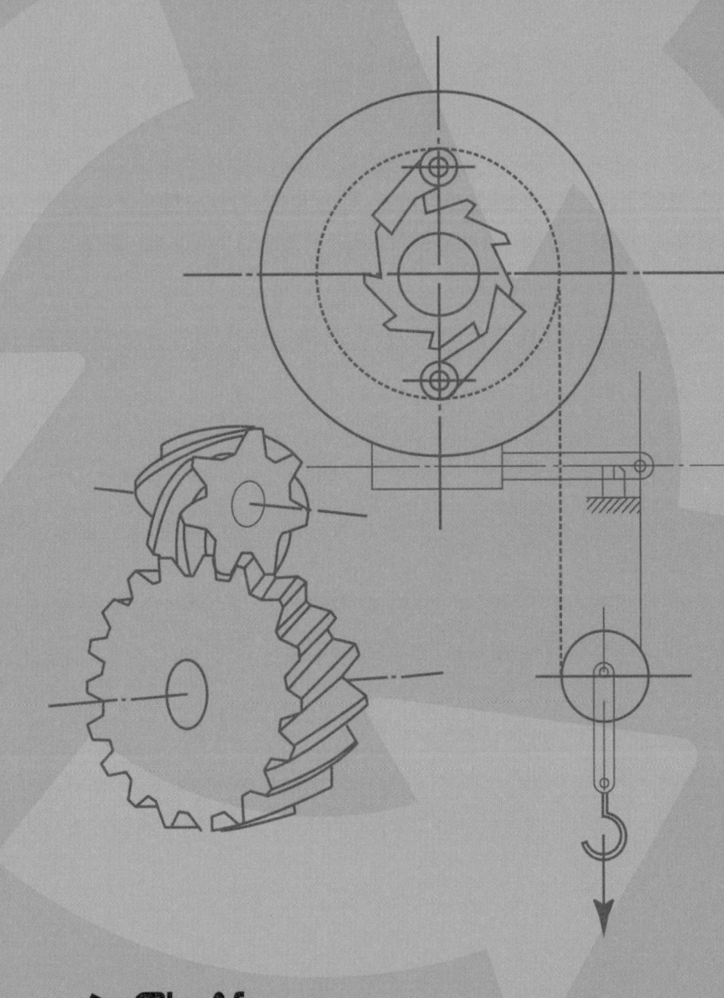

예문사

PROFESSIONAL-ENGINEER

PREFACE

지금 우리 사회는 모든 분야에서 선진사회로 도약을 하고 있습니다. 그러나 산업현장에서는 아직도 협착·추락·전도 등 반복형 재해와 화재·폭발 등 중대산업사고, 유해화학물질로 인한 직업병 문제 등으로 하루에 약 7명, 일 년이면 2,400여 명의 근로자가 귀중한 목숨을 잃고 있으며 연간 약 9만 여 명의 재해자가 발생하고 있습니다.

산업재해를 줄이지 않고는 선진사회가 될 수 없습니다. 그러므로 각 기업체에서 안전의 역할은 커질 수밖에 없는 상황이고 기계안전은 더욱 더 강조될 수밖에 없습니다.

오랜 기간 동안 준비해서 출판된 기계제작기술사, 산업기계설비기술사, 산업안전기사 책을 종합하고, 직장에서 배운 현장 경험과 안전지도 경험, 대학원에서 배운 이론 등을 종합하여 이 책을 출판하게 되었습니다.

기계분야 기술사 시험 중에서 "기계안전기술사"가 가장 광범위하여 수험생들이 공부하는데 어려움이 있고, 앞으로의 시험은 더 어려워질 것으로 예상됩니다.

이런 배경을 가지고 기획된 이 책은 기존의 기술사 수험서들의 문제풀이방식에서 탈피하여 안전관리론, 안전공학 및 시스템안전공학, 기계위험방지기술, 기계공작법, 재료역학, 산업안전보건법 등 기초과목을 체계적으로 정리하여 처음 기술사를 준비하는 수험생들도 어려움 없이 접근하도록 하였습니다. 또한 이해 위주로 정리하여 변형된 문제에 대처할 수 있도록 정리하였습니다.

기계안전기술사 시험에서 각 과목별 특징은 다음과 같습니다.

■ 안전관리론

안전의 기본개념과 재해관련 이론, 무재해운동, 안전보건교육 등을 정리하였습니다. 시험에서는 1교시에 자주 출제되고 있는 과목입니다.

■ 인간공학 및 시스템안전공학

인간공학의 개념, 결함수분석법, 안전성 평가, 각종 설비의 유지관리 등에 대하여 정리하였습니다. 처음 기계를 전공한 사람이면 접해보지 못한 과목으로 충분한 공부와 이해가 필요한 과목입니다.

■ 기계위험방지기술

시험에서 출제빈도가 가장 높은 분야입니다. 기계안전의 개념과 산업용 기계, 운반기계 및 양중기, 설비진단 기술에 대하여 정리하였습니다.

■ 기계공작법

기계공작법 한 과목으로 시험을 칠 수 있는 것이 기계제작기술사일 정도로 기계공작법은 범위가 굉장히 넓습니다. 그래서 이 책에서는 이제까지 출제된 문제를 중심으로 이론을 정리하였습니다. 역학분야 중에서 가장 시험출제 빈도가 높은 과목입니다.

■ 기계설계

기계공학의 가장 핵심은 설계라고 할 수 있습니다. 기계설계분야에서 계산문제가 가끔 출제되고 있습니다. 시험에 나온 계산문제 분야를 위주로 공부하시면 되겠습니다.

■ 재료역학

기계공학의 가장 기초가 되는 학문으로서 시험에서는 1교시에 자주 출제되고 있는 과목입니다. 재료역학은 제1장 응력과 변형률에서 제11장 기둥까지 개념 위주로 준비하시면 되겠습니다.

■ 산업안전보건법

기계안전기술사 시험에 출제되는 법은 산업안전보건법, 시행령, 시행규칙, 산업안전보건기준에 관한 규칙이 있습니다. 이 과목에서는 특히 시험에 자주 출제되는 법 부분만 정리하였습니다.

오랫동안 정리한 자료를 다듬어 출간하였지만, 그럼에도 미흡한 부분이 많을 것입니다. 이에 대해서는 독자 여러분의 애정 어린 충고를 겸허히 수용해 계속 보완해나갈 것을 약속드립니다.

끝으로 본서가 완성되는 데 많은 도움을 준 예문사 편집부, 집필하는 데 많은 시간을 인내해 준 아내에게 감사의 뜻을 전합니다.

저자 일동

국가기술자격시험 안내

Ⅰ. 자격검정절차 안내

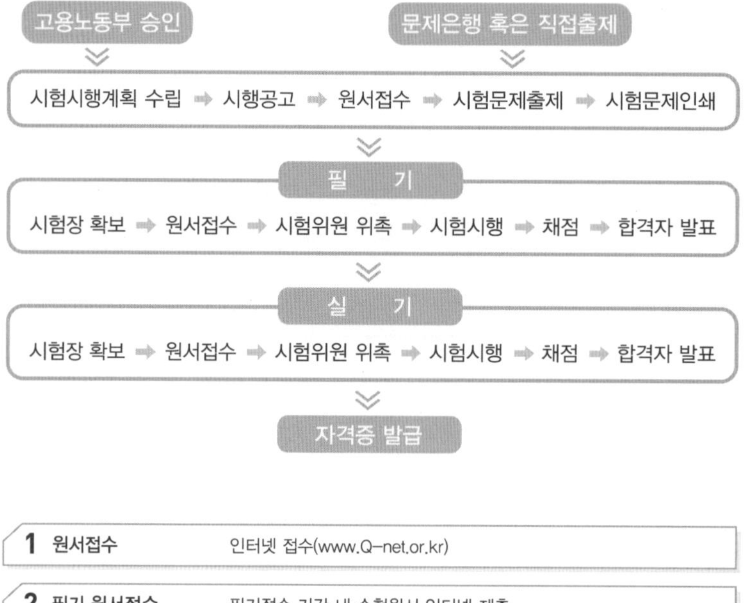

1 원서접수	인터넷 접수(www.Q-net.or.kr)
2 필기 원서접수	필기접수 기간 내 수험원서 인터넷 제출 사진(6개월 이내에 촬영한 사진파일(jpg)), 수수료 : 전자결제 시험장소 본인 선택(선착순)
3 필기시험	수험표, 신분증, 필기구(흑색 사인펜 등) 지참
4 합격자 발표	인터넷(www.Q-net.or.kr) 응시자격 제한종목(기술사, 기능장, 기사, 산업기사, 서비스 분야 일부 종목)은 사전에 공지한 시행계획 내 응시자격 서류제출 기간 이내에 반드시 응시자격 서류를 제출하여야 함
5 실기 원서접수	실기접수기간 내 수험원서 인터넷 제출 사진(6개월 이내에 촬영한 사진파일(jpg)), 수수료 : 정액 시험일시, 장소 본인 선택(선착순)
6 실기시험	수험표, 신분증, 필기구 지참
7 최종합격자 발표	인터넷 www.Q-net.or.kr)
8 자격증 발급	인터넷 또는 방문

Ⅱ. 응시자격 조건체계

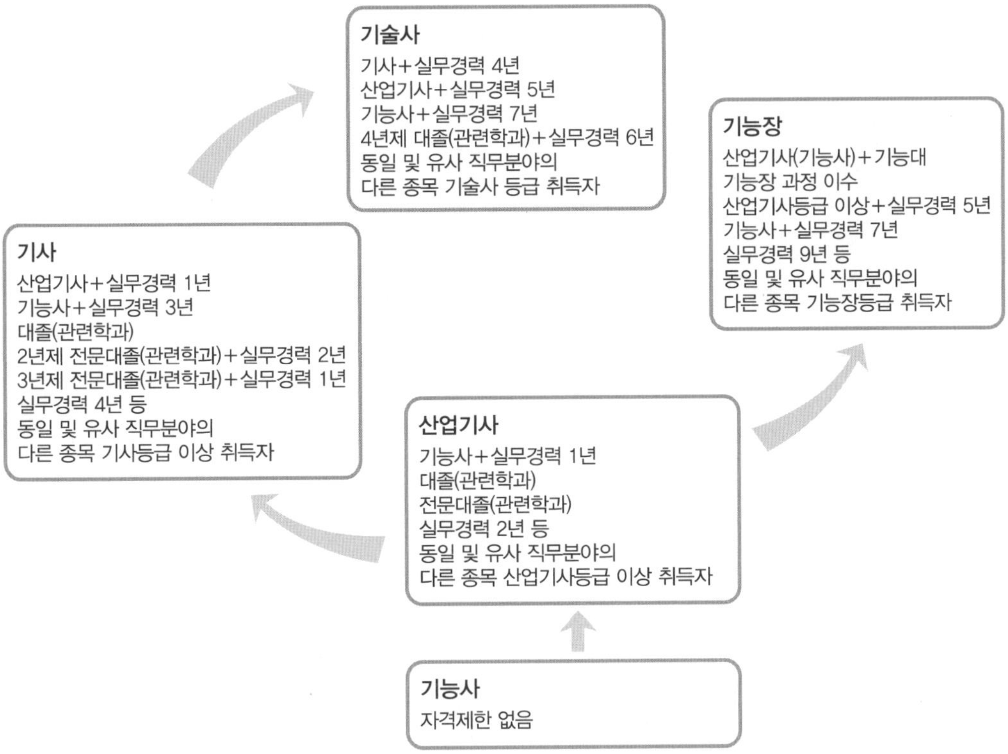

기술사
기사+실무경력 4년
산업기사+실무경력 5년
기능사+실무경력 7년
4년제 대졸(관련학과)+실무경력 6년
동일 및 유사 직무분야의
다른 종목 기술사 등급 취득자

기능장
산업기사(기능사)+기능대
기능장 과정 이수
산업기사등급 이상+실무경력 5년
기능사+실무경력 7년
실무경력 9년 등
동일 및 유사 직무분야의
다른 종목 기능장등급 취득자

기사
산업기사+실무경력 1년
기능사+실무경력 3년
대졸(관련학과)
2년제 전문대졸(관련학과)+실무경력 2년
3년제 전문대졸(관련학과)+실무경력 1년
실무경력 4년 등
동일 및 유사 직무분야의
다른 종목 기사등급 이상 취득자

산업기사
기능사+실무경력 1년
대졸(관련학과)
전문대졸(관련학과)
실무경력 2년 등
동일 및 유사 직무분야의
다른 종목 산업기사등급 이상 취득자

기능사
자격제한 없음

Ⅲ. 검정기준 및 방법

(1) 검정기준

자격등급	검정기준
기술사	응시하고자 하는 종목에 관한 고도의 전문지식과 실무경험에 입각한 계획, 연구, 설계, 분석, 조사, 시험, 시공, 감리, 평가, 진단, 사업관리, 기술관리 등의 기술업무를 수행할 수 있는 능력의 유무
기능장	응시하고자 하는 종목에 관한 최상급 숙련기능을 가지고 산업현장에서 작업관리, 소속기능인력의 지도 및 감독, 현장훈련, 경영계층과 생산계층을 유기적으로 연계시켜 주는 현장관리 등의 업무를 수행할 수 있는 능력의 유무
기 사	응시하고자 하는 종목에 관한 공학적 기술이론 지식을 가지고 설계, 시공, 분석 등의 기술업무를 수행할 수 있는 능력의 유무
산업기사	응시하고자 하는 종목에 관한 기술기초이론지식 또는 숙련기능을 바탕으로 복합적인 기능업무를 수행할 수 있는 능력의 유무
기능사	응시하고자 하는 종목에 관한 숙련기능을 가지고 제작, 제조, 조작, 운전, 보수, 정비, 채취, 검사 또는 직업관리 및 이에 관련되는 업무를 수행할 수 있는 능력의 유무

(2) 검정방법

자격등급	검정방법	
	필기시험	면접시험 또는 실기시험
기술사	난납형 또는 주관식논문형 (100점 만점에 60점 이상)	구술형 면접시험 (100점 만점에 60점 이상)
기능장	객관식 4지택일형(60문항) (100점 만점에 60점 이상)	주관식 필기시험 또는 작업형 (100점 만점에 60점 이상)
기 사	객관식 4지택일형 -과목당 20문항(100점 만점에 60점 이상) -과목당 40점 이상(전과목 평균 60점 이상)	주관식 필기시험 또는 작업형 (100점 만점에 60점 이상)
산업기사	객관식 4지택일형 -과목당 20문항(100점 만점에 60점 이상) -과목당 40점 이상(전과목 평균 60점 이상)	주관식 필기시험 또는 작업형 (100점 만점에 60점 이상)
기능사	객관식 4지택일형(60문항) (100점 만점에 60점 이상)	주관식 필기시험 또는 작업형 (100점 만점에 60점 이상)

Ⅳ. 국가자격종목별 상세정보

(1) 진로 및 전망

- 기계, 금속, 전기, 화학, 목재 등 모든 제조업체, 산업안전보건공단 등에 진출할 수 있다.
- 선진국의 척도는 안전수준으로 우리나라의 경우 재해율이 아직 후진국 수준에 머물러 있어 이에 대한 계속적 투자의 사회적 인식이 높아가고 있다. 특히 안전인증 대상을 확대하여 프레스, 용접기 등 기계・기구에서 이러한 기계・기구의 각종 방호장치까지 안전인증을 취득하도록 산업안전보건법 시행규칙을 개정하였고, 또한 경제회복국면과 안전보건조직 축소가 맞물림에 따라 산업재해의 증가가 우려되고 있다. 특히 제조업의 경우 이미 올해 초부터 전년도의 재해율을 상회하고 있어 정부의 적극적인 재해 예방정책 등으로 이 자격증 취득자에 대한 인력수요는 증가할 것이다.

(2) 종목별 검정현황

종목명	연도	필기			실기		
		응시	합격	합격률(%)	응시	합격	합격률(%)
기계안전 기술사	2019	99	26	26.3	27	16	59.3
	2018	94	8	8.5	10	7	70
	2017	92	2	2.2	9	3	33.3
	2016	109	4	3.7	20	9	45
	2015	61	15	24.6	30	13	43.3
	2014	77	19	24.7	27	11	40.7
	2013	70	17	24.3	24	14	58.3
	2012	73	1	1.4	12	3	25
	2011	49	15	30.6	22	10	45.5
	2010	35	10	28.6	20	12	60
	2009	38	10	26.3	14	2	14.3
	2008	25	5	20	11	7	63.6
	2007	24	8	33.3	13	7	53.8
	2006	21	5	23.8	7	2	28.6
	2005	35	8	22.9	15	6	40
	2004	28	3	10.7	11	6	54.4
	2003	37	8	21.6	16	4	25
	2002	53	9	17	12	8	66.7
	2001	50	12	24	20	14	70
	1977~2000	544	112	20.6	132	106	80.3
소계		1,614	297	18.4	452	260	57.5

CONTENTS

제1편 안전관리론

제2편 인간공학 및 시스템안전공학

제3편 기계위험방지기술

제4편 기계공작법

CONTENTS

제5편 기계설계

제6편 재료역학

제7편 산업안전보건법

제8편 예상문제풀이

부록 | 과년도 기출문제(63~121회)

안전관리론

PART 1

CONTENTS

CHAPTER 01 안전보건관리의 개요

1 안전과 생산

1. 안전과 위험의 개념

1) 안전관리(안전경영, Safety Management)

기업의 지속가능한 경영과 생산성 향상을 위하여 재해로부터의 손실(Loss)을 최소화하기 위한 활동으로 사고(Accident)를 사전에 예방하기 위한 예방대책의 추진, 재해의 원인규명 및 재발방지 대책수립 등 인간의 생명과 재산을 보호하기 위한 계획적이고 체계적인 관리를 말한다. 안전관리의 성패는 사업주와 최고 경영자의 안전의식에 좌우된다.

2) 용어의 정의

(1) 사건(Incident)

위험요인이 사고로 발전되었거나 사고로 이어질 뻔했던 원하지 않는 사상(Event)으로서 인적·물적 손실인 상해·질병 및 재산적 손실뿐만 아니라 인적·물적 손실이 발생되지 않는 아차사고를 포함하여 말한다.

(2) 사고(Accident)

불안전한 행동과 불안전한 상태가 원인이 되어 재산상의 손실을 가져오는 사건

(3) 산업재해

근로자가 업무에 관계되는 건설물·설비·원재료·가스·증기·분진 등에 의하거나 작업 또는 그 밖의 업무로 인하여 사망 또는 부상하거나 질병에 걸리는 것을 말한다.

(4) 위험(Hazard)

직·간접적으로 인적, 물적, 환경적 피해를 입히는 원인이 될 수 있는 실제 또는 잠재된 상태

(5) 위험도(Risk)

특정한 위험요인이 위험한 상태로 노출되어 특정한 사건으로 이어질 수 있는 사고의

빈도(가능성)와 사고의 강도(중대성) 조합으로서 위험의 크기 또는 위험의 정도를 말한다.(위험도=발생빈도×발생강도)

(6) 위험성 평가(Risk Assessment)

잠재 위험요인이 사고로 발전할 수 있는 빈도와 피해크기를 평가하고 위험도가 허용될 수 있는 범위인지 여부를 평가하는 체계적인 방법을 말한다.

[위험성 평가]

(7) 아차사고(Near Miss)

무 인명상해(인적 피해)·무 재산손실(물적 피해) 사고

(8) 업무상 질병(산업재해보상보험법 시행령 제34조)

① 근로자가 업무수행 과정에서 유해·위험요인을 취급하거나 유해·위험요인에 노출된 경력이 있을 것
② 유해·위험요인을 취급하거나 유해·위험요인에 노출되는 업무시간, 그 업무에 종사한 기간 및 업무환경 등에 비추어 볼 때 근로자의 질병을 유발할 수 있다고 인정될 것
③ 근로자가 유해·위험요인에 노출되거나 유해·위험요인을 취급한 것이 원인이 되어 그 질병이 발생하였다고 의학적으로 인정될 것

(9) 중대재해

산업재해 중 사망 등 재해의 정도가 심한 것으로서 다음에 정하는 재해 중 하나 이상에 해당되는 재해를 말한다.

① 사망자가 1명 이상 발생한 재해
② 3개월 이상의 요양이 필요한 부상자가 동시에 2명 이상 발생한 재해
③ 부상자 또는 직업성 질병자가 동시에 10명 이상 발생한 재해

(10) 안전·보건진단

산업재해를 예방하기 위하여 잠재적 위험성을 발견하고 그 개선대책을 수립할 목적으로 고용노동부장관이 지정하는 자가 하는 조사·평가를 말한다.

(11) 작업환경측정

작업환경 실태를 파악하기 위하여 해당 근로자 또는 작업장에 대하여 사업주가 측정계획을 수립한 후 시료(試料)를 채취하고 분석·평가하는 것을 말한다.

2. 안전보건관리 제이론

1) 산업재해 발생모델

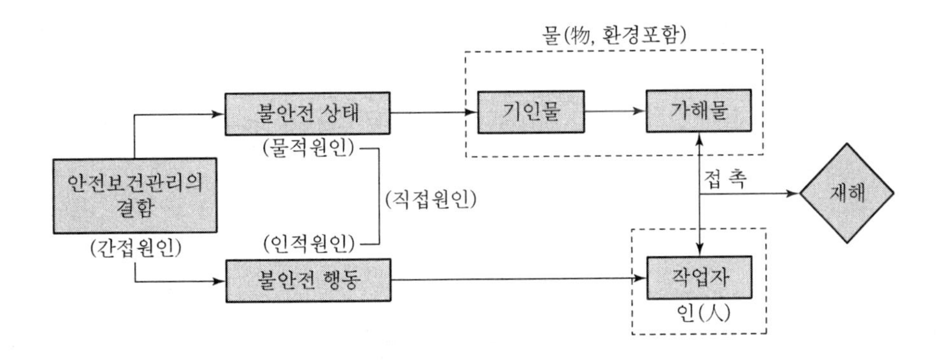

[재해발생의 메커니즘(모델, 구조)]

(1) 불안전한 행동

작업자의 부주의, 실수, 착오, 안전조치 미이행 등

(2) 불안전한 상태

기계·설비 결함, 방호장치 결함, 작업환경 결함 등

2) 재해발생의 메커니즘

(1) 하인리히(H. W. Heinrich)의 도미노 이론(사고발생의 연쇄성)

1단계 : 사회적 환경 및 유전적 요소(기초원인)
2단계 : 개인의 결함(간접원인)
3단계 : 불안전한 행동 및 불안전한 상태(직접원인) ⇒ 제거(효과적임)
4단계 : 사고
5단계 : 재해

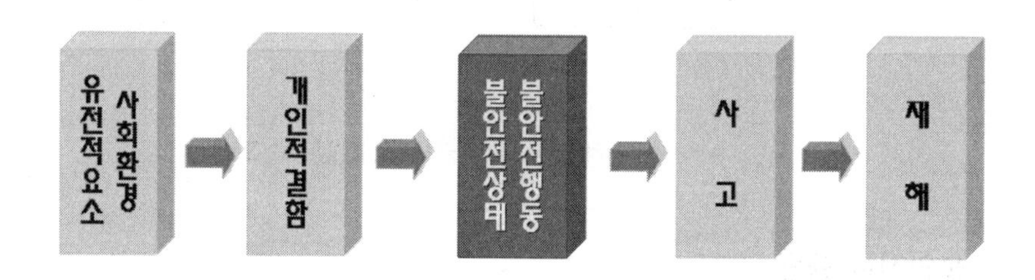

제3의 요인인 불안전한 행동과 불안전한 상태의 중추적 요인을 배제하면 사고와 재해로 이어지지 않는다.

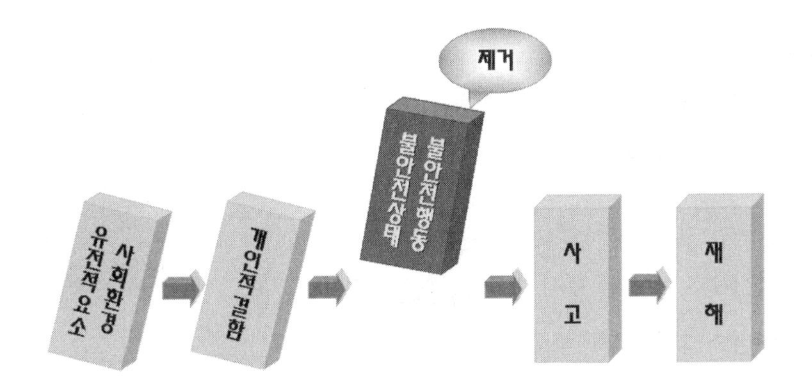

(2) 버드(Frank Bird)의 신도미노이론

1단계 : 통제의 부족(관리소홀) - 재해발생의 근원적 요인

2단계 : 기본원인(기원) - 개인적 또는 과업과 관련된 요인

3단계 : 직접원인(징후) - 불안전한 행동 및 불안전한 상태

4단계 : 사고(접촉)

5단계 : 상해(손해)

3) 재해구성비율

(1) 하인리히의 법칙

1 : 29 : 300

① 1 : 중상 또는 사망

② 29 : 경상

③ 300 : 무상해사고

330회의 사고 가운데 중상 또는 사망 1회, 경상 29회, 무상해사고 300회의 비율로 사고가 발생

▸ 미국의 안전기사 하인리히가 50,000여 건의 사고조사 기록을 분석하여 발표한 것으로 사망사고가 발생하기 전에 이미 수많은 경상과 무상해사고가 존재하고 있다는 이론임(사고는 결코 우연에 의해 발생하지 않는다는 것을 설명하는 안전관리의 가장 대표적인 이론)

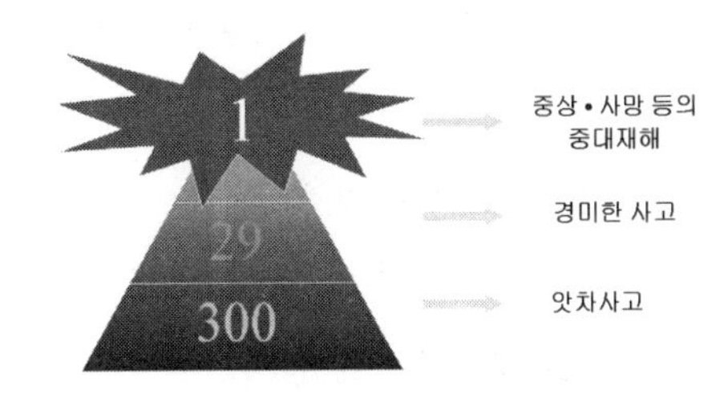

(2) 버드의 법칙

1 : 10 : 30 : 600

① 1 : 중상 또는 폐질
② 10 : 경상(인적, 물적 상해)
③ 30 : 무상해사고(물적 손실 발생)
④ 600 : 무상해, 무사고 고장(위험순간)

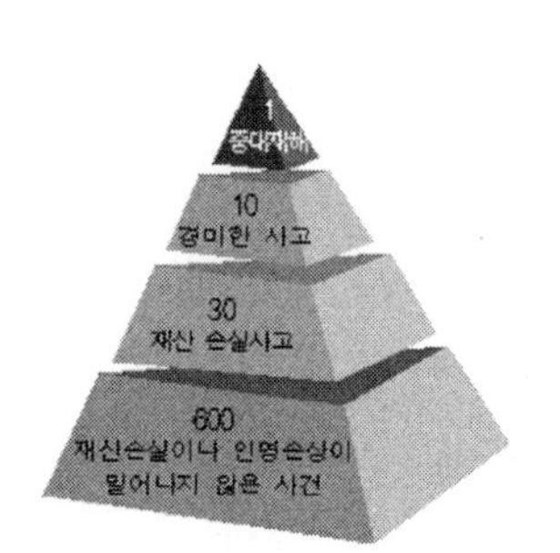

(3) 아담스의 이론

① 관리구조
② 작전적 에러
③ 전술적 에러(불안전행동, 불안전동작)
④ 사고
⑤ 상해, 손해

(4) 웨버의 이론

① 유전과 환경
② 인간의 실수
③ 불안전한 행동+불안전한 상태
④ 사고
⑤ 상해

4) 재해예방의 4원칙

하인리히는 재해를 예방하기 위한 "재해예방 4원칙"이란 예방이론을 제시하였다. 사고는 손실우연의 법칙에 의하여 반복적으로 발생할 수 있으므로 사고발생 자체를 예방해야 한다고 주장하였다.

(1) 손실우연의 원칙

재해손실은 사고발생시 사고대상의 조건에 따라 달라지므로, 한 사고의 결과로서 생긴 재해손실은 우연성에 의해서 결정된다.

(2) 원인계기의 원칙

재해발생은 반드시 원인이 있음

(3) 예방가능의 원칙

재해는 원칙적으로 원인만 제거하면 예방이 가능하다.

(4) 대책선정의 원칙

재해예방을 위한 가능한 안전대책은 반드시 존재한다.

5) 사고예방대책의 기본원리 5단계(사고예방원리 : 하인리히)

(1) 1단계 : 조직(안전관리조직)

① 경영층의 안전목표 설정
② 안전관리 조직(안전관리자 선임 등)
③ 안전활동 및 계획수립

(2) 2단계 : 사실의 발견(현상파악)

① 사고 및 안전활동의 기록 검토
② 작업분석
③ 안전점검, 안전진단
④ 사고조사
⑤ 안전평가
⑥ 각종 안전회의 및 토의
⑦ 근로자의 건의 및 애로 조사

(3) 3단계 : 분석·평가(원인규명)

① 사고조사 결과의 분석
② 불안전상태, 불안전행동 분석
③ 작업공정, 작업형태 분석
④ 교육 및 훈련의 분석
⑤ 안전수칙 및 안전기준 분석

(4) 4단계 : 시정책의 선정

① 기술의 개선
② 인사조정
③ 교육 및 훈련 개선
④ 안전규정 및 수칙의 개선
⑤ 이행의 감독과 제재강화

(5) 5단계 : 시정책의 적용

① 목표 설정

② 3E(기술, 교육, 관리)의 적용

6) 재해원인과 대책을 위한 기법

(1) 4M 분석기법

① 인간(Man) : 잘못된 사용, 오조작, 착오, 실수, 불안심리
② 기계(Machine) : 설계・제작 착오, 재료 피로・열화, 고장, 배치・공사 착오
③ 작업매체(Media) : 작업정보 부족・부적절, 작업환경 불량
④ 관리(Management) : 안전조직 미비, 교육・훈련 부족, 계획 불량, 잘못된 지시

항목	위험요인
Man (인간)	• 미숙련자 등 작업자 특성에 의한 불안전 행동 • 작업에 대한 안전보건 정보의 부적절 • 작업자세, 작업동작의 결함 • 작업방법의 부적절 등 • 휴먼에러(Human error) • 개인 보호구 미착용
Machine (기계)	• 기계・설비 구조상의 결함 • 위험 방호장치의 불량 • 위험기계의 본질안전 설계의 부족 • 비상시 또는 비정상 작업 시 안전연동장치 및 경고장치의 결함 • 사용 유틸리티(전기, 압축공기 및 물)의 결함 • 설비를 이용한 운반수단의 결함 등
Media (작업매체)	• 작업공간(작업장 상태 및 구조)의 불량, 작업방법의 부적절 • 가스, 증기, 분진, 흄 및 미스트 발생 • 산소결핍, 병원체, 방사선, 유해광선, 고온, 저온, 초음파, 소음, 진동, 이상기압 등 • 취급 화학물질에 대한 중독 등
Management (관리)	• 관리조직의 결함 • 규정, 매뉴얼의 미작성 • 안전관리계획의 미흡 • 교육・훈련의 부족 • 부하에 대한 감독・지도의 결여 • 안전수칙 및 각종 표지판 미게시 • 건강검진 및 사후관리 미흡 • 고혈압 예방 등 건강관리 프로그램 운영

(2) 3E 기법(하비, Harvey)

① 관리적 측면(Enforcement)
안전관리 조직 정비 및 적정인원 배치, 적합한 기준설정 및 각종 수칙의 준수 등

② 기술적 측면(Engineering)
안전설계(안전기준)의 선정, 작업행정의 개선 및 환경설비의 개선

③ 교육적 측면(Education)
안전지식 교육 및 안전교육 실시, 안전훈련 및 경험훈련 실시

(3) TOP 이론(콤페스, P. C. Compes)

① T(Technology) : 기술적 사항으로 불안전한 상태를 지칭
② O(Organization) : 조직적 사항으로 불안전한 조직을 지칭
③ P(Person) : 인적사항으로 불안전한 행동을 지칭

3. 생산성과 경제적 안전도

안전관리란 생산성의 향상과 손실(Loss)의 최소화를 위하여 행하는 것으로 비능률적 요소인 사고가 발생하지 않는 상태를 유지하기 위한 활동으로 생산성 측면에서는 다음과 같은 효과를 가져온다.

1) 근로자의 사기진작
2) 생산성 향상
3) 사회적 신뢰성 유지 및 확보
4) 비용절감(손실감소)
5) 이윤증대

4. 안전의 가치

인간존중의 이념을 바탕으로 사고를 예방함으로써 근로자의 의욕에 큰 영향을 미치게 되며 생산능력의 향상을 가져오게 된다. 즉, 안전한 작업방법을 시행함으로써 근로자를 보호함은 물론 기업을 효율적으로 운영할 수 있다.

1) 인간존중(안전제일 이념)
2) 사회복지
3) 생산성 향상 및 품질향상(안전태도 개선과 안전동기 부여)
4) 기업의 경제적 손실예방(재해로 인한 재산 및 인적 손실예방)

5. 제조물 책임과 안전

1) 제조물 책임의 정의

제조물 책임(PL)이란 제조, 유통, 판매된 제품의 결함으로 인해 발생한 사고에 의해 소비자나 사용자 또는 제3자에게 신체장애나 재산상의 피해를 줄 경우 그 제품을 제조·판매한 자가 법률상 손해배상책임을 지도록 하는 것을 말한다.

단순한 산업구조에서는 제조자와 소비자 사이의 계약관계만을 가지고 책임관계가 성립되었지만, 복잡한 산업구조와 대량생산/대량소비시대에 이르러 판매, 유통단계까지의 책임을 요구하게 되었다. 또한, 소비자의 입증부담을 덜어주기 위해 과실에서 결함으로 입증대상이 변경되게 되었으며, 결함만으로도 손해배상의 책임을 지게하는 단계까지 발전했다.

2) 제조물 책임법(PL법)의 3가지 기본 법리

(1) 과실책임(Negligence)

주의의무 위반과 같이 소비자에 대한 보호의무를 불이행한 경우 피해자에게 손해배상을 해야 할 의무

(2) 보증책임(Breach of Warranty)

제조자가 제품의 품질에 대하여 명시적, 묵시적 보증을 한 후에 제품의 내용이 사실과 명백히 다른 경우 소비자에게 책임을 짐

(3) 엄격책임(Strict Liability)

제조자가 자사제품이 더 이상 점검되어지지 않고 사용될 것을 알면서 제품을 시장에 유통시킬 때 그 제품이 인체에 상해를 줄 수 있는 결함이 있는 것으로 입증되는 제조자는 과실유무에 상관없이 불법행위법상의 엄격책임이 있음

3) 결함

"결함"이란 제품의 안전성이 결여된 것을 의미하는데, "제품의 특성", "예견되는 사용형태", "인도된 시기" 등을 고려하여 결함의 유무를 결정한다.

(1) 설계상의 결함

제조업자가 합리적인 대체설계를 채용하였더라면 피해나 위험을 줄이거나 피할 수 있었음에도 대체 설계를 채용하지 아니하여 당해 제조물이 안전하지 못하게 된 경우

(2) 제조상의 결함

제조업자가 제조물에 대한 제조, 가공상의 주의 의무 이행 여부에 불구하고 제조물이 의도한 설계와 다르게 제조, 가공됨으로써 안전하지 못하게 된 경우

(3) 경고·표시상의 결함

제조업자가 합리적인 설명, 지시, 경고, 기타의 표시를 하였더라면 당해 제조물에 의하여 발생될 수 있는 피해나 위험을 줄이거나 피할 수 있었음에도 이를 하지 아니한 경우

2 안전보건관리 체제 및 운용

1. 안전보건관리조직

1) 안전보건조직의 목적

기업 내에서 안전관리조직을 구성하는 목적은 근로자의 안전과 설비의 안전을 확보하여 생산합리화를 기하는 데 있다.

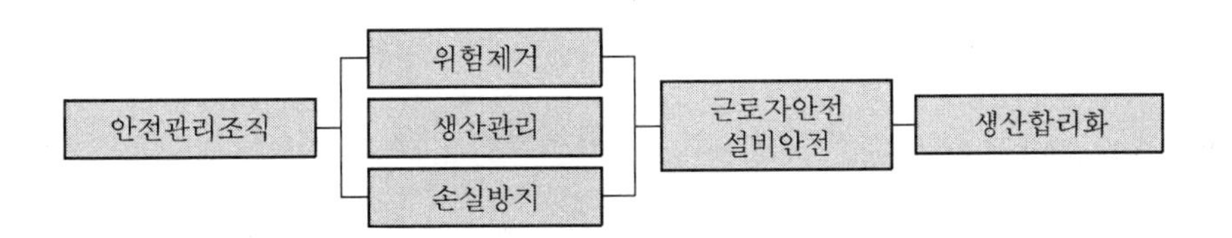

(1) 안전관리조직의 3대 기능

① 위험제거기능
② 생산관리기능
③ 손실방지기능

2) 라인(line)형 조직

소규모기업에 적합한 조직으로서 안전관리에 관한 계획에서부터 실시에 이르기까지 모든 안전업무를 생산라인을 통하여 직선적으로 이루어지도록 편성된 조직

(1) 규모

소규모(100명 이하)

(2) 장점

① 안전에 관한 지시 및 명령계통이 철저하다.
② 안전대책의 실시가 신속하다.
③ 명령과 보고가 상하관계뿐으로 간단명료하다.

(3) 단점

① 안전에 대한 지식 및 기술축적이 어렵다.
② 안전에 대한 정보수집 및 신기술 개발이 미흡하다.
③ 라인에 과중한 책임을 지우기 쉽다.

(4) 구성도

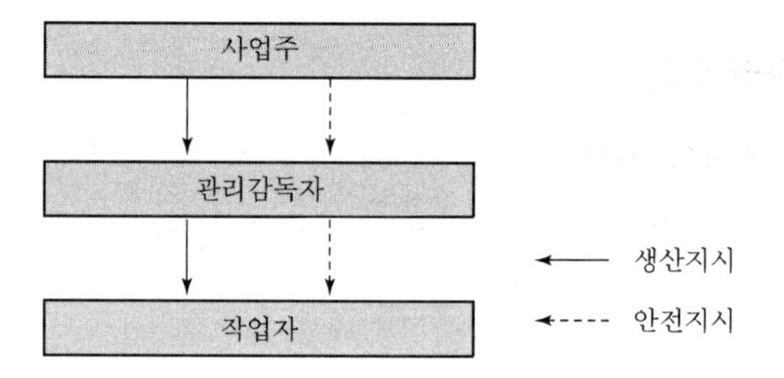

3) 스태프(staff)형 조직

중소규모 사업장에 적합한 조직으로서 안전업무를 관장하는 참모(staff)를 두고 안전관리에 관한 계획 조정 · 조사 · 검토 · 보고 등의 업무와 현장에 대한 기술지원을 담당하도록 편성된 조직

(1) 규모

중규모(100~500명 이하)

(2) 장점

① 사업장 특성에 맞는 전문적인 기술연구가 가능하다.
② 경영자에게 조언과 자문역할을 할 수 있다.
③ 안전정보 수집이 빠르다.

(3) 단점

① 안전지시나 명령이 작업자에게까지 신속 정확하게 전달되지 못한다.
② 생산부분은 안전에 대한 책임과 권한이 없다.
③ 권한다툼이나 조정 때문에 시간과 노력이 소모된다.

(4) 구성도

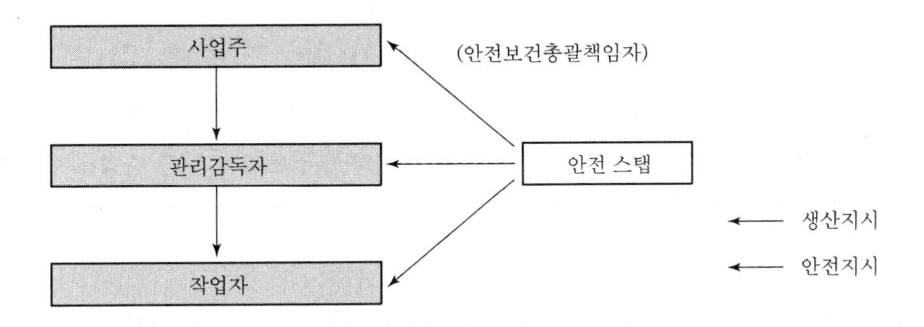

4) 라인 · 스태프(line-staff)형 조직(직계참모조직)

대규모 사업장에 적합한 조직으로서 라인형과 스태프형의 장점만을 채택한 형태이며 안전업무를 전담하는 스태프를 두고 생산라인의 각 계층에서도 각 부서장으로 하여금 안전업무를 수행하도록 하여 스태프 선에서 안전에 관한사항이 결정되면 라인을 통하여 실천하도록 편성된 조직

(1) 규모

대규모(1,000명 이상)

(2) 장점

① 안전에 대한 기술 및 경험축적이 용이하다.
② 사업장에 맞는 독자적인 안전개선책을 강구할 수 있다.
③ 안전지시나 안전대책이 신속하고 정확하게 하달될 수 있다.

(3) 단점

명령계통과 조언의 권고적 참여가 혼동되기 쉽다.

(4) 구성도

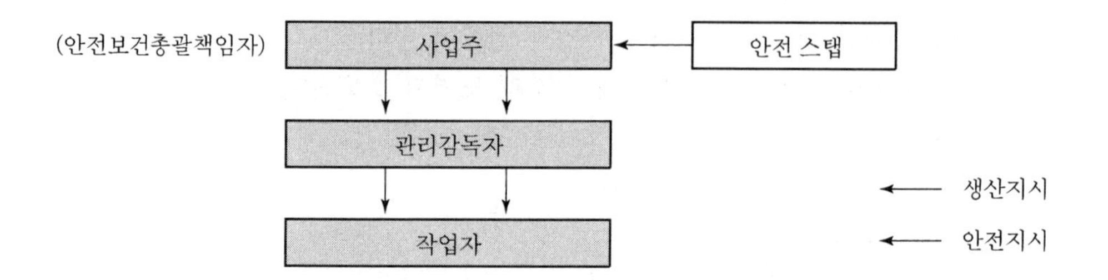

라인-스태프형은 라인과 스태프형의 장점을 절충 조정한 유형으로 라인과 스태프가 협조를 이루어 나갈 수 있고 라인에게는 생산과 안전보건에 관한 책임을 동시에 지우므로 안전보건업무와 생산업무가 균형을 유지할 수 있는 이상적인 조직

2. 산업안전보건위원회(노사협의체) 등의 법적 체제 및 운용방법

1) 산업안전보건위원회 설치대상

사업의 종류	규모
1. 토사석 광업 2. 목재 및 나무제품 제조업 : 가구 제외 3. 화학물질 및 화학제품 제조업 : 의약품 제외(세제, 화장품 및 광택제 제조업과 화학섬유 제조업은 제외한다) 4. 비금속 광물제품 제조업 5. 1차 금속 제조업 6. 금속가공제품 제조업 : 기계 및 가구 제외 7. 자동차 및 트레일러 제조업 8. 기타 기계 및 장비 제조업(사무용 기계 및 장비 제조업은 제외한다) 9. 기타 운송장비 제조업(전투용 차량 제조업은 제외한다)	상시 근로자 50명 이상
10. 농업 11. 어업 12. 소프트웨어 개발 및 공급업 13. 컴퓨터 프로그래밍, 시스템 통합 및 관리업 14. 정보서비스업	상시 근로자 300명 이상

사업의 종류	규모
15. 금융 및 보험업 16. 임대업 : 부동산 제외 17. 전문, 과학 및 기술 서비스업(연구개발업은 제외한다) 18. 사업지원 서비스업 19. 사회복지 서비스업	상시 근로자 300명 이상
20. 건설업	공사금액 120억 원 이상 (「건설산업기본법 시행령」 별표 1에 따른 토목공사업에 해당하는 공사의 경우에는 150억 원 이상)
21. 제1호부터 제20호까지의 사업을 제외한 사업	상시 근로자 100명 이상

2) 구성

(1) 근로자 위원

① 근로자대표
② 근로자대표가 지명하는 1명 이상의 명예감독관
③ 근로자대표가 지명하는 9명 이내의 해당 사업장의 근로자

(2) 사용자 위원

① 해당 사업의 대표자
② 안전관리자
③ 보건관리자
④ 산업보건의
⑤ 해당 사업의 대표자가 지명하는 9명 이내의 해당 사업장 부서의 장

3) 회의결과 등의 주지

(1) 사내방송이나 사내사보
(2) 게시 또는 자체 정례조회
(3) 그 밖의 적절한 방법

3. 안전보건경영시스템

안전보건경영시스템이란 사업주가 자율적으로 자사의 산업재해 예방을 위해 안전보건체제를 구축하고 정기적으로 유해 · 위험 정도를 평가하여 잠재 유해 · 위험 요인을 지속적으로 개선하는 등 산업재해예방을 위한 조치사항을 체계적으로 관리하는 제반활동을 말한다.

4. 안전보건관리규정

※ 안전보건관리규정 작성대상 : 상시 근로자 100명 이상을 사용하는 사업

1) 작성내용

(1) 안전 · 보건관리조직과 그 직무에 관한 사항
(2) 안전 · 보건교육에 관한 사항
(3) 작업장 안전관리에 관한 사항
(4) 작업장 보건관리에 관한 사항
(5) 사고조사 및 대책수립에 관한 사항
(6) 그 밖에 안전 · 보건에 관한 사항

2) 작성 시의 유의사항

(1) 규정된 기준은 법정기준을 상회하도록 할 것
(2) 관리자층의 직무와 권한, 근로자에게 강제 또는 요청한 부분을 명확히 할 것
(3) 관계법령의 제 · 개정에 따라 즉시 개정되도록 라인 활용이 쉬운 규정이 되도록 할 것
(4) 작성 또는 개정시에는 현장의 의견을 충분히 반영할 것
(5) 규정의 내용은 정상시는 물론 이상시, 사고시, 재해발생시의 조치와 기준에 관해서도 규정할 것

3) 안전보건관리규정의 작성 · 변경 절차

사업주는 안전보건관리규정을 작성 또는 변경할 때에는 산업안전보건위원회의 심의 · 의결을 거쳐야 한다. 다만, 산업안전보건위원회가 설치되어 있지 아니한 사업장에 있어서는 근로자대표의 동의를 얻어야 한다.

5. 안전보건관리계획

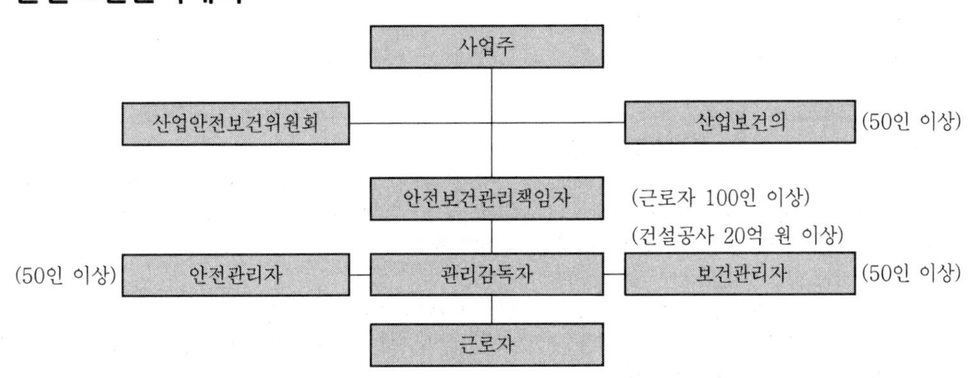

※ 안전(보건)관리자 전담자 선임
- 300인 이상(건설업 120억 원 이상, 토목 150억 원 이상)

1) 안전관리조직의 구성요건

(1) 생산관리조직의 관리감독자를 안전관리조직에 포함
(2) 사업주 및 안전관리책임자의 자문에 필요한 스태프 기능 수행
(3) 안전관리활동을 심의, 의견청취 수렴하기 위한 안전관리위원회를 둠
(4) 안전관계자에 대한 권한부여 및 시설, 장비, 예산 지원

2) 안전관리자의 직무

(1) 안전관리자의 업무 등

① 산업안전보건위원회 또는 안전·보건에 관한 노사협의체에서 심의·의결한 업무와 법 제20조제1항에 따른 해당 사업장의 안전보건관리규정(이하 "안전보건관리규정"이라 한다) 및 취업규칙에서 정한 업무
② 안전인증대상 기계·기구 등(이하 "안전인증 대상 기계·기구 등"이라 한다) 및 자율안전확인대상 기계·기구 등(이하 "자율안전확인대상 기계·기구 등"이라 한다) 구입 시 적격품의 선정에 관한 보좌 및 조언·지도
②의2. 위험성평가에 관한 보좌 및 조언·지도
③ 해당 사업장 안전교육계획의 수립 및 안전교육 실시에 관한 보좌 및 조언·지도
④ 사업장 순회점검·지도 및 조치의 건의
⑤ 산업재해 발생의 원인 조사·분석 및 재발 방지를 위한 기술적 보좌 및 조언·지도
⑥ 산업재해에 관한 통계의 유지·관리·분석을 위한 보좌 및 조언·지도

⑦ 법 또는 법에 따른 명령으로 정한 안전에 관한 사항의 이행에 관한 보좌 및 조언·지도
⑧ 업무수행 내용의 기록·유지
⑨ 그 밖에 안전에 관한 사항으로서 고용노동부장관이 정하는 사항

안전관리자 등의 증원·교체임명 명령

지방고용노동관서의 장은 다음 각 호의 어느 하나에 해당하는 사유가 발생한 경우에는 사업주에게 안전관리자·보건관리자 또는 안전보건관리담당자를 정수 이상으로 증원하게 하거나 교체하여 임명할 것을 명할 수 있다. 다만, 제4호에 해당하는 경우로서 직업성질병자 발생 당시 사업장에서 해당 화학적 인자를 사용하지 아니하는 경우에는 그러하지 아니하다.

1. 해당 사업장의 연간재해율이 같은 업종의 평균재해율의 2배 이상인 경우
2. 중대재해가 연간 2건 이상 발생한 경우. 다만, 해당 사업장의 전년도 사망만인율이 같은 업종의 평균 사망만인율 이하인 경우는 제외한다.
3. 관리자가 질병이나 그 밖의 사유로 3개월 이상 직무를 수행할 수 없게 된 경우
4. 별표 22 제1호에 따른 화학적 인자로 인한 직업성질병자가 연간 3명 이상 발생한 경우. 이 경우 직업성질병자 발생일은 「산업재해보상보험법 시행규칙」 제21조제1항에 따른 요양급여의 결정일로 한다.

(2) 안전보건관리책임자

① 산업재해예방계획의 수립에 관한 사항
② 안전보건관리규정의 작성 및 그 변경에 관한 사항
③ 근로자의 안전·보건교육에 관한 사항
④ 작업환경의 측정 등 작업환경의 점검 및 개선에 관한 사항
⑤ 근로자의 건강진단 등 건강관리에 관한 사항
⑥ 산업재해의 원인조사 및 재발 방지대책 수립에 관한 사항
⑦ 산업재해에 관한 통계의 기록 및 유지에 관한 사항
⑧ 안전·보건과 관련된 안전장치 및 보호구 구입 시의 적격품 여부 확인에 관한 사항
⑨ 근로자의 유해·위험예방조치에 관한 사항으로서 고용노동부령으로 정하는 사항

(3) 관리감독자

① 사업장 내 관리감독자가 지휘·감독하는 작업과 관련된 기계·기구 또는 설비의 안전·보건 점검 및 이상 유무의 확인
② 관리감독자에게 소속된 근로자의 작업복·보호구 및 방호장치의 점검과 그 착용·사용에 관한 교육·지도
③ 해당 작업에서 발생한 산업재해에 관한 보고 및 이에 대한 응급조치
④ 해당 작업의 작업장 정리·정돈 및 통로확보에 대한 확인·감독
⑤ 산업보건의, 안전관리자, 보건관리자 및 안전보건관리담당자의 지도·조언에 대한 협조
⑥ 위험성평가를 위한 업무에 기인하는 유해·위험요인의 파악 및 그 결과에 따른 개선조치의 시행

⑦ 그 밖에 해당 작업의 안전·보건에 관한 사항으로서 고용노동부령으로 정하는 사항

(4) 산업보건의

① 건강진단 실시결과의 검토 및 그 결과에 따른 작업배치, 작업전환, 근로시간의 단축 등 근로자의 건강보호 조치
② 근로자의 건강장해의 원인조사와 재발방지를 위한 의학적 조치
③ 그밖에 근로자의 건강유지와 증진을 위하여 필요한 의학적 조치에 관하여 고용노동부장관이 정하는 사항

(5) 선임대상 및 교육

구분	선임신고	신규교육	보수교육
대상	• 안전관리자 • 보건관리자 • 산업보건의	• 안전보건관리책임자 • 안전관리자 • 보건관리자 • 산업보건의	• 안전보건관리책임자 • 안전관리자 • 보건관리자 • 산업보건의 • 재해예방 전문기관 종사자
기간	선임일로부터 14일 이내	선임일로부터 3개월 이내 (단, 보건관리자가 의사인 경우는 1년)	신규교육을 이수한 후 2년이 도래하는 이전 3개월부터 이후 3개월 이내
기관	해당 지방고용노동관서	공단, 민간지정교육기관	

3) 도급과 관련된 사항

도급(都給)이란 당사자의 일방이 어느 일을 완성할 것을 약정하고 상대방이 그 일의 결과에 대하여 이에 보수를 지급할 것을 약정하는 것을 말하는데 일을 완성할 것을 약정한 자를 수급인, 완성한 일에 대해서 보수를 지급하기로 약정한 자를 도급인이라고 한다.

(1) 도급사업 시의 안전보건조치

같은 장소에서 행하여지는 사업으로서 대통령령으로 정하는 사업의 사업주는 그가 사용하는 근로자와 그의 수급인이 사용하는 근로자가 같은 장소에서 작업을 할 때에 생기는 산업재해를 예방하기 위한 조치를 하여야 한다.

① 안전보건에 관한 협의체의 구성 및 운영
② 작업장의 순회점검 등 안전보건 관리
③ 수급인이 근로자에게 하는 안전보건교육에 대한 지도와 지원
④ 작업환경측정
⑤ 다음 각 목의 어느 하나의 경우에 대비한 경보의 운영과 수급인 및 수급인의 근로자에 대한 경보운영 사항의 통보
㉠ 작업장소에서 발파작업을 하는 경우
㉡ 작업장소에서 화재가 발생하거나 토석 붕괴사고가 발생하는 경우

(2) 안전보건총괄책임자 지정대상 사업

수급인에게 고용된 근로자를 포함한 상시 근로자가 100명(선박 및 보트 건조업, 1차 금속 제조업 및 토사석 광업의 경우에는 50명) 이상인 사업 및 수급인의 공사금액을 포함한 해당 공사의 총공사금액이 20억 원 이상인 건설업을 말한다.

(3) 안전보건총괄책임자의 직무

① 작업의 중지 및 재개
② 도급사업 시의 안전보건조치
③ 수급인의 산업안전보건관리비의 집행감독 및 그 사용에 관한 수급인 간의 협의・조정
④ 안전인증대상 기계・기구 등과 자율안전확인대상 기계・기구 등의 사용 여부 확인
⑤ 위험성평가의 실시에 관한 사항

6. 안전보건 개선계획

1) 안전보건 개선계획서에 포함되어야 할 내용

(1) 시설
(2) 안전보건관리 체제
(3) 안전보건교육
(4) 산업재해예방 및 작업환경의 개선을 위하여 필요한 사항

2) 안전 · 보건진단을 받아 안전보건개선계획을 수립 · 제출하도록 명할 수 있는 사업장

(1) 중대재해(사업주가 안전 · 보건조치의무를 이행하지 아니하여 발생한 중대재해만 해당한다)발생 사업장
(2) 산업재해발생률이 같은 업종 평균 산업재해발생률의 2배 이상인 사업장
(3) 직업병에 걸린 사람이 연간 2명 이상(상시근로자 1천명 이상 사업장의 경우 3명 이상) 발생한 사업장
(4) 작업환경 불량, 화재 · 폭발 또는 누출사고 등으로 사회적 물의를 일으킨 사업장
(5) 제1호부터 제4호까지의 규정에 준하는 사업장으로서 고용노동부장관이 정하는 사업장

7. 유해 · 위험방지계획서

1) 유해 · 위험방지계획서를 제출하여야 할 사업의 종류

전기 계약용량이 300킬로와트(kW) 이상인 다음의 업종으로서 제품생산 공정과 직접적으로 관련된 건설물 · 기계 · 기구 및 설비 등 일체를 설치 · 이전하거나 그 주요 구조부를 변경하는 경우

(1) 금속가공제품(기계 및 가구는 제외) 제조업
(2) 비금속 광물제품 제조업
(3) 기타 기계 및 장비제조업
(4) 자동차 및 트레일러 제조업
(5) 식료품 제조업
(6) 고무제품 및 플라스틱제품 제조업
(7) 목재 및 나무제품 제조업
(8) 기타 제품 제조업
(9) 1차 금속 제조업

⑽ 가구 제조업
⑾ 화학물질 및 화학제품 제조업
⑿ 반도체 제조업
⒀ 전자부품 제조업
① 제출처 및 제출수량 : 한국산업안전보건공단에 2부 제출
② 제출시기 : 작업시작 15일 전
③ 제출서류 : 건축물 각 층 평면도, 기계 · 설비의 개요를 나타내는 서류, 기계설비 배치도면, 원재료 및 제품의 취급 · 제조 등의 작업방법의 개요, 그 밖에 고용노동부장관이 정하는 도면 및 서류

2) 유해 · 위험방지계획서를 제출하여야 할 기계 · 기구 및 설비

⑴ 금속이나 그 밖의 광물의 용해로
⑵ 화학설비
⑶ 건조설비
⑷ 가스집합용접장치
⑸ 제조 등 금지물질 또는 허가대상물질 및 분진작업 관련 설비(국소배기장치)
① 제출처 및 제출수량 : 한국산업안전보건공단에 2부 제출
② 제출시기 : 작업시작 15일 전
③ 제출서류 : 설치장소의 개요를 나타내는 서류, 설비의 도면, 그 밖에 고용노동부장관이 정하는 도면 및 서류

3) 유해 · 위험방지계획서를 제출하여야 할 건설공사

⑴ 지상높이가 31미터 이상인 건축물 또는 인공구조물, 연면적 3만제곱미터 이상인 건축물 또는 연면적 5천제곱미터 이상의 문화 및 집회시설(전시장 및 동물원 · 식물원은 제외한다), 판매시설, 운수시설(고속철도의 역사 및 집배송시설은 제외한다), 종교시설, 의료시설 중 종합병원, 숙박시설 중 관광숙박시설, 지하도상가 또는 냉동 · 냉장창고시설의 건설 · 개조 또는 해체
⑵ 연면적 5천제곱미터 이상의 냉동 · 냉장창고시설의 설비공사 및 단열공사
⑶ 최대 지간길이가 50미터 이상인 교량건설 등 공사
⑷ 터널 건설 등의 공사
⑸ 다목적 댐, 발전용 댐 및 저수용량 2천만톤 이상의 용수 전용 댐, 지방상수도 전용 댐 건설 등의 공사

⑹ 깊이 10미터 이상인 굴착공사
① 제출처 및 제출수량 : 한국산업안전보건공단에 2부 제출
② 제출시기 : 공사 착공 전
③ 제출서류 : 공사개요 및 안전보건관리계획, 작업 공사 종류별 유해 · 위험방지계획

4) 유해 · 위험방지계획서 확인사항

유해 · 위험방지계획서를 제출한 사업주는 해당 건설물 · 기계 · 기구 및 설비의 시운전단계에서 다음 사항에 관하여 한국산업안전보건공단의 확인을 받아야 한다.
⑴ 유해 · 위험방지계획서의 내용과 실제공사 내용이 부합하는지 여부
⑵ 유해 · 위험방지계획서 변경내용의 적정성
⑶ 추가적인 유해 · 위험요인의 존재 여부

CHAPTER 02 재해 및 안전점검

1 재해조사

1. 재해조사의 목적

1) 목적

(1) 동종재해의 재발방지
(2) 유사재해의 재발방지
(3) 재해원인의 규명 및 예방자료 수집

2) 재해조사에서 방지대책까지의 순서(재해사례연구)

(1) 1단계
사실의 확인(① 사람 ② 물건 ③ 관리 ④ 재해발생까지의 경과)

(2) 2단계
직접원인과 문제점의 확인

(3) 3단계
근본 문제점의 결정

(4) 4단계
대책의 수립
① 동종재해의 재발방지
② 유사재해의 재발방지
③ 재해원인의 규명 및 예방자료 수집

3) 사례연구 시 파악하여야 할 상해의 종류

(1) 상해의 부위　　(2) 상해의 종류　　(3) 상해의 성질

2. 재해조사 시 유의사항

1) 사실을 수집한다.
2) 객관적인 입장에서 공정하게 조사하며 조사는 2인 이상이 한다.
3) 책임추궁보다는 재발방지를 우선으로 한다.
4) 조사는 신속하게 행하고 긴급 조치하여 2차 재해의 방지를 도모한다.
5) 피해자에 대한 구급조치를 우선한다.
6) 사람, 기계 설비 등의 재해요인을 모두 도출한다.

3. 재해발생 시 조치사항

1) 긴급처리

(1) 피재기계의 정지 및 피해확산 방지
(2) 피재자의 구조 및 응급조치(가장 먼저 해야 할 일)
(3) 관계자에게 통보
(4) 2차 재해방지
(5) 현장보존

2) 재해조사

누가, 언제, 어디서, 어떤 작업을 하고 있을 때, 어떤 환경에서, 불안전 행동이나 상태는 없었는지 등에 대한 조사 실시

3) 원인강구

인간(Man), 기계(Machine), 작업매체(Media), 관리(Management) 측면에서의 원인분석

4) 대책수립

유사한 재해를 예방하기 위한 3E 대책수립
- 3E : 기술적(Engineering), 교육적(Education), 관리적(Enforcement)

5) 대책실시계획

6) 실시

7) 평가

4. 재해발생의 원인분석 및 조사기법

1) 사고발생의 연쇄성(하인리히의 도미노 이론)

사고의 원인이 어떻게 연쇄반응(Accident Sequence)을 일으키는가를 설명하기 위해 흔히 도미노(Domino)를 세워놓고 어느 한쪽 끝을 쓰러뜨리면 연쇄적, 순차적으로 쓰러지는 현상을 비유. 도미노 골패가 연쇄적으로 넘어지려고 할 때 불안전행동이나 상태를 제거하는 것이 연쇄성을 끊어 사고를 예방하게 된다. 하인리히는 사고의 발생과정을 다음과 같이 5단계로 정의했다.

(1) 사회적 환경 및 유전적 요소(기초원인)
(2) 개인의 결함 : 간접원인
(3) 불안전한 행동 및 불안전한 상태(직접원인) ⇒ 제거(효과적임)
(4) 사고
(5) 재해

2) 최신 도미노 이론(버드의 관리모델)

프랭크 버드 주니어(Frank Bird Jr.)는 하인리히와 같이 연쇄반응의 개별요인이라 할 수 있는 5개의 골패로 상징되는 손실요인이 연쇄적으로 반응되어 손실을 일으키는 것으로 보았는데 이를 다음과 같이 정리했다.

(1) 통제의 부족(관리) : 관리의 소홀, 전문기능 결함
(2) 기본원인(기원) : 개인적 또는 과업과 관련된 요인
(3) 직접원인(징후) : 불안전한 행동 및 불안전한 상태
(4) 사고(접촉)
(5) 상해(손해, 손실)

3) 애드워드 애덤스의 사고연쇄반응 이론

세인트루이스 석유회사의 손실방지 담당 중역인 애드워드 애덤스(Edward Adams)는 사고의 직접원인을 불안전한 행동의 특성에 달려 있는 것으로 보고 전술적 에러(Tactical Error)와 작전적 에러로 구분하여 설명하였다.

(1) 관리구조
(2) 작전적 에러 : 관리자의 의사결정이 그릇되거나 행동을 안함
(3) 전술적 에러 : 불안전 행동, 불안전 동작
(4) 사고 : 상해의 발생, 아차사고(Near Miss), 비상해사고
(5) 상해, 손해 : 대인, 대물

4) 재해예방의 4원칙

(1) 손실우연의 원칙 : 재해손실은 사고발생시 사고대상의 조건에 따라 달라지므로 한 사고의 결과로서 생긴 재해손실은 우연성에 의해서 결정
(2) 원인계기의 원칙 : 재해발생은 반드시 원인이 있음
(3) 예방가능의 원칙 : 재해는 원칙적으로 원인만 제거하면 예방이 가능
(4) 대책선정의 원칙 : 재해예방을 위한 가능한 안전대책은 반드시 존재

5. 재해구성비율

1) 하인리히의 법칙

1 : 29 : 300
『330회의 사고 가운데 중상 또는 사망 1회, 경상 29회, 무상해사고 300회의 비율로 사고가 발생』

2) 버드의 법칙

1 : 10 : 30 : 600
(1) 1 : 중상 또는 폐질
(2) 10 : 경상(인적, 물적 상해)
(3) 30 : 무상해사고(물적 손실 발생)
(4) 600 : 무상해, 무사고 고장(위험순간)

6. 산업재해 발생과정

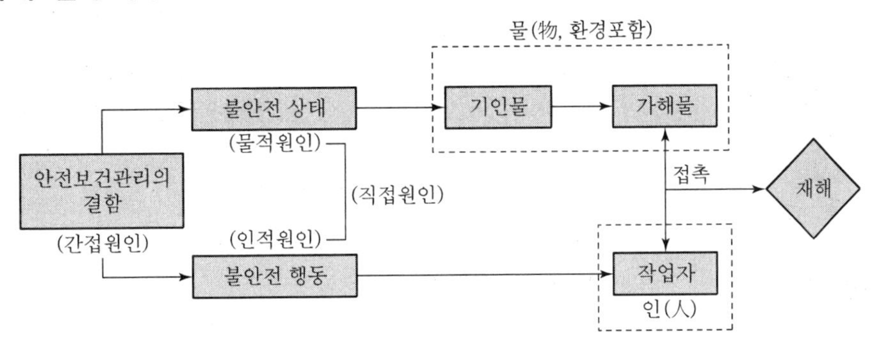

[재해발생의 메커니즘(모델, 구조)]

7. 산업재해 용어(KOSHA CODE)

용어	정의
추락	사람이 인력(중력)에 의하여 건축물, 구조물, 가설물, 수목, 사다리 등의 높은 장소에서 떨어지는 것
전도(넘어짐)·전복	사람이 거의 평면 또는 경사면, 층계 등에서 구르거나 넘어짐 또는 미끄러진 경우와 물체가 전도·전복된 경우
붕괴·도괴	토사, 적재물, 구조물, 건축물, 가설물 등이 전체적으로 허물어져 내리거나 또는 주요 부분이 꺾어져 무너지는 경우
충돌(부딪힘)·접촉	재해자 자신의 움직임·동작으로 인하여 기인물에 접촉 또는 부딪히거나, 물체가 고정부에서 이탈하지 않은 상태로 움직임(규칙, 불규칙) 등에 의하여 접촉·충돌한 경우
낙하(떨어짐)·비래	구조물, 기계 등에 고정되어 있던 물체가 중력, 원심력, 관성력 등에 의하여 고정부에서 이탈하거나 또는 설비 등으로부터 물질이 분출되어 사람을 가해하는 경우
협착(끼임)·감김	두 물체 사이의 움직임에 의하여 일어난 것으로 직선 운동하는 물체 사이의 협착, 회전부와 고정체 사이의 끼임, 롤러 등 회전체 사이에 물리거나 또는 회전체·돌기부 등에 감긴 경우
압박·진동	재해자가 물체의 취급과정에서 신체 특정부위에 과도한 힘이 편중·집중·눌려진 경우나 마찰접촉 또는 진동 등으로 신체에 부담을 주는 경우
신체 반작용	물체의 취급과 관련 없이 일시적이고 급격한 행위·동작, 균형 상실에 따른 반사적 행위 또는 놀람, 정신적 충격, 스트레스 등
부자연스런 자세	물체의 취급과 관련 없이 작업환경 또는 설비의 부적절한 설계 또는 배치로 작업자가 특정한 자세·동작을 장시간 취하여 신체의 일부에 부담을 주는 경우
과도한 힘·동작	물체의 취급과 관련하여 근육의 힘을 많이 사용하는 경우로서 밀기, 당기기, 지탱하기, 들어올리기, 돌리기, 잡기, 운반하기 등과 같은 행위·동작
반복적 동작	물체의 취급과 관련하여 근육의 힘을 많이 사용하지 않는 경우로서 지속적 또는 반복적인 업무 수행으로 신체의 일부에 부담을 주는 행위·동작
이상온도 노출·접촉	고·저온 환경 또는 물체에 노출·접촉된 경우
이상기압 노출	고·저기압 등의 환경에 노출된 경우
소음 노출	폭발음을 제외한 일시적·장기적인 소음에 노출된 경우

유해·위험물질 노출·접촉	유해·위험물질에 노출·접촉 또는 흡입하였거나 독성 동물에 쏘이거나 물린 경우
유해광선 노출	전리 또는 비전리 방사선에 노출된 경우
산소결핍·질식	유해물질과 관련 없이 산소가 부족한 상태·환경에 노출되었거나 이물질 등에 의하여 기도가 막혀 호흡기능이 불충분한 경우
화재	가연물에 점화원이 가해져 의도적으로 불이 일어난 경우(방화 포함)
폭발	건축물, 용기 내 또는 대기 중에서 물질의 화학적, 물리적 변화가 급격히 진행되어 열, 폭음, 폭발압이 동반하여 발생하는 경우
전류 접촉	전기 설비의 충전부 등에 신체의 일부가 직접 접촉하거나 유도 전류의 통전으로 근육의 수축, 호흡곤란, 심실세동 등이 발생한 경우 또는 특별고압 등에 접근함에 따라 발생한 섬락 접촉, 합선·혼촉 등으로 인하여 발생한 아크에 접촉된 경우
폭력 행위	의도적인 또는 의도가 불분명한 위험행위(마약, 정신질환 등)로 자신 또는 타인에게 상해를 입힌 폭력·폭행을 말하며, 협박·언어·성폭력 및 동물에 의한 상해 등도 포함

2 산재분류 및 통계분석

1. 재해율의 종류 및 계산

1) 연천인율(年千人率)

① $연천인율 = \frac{재해자\ 수}{연평균\ 근로자\ 수} \times 1{,}000$

【근로자 1,000인당 1년간 발생하는 재해발생자 수】

② 연천인율=도수율(빈도율)×2.4

2) 도수율(빈도율)(F.R ; Frequency Rate of Injury)

$도수율 = \frac{재해\ 발생건수}{연\ 근로시간\ 수} \times 1{,}000{,}000$

【근로자 100만 명이 1시간 작업시 발생하는 재해건수】

【근로자 1명이 100만 시간 작업시 발생하는 재해건수】

연근로시간수=실근로자수×근로자 1인당 연간 근로시간수

(1년 : 300일, 2,400시간, 1월 : 25일, 200시간, 1일 : 8시간)

3) 강도율(S.R ; Severity Rate of Injury)

$강도율 = \frac{근로손실\ 일수}{연\ 근로시간\ 수} \times 1{,}000$

【연근로시간 1,000시간당 재해로 인해서 잃어버린 근로손실일수】

⊙ 근로손실일수

(1) 사망 및 영구 전노동 불능(장애등급 1~3급) : 7,500일

(2) 영구 일부노동 불능(4~14등급)

등급	4	5	6	7	8	9	10	11	12	13	14
일수	5500	4000	3000	2200	1500	1000	600	400	200	100	50

(3) 일시 전노동 불능(의사의 진단에 따라 일정기간 노동에 종사할 수 없는 상해)

$$휴직일수 \times \frac{300}{365}$$

4) 평균강도율

$$평균강도율 = \frac{강도율}{도수율} \times 1{,}000$$

【재해 1건당 평균 근로손실일수】

5) 환산강도율

근로자가 입사하여 퇴직할 때까지(40년=10만 시간) 잃을 수 있는 근로손실일수를 말함

환산강도율=강도율×100

6) 환산도수율

근로자가 입사하여 퇴직할 때까지(40년=10만 시간) 당할 수 있는 재해건수를 말함

$$환산도수율 = \frac{도수율}{10}$$

7) 종합재해지수(F.S.I ; Frequency Severity Indicator)

$$종합재해지수(FSI) = \sqrt{도수율(FR) \times 강도율(SR)}$$

【재해 빈도의 다수와 상해 정도의 강약을 종합】

8) 세이프티스코어(Safe T. Score)

(1) 의미

과거와 현재의 안전성적을 비교, 평가하는 방법으로 단위가 없으며 계산결과가 (+)이면 나쁜 기록이, (-)이면 과거에 비해 좋은 기록으로 봄

(2) 공식

$$\text{Safe T. Score} = \frac{도수율(현재) - 도수율(과거)}{\sqrt{\frac{도수율(과거)}{총\ 근로시간수} \times 1{,}000{,}000}}$$

(3) 평가방법

① +2.0 이상인 경우 : 과거보다 심각하게 나쁘다.

② +2.0~−2.0인 경우 : 심각한 차이가 없음

③ −2.0 이하 : 과거보다 좋다.

2. 재해손실비의 종류 및 계산

업무상 재해로서 인적재해를 수반하는 재해에 의해 생기는 비용으로 재해가 발생하지 않았다면 발생하지 않아도 되는 직·간접 비용

1) 하인리히 방식

『총 재해코스트=직접비+간접비』

(1) 직접비

법령으로 정한 피해자에게 지급되는 산재보험비

① 휴업보상비 ② 장해보상비

③ 요양보상비 ④ 유족보상비

⑤ 장의비, 간병비

(2) 간접비

재산손실, 생산중단 등으로 기업이 입은 손실

① 인적손실 : 본인 및 제 3자에 관한 것을 포함한 시간손실

② 물적손실 : 기계, 공구, 재료, 시설의 복구에 소비된 시간손실 및 재산손실

③ 생산손실 : 생산감소, 생산중단, 판매감소 등에 의한 손실

④ 특수손실

⑤ 기타손실

(3) 직접비 : 간접비=1 : 4

※ 우리나라의 재해손실비용은「경제적 손실 추정액」이라 칭하며 하인리히 방식으로 산정한다.

2) 시몬즈 방식

『총 재해비용=산재보험비용+비보험비용』

여기서, 비보험비용=휴업상해건수×A+통원상해건수×B
+응급조치건수×C+무상해상고건수×D
A, B, C, D는 장해정도별에 의한 비보험비용의 평균치

3) 버드의 방식

총 재해비용=보험비(1)+비보험비(5~50)+비보험 기타비용(1~3)

(1) 보험비 : 의료, 보상금
(2) 비보험 재산비용 : 건물손실, 기구 및 장비손실, 조업중단 및 지연
(3) 비보험 기타비용 : 조사시간, 교육 등

4) 콤패스 방식

총 재해비용=공동비용비+개별비용비

(1) 공동비용 : 보험료, 안전보건팀 유지비용
(2) 개별비용 : 작업손실비용, 수리비, 치료비 등

3. 재해통계 분류방법

1) 상해정도별 구분

(1) 사망
(2) 영구 전노동 불능 상해(신체장애 등급 1~3등급)
(3) 영구 일부노동 불능 상해(신체장애 등급 4~14등급)
(4) 일시 전노동 불능 상해 : 장해가 남지 않는 휴업상해
(5) 일시 일부노동 불능 상해 : 일시 근무 중에 업무를 떠나 치료를 받는 정도의 상해
(6) 구급처치상해 : 응급처치 후 정상작업을 할 수 있는 정도의 상해

2) 통계적 분류

(1) 사망 : 노동손실일수 7,500일
(2) 중상해 : 부상으로 8일 이상 노동손실을 가져온 상해

⑶ 경상해 : 부상으로 1일 이상 7일 미만의 노동손실을 가져온 상해
⑷ 경미상해 : 8시간 이하의 휴무 또는 작업에 종사하면서 치료를 받는 상해(통원치료)

3) 상해의 종류

⑴ 골절 : 뼈에 금이 가거나 부러진 상해
⑵ 동상 : 저온물 접촉으로 생긴 동상상해
⑶ 부종 : 국부의 혈액순환 이상으로 몸이 퉁퉁 부어오르는 상해
⑷ 중독, 질식 : 음식 약물, 가스 등에 의해 중독이나 질식된 상태
⑸ 찰과상 : 스치거나 문질러서 벗겨진 상태
⑹ 창상 : 창, 칼 등에 베인 상처
⑺ 청력장해 : 청력이 감퇴 또는 난청이 된 상태
⑻ 시력장해 : 시력이 감퇴 또는 실명이 된 상태
⑼ 화상 : 화재 또는 고온물 접촉으로 인한 상해

4. 재해사례 분석절차

1) 재해통계 목적 및 역할

⑴ 재해원인을 분석하고 위험한 작업 및 여건을 도출
⑵ 합리적이고 경제적인 재해예방 정책방향 설정
⑶ 새해실태를 파악하여 예방활동에 필요한 기초자료 및 지표 제공
⑷ 재해예방사업 추진실적을 평가하는 측정수단

2) 재해의 통계적 원인분석 방법

⑴ 파레토도 : 분류 항목을 큰 순서대로 도표화한 분석법
⑵ 특성요인도 : 특성과 요인관계를 도표로 하여 어골상으로 세분화한 분석법
(원인과 결과를 연계하여 상호관계를 파악)
⑶ 클로즈(Close)분석도 : 데이터(Data)를 집계하고 표로 표시하여 요인별 결과 내역을 교차한 클로즈 그림을 작성하여 분석하는 방법
⑷ 관리도 : 재해발생 건수 등의 추이를 파악하여 목표관리를 행하는 데 필요한 월별 재해 발생수를 그래프화하여 관리선을 설정 관리하는 방법

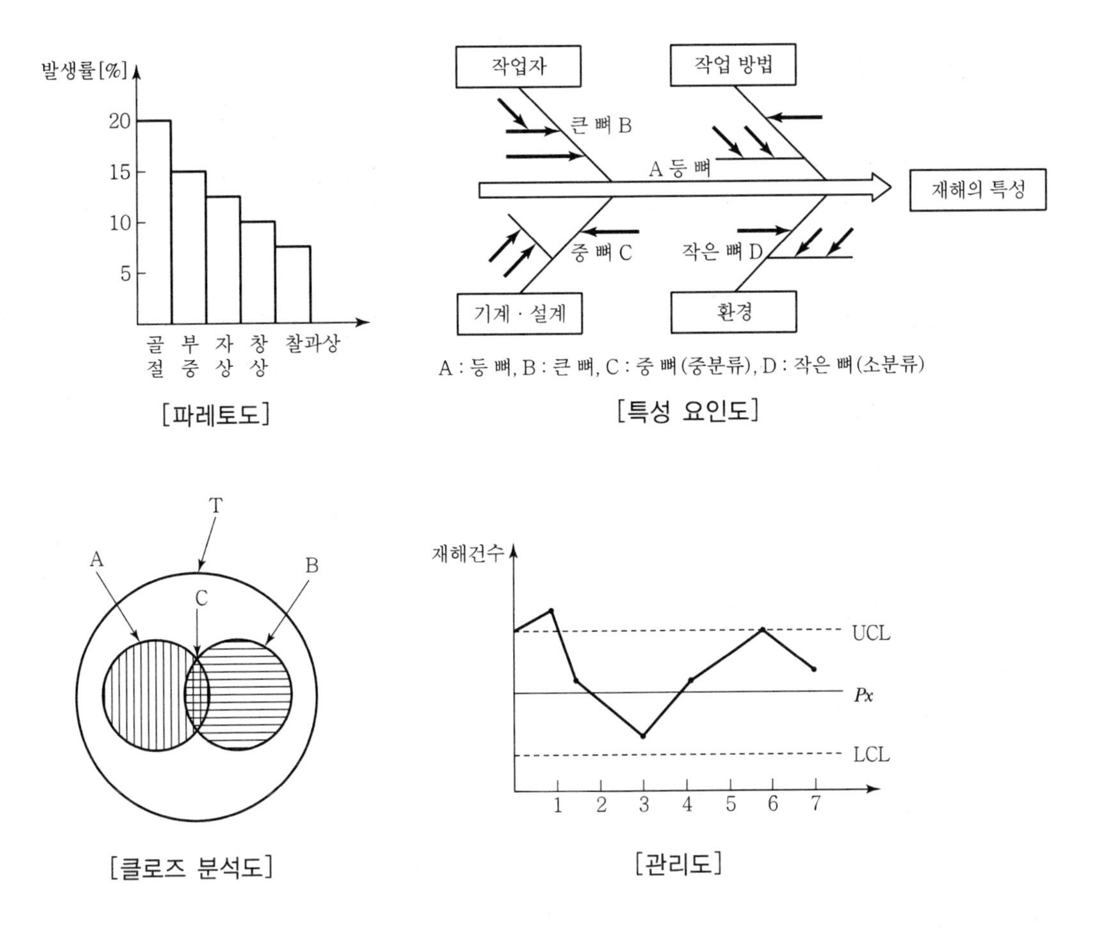

3) 재해통계 작성 시 유의할 점

(1) 활용목적을 수행할 수 있도록 충분한 내용이 포함되어야 한다.

(2) 재해통계는 구체적으로 표시되고 그 내용은 용이하게 이해되며 이용할 수 있을 것

(3) 재해통계는 항목 내용 등 재해요소가 정확히 파악될 수 있도록 예방대책이 수립될 것

(4) 재해통계는 정량적으로 정확하게 수치적으로 표시되어야 한다.

4) 재해발생 원인의 구분

(1) 기술적 원인

① 건물, 기계장치의 설계불량

② 구조, 재료의 부적합

③ 생산방법의 부적합

④ 점검, 정비, 보존불량

(2) 교육적 원인

① 안전지식의 부족
② 안전수칙의 오해
③ 경험, 훈련의 미숙
④ 작업방법의 교육 불충분
⑤ 유해·위험작업의 교육 불충분

(3) 관리적 원인

① 안전관리조직의 결함
② 안전수칙 미제정
③ 작업준비 불충분
④ 인원배치 부적당
⑤ 작업지시 부적당

(4) 정신적 원인

① 안전의식의 부족
② 주의력의 부족
③ 방심 및 공상
④ 개성적 결함 요소 : 도전적인 마음, 과도한 집착, 다혈질 및 인내심 부족
⑤ 판단력 부족 또는 그릇된 판단

(5) 신체적 원인

① 피로
② 시력 및 청각기능의 이상
③ 근육운동의 부적합
④ 육체적 능력 초과

5. 산업재해

1) 산업재해의 정의

노무를 제공하는 자가 업무에 관계되는 건설물, 설비, 원재료, 가스, 증기, 분진 등에 의하거나 작업 또는 그 밖의 업무로 인하여 사망 또는 부상하거나 질병에 걸리는 것(산업안전보건법 제2조)

2) 조사보고서 제출

사업주는 산업재해로 사망자가 발생하거나 3일 이상의 요양이 필요한 부상을 입거나 질병에 걸린 사람이 발생한 경우에는 해당 산업재해가 발생한 날부터 1개월 이내에 산업재해조사표를 작성하여 관할 지방고용노동관서의 장에게 제출해야 함

3) 기록 및 보존

⑴ 사업주는 산업재해가 발생한 때에는 고용노동부령이 정하는 바에 따라 재해발생원인 등을 기록하여야 하며 이를 3년간 보존하여야 함

⑵ 기록 · 보존해야 할 사항

① 사업장의 개요 및 근로자의 인적사항

② 재해발생 일시 및 장소

③ 재해발생 원인 및 과정

④ 재해 재발방지 계획

6. 중대재해

1) 규모

⑴ 사망자가 1명 이상 발생한 재해

⑵ 3개월 이상의 요양이 필요한 부상자가 동시에 2명 이상 발생한 재해

⑶ 부상자 또는 직업성 질병자가 동시에 10명 이상 발생한 재해

2) 발생 시 보고사항

사업주는 중대재해가 발생한 사실을 알게 된 경우에는 지체없이 다음 사항을 사업장 소재지를 관할하는 지방고용노동관서의 장에게 전화 · 팩스 또는 그 밖의 적절한 방법으로 보고하여야 함(다만, 천재지변 등 부득이한 사유가 발생한 경우에는 그 사유가 소멸된 때부터 지체없이 보고)

⑴ 발생개요 및 피해상황

⑵ 조치 및 전망

⑶ 그 밖에 중요한 사항

7. 산업재해의 직접원인

1) 불안전한 행동(인적 원인, 전체 재해발생원인의 88% 정도)

사고를 가져오게 한 작업자 자신의 행동에 대한 불안전한 요소

(1) 불안전한 행동의 예

① 위험장소 접근
② 안전장치의 기능 제거
③ 복장 · 보호구의 잘못된 사용
④ 기계 · 기구의 잘못된 사용
⑤ 운전 중인 기계장치의 점검
⑥ 불안전한 속도 조작
⑦ 위험물 취급 부주의
⑧ 불안전한 상태 방치
⑨ 불안전한 자세나 동작
⑩ 감독 및 연락 불충분

2) 불안전한 상태(물적 원인, 전체 재해발생원인의 10% 정도)

직접 상해를 가져오게 한 사고에 직접관계가 있는 위험한 물리적 조건 또는 환경

(1) 불안전한 상태의 예

① 물(物) 자체 결함
② 안전방호장치의 결함
③ 복장 · 보호구의 결함
④ 물의 배치 및 작업장소 결함
⑤ 작업환경의 결함
⑥ 생산공정의 결함
⑦ 경계표시 · 설비의 결함

(2) 불안전한 행동을 일으키는 내적요인과 외적요인의 발생형태 및 대책

① 내적요인
㉠ 소질적 조건 : 적성배치
㉡ 의식의 우회 : 상담
㉢ 경험 및 미경험 : 교육

② 외적요인

㉠ 작업 및 환경조건 불량 : 환경정비

㉡ 작업순서의 부적당 : 작업순서정비

③ 적성 배치에 있어서 고려되어야 할 기본사항

㉠ 적성검사를 실시하여 개인의 능력을 파악한다.

㉡ 직무평가를 통하여 자격수준을 정한다.

㉢ 인사관리의 기준원칙을 고수한다.

8. 사고예방대책의 기본원리 5단계(사고예방원리 : 하인리히)

1) 1단계 : 조직(안전관리조직)

① 경영층의 안전목표 설정

② 안전관리 조직(안전관리자 선임 등)

③ 안전활동 및 계획수립

2) 2단계 : 사실의 발견(현상파악)

① 사고 및 안전활동의 기록 검토

② 작업분석

③ 안전점검, 안전진단

④ 사고조사

⑤ 안전평가

⑥ 각종 안전회의 및 토의

⑦ 근로자의 건의 및 애로 조사

3) 3단계 : 분석·평가(원인규명)

① 사고조사 결과의 분석

② 불안전상태, 불안전행동 분석

③ 작업공정, 작업형태 분석

④ 교육 및 훈련의 분석

⑤ 안전수칙 및 안전기준 분석

4) 4단계 : 시정책의 선정

① 기술의 개선
② 인사조정
③ 교육 및 훈련 개선
④ 안전규정 및 수칙의 개선
⑤ 이행의 감독과 제재강화

5) 5단계 : 시정책의 적용

① 목표 설정
② 3E(기술적, 교육적, 관리적) 대책의 적용

9. 사고의 본질적 특성

1) 사고의 시간성
2) 우연성 중의 법칙성
3) 필연성 중의 우연성
4) 사고의 재현 불가능성

10. 재해(사고) 발생 시의 유형(모델)

1) 단순자극형(집중형)

상호자극에 의하여 순간적으로 재해가 발생하는 유형으로 재해가 일어난 장소나 그 시점에 일시적으로 요인이 집중

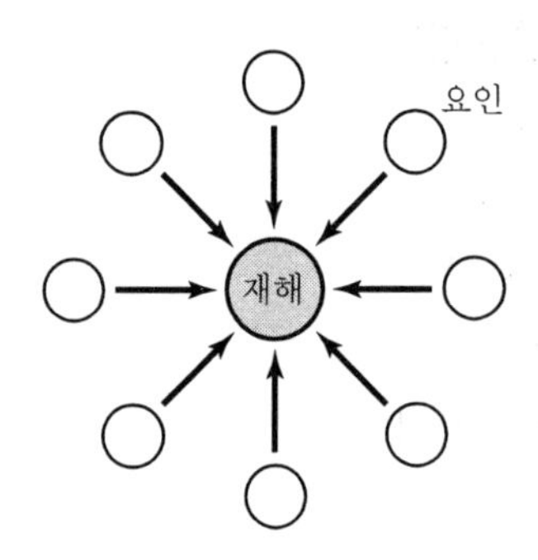

2) 연쇄형(사슬형)

하나의 사고요인이 또 다른 요인을 발생시키면서 재해를 발생시키는 유형이다. 단순 연쇄형과 복합 연쇄형이 있다.

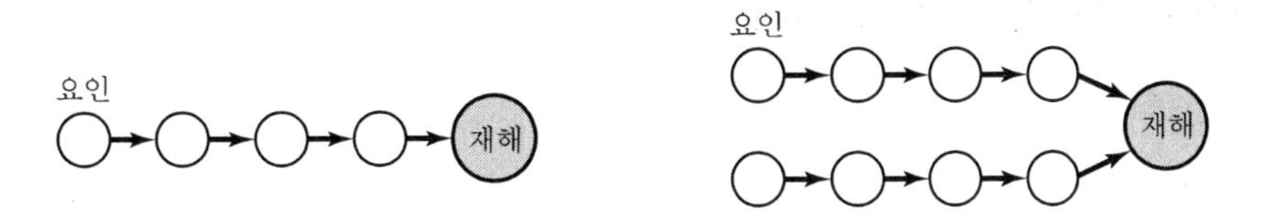

3) 복합형

단순 자극형과 연쇄형의 복합적인 발생유형이다. 일반적으로 대부분의 산업재해는 재해원인들이 복잡하게 결합되어 있는 복합형이다. 연쇄형의 경우에는 원인들 중에 하나를 제거하면 재해가 일어나지 않는다. 그러나 단순 자극형이나 복합형은 하나를 제거하더라도 재해가 일어나지 않는다는 보장이 없으므로, 도미노 이론은 적용되지 않는다. 이런 요인들은 부속적인 요인들에 불과하다. 따라서 재해조사에 있어서는 가능한 한 모든 요인들을 파악하도록 해야 한다.

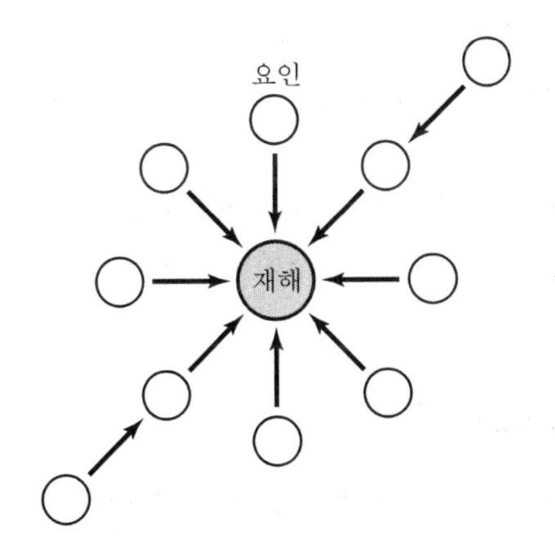

3 안전점검 · 인증 및 진단

1. 안전점검의 정의, 목적, 종류

1) 정의

안전점검은 설비의 불안전상태나 인간의 불안전행동으로부터 일어나는 결함을 발견하여 안전대책을 세우기 위한 활동을 말한다.

2) 안전점검의 목적

(1) 기기 및 설비의 결함이나 불안전한 상태의 제거로 사전에 안전성을 확보하기 위함이다.
(2) 기기 및 설비의 안전상태 유지 및 본래의 성능을 유지하기 위함이다.
(3) 재해 방지를 위하여 그 재해 요인의 대책과 실시를 계획적으로 하기 위함이다.

3) 종류

(1) 일상점검(수시점검) : 작업 전 · 중 · 후 수시로 실시하는 점검
(2) 정기점검 : 정해진 기간에 정기적으로 실시하는 점검
(3) 특별점검 : 기계 기구의 신설 및 변경 시, 고장, 수리 등에 의해 부정기적으로 실시하는 점검으로 안전강조기간 등에 실시하는 점검
(4) 임시점검 : 이상 발견 시 또는 재해발생시 임시로 실시하는 점검

2. 안전점검표(체크리스트)의 작성

1) 안전점검표(체크리스트)에 포함되어야 할 사항

(1) 점검대상
(2) 점검부분(점검개소)
(3) 점검항목(점검내용 : 마모, 균열, 부식, 파손, 변형 등)
(4) 점검주기 또는 기간(점검시기)
(5) 점검방법(육안점검, 기능점검, 기기점검, 정밀점검)
(6) 판정기준(법령에 의한 기준 등)
(7) 조치사항(점검결과에 따른 결과의 시정)

2) 안전점검표(체크리스트) 작성 시 유의사항

(1) 위험성이 높은 순이나 긴급을 요하는 순으로 작성할 것
(2) 정기적으로 검토하여 재해예방에 실효성이 있는 내용일 것
(3) 내용은 이해하기 쉽고 표현이 구체적일 것

3. 안전검사 및 안전인증

1) 안전인증대상 기계 · 기구

(1) 안전인증대상기계 · 기구

① 프레스
② 전단기(剪斷機)
③ 크레인
④ 리프트
⑤ 압력용기
⑥ 롤러기
⑦ 사출성형기(射出成形機)
⑧ 고소(高所) 작업대
⑨ 곤돌라

(2) 안전인증대상 방호장치

① 프레스 및 전단기 방호장치
② 양중기용(揚重機用) 과부하방지장치
③ 보일러 압력방출용 안전밸브
④ 압력용기 압력방출용 안전밸브
⑤ 압력용기 압력방출용 파열판
⑥ 절연용 방호구 및 활선작업용(活線作業用) 기구
⑦ 방폭구조(防爆構造) 전기기계 · 기구 및 부품
⑧ 추락 · 낙하 및 붕괴 등의 위험 방지 및 보호에 필요한 가설기자재로서 고용노동부 장관이 정하여 고시하는 것

2) 자율안전확인대상 기계 · 기구 등

(1) 연삭기 또는 연마기(휴대용은 제외한다)
(2) 산업용 로봇
(3) 혼합기
(4) 파쇄기 또는 분쇄기
(5) 식품가공용 기계(파쇄 · 절단 · 혼합 · 제면기만 해당한다)
(6) 컨베이어
(7) 자동차 정비용 리프트
(8) 공작기계(선반, 드릴기, 평삭 · 형삭기, 밀링만 해당한다)
(9) 고정형 목재가공용 기계(둥근톱, 대패, 루타기, 띠톱, 모떼기 기계만 해당한다)
(10) 인쇄기

3) 안전검사 대상 유해 · 위험기계 등

(1) 프레스
(2) 전단기
(3) 크레인(정격하중이 2톤 미만인 것은 제외한다)
(4) 리프트
(5) 압력용기
(6) 곤돌라
(7) 국소배기장치(이동식은 제외한다)
(8) 원심기(산업용만 해당한다)
(9) 롤러기(밀폐형 구조는 제외한다)
(10) 사출성형기[형 체결력(型 締結力) 294킬로뉴턴(kN) 미만은 제외한다]
(11) 고소작업대(화물자동차 또는 특수자동차에 탑재한 고소작업대로 한정한다)
(12) 컨베이어
(13) 산업용 로봇

4. 안전·보건진단

1) 종류

(1) 안전진단
(2) 보건진단
(3) 종합진단(안전진단과 보건진단을 동시에 진행하는 것)

2) 대상사업장

(1) 중대재해(사업주가 안전·보건조치의무를 이행하지 아니하여 발생한 중대재해만 해당한다)발생 사업장. 다만, 그 사업장의 연간 산업재해율이 같은 업종의 규모별 평균산업재해율을 2년간 초과하지 아니한 사업장은 제외한다.
(2) 안전보건개선계획 수립·시행명령을 받은 사업장
(3) 추락·폭발·붕괴 등 재해발생 위험이 현저히 높은 사업장으로서 지방고용노동관서의 장이 안전·보건진단이 필요하다고 인정하는 사업장

CHAPTER 03 무재해운동 및 보호구

1 무재해운동 등 안전활동 기법

1. 무재해의 정의(산업재해)

무재해운동 시행사업장에서 근로자가 업무로 인하여 사망 또는 4일 이상의 요양을 요하는 부상 또는 질병에 걸리지 않는 것을 말한다.

2. 무재해운동 목적

1) 회사의 손실방지와 생산성 향상으로 기업에 경제적 이익발생
2) 자율적인 문제해결 능력으로서의 생산, 품질의 향상 능력을 제고
3) 전원참가 운동으로 밝고 명랑한 직장 풍토를 조성
4) 노사 간 화합분위기 조성으로 노사 신뢰도가 향상

3. 무재해운동 이론

1) 무재해운동의 3원칙

(1) 무의 원칙 : 모든 잠재위험요인을 사전에 발견 · 파악 · 해결함으로써 근원적으로 산업재해를 없앤다.

(2) 참여의 원칙(참가의 원칙) : 작업에 따르는 잠재적인 위험요인을 발견 · 해결하기 위하여 전원이 협력하여 문제해결 운동을 실천한다.

(3) 안전제일의 원칙(선취의 원칙) : 직장의 위험요인을 행동하기 전에 발견 · 파악 · 해결하여 재해를 예방한다.

2) 무재해운동의 3기둥(3요소)

(1) 직장의 자율활동의 활성화

일하는 한사람 한사람이 안전보건을 자신의 문제이며 동시에 같은 동료의 문제로 진지하게 받아들여 직장의 팀 멤버와의 협동노력으로 자주적으로 추진해 가는 것이 필요하다.

(2) 라인(관리감독자)화의 철저

안전보건을 추진하는 데는 관리감독자(Line)들이 생산활동 속에 안전보건을 접목시켜 실천하는 것이 꼭 필요하다.

(3) 최고경영자의 안전경영철학

안전보건은 최고경영자의 "무재해, 무질병"에 대한 확고한 경영자세로부터 시작된다. "일하는 한 사람 한 사람이 중요하다"라는 최고 경영자의 인간존중의 결의로 무재해운동은 출발한다.

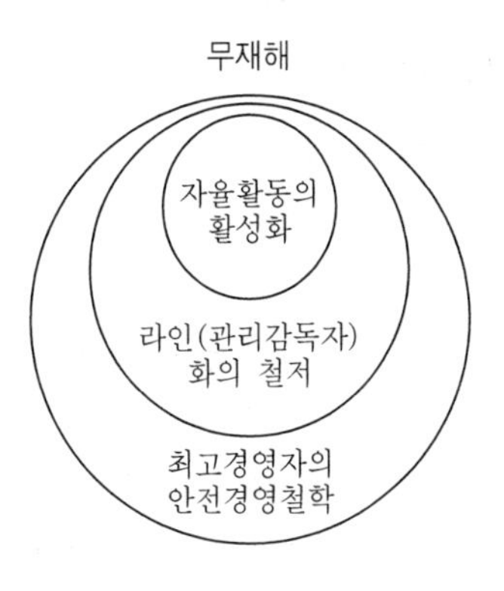

[무재해운동 추진의 3기둥]

3) 무재해운동 실천의 3원칙

(1) 팀미팅기법　　(2) 선취기법　　(3) 문제해결기법

4. 무재해운동 소집단활동

1) 지적확인

작업의 정확성이나 안전을 확인하기 위해 눈, 손, 입 그리고 귀를 이용하여 작업시작 전에 뇌를 자극시켜 안전을 확보하기 위한 기법으로 작업을 안전하게 오조작 없이 작업공정의 요소요소에서 자신의 행동을 「…, 좋아!」 하고 대상을 지적하여 큰소리로 확인하는 것

2) 터치앤콜(Touch and Call)

피부를 맞대고 같이 소리치는 것으로 전원이 스킨십(Skinship)을 느끼도록 하는 것. 팀의 일체감, 연대감을 조성할 수 있고 동시에 대뇌 구피질에 좋은 이미지를 불어넣어 안전행동을 하도록 하는 것

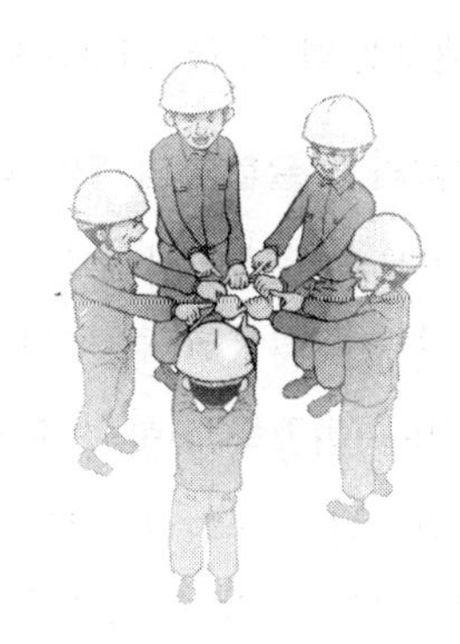

[터치앤콜]

3) 원포인트 위험예지훈련

위험예지훈련 4라운드 중 2R, 3R, 4R를 모두 원포인트로 요약하여 실시하는 기법으로 2~3분이면 실시가 가능한 현장 활동용 기법

4) 브레인스토밍(Brain Storming)

소집단 활동의 하나로서 수명의 멤버가 마음을 터놓고 편안한 분위기 속에서 공상, 연상의 연쇄반응을 일으키면서 자유분방하게 아이디어를 대량으로 발언하여 나가는 발상법 (오스본에 의해 창안)

① 비판금지 : "좋다, 나쁘다" 등의 비평을 하지 않는다.
② 자유분방 : 자유로운 분위기에서 발표한다.
③ 대량발언 : 무엇이든지 좋으니 많이 발언한다.
④ 수정발언 : 자유자재로 변하는 아이디어를 개발한다.(타인 의견의 수정발언)

[브레인스토밍]

5) TBM(Tool Box Meeting) 위험예지훈련

작업 개시 전, 종료 후 같은 작업원 5~6명이 리더를 중심으로 둘러앉아(또는 서서) 3~5분에 걸쳐 작업 중 발생할 수 있는 위험을 예측하고 사전에 점검하여 대책을 수립하는 등 단시간 내에 의논하는 문제해결 기법

(1) TBM 실시요령

① 작업시작 전, 중식 후, 작업종료 후 짧은 시간을 활용하여 실시한다.

② 때와 장소에 구애받지 않고 같은 작업자 5~7인 정도가 모여서 공구나 기계 앞에서 행한다.

③ 일방적인 명령이나 지시가 아니라 잠재위험에 대해 같이 생각하고 해결

④ TBM의 특징은 모두가 "이렇게 하자", "이렇게 한다"라고 합의하고 실행

(2) TBM의 내용

① 작업시작 전(실시순서 5단계)

단계	내용
도입	직장체조, 무재해기 게양, 목표제안
점검 및 정비	건강상태, 복장 및 보호구 점검, 자재 및 공구확인
작업지시	작업내용 및 안전사항 전달
위험예측	당일 작업에 대한 위험예측, 위험예지훈련
확인	위험에 대한 대책과 팀목표 확인

② 작업종료시
  ㉠ 실시사항의 적절성 확인 : 작업 시작 전 TBM에서 결정된 사항의 적절성 확인
  ㉡ 검토 및 보고 : 그날 작업의 위험요인 도출, 대책 등 검토 및 보고
  ㉢ 문제 제기 : 그날의 작업에 대한 문제 제기

6) 롤플레잉(Role Playing)

작업 전 5분간 미팅의 시나리오를 작성하여 그 시나리오를 보고 멤버들이 연기함으로써 체험학습을 시키는 것

5. 위험예지훈련 및 진행방법

1) 위험예지훈련의 종류

(1) 감수성 훈련 : 위험요인을 발견하는 훈련
(2) 단시간 미팅훈련 : 단시간 미팅을 통해 대책을 수립하는 훈련
(3) 문제해결 훈련 : 작업시작 전 문제를 제거하는 훈련

2) 위험예지훈련의 추진을 위한 문제해결 4단계(4 라운드)

(1) 1 라운드 : 현상파악(사실의 파악) – 어떤 위험이 잠재하고 있는가?
(2) 2 라운드 : 본질추구(원인조사) – 이것이 위험의 포인트다.
(3) 3 라운드 : 대책수립(대책을 세운다) – 당신이라면 어떻게 하겠는가?
(4) 4 라운드 : 목표설정(행동계획 작성) – 우리들은 이렇게 하자!

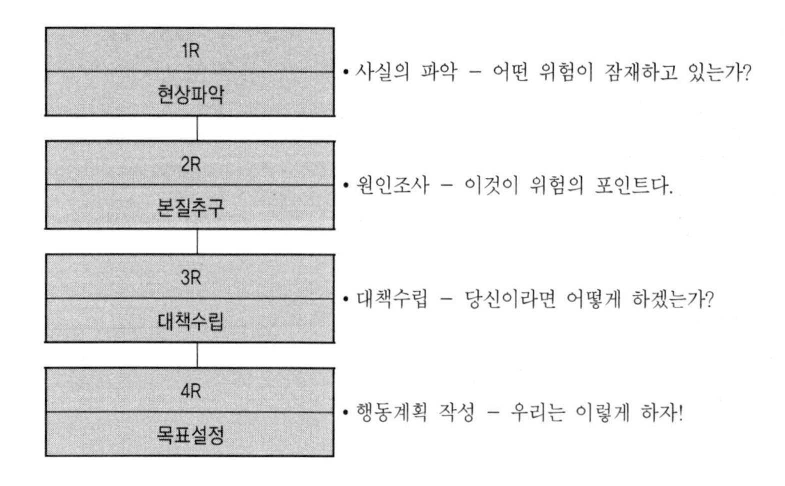

[문제해결 4라운드]

6. 위험예지훈련의 3가지 효용

1) 위험에 대한 감수성 향상
2) 작업행동의 요소요소에서 집중력 증대
3) 문제(위험)해결의 의욕(하고자 하는 생각)증대

2 보호구 및 안전보건표지

1. 보호구의 개요

산업재해 예방을 위해 작업자 개인이 착용하고 작업하는 것으로서 유해 · 위험상황에 따라 발생할 수 있는 재해를 예방하거나 그 유해 · 위험의 영향이나 재해의 정도를 감소시키기 위한 것. 그러나 보호구에 완전히 의존하여 기계 · 기구 설비의 보완이나 작업환경 개선을 소홀히 해서는 안 되며, 보호구는 어디까지나 보조수단으로 사용함을 원칙으로 해야 한다.

1) 보호구가 갖추어야 할 구비요건

(1) 착용이 간편할 것
(2) 작업에 방해를 주지 않을 것
(3) 유해 · 위험요소에 대한 방호가 확실할 것
(4) 재료의 품질이 우수할 것
(5) 외관상 보기가 좋을 것
(6) 구조 및 표면가공이 우수할 것

2) 보호구 선정 시 유의사항

(1) 사용목적에 적합할 것
(2) 의무(자율)안전인증을 받고 성능이 보장되는 것
(3) 작업에 방해가 되지 않을 것
(4) 착용이 쉽고 크기 등이 사용자에게 편리할 것

2. 보호구의 종류

1) 안전인증 대상 보호구

(1) 추락 및 감전 위험방지용 안전모
(2) 안전화
(3) 안전장갑
(4) 방진마스크
(5) 방독마스크
(6) 송기마스크
(7) 전동식 호흡보호구
(8) 보호복
(9) 안전대
(10) 차광(遮光) 및 비산물(飛散物) 위험방지용 보안경
(11) 용접용 보안면
(12) 방음용 귀마개 또는 귀덮개

2) 자율 안전확인 대상 보호구

(1) 안전모(추락 및 감전 위험방지용 안전모 제외)
(2) 보안경(차광 및 비산물 위험방지용 보안경 제외)
(3) 보안면(용접용 보안면 제외)

3) 안전인증의 표시

의무인증, 자율안전확인신고 표시	(의무인증이 아닌)임의인증 표시

3. 보호구의 성능기준 및 시험방법

1) 안전모

(1) 안전모의 구조

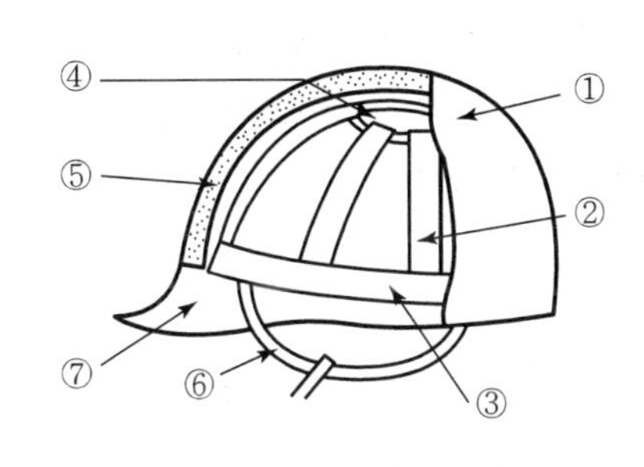

번호	명칭	
①	모체	
②	착장체	머리받침끈
③		머리고정대
④		머리받침고리
⑤	충격흡수재	
⑥	턱끈	
⑦	챙(차양)	

(2) 의무안전인증대상 안전모의 종류 및 사용구분

종류(기호)	사용구분	비고
AB	물체의 낙하 또는 비래 및 추락에 의한 위험을 방지 또는 경감시키기 위한 것	
AE	물체의 낙하 또는 비래에 의한 위험을 방지 또는 경감하고, 머리부위 감전에 의한 위험을 방지하기 위한 것	내전압성(주1)
ABE	물체의 낙하 또는 비래 및 추락에 의한 위험을 방지 또는 경감하고, 머리부위 감전에 의한 위험을 방지하기 위한 것	내전압성

(주1) 내전압성이란 7,000V 이하의 전압에 견디는 것을 말한다.

(3) 안전모의 구비조건

① 일반구조

㉠ 안전모는 모체, 착장체(머리고정대, 머리받침고리, 머리받침끈) 및 턱끈을 가질 것

㉡ 착장체의 머리고정대는 착용자의 머리부위에 적합하도록 조절할 수 있을 것

㉢ 착장체의 구조는 착용자의 머리에 균등한 힘이 분배되도록 할 것

㉣ 모체, 착장체 등 안전모의 부품은 착용자에게 상해를 줄 수 있는 날카로운 모서리 등이 없을 것

㉤ 턱끈은 사용 중 탈락되지 않도록 확실히 고정되는 구조일 것

㉥ 안전모의 착용높이는 85mm 이상이고 외부수직거리는 80mm 미만일 것

㉦ 안전모의 내부수직거리는 25mm 이상 50mm 미만일 것

㉧ 안전모의 수평간격은 5mm 이상일 것

㉨ 머리받침끈이 섬유인 경우에는 각각의 폭은 15mm 이상이어야 하며, 교차되는 끈의 폭의 합은 72mm 이상일 것

㉩ 턱끈의 폭은 10mm 이상일 것

㉪ 안전모의 모체, 착장체를 포함한 질량은 440g을 초과하지 않을 것

② AB종 안전모는 일반구조 조건에 적합해야 하고 충격흡수재를 가져야 하며, 리벳(Rivet) 등 기타 돌출부가 모체의 표면에서 5mm 이상 돌출되지 않아야 한다.

③ AE종 안전모는 일반구조 조건에 적합해야 하고 금속제의 부품을 사용하지 않고, 착장체는 모체의 내외면을 관통하는 구멍을 뚫지 않고 붙일 수 있는 구조로서 모체의 내외면을 관통하는 구멍 핀홀 등이 없어야 한다.

④ ABE종 안전모는 상기 ②, ③의 조건에 적합해야 한다.

(4) 성능시험방법

① 내관통성시험　　② 내전압성시험　　③ 내수성시험
④ 난연성시험　　⑤ 충격흡수성시험

항목	시험성능기준
내관통성	AE, ABE종 안전모는 관통거리가 9.5mm 이하이고, AB종 안전모는 관통거리가 11.1mm 이하이어야 한다.
충격흡수성	최고전달충격력이 4,450N을 초과해서는 안 되며, 모체와 착장체의 기능이 상실되지 않아야 한다.
내전압성	AE, ABE종 안전모는 교류 20kV에서 1분간 절연파괴 없이 견뎌야 하고, 이때 누설되는 충전전류는 10mA 이하이어야 한다.
내수성	AE, ABE종 안전모는 질량증가율이 1% 미만이어야 한다.
난연성	모체가 불꽃을 내며 5초 이상 연소되지 않아야 한다.
턱끈풀림	150N 이상 250N 이하에서 턱끈이 풀려야 한다.

2) 안전화

(1) 안전화의 명칭

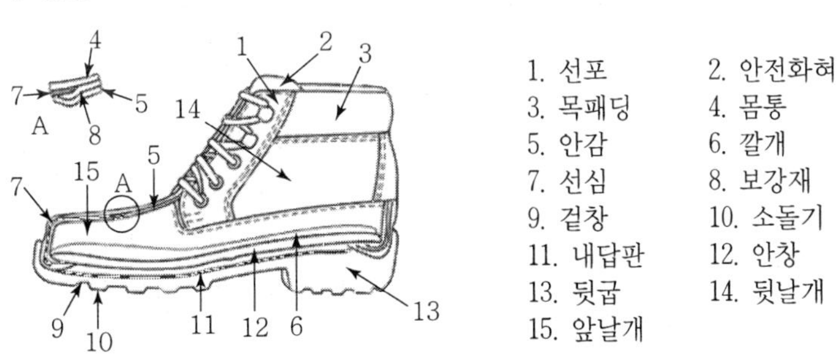

[가죽제 안전화 각 부분의 명칭]

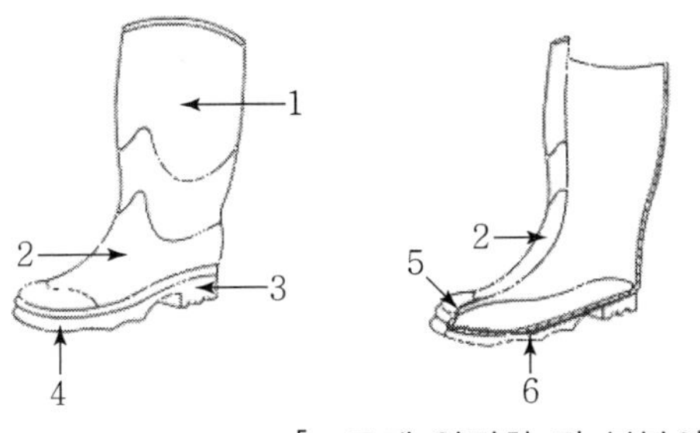

1. 몸통
2. 신울
3. 뒷굽
4. 겉창
5. 선심
6. 내답판

[고무제 안전화 각 부분의 명칭]

(2) 안전화의 종류

종류	성능구분
가죽제 안전화	물체의 낙하, 충격 또는 날카로운 물체에 의한 찔림 위험으로부터 발을 보호하기 위한 것 성능시험 : 내답발성, 내압박, 충격, 박리
고무제 안전화	물체의 낙하, 충격 또는 날카로운 물체에 의한 찔림 위험으로부터 발을 보호하고 내수성 또는 내화학성을 겸한 것 성능시험 : 압박, 충격, 침수
정전기 안전화	물체의 낙하, 충격 또는 날카로운 물체에 의한 찔림 위험으로부터 발을 보호하고 정전기의 인체대전을 방지하기 위한 것
발등 안전화	물체의 낙하, 충격 또는 날카로운 물체에 의한 찔림 위험으로부터 발 및 발등을 보호하기 위한 것
절연화	물체의 낙하, 충격 또는 날카로운 물체에 의한 찔림 위험으로부터 발을 보호하고 저압의 전기에 의한 감전을 방지하기 위한 것
절연장화	고압에 의한 감전을 방지 및 방수를 겸한 것

(3) 안전화의 등급

등급	사용장소
중작업용	광업, 건설업 및 철광업 등에서 원료취급, 가공, 강재취급 및 강재 운반, 건설업 등에서 중량물 운반작업, 가공대상물의 중량이 큰 물체를 취급하는 작업장으로서 날카로운 물체에 의해 찔릴 우려가 있는 장소
보통 작업용	기계공업, 금속가공업, 운반, 건축업 등 공구 가공품을 손으로 취급하는 작업 및 차량 사업장, 기계 등을 운전조작하는 일반작업장으로서 날카로운 물체에 의해 찔릴 우려가 있는 장소
경작업용	금속 선별, 전기제품 조립, 화학제품 선별, 반응장치 운전, 식품 가공업 등 비교적 경량의 물체를 취급하는 작업장으로서 날카로운 물체에 의해 찔릴 우려가 있는 장소

(4) 안전화의 몸통 높이에 따른 구분

(단위 : mm)

몸통 높이(h)		
단화	중단화	장화
113 미만	113 이상	178 이상

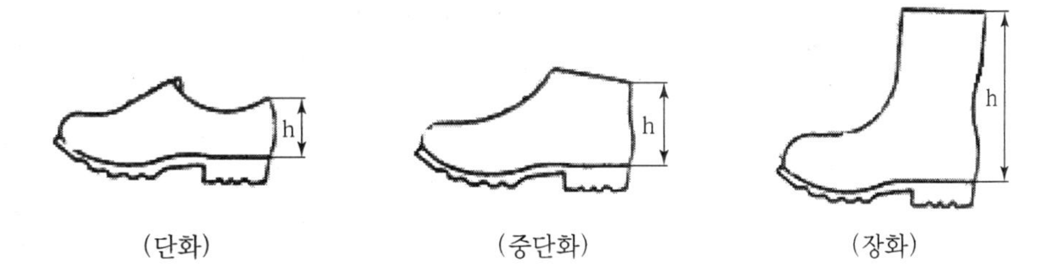

[안전화 몸통 높이에 따른 구분]

(5) 가죽제 발보호안전화의 일반구조

① 착용감이 좋고 작업에 편리할 것
② 견고하며 마무리가 확실하고 형상은 균형이 있을 것
③ 선심의 내측은 헝겊으로 싸고 후단부의 내측은 보강할 것
④ 발가락 끝부분에 선심을 넣어 압박 및 충격으로부터 발가락을 보호할 것

3) 내전압용 절연장갑

(1) 일반구조

① 절연장갑은 고무로 제조하여야 하며 핀홀(Pin Hole), 균열, 기포 등의 물리적인 변형이 없어야 한다.

② 여러 색상의 층들로 제조된 합성 절연장갑이 마모되는 경우에는 그 아래의 다른 색상의 층이 나타나야 한다.

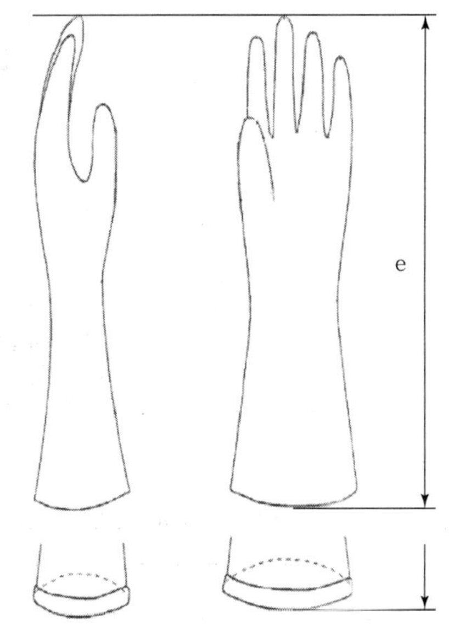

(e : 표준길이)

(2) 절연장갑의 등급 및 색상

등급	최대사용전압		비고
	교류(V, 실효값)	직류(V)	
00	500	750	갈색
0	1,000	1,500	빨간색
1	7,500	11,250	흰색
2	17,000	25,500	노란색
3	26,500	39,750	녹색
4	36,000	54,000	등색

(3) 고무의 최대 두께

등급	두께(mm)	비고
00	0.50 이하	
0	1.00 이하	
1	1.50 이하	
2	2.30 이하	
3	2.90 이하	
4	3.60 이하	

(4) 절연내력

<table>
<tr><td rowspan="7">절연내력</td><td colspan="3" rowspan="2">최소내전압 시험
(실효치, kV)</td><td>00등급</td><td>0등급</td><td>1등급</td><td>2등급</td><td>3등급</td><td>4등급</td></tr>
<tr><td>5</td><td>10</td><td>20</td><td>30</td><td>30</td><td>40</td></tr>
<tr><td rowspan="5">누설전류
시험
(실효값
mA)</td><td colspan="2">시험전압
(실효치, kV)</td><td>2.5</td><td>5</td><td>10</td><td>20</td><td>30</td><td>40</td></tr>
<tr><td rowspan="4">표준
길이
mm</td><td>460</td><td>미적용</td><td>18 이하</td><td>18 이하</td><td>18 이하</td><td>18 이하</td><td>18 이하</td></tr>
<tr><td>410</td><td>미적용</td><td>16 이하</td><td>16 이하</td><td>16 이하</td><td>16 이하</td><td>16 이하</td></tr>
<tr><td>360</td><td>14 이하</td><td>14 이하</td><td>14 이하</td><td>14 이하</td><td>14 이하</td><td>미적용</td></tr>
<tr><td>270</td><td>12 이하</td><td>12 이하</td><td>미적용</td><td>미적용</td><td>미적용</td><td>미적용</td></tr>
</table>

4) 유기화합물용 안전장갑

(1) 일반구조 및 재료

① 안전장갑에 사용되는 재료와 부품은 착용자에게 해로운 영향을 주지 않아야 한다.

② 안전장갑은 착용 및 조작이 용이하고, 착용상태에서 작업을 행하는 데 지장이 없어야 한다.

③ 안전장갑은 육안을 통해 확인한 결과 찢어진 곳, 터진 곳, 구멍 난 곳이 없어야 한다.

(2) 안전인증 유기화합물용 안전장갑에는 안전인증의 표시에 따른 표시 외에 다음 내용을 추가로 표시해야 한다.

① 안전장갑의 치수

② 보관·사용 및 세척상의 주의사항

③ 안전장갑을 표시하는 화학물질 보호성능표시 및 제품 사용에 대한 설명

[화학물질 보호성능 표시]

5) 방진마스크

(1) 방진마스크의 등급 및 사용장소

등급	특급	1급	2급
사용장소	• 베릴륨 등과 같이 독성이 강한 물질들을 함유한 분진 등 발생장소 • 석면 취급장소	• 특급마스크 착용장소를 제외한 분진 등 발생장소 • 금속흄 등과 같이 열적으로 생기는 분진 등 발생장소 • 기계적으로 생기는 분진 등 발생장소(규소 등과 같이 2급 방진마스크를 착용하여도 무방한 경우는 제외한다)	• 특급 및 1급 마스크 착용장소를 제외한 분진 등 발생장소
	배기밸브가 없는 안면부 여과식 마스크는 특급 및 1급 장소에 사용해서는 안 된다.		

〈 여과재 분진 등 포집효율 〉

형태 및 등급		염화나트륨(NaCl) 및 파라핀 오일(Paraffin oil) 시험(%)
분리식	특급	99.95 이상
	1급	94.0 이상
	2급	80.0 이상
안면부 여과식	특급	99.0 이상
	1급	94.0 이상
	2급	80.0 이상

(2) 안면부 누설율

형태 및 등급		누설률(%)
분리식	전면형	0.05 이하
	반면형	5 이하
안면부 여과식	특급	5 이하
	1급	11 이하
	2급	25 이하

(3) 전면형 방진마스크의 항목별 유효시야

형태		시야(%)	
		유효시야	겹침시야
전동식 전면형	1안식	70 이상	80 이상
	2안식	70 이상	20 이상

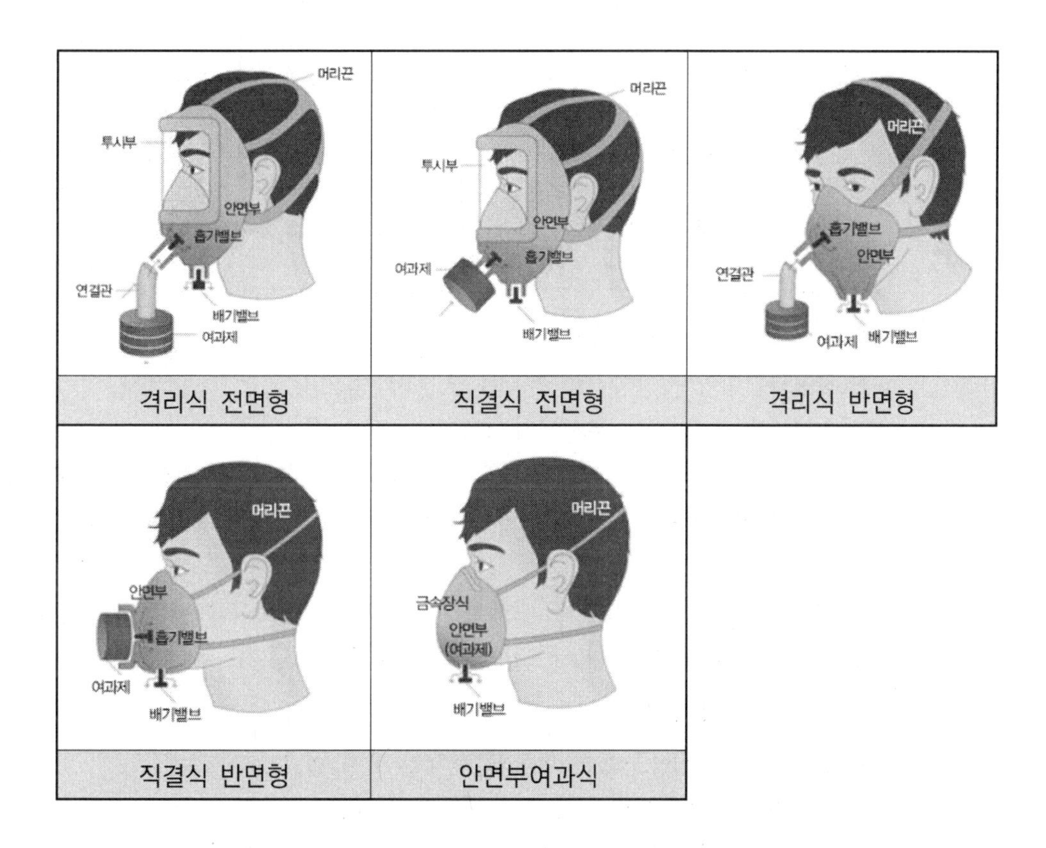

격리식 전면형 | 직결식 전면형 | 격리식 반면형

직결식 반면형 | 안면부여과식

(4) 방진마스크의 형태별 구조분류

형태	분리식		안면부 여과식
	격리식	직결식	
구조분류	안면부, 여과재, 연결관, 흡기밸브, 배기밸브 및 머리끈으로 구성되며 여과재에 의해 분진 등이 제거된 깨끗한 공기를 연결관으로 통하여 흡기밸브로 흡입되고 체내의 공기는 배기밸브를 통하여 외기 중으로 배출하게 되는 것으로 부품을 자유롭게 교환할 수 있는 것을 말한다.	안면부, 여과재, 흡기밸브, 배기밸브 및 머리끈으로 구성되며 여과재에 의해 분진 등이 제거된 깨끗한 공기가 흡기밸브를 통하여 흡입되고 체내의 공기는 배기밸브를 통하여 외기중으로 배출하게 되는 것으로 부품을 자유롭게 교환할 수 있는 것을 말한다.	여과재로 된 안면부와 머리끈으로 구성되며 여과재인 안면부에 의해 분진 등을 여과한 깨끗한 공기가 흡입되고 체내의 공기는 여과재인 안면부를 통해 외기 중으로 배기되는 것으로(배기밸브가 있는 것은 배기밸브를 통하여 배출) 부품이 교환될 수 없는 것을 말한다.

(5) 방진마스크의 일반구조 조건

① 착용 시 이상한 압박감이나 고통을 주지 않을 것
② 전면형은 호흡 시에 투시부가 흐려지지 않을 것
③ 분리식 마스크에 있어서는 여과재, 흡기밸브, 배기밸브 및 머리끈을 쉽게 교환할 수 있고 착용자 자신이 안면과 분리식 마스크의 안면부와의 밀착성 여부를 수시로 확인할 수 있어야 할 것
④ 안면부 여과식 마스크는 여과재로 된 안면부가 사용기간 변형되지 않을 것
⑤ 안면부 여과식 마스크는 여과재를 안면에 밀착시킬 수 있어야 할 것

(6) 방진마스크의 재료 조건

① 안면에 밀착하는 부분은 피부에 장해를 주지 않을 것
② 여과재는 여과성능이 우수하고 인체에 장해를 주지 않을 것
③ 방진마스크에 사용하는 금속부품은 내식성을 갖거나 부식방지를 위한 조치가 되어 있을 것
④ 전면형의 경우 사용할 때 충격을 받을 수 있는 부품은 충격 시에 마찰 스파크를 발생하므로 가연성의 가스혼합물을 점화시킬 수 있는 알루미늄, 마그네슘, 티타늄 또는 이의 합금을 사용하지 않을 것
⑤ 반면형의 경우 사용할 때 충격을 받을 수 있는 부품은 충격 시에 마찰 스파크를 발생하므로 가연성의 가스혼합물을 점화시킬 수 있는 알루미늄, 마그네슘, 티타늄 또는 이의 합금을 최소한 사용할 것

(7) 방진마스크 선정기준(구비조건)

① 분진포집효율(여과효율)이 좋을 것
② 흡기, 배기저항이 낮을 것
③ 사용적이 적을 것
④ 중량이 가벼울 것
⑤ 시야가 넓을 것
⑥ 안면밀착성이 좋을 것

6) 방독마스크

(1) 방독마스크의 종류

종류	시험가스
유기화합물용	시클로헥산(C_6H_{12})
할로겐용	염소가스 또는 증기(Cl_2)
황화수소용	황화수소가스(H_2S)
시안화수소용	시안화수소가스(HCN)
아황산용	아황산가스(SO_2)
암모니아용	암모니아가스(NH_3)

(2) 방독마스크의 등급

등급	사용 장소
고농도	가스 또는 증기의 농도가 100분의 2(암모니아에 있어서는 100분의 3) 이하의 대기 중에서 사용하는 것
중농도	가스 또는 증기의 농도가 100분의 1(암모니아에 있어서는 100분의 1.5) 이하의 대기 중에서 사용하는 것
저농도 및 최저농도	가스 또는 증기의 농도가 100분의 0.1 이하의 대기 중에서 사용하는 것으로서 긴급용이 아닌 것

비고 : 방독마스크는 산소농도가 18% 이상인 장소에서 사용하여야 하고, 고농도와 중농도에서 사용하는 방독마스크는 전면형(격리식, 직결식)을 사용해야 한다.

(3) 방독마스크의 형태 및 구조

형태		구조
격리식	전면형	정화통, 연결관, 흡기밸브, 안면부, 배기밸브 및 머리끈으로 구성되고, 정화통에 의해 가스 또는 증기를 여과한 청정공기를 연결관을 통하여 흡입하고 배기는 배기밸브를 통하여 외기 중으로 배출하는 것으로 안면부 전체를 덮는 구조
	반면형	정화통, 연결관, 흡기밸브, 안면부, 배기밸브 및 머리끈으로 구성되고, 정화통에 의해 가스 또는 증기를 여과한 청정공기를 연결관을 통하여 흡입하고 배기는 배기밸브를 통하여 외기 중으로 배출하는 것으로 코 및 입부분을 덮는 구조

형태		구조
직결식	전면형	정화통, 흡기밸브, 안면부, 배기밸브 및 머리끈으로 구성되고, 정화통에 의해 가스 또는 증기를 여과한 청정공기를 흡기밸브를 통하여 흡입하고 배기는 배기밸브를 통하여 외기 중으로 배출하는 것으로 정화통이 직접 연결된 상태로 안면부 전체를 덮는 구조
	반면형	정화통, 흡기밸브, 안면부, 배기밸브 및 머리끈으로 구성되고, 정화통에 의해 가스 또는 증기를 여과한 청정공기를 흡기밸브를 통하여 흡입하고 배기는 배기밸브를 통하여 외기 중으로 배출하는 것으로 안면부와 정화통이 직접 연결된 상태로 코 및 입부분을 덮는 구조

(4) 방독마스크의 일반구조 조건

① 착용 시 이상한 압박감이나 고통을 주지 않을 것

② 착용자의 얼굴과 방독마스크의 내면 사이의 공간이 너무 크지 않을 것

③ 전면형은 호흡 시에 투시부가 흐려지지 않을 것

④ 격리식 및 직결식 방독마스크에 있어서는 정화통 · 흡기밸브 · 배기밸브 및 머리끈을 쉽게 교환할 수 있고, 착용자 자신이 스스로 안면과 방독마스크 안면부와의 밀착성 여부를 수시로 확인할 수 있을 것

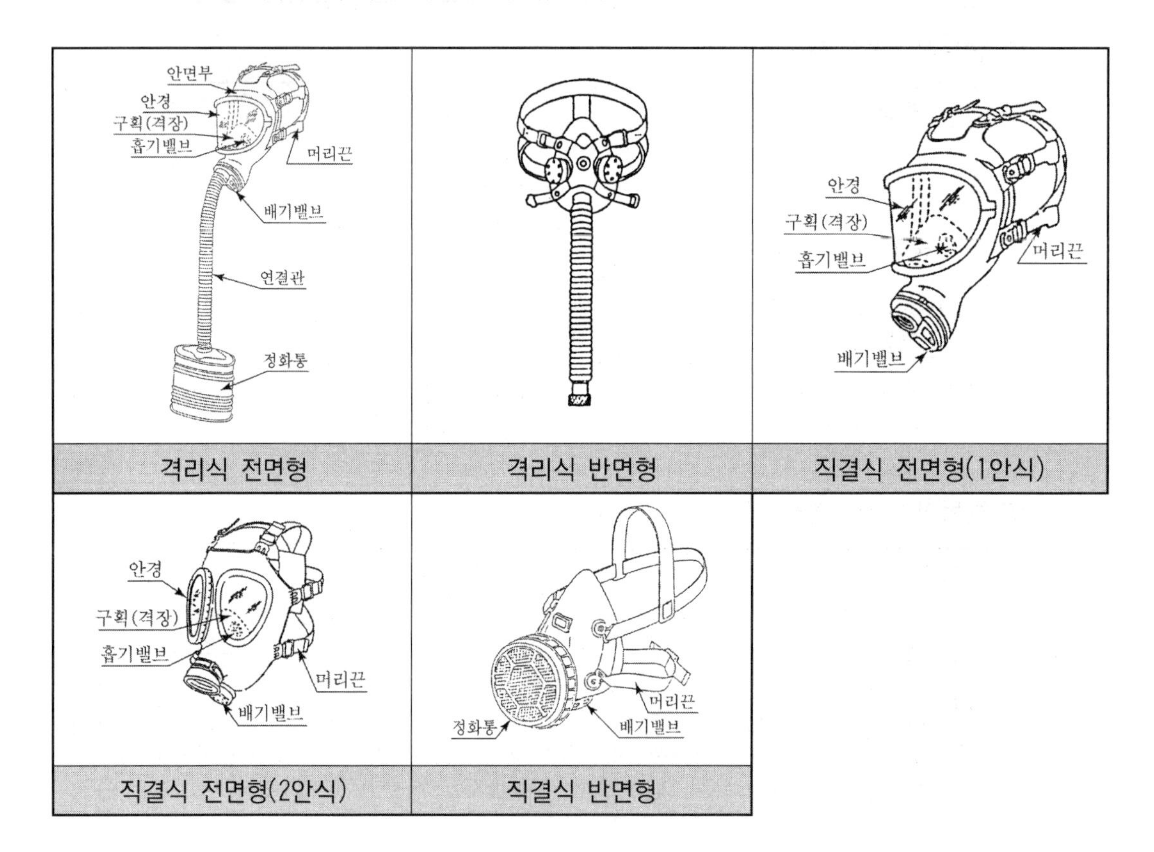

격리식 전면형 | 격리식 반면형 | 직결식 전면형(1안식)

직결식 전면형(2안식) | 직결식 반면형

(5) 방독마스크의 재료조건

① 안면에 밀착하는 부분은 피부에 장해를 주지 않을 것
② 흡착제는 흡착성능이 우수하고 인체에 장해를 주지 않을 것
③ 방독마스크에 사용하는 금속부품은 부식되지 않을 것
④ 방독마스크를 사용할 때 충격을 받을 수 있는 부품은 충격 시에 마찰 스파크가 발생되어 가연성의 가스혼합물을 점화시킬 수 있는 알루미늄, 마그네슘, 티타늄 또는 이의 합금으로 만들지 말 것

(6) 방독마스크 표시사항

안전인증 방독마스크에는 다음 각목의 내용을 표시해야 한다.

① 파과곡선도
② 사용시간 기록카드
③ 정화통의 외부측면의 표시색

종류	표시 색
유기화합물용 정화통	갈색
할로겐용 정화통	회색
황화수소용 정화통	
시안화수소용 정화통	
아황산용 정화통	노란색
암모니아용(유기가스) 정화통	녹색
복합용 및 겸용의 정화통	복합용의 경우 : 해당가스 모두 표시(2층 분리) 겸용의 경우 : 백색과 해당가스 모두 표시(2층 분리)

④ 사용상의 주의사항

(7) 방독마스크 성능시험 방법

① 기밀시험
② 안면부 흡기저항시험

형태 및 등급		유량(L/min)	차압(Pa)
격리식 및 직결식	전면형	160	250 이하
		30	50 이하
		95	150 이하
	반면형	160	200 이하
		30	50 이하
		95	130 이하

③ 안면부 배기저항시험

형 태	유량(L/min)	차압(Pa)
격리식 및 직결식	160	300 이하

7) 송기마스크

(1) 송기마스크의 종류 및 등급

종류	등급		구분
호스 마스크	폐력흡인형		안면부
	송풍기형	전동	안면부, 페이스실드, 후드
		수동	안면부
에어라인마스크	일정유량형		안면부, 페이스실드, 후드
	디맨드형		안면부
	압력디맨드형		안면부
복합식 에어라인마스크	디맨드형		안면부
	압력디맨드형		안면부

(2) 송기마스크의 종류에 따른 형상 및 사용범위

종류	등급	형상 및 사용범위
호스 마스크	폐력 흡인형	호스의 끝을 신선한 공기 중에 고정시키고 호스, 안면부를 통하여 착용자가 자신의 폐력으로 공기를 흡입하는 구조로서, 호스는 원칙적으로 안지름 19mm 이상, 길이 10m 이하이어야 한다.
	송풍기형	전동 또는 수동의 송풍기를 신선한 공기 중에 고정시키고 호스, 안면부 등을 통하여 송기하는 구조로서, 송기풍량의 조절을 위한 유량조절장치(수동 송풍기를 사용하는 경우는 공기조절 주머니도 가능) 및 송풍기에는 교환이 가능한 필터를 구비하여야 하며, 안면부를 통해 송기하는 것은 송풍기가 사고로 정지된 경우에도 착용자가 자기 폐력으로 호흡할 수 있는 것이어야 한다.
에어라인 마스크	일정 유량형	압축 공기관, 고압 공기용기 및 공기압축기 등으로부터 중압호스, 안면부 등을 통하여 압축공기를 착용자에게 송기하는 구조로서, 중간에 송기풍량을 조절하기 위한 유량조절장치를 갖추고 압축공기 중의 분진, 기름미스트 등을 여과하기 위한 여과장치를 구비한 것이어야 한다.

	디맨드형 및 압력 디맨드형	일정 유량형과 같은 구조로서 공급밸브를 갖추고 착용자의 호흡량에 따라 안면부 내로 송기하는 것이어야 한다.
복합식 에어 라인 마스크	디맨드형 및 압력 디맨드형	보통의 상태에서는 디맨드형 또는 압력디맨드형으로 사용할 수 있으며, 급기의 중단 등 긴급 시 또는 작업상 필요시에는 보유한 고압공기 용기에서 급기를 받아 공기호흡기로서 사용할 수 있는 구조로서, 고압공기 용기 및 폐지밸브는 KS P 8155(공기 호흡기)의 규정에 의한 것이어야 한다.

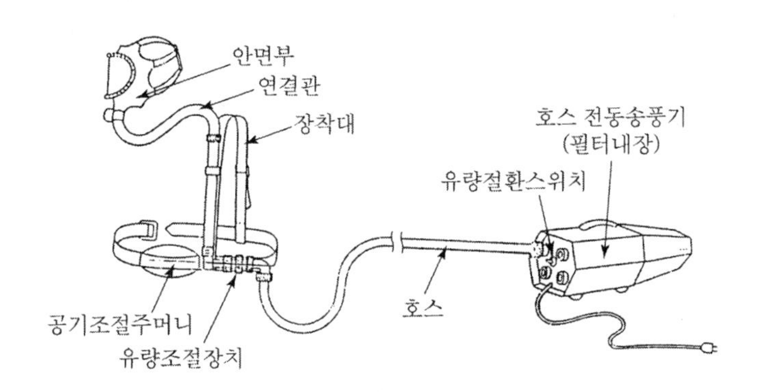

[전동 송풍기형 호스 마스크]

8) 전동식 호흡보호구

(1) 전동식 호흡보호구의 분류

분류	사용구분
전동식 방진마스크	분진 등이 호흡기를 통하여 체내에 유입되는 것을 방지하기 위하여 고효율 여과재를 전동장치에 부착하여 사용하는 것
전동식 방독마스크	유해물질 및 분진 등이 호흡기를 통하여 체내에 유입되는 것을 방지하기 위하여 고효율 정화통 및 여과재를 전동장치에 부착하여 사용하는 것
전동식 후드 및 전동식보안면	유해물질 및 분진 등이 호흡기를 통하여 체내에 유입되는 것을 방지하기 위하여 고효율 정화통 및 여과재를 전동장치에 부착하여 사용함과 동시에 머리, 안면부, 목, 어깨부분까지 보호하기 위해 사용하는 것

(2) 전동식 방진마스크의 형태 및 구조

형태	구조
전동식 전면형	전동기, 여과재, 호흡호스, 안면부, 흡기밸브, 배기밸브 및 머리끈으로 구성되며 허리 또는 어깨에 부착한 전동기의 구동에 의해 분진 등이 여과된 깨끗한 공기가 호흡호스를 통하여 흡기밸브로 공급하고 호흡에 의한 공기 및 여분의 공기는 배기밸브를 통하여 외기 중으로 배출하게 되는 것으로 안면부 전체를 덮는 구조
전동식 반면형	전동기, 여과재, 호흡호스, 안면부, 흡기밸브, 배기밸브 및 머리끈으로 구성되며 허리 또는 어깨에 부착한 전동기의 구동에 의해 분진 등이 여과된 깨끗한 공기가 호흡호스를 통하여 흡기밸브로 공급하고 호흡에 의한 공기 및 여분의 공기는 배기밸브를 통하여 외기 중으로 배출하게 되는 것으로 코 및 입 부분을 덮는 구조
사용조건	산소농도 18% 이상인 장소에서 사용해야 한다.

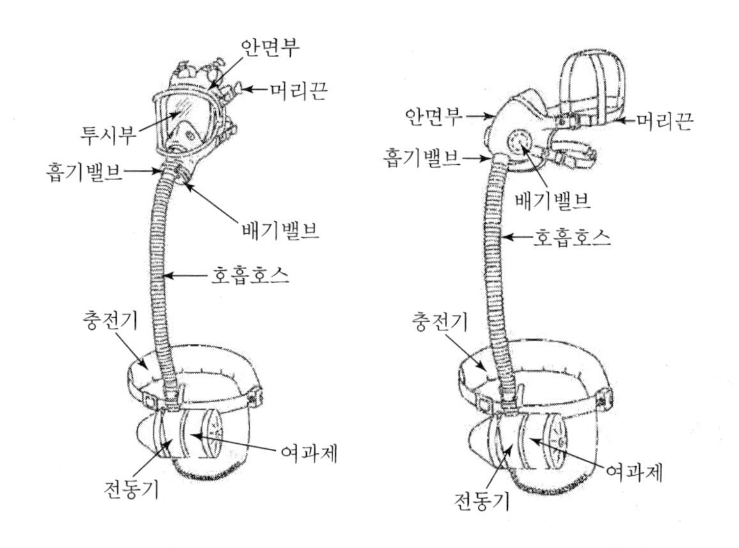

9) 보호복

(1) 방열복의 종류 및 질량

종류	착 부위	질량(kg)
방열상의	상체	3.0 이하
방열하의	하체	2.0 이하
방열일체복	몸체(상 · 하체)	4.3 이하
방열장갑	손	0.5 이하
방열두건	머리	2.0 이하

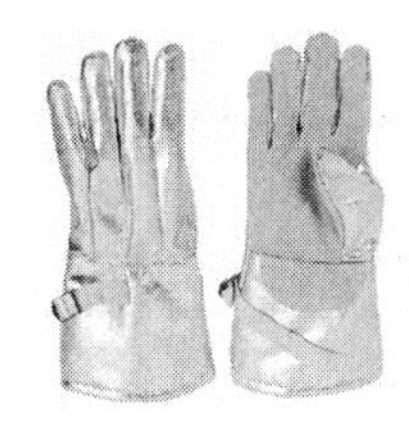
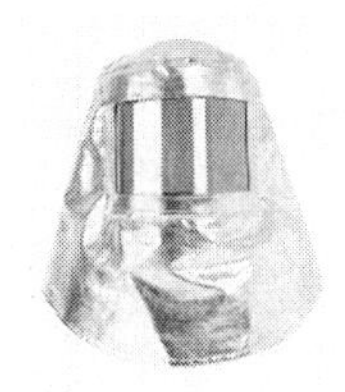

(2) 부품별 용도 및 성능기준

부품별	용도	성능 기준	적용대상
내열 원단	겉감용 및 방열장갑의 등감용	• 질량 : 500g/m^2 이하 • 두께 : 0.70mm 이하	방열상의 · 방열하의 · 방열일체복 · 방열장갑 · 방열두건
	안감	• 질량 : 330g/m^2 이하	〃
내열 펠트	누빔 중간층용	• 두께 : 0.1mm 이하 • 질량 : 300g/m^2 이하	〃
면포	안감용	• 고급면	〃
안면 렌즈	안면 보호용	• 재질 : 폴리카보네이트 또는 이와 동등 이상의 성능이 있는 것에 산화동이나 알루미늄 또는 이와 동등 이상의 것을 증착하거나 도금필름을 접착한 것 • 두께 : 3.0mm 이상	방열두건

10) 안전대

(1) 안전대의 종류

〈 의무안전인증 대상 안전대의 종류 : 2009. 01. 01 이후 〉

종류	사용구분
벨트식 안전그네식	U자 걸이용
	1개 걸이용
	안전블록
	추락방지대

주) 추락방지대 및 안전블록은 안전그네식에만 적용 함

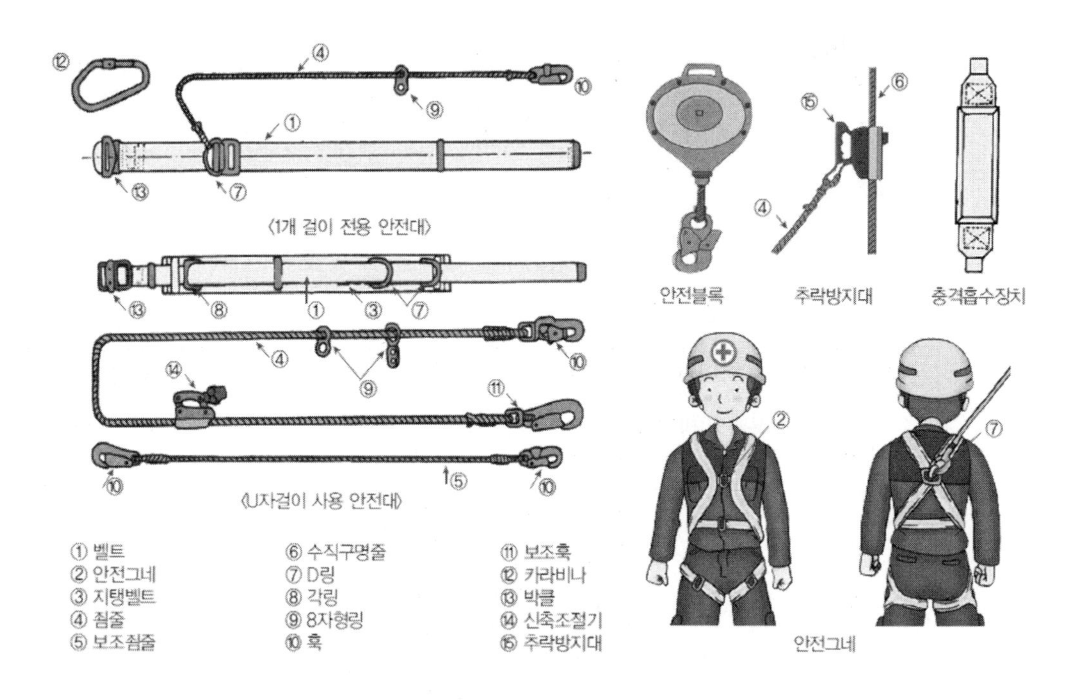

〈 안전대의 종류 및 부품 〉

(2) 안전대의 일반구조

① 벨트 또는 지탱벨트에 D링 또는 각 링과의 부착은 벨트 또는 지탱벨트와 같은 재료를 사용하여 견고하게 봉합할 것(U자걸이 안전대에 한함)

② 벨트 또는 안전그네에 버클과의 부착은 벨트 또는 안전그네의 한쪽 끝을 꺾어 돌려 버클을 꺾어 돌린 부분을 봉합사로 견고하게 봉합할 것

③ 죔줄 또는 보조죔줄 및 수직구명줄에 D링과 훅 또는 카라비너(이하 "D링 등"이라 한다)와의 부착은 죔줄 또는 보조죔줄 및 수직구명줄을 D링 등에 통과시켜 꺾어돌린 후 그 끝을 3회 이상 얽어매는 방법(풀림방지장치의 일종) 또는 이와 동등 이상의 확실한 방법으로 할 것

④ 지탱벨트 및 죔줄, 수직구명줄 또는 보조죔줄에 심블(Thimble) 등의 마모방지장치가 되어 있을 것

⑤ 죔줄의 모든 금속 구성품은 내식성을 갖거나 부식방지 처리를 할 것

⑥ 벨트의 조임 및 조절 부품은 저절로 풀리거나 열리지 않을 것

⑦ 안전그네는 골반 부분과 어깨에 위치하는 띠를 가져야 하고, 사용자에게 잘 맞게 조절할 수 있을 것

⑧ 안전대에 사용하는 죔줄은 충격흡수장치가 부착될 것. 다만 U자걸이, 추락방지대 및 안전블록에는 해당하지 않는다.

(3) 안전대 부품의 재료

부품	재료
벨트, 안전그네, 지탱벨트	나일론, 폴리에스테르 및 비닐론 등의 합성섬유
죔줄, 보조죔줄, 수직구명줄 및 D링 등 부착부분의 봉합사	합성섬유(로프, 웨빙 등) 및 스틸(와이어로프 등)
링류(D링, 각링, 8자형링)	KS D 3503(일반구조용 압연강재)에 규정한 SS400 또는 이와 동등 이상의 재료
훅 및 카라비너	KS D 3503(일반구조용 압연강재)에 규정한 SS400 또는 KS D 6763(알루미늄 및 알루미늄합금봉 및 선)에 규정하는 A2017BE-T4 또는 이와 동등 이상의 재료
버클, 신축조절기, 추락방지대 및 안전블록	KS D 3512(냉간 압연강판 및 강재)에 규정하는 SCP1 또는 이와 동등 이상의 재료
신축조절기 및 추락방지대의 누름금속	KS D 3503(일반구조용 압연강재)에 규정한 SS400 또는 KS D 6759(알루미늄 및 알루미늄합금 압출형재)에 규정하는 A2014-T6 또는 이와 동등 이상의 재료
훅, 신축조절기의 스프링	KS D 3509에 규정한 스프링용 스테인리스강선 또는 이와 동등 이상의 재료

11) 차광 및 비산물 위험방지용 보안경

(1) 사용구분에 따른 차광보안경의 종류

종류	사용구분
자외선용	자외선이 발생하는 장소
적외선용	적외선이 발생하는 장소
복합용	자외선 및 적외선이 발생하는 장소
용접용	산소용접작업 등과 같이 자외선, 적외선 및 강렬한 가시광선이 발생하는 장소

(2) 보안경의 종류

① 차광안경 : 고글형, 스펙터클형, 프론트형

② 유리보호안경

③ 플라스틱 보호안경

④ 도수렌즈 보호안경

12) 용접용 보안면

(1) 용접용 보안면의 형태

형태	구조
헬멧형	안전모나 착용자의 머리에 지지대나 헤드밴드 등을 이용하여 적정위치에 고정, 사용하는 형태(자동용접필터형, 일반용접필터형)
핸드실드형	손에 들고 이용하는 보안면으로 적절한 필터를 장착하여 눈 및 안면을 보호하는 형태

13) 방음용 귀마개 또는 귀덮개

(1) 방음용 귀마개 또는 귀덮개의 종류·등급

종류	등급	기호	성능	비고
귀마개	1종	EP-1	저음부터 고음까지 차음하는 것	귀미개의 경우 재사용 여부를 제조특성으로 표기
	2종	EP-2	주로 고음을 차음하고 저음(회화음영역)은 차음하지 않는 것	
귀덮개	-	EM		

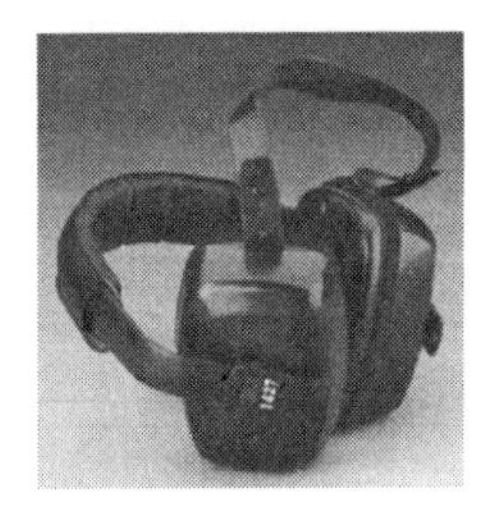

[귀덮개의 종류]

(2) 소음의 특징

① A-특성(A-Weighting) : 소음레벨
소음레벨은 20log10(음압의 실효치/기준음압)로 정의되는 값을 말하며 단위는 dB로 표시한다. 단, 기준음압은 정현파 1kHz에서의 최소가청음

② C-특성(C-Weighting) : 음압레벨
음압레벨은 20log10(대상이 되는 음압/기준음압)로 정의되는 값을 말함

4. 안전보건표지의 종류 · 용도 및 적용

1) 안전보건표지의 종류와 형태

(1) 종류 및 색채

① 금지표지 : 위험한 행동을 금지하는 데 사용되며 8개 종류가 있다.(바탕은 흰색, 기본모형은 빨간색, 관련 부호 및 그림은 검은색)

② 경고표지 : 직접 위험한 것 및 장소 또는 상태에 대한 경고로서 사용되며 15개 종류가 있다.(바탕은 노란색, 기본모형, 관련 부호 및 그림은 검은색)

※ 다만, 인화성 물질 경고, 산화성 물질 경고, 폭발성 물질 경고, 급성독성 물질 경고, 부식성 물질 경고 및 발암성 · 변이원성 · 생식독성 · 전신독성 · 호흡기과민성 물질 경고의 경우 바탕은 무색, 기본모형은 빨간색(검은색도 가능)

③ 지시표지 : 작업에 관한 지시. 즉, 안전 · 보건 보호구의 착용에 사용되며 9개 종류가 있다.(바탕은 파란색, 관련 그림은 흰색)

④ 안내표지 : 구명, 구호, 피난의 방향 등을 분명히 하는 데 사용되며 7개 종류가 있다. 바탕은 흰색, 기본모형 및 관련 부호는 녹색, 바탕은 녹색, 관련 부호 및 그림은 흰색)

(2) 종류와 형태

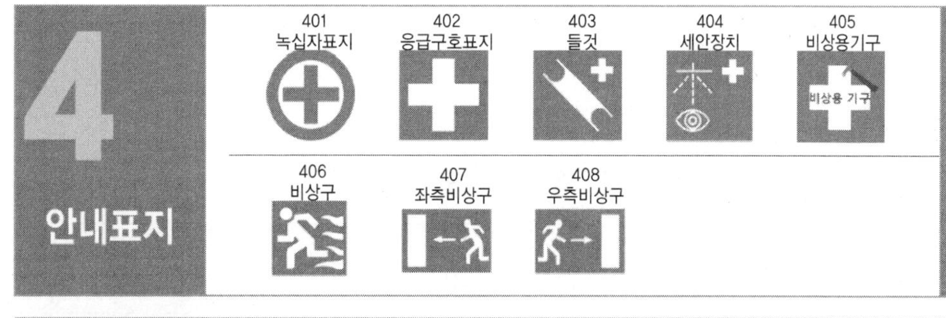

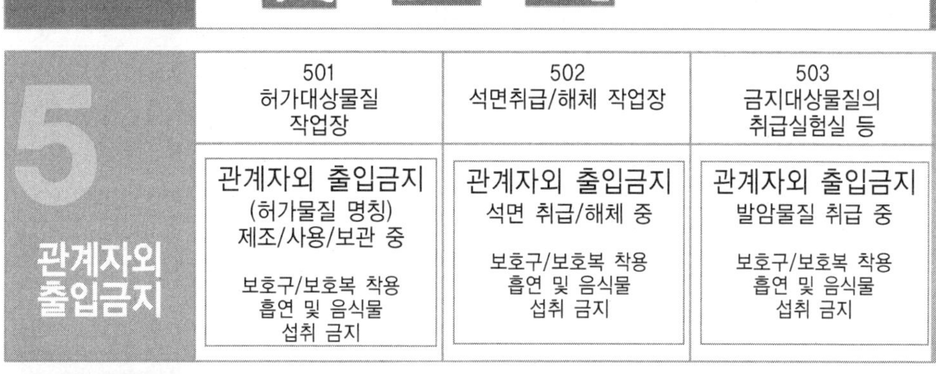

- ▶ 내 자신의 건강과 복지를 위하여 안전을 늘 생각한다.
- ▶ 내 가정의 행복과 화목을 위하여 안전을 늘 생각한다.
- ▶ 내 자신의 실수로써 동료를 해치지 않도록 안전을 늘 생각한다.
- ▶ 내 자신이 일으킨 사고로 인한 회사의 재산과 손실을 방지하기 위하여 안전을 늘 생각한다.
- ▶ 내 자신의 방심과 불안전한 행동이 조국의 번영에 장애가 되지 않도록 하기 위하여 안전을 늘 생각한다.

2) 안전 · 보건표지의 설치

(1) 근로자가 쉽게 식별할 수 있는 장소 · 시설 또는 물체에 설치

(2) 흔들리거나 쉽게 파손되지 않도록 견고하게 설치 또는 부착

(3) 설치 또는 부착이 곤란할 경우에는 당해 물체에 직접 도장

3) 제작 및 재료

(1) 표시내용을 근로자가 빠르고 쉽게 알아 볼 수 있는 크기로 제작

(2) 표지 속의 그림, 부호의 크기는 안전 · 보건표지의 크기와 비례해야 하며, 안전 · 보건표지 전체 규격의 30퍼센트 이상이 되어야 함

(3) 야간에 필요한 표지는 야광물질을 사용하는 등 쉽게 식별 가능하도록 제작

(4) 표지의 재료는 쉽게 파손되거나 변질되지 않는 것으로 제작

5. 안전 · 보건표지의 색채, 색도기준

1) 안전 · 보건표지의 색채, 색도기준 및 용도

색 채	색도기준	용도	사용 예
빨간색	7.5R 4/14	금지	정지신호, 소화설비 및 그 장소, 유해행위의 금지
		경고	화학물질 취급장소에서의 유해 · 위험 경고
노란색	5Y 8.5/12	경고	화학물질 취급장소에서의 유해 · 위험 경고, 그 밖의 위험 경고, 주의표지 또는 기계방호물
파란색	2.5PB 4/10	지시	특정 행위의 지시 및 사실의 고지
녹색	2.5G 4/10	안내	비상구 및 피난소, 사람 또는 차량의 통행표지
흰색	N9.5		파란색 또는 녹색에 대한 보조색
검은색	N0.5		문자 및 빨간색 또는 노란색에 대한 보조색

2) 기본모형

번호	기본모형	규격비율	표시사항
1	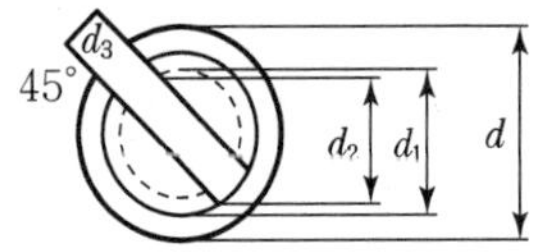 45°, d_3, d_2, d_1, d	$d \geq 0.025L$ $d_1 = 0.8d$ $0.7d < d_2 < 0.8d$ $d_3 = 0.1d$	금지
2	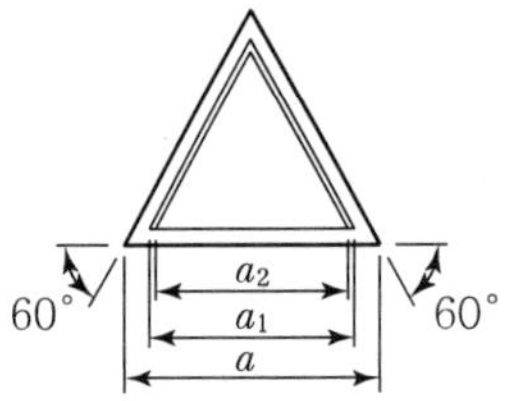 60°, a_2, a_1, a, 60°	$a \geq 0.034L$ $a_1 = 0.8a$ $0.7a < a_2 < 0.8a$	경고
3	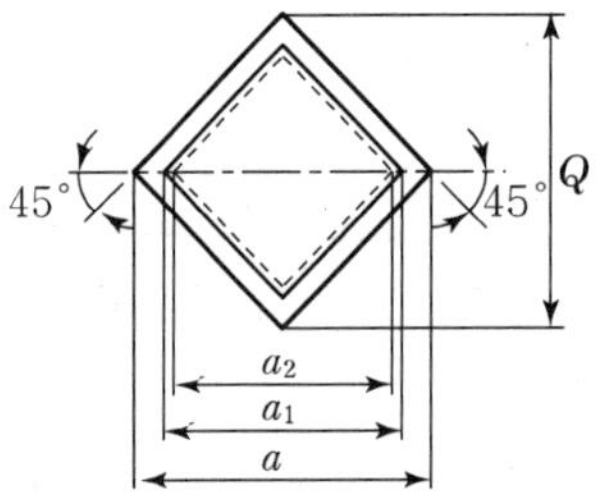 45°, 45°, Q, a_2, a_1, a	$a \geq 0.025L$ $a_1 = 0.8a$ $0.7a < a_2 < 0.8a$	경고

4	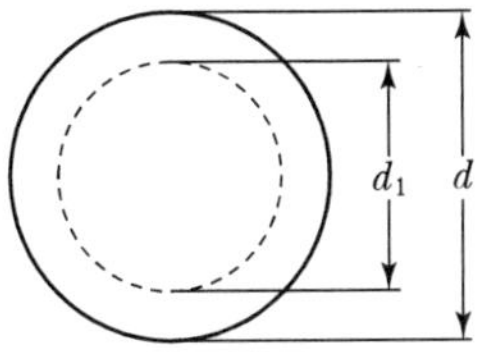 d_1 d	$d \geq 0.025L$ $d_1 = 0.8d$	지시
5	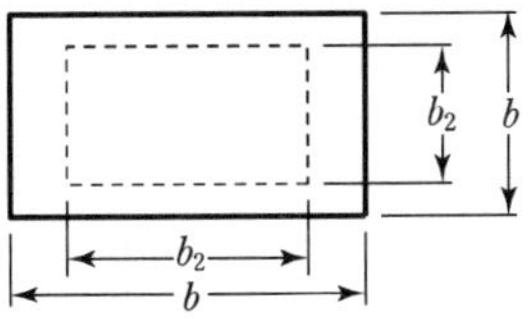 b_2 b	$b \geq 0.0224L$ $b_2 = 0.8b$	안내
6	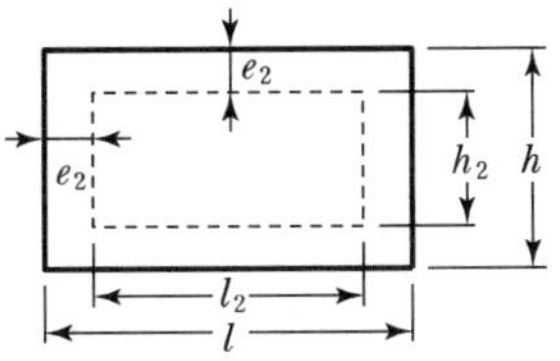 e_2 h_2 h l_2 l	$h < l$ $h_2 = 0.8h$ $l \times h \geq 0.0005L^2$ $h - h_2 = l - l_2 = 2e_2$ $l/h = 1, 2, 4, 8$ (4종류)	안내

※ 1. L은 안전・보건표지를 인식할 수 있거나 인식하여야 할 거리를 말한다.(L과 a, b, d, e, h, l은 같은 단위로 계산해야 한다.)

2. 점선 안쪽에는 표시사항과 관련된 부호 또는 그림을 그린다.

CHAPTER 04 산업안전심리

1 산업심리와 심리검사

1. 심리검사의 종류

1) 산업심리란?

산업활동에 종사하는 인간의 문제 특히, 산업현장의 근로자들의 심리적 특성 그리고 이와 연관된 조직의 특성 등을 연구, 고찰, 해결하려는 응용심리학의 한 분야. 산업 및 조직심리학(Industrial and Organizational Psychology)이라고 불리기도 한다.

2) 심리검사의 종류

(1) 계산에 의한 검사 : 계산검사, 기록검사, 수학응용검사

(2) 시각적 판단검사 : 형태비교검사, 입체도 판단검사, 언어식별검사, 평면도판단검사. 명칭판단검사, 공구판단검사

(3) 운동능력검사(Motor Ability Test)

① 추적(Tracing) : 아주 작은 통로에 선을 그리는 것

② 두드리기(Tapping) : 가능한 빨리 점을 찍는 것

③ 점찍기(Dotting) : 원속에 점을 빨리 찍는 것

④ 복사(Copying) : 간단한 모양을 베끼는 것

⑤ 위치(Location) : 일정한 점들을 이어 크거나 작게 변형

⑥ 블록(Blocks) : 그림의 블록 개수 세기

⑦ 추적(Pursuit) : 미로 속의 선을 따라가기

(4) 정밀도검사(정확성 및 기민성) : 교환검사, 회전검사, 조립검사, 분해검사

(5) 안전검사 : 건강진단, 실시시험, 학과시험, 감각기능검사, 전직조사 및 면접

(6) 창조성검사(상상력을 발동시켜 창조성 개발능력을 점검하는 검사)

2. 심리검사의 특성(좋은 심리검사의 요건, 표준화 검사의 요건)

1) 표준화

검사의 관리를 위한 조건, 절차의 일관성과 통일성에 대한 심리검사의 표준화가 마련되어야 한다. 검사의 재료, 검사받는 시간, 피검사에게 주어지는 지시, 피검사의 질문에 대한 검사자의 처리, 검사 장소 및 분위기까지도 모두 통일되어 있어야 한다.

2) 타당도

특정한 시기에 모든 근로자를 검사하고, 그 검사 점수와 근로자의 직무평정 척도를 상호 연관시키는 예언적 타당성을 갖추어야 한다.

3) 신뢰도

한 집단에 대한 검사응답의 일관성을 말하는 신뢰도를 갖추어야 한다. 검사를 동일한 사람에게 실시했을 때 '검사조건이나 시기에 관계없이 얼마나 점수들이 일관성이 있는가, 비슷한 것을 측정하는 검사점수와 얼마나 일관성이 있는가' 하는 것 등

4) 객관도

채점이 객관적인 것을 의미

5) 실용도

실시가 쉬운 검사

3. 내용별 심리검사 분류

1) 인지적 검사(능력검사)

(1) 지능검사 : 한국판 웩슬러 성인용 지능검사(K-WAIS), 한국판 웩슬러 지능검사(K-WIS)
(2) 적성검사 : GATB 일반적성검사, 기타 다양한 특수적성검사
(3) 성취도 검사 : 토익, 토플 등의 시험

2) 정서적 검사(성격검사)

(1) 성격검사 : 직업선호도 검사 중 성격검사(BIG FIVE), 다면적 인성검사(MMPI), 캘리포니아 성격검사(CPI), 성격유형검사(MBTI), 이화방어기제검사(EDMT)
(2) 흥미검사 : 직업선호도 검사 중 흥미검사
(3) 태도검사 : 구직욕구검사, 직무만족도검사 등 매우 다양

4. 스트레스(Stress)

1) 스트레스의 정의

스트레스란, 적응하기 어려운 환경에 처할 때 느끼는 심리적·신체적 긴장 상태로 직무몰입과 생산성 감소의 직접적인 원인이 된다. 직무특성 스트레스 요인은 작업속도, 근무시간, 업무의 반복성이 있다.

2) 스트레스의 자극요인

① 자존심의 손상(내적요인)
② 업무상의 죄책감(내적요인)
③ 현실에서의 부적응(내적요인)
④ 직장에서의 대인 관계상의 갈등과 대립(외적요인)

3) 스트레스 해소법

① 자기 자신을 돌아보는 반성의 기회를 가끔씩 가진다.
② 주변사람과의 대화를 통해서 해결책을 모색한다.
③ 스트레스는 가급적 빨리 푼다.
④ 출세에 조급한 마음을 가지지 않는다.

2 직업적성과 배치

1. 직업적성의 분류

1) 기계적 적성 : 기계작업에 성공하기 쉬운 특성

(1) 손과 팔의 솜씨

신속하고 정확한 능력

(2) 공간 시각화

형상, 크기의 판단능력

(3) 기계적 이해

공간시각능력, 지각속도, 경험, 기술적 지식 등 복합적 인자가 합쳐져 만들어진 적성

2) 사무적 적성

(1) 지능　(2) 지각속도　(3) 정확성

2. 적성검사의 종류

1) 시각적 판단검사
2) 정확도 및 기민성 검사(정밀성 검사)
3) 계산에 의한 검사
4) 속도에 의한 검사

3. 적성 발견방법

1) 자기 이해

자신의 것으로 인지하고 이해하는 방법

2) 개발적 경험

직장경험, 교육 등을 통한 자신의 능력 발견 방법

3) 적성검사

(1) 특수 직업 적성검사

특수 직무에서 요구되는 능력 유무 검사

(2) 일반 직업 적성검사

어느 직업분야의 적성을 알기 위한 검사

4. 직무분석방법

1) 면접법
2) 설문지법
3) 직접관찰법
4) 일지작성법
5) 결정사건기법

5. 적성배치의 효과

1) 근로의욕 고취
2) 재해의 예방
3) 근로자 자신의 자아실현
4) 생산성 및 능률 향상
5) 적성배치에 있어서 고려되어야 할 기본사항
   (1) 적성검사를 실시하여 개인의 능력을 파악한다.
   (2) 직무평가를 통하여 자격수준을 정한다.
   (3) 객관적인 감정 요소에 따른다.
   (4) 인사관리의 기준원칙을 고수한다.

6. 인사관리의 중요한 기능

1) 조직과 리더십(Leadership)
2) 선발(적성검사 및 시험)
3) 배치
4) 작업분석과 업무평가
5) 상담 및 노사 간의 이해

3 인간의 특성과 안전과의 관계

1. 안전사고 요인

1) 정신적 요소

(1) 안전의식의 부족
(2) 주의력의 부족
(3) 방심, 공상
(4) 판단력 부족

2) 생리적 요소

(1) 극도의 피로
(2) 시력 및 청각기능의 이상
(3) 근육운동의 부적합
(4) 생리 및 신경계통의 이상

3) 불안전행동

(1) 직접적인 원인

지식의 부족, 기능미숙, 태도불량, 인간에러 등

(2) 간접적인 원인

① 망각 : 학습된 행동이 지속되지 않고 소멸되는 것, 기억된 내용의 망각은 시간의 경과에 비례하여 급격히 이루어진다.
② 의식의 우회 : 공상, 회상 등
③ 생략행위 : 정해진 순서를 빠뜨리는 것
④ 억측판단 : 자기 멋대로 하는 주관적인 판단
⑤ 4M 요인 : 인간관계(Man), 설비(Machine), 작업환경(Media), 관리(Management)

2. 산업안전심리의 5대 요소

1) 동기(Motive)

감각에 의한 자극에서 일어나는 사고의 결과로서 사람의 마음을 움직이는 원동력

2) 기질(Temper)

인간의 성격, 능력 등 개인적인 특성을 말하는 것으로 생활환경에 영향을 받는다.

3) 감정(Emotion)

희로애락의 의식

4) 습성(Habits)

동기, 기질, 감정 등이 밀접한 관계를 형성하여 인간의 행동에 영향을 미칠 수 있도록 하는 것

5) 습관(Custom)

자신도 모르게 습관화된 현상을 말하며 습관에 영향을 미치는 요소는 동기, 기질, 감정, 습성이다.

3. 착오의 종류 및 원인

1) 착오의 종류

(1) 위치착오
(2) 순서착오
(3) 패턴의 착오
(4) 기억의 착오
(5) 형(모양)의 착오

2) 착오의 원인

(1) 심리적 능력한계
(2) 감각차단현상
(3) 정보량의 저장한계

4. 착시

물체의 물리적인 구조가 인간의 감각기관인 시각을 통해 인지한 구조와 일치되지 않게 보이는 현상

학설	그림	현상
Zoller의 착시		세로의 선이 굽어보인다.
Orbigon의 착시		안쪽 원이 찌그러져 보인다.
Sander의 착시		두 점선의 길이가 다르게 보인다.
Ponzo의 착시		두 수평선부의 길이가 다르게 보인다.
Müler-Lyer의 착시	(a) (b)	a가 b보다 길게 보인다. 실제는 a=b이다.
Helmholz의 착시	(a) (b)	a는 세로로 길어 보이고, b는 가로로 길어 보인다.
Hering의 착시	(a) (b)	a는 양단이 벌어져 보이고, b는 중앙이 벌어져 보인다.
Köhler의 착시 (윤곽착오)		우선 평형의 호를 본 후 즉시 직선을 본 경우에 직선은 호의 반대방향으로 굽어 보인다.
Poggendorf의 착시	(a) (c) (b)	a와 c가 일직선으로 보인다. 실제는 a와 b가 일직선이다.

5. 착각현상

착각은 물리현상을 왜곡하는 지각현상을 말함

1) 자동운동 : 암실 내에서 정지된 작은 광점을 응시하면 움직이는 것처럼 보이는 현상
2) 유도운동 : 실제로는 정지한 물체가 어느 기준물체의 이동에 따라 움직이는 것처럼 보이는 현상
3) 가현운동 : 영화처럼 물체가 빨리 나타나거나 사라짐으로 인해 운동하는 것처럼 보이는 현상

05 인간의 행동과학

1 조직과 인간행동

1. 인간관계

1) 인간관계 관리방식

(1) 종업원의 경영참여기회 제공 및 자율적인 협력체계 형성
(2) 종업원의 윤리경영의식 함양 및 동기부여

2) 테일러(Taylor) 방식

(1) 시간과 동작연구(Motion Time Study)를 통해 인간의 노동력을 과학적으로 분석하여 생산성 향상에 기여

(2) 부정적인 측면
① 개인차 무시 및 인간의 기계화
② 단순하고 반복적인 직무에 한해서만 적정

3) 호돈(Hawthorne)의 실험

(1) 미국 호돈공장에서 실시된 실험으로 종업원의 인간관계를 과학적으로 연구한 실험
(2) 물리적인 조건(조명, 휴식시간, 근로시간 단축, 임금 등)이 생산성에 영향을 주는 것이 아니라 인간관계가 절대적인 요소로 작용함을 강조

2. 사회행동의 기초

1) 적응의 개념

적응이란 개인의 심리적 요인과 환경적 요인이 작용하여 조화를 이룬 상태. 일반적으로 유기체가 장애를 극복하고 욕구를 충족하기 위해 변화시키는 활동뿐만 아니라 신체적・사회적 환경과 조화로운 관계를 수립하는 것

2) 부적응

사람들은 누구나 자기의 행동이나 욕구, 감정, 사상 등이 사회의 요구・규범・질서에 비추어 용납되지 않을 때는 긴장, 스트레스, 압박, 갈등이 일어나며 대인관계나 사회생활에 조화를 잘 이루지 못하는 행동이나 상태를 부적응 또는 부적응 상태라 이른다.

(1) 부적응의 현상

능률저하, 사고, 불만 등

(2) 부적응의 원인

① 신체 장애 : 감각기관 장애, 지체부자유, 허약, 언어 장애, 기타 신체상의 장애
② 정신적 결함 : 지적 우수, 지적 지체, 정신이상, 성격 결함 등
③ 가정・사회 환경의 결함 : 가정환경 결함, 사회・경제적・정치적 조건의 혼란과 불안정 등

3) 인간의 의식 Level의 단계별 신뢰성

단계	의식의 상태	신뢰성	의식의 작용
Phase 0	무의식, 실신	0	없음
Phase I	의식의 둔화	0.9 이하	부주의
Phase II	이완상태	0.99~0.99999	마음이 안쪽으로 향함(Passive)
Phase III	명료한 상태	0.99999 이상	전향적(Active)
Phase IV	과긴장 상태	0.9 이하	한점에 집중, 판단 정지

3. 인간관계 메커니즘

1) 동일화(Identification)

다른 사람의 행동양식이나 태도를 투입시키거나 다른 사람 가운데서 자기와 비슷한 점을 발견하는 것

2) 투사(Projection)

자기 속의 억압된 것을 다른 사람의 것으로 생각하는 것

3) 커뮤니케이션(Communication)

갖가지 행동양식이나 기호를 매개로 하여 어떤 사람으로부터 다른 사람에게 전달하는 과정

4) 모방(Imitation)

남의 행동이나 판단을 표본으로 하여 그것과 같거나 또는 그것에 가까운 행동 또는 판단을 취하려는 것

5) 암시(Suggestion)

다른 사람으로부터의 판단이나 행동을 무비판적으로 논리적, 사실적 근거 없이 받아들이는 것

4. 집단행동

1) 통제가 있는 집단행동(규칙이나 규율이 존재한다)

(1) 관습 : 풍습(Folkways), 예의(Ritual), 금기(Taboo) 등으로 나누어짐

(2) 제도적 행동(Institutional Behavior) : 합리적으로 구성원의 행동을 통제하고 표준화함으로써 집단의 안정을 유지하려는 것

(3) 유행(Fashion) : 공통적인 행동양식이나 태도 등을 말함

2) 통제가 없는 집단행동(성원의 감정, 정서에 의해 좌우되고 연속성이 희박하다)

(1) 군중(Crowd) : 구성원 사이에 지위나 역할의 분화가 없고 성원 각자는 책임감을 가지지 않으며 비판력도 가지지 않는다.

(2) 모브(Mob) : 폭동과 같은 것을 말하며 군중보다 합의성이 없고 감정에 의해 행동하는 것

(3) 패닉(Panic) : 모브가 공격적인 데 반해 패닉은 방어적인 특징이 있음

(4) 심리적 전염(Mental Epidemic) : 어떤 사상이 상당 기간에 걸쳐 광범위하게 논리적 근거 없이 무비판적으로 받아들여지는 것

5. 인간의 일반적인 행동특성

1) 레빈(Lewin·K)의 법칙

레빈은 인간의 행동(B)은 그 사람이 가진 자질 즉, 개체(P)와 심리적 환경(E)과의 상호 함수관계에 있다고 하였다.

$$B = f(P \cdot E)$$

여기서, B : Behavior(인간의 행동)
f : function(함수관계)
P : Person(개체 : 연령, 경험, 심신상태, 성격, 지능 등)
E : Environment(심리적 환경 : 인간관계, 작업환경 등)

2) 인간의 심리

(1) 간결성의 원리 : 최소 에너지로 빨리 가려고 함(생략행위)
(2) 주의의 일점집중현상 : 어떤 돌발사태에 직면했을 때 멍한 상태
(3) 억측판단(Risk Taking) : 위험을 부담하고 행동으로 옮김

3) 억측판단이 발생하는 배경

(1) 희망적인 관측 : '그때도 그랬으니까 괜찮겠지' 하는 관측
(2) 정보나 지식의 불확실 : 위험에 대한 정보의 불확실 및 지식의 부족
(3) 과거의 선입관 : 과거에 그 행위로 성공한 경험의 선입관
(4) 초조한 심정 : 일을 빨리 끝내고 싶은 초조한 심정

4) 작업자가 작업 중 실수나 과오로 사고를 유발시키는 원인

(1) 능력부족

① 부적당한 개성　② 지식의 결여　③ 인간관계의 결함

(2) 주의부족

① 개성　② 감정의 불안정　③ 습관성

(3) 환경조건 부적합

① 각종의 표준불량　② 작업조건 부적당
③ 계획 불충분　④ 연락 및 의사소통 불충분
⑤ 불안과 동요

2 재해 빈발성 및 행동과학

1. 사고 경향설(Greenwood)

사고의 대부분은 소수에 의해 발생되고 있으며 사고를 낸 사람이 또다시 사고를 발생시키는 경향이 있다.(사고경향성이 있는 사람 → 소심한 사람)

2. 성격의 유형(재해누발자 유형)

1) 미숙성 누발자 : 환경에 익숙하지 못하거나 기능 미숙으로 인한 재해 누발자
2) 상황성 누발자 : 작업이 어렵거나, 기계설비의 결함, 주의력의 집중이 혼란된 경우, 심신의 근심으로 사고 경향자가 되는 경우(상황이 변하면 안전한 성향으로 바뀜)
3) 습관성 누발자 : 재해의 경험으로 신경과민이 되거나 슬럼프에 빠지기 때문에 사고경향자가 되는 경우
4) 소질성 누발자 : 지능, 성격, 감각운동 등에 의한 소질적 요소에 의해서 결정되는 특수성격 소유자

3. 재해빈발설

1) 기회설 : 개인의 문제가 아니라 작업 자체에 문제가 있어 재해가 빈발
2) 암시설 : 재해를 한번 경험한 사람은 심리적 압박을 받게 되어 대처능력이 떨어져 재해가 빈발
3) 빈발경향자설 : 재해를 자주 일으키는 소질을 가진 근로자가 있다는 설

4. 동기부여(Motivation)

동기부여란 동기를 불러일으키게 하고 일어난 행동을 유지시켜 일정한 목표로 이끌어 가는 과정을 말한다.

1) 매슬로(Maslow)의 욕구단계이론

(1) 생리적 욕구(제1단계) : 기아, 갈증, 호흡, 배설, 성욕 등
(2) 안전의 욕구(제2단계) : 안전을 기하려는 욕구

(3) 사회적 욕구(제3단계) : 사회의 소속 및 애정에 대한 욕구(친화 욕구)
(4) 자기존경의 욕구(제4단계) : 자기존경의 욕구로 자존심, 명예, 성취, 지위에 대한 욕구(승인의 욕구)
(5) 자아실현의 욕구(성취욕구)(제5단계) : 잠재적인 능력을 실현하고자 하는 욕구(성취욕구)

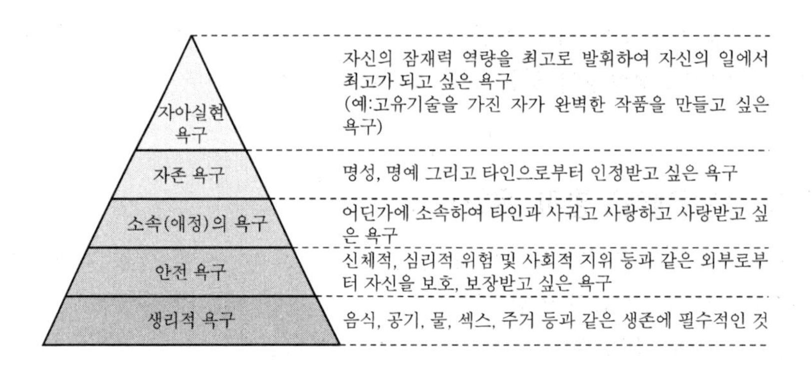

2) 알더퍼(Alderfer)의 ERG 이론

(1) E(Existence) : 존재의 욕구

생리적 욕구나 안전욕구와 같이 인간이 자신의 존재를 확보하는 데 필요한 욕구이다. 또한 여기에는 급여, 부가급, 육체적 작업에 대한 욕구 그리고 물질적 욕구가 포함된다.

(2) R(Relation) : 관계 욕구

개인이 주변사람들(가족, 감독자, 동료작업자, 하위자, 친구 등)과 상호작용을 통하여 만족을 추구하고 싶어 하는 욕구로서 매슬로 욕구단계 중 애정의 욕구에 속한다.

(3) G(Growth) : 성장욕구

매슬로의 자존의 욕구와 자아실현의 욕구를 포함하는 것으로서, 개인의 잠재력 개발과 관련되는 욕구이다.

ERG 이론에 따르면 경영자가 종업원의 고차원 욕구를 충족시켜야 하는 것은 동기부여를 위해서만이 아니라 발생할 수 있는 직·간접비용을 절감한다는 차원에서도 중요하다는 것을 밝히고 있다.

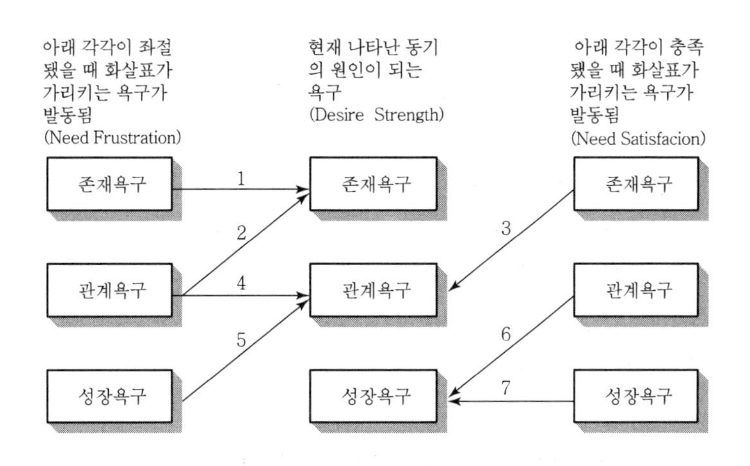

[ERG 이론의 작동원리]

3) 맥그리거(Mcgregor)의 X이론과 Y이론

(1) X이론에 대한 가정

① 원래 종업원들은 일하기 싫어하며 가능하면 일하는 것을 피하려고 한다.

② 종업원들은 일하는 것을 싫어하므로 바람직한 목표를 달성하기 위해서는 그들을 통제하고 위협하여야 한다.

③ 종업원들은 책임을 회피하고 가능하면 공식적인 지시를 바란다.

④ 인간은 명령되는 쪽을 좋아하며 무엇보다 안전을 바라고 있다는 인간관

⇒ X이론에 대한 관리 처방

㉠ 경제적 보상체계의 강화

㉡ 권위주의적 리더십의 확립

㉢ 면밀한 감독과 엄격한 통제

㉣ 상부책임제도의 강화

㉤ 통제에 의한 관리

(2) Y이론에 대한 가정

① 종업원들은 일하는 것을 놀이나 휴식과 동일한 것으로 볼 수 있다.

② 종업원들은 조직의 목표에 관여하는 경우에 자기지향과 자기통제를 행한다.

③ 보통 인간들은 책임을 수용하고 감수한다.

④ 작업에서 몸과 마음을 구사하는 것은 인간의 본성이라는 인간관

⑤ 인간은 조건에 따라 자발적으로 책임을 지려고 한다는 인간관
⑥ 매슬로의 욕구체계 중 자기실현의 욕구에 해당한다.

⇒ Y이론에 대한 관리 처방
㉠ 민주적 리더십의 확립
㉡ 분권화와 권한의 위임
㉢ 직무확장
㉣ 자율적인 통제

4) 허즈버그(Herzberg)의 2요인 이론(위생요인, 동기요인)

(1) 위생요인(Hygiene)

작업조건, 급여, 직무환경, 감독 등 일의 조건, 보상에서 오는 욕구(충족되지 않을 경우 조직의 성과가 떨어지나, 충족되었다고 성과가 향상되지 않음)

(2) 동기요인(Motivation)

책임감, 성취 인정, 개인발전 등 일 자체에서 오는 심리적 욕구(충족될 경우 조직의 성과가 향상되며 충족되지 않아도 성과가 떨어지지 않음)

(3) Herzberg의 일을 통한 동기부여 원칙

① 직무에 따라 자유와 권한 부여
② 개인적 책임이나 책무를 증가시킴
③ 더욱 새롭고 어려운 업무수행을 하도록 과업 부여
④ 완전하고 자연스러운 작업단위를 제공
⑤ 특정의 직무에 전문가가 될 수 있도록 전문화된 임무를 배당

5) 데이비스(K. Davis)의 동기부여 이론

(1) 지식(Knowledge)×기능(Skill)＝능력(Ability)
(2) 상황(Situation)×태도(Attitude)＝동기유발(Motivation)
(3) 능력(Ability)×동기유발(Motivation)＝인간의 성과(Human Performance)
(4) 인간의 성과×물질적 성과＝경영의 성과

6) 작업동기와 직무수행과의 관계 및 수행과정에서 느끼는 직무 만족의 내용을 중심으로 하는 이론

(1) 콜만의 일관성 이론

자기존중을 높이는 사람은 더 높은 성과를 올리며 일관성을 유지하여 사회적으로 존경받는 직업을 선택

(2) 브름의 기대이론

3가지의 요인 기대(Expectancy), 수단성(Instrumentality), 유인도(Valence)의 3가지 요소의 값이 각각 최댓값이 되면 최대의 동기부여가 된다는 이론

(3) 록크의 목표설정 이론

인간은 이성적이며 의식적으로 행동한다는 가정에 근거한 동기이론

7) 안전에 대한 동기 유발방법

(1) 안전의 근본이념을 인식시킨다.
(2) 상과 벌을 준다.
(3) 동기유발의 최적수준을 유지한다.
(4) 목표를 설정한다.
(5) 결과를 알려준다.
(6) 경쟁과 협동을 유발시킨다.

5. 주의와 부주의

1) 주의의 특성

(1) 선택성(소수의 특정한 것에 한한다)

인간은 어떤 사물을 기억하는 데에 3단계의 과정을 거친다. 첫째 단계는 감각보관(Sensory Storage)으로 시각적인 잔상(殘像)과 같이 자극이 사라진 후에도 감각기관에 그 자극감각이 잠시 지속되는 것을 말한다. 둘째 단계는 단기기억(Short-Term Memory)으로 누구에게 전해야 할 메시지를 잠시 기억하는 것처럼 관련 정보를 잠시 기억하는 것인데, 감각보관으로부터 정보를 암호화하여 단기기억으로 이전하기 위해서는 인간이 그 과정에 주의를 집중해야 한다. 셋째 단계인 장기기억(Long-Term Memory)은 단기기억 내의 정보를 의미론적으로 암호화하여 보관하는 것이다.

인간의 정보처리능력은 한계가 있으므로 모든 정보가 단기기억으로 입력될 수는 없다. 따라서 입력정보들 중 필요한 것만을 골라내는 기능을 담당하는 선택여과기(Selective Filter)가 있는 셈인데, 브로드벤트(Broadbent)는 이러한 주의의 특성을 선택적 주의(Selective Attention)라 하였다.

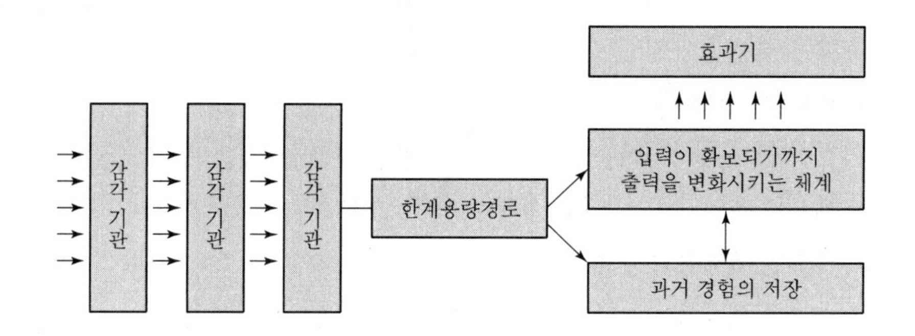

[Broadbent의 선택적 주의 모형]

(2) 방향성(시선의 초점이 맞았을 때 쉽게 인지된다)

주의의 초점에 합치된 것은 쉽게 인식되지만 초점으로부터 벗어난 부분은 무시되는 성질을 말하는데, 얼마나 집중하였느냐에 따라 무시되는 정도도 달라진다. 정보를 입수할 때에 중요한 정보의 발생방향을 선택하여 그곳으로부터 중점적인 정보를 입수하고 그 이외의 것을 무시하는 이러한 주의의 특성을 집중적 주의(Focused Attention)라고 하기도 한다.

(3) 변동성

인간은 한 점에 계속하여 주의를 집중할 수는 없다. 주의를 계속하는 사이에 언제인가 자신도 모르게 다른 일을 생각하게 된다. 이것을 다른 말로 '의식의 우회'라고 표현하기도 한다.

대체적으로 변화가 없는 한 가지 자극에 명료하게 의식을 집중할 수 있는 시간은 불과 수초에 지나지 않고, 주의집중 작업 혹은 각성을 요하는 작업(Vigilance Task)은 30분을 넘어서면 작업성능이 현저하게 저하한다.

그림에서 주의가 외향 혹은 전향이라는 것은 인간의 의식이 외부사물을 관찰하는 등 외부정보에 주의를 기울이고 있을 때이고, 내향이라는 것은 자신의 사고나 사색에 잠기는 등 내부의 정보처리에 주의집중하고 있는 상태를 말한다.

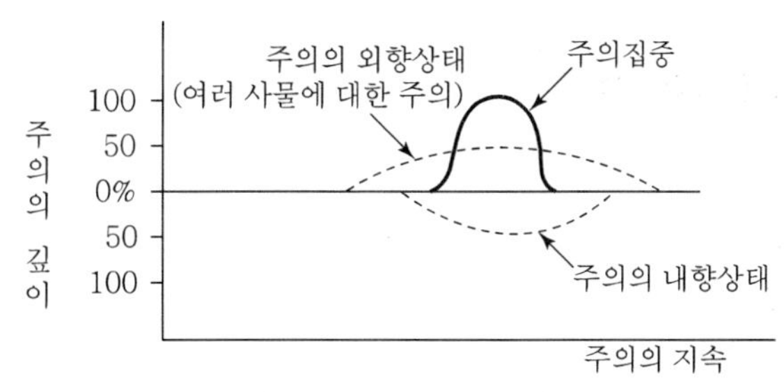

[주의집중의 도식화]

2) 부주의 원인

(1) 의식의 우회

의식의 흐름이 옆으로 빗나가 발생하는 것(걱정, 고민, 욕구불만 등에 의하여 정신을 빼앗기는 것)

(2) 의식수준의 저하

혼미한 정신상태에서 심신이 피로할 경우나 단조로운 반복 작업 등의 경우에 일어나기 쉬움

(3) 의식의 단절

지속적인 의식의 흐름에 단절이 생기고 공백의 상태가 나타나는 것. 주로 질병의 경우에 나타남

(4) 의식의 과잉

지나친 의욕에 의해서 생기는 부주의 현상(일점 집중현상)

(5) 부주의 발생원인 및 대책

① 내적 원인 및 대책
- ㉠ 소질적 조건 : 적성배치
- ㉡ 경험 및 미경험 : 교육
- ㉢ 의식의 우회 : 상담

② 외적 원인 및 대책
- ㉠ 작업환경조건 불량 : 환경정비
- ㉡ 작업순서의 부적당 : 작업순서정비

3 집단관리와 리더십

1. 리더십의 유형

1) 리더십의 정의

(1) 집단목표를 위해 스스로 노력하도록 사람에게 영향력을 행사하는 활동
(2) 어떤 특정한 목표달성을 지향하고 있는 상황에서 행사되는 대인간의 영향력
(3) 공통된 목표달성을 지향하도록 사람에게 영향을 미치는 것

2) 리더십의 유형

(1) 선출방식에 의한 분류

① 헤드십(Headship) : 집단 구성원이 아닌 외부에 의해 선출(임명)된 지도자로 권한을 행사한다.
② 리더십(Leadership) : 집단 구성원에 의해 내부적으로 선출된 지도자로 권한을 대행한다.

(2) 업무추진 방식에 의한 분류

① 독재형(권위형, 권력형, 맥그리거의 X이론 중심) : 지도자가 모든 권한행사를 독단적으로 처리(개인중심)
② 민주형(맥그리거의 Y이론 중심) : 집단의 토론, 회의 등을 통해 정책을 결정(집단중심), 리더와 부하직원 간의 협동과 의사소통
③ 자유방임형(개방적) : 리더는 명목상 리더의 자리만을 지킴(종업원 중심)

2. 리더십의 기법

1) Hare, M.의 방법론

(1) 지식의 부여

종업원에게 직장 내의 정보와 직무에 필요한 지식을 부여한다.

(2) 관대한 분위기

종업원이 안심하고 존재하도록 직무상 관대한 분위기를 유지한다.

⑶ 일관된 규율

종업원에게 직장 내의 정보와 직무에 필요한 일관된 규율을 유지한다.

⑷ 향상의 기회

성장의 기회와 사회적 욕구 및 이기적 욕구의 충족을 확대할 기회를 준다.

⑸ 참가의 기회

직무의 모든 과정에서 참가를 보장한다.

⑹ 호소하는 권리

종업원에게 참다운 의미의 호소권을 부여한다.

2) 리더십에 있어서의 권한

⑴ 합법적 권한 : 군대, 교사, 정부기관 등 법적으로 부여된 권한
⑵ 보상적 권한 : 부하에게 노력에 대한 보상을 할 수 있는 권한
⑶ 강압적 권한 : 부하에게 명령할 수 있는 권한
⑷ 전문성의 권한 : 지도자가 전문지식을 가지고 있는가와 관련된 권한
⑸ 위임된 권한 : 부하직원이 지도자의 생각과 목표를 얼마나 잘 따르는지와 관련된 권한

3) 리더십의 변화 4단계

⑴ 1단계 : 지식의 변용
⑵ 2단계 : 태도의 변용
⑶ 3단계 : 행동의 변용
⑷ 4단계 : 집단 또는 조직에 대한 성과

4) 리더십의 특성

⑴ 대인적 숙련 ⑵ 혁신적 능력 ⑶ 기술적 능력
⑷ 협상적 능력 ⑸ 표현 능력 ⑹ 교육훈련 능력

5) 리더십의 기법

⑴ 독재형(권위형)

① 부하직원을 강압적으로 통제
② 의사결정권은 경영자가 가지고 있음

(2) 민주형

① 발생 가능한 갈등은 의사소통을 통해 조정

② 부하직원의 고충을 해결할 수 있도록 지원

(3) 자유방임형(개방적)

① 의사결정의 책임을 부하직원에게 전가

② 업무회피 현상

3. 헤드십(Headship)

1) 외부로부터 임명된 헤드(head)가 조직 체계나 직위를 이용, 권한을 행사하는 것. 지도자와 집단 구성원 사이에 공통의 감정이 생기기 어려우며 항상 일정한 거리가 있다.

2) 권한

(1) 부하직원의 활동을 감독한다.

(2) 상사와 부하와의 관계가 종속적이다.

(3) 부하와의 사회적 간격이 넓다.

(4) 지위형태가 권위적이다.

4. 사기(Morale)와 집단역학

1) 집단의 적응

(1) 집단의 기능

① 행동규범 : 집단을 유지, 통제하고 목표를 달성하기 위한 것

② 목표

(2) 슈퍼(Super)의 역할이론

① 역할 갈등(Role Conflict) : 작업 중에 상반된 역할이 기대되는 경우가 있으며, 그럴 때 갈등이 생긴다.

② 역할 기대(Role Expectation) : 자기의 역할을 기대하고 감수하는 수단이다.

③ 역할 조성(Role Shaping) : 개인에게 여러 개의 역할 기대가 있을 경우 그중의 어떤 역할 기대는 불응, 거부할 수도 있으며 혹은 다른 역할을 해내기 위해 다른 일을

구할 때도 있다.

④ 역할 연기(Role Playing) : 자아탐색인 동시에 자아실현의 수단이다.

(3) 집단에서의 인간관계

① 경쟁 : 상대보다 목표에 빨리 도달하려고 하는 것

② 도피, 고립 : 열등감에서 소속된 집단에서 이탈하는 것

③ 공격 : 상대방을 압도하여 목표를 달성하려고 하는 것

2) 욕구저지

(1) 욕구저지의 상황적 요인

① 외적 결여 : 욕구만족의 대상이 존재하지 않음

② 외적 상실 : 욕구를 만족해오던 대상이 사라짐

③ 외적 갈등 : 외부조건으로 인해 심리적 갈등이 발생

④ 내적 결여 : 개체에 욕구만족의 능력과 자질이 부족

⑤ 내적 상실 : 개체의 능력 상실

⑥ 내적 갈등 : 개체내 압력으로 인해 심리적 갈등 발생

(2) 갈등상황의 3가지 기본형

① 접근 - 접근형

② 접근 - 회피형

③ 회피 - 회피형

3) 모랄 서베이(Morale Survey)

근로의욕조사라고도 하는데, 근로자의 감정과 기분을 과학적으로 고려하고 이에 따른 경영의 관리활동을 개선하려는 데 목적이 있다.

(1) 실시방법

① 통계에 의한 방법 : 사고 상해율, 생산성, 지각, 조퇴, 이직 등을 분석하여 파악하는 방법

② 사례연구(Case Study)법 : 관리상의 여러 가지 제도에 나타나는 사례에 대해 연구함으로써 현상을 파악하는 방법

③ 관찰법 : 종업원의 근무 실태를 계속 관찰함으로써 문제점을 찾아내는 방법

④ 실험연구법 : 실험그룹과 통제그룹으로 나누고 정황, 자극을 주어 태도 변화를 조사하는 방법

⑤ 태도조사 : 질문지법, 면접법, 집단토의법, 투사법 등에 의해 의견을 조사하는 방법

(2) 모랄 서베이의 효용

① 근로자의 심리 요구를 파악하여 불만을 해소하고 노동 의욕을 높인다.

② 경영관리를 개선하는 데 필요한 자료를 얻는다.

③ 종업원의 정화작용을 촉진시킨다.

㉠ 소셜 스킬즈(Social Skills) : 모랄을 앙양시키는 능력

㉡ 테크니컬 스킬즈 : 사물을 인간에 유익하도록 처리하는 능력

4) 관리그리드(Managerial Grid)

(1) 무관심형(1,1)

생산과 인간에 대한 관심이 모두 낮은 무관심한 유형으로서, 리더 자신의 직분을 유지하는 데 필요한 최소의 노력만을 투입하는 리더 유형

(2) 인기형(1,9)

인간에 대한 관심은 매우 높고 생산에 대한 관심은 매우 낮아서 부서원들과의 만족스런 관계와 친밀한 분위기를 조성하는 데 역점을 기울이는 리더 유형

(3) 과업형(9,1)

생산에 대한 관심은 매우 높지만 인간에 대한 관심은 매우 낮아서, 인간적인 요소보다도 과업수행에 대한 능력을 중요시하는 리더유형

(4) 타협형(5,5)

중간형으로 과업의 생산성과 인간적 요소를 절충하여 적당한 수준의 성과를 지향하는 유형

(5) 이상형(9,9)

팀형으로 인간에 대한 관심과 생산에 대한 관심이 모두 높으며, 구성원들에게 공동목표 및 상호의존관계를 강조하고, 상호신뢰적이고 상호존중관계 속에서 구성원들의 몰입을 통하여 과업을 달성하는 리더유형

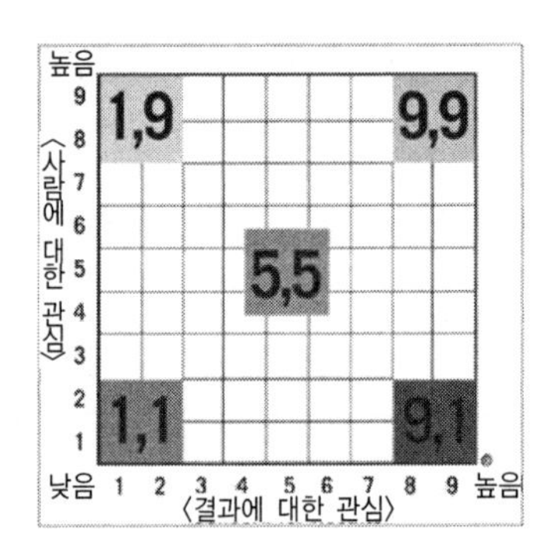

[관리 그리드]

4 생체리듬과 피로

1. 피로의 증상과 대책

1) 피로의 정의

신체적 또는 정신적으로 지치거나 약해진 상태로서 작업능률의 저하, 신체기능의 저하 등의 증상이 나타나는 상태

2) 피로의 종류

⑴ 정신적(주관적) 피로 : 피로감을 느끼는 자각증세
⑵ 객관적 피로(육체적 피로) : 작업피로가 질적, 양적 생산성의 저하로 나타남
⑶ 생리적 피로 : 작업능력 또는 생리적 기능의 저하

3) 피로의 발생원인

⑴ 피로의 요인

① 작업조건 : 작업강도, 작업속도, 작업시간 등
② 환경조건 : 온도, 습도, 소음, 조명 등
③ 생활조건 : 수면, 식사, 취미활동 등
④ 사회적 조건 : 대인관계, 생활수준 등
⑤ 신체적, 정신적 조건

⑵ 기계적 요인과 인간적 요인

① 기계적 요인 : 기계의 종류, 조작부분의 배치, 색채, 조작부분의 감촉 등
② 인간적 요인 : 신체상태, 정신상태, 작업내용, 작업시간, 사회환경, 작업환경 등

4) 피로의 예방과 회복대책

⑴ 작업부하를 적게 할 것
⑵ 정적동작을 피할 것
⑶ 작업속도를 적절하게 할 것
⑷ 근로시간과 휴식을 적절하게 할 것
⑸ 목욕이나 가벼운 체조를 할 것
⑹ 수면을 충분히 취할 것

2. 피로의 측정방법

1) 생리적 측정방법

(1) 근전계(EMG) : 근육활동의 전위차를 기록하여 측정
(2) 심전계(ECG) : 심장의 근육활동의 전위차를 기록하여 측정
(3) 뇌전계(ENG) : 뇌신경 활동의 전위차를 기록하여 측정
(4) 산소소비량
(5) 점멸융합주파수(플리커법) : 사이가 벌어져 회전하는 원판으로 들어오는 광원의 빛을 단속시켜 연속광으로 보이는지 단속광으로 보이는지 경계에서의 빛의 단속주기를 플리커치라 함
(6) 에너지소비량(RMR)
(7) 피부전기반사(GSR)
(8) 안구운동 측정

2) 심리적 측정방법

(1) 정신작업
(2) 집중유지기능(Kleapelin 가산법)
(3) 동작분석
(4) 자세의 변화

3) 생화학적 방법

(1) 요단백
(2) 혈액

3. 작업강도와 피로

1) 작업강도(RMR ; Relative Metabolic Rate) : 에너지 대사율

$$RMR = \frac{(\text{작업 시 소비에너지} - \text{안정 시 소비에너지})}{\text{기초대사 시 소비에너지}} = \frac{\text{작업대사량}}{\text{기초대사량}}$$

① 작업 시 소비에너지 : 작업 중 소비한 산소량
② 안정 시 소비에너지 : 의자에 앉아서 호흡하는 동안 소비한 산소량

③ 기초대사량 : 체표면적 산출식과 기초대사량 표에 의해 산출

$$A = H^{0.725} \times W^{0.425} \times 72.46$$

여기서, A : 몸의 표면적(cm^2)
H : 신장(cm)
W : 체중(kg)

2) 에너지 대사율(RMR)에 의한 작업강도

(1) 경작업(0~2 RMR) : 사무실 작업, 정신작업 등
(2) 중(中)작업(2~4 RMR) : 힘이나 동작, 속도가 작은 하체작업 등
(3) 중(重)작업(4~7 RMR) : 전신작업 등
(4) 초중(超重)작업(7 RMR 이상) : 과격한 전신작업

4. 생체리듬(바이오리듬, Biorhythm)의 종류

1) 생체리듬(Biorhythm, Biological Rhythm)

인간의 생리적인 주기 또는 리듬에 관한 이론

2) 생체리듬(바이오리듬)의 종류

(1) 육체적(신체적) 리듬(P, Physical Cycle) : 신체의 물리적인 상태를 나타내는 리듬, 청색 실선으로 표시하며 23일의 주기이다.
(2) 감성적 리듬(S, Sensitivity) : 기분이나 신경계통의 상태를 나타내는 리듬, 적색 점선으로 표시하며 28일의 주기이다.
(3) 지성적 리듬(I, Intellectual) : 기억력, 인지력, 판단력 등을 나타내는 리듬, 녹색 일점쇄선으로 표시하며 33일의 주기이다.

3) 위험일

3가지 생체리듬은 안정기(+)와 불안정기(－)를 반복하면서 사인(Sine) 곡선을 그리며 반복되는데(+) → (－) 또는 (－) → (+)로 변하는 지점을 영(Zero) 또는 위험일이라 한다. 위험일에는 평소보다 뇌졸중이 5.4배, 심장질환이 5.1배, 자살이 6.8배나 높게 나타난다고 한다.

(1) 사고발생률이 가장 높은 시간대

① 24시간 중 : 03~05시 사이

② 주간업무 중 : 오전 10~11시, 오후 15~16시

4) 생체리듬(바이오리듬)의 변화

(1) 야간에는 체중이 감소한다.

(2) 야간에는 말초운동 기능이 저하, 피로의 자각증상 증대

(3) 혈액의 수분, 염분량은 주간에 감소하고 야간에 증가한다.

(4) 체온, 혈압, 맥박은 주간에 상승하고 야간에 감소한다.

CHAPTER 06 안전보건교육의 개념

1 교육의 필요성과 목적

1. 교육의 목적

피교육자의 발달을 효과적으로 도와줌으로써 이상적인 상태가 되도록 하는 것을 말함

2. 교육의 개념(효과)

1) 신입직원은 기업의 내용 그 방침과 규정을 파악함으로써 친근과 안정감을 준다.
2) 직무에 대한 지도를 받아 질과 양이 모두 표준에 도달하고 임금의 증가를 도모한다.
3) 재해, 기계설비의 소모 등의 감소에 유효하며 산업재해를 예방한다.
4) 직원의 불만과 결근, 이동을 방지한다.
5) 내부 이동에 대비하여 능력의 다양화, 승진에 대비한 능력 향상을 도모한다.
6) 새로 도입된 신기술에 종업원의 적응이 원활하게 한다.

3. 학습지도 이론

1) 자발성의 원리 : 학습자 스스로 학습에 참여해야 한다는 원리
2) 개별화의 원리 : 학습자가 가지고 있는 각각의 요구 및 능력에 맞게 지도해야 한다는 원리
3) 사회화의 원리 : 공동학습을 통해 협력과 사회화를 도와준다는 원리
4) 통합의 원리 : 학습을 종합적으로 지도하는 것으로 학습자의 능력을 조화있게 발달시키는 원리
5) 직관의 원리 : 구체적인 사물을 제시하거나 경험 등을 통해 학습효과를 거둘 수 있다는 원리

2 교육심리학

1. 교육심리학의 정의

교육의 과정에서 일어나는 여러 문제를 심리학적 측면에서 연구하여 원리를 정립하고 방법을 제시함으로써 교육의 효과를 극대화하려는 교육학의 한 분야

1) 교육심리학에서 심리학적 측면을 강조하는 경우에는 학습자의 발달과정이나 학습방법과 관련된 법칙정립이 그 핵심이 되어 가치중립적인 과학적 연구가 된다.
2) 바람직한 방향으로 학습자를 성장하도록 도와준다는 교육적 측면이 중요시되는 경우에는 교육적인 측면에 가치가 개입된다.

2. 교육심리학의 연구방법

1) 관찰법 : 현재의 상태를 있는 그대로 관찰하는 방법
2) 실험법 : 관찰 대상을 교육목적에 맞게 계획하고 조작하여 나타나는 결과를 관찰하는 방법
3) 면접법 : 관찰자가 관찰대상을 직접 면접을 통해서 심리상태를 파악하는 방법
4) 질문지법 : 관찰 대상에게 질문지를 나누어주고 이에 대한 답을 작성하게 해서 알아보는 방법
5) 투사법 : 다양한 종류의 상황을 가정하거나 상상하여 관찰자의 심리상태를 파악하는 방법
6) 사례연구법 : 여러 가지 사례를 조사하여 결과를 도출하는 방법. 원칙과 규정의 체계적 습득이 어렵다.

3. 학습이론

1) 자극과 반응(S-R, Stimulus & Response) 이론

(1) 손다이크(Thorndike)의 시행착오설

인간과 동물은 차이가 없다고 보고 동물연구를 통해 인간심리를 발견하고자 했으며 동물의 행동이 자극 S와 반응 R의 연합에 의해 결정된다고 하는 것(학습 또한 지식의 습득이 아니라 새로운 환경에 적응하는 행동의 변화이다.)

① 준비성의 법칙 : 학습이 이루어지기 전의 학습자의 상태에 따라 그것이 만족스러운가 불만족스러운가에 관한 것
② 연습의 법칙 : 일정한 목적을 가지고 있는 작업을 반복하는 과정 및 효과를 포함한

전체과정

③ 효과의 법칙 : 목표에 도달했을 때 만족스러운 보상을 주면 반응과 결합이 강해져 조건화가 잘 이루어짐

(2) 파블로프(Pavlov)의 조건반사설

훈련을 통해 반응이나 새로운 행동에 적응할 수 있다.(종소리를 통해 개의 소화작용에 대한 실험을 실시)

① 계속성의 원리(The Continuity Principle) : 자극과 반응의 관계는 횟수가 거듭될수록 강화가 잘됨

② 일관성의 원리(The Consistency Principle) : 일관된 자극을 사용하여야 함

③ 강도의 원리(The Intensity Principle) : 먼저 준 자극보다 같거나 강한 자극을 주어야 강화가 잘됨

④ 시간의 원리(The Time Principle) : 조건자극을 무조건자극보다 조금 앞서거나 동시에 주어야 강화가 잘됨

(3) 파블로프의 계속성의 원리와 손다이크의 연습의 원리 비교

① 파블로프의 계속성 원리 : 같은 행동을 단순히 반복함, 행동의 양적측면에 관심

② 손다이크의 연습의 원리 : 단순동일행동의 반복이 아님, 최종행동의 형성을 위해 점차적인 변화를 꾀하는 목적 있는 진보의 의미

(4) 스키너(Skinner)의 조작적 조건형성 이론

특정 반응에 대해 체계적이고 선택적인 강화를 통해 그 반응이 반복해서 일어날 확률을 증가시키는 이론(쥐를 상자에 넣고 쥐의 행동에 따라 음식을 떨어뜨리는 실험을 실시)

① 강화(Reinforcement)의 원리 : 어떤 행동의 강도와 발생빈도를 증가시키는 것 (예:안전퀴즈대회를 열어 우승자에게 상을 줌)

② 소거의 원리

③ 조형의 원리

④ 변별의 원리

⑤ 자발적 회복의 원리

2) 인지이론

(1) 톨만(Tolman)의 기호형태설 : 학습자의 머리 속에 인지적 지도 같은 인지구조를 바탕으로 학습하려는 것이다.

(2) 쾰러(Köhler)의 통찰설

(3) 레빈(Lewin)의 장이론

4. 적응기제(適應機制, Adjustment Mechanism)

욕구 불만에서 합리적인 반응을 하기가 곤란할 때 일어나는 여러 가지의 비합리적인 행동으로 자신을 보호하려고 하는 것. 문제의 직접적인 해결을 시도하지 않고, 현실을 왜곡시켜 자기를 보호함으로써 심리적 균형을 유지하려는 '행동 기제'

1) 방어적 기제(Defense Mechanism)

자신의 약점을 위장하여 유리하게 보임으로써 자기를 보호하려는 것

(1) 보상 : 계획한 일을 성공하는 데서 오는 자존감

(2) 합리화(변명) : 너무 고통스럽기 때문에 인정할 수 없는 실제 이유 대신에 자기 행동에 그럴듯한 이유를 붙이는 방법

(3) 승화 : 억압당한 욕구가 사회적·문화적으로 가치 있게 목적으로 향하도록 노력함으로써 욕구를 충족하는 방법

(4) 동일시 : 자기가 되고자 하는 인물을 찾아내어 동일시하여 만족을 얻는 행동

2) 도피적 기제(Escape Mechanism)

욕구불만이나 압박으로부터 벗어나기 위해 현실을 벗어나 마음의 안정을 찾으려는 것

(1) 고립 : 자기의 열등감을 의식하여 다른 사람과의 접촉을 피해 자기의 내적 세계로 들어가 현실의 억압에서 피하려는 기제

(2) 퇴행 : 신체적으로나 정신적으로 정상 발달되어 있으면서도 위협이나 불안을 일으키는 상황에는 생애 초기에 만족했던 시절을 생각는 것

(3) 억압 : 나쁜 무엇을 잊고 더 이상 행하지 않겠다는 해결 방어기제

(4) 백일몽 : 현실에서 만족할 수 없는 욕구를 상상의 세계에서 얻으려는 행동

3) 공격적 기제(Aggressive Mechanism)

욕구불만이나 압박에 대해 반항하여 적대시하는 감정이나 태도를 취하는 것

(1) 직접적 공격기제 : 폭행, 싸움, 기물파손

(2) 간접적 공격기제 : 욕설, 비난, 조소 등

4) 적응기제의 전형적인 형태

스트레스	일반적인 방어기제
실패	합리화, 보상
죄책감	합리화
적대감	백일몽, 억압
열등감	동일시, 보상, 백일몽
실연	합리화, 백일몽, 고립
개인의 능력한계	백일몽, 고립

3 안전교육계획 수립 및 실시

1. 안전교육의 기본방향

1) 안전교육계획 수립 시 고려사항

(1) 필요한 정보를 수집
(2) 현장의 의견을 충분히 반영
(3) 안전교육 시행체계와의 관련을 고려
(4) 법 규정에 의한 교육에만 그치지 않는다.

2) 안전교육의 내용(안전교육계획 수립시 포함되어야 할 사항)

(1) 교육대상(가장 먼저 고려)
(2) 교육의 종류
(3) 교육과목 및 교육내용
(4) 교육기간 및 시간
(5) 교육장소
(6) 교육방법
(7) 교육담당자 및 강사

3) 교육준비계획에 포함되어야 할 사항

(1) 교육목표 설정
(2) 교육대상자 범위 결정
(3) 교육과정의 결정
(4) 교육방법의 결정
(5) 강사, 조교 편성
(6) 교육보조자료의 선정

4) 작성순서

⑴ 교육의 필요점 발견
⑵ 교육대상을 결정하고 그것에 따라 교육내용 및 방법 결정
⑶ 교육준비
⑷ 교육실시
⑸ 평가

5) 교육지도의 8원칙

⑴ 상대방의 입장고려
⑵ 동기부여
⑶ 쉬운 것에서 어려운 것으로
⑷ 반복
⑸ 한번에 하나씩
⑹ 인상의 강화
⑺ 오감의 활용
⑻ 기능적인 이해

2. 안전보건교육의 단계별 교육과정

1) 안전교육의 3단계

⑴ **지식교육(1단계)** : 지식의 전달과 이해

⑵ **기능교육(2단계)** : 실습, 시범을 통한 이해
① 준비 철저
② 위험작업의 규제
③ 안전작업의 표준화

⑶ **태도교육(3단계)** : 안전의 습관화(가치관 형성)
① 청취(들어본다) → ② 이해, 납득(이해시킨다) → ③ 모범(시범을 보인다) → ④ 권장(평가한다)

2) 교육법의 4단계

⑴ 도입(1단계) : 학습할 준비를 시킨다.(배우고자 하는 마음가짐을 일으키는 단계)
⑵ 제시(2단계) : 작업을 설명한다.(내용을 확실하게 이해시키고 납득시키는 단계)
⑶ 적용(3단계) : 작업을 지휘한다.(이해시킨 내용을 활용시키거나 응용시키는 단계)
⑷ 확인(4단계) : 가르친 뒤 살펴본다.(교육 내용을 정확하게 이해하였는가를 테스트하는 단계)

〈교육방법에 따른 교육시간〉

교육법의 4단계	강의식	토의식
제1단계 - 도입(준비)	5분	5분
제2단계 - 제시(설명)	40분	10분
제3단계 - 적용(응용)	10분	40분
제4단계 - 확인(총괄)	5분	5분

3. 강의계획의 4단계

1) 학습목적과 학습성과의 설정

(1) 학습목적의 3요소

① 주제

② 학습정도

③ 목표

(2) 학습성과

학습목적을 세분하여 구체적으로 결정하는 것

(3) 학습성과 설정 시 유의할 사항

① 주제와 학습 정도가 포함되어야 한다.

② 학습 목적에 적합하고 타당해야 한다.

③ 구체적으로 서술해야 한다.

④ 수강자의 입장에서 기술해야 한다.

2) 학습자료의 수집 및 체계화

3) 교수방법의 선정

4) 강의안 작성

CHAPTER 07 교육의 내용 및 방법

1 교육내용

1. 산업안전 · 보건 관련교육과정별 교육시간

1) 근로자 안전 · 보건교육

<table>
<tr><th>교육과정</th><th colspan="2">교육대상</th><th>교육시간</th></tr>
<tr><td rowspan="4">가. 정기교육</td><td colspan="2">사무직 종사 근로자</td><td>매분기 3시간 이상</td></tr>
<tr><td rowspan="2">사무직 종사 근로자 외의 근로자</td><td>판매업무에 직접 종사하는 근로자</td><td>매분기 3시간 이상</td></tr>
<tr><td>판매업무에 직접 종사하는 근로자 외의 근로자</td><td>매분기 6시간 이상</td></tr>
<tr><td colspan="2">관리감독자의 지위에 있는 사람</td><td>연간 16시간 이상</td></tr>
<tr><td rowspan="2">나. 채용 시의 교육</td><td colspan="2">일용근로자</td><td>1시간 이상</td></tr>
<tr><td colspan="2">일용근로자를 제외한 근로자</td><td>8시간 이상</td></tr>
<tr><td rowspan="2">다. 작업내용 변경 시의 교육</td><td colspan="2">일용근로자</td><td>1시간 이상</td></tr>
<tr><td colspan="2">일용근로자를 제외한 근로자</td><td>2시간 이상</td></tr>
<tr><td rowspan="2">라. 특별교육</td><td colspan="2">별표 8의2 제1호라목 각 호(제40호는 제외한다)의 어느 하나에 해당하는 작업에 종사하는 일용근로자</td><td>2시간 이상</td></tr>
<tr><td colspan="2">별표 8의2 제1호라목제40호의 타워크레인 신호작업에 종사하는 일용근로자</td><td>8시간 이상</td></tr>
</table>

라. 특별교육	별표 8의2 제1호라목 각 호의 어느 하나에 해당하는 작업에 종사하는 일용근로자를 제외한 근로자	• 16시간 이상(최초 작업에 종사하기 전 4시간 이상 실시하고 12시간은 3개월 이내에서 분할하여 실시 가능) • 단기간 작업 또는 간헐적 작업인 경우에는 2시간 이상
마. 건설업 기초안전 · 보건교육	건설 일용근로자	4시간

2) 안전보건관리책임자 등에 대한 교육

교육대상	교육시간	
	신규교육	보수교육
가. 안전보건관리책임자	6시간 이상	6시간 이상
나. 안전관리자, 안전관리전문기관의 종사자	34시간 이상	24시간 이상
다. 보건관리자, 보건관리전문기관의 종사자	34시간 이상	24시간 이상
라. 재해예방 전문지도기관의 종사자	34시간 이상	24시간 이상
마. 석면조사기관의 종사자	34시간 이상	24시간 이상
바. 안전보건관리담당자	-	8시간 이상
사. 안전검사기관, 자율안전검사기관의 종사자	34시간 이상	24시간 이상

3) 검사원 양성교육

교육과정	교육대상	교육시간
양성 교육	-	28시간 이상

2. 교육대상별 교육내용

1) 사업 내 안전 · 보건교육

(1) 근로자 정기안전 · 보건교육

교육내용
• 산업안전 및 사고 예방에 관한 사항 • 산업보건 및 직업병 예방에 관한 사항 • 건강증진 및 질병 예방에 관한 사항 • 유해 · 위험 작업환경 관리에 관한 사항 • 「산업안전보건법」 및 일반관리에 관한 사항 • 직무스트레스 예방 및 관리에 관한 사항 • 산업재해보상보험 제도에 관한 사항

(2) 관리감독자 정기안전 · 보건교육

교육내용
• 작업공정의 유해 · 위험과 재해 예방대책에 관한 사항 • 표준안전작업방법 및 지도 요령에 관한 사항 • 관리감독자의 역할과 임무에 관한 사항 • 산업보건 및 직업병 예방에 관한 사항 • 유해 · 위험 작업환경 관리에 관한 사항 • 「산업안전보건법」 및 일반관리에 관한 사항 • 직무스트레스 예방 및 관리에 관한 사항 • 산재보상보험제도에 관한 사항 • 안전보건교육 능력 배양에 관한 사항 - 현장근로자와의 의사소통능력 향상, 강의능력 향상, 기타 안전보건교육 능력 배양 등에 관한 사항 (※ 안전보건교육 능력 배양 내용은 전체 관리감독자 교육시간의 1/3 이하에서 할 수 있다.)

(3) 채용 시 교육 및 작업내용 변경 시 교육

교육내용
• 기계 · 기구의 위험성과 작업의 순서 및 동선에 관한 사항 • 작업 개시 전 점검에 관한 사항 • 정리정돈 및 청소에 관한 사항 • 사고 발생 시 긴급조치에 관한 사항 • 산업보건 및 직업병 예방에 관한 사항 • 물질안전보건자료에 관한 사항 • 직무스트레스 예방 및 관리에 관한 사항 • 「산업안전보건법」 및 일반관리에 관한 사항

(4) 특별안전 · 보건교육 대상 작업별 교육내용(40개)

작업명	교육내용
〈공통내용〉 제1호부터 제40호까지의 작업	"채용 시 교육 및 작업내용 변경 시 교육"과 같은 내용
〈개별내용〉 1. 고압실 내 작업(잠함공법이나 그 밖의 압기공법으로 대기압을 넘는 기압인 작업실 또는 수갱 내부에서 하는 작업만 해당한다)	• 고기압 장해의 인체에 미치는 영향에 관한 사항 • 작업의 시간 · 작업 방법 및 절차에 관한 사항 • 압기공법에 관한 기초지식 및 보호구 착용에 관한 사항 • 이상 발생 시 응급조치에 관한 사항 • 그 밖에 안전 · 보건관리에 필요한 사항
2. 아세틸렌 용접장치 또는 가스집합 용접장치를 사용하는 금속의 용접 · 용단 또는 가열작업(발생기 · 도관 등에 의하여 구성되는 용접장치만 해당한다)	• 용접 흄, 분진 및 유해광선 등의 유해성에 관한 사항 • 가스용접기, 압력조정기, 호스 및 취관두 등의 기기점검에 관한 사항 • 작업방법 · 순서 및 응급처치에 관한 사항 • 안전기 및 보호구 취급에 관한 사항 • 그 밖에 안전 · 보건관리에 필요한 사항
3. 밀폐된 장소(탱크 내 또는 환기가 극히 불량한 좁은 장소를 말한다)에서 하는 용접작업 또는 습한 장소에서 하는 전기용접 작업	• 작업순서, 안전작업방법 및 수칙에 관한 사항 • 환기설비에 관한 사항 • 전격 방지 및 보호구 착용에 관한 사항 • 질식 시 응급조치에 관한 사항 • 작업환경 점검에 관한 사항 • 그 밖에 안전 · 보건관리에 필요한 사항

2 교육방법

1. 교육훈련 기법

1) 강의법

안전지식을 강의식으로 전달하는 방법(초보적인 단계에서 효과적)

① 강사의 입장에서 시간의 조정이 가능하다.
② 전체적인 교육내용을 제시하는데 유리하다.
③ 비교적 많은 인원을 대상으로 단시간에 지식을 부여할 수 있다.

2) 토의법

10~20인 정도가 모여서 토의하는 방법(안전지식을 가진 사람에게 효과적)으로 태도교육의 효과를 높이기 위한 교육방법. 집단을 대상으로 한 안전교육 중 가장 효율적인 교육방법

3) 시범

필요한 내용을 직접 제시하는 방법

4) 모의법

실제 상황을 만들어 두고 학습하는 방법

(1) 제약조건

① 단위 교육비가 비싸고 시간의 소비가 많다.
② 시설의 유지비가 높다.
③ 다른 방법에 비하여 학생 대 교사의 비가 높다.

(2) 모의법 적용의 경우

① 수업의 모든 단계
② 학교수업 및 직업훈련 등
③ 실제사태는 위험성이 따른 경우
④ 직접 조작을 중요시하는 경우

5) 시청각교육

시청각 교육자료를 가지고 학습하는 방법

6) 실연법

학습자가 이미 설명을 듣거나 시범을 보고 알게 된 지식이나 기능을 강사의 감독 아래 직접적으로 연습해 적용해 보게 하는 교육방법. 다른 방법보다 교사 대 학습자수의 비율이 높다.

7) 프로그램 학습법(Programmed Self-instruction Method)

학습자가 프로그램을 통해 단독으로 학습하는 방법으로 개발된 프로그램은 변경이 어렵다.

2. 안전보건 교육방법

1) 하버드 학파의 5단계 교수법(사례연구 중심)

(1) 1단계 : 준비시킨다.(Preparation)
(2) 2단계 : 교시하다.(Presentation)
(3) 3단계 : 연합한다.(Association)
(4) 4단계 : 총괄한다.(Generalization)
(5) 5단계 : 응용시킨다.(Application)

2) 수업단계별 최적의 수업방법

(1) 도입단계 : 강의법, 시범
(2) 전개단계 : 토의법, 실연법
(3) 정리단계 : 자율학습법
(4) 도입 · 전개 · 정리단계 : 프로그램 학습법, 모의법

3. TWI

1) TWI(Training Within Industry)

주로 관리감독자를 대상으로 하며 전체 교육시간은 10시간(1일 2시간씩 5일 교육)으로 실시한다. 한 그룹에 10명 내외로 토의법과 실연법 중심으로 강의가 실시되며 훈련의 종류는 다음과 같다.

(1) 작업지도훈련(JIT ; Job Instruction Training)
(2) 작업방법훈련(JMT ; Job Method Training)
(3) 인간관계훈련(JRT ; Job Relations Training)
(4) 작업안전훈련(JST ; Job Safety Training)

2) TWI 개선 4단계

(1) 작업분해
(2) 세부내용 검토
(3) 작업분석
(4) 새로운 방법의 적용

3) MTP(Management Training Program)

한 그룹에 10~15명 내외로 전체 교육시간은 40시간(1일 2시간씩 20일 교육)으로 실시한다.

4) ATT(American Telephone & Telegraph Company)

대상층이 한정되어 있지 않고 토의식으로 진행되며 교육시간은 1차 훈련은 1일 8시간씩 2주간, 2차 가정은 문제 발생시 하도록 되어 있다.

5) CCS(Civil Communication Section)

강의식에 토의식이 가미된 형태로 진행되며 매주 4일, 4시간씩 8주간(총 128시간) 실시토록 되어 있다.

4. OJT 및 OFF JT

1) OJT(직장 내 교육훈련)

직속상사가 직장 내에서 작업표준을 가지고 업무상의 개별교육이나 지도훈련을 하는 것(개별교육에 적합)

(1) 개인 개인에게 적절한 지도훈련이 가능
(2) 직장의 실정에 맞게 실제적 훈련이 가능
(3) 효과가 곧 업무에 나타나며 훈련의 좋고 나쁨에 따라 개선이 쉬움

2) OFF JT(직장 외 교육훈련)

계층별 직능별로 공통된 교육대상자를 현장 이외의 한 장소에 모아 집합교육을 실시하는 교육형태(집단교육에 적합)

(1) 다수의 근로자에게 조직적 훈련을 행하는 것이 가능
(2) 훈련에만 전념
(3) 각각 전문가를 강사로 초청하는 것이 가능
(4) OFF JT 안전교육 4단계
　① 1단계 : 학습할 준비를 시킨다.
　② 2단계 : 작업을 설명한다.
　③ 3단계 : 작업을 시켜본다.
　④ 4단계 : 가르친 뒤를 살펴본다.

5. 학습목적의 3요소

1) 교육의 3요소

(1) 주체 : 강사
(2) 객체 : 수강자(학생)
(3) 매개체 : 교재(교육내용)

2) 학습의 구성 3요소

(1) 목표 : 학습의 목적, 지표
(2) 주제 : 목표 달성을 위한 주제
(3) 학습정도 : 주제를 학습시킬 범위와 내용의 정도

6. 교육훈련평가

1) 학습평가의 기본적인 기준

(1) 타당성　(2) 신뢰성　(3) 객관성　(4) 실용성

2) 교육훈련평가의 4단계

(1) 반응 → (2) 학습 → (3) 행동 → (4) 결과

3) 교육훈련의 평가방법

(1) 관찰	(2) 면접	(3) 자료분석법	(4) 과제
(5) 설문	(6) 감상문	(7) 실험평가	(8) 시험

7. 5관의 효과 치

1) 시각효과 60%(미국 75%)
2) 청각효과 20%(미국 13%)
3) 촉각효과 15%(미국 6%)
4) 미각효과 3%(미국 3%)
5) 후각효과 2%(미국 3%)

3 교육실시방법

1. 강의법

1) 강의식 : 집단교육방법으로 많은 인원을 단시간에 교육할 수 있으며 교육내용이 많을 때 효과적인 방법
2) 문제 제시식 : 주어진 과제에 대처하는 문제해결방법
3) 문답식 : 서로 묻고 대답하는 방식

2. 토의법

1) 토의 운영방식에 따른 유형

(1) 일제문답식 토의

교수가 학습자 전원을 대상으로 문답을 통하여 전개해 나가는 방식

(2) 공개식 토의

1~2명의 발표자가 규정된 시간(5~10분) 내에 발표하고 발표내용을 중심으로 질의, 응답으로 진행

(3) 원탁식 토의

10명 내외 인원이 원탁에 둘러앉아 자유롭게 토론하는 방식

(4) 워크숍(Workshop)

학습자를 몇 개의 그룹으로 나눠 자주적으로 토론하는 전개 방식

(5) 버즈법(Buzz Session Discussion)

참가자가 다수인 경우에 전원을 토의에 참가시키기 위한 방법으로 소집단을 구성하여 회의를 진행시키며 일명 6-6회의라고도 한다.

⇒ 진행방법

① 먼저 사회자와 기록계를 선출한다.
② 나머지 사람은 6명씩 소집단을 구성한다.
③ 소집단별로 각각 사회자를 선발하여 각각 6분씩 자유토의를 행하여 의견을 종합한다.

(6) 자유토의

학습자 전체가 관심 있는 주제를 가지고 자유롭게 토의하는 형태

(7) 롤 플레잉(Role Playing)

참가자에게 일정한 역할을 주어서 실제적으로 연기를 시켜봄으로써 자기의 역할을 보다 확실히 인식시키는 방법

2) 집단 크기에 따른 유형

(1) 대집단 토의

① 패널토의(Panel Discussion) : 사회자의 진행에 의해 특정 주제에 대해 구성원 3~6명이 대립된 견해를 가지고 청중 앞에서 논쟁을 벌이는 것
② 포럼(The Forum) : 1~2명의 전문가가 10~20분 동안 공개 연설을 한 다음 사회자의 진행하에 질의응답의 과정을 통해 토론하는 형식
③ 심포지엄(The Symposium) : 몇 사람의 전문가에 의하여 과제에 관한 견해를 발표한 뒤에 참가자로 하여금 의견이나 질문을 하게 하여 토의하는 방법

(2) 소집단 토의

① 브레인스토밍
② 개별지도 토의

3. 안전교육 시 피교육자를 위해 해야 할 일

1) 긴장감을 제거해 줄 것
2) 피교육자의 입장에서 가르칠 것
3) 안심감을 줄 것
4) 믿을 수 있는 내용으로 쉽게 할 것

4. 먼저 실시한 학습이 뒤의 학습을 방해하는 조건

1) 앞의 학습이 불완전한 경우
2) 앞의 학습 내용과 뒤의 학습 내용이 같은 경우
3) 뒤의 학습을 앞의 학습 직후에 실시하는 경우
4) 앞의 학습에 대한 내용을 재생(再生)하기 직전에 실시하는 경우

5. 학습의 전이

어떤 내용을 학습한 결과가 다른 학습이나 반응에 영향을 주는 현상. 학습전이의 조건으로는 학습정도의 요인, 학습자의 지능요인, 학습자의 태도 요인, 유사성의 요인, 시간적 간격의 요인이 있다.

CHAPTER 08 산업안전 관계법규

1. 산업안전보건법의 체계

산업안전보건법령은 1개의 법률과 1개의 시행령 및 3개의 시행규칙으로 이루어져 있으며, 하위규정으로서 고시, 예규, 훈령 및 각종 기술상의 지침 및 작업환경 표준 등이 있다.

일반적으로 다른 행정법령의 시행규칙은 1개로 구성되어 있으나 산업안전보건법 시행규칙이 3개로 구성된 것은 그 내용이 1개의 규칙에 담기에는 지나치게 복잡하고 기술적인 사항으로 이루어져 있기 때문이다.

1) 산업안전보건법

산업재해예방을 위한 각종 제도를 설정하고 그 시행근거를 확보하며 정부의 산업재해예방정책 및 사업수행의 근거를 설정한 것으로서 175개의 조문과 부칙으로 구성되어 있다.

2) 산업안전보건법 시행령

산업안전보건법 시행령은 법에서 위임된 사항, 즉 제도의 대상·범위·절차 등을 설정한 것이다.

3) 산업안전보건법 시행규칙

산업안전보건법 시행규칙은 크게 법에 부속된 시행규칙과 산업안전보건기준에 관한 규칙, 유해·위험작업 취업제한 규칙 등의 규칙으로 구분되며 법률과 시행령에서 위임된 사항을 규정하고 있다.

4) 유해·위험작업 취업제한에 관한 규칙

유해 또는 위험한 작업에 필요한 자격·면허·경험에 관한 사항을 규정하고 있다.

5) 산업안전보건에 관한 고시 · 예규 · 훈령

일반사항분야, 검사 · 인증분야, 기계 · 전기분야, 화학분야, 건설분야, 보건 · 위생분야 및 교육 분야별로 70여 개가 있다.

고시는 각종 검사 · 검정 등에 필요한 일반적이고 객관적인 사항을 널리 알리어 활용할 수 있는 수치적 · 표준적 내용이고 예규는 정부와 실시기관 및 의무대상자간에 일상적 · 반복적으로 이루어지는 업무절차 등을 모델화하여 조문형식으로 규정화한 내용이며 훈령은 상급기관, 즉 노동부장관이 하급기관 즉 지방노동관서의 장에게 어떤 업무 수행을 위한 훈시 · 지침 등을 시달할 때 조문의 형식으로 알리는 내용이다.

기술상의 지침 및 작업환경표준은 안전작업을 위한 기술적인 지침을 규범형식으로 작성한 기술상의 지침과 작업장내의 유해(불량한) 환경요소 제거를 위한 모델을 규정한 작업환경표준이 마련되어 있으며 이는 고시의 범주에 포함되는 것으로 볼 수 있으나 법률적 위임 근거에 따라 마련된 규정이 아니므로 강제적 효력은 없고 지도 · 권고적 성격을 띤다.

〈산업안전보건법령의 체계〉

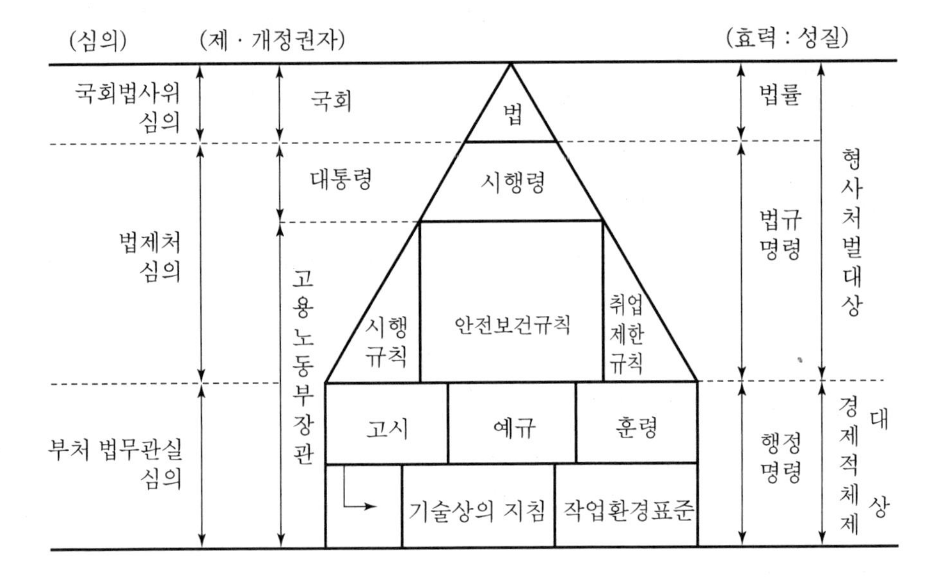

인간공학 및 시스템안전공학

PART 2

CONTENTS

CHAPTER 01 안전과 인간공학

1 인간공학의 정의

1. 정의 및 목적

1) 정의

(1) 인간의 신체적, 정신적 능력 한계를 고려해 인간에게 적절한 형태로 작업을 맞추는 것. 인간공학의 목표는 설비, 환경, 직무, 도구, 장비, 공정 그리고 훈련방법을 평가하고 디자인하여 특정한 작업자의 능력에 접합시킴으로써, 직업성 장해를 예방하고 피로, 실수, 불안전한 행동의 가능성을 감소시키는 것이다.

(2) 자스트러제보스키(Jastrzebowski)의 정의

Ergon(일 또는 작업)과 Nomos(자연의 원리 또는 법칙)로부터 인간공학(ergonomics)의 용어를 얻었다.

(3) 미국산업안전보건청(OSHA)의 정의

① 인간공학은 사람들에게 알맞도록 작업을 맞추어 주는 과학(지식)이다.

② 인간공학은 작업 디자인과 관련된 다른 인간특징 뿐만 아니라 신체적인 능력이나 한계에 대한 학문의 체계를 포함한다.

(4) ISO(International Organization for Standardization)의 정의

인간공학은 건강, 안전, 작업성과 등의 개선을 요구하는 작업, 시스템, 제품, 환경을 인간의 신체적 · 정신적 능력과 한계에 부합시키는 것이다.

(5) 차파니스(A. Chapanis)의 정의

기계와 환경조건을 인간의 특성, 능력 및 한계에 잘 조화되도록 설계하기 위한 수법을 연구하는 학문

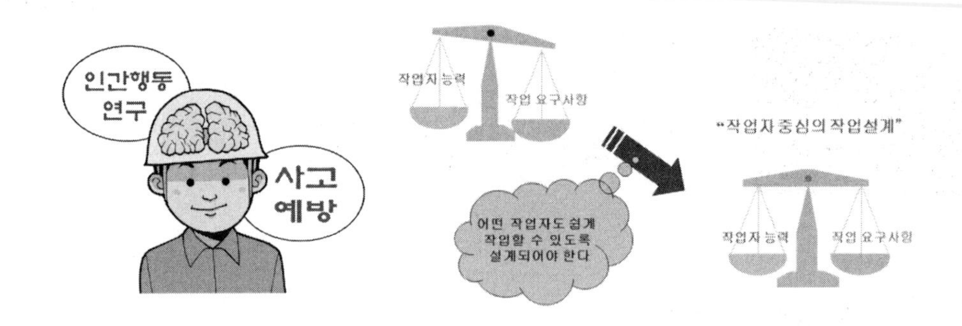

2) 목적

⑴ 작업장의 배치, 작업방법, 기계설비, 전반적인 작업환경 등에서 작업자의 신체적인 특성이나 행동하는 데 받는 제약조건 등이 고려된 시스템을 디자인하는 것

⑵ 건강, 안전, 만족 등과 같은 특정한 인생의 가치기준(Human Values)을 유지하거나 높임

⑶ 인간과 기계 및 작업환경과의 조화가 잘 이루어질 수 있도록 하여 작업자의 안전, 작업능률, 편리성, 쾌적성(만족도)을 향상시키고자 함에 있다.

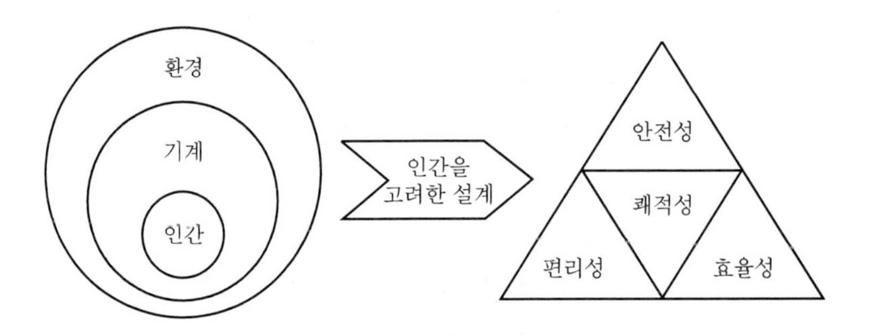

[안전성 향상과 사고방지, 작업의 능률성과 생산성 향상, 환경의 쾌적성]

2. 배경 및 필요성

1) 인간공학의 배경

⑴ 초기(1940년 이전)

기계 위주의 설계 철학

① 길브레스(Gilbreth) : 벽돌쌓기 작업의 동작연구(Motion Study)

② 테일러(Tailor) : 작업시간연구

(2) 체계수립과정(1945~1960년)

기계에 맞는 인간선발 또는 훈련을 통해 기계에 적합하도록 유도

(3) 급성장기(1960~1980년)

우주경쟁과 더불어 군사, 산업분야에서 주요 분야로 위치, 산업현장의 작업장 및 제품 설계에 있어서 인간공학의 중요성 및 기여도 인식

(4) 성숙의 시기(1980년 이후)

인간요소를 고려한 기계 시스템의 중요성 부각 및 인간공학분야의 지속적 성장

2) 필요성

(1) 산업재해의 감소
(2) 생산원가의 절감
(3) 재해로 인한 손실 감소
(4) 직무만족도의 향상
(5) 기업의 이미지와 상품선호도 향상
(6) 노사간의 신뢰구축

3. 사업장에서의 인간공학 적용분야

1) 작업관련성 유해·위험 작업 분석
2) 제품설계에 있어 인간에 대한 안전성평가
3) 작업공간의 설계
4) 인간-기계 인터페이스 디자인

2 인간–기계 체계

1. 인간–기계 체계의 정의 및 유형

1) 인간–기계 통합체계는 인간과 기계의 상호작용으로 인간의 역할에 중점을 두고 시스템을 설계하는 것이 바람직함

2) 인간–기계 체계의 기본기능

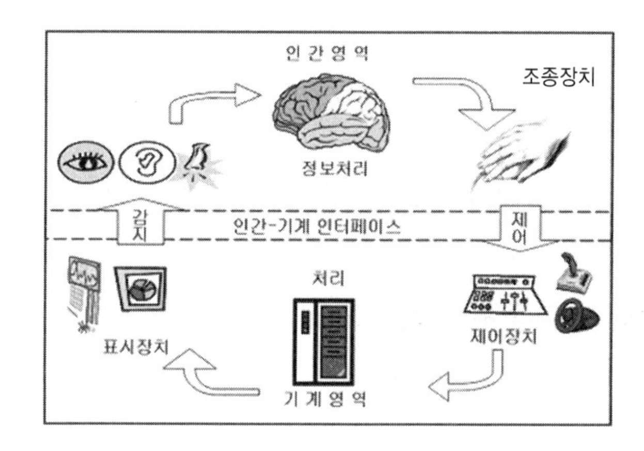

[인간–기계 체계에서 체계의 인터페이스 설계]

⑴ 감지기능

① 인간 : 시각, 청각, 촉각 등의 감각기관

② 기계 : 전자, 사진, 음파탐지기 등 기계적인 감지장치

⑵ 정보저장기능

① 인간 : 기억된 학습 내용

② 기계 : 펀치카드(Punch Card), 자기테이프, 형판(Template), 기록, 자료표 등 물리적 기구

⑶ 정보처리 및 의사결정기능

① 인간 : 행동을 한다는 결심

② 기계 : 모든 입력된 정보에 대해서 미리 정해진 방식으로 반응하게 하는 프로그램(Program)

(4) 행동기능

① 물리적인 조정행위 : 조종장치 작동, 물체나 물건을 취급, 이동, 변경, 개조 등
② 통신행위 : 음성(사람의 경우), 신호, 기록 등

(5) 인간의 정보처리능력

인간이 신뢰성 있게 정보 전달을 할 수 있는 기억은 5가지 미만이며 감각에 따라 정보를 신뢰성 있게 전달할 수 있는 한계 개수가 5~9가지이다. 밀러(Miller)는 감각에 대한 경로용량을 조사한 결과 '신비의 수(Magical Number) 7±2(5~9)'를 발표했다. 인간의 절대적 판단에 의한 단일자극의 판별범위는 보통 5~9 가지라는 것이다.

정보량 $H = \log_2 n = \log_2 \frac{1}{p}$, $p = \frac{1}{n}$

여기서, 정보량의 단위는 bit(binary digit)임

인간정보처리 과정에서 실수(error)가 일어나는 것	
1. 입력에러 – 확인미스	2. 매개에러 – 결정미스
3. 동작에러 – 동작미스	4. 판단에러 – 의지결정의 미스

2. 인간–기계 통합체계의 특성

1) 수동체계

자신의 신체적인 힘을 동력원으로 사용(수공구 사용)

2) 기계화 또는 반자동체계

운전자의 조종장치를 사용하여 통제하며 동력은 전형적으로 기계가 제공

3) 자동체계

기계가 감지, 정보처리, 의사결정 등 행동을 포함한 모든 임무를 수행하고 인간은 감시, 프로그래밍, 정비유지 등의 기능을 수행하는 체계

(1) 입력정보의 코드화(Chunking)

(2) 암호(코드)체계 사용상의 일반적 지침

① 암호의 검출성 : 타 신호가 존재하더라도 검출이 가능해야 한다.
② 암호의 변별성 : 다른 암호표시와 구분이 되어야 한다.
③ 암호의 표준화 : 표준화되어야 한다.
④ 부호의 양립성 : 인간의 기대와 모순되지 않아야 한다.
⑤ 부호의 의미 : 사용자가 부호의 의미를 알 수 있어야 한다.
⑥ 다차원 암호의 사용 : 2가지 이상의 암호를 조합해서 사용하면 정보전달이 촉진된다.

3. 인간공학적 설계의 일반적인 원칙

1) 인간의 특성을 고려한다.
2) 시스템을 인간의 예상과 양립시킨다.
3) 표시장치나 제어장치의 중요성, 사용빈도, 사용순서, 기능에 따라 배치하도록 한다.

4. 인간－기계시스템 설계과정 6가지 단계

1) 목표 및 성능명세 결정 : 시스템 설계 전 그 목적이나 존재이유가 있어야 함
2) 시스템 정의 : 목적을 달성하기 위한 특정한 기본기능들이 수행되어야 함
3) 기본설계 : 시스템의 형태를 갖추기 시작하는 단계(직무분석, 작업설계, 기능할당)
4) 인터페이스 설계 : 사용자 편의와 시스템 성능에 관여
5) 촉진물 설계 : 인간의 성능을 증진시킬 보조물 설계
6) 시험 및 평가 : 시스템 개발과 관련된 평가와 인간적인 요소 평가 실시

3 체계설계와 인간요소

1. 체계설계 시 고려사항

인간 요소적인 면, 신체의 역학적 특성 및 인체측정학적 요소 고려

2. 인간기준(Human Criteria)의 유형

1) 인간성능(Human Performance) 척도 : 감각활동, 정신활동, 근육활동 등
2) 생리학적(Physiological) 지표 : 혈압, 뇌파, 혈액성분, 심박수, 근전도(EMG), 뇌전도(EEG), 산소소비량, 에너지소비량 등
3) 주관적 반응(Subjective Response) : 피실험자의 개인적 의견, 평가, 판단 등
4) 사고빈도(Accident Frequency) : 재해발생의 빈도

3. 체계기준의 구비조건(연구조사의 기준척도)

1) 실제적 요건 : 객관적이고, 정량적이며, 강요적이 아니고, 수집이 쉬우며, 특수한 자료 수집 기법이나 기기가 필요 없고, 돈이나 실험자의 수고가 적게 드는 것이어야 한다.
2) 신뢰성(반복성) : 시간이나 대표적 표본의 선정에 관계없이, 변수 측정의 일관성이나 안정성을 말한다.
3) 타당성(적절성) : 어느 것이나 공통적으로 변수가 실제로 의도하는 바를 어느 정도 측정하는가를 결정하는 것이다.(시스템의 목표를 잘 반영하는가를 나타내는 척도)
4) 순수성(무오염성) : 측정하는 구조 외적인 변수의 영향은 받지 않는 것을 말한다.
5) 민감도 : 피검자 사이에서 볼 수 있는 예상 차이점에 비례하는 단위로 측정해야 함을 말한다.

4. 인간과 기계의 상대적 기능

1) 인간이 현존하는 기계를 능가하는 기능

(1) 매우 낮은 수준의 시각, 청각, 촉각, 후각, 미각적인 자극 감지
(2) 주위의 이상하거나 예기치 못한 사건 감지
(3) 다양한 경험을 토대로 의사결정(상황에 따라 적절한 결정을 함)
(4) 관찰을 통해 일반적으로 귀납적(Inductive)으로 추진

(5) 주관적으로 추산하고 평가한다.

2) 현존하는 기계가 인간을 능가하는 기능

(1) 인간의 정상적인 감지범위 밖에 있는 자극을 감지
(2) 자극을 연역적(Deductive)으로 추리
(3) 암호화(Coded)된 정보를 신속하게, 대량으로 보관
(4) 반복적인 작업을 신뢰성 있게 추진
(5) 과부하시에도 효율적으로 작동

3) 인간-기계 시스템에서 유의하여야 할 사항은

(1) 인간과 기계의 비교가 항상 적용되지는 않는다. 컴퓨터는 단순반복 처리가 우수하나 일이 적은 양일 때는 사람의 암산 이용이 더 용이하다.
(2) 과학기술의 발달로 인하여 현재 기계가 열세한 점이 극복될 수 있다.
(3) 인간은 감성을 지닌 존재이다.
(4) 인간이 기능적으로 기계보다 못하다고 해서 항상 기계가 선택되지는 않는다.

CHAPTER 02 정보입력표시

1 시각적 표시장치

1. 시각과정

1) 눈의 구조

(1) 각막 : 빛이 통과하는 곳
(2) 홍채 : 눈으로 들어가는 빛의 양을 조절(카메라 조리개 역할)
(3) 모양체 : 수정체의 두께를 조절하는 근육
(4) 수정체 : 빛을 굴절시켜 망막에 상이 맺히는 역할(카메라 렌즈 역할)
(5) 망막 : 상이 맺히는 곳, 감광세포가 존재(상이 상하좌우 전환되어 맺힘)
(6) 시신경 : 망막으로부터 정보를 전달
(7) 맥락막 : 망막을 둘러싼 검은 막, 어둠상자 역할

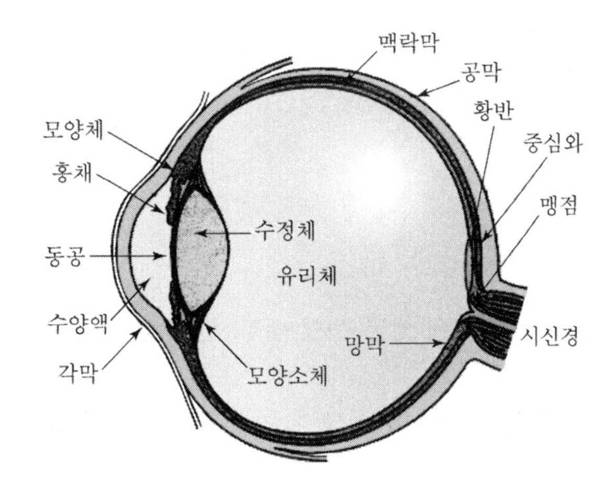

[눈의 구조]

2) 시력과 눈의 이상

(1) 디옵터(Diopter)

수정체의 초점조절 능력, 초점거리를 m으로 표시했을 때의 굴절률(단위 : D)

$$\text{렌즈의 굴절률 diopter(D)} = \frac{1}{\text{m 단위의 초점거리}}$$

$$\text{사람의 굴절률} = \frac{1}{0.017} = 59\text{D}$$

사람 눈은 물체를 수정체의 1.7cm(0.017m) 뒤쪽에 있는 망막에 초점을 맺히도록 함

(2) 시각과 시력

① 시각(Visual Angle) : 보는 물체에 대한 눈의 대각

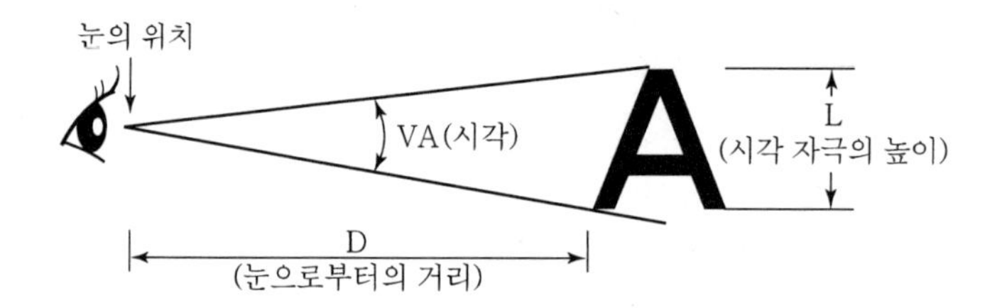

$$\text{시각[분]} = 60 \times \tan^{-1}\frac{L}{D} - L \times 57.3 \times \frac{60}{D}$$

② $\text{시력} = \dfrac{1}{\text{시각}}$

3) 눈의 이상

(1) 원시 : 가까운 물체의 상이 망막 뒤에 맺힘, 멀리 있는 물체는 잘 볼 수 있으나 가까운 물체는 보기 어려움

(2) 근시 : 먼 물체의 상이 망막 앞에 맺힘, 가까운 물체는 잘 볼 수 있으나 멀리 있는 물체는 보기 어려움

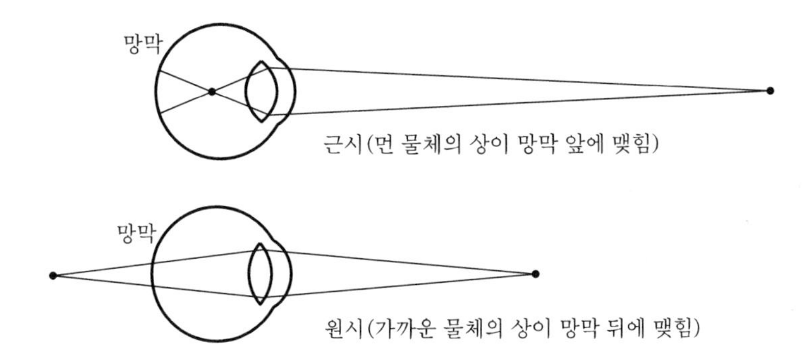

4) 순응(조응)

갑자기 어두운 곳에 들어가면 보이지 않거나 밝은 곳에 갑자기 노출되면 눈이 부셔 보기 힘들다. 그러나 시간이 지나면 점차 사물의 형상을 알 수 있는데, 이러한 광도수준에 대한 적응을 순응(Adaption) 또는 조응이라고 한다.

(1) 암순응(암조응) : 우선 약 5분 정도 원추세포의 순응단계를 거쳐 약 30~35분 정도 걸리는 간상세포의 순응단계(완전 암순응)로 이어진다.

(2) 명순응(명조응) : 어두운 곳에 있는 동안 빛에 민감하게 된 시각계통을 강한 광선이 압도하기 때문에 일시적으로 안 보이게 되나 명순응에는 길게 잡아 1~2분이면 충분하다.

2. 시식별에 영향을 주는 조건

1) 조도

물체의 표면에 도달하는 빛의 밀도

(1) foot-candle(fc)

1촉광(촛불 1개)의 점광원으로부터 1foot 떨어진 구면에 비추는 빛의 밀도

(2) Lux

1촉광의 광원으로부터 1m 떨어진 구면에 비추는 빛의 밀도

$$\text{조도} = \frac{\text{광도}}{(\text{거리})^2}$$

2) 광도(Luminance)

단위면적당 표면에서 반사(방출)되는 빛의 양(단위 : Lambert(L), foot-Lambert, nit(cd/m^2))

3) 휘도

빛이 어떤 물체에서 반사되어 나오는 양

4) 명도대비(Contrast)

표적의 광도와 배경의 광도 차

$$대비 = \frac{L_b - L_t}{L_b} \times 100$$

여기서, L_t : 표적의 광도
L_b : 배경의 광도

5) 휘광(Glare)

휘도가 높거나 휘도대비가 클 경우 생기는 눈부심

6) 푸르키네 현상(Purkinje Effect)

조명수준이 감소하면 장파장에 대한 시감도가 감소하는 현상. 즉 밤에는 같은 밝기를 가진 장파장의 적색보다 단파장인 청색이 더 잘 보인다.

3. 정량적 표시장치

1) 정량적 표시장치

온도나 속도 같은 동적으로 변하는 변수나 자로 재는 길이 같은 계량치에 관한 정보를 제공하는 데 사용

2) 정량적 동적 표시장치의 기본형

(1) 동침형(Moving Pointer)

고정된 눈금상에서 지침이 움직이면서 값을 나타내는 방법으로 지침의 위치가 일종의 인식상의 단서로 작용하는 이점이 있다.

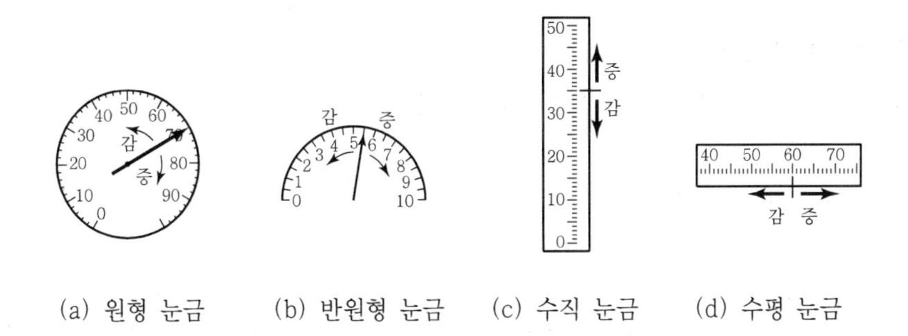

(a) 원형 눈금　　(b) 반원형 눈금　　(c) 수직 눈금　　(d) 수평 눈금

(2) 동목형(Moving Scale)

값의 범위가 클 경우 작은 계기판에 모두 나타낼 수 없는 동침형의 단점을 보완한 것으로 표시장치의 공간을 적게 차지하는 이점이 있다.

하지만, 동목형의 경우에는 "이동부분의 원칙(Principle of Moving Part)"과 "동작방향의 양립성(Compatibility of Orientation Operate)"을 동시에 만족시킬 수가 없으므로 공간상의 이점에도 불구하고 빠른 인식을 요구하는 작업장에서는 사용을 피하는 것이 좋다.

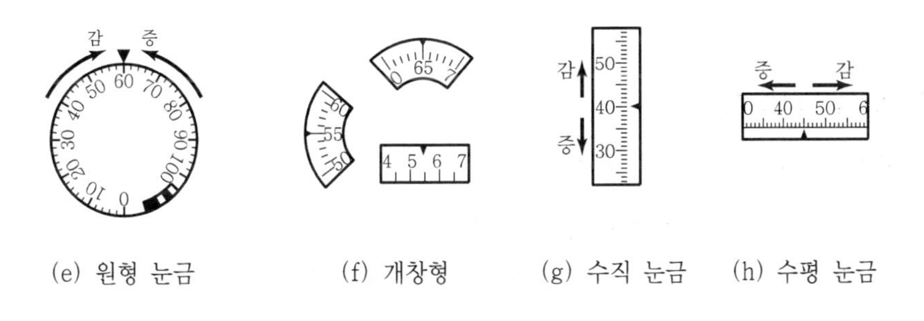

(e) 원형 눈금　　(f) 개창형　　(g) 수직 눈금　　(h) 수평 눈금

(3) 계수형(Digital Display)

수치를 정확히 읽어야 할 경우 인접 눈금에 대한 지침의 위치를 추정할 필요가 없기 때문에 Analog Type(동침형, 동목형)보다 더욱 적합, 계수형의 경우 값이 빨리 변하는 경우 읽기가 곤란할 뿐만 아니라 시각 피로를 많이 유발하므로 피해야 한다.

0	0	2	5	3

4. 정성적 표시장치

1) 온도, 압력, 속도와 같은 연속적으로 변하는 변수의 대략적인 값이나 변화추세 등을 알고자 할 때 사용
2) 나타내는 값이 정상인지 여부를 판정하는 등 상태점검을 하는 데 사용

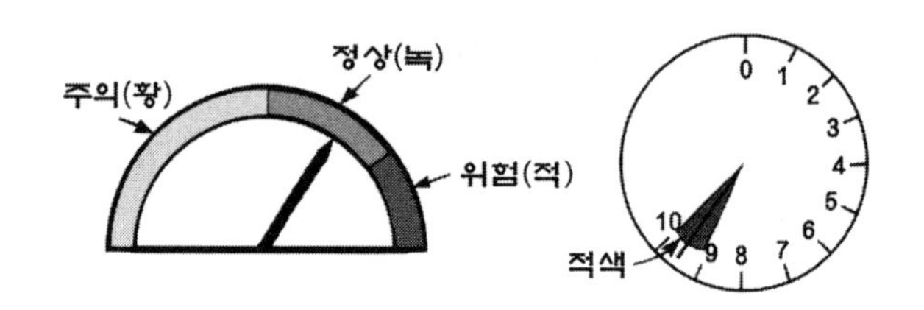

> **시각 표시장치의 목적**
> 1. 정량적 판독 : 눈금을 사용하는 경우와 같이 정확한 정량적 값을 얻으려는 경우
> 2. 정성적 판독 : 기계가 작동되는 상태나 조건 등을 결정하기 위한 것으로, 보통 허용범위 이상, 이내, 미만 등과 같이 세 가지 조건에 대하여 사용
> 3. 이분적 판독 : On-Off와 같이 작업을 확인하거나 상태를 규정하기 위해 사용

5. 신호 및 경보등

1) 광원의 크기, 광도 및 노출시간

(1) 광원의 크기가 작으면 시각이 작아짐
(2) 광원의 크기가 작을수록 광속발산도가 커야 함

2) 색광

(1) 색에 따라 사람의 주위를 끄는 정도가 다르며 반응시간이 빠른 순서는 ① 적색 ② 녹색, ③ 황색, ④ 백색 순임
명도가 높은 색채는 빠르고 경쾌하게 느껴지고, 명도가 낮은 색채는 둔하고 느리게 느껴짐. 가볍고 경쾌한 색에서 느리고 둔한 색의 순서를 나타내면 백색>황색>녹색>등색>자색>청색>흑색임
(2) 신호대 배경의 명도대비(Contrast)가 낮을 경우에는 적색 신호가 효과적임
(3) 배경이 어두운 색(흑색)일 경우 명도대비가 좋거나 신호의 절대명도가 크면 신호의 색은 주위를 끄는 데 별로 중요하지 않음

3) 점멸속도

(1) 점멸 융합주파수(약 30Hz)보다 작아야 함
(2) 주의를 끌기 위해서는 초당 3~10회의 점멸속도에 지속시간은 0.05초 이상이 적당함

4) 배경 광(불빛)

(1) 배경의 불빛이 신호등과 비슷할 경우 신호광 식별이 곤란함
(2) 배경 잡음의 광이 점멸일 경우 점멸신호등의 기능을 상실
(3) 신호등이 네온사인이나 크리스마스트리 등이 있는 지역에 설치되는 경우에는 식별이 쉽지 않음

6. 묘사적 표시장치

1) 항공기의 이동표시

배경이 변화하는 상황을 중첩하여 나타내는 표시장치로 효과적인 상황판단을 위해 사용한다.

(1) 항공기 이동형(외견형)
지평선이 고정되고 항공기가 움직이는 형태

(2) 지평선 이동형(내견형)
항공기가 고정되고 지평선이 이동되는 형태(대부분의 항공기의 표시장치가 이에 속함)

(3) 빈도 분리형 : 외견형과 내견형의 혼합형

항공기 이동형	지평선 이동형
지평선 고정, 항공기가 움직이는 형태, outside-in(외견형), bird's eye	항공기 고정, 지평선이 움직이는 형태, inside-out(내견형), pilot's eye, 대부분의 항공기 표시장치

2) 항공기 위치 표시장치 설계 원칙

항공기 위치 표시장치 설계와 관련 로스코, 콜, 젠슨(Roscoe, Corl, Jensen)(1981)은 다음과 같이 원칙을 제시했다.

(1) 표시의 현실성(Principle of Pictorial Realism)

표시장치에 묘사되는 이미지는 기준틀에 상대적인 위치(상하, 좌우), 깊이 등이 현실 세계의 공간과 어느 정도 일치하여 표시가 나타내는 것을 쉽게 알 수 있어야 함

(2) 통합(Principle of Integration)

관련된 모든 정보를 통합하여 상호관계를 바로 인식할 수 있도록 함

(3) 양립적 이동(Principle of Compatibility Motion)

항공기의 경우, 일반적으로 이동 부분의 영상은 고정된 눈금이나 좌표계에 나타내는 것이 바람직함

(4) 추종표시(Principle of Pursuit Presentation)

원하는 목표(Target)와 실제 지표가 공통 눈금이나 좌표계에서 이동함

7. 문자-숫자 표시장치

문자-숫자 체계에서 인간공학적 판단기준은 가시성(Visibility), 식별성(Legibility), 판독성(Readability)이다.

1) 획폭비

문자나 숫자의 높이에 대한 획 굵기의 비율

(1) 검은 바탕에 흰 숫자의 최적 획폭비는 1 : 13.3 정도

(2) 흰 바탕에 검은 숫자의 최적 획폭비는 1 : 8 정도

※ 광삼(Irradiation) 현상

검은 바탕의 흰 글씨가 주위의 검은 배경으로 번져 보이는 현상

A B C D	검은 바탕의 흰 글씨(음각)
A B C D	흰 바탕에 검은 글씨(양각)

따라서, 검은 바탕의 흰 글씨가 더 가늘어야 한다.

2) 종횡비

문자나 숫자의 폭에 대한 높이의 비율

(1) 문자의 경우 최적 종횡비는 1 : 1 정도

(2) 숫자의 경우 최적 종횡비는 3 : 5 정도

3) 문자-숫자의 크기

일반적인 글자의 크기는 포인트(Point, pt)로 나타내며 $\frac{1}{72}$in(0.35mm)을 1pt로 한다.

8. 시각적 암호, 부호, 기호

1) 묘사적 부호

사물이나 행동을 단순하고 정확하게 묘사한 것(도로표지판의 보행신호, 유해물질의 해골과 뼈 등)

2) 추상적 부호

메시지(傳言)의 기본요소를 도식적으로 압축한 부호로 원래의 개념과는 약간의 유사성이 있음

3) 임의적 부호

부호가 이미 고안되어 있으므로 이를 배워야 하는 것(산업안전표지의 원형 → 금지표지, 사각형 → 안내표지 등)

9. 작업장 내부 및 외부색의 선택

작업장 색채조절은 사람에 대한 감정적 효과, 피로방지 등을 통하여 생산능률 향상에 도움을 주려는 목적과 사고방지를 위한 표식의 명확화 등을 위해 사용한다.

1) 내부

(1) 윗벽의 색은 기계공장의 경우 8 이상의 명도를 가진 회색 또는 엷은 녹색

(2) 천장은 75% 이상의 반사율을 가진 백색

(3) 정밀작업은 명도 7.5~8, 색상은 회색, 녹색 사용

(4) 바닥 색은 광선의 반사를 피해 명도 4~5 정도 유지

2) 외부

(1) 벽면은 주변 명도의 2배 이상
(2) 창틀은 명도나 채도를 벽보다 1~2배 높게

3) 기계에 대한 배색

전체 기계 : 녹색(10G6/2)과 회색을 혼합해서 사용 또는 청록색(7.5BG6/15) 사용

4) 바닥의 추천 반사율은 20~40%

5) 색의 심리적 작용

(1) 크기 : 명도 높으면 크게 보임
(2) 원근감 : 명도 높으면 가깝게 보임
(3) 온도감 : 적색 hot, 청색 cold → 실제 느끼는 온도는 색에 무관
(4) 안정감 : 윗부분 명도 높고, 아랫부분 명도 낮을 경우 안정감
(5) 경중감 : 명도 높으면 가볍게 느낌
(6) 속도감 : 명도 높으면 빠르고 경쾌
(7) 맑기 : 명도 높으면 밝은 느낌
(8) 진정효과 : 녹색, 청색 → 한색계 : 침착함
주황, 빨강 → 난색계 : 강한 자극
(9) 연상작용 : 적색 → 피, 청색 → 바다, 하늘

2 청각적 표시장치

1. 청각과정

1) 귀의 구조

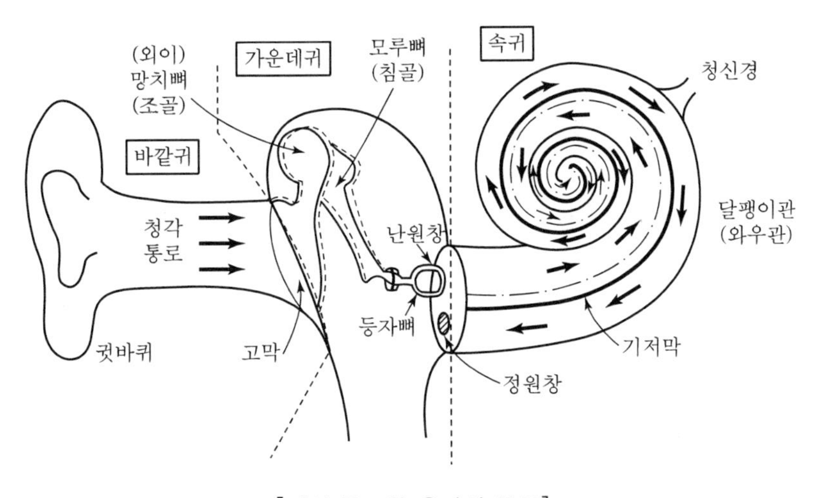

[귀의 구조와 음파의 통로]

(1) 바깥귀(외이) : 소리를 모으는 역할
(2) 가운데귀(중이) : 고막의 진동을 속귀로 전달하는 역할
(3) 속귀(내이) : 달팽이관에 청세포가 분포되어 있어 소리자극을 청신경으로 전달

2) 음의 특성 및 측정

(1) 음파의 진동수(Frequency of Sound Wave) : 인간이 감지하는 음의 높낮이

소리굽쇠를 두드리면 고유진동수로 진동하게 되는데 소리굽쇠가 진동함에 따라 공기의 입자가 전후방으로 움직이며 이에 따라 공기의 압력은 증가 또는 감소한다. 소리굽쇠와 같은 간단한 음원의 진동은 정현파(사인파)를 만들며 사인파는 계속 반복되는데 1초당 사이클 수를 음의 진동수(주파수)라 하며 Hz(Herz) 또는 cps(cycle/s)로 표시한다.

(2) 음의 강도(Sound intensity)

음의 강도는 단위면적당 동력(Watt/m^2)으로 정의되는데 그 범위가 매우 넓기 때문에 로그(log)를 사용한다. Bell(B ; 두음의 강도비의 로그값)을 기본측정 단위로 사용하고 보통은 dB(Decibel)을 사용한다.(1dB=0.1B)

음은 정상기압에서 상하로 변하는 압력파(Pressure Wave)이기 때문에 음의 진폭 또는 강도의 측정은 기압의 변화를 이용하여 직접 측정할 수 있다. 하지만 음에 대한 기압치는 그 범위가 너무 넓어 음압수준(SPL, Sound Pressure Level)을 사용하는 것이 일반적이다.

$$SPL(dB)=10\log\left(\frac{P_1^2}{P_0^2}\right)$$

P_1은 측정하고자 하는 음압이고 P_0는 기준음압($20\mu N/m^2$)이다.
이 식을 정리하면

$$SPL(dB)=20\log\left(\frac{P_1}{P_0}\right)$$ 이다.

또한, 두 음압 P_1, P_2를 갖는 두 음의 강도차는

$$SPL_2-SPL_1=20\log\left(\frac{P_2}{P_0}\right)-20\log\left(\frac{P_1}{P_0}\right)=20\log\left(\frac{P_2}{P_1}\right)$$ 이다.

거리에 따른 음의 변화는 d_1은 d_1거리에서 단위면적당 옴이고 d_2는 d_2거리에서 단위면적당 음이라면 음압은 거리에 비례하므로 식으로 나타내면

$$P_2=\left(\frac{d_1}{d_2}\right)P_1$$ 이다.

$SPL_2(dB)-SPL_1(dB)=20\log\left(\frac{P_2}{P_1}\right)$에 위의 식을 대입하면

$$=20\log\left(\frac{\frac{d_1 P_1}{d_2}}{P_1}\right)=20\log\left(\frac{d_1}{d_2}\right)=-20\log\left(\frac{d_1}{d_2}\right)$$

따라서 $dB_2=dB_1-20\log\left(\frac{d_1}{d_2}\right)$ 이다.

(3) 음력레벨(PWL, Sound Power Level)

$$PWL = 10\log\left(\frac{P}{P_0}\right)dB$$ (P : 음력(Watt), P_0 : 기준의 음력 10~12Watt)

3) 음량(Loudness)

(1) Phon과 Sone

① Phon 음량수준 : 정량적 평가를 위한 음량 수준 척도, phon으로 표시한 음량 수준은 이 음과 같은 크기로 들리는 1,000Hz 순음의 음압수준(dB)

② Sone 음량수준 : 다른 음의 상대적인 주관적 크기 비교, 40dB의 1,000Hz 순음 크기(=40phon)를 1sone으로 정의, 기준음보다 10배 크게 들리는 음이 있다면 이 음의 음량은 10sone이다.

sone치 = 2(phon값 − 40)/10

(2) 인식소음 수준

① PNdb(perceived noise level)의 척도는 910~1,090Hz대의 소음 음압수준

② PLdb(perceived level of noise)의 척도는 3,150Hz에 중심을 둔 1/3 옥타브대 음을 기준으로 사용

4) 은폐(Masking) 효과

음의 한 성분이 다른 성분에 대한 귀의 감수성을 감소시키는 상황으로 피은폐된 한 음의 가청 역치가 다른 은폐된 음 때문에 높아지는 현상을 말한다. 예로 사무실의 자판소리 때문에 말소리가 묻히는 경우이다.

2. 청각적 표시장치

1) 시각장치와 청각장치의 비교

시각 장치 사용	청각 장치 사용
① 경고나 메시지가 복잡하다. ② 경고나 메시지가 길다. ③ 경고나 메시지가 후에 재참조된다. ④ 경고나 메시지가 공간적인 위치를 다룬다. ⑤ 경고나 메시지가 즉각적인 행동을 요구하지 않는다. ⑥ 수신자의 청각 계통이 과부하 상태일 때 ⑦ 수신 장소가 너무 시끄러울 때 ⑧ 직무상 수신자가 한곳에 머무르는 경우	① 경고나 메시지가 간단하다. ② 경고나 메시지가 짧다. ③ 경고나 메시지가 후에 재참조되지 않는다. ④ 경고나 메시지가 시간적인 사상을 다룬다. ⑤ 경고나 메시지가 즉각적인 행동을 요구한다. ⑥ 수신자의 시각 계통이 과부하 상태일 때 ⑦ 수신장소가 너무 밝거나 암조응 유지가 필요할 때 ⑧ 직무상 수신자가 자주 움직이는 경우

2) 청각적 표시장치가 시각적 표시장치보다 유리한 경우

(1) 신호음 자체가 음(소리)일 때
(2) 무선거리 신호, 항로정보 등과 같이 연속적으로 변하는 정보를 제시할 때
(3) 음성통신(전화 등) 경로가 전부 사용되고 있을 때
(4) 정보가 즉각적인 행동을 요구하는 경우
(5) 조명으로 인해 시각을 이용하기 어려운 경우

3) 경계 및 경보신호 선택 시 지침

(1) 귀는 중음역에 가장 민감하므로 500~3,000Hz가 좋다.
(2) 300m 이상 장거리용 신호에는 1,000Hz 이하의 진동수를 사용
(3) 칸막이를 돌아가는 신호는 500Hz 이하의 진동수를 사용한다.
(4) 배경소음과 다른 진동수를 갖는 신호를 사용하고 신호는 최소 0.5~1초 지속
(5) 주의를 끌기 위해서는 변조된 신호를 사용
(6) 경보효과를 높이기 위해서는 개시시간이 짧은 고강도의 신호 사용

3 촉각 및 후각적 표시장치

1. 피부감각

1) 통각 : 아픔을 느끼는 감각
2) 압각 : 압박이나 충격이 피부에 주어질 때 느끼는 감각
3) 감각점의 분포량 순서 : ① 통점 → ② 압점 → ③ 냉점 → ④ 온점

2. 조정장치의 촉각적 암호화

1) 표면촉감을 사용하는 경우
2) 형상을 구별하는 경우
3) 크기를 구별하는 경우

3. 동적인 촉각적 표시장치

1) 기계적 진동(Mechanical Vibration) : 진동기를 사용하여 피부에 전달, 진동장치의 위치, 주파수, 세기, 지속시간 등 물리적 매개변수
2) 전기적 임펄스(Electrical Impulse) : 전류자극을 사용하여 피부에 전달, 전극위치, 펄스속도, 지속시간, 강도 등

4. 후각적 표시장치

후각은 사람의 감각기관 중 가장 예민하고 빨리 피로해지기 쉬운 기관으로 사람마다 개인차가 심하다. 코가 막히면 감도도 떨어지고 냄새에 순응하는 속도가 빠르다.

5. 웨버(Weber)의 법칙

특정 감각의 변화감지역($\triangle I$)은 사용되는 표준자극(I)에 비례한다.

$$\text{웨버 비} = \frac{\triangle I}{I}$$

여기서, I : 기준자극크기, $\triangle I$: 변화감지역

1) 감각기관의 웨버(Weber) 비

감각	시각	청각	무게	후각	미각
Weber 비	1/60	1/10	1/50	1/4	1/3

웨버(Weber)비가 작을수록 인간의 분별력이 좋아짐

2) 인간의 감각기관의 자극에 대한 반응속도

청각(0.17초) > 촉각(0.18초) > 시각(0.20초) > 미각(0.29초) > 통각(0.70초)

4 인간요소와 휴먼에러

1. 휴먼에러(인간실수)

1) 휴먼에러의 관계

『SP=K(HE)=f(HE)』

여기서, SP : 시스템퍼포먼스(체계성능), HE : 인간과오(Human Error), K : 상수, f : 관수(함수)

(1) K≒1 : 중대한 영향
(2) K<1 : 위험
(3) K≒0 : 무시

2) 휴먼에러의 분류

(1) 심리적(행위에 의한) 분류(Swain)

① 생략에러(Omission Error) : 작업 내지 필요한 절차를 수행하지 않는 데서 기인하는 에러
② 실행(작위적)에러(Commission Error) : 작업 내지 절차를 수행했으나 잘못한 실수-선택착오, 순서착오, 시간착오
③ 과잉행동에러(Extraneous Error) : 불필요한 작업 내지 절차를 수행함으로써 기인한 에러

④ 순서에러(Sequential Error) : 작업수행의 순서를 잘못한 실수
⑤ 시간에러(Timing Error) : 소정의 기간에 수행하지 못한 실수(너무 빨리 혹은 늦게)

(2) 원인 레벨(level)적 분류

① 1차 에러(Primary Error) : 작업자 자신으로부터 발생한 에러(안전교육을 통하여 제거)
② 2차 에러(Secondary Error) : 작업형태나 작업조건 중에서 다른 문제가 생겨 그 때문에 필요한 사항을 실행할 수 없는 오류나 어떤 결함으로부터 파생하여 발생하는 에러
③ 관리 에러(Command Error) : 요구되는 것을 실행하고자 하여도 필요한 정보, 에너지 등이 공급되지 않아 작업자가 움직이려 해도 움직이지 않는 에러

(3) 정보처리 과정에 의한 분류

① 인지확인 오류 : 외부의 정보를 받아들여 대뇌의 감각중추에서 인지할 때까지의 과정에서 일어나는 실수
② 판단, 기억오류 : 상황을 판단하고 수행하기 위한 행동을 의사 결정하여 운동중추로부터 명령을 내릴 때까지 대뇌과정에서 일어나는 실수
③ 동작 및 조작오류 : 운동중추에서 명령을 내렸으나 조작을 잘못하는 실수

(4) 인간의 행동과정에 따른 분류

① 입력 에러 : 감각 또는 지각의 착오
② 정보처리 에러 : 정보처리 절차 착오
③ 의사결정 에러 : 주어진 의사결정에서의 착오
④ 출력 에러 : 신체반응의 착오
⑤ 피드백 에러 : 인간제어의 착오

(5) 라스무센(Rasmussen)의 인간행동모델에 따른 원인기준에 의한 휴먼에러 분류방법 (James Reason의 방법)

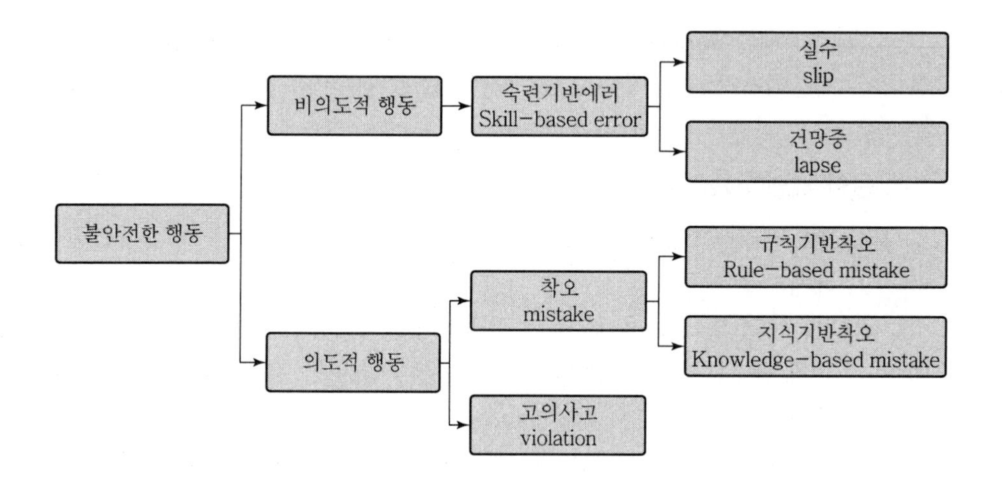

[라스무센의 SRK 모델을 재정립한 리즌의 불안전한 행동 분류(원인기준)]

인간의 불안전한 행동을 의도적인 경우와 비의도적인 경우로 나누었다. 비의도적 행동은 모두 숙련기반의 에러, 의도적 행동은 규칙기반 에러와 지식기반에러, 고의사고로 분류할 수 있다.

(6) 인간의 오류모형

① 착오(Mistake) : 상황해석을 잘못하거나 목표를 잘못 이해하고 착각하여 행하는 경우
② 실수(Slip) : 상황이나 목표의 해석을 제대로 했으나 의도와는 다른 행동을 하는 경우
③ 건망증(Lapse) : 여러 과정이 연계적으로 일어나는 행동 중에서 일부를 잊어버리고 하지 않거나 또는 기억의 실패에 의하여 발생하는 오류
④ 위반(Violation) : 정해진 규칙을 알고 있음에도 고의로 따르지 않거나 무시하는 행위

(7) 인간실수(휴먼에러) 확률에 대한 추정기법

인간의 잘못은 피할 수 없다. 하지만 인간오류의 가능성이나 부정적 결과는 인력선정, 훈련절차, 환경설계 등을 통해 줄일 수 있다.

① 인간실수 확률(Human Error Probability, HEP)
특정 직무에서 하나의 착오가 발생할 확률

$$HEP = \frac{\text{인간실수의 수}}{\text{실수발생의 전체 기회수}}$$

인간의 신뢰도(R) = (1 − HEP) = 1 − P

② THERP(Technique for Human Error Rate Prediction)
인간실수확률(HEP)에 대한 정량적 예측기법으로 분석하고자 하는 작업을 기본행위로 하여 각 행위의 성공, 실패확률을 계산하는 방법

③ 결함수분석(FTA : Fault Tree Analysis)
복잡하고 대형화된 시스템의 신뢰성 분석에 이용되는 기법으로 시스템의 각 단위부품의 고장을 기본 고장(Primary Failure or Basic Event)이라 하고, 시스템의 결함 상태를 시스템 고장(Top Event or System Failure)이라 하여 이들의 관계를 정량적으로 평가하는 방법

3) 4M 위험성 평가

작업공정 내 잠재하고 있는 위험요인을 Man(인간), Machine(기계), Media(작업매체), Management(관리) 등 4가지 분야로 위험성을 파악하여 위험제거대책을 제시하는 방법

(1) Man(인간) : 작업자의 불안전 행동을 유발시키는 인적 위험 평가
(2) Machine(기계) : 생산설비의 불안전 상태를 유발시키는 설계·제작·안전장치 등을 포함한 기계 자체 및 기계 주변의 위험 평가
(3) Media(작업매체) : 소음, 분진, 유해물질 등 작업환경 평가
(4) Management(관리) : 안전의식 해이로 사고를 유발시키는 관리적인 사항 평가

〈 4M의 항목별 위험요인(예시) 〉

항목	위험요인
Man (인간)	• 미숙련자 등 작업자 특성에 의한 불안전 행동 • 작업에 대한 안전보건 정보의 부적절 • 작업자세, 작업동작의 결함 • 작업방법의 부적절 등 • 휴먼에러(Human Error) • 개인 보호구 미착용
Machine (기계)	• 기계·설비 구조상의 결함 • 위험 방호장치의 불량 • 위험기계의 본질안전 설계의 부족 • 비상시 또는 비정상 작업 시 안전연동장치 및 경고장치의 결함 • 사용 유틸리티(전기, 압축공기 및 물)의 결함 • 설비를 이용한 운반수단의 결함 등

항목	위험요인
Media (작업매체)	• 작업공간(작업장 상태 및 구조)의 불량, 작업방법의 부적절 • 가스, 증기, 분진, 흄 및 미스트 발생 • 산소결핍, 병원체, 방사선, 유해광선, 고온, 저온, 초음파, 소음, 진동, 이상기압 등 • 취급 화학물질에 대한 중독 등
Management (관리)	• 관리조직의 결함 • 규정, 매뉴얼의 미작성 • 안전관리계획의 미흡 • 교육 · 훈련의 부족 • 부하에 대한 감독 · 지도의 결여 • 안전수칙 및 각종 표지판 미게시 • 건강검진 및 사후관리 미흡 • 고혈압 예방 등 건강관리 프로그램 운영

4) 휴먼에러 대책

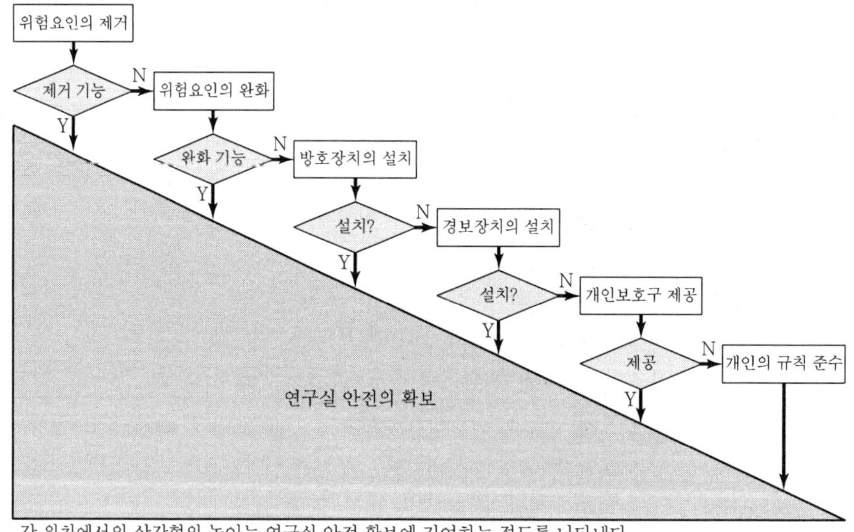

각 위치에서의 삼각형의 높이는 연구실 안전 확보에 기여하는 정도를 나타낸다.

(1) 배타설계(Exclusion design)

설계 단계에서 사용하는 재료나 기계 작동 메커니즘 등 모든 면에서 휴먼에러 요소를 근원적으로 제거하도록 하는 디자인 원칙이다. 예를 들어, 유아용 완구의 표면을 칠하는 도료는 위험한 화학물질일 수 있다. 이런 경우 도료를 먹어도 무해한 재료로 바꾸어 설계하였다면 이는 에러제거 디자인의 원칙을 지킨 것이 된다.

(2) **보호설계(Preventive design)**

근원적으로 에러를 100% 막는다는 것은 실제로 매우 힘들 수 있고, 경제성 때문에 그렇게 할 수 없는 경우가 많다. 이런 경우에는 가능한 에러 발생 확률을 최대한 낮추어 주는 설계를 한다. 즉, 신체적 조건이나 정신적 능력이 낮은 사용자라 하더라도 사고를 낼 확률을 낮게 설계해 주는 것을 에러 예방 디자인, 혹은 풀프루프(Fool Proof)디자인이라고 한다. 예를 들어, 세제나 약 병의 뚜껑을 열기 위해서는 힘을 아래 방향으로 가해 돌려야 하는데 이것은 위험성을 모르는 아이들이 마실 확률을 낮추는 디자인이다.

① Fool proof

사용자가 조작 실수를 하더라도 사용자에게 피해를 주지 않도록 설계하는 개념
자동차 시동장치(D에선 시동 걸리지 않음)

(3) **안전설계(Fail-safe design)**

사용자가 휴먼에러 등을 범하더라도 그것이 부상 등 재해로 이어지지 않도록 안전장치의 장착을 통해 사고를 예방할 수 있다. 이렇듯 안전장치 등의 부착을 통한 디자인 원칙을 페일-세이프(Fail safe)디자인이라고 한다. Fail-safe 설계를 위해서는 보통 시스템 설계 시 부품의 병렬체계설계나 대기체계설계와 같은 중복설계를 해준다.

병렬체계설계의 특징은 다음과 같다.

① 요소의 중복도가 증가할수록 계의 수명은 길어진다.
② 요소의 수가 많을수록 고장의 기회는 줄어든다.
③ 요소의 어느 하나가 정상적이면 계는 정상이다.
④ 시스템의 수명은 요소 중 수명이 가장 긴 것으로 정할 수 있다.

5) 바이오리듬의 종류

(1) 육체리듬(주기 23일, 청색 실선표시) : 식욕, 소화력, 활동력, 지구력 등
(2) 지성리듬(주기 33일, 녹색 일점쇄선표시) : 상상력(추리력), 사고력, 기억력, 인지, 판단력 등
(3) 감성리듬(주기 28일, 적색 점선표시) : 감정, 주의력, 창조력, 예감 및 통찰력

CHAPTER 03 인간계측 및 작업공간

1 인체 계측 및 인간의 체계제어

1. 인체 측정

1) 인체 측정 방법

(1) 구조적 인체 치수

① 표준 자세에서 움직이지 않는 피측정자를 인체 측정기로 측정

② 설계의 표준이 되는 기초적인 치수를 결정

③ 마틴측정기, 실루엣 사진기

(2) 기능적 인체 치수

① 움직이는 몸의 자세로부터 측정

② 사람은 일상생활 중에 항상 몸을 움직이기 때문에 어떤 설계 문제에는 기능적 치수가 더 널리 사용됨

③ 사이클그래프, 마르티스트로브, 시네필름, VTR

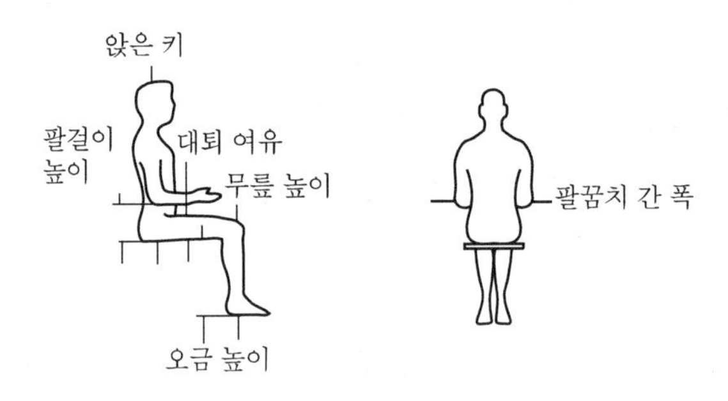

[구조적 인체치수의 예]

구조적 치수에 맞춤

기능적 치수에 맞춤

[자동차의 설계 시 구조적 치수와 기능적 치수의 차이]

2. 인체계측자료의 응용원칙

1) 최대치수와 최소치수

특정한 설비를 설계할 때, 거의 모든 사람을 수용할 수 있는 경우(최대치수)가 필요하다. 문, 통로, 탈출구 등을 예로 들 수 있다. 최소치수의 예로는 선반의 높이, 조종장치까지의 거리 등이 있다.

(1) 최소치수 : 하위 백분위 수(퍼센타일, Percentile) 기준 1, 5, 10%

(2) 최대치수 : 상위 백분위 수(퍼센타일, Percentile) 기준 90, 95, 99%

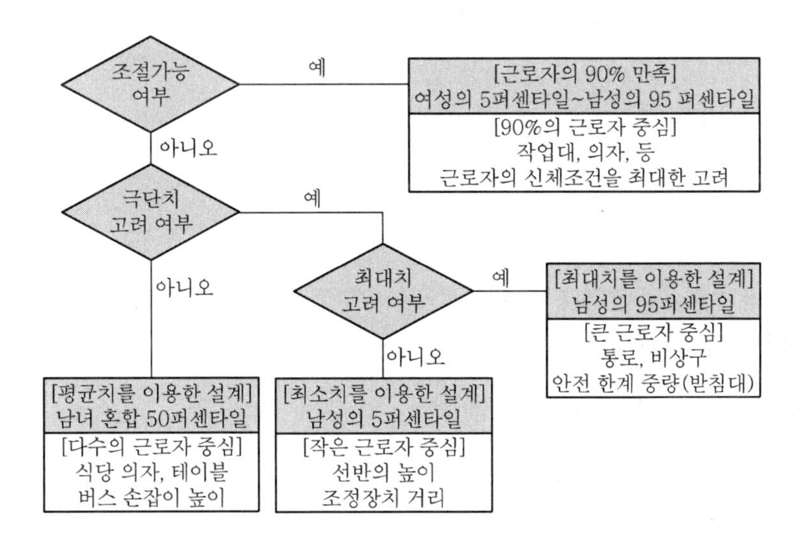

2) 조절 범위(5~95%)

체격이 다른 여러 사람에 맞도록 조절식으로 만드는 것이 바람직하다. 그 예로는 자동차 좌석의 전후 조절, 사무용 의자의 상하 조절 등이 있다.

3) 평균치를 기준으로 한 설계

최대치수나 최소치수를 기준으로 설계하기도 부적절하고 조절식으로 하기도 불가능할 때, 평균치를 기준으로 설계를 한다. 예를 들면, 손님의 평균 신장을 기준으로 만든 은행의 계산대 등이 있다.

3. 신체반응의 측정

1) 작업의 종류에 따른 측정

(1) 정적 근력작업 : 에너지 대사량과 심박수의 상관관계와 시간적 경과, 근전도 등
(2) 동적 근력작업 : 에너지 대사량과 산소소비량, CO_2 배출량, 호흡량, 심박수 등
(3) 신경적 작업 : 매회 평균호흡진폭, 맥박수, 전기피부반사 등을 측정
(4) 심적작업 : 플리커 값 등을 측정

2) 심장활동의 측정

(1) 심장주기 : 수축기(약 0.3초), 확장기(약 0.5초)의 주기 측정
(2) 심박수 : 분당 심장 주기수 측정(분당 75회)
(3) 심전도(ECG) : 심장근 수축에 따른 전기적 변화를 피부에 부착한 전극으로 측정

3) 산소 소비량 측정

(1) 더글러스 백(Douglas Bag)을 사용하여 배기가스 수집
(2) 배기가스의 성분을 분석하고 부피를 측정한다.

4. 제어장치의 종류

1) 개폐에 의한 제어(On-Off 제어)

$\frac{C}{D}$비로 동작을 제어하는 제어장치

(1) 수동식 푸시(Push Button)
(2) 발(Foot) 푸시
(3) 토글스위치(Toggle Switch)

(4) 로터리 스위치(Rotary Switch)

똑딱 스위치(Toggle Switch), 누름단추(Push Botton)를 작동할 때에는 중심으로부터 30° 이하를 원칙으로 하며 25°쯤 되는 위치에 있을 때가 작동시간이 가장 짧다.

2) 양의 조절에 의한 통제

연료량, 전기량 등으로 양을 조절하는 통제장치

(1) 노브(Knob)
(2) 핸들(Hand Wheel)
(3) 페달(Pedal)
(4) 크랭크

3) 반응에 의한 통제

계기, 신호, 감각에 의하여 통제 또는 자동경보 시스템

5. 조정-반응 비율(통제비, C/D비, C/R비, Control Display, Ratio)

1) 통제표시비(선형조정장치)

$$\frac{X}{Y}=\frac{C}{D}=\frac{\text{통제기기의 변위량}}{\text{표시계기지침의 변위량}}$$

2) 조종장치의 통제비

$$\frac{C}{D}\text{비}=\frac{\left(\frac{a}{360°}\right)\times 2\pi L(\text{조종장치의 이동거리})}{\text{표시계기기지침의 이동거리}}$$

여기서, a : 조종장치가 움직인 각도
L : 반경(지레의 길이)

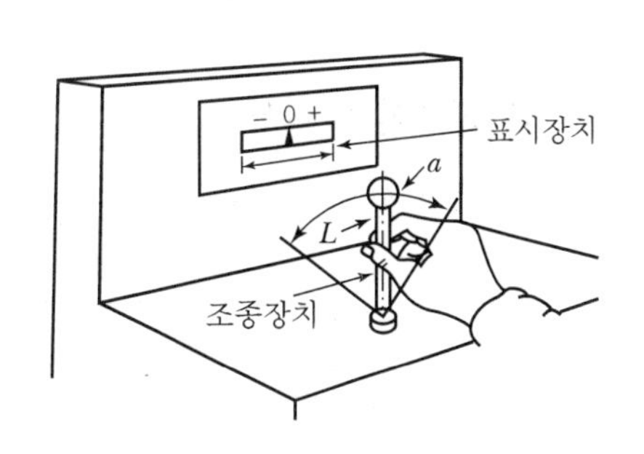

[선형표시장치를 움직이는 조정구에서의 C/D비]

3) 통제 표시비의 설계 시 고려해야 할 요소

(1) 계기의 크기 : 조절시간이 짧게 소요되는 크기를 선택하되 너무 작으면 오차가 클 수 있음

(2) 공차 : 짧은 주행시간 내에 공차의 인정범위를 초과하지 않은 계기를 마련
(3) 목시거리 : 목시거리(눈과 계기표 시간과의 거리)가 길수록 조절의 정확도는 적어지고 시간이 많이 걸림
(4) 조작시간 : 조작시간이 지연되면 통제비가 크게 작용함
(5) 방향성 : 계기의 방향성은 안전과 능률에 영향을 미침

4) 통제비의 3요소

(1) 시각감지시간
(2) 조절시간
(3) 통제기기의 주행시간

5) 최적 C/D비

(1) C/D비가 증가함에 따라 조정시간은 급격히 감소하다가 안정되며 이동시간은 이와 반대가 된다.(최적통제비 : 1.18~2.42)
(2) C/D비가 적을수록 이동시간이 짧고 조정이 어려워 조정장치가 민감하다.

6. 양립성(Compatibility)

안전을 근원적으로 확보하기 위한 전략으로서 외부의 자극과 인간의 기대가 서로 모순되지 않아야 하는 것. 제어장치와 표시장치 사이의 연관성이 인간의 예상과 어느 정도 일치하는가 여부

1) 공간적 양립성

어떤 사물들, 특히 표시장치나 조정장치의 물리적 형태나 공간적인 배치의 양립성을 말한다.

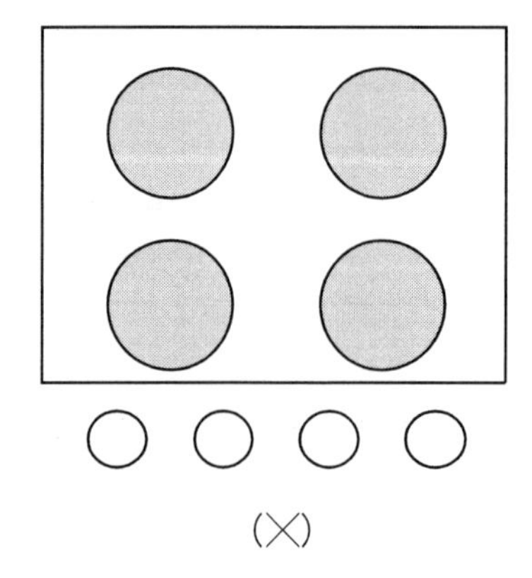

(×)

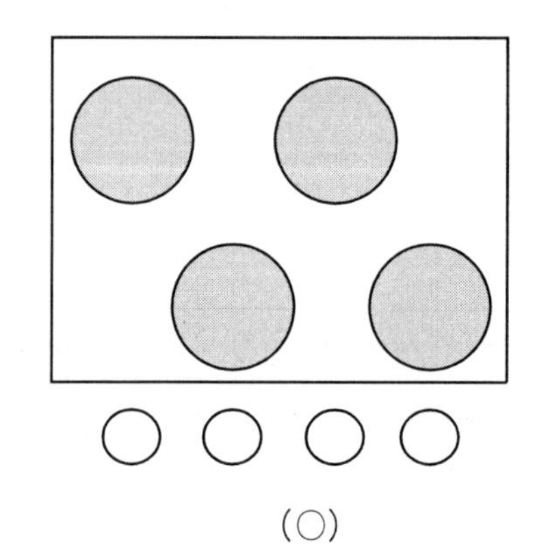

(○)

2) 운동적 양립성

표시장치, 조정장치, 체계반응 등의 운동방향의 양립성을 말한다. 예를 들면, 조정장치의 방향과 표시장치의 움직이는 방향을 일치시키는 것으로, 조정장치를 시계방향으로 돌리면 표시장치도 우측으로 이동한다.

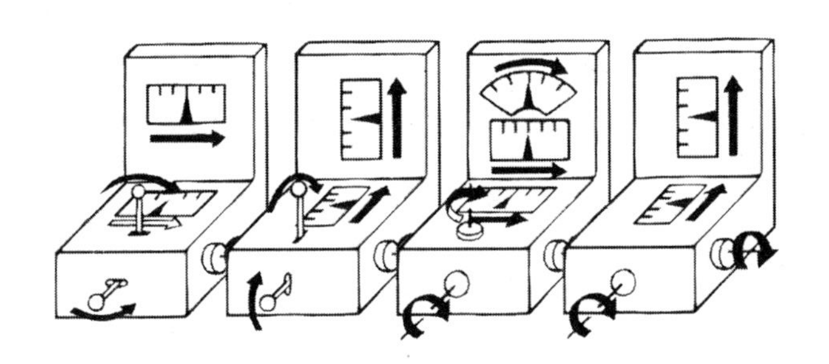

[운동적 양립성에 따른 설계 예]

3) 개념적 양립성

외부로부터의 자극에 대해 인간이 가지고 있는 개념적 연상의 일관성을 말하는데, 예를 들어 파란색 수도꼭지와 빨간색 수도꼭지가 있는 경우 빨간색 수도꼭지를 보고 따뜻한 물이라고 연상하는 것을 말한다.

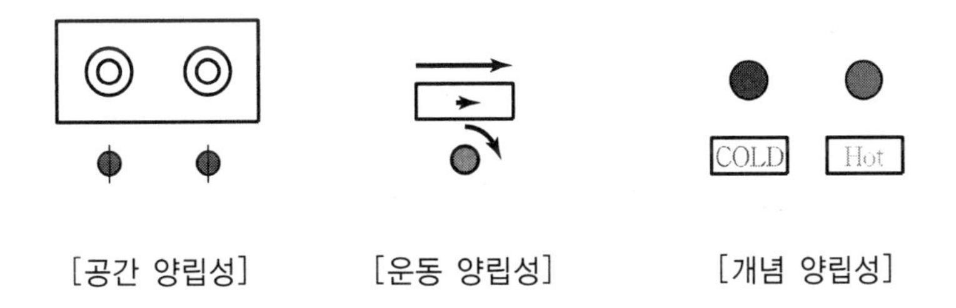

[공간 양립성] [운동 양립성] [개념 양립성]

7. 수공구와 장치 설계의 원리

1) 손목을 곧게 유지
2) 조직의 압축응력을 피함
3) 반복적인 손가락 움직임을 피함(모든 손가락 사용)
4) 안전작동을 고려하여 설계
5) 손잡이는 손바닥의 접촉면적이 크게 설계

2 신체활동의 생리학적 측정방법

1. 신체역학

인간은 근육, 뼈, 신경, 에너지 대사 등을 바탕으로 물리적인 활동을 수행하게 되는데 이러한 활동에 대하여 생리적 조건과 역학적 특성을 고려한 접근방법

1) 신체부위의 운동

(1) 팔, 다리

① 외전(Abduction) : 몸의 중심선으로부터 멀리 떨어지게 하는 동작(예 : 팔을 옆으로 들기)

② 내전(Adduction) : 몸의 중심선으로의 이동(예 : 팔을 수평으로 편 상태에서 수직 위치로 내리는 것

(2) 팔꿈치

① 굴곡(Flexion) : 관절이 만드는 각도가 감소하는 동작(예 : 팔꿈치 굽히기)

② 신전(Extension) : 관절이 만드는 각도가 증가하는 동작(예 : 굽힌 팔꿈치 펴기)

(3) 손

① 하향(Pronation) : 손바닥을 아래로 향하도록 하는 회전

② 상향(Supination) : 손바닥을 위로 향하도록 하는 회전

(4) 발

① 외선(Lateral Rotation) : 몸의 중심선에서 바깥쪽으로 회전

② 내선(Medial Rotation) : 몸의 중심선에서 안쪽으로 회전

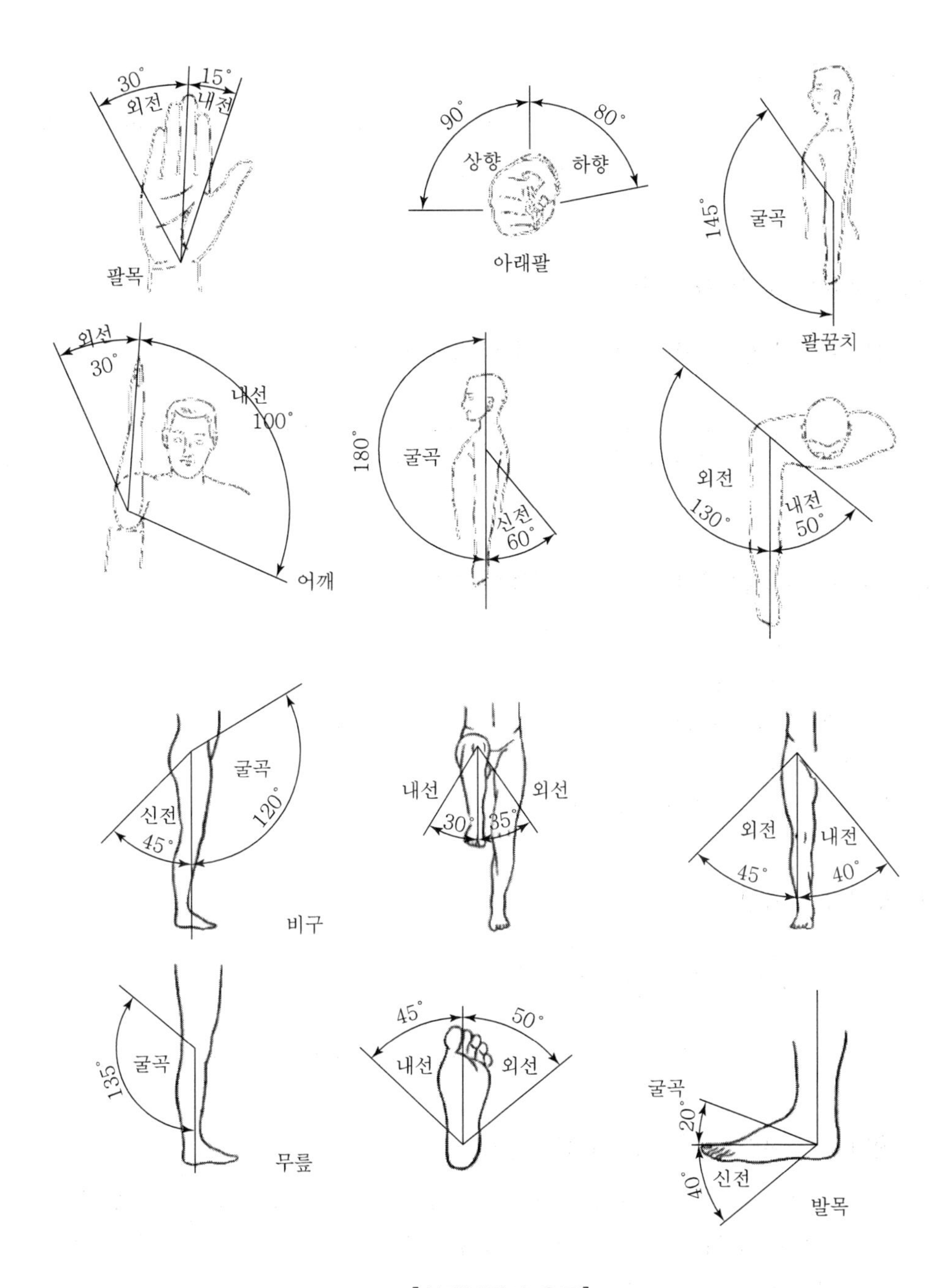
30°
15°
외전
내전
팔목
90°
80°
상향
하향
아래팔
145°
굴곡
팔꿈치
외선
30°
내선
100°
어깨
180°
굴곡
신전
60°
외전
130°
내전
50°
굴곡
120°
신전
45°
비구
내선
외선
30°
35°
외전
내전
45°
40°
135°
굴곡
무릎
45°
50°
내선
외선
굴곡
20°
40°
신전
발목

[신체부위의 운동]

2) 근력 및 지구력

(1) 근력 : 근육이 낼 수 있는 최대 힘으로 정적 조건에서 힘을 낼 수 있는 근육의 능력
(2) 지구력 : 근육을 사용하여 특정한 힘을 유지할 수 있는 시간

2. 신체활동의 에너지 소비

1) 에너지 대사율(RMR, Relative Metabolic Rate)

$$\text{RMR} = \frac{\text{운동 대사량}}{\text{기초 대사량}} = \frac{\text{운동시 산소 소모량} - \text{안정시 산소 소모량}}{\text{기초 대사량(산소 소비량)}}$$

2) 에너지 대사율(RMR)에 따른 작업의 분류

(1) 초경작업(初經作業) : 0~1
(2) 경작업(經作業) : 1~2
(3) 보통 작업(中作業) : 2~4
(4) 무거운 작업(重作業) : 4~7
(5) 초중작업(初重作業) : 7 이상

3) 휴식시간 산정

$$R(\text{분}) = \frac{60(E-5)}{E-1.5} \text{(60분 기준)}$$

여기서, E : 작업의 평균에너지(kcal/min), 평균에너지 값의 상한 : 5(kcal/min)

4) 에너지 소비량에 영향을 미치는 인자

(1) 작업방법 : 특정 작업에서의 에너지 소비는 작업의 수행방법에 따라 달라짐
(2) 작업자세 : 손과 무릎을 바닥에 댄 자세와 쪼그려 앉는 자세가 다른 자세에 비해 에너지 소비량이 적은 등 에너지 소비량은 자세에 따라 달라짐
(3) 작업속도 : 적절한 작업속도에서는 별다른 생리적 부담이 없으나 작업속도가 빠른 경우 작업부하가 증가하기 때문에 생리적 스트레스도 증가함
(4) 도구설계 : 도구가 얼마나 작업에 적절하게 설계되었느냐가 작업의 효율을 결정

3. 생리학적 측정방법

1) 근전도(EMG, Electromyogram)

근육활동의 전위차를 기록한 것으로 심장근의 근전도를 특히 심전도(ECG, Electrocardiogram)라 한다.(정신활동의 부담을 측정하는 방법이 아님)

2) 피부전기반사(GSR, Galvanic Skin Relex)

작업부하의 정신적 부담도가 피로와 함께 증대하는 양상을 전기저항의 변화에서 측정하는 것

3) 플리커값(Flicker Frequency of Fusion light)

뇌의 피로값을 측정하기 위해 실시하며 빛의 성질을 이용하여 뇌의 기능을 측정. 저주파에서 차츰 주파수를 높이면 깜박거림이 없어지고 빛이 일정하게 보이는데, 이 성질을 이용하여 뇌가 피로한지 여부를 측정하는 방법. 일반적으로 피로도가 높을수록 주파수가 낮아진다.

3 작업공간 및 작업자세

1. 부품배치의 원칙

1) 중요성의 원칙

부품의 작동성능이 목표달성에 중요한 정도에 따라 우선순위를 결정한다.

2) 사용빈도의 원칙

부품이 사용되는 빈도에 따른 우선순위를 결정한다.

3) 기능별 배치의 원칙

기능적으로 관련된 부품을 모아서 배치한다.

4) 사용순서의 원칙

사용순서에 맞게 순차적으로 부품들을 배치한다.

2. 개별 작업공간 설계지침

1) 설계지침

(1) 주된 시각적 임무
(2) 주된 시각적 임무와 상호 교환되는 주 조정장치
(3) 조정장치와 표시장치 간의 관계
(4) 사용순서에 따른 부품의 배치(사용순서의 원칙)
(5) 자주 사용되는 부품의 편리한 위치에 배치(사용빈도의 원칙)
(6) 체계 내 또는 다른 체계와의 배치를 일관성 있게 배치
(7) 팔꿈치 높이에 따라 작업면의 높이를 결정
(8) 과업수행에 따라 작업면의 높이를 조정
(9) 높이 조절이 가능한 의자를 제공
(10) 서 있는 작업자를 위해 바닥에 피로예방 매트를 사용
(11) 정상 작업영역 안에 공구 및 재료를 배치

2) 작업공간

(1) 작업공간 포락면(Envelope) : 한 장소에 앉아서 수행하는 작업활동에서 사람이 작업하는 데 사용하는 공간
(2) 파악한계(Grasping Reach) : 앉은 작업자가 특정한 수작업을 편히 수행할 수 있는 공간의 외곽한계
(3) 특수작업역 : 특정 공간에서 작업하는 구역

3) 수평작업대의 정상작업역과 최대작업역

(1) 정상작업영역 : 전완을 자연스럽게 수직으로 늘어뜨린 채, 전완만으로 편하게 뻗어 파악할 수 있는 구역(34~45cm)
(2) 최대작업영역 : 전완과 상완을 곧게 펴서 파악할 수 있는 구역(55~65cm)
(3) 파악한계 : 앉은 작업자가 특정한 수작업을 편히 수행할 수 있는 공간의 외곽한계를 말한다.

(a) 정상작업영역

(b) 최대작업영역

4) 작업대 높이

(1) 최적높이 설계지침

작업대의 높이는 상완을 자연스럽게 수직으로 늘어뜨리고 전완은 수평 또는 약간 아래로 편안하게 유지할 수 있는 수준

(2) 착석식(의자식) 작업대 높이

① 의자의 높이를 조절할 수 있도록 설계하는 것이 바람직함
② 섬세한 작업은 작업대를 약간 높게, 거친 작업은 작업대를 약간 낮게 설계
③ 작업면 하부 여유 공간이 대퇴부가 가장 큰 사람이 자유롭게 움직일 수 있을 정도로 설계

(3) 입식 작업대 높이

① 정밀작업 : 팔꿈치 높이보다 5~10cm 높게 설계
② 일반작업 : 팔꿈치 높이보다 5~10cm 낮게 설계
③ 힘든작업(重작업) : 팔꿈치 높이보다 10~20cm 낮게 설계

입식작업을 할 때 중량물을 취급하는 중(重)작업의 경우 적절한 작업대의 높이는?
➡ 팔꿈치 높이보다 10~20cm 낮게 설계한다.

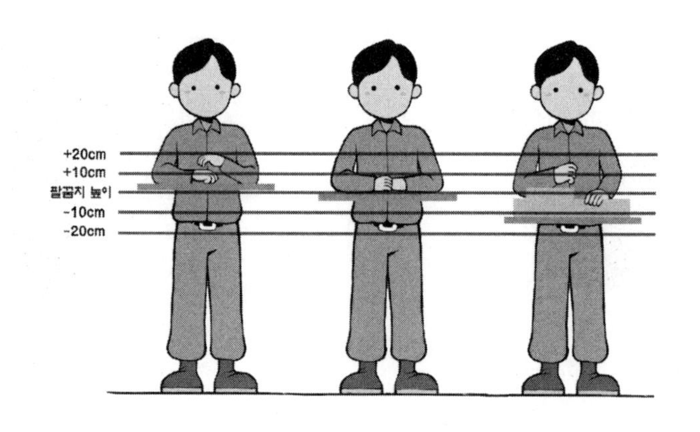

(a) 정밀작업 (b) 일반작업 (c) 힘든작업

[팔꿈치 높이와 작업대 높이의 관계]

3. 의자설계 원칙

1) 체중분포 : 의자에 앉았을 때 대부분의 체중이 골반뼈에 실려야 편안하다.
2) 의자 좌판의 높이 : 좌판 앞부분 오금 높이보다 높지 않게 설계(치수는 5% 되는 사람까지 수용할 수 있게 설계)
3) 의자 좌판의 깊이와 폭 : 폭은 큰 사람에게 맞도록, 깊이는 대퇴를 압박하지 않도록 작은 사람에게 맞도록 설계
4) 몸통의 안정 : 체중이 골반뼈에 실려야 몸통안정이 쉬워진다.

[신체치수와 작업대 및 의자높이의 관계]

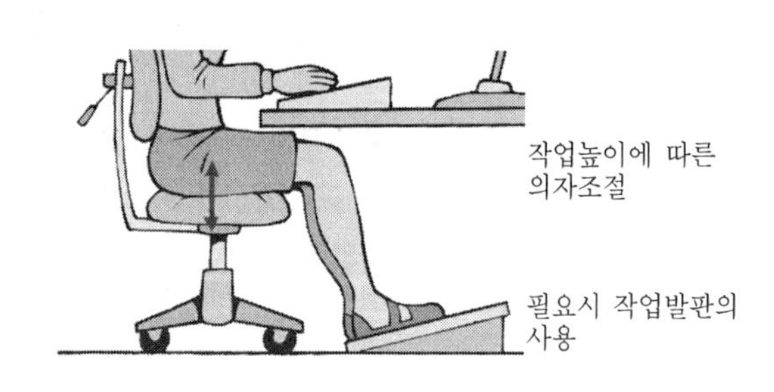

[인간공학적 좌식 작업환경]

4 인간의 특성과 안전

1. 인간성능

1) 인간성능(Human Performance) 연구에 사용되는 변수

(1) 독립변수 : 관찰하고자 하는 현상에 대한 변수
(2) 종속변수 : 평가척도나 기준이 되는 변수
(3) 통제변수 : 종속변수에 영향을 미칠 수 있지만 독립변수에 포함되지 않은 변수

2) 체계 개발에 유용한 직무정보의 유형 : 신뢰도, 시간, 직무 위급도

2. 성능신뢰도

1) 인간의 신뢰성 요인

(1) 주의력수준
(2) 의식수준(경험, 지식, 기술)
(3) 긴장수준(에너지 대사율)

긴장수준을 측정하는 방법	
1. 인체 에너지의 대사율	2. 체내수분손실량
3. 흡기량의 억제도	4. 뇌파계

2) 기계의 신뢰성 요인

재질, 기능, 작동방법

3) 신뢰도

(1) 인간과 기계의 직·병렬 작업

① 직렬 : $R_s = r_1 \times r_2$

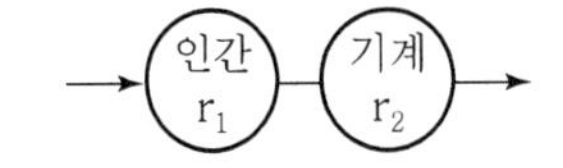

② 병렬 : $R_p = r_1 + r_2(1-r_1) = 1-(1-r_1)(1-r_2)$

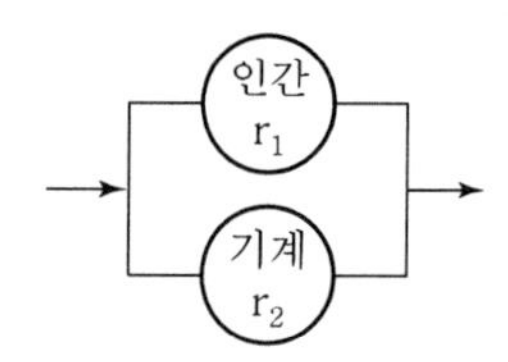

(2) 설비의 신뢰도

① 직렬(series system)

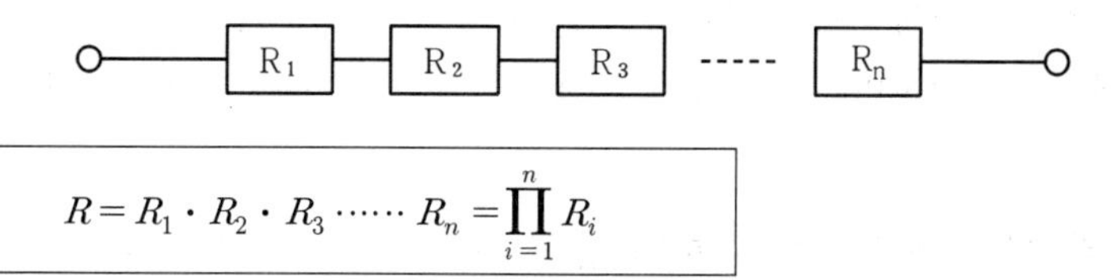

$$R = R_1 \cdot R_2 \cdot R_3 \cdots\cdots R_n = \prod_{i=1}^{n} R_i$$

② 병렬(페일세이프티 : Fail Safety)

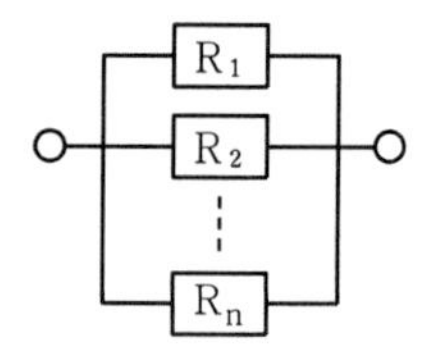

$$R = 1-(1-R_1)(1-R_2)\cdots\cdots(1-R_n) = 1-\prod_{i=1}^{n} R_i$$

③ 요소의 병렬구조

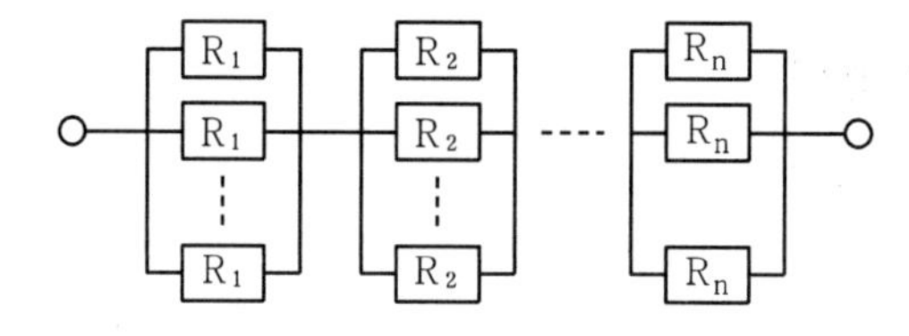

$$R = \prod_{i=1}^{n}(1-(1-R_i)^m)$$

④ 시스템의 병렬구조

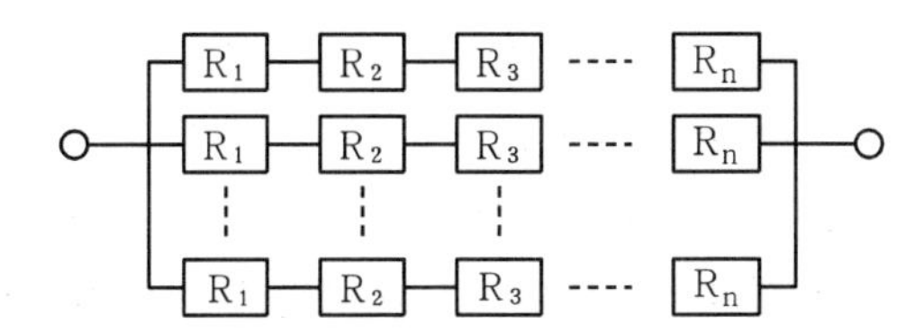

$$R = 1 - (1 - \prod_{i=1}^{n} R_i)^m$$

3. 산업재해와 산업인간공학

1) 산업인간공학

인간의 능력과 관련된 특성이나 한계점을 체계적으로 응용하여 작업체계의 개선에 활용하는 연구 분야

2) 산업인간공학의 가치

(1) 인력 이용률의 향상
(2) 훈련비용의 절감
(3) 사고 및 오용으로부터의 손실 감소
(4) 생산성의 향상
(5) 사용자의 수용도 향상
(6) 생산 및 정비유지의 경제성 증대

4. 근골격계질환

1) 정의(산업안전보건규칙 제656조)

반복적인 동작, 부적절한 작업자세, 무리한 힘의 사용, 날카로운 면과의 신체접촉, 진동 및 온도 등의 요인에 의하여 발생하는 건강장해로서 목, 어깨, 허리, 팔·다리의 신경·근육 및 그 주변 신체조직 등에 나타나는 질환을 말한다.

2) 유해요인조사(산업안전보건규칙 제657조)

사업주는 근로자가 근골격계 부담작업을 하는 경우에 3년마다 다음 각 호의 사항에 대한 유해요인조사를 하여야 한다. 다만, 신설되는 사업장의 경우에는 신설일부터 1년 이내에 최초의 유해요인 조사를 하여야 한다. ① 설비 · 작업공정 · 작업량 · 작업속도 등 작업장 상황 ② 작업시간 · 작업자세 · 작업방법 등 작업조건 ③ 작업과 관련된 근골격계 질환징후와 증상 유무 등

(1) 부적절한 작업자세

무릎을 굽히거나 쪼그리는 자세의 작업

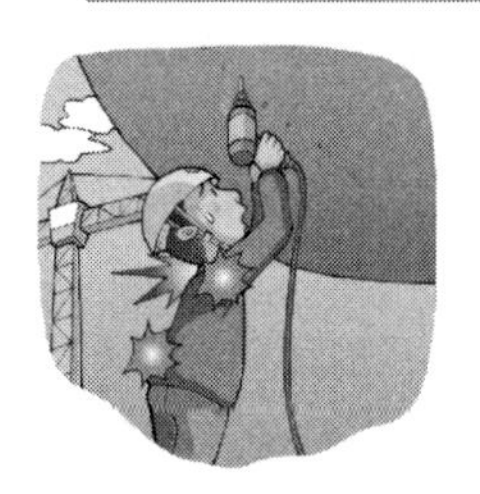

팔꿈치를 반복적으로 머리 위 또는 어깨 위로 들어올리는 작업

목, 허리, 손목 등을 과도하게 구부리거나 비트는 작업

(2) 과도한 힘이 필요한 작업(중량물 취급)

반복적인 중량물 취급

어깨 위에서 중량물 취급

허리를 구부린 상태에서 중량물 취급

⑶ 과도한 힘이 필요한 작업(수공구 취급)

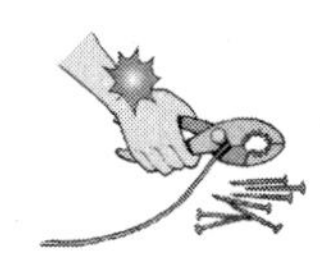

강한 힘으로 공구를 작동하거나 물건을 집는 작업

⑷ 접촉 스트레스 발생작업

손이나 무릎을 망치처럼 때리거나 치는 작업

⑸ 진동공구 취급작업

착암기, 연삭기 등 진동이 발생하는 공구 취급작업

⑹ 반복적인 작업

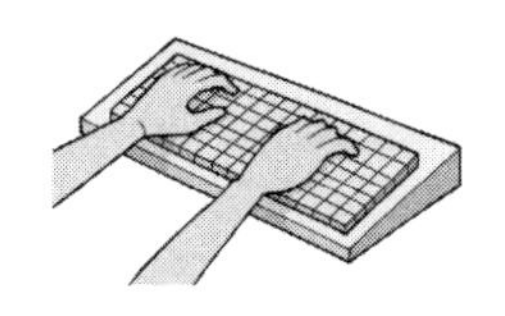

목, 어깨, 팔, 팔꿈치, 손가락 등을 반복하는 작업

3) 작업유해요인 분석평가법

(1) OWAS(Ovako Working-posture Analysis System)

Karhu 등(1977)이 철강업에서 작업자들의 부적절한 작업자세를 정의하고 평가하기 위해 개발한 대표적인 작업자세 평가기법. 이 방법은 대표적인 작업을 비디오로 촬영하여, 신체부위별로 정의된 자세기준에 따라 자세를 기록해 코드화하여 분석하며 분석자가 특별한 기구 없이 관찰만으로 작업자세를 분석(관찰적 작업자세 평가기법)함. OWAS는 배우기 쉽고, 현장에 적용하기 쉬운 장점 때문에 많이 이용되고 있으나 작업자세를 너무 단순화했기 때문에 세밀한 분석에 어려움이 있으며, 분석 결과도 작업자세 특성에 대한 정성적인 분석만 가능하다.

신체부위	작업자세형태						
허리	① 똑바로 폄	② 20도 이상 구부림	③ 20도 이상 비틈	④ 20도 이상 비틀어 구부림			
상지	① 양팔 어깨 아래	② 한팔 어깨 위	③ 양팔 어깨 위				
하지	① 앉음	② 양발 똑바로	③ 한발 똑바로	④ 양무릎 굽힘	⑤ 한무릎 굽힘	⑥ 무릎 바닥	⑦ 걸음
무게	① 10kg 미만	② 10~20kg	③ 20kg 이상				

(2) RULA(Rapid Upper Limb Assessment)

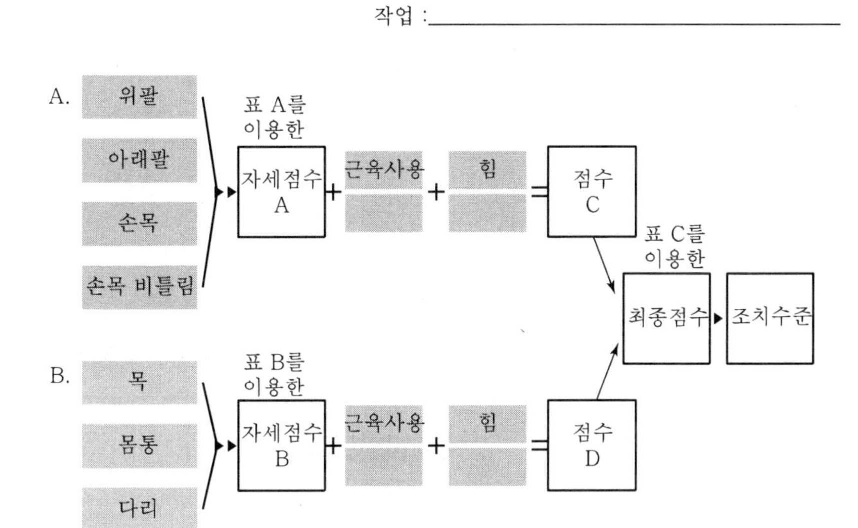

[RULA 시스템]

1993년에 McAtamney와 Corlett에 의해 근골격계질환과 관련된 위험인자에 대한 개인 작업자의 노출정도를 평가하기 위한 목적으로 개발되었다. RULA는 어깨, 팔목, 손목, 목 등 상지(Upper Limb)에 초점을 맞추어서 작업자세로 인한 작업부하를 쉽고 빠르게 평가하기 위하여 만들어진 기법으로 EU의 VDU 작업장의 최소안전 및 건강에 관한 요구 기준과 영국(UK)의 직업성 상지질환의 예방지침의 기준을 만족하는 보조도구로 사용되고 있다. RULA는 근육의 피로에 영향을 주는 인자들인 작업자세나 정적 또는 반복적인 작업 여부, 작업을 수행하는 데 필요한 힘의 크기 등 작업으로 인한 근육 부하를 평가할 수 있다.

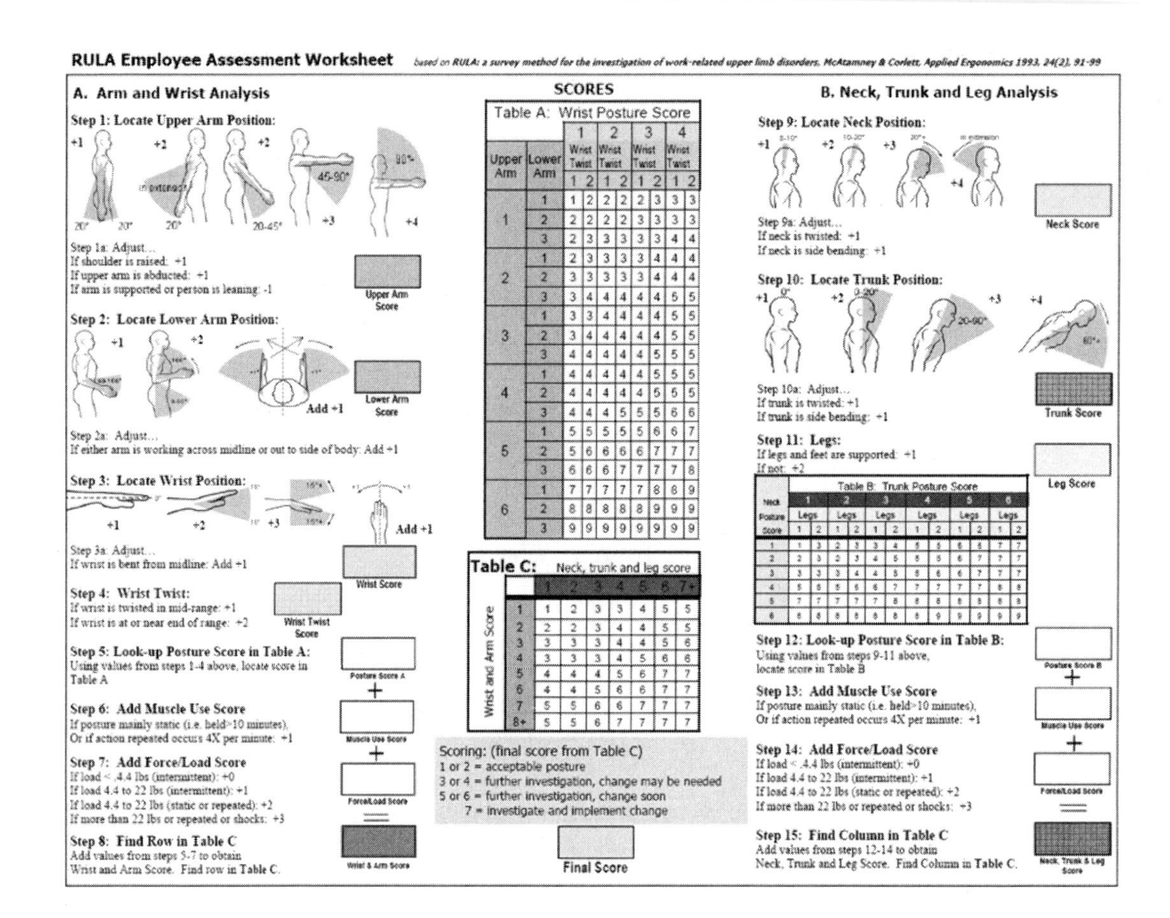

RULA Employee Assessment Worksheet *based on RULA: a survey method for the investigation of work-related upper limb disorders, McAtamney & Corlett, Applied Ergonomics 1993, 24(2), 91-99*

A. Arm and Wrist Analysis

Step 1: Locate Upper Arm Position:

Step 1a: Adjust...
If shoulder is raised: +1
If upper arm is abducted: +1
If arm is supported or person is leaning: -1

Upper Arm Score

Step 2: Locate Lower Arm Position:

Lower Arm Score

Step 2a: Adjust...
If either arm is working across midline or out to side of body: Add +1

Step 3: Locate Wrist Position:

Step 3a: Adjust...
If wrist is bent from midline: Add +1

Wrist Score

Step 4: Wrist Twist:
If wrist is twisted in mid-range: +1
If wrist is at or near end of range: +2

Wrist Twist Score

Step 5: Look-up Posture Score in Table A:
Using values from steps 1-4 above, locate score in Table A

Posture Score A
+

Step 6: Add Muscle Use Score
If posture mainly static (i.e. held>10 minutes),
Or if action repeated occurs 4X per minute: +1

Muscle Use Score
+

Step 7: Add Force/Load Score
If load < 4.4 lbs (intermittent): +0
If load 4.4 to 22 lbs (intermittent): +1
If load 4.4 to 22 lbs (static or repeated): +2
If more than 22 lbs or repeated or shocks: +3

Force/Load Score
=

Step 8: Find Row in Table C
Add values from steps 5-7 to obtain
Wrist and Arm Score. Find row in Table C.

Wrist & Arm Score

SCORES

Table A: Wrist Posture Score

Upper Arm	Lower Arm	1 Wrist Twist 1	1 Wrist Twist 2	2 Wrist Twist 1	2 Wrist Twist 2	3 Wrist Twist 1	3 Wrist Twist 2	4 Wrist Twist 1	4 Wrist Twist 2
1	1	1	2	2	2	2	3	3	3
	2	2	2	2	2	3	3	3	3
	3	2	3	3	3	3	3	4	4
2	1	2	3	3	3	3	4	4	4
	2	3	3	3	3	3	4	4	4
	3	3	4	4	4	4	4	5	5
3	1	3	3	4	4	4	4	5	5
	2	3	4	4	4	4	4	5	5
	3	4	4	4	4	4	5	5	5
4	1	4	4	4	4	4	5	5	5
	2	4	4	4	4	4	5	5	5
	3	4	4	4	5	5	5	6	6
5	1	5	5	5	5	5	6	6	7
	2	5	6	6	6	6	7	7	7
	3	6	6	6	7	7	7	7	8
6	1	7	7	7	7	7	8	8	9
	2	8	8	8	8	8	9	9	9
	3	9	9	9	9	9	9	9	9

Table C: Neck, trunk and leg score

Wrist and Arm Score	1	2	3	4	5	6	7+
1	1	2	3	3	4	5	5
2	2	2	3	4	4	5	5
3	3	3	3	4	4	5	6
4	3	3	3	4	5	6	6
5	4	4	4	5	6	7	7
6	4	4	5	6	6	7	7
7	5	5	6	6	7	7	7
8+	5	5	6	7	7	7	7

Scoring: (final score from Table C)
1 or 2 = acceptable posture
3 or 4 = further investigation, change may be needed
5 or 6 = further investigation, change soon
7 = investigate and implement change

Final Score

B. Neck, Trunk and Leg Analysis

Step 9: Locate Neck Position:

Neck Score

Step 9a: Adjust...
If neck is twisted: +1
If neck is side bending: +1

Step 10: Locate Trunk Position:

Step 10a: Adjust...
If trunk is twisted: +1
If trunk is side bending: +1

Trunk Score

Step 11: Legs:
If legs and feet are supported: +1
If not: +2

Leg Score

Table B: Trunk Posture Score

Neck Posture Score	1 Legs 1	1 Legs 2	2 Legs 1	2 Legs 2	3 Legs 1	3 Legs 2	4 Legs 1	4 Legs 2	5 Legs 1	5 Legs 2	6 Legs 1	6 Legs 2
1	1	3	2	3	3	4	5	5	6	6	7	7
2	2	3	2	3	4	5	5	5	6	7	7	7
3	3	3	3	4	4	5	5	6	6	7	7	7
4	5	5	5	6	6	7	7	7	7	7	8	8
5	7	7	7	7	7	8	8	8	8	8	8	8
6	8	8	8	8	8	8	8	9	9	9	9	9

Step 12: Look-up Posture Score in Table B:
Using values from steps 9-11 above,
locate score in Table B

Posture Score B
+

Step 13: Add Muscle Use Score
If posture mainly static (i.e. held>10 minutes),
Or if action repeated occurs 4X per minute: +1

Muscle Use Score
+

Step 14: Add Force/Load Score
If load < 4.4 lbs (intermittent): +0
If load 4.4 to 22 lbs (intermittent): +1
If load 4.4 to 22 lbs (static or repeated): +2
If more than 22 lbs or repeated or shocks: +3

Force/Load Score
=

Step 15: Find Column in Table C
Add values from steps 12-14 to obtain
Neck, Trunk and Leg Score. Find Column in Table C.

Neck, Trunk & Leg Score

[RULA 실습 예제]

CHAPTER 04 작업환경관리

1 작업조건과 환경조건

1. 반사율과 휘광

1) 반사율(%)

단위면적당 표면에서 반사 또는 방출되는 빛의 양

$$\text{반사율}(\%) = \frac{\text{광도}(fL)}{\text{조도}(fc)} \times 100 = \frac{cd/m^2 \times \pi}{lux} = \frac{\text{광속발산도}}{\text{소요조명}} \times 100$$

옥내 추천 반사율
1. 천장 : 80~90%　2. 벽 : 40~60%　3. 가구 : 25~45%　4. 바닥 : 20~40%

2) 휘광(Glare, 눈부심)

휘도가 높거나 휘도대비가 클 경우 생기는 눈부심

(1) 휘광의 발생원인

① 눈에 들어오는 광속이 너무 많을 때
② 광원을 너무 오래 바라볼 때
③ 광원과 배경 사이의 휘도 대비가 클 때
④ 순응이 잘 안 될 때

(2) 광원으로부터의 휘광(Glare)의 처리방법

① 광원의 휘도를 줄이고 수를 늘인다.
② 광원을 시선에서 멀리 위치시킨다.
③ 휘광원 주위를 밝게 하여 광도비를 줄인다.
④ 가리개(shield), 갓(hood) 또는 차양(visor)을 사용한다.

(3) 창문으로부터의 직사휘광 처리

① 창문을 높이 단다.

② 창 위에 드리우개(Overhang)을 설치한다.

③ 창문에 수직날개를 달아 직사광선을 제한한다.

④ 차양 혹은 발(blind)을 사용한다.

(4) 반사휘광의 처리

① 일반(간접) 조명 수준을 높인다.

② 산란광, 간접광, 조절판(Baffle), 창문에 차양(Shade) 등을 사용한다.

③ 반사광이 눈에 비치지 않게 광원을 위치시킨다.

④ 무광택 도료, 빛을 산란시키는 표면색을 한 사무용 기기 등을 사용한다.

2. 조도와 광도

1) **조도** : 어떤 물체나 표면에 도달하는 빛의 밀도로서 단위는 fc와 lux가 있다.

$$조도(lux) = \frac{광도(lumen)}{(거리(m))^2}$$

2) **광도** : 단위면적당 표면에서 반사 또는 방출되는 광량

3) **대비** : 표적의 광속 발산도와 배경의 광속 발산도의 차

$$대비 = 100 \times \frac{L_b - L_t}{L_b}$$

여기서, L_b : 배경의 광속 발산도

L_t : 표적의 광속 발산도

4) **광속발산도** : 단위 면적당 표면에서 반사 또는 방출되는 빛의 양

단위에는 lambert(L), milli lambert(mL), foot-lambert(fL)가 있다.

3. 소요조명

$$\text{소요조명(fc)}=\frac{\text{소요광속발산도(fL)}}{\text{반사율(1\%)}}\times 100$$

4. 소음과 청력손실

1) 소음(Noise)

인간이 감각적으로 원하지 않는 소리, 불쾌감을 주거나 주의력을 상실케 하여 작업에 방해를 주며 청력손실을 가져온다.

(1) 가청주파수 : 20~20,000Hz/유해주파수 : 4,000Hz

(2) 소리은폐현상(Sound Masking) : 한쪽 음의 강도가 약할 때는 강한 음에 묻혀 들리지 않게 되는 현상

2) 소음의 영향

(1) 일반적인 영향

불쾌감을 주거나 대화, 마음의 집중, 수면, 휴식을 방해하며 피로를 가중시킨다.

(2) 청력손실

진동수가 높아짐에 따라 청력손실이 증가한다. 청력손실은 4,000Hz(C5－dip 현상)에서 크게 나타난다.

① 청력손실의 정도는 노출 소음수준에 따라 증가한다.

② 약한 소음에 대해서는 노출기간과 청력손실의 관계가 없다.

③ 강한 소음에 대해서는 노출기간에 따라 청력손실도 증가한다.

3) 소음을 통제하는 방법(소음대책)

(1) 소음원의 통제

(2) 소음의 격리

(3) 차폐장치 및 흡음재료 사용

(4) 음향처리제 사용

(5) 적절한 배치

5. 열교환 과정과 열압박

1) 열균형 방정식

S(열축적) = M(대사율) – E(증발) ± R(복사) ± C(대류) – W(한 일)

2) 열압박 지수(HSI)

$$HSI = \frac{E_{req}(\text{요구되는 증발량})}{E_{max}(\text{최대증발량})} \times 100$$

3) 열손실률(R)

37℃ 물 1g 증발 시 필요에너지 2,410J/g(575.5cal/g)

$$R = \frac{Q}{t}$$

여기서, R : 열손실률
Q : 증발에너지
t : 증발시간(sec)

6. 실효온도(Effective temperature, 감각온도, 실감온도)

온도, 습도, 기류 등의 조건에 따라 인간의 감각을 통해 느껴지는 온도로 상대습도 100%일 때의 건구온도에서 느끼는 것과 동일한 감각온도

1) 옥스퍼드(Oxford) 지수(습건지수)

$$W_D = 0.85W(\text{습구온도}) + 0.15d(\text{건구온도})$$

2) 불쾌지수

(1) 불쾌지수 = 섭씨(건구온도 + 습구온도) × 0.72 ± 40.6[℃]
(2) 불쾌지수 = 화씨(건구온도 + 습구온도) × 0.4 + 15[°F]

불쾌지수가 80 이상일 때는 모든 사람이 불쾌감을 가지기 시작하고 75의 경우에는 절반 정도가 불쾌감을 가지며 70~75에서는 불쾌감을 느끼기 시작한다. 70 이하에서는 모두가 쾌적하다.

3) 추정 4시간 발한율(P4SR)

주어진 일을 수행하는 순환된 젊은 남자의 4시간 동안의 발한량을 건습구온도, 공기유동속도, 에너지 소비, 피복을 고려하여 추정한 지수이다.

4) 허용한계

(1) 사무작업 : 60~65°F　(2) 경작업 : 55~60°F　(3) 중작업 : 50~55°F

5) 작업환경의 온열요소

온도, 습도, 기류(공기유동), 복사열

7. 진동과 가속도

1) 진동의 생리적 영향

(1) 단시간 노출 시 : 과도호흡 발생, 혈액이나 내분비 성분은 불변
(2) 장기간 노출 시 : 근육긴장의 증가

2) 국소진동

착암기, 임펙트, 그라인더 등의 사용으로 손에 영향을 주어 백색수지증을 유발함

3) 전신 진동이 인간성능에 끼치는 영향

(1) 시성능 : 진동은 진폭에 비례하여 시력을 손상하며, 10~25Hz의 경우에 가장 심하다.
(2) 운동성능 : 진동은 진폭에 비례하여 추적능력을 손상하며, 5Hz 이하의 낮은 진동수에서 가장 심하다.
(3) 신경계 : 반응시간, 감시, 형태식별 등 주로 중앙신경처리에 달린 임무는 진동의 영향을 덜 받는다.
(4) 안정되고, 정확한 근육조절을 요하는 작업은 진동에 의해서 저하된다.

4) 가속도

물체의 운동변화율(변하속도)로서 기본단위는 g로 사용하며 중력에 의해 자유 낙하하는 물체의 가속도인 9.8m/s²을 1g라 한다.

2 작업환경과 인간공학

1. 작업별 조도기준 및 소음기준

1) 작업별 조도기준(산업안전보건에 관한 규칙 제8조)

(1) 초정밀작업 : 750lux 이상
(2) 정밀작업 : 300lux 이상
(3) 보통작업 : 150lux 이상
(4) 기타작업 : 75lux 이상

2) 조명의 적절성을 결정하는 요소

(1) 과업의 형태
(2) 작업시간
(3) 작업을 진행하는 속도 및 정확도
(4) 작업조건의 변동
(5) 작업에 내포된 위험정도

3) 인공조명 설계 시 고려사항

(1) 조도는 작업상 충분할 것
(2) 광색은 주광색에 가까울 것
(3) 유해가스를 발생하지 않을 것
(4) 폭발과 발화성이 없을 것
(5) 취급이 간단하고 경제적일 것
(6) 작업장의 경우 공간 전체에 빛이 골고루 퍼지게 할 것(전반조명 방식)

4) VDT를 위한 조명

(1) 조명수준

VDT 조명은 화면에서 반사하여 화면상의 정보를 더 어렵게 할 수 있으므로 대부분 300~500lux를 지정한다.

(2) 광도비

화면과 극 인접 주변 간에는 1 : 3의 광도비가, 화면과 화면에서 먼 주위 간에는 1 : 10의 광도비가 추천된다.

(3) 화면반사

화면반사는 화면으로부터 정보를 읽기 어렵게 하므로 화면반사를 줄이는 방법에는 ① 창문을 가리고 ② 반사원의 위치를 바꾸고 ③ 광도를 줄이고 ④ 산란된 간접조명을 사용하는 것 등이 있다.

5) 소음기준(산업안전보건에 관한 규칙 제512조)

(1) 소음작업

1일 8시간 작업기준으로 85dB 이상의 소음이 발생하는 작업

(2) 강렬한 소음작업

① 90dB 이상의 소음이 1일 8시간 이상 발생되는 작업
② 95dB 이상의 소음이 1일 4시간 이상 발생되는 작업
③ 100dB 이상의 소음이 1일 2시간 이상 발생되는 작업
④ 105dB 이상의 소음이 1일 1시간 이상 발생되는 작업
⑤ 110dB 이상의 소음이 1일 30분 이상 발생되는 작업
⑥ 115dB 이상의 소음이 1일 15분 이상 발생되는 작업

(3) 충격 소음작업

① 120dB을 초과하는 소음이 1일 1만회 이상 발생되는 작업
② 130dB을 초과하는 소음이 1일 1천회 이상 발생되는 작업
③ 140dB을 초과하는 소음이 1일 1백회 이상 발생되는 작업

2. 작업환경 개선의 4원칙

1) 대체 : 유해물질을 유해하지 않은 물질로 대체
2) 격리 : 유해요인에 접촉하지 않게 격리
3) 환기 : 유해분진이나 가스 등을 환기
4) 교육 : 유해 · 위험성 개선방법에 대한 교육

3. 작업환경 측정대상

작업환경 측정대상 유해인자에 노출되는 근로자가 있는 작업장

작업환경 측정대상 유해인자
1. 화학적 인자 가. 유기화합물(114종) 나. 금속류(24종) 다. 산 및 알칼리류(17종) 라. 가스상태 물질류(15종) 마. 영 제30조에 따른 허가대상 유해물질(12종) 바. 금속가공유(Metal working fluids, 1종) 2. 물리적 인자(2종) 가. 8시간 시간가중평균 80dB 이상의 소음 나. 안전보건규칙 제558조에 따른 고열 3. 분진(7종) 가. 광물성 분진 나. 곡물 분진 다. 면 분진 라. 목재 분진 마. 석면 분진 바. 용접 흄 사. 유리섬유

CHAPTER 05 시스템 위험분석

1 시스템 위험분석 및 관리

1. 시스템이란

1) 요소의 집합에 의해 구성되고
2) System 상호간의 관계를 유지하면서
3) 정해진 조건 아래서
4) 어떤 목적을 위하여 작용하는 집합체

2. 시스템의 안전성 확보방법

1) 위험 상태의 존재 최소화
2) 안전장치의 채용
3) 경보 장치의 채택
4) 특수 수단 개발과 표식 등의 규격화
5) 중복(Redundancy)설계
6) 부품의 단순화와 표준화
7) 인간공학적 설계와 보전성 설계

3. 시스템 위험성의 분류

1) 범주(Category) Ⅰ, 파국(Catastrophic) : 인원의 사망 또는 중상, 완전한 시스템의 손상을 일으킴
2) 범주(Category) Ⅱ, 위험(Critical) : 인원의 상해 또는 주요 시스템의 생존을 위해 즉시 시정조치 필요
3) 범주(Category) Ⅲ, 한계(Marginal) : 인원이 상해 또는 중대한 시스템의 손상없이 배제 또는 제거 가능
4) 범주(Category) Ⅳ, 무시(Negligible) : 인원의 손상이나 시스템의 손상에 이르지 않음

4. 작업위험분석 및 표준화

1) 작업표준의 목적

(1) 작업의 효율화
(2) 위험요인의 제거
(3) 손실요인의 제거

2) 작업표준의 작성절차

(1) 작업의 분류정리
(2) 작업분해
(3) 작업분석 및 연구토의(동작순서와 급소를 정함)
(4) 작업표준안 작성
(5) 작업표준의 제정

3) 작업표준의 구비조건

(1) 작업의 실정에 적합할 것
(2) 표현은 구체적으로 나타낼 것
(3) 이상시의 조치기준에 대해 정해둘 것
(4) 좋은 작업의 표준일 것
(5) 생산성과 품질의 특성에 적합할 것
(6) 다른 규정 등에 위배되지 않을 것

4) 작업표준 개정시의 검토사항

(1) 작업 목적이 충분히 달성되고 있는가?
(2) 생산흐름에 애로가 없는가?
(3) 직장의 정리정돈 상태는 좋은가?
(4) 작업속도는 적당한가?
(5) 위험물 등의 취급 장소는 일정한가?

5) 작업개선의 4단계(표준 작업을 작성하기 위한 TWI 과정의 개선 4단계)

(1) 제1단계 : 작업분해

(2) 제2단계 : 요소작업의 세부내용 검토
(3) 제3단계 : 작업분석
(4) 제4단계 : 새로운 방법 적용

6) 작업분석(새로운 작업방법의 개발원칙) ; E. C. R. S

(1) 제거(Eliminate)
(2) 결합(Combine)
(3) 재조정(Rearrange)
(4) 단순화(Simplify)

5. 동작경제의 3원칙

1) 동작능력 활용의 원칙

(1) 발 또는 왼손으로 할 수 있는 것은 오른손을 사용하지 않는다.
(2) 양손으로 동시에 작업하고 동시에 끝낸다.

2) 작업량 절약의 원칙

(1) 적게 운동할 것
(2) 재료나 공구는 취급하는 장소 부근에 정돈할 것
(3) 동작의 수를 줄일 것
(4) 동작의 양을 줄일 것
(5) 물건을 장시간 취급할 시 도구를 사용할 것

3) 동작개선의 원칙

(1) 동작이 자동적으로 리드미컬한 순서로 될 것
(2) 양손은 동시에 반대의 방향으로, 좌우 대칭적으로 운동하게 할 것
(3) 관성, 중력, 기계력 등을 이용할 것

Taylor의 과학적 관리법의 원칙 4가지

1. 동작능력 활용의 원칙
2. 작업량 절약의 원칙
3. 동작개선의 원칙
4. 부품배치의 원칙

2 시스템 위험분석기법

1. PHA(예비위험 분석, Preliminary Hazards Analysis)

시스템 내의 위험요소가 얼마나 위험상태에 있는가를 평가하는 시스템안전프로그램의 최초단계의 분석 방식(정성적)

□ PHA에 의한 위험등급

Class - 1 : 파국

Class - 2 : 중대

Class - 3 : 한계

Class - 4 : 무시가능

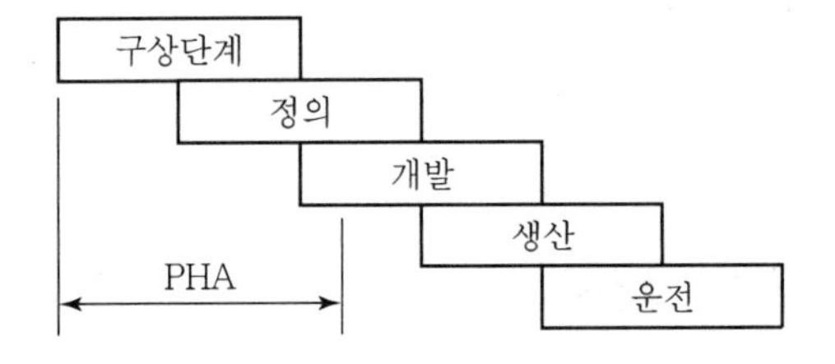

[시스템 수명 주기에서의 PHA]

2. FHA(결함위험분석, Fault Hazards Analysis)

분업에 의해 여럿이 분담 설계한 서브시스템 간의 인터페이스를 조정하여 각각의 서브시스템 및 전체 시스템에 악영향을 미치지 않게 하기 위한 분석방법

1) FHA의 기재사항

(1) 구성요소 명칭
(2) 구성요소 위험방식
(3) 시스템 작동방식
(4) 서브시스템에서의 위험영향
(5) 서브시스템, 대표적 시스템 위험영향
(6) 환경적 요인
(7) 위험영향을 받을 수 있는 2차 요인
(8) 위험수준
(9) 위험관리

프로그램 : 시스템 :

#1 구성 요소 명칭	#2 구성 요소 위험 방식	#3 시스템 작동 방식	#4 서브시스템에서 위험 영향	#5 서브시스템, 대표적 시스템 위험영향	#6 환경적 요인	#7 위험영향을 받을 수 있는 2차 요인	#8 위험 수준	#9 위험 관리

3. FMEA(고장형태와 영향분석법)(Failure Mode and Effect Analysis)

시스템에 영향을 미치는 모든 요소의 고장을 형태별로 분석하고 그 고장이 미치는 영향을 분석하는 방법으로 치명도 해석(CA)을 추가할 수 있음(귀납적, 정성적)

1) 특징

(1) FTA보다 서식이 간단하고 적은 노력으로 분석이 가능

(2) 논리성이 부족하고, 특히 각 요소 간의 영향을 분석하기 어렵기 때문에 동시에 두 가지 이상의 요소가 고장 날 경우에는 분석이 곤란함

(3) 요소가 물체로 한정되어 있기 때문에 인적 원인을 분석하는 데는 곤란함

2) 시스템에 영향을 미치는 고장형태

(1) 폐로 또는 폐쇄된 고장

(2) 개로 또는 개방된 고장

(3) 기동 및 정지의 고장

(4) 운전계속의 고장

(5) 오동작

3) 순서

(1) 1단계 : 대상시스템의 분석

① 기본방침의 결정

② 시스템의 구성 및 기능의 확인

③ 분석레벨의 결정

④ 기능별 블록도와 신뢰성 블록도 작성

(2) 2단계 : 고장형태와 그 영향의 해석

① 고장형태의 예측과 설정
② 고장형에 대한 추정원인 열거
③ 상위 아이템의 고장영향의 검토
④ 고장등급의 평가

(3) 3단계 : 치명도 해석과 그 개선책의 검토

① 치명도 해석
② 해석결과의 정리 및 설계개선으로 제안

4) 고장등급의 결정

(1) 고장 평점법

$$C=(C_1 \times C_2 \times C_3 \times C_4 \times C_5)^{\frac{1}{5}}$$

여기서, C_1 : 기능적 고장의 영향의 중요도
C_2 : 영향을 미치는 시스템의 범위
C_3 : 고장발생의 빈도
C_4 : 고장방지의 가능성
C_5 : 신규 설계의 정도

(2) 고장등급의 결정

① 고장등급 Ⅰ(치명고장) : 임무수행 불능, 인명손실(설계변경 필요)
② 고장등급 Ⅱ(중대고장) : 임무의 중대부분 미달성(설계의 재검토 필요)
③ 고장등급 Ⅲ(경미고장) : 임무의 일부 미달성(설계변경 불필요)
④ 고장등급 Ⅳ(미소고장) : 영향없음(설계변경 불필요)

5) FMEA 서식

1.항목	2.기능	3.고장의 형태	4.고장반응 시간	5.사명 또는 운용단계	6.고장의 영향			7.고장의 발견방식	8.시정활동	9.위험성분류	10.소견

(1) 고장의 영향분류

영향	발생확률
실제의 손실	$\beta=1.00$
예상되는 손실	$0.10 \le \beta < 1.00$
가능한 손실	$0<\beta < 0.10$
영향 없음	$\beta=0$

(2) FMEA의 위험성 분류의 표시

① Category 1 : 생명 또는 가옥의 상실
② Category 2 : 임무(작업) 수행의 실패
③ Category 3 : 활동의 지연
④ Category 4 : 손실과 영향 없음

4. ETA(Event Tree Analysis)

정량적, 귀납적 기법으로 DT에서 변천해 온 것으로 설비의 설계, 심사, 제작, 검사, 보전, 운전, 안전대책의 과정에서 그 대응조치가 성공인가 실패인가를 확대해 가는 과정 분석기법

5. CA(Criticality Analysis, 위험성 분석법)

고장이 직접 시스템의 손해와 인원의 사상에 연결되는 높은 위험도를 가지는 경우에 위험도를 가져오는 요소 또는 고장의 형태에 따른 분석(정량적 분석)

6. THERP(인간과오율 추정법, Techanique of Human Error Rate Prediction)

확률론적 안전기법으로서 인간의 과오에 기인된 사고원인을 분석하기 위하여 100만 운전시간당 과오도수를 기본 과오율로 하여 인간의 기본 과오율을 평가하는 기법

1) 인간 실수율(HEP) 예측 기법
2) 사건들을 일련의 Binary 의사결정 분기들로 모형화해서 예측
3) 나무를 통한 각 경로의 확률 계산

7. MORT(Management Oversight and Risk Tree)

FTA와 같은 논리기법을 이용하여 관리, 설계, 생산, 보전 등에 대해서 광범위하게 안전성을 확보하기 위한 기법(원자력 산업에 이용, 미국의 W. G. Johnson에 의해 개발)

8. FTA(결함수분석법, Fault Tree Analysis)

기계, 설비 또는 Man-machine 시스템의 고장이나 재해의 발생요인을 논리적 도표에 의하여 분석하는 정량적, 연역적 기법

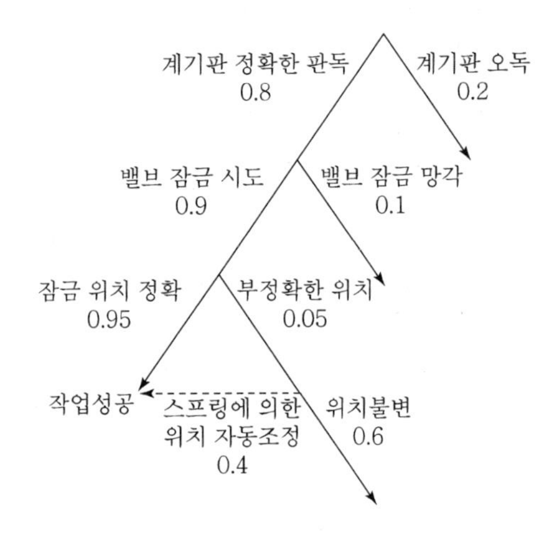

[THERP의 Tree 작성과 확률계산]

9. O&SHA(Operation and Support Hazard Analysis)

시스템의 모든 사용단계에서 생산, 보전, 시험, 저장, 구조 훈련 및 폐기 등에 사용되는 인원, 순서, 설비에 대한 위험을 평가하고 안전요건을 결정하기 위한 해석방법(운영 및 지원 위험해석)

10. DT(Decision Tree)

요소의 신뢰도를 이용하여 시스템의 신뢰도를 나타내는 시스템 모델의 하나로 귀납적이고 정량적인 분석방법. 초기 사상의 고장 영향에 의해 사고나 재해로 나아가는 과정 분석기법

11. 위험성 및 운전성 검토(Hazard and Operability Study)

1) 위험 및 운전성 검토(HAZOP)

각각의 장비에 대해 잠재된 위험이나 기능저하, 운전, 잘못 등과 전체로서의 시설에 결과적으로 미칠 수 있는 영향 등을 평가하기 위해서 공정이나 설계도 등에 체계적인 검토를 행하는 것을 말한다.

2) 위험 및 운전성 검토의 성패를 좌우하는 요인

(1) 팀의 기술능력과 통찰력
(2) 사용된 도면, 자료 등의 정확성
(3) 발견된 위험의 심각성을 평가할 때 팀의 균형감각 유지 능력
(4) 이상(Deviation), 원인(Cause), 결과(Consequence)들을 발견하기 위해 상상력을 동원하는 데 보조수단으로 사용할 수 있는 팀의 능력

3) 위험 및 운전성 검토절차

(1) 1단계 : 목적의 범위 결정
(2) 2단계 : 검토팀의 선정
(3) 3단계 : 검토 준비
(4) 4단계 : 검토 실시
(5) 5단계 : 후속 조치 후 결과기록

4) 위험 및 운전성 검토목적

(1) 기존시설(기계설비 등)의 안전도 향상
(2) 설비 구입 여부 결정
(3) 설계의 검사
(4) 작업수칙의 검토
(5) 공장 건설 여부와 건설장소의 결정

5) 위험 및 운전성 검토 시 고려해야 할 위험의 형태

(1) 공장 및 기계설비에 대한 위험
(2) 작업 중인 인원 및 일반대중에 대한 위험

(3) 제품 품질에 대한 위험
(4) 환경에 대한 위험

6) 위험을 억제하기 위한 일반적인 조치사항

(1) 공정의 변경(원료, 방법 등)
(2) 공정 조건의 변경(압력, 온도 등)
(3) 설계 외형의 변경
(4) 작업방법의 변경
위험 및 운전성 검토를 수행하기 가장 좋은 시점은 설계완료 단계로서 설계가 상당히 구체화된 시점이다.

7) 유인어(Guide Words)

간단한 용어로서 창조적 사고를 유도하고 자극하여 이상을 발견하고 의도를 한정하기 위하여 사용되는 것

(1) NO 또는 NOT : 설계의도의 완전한 부정
(2) MORE 또는 LESS : 양(압력, 반응, 온도 등)의 증가 또는 감소
(3) AS WELL AS : 성질상의 증가(설계의도와 운전조건이 어떤 부가적인 행위)와 함께 일어남
(4) PART OF : 일부변경, 성질상의 감소(어떤 의도는 성취되나 어떤 의도는 성취되지 않음)
(5) REVERSE : 설계의도의 논리적인 역
(6) OTHER THAN : 완전한 대체(통상 운전과 다르게 되는 상태)

CHAPTER 06 결함수분석법

1 결함수분석법(FTA ; Fault Tree Analysis)

1. FTA의 정의 및 특징

1) FTA(Fault Tree Analysis) 정의

시스템의 고장을 논리게이트로 찾아가는 연역적, 정성적, 정량적 분석기법

(1) 1962년 미국 벨 연구소의 H. A. Watson에 의해 개발된 기법으로 최초에는 미사일 발사 사고를 예측하는 데 활용해오다 점차 우주선, 원자력산업, 산업안전 분야에 소개

(2) 시스템의 고장을 발생시키는 사상(Event)과 그 원인과의 관계를 논리기호(AND 게이트, OR 게이트 등)를 활용하여 나뭇가지 모양(Tree)의 고장 계통도를 작성하고 이를 기초로 시스템의 고장확률을 구한다.

2) 특징

(1) Top Down 형식(연역적)

(2) 정량적 해석기법(컴퓨터 처리가 가능)

(3) 논리기호를 사용한 특정사상에 대한 해석

(4) 서식이 간단해서 비전문가도 짧은 훈련으로 사용할 수 있다.

(5) Human Error의 검출이 어렵다.

3) FTA의 기본적인 가정

(1) 중복사상은 없어야 한다.

(2) 기본사상들의 발생은 독립적이다.

(3) 모든 기본사상은 정상사상과 관련되어 있다.

4) FTA의 기대효과

(1) 사고원인 규명의 간편화
(2) 사고원인 분석의 일반화
(3) 사고원인 분석의 정량화
(4) 노력, 시간의 절감
(5) 시스템의 결함진단
(6) 안전점검 체크리스트 작성

2. FTA에 사용되는 논리기호 및 사상기호

번호	기호	명칭	설명
1		결함사상(사상기호)	개별적인 결함사상
2		기본사상(사상기호)	더 이상 전개되지 않는 기본사상
3		기본사상(사상기호)	인간의 실수
4		생략사상(최후사상)	정보부족, 해석기술 불충분으로 더 이상 전개할 수 없는 사상
5		통상사상(사상기호)	통상발생이 예상되는 사상
6	(IN)	전이기호	FT도 상에서 부분에의 이행 또는 연결을 나타낸다. 삼각형 정상의 선은 정보의 전입을 뜻한다.
7	(OUT)	전이기호	FT도 상에서 다른 부분에의 이행 또는 연결을 나타낸다. 삼각형 정상의 선은 정보의 전출을 뜻한다.
8	출력 입력	AND게이트(논리기호)	모든 입력사상이 공존할 때 출력사상이 발생한다.

9	출력 / 입력	OR게이트(논리기호)	입력사상 중 어느 하나가 존재할 때 출력사상이 발생한다.
10	입력 / 출력	수정게이트	입력사상에 대하여 게이트로 나타내는 조건을 만족하는 경우에만 출력사상이 발생
11	Ai Aj Ak 순으로	우선적 AND 게이트	입력사상 중 어떤 현상이 다른 현상보다 먼저 일어날 경우에만 출력사상이 발생
12	Ai, Aj, Ak / Ai Aj Ak	조합 AND 게이트	3개 이상의 입력현상 중 2개가 일어나면 출력현상이 발생
13	동시발생	배타적 AND 게이트	OR 게이트로 2개 이상의 입력이 동시에 존재할 때는 출력사상이 생기지 않는다.
14	위험 지속 시간	위험지속 AND 게이트	입력현상이 생겨서 어떤 일정한 기간이 지속될 때에 출력이 생긴다.
15	동시발생이 없음	배타적 OR 게이트	OR 게이트지만 2개 또는 2 이상의 입력이 동시에 존재하는 경우에는 생기지 않는다.
16	A	부정 게이트 (Not 게이트)	부정 모디파이어(Not modifier)라고도 하며 입력현상의 반대현상이 출력된다.
17	out put(F) / P / in put	억제 게이트 (Inhibit 게이트)	하나 또는 하나 이상의 입력(Input)이 True이면 출력(Output)이 True가 되는 게이트

3. FTA의 순서 및 작성방법

1) FTA의 실시순서

(1) 대상으로 한 시스템의 파악
(2) 정상사상의 선정
(3) FT도의 작성과 단순화
(4) 정량적 평가
  ① 재해발생 확률 목표치 설정
  ② 실패 대수 표시
  ③ 고장발생 확률과 인간에러 확률
  ④ 재해발생 확률계산
  ⑤ 재검토
(5) 종결(평가 및 개선권고)

2) FTA에 의한 재해사례 연구순서(D. R. Cheriton)

(1) Top 사상의 선정
(2) 사상마다의 재해원인 규명
(3) FT도의 작성
(4) 개선계획의 작성

4. 컷셋 및 패스셋

1) 컷셋(Cut Set)

정상사상을 발생시키는 기본사상의 집합으로 그 안에 포함되는 모든 기본사상이 발생할 때 정상사상을 발생시키는 기본사상의 집합

2) 패스셋(Path Set)

포함되어 있는 모든 기본사상이 일어나지 않을 때 처음으로 정상사상이 일어나지 않는 기본사상의 집합

2 정성적, 정량적 분석

1. 확률사상의 계산

1) 논리곱의 확률(독립사상)

$$A(x_1 \cdot x_2 \cdot x_3) = Ax_1 \cdot Ax_2 \cdot Ax_3$$

$$G_1 = ① \times ② = 0.2 \times 0.1 = 0.02$$

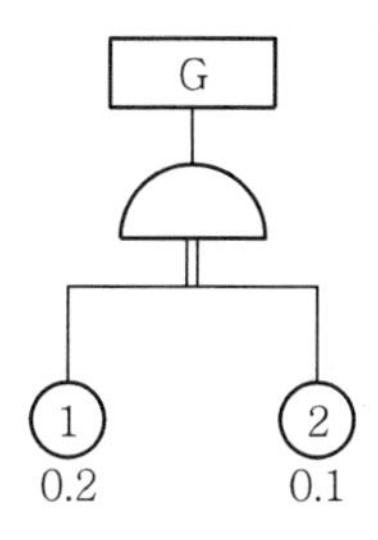

[논리곱의 예]

2) 논리합의 확률(독립사상)

$$A(x_1 + x_2 + x_3) = 1 - (1 - Ax_1)(1 - Ax_2)(1 - Ax_3)$$

3) 불 대수의 법칙

(1) 동정법칙 : $A + A = A$, $AA = A$

(2) 교환법칙 : $AB = BA$, $A + B = B + A$

(3) 흡수법칙 : $A(AB) = (AA)B = AB$

$A + AB = A \cup (A \cap B) = (A \cup A) \cap (A \cup B) = A \cap (A \cup B) = A$

$\overline{A \cdot B} = \overline{A} + \overline{B}$

(4) 분배법칙 : $A(B + C) = AB + AC$, $A + (BC) = (A + B) \cdot (A + C)$

(5) 결합법칙 : $A(BC) = (AB)C$, $A + (B + C) = (A + B) + C$

(6) 기타 : $A \cdot 0 = 0$, $A + 1 = 1$, $A \cdot 1 = A$, $A + \overline{A} = 1$, $A \cdot \overline{A} = 0$

4) 드 모르간의 법칙

(1) $\overline{A+B}=\overline{A}\cdot\overline{B}$

(2) $A+\overline{A}\cdot B=A+B$

①의 발생확률은 0.3
②의 발생확률은 0.4
③의 발생확률은 0.3
④의 발생확률은 0.5

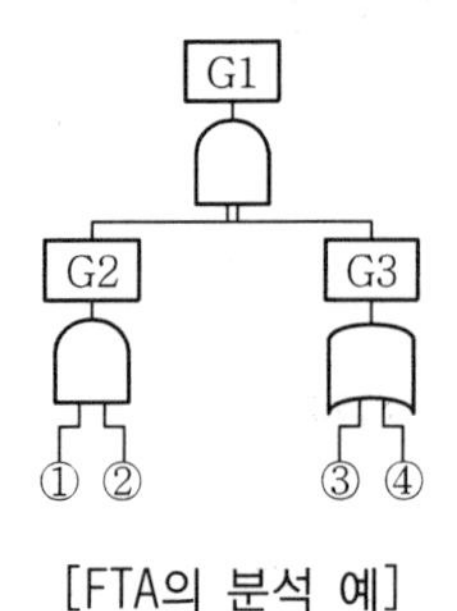

[FTA의 분석 예]

$$G_1=G_2\times G_3$$
$$=①\times②\times[1-(1-③)(1-④)]$$
$$=0.3\times0.4\times[1-(1-0.3)(1-0.5)]=0.078$$

2. 미니멀 컷셋과 미니멀 패스셋

1) 컷셋과 미니멀 컷셋 : 컷이란 그 속에 포함되어 있는 모든 기본사상이 일어났을 때 정상사상을 일으키는 기본사상의 집합을 말하며 미니멀 컷셋은 정상사상을 일으키기 위한 필요 최소한의 컷을 말한다. 즉 미니멀 컷셋은 컷셋 중에 타 컷셋을 포함하고 있는 것을 배제하고 남은 컷셋들을 의미한다.(시스템의 위험성 또는 안전성을 말함)
2) 패스셋과 미니멀 패스셋 : 패스란 그 속에 포함되어 있는 기본사상이 일어나지 않을 때 처음으로 정상사상이 일어나지 않는 기본사상의 집합으로서 미니멀 패스셋은 그 필요한 최소한의 컷을 말한다.(시스템의 신뢰성을 말함)

3. 미니멀 컷셋 구하는 법

1) 정상사상에서 차례로 하단의 사상으로 치환하면서 AND 게이트는 가로로 OR 게이트는 세로로 나열한다.
2) 중복사상이나 컷을 제거하면 미니멀 컷셋이 된다.

$$T=A_1\cdot A_2=(X_1\cdot X_2)\cdot A_2=\begin{matrix}X_1\,X_2\,X_3\\X_1\,X_2\,X_4\end{matrix}$$

즉 컷셋은 $(X_1\,X_2\,X_3)$ 또는 $(X_1\,X_2\,X_4)$ 중 1개이다.

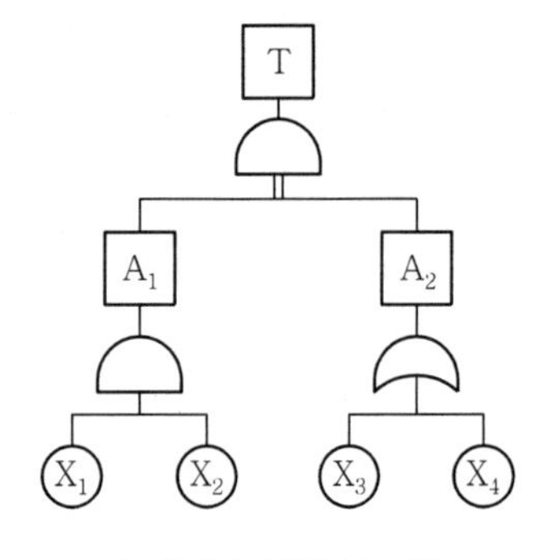

[미니멀 컷셋의 예]

$T=A\cdot B=\begin{matrix}X_1\\X_2\end{matrix}\cdot \mathrm{B}=\begin{matrix}X_1\,X_1\,X_3\\X_1\,X_2\,X_3\end{matrix}$ 즉, 컷셋은 $(X_1\,X_3)(X_1\,X_2\,X_3)$ 미니멀 컷셋은 $(X_1\,X_3)$ 또는 $(X_1\,X_2\,X_3)$ 중 1개이다.

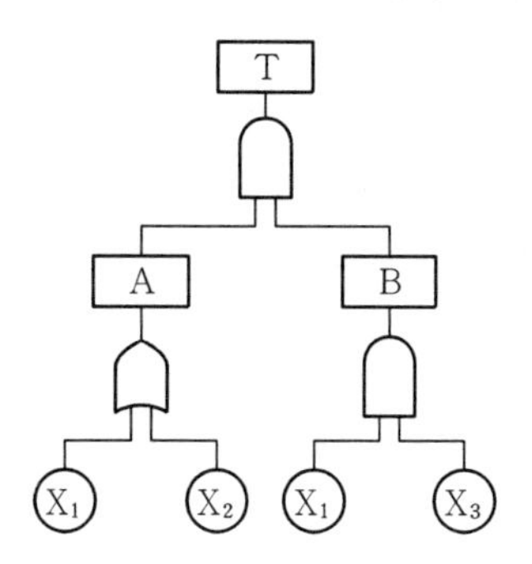

$T=A\cdot B=\begin{matrix}X_1\\X_2\end{matrix}\cdot \mathrm{B}=\begin{matrix}X_1\,X_1\,X_2\\X_2\,X_1\,X_2\end{matrix}$ 즉, 컷셋은 $(X_1\,X_2)$ 미니멀 컷셋은 $(X_1\,X_2)$

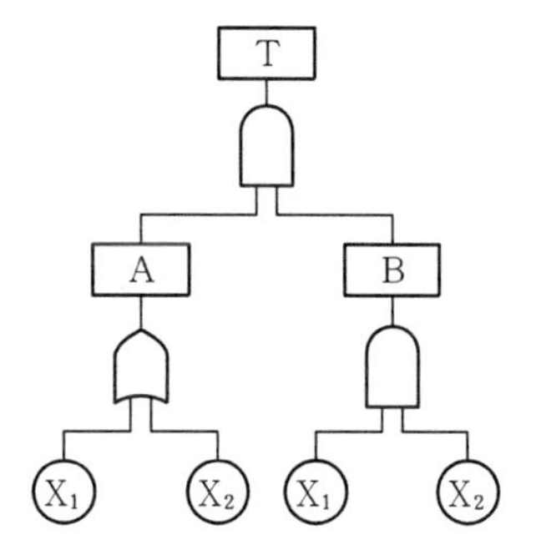

$T=A\cdot B=\begin{matrix}X_1\\X_2\end{matrix}\cdot \mathrm{B}=\begin{matrix}X_1\,X_3\,X_4\\X_2\,X_3\,X_4\end{matrix}$ 즉, 컷셋은 $(X_1\,X_3\,X_4)(X_2\,X_3\,X_4)$ 미니멀 컷셋은 $(X_1\,X_3\,X_4)$ 또는 $(X_2\,X_3\,X_4)$ 중 1개이다.

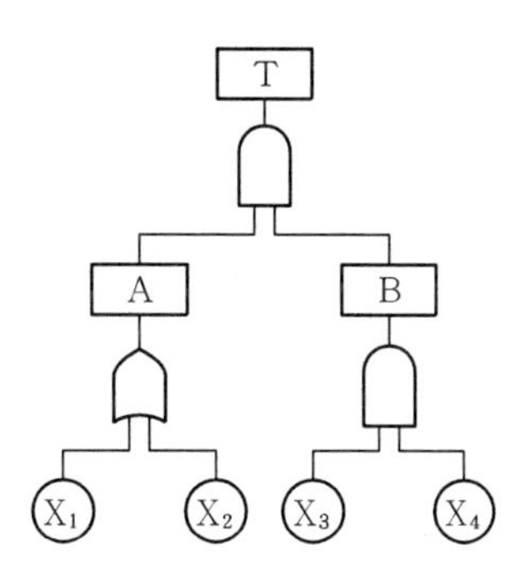

CHAPTER 07 안전성 평가

1 안전성 평가의 개요

1. 정의

설비나 제품의 제조, 사용 등에 있어 안전성을 사전에 평가하고 적절한 대책을 강구하기 위한 평가행위

2. 안전성 평가의 종류

1) 테크놀로지 어세스먼트(Technology Assessment) : 기술 개발과정에서의 효율성과 위험성을 종합적으로 분석, 판단하는 프로세스
2) 세이프티 어세스먼트(Safety Assessment) : 인적, 물적 손실을 방지하기 위한 설비 전 공정에 걸친 안전성 평가
3) 리스크 어세스먼트(Risk Assessment) : 생산활동에 지장을 줄 수 있는 리스크(Risk)를 파악하고 제거하는 활동
4) 휴먼 어세스먼트(Human Assessment)

3. 안전성 평가 6단계

1) 제1단계 : 관계자료의 정비, 검토

(1) 입지조건
(2) 화학설비 배치도
(3) 제조공정 개요
(4) 공정 계통도
(5) 안전설비의 종류와 설치장소

2) 제2단계 : 정성적 평가(안전확보를 위한 기본적인 자료의 검토)

(1) 설계관계 : 공장 내 배치, 소방설비 등
(2) 운전관계 : 원재료, 운송, 저장 등

3) 제3단계 : 정량적 평가(재해중복 또는 가능성이 높은 것에 대한 위험도 평가)

(1) 평가항목(5가지 항목)

① 물질 ② 온도 ③ 압력 ④ 용량 ⑤ 조작

(2) 화학설비 정량평가 등급

① 위험등급Ⅰ : 합산점수 16점 이상
② 위험등급Ⅱ : 합산점수 11~15점
③ 위험등급Ⅲ : 합산점수 10점 이하

4) 제4단계 : 안전대책

(1) 설비대책 : 10종류의 안전장치 및 방재 장치에 관해서 대책을 세운다.
(2) 관리적 대책 : 인원배치, 교육훈련 등에 관해서 대책을 세운다.

5) 제5단계 : 재해정보에 의한 재평가

6) 제6단계 : FTA에 의한 재평가

위험등급Ⅰ(16점 이상)에 해당하는 화학설비에 대해 FTA에 의한 재평가 실시

4. 안전성 평가 4가지 기법

1) 위험의 예측평가(Lay Out의 검토)
2) 체크리스트(Checklist)에 의한 방법
3) 고장형태와 영향분석법(FMEA법)
4) 결함수분석법(FTA법)

5. 기계, 설비의 레이아웃(Lay Out)의 원칙

1) 이동거리를 단축하고 기계배치를 집중화한다.
2) 인력활동이나 운반작업을 기계화한다.
3) 중복부분을 제거한다.
4) 인간과 기계의 흐름을 라인화 한다.

6. 화학설비의 안전성 평가

1) 화학설비 정량평가 위험등급 I일 때의 인원배치

(1) 긴급 시 동시에 다른 장소에서 작업을 행할 수 있는 충분한 인원을 배치
(2) 법정 자격자를 복수로 배치하고 관리 밀도가 높은 인원배치

2) 화학설비 안전성평가에서 제2단계 정성적 평가 시 입지 조건에 대한 주요 진단항목

(1) 지평은 적절한가, 지반은 연약하지 않은가, 배수는 적당한가?
(2) 지진, 태풍 등에 대한 준비는 충분한가?
(3) 물, 전기, 가스 등의 사용설비는 충분히 확보되어 있는가?
(4) 철도, 공항, 시가지, 공공시설에 관한 안전을 고려하고 있는가?
(5) 긴급 시에 소방서, 병원 등의 방제 구급기관의 지원체제는 확보되어 있는가?

2 신뢰도 및 안전도 계산

1. 신뢰도

체계(시스템) 혹은 부품이 주어진 운용조건하에서 의도되는 사용기간 중에 의도한 목적에 만족스럽게 작동할 확률

2. 기계의 신뢰도

$$R(t)=e^{-\lambda t}=e^{-t/t_0}$$

여기서, λ : 고장률, t : 가동시간, t_0 : 평균수명

[1시간 가동 시 고장발생확률이 0.004일 경우]

1) 평균고장간격(MTBF) = $1/\lambda=1/0.004=250$(hr)
2) 10시간 가동 시 신뢰도 : $R(t)=e^{-\lambda t}=e^{-0.004\times 10}=e^{-0.04}$
3) 고장 발생확률 : $F(t)=1-R(t)$

3. 고장률의 유형

1) 초기고장(감소형)

제조가 불량하거나 생산과정에서 품질관리가 안 돼 생기는 고장

(1) 디버깅(Debugging) 기간 : 결함을 찾아내어 고장률을 안정시키는 기간
(2) 번인(Burn-in) 기간 : 장시간 움직여보고 그동안에 고장난 것을 제거시키는 기간

2) 우발고장(일정형)

실제 사용하는 상태에서 발생하는 고장으로 예측할 수 없는 랜덤의 간격으로 생기는 고장

신뢰도 : $R(t)=e^{-\lambda t}$

(평균고장시간 t_0인 요소가 t 시간 동안 고장을 일으키지 않을 확률)

3) 마모고장(증가형)

설비 또는 장치가 수명을 다하여 생기는 고장

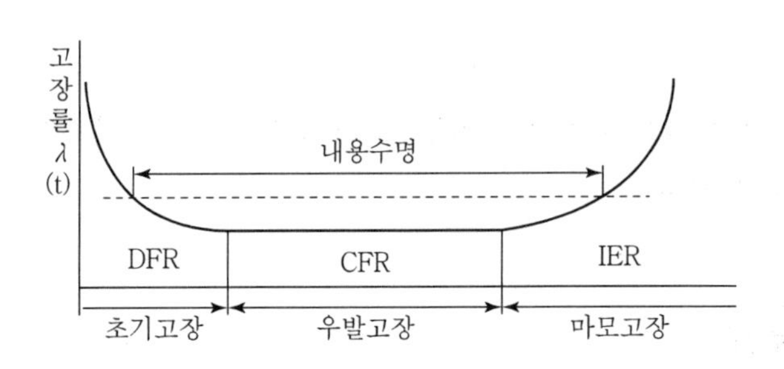

[기계의 고장률(욕조곡선, Bathtub Curve)]

4. 인간기계 통제 시스템의 유형 4가지

1) Fail Safe
2) Lock System
3) 작업자 제어장치
4) 비상 제어장치

5. Lock System의 종류

1) Interlock System : 기계 설계 시 불안전한 요소에 대하여 통제를 가한다.
2) Intralock System : 인간의 불안전한 요소에 대하여 통제를 가한다.
3) Translock System : Interlock과 Intralock 사이에 두어 불안전한 요소에 대하여 통제를 가한다.

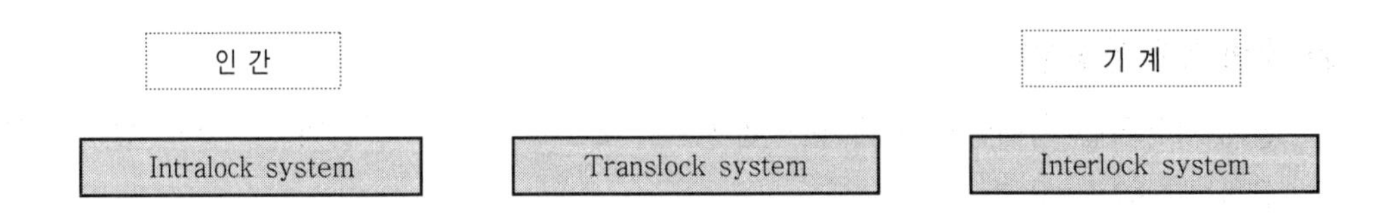

6. 백업 시스템

1) 인간이 작업하고 있을 때에 발생하는 위험 등에 대해서 경고를 발하여 지원하는 시스템을 말한다.
2) 구체적으로 경보 장치, 감시 장치, 감시인 등을 말한다.
3) 공동작업의 경우나 작업자가 언제나 위치를 이동하면서 작업을 하는 경우에도 백업의 필요 유무를 검토하면 된다.
4) 비정상 작업의 작업지휘자는 백업을 겸하고 있다고 생각할 수 있지만 외부로부터 침입해 오는 위험, 기타 감지하기 어려운 위험이 존재할 우려가 있는 경우는 특히 백업시스템을 구비할 필요가 있다.
5) 백업에 의한 경고는 청각에 의한 호소가 좋으며, 필요에 따라서 점멸 램프 등 시각에 호소하는 것을 병용하면 좋다.

7. 시스템 안전관리업무를 수행하기 위한 내용

1) 다른 시스템 프로그램 영역과의 조정
2) 시스템 안전에 필요한 사람의 동일성의 식별
3) 시스템 안전에 대한 목표를 유효하게 실현하기 위한 프로그램의 해석검토
4) 안전활동의 계획 조직 및 관리

8. 인간에 대한 Monitoring 방식

1) 셀프 모니터링(Self Monitoring) 방법(자기감지) : 자극, 고통, 피로, 권태, 이상감각 등의 지각에 의해서 자신의 상태를 알고 행동하는 감시방법이다. 이것은 그 결과를 동작자 자신이나 또는 모니터링 센터(Monitoring Center)에 전달하는 두 가지 경우가 있다.
2) 생리학적 모니터링(Monitoring) 방법 : 맥박수, 체온, 호흡 속도, 혈압, 뇌파 등으로 인간 자체의 상태를 생리적으로 모니터링하는 방법이다.
3) 비주얼 모니터링(Visual Monitoring) 방법(시각적 감지) : 작업자의 태도를 보고 작업자의 상태를 파악하는 방법이다.(졸음 상태는 생리학적으로 분석하는 것보다 태도를 보고 상태를 파악하는 것이 쉽고 정확하다.)
4) 반응에 의한 모니터링(Monitoring) 방법 : 자극(청각 또는 시각에 의한 자극)을 가하여 이에 대한 반응을 보고 정상 또는 비정상을 판단하는 방법이다.
5) 환경의 모니터링(Monitoring) 방법 : 간접적인 감시방법으로서 환경조건의 개선으로 인체의 안락과 기분을 좋게 하여 장상작업을 할 수 있도록 만드는 방법이다.

9. Fail Safe 정의 및 기능면 3단계

1) 정의

(1) 기계나 그 부품에 고장이나 기능불량이 생겨도 항상 안전을 유지하는 구조와 기능

(2) 인간 또는 기계의 과오나 오작동이 있어도 사고 및 재해가 발생하지 않도록 2중, 3중으로 안전장치를 한 시스템(System)

2) Fail safe의 종류

(1) 다경로 하중구조 (2) 하중경감구조

(3) 교대구조 (4) 중복구조

3) Fail Safe의 기능분류

(1) Fail Passive(자동감지) : 부품이 고장나면 통상 정지하는 방향으로 이동

(2) Fail Active(자동제어) : 부품이 고장나면 기계는 경보를 울리면 짧은 시간 동안 운전이 가능

(3) Fail Operational(차단 및 조정) : 부품에 고장이 있더라도 추후 보수가 있을 때까지 안전한 기능을 유지

4) Fail safe의 예

(1) 승강기 정전 시 마그네틱(전자) 브레이크가 작동하여 운전을 정지시키는 경우와 정격속도 이상의 주행 시 조속기가 작동하여 긴급 정지시키는 것

(2) 석유난로가 일정각도 이상 기울어지면 자동적으로 불이 꺼지도록 소화기구를 내장시킨 것

(3) 한쪽 밸브 고장 시 다른 쪽 브레이크의 압축공기를 배출시켜 급정지시키도록 한 것

10. 풀 프루프(Fool Proof)

1) 정의

기계장치 설계단계에서 안전화를 도모하는 것으로 근로자가 기계 등의 취급을 잘못해도 사고로 연결되는 일이 없도록 하는 안전기구 즉, 인간과오(Human Error)를 방지하기 위한 것

2) Fool proof의 예

(1) 가드
(2) 록(Lock, 시건) 장치
(3) 오버런 기구

11. 리던던시(Redundancy)의 정의 및 종류

1) 정의

시스템 일부에 고장이 나더라도 전체가 고장이 나지 않도록 기능적인 부분을 부가해서 신뢰도를 향상시키는 중복설계

2) 종류

(1) 병렬 리던던시(Redundancy)
(2) 대기 리던던시
(3) M out of N 리던던시
(4) 스페어에 의한 교환
(5) Fail Safe

3 유해 · 위험방지계획서(제조업)

1. 유해 · 위험방지계획서 제출 대상

1) 대통령령으로 정하는 업종 및 규모에 해당하는 사업의 사업주는 해당 제품생산 공정과 직접적으로 관련된 건설물 · 기계 · 기구 및 설비 등 일체를 설치 · 이전하거나 그 주요 구조부분을 변경할 때에는 이 법 또는 이 법에 따른 명령에서 정하는 유해 · 위험방지 사항에 관한 계획서(이하 "유해 · 위험방지계획서"라 한다)를 작성하여 고용노동부령으로 정하는 바에 따라 고용노동부장관에게 제출하여야 한다.

"대통령령으로 정하는 업종 및 규모에 해당하는 사업"이란 다음 각 호의 어느 하나에 해당하는 사업으로서 전기 계약용량이 300킬로와트(kW) 이상인 사업을 말한다.

(1) 금속가공제품(기계 및 가구는 제외한다) 제조업

(2) 비금속 광물제품 제조업
(3) 기타 기계 및 장비 제조업
(4) 자동차 및 트레일러 제조업
(5) 식료품 제조업
(6) 고무제품 및 플라스틱제품 제조업
(7) 목재 및 나무제품 제조업
(8) 기타 제품 제조업
(9) 1차 금속 제조업
(10) 가구 제조업
(11) 화학물질 및 화학제품 제조업
(12) 반도체 제조업
(13) 전자부품 제조업

2) 기계·기구 및 설비 등으로서 다음의 어느 하나에 해당하는 것으로서 고용노동부령으로 정하는 것을 설치·이전하거나 그 주요 구조부분을 변경하려는 사업주
(1) 유해하거나 위험한 작업을 필요로 하는 것
(2) 유해하거나 위험한 장소에서 사용하는 것
(3) 건강장해를 방지하기 위하여 사용하는 것
"고용노동부령으로 정하는 것"이란 다음 어느 하나에 해당하는 기계·기구 및 설비를 말한다. 이 경우 기계·기구 및 설비의 구체적인 대상 범위는 고용노동부장관이 정하여 고시한다.

1. 금속이나 그 밖의 광물의 용해로	2. 화학설비
3. 건조설비	4. 가스집합 용접장치
5. 제조 등 금지물질 또는 허가물질 관련 설비	6. 분진작업 관련 설비

2. 유해·위험방지계획서 제출 서류

사업주가 유해·위험방지계획서를 제출하려면 사업장별로 제조업 등 유해·위험방지계획서에 다음 각 호의 서류를 첨부하여 해당 공사 착공 15일 전까지 한국산업안전보건공단에 2부를 제출하여야 한다. 이 경우 유해위험방지계획서의 작성기준, 작성자, 심사기준, 그 밖에 심사에 필요한 사항은 고용노동부장관이 정하여 고시한다.

1) 건축물 각 층의 평면도
2) 기계·설비의 개요를 나타내는 서류

3) 기계 · 설비의 배치도면
4) 원재료 및 제품의 취급, 제조 등의 작업방법의 개요
5) 그 밖에 고용노동부장관이 정하는 도면 및 서류

3. 유해 · 위험방지계획서 확인사항

유해 · 위험방지계획서를 제출한 사업주는 해당 건설물 · 기계 · 기구 및 설비의 시운전단계에서 다음 사항에 관하여 한국산업안전보건공단의 확인을 받아야 한다.

1) 유해 · 위험방지계획서의 내용과 실제공사 내용이 부합하는지 여부
2) 유해 · 위험방지계획서 변경내용의 적정성
3) 추가적인 유해 · 위험요인의 존재 여부

CHAPTER 08 각종 설비의 유지관리

1 설비관리의 개요

1. 중요설비의 분류

1) 설비란 유형고정자산을 총칭하는 것으로 기업 전체의 효율성을 높이기 위해서는 설비를 유효하게 사용하는 것이 중요하다.
2) 설비의 예 : 토지, 건물, 기계, 공구, 비품 등

2. 예방보전

1) 보전

설비 또는 제품의 고장이나 결함을 회복시키기 위한 수리, 교체 등을 통해 시스템을 사용 가능한 상태로 유지시키는 것

2) 보전의 종류

(1) 예방보전(Preventive Maintenance)

설비를 항상 정상, 양호한 상태로 유지하기 위한 정기적인 검사와 초기의 단계에서 성능의 저하나 고장을 제거하거나 조정 또는 성능을 보전하기 위한 설비의 보수 활동을 의미

① 시간계획보전 : 예정된 시간계획에 의한 보전
② 상태감시보전 : 설비의 이상상태를 미리 검출하여 설비의 상태에 따라 보전
③ 수명보전(Age-based Maintenance) : 부품 등이 예정된 동작시간(수명)에 도달하였을 때 행하는 보전

(2) 사후보전(Breakdown Maintenance)

고장이 발생한 이후에 시스템을 원래 상태로 되돌리는 것

2 설비의 운전 및 유지관리

1. 교체주기

1) 수명교체 : 부품고장 시 즉시 교체하고 고장이 발생하지 않을 경우에도 교체주기(수명)에 맞추어 교체하는 방법
2) 일괄교체 : 부품이 고장나지 않아도 관련부품을 일괄적으로 교체하는 방법. 교체비용을 줄이기 위해 사용

2. 청소 및 청결

1) 청소 : 쓸데 없는 것을 버리고 더러워진 것을 깨끗하게 하는 것
2) 청결 : 청소 후 깨끗한 상태를 유지하는 것

3. 평균고장간격(MTBF ; Mean Time Between Failure)

시스템, 부품 등의 고장 간의 동작시간 평균치

1) $\mathrm{MTBF} = \dfrac{1}{\lambda}$, $\lambda(\text{평균고장률}) = \dfrac{\text{고장건수}}{\text{총 가동시간}}$

2) MTBF = MTTF + MTTR
    = 평균고장시간 + 평균수리시간

4. 평균고장시간(MTTF ; Mean Time To Failure)

시스템, 부품 등이 고장 나기까지 동작시간의 평균치. 평균수명이라고도 한다.

1) 직렬계의 경우

$$\text{System의 수명은} = \frac{\mathrm{MTTF}}{n} = \frac{1}{\lambda}$$

2) 병렬계의 경우

$$\text{System의 수명은} = \mathrm{MTTF} \times \left(1 + \frac{1}{2} + \frac{1}{3} + \cdots + \frac{1}{n}\right)$$

n : 직렬 또는 병렬계의 요소

5. 평균수리시간(MTTR, Mean Time To Repair)

총 수리시간을 그 기간의 수리 횟수로 나눈 시간. 즉 사후보전에 필요한 수리시간의 평균치를 나타낸다.

6. 가용도(Availability, 이용률)

일정 기간에 시스템이 고장없이 가동될 확률

(1) 가용도$(A) = \dfrac{\mathrm{MTTF}}{\mathrm{MTTF}+\mathrm{MTTR}} = \dfrac{\mathrm{MTBF}}{\mathrm{MTBF}+\mathrm{MTTR}} = \dfrac{\mathrm{MTTF}}{\mathrm{MTBF}}$

(2) 가용도$(A) = \dfrac{\mu}{\lambda+\mu}$

λ : 평균고장률, μ : 평균수리율

기계위험방지기술

PART 3

CONTENTS

CHAPTER 01 기계안전의 개념

1 기계의 위험 및 안전조건

1. 기계의 위험요인 및 일반적인 안전사항

1) 운동 및 동작에 의한 위험의 분류

(1) 회전동작

플라이 휠, 팬, 풀리, 축 등과 같이 회전운동을 한다.

(2) 횡축동작

운동부와 고정부 사이에 형성되며 작업점 또는 기계적 결합부분에 위험성이 존재한다.

(3) 왕복동작

운동부와 고정부 사이에 위험이 형성되며 운동부 전후좌우 등에 존재한다.

(4) 진동

가공품이나 기계부품에 의한 진동에 의한 위험이 존재한다.

2) 기계설비의 위험점 분류

(1) 협착점(Squeeze Point)

기계의 왕복운동을 하는 운동부와 고정부 사이에 형성되는 위험점(왕복운동+고정부)

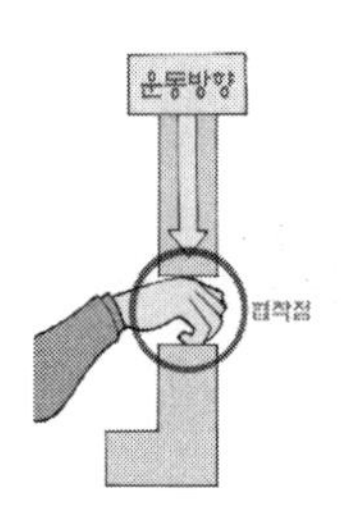

[프레스 상금형과 하금형 사이]

(2) 끼임점(Shear Point)

기계의 회전운동하는 부분과 고정부 사이에 위험점이다. 예로서 연삭숫돌과 작업대, 교반기의 교반날개와 몸체사이 및 반복되는 링크기구 등이 있다.
(회전 또는 직선운동+고정부)

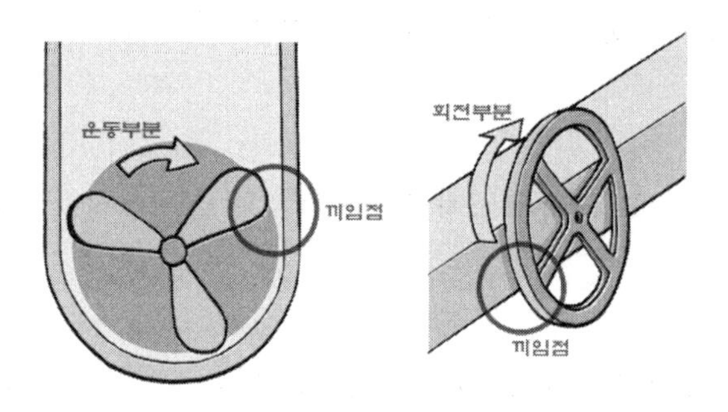

(3) 절단점(Cutting Point)

회전하는 운동부 자체의 위험이나 운동하는 기계부분 자체의 위험에서 초래되는 위험점이다. 예로서 밀링커터와 회전둥근톱날이 있다.(회전운동 자체)

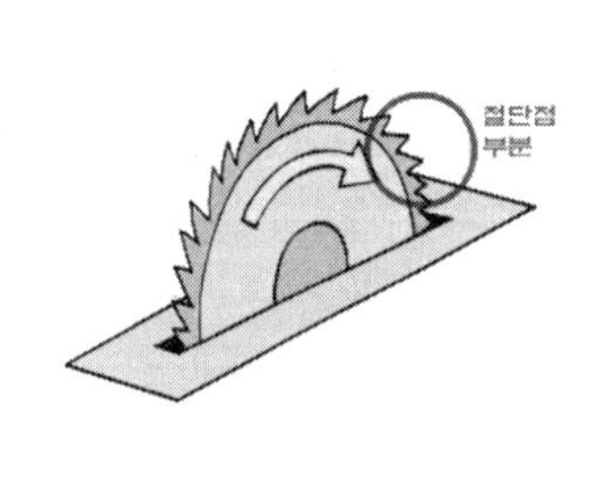

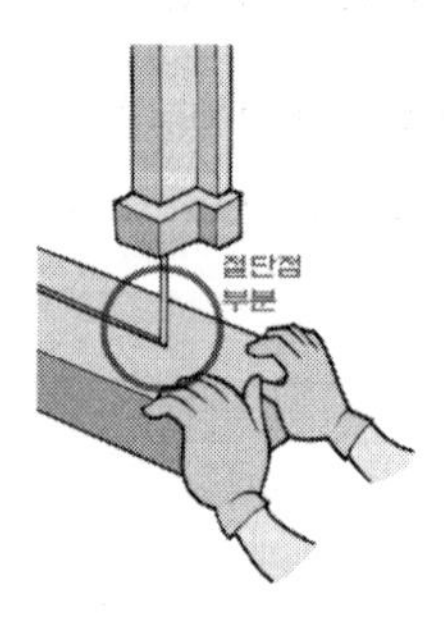

(4) 물림점(Nip Point)

롤, 기어, 압연기와 같이 두 개의 회전체 사이에 신체가 물리는 위험점 형성 (회전운동+회전운동)

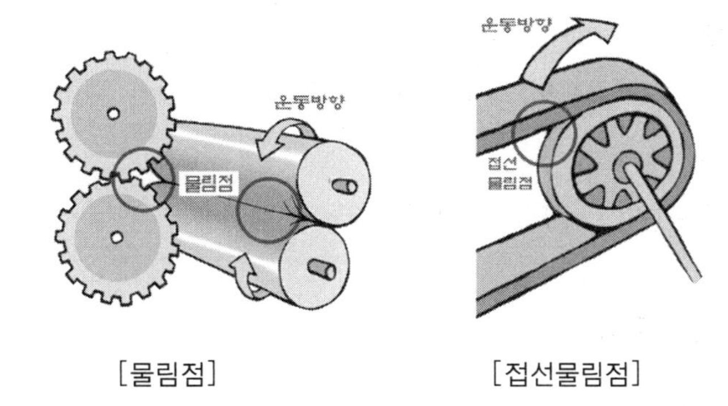

[물림점] [접선물림점]

(5) 접선물림점(Tangential Nip Point)

회전하는 부분이 접선방향으로 물려들어갈 위험이 만들어지는 위험점(회전운동+접선부)

(6) 회전말림점(Trapping Point)

회전하는 물체의 길이, 굵기, 속도 등이 불규칙한 부위와 돌기 회전부위에 장갑 및 작업복 등이 말려드는 위험점 형성(돌기회전부)

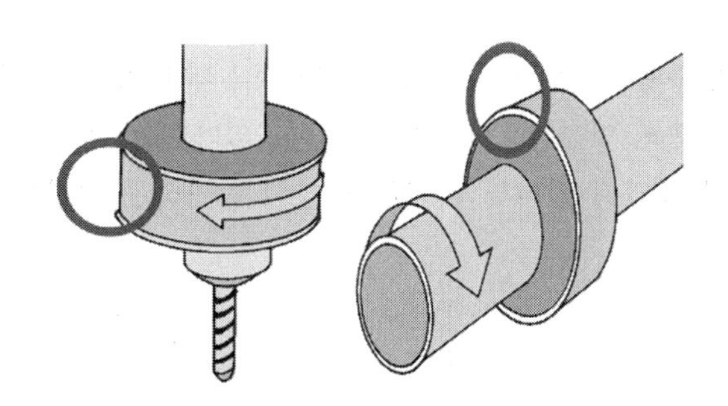

3) 위험점의 5요소

(1) 함정(Trap)

기계요소의 운동에 의해서 트랩점이 발생하지 않는가?

(2) 충격(Impact)

움직이는 속도에 의해서 사람이 상해를 입을 수 있는 부분은 없는가?

(3) 접촉(Contact)

날카로운 물체, 연마체, 뜨겁거나 차가운 물체 또는 흐르는 전류에 사람이 접촉함으로써 상해를 입을 수 있는 부분은 없는가?

(4) 말림, 얽힘(Entanglement)

가공 중에 기계로부터 기계요소나 가공물이 튀어나올 위험은 없는가?

(5) 튀어나옴(Ejection)

기계요소와 피가공재가 튀어나올 위험이 있는가?

4) 기초역학(재료역학)

(1) 피로파괴

기계나 구조물 중에는 피스톤이나 커넥팅 로드 등과 같이 인장과 압축을 반복해서 받는 부분이 있는데, 이러한 경우 그 응력이 인장(또는 압축)강도보다 훨씬 작다 하더라도 이것을 오랜 시간에 걸쳐서 연속적으로 되풀이하여 작용시키면 드디어 파괴되는데, 이 같은 현상을 재료가 "피로"를 일으켰다고 하며 이 파괴현상을 "피로파괴"라 한다.
피로파괴에 영향을 주는 인자로는 치수효과(Size Effect), 노치효과(Notch Effect), 부식(Corrosion), 표면효과 등이 있다.

(2) 크리프시험

금속이나 합금에 외력이 일정하게 계속될 경우 온도가 높은 상태에서는 시간이 경과함에 따라 연신율이 일정한도 늘어나다가 파괴된다. 금속재료를 고온에서 긴 시간 외력을 걸면 시간이 경과됨에 따라 서서히 변형이 증가하는 현상을 말한다.

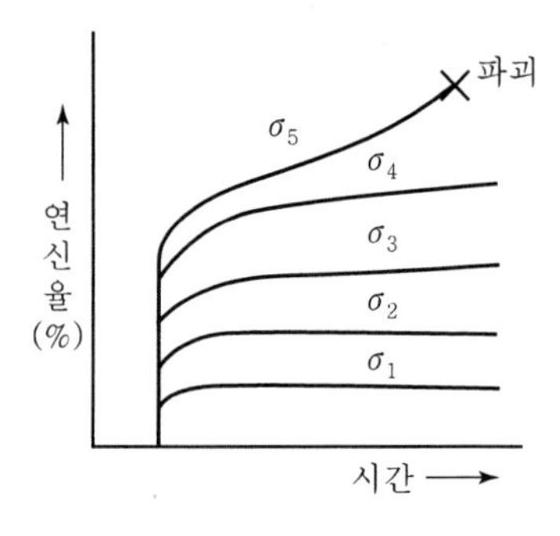

[크리프 시험]

(3) 인장시험 및 인장응력

① 인장시험

재료의 항복점, 인장강도, 신장 등을 알 수 있는 시험

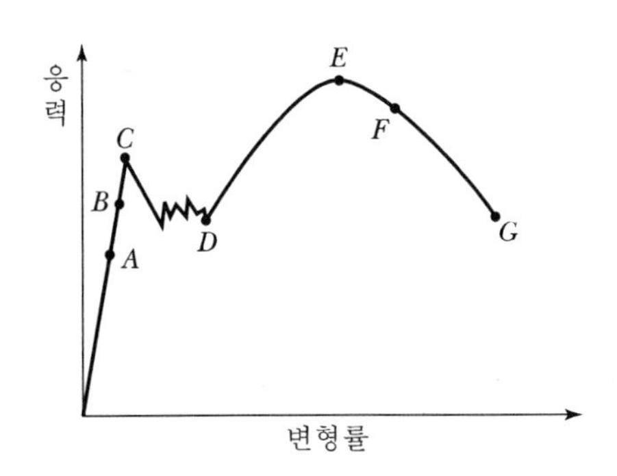

[응력-변형률 선도]

② 인장응력

$$\sigma_t = \frac{\text{인장하중}}{\text{면적}} = \frac{P_t}{A}$$

(4) 열응력

물체는 가열하면 팽창하고 냉각하면 수축한다. 이때 물체에 자유로운 팽창 또는 수축이 불가능하게 장치하면 팽창 또는 수축하고자 하는 만큼 인장 또는 압축응력이 발생하는데, 이와 같이 열에 의해서 생기는 응력을 열응력이라 한다.

그림에서 온도 t_1℃에서 길이 l 인 것이 온도 t_2℃에서 길이 l'로 변하였다면

- 신장량(δ) $= l' - l = \alpha(t_2 - t_1)l = \alpha \Delta t l$ (α : 선팽창계수, Δt : 온도의 변화량)
- 변형률(ϵ) $= \frac{\delta}{l} = \frac{\alpha(t_2 - t_1)l}{l} = \alpha(t_2 - t_1) = \alpha \Delta t$
- 열응력(σ) $= E\epsilon = E\alpha(t_2 - t_1) = E\alpha \Delta t$ (E : 세로탄성계수 혹은 종탄성계수)

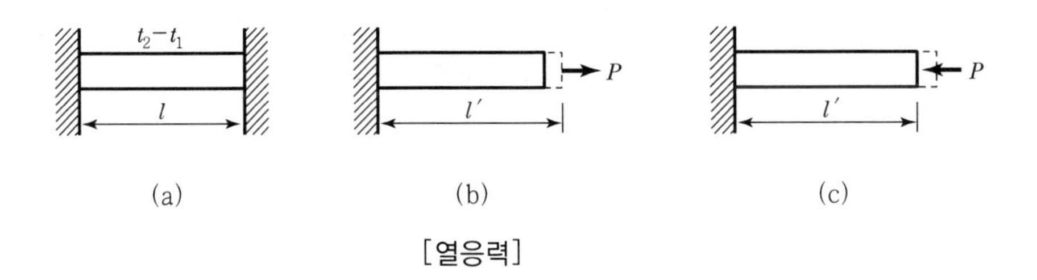

[열응력]

(5) 푸아송비

종변형률(세로변형률) ε과 횡변형률(가로변형률) ε'의 비를 푸아송의 비라 하고 ν로 표시한다.(m : 푸아송 수)

$$\nu = \frac{1}{m} = \frac{\varepsilon'}{\varepsilon}$$

여기서, $\varepsilon = \frac{l'-l}{l} \times 100(\%)$ (l : 원래의 길이, l' : 늘어난 길이)

(6) 훅(Hooke)의 법칙

비례한도 이내에서 응력과 변형률은 비례한다. $\sigma = E\varepsilon$

(7) 세로탄성계수(종탄성계수)

$E = \frac{\sigma}{\varepsilon}$, 변형률에 대한 응력의 비는 탄성계수이다.

2. 통행과 통로

1) 통로의 설치(안전보건규칙 제22조)

(1) 작업장으로 통하는 장소 또는 작업장 내에는 근로자가 사용하기 위한 안전한 통로를 설치하고 항상 사용 가능한 상태로 유지하여야 한다.

(2) 통로의 주요 부분에는 통로표시를 하고, 근로자가 안전하게 통행할 수 있도록 하여야 한다.

(3) 통로 면으로부터 높이 2미터 이내에는 장애물이 없도록 하여야 한다.

2) 작업장 내 통로의 안전

(1) 사다리식 통로의 구조(안전보건규칙 제24조)

① 견고한 구조로 할 것
② 심한 손상·부식 등이 없는 재료를 사용할 것
③ 발판의 간격은 일정하게 할 것
④ 발판과 벽과의 사이는 15센티미터 이상의 간격을 유지할 것
⑤ 폭은 30센티미터 이상으로 할 것
⑥ 사다리가 넘어지거나 미끄러지는 것을 방지하기 위한 조치를 할 것
⑦ 사다리의 상단은 걸쳐놓은 지점으로부터 60센티미터 이상 올라가도록 할 것
⑧ 사다리식 통로의 길이가 10미터 이상인 경우에는 5미터 이내마다 계단참을 설치할 것
⑨ 사다리식 통로의 기울기는 75도 이하로 할 것. 다만, 고정식 사다리식 통로의 기울기는 90도 이하로 하고, 그 높이가 7미터 이상인 경우에는 바닥으로부터 높이가 2.5미터 되는 지점부터 등받이 울을 설치할 것
⑩ 접이식 사다리 기둥은 사용 시 접혀지거나 펼쳐지지 않도록 철물 등을 사용하여 견고하게 조치할 것

(2) 통로의 조명(안전보건규칙 제21조)

근로자가 안전하게 통행할 수 있도록 통로에 75럭스 이상의 채광 또는 조명시설을 하여야 한다. 다만, 갱도 또는 상시통행을 하지 아니하는 지하실 등을 통행하는 근로자에게 휴대용 조명기구를 사용하도록 한 경우에는 그러하지 아니하다.

3) 계단의 안전

(1) 계단 및 계단참을 설치하는 경우에 매제곱미터당 500킬로그램 이상의 하중에 견딜 수 있는 강도를 가진 구조로 설치하여야 하며, 안전율(안전의 정도를 표시하는 것으로서 재료의 파괴응력도와 허용응력도와의 비율을 말한다)은 4 이상으로 하여야 한다.(안전보건규칙 제26조)

(2) 높이가 3미터를 초과하는 계단에 높이 3미터 이내마다 너비 1.2미터 이상의 계단참을 설치하여야 한다.(안전보건규칙 제28조)

3. 기계의 안전조건

1) 외형의 안전화

(1) 묻힘형이나 덮개의 설치(안전보건규칙 제87조)

① 사업주는 기계의 원동기·회전축·기어·풀리·플라이휠·벨트 및 체인 등 근로자가 위험에 처할 미칠 우려가 있는 부위에 덮개·울·슬리브 및 건널다리 등을 설치하여야 한다.

② 사업주는 회전축·기어·풀리 및 플라이휠 등에 부속하는 키·핀 등의 기계요소는 묻힘형으로 하거나 해당 부위에 덮개를 설치하여야 한다.

③ 사업주는 벨트의 이음부분에 돌출된 고정구를 사용하여서는 아니된다.

④ 사업주는 제1항의 건널다리에는 안전난간 및 미끄러지지 아니하는 구조의 발판을 설치하여야 한다.

(2) 별실 또는 구획된 장소에의 격리

원동기 및 동력전달장치(벨트, 기어, 샤프트, 체인 등)

(3) 안전색채를 사용

기계설비의 위험 요소를 쉽게 인지할 수 있도록 주의를 요하는 안전색채를 사용

① 시동단추식 스위치 : 녹색

② 정지단추식 스위치 : 적색

③ 가스배관 : 황색

④ 물배관 : 청색

2) 작업의 안전화

작업 중의 안전은 그 기계설비가 자동, 반자동, 수동에 따라서 다르며 기계 또는 설비의 작업환경과 작업방법을 검토하고 작업위험분석을 하여 작업을 표준 작업화 할 수 있도록 한다.

3) 작업점의 안전화

작업점이란 일이 물체에 행해지는 점 혹은 일감이 직접 가공되는 부분을 작업점(Point of Operation)이라 하며, 이와 같은 작업점은 특히 위험하므로 방호장치나 자동제어 및 원격장치를 설치할 필요가 있다.

4) 기능상의 안전화

최근 기계는 반자동 또는 자동 제어장치를 갖추고 있어서 에너지 변동에 따라 오동작이 발생하여 주요 문제로 대두되므로 이에 따른 기능의 안전화가 요구되고 있다.

예) 전압 강하시 기계의 자동정지, 안전장치의 일정방식

5) 구조부분의 안전화(강도적 안전화)

(1) 재료의 결함

① 조직의 결함으로 인하여 예상강도를 얻지 못한다.
② 재료 내부의 미소 크랙으로 인한 피로파괴
③ 가공조건이나 사용 환경에 부적합한 재료의 사용

(2) 설계의 잘못

설계 잘못의 주된 원인으로서 부하예측과 강도계산의 오류를 생각할 수 있으며 이들을 고려하여 적절한 안전계수를 도입하여야 한다.

(3) 가공의 잘못

최근에 고급강을 재료로 사용하는 경우는 필요한 기계적 특성을 얻기 위하여 적절한 열처리를 필요로 한다. 이때 열처리의 결함이 재해의 원인이 되기도 한다. 또 용접부위의 크랙의 혼입과 같은 용접가공 불량이나 용접 후의 열처리 잘못으로 인한 잔류응력이 취성파괴를 일으키며 기계가공상의 잘못으로 인한 응력집중은 피로파괴의 원인이 된다.

(4) 안전율

① 안전율(Safety Factor), 안전계수

안전율은 응력계산 및 재료의 불균질 등에 대한 부정확을 보충하고 각 부분의 불충분한 안전율과 더불어 경제적 치수결정에 대단히 중요한 것으로서 다음과 같이 표시된다.

$$S = \frac{\text{극한(기초, 인장)강도}}{\text{허용응력}} = \frac{\text{파단(최대)하중}}{\text{안전(정격)하중}} = \frac{\text{항복강도}}{\text{사용응력}}$$

안전율이나 허용응력을 결정하려면 재질, 하중의 성질, 하중과 응력계산의 정확성, 공작방법 및 정밀도, 부품형상 및 사용장소 등을 고려하여야 한다.

② Cardullo의 안전율

신뢰할만한 안전율을 얻으려면 이에 영향을 주는 각 인자를 상세하게 분석하여 이것으로 합리적인 값을 결정한다.

$$\text{안전율 } S = a \times b \times c \times d$$

여기서, a : 탄성비
b : 하중계수
c : 충격계수
d : 재료의 결함 등을 보완하기 위한 계수

③ 와이어로프의 안전율

$$\text{안전율 : } S = \frac{N \times P}{Q}$$

여기서, N : 로프의 가닥수
P : 와이어로프의 파단하중
Q : 최대사용하중

6) 보전작업의 안전화

(1) 고장예방을 위한 정기 점검
(2) 보전용 통로나 작업장의 확보
(3) 부품교환의 철저화
(4) 분해 시 차트화
(5) 주유방법의 개선

4. 기계설비의 본질적 안전

1) 본질안전조건

근로자가 기계 · 설비 동작 시 과오나 실수를 하여도 재해가 일어나지 않도록 하는 것. 기계설비에 이상이 발생되어도 안전성이 확보되어 재해나 사고가 발생하지 않도록 설계되는 기본적 개념이다.

2) 풀프루프(Fool Proof)

(1) 정의

작업자가 기계를 잘못 취급하여 불안전 행동이나 실수를 하여도 기계설비의 안전기능이 작용되어 재해를 방지할 수 있는 기능

(2) 가드의 종류

① 인터록가드(Interlock Guard)
② 조절가드(Adjustable Guard)
③ 고정가드(Fixed Guard)

3) 페일세이프(Fail Safe)

기계나 그 부품에 고장이나 기능불량이 생겨도 항상 안전하게 작동하는 구조와 기능을 추구하는 본질적 안전

4) 인터록장치

기계의 각 작동부분 상호 간을 전기적, 기구적, 유공압장치 등으로 연결해서 기계의 각 작동부분이 정상으로 작동하기 위한 조건이 만족되지 않을 경우 자동적으로 그 기계를 작동할 수 없도록 하는 것

2 기계의 방호

1. 방호장치의 종류

1) 격리형 방호장치

작업자가 작업점에 접촉되어 재해를 당하지 않도록 기계설비 외부에 차단벽이나 방호망을 설치하는 것으로 작업장에서 가장 많이 사용하는 방식(덮개)
예) 완전 차단형 방호장치, 덮개형 방호장치, 안전 방책

2) 위치제한형 방호장치

조작자의 신체부위가 위험한계 밖에 있도록 기계의 조작장치를 위험구역에서 일정거리 이상 떨어지게 한 방호장치(양수조작식 안전장치)

3) 접근거부형 방호장치

작업자의 신체부위가 위험한계 내로 접근하면 기계의 동작위치에 설치해놓은 기구가 접근하는 신체부위를 안전한 위치로 되돌리는 것(손쳐내기식 안전장치)

4) 접근반응형 방호장치

작업자의 신체부위가 위험한계로 들어오게 되면 이를 감지하여 작동 중인 기계를 즉시 정지시키거나 스위치가 꺼지도록 하는 기능을 가지고 있다.(광전자식 안전장치)

5) 포집형 방호장치

목재가공기계의 반발예방장치 및 연삭기의 덮개와 같이 위험장소에 설치하여 위험원이 비산하거나 튀는 것을 방지하는 등 작업자로부터 위험원을 차단하는 방호장치

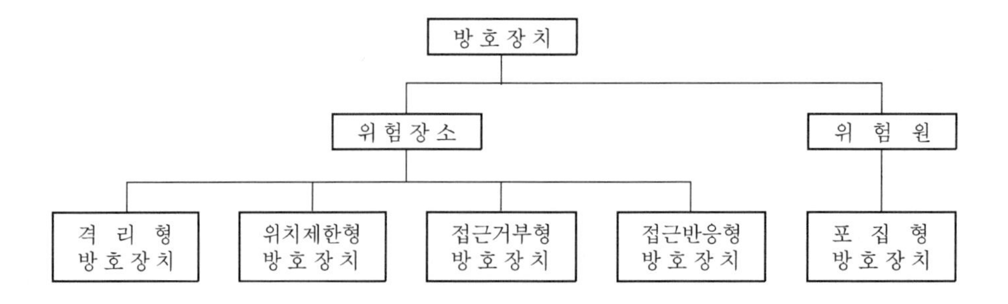

2. 작업점의 방호

1) 방호장치를 설치할 때 고려할 사항

(1) 신뢰성　　(2) 작업성　　(3) 보수성의 난이

2) 작업점의 방호방법

작업점과 작업자 사이에 장애물을 설치하여 접근을 방지(차단벽이나 망 등)

3) 동력기계의 표준방호덮개 설치목적

(1) 가공물 등의 낙하에 의한 위험방지
(2) 위험부위와 신체의 접촉방지
(3) 방음이나 집진

3 기능적 안전

기계설비가 이상이 있을 때 기계를 급정지시키거나 방호장치가 작동되도록 하는 소극적인 대책과 전기회로를 개선하여 오동작을 방지하거나 별도의 완전한 회로에 의해 정상기능을 찾을 수 있도록 하는 것

1. 소극적 대책

1) 소극적(1차적) 대책

이상 발생 시 기계를 급정지시키거나 방호장치가 작동하도록 하는 대책

2) 유해 위험한 기계·기구 등의 방호장치

(1) 유해 또는 위험한 작업을 필요로 하거나 동력에 의해 작동하는 기계·기구 : 유해 위험방지를 위한 방호조치를 할 것
(2) 방호조치하지 않고는 양도, 대여, 설치, 사용하거나 양도, 대여의 목적으로 진열 금지

2. 적극적 대책

1) 적극적(2차적) 대책

회로를 개선하여 오동작을 사전에 방지하거나 또는 별도의 안전한 회로에 의한 정상기능을 찾도록 하는 대책

2) 기능적 안전

(1) Fail-Safe의 기능면에서의 분류

① Fail-Passive : 부품이 고장 났을 경우 통상 기계는 정지하는 방향으로 이동 (일반적인 산업기계)
② Fail-Active : 부품이 고장 났을 경우 기계는 경보를 울리는 가운데 짧은 시간 동안 운전가능
③ Fail-Operational : 부품의 고장이 있더라도 기계는 추후 보수가 이루어질 때까지 안전한 기능 유지

(2) 기능적 Fail-Safe

철도신호의 경우 고장 발생 시 청색신호가 적색신호로 변경되어 열차가 정지할 수 있도록 해야 하며 신호가 바뀌지 못하고 청색으로 있다면 사고 발생의 원인이 될 수 있으므로 철도신호 고장 시에 반드시 적색신호로 바뀌도록 해주는 제도

(3) Lock System

① Interlock System
② Translock System
③ Intralock System

CHAPTER 02 공작기계의 안전

1 절삭가공기계의 종류 및 방호장치

1. 선반의 안전장치 및 작업시 유의사항

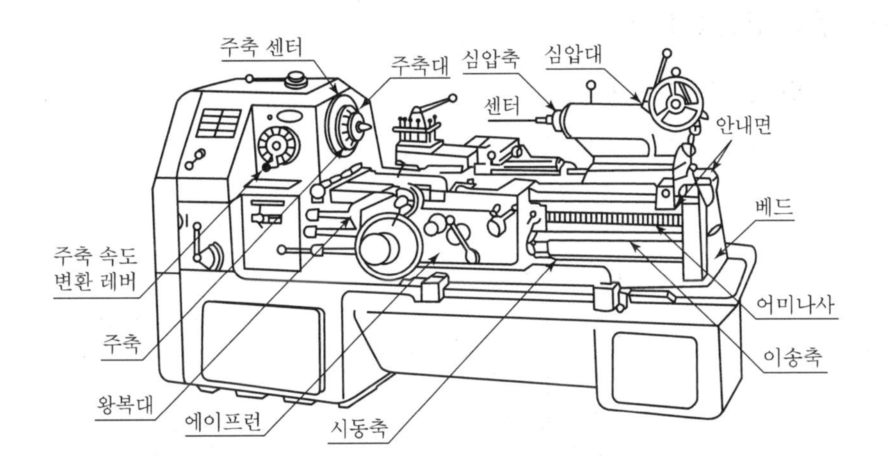

1) 선반의 종류

(1) 보통선반 (2) 터릿선반 (3) 탁상선반 (4) 자동선반

2) 선반작업의 종류

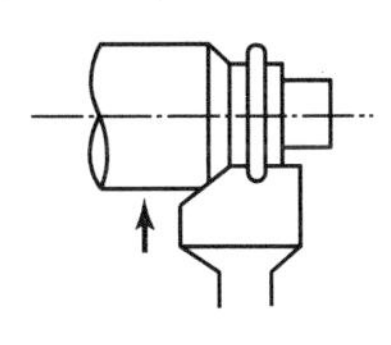
[총형깎기]

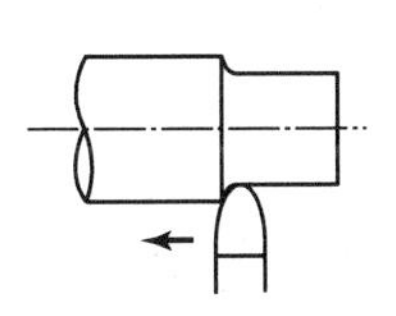
[원통깎기]

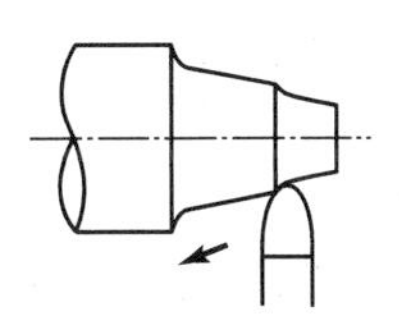
[테이퍼깎기]

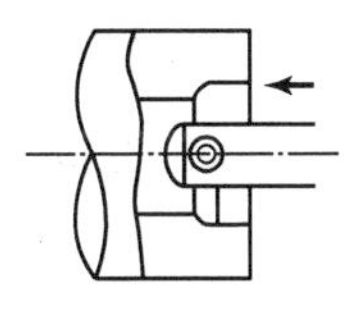
[보링]

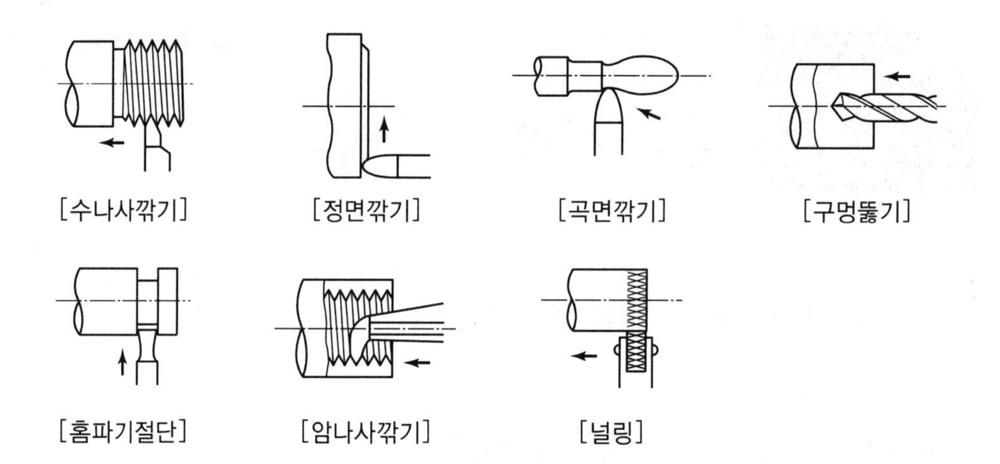

3) 선반의 안전장치

(1) 칩브레이커(Chip Breaker)

칩을 짧게 끊어지도록 하는 장치

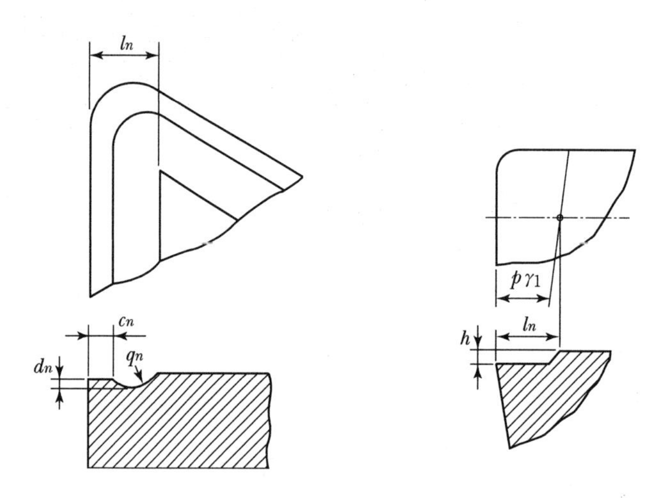

(2) 덮개(Shield)

가공재료의 칩이나 절삭유 등이 비산되어 나오는 위험으로 작업자의 보호를 위하여 이동이 가능한 덮개 설치

(3) 브레이크(Brake)

가공 작업 중 선반을 급정지시킬 수 있는 장치

(4) 척 커버(Chuck Cover)

척이나 척에 물린 가공물의 돌출부에 작업복 등이 말려들어 가는 것을 방지하는 장치

4) 선반의 크기 및 주요구조부분

(1) 선반의 크기

① 베드 위의 스윙 d_1
② 왕복대 위의 스윙 d_2
③ 양 센터 사이의 최대거리 l_1
④ 관습상 베드의 길이 l_2

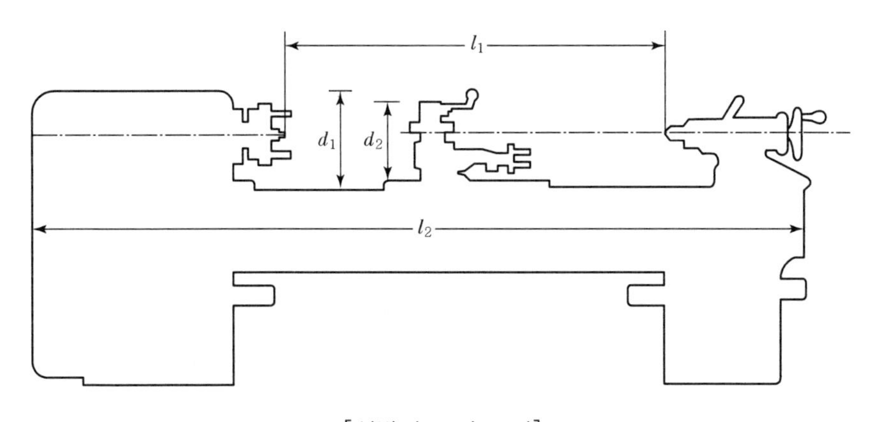

[선반의 크기 표시]

(2) 선반의 주요구조부분

① 주축대
② 심압대
③ 왕복대
④ 베드

5) 선반용 부품

(1) 센터(Center)
(2) 돌리개(Dog or Carrier)
(3) 면판(Face Plate)
(4) 심봉(Mandrel)
(5) 방진구(Center Rest)
가늘고 긴 일감은 절삭력과 자중으로 휘거나 처짐이 일어나므로 이를 방지하기 위한 장치. 일감의 길이가 직경의 12배부터 방진구를 사용한다. 탁상용 연삭기에서 사용한다.

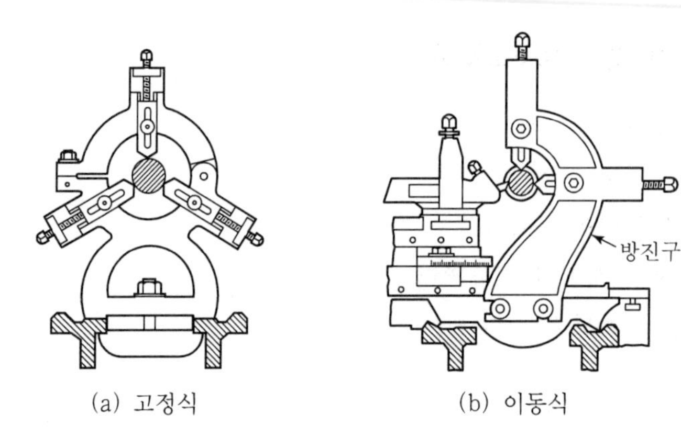

(a) 고정식　　(b) 이동식

[방진구]

⑹ 척(Chuck)

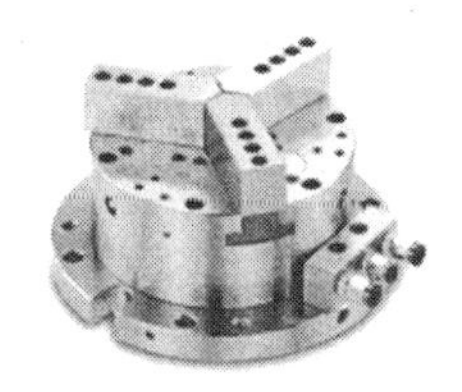

[Chuck의 종류]

6) 선반작업 시 유의사항

⑴ 긴 물건 가공 시 주축대쪽으로 돌출된 회전가공물에는 덮개설치

⑵ 바이트는 짧게 장치하고 일감의 길이가 직경의 12배 이상일 때 방진구 사용

⑶ 절삭 중 일감에 손을 대서는 안 되며 면장갑 착용금지

⑷ 바이트에는 칩 브레이크를 설치하고 보안경 착용

⑸ 치수 측정 시, 주유, 청소 시는 반드시 기계 정지

⑹ 기계 운전 중 백기어 사용금지

⑺ 절삭 칩 제거는 반드시 브러시 사용

⑻ 리드스크루에는 몸의 하부가 걸리기 쉬우므로 조심

⑼ 가공물 조립 시 반드시 스위치 차단 후 척을 충분히 연 다음 설치

⑽ 가공물 장착 후에는 척 렌치를 바로 벗겨 놓는다.

⑾ 무게가 편중된 가공물은 균형추 부착

⑿ 바이트 설치는 반드시 기계 정지 후 실시

⒀ 돌리개는 적당한 것을 선택하고, 심압대 스핀들은 지나치게 길게 나오지 않도록 한다.

7) 기계의 동력차단장치(안전보건규칙 제88조)

동력차단장치(비상정지장치)를 설치하여야 하는 기계 중 절단・인발・압축・꼬임・타발 또는 굽힘 등의 가공을 하는 기계에 설치하되, 근로자가 작업위치를 이동하지 아니하고 조작할 수 있는 위치에 설치하여야 한다.

2. 밀링머신작업

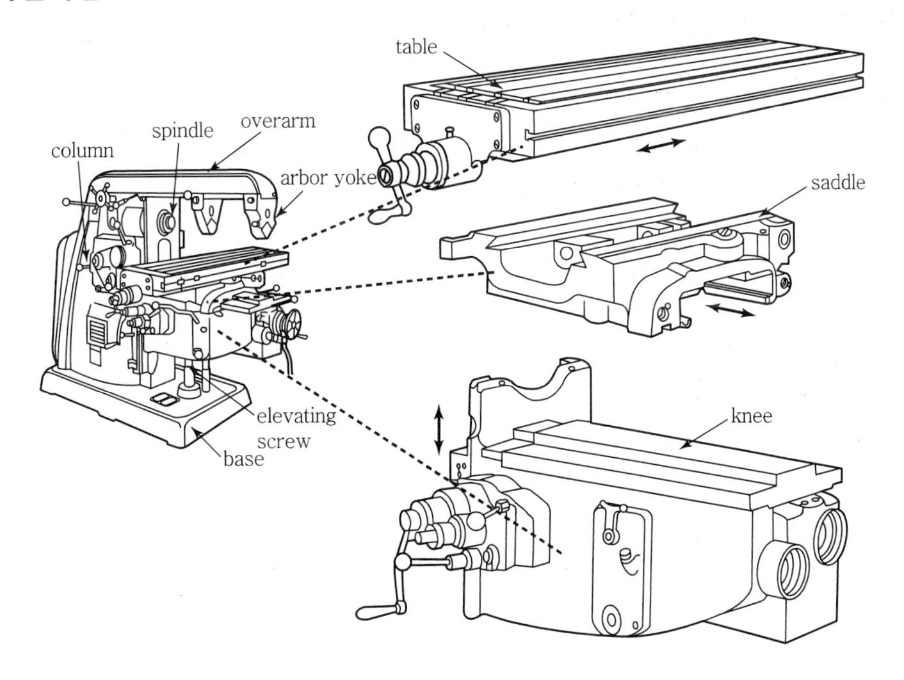

1) 밀링머신의 분류

밀링머신은 회전하는 절삭공구(밀링커터)에 가공물을 이송하며 원하는 형상으로 절삭 가공하는 공작기계이다.

(1) 밀링머신의 종류

① 수평밀링머신 또는 플레인 밀링머신
② 만능밀링머신(Universal Milling Machine)
③ 직립밀링머신(Vertical Milling Machine)
④ 단두식 밀링머신

(2) 밀링커터의 종류

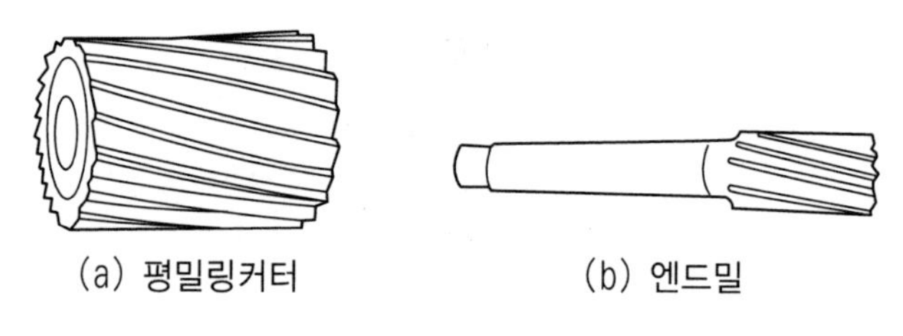

[밀링커터의 종류]

2) 밀링절삭작업(상향절삭, 하향절삭)

(1) 상향밀링(Up Milling)과 하향밀링(Down Milling)

① 상향밀링 : 일감의 이송방향과 커터의 회전방향이 반대 밀링
② 하향밀링 : 커터의 회전방향과 일감의 이송방향이 같은 밀링

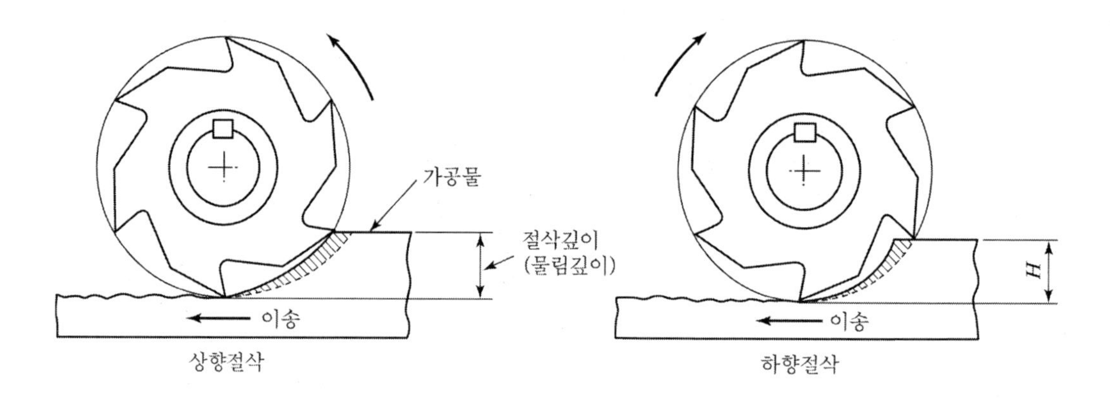

[상향절삭과 하향절삭]

3) 밀링작업의 공식

(1) 절삭속도

$$v = \frac{\pi d N}{1,000}$$

여기서, v : 절삭속도(m/min), d : 밀링커터의 지름(mm), N : 밀링커터의 회전수(rpm)

(2) 이송

$$f = f_z \times z \times N \text{(mm/min)}$$

여기서, f : 테이블의 이송속도(mm/min), f_z : 밀링커터의 날 1개마다의 이송(mm)
z : 밀링커터의 날 수

4) 방호장치

(1) 덮개 : 밀링커터 작업 시 작업자의 옷소매가 커터에 감기거나, 칩이 작업자의 눈에 들어가는 것을 방지하기 위하여 상부의 암에 덮개를 설치

5) 밀링작업 시 안전대책

(1) 밀링커터에 작업복의 소매나 작업모가 말려 들어가지 않도록 할 것
(2) 칩은 기계를 정지시킨 다음에 브러시로 제거할 것
(3) 일감, 커터 및 부속장치 등을 제거할 때 시동레버를 건드리지 않도록 할 것
(4) 상하 이송장치의 핸들은 사용 후, 반드시 빼 둘 것
(5) 일감 또는 부속장치 등을 설치하거나 제거시킬 때, 또는 일감을 측정할 때에는 반드시 정지시킨 다음에 측정할 것
(6) 커터를 교환할 때는 반드시 테이블 위에 목재를 받쳐 놓을 것
(7) 커터는 될 수 있는 한 칼럼에 가깝게 설치할 것
(8) 테이블이나 암 위에 공구나 커터 등을 올려놓지 않고 공구대 위에 놓을 것
(9) 가공 중에는 손으로 가공면을 점검하지 말 것
(10) 강력절삭을 할 때는 가공물을 바이스에 깊게 물릴 것
(11) 면장갑을 착용하지 말 것
(12) 밀링작업에서 생기는 칩은 가늘고 예리하여 부상을 입히기 쉬우므로 보안경을 착용할 것
(13) 급송이송은 백래시 제거장치를 작동시키지 않을 때 할 것

3. 플레이너와 셰이퍼의 방호

1) 플레이너(Planer)

(1) 플레이너의 개요

① 플레이너작업에서 공구는 고정되어 있고 가공물이 직선운동을 하며 공구는 이송운동을 할 뿐이다.

② 셰이퍼에 비하여 큰 일감을 가공하는 데 사용된다.

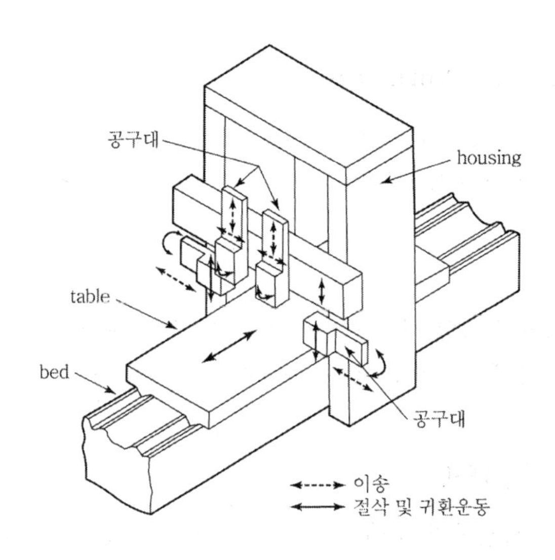

[쌍주식 Planer]

(2) 플레이너의 안전작업수칙

① 반드시 스위치를 끄고 가공물의 고정작업을 할 것

② 가공물의 고정작업은 균일한 힘을 유지할 것

③ 바이트는 되도록 짧게 설치할 것

④ 기계작동 중 테이블 위에 절대로 올라가지 않을 것

⑤ 테이블과 고정벽 또는 다른 기계와의 최소 거리가 40cm 이하가 될 때는 기계의 양쪽에 방책을 설치하여 통행을 차단할 것

(3) 절삭속도

$$v_m = \frac{2L}{t} = \frac{2v_s}{1+1/n}(\text{m/min}), \quad t = \frac{L}{v_s} + \frac{L}{v_r}$$

여기서, v_m : 평균속도(m/min), v_r : 귀환속도(m/min), v_s : 절삭속도(m/min)
L : 행정(m), t : 1회 왕복시간(min), n : 속도비 $= v_r / v_s$ (보통 3~4)

$$\therefore\ v_s = \left(1+\frac{1}{n}\right) \times \frac{L}{t} = \left(1+\frac{1}{n}\right) \times N \times L$$

2) 셰이퍼(Shaper)

(1) 셰이퍼 각부 명칭

셰이퍼(Shaper)는 램(Ram)의 왕복운동에 의한 바이트의 직선절삭운동과 절삭운동에 수직방향인 테이블의 운동으로 일감이 이송되어 평면을 주로 가공하는 공작기계이다. 셰이퍼의 크기는 주로 램의 최대행정으로 표시할 때가 많고 500mm 정도가 많이 사용되며 테이블의 크기와 이송거리를 표시할 경우도 있다.

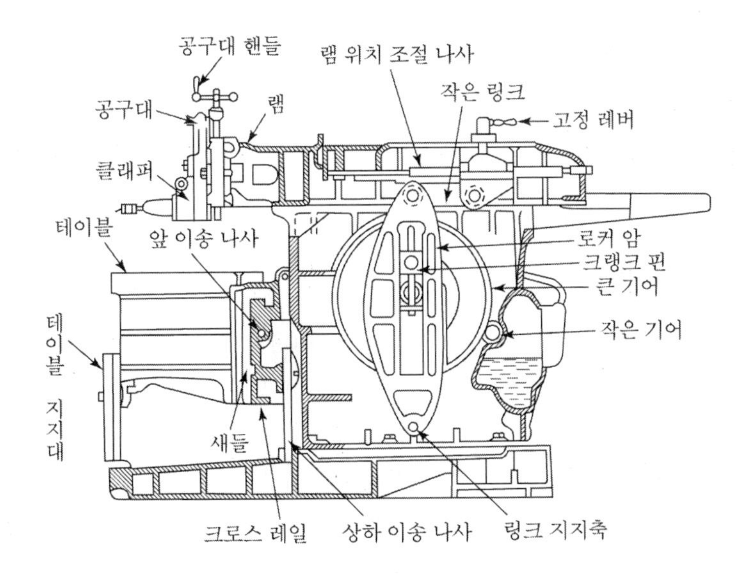

[셰이퍼의 각부 명칭]

(2) 셰이퍼 안전작업수칙

① 보안경을 착용할 것
② 가공품을 측정하거나 청소를 할 때는 기계를 정지할 것
③ 램 행정은 공작물 길이보다 20~30mm 길게 한다.
④ 시동하기 전에 행정조정용 핸들을 빼놓을 것
⑤ 운전 중에는 급유를 하지 말 것
⑥ 시동 전에 기계의 점검 및 주유를 하지 말 것
⑦ 가공물 가공 중 바이트와 부딪쳐 떨어지는 경우가 있으므로 가공물은 견고하게 물릴 것

(3) 셰이퍼의 안전장치

① 방책
② 칩받이
③ 칸막이(방호울)

(4) 위험요인

① 가공칩(Chip) 비산
② 램(Ram) 말단부 충돌
③ 바이트(Bite)의 이탈

(5) Shaper Bite의 설치

가능한 범위 내에서 짧게 고정하고, 날 끝은 섕크의 뒷면과 일직선상에 있게 한다.

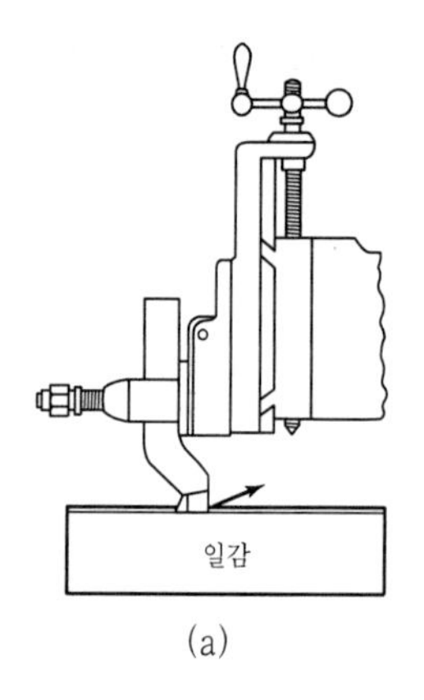

(a)

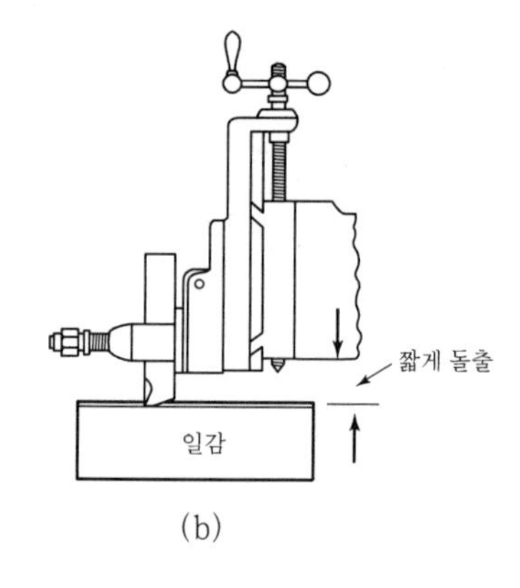

(b)

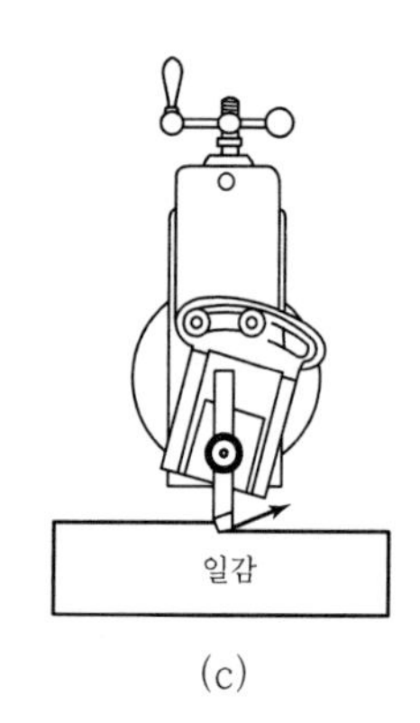

(c)

[바이트의 설치법]

3) 슬로터작업

(1) 슬로터

① 슬로터는 구조가 셰이퍼를 수직으로 세워 놓은 것과 비슷하여 수직셰이퍼라고도 한다.

② 주로 보스에 Key Way를 절삭하기 위한 기계로서 일감을 베드 위에 고정하고 베드에 수직인 하향으로 절삭함으로써 중절삭을 할 수 있다.

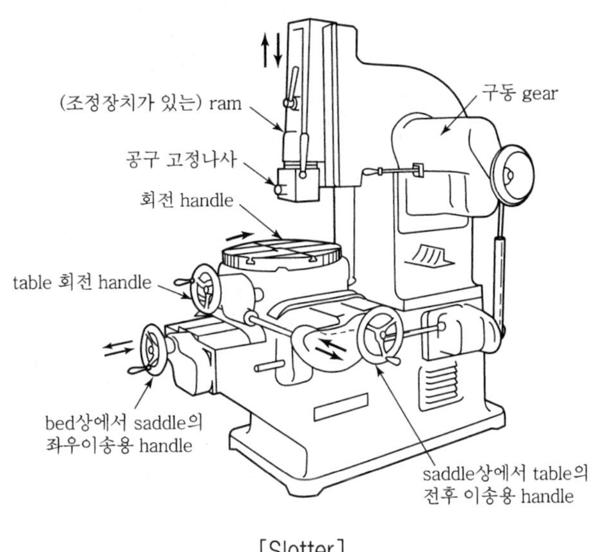

[Slotter]

(2) 슬로터 안전작업 수칙

① 가공물을 견고하게 고정할 것

② 근로자의 탑승을 금지시킬 것

③ 바이트는 가급적 짧게 물릴 것

④ 작업 중 바이트의 운동방향에 위치하지 말 것

4. 드릴링 머신(Drilling Machine)

1) 드릴링 머신

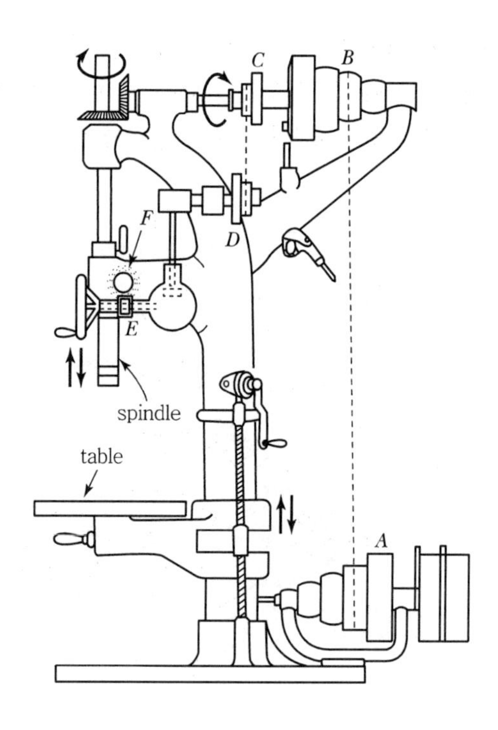

[직립 Drilling Machine]

2) 드릴 가공의 종류

(1) 드릴 가공(Drilling)

드릴로 구멍을 뚫는 작업

(2) 리머 가공(Reaming)

리머를 사용하여 드릴로 뚫은 구멍의 내면을 다듬질하여 치수를 정확히 하는 정밀가공을 한다.

(3) 보링(Boring)

이미 뚫린 구멍이나 주조한 구멍을 각각 용도에 따른 크기나 정밀도로 구멍의 크기를 넓히는 작업이고 구멍의 형상을 바로잡기도 한다.

(4) 카운터 보링(Counter Boring)

작은나사머리, 볼트의 머리를 가공물에 묻히게 하기 위한 턱이 있는 구멍뚫기의 가공

(5) 카운터 싱킹(Counter Sinking)

접시머리 나사의 머리부를 묻히게 하기 위하여 가공물에 원뿔자리를 내는 가공

3) 드릴의 절삭속도

$$v = \frac{\pi d N}{1{,}000} = \frac{\pi d}{1{,}000} \times \frac{tT}{S}$$

여기서, v : 절삭속도(m/min)　　d : 드릴의 직경(mm)
N : 1분간 회전수(rpm)　　S : 이송(mm)
t : 길이(mm)　　T : 공구수명(min)

4) 드릴링 머신의 안전작업수칙(드릴의 작업안전수칙)

(1) 가공물은 견고하게 고정시켜야 하며 손으로 쥐고 구멍을 뚫는 것은 위험하다.
(2) 드릴을 끼운 후에 척렌치(Chuck Wrench)를 반드시 뺀다.
(3) 면장갑을 착용하고 작업을 하지 말 것
(4) 구멍을 뚫을 때 관통된 것을 확인하기 위하여 손을 집어넣지 말 것
(5) 드릴작업에서 칩의 제거방법은 회전을 중지시킨 후 솔로 제거하여야 한다.

5) 휴대용 동력드릴의 안전한 작업방법

(1) 드릴의 손잡이를 견고하게 잡고 작업하여 드릴손잡이 부위가 회전하지 않고 확실하게 제어 가능하도록 한다.
(2) 절삭하기 위하여 구멍에 드릴날을 넣거나 뺄 때 반발에 의하여 손잡이 부분이 튀거나 회전하여 위험을 초래하지 않도록 팔을 드릴과 직선으로 유지한다.
(3) 드릴이나 리머를 고정시키거나 제거하고자 할 때 공구를 사용하고 해머 등으로 두드려서는 안 된다.
(4) 드릴을 구멍에 맞추거나 스핀들의 속도를 낮추기 위해서 드릴날을 손으로 잡아서는 안 된다.

5. 연삭기

연삭가공은 연삭숫돌의 입자(Abrasive Grain)의 절삭작용으로 가공물에 미소의 Chip이 발생하는 가공이며, 이에 사용되는 기계를 연삭기(Grinding Machine)라고 한다.

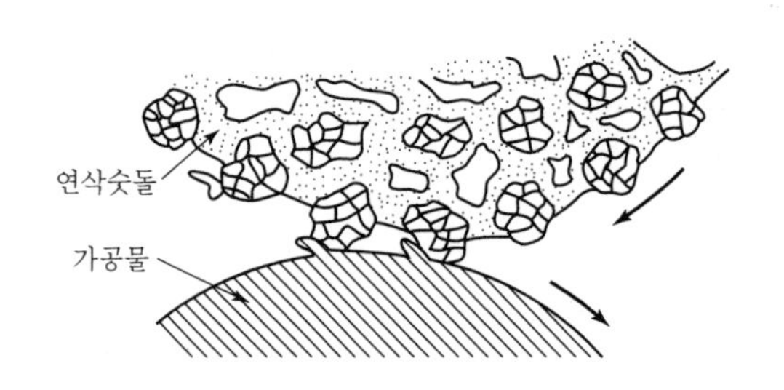

[입자에 의한 절삭]

1) 연삭기의 종류

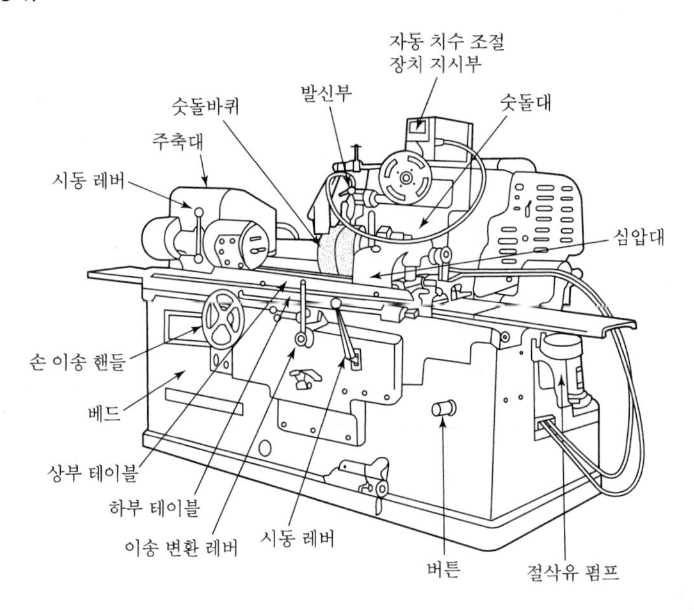

(1) 원통연삭기(Plain Cylindrical Grinding Machine)

원통형 가공물의 외면, 테이퍼 및 끝면 바깥둘레를 연삭 · 다듬는다.

(2) 내면연삭기

가공물 구멍의 내면인 곧은 구멍, 테이퍼구멍, 막힌 구멍, 롤러베어링의 레이스 홈 등을 연삭하며 드릴링, 보링, 리머 등으로 가공할 수 없는 가공물도 연삭 가능

(3) 평면연삭기(Surface Grinding Machine)

(4) 센터리스연삭기(Centerless Grinding Machine)

센터리스연삭기는 가공물을 센터로 지지하지 않고 연삭숫돌과 조정숫돌 사이에 가공물을 삽입하고 지지판으로 지지하면서 연삭

2) 연삭숫돌의 구성

(1) 숫돌입자(Abrasive Grain)

연삭재		숫돌입자의 기호	성분	비고
인조산	알루미나 (Al_2O_3)	A	알루미나(Al_2O_3) 약 95%	
		WA	알루미나 약 99.5% 이상	
	탄화규소 (SiC)	C	탄화규소(SiC) 약 97%	
		GC	탄화규소 약 98% 이상	
천연산	다이아몬드	D	다이아몬드 100%	

(2) 입도(Grain Size)

① 정의

숫돌입자는 메시(Mesh)로 선별하며 숫돌입자 크기(입자지름)를 표시하는 숫자

② 연삭숫돌의 입도

호칭	거친 것	중간 것	고운 것	매우 고운 것
입도(번)	10, 12, … 24	30, 36, 46, 54, 60	70, 80, … 220	240, 280, … 800

(3) 결합도(Grade)

① 정의

숫돌입자의 결합상태를 나타내는 것으로 연삭 중에 숫돌입자에 걸리는 연삭저항에 대하여 숫돌입자를 유지하는 힘의 크고 작음을 나타내며 숫돌입자 또는 결합제 자체의 경도를 의미하는 것은 아니다.

② 연삭숫돌의 결합도

결합도	E, F, G	H, I, J, K	L, M, N, O	P, Q, R, S	T, U, V, W, X, Y Z
호칭	극히 연한 것	연한 것	중간 것	단단한 것	매우 단단한 것

(4) 조직(Structure)

① 정의

숫돌의 단위 용적당 입자의 양 즉, 입자의 조밀상태를 나타낸다.

② 조직의 기호

호칭	조직	숫돌입자율(%)	기호
치밀한 것	0, 1, 2, 3	50 이상 54 이하	c
중간 것	4, 5, 6	42 이상 50 이하	m
거친 것	7, 8, 9, 10, 11, 12	42 이하	w

(5) 결합제(Bond)

① 정의 : 숫돌입자를 결합하여 숫돌을 형성하는 재료

② 결합제의 종류

㉠ 비트리파이드결합제(Vitrified Bond : V)

㉡ 실리케이트결합제(Silicate Bond : S)

㉢ 고무결합제(Rubber Bond : R)

㉣ 레지노이드결합제(Resinoid Bond : B)

〈 연삭숫돌 표시의 보기 〉

WA	60	K	m	V
(숫돌입자)	(입도)	(결합도)	(조직)	(결합제)

1호	A	203 ×	16 ×	19.1
(모양)	(연삭면모양)	(바깥지름)	(두께)	(구멍지름)

300m/min	1,700～2,000m/min
(회전시험 원주속도)	(사용원주 속도범위)

3) 숫돌의 원주속도 및 플랜지의 지름

(1) 숫돌의 원주속도

$$원주속도\ v = \frac{\pi DN}{1,000}(\mathrm{m/min}) = \pi DN(\mathrm{mm/min})$$

여기서, 지름 : D(mm), 회전수 : N(rpm)

(2) 플랜지의 지름

플랜지의 지름은 숫돌 직경의 1/3 이상인 것이 적당하다.

4) 연삭기 숫돌의 파괴 및 재해원인

(1) 숫돌에 균열이 있는 경우
(2) 숫돌이 고속으로 회전하는 경우
(3) 숫돌을 고정할 때 불량하게 되어 국부만을 과도하게 가압하는 경우 혹은 축과 숫돌과의 여유가 전혀 없어서 축이 팽창하여 균열이 생기는 경우
(4) 무거운 물체가 충돌했을 때
(5) 숫돌의 측면을 일감으로써 심하게 가압했을 경우(특히 숫돌의 두께가 얇을 때 위험하다)
(6) 숫돌과 일감 사이에 압력이 증가하여 열을 발생시키고 글라스(Glass)화되는 경우
(7) 현저하게 플랜지 지름이 작을 때(플랜지 지름은 숫돌직경의 1/3 이상)

5) 연삭숫돌의 수정

(1) 드레싱(Dressing)

숫돌면의 표면층을 깎아내어 절삭성이 나빠진 숫돌의 면에 새롭고 날카로운 날끝을 발생시켜 주는 법

① 눈메움(Loading) : 결합도가 높은 숫돌에 구리와 같이 연한 금속을 연삭하였을 때 숫돌 표면의 기공에 칩이 메워져 연삭이 잘 안 되는 현상
② 글레이징(Glazing) : 결합도가 높아 무디어진 입자가 탈락하지 않아 절삭이 어렵고, 일감을 상하게 하고 표면이 변질되는 현상

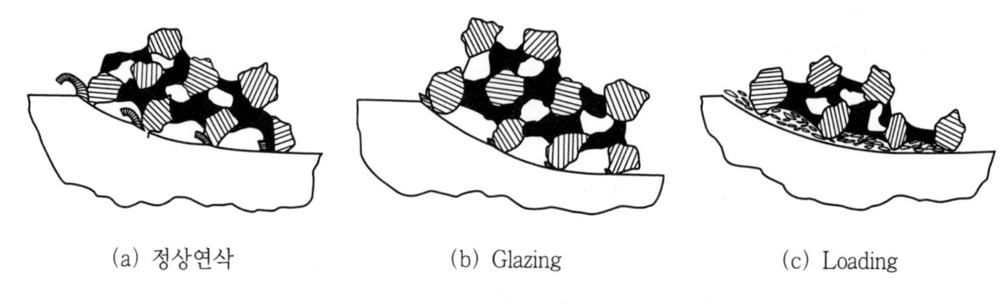

[숫돌의 결합도와 연삭상태]

③ 입자탈락 : 연삭숫돌의 결합도가 그 작업에 대하여 지나치게 낮을 경우 숫돌입자의 파쇄가 일어나기 전에 결합체가 파쇄되어 숫돌입자가 입자 그대로 떨어져 나가는 것

(2) 트루잉(Truing)

숫돌의 연삭면을 숫돌과 축에 대하여 평행 또는 정확한 모양으로 성형시켜 주는 법

① 크러시롤러(Crush Roller) : 총형 연삭을 할 때 숫돌을 일감의 반대모양으로 성형하며 드레싱하기 위한 강철롤러로 저속회전하는 숫돌바퀴에 접촉시켜 숫돌면을 부수며 총형으로 드레싱과 트루잉을 할 수 있다.

② 자생작용 : 연삭작업을 할 때 연삭숫돌의 입자가 무디어졌을 때 떨어져 나가고 새로운 입자가 나타나 연삭을 하여줌으로써 마모, 파쇄, 탈락, 생성이 숫돌 스스로 반복하면서 연삭하여 주는 현상

6) 연삭기의 방호장치

(1) 연삭숫돌의 덮개 등(안전보건규칙 제122조)

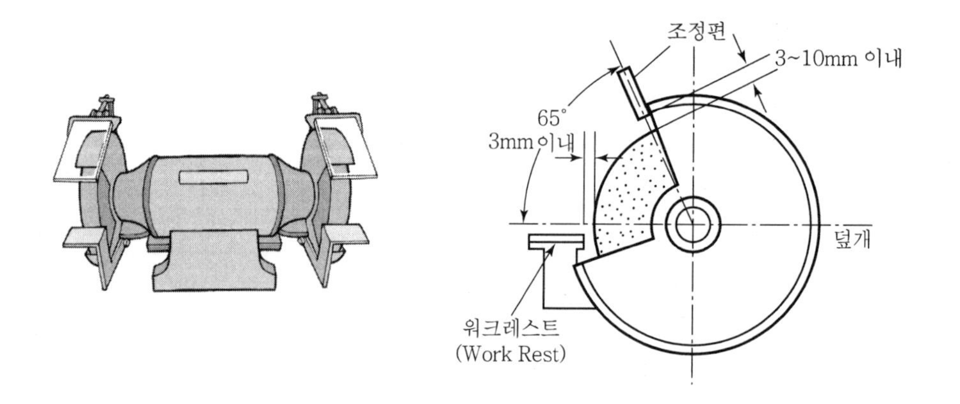

① 회전 중인 연삭숫돌(직경이 5센티미터 이상인 것으로 한정한다)이 근로자에게 위험을 미칠 우려가 있는 경우에 그 부위에 덮개를 설치하여야 한다.

② 연삭숫돌을 사용하는 작업의 경우 작업을 시작하기 전에는 1분 이상, 연삭숫돌을 교체한 후에는 3분 이상 시험운전을 하고 해당 기계에 이상이 있는지를 확인하여야 한다.

③ 시험운전에 사용하는 연삭숫돌은 작업시작 전에 결함이 있는지를 확인한 후 사용하여야 한다.

④ 연삭숫돌의 최고 사용회전속도를 초과하여 사용하도록 해서는 아니 된다.

⑤ 측면을 사용하는 것을 목적으로 하지 않는 연삭숫돌을 사용하는 경우 측면을 사용하도록 해서는 아니 된다.

(2) 안전덮개의 설치방법

① 탁상용 연삭기의 덮개

㉠ 덮개의 최대노출각도 : 90° 이내

㉡ 숫돌의 주축에서 수평면 위로 이루는 원주각도 : 65° 이내

㉢ 수평면 이하에서 연삭할 경우의 노출각도 : 125°까지 증가

㉣ 숫돌의 상부사용을 목적으로 할 경우의 노출각도 : 60° 이내

② 원통연삭기, 만능연삭기 덮개의 노출각도 : 180° 이내

③ 휴대용 연삭기, 스윙(Swing) 연삭기 덮개의 노출각도 : 180° 이내

④ 평면연삭기, 절단연삭기 덮개의 노출각도 : 150° 이내

숫돌의 주축에서 수평면 밑으로 이루는 덮개의 각도 : 15° 이상

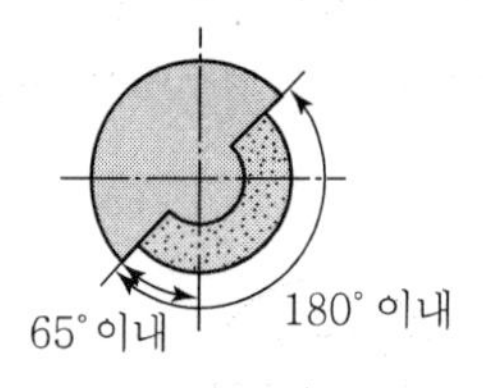

㉮ 원통연삭기, 센터리스연삭기, 공구연삭기, 만능연삭기, 기타 이와 비슷한 연삭기

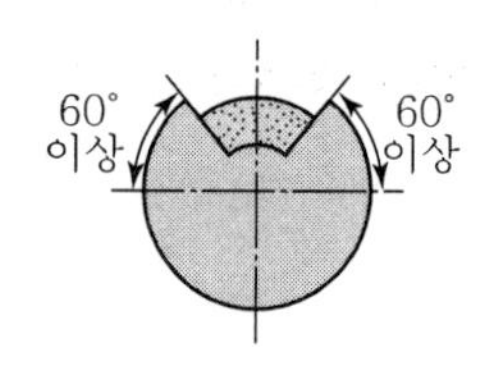

㉯ 연삭숫돌의 상부를 사용하는 것을 목적으로 하는 탁상용 연삭기

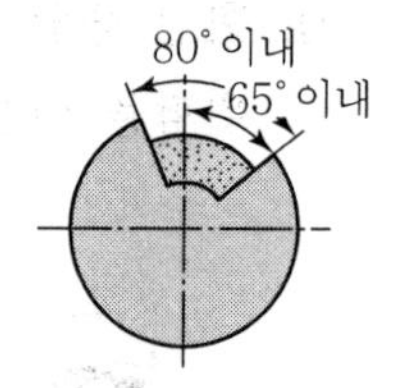

㉰ ㉯ 및 ㉳ 이외의 탁상용 연삭기, 기타 이와 유사한 연삭기

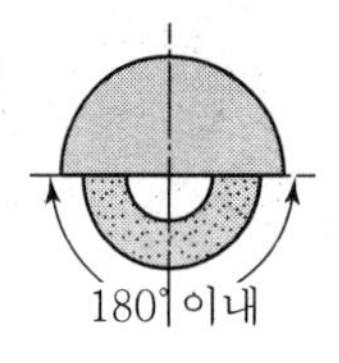

㉱ 휴대용 연삭기, 스윙연삭기, 슬래브연삭기, 기타 이와 비슷한 연삭기

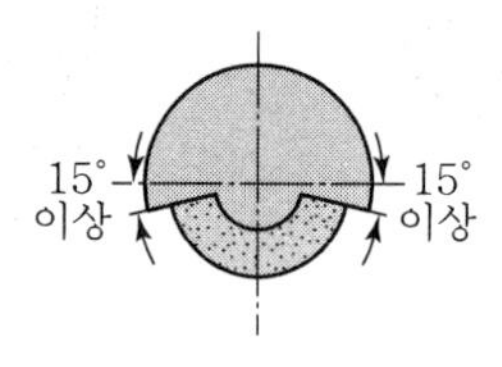

㉲ 평면연삭기, 절단연삭기, 기타 이와 비슷한 연삭기

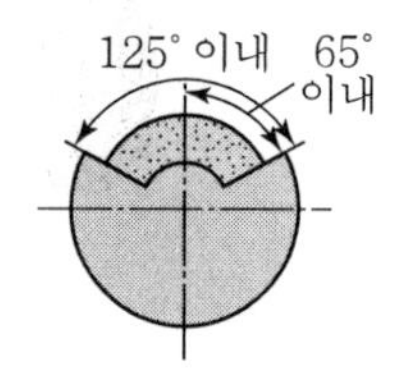

㉳ 일반 연삭작업 등에 사용하는 것을 목적으로 하는 탁상용 연삭기

7) 래핑(Lapping)

가공물과 래핑공구 사이에 미분말상태의 래핑제와 연마제를 넣고 이들 사이에 상대운동을 시켜 표면을 매끈하게 하는 가공

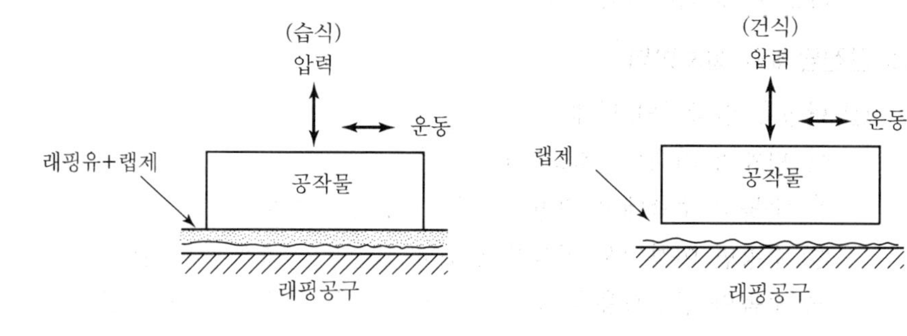

[래핑]

6. 목재가공용 둥근톱 기계

1) 둥근톱 기계의 방호장치

<table>
<tr><th colspan="2">날접촉예방장치</th><th colspan="2">반발예방장치</th></tr>
<tr><td colspan="2">가동식 덮개</td><td colspan="2">분할날</td></tr>
<tr><td colspan="2" rowspan="2"></td><td>겸형식 분할날</td><td>현수식 분할날</td></tr>
<tr><td rowspan="2">l
12mm 이내
2/3l</td><td rowspan="2">분할날 폭
12mm 이내</td></tr>
<tr><td>덮개의 하단이 항상 가공재 또는 테이블에 접한다.</td><td>분할날은 대면해 있는 부분의 날</td></tr>
<tr><td colspan="2">고정식 덮개</td><td colspan="2">반발방지기구</td></tr>
<tr><td colspan="2" rowspan="2">스토퍼
조절나사
t
최대 8mm
최대 25mm</td><td colspan="2">송급위치에 부착</td></tr>
<tr><td colspan="2"></td></tr>
</table>

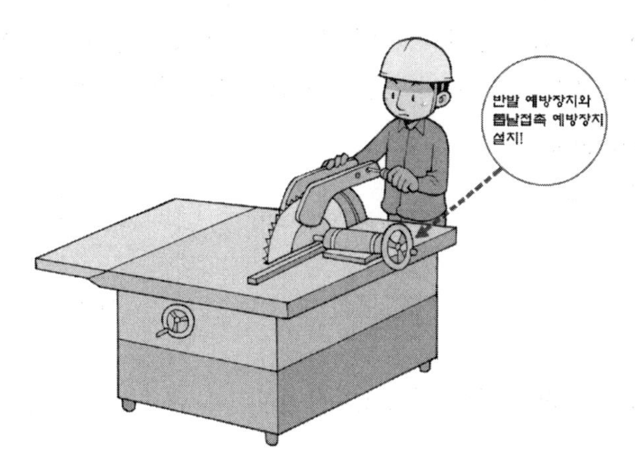

2) 톱날접촉예방장치의 구조

(1) 둥근톱기계의 톱날접촉예방장치(안전보건규칙 제106조)

목재가공용 둥근톱기계(휴대용 둥근톱을 포함하되, 원목제재용 둥근톱기계 및 자동 이송장치를 부착한 둥근톱기계를 제외한다)에는 톱날접촉예방장치를 설치하여야 한다.

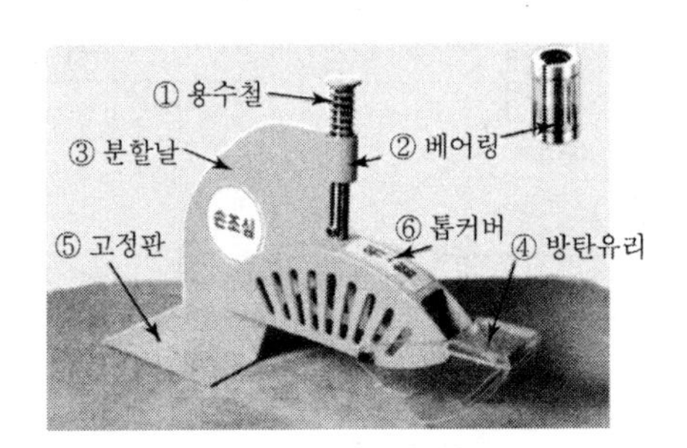

(2) 고정식 톱날접촉예방장치

박판가공의 경우에만 사용할 수 있는 것이다.

(3) 가동식 톱날접촉예방장치

본체덮개 또는 보조덮개가 항상 가공재에 자동적으로 접촉되어 톱날을 덮을 수 있도록 되어 있는 것이다.

3) 반발예방장치의 구조 및 기능

(1) 둥근톱기계의 반발예방장치(안전보건규칙 제105조)

목재가공용 둥근톱기계(가로절단용 둥근톱기계 및 반발에 의하여 근로자에게 위험을 미칠 우려가 없는 것은 제외한다)에 분할날 등 반발예방장치를 설치하여야 한다.

(2) 분할날(Spreader)

① 분할날의 두께

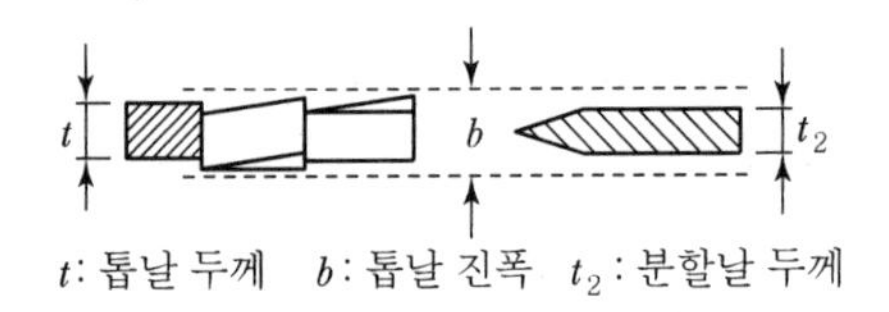

t : 톱날 두께 b : 톱날 진폭 t_2 : 분할날 두께

분할날의 두께는 톱날 두께 1.1배 이상이고 톱날의 치진폭 미만으로 할 것

$1.1t_1 \leq t_2 < b$

② 분할날의 길이

$$l = \frac{\pi D}{4} \times \frac{2}{3} = \frac{\pi D}{6}$$

③ 톱의 후면 날과 12mm 이내가 되도록 설치함
④ 재료는 탄성이 큰 탄소공구강 5종에 상당하는 재질이어야 함
⑤ 표준 테이블 위 톱의 후면날 2/3 이상을 커버해야 함
⑥ 설치부는 둥근톱니와 분할날과의 간격 조절이 가능한 구조여야 함
⑦ 둥근톱 직경이 610mm 이상일 때의 분할날은 양단 고정식의 현수식이어야 함

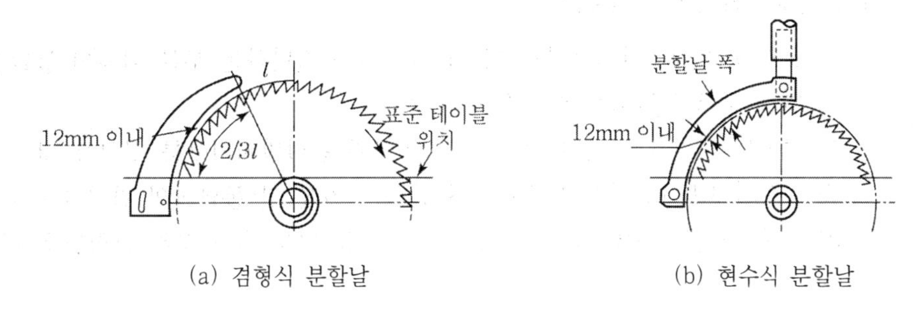

[둥근톱 분할날의 종류]

(3) 반발방지기구(Finger)

① 가공재가 톱날 후면에서 조금 들뜨고 역행하려고 할 때에 가공재면 사이에서 쐐기 작용을 하여 반발을 방지하기 위한 기구를 반발방지기구(Finger)라고 한다.
② 작동할 때의 충격하중을 고려해서 일단 구조용 압연강재 2종 이상을 사용
③ 기구의 형상은 가공재가 반발할 경우에 먹혀 들어가기 쉽도록 함
④ 일명 '반발방지 발톱'이라고 부르기도 한다.

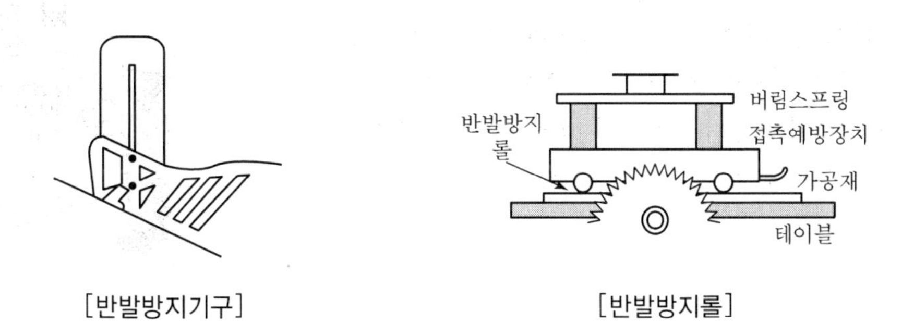

[반발방지기구]　　[반발방지롤]

(4) 반발방지롤(Roll)

① 가공재가 톱 후면에서 들뜨는 것을 방지하기 위한 장치를 말함
② 가공재의 위쪽 면을 언제나 일정하게 누르고 있어야 함
③ 가공재의 두께에 따라 자동적으로 그 높이를 조절할 수 있어야 함
④ 가공재를 충분히 누르는 강도를 갖추어야 함

(5) 보조안내판

주안내판과 톱날 사이의 공간에서 나무가 퍼질 수 있게 하여 가공재 절단작업 시 죄임으로 인한 반발을 방지하는 것

(6) 반발예방장치의 설치요령

① 분할날에 대면하고 있는 부분과 가공재를 절단하는 부분 이외의 톱날을 덮을 수 있는 구조로 날접촉 예방장치를 설치할 것
② 목재의 반발을 충분히 방지할 수 있도록 반발방지기구를 설치할 것
③ 두께가 1.1mm 이상이 되게 분할날을 설치할 것(톱날과의 간격 12mm 이내)
④ 표준 테이블 위의 톱 후면 날을 2/3 이상 덮을 수 있도록 분할날을 설치할 것

4) 둥근톱기계의 안전작업수칙

(1) 장갑을 끼고 작업하지 않는다.
(2) 작업 전에 공회전시켜서 이상 유무를 점검한다.
(3) 두께가 얇은 재료의 절단에는 압목 등의 적당한 도구를 사용한다.
(4) 톱날이 재료보다 너무 높게 솟아나지 않게 한다.
(5) 작업자는 작업 중에 톱날 회전방향의 정면에 서지 않을 것

5) 모떼기기계의 날접촉예방장치(안전보건규칙 제110조)

모떼기기계(자동이송장치를 부착한 것은 제외한다)에 날접촉예방장치를 설치하여야 한다. 다만, 작업의 성질상 날접촉예방장치를 설치하는 것이 곤란하여 해당 근로자에게 적절한 작업공구 등을 사용하도록 한 경우에는 그러하지 아니하다.

7. 동력식 수동대패

1) 대패기계의 날접촉예방장치(안전보건규칙 제109조)

작업대상물이 수동으로 공급되는 동력식 수동대패기계에 날접촉예방장치를 설치하여야 한다.

2) 동력식 수동대패의 방호장치의 구비조건

(1) 대패날을 항상 덮을 수 있는 덮개를 설치하고 그 덮개는 가공재를 자유롭게 통과시킬 수 있어야 함

(2) 대패기의 테이블 개구부는 가능한 작게 하고, 또한 테이블 개구단과 대패날 선단과의 빈틈은 3mm 이하로 해야 함

(3) 수동대패기에서 테이블 하방에 노출된 날부분에도 방호 덮개를 설치하여야 함

3) 방호장치(날접촉예방장치)의 구조

(1) 가동식 날 접촉예방장치

① 가공재의 절삭에 필요하지 않은 부분은 항상 자동적으로 덮고 있는 구조를 말한다.

② 소량 다품종 생산에 적합

(2) 고정식 날 접촉예방장치

① 가공재의 폭에 따라서 그때마다 덮개의 위치를 조절하여 절삭에 필요한 대패날만을 남기고 덮는 구조를 말한다.

② 동일한 폭의 가공재를 대량생산하는 데 적합하다.

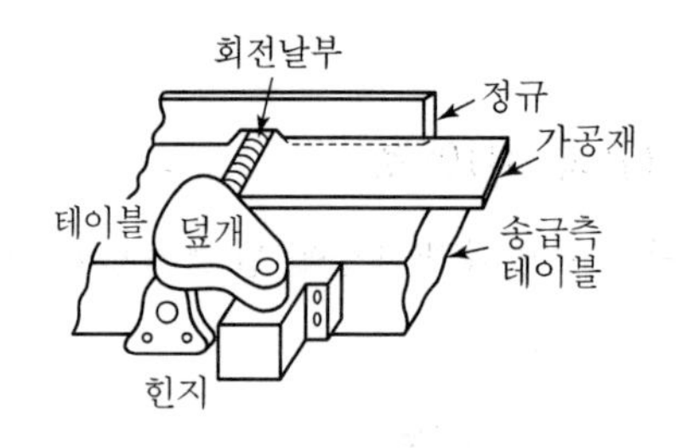

[가동식 접촉예방장치(덮개의 수평이동)]

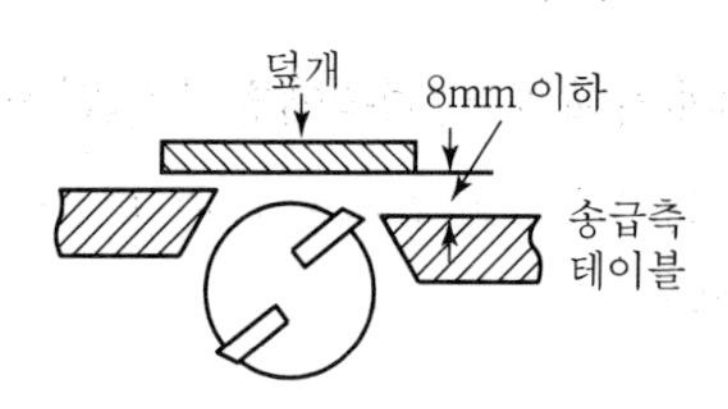

[덮개와 테이블과의 간격]

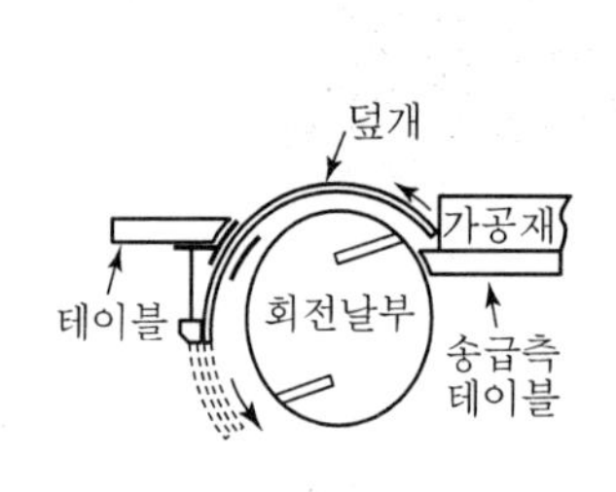

[가동식 접촉예방장치(덮개의 상하이동)]

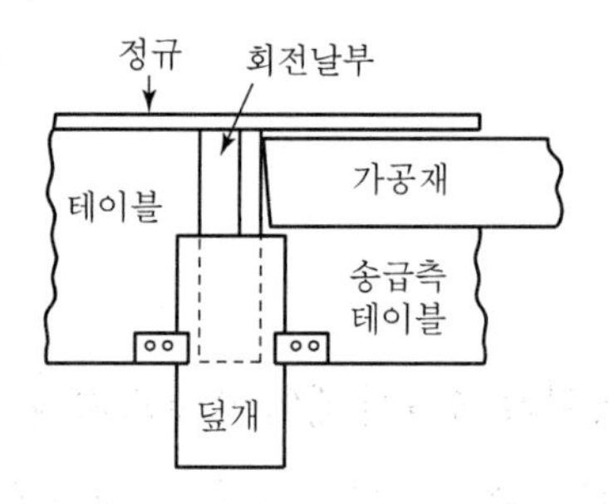

[고정식 접촉예방장치]

8. 산업안전보건기준에 관한 규칙(제2절 공작기계)

1) 제100조【띠톱기계의 덮개등】사업주는 띠톱기계(목재가공용 띠톱기계를 제외한다)의 절단에 필요한 톱날부위 외의 위험한 톱날부위에 덮개 또는 울 등을 설치하여야 한다.
2) 제101조【원형톱기계의 톱날접촉예방장치】사업주는 원형톱기계(목재가공용 둥근톱기계를 제외한다)에는 톱날접촉예방장치를 설치하여야 한다.
3) 제102조【탑승의 금지】사업주는 운전 중인 평삭기(平削機)의 테이블 또는 수직선반 등의 테이블에 근로자를 탑승시켜서는 아니 된다. 다만, 테이블에 탑승한 근로자 또는 배치된 근로자가 즉시 기계를 정지할 수 있도록 하는 등 근로자가 처할 우려가 있는 위험을 방지하기 위하여 필요한 조치를 한 경우에는 그러하지 아니하다.

2 소성가공

소성가공은 금속이나 합금에 소성 변형을 하는 것으로 가공 종류는 단조, 압연, 인발, 압출 등이 있다.

1. 소성가공의 종류

1) 작업 방법에 따른 분류

(1) 단조가공(Forging)

보통 열간가공에서 적당한 단조기계로 재료를 소성가공하여 조직을 미세화시키고, 균질상태에서 성형하며 자유단조와 형단조(Die Forging)가 있다.

(2) 압연가공(Rolling)

재료를 열간 또는 냉간 가공하기 위하여 회전하는 롤러 사이를 통과시켜 예정된 두께, 폭 또는 직경으로 가공한다.

(3) 인발가공(Drawing)

금속 파이프 또는 봉재를 다이(Die)를 통과시켜, 축방향으로 인발하여 외경을 감소시키면서 일정한 단면을 가진 소재로 가공하는 방법

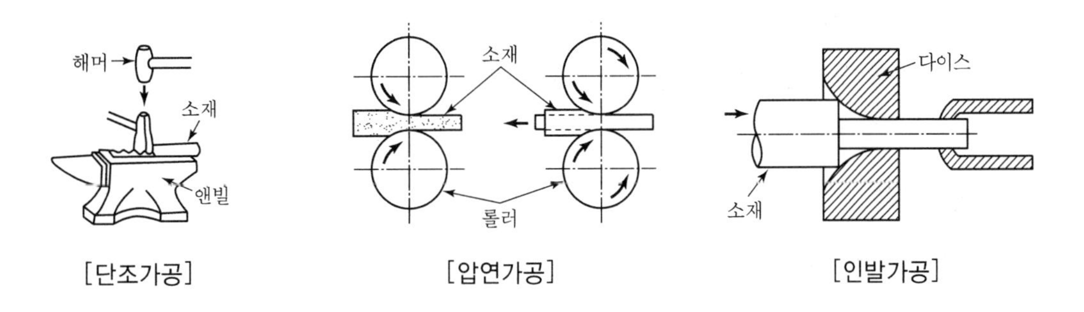

[단조가공] [압연가공] [인발가공]

(4) 압출가공(Extruding)

상온 또는 가열된 금속을 실린더 형상을 한 컨테이너에 넣고, 한쪽에 있는 램에 압력을 가하여 압출한다.

(5) 판금가공(Sheet Metal Working)

판상 금속재료를 형틀로써 프레스(Press), 펀칭, 압축, 인장 등으로 가공하여 목적하는 형상으로 변형 가공하는 방법

(6) 전조가공

작업은 압연과 유사하나 전조 공구를 이용하여 나사(Thread), 기어(Gear) 등을 성형하는 방법

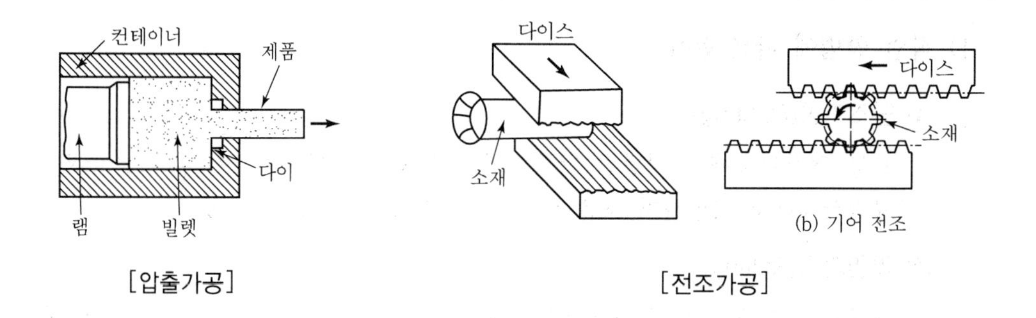

[압출가공]　　[전조가공]

2) 냉간가공 및 열간가공

(1) 냉간가공(상온가공 : Cold Working)

금속의 재결정온도 이하에서 금속의 인장강도, 항복점, 탄성한계, 경도, 연율, 단면수축률 등과 같은 기계적 성질을 변화시키는 가공

(2) 열간가공(고온가공 : Hot Working)

금속의 재결정온도 이상에서 하는 가공

2. 단조가공

1) 단조작업의 종류

(1) 자유단조

개방형 형틀을 사용하여 소재를 변형시키는 것

(2) 형단조(Die Forging)

2개의 형틀(Die) 사이에 재료를 넣고 가압하여 성형하는 방법

⑶ 업셋단조(Upset Forging)

가열된 재료를 수평으로 형틀에 고정하고 한쪽 끝을 돌출시키고 돌출부를 축 방향으로 헤딩공구(Heading Tool)로써 타격을 주어 성형

⑷ 압연단조

한 쌍의 반원통 롤러 표면 위에 형을 조각하여 롤러를 회전시키면서 성형하는 것으로 봉재에 가늘고 긴 것을 성형할 때 이용

2) 단조용 수공구

⑴ 앤빌(Anvil)

연강으로 만들고 표면에 경강으로 단접한 것이 많으나 주강으로 만든 것도 있다.

⑵ 표준대 또는 정반

기준 치수를 맞추는 대로서 두꺼운 철판 또는 주물로 만든다. 단조용은 때로는 앤빌 대용으로 사용된다.

⑶ 이형공대(Swage Block)

300~350mm 각(角)정도의 크기로 앤빌 대용으로 사용되며, 여러 가지 형상의 이형틀이 있어 조형용으로 사용된다.

⑷ 해머(Hammer)

마치는 경강으로 만들며 내부는 점성이 크고 두부는 열처리로 경화하여 사용한다.

⑸ 집게(Tong)

가공물을 집는 공구로서 그 형상은 여러 가지 있어 각종 목적에 사용하기에 편리하다.

⑹ 정(Chisel)

재료를 절단할 때 사용하는 것으로 직선절단용, 곡선절단용이 있다. 정의 각은 상온재 절단용에는 60°, 고온재의 절단용에는 30°가 사용

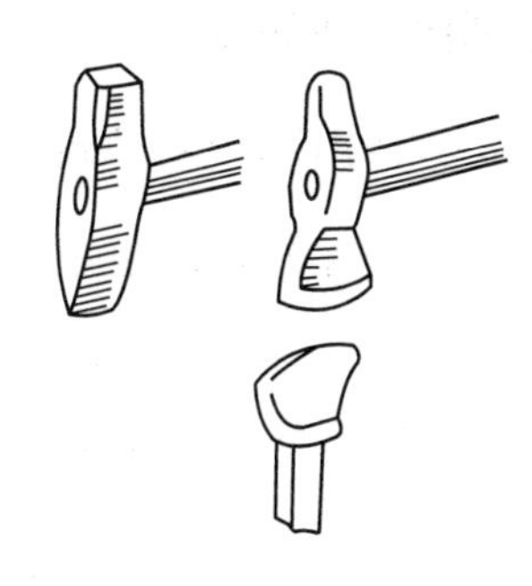

[정]

CHAPTER 03 프레스 및 전단기의 안전

1 프레스의 종류

1. 인력 프레스

수동 프레스로서 족답(足踏)프레스가 있으며 얇은 판의 펀칭 등에 주로 사용

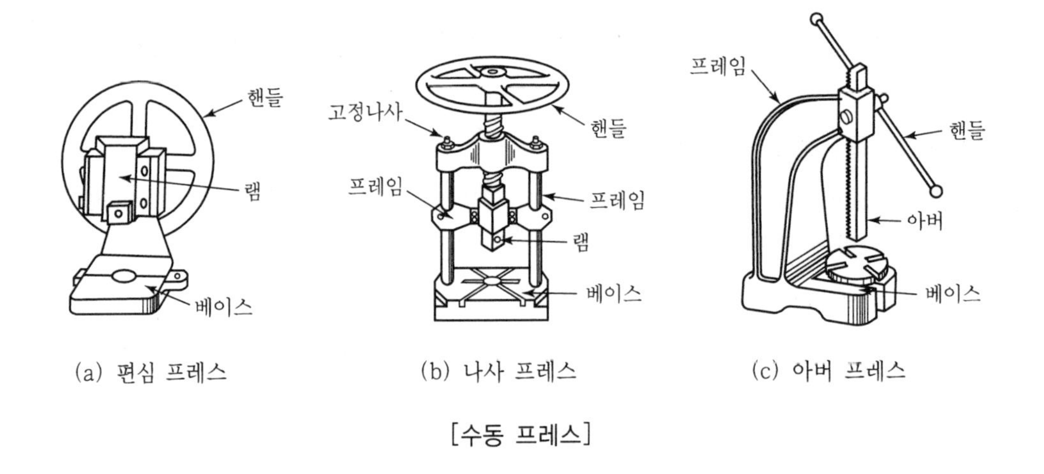

(a) 편심 프레스　(b) 나사 프레스　(c) 아버 프레스

[수동 프레스]

2. 동력 프레스

1) 기력(Energy) Press 또는 Power Press

(1) 크랭크 프레스(Crank Press)

크랭크 축과 커넥팅로드와의 조합으로 축의 회전운동을 직선운동으로 전환시켜 프레스에 필요한 램을 운동시키는 것

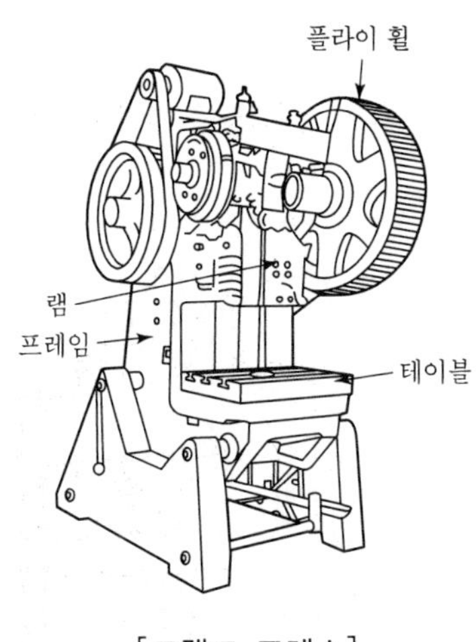

[크랭크 프레스]

(2) 익센트릭 프레스(Eccentric Press)

페달을 밟으면 클러치가 작용하여 주축에 회전이 전달됨. 편심주축의 일단에는 상하 운동하는 램이 있고 여기에 형틀을 고정하여 작업

(3) 토글 프레스(Toggle Press)

플라이휠의 회전운동을 크랭크장치로써 왕복운동으로 변환시키고 이것을 다시 토글(Toggle)기구로써 직선운동을 하는 프레스로 배력장치를 이용

(4) 마찰 프레스(Friction Press)

회전하는 마찰차를 좌우로 이동시켜 수평마찰차와 교대로 접촉시킴으로써 작업한다. 판금의 두께가 일정하지 않을 때 하강력의 조절이 잘되는 프레스

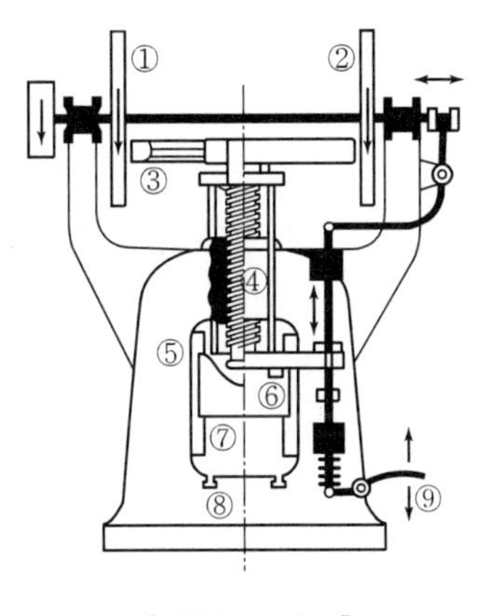

[마찰 프레스]

2) 액압 프레스

용량이 큰 프레스에 수압 또는 유압으로 기계를 작동시키는 프레스

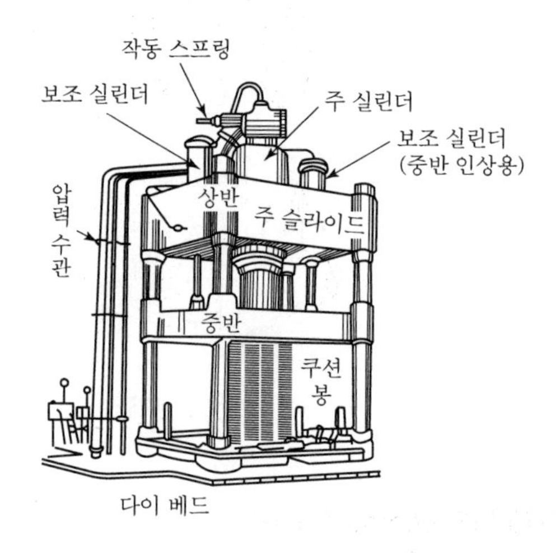

[액압 프레스]

2 프레스 가공의 종류

1. 블랭킹(Blanking)

판재를 펀치로써 뽑는 작업을 말하며 그 제품을 Blank라고 하고 남은 부분을 Scrap이라 한다.

2. 펀칭(Punching)

원판 소재에서 제품을 펀칭하면 이때 뽑힌 부분이 스크랩으로 되고 남은 부분은 제품이 된다.

3. 전단(Shearing)

소재를 직선, 원형, 이형의 소재로 잘라내는 것을 말한다.

4. 분단(Parting)

제품을 분리하는 가공이며 다이나 펀치에 Shear를 둘 수 없으며 2차 가공에 속한다.

5. 노칭(Notching)

소재의 단부에서 단부에 거쳐 직선 또는 곡선상으로 절단한다.

6. 트리밍(Trimming)

지느러미(Fin) 부분을 절단해내는 작업. Punch와 Die로 Drawing 제품의 Flange를 소요의 형상과 치수로 잘라내는 것이며 2차 가공에 속한다.

① Blanking

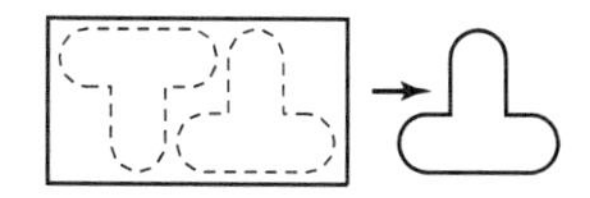

② Punching

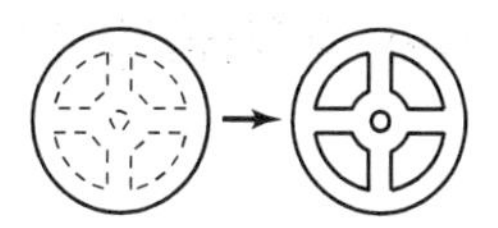

③ Shearing

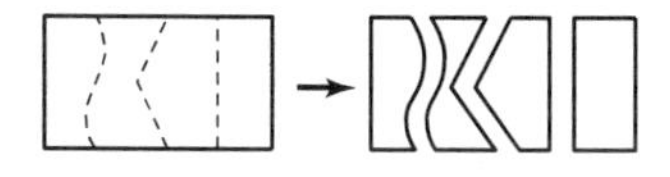

④ Parting

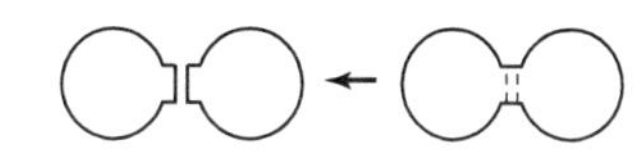

⑤ Notching

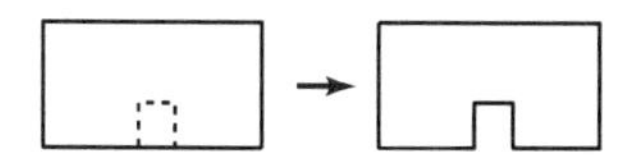

⑥ Trimming

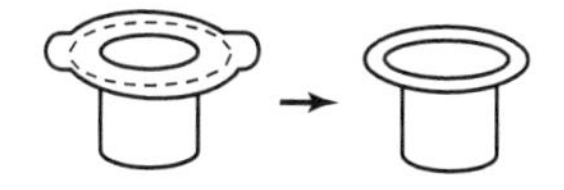

3 프레스 작업점에 대한 방호방법

1. No-hand In Die 방식(금형 안에 손이 들어가지 않는 구조)

1) 안전울 설치
2) 안전금형
3) 자동화 또는 전용 프레스

프레스 기계의 위험을 방지하기 위한 본질적 안전화(No-hand In Die) 방식이 아닌 것은?	
가. 금형에 안전 울 설치	✔. 수인식 방호장치 사용
다. 안전금형의 사용	라. 전용프레스 사용

2. Hand In Die 방식(금형 안에 손이 들어가는 구조)

1) 가드식
2) 수인식
3) 손쳐내기식
4) 양수조작식
5) 광전자식

4 프레스 방호장치

1. 게이트가드(Gate Guard)식 방호장치

1) 정의

가드의 개폐를 이용한 방호장치로서 기계의 작동과 서로 연동하여 가드가 열려 있는 상태에서는 기계의 위험부분이 가동되지 않고, 또한 기계가 작동하는 위험한 상태로 있을 때에는 가드를 열 수 없게 한 장치를 말한다.

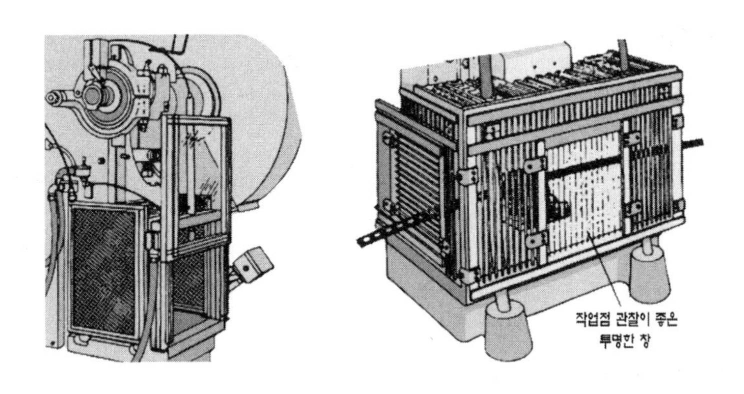

[게이트가드식 방호장치]

2) 종류

(1) 하강식　　(2) 도립식　　(3) 횡슬라이드식

2. 양수조작식 방호장치(Two-hand Control Safety Device)

1) 양수조작식

(1) 정의

기계의 조작을 양손으로 동시에 하지 않으면 기계가 기동(작동)하지 않으며 한 손이라도 떼어내면 기계가 급정지 또는 급상승하게 하는 장치를 말한다.
(급정지기구가 있는 마찰프레스에 적합)

[양수조작식 방호장치가 설치된 프레스]

(2) 안전거리

$$D = 1{,}600 \times (T_c + T_s)(\text{mm})$$

여기서, T_c : 방호장치의 작동시간[즉 누름버튼으로부터 한 손이 떨어질 때부터 급정지기구가 작동을 개시할 때까지의 시간(초)]

T_s : 프레스의 급정지시간[즉 급정지 기구가 작동을 개시할 때부터 슬라이드가 정지할 때까지의 시간(초)]

(3) 양수조작식 방호장치 설치 및 사용

① 양수조작식 방호장치는 안전거리를 확보하여 설치하여야 한다.
② 누름버튼의 상호 간 내측거리는 300mm 이상으로 한다.
③ 누름버튼 윗면이 버튼케이스 또는 보호링의 상면보다 25mm 낮은 매립형으로 한다.
④ 120SPM(Stroke Per Minute : 매분 행정수) 이상의 것에 사용한다.

2) 양수기동식

(1) 정의

양손으로 누름단추 등의 조작장치를 동시에 1회 누르면 기계가 작동을 개시하는 것을 말한다.(급정지기구가 없는 확동식 프레스에 적합)

(2) 안전거리

$$D_m = 1{,}600 \times T_m(\text{mm})$$

$$T_m = \left(\frac{1}{\text{클러치개소수}} + \frac{1}{2}\right) \times \frac{60}{\text{매분행정수(SPM)}}$$

T_m : 양손으로 누름단추를 조작하고 슬라이드가 하사점에 도달하기까지의 소요최대시간(초)

3. 손쳐내기식(Push Away, Sweep Guard) 방호장치

1) 정의

프레스 기계의 작동에 연동시켜 위험상태로 되기 전에 손을 위험 영역에서 밀어내거나 쳐냄으로써 위험을 제거하는 장치를 말한다.

[손쳐내기식 방호장치]

2) 방호장치의 설치기준

(1) 120SPM(매분 행정수) 이하이고 슬라이드의 행정길이가 40mm 이상의 것에 사용한다.
(2) 손쳐내기봉은 길이 및 진폭을 조정할 수 있는 구조이어야 한다.
(3) 금형 크기의 절반 이상의 크기를 가진 손쳐내기판(방호판)을 손쳐내기봉에 부착한다.
(4) 손쳐내기봉의 진폭은 금형의 폭 이상이어야 한다.

4. 수인식(Pull Out) 방호장치

1) 정의

슬라이드와 작업자 손을 끈으로 연결하여 슬라이드 하강시 작업자 손을 당겨 위험영역에서 빼낼 수 있도록 한 장치를 말한다.

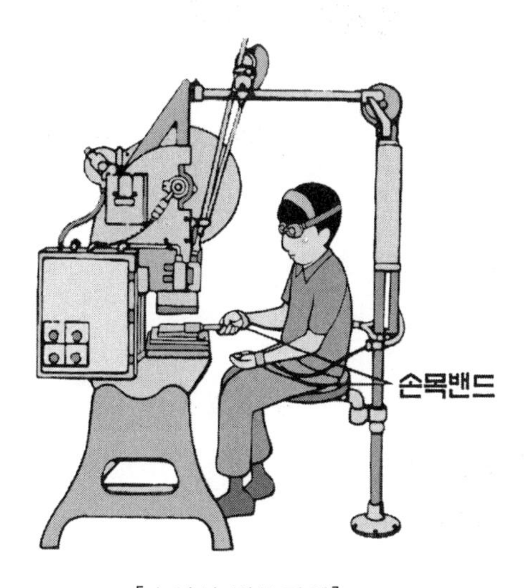

[수인식 방호장치]

2) 방호장치의 선정조건(KOSHA CODE M-30-2002)

(1) 슬라이드 행정수가 100SPM 이하 프레스에 사용한다.
(2) 슬라이드 행정길이가 50mm 이상 프레스에 사용한다.
(3) 완전회전식 클러치 프레스에 적합하다.
(4) 가공재를 손으로 이동하는 거리가 너무 클 때에는 작업에 불편하므로 사용하지 않는다.

5. 광전자식(감응식) 방호장치(Photosensor Type Safety Device)

1) 정의

광선 검출트립기구를 이용한 방호장치로서 신체의 일부가 광선을 차단하면 기계를 급정지 또는 급상승시켜 안전을 확보하는 장치를 말한다.

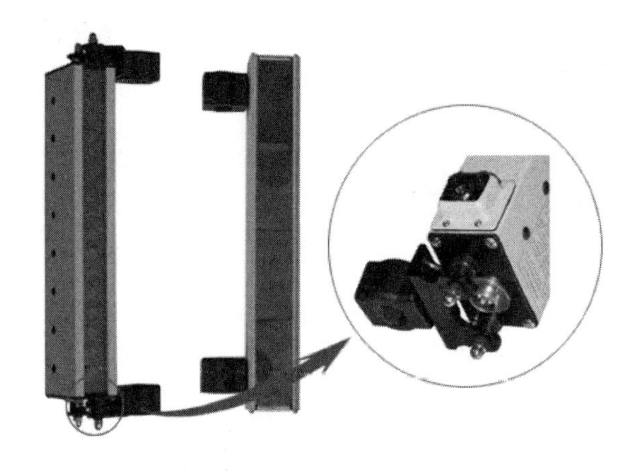

[광전자식 안전장치]

2) 광선식 방호장치의 종류

(1) 광원에 의한 분류
백열전구형과 발광 다이오드형이 있다.

(2) 수광방법에 의한 분류
반사형과 투과형이 있다.

3) 방호장치의 설치방법

$$D = 1{,}600(T_c + T_s)$$

여기서, D : 안전거리(mm)

T_c : 방호장치의 작동시간[즉, 손이 광선을 차단했을 때부터 급정지기구가 작동을 개시할 때까지의 시간(초)]

T_s : 프레스의 최대정지시간[즉, 급정지 기구가 작동을 개시할 때부터 슬라이드가 정지할 때까지의 시간(초)]

6. 금형의 안전화

1) 안전금형 채용 시

(1) 금형 사이(틈)에 신체의 일부가 들어가지 않도록 안전망을 설치한다.

(2) 상사점에 있어서 금형의 상형과 하형과의 간격, 가이드 포스트와 부쉬의 간격이 8mm 이하가 되도록 설치하여 손가락이 들어가지 않도록 한다.

(3) 금형 사이에 손을 넣을 필요가 없도록 강구한다.

2) 금형파손에 의한 위험의 방지

(1) 금형의 조립에 이용하는 볼트 또는 너트는 스프링와셔, 조립너트 등에 의해 이완방지를 할 것

(2) 금형은 그 하중중심이 원칙적으로 프레스 기계의 하중중심에 맞는 것으로 할 것

(3) 캠, 기타 충격이 반복해서 가해지는 부품에는 완충장치를 할 것

(4) 금형에서 사용하는 스프링은 압축형으로 할 것

3) 금형의 탈락 및 운반에 의한 위험방지

(1) 프레스기계에 설치하기 위해 금형에 설치하는 홈은

① 설치하는 프레스기계의 T홈에 적합한 형상의 것일 것

② 안 길이는 설치볼트 직경의 2배 이상일 것

(2) 금형의 운반에 있어서 형의 어긋남을 방지하기 위해 대판, 안전핀 등을 사용할 것

4) 재료 또는 가공품의 이송방법의 자동화

재료를 자동적으로 또는 위험한계 밖으로 송급하기 위한 롤피더와 배출용 슬라이딩 다이(기구) 등을 설치하여 금형 사이에 손을 넣을 필요가 없도록 할 것

5) 수공구의 활용

(1) 핀셋류
(2) 플라이어류
(3) 자석(마그넷)공구류
(4) 진공컵류 : 재료를 꺼내는 것밖에 사용할 수 없음

7. 프레스 작업 시 안전수칙

1) 금형조정작업의 위험 방지(안전보건규칙 제104조)

프레스 등의 금형을 부착·해체 또는 조정하는 작업을 할 때에 해당 작업에 종사하는 근로자의 신체가 위험한계 내에 있는 경우 슬라이드가 갑자기 작동함으로써 근로자에게 발생할 우려가 있는 위험을 방지하기 위하여 안전블록을 사용하는 등 필요한 조치를 하여야 한다.

2) 작업시작 전 점검사항(안전보건규칙 별표 3)

(1) 클러치 및 브레이크의 기능
(2) 크랭크축·플라이휠·슬라이드·연결봉 및 연결나사의 풀림 여부
(3) 1행정 1정지기구·급정지장치 및 비상정지장치의 기능
(4) 슬라이드 또는 칼날에 의한 위험방지 기구의 기능
(5) 프레스의 금형 및 고정볼트 상태
(6) 방호장치의 기능

(7) 전단기의 칼날 및 테이블의 상태

3) 프레스기계의 위험을 방지하기 위한 본질안전화

(1) 금형에 안전울 설치
(2) 안전금형의 사용
(3) 전용프레스 사용

CHAPTER 04 기타 산업용 기계 · 기구

1 롤러기(Roller)

1. 롤러기 각부의 명칭

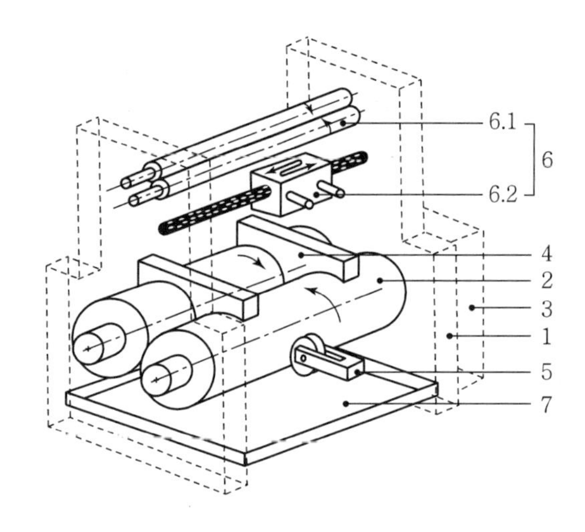

1. 프레임(Frame)
2. 밀롤(Mill rolls)
3. 구동기구(Drive and transmission unit)
4. 스톡가이드(Stock guides)
5. 스트립 커팅기(Strip cutting device)
6. 스톡 블렌더(Stock blender)
6-1. 스톡 블렌더롤(Stock blender rolls)
6-2. 스톡 블렌더 캐리지(Stock blender carriage)
7. 밀트레이(Mill tray)

2. 울(Guard)의 설치(개구부 간격)

울(Guard)을 설치할 때 일반적인 개구부의 간격은 다음의 식으로 계산한다.

$$Y = 6 + 0.15X \ (X < 160\text{mm}) \ (\text{단, } X \geq 160\text{mm 이면 } Y = 30)$$

여기서, Y : 개구부의 간격(mm)
X : 개구부에서 위험점까지의 최단거리(mm)

다만, 위험점이 전동체인 경우 개구부의 간격은 다음 식으로 계산한다.

$$Y = 6 + X/10 \ (\text{단, } X < 760\text{mm 에서 유효})$$

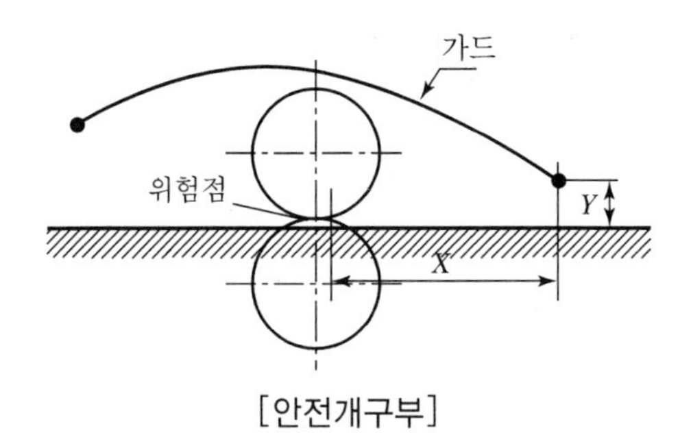

[안전개구부]

3. 롤러기 급정지 거리

1) 급정지장치의 성능

앞면 롤러의 표면속도(m/min)	급정지 거리
30 미만	앞면 롤러 원주의 1/3
30 이상	앞면 롤러 원주의 1/2.5

2) 앞면 롤러의 표면속도

$$V=\frac{\pi DN}{1,000}(\mathrm{m/min})$$

4. 방호장치의 종류 및 성능조건

1) 방호장치의 종류

(1) 급정지장치

① 손조작식

비상안전제어로프(Safety Trip Wire Cable)장치는 송급 및 인출 컨베이어, 슈트 및 호퍼 등에 의해서 제한이 되는 롤러기에 사용한다.

② 복부조작식

③ 무릎조작식

(2) 급정지장치 조작부의 위치

급정지장치조작부의 종류	위치	비고
손조작식	밑면으로부터 1.8m 이내	위치는 급정지장치 조작부의 중심점을 기준으로 한다.
복부조작식	밑면에서 0.8m 이상 1.1m 이내	
무릎조작식	밑면으로부터 0.4m 이상 0.6m 이내	

[급정지장치가 설치된 롤러기]

(3) 가드

공간함정(Trap)을 막기 위한 가드와 손가락과의 최소 틈새 : 25mm

[울이 설치된 롤러기]

(4) 발광다이오드 광선식 장치

광센서를 이용하여 자외선, 적외선을 검출하여 방호영역을 구축

2) 롤러기의 작업안전수칙

(1) 롤러기의 주위 바닥은 평탄하고 돌출물이나 장애물이 있으면 안 되며 기름이 바닥에 있으면 제거할 것

(2) 재료의 가공 중에 유독성 또는 자극성 물질이 발산되는 분쇄롤러 및 롤러밀은 밀폐하거나 국소배기장치를 설치할 것

(3) 롤러기 청소 시에는 기계를 정지시킨 후 작업을 할 것

5. 마찰력과 접촉각과의 관계

그림(a)는 재료가 롤러에 압인되지 않을 때이고 그림(b)는 재료가 자력으로 압인되는 한계($\alpha = \rho$)이다. (a)와 같은 것은 $\mu < \tan\alpha$가 될 때 생기고 $\mu \geq \tan\alpha(\alpha < \rho)$가 되면 재료가 압연 롤러에 물려 들어가게 되어 압연이 가능하게 된다.

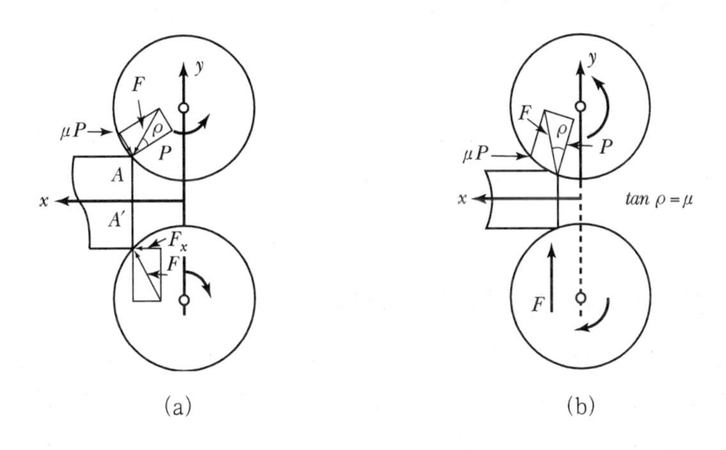

[마찰력과 접촉각과의 관계]

2 원심기

1. 덮개의 설치(안전보건규칙 제87조)

원심기(원심력을 이용하여 물질을 분리하거나 추출하는 일련의 작업을 행하는 기기를 말한다)에는 덮개를 설치하여야 한다.

2. 운전의 정지(안전보건규칙 제111조)

원심기 또는 분쇄기 등으로부터 내용물을 꺼내거나 원심기 또는 분쇄기 등의 정비 · 청소 · 검사 · 수리 그 밖에 이와 유사한 작업을 하는 경우에 그 기계의 운전을 정지하여야 한다. 다만, 내용물을 자동으로 꺼내는 구조이거나 그 기계의 운전 중에 정비 · 청소 · 검사 · 수리 또는 그 밖에 이와 유사한 작업을 하여야 하는 경우로서 안전한 보조기구를 사용하거나 위험한 부위에 필요한 방호조치를 한 경우에는 그러하지 아니하다.

3. 최고 사용회전수의 초과 사용금지(안전보건규칙 제112조)

원심기의 최고사용회전수를 초과하여 사용해서는 아니 된다.

4. 안전검사 내용

원심기의 표면 및 내면, 작업용 발판, 금속부분, 도장, 원심기의 구조, 회전차, 변속장치, 원심기의 덮개 등 안전장치, 과부하 안전장치, 안전표지의 부착 등

3 아세틸렌 용접장치 및 가스집합 용접장치

1. 아세틸렌 용접장치(안전보건규칙 제285조~제290조)

1) 용접법의 분류 및 압력의 제한

(1) 용접법의 분류

① 가스용접법(Gas Fusion Welding) : 용접할 부분을 가스로 가열하여 접합

② 가스압접법(Gas Pressure Welding) : 용접부에 압력을 가하여 접합

(2) 압력의 제한(안전보건규칙 제285조)

아세틸렌 용접장치를 사용하여 금속의 용접 · 용단 또는 가열작업을 하는 경우에는 게이지압력이 127킬로파스칼(kPa)(매 제곱센티미터당 1.3킬로그램)을 초과하는 압력의 아세틸렌을 발생시켜 사용해서는 아니 된다.

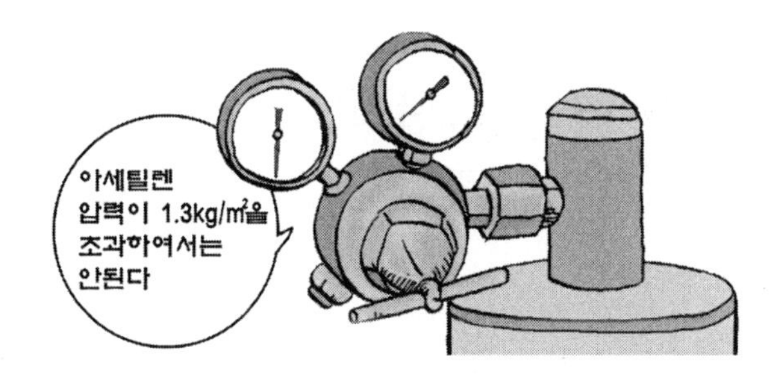

아세틸렌
압력이 1.3kg/㎠을
초과하여서는
안된다

2) 발생기실의 설치장소 및 발생기실의 구조

(1) 발생기실의 설치장소(안전보건규칙 제286조)

① 사업주는 아세틸렌 용접장치의 아세틸렌 발생기(이하 "발생기"라 한다)를 설치하는 경우에는 전용의 발생기실에 설치하여야 한다.

② 제1항의 발생기실은 건물의 최상층에 위치하여야 하며, 화기를 사용하는 설비로부터 3미터를 초과하는 장소에 설치하여야 한다.
③ 제1항의 발생기실을 옥외에 설치한 경우에는 그 개구부를 다른 건축물로부터 1.5미터 이상 떨어지도록 하여야 한다.

(2) 발생기실의 구조(안전보건규칙 제287조)

① 벽은 불연성의 재료로 하고 철근콘크리트 또는 그 밖에 이와 동등 이상의 강도를 가진 구조로 할 것
② 지붕과 천장에는 얇은 철판이나 가벼운 불연성 재료를 사용할 것
③ 바닥면적의 16분의 1 이상의 단면적을 가진 배기통을 옥상으로 돌출시키고 그 개구부를 창이나 출입구로부터 1.5미터 이상 떨어지도록 할 것
④ 출입구의 문은 불연성 재료로 하고 두께 1.5밀리미터 이상의 철판이나 그 밖에 그 이상의 강도를 가진 구조로 할 것
⑤ 벽과 발생기 사이에는 발생기의 조정 또는 카바이드 공급 등의 작업을 방해하지 않도록 간격을 확보할 것

3) 안전기의 설치(안전보건규칙 제289조)

(1) 사업주는 아세틸렌 용접장치의 취관마다 안전기를 설치하여야 한다. 다만, 주관 및 취관에 가장 가까운 분기관마다 안전기를 부착한 경우에는 그러하지 아니하다.
(2) 사업주는 가스용기가 발생기와 분리되어 있는 아세틸렌 용접장치에 대하여 발생기와 가스용기 사이에 안전기를 설치하여야 한다.

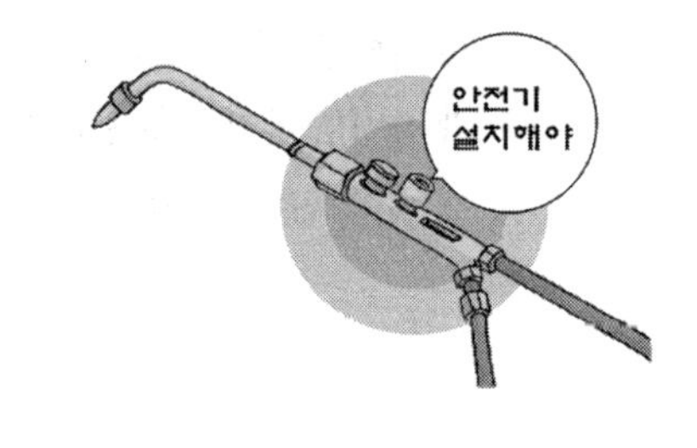

2. 용접장치의 구조

1) 아세틸렌가스

아세틸렌가스 발생기는 탄화칼슘(카바이드(CaC_2))에 물을 작용시켜 아세틸렌가스를 발생시키고 동시에 아세틸렌가스를 저장하는 장치를 말한다.

(1) 아세틸렌가스의 화학반응 : 카바이드(CaC_2)에 물을 작용시킨다.

$$CaC_2 + 2H_2O \rightarrow C_2H_2 + Ca(OH)_2 + 31.872kcal$$

(2) 아세틸렌발생기의 종류

① 투입식 : 많은 양의 물 속에 카바이드를 소량씩 투입하여 비교적 많은 양의 아세틸렌 가스를 발생시키며 카바이드 1kg에 대하여 6~7리터의 물을 사용한다.

② 주수식 : 발생기 안에 들어 있는 카바이드에 필요한 양의 물을 주수하여 가스를 발생시키는 방식으로 소량의 Gas를 요할 때 사용된다.

③ 침지식 : 투입식과 주수식의 절충형으로 카바이드를 물에 침지시켜 가스를 발생시키며 이동식 발생기로서 널리 사용된다.

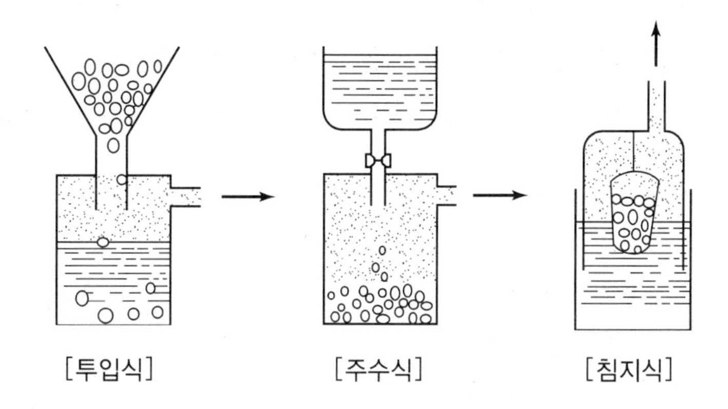

[투입식] [주수식] [침지식]

(3) 산소-아세틸렌불꽃

① 중성불꽃 : 표준불꽃(Neutral Flame)이라고 하며, 산소와 아세틸렌의 혼합 비율이 1 : 1인 것으로 일반 용접에 쓰인다.

② 탄화불꽃 : 산소가 적고 아세틸렌이 많은 때의 불꽃(아세틸렌 과잉불꽃)으로서 불완전 연소로 인하여 온도가 낮다. 스테인리스 강판의 용접에 이 불꽃이 쓰인다.

③ 산화불꽃 : 중성 불꽃에서 산소의 양을 많이 공급했을 때 생기는 불꽃으로서 산화성이 강하여 황동 용접에 많이 쓰이고 있다. 용접부에 기공이 많이 생긴다.

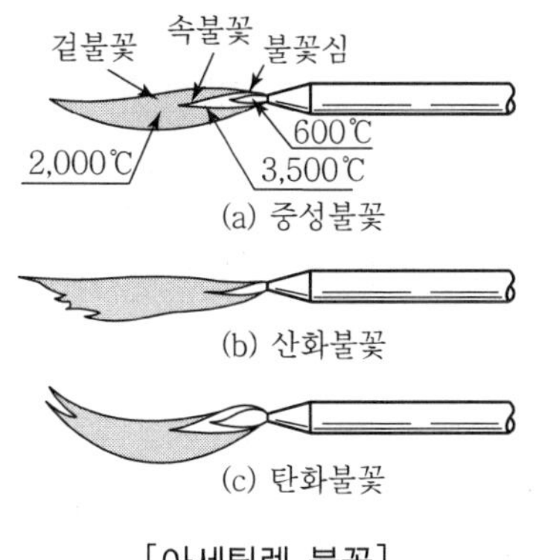

[아세틸렌 불꽃]

2) 용해 아세틸렌 용기

아세틸렌을 2기압 이상으로 압축하면 폭발할 위험이 있다. 아세톤에 잘 용해되므로 석면과 같은 다공질물질에 흡수시킨 아세톤에 아세틸렌을 고압으로 용해시켜 용기에 충전한다.

3) 산소용기

순도 99.5% 이상의 산소는 온도 35℃에서 150기압으로 압축하여 충전하며 이것을 감압용 밸브를 통하여 5~20kg/cm^{2}의 압력으로 떨어뜨려 아세틸렌가스와 혼합하여 사용한다.

(1) 아세틸렌 용기의 사용시 주의사항(안전보건규칙 제234조)

① 다음에 해당하는 장소에서 사용하거나 해당 장소에 설치·저장 또는 방치하지 않도록 할 것
  ㉠ 통풍이나 환기가 불충분한 장소
  ㉡ 화기를 사용하는 장소 및 그 부근
  ㉢ 위험물 또는 인화성 액체를 취급하는 장소 및 그 부근
② 용기의 온도를 섭씨 40도 이하로 유지할 것
③ 전도의 위험이 없도록 할 것
④ 충격을 가하지 않도록 할 것
⑤ 운반하는 경우에는 캡을 씌울 것
⑥ 사용하는 경우에는 용기의 마개에 부착되어 있는 유류 및 먼지를 제거할 것
⑦ 밸브의 개폐는 서서히 할 것
⑧ 사용 전 또는 사용 중인 용기와 그 밖의 용기를 명확히 구별하여 보관할 것
⑨ 용해아세틸렌의 용기는 세워 둘 것

⑩ 용기의 부식·마모 또는 변형상태를 점검한 후 사용할 것

4) 압력조정기

고압의 산소, 아세틸렌을 용접에 사용할 수 있게 임의의 사용압력으로 감압하고 항상 일정한 압력을 유지할 수 있게 하는 장치이다.

5) 토치

프랑스식 토치에서 팁100이란 1시간에 표준불꽃으로 용접할 때 아세틸렌 소비량 100L를 말하며 독일식 토치는 연강판 두께 1mm의 용접에 적당한 팁의 크기를 1번이라고 한다.

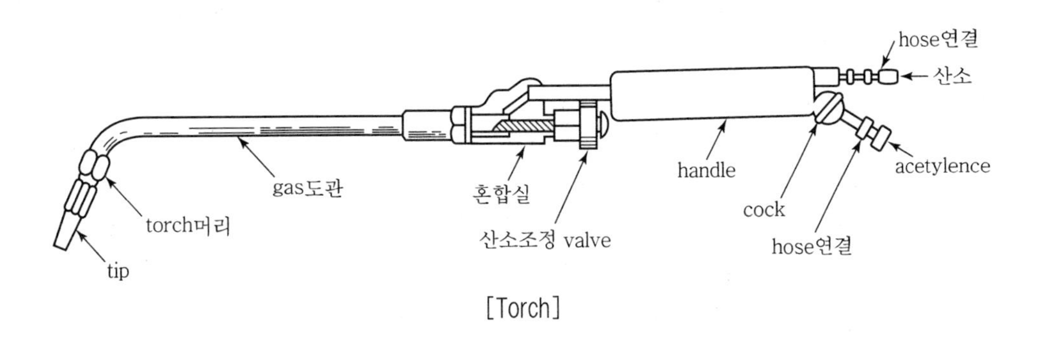

[Torch]

3. 방호장치의 종류 및 설치방법

1) 수봉식 안전기

안전기는 용접 중 역화현상이 생기거나, Torch가 막혀 산소가 아세틸렌 가스쪽으로 역류하여 가스 발생장치에 도달하면 폭발 사고가 일어날 위험이 있으므로 가스발생기와 토치 사이에 수봉식 안전기를 설치한다. 즉, 발생기에서 발생한 아세틸렌가스가 수중을 통과하여 토치에 도달하고, 고압의 산소가 토치로부터 아세틸렌 발생기를 향하여 역류(역화)할 때 물이 산소의 아세틸렌가스 발생기로의 진입을 차단하여 위험을 방지한다.

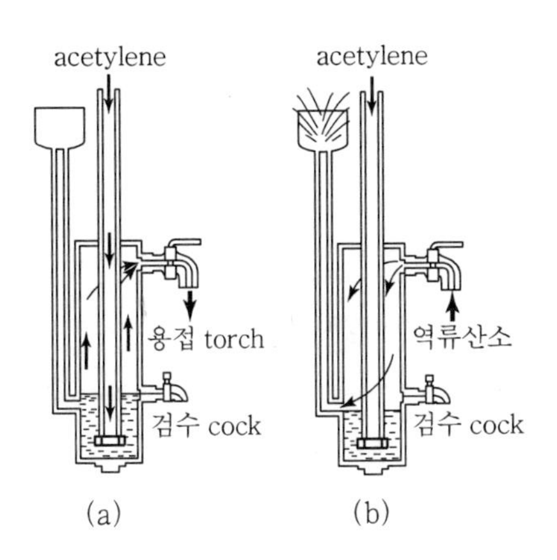

[수봉식 안전기]

(1) 저압용 수봉식 안전기

게이지압력이 0.07kg/cm^2 이하인 저압식 아세틸렌 용접장치의 저압용 수봉식 안전기의 성능기준은 다음과 같다.

① 주요부분은 두께 2mm 이상의 강판 또는 강관을 사용하여 내부압력에 견디어야 한다.
② 도입부는 수봉식이어야 한다.
③ 수봉배기관을 갖추어야 한다.
④ 도입부 및 수봉배기관은 가스가 역류하고 역화폭발을 할 때 위험을 확실히 방호할 수 있는 구조이어야 한다.
⑤ 유효수주는 25mm 이상으로 유지하여 만일의 사태에 대비하여야 한다.
⑥ 수위를 용이하게 점검할 수 있어야 한다.
⑦ 물의 보급 및 교환이 용이한 구조로 해야 한다.
⑧ 아세틸렌과 접촉하는 부분은 동관을 사용하지 않아야 한다.

(2) 중압용 수봉식 안전기

게이지압력 0.07kg/cm^2 이상 1.3kg/cm^2 이하의 아세틸렌을 사용하는 중압용 수봉식 안전기에도 저압용과 동일한 모양의 수봉배기관을 이용할 수 있지만 그 높이가 13mm 필요하게 되므로 실용적이 아니어서 거의 사용되고 있지 않다. 실제로는 기계적 역류방지밸브, 안전밸브 등을 갖춘 것이 이용되고 유효수주는 50mm 이상이어야 한다.

2) 건식 안전기(역화방지기)

최근에는 아세틸렌 용접장치를 이용하는 것이 극히 드물고 용해아세틸렌, LP가스 등의 용기를 이용하는 일이 많아지고 있다. 여기에 이용하는 것이 건식 안전기(역화방지기)이다.

[역화방지기]

(1) 우회로식 건식 안전기(역화방지기)

우회로식 건식 안전기는 역화의 압력파를 분리시켜 이중 연소파는 우회로를 통과하며, 압력파에 의해서 폐쇄압착자를 작동시켜 가스통로를 폐쇄시키고 역화를 방지하는 장치이다.

(2) 소결금속식 건식 안전기(역화방지기)

소결금속식 건식 안전기는 역행되어 온 화염이 소결금속에 의하여 냉각소화되고, 역화

압력에 의하여 폐쇄 밸브가 작동해서 가스통로를 닫게 되는 원리이다.

⑶ 역화의 원인

① 팁의 막힘(팁에 불순물이 부착)
② 팁과 모재의 접촉
③ 토치의 기능 불량
④ 토치의 팁이 과열

3) 방호장치의 설치방법

⑴ 아세틸렌 용접장치

① 매 취관마다 설치한다. 혹은 주관에 안전기를 설치하고 취관에 가장 근접한 분기관마다 설치한다.
② 가스용기가 발생기와 분리되어 있는 경우 발생기와 가스용기 사이에 설치한다.

⑵ 가스집합 용접장치

주관 및 분기관에 안전기를 설치하여 하나의 취관에 대하여 안전기가 2개 이상 되도록 설치한다.

4. 가스용접 작업안전수칙

1) 아세틸렌 용접장치의 관리(안전보건규칙 제290조)

⑴ 발생기(이동식의 아세틸렌 용접장치의 발생기는 제외한다)의 종류 · 형식 · 제작업체명 · 매 시 평균 가스발생량 및 1회의 카바이드 공급량을 발생기실 내의 보기 쉬운 장소에 게시할 것
⑵ 발생기실에는 관계근로자가 아닌 사람이 출입하는 것을 금지할 것
⑶ 발생기에서 5미터 이내 또는 발생기실에서 3미터 이내의 장소에서는 흡연, 화기의 사용 또는 불꽃이 발생할 위험한 행위를 금지시킬 것
⑷ 도관에는 산소용과 아세틸렌용과의 혼동을 방지하기 위한 조치를 할 것
⑸ 아세틸렌 용접장치의 설치장소에는 적당한 소화설비를 갖출 것
⑹ 이동식의 아세틸렌 용접장치의 발생기는 고온의 장소 · 통풍이나 환기가 불충분한 장소 또는 진동이 많은 장소 등에 설치하지 않도록 할 것

2) 용접작업의 안전관리

⑴ 일반적으로 장갑을 착용하고 작업한다.
⑵ 용접하기 전에 반드시 소화기, 소화수의 위치를 확인할 것

⑶ 작업 전에 안전기와 산소조정기의 상태를 점검할 것
⑷ 보안경을 반드시 착용할 것
⑸ 토치 내에서 소리가 날 때 또는 과열되었을 때는 역화를 주의할 것
⑹ 산소호스(흑색)와 아세틸렌호스(적색)의 색깔을 구분하여 사용할 것

3) 산소-아세틸렌 가스용접에 의해 발생되는 재해

(1) 화재 (2) 폭발 (3) 화상 (4) 가스중독

5. 용접부의 결함

명칭	상태	원인
언더컷 (Under Cut)	용접선 끝에 작은 홈이 생김	① 용접전류 과다 ② 용접속도 과속 ③ 아크길이가 길 때
오버랩 (Over Lap)	용융금속이 모재와 융합되어 모재 위에 겹쳐지는 상태	① 전류가 부족할 때 ② 아크가 너무 길 때 ③ 용접속도가 느릴 때
기공 (Blow Hole)	용착금속에 남아있는 가스로 인해 기포가 생김	① 용접전류 과다 ② 용접봉에 습기가 많을 때 ③ 융착부가 급랭을 할 경우
스패터 (Spatter)	용융금속이 튀어 묻음	① 전류 과다 ② 아크 과대 ③ 용접봉 결함
슬래그 섞임 (Slag Inclusion)	녹은 피복제가 용착 금속 표면에 떠있거나 용착금속 속에 남아있는 것	① 피복제의 조성불량 ② 용접전류, 속도의 부적당 ③ 운봉의 불량
용입불량	용융금속이 균일하지 못하게 주입됨	① 접합부 설계 결함 ② 용접속도 과속 ③ 전류가 약함

6. 열처리

1) 풀림(Annealing)

용접부에 생기는 잔류응력 제거를 위해 재결정온도 이상으로 가열 후 서서히 냉각

2) 담금질(Quenching)

경도를 증가시키기 위해 적당한 온도까지 가열 후 급랭시키는 방법

3) 뜨임(Tempering)

인성을 증가시키기 위하여 적당한 온도로 가열 후 냉각

4) 불림(Normalizing)

내부응력을 제거하거나 결정조직을 표준화시킨다.

[4] 보일러 및 압력용기

1. 보일러

1) 보일러의 구조와 종류

(1) 보일러의 구조

보일러는 일반적으로 연료를 연소시켜 얻어진 열을 이용해서 보일러 내의 물을 가열하여 필요한 증기 또는 온수를 얻는 장치로서 본체, 연소장치와 연소실, 과열기(Superheater), 절탄기(Economizer), 공기예열기(Air Preheater), 급수장치 등으로 구성되어 있다.

(2) 보일러의 종류

① 원통 보일러(Cylindrical Boiler)

노통이나 연관 또는 노통과 연관이 함께 설치된 구조로 구조가 간단하여 취급이 용이한 반면 보유수량이 많아 증기발생시간이 길고 파열시 피해가 크다.

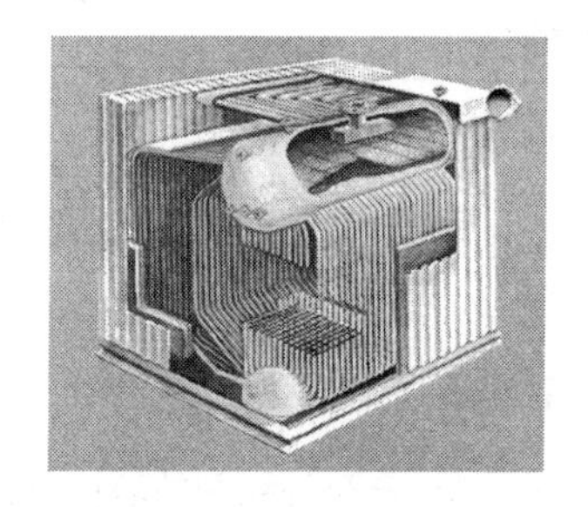

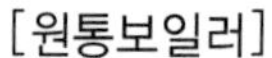

[원통보일러]　　　　[수관보일러]

② 수관 보일러

전열면이 다수의 지름이 작은 수관으로 되어 있어 수관 외부의 고온가스로부터 보일러수가 열을 받아 증발. 시동시간 짧고 과열의 위험성이 적어 고압 대용량에 적합

③ 특수보일러

열원, 연료, 유체의 종류 그리고 가열방법이 보통 보일러와 다르게 되어 있는 보일러로 폐열보일러, 전기보일러, 특수 연료보일러 등이 있다.

2) 보일러의 사고형태 및 원리

(1) 사고형태

수위의 이상(저수위일 때)

(2) 발생증기의 이상

① 프라이밍(Priming) : 보일러가 과부하로 사용될 경우에 수위가 올라가던가 드럼 내의 부착품에 기계적 결함이 있으면 보일러수가 극심하게 끓어서 수면에서 끊임없이 격심한 물방울이 비산하고 증기부가 물방울로 충만하여 수위가 불안정하게 되는 현상을 말한다.

② 포밍(Foaming) : 보일러 수에 불순물이 많이 포함되었을 경우 보일러수의 비등과 함께 수면부위에 거품 층을 형성하여 수위가 불안정하게 되는 현상을 말한다.

③ 캐리오버(Carry Over) : 보일러 증기관 쪽에 보내는 증기에 대량의 물방울이 포함되는 경우가 있는데 이것을 캐리오버라 하며, 프라이밍이나 포밍이 생기면 필연적으로 캐리오버가 일어난다.

(3) 수격작용, 워터해머(Water Hammer)

물을 보내는 관로에서 유속의 급격한 변화에 의해 관내 압력이 상승하거나 하강하여 압력파가 발생하는 것을 수격현상이라고 한다. 관내의 유동, 밸브의 개폐, 압력파 등과 관련이 있다.

(4) 이상연소

이상연소현상으로는 불완전연소, 이상소화, 2차 연소, 역화 등이 있다.

(5) 저수위의 원인

① 분출밸브에서 보일러수의 누수
② 급수관의 이물질 축적
③ 자동급수제어장치 고장 또는 작동 불량 및 수면계의 고장
④ 증기토출량이 지나치게 과대한 경우

3) 사고원인

(1) 보일러 압력상승의 원인

① 압력계의 눈금을 잘못 읽거나 감시가 소홀했을 때
② 압력계의 고장으로 압력계의 기능이 불완전할 때
③ 안전밸브의 기능이 정상적이지 않을 때

(2) 보일러 부식의 원인

① 급수처리를 하지 않은 물을 사용할 때
② 불순물을 사용하여 수관이 부식되었을 때
③ 급수에 해로운 불순물이 혼입되었을 때

(3) 보일러 과열의 원인

① 수관과 본체의 청소 불량
② 관수 부족상태에서 보일러의 가동
③ 수면계의 고장으로 드럼 내의 물의 감소

(4) 보일러 파열

보일러의 파열에는 압력이 규정압력 이상으로 상승하여 파열하는 경우와 최고사용 압력 이하라도 파열되는 경우가 있다.

4) 보일러 안전장치의 종류

보일러의 폭발 사고를 예방하기 위하여 압력방출장치 · 압력제한스위치 · 고저수위조절장치 · 화염검출기 등의 기능이 정상적으로 작동될 수 있도록 유지 · 관리하여야 한다.
(안전보건규칙 제119조)

(1) 고저수위 조절장치(안전보건규칙 제118조)

사업주는 고저수위조절장치의 동작상태를 작업자가 쉽게 감시하도록 하기 위하여 고저수위지점을 알리는 경보등·경보음장치 등을 설치하여야 하며, 자동으로 급수되거나 단수되도록 설치하여야 한다.

(2) 압력방출장치(안전밸브)(안전보건규칙 제116조)

사업주는 보일러의 안전한 가동을 위하여 보일러 규격에 맞는 압력방출장치를 1개 또는 2개 이상 설치하고 최고사용압력(설계압력 또는 최고허용압력을 말한다. 이하 같다) 이하에서 작동되도록 하여야 한다. 다만, 압력방출장치가 2개 이상 설치된 경우에는 최고사용압력 이하에서 1개가 작동되고, 다른 압력방출장치는 최고사용압력 1.05배 이하에서 작동되도록 부착하여야 한다.

[안전밸브]

토출량 : $W_s = 0.020f\sqrt{\dfrac{P}{V}}$

여기서, W_s : 보일러의 안전밸브가 보일러의 사용최고 증기압력 초과 시 배출시키는 토출량
f : 밸브의 증기분출구의 단면적(cm^2)
V : 증기의 용적(m^3)
P : 증기압력(kg/cm^2)

(3) 압력제한스위치(안전보건규칙 제117조)

사업주는 보일러의 과열을 방지하기 위하여 최고사용압력과 상용압력 사이에서 보일러의 버너연소를 차단할 수 있도록 압력제한스위치를 부착하여 사용하여야 한다.
압력제한 스위치는 상용운전압력 이상으로 압력이 상승할 경우 보일러의 파열을 방지하기 위하여 버너의 연소를 차단하여 열원을 제거함으로써 정상압력으로 유도하는 장치이다.

5) 보일러 운전 시 안전수칙

(1) 가동 중인 보일러에는 작업자가 항상 정위치를 떠나지 아니할 것
(2) 보일러의 각종 부속장치의 누설상태를 점검할 것
(3) 노내의 환기 및 통풍장치를 점검할 것
(4) 압력방출장치는 매 1년마다 정기적으로 작동시험을 할 것

2. 압력용기

1) 압력용기의 정의

용기의 내면 또는 외면에서 일정한 유체의 압력을 받는 밀폐된 용기를 말한다.

2) 압력방출장치(안전밸브)의 설치(안전보건규칙 제261조)

(1) 압력용기 등에 대해서는 과압에 따른 폭발을 방지하기 위하여 폭발방지 성능과 규격을 갖춘 안전밸브 또는 파열판을 설치하여야 한다. 다만, 안전밸브 등에 상응하는 방호장치를 설치한 경우에는 그러하지 아니하다.

(2) 다단형 압축기 또는 직렬로 접속된 공기압축기에 대해서는 각 단 또는 각 공기압축기별로 안전밸브 등을 설치하여야 한다.

(3) 안전밸브에 대해서는 다음의 구분에 따른 검사주기마다 국가교정기관에서 교정을 받은 압력계를 이용하여 설정압력에서 안전밸브가 적정하게 작동하는지를 검사한 후 납으로 봉인하여 사용하여야 한다. 다만, 공기나 질소취급용기 등에 설치된 안전밸브 중 안전밸브 자체에 부착된 레버 또는 고리를 통하여 수시로 안전밸브가 적정하게 작동하는지를 확인할 수 있는 경우에는 검사하지 아니할 수 있고 납으로 봉인하지 아니할 수 있다.

① 화학공정 유체와 안전밸브의 디스크 또는 시트가 직접 접촉될 수 있도록 설치된 경우 : 매년 1회 이상
② 안전밸브 전단에 파열판이 설치된 경우 : 2년마다 1회 이상
③ 공정안전보고서 제출 대상으로서 고용노동부장관이 실시하는 공정안전보고서 이행 상태 평가결과가 우수한 사업장의 안전밸브의 경우 : 4년마다 1회 이상

3) 압력용기의 두께

(1) 원주방향의 응력(Circumferential Stress)

$$\sigma_t = \frac{P}{A} = \frac{pDl}{2tl} = \frac{pD}{2t}(\mathrm{kg/cm^2})$$

p : 단위면적당 압력(최대허용 내부압력)

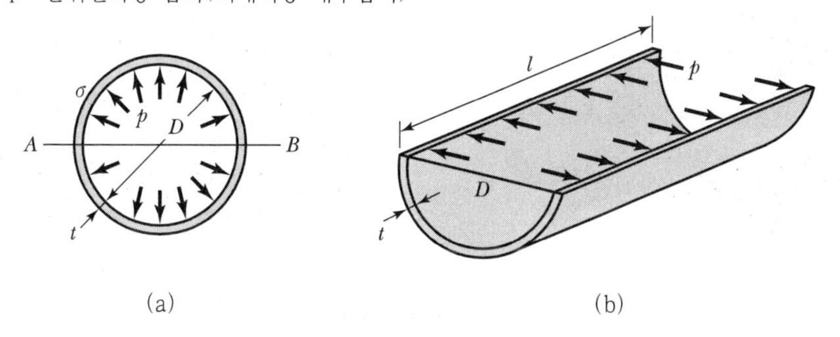

[원주방향의 응력]

(2) 축방향의 응력(Longitudinal Stress)

세로방향응력 : $\sigma_z = \dfrac{\frac{\pi}{4}D^2 p}{\pi D t} = \dfrac{pD}{4t}(\mathrm{kg/cm^2})$

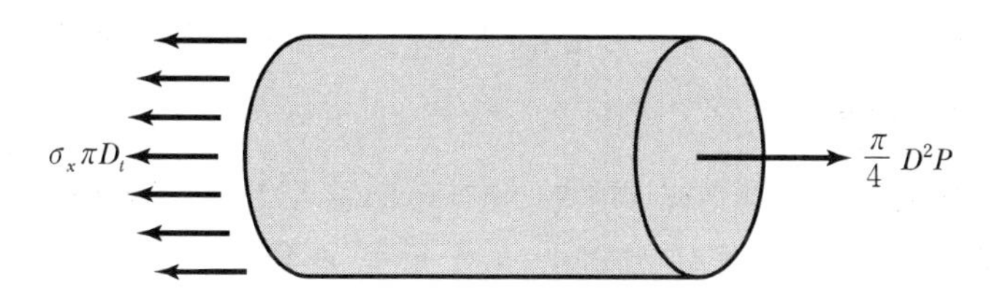

[축방향의 응력]

압력용기의 원주방향응력은 축방향응력의 2배이다.

(3) 동판의 두께

$$\sigma_a \eta = \frac{pd}{2t},\ t = \frac{pd}{2\eta\sigma_t}\quad (\sigma_t : \text{허용응력},\ \eta : \text{용접효율})$$

(4) 압력용기에 표시하여야 할 사항(이름판)

압력용기에는 제조자, 설계압력 또는 최대허용사용압력, 설계온도, 제조연도, 비파괴시험, 적용규격 등이 표시된 이름판이 붙어 있어야 한다.

4) 공기압축기의 종류

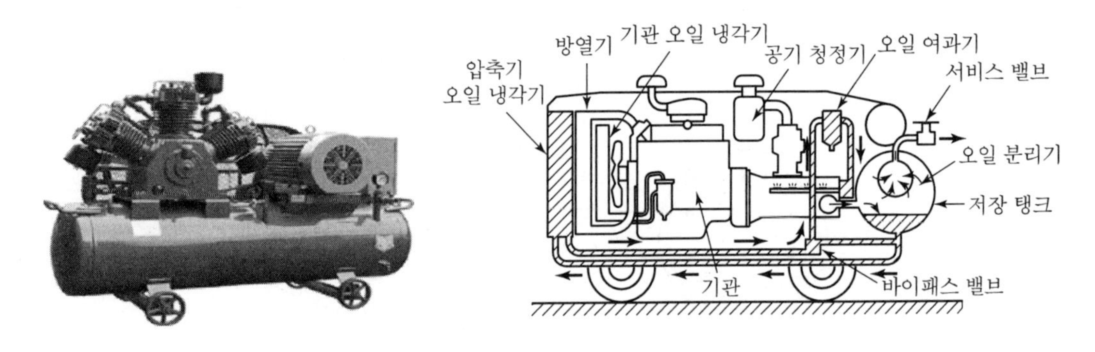

[공기압축기의 구조와 명칭]

(1) 왕복공기압축기

왕복 펌프와 같이 피스톤이 실린더 내를 왕복운동하며 공기를 흡입 밸브를 통해 실린더 내로 흡입하며 이것을 필요 압력까지 압축하여 토출 밸브를 통해 송출한다.

(2) 터보공기압축기

고속회전에 사용하며 전동기나 증기 터빈 등에 원동기에 직결이 가능하고 고속 회전을 하므로, 소형으로 제작되어 점유 면적도 적고 공사비도 적게 소요된다.

(3) 회전공기압축기

회전자(Rotor)의 회전에 의하여 압축 공기를 만드는 압축기이다. 종류로는 스크루 타입과 로터리 타입 등이 있으며, 공기 압축 과정에서 압축기 내부에 기름을 주입하여 압축열의 냉각, 내부윤활, 밀폐작용을 한다.

5 산업용 로봇

산업용 로봇(Industrial Robot)은 사람의 팔과 손의 동작기능을 가지고 있는 기계 또는 인식기능과 감각기능을 가지고 자율적으로 행동하거나 프로그램에 따라 동작하는 기기로서 자동제어에 의해서 여러 가지 작업을 수행하거나 이동하도록 프로그램 할 수 있는 다목적용 기계이다. 로봇은 작업에 알맞도록 고안된 도구를 팔 끝 부분의 손에 부착하고 제어장치에 내장된 프로그램의 순서대로 작업을 수행한다.

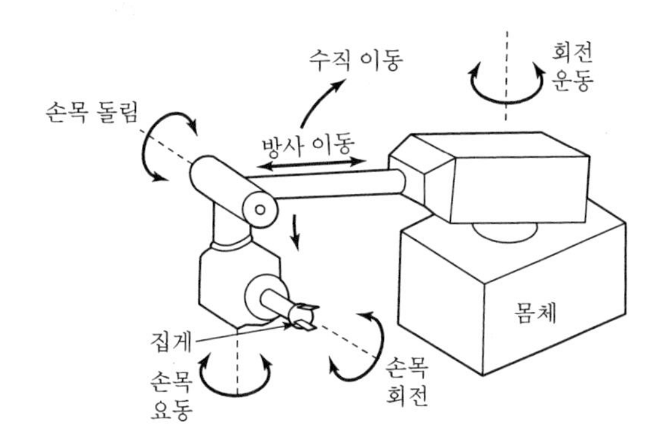

[로봇 운동에서 6개의 자유도]

1. 산업용 로봇의 종류

1) 기능수준에 따른 분류

구분	특징
매니퓰레이터형	인간의 팔이나 손의 기능과 유사한 기능을 가지고 대상물을 공간적으로 이동시킬 수 있는 로봇
수동 매니퓰레이터형	사람이 직접 조작하는 매니퓰레이터
시퀀스 로봇	미리 설정된 순서와 조건 및 위치에 따라 동작의 각 단계를 점차 진행해 가는 로봇
플레이백 로봇	미리 사람이 작업의 순서, 위치 등의 정보를 기억시켜 그것을 필요에 따라 읽어내어 작업을 할 수 있는 로봇
수치제어(NC) 로봇	로봇을 움직이지 않고 순서, 조건, 위치 및 기타 정보를 수치, 언어 등에 의해 교시하고, 그 정보에 따라 작업을 할 수 있는 로봇
지능로봇	감상기능 및 인식기능에 의해 행동 결정을 할 수 있는 로봇

2) 동작형태에 의한 분류

① 직각 좌표구조 : 팔의 자유도가 주로 직각좌표 형식인 로봇
② 원통 좌표구조 : 팔의 자유도가 주로 원통좌표 형식인 로봇
③ 극 좌표구조 : 팔의 자유도가 주로 극좌표 형식인 로봇
④ 관절형 구조 : 자유도가 주로 다관절인 로봇

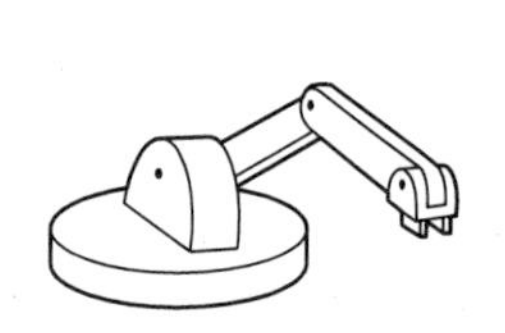

[관절 좌표]

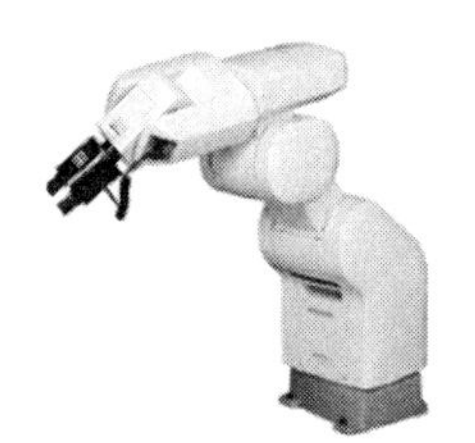

[수직다관절 로봇]

2. 산업용 로봇의 안전관리

1) 매니퓰레이터와 가동범위

산업용 로봇에 있어서 인간의 팔에 해당하는 암(Arm)이 기계 본체의 외부에 조립되어 암의 끝부분으로 물건을 잡기도 하고 도구를 잡고 작업을 행하기도 하는데, 이와 같은 기능을 갖는 암을 매니퓰레이터라고 한다. 산업용 로봇에 의한 재해는 주로 이 매니퓰레이터에서 발생하고 있다. 매니퓰레이터가 움직이는 영역을 가동범위라 하고, 이때 매니퓰레이터가 동작하여 사람과 접촉할 수 있는 범위를 위험범위라 한다.

2) 방호장치

(1) 동력차단장치
(2) 비상정지기능
(3) 안전방호 울타리(방책)
(4) 안전매트 : 위험한계 내에 근로자가 들어갈 때 압력 등을 감지할 수 있는 방호조치

3) 작업시작 전 점검사항(로봇의 작동범위에서 그 로봇에 관하여 교시 등의 작업을 하는 때)(안전보건규칙 별표 3)

(1) 외부전선의 피복 또는 외장의 손상유무
(2) 매니퓰레이터(Manipulator) 작동의 이상유무
(3) 제동장치 및 비상정지장치의 기능

4) 교시 등(안전보건규칙 제222조)

사업주는 산업용 로봇(이하 "로봇"이라 한다)의 작동범위에서 해당 로봇에 대하여 교시 등(매니퓰레이터(manipulator)의 작동순서, 위치 · 속도의 설정 · 변경 또는 그 결과를 확인하는 것을 말한다. 이하 같다)의 작업을 하는 경우에는 해당 로봇의 예기치 못한 작동 또는 오(誤)조작에 의한 위험을 방지하기 위하여 다음 각 호의 조치를 하여야 한다. 다만, 로봇의 구동원을 차단하고 작업을 하는 경우에는 제2호와 제3호의 조치를 하지 아니할 수 있다.

(1) 다음 각 목의 사항에 관한 지침을 정하고 그 지침에 따라 작업을 시킬 것
가. 로봇의 조작방법 및 순서
나. 작업 중의 매니퓰레이터의 속도
다. 2명 이상의 근로자에게 작업을 시킬 경우의 신호방법
라. 이상을 발견한 때의 조치
마. 이상을 발견하여 로봇의 운전을 정지시킨 후 이를 재가동시킬 경우의 조치
바. 그 밖의 로봇의 예기치 못한 작동 또는 오조작에 의한 위험을 방지하기 위하여 필요한 조치

(2) 작업에 종사하고 있는 근로자 또는 그 근로자를 감시하는 사람은 이상을 발견하면 즉시 로봇의 운전을 정지시키기 위한 조치를 할 것

(3) 작업을 하고 있는 동안 로봇의 기동스위치 등에 작업 중이라는 표시를 하는 등 작업에 종사하고 있는 근로자가 아닌 사람이 해당 스위치 등을 조작할 수 없도록 필요한 조치를 할 것

5) 운전 중 위험방지(안전보건규칙 제223조)

사업주는 로봇의 운전(제222조에 따른 교시 등을 위한 로봇의 운전과 제224조 단서에 따른 로봇의 운전은 제외한다)으로 인하여 근로자에게 발생할 수 있는 부상 등의 위험을 방지하기 위하여 높이 1.8미터 이상의 울타리(로봇의 가동범위 등을 고려하여 높이로 인한 위

험성이 없는 경우에는 높이를 그 이하로 조절할 수 있다)를 설치하여야 하며, 컨베이어 시스템의 설치 등으로 울타리를 설치할 수 없는 일부 구간에 대해서는 안전매트 또는 광전자식 방호장치 등 감응형(感應形) 방호장치를 설치하여야 한다. 다만, 고용노동부장관이 해당 로봇의 안전기준이 「산업표준화법」 제12조에 따른 한국산업표준에서 정하고 있는 안전기준 또는 국제적으로 통용되는 안전기준에 부합한다고 인정하는 경우에는 본문에 따른 조치를 하지 아니할 수 있다.

[산업용 로봇의 방호장치]

6) 공기압구동식 산업용 로봇의 경우 이상 시 조치사항

(1) 공기누설의 유무
(2) 물방울의 혼입 유무
(3) 압력저하 유무

CHAPTER 05 운반기계 및 양중기

1 지게차

1. 지게차의 정의

지게차라 함은 포크에 의해서 화물을 하역하여 비교적 좁은 장소에서 중량물을 운반하는 것으로 일명 포크리프트라고도 한다.

[지게차]

2. 지게차에 의한 재해(KOSHA CODE 지게차안전작업에 관한 지침)

1) 화물의 낙하

(1) 불안전한 화물의 적재
(2) 부적당한 작업장치 선정
(3) 미숙한 운전조작
(4) 급출발, 급정지 및 급선회

2) 협착 및 충돌

(1) 구조상 피할 수 없는 시야의 악조건(특히 대형화물)
(2) 후륜주행에 따른 후방의 선회 반경

3) 차량의 전도

(1) 요철 바닥면의 미정비
(2) 취급되는 화물에 비해서 소형의 차량
(3) 화물의 과적재
(4) 급선회

3. 지게차 안정도

1) 지게차는 화물 적재시에 지게차 균형추(Counter Balance) 무게에 의하여 안정된 상태를 유지할 수 있도록 아래 그림과 같이 최대하중 이하로 적재하여야 한다.

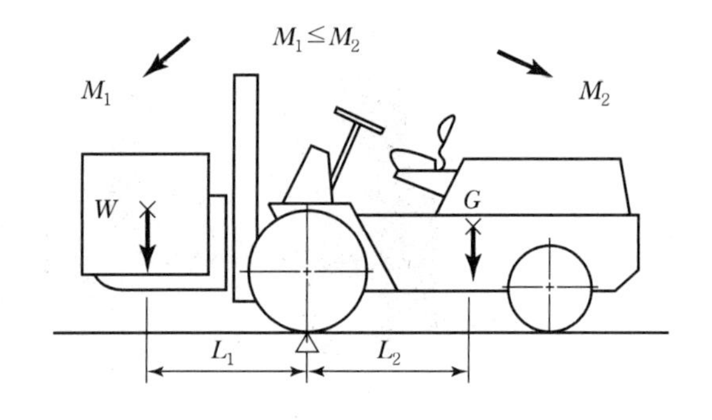

[지게차의 안정조건]

$M_1 < M_2$

화물의 모멘트 $M_1 = W \times L_1$, 지게차의 모멘트 $M_2 = G \times L_2$

여기서, W : 화물중심에서의 화물의 중량
G : 지게차 중심에서의 지게차 중량,
L_1 : 앞바퀴에서 화물 중심까지의 최단거리
L_2 : 앞바퀴에서 지게차 중심까지의 최단거리

2) 지게차의 전·후 및 좌·우 안정도를 유지하기 위하여 지게차의 주행·하역작업 시 안정도 기준을 준수하여야 한다.

안정도	지게차의 상태	
	옆에서 본 경우	위에서 본 경우
하역작업 시의 전후 안정도 : 4% (5톤 이상은 3.5%)	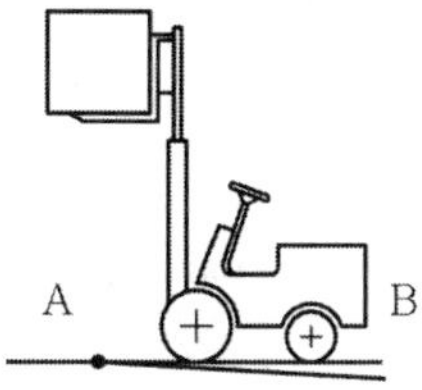	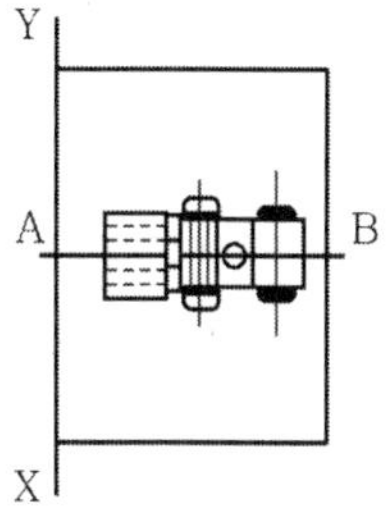
주행 시의 전후 안정도 : 18%		
하역작업 시의 좌우 안정도 : 6%	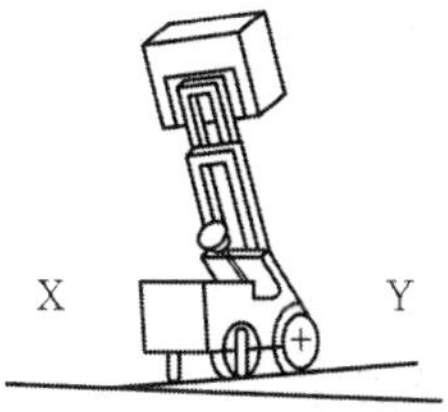	
주행 시의 좌우 안정도 : (15+1.1 V)% V는 최고 속도(km/h)	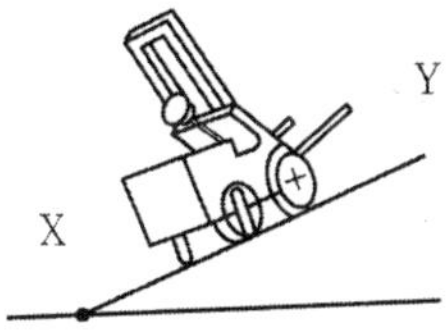	

$$안정도=\frac{h}{l}\times 100(\%)$$

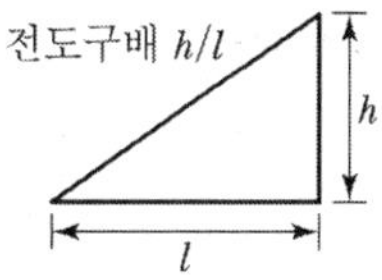

전도구배 h/l

4. 헤드가드(Head Guard, 안전보건규칙 제180조)

1) 강도는 지게차의 최대하중의 2배의 값(4톤을 넘는 값에 대해서는 4톤으로 한다)의 등분포정하중에 견딜 수 있는 것일 것
2) 상부틀의 각 개구의 폭 또는 길이가 16센티미터 미만일 것
3) 운전자가 앉아서 조작하거나 서서 조작하는 지게차의 헤드가드는 「산업표준화법」 제12조에 따른 한국산업표준에서 정하는 높이 기준 이상일 것(좌승식 : 좌석기준점(SIP)으로부터 903mm 이상, 입승식 : 조종사가 서 있는 플랫폼으로부터 1,880mm 이상)

5. 지게차(포크리프트) 운전 중의 주의사항

1) 정해진 하중이나 높이를 초과하는 적재를 하지 않는다.
2) 운전자 이외의 사람은 탑승하지 말아야 한다.
3) 급격한 후진은 피한다.
4) 견인시는 반드시 견인봉을 사용한다.

2 컨베이어(Conveyor)

1. 컨베이어의 종류 및 용도

1) 롤러(Roller) 컨베이어

롤러 또는 휠을 많이 배열하여 그것으로 하물을 운반하는 컨베이어

2) 스크루(Screw) 컨베이어

관(케이스) 속의 하물을 나선상의 스크루의 회전에 의하여 운반하는 컨베이어

3) 벨트(Belt) 컨베이어

프레임의 양 끝에 설치한 풀리에 벨트를 환상(endless)으로 감아 걸고 그 위에 하물을 싣고 운반하는 컨베이어

4) 체인(Chain) 컨베이어

엔드리스로 감아 걸은 체인에 의하여 또는 체인에 슬랫(Slat), 버킷(Bucket) 등을 부착하여 하물을 운반하는 컨베이어

2. 컨베이어의 안전조치 사항

1) 인력으로 적하하는 컨베이어에는 하중 제한 표시를 할 것
2) 기어·체인 또는 이동 부위에는 덮개를 설치할 것
3) 지면으로부터 2m 이상 높이에 설치된 컨베이어에는 승강용 계단을 설치할 것
4) 컨베이어는 마지막 쪽의 컨베이어부터 시동하고, 처음 쪽의 컨베이어부터 정지한다.

3. 컨베이어의 특징

1) 무인화 작업이 가능하다.
2) 연속적으로 물건을 운반할 수 있다.
3) 운반과 동시에 하역작업이 가능하다.

4. 컨베이어 안전장치의 종류

1) 비상정지장치(안전보건규칙 제192조)

컨베이어 등에 해당 근로자의 신체의 일부가 말려드는 등 근로자가 위험해질 우려가 있는 경우 및 비상시에는 즉시 컨베이어 등의 운전을 정지시킬 수 있는 장치를 설치하여야 한다.

2) 덮개 또는 울(안전보건규칙 제193조)

컨베이어 등으로부터 화물의 낙하로 근로자가 위험에 처할 우려가 있는 경우에 해당 컨베이어 등에 덮개 또는 울을 설치하는 등 낙하방지를 위한 조치를 하여야 한다.

3) 건널다리(안전보건규칙 제195조)

운전 중인 컨베이어 등의 위로 근로자를 넘어가도록 하는 경우에는 위험을 방지하기 위하여 건널다리를 설치하는 등 필요한 조치를 하여야 한다.

4) 이탈 등의 방지(안전보건규칙 제191조)

컨베이어·이송용 롤러 등을 사용하는 경우에는 정전·전압강하 등에 따른 화물 또는 운반구의 이탈 및 역주행을 방지하는 장치를 갖추어야 한다. 역주행방지장치 형식으로는 롤러식, 라쳇식, 전기브레이크가 있다.

3 크레인 등 양중기

1. 호이스트

1) 호이스트의 종류

와이어로프와 체인 2종류의 형식으로 구분하고 권상 또는 횡행에 필요한 장치가 일체형으로 되어 있는 것을 호이스트라 한다.

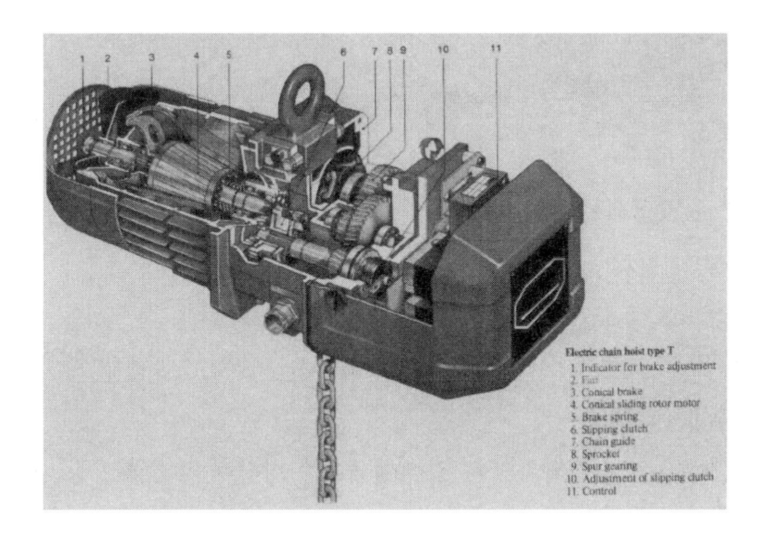

2) 호이스트 사용시 주의사항

⑴ 버튼식 조정판에 연결하는 전원은 100V 이하인 것으로 한다.

⑵ 화물의 무게중심 바로 위에서 달아 올린다.

⑶ 규정량 이상의 화물은 걸지 않는다.

⑷ 주행 시에는 사람이 화물 위에 올라타서 운전하지 않는다.

2. 크레인(Crane)

크레인이란 훅이나 그 밖의 달기기구를 사용하여 화물의 권상과 이송을 목적으로 일정한 작업 공간 내에서 반복적인 동작이 이루어지는 기계를 말한다.

1) 크레인의 방호장치

양중기에 과부하방지장치 · 권과방지장치 · 비상정지장치 및 제동장치, 그 밖의 방호장치(승강기의 파이널 리미트 스위치, 속도조절기, 출입문 인터록 등을 말한다)가 정상적으로 작동될 수 있도록 미리 조정하여 두어야 한다.

(1) 권과방지장치

양중기에 설치된 권상용 와이어로프 또는 지브 등의 붐 권상용 와이어로프의 권과를 방지하기 위한 장치이다. 리밋스위치를 사용하여 권과를 방지한다.

(2) 과부하방지장치

하중이 정격을 초과하였을 때 자동적으로 상승이 정지되는 장치

(3) 비상정지장치

작업자가 기계를 잘못 작동시킨 경우 등 어떤 불의의 요인으로 기계를 순간적으로 정지시키고 싶을 때 사용하는 정지버튼

(4) 브레이크장치

운동체와 정지체의 기계적 접촉에 의해 운동체를 감속 또는 정지상태로 유지하는 기능을 가진 장치를 말한다.

(5) 훅해지장치

훅걸이용 와이어로프 등이 훅으로부터 벗겨지는 것을 방지하는 방호장치

2) 양중기의 방호장치

(1) 크레인 : 과부하방지장치, 권과방지장치, 비상정지장치, 브레이크, 훅해지장치
(2) 리프트 : 과부하방지장치, 권과방지장치(리미트스위치)
(3) 곤돌라 : 과부하방지장치, 권과방지장치, 제동장치
(4) 승강기 : 과부하방지장치, 파이널리밋스위치, 비상정지장치, 조속기, 출입문 인터록

3) 크레인 작업시의 조치(안전보건규칙 제146조)

사업주는 크레인을 사용하여 작업을 하는 경우에 다음 각 호의 조치를 준수하여야 하고, 그 작업에 종사하는 관계근로자가 이를 준수하도록 하여야 한다.

(1) 인양할 하물(荷物)을 바닥에서 끌어당기거나 밀어내는 작업하지 아니할 것
(2) 유류드럼이나 가스통 등 운반 도중에 떨어져 폭발하거나 누출될 가능성이 있는 위험물 용기는 보관함(또는 보관고)에 담아 안전하게 매달아 운반할 것
(3) 고정된 물체를 직접 분리·제거하는 작업을 하지 아니할 것
(4) 미리 근로자의 출입을 통제하여 인양 중인 하물이 작업자의 머리 위로 통과하지 않도록 할 것
(5) 인양할 하물이 보이지 아니하는 경우에는 어떠한 동작도 하지 아니할 것 (신호하는 사람에 의하여 작업을 하는 경우는 제외한다)

3. 와이어로프

와이어로프가 가지고 있는 유연성과 큰 인장강도를 이용하여 하역용 기계 등에 널리 사용되고 있으며, 특히 기계용 와이어로프의 성능은 기계 자체의 성능과 가동률을 좌우하는 소모성 부품으로서 경제성과 직결된다.

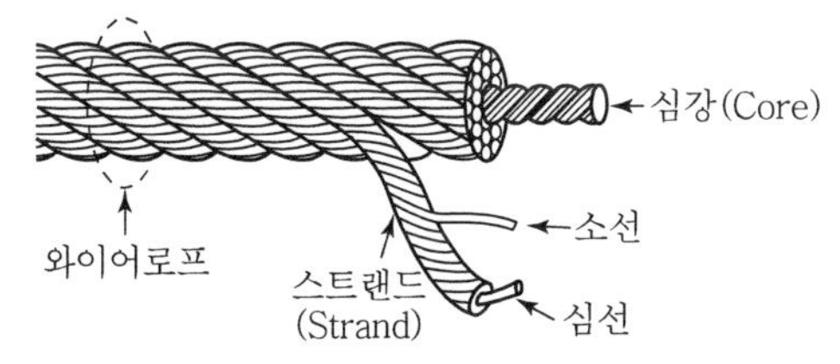

1) 와이어로프의 구성

와이어로프는 강선(이것을 소선이라 한다)을 여러 개 합하여 꼬아 작은 줄(Strand)을 만들고, 이 줄을 꼬아 로프를 만드는데 그 중심에 심(대마를 꼬아 윤활유를 침투시킨 것)을 넣는다.

로프의 구성은 로프의 "스트랜드 수×소선의 개수"로 표시하며, 크기는 단면 외접원의 지름으로 나타낸다.

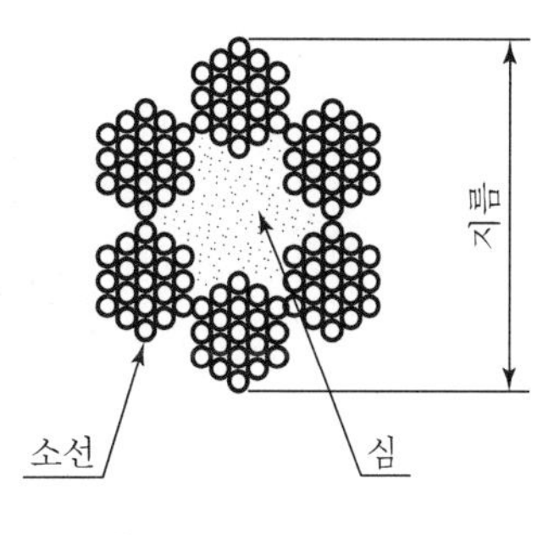

[로프의 지름 표시]

2) 와이어로프의 종류

전동용 로프에는 면로프, 삼로프, 마닐라로프 등의 섬유로프와 강으로 만든 와이어로프가 있다.

〈크레인용 로프〉

6xS(19)+FC	6xS(19)+IWRC	8xS(19)+FC	8xS(19)+IWRC	6xFi(29)+FC	6xFi(29)+IWRC
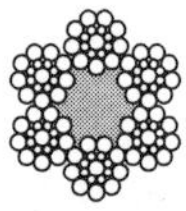					
6xFS(19)+IWRC	6xW(19)+IWRC	8xW(19)+FC	8xW(19)+IWRC	6xWS(31)+FC	6xWS(31)+IWRC
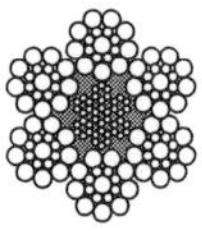		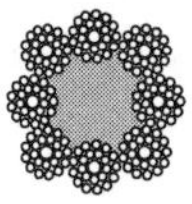		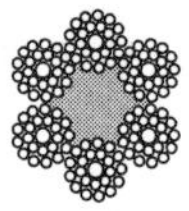	

3) 와이어로프의 꼬임모양과 꼬임방향

로프의 꼬임방법은 다음과 같다.

(1) 보통 꼬임(Regular Lay)

스트랜드의 꼬임방향과 소선의 꼬임방향이 반대인 것

① 로프 자체의 변형이 적다.

② 킹크가 잘 생기지 않는다.

③ 하중을 걸었을 때 저항성이 크다.

(2) 랭 꼬임(Lang's Lay)

스트랜드의 꼬임방향과 소선의 꼬임방향이 같은 것

(a) 보통 Z 꼬임

(b) 보통 S 꼬임

(c) 랭 Z 꼬임

(d) 랭 S 꼬임

[와이어로프의 꼬임명칭]

4) 와이어로프에 걸리는 하중의 변화

(1) 와이어로프에 걸리는 하중은 매다는 각도에 따라서 로프에 걸리는 장력이 달라진다. 아래 그림을 예로 T'에 걸리는 하중을 계산하면
평행법칙에 의해서 : $2\times T'\times\cos 30° = 500$, $\therefore T' = 288\text{kg}$

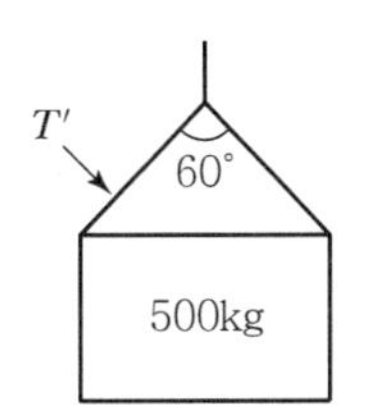

와이어로프로 중량물을 달아 올릴 때 각도가 클수록 힘이 크게 걸린다.

(2) 로프로 중량물을 들어 올릴 때 부하가 걸리는 상태이다. 이때 θ는 몇 도인가?

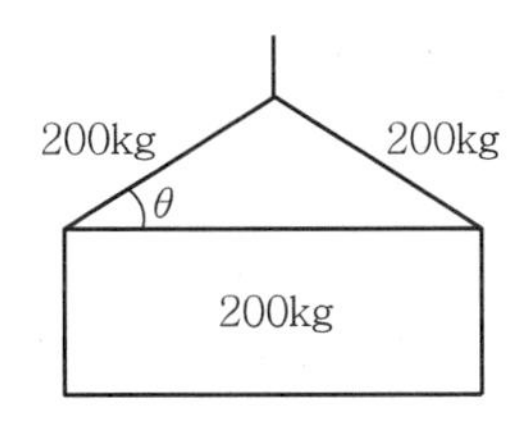

평행법칙에 의해서 : $2\times 200\times\sin\theta = 200$, $\sin\theta = 1/2$, $\therefore \theta = 30°$

5) 와이어로프 등 달기구의 안전계수(안전보건규칙 제163조)

사업주는 양중기의 와이어로프 등 달기구의 안전계수(달기구 절단하중의 값을 그 달기구에 걸리는 하중의 최댓값으로 나눈 값을 말한다)가 다음 각 호의 구분에 따른 기준에 맞지 아니한 경우에는 이를 사용해서는 아니 된다.

(1) 근로자가 탑승하는 운반구를 지지하는 달기와이어로프 또는 달기체인의 경우 : 10 이상
(2) 화물의 하중을 직접 지지하는 달기와이어로프 또는 달기체인의 경우 : 5 이상
(3) 훅, 샤클, 클램프, 리프팅 빔의 경우 : 3 이상
(4) 그 밖의 경우 : 4 이상

6) 와이어로프의 사용금지기준(안전보건규칙 제166조)

(1) 이음매가 있는 것

(2) 와이어로프의 한 꼬임[스트랜드(strand)를 말한다. 이하 같다]에서 끊어진 소선(素線)[필러(pillar)선은 제외한다]의 수가 10퍼센트 이상(비자전로프의 경우에는 끊어진 소선의 수가 와이어로프 호칭지름의 6배 길이 이내에서 4개 이상이거나 호칭지름 30배 길이 이내에서 8개 이상)인 것

(3) 지름의 감소가 공칭지름의 7퍼센트를 초과하는 것

(4) 꼬인 것

(5) 심하게 변형되거나 부식된 것

(6) 열과 전기충격에 의해 손상된 것

[와이어로프의 사용금지 기준]

7) 늘어난 체인 등의 사용금지(안전보건규칙 제167조)

(1) 달기체인의 길이가 달기체인이 제조된 때의 길이의 5퍼센트를 초과한 것

(2) 링의 단면지름이 달기체인이 제조된 때의 해당 링의 지름의 10퍼센트를 초과하여 감소한 것

(3) 균열이 있거나 심하게 변형된 것

8) 와이어로프의 절단 등(안전보건규칙 제165조)

(1) 사업주는 와이어로프를 절단하여 양중(揚重)작업용구를 제작하는 경우 반드시 기계적인 방법으로 절단하여야 하며 가스용단(溶斷) 등 열에 의한 방법으로 절단해서는 아니 된다.

(2) 사업주는 아크·화염·고온부 접촉 등으로 인하여 열영향을 받은 와이어로프를 사용하여서는 아니 된다.

4. 크레인 등 양중기 작업의 신호방법

――――― : 아주 길게, ―――― : 길게, ― ― ― : 짧게, ―― ―― : 강하고 짧게

운전구분	1. 운전자 호출	2. 주권 사용	3.보권 사용	4. 운전방향 지시
수신호	호각 등을 사용하여 운전자와 신호자의 주의를 집중시킨다.			
	-	주먹을 머리에 대고 떼었다 붙였다 한다.	팔꿈치에 손바닥을 떼었다 붙였다 한다.	집게손가락으로 운전방향을 가리킨다.
호각신호	아주 길게 아주 길게	짧게 짧게	짧게 길게	짧게 길게
운전구분	5. 위로 올리기	6. 천천히 조금씩 위로 올리기	7. 아래로 내리기	8. 천천히 조금씩 아래로 올리기
수신호				
	호각신호	한 손을 지면과 수평하게 들고 손바닥을 왼쪽으로 하여 2, 3회 작게 흔든다.	팔을 아래로 뻗고(손끝이 지면을 향함) 2, 3회 흔든다.	한 손을 지면과 수평하게 들고 손바닥을 지면쪽으로 하여 2, 3회 적게 흔든다.
호각신호	길게 길게	짧게 짧게	길게 길게	짧게 짧게
운전구분	9. 수평이동	10. 물건걸기	11. 정지	12. 비상정지
수신호				
	손바닥을 움직이고자 하는 방향의 정면으로 움직인다.	양쪽 손을 몸 앞에다 대고 두 손을 깍지 낀다.	한 손을 들어올려 주먹을 쥔다.	양손을 들어 올려 크게 2, 3회 작게 흔든다.
호각신호	강하고 길게	길게 짧게	아주 길게	아주 길게 아주 길게
운전구분	13. 작업 완료	14. 뒤집기	15. 천천히 이동	16. 기다려라
수신호				
	거수경례 또는 양손을 머리 위에 교차시킨다.	양손을 마주보게 들어서 뒤집으려는 방향으로 2, 3회 절도 있게 역전시킨다.	방향을 가리키는 손바닥 밑에 집게손가락을 위로해서 원을 그린다.	오른손으로 왼손을 감싸 2, 3회 작게 흔든다.
호각신호	아주 길게	길게 짧게	짧게 길게	길게

운전구분	17. 신호불명	18. 기중기의 이상발생
수신호	운전자는 손바닥을 안으로 하여 얼굴 앞에서 2, 3회 흔든다.	운전자는 사이렌을 울리거나 한쪽 손의 주먹을 다른 손의 손바닥으로 2, 3회 두드린다.
호각신호	짧게 짧게	강하고 짧게

———— : 아주 길게
——— : 길게
– – – : 짧게
— — : 강하고 짧게

4 리프트

1. 리프트

물건을 들어 올리는 장치에 일반적으로 쓰이는 말로 용도에 따라 카 리프트, 테이블 리프트, 호이스트 카 등으로 다양하게 불리고 있다.

2. 리프트의 안전장치

1) 권과방지장치(안전보건규칙 제151조)

리프트의 운반구의 이탈 등의 위험을 방지하기 위하여 권과방지장치 · 과부하방지장치 · 비상정지장치 등을 설치하는 등 필요한 조치를 하여야 한다.(자동차정비용 리프트는 제외)

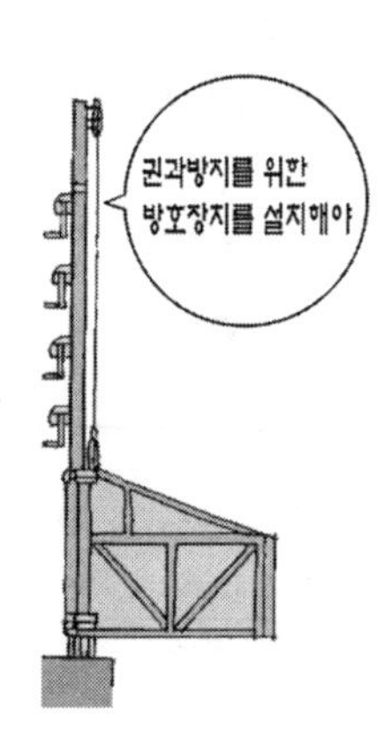

권과방지를 위한
방호장치를 설치해야

2) 과부하방지장치(안전보건규칙 제135조)

리프트에 그 적재하중을 초과하는 하중을 걸어서 사용하도록 하여서는 아니 된다.

3) 비상정지장치

5 곤돌라

1. 곤돌라

"곤돌라"라 함은 달기발판 또는 운반구 · 승강장치 기타의 장치 및 이들에 부속된 기계부품에 의하여 구성되고, 와이어로프 또는 달기강선에 의하여 달기발판 또는 운반구가 전용의 승강장치에 의하여 상승 또는 하강하는 설비를 말한다.

2. 방호장치의 조정

사업주는 곤돌라에 권과방지장치 · 과부하방지장치 · 제동장치 그 밖의 방호장치를 설치하고 유효하게 작동될 수 있도록 미리 조정하여 두어야 한다.

3. 과부하의 제한

사업주는 곤돌라에 그 적재하중을 초과하는 하중을 걸어서 사용하도록 하여서는 아니 된다.

4. 탑승의 제한(안전보건규칙 제86조)

사업주는 곤돌라의 운반구에 근로자를 탑승시켜서는 아니 된다. 다만, 추락에 의한 위험방지를 위하여 다음 각호의 조치를 한 경우에는 그러하지 아니하다.
(1) 운반구가 뒤집히거나 떨어지지 않도록 필요한 조치를 할 것
(2) 안전대 또는 구명줄을 설치하고, 안전난간을 설치할 수 있는 구조인 경우이면 안전난간을 설치할 것

6 승강기

1. 승강기

동력을 사용하여 운반하는 것으로서 가이드레일을 따라 상승 또는 하강하는 운반구에 사람이나 화물을 상·하 또는 좌·우로 이동·운반하는 기계·설비로서 탑승장을 가진 것을 말한다.

2. 승강기의 종류(안전보건규칙 제132조)

1) 승객용 엘리베이터 : 사람의 운송에 적합하게 제조·설치된 엘리베이터
2) 승객화물용 엘리베이터 : 사람의 운송과 화물 운반을 겸용하는 데 적합하게 제조·설치된 엘리베이터
3) 화물용 엘리베이터 : 화물 운반에 적합하게 제조·설치된 엘리베이터로서 조작자 또는 화물취급자 1명은 탑승할 수 있는 것(적재용량이 300킬로그램 미만인 것은 제외한다)
4) 소형화물용 엘리베이터 : 음식물이나 서적 등 소형 화물의 운반에 적합하게 제조·설치된 엘리베이터로서 사람의 탑승이 금지된 것
5) 에스컬레이터 : 일정한 경사로 또는 수평로를 따라 위·아래 또는 옆으로 움직이는 디딤판을 통해 사람이나 화물을 승강장으로 운송시키는 설비

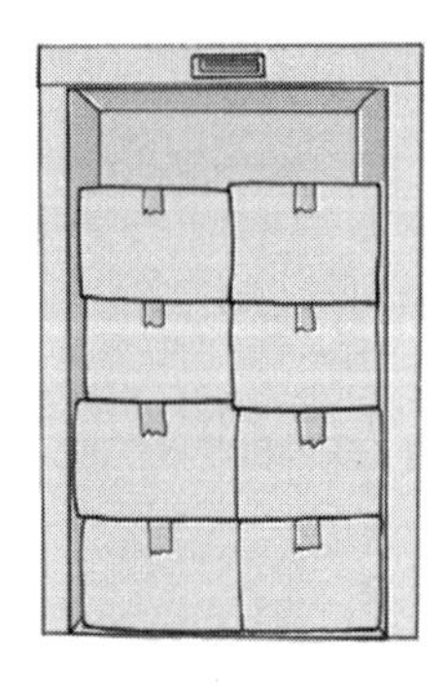

3. 방호장치(안전보건규칙 제134조)

승강기에 과부하방지장치, 권과방지장치, 비상정지장치 및 제동장치, 그 밖의 방호장치[승강기의 파이널 리미트 스위치(final limit switch), 속도조절기, 출입문 인터록(interlock) 등을 말한다]가 정상적으로 작동될 수 있도록 미리 조정해 두어야 한다.

속도조절기는 카의 속도가 정격속도의 1.3배(카의 정격속도가 45m/min 이하의 엘리베이터에 있어서는 60m/min)를 초과하지 않는 범위 내에서 과속 스위치가 동작하여 전원을 끊고 브레이크를 작동시킨다.

4. 폭풍에 의한 도괴 방지(안전보건규칙 제161조)

사업주는 순간풍속이 초당 35미터를 초과하는 바람이 불어 올 우려가 있는 경우 옥외에 설치되어 있는 승강기에 대하여 받침 수를 증가시키는 등 그 도괴를 방지하기 위한 조치를 하여야 한다.

CHAPTER 06 설비진단

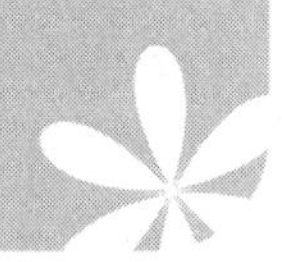

1 비파괴검사

1. 개요

용접부의 검사 실시 후 정확한 해석 및 올바른 판단을 내리는 것은 공사의 시공 및 품질관리 측면에서 매우 중요하다.

일반적으로 사용되는 용접부 검사방법으로는 외관검사가 주로 사용되나 필요시에는 비파괴검사를 실시해야 한다.

2. 비파괴검사

1) 비파괴검사의 의의

비파괴검사는 금속재료 내부의 기공·균열 등의 결함이나 용접 부위의 내부결함 등을 재료가 갖고 있는 물리적 성질을 이용해서 제품을 파괴하지 않고 외부에서 검사하는 방법이다.

2) 비파괴시험의 목적

(1) 재료 및 용접부의 결함검사

① 품질평가 : 품질관리

② 수명평가 : 파괴역학적 방법, 안정성 확보

(2) 재료 및 기기의 계측검사

변화량, 부식량을 측정

(3) 재질검사

(4) 표면 처리층의 두께측정

두께측정 게이지 이용

(5) 조립 구조품 등의 내부구조 또는 내용물의 조사

3) 비파괴시험의 종류

(1) 표면결함 검출을 위한 비파괴시험방법

① 외관검사 : 확대경, 치수측정, 형상 확인

② 액체침투탐상시험 : 금속, 비금속 적용가능, 표면개구 결함 확인

③ 자분탐상시험 : 강자성체에 적용, 표면, 표면의 저부결함 확인

④ 와전류탐상법 : 도체 표층부 탐상, 봉, 관의 결함 확인

(2) 내부결함 검출을 위한 비파괴시험방법

① 초음파 탐상시험 : 균열 등 면상 결함 검출능력이 우수하다.

② 방사선 투과시험 : 결함종류, 형상판별 우수, 구상결함을 검출한다.

(3) 기타 비파괴시험방법

① 스트레인 측정 : 응력측정, 안전성 평가

② 기타 : 적외선 시험, AET, 내압(유압)시험, 누출(누설)시험 등이 있다.

4) 비피괴검사의 종류 및 특징

(1) 방사선에 의한 투과검사(RT ; Radiographic Testing)

① X-ray 촬영검사　　　　② γ-ray 촬영검사

(2) 초음파 탐상검사(UT ; Ultrasonic Testing)

금속재료 등에 음파보다도 주파수가 짧은 초음파(0.5~25MHz)의 Impulse(반사파)를 피검사체의 일면(一面)에 입사시킨 다음, 저면(Base)과 결함부분에서 반사되는 반사파의 시간과 반사파의 크기를 브라운관을 통하여 관찰한 후 결함의 유무, 크기 및 특성 등을 평가하는 것으로 타 검사방법에 비해 투과력이 우수하다. 초음파탐상법의 종류는 원리에 따라 크게 펄스 반사법, 투과법, 공진법으로 분류되며, 이 중에서 펄스반사법이 가장 일반적이며 많이 이용된다.

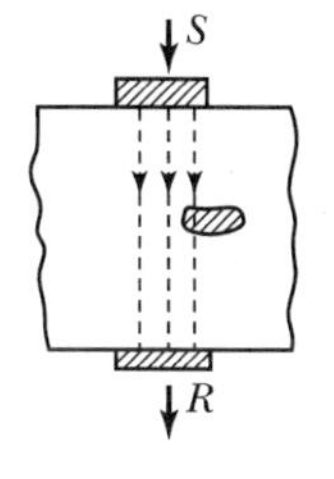

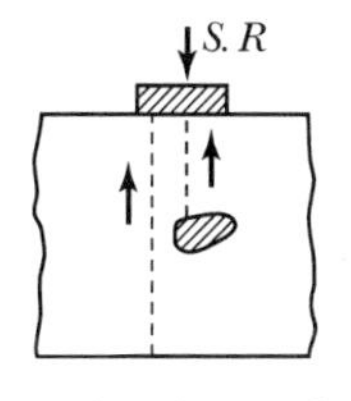

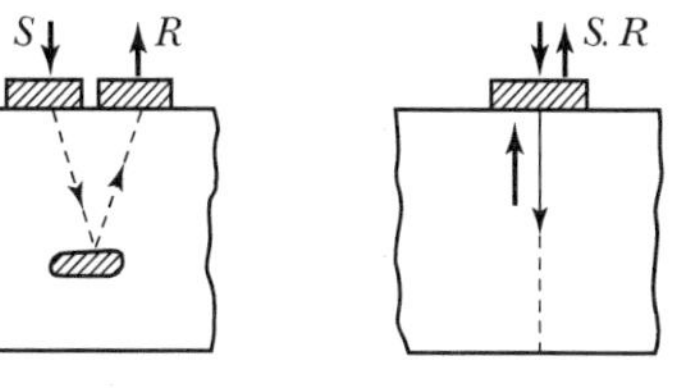

S: 송신용 진동자　R: 수신용 진동자

(a) 투과법　　(b) 펄스 반사법　　(c) 공진법

[초음파 탐상법의 종류]

(3) 액체침투탐상검사(LPT ; Liquid Penetrant Testing)

① 전처리

시험체의 표면을 침투탐상검사를 수행하기에 적합하도록 처리하는 과정으로 침투제가 불연속부 속으로 침투하는 것을 방해하는 이물질 등을 제거

② 침투처리

시험체에 침투제(붉은색 혹은 형광색)를 적용시켜 표면에 열려 있는 불연속부 속으로 침투제가 충분하게 침투되도록 하는 과정

③ 세척처리(침투제 제거)

침투시간이 경과한 후 불연속부 내에 침투되어 있는 침투제(유기용제, 물)는 제거하지 않고 시험체에 남아있는 과잉침투제를 제거하는 과정

④ 현상처리

세척처리가 끝난 후 현상제(흰색 분말체)를 도포하여 불연속부 안에 남아있는 침투제를 시험체 표면으로 노출시켜 지시를 관찰

⑤ 관찰 및 후처리

㉠ 관찰 : 정해진 현상시간이 경과되면 결함의 유무를 확인하는 것

㉡ 후처리 : 시험체의 결함모양을 기록한 후 신속하게 제거하는 것

표면 아래에 있는 불연속은 검출할 수 없고 표면이 거칠면 만족할만한 시험결과를 얻을 수 없다.

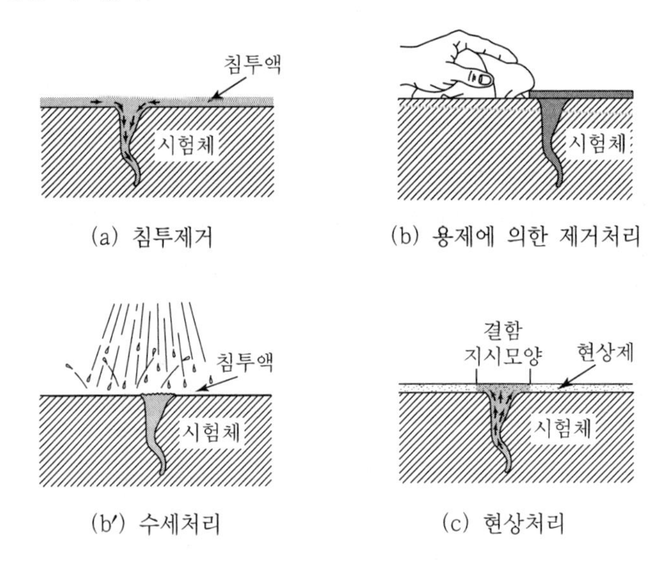

[침투탐상시험에 의한 결함지시모양의 형성 프로세스]

(4) 자분탐상검사(MT ; Magnetic Particle Testing)

강자성체의 결함을 찾을 때 사용하는 비파괴시험법으로 표면 또는 표층에 결함이 있을 경우 누설자속을 이용하여 육안으로 결함을 검출하는 시험법

(5) 와전류탐상검사(Eddy Current Test)

와전류탐상법은 고주파 유도 등의 방법으로 검사품에 와전류를 흘려 전류가 흐트러지는 것으로 결함을 발견한다. 도체 표면층에 생긴 균열, 부식공 등을 찾아낼 수 있다. 비접촉으로 고속탐상이 가능하므로 튜브, 파이프, 봉 등의 자동탐상에 많이 이용된다.

(6) 기타 검사

용접을 전부 완성한 후 구조물 및 압력용기의 최종 건전성을 확인하기 위하여 유압시험 및 누출시험을 행한다.
이외에 음향방출시험(AE ; Acoustic Emission Exam)이 있는데, 이는 상기의 비파괴시험법은 넓은 면적을 단번에 시험할 수 없으며 시험 부위에 Hanger나 Supporter 등이 부착되어 있어 시험이 어렵거나 시험자의 숙련도에 크게 좌우되고 균열발생 원인의 규명이 어렵다는 단점을 가지고 있는데 반해, AE는 이런 문제를 다소 해결할 수 있다. AE란 재료가 변형을 일으킬 때나 균열이 발생하여 성장할 때 원자의 재배열이 일어나며 이때 탄성파를 방출하게 된다. 따라서 이에 대한 연구가 계속되고 있으나 현장 적용엔 아직 미흡한 단계이다.

3. 외관검사

1) 용접작업 전 검사

용접해야 할 부위의 형상, 각도, 청소상태 및 용접 자세의 적부를 검사한다.

2) 용접작업 중 검사

용접봉, 운봉속도, 전류, 전압 및 각 층 슬래그의 청소상태를 검사한다.

3) 용접작업 후 검사

용접부의 형상, 오버랩, 크레이터, 언더컷 등을 검사한다.
외관검사를 철저히 하면 모든 용접결함의 80~90%까지 발견하여 수정할 수 있으며 육안검사 시 확대경 사용으로 미세한 부분도 검사할 수 있다.

4. 비파괴검사의 실시(안전보건규칙 제115조)

사업주는 고속회전체(회전축의 중량이 1톤을 초과하고 원주속도가 초당 120미터 이상인 것에 한정한다)의 회전시험을 하는 경우 미리 회전축의 재질 및 형상 등에 상응하는 종류의 비파괴검사를 실시하여 결함 유무를 확인하여야 한다.

[2] 진동방지기술

1. 진동작업의 정의

"진동작업"이라 함은 다음에 해당하는 기계·기구를 사용하는 작업을 말한다.

1) 착암기
2) 동력을 이용한 해머
3) 체인톱
4) 엔진 커터
5) 동력을 이용한 연삭기
6) 임팩트 렌치
7) 그밖에 진동으로 인하여 건강장해를 유발할 수 있는 기계·기구

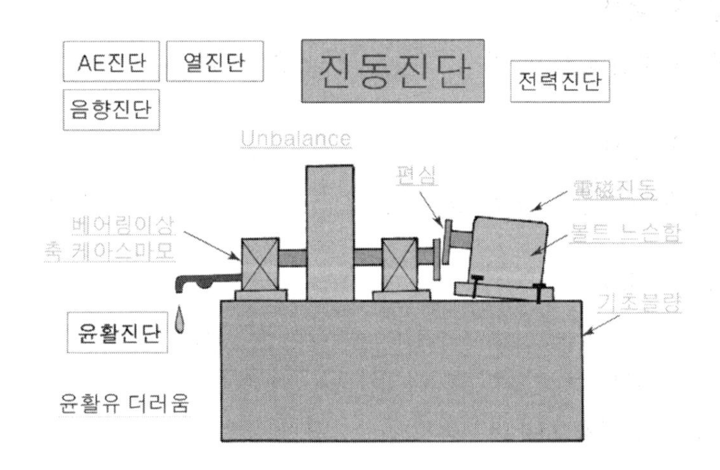

2. 진동보호구의 지급 등(안전보건규칙 제518조)

사업주는 진동작업에 근로자를 종사하도록 하는 경우에 방진장갑 등 진동보호구를 지급하여 착용하도록 하여야 한다.

3. 유해성 등의 주지(안전보건규칙 제519조)

사업주는 근로자가 진동작업에 종사하는 경우에 다음 각호의 사항을 근로자에게 충분히 알려야 한다.

1) 인체에 미치는 영향과 증상
2) 보호구의 선정과 착용방법
3) 진동 기계·기구 관리방법
4) 진동 장애 예방방법

4. 진동기계·기구 사용설명서의 비치 등(안전보건규칙 제520조)

사업주는 근로자가 진동작업에 종사하는 경우에 해당 진동기계·기구의 사용설명서 등을 작업장 내에 갖추어 두어야 한다.

5. 진동기계·기구의 관리(안전보건규칙 제521조)

사업주는 진동기계·기구가 정상적으로 유지될 수 있도록 상시 점검하여 보수하는 등 관리를 하여야 한다.

6. 진동장애의 예방대책

1) 저진동공구를 사용한다.
2) 진동업무를 자동화한다.
3) 작업 시 방진장갑과 귀마개 등 보호구를 착용한다.

3 소음방지기술

1. 소음작업의 정의

"소음작업"이라 함은 1일 8시간 작업을 기준으로 85데시벨 이상의 소음이 발생하는 작업을 말한다.

2. 소음감소 조치(안전보건규칙 제513조)

사업주는 강렬한 소음작업이나 충격소음작업 장소에 대하여 기계·기구 등의 대체, 시설의 밀폐·흡음 또는 격리 등 소음감소를 위한 조치를 하여야 한다. 다만, 작업의 성질상 기술적·경제적으로 소음 감소를 위한 조치가 현저히 곤란하다는 관계 전문가의 의견이 있는 경우에는 그러하지 아니하다.

3. 소음수준의 주지 등(안전보건규칙 제514조)

사업주는 근로자가 소음작업, 강렬한 소음작업 또는 충격소음작업에 종사하는 경우에 다음 각 호의 관한 사항을 근로자에게 널리 알려야 한다.

1) 해당 작업장소의 소음 수준
2) 인체에 미치는 영향과 증상
3) 보호구의 선정과 착용방법
4) 그밖에 소음으로 인한 건강장해 방지에 필요한 사항

4. 난청발생에 따른 조치(안전보건규칙 제515조)

사업주는 소음으로 인하여 근로자에게 소음성 난청 등의 건강장해가 발생하였거나 발생할 우려가 있는 경우에 다음 각호의 조치를 하여야 한다.

1) 해당 작업장의 소음성 난청 발생 원인조사
2.) 청력손실을 감소시키고 청력손실의 재발을 방지하기 위한 대책 마련
3) 제2호의 규정에 의한 대책의 이행 여부 확인
4) 작업전환 등 의사의 소견에 따른 조치

기계공작법

CONTENTS

CHAPTER 01 주 조

1 주물용 금속재료

1. 탄소강

1) 탄소강

(1) 순철의 종류

① α철 : A_3(912℃) 이하의 체심입방격자(예 : Fe, Mo, W, K, Na)
② β철 : 768℃~912℃의 체심입방격자
③ γ철 : 912℃~1,394℃의 면심입방격자(Al, Cu, Ag, Au)
④ δ철 : A_4(1,394℃) 이상의 체심입방격자

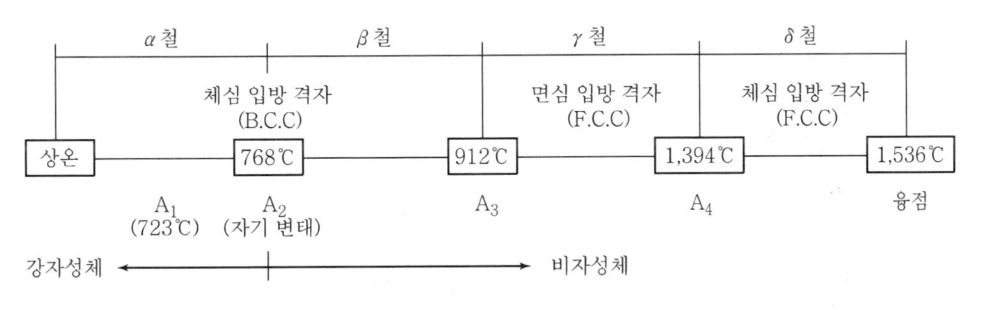

[순철의 종류]

(2) 순철의 변태점

① 동소변태 : 원자 배열의 변화가 생기는 변태(A_3 : 912℃, A_4 : 1,394℃ 변태)
② 자기변태(A_2 변태)
㉠ 결정구조에 변화를 일으키지 않는 변태
㉡ 순철이 768℃ 부근에서 급격히 강자성체로 되는 변태

2) 철-탄소(Fe-C)계의 평형상태도

Fe-C계의 평형상태를 표시한다. 그림 중의 실선은 Fe-Fe_3C계, 파선은 Fe-C(흑연)계의 평형상태도이다. C는 철 중에서 여러 가지의 형태로 나타난다. 즉, 강철이나 백선에 있어서는 6.67% C의 곳에서 시멘타이트 Fe_3C(철과 탄소의 금속간화합물)를 일으킨다. 실제로 쓰이는 강철은 이 시멘타이트 Fe_3C와 Fe의 이원계이며, 철 중에 함유되어 있는 탄소는 모두 Fe_3C의 모양으로 존재한다.

Fe_3C는 약 500~900℃ 사이에서는 불안정하여 철과 흑연으로 분해하기 때문에 철·시멘타이트계는 준안정상태로 철·흑연계는 안정상태로 표시되고 있으나, 강철에 있어서는 흑연이 유리하는 일이 거의 없으므로, 실선으로 표시된 철-시멘타이트계의 준안정상태로도 설명된다.

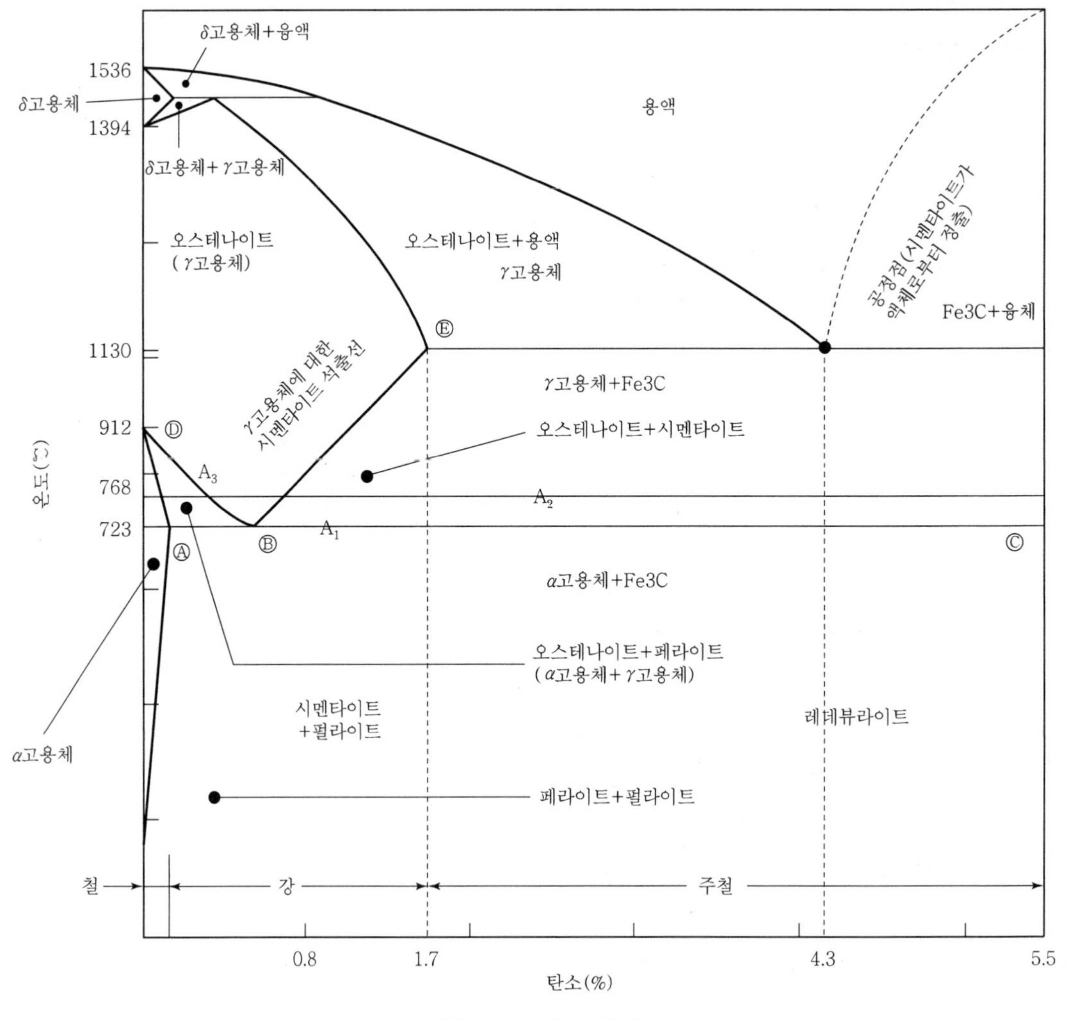

[철-탄소의 평형상태도]

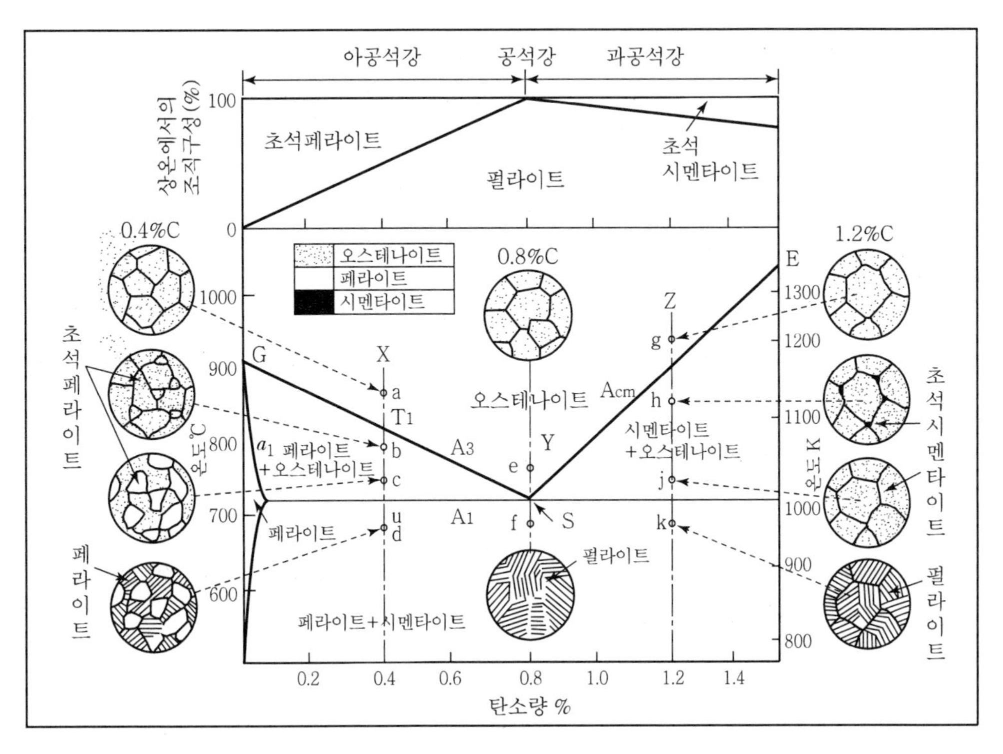

[탄소강의 조직]

3) 조직

탄소량에 따라 일반적으로 아래와 같이 분류한다.

(1) Austenite

γ고용체로 Fe－C계의 탄소강에서는 1.7% 이하의 C가 γ철에 고용된 것을 말하며 Ferrite보다 강하고 인성이 있다.

(2) Ferrite

α고용체를 말하며 Fe－C계의 탄소강에서는 0.03% 이하의 α철에 고용된 것을 말하며 대단히 여리다.

(3) Cementite

Fe－C계의 탄소강에서는 6.67%의 C를 함유하고 있으며 단단하며 여리고 약하다.

(4) Pearlite

Ferrite와 Cementite가 층상으로 된 조직으로 0.8%의 C를 함유하는 공석강이며, 강하고 자성이 크다.

(5) Ledeburite

2.0%의 C의 γ고용체와 6.67% C의 Cementite의 공정 조직으로 주철에 나타난다.

4) 탄소량과 조직

(1) 강철의 표준조직

강철을 단련하여 이것을 A_3 또는 A_{cm} 이상 30~60℃의 온도범위 즉 상태도 위에서 γ고용체의 범위로 가열하여 적당한 시간을 유지한 후 대기 중에서 냉각할 때의 조직이다.

(2) 공석강

0.85%의 C를 함유한 Pearlite 조직

(3) 아공석강

0.85% 이하의 C를 함유하고 조직이 초석 Ferrite와 Pearlite로 된 것. 강도와 경도가 증가되고 연신율과 충격값이 낮아진다.

(4) 과공석강

0.85% 이상의 C를 함유하고 조직이 Cementite와 Pearlite로 된 조직. 경도는 증가되나 강도는 급속히 감소하며 변형이 어려워 냉간가공이 잘 되지 않는다.

(5) 포정반응

용액+δ고용체 ↔ γ고용체

(6) 공정반응

용액 ↔ 결정A+결정B

(7) 공석반응

고용체 ↔ 결정A+결정B

5) 취성

(1) 청열취성(Blue Shortness)

철은 200℃~300℃에서 상온일 때보다 인성이 저하하는 특성으로 탄소강 중의 인(P)이 Fe와 결합하여 인화철(Fe_3P)을 만들어 입자를 조대화시키고 입계에 편석되므로 연신율을 감소시키고 충격치가 낮아지는 청열취성의 원인이 된다. 이때 강의 표면이 청색의 산화막으로 푸르게 보인다.

(2) 적열취성(Red Shortness)

황(S)이 많은 강이 약 950℃에서 인성이 저하되는 특성이며 황은 Fe와 결합하여 FeS를 형성하는데 FeS는 결정립계에 그물모양으로 석출되어 매우 취약하고 용융온도가 낮기 때문에 고온 가공성(단조, 압연)을 해친다. 매우 유해하며 적열상태에서는 강을 취약하게 한다.

(3) 뜨임취성

강을 담금질한 것을 1,000℃ 정도 가열하면 α Martensite에서 β Martensite로 변하며 강도가 변해서 단단해지고 취약해진다.

(4) 저온취성

온도가 내려감에 따라 Slide 저항이 급격히 커지고 변형이 곤란해서 취약해진다.

(5) 상온취성(Cold Shortness)

탄소강은 온도가 상온 이하로 내려가면 강도와 경도가 증가되나 충격값은 크게 감소된다. 특히 인(P)을 함유한 탄소강은 인에 의해 인화철(Fe_3P)을 만들어 결정입계에 편석하여 충격값을 감소시키고 냉간가공 시 균열을 가져온다.

2. 주철(Cast Iron)

1) 주철의 장점

(1) 주조성이 우수하며 크고 복잡한 것도 제작할 수 있다.
(2) 금속재료 중에서 단위무게당의 값이 싸다.
(3) 주물의 표면은 굳고 녹이 잘 슬지 않으며 칠도 잘 된다.
(4) 마찰저항이 우수하고 절삭가공이 쉽다.
(5) 인장강도, 휨 강도 및 충격값이 작으나 압축강도는 크다.

2) 주철의 함유원소(구조용 특수강의 원소의 역할)

(1) 개요

탄소강에 하나 이상의 특수원소를 첨가하고 그 성질을 개선하여 여러 목적에 적합하도록 하기 위하여 특수강을 만드는 것이다.

(2) 원소종류

Ni, Cr, Mn, Si, S, Mo, P, Cu, W, Al

(3) 특성

① Ni

Ar_1 변태점을 낮게 하고 인장강도와 탄성한도 및 경도를 높이며 부식에 대한 저항을 증가시키고 인성을 해치지 않으므로 합금 원소로 가장 좋다.

㉠ 인성증가

㉡ 저온충격저항증가

② Cr

일정한 조직의 경우에도 최고 가열 온도를 높이거나 냉각온도를 빠르게 하면 변태점이 내려가므로 조직이 변화하며, Cr이 많아지면 임계냉각속도를 감소시켜 담금질이 잘되고 자경성(탄소강과 같이 기름이나 물에서 담금질하지 않고 공기만으로 냉각하여 경화되는 성질)을 갖게 된다. Cr은 소량의 경우도 탄소강의 결정을 미세화하고 강도나 경도를 뚜렷하게 증가시키며, 연신율은 그다지 해치지 않는다. 또한 담금질이 잘되고, 내마멸성, 내식성 및 내밀성을 증가시키는 특성이 있다.

㉠ 내마모성 증가

㉡ 내식성 증가

㉢ 내열성 증가

㉣ 담금성 증가

③ Mn

탄소강에 자경성을 주며 Mn을 전량 첨가한 망간은 공기 중에서 냉각하여도 쉽게 마텐사이트 또는 오스테나이트 조직으로 된다.

즉 탄산제 MnS 혼재 S의 나쁜 영향을 중화하고 탄소강의 점성을 증가시킨다. 고온가공을 쉽게 하며 고온에서 결정의 성장 즉, 거칠어지는 것을 감소하고 경도, 강도, 인성을 증가시키며 연성은 약간 감소하여 기계적 성질이 좋아지고 담금성이 좋아진다. Mn의 함유량에 따라 저망간강(2%)과 고망간강(15~17%)으로 구분한다.

저망간강은 값이 싼 구조용 특수강으로 조선, 차량, 건축, 교량, 토목 구조물에 사용하고 고망간강은 경도는 낮으나 대단히 연신율이 좋아 절삭이 곤란하고 내마멸성이 크기 때문에 준설선의 버켓 및 핀, 교차레일, 광석 분쇄기 등에 사용한다.

㉠ 점성 증가

㉡ 고온가공 용이

㉢ 고온에서 인장강도와 경도 등의 증가

㉣ 연성은 약간 감소

④ Si

경도, 탄성한도, 인장강도를 높이며, 신율 및 충격치를 감소시키고 결정립의 크기를 증가시키며 소성을 낮게 하고 보통 0.35% 이하 함유하고 있어 영향이 거의 없다. 내식성이 우수하다.

㉠ 전자기적 특성

㉡ 내열성 증가

⑤ S

MnS(황화망간)으로 존재하며 비중이 작으므로 표면에 떠올라 제거된다. 일부분에 많이 편석할 경우에는 강재의 약점이 되어 파괴의 원인이 되나 인장력, 연신율 및 충격치를 감소시킨다.

㉠ 절삭성 증가

㉡ 인장강도, 연신, 취성감소

⑥ Mo

Ni를 절약하기 위하여 대용으로 사용하며 기계적 성질이나 담금질 질량 효과도 니켈, 크롬강과 차이가 없어 용접하기 쉬우므로 대용강으로 우수하게 사용된다.

㉠ 뜨임취성방지

㉡ 고온에서 인장강도 증가

㉢ 탄수화물을 만들어 경도를 증가

⑦ P

Fe_3P(인화철)을 만들고 결정립을 거칠게 하며 경도와 인장강도를 다소 높이고 연신율을 감소시키며 상온에서는 충격치를 감소시켜 가공할 때 균열을 일으키기 쉽게 하며 강철의 상온 취성(Crack)의 원인이 된다.

⑧ Cu

공중 내산성이 증가한다.

⑨ W

고온에서 인장강도와 경도를 증가시킨다.

⑩ Al

고온에서 산화 방지한다.

3) 주철의 원료

(1) 선철

① 회선(Grey Pig Iron) : 흑연 탄소가 많으므로 파단면은 회색이며 결정이 크고 재질이 연하며 보통 주물재료에 많이 사용된다.

② 백선(White Pig Iron) : 함유탄소는 대부분이 화합탄소로 존재하며 파단면은 백색을 띤다. 또 결정이 작고 치밀하며 경도가 크고 여린 성질이 있다. 주로 제강원료로

사용된다.

③ 반선(Mottled Pig Iron) : 회선과 백선의 중간조직에 해당되는 것으로 반점이 있다.

(2) 파쇠(Iron Scrap)

① 파쇠를 배합하면 주철의 조직은 일반적으로 치밀하게 되고 또한 가스발생이 적고 재질이 좋게 되므로 비교적 많이 혼합한다.

② 강철파쇠(Steel Scrap)는 선철에 비하여 탄소함유량이 극히 적어 주물에 첨가하면 탄소성분이 감소되고 재질을 강하게 한다.

(3) 합금철

① Fe-Mn, Fe-Si, Fe-Cr, Fe-Ni, Fe-W, Fe-Mo 등의 필요한 원소들과 철의 합금 상태로서 특수원소 성분에 50~90%의 철합금을 적당한 양만큼 첨가한다.

② Fe-Mn, Fe-Si 등은 원소성분의 산화손실을 보충할 뿐만 아니라 탈산제, 탈황제 등의 목적으로도 사용된다.

4) 자연시효(Natural Aging)와 주철의 성장

(1) 자연시효

주조 후 장시간 외기에 방치하면 자연히 주조응력이 없어지는 현상

(2) 주철의 성장

고온에서 가열과 냉각을 반복하면 부피가 크게 되어 불어나고 변형이나 균열이 일어나 강도나 수명을 저하시키는 현상

5) 주철의 종류

- 보통 주철 : 회주철
- 고급 주철 : 펄라이트 주철, 미하나이트 주철
- 특수 주철 : 구상흑연주철, 칠드주철, 가단주철, 합금주철

(1) 회주철(Grey Cast Iron)

탄소가 흑연상태로 존재하여 파단면이 회색인 주철. 보통주철, 특수주철, 구상화 흑연주철

(2) 백주철(White Cast Iron)

탄소가 시멘타이트로 존재하여 백색의 탄화철이 혼합되어 있다. 급랭 때문에 백색. 가단주철(열처리)

(3) 반주철(Mottled Cast Iron)

파면이 회색과 백색의 중간인 색상

(4) 보통주철

① 인장강도가 10~20kg/mm^2

② 두께가 얇은 것은 규소를 많이 넣지 않으면 백주철이 되어 가공이 어렵다.

③ 일반 기계부품, 수도관, 난방용품, 가정용품, 농기구에 사용

(5) 고급주철

① 회주철 중 인장강도 25kg/mm^2 이상

② 흑연이 미세하고 균일하게 분포한 조직으로 바탕은 펄라이트며 펄라이트 주철이라고도 한다.

(6) 합금주철(Alloy Cast)

① 정의 : 주철의 여러 가지 성질을 향상시키기 위해 특정한 합금원소를 첨가한 주철로서 강도, 내열성, 내부식성, 내마멸성 등을 개선한 주철이다. 합금 주철은 첨가 원소의 함유량에 따라 저합금 주철과 고합금 주철로 분류된다.

② 합금원소의 영향

㉠ 구리(Cu) : 경도가 커지고 내마모성, 내부식성이 좋아진다.

㉡ 크롬(Cr) : 펄라이트 조직이 미세화되고 경도, 내열성, 내부식성이 증가된다.

㉢ 몰리브덴(Mo) : 흑연을 방지하며 흑연을 미세화하고 경도와 내마모성을 증대시킨다.

㉣ 니켈(Ni) : 얇은 부분의 Chill을 방지하고 동시에 두꺼운 부분의 조직이 억세게 되는 것을 방지하며 내열성, 내산성이 좋아진다.

㉤ 티타늄(Ti) : 탈산제이며 흑연화를 촉진한다. 0.3% 이하 첨가하면 고탄소, 고규소 주철의 강도를 높인다.

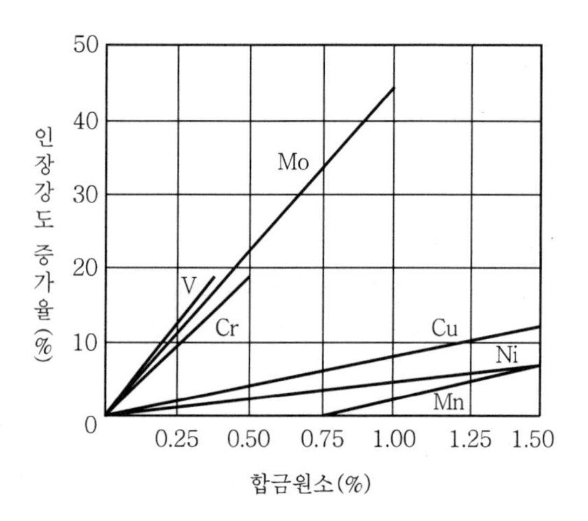

[인장강도에 대한 합금원소의 효과]

(7) 고합금주철

내열용이나 내산용 또는 높은 강도를 요구하는 등 특수목적에 사용되는 주철

(8) 미하나이트 주철

① 흑연의 형을 미세하고 균일하게 분포되도록 규소 또는 규소-칼슘분말을 접종한 주철. 탄소량을 감소

② 바탕이 펄라이트이고 인장강도 35~45kg/mm^2

③ 담금질할 수 있어 내마멸성이 요구되는 공작기계의 안내면과 강도를 요하는 기관의 실린더에 사용

(9) 구상흑연주철

① 정의

보통 주철은 내부의 흑연이 편상으로 되어 있어 내부 균열의 역할을 하고 있어 강도와 연성이 떨어진다. 이러한 결점을 개선하기 위해 편상흑연을 큐폴라 또는 전기로에서 용해한 다음 주입 직전에 마그네슘(Mg), 세슘(Ce) 또는 칼슘(Ca) 등을 첨가하여 흑연을 구상화한 것이 구상흑연주철이며 탄소강에 유사한 기계적 성질을 갖는다. 노듈라 주철(Nodular Cast Iron), 덕타일 주철(Ductile Cast Iron)이라고도 한다.

② 특징

㉠ 편상 흑연의 결점을 개선시켜 강도와 연성이 우수하다.

㉡ 주조상태에서 흑연을 구상화한다.

㉢ 열처리를 통해 조직을 개선할 수 있다.

③ 종류
㉠ 시멘타이트형
㉡ 페라이트형
㉢ 펄라이트형

④ 제조방법
㉠ 큐폴라 또는 전기로에서 선철, 강 Scrap을 적절히 배합하여 용해함
㉡ 탈황시킴(0.02% 이하)
㉢ 흑연을 구상화시킴(마그네슘, 세슘, 칼슘 등 첨가)
㉣ 시멘타이트 분해를 위해 풀림 처리한다.

⑤ 용도 : 자동차 크랭크축, 캠축, 브레이크드럼

(10) 칠드주철

① 정의 : 주형에 쇳물을 주입했을 때 주물의 표면이 주조과정에서 급랭으로 인해 경도가 높은 백주철로 되는 것을 칠(Chill)이라 하고 그 재질을 칠드주철이라 한다.

② 특징
㉠ 냉각속도의 차이에 의해 내·외부의 조직이 다르며 내충격성이 있다.
㉡ 내부는 회주철로 조성되어 연성이 있다.
㉢ 표면은 백주철로 조성되어 마멸과 압축에 잘 견딤
㉣ 사형과 금형을 동시에 사용한 냉강주형에서 조성

③ 용도 : 제강용롤, 분쇄기롤, 제지용롤, 철도차륜

(11) 가단주철

① 정의 : 보통 주철의 결점인 약한 인성을 개선하기 위해 백주철을 고온에서 장시간 열처리하여 시멘타이트 조직을 분쇄하여 인성 또는 연성을 개선한 주철이며 흑연화된 시멘타이트로 인해 파단면이 검은 흑심가단주철, 파단면이 흰색인 백심가단주철 및 펄라이트 가단주철 등이 있다.

② 특징
㉠ 탄소강과 유사한 정도의 강도
㉡ 주조성과 피삭성이 좋다.
㉢ 대량 생산에 적합
㉣ 보통 주철의 취성을 개선

③ 종류
㉠ 흑심가단주철 : 일반적으로 많이 이용되는 가단주철로서 백주철 주물을 열처리에서 가열하여 2단계의 흑연화처리(풀림)에 의해 시멘타이트를 분해시켜 흑연

을 입상으로 석출시켜 제조하며 대량 생산에 적합하다.

㉡ 펄라이트 가단주철 : 흑심가단주철의 2단계 흑연화 처리 중 1단계인 850~950℃에서 30~40시간 유지하여 서랭한 것으로 그 조직은 뜨임된 탄소와 펄라이트로 되어 있어 강력하고 내마모성이 좋다.

㉢ 백심가단주철 : 백선 주물을 산화철 분말 등의 산화제로 싸서 풀림상자에 넣고 900~1,000℃의 고온에서 장시간 가열 유지하여 백주철을 탈탄시켜 가단성을 부여한 것으로 단면이 희고 굳으며 강도는 흑심가단주철에 비해 높고 연신율은 작다.

④ 용도 : 자동차 부품, 기계기어, 파이프 이음쇠, 농기계 부품 등

3. 주강

1) 보통주강

(1) 탄소 함유량에 따른 종류

① 저탄소강 : C=0.2% 이하의 주물

② 중탄소강 : C=0.2~0.5%의 주물

③ 고탄소강 : C=0.5% 이상의 주물

(2) 특징

① 주철에 비하여 인성과 강도가 크다.

② 인장강도 35~60kg/mm^2, 연율 10~25%

③ 조직은 주조상태에서는 억세므로 풀림하여 사용한다.

④ 주철에 비하여 주조성은 좋지 않고 유동성도 적고 응고 시에 수축도 크다.

⑤ 얇은 제품의 제작에나 단면의 변화가 심한 곳 또는 불균형한 제품에는 사용되지 않는다.

⑥ 용접성은 주철에 비해 양호하며 저탄소에 유리하다.

2) 합금주강주물

(1) Mn, Cr, Mo 등을 함유하여 강도, 인성을 개선한 주물

(2) 내열, 내식, 내마모성 등의 특성을 갖는 주물

(3) 구조용으로는 Mn=1~2%, C=0.2~1.0%의 저Mn주강에 사용

(4) 인장강도가 큰 것이 필요로 할 때에는 Cr, Ni, Ni-Cr 등이 함유된 것 사용

(5) 내열합금 및 내식합금에는 Cr=12~27%의 것 또는 18-8(系) 스테인리스강(Cr=18%, Ni=8%) 등이 사용

4. 동합금주물

1) 황동

(1) 특성

① 동과 아연(Cu+Zn)의 합금

② 융체의 유동성이 양호하여 비교적 복잡한 주물이라도 쉽게 제작할 수 있다.

(2) 종류

① 六四황동(Muntz Metal) : Cu=60%, Zn=40%로 해수에 대한 내구성이 있다.

② 네이벌황동(Naval Brass) : Cu=70%, Zn=29%, Sn=1%로 내식성을 증가한다.

③ 델타황동(Delta Brass) : Cu=55%, Zn=41%, Pb=2%, Fe=2%

④ 실루민황동(Silumin Brass) : Si=3~7%, Zn=3~2%, Cu=나머지

⑤ 七三황동 : Cu=70%, Zn=30%의 가장 큰 연율을 가진다.

2) 청동

(1) 특징

① 동과 주석(Cu+Sn)의 합금

② 주석은 동의 강도, 경도, 내식성을 증가시키는 성질이 아연보다 크다.

③ 보통 기계 부분품으로 사용되는 것은 주석 12% 이하의 합금이다.
청동에는 Cu=90%, Sn=10%가 많다.

(2) 종류

① 동화(銅貨) : Cu=95%, Sn=5%

② 동상 : Cu=96%, Sn=4%

③ 포금베어링(Gun Metal Bearing) : Sn=12~15%, Cu=나머지

④ 인청동 : 0.2~1.0%의 인을 함유하는 청동

⑤ 알루미늄 청동 : Cu=90%, Al=10%의 합금

5. 경합금

1) 알루미늄 합금

(1) 특징

① 알루미늄은 비중이 2.7이며 주철의 약 1/3의 정도이다.
② 전기전도성이 양호하여 가단성이 있어 판 및 봉재를 만든다.

(2) 종류

① No.12합금
㉠ 자동차의 피스톤, 가정용 기구 등에 사용
㉡ Al=92%, Cu=8%의 합금으로 인장강도는 12~16kg/mm^2이며 연율은 2~4%가 된다.

② Y합금
㉠ Cu=4%, Ni=2%, Mg=1.5%, 나머지 Al의 합금으로 인장강도는 20kg/mm^2이고, 연율은 1.2%~1.5%가 된다.
㉡ Y합금은 내열성이 좋아 자동차, 항공기 등의 피스톤 합금(Piston Alloy)에 사용

③ 실루민(Silumin)
㉠ Al-Si 합금으로 Si=11~13% 가량 된다.
㉡ 용해할 때 Na 또는 Na염을 첨가하여 처리하면 조직이 미세화되고 기계적 성질이 양호하게 된다.
㉢ 인장강도 18kg/mm^2, 연율 4~6%이고 주조성과 내식성이 모두 양호하다.
㉣ 주형에는 사형, 금속형, 다이캐스팅을 많이 응용한다.

④ 듀랄루민
㉠ Cu=4%, Mg=0.5%, Mn=0.5%와 Fe, Si를 소량 함유하고 나머지 Al로 되어 있다.
㉡ 열처리한 것은 인장강도 35~44kg/mm^2, 연율=10~15%에 달한다.

2) 마그네슘 합금

(1) 특징

① 마그네슘(Magnesium)의 비중은 1.74이다.
② 공업용 금속으로서는 가장 가볍다.
③ 특히 중량이 적은 기계부품의 주물로서 항공기, 자동차, 이화학기계 등에 이용된다.

(2) 종류

① 일렉트론(Electron)

㉠ 마그네슘이 90% 이상이며 다름 원소에는 Al에 Zn, Mn 등이 약 10% 함유되어 있다.

㉡ 인장강도는 17~20kg/mm^2, 연율 3~5% 가량의 합금으로 이용범위가 넓다.

② 다우메탈(Dow Metal) : 미국에서 命名한 것이며 Al-Mg 합금으로서 일렉트론과 더불어 널리 쓰인다.

6. 화이트 메탈

1) 특징

(1) Sn, Pb 등을 주성분으로 하는 합금은 백색을 이루므로 화이트메탈(White Metal)이라고 하며 중요한 용도로서는 땜납(Solder), 활자금속, 베어링 합금 등에 사용된다.

(2) 조직은 연(軟)한 기지가 속히 마모되고 패인부에는 기름이 모여 윤활작용을 돕게 한다.

2) 종류

(1) 동 베어링 합금(Cu계)

① Pb=20~40%, 나머지가 Cu로 된 합금은 켈밋(Kelmet)합금이다. 베어링용 합금

② 고속도 내연기관용 베어링으로 사용되고 특히 자동차 및 항공기에 사용된다.

(2) 주석 베어링 합금(Sn계)

① Sn에 Sb=6~12%, Cu=4~6%를 첨가한 합금으로 일반으로 배빗메탈(Babbit Metal)이라고 한다.

② 주로 중하중, 고속도용 즉 항공기, 내연기관 주축 및 크랭크 핀(Crank Pin)의 메탈로 사용된다.

(3) 납 베어링 합금(Pb계)

Sb=10~20%, Sn=5~15% 나머지 Pb로 된 합금으로 중속도 소하중 축 베어링용으로 사용된다.

(4) 아연합금(Zn계)

Zn=80~90%에 Cu, Sn 등을 첨가한다.

2 주조법

1. 주조법

1) 원심주조법

(1) 개요

원통의 주형을 300~3,000rpm으로 회전시키면서 용융금속을 주입하면 원심력에 의해 용융금속은 주형의 내면에 압착응고하게 되고 이와 같은 원심력을 이용하여 치밀하고 결함이 없는 주물을 대량 생산하는 방법이다. 주조재료는 주강, 주철, 구리합금이 일반적으로 사용되며 주형에는 모래형, 금형 등이 사용된다. 원심주조는 편석되기 쉬운 결점도 있으므로 회전속도, 주입속도, 주입온도 등의 주입조건을 적정하게 하여 응고속도를 조절할 필요가 있다.

(2) 특징

① 주물의 조직이 치밀하고 균일하며 강도가 높다.
② 재료가 절약되고 대량생산이 용이하다.
③ 기포, 용재의 개입이 적으며 Gas 배출이 용이하다.
④ 코어, 탕구, Feeder, Riser가 불필요하다.
⑤ 실린더, 피스톤링, 강관 등의 주조에 적합하다.

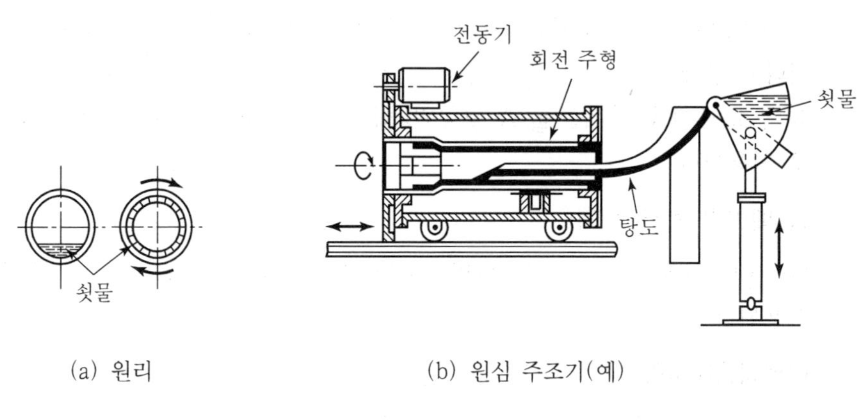

(a) 원리 (b) 원심 주조기(예)

[원심 주조기]

(3) 주조방식

① 수평식 : 주형의 축이 수평이며 지름에 비하여 길이가 긴 관 등에 이용

② 수직식 : 주형의 축이 수직이며 지름에 비하여 길이가 짧은 윤상체의 주물에 이용

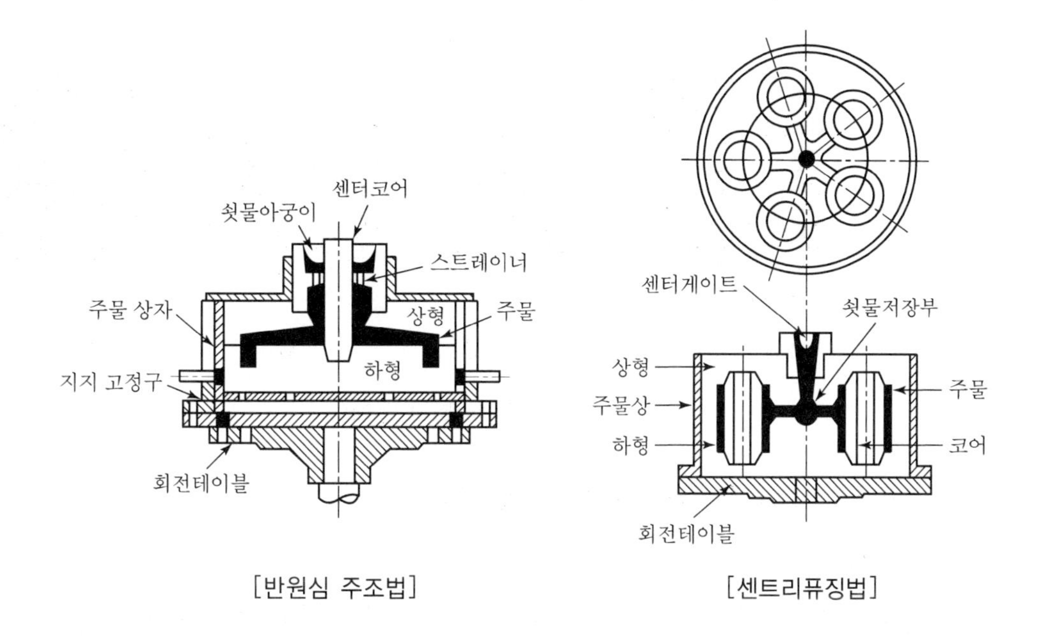

[반원심 주조법] [센트리퓨징법]

2) Die Casting

(1) 개요

정밀한 금형에 용융금속을 고압, 고속으로 주입하여 정밀하고 표면이 깨끗한 주물을 짧은 시간에 대량으로 얻는 주조방법이다. 주물재료는 Al합금, Zn합금, Cu합금, Mg합금 등이며 자동차 부품, 전기기기, 통신기기용품, 일용품 등 소형제품의 대량생산에 널리 응용되고 있다.

(2) 특징

① 장점

㉠ 정도가 높고 주물표면이 깨끗하여 다듬질작업을 줄일 수 있다.

㉡ 조직이 치밀하며 강도가 크다.

㉢ 얇은 주물의 주조가 가능하며 제품을 경량화 할 수 있다.

㉣ 주조가 빠르기 때문에 대량 생산으로써 단가를 줄일 수 있다.

② 단점

㉠ Die의 제작비가 고가이기 때문에 소량 생산에 부적당하다.

㉡ Die의 내열강도 때문에 용융점이 낮은 비철금속에 국한된다.

㉢ 대형 주물에는 부적당하다.

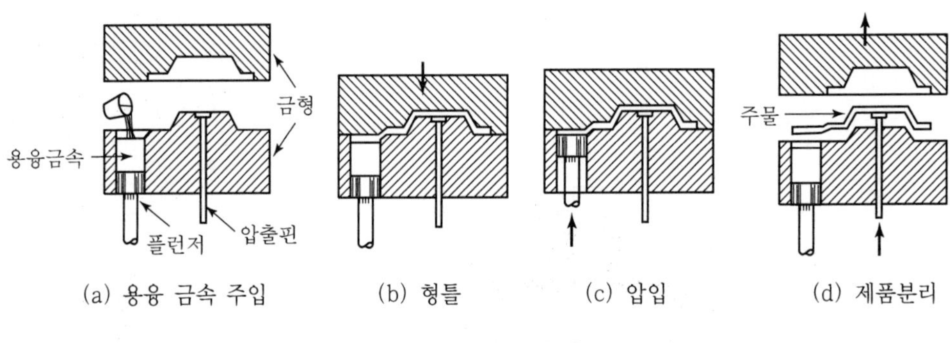

(a) 용융 금속 주입 (b) 형틀 (c) 압입 (d) 제품분리

[다이캐스팅의 공정]

3) Shell Moulding Process : 합성수지를 이용

(1) 개요

모형에 박리제인 규소수지를 바른 후 주형재 140~200mesh 정도의 SiO_2와 열경화성 합성수지를 배합한 것을 놓고 일정 시간 가열하여 조형하는 방법으로서 독일인 J. Croning이 발명하였기 때문에 Croning법 혹은 C-Process라고도 한다.

주물사는 순도가 높은 규사에 5% 정도의 열경화성 수지를 혼합한 Resin Sand를 사용하는 경우와 페놀수지를 규사 표면에 얇게 입힌 피복사를 쓰는 두 가지 경우가 있다.

(2) 특징

① 장점

㉠ 숙련공이 필요 없으며 완전 기계화가 가능하다.

㉡ 주형에 수분이 없으므로 Pin Hole의 발생이 없다.

㉢ 주형이 얇기 때문에 통기불량에 의한 주물 결함이 없다.

㉣ Shell만을 제작하여 일시에 많은 주조를 할 수 있다.

② 단점

㉠ 금형이 고가이다.

㉡ 주물 크기가 제한된다.

㉢ 소량생산에는 부적당하다.

(3) Shell 주형법의 공정

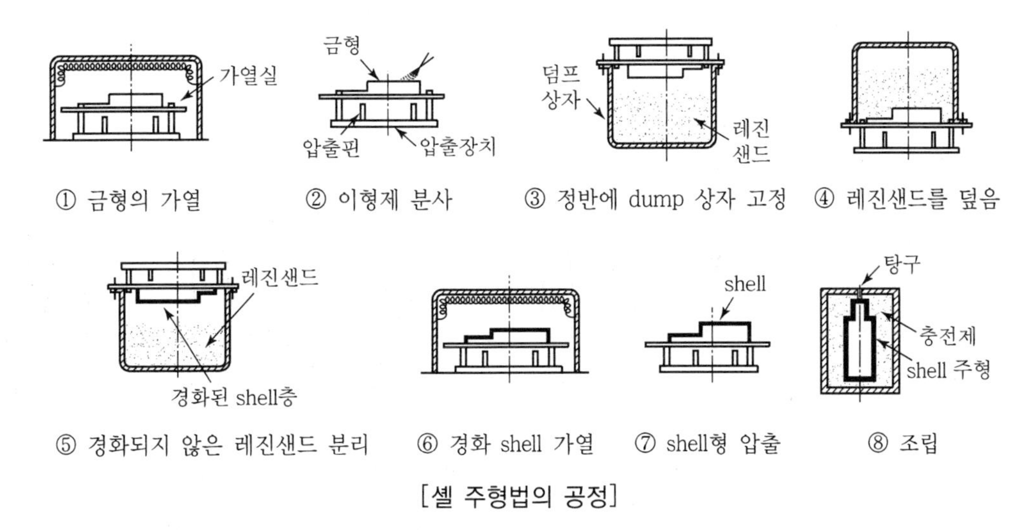

[셸 주형법의 공정]

① 금속 모형의 가열(150~300℃)
② 이형제를 분사하여 도포함(실리콘오일)
③ 정반에 Dump 상자 고정
④ Resin Sand를 덮고 일정시간 유지
⑤ 미경화 Resin Sand를 덮고 일정시간 유지
⑥ 경화 Shell을 가열(300~350℃)하여 완전히 경화시킨다.
⑦ Shell형을 압출핀으로 금형과 분리시킨다.
⑧ Shell형을 조립하여 주형 완성

4) Investment Casting

(1) 원리

제작하려는 주물과 동일한 모형을 Wax 또는 Paraffin 등으로 만들어 주형재에 매몰하고 가열로에서 가열하여 주형을 경화시킴과 동시에 모형재인 Wax나 Paraffin을 유출시켜 주형을 완성하는 방법이다. 일명 Lost Wax법 혹은 정밀주조라고도 한다.

2) 특징

① 장점
㉠ 주물 표면이 깨끗함
㉡ 복잡한 구조의 주형 제작에 적합
㉢ 정확한 치수 정밀도

② 단점

㉠ 주물 크기가 제한된다.

㉡ 주형 제작비가 고가이다.

㉢ 모형은 반복 사용이 어렵다.

(3) 주형 제작 공정

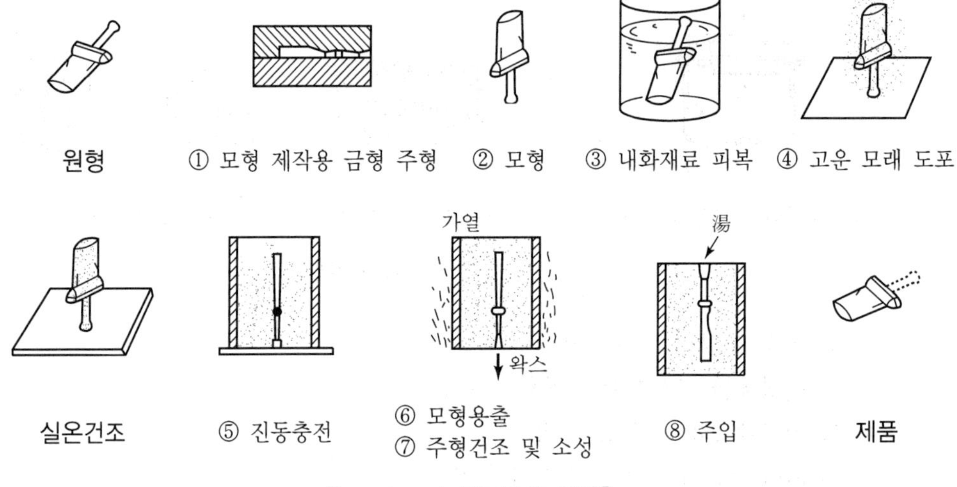

[Investment 주조법의 공정]

① 모형 제작용 금형(Master Die)의 제작

② Wax 모형을 제작하기 위해서 금형에 용해 Wax를 압입 응고시킴

③ 내화재(Investment) 피복

④ 모형에 모래 도포 및 실온 건조

⑤ 주형재를 진동 충전함

⑥ Wax를 주형에서 가열 유출시킴(200℃)

⑦ 2차 가열하여 주형을 경화시킴(900℃)

⑧ 탕을 주입하여 제품을 완성

CHAPTER 02 소성가공

1 소성가공의 개요

1. 탄성과 소성

1) 탄성과 탄성변형

(1) 탄성(Elasticity)

외력을 제거하면 원형(원상태)으로 돌아가는 성질

(2) 탄성변형(Elastic Deformation)

금속뿐만 아니라 일반적으로 고체를 잡아당기면 그 힘의 방향으로 늘어나는데 힘이 작은 동안에는 힘에 비례하여 늘어난다(훅의 법칙). 그리고 힘을 제거하면 늘어나는 것은 없어지고 처음 길이로 되돌아간다. 이러한 탄성한도 내에서의 변형을 탄성변형이라 한다.

2) 소성과 소성변형

(1) 소성(Plasticity)

재료를 파괴시키지 않고 영구히 변형시킬 수 있는 성질

(2) 소성변형(Plastic Deformation)

고체를 당기는 힘이 탄성한도를 초과하면 늘어나는 것이 탄성변형의 경우보다 많이 증가하여 당기는 힘을 제거해도 처음의 길이로 되돌아가지 않고 늘어난 것이 일부 남아 있게 된다. 이와 같이 탄성한도 이상의 힘을 가하여 변형시키는 것을 소성변형이라 한다.

(3) 소성가공(Plastic Working)

소성가공은 금속이나 합금에 소성 변형을 하는 것으로 가공 종류는 단조, 압연, 선뽑기(인발), 밀어내기(압축) 등이 있으며 금속이나 합금에 소성가공을 하는 목적은 다음과 같다.

① 금속이나 합금을 변형하여 소정의 형상을 얻는다.
② 금속이나 합금의 조직을 깨뜨려 미세하고 강한 성질로 만든다.
③ 가공에 의하여 생긴 내부 변형을 적당히 남겨 놓아 금속 특유의 좋은 기계적 성질을 갖게 한다. 소성가공은 변형을 일으키기 위하여 가열하는 온도에 따라 냉간가공과 열간가공으로 구분한다.
㉠ 냉간가공 : 재결정 온도 이하의 낮은 온도에서 가공
㉡ 열간가공 : 재결정 온도 이상의 높은 온도에서 가공
재결정 온도는 금속이나 합금의 종류에 따라 뚜렷하게 다르므로 냉간가공과 열간가공의 온도 범위는 금속이나 합금의 종류에 따라 다르다.

3) 점성과 점성변형

(1) 점성(Viscosity)

응력을 일정한 값으로 유지할 때 변형이 시간에 따라 연속적으로 증가하는 성질

(2) 점성변형(Viscosity Deformation)

점성의 성질을 갖고 있는 변형

2. 훅의 법칙(Hook's Law)

Thomas Young은 재료의 강성(Stiffness)을 측정하는 데 변형률에 대한 응력의 비를 사용할 것을 제안하였다. 이 비를 Young의 계수 혹은 탄성계수라 하고, 그 비는 응력과 변형률선도의 직선부분의 기울기이다.

1) 훅(Hooke)의 법칙

비례한도 이내에서 응력과 변형률은 비례한다.

2) 세로탄성계수(종탄성계수)

$$E=\frac{\sigma}{\epsilon}=\frac{P/A}{\delta/l}=\frac{P\cdot l}{A\cdot\delta},\quad \delta=\frac{Pl}{AE}$$

연강에서 세로탄성계수 $E=2.1\times10^6[\text{kg/cm}^2]$

3) 가로탄성계수(횡탄성계수)

$$G = \frac{\tau}{\gamma} = \frac{P_s/A}{\lambda/l} = \frac{P_s \cdot l}{A \cdot \lambda}$$

연강에서 가로탄성계수 $G = 0.81 \times 10^6$[kg/cm^2]

3. 소성가공에 이용되는 성질

1) 가단성(Malleability) 또는 전성

(1) 정의

단련에 의하여 금속을 넓게 늘릴 수 있는 성질

(2) 가단성의 크기순서

Au > Ag > Al > Cu > Sn > Pt > Pb > Zn > Fe > Ni

2) 연성(Ductility)

(1) 정의

금속선을 뽑을 때 길이방향으로 늘어나는 성질

(2) 연성의 크기순서

Au > Pt > Ag > Fe > Cu > Al > Ni > Zn > Sn > Pb

3) 가소성(Plasticity)

물체에 압력을 가할 때 고체상태에서 유동되는 성질로서 탄성이 없는 성질

4. 소성가공의 종류와 장점

1) 소성가공의 종류

(1) 단조가공(Forging)

보통 열간가공에서 적당한 단조기계로 재료를 소성가공하여 조직을 미세화시키고, 균질상태에서 성형하며 자유단조와 형단조(Die Forging)가 있다.

(2) 압연가공(Rolling)

재료를 열간 또는 냉간가공하기 위하여 회전하는 롤러 사이를 통과시켜 예정된 두께, 폭 또는 직경으로 가공한다.

(3) 인발가공(Drawing)

금속 파이프 또는 봉재를 다이(Die)를 통과시켜, 축방향으로 인발하여 외경을 감소시키면서 일정한 단면을 가진 소재로 가공하는 방법

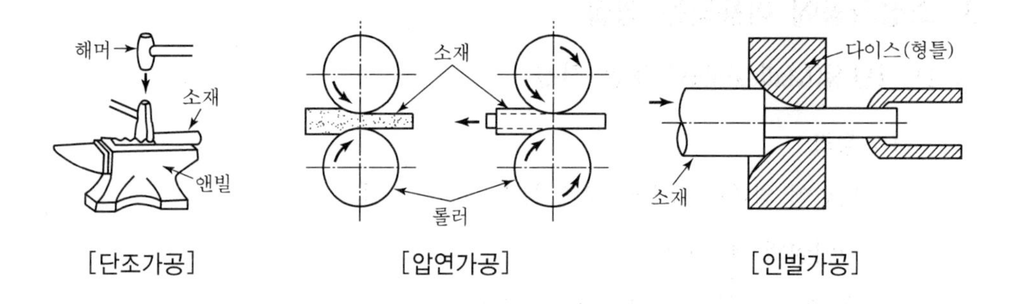

[단조가공] [압연가공] [인발가공]

(4) 압출가공(Extruding)

상온 또는 가열된 금속을 실린더 형상을 한 컨테이너에 넣고, 한쪽에 있는 램에 압력을 가하여 압출한다.

(5) 판금가공(Sheet Metal Working)

판상 금속재료를 형틀로써 프레스(Press), 펀칭, 압축, 인장 등으로 가공하여 목적하는 형상으로 변형 가공하는 것

(6) 전조가공(Form Rolling)

작업은 압연과 유사하나 전조 공구를 이용하여 나사(Thread), 기어(Gear) 등을 성형하는 방법

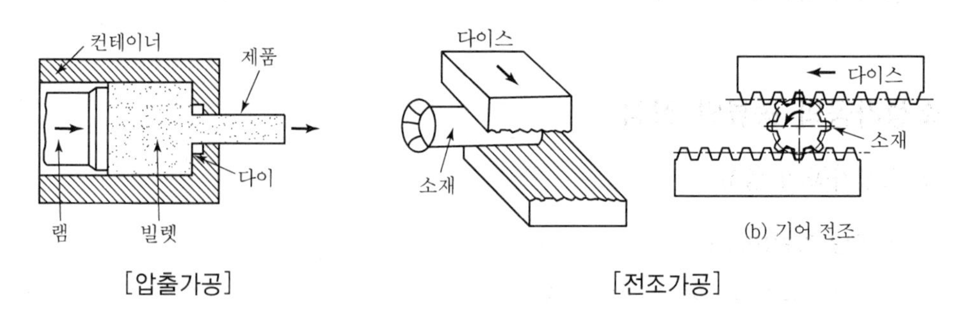

[압출가공] [전조가공]

2) 소성가공의 장점

(1) 보통 주물에 비하여 성형된 치수가 정확하다.
(2) 금속의 결정조직이 치밀하게 되고 강한 성질을 얻는다.
(3) 대량생산으로 균일제품을 얻을 수 있다.
(4) 재료의 사용량을 경제적으로 할 수 있다.

[2] 냉간가공과 열간가공

1. 냉간가공(상온가공 : Cold Working)

1) 정의

재결정온도 이하에서 금속의 인장강도, 항복점, 탄성한계, 경도, 연율, 단면수축률 등과 같은 기계적 성질을 변화시키는 가공

2) 특징

(1) 가공면이 아름답고 정밀한 모양을 얻을 수 있다.
(2) 가공경화로 강도는 증가하나 연신율이 작아진다.
(3) 가공방향으로 섬유조직이 생기고 판재 등은 방향에 따라 강도가 달라진다.

2. 열간가공(고온가공 : Hot Working)

1) 정의

재결정온도 이상에서 하는 가공

2) 장단점

(1) 장점

1회에 많은 양의 변형, 가공시간이 짧다. 동력이 적게 들며, 조직을 미세화

(2) 단점

표면이 산화되어 변질, 균일성이 적다. 치수에 변화가 많아짐

[문제 01] **가공경화(Work Hardening)와 재결정 온도**

1. 재결정

금속의 결정입자를 적당한 온도로 가열하면 변형된 결정입자가 파괴되어 점차로 미세한 다각형 모양의 결정입자로 변화

2. 가공도와 재결정 온도

재결정 온도와 가공도와의 관계를 조사하여 보면 일반적으로 가공도가 큰 재료의 재결정은 낮은 온도에서 생기고, 가공도가 작은 것의 재결정은 높은 온도에서 생긴다. 가공도가 큰 것은 새로운 결정핵이 생기기 쉬우므로 재결정이 낮은 온도에서 생긴다. 그러나 가공도가 작은 것은 결정핵의 발생이 적어 높은 온도까지 가열하지 않으면 재결정이 완료되지 않는다.

일반적으로 변형량이 클수록 변형 전의 결정립이 작을수록 금속의 순도가 높을수록 변형 전의 온도가 낮을수록 재결정 온도는 낮아진다.

3. 가공경화와 재결정온도

금속재료를 상온에서 Forging, Rolling, 인발, 압출, Press 가공 등의 가공을 하면 강도와 경도가 증가하고 연율은 줄어든다. 이 현상을 가공 경화라 하며 원인은 상온에서 금속의 유동성이 불량한데 가공하기 위한 큰 외력이 증가하므로 내부응력이 증가하여 발생한다. 이때 조직에서 부서진 결정 입자가 있는데 이것을 가열하여 어떤 온도로 유지하면 새로운 결정 입자가 생겨 가공 경화된 부분이 원상태로 돌아간다.

이 현상을 재결정 온도라 부른다. 이와 같이 재결정이 생기는 온도를 재결정 온도라고 하며 강철은 400~500℃ 정도이다. 따라서 재결정 온도 이상에서의 가공은 가공경화가 발생하지 않는다. 이와 같은 가공을 열간가공이라 하고 재결정 온도 이하의 가공을 냉간가공이라 한다.

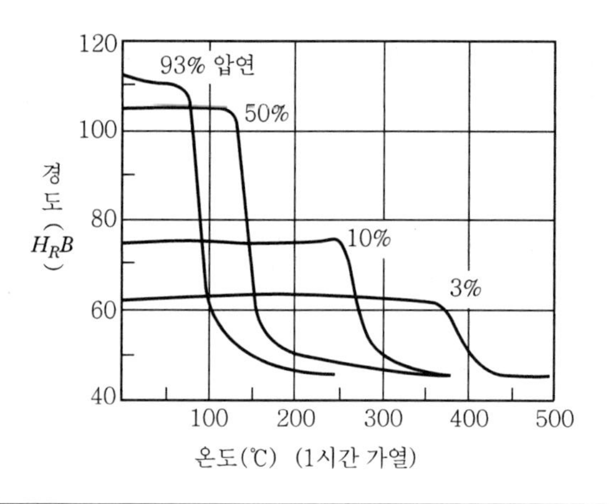

3 단조의 종류와 단조 에너지

1. 단조의 종류

→ 열간단조(Hot Forging) : Hammer단조, Press단조, Upset단조, 압연단조

→ 냉간단조(Cold Forging) : Cold Heading, Coining, Swaging

재료를 기계나 해머로 두들겨 성형하는 가공을 단조라 하며, 재결정온도를 기준으로 재결정온도 이상에서 작업하는 가공을 열간가공이라 하고, 재결정온도 이하에서 가공하는 것을 냉간가공이라 한다.

장단점	열간단조	냉간단조
장점	① 주조조직의 유공정(Pin Hole)이 제거된다. ② 치밀하고 균일한 조직이 된다. ③ 소성이 증가한다. ④ 가공이 용이하고, 표면의 거친 가공이 용이하다.	① 가공면이 아름답고 정밀하다. ② 사용재료의 손실이 적다. ③ 제품의 치수를 정확히 할 수 있다. ④ 어느 정도 기계적 성질을 개선시킬 수 있다.
단점	산화로 정밀한 가공이 곤란하다.	가공이 어렵다.

1) 자유단조

개방형 형틀을 사용하여 소재를 변형시키는 것

2) 형단조(Die Forging)

(1) 정의

2개의 다이(Die) 사이에 재료를 넣고 가압하여 성형하는 방법

(2) 특징

복잡한 형상을 가진 제품을 값싸게 대량 생산할 수 있는 장점이 있으나, 형틀의 가격이 비싸다.

3) 업셋단조(Upset Forging)

가열된 재료를 수평으로 형틀에 고정하고 한쪽 끝을 돌출시키고 돌출부를 축 방향으로 헤딩공구(Heading Tool)로써 타격을 주어 성형

〈 업셋단조의 3원칙 〉

① 제1원칙 : 1회의 타격으로 제품을 완성하려면 업셋할 길이 L은 소재 직경 D_0의 3배 이내로 한다.(보통 2.5배)

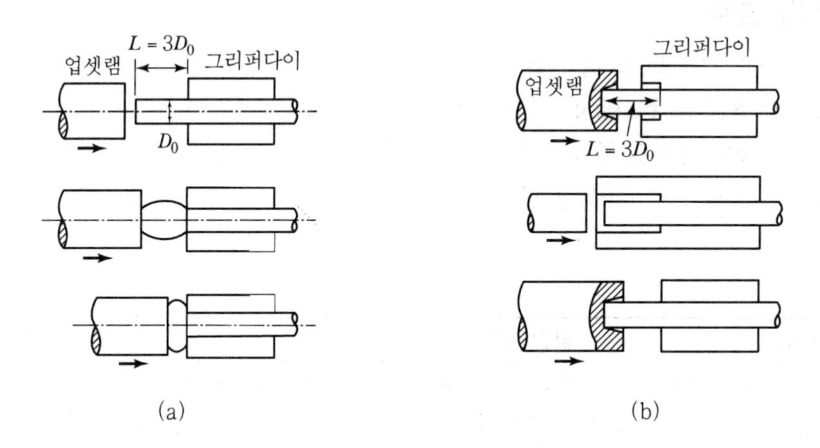

[업셋단조의 제1원칙]

② 제2원칙 : 제품 직경이 $1.5D_0$보다 작을 때는 L은 $(3\sim6)D_0$로 한다. 소재의 길이가 너무 길면 1회에 작업하지 않고 중간공정으로 테이퍼 예비형상을 만든 후 최종제품을 성형하는 것이 바람직하다.

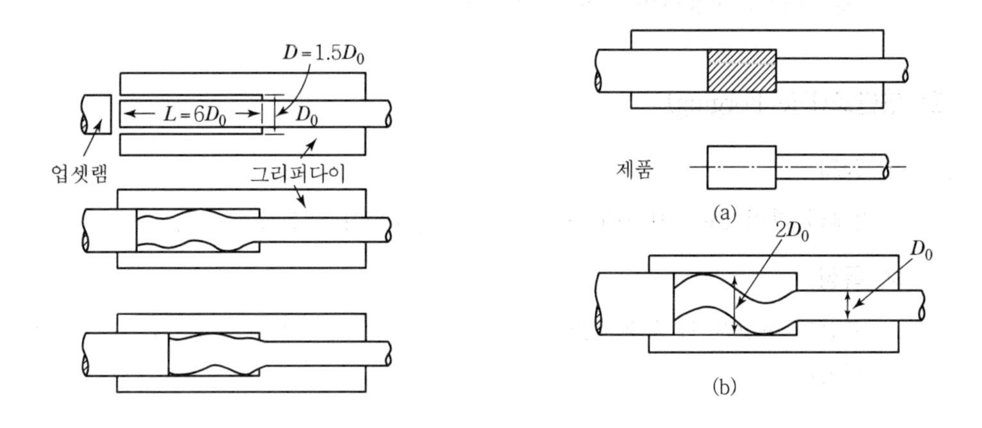

[업셋단조의 제2원칙]

③ 제3원칙 : 제품 직경이 $1.5D_0$이고 $L>3D_0$일 때 업셋램과 Die와의 간격은 D_0를 넘어서는 안 된다.

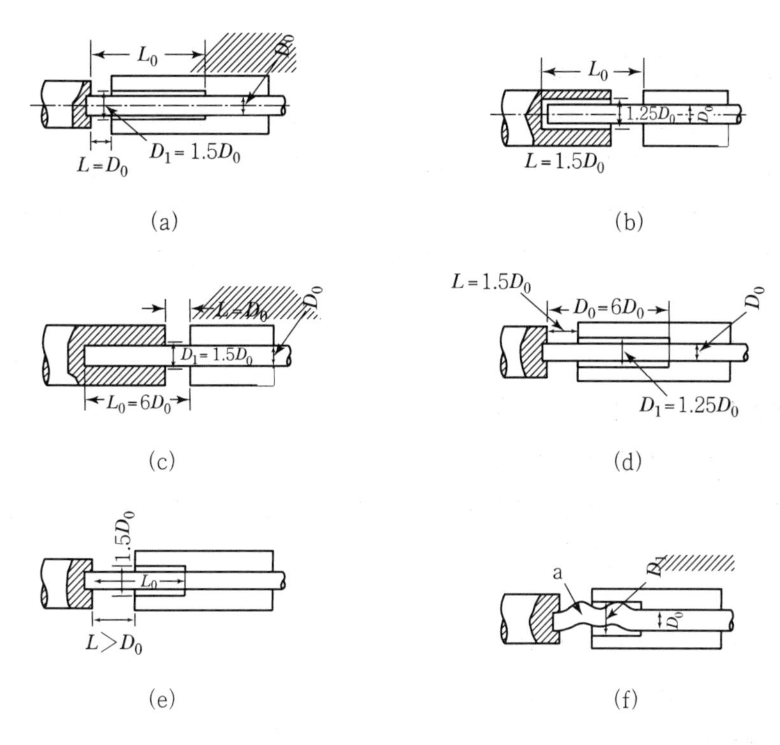

[업셋단조의 제3원칙]

4) 압연단조

1쌍의 반원통 롤러 표면 위에 형을 조각하여 롤러를 회전시키면서 성형하는 것으로 봉재에 가늘고 긴 것을 성형할 때 이용

5) 콜드 헤딩(Cold Heading)

볼트나 리벳의 머리 제작에 이용

6) 코이닝(Coining)

동전이나 메달 등을 만드는 가공법

7) 스웨이징(Swaging)

봉재 또는 관재의 지름을 축소하거나 테이퍼(Taper)를 만들 때 사용

2. 변형저항과 단조 Energy

단조기계는 순간적으로 충격력을 가하는 기계해머류 및 기계프레스와 천천히 가압하는 유압 프레스 등으로 구분할 수 있다. 기계해머는 낙하 중량과 타격속도를 이용하여 가공을 행하며 프레스는 해머에 비해 단시간의 충격이 아니고 내부까지 그 작용을 임의 시간동안 가할 수 있다. 일반적으로 기계 해머는 낙하 중량으로 유압프레스는 램의 압력으로 용량을 표시한다.

1) 변형저항(K)

(1) 변형저항이 영향을 받는 원인

① h/A_o의 비율이 작을 때에는 크게 된다.

② 접촉면의 중심부는 외주변보다 크고 또한 같은 분포상태를 갖지 않는다.

③ 접촉면이 거칠 때에는 크게 된다.

④ 변형속도가 크게 되면 증가한다.

⑤ 가공온도가 높으면 작아진다.

(단, h는 높이, A_o는 단면적이다.)

(2) 변형저항의 계산

$$K = K_0 + K_1,\ E_K = KV_K \qquad \therefore K = \frac{E_K}{V_K}$$

여기서, K_1 : 외부조건에서 오는 저항
K : 이론적 변형저항
E_K : 전체에너지
V_K : 체적

2) 단조 Energy(E)

$$E = Ph = \frac{mv^2}{2}\eta = \frac{v^2}{2g}W\eta \qquad \therefore P = \frac{v^2}{2gh}W\eta$$

여기서, W : 해머의 중량(kg)
v : 타격순간의 해머속도
η : 해머의 효율
h : 타격에 의한 단조재료의 높이변화
P : 타격하는 힘

4 전조

1. 전조의 개요

1) 전조

다이(Die)나 Roll과 같은 성형공구를 회전 또는 직선 운동시키면서 그 사이에 소재를 넣어 공구의 표면형상으로 각인하는 일종의 특수 압연이라 볼 수 있다.

2) 전조제품

원통 롤러, Ball, Ring, 기어, 나사, Spline 축, 냉각 Fin이 붙은 관

3) 전조의 특징

(1) 압연이나 압축 등에서 생긴 소재의 섬유가 절단되지 않기 때문에 제품의 강도가 크다.
(2) 소재나 공구가 국부적으로 접촉하기 때문에 비교적 작은 가공력으로 가공할 수 있다.
(3) Chip이 생성되지 않으므로 소재의 이용률이 높다.
(4) 소성변형에 의하여 제품이 가공 경화되고 조직이 치밀하게 되어 기계적 강도가 향상된다.

2. 전조의 종류

1) 나사전조(Thread Rolling)

(1) 가공방법

제작하고자 하는 나사의 형상과 Pitch가 같은 형틀(Die)에 나사의 유효지름과 지름이 거의 같은 소재를 넣고 나사전조 Die를 작용시켜 나사를 만든다.

(2) 나사 전조기의 종류

① 평Die 전조기 : 한 쌍의 평다이 중 하나는 고정하고 다른 하나를 직선운동을 시켜 1회의 행정으로 전조를 완성한다.
② Roller Die 전조기 : 2개의 Roller Die로 되어 있는데 두 축은 평행하고 그 중 하나는 축이 이동하도록 되어 있으며 다른 하나는 위치가 고정되어 있다.
③ Rotary Planetary 전조기 : 자동으로 장입된 소재가 타단에서 완성된 나사로 나오며 대량 생산에 적합하다.

④ 차동식 전조기 : 2개의 둥근 다이를 동일 방향으로 회전시키며 소재를 다이의 원주속도 차의 1/2의 속도로 공급하여 다이의 최소간격을 통과할 때 나사가공이 완성된다.

(3) 나사전조의 특징

① 소성변형에 의해 조직이 양호하다.
② 인장강도는 증대된다.
③ 피로한도가 상승되어 충격에 대하여도 강하게 된다.
④ 정밀도가 높다.
⑤ 제품의 균등성이 좋다.
⑥ 가공시간이 짧으므로 대량 생산에 적합하다.

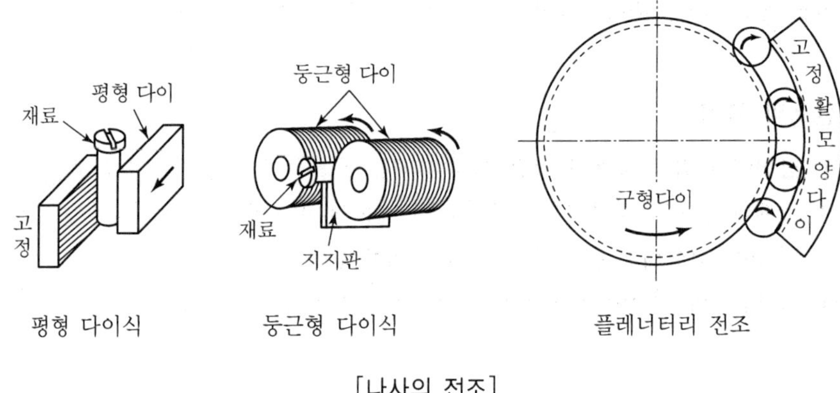

[나사의 전조]

2) Ball 전조(Ball Rolling)

(1) 2개의 다이인 수평롤러는 동일 평면 내에 있지 않고 교차되어 있어 소재에 전조압력을 가하면서 소재를 이송한다.

(2) 다이의 홈은 Ball을 형성하는 가공면이며 산은 소재를 오목 패이게 하면서 최후에는 절단하는 역할을 한다.

3) 원통 Roller 전조(Cylindrical Roller Rolling)

Ball의 전조에서처럼 다이인 Roller를 교차시킬 수 없고 평행하게 하여야 하며 한쪽의 다이 Roller에만 필요한 나선형의 홈을 만들어 가공한다.

4) Gear 전조

(1) 기어 전조기의 종류

① Rack Die 전조기

㉠ 한 쌍의 Rack Die 사이에 소재를 넣고 압력을 가하면서 Rack을 이동시켜 소재를 굴리면 Die의 홈과 맞물리는 Gear가 전조된다.

㉡ Spline 축의 전조에도 이용되며 소형 Gear의 가공에 적합하다.

② Pinion Die 전조기 : Pinion Die를 소재에 접촉시키면서 압력을 가한 상태에서 회전시키면 치형이 만들어지며 전조력이 클 때에는 2개 또는 3개의 Pinion Die로 다른 방향에서 가압한다.

③ Drill 전조 : 드릴과 탭의 홈을 가공

④ Hob Die 전조기

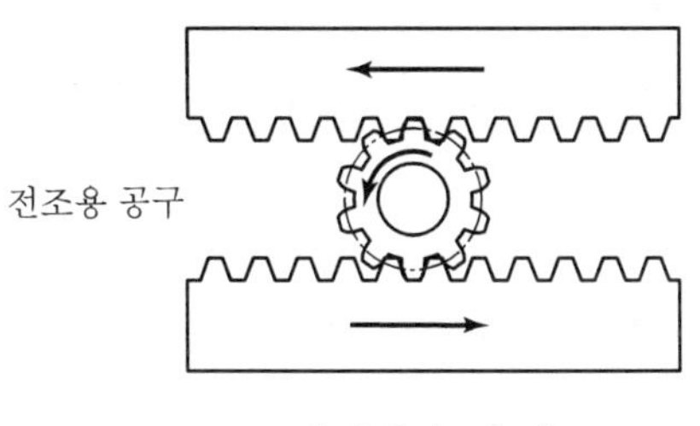

[기어의 전조]

(2) 기어 전조기의 특징

① 재료가 절약되고, 원가가 싸게 든다.

② 결정조직이 치밀해진다.

③ 제작이 간단하고 빠르다.

④ 연속적인 섬유조직을 가진 강력한 재질로 된다.

5 Press 가공의 개요와 종류

1. Press 가공의 개요

1) 프레스 가공

프레스기계를 이용한 가공

2) 프레스

회전운동을 직선운동으로 바꾸는 등 각종 기구를 이용하여 펀치와 다이 사이의 소재를 가압하여 성형하는 기계

3) 프레스 가공의 특징

대량 생산이 가능하고 고속 및 대용량으로 할 수 있다.

4) 프레스 제품

각종 용기, 장식품, 가구 및 자동차, 항공기, 선박, 건축 등의 구조물

2. 프레스 가공의 특징

1) 복잡한 형상을 간단하게 가공한다.
2) 절삭에 비해 인성 및 강도가 우수하다.
3) 정밀도가 높고 대량 생산이 가능하다.
4) 재료 이용률이 높다.
5) 가공속도가 빠르고 능률적이다.
6) 절삭가공만큼 숙련된 기술을 요하지 않는다.

3. Press 가공의 종류

1) 전단가공(Shearing)

목적에 알맞은 형상의 공구를 이용하여 금속소재에 전단변형을 주어 최종적으로 파단을 일으켜 필요한 부분을 분리시키는 가공을 전단가공이라 하는데, 소재는 펀치(Punch)와 다이(Die) 사이에서 소성변형과 전단단계를 거쳐 최종적으로 파단이 된다.

(1) 전단력 및 파단면의 형상

① 전단력

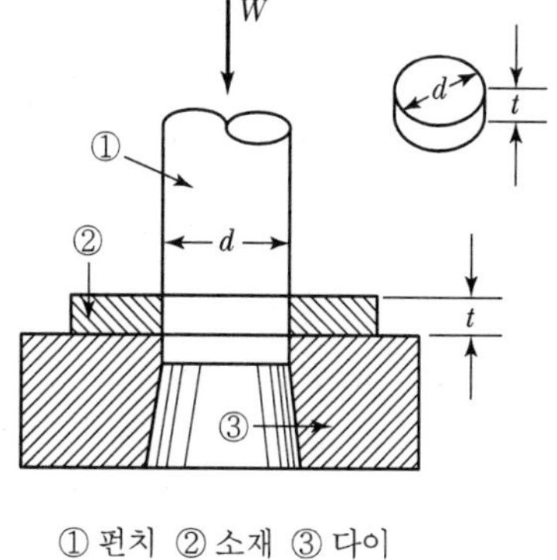

① 펀치 ② 소재 ③ 다이

[펀치와 다이]

$$W = \pi d t \tau \text{ (kg)}$$

여기서, W : 펀치에 작용하는 전단하중(kg)
τ : 소재의 전단강도(kg/mm^2)
t : 소재의 두께)

② 파단면 형상

㉠ 파단면은 압축과 굽힘으로 인하여 윗면은 둥글게 되며 재료의 흐름이 일어난 전단면은 깨끗하고 파단된 면은 거칠다.

㉡ 일반적으로 전단단계에서 파단이 일어나기 시작 할 때의 균열 발생은 날끝에서부터 시작하는 것이 보통이지만 날끝이 무디어지거나 연한 재료를 사용하는 경우에서는 균열이 날끝 주위부터 시작되면서 제품 측면에 거스러미(Burr)를 발생시킨다.

㉢ 거스러미는 전단가공의 특징으로 완전히 없앨 수는 없으며 판 두께의 10% 이하로 규제되는 조건이 적용된다.

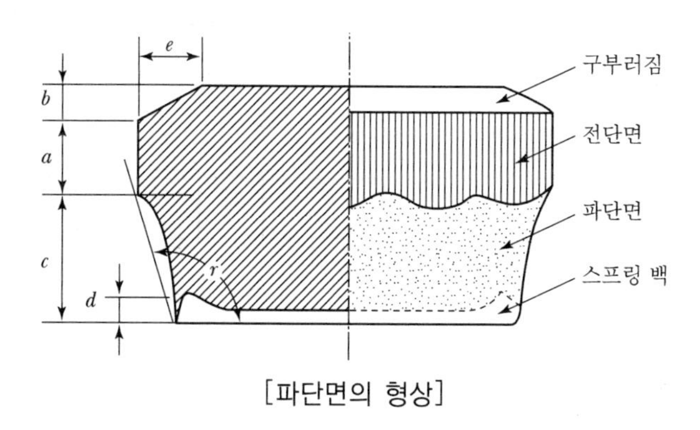

[파단면의 형상]

(2) 전단에 소요되는 동력(H_{ps})

$$H_{ps} = \frac{W v_m}{75 \times 60 \times \eta}$$

여기서, v_m : 평균전단속도(m/min), η : 기계효율(0.5~0.7)

(3) 전단가공의 종류

① 블랭킹(Blanking) : 판재를 펀치로써 뽑는 작업을 말하며 그 제품을 Blank라고 하고 남은 부분을 Scrap이라 한다.

② 펀칭(Punching) : 원판 소재에서 제품을 펀칭하면 이때 뽑힌 부분이 스크랩으로 되고 남은 부분은 제품이 된다.

③ 전단(Shearing) : 소재를 직선, 원형, 이형의 소재로 잘라내는 것을 말한다.

④ 분단(Parting) : 제품을 분리하는 가공이며 다이나 펀치에 Shear를 둘 수 없으며 2차 가공에 속한다.

⑤ 노칭(Notching) : 소재의 단부에서 단부에 거쳐 직선 또는 곡선상으로 절단한다.

⑥ 트리밍(Trimming) : 지느러미(Fin) 부분을 절단해내는 작업. Punch와 Die로 Drawing 제품의 Flange를 소요의 형상과 치수로 잘라내는 것이며 2차 가공에 속한다.

⑦ 셰이빙(Shaving) : 뽑거나 전단한 제품의 단면이 아름답지 않을 때 클리언스가 작은 펀치와 다이로써 매끈하게 가공한다.

⑧ 브로칭(Broaching) : 절삭가공에서의 Broach를 Press 가공의 Die와 Punch에 응용한 것이라 볼 수 있으며 구멍의 확대 다듬질, 홈가공은 Punch를 Broach로 하고 외형의 다듬질에는 Die를 Broach로 한다.

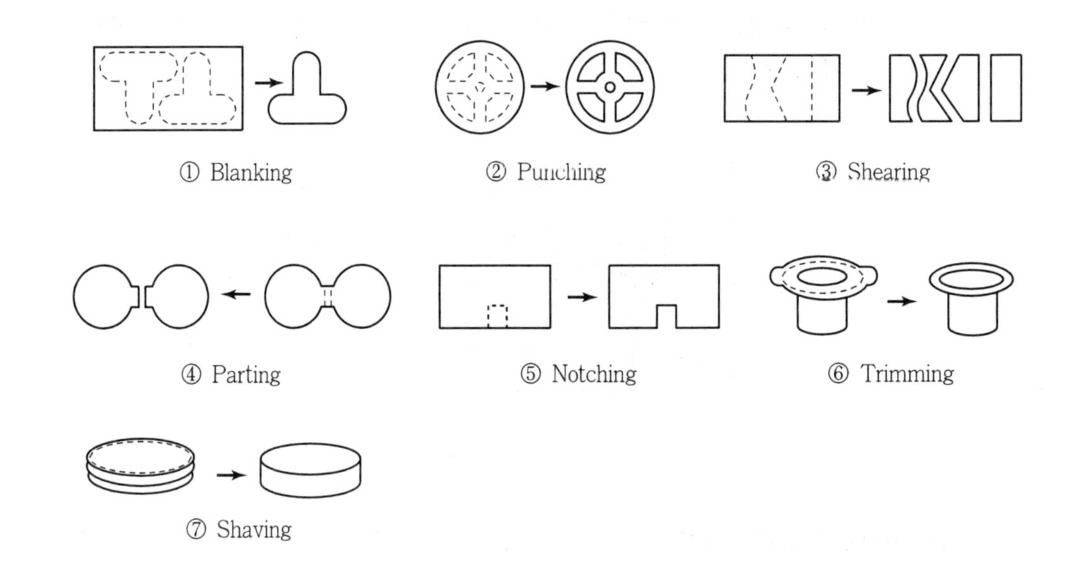

2) 굽힘가공(Bending)

(1) 스프링백(Spring Back)

소성변형에 의해 재료는 굽혀지나 탄성변형도 있으므로 외력을 제거하면 원래의 상태로 되돌아가려는 성질을 스프링백이라 한다.

특히 외측에 인장응력, 내측에 압축응력이 작용하는 굽힘가공에서 그 현상이 심하며 탄성한도가 높고 경한 재료일수록 Spring Back 양이 크다.

스프링백은 재질, 작업조건, 금형구조 등의 여러 가지 조건에 영향을 받는다.

(2) 스프링백의 현상

① 재질의 영향

탄성한도, 인장강도가 높은 것일수록 스프링백은 크고, 연성이 큰 것일수록 가공성이 좋고 스프링백이 작으므로 필요에 따라 풀림 열처리를 고려한다.

② 굽힘 반지름의 영향

보통 판 두께에 대한 굽힘 반지름의 비가 클수록 스프링백은 커진다. 즉 같은 판 두께에 대하여 굽힘 반지름이 클수록 스프링백 양이 크고 굽힘 반지름이 작을수록 작다. 따라서 가능한 한 최소 굽힘 반지름에 가깝게 굽힘가공하는 것이 필요하다.

③ 다이 어깨폭의 영향

다이 어깨폭이 작아지면 스프링백 양은 증가하여 제품 각도의 불균일이 많아지고 어깨 폭이 넓어지면 스프링백 양이 작아지나 형상불량이 나타난다. 같은 어깨 폭에 대해서는 굽힘 반지름이 크면 클수록 스프링백이 증가되며 대체로 어깨폭/판두께 비가 8 이상 되면 거의 일정한 값으로 작아진다.

④ 패드 압력의 영향

V 굽힘 시에는 대체로 사용하지 않지만 U 굽힘 시에는 패드 압력을 이용하여 스프링백이 적도록 한다.

(3) 스프링백의 원인

① 경도가 높을수록 커진다.

② 같은 판재에서 구부림 반지름이 같을 때에는 두께가 얇을수록 커진다.

③ 같은 두께의 판재에서는 구부림 반지름이 클수록 크다.

④ 같은 두께의 판재에서는 구부림 각도가 작을수록 크다.

(4) 스프링백의 방지대책

① V 굽힘 금형의 경우

㉠ 펀치 각도를 Die 각도보다 작게 하여 과굽힘(Over Bending)한다.

㉡ Die에 반지름을 붙여 굽힘판 중앙에 강한 압력을 가한다.
㉢ 펀치 끝에 돌기를 설치하여 Bottoming시킨다.

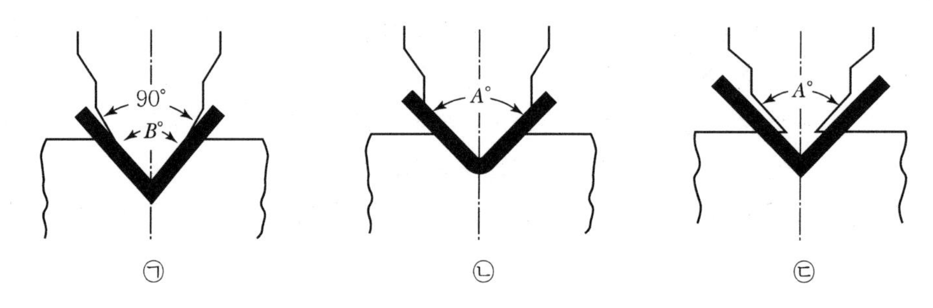

[V 굽힘에서의 펀치, 다이 형상]

② U 굽힘 금형의 경우
㉠ 펀치 측면에 Taper를 약 3~5° 준다.
㉡ 펀치 밑면에 돌기를 설치하여 Bottoming 시킨다.
㉢ 다이 어깨부에 Rounding을 붙이거나 Taper를 붙이는 방법
㉣ 펀치 밑면을 오목하게 한다(굽힘 밑면의 탄성회복에 의한 스프링백 제거).
㉤ 펀치와 다이의 틈새를 작게 하여 제품 측면에 Ironing(다림질) 가함
㉥ Die 측면을 Hinge(경첩)에 의한 가동식으로 과굽힘시키는 방법
㉦ 패드의 압력조정을 통하여 스프링백과 스프링고를 상쇄시킨다.

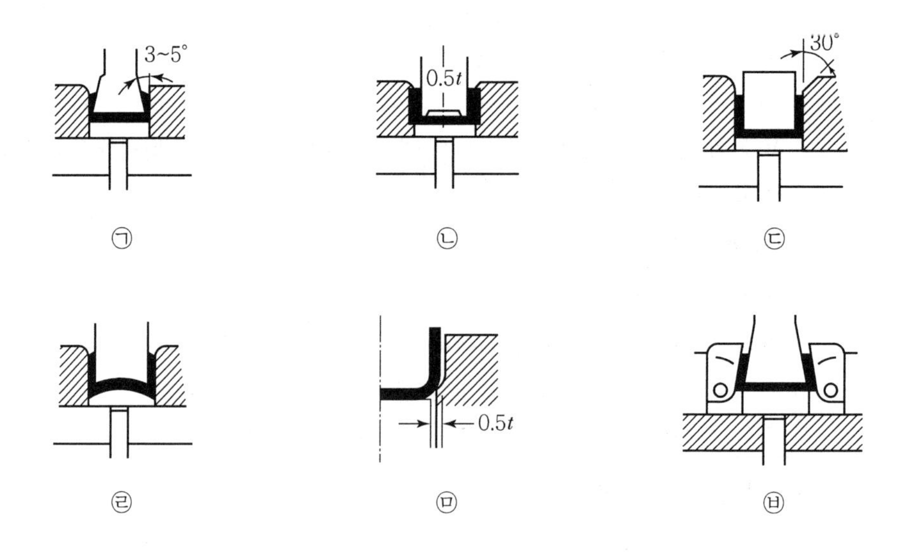

[금형 형상에 따른 스프링백 방지]

6 Press의 종류와 Die

1. Press의 종류

1) 인력 Press

수동 프레스로서 족답(足踏)프레스가 있으며 얇은 판의 펀칭 등에 주로 사용

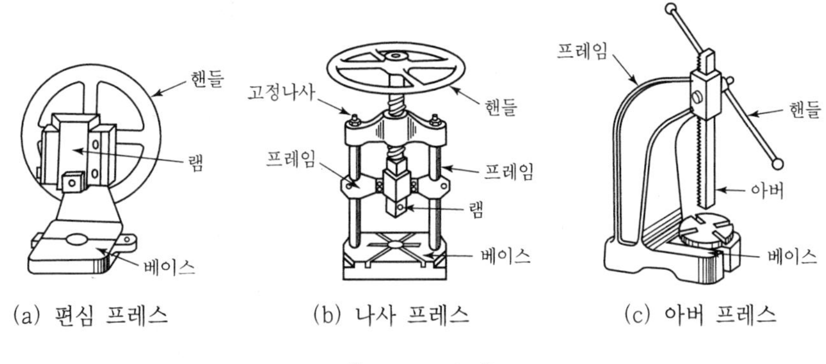

(a) 편심 프레스 (b) 나사 프레스 (c) 아버 프레스

[수동 프레스]

2) 동력 Press

(1) 기력(Energy) Press 또는 Power Press

① 크랭크 프레스(Crank Press) : 크랭크축과 커넥팅로드와의 조합으로 축의 회전운동을 직선운동으로 전환시켜 프레스에 필요한 램의 운동을 시키는 것

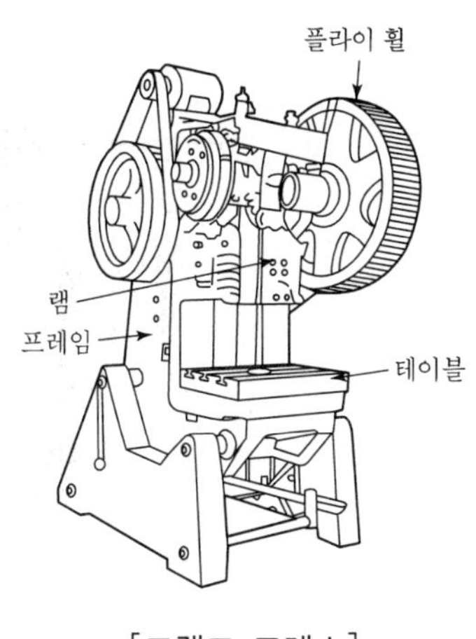

[크랭크 프레스]

② 익센트릭 프레스(Eccentric Press)

㉠ 페달을 밟으면 클러치가 작용하여 주축에 회전이 전달

㉡ 편심주축의 일단에는 상하 운동하는 램이 있고 여기에 형틀을 고정하여 작업

㉢ 뽑기작업, 블랭킹작업 및 펀칭에 사용

③ 토글 프레스(Toggle Press) : 플라이휠의 회전운동을 크랭크장치로써 왕복운동으로 변환시키고 이것을 다시 토글(Toggle)기구로써 직선운동을 하는 프레스로 배력장치를 이용

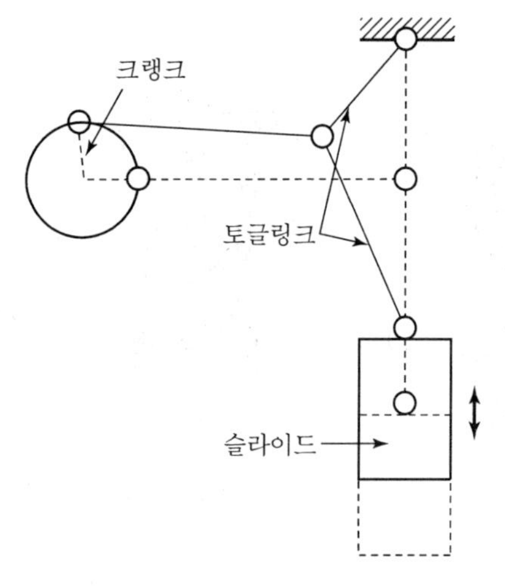

[토글 프레스]

④ 마찰 프레스(Friction Press) : 회전하는 마찰차로 좌우로 이동시켜 수평마찰차와 교대로 접촉시킴으로써 작업한다. 판금의 두께가 일정하지 않을 때 하강력의 조절이 잘되는 프레스

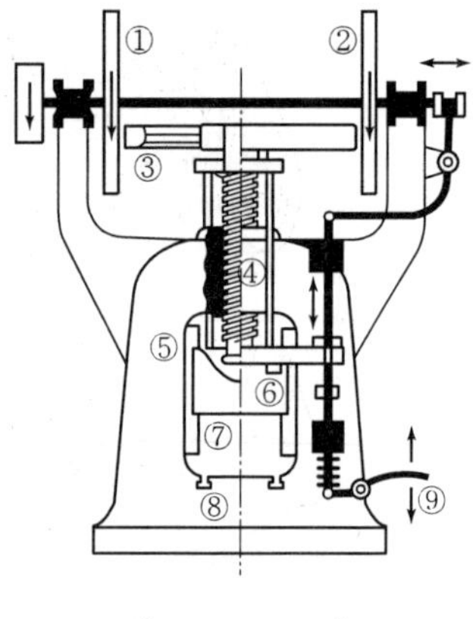

[마찰 프레스]

(2) 액압 프레스

① 용량이 큰 프레스에는 수압 또는 유압으로 기계를 작동시키는 프레스
공칭압력=피스톤면적×액체압력

② 특징

㉠ Press의 작동 행정을 임의로 조정할 수 있다.

㉡ 행정에 관계없는 가공력을 갖는다.

㉢ 큰 용량의 가공이 가능하다.

㉣ 과부하의 발생이 거의 생기지 않는다.

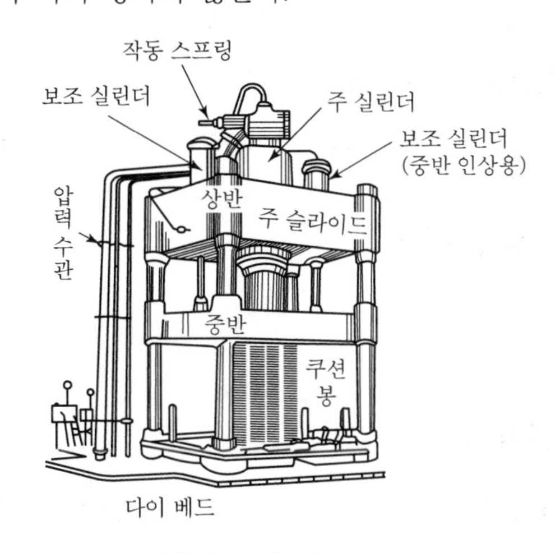

[액압 프레스]

2. 형틀(Die)

1) 뽑기형틀(Blanking Die)

(1) 단일뽑기형틀(Plain Blanking Die)

판금소재(Blank)를 적당한 형상으로 뽑는 형틀로 보통 많이 사용된다.

(2) 다열형틀(Follow Die)

한 개의 형틀에 여러 개의 공구를 고정하여 프레스가 한 번 작동함에 따라 같은 제품을 여러 개 만드는 것

(3) 다단뽑기형틀(Multiple or Gang Die)

한 개의 제품을 만들 때에 재료가 순차적으로 이동되면서 형상이 다른 형틀의 가공을 받아 제품이 완성되는 방법

(4) 복식뽑기형틀(Compound Die)

상하형틀이 각각 펀치와 다이를 가지고 있어 외형 및 구멍 등을 한 번에 뽑는 뽑기형틀

2) 드로잉형틀(Drawing Die)

한 개의 형틀에 여러 개의 공구를 고정하여 프레스가 한 번 작동함에 따라 같은 제품을 여러 개 만드는 것

(1) 단동식 형틀(Single Action Die)

준비된 소재를 펀치로 눌러서 조형한다.

(2) 복동식 형틀(Double Action Die)

1차 작동으로 가공물을 고정하고, 2차 작동으로 가공물을 조형한다.

3) 굽힘형틀(Bending Die)

단압, 복압, 원형굽힘형틀이 있다.

3. 프레스의 안전장치

1) 1행정 1정지기구

2) 급정지기구

3) 비상정지장치

4) 미동기구

5) 안전블럭

프레스는 슬라이드가 불의에 하강하는 것을 방지할 수 있는 안전블럭을 비치하고 또한 안전블럭 사용 중에 슬라이드를 작동시킬 수가 없도록 하기 위한 인터록기구를 가진 것이어야 한다.

6) 양수조작식 방호장치

7) 가드식 방호장치

8) 광전자식 방호장치

신체의 일부가 광선을 차단한 경우에 대해 광선을 차단한 것을 검출하여 이것에 의해 슬라이드의 작동을 정지시킬 수 있는 구조의 것이어야 한다.

9) 손쳐내기식 방호장치

10) 수인식 방호장치

11) 과부하 방지장치

기계프레스의 슬라이드 내부에는 압력능력 이상의 부하로 사용할 경우에 프레스를 보호하기 위하여 과부하방지장치를 설치하여야 한다.

12) 과도한 압력상승 방지장치

기계프레스는 클러치 또는 브레이크를 제어하기 위한 압력이 과도하게 상승하는 것을 방지할 수 있는 안전장치를 비치하고 당해 압력이 소요압력 이하로 저하된 경우 자동적으로 슬라이드의 작동을 정지시킬 수 있는 기구를 가진 것이어야 한다.

CHAPTER 03 강의 열처리

1 열처리의 개요

1. 열처리의 목적과 종류

1) 열처리의 목적

탄소강의 기계적 성질을 개선할 목적으로 온도를 가열한 후 일정한 냉각속도로 냉각하여 확산이나 변태를 일으켜 조직을 만들거나 내부의 불필요한 변형을 제거하여 사용하기에 요구되는 조직을 만들어 목적하는 성질이나 상태를 얻기 위한 처리를 열처리라 한다.

2) 열처리의 종류

(1) 담금질(Quenching)

탄소강의 경도를 크게 하기 위하여 적당한 온도까지 가열 후 급랭시키는 방법이다. 일반적으로 A_3 변태점 또는 A_{cm} 선보다 높은 온도에서 일정시간 유지한 다음 물 또는 기름에서 급랭시킨다. 물은 냉각효과가 뛰어나지만 강 표면의 기포막에 의해 냉각을 방해받아 불균일한 균열이 생길 수 있다. 기름은 냉각효과는 떨어지지만 합금강의 담금질에 적당하다.

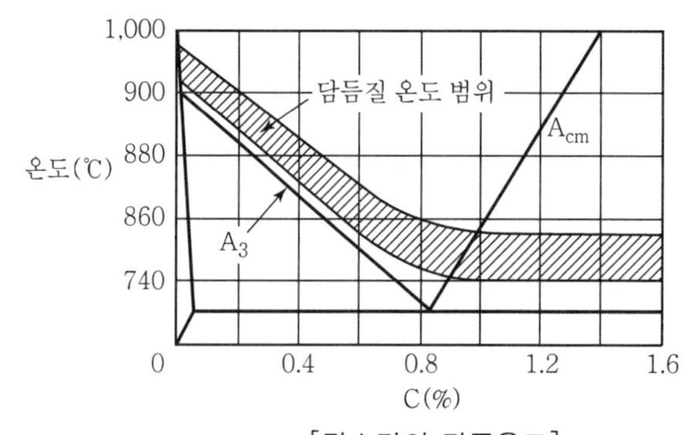

[탄소강의 담금온도]

(2) 뜨임(Tempering)

담금질한 강은 경도는 크지만 취약하므로 인성을 증가시키기 위하여 A_1(723℃) 이하의 적당한 온도로 가열 후 냉각시킨다.

(3) 풀림(Annealing), 소둔

인장강도, 항복점, 연신율 등이 낮은 탄소강에 적당한 강도와 인성을 갖게 하기 위하여 변태온도보다 30~50℃ 높은 온도로 일정한 시간 가열하여 미세한 오스테나이트로 변화시킨 후 열처리나 재속 또는 석회 속에서 서서히 냉각시켜 미세한 페라이트와 펄라이트 조직으로 만들어서 강철에 소성을 주게 하고 기계가공을 쉽게 하는 것이다.

① 완전소둔(Full Annealing)

㉠ 아공석강(C 0.025~0.8%) : A_3 이상 50℃(912℃+50℃)로 가열하여 완전 Austenite화 처리 후 매우 천천히 냉각

㉡ 과공석강(C 0.8~2.0%) : A_1 이상 50℃(723℃+50℃)로 가열하여 Austenite와 Cementite의 혼합조직이 되도록 충분히 유지한 다음 매우 천천히 냉각

② 구상화 소둔(Spheroidizing Annealing)

등온냉각 변태곡선(TTT)으로부터 구한 이상적인 소둔공정

㉠ 아공석강 : A_1 이하의 온도에서 처리

㉡ 강을 750℃에서 소둔 처리하면 100% 구상화가 이루어지고 동시에 경도가 최소로 된다.

③ 재결정 소둔(Recrystallization Annealing)

강을 600℃ 이상에서 소둔시키면 재결정이 일어난다. 유지시간 0.5~1시간

④ 응력제거 소둔(Stress Relief Annealing)

탄소강은 550~650℃ 온도로 가열한 후 500℃까지 노 내에서 서랭한 후 노에서 꺼내어 공랭한다. 공구 또는 기계부품은 300℃까지 노 내에서 아주 천천히 냉각한 후 꺼내어 공랭시킨다.

⑤ 균질화 소둔(Homogenizing Annealing)

주조 후 강을 응고시켰을 때 주조상태로의 조직은 대체로 불균질하다. 1,100℃에서 장기간 동안 소둔처리로 조직을 균질화한다.

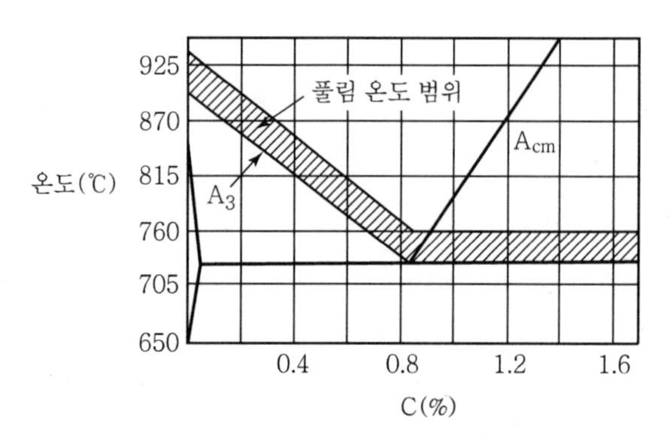

[탄소강의 풀림온도]

(4) 불림(Normalizing)

내부응력을 제거하거나 결정조직을 표준화시킨다.
단조나 압연 등의 소성가공으로 제작된 강재는 결정구조가 거칠고 내부응력이 불규칙하여 기계적 성질이 좋지 않으므로 연신율과 단면수축률 등을 좋게 하기 위하여 결정조직을 조정하고 표준조직으로 만들기 위해 A_3 변태나 A_{cm} 변태보다 약 40~60℃ 높은 온도로 가열한 오스테나이트의 상태에서 공랭하는 것이다.

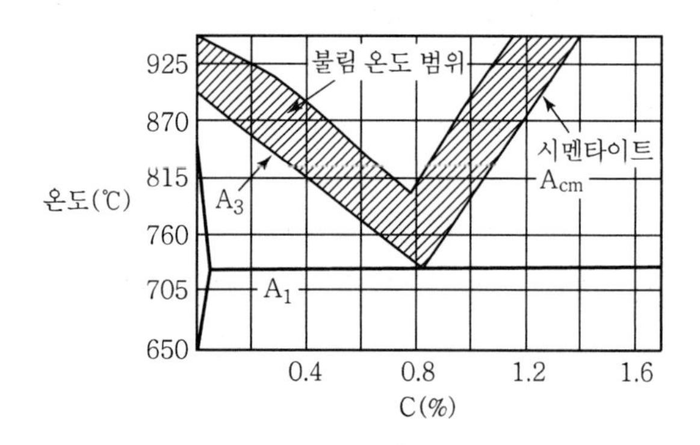

[탄소강의 불림온도]

2. 철강의 조직

1) 급랭조직

(1) 오스테나이트(Austenite)

탄소가 γ-Fe 중에 고용 또는 용해되어 있는 상태의 현미경 조직으로 담금질 효과가 가장 컸을 때 나타나는 조직이며 특수강(Ni, Mn, Cr를 함유한 강)에서 얻을 수 있고 형상은 다각형이다.

(2) 마텐사이트(Martensite)

탄소강을 수중냉각시켰을 때 나타나는 침상조직으로 경도가 큰 열처리 조직이고 내부식성 및 강도가 크다. H_B=600 정도이다.

(3) 트루스타이트(Troostite)

① Austenite를 기름냉각시킬 때 Martensite를 거쳐 다음 단계에서 나타나며 탄화철이 큰 입자로 α-Fe의 혼합된 조직이다.
② 경도는 크나 Martensite보다 작고 부식이 쉽게 된다.

(4) 소르바이트(Sorbite)

① 대강재를 유중에 냉각시키거나 소강재를 공기 중에서 냉각시킬 때 나타나는 입상조직이다.
② 트루스타이트보다 경도가 작고 Pearlite보다 경하며 강도, 인성, 탄성이 큰 조직으로 스프링에 널리 사용된다.

2) 서랭조직

(1) 페라이트(Ferrite, α 고용체) 또는 지철

① 탄소를 소량 고용한 순철 조직으로 강조직에 비하여 경도와 강도가 작다.
② H_B=30, 인장강도 30kg/mm^2 정도이며 강자성체이다.
③ Ferrite와 Fe_3C는 Alcohol, 피크린산, 초산 등에 부식되지 않고 그대로 남아 있기 때문에 현미경하에서 백색으로 보인다. 인장강도가 가장 낮다(30kg/mm^2).

(2) 펄라이트(Pearlite)

① 페라이트와 탄화철(Fe_3C)이 서로 파상으로 배치된 조직으로 현미경 조직은 흑백으로 된 파상선을 형성하고 있다.
② 절삭성이 좋다.
③ H_B=300, 인장강도 60kg/mm^2 정도이다.

(3) 시멘타이트(Cementite)

① 탄화철(Fe_3C)로서 침상 또는 망상조직이며, 경도가 가장 크고 취성이 있다.
② 경도가 가장 큰 H_B=800, 인장강도 40kg/mm^2 정도이다.

2 항온 열처리(Isothermal Heattreatment)와 열처리 설비

1. 항온 열처리

담금질과 뜨임의 두 가지의 열처리를 동시에 할 수 있는 열처리법이며 아래 그림에서 AB 간에 가열하여 Austenite로 되게 하고 이를 균일하고 완전한 Austenite가 되도록 BC 간을 유지하며 Salt Bath에서 급랭해서 담금질한다. 뜨임온도에서 DE 간을 유지한 후 공랭하여 뜨임을 행한다.

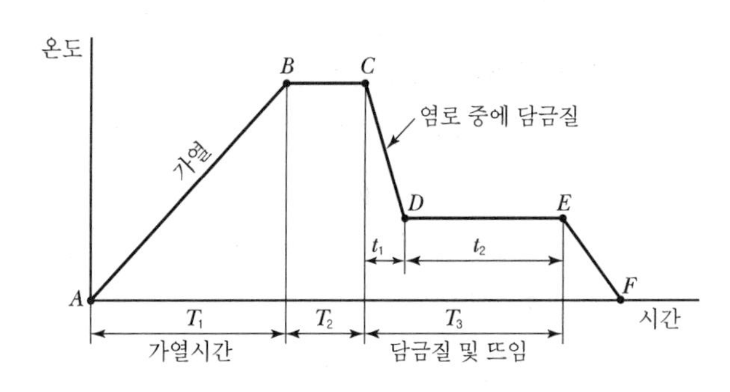

[항온 열처리에서의 가열 및 냉각]

1) 강의 항온변태선도 또는 TTT선도(Time－Temperature－Transformation Diagram)

Ms는 Martensite의 개시점, Mf는 완료점을 표시하며 S곡선의 좌단의 Nose(또는 Knee)가 좌단으로 이동할수록 담금질의 냉각속도가 커야 하기 때문에 담금질하기가 힘든 재료이며 우단으로 이동할수록 재료의 경화능이 커지게 된다. 강의 전조직을 Martensite로 할 수 있는 냉각속도(최저속도)를 임계냉각속도(Critical Cooling Rate)라 하며 Nose 측에 존재한다. 이때 생긴 조직은 오스테나이트, 마텐사이트, 상부 및 하부 베이나이트(Upper and Lower Bainite) 및 펄라이트 등으로서 베이나이트만이 계단 열처리 조직과 다르다.

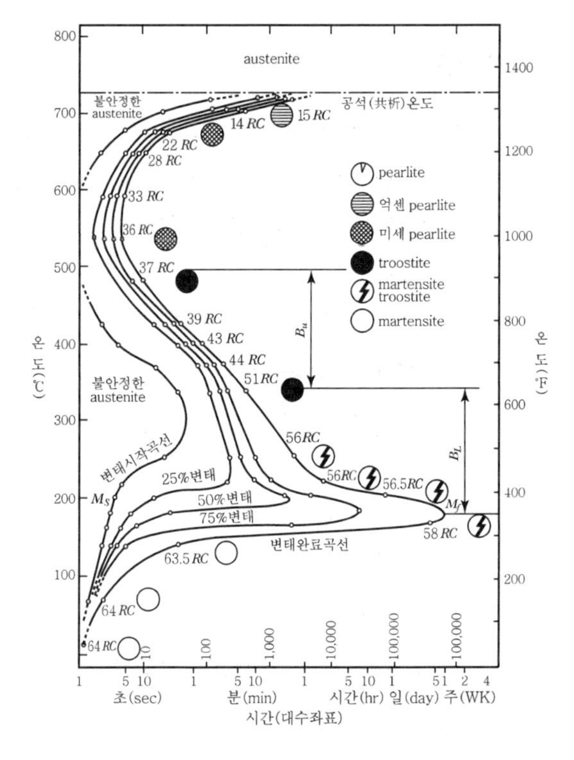

[T.T.T 곡선]

2) 항온열처리를 응용한 열처리의 종류

(1) 마퀜칭(Marquenching)

M_s(Martensite의 개시점)보다 다소 높은 온도의 염욕에 담금질한 후에 내부와 외부 온도가 균일하게 된 것을 마텐사이트 변태를 시켜 담금질 균열과 변형을 방지한다. 합금강, 고탄소강, 침탄부 등의 담금질에 적합하며 복잡한 물건의 담금질에 쓰인다.

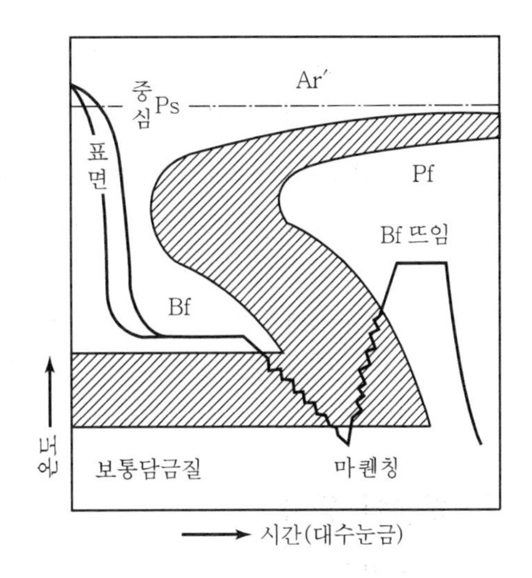

[마퀜칭]

(2) 오스템퍼(Austemper)

① Ms 상부과냉 Austenite에 변태가 완료될 때까지 항온 유지하여 베이나이트를 충분히 석출시킨 후 공랭하여 이것을 베이나이트 담금질이라고도 한다.

② 뜨임할 필요가 없고 오스템퍼한 강은 H_RC 35~40으로서 인성이 크고 담금질 균열 및 변형이 잘 생기지 않는다.

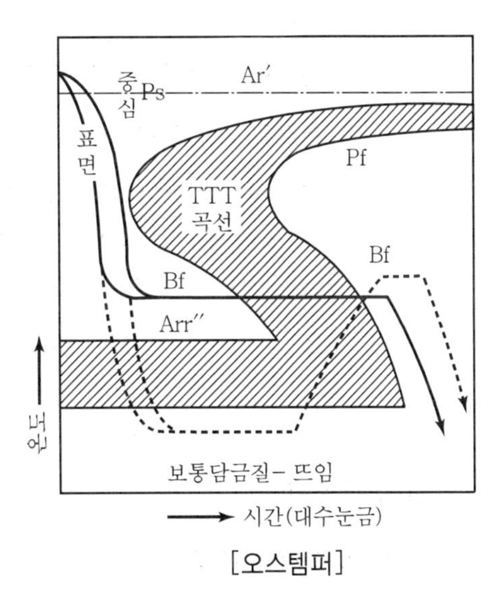

[오스템퍼]

(3) 마템퍼(Martemper)

① Austemper보다 낮은 온도 (M_s 이하)인 100~200℃에서 항온 유지한 후에 공랭하는 열처리로서 Austenite에서 Martensite와 Bainite의 혼합조직으로 변한다.

② 경도가 상당히 크고 인성이 매우 크게 되나 유지시간이 길어 대형의 것에는 부적당하다.

(4) 항온뜨임(Isothermal Tempering)

① Ms 온도 직하에서 열욕에 넣어 유지시킨 후 공랭하여 마텐사이트와 베이나이트가 혼합된 조직을 얻는다. 마텐사이트 내에 일부 베이나이트 조직을 얻기 때문에

베이나이트 템퍼링이라고도 한다.

② 뜨임에 의해 2차 경화되는 고속도강이나 공구강 등에 효과적이다.

(5) 등온풀림(Isothermal Annealing)

① 풀림온도로 가열한 강재를 S곡선의 코(Nose) 부근 온도인 600~650℃에서 항온 변태시킨 후 공랭한다. 펄라이트 변태가 비교적 빠른 속도로 진행된다.

② 처리시간이 단축되고 연속작업에 의한 대량생산이 가능. 공구강, 합금강 등 자경성(Self Hardening)의 강에 적합

2. 열처리 설비

1) 가열로

(1) 가열로의 종류

① 담금질, 뜨임, 불림용 : Muffle로, 전기저항로, 연속가열로, Salt Bath 등

② 풀림용 : 반사로, Muffle로, 가동휴로 등

(2) 가열로의 구비조건

① 온도조절이 용이하여야 한다.

② 노내의 온도분포가 균일하여야 한다.

③ 간접가열로 산화 및 탈탄 등이 없어야 한다.

(3) 연료

석탄, Cokes, Gas, 중유 및 전기 등

2) 냉각장치

(1) 냉각액의 종류

① 물 : 가장 널리 사용된다.

② 기름 : 물보다 열처리 효과는 작으나 온도변화에 대한 영향이 작고 균일한 냉각에 적당하며 각종 특수강의 급랭에 사용된다.

③ 소금물, 묽은 황산용액 : 물보다 냉각효과가 더 크다.

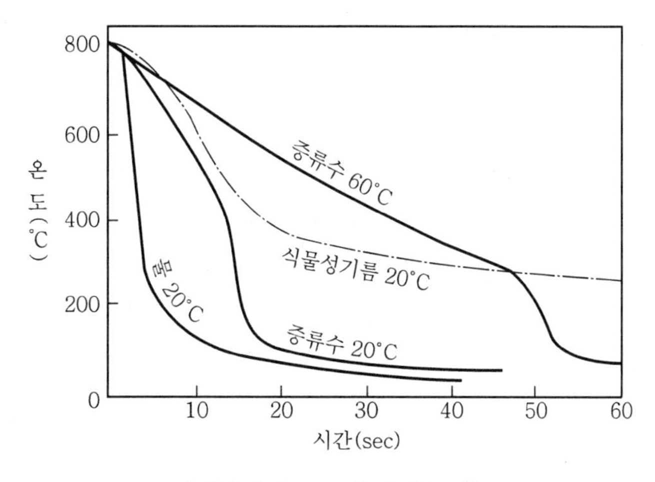

[냉각제의 종류와 냉각속도]

(2) 냉각효과의 순서

기름<물<소금물<묽은 황산용액

냉각액이 항상 일정한 온도를 유지할 수 있도록 될 수 있는 대로 냉각조를 크게 하고 냉각액이 잘 순환할 수 있도록 제작한다.

(3) 고온계

일반적으로 열전대식 고온계가 사용되며 2개의 상이한 금속을 접합하였을 때 그 접점에서 발생하는 기전력에 의하여 온도를 측정한다.

3 계단식 열처리

1. 담금질(Quenching)

1) 담금질 이론

(1) 담금질의 정의

강의 담금질은 오스테나이트 구역온도 이상으로 가열한 후 물이나 기름 등에서 급랭시켜 적당한 기계적 성질을 개선시키는 열처리로서 주로 경화를 목적으로 하며 경화되는 정도는 탄소함유량 및 냉각속도에 따라 달라진다.

(2) 냉각속도에 따른 변태차이

① Pearlite 형성(노중냉각)

㉠ Ac_1 이상의 온도에 달한 후에 가열로에서 서서히 냉각시키면 먼저보다 다소 낮은 온도에서 Ar_1이 나타난다.

㉡ 그 후 냉각곡선은 가열곡선과 중첩되어 차이가 없어진다.

② Sorbite 형성(공기 중 냉각) : 공기냉각(Air Cooling)하면 변태시간이 냉각시간에 추종되지 못하여 실제 Ar_1이 저온 측에 쏠린다. 그러므로 Ar_1 변태가 500℃ 부근에서 생긴다.

③ Troosite 형성(기름 중 냉각) : 제1단계 변태(마텐사이트변태) Ar′가 600~500℃에서 생기고 제2단계 변태(오스테나이트) Ar″가 300~200℃ 부근에서 나타나며 상온까지 냉각곡선과 가열곡선이 따로 된다.

④ Martensite 형성(물에 냉각) : Ac보다 높은 온도에서 물속에 급랭하면, 즉 물속 담금질(수중급랭 : Water Quenching)하면 변태온도는 더욱 낮은 온도에서 생긴다. 이때에는 Ar″ 변태만 나타나고 냉각곡선과 가열곡선이 다르게 된다.

⑤ 각 조직의 경도크기

A(Austenite) < M(Martensite) > T(Troosite) > S(Sorbite) > P(Pearlite) > F(Ferrite)

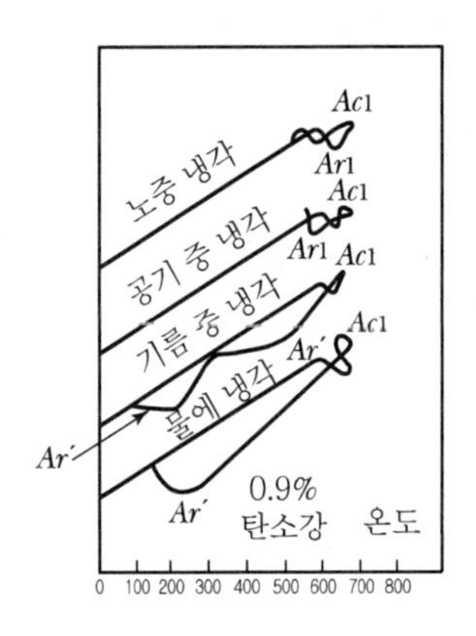

[0.9% 탄소강의 냉각 속도에 따른 변태차이]

2) 담금질 온도(Quenching Temperature)

(1) A_{C321} 변태점보다 20~30℃ 더 높은 온도에서 행한다.

(2) 담금질 온도가 높으면 미용해 탄화물이 없어 담금질이 잘된다.

(3) 담금질 온도가 지나치게 높을 경우

① 결정입자가 크고 거칠다.

② 담금질할 때 균열과 변형의 원인이 된다.

③ 산화에 의한 스케일이 발생한다.

④ 탈탄에 의해 담금질 효과가 저하된다.

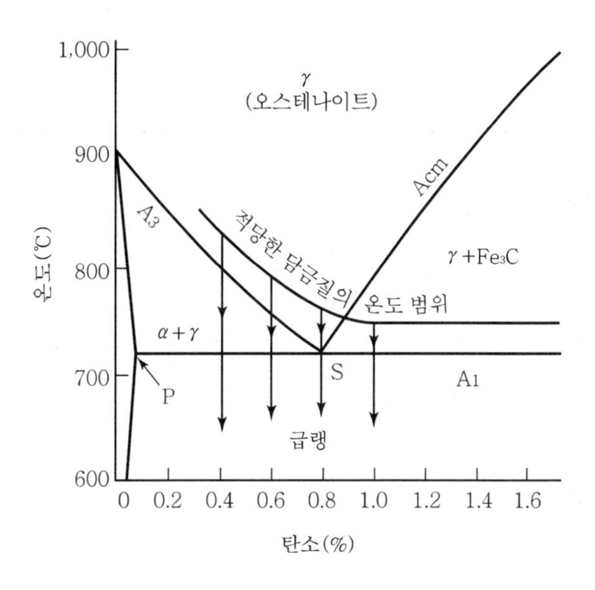

[담금질 온도 범위]

3) 가열시간

(1) 가열시간이 너무 길면 재료의 산화에 의한 손실이 발생한다.

(2) 가열시간이 너무 짧으면 불균일한 온도에 의한 내부응력이 발생한다.

(3) 산화 방지를 위해 가열온도를 알맞게 하고 가열로 속에 아르곤 가스, 질소 등을 넣어 무산화 가열을 한다.

(4) 합금원소가 많이 함유될수록 일반적으로 열전도율이 작고 또한 확산속도도 느리므로 가열시간이 길게 소요된다.

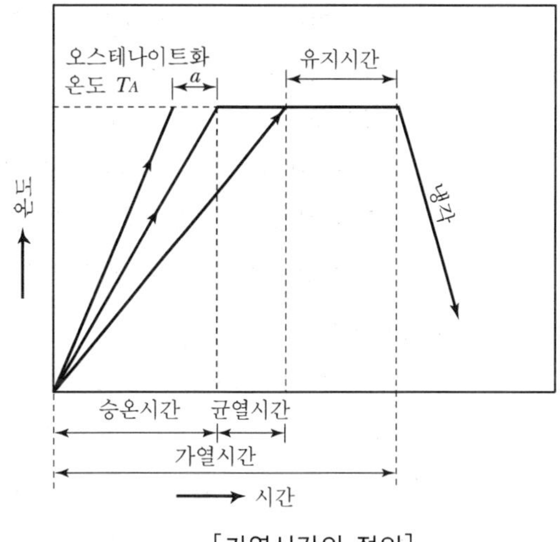

[가열시간의 정의]

〈탄소강의 담금질 가열시간〉

두께(mm)	승온시간(h)	유지시간(h)
25	1.0	0.5
50	1.0~1.5	0.5
75	1.0~1.5	1.0

4) 질량효과(Mass Effect)

재료를 담금질할 때 질량이 작은 재료는 내외부의 온도차가 없으나 질량이 큰 재료는 열의 전도시간이 길어 내외부의 온도차가 생기게 되며 이로 인하여 내부온도의 냉각지연으로 인해 담금질 효과를 얻기 곤란한 현상을 질량효과라 한다. 질량이 큰 재료일수록 질량효과가 크며 담금질 효과가 감소된다.

5) 담금질 균열(Quenching Crack)

(1) 개요

강재는 급랭으로 체적이 급격히 팽창하며 특히 오스테나이트로 변태할 때 가장 큰 팽창을 나타내며 균열을 수반한다. 이와 같이 담금질을 할 때 발생되는 균열을 담금질 균열이라 한다.

담금질 균열은 내외부의 팽창정도의 차이에 의해 내부의 응력이 과대해져 발생된다.

(2) 발생원인

① 담금질 직후에 나타나는 균열

담금질할 때 재료 표면은 급속한 냉각으로 인해 수축이 생기는 반면 내부는 냉각속도가 느려 펄라이트 조직으로 변하여 팽창한다. 이때 내부응력이 균열의 원인이 된다.

② 담금질 후 2~3분 경과 시 나타나는 균열

담금질이 끝난 후에 생기는 균열로써 냉각에 따라 오스테나이트가 마텐사이트 조직으로 변할 때 체적팽창에 의해 발생되며 변화가 동시에 일어나지 않고 내부와 외부가 시간적인 차이를 두고 일어나기 때문이다.

(3) 방지대책

① 급랭을 피하고 250℃ 부근(Ar″점)에서 서랭하며 마텐사이트 변태를 서서히 진행시킨다.

② 담금질 후 즉시 뜨임 처리한다.

③ 부분적 온도차를 적게 하고 부분단면을 일정하게 한다.

④ 구멍이 있는 부분은 점토, 석면으로 메운다.

⑤ 가능한 한 수랭보다 유랭을 선택한다.
⑥ 재료의 흑피를 제거하여 담금액과의 접촉을 잘되게 한다.

6) 담금질에 의한 변형방지법

(1) 열처리할 소재를 냉각용 액 중에 가라앉게 하지 말 것
(2) 가열된 소재를 냉각액 중에서 급격히 균일하게 흔들 것
(3) 소재를 대칭되는 축방향으로 냉각액 중에 넣을 것. 특히 축은 수직으로 톱니바퀴들은 수평으로 급랭시킬 것
(4) 스핀들(Spindle)과 같은 중공 물품은 구멍을 막고 열처리 작업할 것
(5) 복잡한 형상, 두꺼운 이형 단면의 소재는 최대 단면 부분이 먼저 냉각액에 닿도록 할 것

7) 담금질할 때의 주의사항

(1) 일반적으로 강철은 탄소함유량이 많을수록 또한 냉각속도가 빠를수록 담금질 효과는 크게 된다.
(2) 가공경화를 받아 재질이 불균일한 강철은 담금질 효과를 얻기 곤란하므로 한번 풀림 열처리를 하여 재질을 균일하게 한 후 담금질하는 것이 좋다.
(3) 강철은 담금질하면 체적이 약간 증가하므로 그것으로 인하여 제품의 형상이 변화하여 불량품이 생기지 않도록 주의가 필요하다.

2. 뜨임(Tempering)

1) 뜨임의 정의

담금질한 강은 경도가 증가된 반면 취성을 가지게 되므로 경도가 감소되더라도 인성을 증가시키기 위해 A_1 변태점 이하의 적당한 온도로 가열하여 물, 기름, 공기 등에서 적당한 속도로 냉각하는 열처리

2) 방법

(1) 저온 템퍼링

① 주로 150~200℃ 가열 후 공랭시키며 템퍼링 시간은 25mm 두께당 30분 정도 유지한다.
② 공구강 등과 같이 높은 경도와 내마모성을 필요로 하는 경우 마텐사이트 특유의 경도를 떨어뜨리지 않고 치수안정성과 다소의 인성을 향상시킨다.

(2) 고온 템퍼링

① 주로 500~600℃ 가열 후 급랭(수랭, 유랭)시킴. 서랭 시 템퍼링 취성이 발생한다.
② 기계 구조용강 등과 같이 높은 인성을 필요로 하는 경우 솔바이트를 얻는 처리법이다.

(3) 등온 템퍼링(Isothermal Tempering)

① 소재를 Ar″점 이상의 온도로 가열하고 일정시간 유지하여 마텐사이트를 베이나이트로 변태시킨 다음 적당한 온도로 냉각하여 균일한 온도가 될 때까지 유지한 후 공랭시킨다.
② 베이나이트 뜨임이라고도 하며 고속도강을 등온 뜨임하면 인성과 절삭능력이 향상된다.

3) 뜨임취성

인성이 경화와 같이 증가하는 것이 아니고 인성이 저하하는 것

(1) 저온뜨임취성

① 뜨임온도가 200℃ 부근까지는 인성이 증가하나 300~350℃에서는 저하한다.
② 인이나 질소를 많이 함유한 강에 확실히 나타남
③ Si를 강에 첨가하면 취성 발생온도가 300℃ 정도까지 상승

(2) 고온시효취성

① 500℃ 부근에서 뜨임할 때 인성이 시간의 경과에 따라 저하하는 현상
② 600℃ 이상 온도에서 템퍼링 후 급랭하고 Mo을 첨가하여 취성을 방지한다.

(3) 뜨임서랭취성

550~650℃에서 서랭한 것의 취성이 물 및 기름에서 냉각한 것보다 크게 나타나는 현상

4) 뜨임색(Temper Colour)

뜨임할 때 담금질한 표면을 깨끗이 닦아서 철판 위에 얹어 놓고 가열하면 산화철의 얇은 막이 생겨 이것이 온도에 따라 독특한 색을 나타내는 것을 말하며 이것으로 뜨임온도를 판단할 수 있다.

5) 뜨임균열(Temper Crack)

(1) 발생원인

① 뜨임 시 급가열했을 때
② 탈탄층이 있을 때
③ 뜨임온도에서 급랭했을 때

(2) 대책

① 급가열을 피하고 뜨임온도에서 서랭한다.

② 뜨임 전 탈탄층을 제거한다.

3. 풀림(Annealing)과 불림(Normalizing)

1) 풀림

(1) 풀림의 정의

가공경화나 내부응력이 생기게 된 것을 제거하기 위하여 적당한 온도(A_{321} 변태점 이상)로 가열하여 서서히 냉각시켜 재질을 연하고 균일하게 하는 것

(2) 풀림열처리의 목적

① 단조, 주조, 기계가공에서 발생한 내부응력 제거

② 가공 및 열처리에서 경화된 재료의 연화

③ 결정입자의 균일화

(3) 풀림의 종류

① 완전풀림(Full Annealing, 고온풀림) : 아공석강에서는 Ac_3 이상, 과공석강에서는 Ac_1점 이상의 온도로 가열하고 그 온도에서 충분한 시간 동안 유지하여 서랭시켜 페라이트와 펄라이트(아공석강), 망상 시멘타이트와 조대한 펄라이트(과공석강)로 만든다. 금속재료를 연화시켜 절삭가공이나 소성가공을 쉽게 하기 위한 풀림이다.

② 등온풀림 : 사이클 풀림(Cycle Annealing)이라고 하며 완전풀림의 일종으로 단지 항온변태만 이용한다는 차이만 있을 뿐이다. 강을 오스테나이트화한 후 Nose 온도에 해당하는 600~650℃의 노 속에 넣어 5~6시간 유지한 후 공랭시키며 풀림의 소요시간이 매우 짧다. 공구강, 합금강의 풀림시간 단축 시 현장에서 흔히 이용됨

③ 응력제거 풀림 : 재결정온도(450℃) 이상 A_1 변태점 이하에서 행한다. 잔류응력에 의한 변형방지가 목적이나 잔류응력 제거와 함께 결정입자를 미세화하고자 할 때는 완전풀림이나 노멀라이징을 하여야 한다.

④ 연화풀림 : A_1점 근처의 온도에서 가열하여 재결정에 의해 경도를 균일하게 저하시킴으로써 소성 및 절삭가공을 쉽게 하기 위해 행하는 풀림처리이다. 냉간 가공 시 발생된 가공경화를 제거하는 것이 목적이며 가열온도의 상승과 함께 조직의 회복 → 재결정 → 결정립 성장의 3단계로 연화된다.

⑤ 구상화 풀림(Spheroidizing Annealing) : 펄라이트를 구성하는 시멘타이트가 층상 또는 망상으로 존재하면 기계 가공성이 나빠지고 특히 퀜칭 열처리 시 균열이나

변형발생을 초래하기 쉬워 탄화물을 구상화시킨다. A_1 온도 부근에서 장시간 가열유지, 반복가열냉각, 가열 후 서랭시킨다. 공구강이나 면도날 등의 열처리에 이용된다.

⑥ 확산풀림(Diffusion Annealing), 균질화 풀림 : 주괴 편석이나 섬유상 편석을 없애고 강을 균질화시키기 위해 고온에서(A_3 또는 A_{cm} 이상) 장시간 가열 후 노 내에서 서랭하며 풀림온도가 높을수록 균질화는 빠르게 일어나지만 결정립이 조대화되므로 주의해야 한다. 침탄 처리한 탄소강을 확산 풀림하여 침탄층의 깊이를 증가시키고 표면에 강인한 펄라이트를 조성하여 내충격성 및 내마멸성을 얻고 편석을 제거한다.

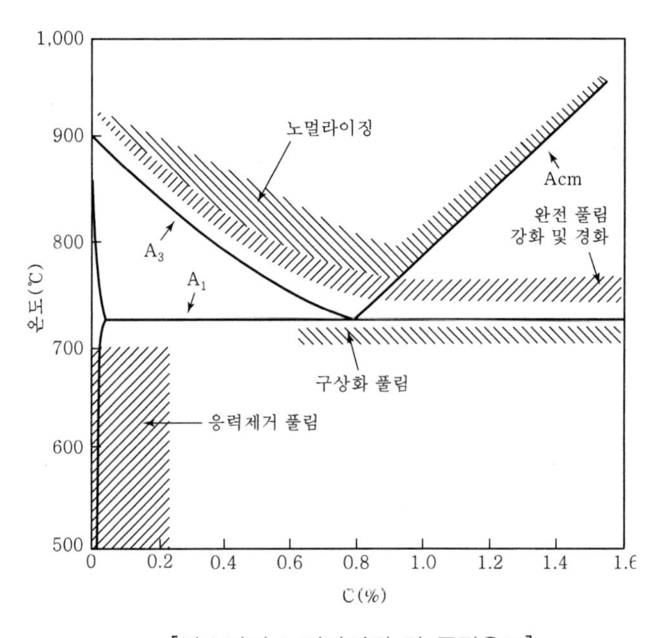

[탄소강의 노멀라이징 및 풀림온도]

〈풀림의 분류〉

구분	풀림온도	종류
저온풀림	A_1점 이하	응력제거풀림, 연화풀림, 구상화풀림
고온풀림	A_1점 이상	완전풀림, 등온풀림, 확산풀림

2) 불림(Normalizing)

(1) 개요

압연이나 주조한 강괴는 불순물의 편석 등 조직을 갖지 못하고 급랭에 의한 결정립의 조대화로 인해 정상적인 조직을 갖게 할 필요가 있다.

완전풀림에 의한 과도한 열화와 입자성장을 피하기 위하여 A_{321} 또는 A_{cm}보다 50~80℃ 높은 온도로 가열하여 완전 Austenite 상태로부터 정지공기 중에서 실온까지 냉각시켜 강의 내부응력을 제거하고 미세한 조직을 얻은 열처리이다.

(2) 목적

① 응고속도 또는 가공도의 차이에 따라 발생된 불균일한 조직의 국부적인 차이를 해소하고 내부응력을 제거하며 기계적, 물리적 성질을 표준화한다.

② 결정립을 미세화시켜서 어느 정도의 강도 증가를 꾀하고 퀜칭이나 완전풀림을 위한 예비 처리로써 균일한 오스테나이트를 만든다.

③ 저탄소강의 기계가공성을 개선하여 절삭성을 향상시키고 결정입자의 조정 및 변형 방지를 한다.

(3) 불림처리 강의 특징

① 단강품

㉠ 가공 등에 의한 잔류응력이 제거되고 결정립이 미세화됨으로써 강도와 인성이 증가된다.

㉡ 단강품은 일반적으로 불림 또는 풀림을 하여 사용하며 불림을 통해 강도 증가를 꾀할 수 있다.

㉢ 가열온도가 너무 높으면 결정립이 재차 성장하고 이에 따라 강도와 인성이 저하될 수 있으므로 주의해야 한다.

② 주강품

㉠ 편석이나 조대화된 결정립을 미세한 펄라이트 조직으로 만든다.

㉡ 편석이 심할 경우에는 노멀라이징 온도를 높이고 유지시간도 길게 한다.

(4) 열처리 방법

① 일반 노멀라이징

강을 A_3 또는 A_{cm}선보다 30~50℃ 정도 높은 온도로 가열하여 균일한 오스테나이트로 만든 다음 대기 중에서 냉각함

② 2단 노멀라이징

두께가 75mm 이상 되는 대형부품이나 고탄소강의 백점 또는 내부 균열을 방지하기 위해 구조용강의 강인성을 향상시키기 위해 550℃까지 공랭 후 노 내에서 서랭시킴

③ 항온 노멀라이징

저탄소 합금강의 피삭성을 향상시키기 위해 550℃에서 등온 변태시키고 공랭함

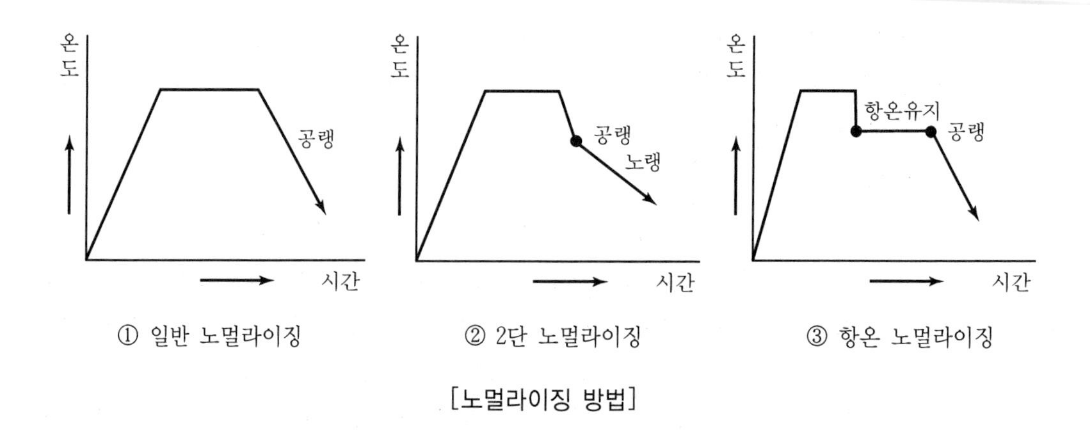

① 일반 노멀라이징 ② 2단 노멀라이징 ③ 항온 노멀라이징

[노멀라이징 방법]

4 표면경화법

1. 표면경화와 침탄경화법

1) 표면경화

물체의 표면만을 경화하여 내마모성을 증대시키고 내부는 충격에 견딜 수 있도록 인성을 크게 하는 열처리

2) 침탄경화법 : 표면에 탄소를 침투

0.2%C 이하이며 저탄소강 또는 저탄소 합금강을 함탄 물질과 함께 가열하여 그 표면에 탄소를 침입 고용시켜서 표면을 고탄소강으로 만들어 경화시키고 중심 부분은 연강으로 만드는 것이다. 침탄강은 마멸에 견디는 표면경화층의 부분과 강인성이 있는 중심으로 구성되어 있어 캠, 회전축 등에 사용된다.

(1) 침탄용강의 구비조건

① 저탄소강이어야 한다.
② 장시간 가열하여도 결정입자가 성장하지 않아야 한다.
③ 표면에 결함이 없어야 한다.

(2) 침탄제의 종류

① 목탄, 골탄, 혁탄
② $BaCO_3$ 40%와 목탄 60%의 혼합물

③ 목탄 90%와 NaCl 10%의 혼합물
④ KCN 및 $K_4Fe(CN)_6$ 등의 분말
⑤ 황혈염과 중크롬산가리의 혼합물

(3) 침탄경화법의 종류

① 고체침탄법
철재의 침탄상자에 고체 침탄제와 침탄 촉진제를 넣고 밀폐한 후 가열 유지하여 저탄소강 표면에 침탄층을 얻음

㉠ 침탄요소
ⓐ 침탄제에는 목탄, 코크스, 골탄 등과 촉진제로 $BaCO_3$, Na_2CO_3, NaCl 등이 사용된다.
ⓑ 침탄로 중에서 900~950℃로 가열하여 침탄한 후 급랭하여 경화시킨다.
ⓒ 보통 침탄깊이는 0.4~2.0mm가 적당하다.

㉡ 침탄 시 유의사항
ⓐ 침탄 온도가 높으면 침탄속도가 빠르나 950℃ 이상이면 오스테나이트 결정립이 조대화된다.
ⓑ 침탄 깊이가 너무 깊으면 비용이 많이 들고 인성이 불리하다.
ⓒ 침탄재 입도가 너무 작으면 열의 통과에 불리하여 시간이 걸린다.
ⓓ 강재에 크롬(Cr)이 함유되면 탄소의 확산이 느려 과잉 침탄이 발생한다.
ⓔ 균일 침탄 및 침탄층의 조절에 신경을 써야 한다.
ⓕ 탄산나트륨이 너무 많으면 강표면에 용착되어 침탄이 어렵다.

② 가스침탄법(Gas Carburizing)
㉠ 침탄방법 : 주로 작은 부품의 침탄에 이용되는 것으로 메탄가스나 프로판가스, 아세틸렌가스 등 탄화수소계 가스를 변성로에 넣어 니켈을 촉매로 하여 침탄가스로 변성 후, 오스테나이트화된 금속의 표면을 접촉시키면 활성탄소가 침입하여 침탄이 일어난다.

㉡ 침탄요소
ⓐ 침탄제 : 일산화탄소(CO), CO_2, CH_4(메탄가스), C_mH_n 등으로 주로 천연가스, 도시가스, 발생로가스 등이 사용된다.
ⓑ 가열온도 및 시간 : 900~950℃에서 3~4시간(최근에는 1,000~1,200℃의 고온 침탄을 많이 사용)
ⓒ 침탄깊이 : 약 1mm

㉢ 고온침탄의 장점
ⓐ 침탄시간이 단축된다.

ⓑ 확산구배가 급하지 않다.

ⓒ 깊은 침탄층을 얻을 때 효과적이다.

㉣ 가스침탄의 특징

ⓐ 균일한 침탄층을 얻음(가스공급량, 혼합비, 온도의 조절)

ⓑ 작업이 간편하고 열효율이 높다.

ⓒ 연속 침탄에 의해 다량 침탄이 가능하다.

③ 액체침탄법(Liquid Carburizing, Cyaniding, 시안화법)

㉠ 원리 : 강철을 황혈염 등의 CN화합물을 주성분으로 한 시안화나트륨(NaCN), 시안화칼륨(KCN)으로써 표면을 경화하는 방법이다. 보통 침탄법은 탄소만 침투되지만 청화법은 청화물(CN)이 철과 작용하여 침탄과 질화가 동시에 진행되므로 침탄질화법이라 한다.

㉡ 종류

ⓐ 침지법

- 원리 : 청화물에 $BaCl_2$, $CaCO_3$, $BaCO_3$, K_2CO_3, $NaCl_2$, N_2CO_3 등을 첨가하여 녹은 용액 중에 표면 경화할 재료를 일정시간 침지하고 물에 담금질하는 것으로 액체 침탄법이라고도 한다.
- 장점
  - 균일한 가열이 가능하고 제품의 변형을 방지할 수 있다.
  - 온도조절이 쉽고 일정한 시간을 지속할 수 있다.
  - 산화가 방지되며 시간이 절약된다.
- 단섬
  - 침탄제의 가격이 비싸다.
  - 침탄층이 얇다.
  - 유독가스가 발생한다.

ⓑ 살포법 : 청화물을 주성분으로 한 분말제를 가열된 강철에 뿌려 침탄시키고 담금질하는 법이다.

2. 질화법과 기타 표면경화법

1) 질화법

(1) 원리

노 속에 강재를 넣고 암모니아 가스를 통하게 하면서 500~530℃ 정도의 온도로 50~100시간 유지하면 표면에 질소가 흡수되어 질화물이 형성되어 침탄보다 더 강한 질화2철(Fe_4N)이나 질화1철(Fe_2N)이 된다. 질화법은 다른 열처리와 달리 A_1 변태점 이하의 온도로 행하며 담금질할 필요가 없고 치수의 변화도 가장 작다.
내마멸성과 내식성, 고온 경도에 안정이 된다.

(2) 특징

① 경화층은 얇고, 경도는 침탄한 것보다 더욱 크다.
② 마모 및 부식에 대한 저항이 크다.
③ 침탄강은 침탄 후 담금질하나 질화법은 담금질할 필요가 없어 변형이 적다.
④ 600℃ 이하의 온도에서는 경도가 감소되지 않고 또 산화도 잘되지 않는다.
⑤ 가열온도가 낮다.

〈 침탄법과 질화법의 비교 〉

침탄법	질화법
경도가 질화법보다 낮다.	경도가 침탄법보다 높다.
침탄 후의 열처리가 필요하다.	질화 후의 열처리가 불필요하다.
침탄 후에도 수정이 가능하다.	질화 후에는 수정이 불가능하다.
처리시간이 짧다.	처리시간이 길다.
경화에 의한 변형이 생긴다.	경화에 의한 변형이 생기지 않는다.
고온으로 가열되면 뜨임이 되고 경도가 낮아진다.	고온으로 가열되어도 경도가 낮아지지 않는다.
여리지 않다.	질화층은 여리다.
강철 종류에 대한 제한이 적다.	강철 종류에 대한 제한을 받는다.
처리비용이 비교적 적다.	비용이 많이 든다.

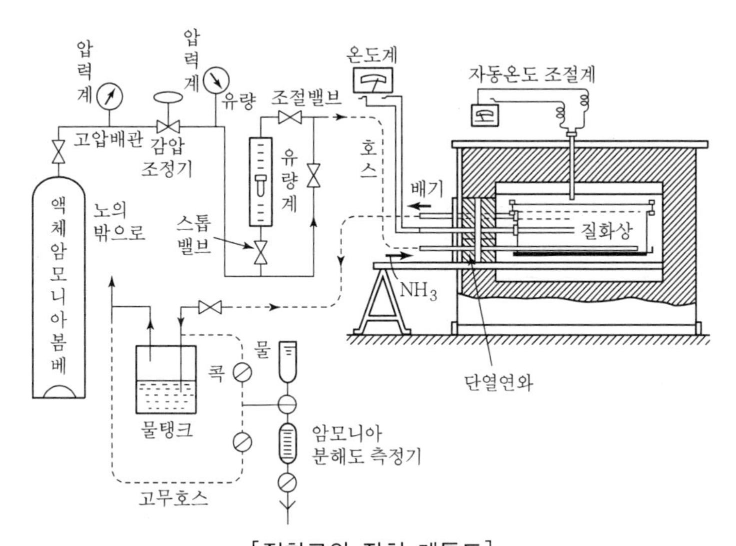

[질화로와 장치 계통도]

(3) 질화법의 종류

① 가스질화

㉠ 질화방법 : 질소는 강에 잘 용해되지 않지만 500℃ 정도로 50~100시간 암모니아(NH_3) 가스를 가열하면 발생기 질소가 철 등과 반응하여 Fe_4N, Fe_2N 등의 질화물을 만들면서 강으로 침투되는데, 질화층의 두께는 보통 0.4~0.9mm 정도이며 은회색의 단단한 경화면이다.

㉡ 질화강 함유 원소의 역할

ⓐ 알루미늄 : 질화물의 확산이 느려 질화강도를 증가시킨다.

ⓑ 크롬 : 질화층의 깊이가 증가된다.

ⓒ 몰리브덴 : 처리시간이 길어져도 강재가 취화되지 않는다.

㉢ 질화층의 깊이와 경도 분포

ⓐ 질화층의 깊이 및 경도는 질화온도, 처리시간에 따라 다르며 요구되는 질화깊이를 얻기 위해서는 온도와 시간을 적절히 조합해야 한다.

ⓑ 경도 분포만을 고려 시 탄소함유량이 적은 것이 유리하나 질화층의 박리, 확산층의 균열이 우려되므로 500~550℃에서 질화처리 후 600℃ 이상에서 확산시킨 2단 질화가 효과적이다.

ⓒ 질화를 요하지 않는 부분은 미리 주석(Sn)이나 땜납 등으로 둘러싸거나 니켈도금을 하여 질화상자에 넣는다.

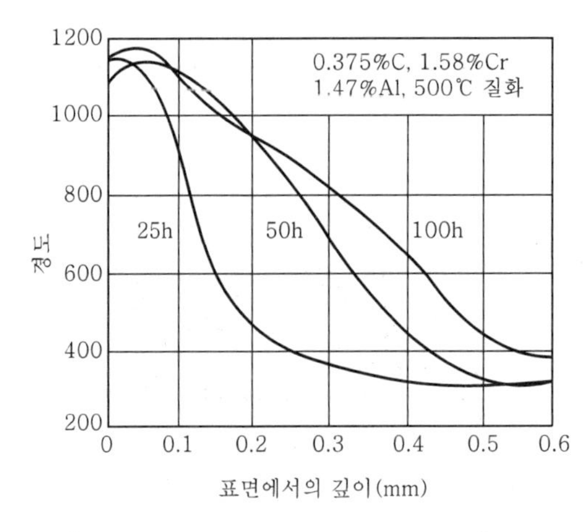

[질화 처리시간에 대한 깊이와 경도]

[질화 처리온도에 대한 깊이와 경도]

② 액체질화(연질화)

㉠ 질화방법 : 가스질화법은 처리시간이 길고 제한된 질화용강에만 처리가 가능하므로 이러한 단점을 개선하기 위해 시안화나트륨(NaCN), 시안화칼륨(KCN)

등을 주성분으로 한 염욕로에서 500~600℃로 5~15시간 가열하여 질화층을 얻는다. 특히 처리 중 반응을 촉진시키기 위해 혼합염 중에 공기를 불어 넣는 터프트라이드(Tufftride) 방법이 있다.

㉡ 특징

ⓐ 질화처리 시간이 짧다.

ⓑ 저온처리로 균일하고 안정된 조직을 얻는다.

ⓒ 가스질화로 처리가 곤란한 강에도 적용이 가능하다.

ⓓ 유해물질이 발생된다.

③ 이온질화

㉠ 질화방법

ⓐ 연질화법의 시안화합물의 공해대책을 보안한 것으로 밀폐시킨 용기 내에 질소와 수소의 혼합분위기(N_2+H_2) 속에서 질화 처리하고자 하는 부품을 음극으로, 별도의 전극을 양극으로 설치한다.

ⓑ 직류전압을 걸어주어 글로우 방전에 의해 혼합가스를 음극의 처리부품을 고속으로 충돌, 가열시키고 동시에 질소를 침투시킨다.

㉡ 특징

ⓐ 작업환경이 좋고 질화속도가 빠르다.

ⓑ 별도의 가열장치가 필요 없다.

ⓒ 가스비율을 변화시켜 질화층의 조성을 제어할 수 있다.

ⓓ 가스질화로써 처리가 곤란한 강에도 적용이 가능하다.

ⓔ 복잡한 형상의 부품은 균일한 질화가 어렵다.

ⓕ 처리부품의 온도측정과 급속냉각이 어렵다.

2) 기타 표면경화법

(1) 화염경화(Flame Hardening)

① 원리 : 탄소강이나 합금강에서 0.4~0.7% 탄소 전후의 재료를 필요한 부분에 산소-아세틸렌 화염으로 표면만을 가열하여 오스테나이트로 한 다음, 물로 냉각하여 표면만이 오스테나이트로 만드는 경화. 크랭크축, 기어의 치면, Rail의 표면 경화에 적합하다.

② 종류

㉠ 고정식 화염경화 : 피 가열물을 코일 중에 정지한 상태에서 냉각시키든가 또는 냉각제에 침지하여 급랭 열처리한다.

㉡ 이동식 화염경화 : 피 가열물이 긴 것을 연속적으로 가열할 수 있도록 특수버너가 장치되어 있으며 가열한 후에는 급랭하여 표면을 경화시킨다.

③ 특징

㉠ 부품의 크기와 형상의 제약이 적다.

㉡ 국부 열처리가 가능하고 설비비가 저렴하다.

㉢ 담금질 변형이 적다.

㉣ 가열온도 조절이 어렵다.

④ 처리방법

㉠ 소재 및 가열

ⓐ 소재는 0.4~0.6%의 탄소가 함유된 강이 좋다.

ⓑ 산소-아세틸렌의 혼합비는 1 : 1이 가장 좋으며 토치 불꽃수와 이동속도에 따라 재료 내부의 열전달 깊이가 다르며 따라서 경화층 깊이도 다르게 된다.

㉡ 냉각방법

ⓐ 냉각수조(Cooling Tank)에 담그는 방법 : 퀜칭 온도가 높아지기 쉬우며 퀜칭 균열의 발생이 쉽다.

ⓑ 분사장치에 의한 냉각 : 일반적으로 가장 많이 이용됨

ⓒ 순환되는 물속에 소재를 넣고 가열하는 방법 : 선반 베드 등의 열처리법으로 퀜칭균열 가능성이 적다.

㉢ 후처리 : 인성의 개선과 잔류응력 제거를 위해 템퍼링함

(2) 고주파경화

① 원리 : 소재에 장치된 코일 속으로 고주파 전류를 흐르게 하면 소재 표면에는 맴돌이 전류(Eddy Current)가 유도되며, 이로 인해 생긴 고주파 유도열이 표면을 급속 가열시키고 가열된 소재를 급랭시키면 소재 표면이 담금질되어 경화되는 표면경화법이다.

② 장점

㉠ 표면부분에 에너지가 집중하므로 가열시간을 단축할 수 있다.(수초 이내)

㉡ 피 가열물의 Strain을 최대한도로 억제할 수 있다.

㉢ 가열시간이 짧으므로 산화 및 탈탄의 염려가 없다.

㉣ 값이 저렴하여 경제적이다.

③ 표피효과

주파수가 클수록 유도전류가 표면 부위만을 집중되어 흐르는 것을 말하며 따라서 주파수가 클수록 경화 깊이는 얇아지고 주파수가 작으면 경화 깊이는 깊어진다.

(3) 쇼트 피닝(Shot Peening)

냉간가공의 일종이며 금속재료의 표면에 고속력으로 강철이나 주철의 작은 알갱이를 분사하여 금속표면을 경화시키는 방법이다.

(4) 방전 경화법(Squart Hardening)

피 경화물을 음극(－), 상대를 양극(＋)으로 하여 대기 중에서 방전을 일으켜 표면에 질화, 금속에 침투, 담금질 등을 하여 표면을 경화하는 방법

(5) Hard Facing

금속표면에 Stellite(Co－Cr－W－C 합금), 초경합금, Ni－Cr－B계 합금 등의 특수 금속을 융착시켜서 표면 경화층을 만드는 방법

[문제 01] **금속의 부식과 방지대책**

1. 개요

금속부식이란 수중, 대기 중 또는 가스 중에서 금속의 표면이 비금속성 화합물로 변화하는 것과 그밖에 화학약품 또는 기계적 작용에 의한 소모를 포함한 넓은 의미의 부식을 뜻한다.
일반적으로 화학작용에 의한 것을 Corrosion이라 하고, 기계적 작용에 의한 것을 Errosion이라 한다. 금속재료는 구조용으로 좋으나 부식에 대하여 아주 약하므로 부식방지에 대한 대책을 강구해야 한다.

2. 부식의 종류

(1) 전면부식 : 동일 환경 조건에 접해 있는 금속 표면에 시간이 경과함에 따라 거의 균등하게 소모되어 가는 경우로서 금속재료의 두께를 사용 연수의 부식 예상 두께만큼 두꺼운 것을 사용하여 부식에 대체한다.

(2) 국부부식 : 금속 자체의 재질, 조직, 잔류응력 등의 차이 조건으로서 농도, 온도, 유속, 혼합가스 등의 차이에 의하여 금속 표면의 부식이 일부분에 공상 또는 구상으로 진행되는 경우이다.

(3) 이종 금속 접촉에 의한 부식 : 조합된 금속재료가 각각의 전극, 전위차에 의하여 전지를 형성하고 그 양극이 되는 금속이 국부적으로 부식되는 일종의 전식현상이다.

(4) 전식 : 외부 전원에서 누설된 전류에 의하여 일어나는 부식을 말한다. 예를 들면, 직류의 단선 가공식 전철 레일에서 누설한 전류에 의하여 지중 매설관이나 철말뚝이 국부적으로 부식되는 현상이 대표적이다.

(5) 극간 부식 : 금속체끼리 또는 금속과 비금속체가 근소한 틈새를 두고 접촉하고 있을 때 여기에 전해질 수용액이 침투되어 농염 전지 또는 전위차를 구성하여 그 양극부의 역할을 하는 틈새 속에서 급속하게 일어나는 부식현상이다.

(6) 입계부식(Intergranular Corrosion) : 금속의 결정입자 간의 경계에서 선택적인 부식이 발생하여 이 부식이 입자 간을 따라 내부로 진입하는 부식현상으로서 물체에 입자부식이 일어나면 기계적 강도가 현저하게 저하한다.(알루미늄 합금, 18－8 스테인리스 강, 황동 등)

(7) 선택부식 : 어떤 재료의 합금 성분 중에서 일부 성분만이 용해하고 부식하기 힘든 금속 성분이 남아서 강도가 약한 다공상의 재질을 형성하는 부식이다. 예를 들면, 황동의 합금 성분은 동과 아연이며 탈아연 현상에 의하여 부식된 황동관은 급격한 수압 변동 시 터져버린다.

(8) 응력부식 : 응력에는 잔류응력과 외부응력이 있으며, 재질 내부에 응력이 공존하게 되면 급격하게 부식하거나 갈라짐 현상이 생긴다.

(9) 찰과(擦過)부식 : 재료의 입자가 접촉해 있는 경계면에서 극소, 근소한 상대적 슬립이 일어나므로 생기는 손상을 말한다.

3. 부식의 원인

(1) 내적 요인 : 부식속도에 영향을 주는 금속재료 면에서의 인자로는 금속의 조성, 조직, 표면상태, 내부응력 등을 들 수 있다.

① 금속조직의 영향 : 철이나 강의 조직은 일반적인 탄소강이나, 저합금강의 조성범위 내에서는 천연수 또는 토양에 따라 부식속도가 크게 달라지지는 않는다. 금속을 형성하는 결정상태 면에서는 일반적으로 단종합금이 다종합금보다 내식성이 좋다.

② 가공의 영향 : 냉간가공은 금속 표면의 결정 구조를 변형시키고 결정입계 등에 뒤틀림이 생겨서 부식 속도에 영향을 미친다. 대기 중에서와 같이 약한 부식 환경에서는 표면을 매끄럽게 하는 것이 효과적이다.

③ 열처리의 영향 : 풀림이나 불림은 조직을 균일화시켜서 불균일한 결정 분포 또는 잔류응력을 제거하여 안정시키므로 내식성을 향상시킨다.

(2) 외적 요인

① pH의 영향 : pH 4~7의 물에서는 철 표면이 수산화물의 피막으로 덮여서 부식속도는 pH값에 관계없이 피막을 통하여 확산되는 산소의 산화작용에 의하여 결정되며 pH 4 이하의 산성물에서는 피막이 용해해 버리므로 수소 발생형의 부식이 일어난다.

② 용해 성분의 영향 : $AlCl_3$, $FeCl_3$, $MrCl_2$ 등과 같이 가수분해(加水分解)하여 산성이 되는 염기류는 일반적으로 부식성이고 동일한 pH값을 갖는 산류의 부식성과 유사하다. 한편 $NaCO_3$, Na_3PO_4 등과 같이 가수 분해하여 알칼리성이 되는 염기류는 부식 제어력이 있으며, $KMnO_4$, Na_2CrO_4 등과 같은 산화염은 부동상태에 도움이 되므로 무기성 부식 제어재로 이용된다.

③ 온도의 영향 : 개방 용기 중에서는 약 80℃까지는 온도 상승에 따라 부식온도가 증가하지만 비등점에서는 매우 낮은 값이 이용된다. 그 이유는 온도 상승에 따라 반응속도가 증대하는 반면 산소 용해도가 현저히 저하하기 때문이다.

(3) 기타 요인

① 아연에 의한 철의 부식 : 아연은 50~95℃의 온수 중에서 급격하게 용해하며 전위차에 의한 부식이 발생한다.

② 동이온에 의한 부식 : 동이온은 20~25℃의 물속에서 1~5ppm이든 것이 43℃ 이상이 되면 급격히 증가하여 수질에 따라 다르지만 70℃ 전후에서 250ppm 정도로 경과하여 부식이 발생한다.

③ 이종금속 접촉에 의한 부식 : 염소이온, 유산이온이 함유되어 있거나 온수 중에서는 물이 전기 분해하여 이종금속 간에 국부 전기를 형성하고 이온화에 의한 부식이 발생한다.

④ 용존산소에 의한 부식 : 산소가 물의 일부와 결합하여 OH를 생성하고 수산화철이 되어 부식하며, 배관회로 내에 대기압 이하의 부분이 있으면 반응이 심해진다.

⑤ 탈아연현상에 의한 부식 : 15% 이상의 아연을 함유한 황동재의 기구를 온수 중에서 사용할 때 발생한다.

⑥ 응력에 의한 부식 : 인장, 압축 응력이 작용하거나 절곡 가공 또는 용접 등으로 내부응력이 남아 있는 경우 발생한다.

⑦ 온도차에 의한 부식 : 국부적으로 온도차가 생기면 온도차 전지를 형성하여 부식한다.

⑧ 유속에 의한 부식 : 배관 내에 염소이온, 유산이온, 기타 금속이온이 포함되는 경우 유속이 빠를수록 부식이 증가한다.

⑨ 염소이온, 유산이온에 의한 부식 : 동이온, 녹, 기타 산화물의 슬러지가 작용하여 부식한다.

⑩ 유리탄산에 의한 부식 : 지하수 이용 시 물속에 유리탄산이 함유되어 있는 경우 부식한다.

⑪ 액의 농축에 의한 부식 : 대도시에서 노출 배관에는 대기오염에 의한 질소화합물, 유황산화물이 농축하여 물의 산성화에 따른 부식이 발생한다.

4. 부식의 방지대책

(1) 배관재의 선정 : 배관 시스템의 동일 회로에는 동일 재질의 배관재를 사용한다.

(2) 라이닝재의 사용 : 전위가 낮은 금속성 배관재에 합성수지 라이닝을 피복한다.

(3) 배관재의 온도조절 : 배관 내의 온도가 50℃ 이상이 되면 급격히 활성화하여 부식이 촉진되므로 저온수를 이용한 복사방열방식을 채택한다.

(4) 유속의 제어 : 유속이 빠르면 금속 산화물의 보호피막이 박리 유출되므로 1.5m/sec 이하로 한다.

(5) 용존산소의 제거 : 개방형 탱크에서 가열, 자동 공기 제거기를 사용한다.

(6) 부식방지제 투입 : 부식방식제는 탈산소제, pH 조정제, 연화제, 슬러지 조정제 등이 있다.

(7) 급수처리

① 물리적 처리 : 여과법, 탈기법, 증발법

② 화학적 처리 : 석탄소다법, 이온교환수지법

[문제 02] **금속의 부식과 방지대책**

1. 개요

금속재료는 구조용으로 좋으나 부식에 대하여 아주 약하므로 부식방지에 대한 대책을 강구해야 한다.

2. 부식의 조건 특성

(1) 대기 중에서 부식

대기 중에는 탄산가스와 습기가 있으며, 금속의 조직도 불균일하므로 전기와 화학적인 부식이 진행하며 수산화제이철[$Fe(OH)_3$], 수산화제일철[$Fe(OH)_2$], 탄화철[$FeCO_3$] 등으로 구성된 녹이 생기고 이 녹은 공기 중의 습기를 흡수하여 부식이 빠르게 진행된다.

(2) 액체 중에서 부식

금속은 물이나 바닷물에서 부식이 잘 되며 대기와 액체에 번갈아 노출시키면 부식에 더 빨리 진행된다. 그러나 탄산가스가 적은 땅이나 물속 또는 콘크리트 속에서는 부식이 적거나 방지된다. 금속이 산류에 부식되는 정도는 산의 농도에 따라 다르며 알칼리 용액은 철을 부식시키지 않는다.

3. 방지대책

(1) 피복에 의한 방법

금속(Zn, Sn, Ni, Cr, Cu, Al)막으로 피복하는 방법으로 아연(Zn) 피복은 가장 경제적이고 유용하다.

(2) 산화철 등 생성에 의한 방법
금속의 표면에 치밀하고 안정된 산화물 또는 기타의 화합물의 피막을 생기게 하는 법으로 청소법, 바우어 바프법, 게네스법, 파커라이징법, 코스레드법 등이 있다.

(3) 전기화학법
금속보다 이온화 경향이 큰 재료(예 : 아연 등)를 연결하여 아연이 부식되므로 금속의 부식을 방지하는 것으로 컴벌런드법이 있다.

[문제 03] 금속의 강도시험의 종류와 방법

1. 금속의 강도시험의 종류와 방법

(1) 종류
① 인장시험(Tension Test)
② 압축시험(Compression Test)
③ 휨시험(Bending Test)
④ 비틀림시험(Torsion Test)

(2) 인장시험
시험하고자 하는 금속재료를 규정된 시험편의 치수로 가공하여 축방향으로 잡아당겨 끊어질 때까지의 변형과 이에 대응하는 하중과의 관계를 측정함으로써 금속재료의 변형, 저항에 대하여 성질을 구하는 시험법이다.
이 시험편은 주로 주강품, 단강품, 압연강재, 가단 주철품, 비철금속 또는 합금의 막대 및 주물의 인장시험에 사용한다. 시험편은 재료의 가장 대표적이라고 생각되는 부분에서 따서 만든다. 암슬러형 만능재료 시험기를 사용한다. 하중-변형 선도를 조사함으로써 탄성한도, 항복점, 인장강도, 연신율, 단면수축률, 내격 등이 구해진다.

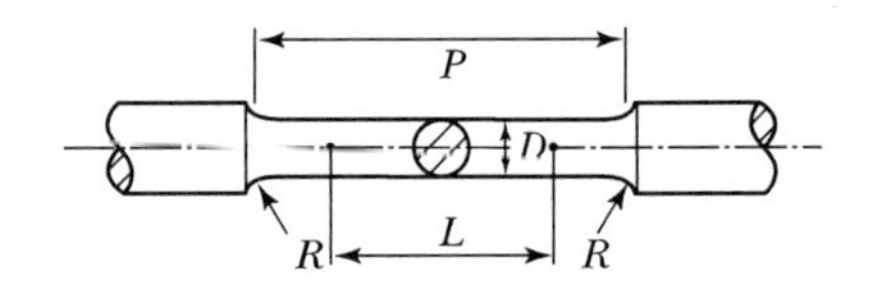

L= 50mm
P= 60mm(약)
D= 14mm
R= 15mm 이상

[시험편]

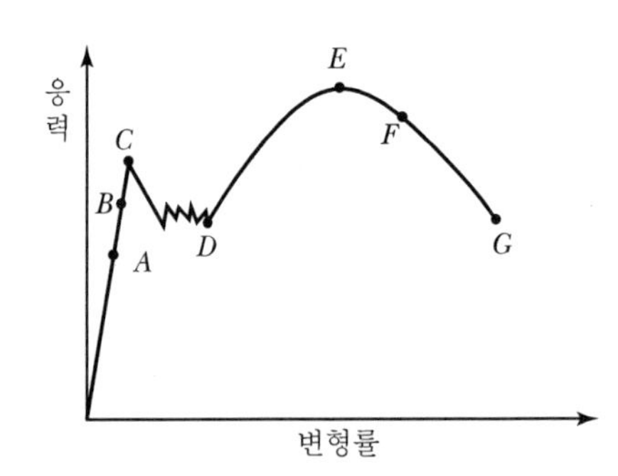

A : 비례 한도
B : 탄성 강도
C : 상 항복점
D : 하 항복점
E : 극한강도/인장강도
G : 파괴 응력

① A : 비례한도
응력과 변율이 비례적으로 증가하는 최대응력

② B : 탄성한도
재료에 가해진 하중을 제거하였을 때 변형이 완전히 없어지는 탄성변형의 최대 응력 B점 이후에서는 소성변형이 일어난다.

③ C : 상항복점
탄성한도를 지나 응력이 점점 감소하여도 변율은 점점 더 커지다가 응력증가 없이 변형이 급격히 일어나는 최대응력

④ D : 하항복점
항복 중 불안정 상태를 계속하고 응력이 최저인 점

⑤ E : 극한강도
재료의 변형이 끝나는 최대응력

⑥ G : 파괴강도
변율이 멈추고 파괴되는 응력

(3) 압축시험 : 압축시험은 베어링용 합금, 주철, 콘크리트 등의 재료에 대하여 압축강도를 구하는 것이 목적이며 하중의 방향이 다를 뿐 인장시험과 같다. 시험기는 역시 암슬러형 만능재료시험기가 일반적이다.

(4) 휨시험(Bending Test) : 휨시험에도 항절시험과 판재의 휨시험 등이 있다.

① 항절시험 : 주철이나 목재의 휨에 의한 강도(항절 최대하중, 세로탄성계수, 비례한도, 탄성에너지 등)를 구한다. 암슬러형 만능재료시험기를 사용하여 시험편을 지지대 위에 놓고 압축시험과 같은 요령으로 시험한다.

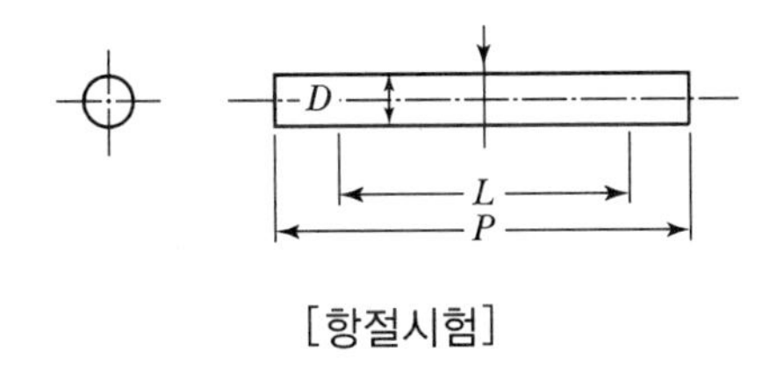

[항절시험]

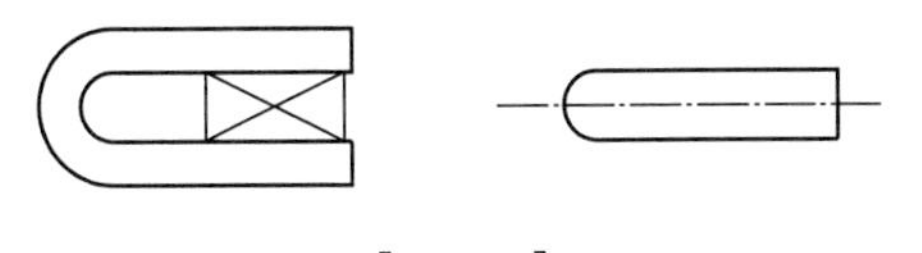

[휨시험]

② 판재의 휨시험 : 규정된 안쪽 반지름을 r을 가진 축이나 형(形)을 써서 규정의 모양으로 꺾어 휘어 판재의 표면에 균열이나 기타의 결함이 생길 때까지 휘어서 얻어지는 각도로 그 연성을 조사하는 것이다.

(5) 비틀림 시험(Torsion Test) : 시험편을 시험기에 걸어서 비틀림, 비틀림 모멘트, 비틀림 각을 측정하여 가로탄성계수나 전단응력을 구한다. 시험편은 보통 둥근 막대를 쓰고 피아노선(0.65~0.95% C의 강성을 말함)의 시험은 규정의 비틀림 횟수 이상으로 비틀어지는가에 대한 것을 시험한다.

[문제 04] **크리프**(Creep)

1. 개요

금속이나 합금에 외력이 일정하게 계속될 경우 온도가 높은 상태에서는 시간이 경과함에 따라 연신율이 일정한도 늘어나다가 파괴된다. 구조물의 파괴를 방지하기 위한 재료시험의 하나이다.

2. Creep

금속재료를 고온에서 긴 시간 외력을 걸면 시간이 경과됨에 따라 서서히 변형이 증가하는 현상을 말한다. 응력이 작은 σ_1, σ_2의 경우 변형은 짧은 시간 조금 상승 후 일정치가 되고 σ_3나 σ_4에서는 변형이 조금 많아진다. 그러나 σ_5에서는 변형이 갑자기 커져 파괴가 되고 크리프가 정지되며 크리프율이 "0"이 된다.

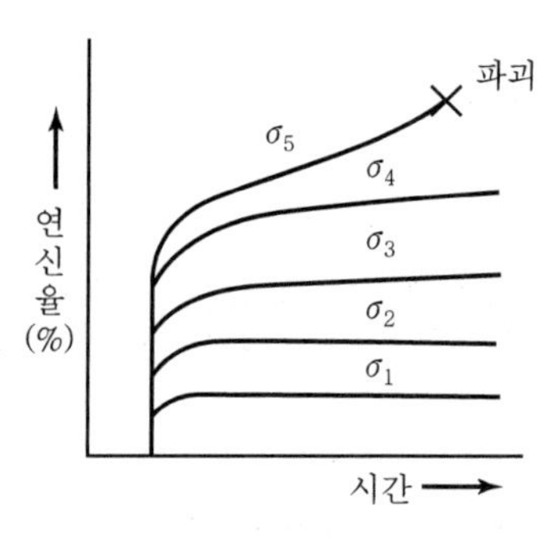

[크리프 현상]

3. 크리프 한도

크리프가 정지하여 크리프율이 "0"이 되는 응력의 한도를 말한다.

4. 크리프 시험

크리프 한도를 구하는 시험

5. 크리프 단위

kg/mm^2 (인장응력과 동일한 단위)

용 접

1 Arc 용접

1. 아크용접봉

1) 용접봉의 심선(心線)

(1) 심선의 지름

1.0~8.0mm까지 10종이 있으나 3.2~6mm가 널리 쓰인다.

(2) 심선의 재질

모재가 주철, 특수강, 비철합금일 때에는 동일 재질의 것이 많이 사용되나 모재가 연강일 때에는 C가 비교적 적은 연강봉이 사용된다.

(3) 심선원소의 영향

① C : 적게 넣음으로써 강철의 연성을 크게 하고 용해온도를 높게 함으로써 잘 용해되도록 하여, 용접조작을 쉽게 하기 위한 것이다.
② Mn : 탄산의 역할을 하나 많으면 재질이 경화되며 S의 유해작용을 감소시킨다.
③ P : 상온 취성이 있어, 용접부에 균열이 생기는 원인이 되기 쉽다.
④ S : 고온 취성이 있다.

(4) 아크의 길이는 2~3mm 정도이나 보통은 심선의 지름과 같은 길이로 한다.

2) 피복(被覆)제

금속아크용접의 용접봉에는 비피복용접봉(Bare Electrode)과 피복용접봉(Covered Electrode)이 사용된다. 비피복 용접봉은 주로 자동용접이나 반자동용접에 사용되고 피복 아크 용접봉은 수동아크용접에 이용된다. 피복제는 여러 기능의 유기물과 무기물의 분말을 그 목적에 따라 적당한 배합 비율로 혼합한 것으로 적당한 고착제를 사용하여 심선에 도포한다. 피복제는 아크열에 의해서 분해되어 많은 양의 가스를 발생하며 이들 가스가 용융금속과 아크를 대기로부터 보호한다. 또한 피복재는 그 목적에 따라 조성이 대단히 복잡하고 종류도 매우 많다.

(1) 피복제의 역할

① 공기 중의 산소나 질소의 침입이 방지된다.

② 피복제의 연소 Gas의 Ion화에 의하여 전류가 끊어졌을 때에도 계속 아크를 발생시키므로 안정된 아크를 얻을 수 있다.

③ Slag를 형성하여 용접부의 급랭을 방지한다.

④ 용착금속에 필요한 원소를 보충한다.

⑤ 불순물과 친화력이 강한 재료를 사용하여 용착금속을 정련한다.

⑥ 붕사, 산화티탄 등을 사용하여 용착금속의 유동성을 좋게 한다.

⑦ 좁은 틈에서 작업할 때 절연작용을 한다.

(2) 피복제의 종류 및 성분

① 아크 안정제

㉠ 기능 : 피복제의 성분이 아크열에 의해 이온(Ion)화하여 아크전압을 낮추고 아크를 안정시킴

㉡ 성분 : 산화티탄(TiO_2), 규산나트륨(Na_2SiO_3), 석회석, 규산칼륨(K_2SiO_3)

② 가스 발생제

㉠ 기능 : 중성 또는 환원성 가스를 발생하여 아크 분위기를 대기로부터 차단 보호하고 용융금속의 산화나 질화를 방지

㉡ 성분 : 녹말, 톱밥, 석회석, 탄산바륨($BaCO_3$), 셀룰로오스(Cellulose)

③ 슬래그 생성제

㉠ 기능 : 용융점이 낮은 가벼운 슬래그(Slag)를 만들어 용융금속의 표면을 덮어 산화나 질화를 방지하고 용융금속의 급랭을 방지하여 기포(Blow Hole)나 불순물 개입을 적게 함

㉡ 성분 : 산화철, 석회석, 규사, 장석, 형석, 산화티탄

④ 탈산제

㉠ 기능 : 용융금속 중에 산화물을 탈산 정련하는 작용

㉡ 성분 : 규소철(Fe－Si), 망간철(Fe－Mn), 티탄철(Fe－Ti), 알루미늄

⑤ 합금 첨가제

㉠ 기능 : 용접 금속의 여러 성질을 개선하기 위해 첨가하는 금속 원소

㉡ 성분 : 망간, 실리콘, 니켈, 크롬, 구리, 몰리브덴

⑥ 고착제(Binder)

㉠ 기능 : 용접봉의 심선에 피복제를 고착시킴

㉡ 성분 : 물유리, 규산칼륨(K_2SiO_3)

(3) 피복제의 방식

① 가스 발생식 용접봉 또는 유기물형 용접봉

㉠ 원리 : 고온에서 가스를 발생하는 물질을 피복제 중에 첨가하여, 용접할 때 발생하는 환원성 가스 또는 불활성 가스 등으로 용접부분을 덮어 용융금속의 변질을 방지한다.

㉡ 특징

ⓐ Arc가 세게 분출되므로 Arc가 안정하다.

ⓑ 전자세의 용접에 적합하다.

ⓒ 용접속도가 빠르고 능률적이다.

ⓓ Slag는 다공성이고 쉽게 부서져 Slag의 제거가 용이하다.

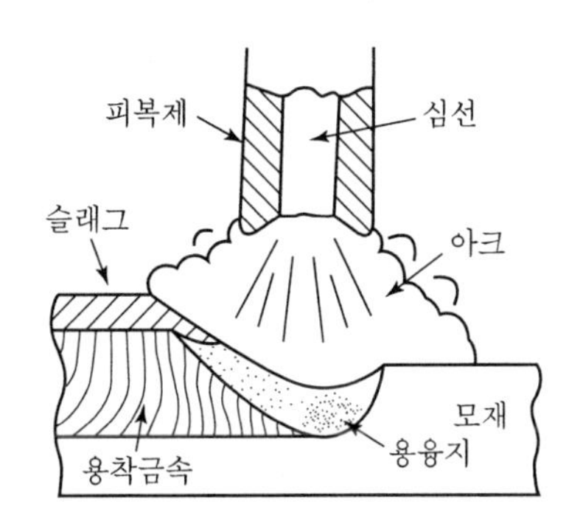

[슬래그 생성식 용접봉]

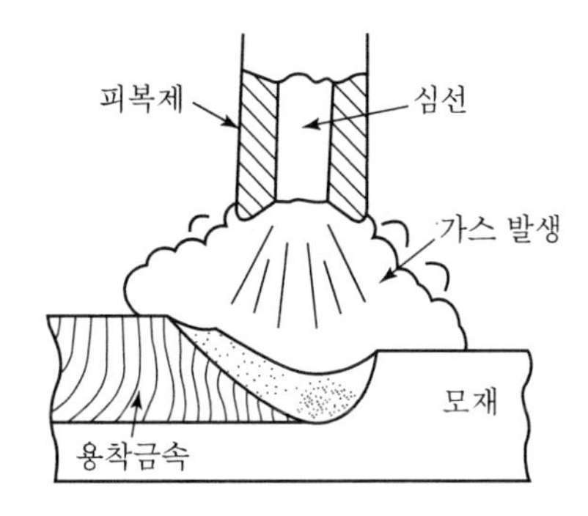

[가스 발생식 용접봉]

② 슬래그 생성식 용접봉 또는 무기물형 용접봉 : 피복제에 고온에서 Slag를 생성하는 물질을 첨가하여 용접부 주위를 액체 또는 Slag로 둘러싸서 공기의 접촉을 막아주며, 용접부의 온도가 내려감에 따라 Slag가 용접부 위에서 굳어 급랭을 방지한다.

③ 반가스식 용접봉 : 가스 발생식 용접봉과 슬래그 생성식 용접봉을 절충한 것으로 슬래그 생성식 용접봉에 환원성 가스나 불활성 가스를 발생하는 성분을 첨가한 것이다.

2 용접결함 및 시험

1. 용접결함

용접작업에 따라 여러 가지의 결함이 발생하며, 이 결함이 확인되지 않은 상태로 기계 및 구조물에 있을 경우 예상하지 못한 큰 위험이 따르게 되므로 사용 전에 검사를 철저히 하여 보완해야 한다.

1) 치수결함

(1) 변형

각변형, 수축변형, 굽힘변형, 회전변형 등

(2) 치수불량

덧붙임 과부족, 필릿의 다리길이, 목두께 등

(3) 형상불량

비드 파형의 불균일, 용입의 과대 등

2) 구조결함

기공, 슬래그 섞임, 용입불량, 언더컷, 오버랩, 균열 등

3) 성질결함(性質缺陷)

(1) 기계적 결함 : 강도, 경도, 크리프, 피로강도, 내열성, 내마모성
(2) 화학적 결함 : 내식성
(3) 물리적 결함 : 전자기적 성질

2. 용접검사 및 시험(試驗)

1) 파괴시험

비파괴 검사와는 달리 용접할 모재, 용접부 성능 등을 조사하기 위해 시험편을 만들어서 이것을 파괴나 변형 또는 화학적인 처리를 통해 시험하는 방법을 말하며 기계적, 화학적, 금속학적인 시험법으로 대별된다.

(1) 인장강도시험

인장시험편을 만들어 시험편을 인장시험기에 걸어 파단시켜 항복점, 인장강도, 연신율을 조사한다.

(2) 굽힘시험

표면굽힘, 뒷면굽힘, 측면굽힘이 있으며 시험편을 지그를 사용하여 U자형으로 굽혀 균열과 굽힘 연성 등을 조사하여 결함의 유무를 판단한다.

(3) 경도시험

경도시험편을 만들어 용착금속의 표면으로부터 1~2mm면을 평탄하게 연마한 다음 경도시험을 한다.

① 브리넬경도
② 로크웰경도
③ 비커스경도
④ 쇼어경도

(4) 충격시험

시험편에 V형 또는 U형의 노치(Notch)를 만들고 충격하중을 주어 재료를 파단시키는 시험법으로 샤르피(Charpy)식과 아이조드(Izod)식의 시험법을 이용한다.

(5) 피로시험

시험편의 규칙적인 주기의 반복하중을 주어 하중의 크기와 파단될 때까지의 반복횟수에 따라 피로강도를 측정한다.

(6) 화학적 시험

① 화학분석 : 금속에 포함된 각 성분원소 및 불순물의 종류, 함유량 등을 알기 위하여 금속 분석을 하는 것이다.
② 부식시험 : 스테인리스강, 구리합금 등과 같이 내식성의 금속 또는 합금의 용접부에서 주로 하는 시험법이며 습부식시험, 고온부식시험(건부식), 응력부식시험이 있다.
③ 수소시험 : 용접부에 용해된 수소는 은점, 기공, 균열 등의 결함을 유발하므로 용접부에는 0.1ml/g 이하의 수소량으로 규제하고 있으며 수소의 양을 측정하는 시험법으로 45℃ 글리세린 치환법과 진공가열법이 있다.

(7) 금속학적 시험

① 파면시험 : 인장 및 충격 시험편의 파단면 또는 용접부의 비드를 따라 파단하여 육안을 통해 균열, 슬래그 섞임, 기공, 은점 등 내부 결함의 상황을 관찰하는 방법이다.

② 육안조직시험 : 용접부의 단면을 연마하고 에칭(Etching)을 하여 매크로 시험편을 만들어 용입의 상태, 열영향부의 범위, 결함 등의 내부결함이나 변질상황을 육안으로 관찰한다.

③ 마이크로(Micro) 조직검사 : 시험편을 정밀 연마하여 부식액으로 부식시킨 후 광학현미경이나 전자현미경으로 조직을 정밀 관찰하여 조식상황이나 내부결함을 알아보는 방법이다.

2) 비파괴검사(NDT ; Non-Destructive Testing)

(1) 개요

용접부의 검사 실시 후 정확한 해석 및 올바른 판단을 내리는 것은 공사의 시공 및 품질관리 측면에서 매우 중요하다. 일반적으로 사용되는 용접부 검사방법으로는 외관검사가 주로 사용되나 필요시에는 비파괴검사를 실시해야 한다.

(2) 비파괴검사

① 비파괴검사의 의의

비파괴검사는 금속재료 내부의 기공・균열 등의 결함이나 용접 부위의 내부결함 등을 재료가 갖고 있는 물리적 성질을 이용해서 제품을 파괴하지 않고 외부에서 검사하는 방법이다.

② 비파괴시험의 목적

㉠ 재료 및 용접부의 결함검사

ⓐ 품질평가 : 품질관리

ⓑ 수명평가 : 파괴역학적 방법, 안정성 확보

㉡ 재료 및 기기의 계측검사

변화량, 부식량을 측정

㉢ 재질검사

㉣ 표면 처리층의 두께측정

두께측정 게이지 이용

㉤ 조립 구조품 등의 내부구조 또는 내용물의 조사

㉥ 스트레인 측정

③ 비파괴시험의 종류

㉠ 표면결함 검출을 위한 비파괴시험방법

ⓐ 외관검사 : 확대경, 치수측정, 형상 확인

ⓑ 침투탐상시험 : 금속, 비금속 적용가능, 표면개구 결함 확인

ⓒ 자분탐상시험 : 강자성체에 적용, 표면, 표면의 저부결함 확인

ⓓ 와전류탐상법 : 도체 표층부 탐상, 봉, 관의 결함 확인

㉡ 내부결함 검출을 위한 비파괴시험방법

ⓐ 초음파 탐상시험 : 균열 등 면상 결함 검출능력이 우수하다.

ⓑ 방사선 투과시험 : 결함종류, 형상판별 우수, 구상결함을 검출한다.

㉢ 기타 비파괴시험방법

ⓐ 스트레인 측정 : 응력측정, 안전성 평가

ⓑ 기타 : 적외선 시험, AET, 내압(유압)시험, 누출(누설)시험 등이 있다.

④ 특징

㉠ 방사선에 의한 투과검사(RT ; Radiographic Testing)

ⓐ X-ray 촬영검사

X선은 2극의 진공관으로 구성된 X선관에 의해 발생시킨다. X선관은 음극이 텅스텐필라멘트이고 양극은 금속표적(대음극)으로 되어 있으며, X선관 내에는 고진공으로 되어 있다. 음극의 필라멘트에 전류를 흘려 필라멘트를 백열상태의 고온으로 하면 열전자가 진공 중으로 방출된다. X선관은 양극에 고전압을 걸면 필라멘트로부터 방출된 열전자는 가속되어, 운동에너지를 증가하면서 양극의 표적에 충돌하여, 여기서 열전자의 운동에너지의 대부분은 열로 변하여 표적을 가열하게 되고, 일부의 에너지가 X선으로 변환되어 방사된다. X선은 짧은 전자파로서 투과도가 강한 것 이외에 사진 필름 촬영이 가능하다. 또 투과력이 크고 강도와 노출시간의 조절로 사진 촬영이 용이할 뿐 아니라 γ-ray에 비하여 촬영 속도가 느리고 전원 및 냉각수 공급 등의 번거러움도 있으나 γ-ray에 비하여 투과력 조정이 가능하여 박판의 금속 결함 촬영도 가능하여 미세한 판별도 가능하다.

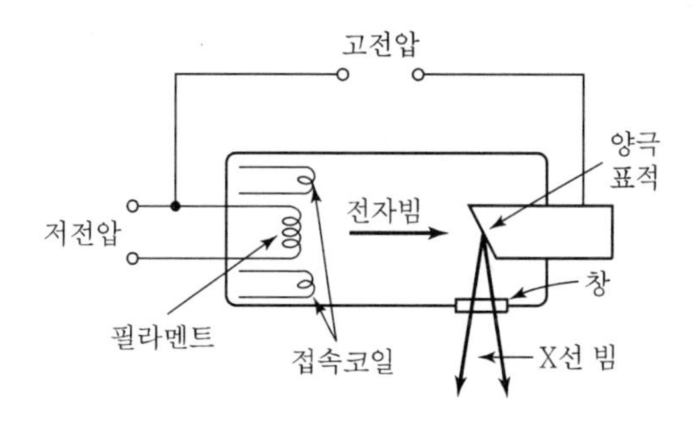

[X선관의 개략도]

ⓑ γ-ray 촬영검사

핵반응에 의해 다양한 방사성 동위원소가 생성되는데, 핵반응로에서 중성자를 충돌시키는 것이 공업용 방사선을 얻는 가장 중요한 방법이 된다. 예를 들면, 자연상태에서 안정된 Co59와 Ir191 원소에 중성자가 충돌하면 γ선이 생성된다. γ-ray는 투과력이 매우 강하여 두꺼운 금속 촬영에 적합하다. 촬영장소가 협소하다든가 위치가 고소인 경우 X-ray 장비에 비하여 간편하기 때문에 널리 쓰이고 있으나 박판 금속의 경우 투과력 조정이 불가능하여 중간 금속 물질을 넣고 촬영하는 등 번거로움이 많다. 특히 촬영 시 외부와의 차폐가 어려우며 보관 등 많은 주의가 필요하다.

㉡ 초음파 탐상검사(UT ; Ultrasonic Testing)

금속재료 등에 음파보다도 주파수가 짧은 초음파(0.5~25MHz)의 Impulse(반사파)를 피검사체의 일면(一面)에 입사시킨 다음, 저면(Base)과 결함부분에서 반사되는 반사파의 시간과 반사파의 크기를 브라운관을 통하여 관찰한 후 결함의 유무, 크기 및 특성 등을 평가하는 것으로 타 검사방법에 비해 투과력이 우수하다. 초음파 탐상은 주로 내부결함의 위치, 크기 등을 비파괴적으로 조사하는 결함검출기법이다. 결함의 위치는 송신된 초음파가 수신될 때까지의 시간으로부터 측정하고, 결함의 크기는 수신되는 초음파의 에코높이 또는 결함에코가 나타나는 범위로부터 측정한다. 초음파탐상법의 종류는 원리에 따라 크게 펄스 반사법, 투과법, 공진법으로 분류되며, 이중에서 펄스반사법이 가장 일반적이며 많이 이용된다.

ⓐ 장점

- 방사선과 비교하여 유해하시 않다.
- 감도가 높아 미세한 결함을 검출할 수 있다.
- 투과력이 좋으므로 두꺼운 시험체의 검사가 가능하다.

ⓑ 단점

- 표면이 매끈해야 하고, 조립체에 사용하지 않고, 결함의 기록이 어렵다.
- 시험체의 내부구조가 검사에 영향을 준다.
- 불감대(Dead Zone)가 존재한다.
- 검사자의 폭넓은 지식과 경험이 필요하다.

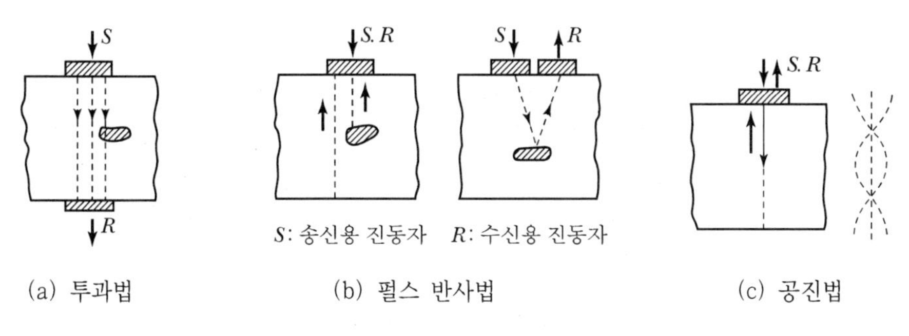

(a) 투과법 (b) 펄스 반사법 (c) 공진법

[초음파 탐상법의 종류]

㉢ 액체침투탐상검사(LPT ; Liquid Penetrant Testing)

ⓐ 전처리

시험체의 표면을 침투탐상검사를 수행하기에 적합하도록 처리하는 과정으로 침투제가 불연속 속으로 침투하는 것을 방해하는 이물질 등을 제거

ⓑ 침투처리

시험체에 침투제(붉은색 혹은 형광색)를 적용시켜 표면에 열려있는 불연속부속으로 침투제가 충분하게 침투되도록 하는 과정

ⓒ 세척처리(침투제 제거)

침투시간이 경과한 후 불연속 내에 침투되어 있는 침투제(유기용제, 물)는 제거하지 않고 시험체에 남아있는 과잉침투제를 제거하는 과정

ⓓ 현상처리

세척처리가 끝난 후 현상제(흰색 분말체)를 도포하여 불연속부 안에 남아있는 침투제를 시험체 표면으로 노출시켜 지시를 관찰

ⓔ 관찰 및 후처리

- 관찰 : 정해진 현상시간이 경과되면 결함의 유무를 확인하는 것
- 후처리 : 시험체의 결함모양을 기록한 후 신속하게 제거하는 것

표면 아래에 있는 불연속은 검출할 수 없고 표면이 거칠면 만족할 만한 시험결과를 얻을 수 없다.

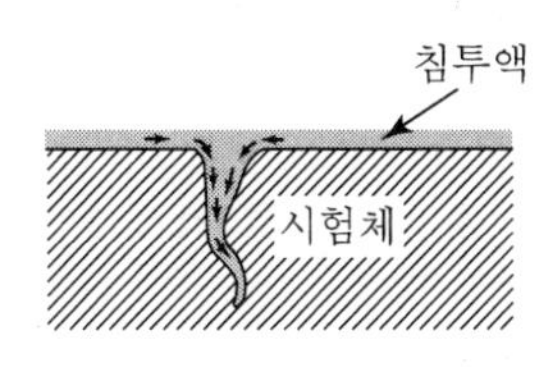

(a) 침투제거

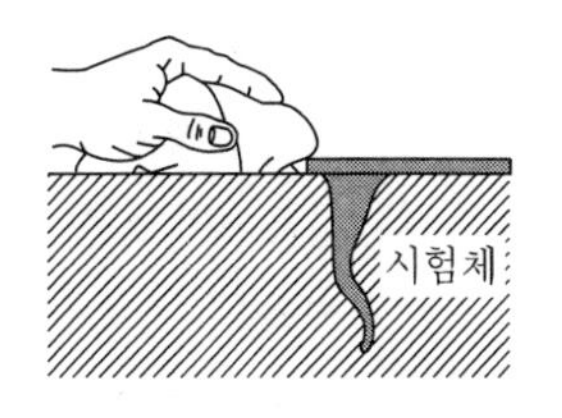

(b) 용제에 의한 제거처리

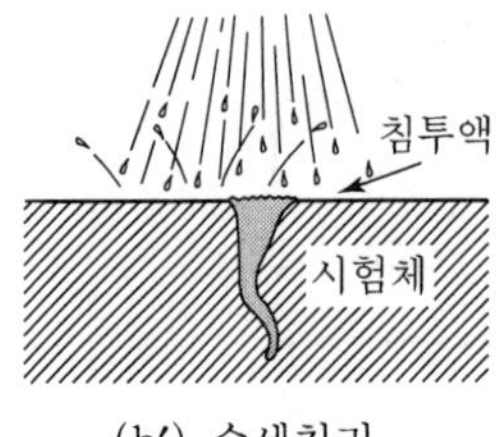

(b′) 수세처리

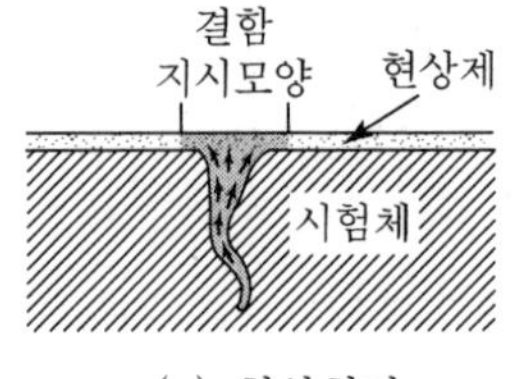

(c) 현상처리

[침투탐상시험에 의한 결함지시모양의 형성 프로세스]

㉣ 자분탐상검사(MT ; Magnetic Particle Testing)

자분탐상검사란 강성 자성체의 시험 대상물에 자장을 걸어주어 자성을 띠게 한 다음 자분을 시편의 표면에 뿌려주고 불연속에는 외부로 누출되는 누설 자장에 의한 자분 무늬를 판독하여 결함의 크기 및 모양을 검출하는 방법이다.

자분탐상은 자성체 시편이 아니면 검사할 수 없으며, 시편 내부에 깊이 존재하는 결함에 의한 누설 자장은 외부로 흘러나오지 못한다. 따라서 자분탐상에 의하여 검출할 수 있는 결함의 크기는 표면과 표면 바로 밑 5mm 정도이다.

ⓐ 장점 : 표면에 존재하는 미세결함 검출능력이 우수, 현장 적응성이 우수

ⓑ 단점 : 시험표면의 영향이 크다, 기록이 곤란하다. 자력선의 방향에 결함이 수직으로 있어야 한다.

㉤ 와전류탐상검사(Eddy Current Test)

ⓐ 개요

와전류탐상법은 고주파 유도 등의 방법으로 검사품에 와전류를 흘려 전류가 흐트러지는 것으로 결함을 발견한다. 도체 표면층에 생긴 균열, 부식공 등을 찾아낼 수 있다. 비접촉으로 고속탐상이 가능하므로 튜브, 파이프, 봉 등의 자동탐상에 많이 이용된다.

ⓑ 와전류탐상검사 종류

- 탐상시험(검사) : 결함검출
- 재질검사 : 금속의 합금성분, 재질의 차이, 열처리 상태
- 크기검사 : 크기, 도막두께, 도체와의 거리변화 측정
- 형상검사 : 형상변화의 판별

ⓒ 적용 및 특징

- 적용
  - 제조공정시험 : 불량품의 조기품절
  - 제품검사 : 제품의 완성검사로 품질보증
  - 보수검사 : 발전, 석유 Plant, 열교환기, 항공기 엔진기계 부품

- 특징
  - 도체에 적용된다.
  - 시험품의 표면결함의 검출을 대상으로 한다.

ⓓ 와전류탐상 장단점
- 비접촉법으로 시험속도가 빠르며 자동화가 가능하다.
- 고온, 고압과 같은 악조건에서 탐상이 가능하다.
- 표면결함의 검출능력이 우수하다.
- 유지비가 저렴하고 시험결과의 기록 보존이 가능하다.
- 시험대상 이외의 전기적, 기계적 요인에 의한 신호방해가 크다.
- 두꺼운 재료의 내부검사가 어렵다.
- 결함의 종류 및 형상 판별이 곤란하다.
- 강자성 금속에 적용이 곤란하다.
- 탐상 및 재질검사 등 여러 데이터가 동시에 얻어진다.
- 검사의 숙련도가 요구된다.

ⓑ 기타 검사

용접을 전부 완성한 후 구조물 및 압력용기의 최종 건전성을 확인하기 위하여 유압시험 및 누출시험을 행한다.

이외에 음향방출시험(AE ; Acoustic Emission Exam)이 있는데, 이는 상기의 비파괴시험법은 넓은 면적을 단번에 시험할 수 없으며 시험 부위에 Hanger나 Supporter 등이 부착되어 있어 시험이 어렵거나 시험자의 숙련도에 크게 좌우되고 균열발생 원인의 규명이 어렵다는 단점을 가지고 있는데 반해, AE는 이런 문제를 다소 해결할 수 있다. AE란 재료가 변형을 일으킬 때나 균열이 발생하여 성장할 때 원자의 재배열이 일어나며 이때 탄성파를 방출하게 된다. 따라서 이에 대한 연구가 계속되고 있으나 현장 적용엔 아직 미흡한 단계이다.

(3) 외관검사

① 용접작업 전 검사

용접해야 할 부위의 형상, 각도, 청소상태 및 용접 자세의 적부를 검사한다.

② 용접작업 중 검사

용접봉, 운봉속도, 전류, 전압 및 각 층 슬래그의 청소상태를 검사한다.

③ 용접작업 후 검사

용접부의 형상, 오버랩, 크레이터, 언더컷 등을 검사한다.

외관검사를 철저히 하면 모든 용접결함의 80~90%까지 발견하여 수정할 수 있으며 육안검사 시 확대경 사용으로 미세한 부분도 검사할 수 있다.

3. 용접부 시험에 대한 여러 비파괴시험법의 비교

시험방법	시험장비	결함검출정도	장점	단점	비고
육안검사	• 돋보기 • Periscope • 거울 • Weld Size Gauge • Pocket Rule	• 표면결함 • Crack Porosity • 크레이터, Porosity • 슬래그 포획 • 용접 후 뒤틀림 • 잘못 형성된 Bead • 부절절한 Fit up	• 가격 저렴 • 작업 중 수정을 하면서 검사할 수 있음	• 표면 결함만이 가능 • 영구기록 불가	• 기타 다른 비파괴법이 적용되더라도 기본적인 검사법이 된다.
침투탐상시험	• 형광 혹은 다이침투제와 현상제 • 형광법이 사용될 경우 Black Light • 세척제	• 육안으로 검출하기 어려운 표면결함 • 용접부 누출 검사에 최적	• 자성, 비자성, 모든 재질에 적용 • 사용 용이 • 가격 저렴	• 표면개공 결함만이 가능 • 시험 표면 온도가 높은 곳엔 적용하지 못함(250°F 이상)	• 두께가 얇은 Vessel의 경우 보통의 Air Test로 검출되지 못하는 누출을 쉽게 검출함 • 부적절한 표면조건(스모그 슬래그)은 인디케이션으로 오해될 수 있음
자분탐상시험	• 시험자분(건식 또는 습식) • 형광자분 사용시 Black Light • Yoke Prod 등의 특별장치 사용	• 특히 표면 결함 검출에 최적 • 표면 밑 결함도 어느 정도 가능 • Crack	• 방사선 투과시험보다도 사용용이 • 비교적 가격 저렴	• 자성재에만 적용 • 인디케이션을 해석하는 데 기술이 필요 • 거친 표면에 적용 곤란	• 자화 방향과 평행하게 놓인 결함은 검출하기 어려우므로 시험 시 항상 2가지 이상의 자화 방향을 형성해야 함
방사선 투과시험	• X선 혹은 감마선 장비 • 필름과 현상처리 시설 • 필름 Viewer	• 내부거시결함 • Crack • Porosity • Blowhole • 비금속 개재물 • 언더컷 • Burnthrough	• 필름에 영구기록	• 사용장비 노출시간 및 인디케이션 해석에 기술이 필요 • 방사능에 대한 사전주의 요망 • 필릿 용접부에 부적합	• X선 검사는 여러 Code 및 Specification의 적용을 받음 • 가격이 비싸므로 다른 비파괴법으로 적용이 어려운 곳에만 제한
와류 탐상법	• 사용되는 여러 와류탐상기 및 Probe	• 표면 및 표면 밑 결함	• 시험속도 빠름 • 자동화 기능	• 표면 밑 결함은 단지 표면의 6mm 안에 있는 결함만 검출가능 • 시험될 부분은 전자유도체이어야 함 • 프로브는 시험될 부품 모양에 적합하도록 특별히 설계해야 한다.	• 최적의 결과를 얻기 위해 Calibration이 필수적 • 어떤 조건에서는 발생된 Signal은 결함의 실제 크기와 비례
초음파 탐상법	• 특별 초음파 시험장비 펄스에코 또는 투과법 • 대비 시험편 또는 Calibration 시험편 • RF나 Video 패턴을 해석하기 위한 표준참고 패턴	• 표면이나 표면 밑 결함으로서 다른 비파괴방법으로 검출하기 어려운 작은 결함도 검출 • 특히 Lamination 결함에 최적	• 매우 예민함 • 방사선 투과 시험으로 시험이 곤란한 Joint 부분까지도 시험 가능	• 펄스에코 Signal을 해석하는 데 상당한 기술을 요구 • 영구 기록이 곤란	• 펄스에코 장비가 용접부 검사를 위해 상당히 개발되었음 • 영구 기록이 Strip Chart, 비디오테이프, Analog Tape 등으로 가능
유압 시험법	• 유압시험장비 • 정적부하 설치	• 구조적으로 약한 부품이나 용접부	• 구조적으로 완전함을 입증하는 데 좋음	• 부품의 크기가 시험장비 설치에 적합하지 않을 수 있음	• 유압 시 압축력에 의한 시험법
누출 시험법	• 물탱크 • 비누거품을 위한 장비 • 할로겐 시험장비 • 헬륨메스 스펙트로미터	• 용접부 누출검사	• 가끔 누출시험을 위한 유일한 방법	• 단지 검출되는 누출은 결함의 존재만 나타낼 뿐. 그 결함의 모양에 대해서는 알 수 없다.	• 누출시험은 부품의 구조적 완전함을 시험할 수 없어서 보통 다른 방법과 겸용하여 사용함

[문제] 측정의 개요와 측정기에 미치는 영향

1. 측정의 개요

(1) 측정 : 어떤 양을 단위로 사용되는 다른 양과의 비교

(2) 측정의 오차

① 오차 : 측정값과 참값의 차

② 오차의 종류

- 개인오차 : 측정하는 사람에 따라서 생기는 오차
- 계통오차 : 동일 측정조건에서 같은 크기의 부호를 갖는 오차로서 측정기의 구조, 측정압력, 측정 시의 온도, 측정기의 마모에 따른 오차
  - 계기오차 : 측정계기의 불완전성 때문에 생기는 오차
  - 환경오차 : 측정할 때 온도, 습도, 압력 등 외부환경의 영향으로 생기는 오차
  - 개인오차 : 개인이 가지고 있는 습관이나 선입관이 작용하여 생기는 오차
- 우연오차 : 주위의 환경에 따라서 생기는 오차
- 시차 : 측정기의 눈금과 눈 위치가 같지 않을 때 생기는 오차
- 평의오차(Bias Error) : 측정이 되기 전부터 각종 요인들로 인해 오차를 유발할 수밖에 없는 오차로 측정기의 종류와 정밀도에 좌우됨

③ 공차의 틈새 및 죔새

- 공차
  - 구멍의 공차 : T=(최대치수) - (최소치수)=$A-B$
  - 축의 공차 : t=(최대치수) - (최소치수)=$a-b$
- 틈새와 죔새

  최소틈새=(구멍의 최소치수) - (축의 최대치수)=$B-a$
  최대틈새=(구멍의 최대치수) - (축의 최소치수)=$A-b$
  최소죔새=(축의 최소치수) - (구멍의 최대치수)=$b-A$
  최대죔새=(축의 최대치수) - (구멍의 최소치수)=$a-B$

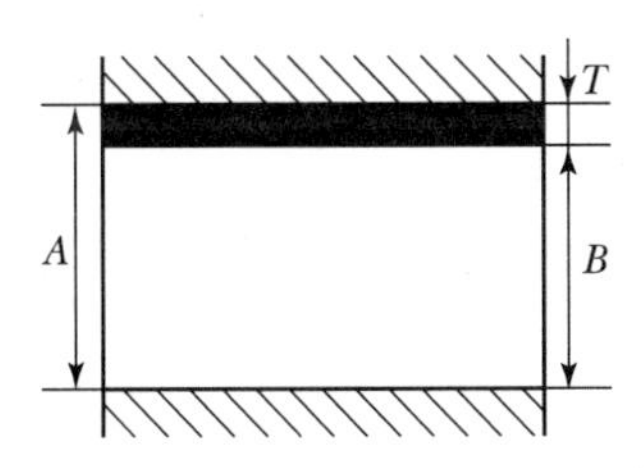

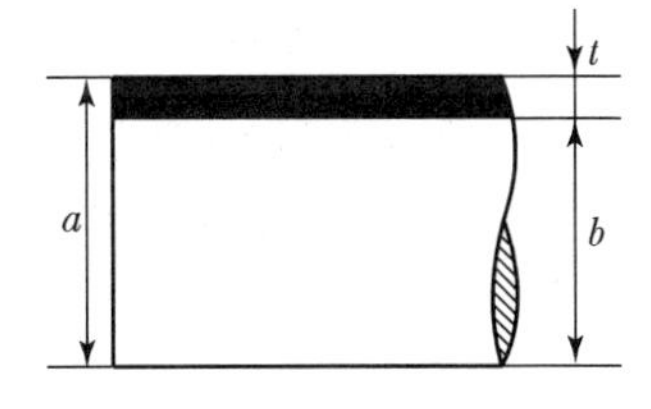

[틈새 및 죔새]

CHAPTER 05 절삭가공, 연삭가공

1 절삭원리

1. Chip의 형성

1) Chip의 종류 및 발생원리

(1) 유동형 칩(Flow Type Chip)

① 정의 : 공구가 진행함에 따라 일감이 미세한 간격으로 계속적으로 미끄럼변형을 하여 칩이 생기며 연속적으로 공구 윗면을 흘러나가는 모양의 칩

② 발생원인

㉠ 연강, 구리, 알루미늄과 같이 재질이 연하고 인성이 많은 재료를 고속으로 절삭할 경우

㉡ 윗면경사각이 클 경우

㉢ 절삭깊이가 작을 경우

㉣ 절삭속도가 클 경우

㉤ 절삭량이 적고 절삭제를 사용할 경우

③ 특징 : 칩의 두께가 일정하고 균일하게 생성되며 가공면이 깨끗하다.

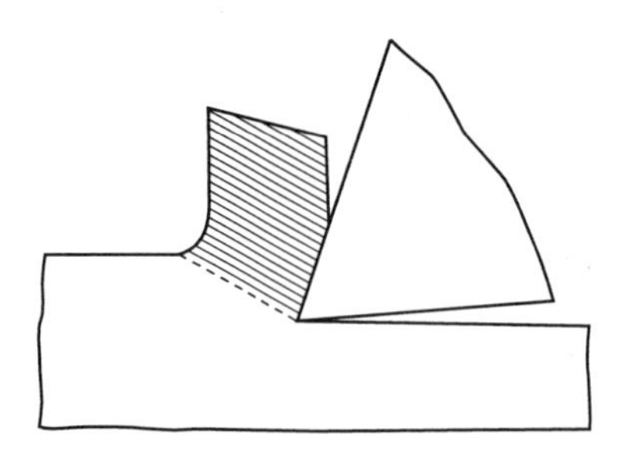

[유동형 칩]

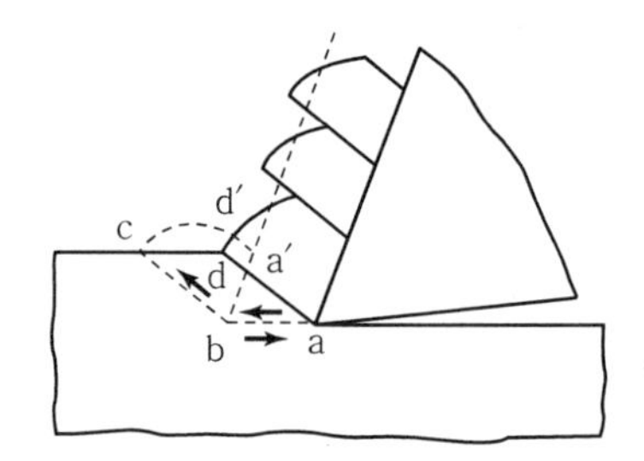

[전단형 칩]

(2) 전단형 칩(Shear Type Chip)

① 정의 : 미끄럼 간격이 다소 큰 형태의 칩으로 비스듬히 위쪽을 향하여 발생

② 발생원인

㉠ 연성재료를 저속으로 절삭할 경우

㉡ 가공재료가 취약성을 가지고 있는 경우

㉢ 윗면 경사각이 작고 절삭깊이가 무리하게 큰 경우

③ 특징 : 비연속적인 칩이 생성된다.

(3) 열단형 칩(Tear Type Chip)

① 정의 : 재료가 공구 윗면에 점착하여 흘러나가지 못하고 공구의 전진에 따라 압축되어 균열이 생기고 이어서 전단이 생겨 분리되는 모양의 칩

② 발생원인

㉠ 점성이 많은 재료를 절삭할 경우

㉡ 공구의 경사각이 작고 절삭 깊이가 깊을 경우

③ 특징 : 가공면이 거칠어지고 비연속 칩으로 가공 후 흠집이 생긴다.

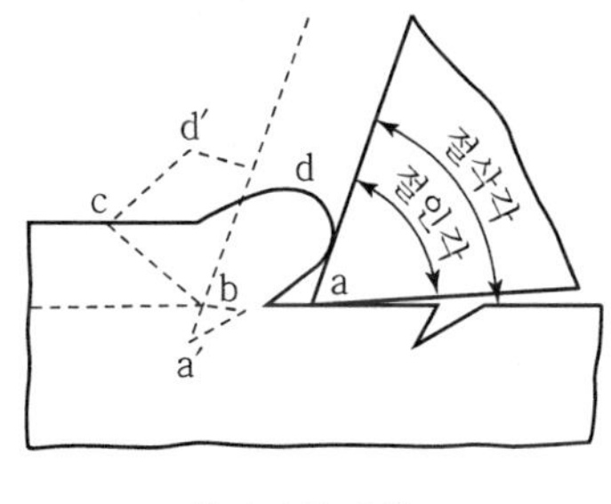

[열단형 칩]

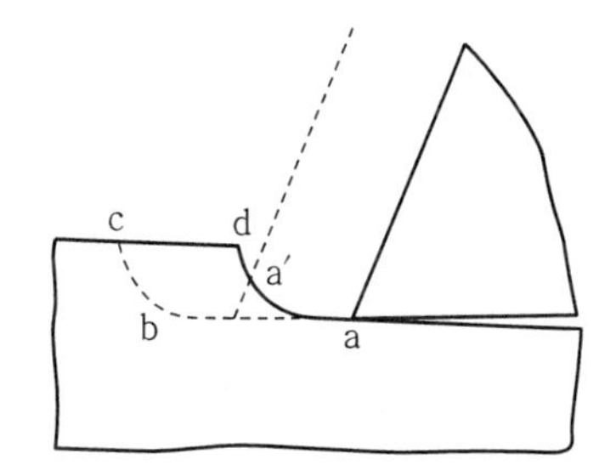

[균열형 칩]

(4) 균열형 칩

① 원리 : 바이트 상방의 공작물이 강한 압축력을 받아 순간적으로 균열이 생겨 모재로부터 분리되는 모양의 칩

② 발생원인

㉠ 경사각이 매우 작을 경우

㉡ 절삭속도가 매우 느릴 경우

㉢ 공구재질의 강도에 비하여 무리하게 절삭깊이가 깊을 경우

③ 특징 : 비연속적인 칩으로 가공면이 거칠다.

2) 구성인선(Built-up Edge, 構成刃先)

연성이 큰 연강, Stainless강, Aluminium 등과 같은 재료를 절삭할 때 구성인선에 작용하는 압력, 마찰저항 및 절삭열에 의하여 Chip의 일부가 부착되는 것을 구성인선이라 하며, 이것은 주기적으로 발생하여 성장, 최대성장, 분열, 탈락 등의 과정을 반복한다.
Built-up Edge의 발생과 크기를 억제하는 데 효과가 있는 인자는 다음과 같다.

(1) 경사각(Rake Angle)을 크게 한다.
(2) 절삭속도(Cutting Speed)를 크게 한다.(120m/min 이상에서는 구성인선이 없어진다.)
(3) Chip과 공구경사면 간의 마찰을 적게 한다.
  ① 공구경사면을 매끄럽게 가공한다.
  ② 절삭유를 사용하여 윤활과 냉각작용을 시킨다.
  ③ 초경합금공구와 같은 마찰계수가 작은 것을 사용한다.
(4) 절삭 전(Uncut) Chip의 두께를 작게 한다.
  Built-up Edge의 장단점은 다음과 같다
  ① 장점
    절삭인을 보호하여 공구 수명을 연장시키는 경우가 있다.
  ② 단점
    ㉠ Built-up Edge가 탈락될 때 공구의 일부가 떨어져 나가는 경우가 있어 공구수명을 단축시킨다.
    ㉡ Built-up Edge의 날은 공구의 것보다 하위에 있어서 예정된 절삭 깊이보다 깊게 절삭되며, 표면정도와 치수정도를 해친다.

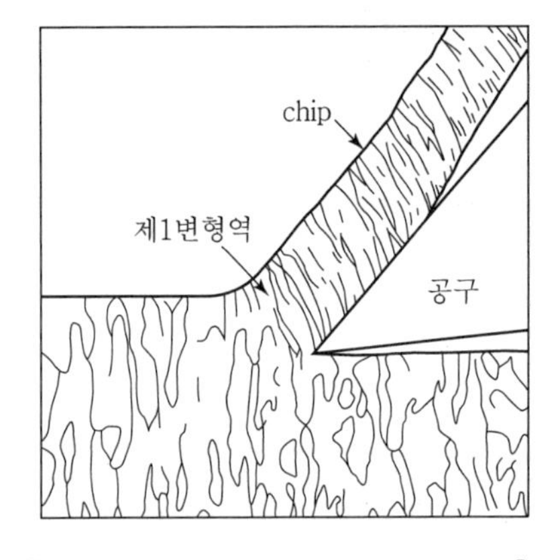

[Built-up Edge가 없는 연속형 Chip]

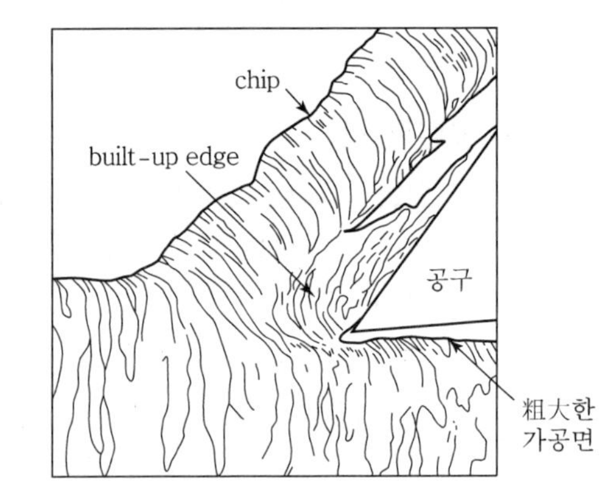

[Built-up Edge를 갖는 연속형 Chip]

2. 절삭동력 및 절삭온도

1) 절삭동력

$$H_p = \frac{P_1 v}{60 \times 75\eta} \quad (\eta : \text{기계적 효율})$$

2) 절삭온도(고온 및 저온절삭)

(1) 개요

공작물은 고온 및 저온에서의 특성이 틀리며 공구도 온도에 따른 영향을 받는다. 절삭 시 공작물을 200~800℃ 가열하여 연화시켜 절삭하기 쉬운 상태로 하여 절삭능률을 향상시키는 방법을 고온절삭이라 한다. 또한 0℃ 이하에서 공작물의 피삭성이 향상되고 공구의 마멸이 적게 되는 효과를 이용한 절삭법을 저온절삭이라 한다.

(2) 고온절삭

① 고온절삭특징

㉠ 장점 : 절삭저항이 감소된다.(피삭성이 향상된다.) 구성인선의 미발생으로 다듬질면이 매끈하게 된다. 소비동력이 감소된다. 공구수명이 향상된다. 가공 변질층의 두께가 얇아진다.

㉡ 단점 : 공작물의 열팽창으로 제품의 치수정밀도가 저하된다. 가열장치에 경비가 소요된다. 작업이 일반적으로 힘들다.

② 가열방법

㉠ 전체가열법

ⓐ 노 중에서 가열하고 꺼낸 후 공작기계에 장착하여 절삭하는 방식

ⓑ 절삭이 빨라야 하고 냉각이 빠른 소형부품은 적용하기가 어려워 고온절삭에서의 일반적 가열방법은 국부가열법을 취한다.

㉡ 국부가열법

ⓐ 가스가열법 : 산소-아세틸렌가스에 의해 절삭부분을 국부적으로 가열하는 것으로 토치를 공구대에 장착한다. 절삭부위에 집중해서 가열하는 것이 곤란하고 재료의 내부까지 가열되나 간단한 설비와 손쉬운 가열방식으로 가장 경제적이다.

ⓑ 고주파 가열법 : 고주파 유도전기코일을 공구대의 공구 바로 앞에 장착하여 고주파 전류로 가열하는 방법으로 공작물의 온도는 절삭온도, 이송속도, 전류, 주파수, 코일형상, 공작물의 크기 등에 의해 영향을 받는다. 편리한 방

법이나 설비비가 고가이고 열효율이 나쁘다.

ⓒ 아크 가열법 : 공구대에 탄소전극을 장착하여 공작물 간에 아크를 발생시켜 절삭부를 가열하는 방식으로 공작물 표피의 절삭부위에만 집중할 수 있고 열효율이 높으므로 우수한 방법이다.

ⓓ 통전 가열법 : 공구, 공작물 간에 저전압 대전류를 통하여 절삭부위에서의 저항에 의한 발열을 이용하여 가열하는 방법으로 제어나 조작이 용이하고 실용성이 높으나 세라믹 공구와 같은 부도체의 공구에는 적용할 수 없다.

③ 고온 절삭 시의 문제점과 대책

㉠ 열팽창 : 척의 마모가 초래되므로 센터작업을 한다, 심압대는 축방향 팽창을 흡수하기 위해 스프링을 삽입한다, 공작기계 · 공구의 열영향을 방지하기 위해 수랭한다.

㉡ 칩처리 : 회전커터 이용, 절삭조건의 적절한 선택

㉢ 공구의 마모 : 고온경도가 큰 공구선택, 경사각이 (−)인 공구 사용, 회전커터이용

(3) 저온절삭

① 절삭작용

저온 취성을 나타내는 탄소강 등에서 다듬질면의 향상, 절삭저항의 감소, 공구수명의 향상이 기대되나 저온 취성이 없는 스테인리스강, 알루미늄 등에서는 효과가 적다.

② 냉각방법

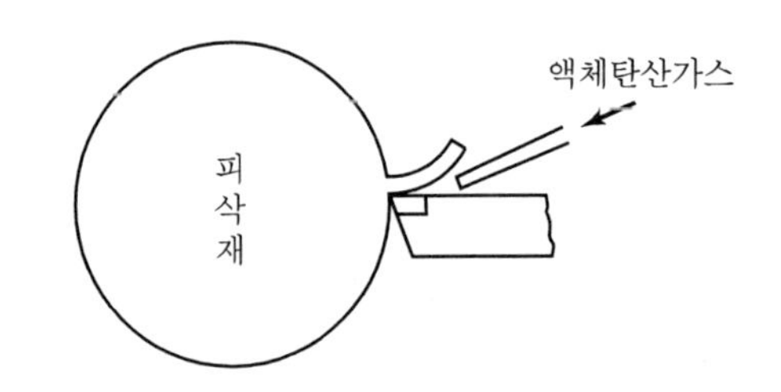

[인선의 냉각방법]

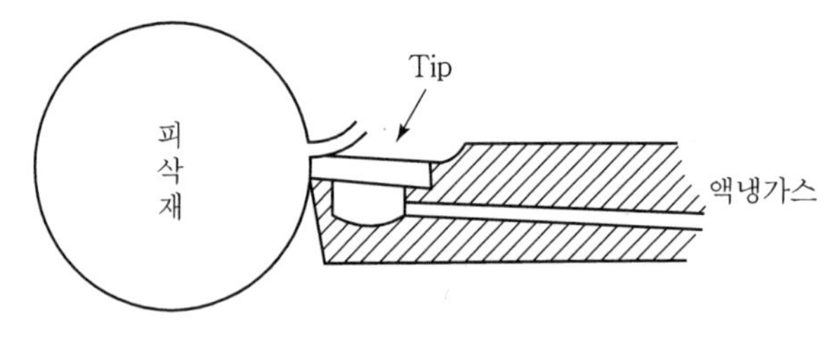

[저온절삭 냉각법]

㉠ 저온의 절삭제(냉각 알코올, 액체 탄산가스 등)를 분사하는 방법
㉡ 공작물을 저온조에서 냉각 후 꺼내어 절삭하는 방법
㉢ 공구 내부에 냉매를 흘리는 방법

3) 절삭유

(1) 절삭유의 사용목적

① 냉각작용 : 일감과 공구를 냉각하여 날끝의 경도 · 치수 정밀도의 저하를 방지
② 윤활작용 : 날끝과 다듬면 사이를 윤활하고 날끝의 마모를 방지하여 다듬면을 아름답게 한다.
③ 세척작용 : 칩을 제거하여 절삭작용을 쉽게 한다.
④ 가공물 표면의 방청작용

(2) 절삭유의 종류

① 알칼리성 수용액
㉠ 물에 녹을 방지하기 위하여 알칼리를 첨가한 것이다.
㉡ 냉각과 칩을 제거하는 작용이 크며 연삭작업에 사용
② 솔루블 오일(Soluble Oil)
㉠ 광유를 화학처리하여 물에 녹게 한 것이다.
㉡ 비열이 크며 냉각작용도 크고 값이 싸다.
㉢ 진한 것은 브로치 작업, 기어깎기에 사용되며 묽은 것은 연삭 · 구멍뚫기에 사용
③ 광유
㉠ 감마(減磨)작용 및 냉각작용이 크다.
㉡ 석유는 점도가 낮으므로 절삭속도가 큰 것에 사용
④ 동 · 식물유
㉠ 냉각작용은 작으나 점도가 커 연마 감마(減磨)작용이 크다.
㉡ 탭으로 나사내기, 브로치 작업 등 저속도의 다듬절삭, 중절삭 등에 이용

(3) 절삭유의 구비조건

① 냉각, 방청, 방식성이 좋을 것
② 마찰성이 적고 윤활성이 좋을 것
③ 유동성이 좋고, 잘 떨어질 것
④ 인체에 해롭지 않고 악취가 없을 것
⑤ 인화점과 발화점이 높을 것
⑥ 가격이 쌀 것

[문제] **칩브레이커**(Chip Breaker)

1. 개요

절삭속도의 증가에 따라 장시간 연속절삭을 하는 경우에 발생된 칩은 공구, 일감 및 공작기계와 엉켜지게 되어 작업자에게 위험할 뿐만 아니라 적절히 처리되지 않으면 가공물에 흠집을 주고 공구 날끝에도 기계적 Chipping을 초래하게 되며 절삭유제의 유동을 방해한다.

절삭 시 발생되는 긴 칩을 위와 같은 문제 때문에 제어하고 적당한 크기로 잘게 부서지게 하기 위하여 공구 경사면을 변형시키는 칩브레이커가 필요한 것이다.

2. 칩브레이커의 목적

(1) 공구, 가공물, 공작기계가 서로 엉키는 것을 방지한다.
  ① 가공표면의 흠집 발생방지
  ② 공구 날끝의 치핑방지
  ③ Chip의 비산 등에 의한 작업자의 위험요인을 줄임

(2) 절삭유제의 유동을 좋게 한다.

(3) 칩의 제거 및 처리를 효율적으로 할 수 있다.

3. 칩브레이커의 형상과 공구 마모

(1) 형상

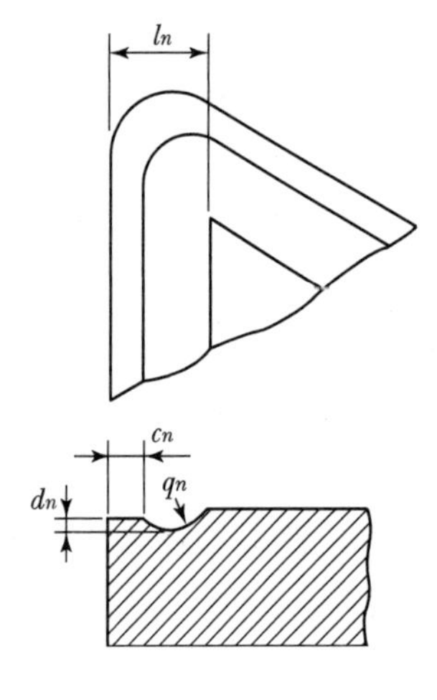

d_n : Chip – Breaker Groove Depth
c_n : Chip – Breaker Land Width
l_n : Chip – Breaker Distance
q_n : Chip – Breaker Groove Radius

[홈(Groove)형 칩브레이커]

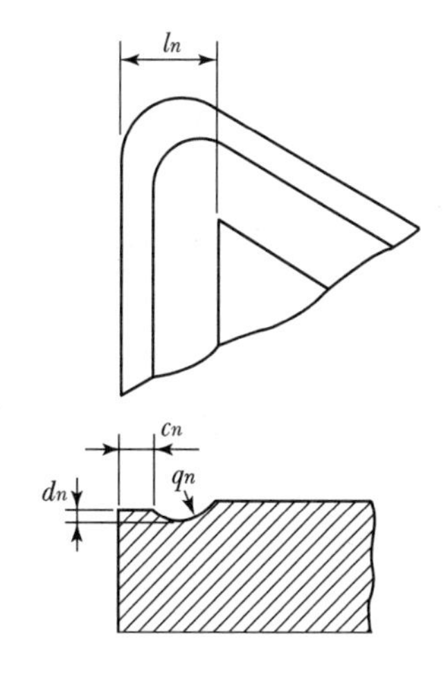

d_n : Chip - Breaker Groove Depth
c_n : Chip - Breaker Land Width
l_n : Chip - Breaker Distance
q_n : Chip - Breaker Groove Radius

[홈(Groove)형 칩브레이커]

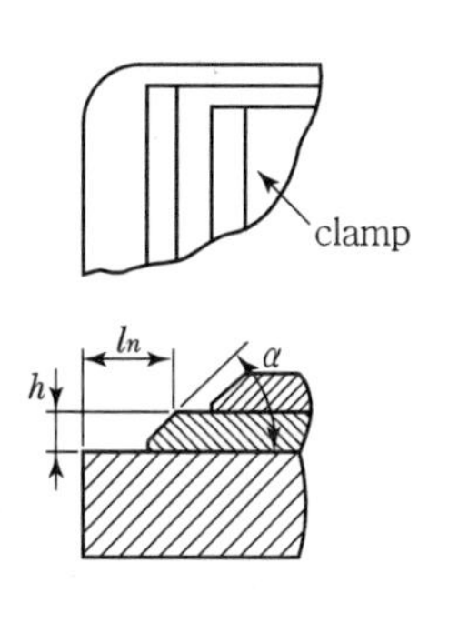

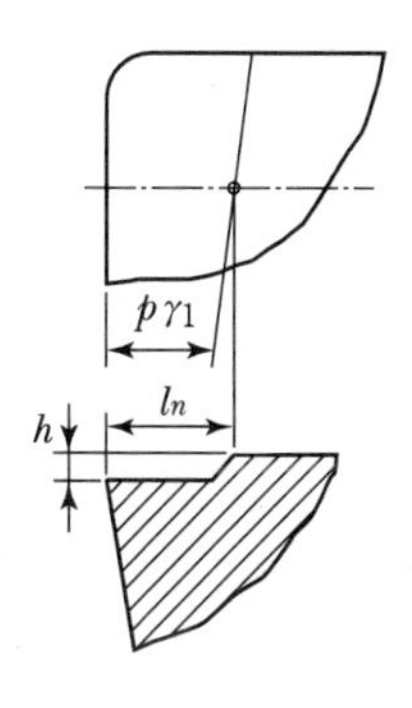

(a) Attached (b) Integral

h : Chip - Breaker Height
l_n : Chip - Breaker Distance
α : Chip - Breaker Wedge Angle
pr_1 : Chip - Breaker Angle

[장애물(Obstruction)형 칩브레이커]

① 홈형 칩브레이커(Groove Type) : 공구의 경사면 자체에 홈을 만드는 방식

② 장애물형 칩브레이커(Obstruction Type) : 공구의 경사면에 별도의 부착물을 붙이거나 돌기를 만드는 방식

(2) 칩브레이킹에 의한 공구 마모

① 평면공구 : 공구가 마모될 때 공구면(Tool Face)에 Crating이 발생되어 칩브레이커의 역할을 한다. 최초에 발생되는 칩은 Ribbon Chip이 발생된다.

② 장애물형 칩브레이커 공구 : Chip의 곡률반경과 Chip Breaking을 제어할 수 있으며 공구의 마모를 감소시킨다. 공구 상면의 마모가 계속됨에 따라 Chip의 곡률반경이 감소하여 Chip이 너무 잘게 부서질 수 있다.

③ 홈형 칩브레이커 공구 : 공구의 마모율은 평면공구의 것과 같으나 초기부터 홈에 의해 Chip이 잘게 부서지며 마모가 계속됨에 따라 장애물형 칩브레이커 공구와 같은 현상을 나타낸다.

4. 선삭 시의 Chip 형태

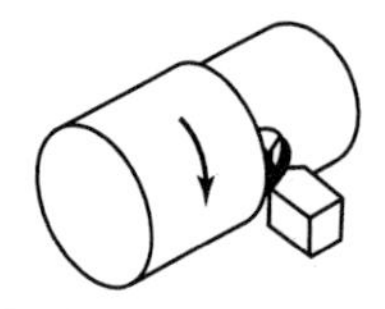

(a) 나선형 칩

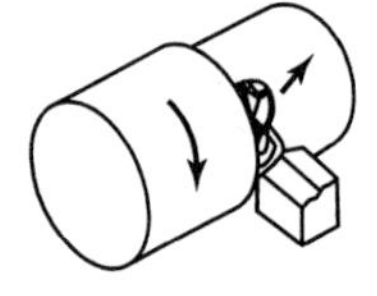

(b) 아크칩

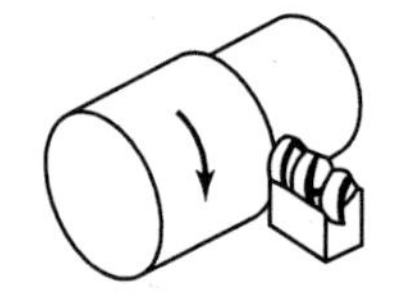

(c) Tubular Chip (3차원 절삭)

(d) Connecter-arc Chip (3차원 절삭)

[칩의 형태]

(1) 나선형 칩

① 절삭날의 경사각이 0도이면 절삭이 진행됨에 따라 점점 Chip의 곡률반경이 증가되며 이로 인해 Chip의 응력이 증가하여 마침내 파괴된다.

② 고속절삭에서 Chip이 자연스럽게 말리지 않고 칩브레이커가 없다면 절삭이 진행되면서 Chip은 직선으로 공구의 상면을 흐르고 서로 얽히는 Ribbon Chip이 발생된다.

(2) 아크칩(Arc Chip)

① 칩브레이커를 설치하여 발생하는 치빙 가공면과 부딪히도록 작은 조각으로 부서지게 한 칩

② 잘게 부서진 아크칩은 공작물의 회전 시 공작물에 의해 튕겨져서 작업자에게 위험을 줄 수 있다.

(3) Tubular Chip

① 3차원 절삭에서 발생되는 것으로 Chip의 나선각을 칩의 유동각과 거의 같고 경사각과도 거의 같다.

② 곡률반경이 너무 작을 때 칩이 공구면을 접촉하여 생기는 칩이며 칩의 곡률반경을 조정하여 Chip의 파괴형태를 개선할 수 있다.

(4) Connected-arc Chip

① Chip의 자유단을 가공물에 부딪히게 하고 회전이 계속될 때 자유단이 밀려서 공구의 Flank에 부딪혀 곡률반경이 증가되고 응력의 증가로 칩이 파괴되는 형식

② 곡률반경이 너무 크면 칩은 공구와 부딪히지 않고 밑면으로 치우쳐 공구를 감는다. 곡률반경이 너무 작으면 칩이 공구상면과 접촉하여 Tubular 칩이 발생된다.

2 숫돌바퀴(Grinding Wheel)

1. 숫돌바퀴의 구성

1) 숫돌입자(Abrasive Grain)

(1) 숫돌입자의 구비조건

① 공작물을 연삭할 수 있는 충분한 경도를 가질 것
② 충분한 내마멸성이 있을 것
③ 충격에 견딜 수 있도록 탄성이 높을 것
④ 결합제에 의하여 쉽게 결합되고 성형성이 좋을 것
⑤ 손쉽게 얻을 수 있고 값이 쌀 것

(2) 숫돌입자의 종류와 특징

<table>
<tr><th colspan="2">연삭재</th><th>숫돌입자의 기호</th><th>성분</th><th>용도</th><th>특징</th><th>기호</th><th>상품명</th></tr>
<tr><td rowspan="4">인조산</td><td rowspan="2">알루미나
(Al_2O_3)</td><td>A</td><td>알루미나
(Al_2O_3)
약 95%</td><td>주강, 가단주철의 연삭용</td><td>갈색이며
C숫돌보다
부드러우나
강인하다.</td><td>2A</td><td rowspan="2">자연산 :
에머리,
커런덤

인조산 :
알런덤</td></tr>
<tr><td>WA</td><td>알루미나
약 99.5%
이상</td><td>스텔라이트,
고속도강,
특수강의 연삭용</td><td>순도가 높은
백색이며
A숫돌보다
부서지기 쉽다.</td><td>4A</td></tr>
<tr><td rowspan="2">탄화규소
(SiC)</td><td>C</td><td>탄화규소
(SiC)
약 97%</td><td>주철, 석재, 유리 등의 연삭용</td><td>흑자색이며
A숫돌보다
굳으나 부서지기
쉽다.</td><td>2C</td><td rowspan="2">카보
런덤</td></tr>
<tr><td>GC</td><td>탄화규소
약 98% 이상</td><td>초경합금, 유리
연삭용</td><td>순도가 높은
녹색이며 발열을
피할 경우 사용</td><td>4C</td></tr>
<tr><td>천연산</td><td>다이아
몬드</td><td>D</td><td>다이아몬드
100%</td><td>유리, 초경합금,
보석, 석재,
래핑용</td><td>강도가 가장
크다.</td><td></td><td></td></tr>
</table>

2) 입도(Grain Size)

(1) 정의

숫돌입자는 메시(Mesh)로 선별하며 숫돌입자 크기의 굵기를 표시하는 숫자

(2) 입도와 연삭조건의 선택기준

① 거친연삭, 절삭깊이와 이송 등을 많이 줄 때 : 거친입도
② 다듬연삭 또는 공구의 연삭 : 고운입도
③ 경도가 높고 메진 일감의 연삭 : 고운입도
④ 연하고 연성이 있는 재료의 연삭 : 거친입도
⑤ 숫돌과 일감의 접촉면이 작을 때 : 고운입도
⑥ 숫돌과 일감의 접촉면이 클 때 : 거친입도

(3) 연삭숫돌의 입도

호칭	거친 것	중간 것	고운 것	매우 고운 것
입도(번)	10, 12, 14, 16, 20, 24	30, 36, 46, 54, 60	70, 80, 90, 100, 120, 150, 180, 220	240, 280, 320, 400, 500, 600, 700, 800

3) 결합도(Grade)

(1) 정의

숫돌입자의 결합상태를 나타내는 것으로 연삭 중에 숫돌입자에 걸리는 연삭저항에 대하여 숫돌입자를 유지하는 힘의 크고 작음을 나타내며 숫돌입자 또는 결합제 자체의 경도를 의미하는 것은 아니다.
결합도가 낮은 숫돌 또는 연한 숫돌은 숫돌입자가 숫돌표면에서 쉽게 이탈하는 숫돌을 말하며, 그 반대인 숫돌을 결합도가 높은 숫돌 또는 단단한 숫돌이라 한다.

(2) 연삭숫돌의 결합도

결합도	E, F, G	H, I, J, K	L, M, N, O	P, Q, R, S	T, U, V, W, X, Y Z
호칭	극히 연한 것	연한 것	중간 것	단단한 것	매우 단단한 것

(3) 결합도에 따른 숫돌바퀴의 선택기준

결합도가 높은 숫돌(단단한 숫돌)	결합도가 낮은 숫돌(연한 숫돌)
연질재료의 연삭	경질재료의 연삭
숫돌바퀴의 원주속도가 느릴 때	숫돌바퀴의 원주속도가 빠를 때
연삭 깊이가 얕을 때	연삭 깊이가 깊을 때
접촉 면적이 작을 때	접촉 면적이 클 때
재료 표면이 거칠 때	재료 표면이 치밀할 때

4) 조직(Structure)

(1) 정의

숫돌의 단위 용적당 입자의 양 즉 입자의 조밀상태를 나타낸다.

(2) 조직의 기호

호칭	조직	숫돌입자율(%)	기호
치밀한 것	0, 1, 2, 3	50 이상 54 이하	c
중간 것	4, 5, 6	42 이상 50 이하	m
거친 것	7, 8, 9, 10, 11, 12	42 이하	w

(3) 조직에 따른 연삭숫돌의 선택기준

조직이 거친 연삭숫돌	조직이 치밀한 연삭숫돌
연질이고 연성이 높은 재료	굳고 메진 재료
거친연삭	다듬질 연삭, 총형연삭
접촉면적이 클 때	접촉면적이 작을 때

(4) 숫돌입자율(Grain Percentage)

연삭숫돌의 전체 부피에 대한 숫돌입자의 전체 부피의 비율

5) 결합제(Bond)

(1) 정의

숫돌입자를 결합하여 숫돌을 형성하는 재료

(2) 결합제의 필요조건

① 입자 간에 기공이 생기도록 할 것

② 균일한 조직으로 임의의 형상 및 크기로 만들 수 있을 것
③ 고속회전에 대한 안전강도를 가질 것
④ 열과 연삭액에 대하여 안전할 것

(3) 결합제의 종류

① 무기질결합제

㉠ 비트리파이드결합제(Vitrified Bond : V)

ⓐ 성분 : 점토, 장석을 주성분으로 하여 구워서 굳힌(약 1,300℃) 것으로 결합도를 광범위하게 조절할 수 있다.

ⓑ 특징 : 거친연삭, 정밀연삭의 어느 경우에도 적합하나 강도가 강하지 못하고 지름이 크거나 얇은 숫돌바퀴에는 맞지 않다.

㉡ 실리케이트결합제(Silicate Bond : S)

ⓐ 성분 : 규산나트륨(Na_2SiO_3)을 연삭숫돌입자와 혼합하여 주형에 넣고 260℃에서 1~3시간 가열하여 수일간 건조시킨다.

ⓑ 특징

- 대형의 숫돌바퀴를 만들 수 있다.
- 고속도강과 같이 균열이 생기기 쉬운 재료를 연삭할 때 사용
- 연삭에 의한 발열을 피할 경우 사용
- 비트리파이드 숫돌바퀴보다 결합도가 낮으므로 중연삭은 적합하지 않다.

② 유기질결합제(탄성숫돌바퀴결합제)

㉠ 고무결합제(Rubber Bond : R)

ⓐ 성분 : 결합제의 주성분이 고무이고 그 외에 유황 등을 첨가하여 숫돌의 입자와 혼합해서 소요의 두께로 압연한 다음 원형의 숫돌을 잘라낸다.

ⓑ 특징 : 탄성이 크므로 얇은 숫돌을 만드는 데 적합하며 절단용 숫돌, 센터리스 연삭기의 조정숫돌로 사용된다.

㉡ 레지노이드 결합제(Resinoid Bond : B)

ⓐ 성분 : 숫돌입자를 합성수지 및 액체용제와 혼합하여 주형에 넣고 155℃에서 1/2~3일간 전기로 내에서 가열한다.

ⓑ 특징 : 연삭열로 인한 연화의 경향이 적고 연삭유에도 안정하다.

㉢ 셸락 결합제(Shellac Bond : E)

ⓐ 성분 : 셸락이 주성분이며 숫돌입자에 증기가 열혼합기에서 셸락을 피복하고 주형에 넣어서 압축 성형하고 150℃에서 수시간 가열한다.

ⓑ 특징 : 강도와 탄성이 크므로 얇은 형상의 것에 적합하며 크랭크축, 톱, 절단용에 많이 사용된다.

㉣ 비닐결합제(Vinyl Bond : PVA) : 폴리비닐(Poly Vinyl)이 주성분이며 초탄성 숫돌이다.

③ 금속결합제(Metal Bond : M)

㉠ 성분 : 숫돌의 입자인 다이아몬드를 분말야금법으로 동, 황동, Ni, 철 등으로 결합한다.

㉡ 특징 : 숫돌입자의 지지력이 크고 기공이 작으므로 수명이 길며 과격한 사용에 견디지만 연삭능률은 낮다.

2. 숫돌바퀴의 표시와 숫돌바퀴의 선택방법

1) 숫돌바퀴의 표시

숫돌입자, 입도, 결합도, 조직, 결합제, 모양 및 연삭면의 모양, 치수(바깥지름×두께×구멍×지름), 회전시험, 원주속도 및 사용원주 속도범위, 제조자 이름, 제조번호, 제조연월일

〈표시의 보기〉

WA	60	K	m	V
(숫돌입자)	(입도)	(결합도)	(조직)	(결합제)

1호	A	203	× 16	× 19.1
(모양)	(연삭면모양)	(바깥지름)	(두께)	(구멍지름)

300m/min	1,700~2,000m/min
(회전시험 원주속도)	(사용원주 속도범위)

2) 숫돌바퀴의 선택방법

숫돌바퀴의 요소	일감의 지름 (대 → 소)	숫돌의 지름 (대 → 소)	일감의 경도 (연 → 경)	다듬질면의 거칠기 (보통 → 정밀)	연삭속도 (대 → 소)	일감의 속도 (대 → 소)
입도	거친 것 → 고운 것	거친 것 → 고운 것	거친 것 → 고운 것	거친 것→고운 것	-	-
결합도	단단한 것 → 연한 것	단단한 것 → 연한 것	연한 것 → 단단한 것	-	단단한 것 → 연한 것	연한 것 → 단단한 것
조직	거침→치밀	거침→치밀	거침→치밀	거침→치밀	-	-

3. 연삭작업

1) 연삭조건

(1) 숫돌바퀴의 원주속도

숫돌바퀴의 원주속도가 너무 빠르면 숫돌바퀴가 파괴될 염려가 있고 속도가 느리면 숫돌바퀴의 마멸이 심하게 된다.

$$N = \frac{1{,}000v}{\pi d}(\text{rpm})$$

여기서, v : 원주속도(m/min)
d : 숫돌바퀴의 바깥지름(mm)

(2) 일감의 원주속도

숫돌바퀴의 원주속도의 1/1,000 정도로 하는 것이 보통이다.

(3) 연삭마력(HP)

$$HP = \frac{Pv}{75 \times 60 \times \eta}$$

여기서, P : 연삭력(kg)
v : 숫돌바퀴의 원주속도(m/min)
η : 연삭기의 효율

(4) 이송량

이송(f)은 숫돌의 폭(B) 이하가 되어야 한다.

강철 : $f = (1/3 \sim 3/4)B$
주철 : $f = (3/4 \sim 4/5)B$
다듬연삭 : $f = (1/4 \sim 1/3)B$

f : 이송(mm/rev), B : 숫돌바퀴의 폭

또한 이송속도

f_v는 $f_v = \dfrac{fN}{1{,}000}$ (N : 회전수(rpm), f_v : 이송속도(m/min))

환봉연삭이나 내면연삭에서 숫돌이 공작물을 떠날 때까지 이송을 주지 말고 숫돌 폭의 1/3을 초과하지 않을 정도로 일감 밖으로 나왔을 때 이송을 중지하는 것이 좋다. 그 이상 나오면 일감의 절삭깊이가 커져 가늘게 되거나 구멍이 크게 된다.

(5) 연삭깊이(mm)

가공의 종류	거친연삭	다듬연삭
원통(강철)	0.02～0.05	0.0025～0.005
원통(주철)	0.05～0.15	0.005～0.02
내면	0.02～0.04	0.005～0.01
평면	0.01～0.07	0.005～0.01
공구	0.03～0.05	0.005～0.01

(6) 연삭여유

① 영향을 미치는 것 : 일감의 재질, 크기, 가공 전의 정밀도, 연삭기의 능력에 따라 다르다.

② 평면연삭의 연삭여유

일감의 재질	일감의 길이(mm)					
	100 이하	200 이하	500 이하	1,000 이하	1,500 이하	2,000 이하
구리	0.5	1.0	1.5	2.0	2.5	3.0
주철	0.3	0.5	0.8	0.8	1.0	1.0

(7) 연삭액

① 연삭액의 구비조건

㉠ 감마성, 냉각성 및 침유성이 뛰어날 것

㉡ 금속에 산화, 부식 등 유해한 작용을 하지 않을 것

㉢ 화학적으로 안정하고 장시간의 사용에 견딜 수 있을 것

㉣ 유동성이 좋고 칩이나 숫돌면의 세척작용을 할 것

㉤ 연삭칩의 침전, 청정이 빨리 될 것

㉥ 거품이 일어나지 않을 것

㉦ 연삭열에 증발하지 않을 것

② 연삭액의 종류

㉠ 물 : 냉각성은 좋으나 산화가 잘된다.

㉡ 수용액 : 붕사, 탄산염, 규산염 및 인산염 등을 70～100배의 녹인 것으로 투명하고 냉각성이 우수하며 로딩을 적게 한다.

㉢ 황화유 : 물에 1/50～1/100의 유지를 혼합하여 황화촉진제를 첨가한 것

㉣ 불수용성유 : 가공면이 깨끗하며 광유, 혼합유, 극압첨가제, 첨가광유 등이 있다.

2) 연삭숫돌의 수정

(1) 드레싱

숫돌면의 표면층을 깎아내어 절삭성이 나빠진 숫돌의 면에 새롭고 날카로운 날끝을 발생시켜 주는 법

① 눈메움(Loading) : 결합도가 높은 숫돌에 구리와 같이 연한 금속을 연삭하였을 때 숫돌 표면의 기공에 칩이 메워져 연삭이 잘 안 되는 현상

㉠ 원인

ⓐ 숫돌 입자가 너무 잘다.

ⓑ 조직이 너무 치밀하다.

ⓒ 연삭 깊이가 깊다.

ⓓ 숫돌바퀴의 원주속도가 너무 느리다.

㉡ 결과

ⓐ 연삭성이 불량하고 다듬면이 거칠다.

ⓑ 다듬면에 떨림 자리가 생긴다.

ⓒ 숫돌입자가 마모되기 쉽다.

② 무딤(Glazing) : 결합도가 지나치게 높으면 둔하게 되어 숫돌입자가 떨어져 나가지 않아 숫돌 표면이 매끈해지는 현상

㉠ 원인

ⓐ 연삭숫돌의 결합도가 높다.

ⓑ 연삭숫돌의 원주 속도가 너무 크다.

ⓒ 숫돌의 재료가 일감의 재료에 부적합하다.

㉡ 결과

ⓐ 연삭성이 불량하고 일감이 발열한다.

ⓑ 과열로 인한 변색이 일감 표면에 나타난다.

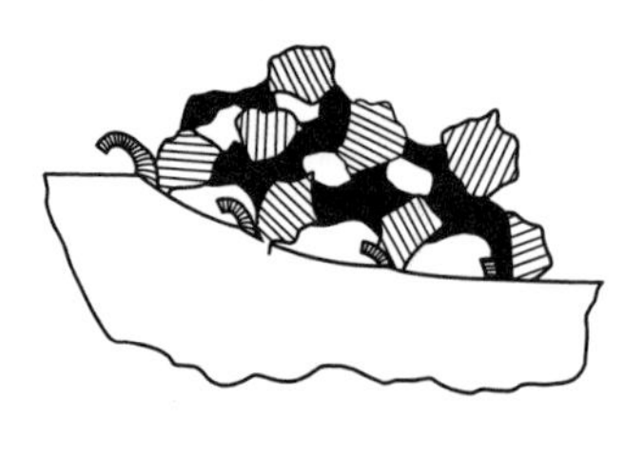

(a) 정상연삭

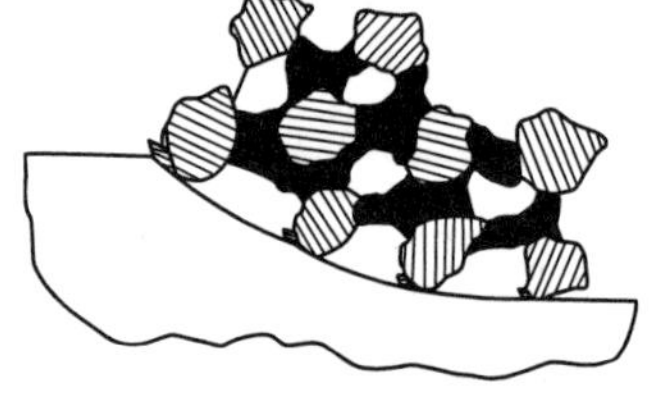

(b) Glazing

(c) Loading

[숫돌의 결합도와 연삭 상태]

③ 입자탈락 : 숫돌바퀴의 결합도가 그 작업에 대하여 지나치게 낮을 경우 숫돌입자의 파쇄가 일어나기 전에 결합체가 파쇄되어 숫돌입자가 입자 그대로 떨어져 나가는 것

⑵ 트루잉(Truing)

숫돌의 연삭면을 숫돌과 축에 대하여 평행 또는 정확한 모양으로 성형시켜 주는 법

① 크러시롤러(Crush Roller) : 총형 연삭을 할 때 숫돌을 일감의 반대모양으로 성형하며 드레싱하기 위한 강철롤러로 저속회전하는 숫돌바퀴에 접촉시켜 숫돌면을 부수며 총형으로 드레싱과 트루잉을 할 수 있다.

② 자생작용 : 연삭작업을 할 때 연삭숫돌의 입자가 무디어졌을 때 떨어져 나가고 새로운 입자가 나타나 연삭을 하여줌으로써 마모, 파쇄, 탈락, 생성이 숫돌 스스로 반복하면서 연삭하여 주는 현상

3) 연삭숫돌의 설치

⑴ 불균형이 되지 않도록 밸런싱 머신에 의하여 완전히 균형을 잡은 뒤에 사용할 것
⑵ 축에 고정할 때 무리한 힘으로 너트를 죄지 말 것
⑶ 플랜지의 바깥지름은 숫돌지름의 1/3 이상이 넘지 않도록 할 것
⑷ 숫돌과 플랜지 사이는 0.5mm 이하의 습지 또는 고무와 같은 연질의 패킹을 끼울 것
⑸ 숫돌의 구멍은 축지름보다 0.1~0.15mm 정도 클 것
⑹ 패킹의 안지름은 숫돌의 안지름보다 조금 크게 할 것

4) 가공 중에 발생하는 결함과 대책

⑴ 연삭균열

연삭열에 의하여 열팽창 또는 재질의 변화 등으로 일감에 일어나는 균열

① C가 0.6~0.7% 이하의 강에서 거의 발생하지 않는다.
② 공석강에 가까운 탄소강에서는 자주 발생한다.
③ 담금질상태에서는 가벼운 연삭에서도 발생하나 뜨임하면 방지되는 수도 있다.

⑵ 떨림(Chattering)

가공면의 정밀도를 해치며 그 원인은 다음과 같다.

① 숫돌의 평행상태가 불량할 때
② 숫돌의 결합도가 너무 클 때
③ 센터 및 센터받침대 등의 사용법이 불량할 때
④ 연삭기 자체의 진동이 있을 것
⑤ 외부의 진동이 전해졌을 때

5) 숫돌바퀴의 안전사용

(1) 연삭작업의 주의사항

① 숫돌을 사용 전에 세심하게 검사할 것
② 숫돌을 정확히 고정할 것
③ 숫돌은 덮개(Cover)를 설치하여 사용할 것
④ 조건에 맞는 숫돌의 원주속도를 지킬 것
⑤ 냉각된 숫돌로 급히 중연삭을 피하고 건식 연삭에 갑자기 다량의 연삭유를 공급하지 말 것

(2) 숫돌의 검사

① 음향검사 : 나무해머로 숫돌을 가볍게 두들겨 울리는 소리에 의하여 떨림 및 균열의 여부를 판단
② 회전시험 : 숫돌을 사용속도의 1.5배 3~5분간 회전시켜 원심력에 의한 파괴 여부를 시험한다.
③ 균형검사 : 연삭숫돌의 두께나 조직이 불균일하여 회전 중 떨림이 나타나는 경우가 있는데 이것을 조정하기 위하여 밸런싱 웨이트(Balancing Weight)의 위치를 조정한다.

(3) 사고의 원인

① 숫돌에 균열이 있는 경우
② 숫돌이 과도의 고속으로 회전하는 경우
③ 고정할 때 불량하게 되어 국부만을 과도하게 가압하는 경우, 혹은 축과 숫돌과의 여유가 전혀 없어서 축이 팽창하여 균열이 생기는 경우
④ 숫돌과 일감 혹은 숫돌과 지대
⑤ 무거운 물체가 충돌했을 때
⑥ 숫돌의 측면을 일감으로서 심하게 가압했을 경우(특히 숫돌이 얇을 때 위험하다.)
⑦ 숫돌과 일감 사이에 압력이 증가하여 열을 발생시키고 글라스(Glass)화되는 경우

PART 5 기계설계

CONTENTS

CHAPTER 01 나 사

1. 나사(Screw)

1) 나선과 나사

(1) 나선

나사의 경사각을 리드각(Lead Angle) 또는 나선각(Helix Angle)이라 한다.

$$\tan\alpha = \frac{l}{\pi d} = \frac{p}{\pi d_2}$$

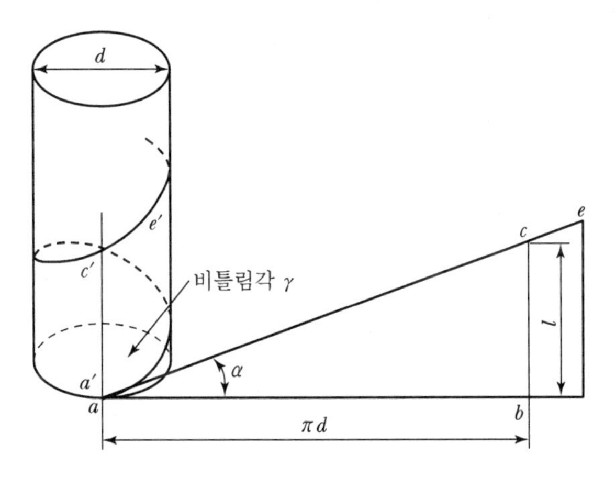

[나선의 형성]

(2) 나사

① 리드 : $l = np$ (p : 피치, n : 줄 수)

② 유효지름 : $d_2 = \frac{d + d_1}{2}$ (d_2 : 유효지름, d : 바깥지름, d_1 : 골지름)

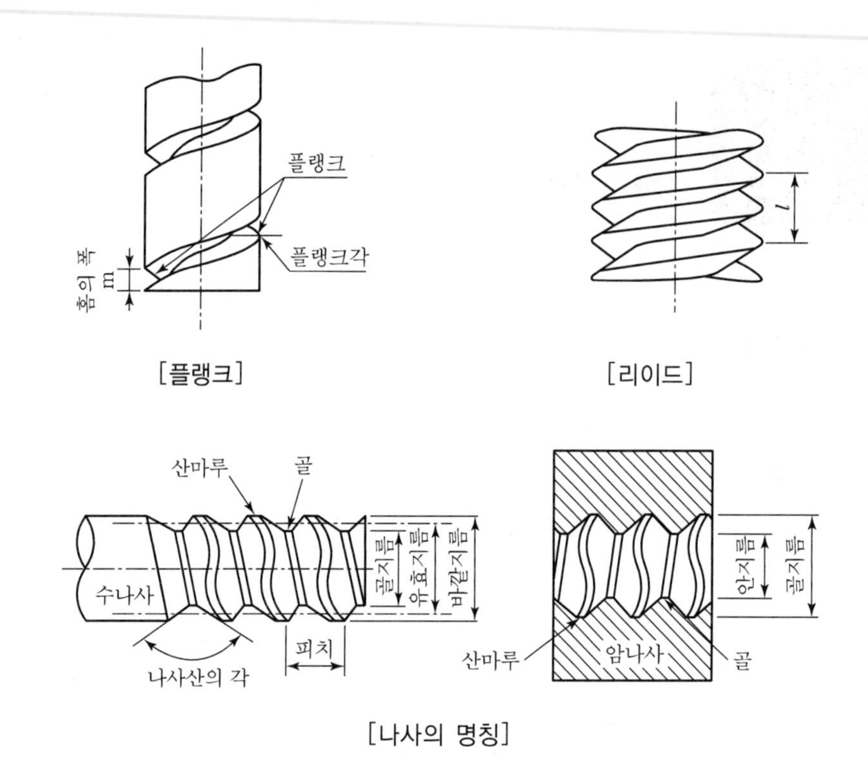

[나사의 명칭]

2) 나사의 종류와 용도

나사는 사용 목적에 따라 나사산의 골이 다르나 체결용 나사로서는 3각 나사가 사용되고 운동전달용에는 4각 나사, 사다리꼴나사, 톱니나사, 둥근나사 등이 사용되고 있다.

(1) 삼각나사(Triangular Thread)

기계부품을 결합하는 데 쓰이며, 나사산의 단면은 정삼각형에 가깝다. 나사산의 모양에 따라 미터나사와 유니파이 나사로 나눈다. 또 파이프에 사용되는 관용나사가 있다.

① 미터나사(Metric Thread) : 이 나사는 나사산의 지름과 피치를 mm로 나타내고, 나사산각은 60°이다. 미터나사는 보통나사와 가는 나사로 나누며, 보통나사는 지름에 대하여 피치가 한 종류뿐이지만 가는 나사는 피치의 비율이 보통 나사보다 작게 되어 강도를 필요로 하거나 얇은 원통부, 기밀을 유지하는 데 쓰인다.

② 유니파이 나사(Unified Thread) : 나사의 피치를 25.4mm(1인치)에 대한 나사산의 수로 나타내는 나사로 나사산 각은 60°이다. 이 나사에도 보통나사와 가는 나사가 있다. 급수가 클수록 정밀도가 높다. (예 : 2A<3A)

③ 관용 나사(Pipe Thread) : 주로 파이프 이음에 쓰이는 것으로 관용 테이퍼 나사(Taper Pipe Thread)와 관용 평행나사(Parallel Pipe Thread)가 있다. 나사산각은 55°이고, 피치는 25.4mm(1인치)에 대한 나사산의 수로 나타낸다. 테이퍼 나사는 나사산을 나사

의 축선에 직각으로 1/16의 테이퍼를 주어 나사부의 기밀을 갖게 한다.

(2) 사각나사(Square Thread)

나사산의 단면이 정방향에 가까운 나사로 삼각나사에 비하여 비교적 작은 모멘트로 축방향에 큰 힘을 전달하며 잭(Jack), 나사프레스 등에 쓰인다.

(3) 사다리꼴나사(Trapezoidal Thread) : 애크미 나사

나사산이 사다리꼴로 되어 있어 사각 나사보다 공작이 용이하고, 고정밀도의 것을 얻을 수 있어 선반의 이송 나사 등 추력을 전하는 운동용 나사에 쓰인다. 나사산의 각도가 30°, 29° 두 종류가 있어 각각 30°사다리꼴나사(미터계 나사 : TM), 29°사다리꼴나사(인치계 나사 : TW)라 한다.

(4) 톱니나사(Buttress Thread)

나사산의 단면형상이 톱니모양이어서 사각나사보다 가공하기가 용이하다. 축방향의 힘이 한 방향으로만 작용하는 경우(바이스, 프레스) 등에 사용된다.

(5) 둥근나사(Round Thread)

사다리꼴나사의 산과 골을 둥글게 만든 나사로 결합작업이 빠른 경우(전구의 꼭지쇠) 또는 플랭크 사이에 모래 등의 이물질이 들어가도 지장이 없는 경우에 쓰인다.

(a) 삼각나사 (b) 사각나사 (c) 사다리꼴나사 (d) 톱니나사 (e) 둥근나사

[나사산의 종류]

■ 나사의 호칭 표시법

① 미터나사의 경우

나사의 종류 표시 기호	나사의 지름	×	피치
M	3	×	0.5

Example M 3 × 0.5

② 유니파이 나사의 경우

나사의 지름	-	산 수	나사의 종류를 나타내는 기호

Example No. 8 - 36 UNF. 1/4 - 20 UNC.

UNF(유니파이 가는 나사), UNC(유니파이 보통 나사)

3) 나사의 역학

(1) 나사의 마찰 및 회전 토크

[사각나사의 경우]

① 나사를 죌 때 : $P = Q \times \tan(\rho + \alpha)$, $\mu = \tan\rho$ (ρ : 마찰각)

② 나사를 풀 때 : $P' = Q\ \tan(\rho - \alpha)$

㉠ $T = P\dfrac{d_2}{2} = \dfrac{d_2}{2} Q\ \tan(\rho + \alpha)$

㉡ $T = FL = Q\tan(\rho + \alpha)\dfrac{d_2}{2} = Q\dfrac{p + \mu\pi d_2}{\pi d_2 - \mu p}$

㉢ 자립조건(Self Locking) : $P' \geq 0$, $\alpha \leq \rho$

㉣ 저절로 풀림 : $P' < 0$, $\alpha > \rho$

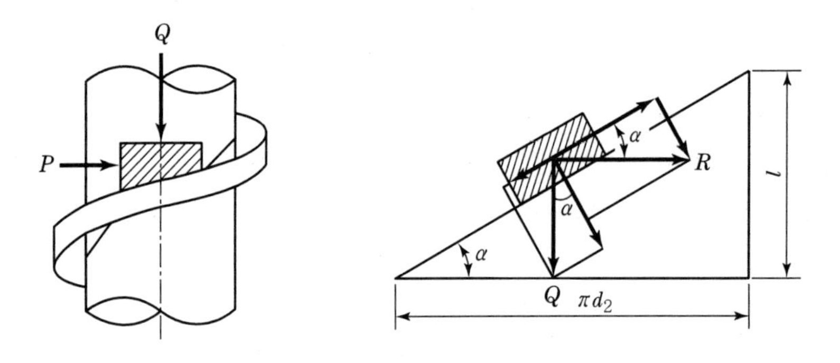

[사각나사의 마찰 및 회전토크]

㉤ $\mu = \tan\rho$ 증명

$mg\sin\rho - f = 0$, $N - mg\cos\rho = 0$, $f = \mu N$

$mg\sin\rho = f = \mu N = \mu mg\cos\rho \qquad \therefore\ \mu = \tan\rho$

[삼각나사의 경우]

$P = Q \times \tan(\rho' + \alpha)$, $\mu' = \tan\rho' = \dfrac{\mu}{\cos\dfrac{\beta}{2}}$ (β : 나사산각)

(2) 나사의 효율

① $\eta = \dfrac{\text{나사가 이룬 일량}}{\text{나사에 준 일량}} = \dfrac{\text{마찰이 없는 경우의 회전력}}{\text{마찰이 있는 경우의 회전력}}$

$$\eta=\frac{Qh}{2\pi rP}=\frac{\tan\alpha}{\tan(\rho+\alpha)},\ \eta(\text{삼각})=\frac{\tan\alpha}{\tan(\rho'+\alpha)}$$

② 나사가 스스로 풀리지 않는 한계는 $\alpha=\rho$이므로

$$\eta=\frac{\tan\rho}{\tan 2\rho}=\frac{\tan\rho(1-\tan^2\rho)}{2\tan\rho}=\frac{1}{2}-\frac{1}{2}\tan^2\rho<0.5$$

즉 자립상태를 유지하는 나사의 효율은 50% 이하이다.

4) 나사의 강도계산

(1) 볼트의 강도와 치수

① 축방향으로 인장 하중만을 받는 경우

$$\sigma=\frac{4Q}{\pi {d_1}^2}$$

볼트는 바깥지름을 호칭지름으로 나타내므로 $(d_1/d)^2=0.64$를 취하면

$$\therefore\ d=\sqrt{\frac{2Q}{\sigma_a}}$$

② 축하중과 비틀림 모멘트를 동시에 받는 경우

$$T=FL=Q\tan(\rho+\alpha)\frac{d_2}{2},\ \therefore\ d=\sqrt{\frac{8Q}{3\sigma_a}}$$

③ 나사로 충분히 다른 물질을 체결하는 경우

㉠ 나사를 체결하는 데 필요한 토크 : $T_1=Q\tan(\rho'+\alpha)\frac{d_2}{2}$

㉡ 너트와 자리면 사이의 마찰을 이기기 위한 토크 : $T_2=\mu_m Q\frac{d_n}{2}$

㉢ 전체토크 : $T=T_1+T_2=FL=Q\left(\frac{d_2}{2}\tan(\rho'+\alpha)+\mu_m\frac{d_n}{2}\right)$

$$\mu'=\frac{\mu}{\cos\frac{\beta}{2}},\ H=\frac{QV}{75\eta}$$

④ 전단하중을 받는 나사

$$Q_s=\frac{\pi}{4}{d_2}^2\tau_s$$

⑤ 충격하중을 받는 경우

㉠ 충격 에너지 : $U=\frac{1}{2}F\delta=\frac{F^2}{2k},\ F=\sqrt{2kU},\ F=k\delta$

F : 충격에 의해 생기는 힘, δ : 충격에 의해 생기는 변형

㉡ $P=k\delta=k\dfrac{Pl}{AE}$, $k=\dfrac{AE}{l}$

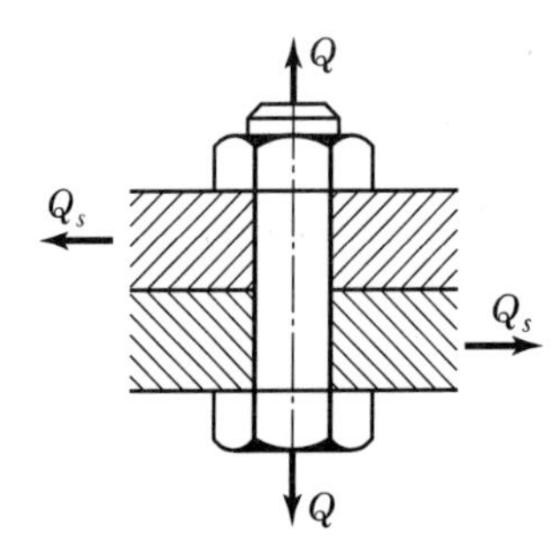

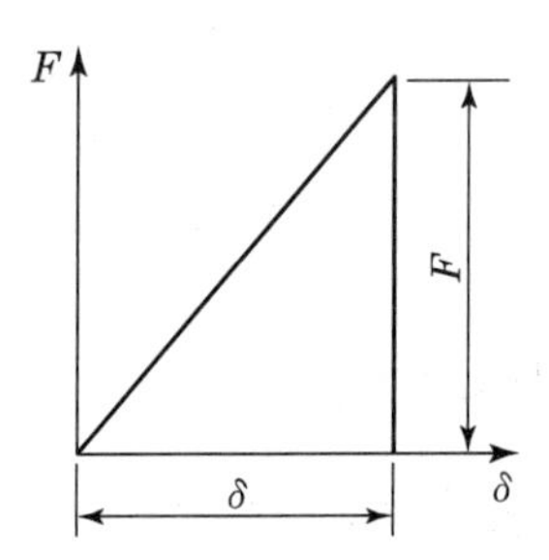

[충격에너지]

(2) 너트의 설계

사각나사에서 축하중 Q가 각 나사에 균등하게 분포한다고 가정하면

① 접촉면의 평균면압력 : $p_m=\dfrac{4Q}{n\pi(d^2-d_1^2)}=\dfrac{Q}{n\pi d_2 h}$

(나사산의높이 : $h=\dfrac{d-d_1}{2}$, $d_2=\dfrac{d+d_1}{2}$)

② 너트의 높이 : $H=np$ (p : 피치), $H=np=\dfrac{Qp}{\pi d_2 h p_m}$

(3) 너트의 풀림방지법

결합용 나사의 리드각은 나사면의 마찰각보다 작게 하여 자립의 상태를 유지할 수 있도록 설계·제작하여 사용하고 있으나, 운전 중 진동과 충격 등에 의하여 볼트가 풀어지는 경우가 많아 이것을 방지하기 위한 방법이다.

① 로크너트의 사용 : 2개의 너트를 사용하여 서로 죄여 너트 사이를 미는 상태로 하여 외부에서의 진동이 작용해도 항상 하중이 작용하고 있는 상태를 유지하는 방법
② 분할핀을 사용 : 볼트, 너트에 구멍을 뚫고 분할핀을 끼워 너트를 고정시키는 방법
③ 세트 나사의 사용 : 너트의 옆면에 나사 구멍을 뚫어서 여기에 세트나사(Set Screw)를 끼워 볼트 나사부를 고정시키는 방법
④ 특수 와셔를 사용 : 스프링 와셔, 혀달림 와셔(Tang Washer), 폴 와셔 등을 끼워 너트가 자립조건을 만족시키게 하는 방법
⑤ 나일론, 테프론 등의 와셔 : 볼트 또는 너트와 부품 사이의 마찰력을 나사부의 마찰력보다 작게 한다.

CHAPTER 02 키, 핀, 코터

1. 키(Key)

1) 키의 종류

키는 축에서 회전체로 또는 회전축에서 축으로 동력을 전달하기 위한 기계부품으로 축과 회전체의 보스 사이에 끼워져 마찰력이나 키 자체의 기계적 강도에 의해 토크를 전달한다.

(1) 안장키(Saddle Key)

보스(Boss)에만 키 홈(Key Way)을 파서 키를 박아 마찰에 의하여 회전력을 전달하기 때문에 큰 힘의 전달에는 부적합하다.

(2) 평키(Flat Key)

축에 키가 닿는 면만을 평평하게 깎은 것으로 안장키보다 큰 힘을 전달할 수 있다.

(3) 묻힘키(Sunk Key)

축과 보스에 홈을 가공하여 키를 끼우는 방식으로 가장 널리 사용된다.

(4) 접선키(Tangential Key)

키가 전달하는 힘은 축의 접선방향으로 작용하므로 큰 힘을 전달할 수 있다. 역전을 가능케 하기 위하여 120°로 두 곳에 키를 끼운다.
이 키와 비슷한 것으로 정사각형의 키를 90°로 배치한 것을 케네디 키(Kennedy Key)라 한다.

(5) 페더키(Feather Key) 및 스플라인(Spline)

페더키는 회전력의 전달과 동시에 보스를 축방향으로 이동시킬 필요가 있을 때 사용된다.

(6) 반달키(Woodruff Key)

반달모양의 키로서 공작이 용이하고 보스의 홈과 접촉이 자동 조정되는 이점이 있으나 축의 강도는 약하다.

(7) 원뿔키(Cone Key)

보스와 축의 홈을 만들지 않고 축 구멍을 원뿔로 만들어 한 곳이 갈라져 있는 원뿔통을 끼워 마찰로서 고정시키는 것이다.

(8) 세레이션(Serration)

축에 작은 삼각형의 키와 홈을 만들어 축과 보스를 고정시킨 것으로 같은 지름의 스플라인에 비해 많은 돌기가 있으므로 전동력이 크다.

(9) 핀키(Pin Key)

회전력이 작은 핸들에 사용되며, 둥근 키라고도 한다.

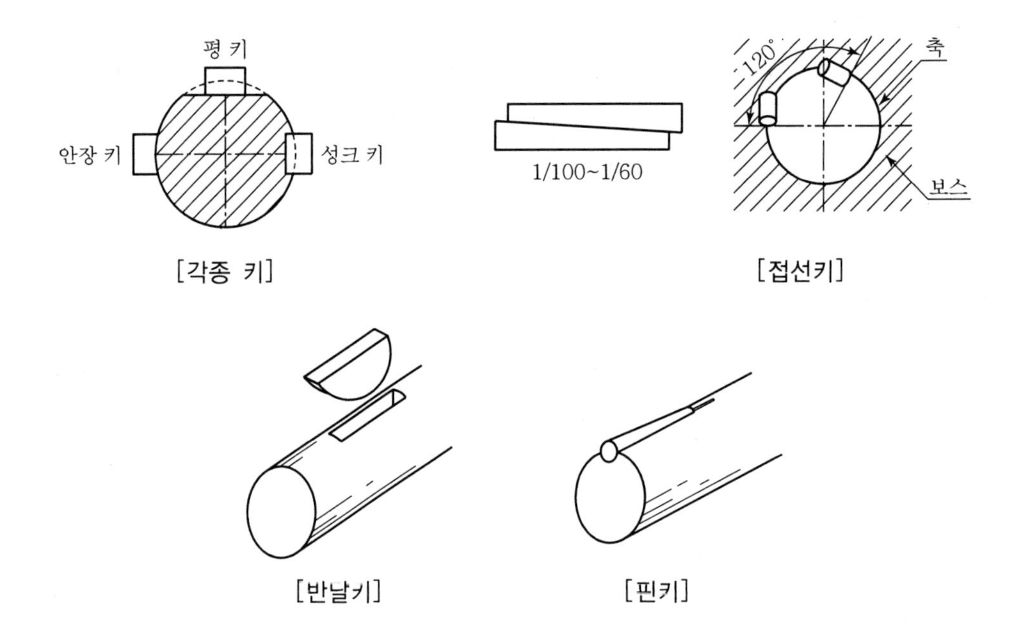

[각종 키]　[접선키]

[반날키]　[핀키]

2) 키의 강도

키 중에서 대표적인 묻힘키(Sunk Key)에 대하여 그 강도계산방법을 설명한다. 키(또는 보스)가 파괴되는 상태로는 전단과 압축의 두 경우로 생각한다.

(1) 축과 보스 경계면에서 키가 전단되는 경우

① $T = bl\tau_s \frac{d}{2} = Z_p\tau,\ T = \frac{PD}{2}$

(d : 축지름, b : 키 폭, h : 키 높이, l : 유효길이, P : 접선력, D : 풀리의 지름, τ_s : 키 재료의 전단응력, τ : 축 재료의 전단응력)

② $T = \frac{\pi}{16}d^3\tau = bl\tau_s\frac{d}{2},\ \tau = \tau_s \rightarrow l = \frac{\pi d^2}{8b},\ l = 1.5d \rightarrow b = \frac{\pi}{12}d \simeq \frac{d}{4}$

(2) 키(또는 보스)의 측면이 압축되는 경우(면압력)

$$T = \frac{h}{2} l \sigma_c \frac{d}{2},\ l \ \geq 1.5d$$

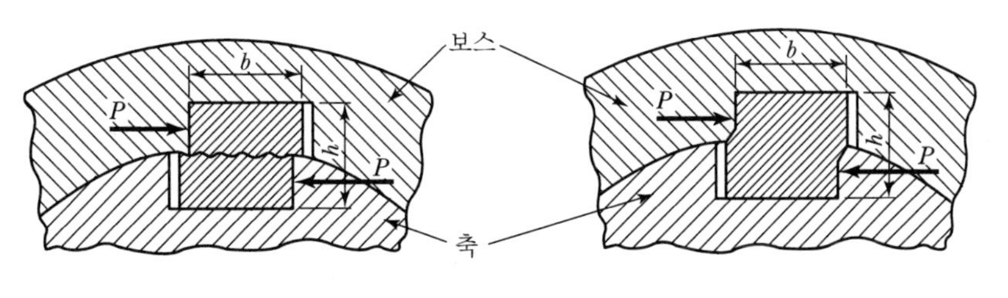

(a) 키의 전단파괴 (b) 키의 압축파괴

[키와 파괴형태]

CHAPTER 03 리벳과 리벳이음

1. 리벳

1) 리벳의 종류

리벳을 사용하여 결합하는 이음을 리벳이음(Rivet Joint)이라 하며 기계부품, 압력용기, 철골구조물, 교량, 선박 등에 널리 쓰이고 있다.

리벳은 머리의 형상에 따라 둥근머리, 접시머리(기밀 · 압력용기), 납작머리, 둥근접시머리, 얇은납작머리, 냄비머리 등이 있다. 또 리벳 제조방법에 의해 냉간에서 성형된 비교적 작은 지름의 냉간리벳(Cold Rivet, 호칭지름 1~13mm)과 열간에서 성형된 큰 지름의 열간 리벳(Hot Rivet, 호칭지름 10~44mm)이 있다.

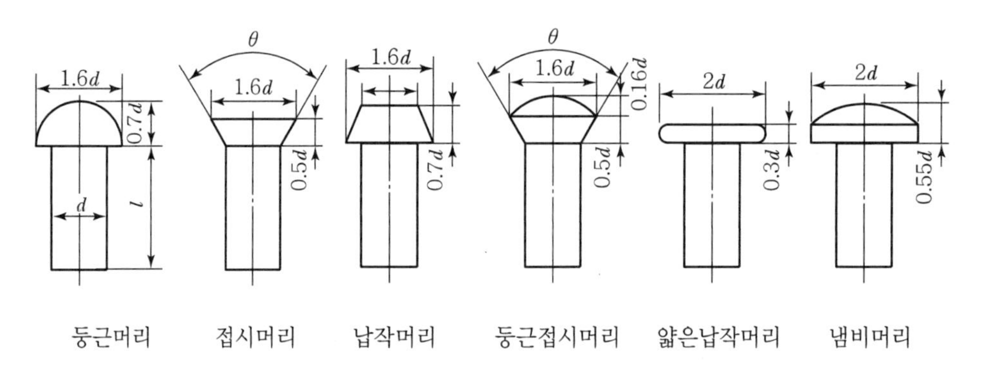

[리벳의 종류]

2) 리벳이음

(1) 리벳이음 작업순서

① 강판이나 형강에 리벳구멍을 뚫는다.(펀치나 드릴 사용)

② 뚫린 구멍을 리머로 정밀하게 다듬는다.

③ 리벳구멍에 리벳을 넣어 스냅(Snap)을 대고 머리 부분을 만든다.(지름이 10mm 이상인 것은 열간 리베팅, 그 이하는 냉간 리베팅)

④ 기밀을 필요로 하는 경우는 코킹(Coulking)을 한다.
해머로 리베팅 : 25mm까지

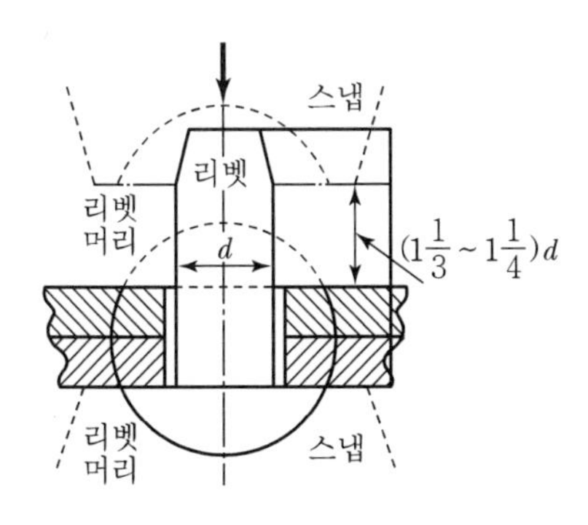

[리벳이음작업]

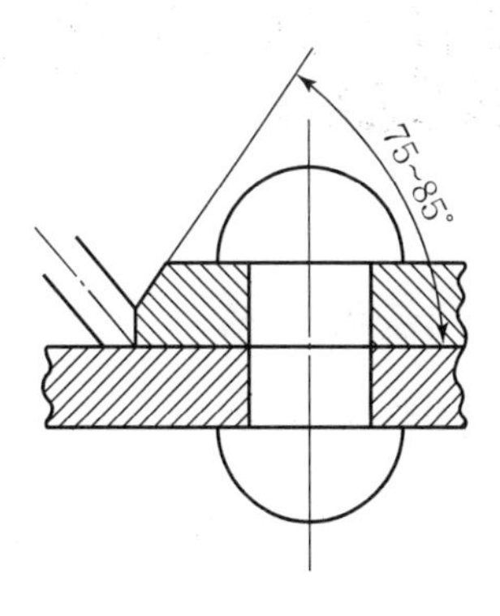

[코킹]

(2) 리벳이음의 분류

① 사용목적에 의한 분류
㉠ 주로 힘의 전달과 강도를 요하는 것(구조물, 교량)
㉡ 강도 이외에 기밀을 요하는 것(보일러, 압력용기)
㉢ 주로 기밀을 요하는 것(물탱크, 연통)

② 판의 이음방법
㉠ 겹치기 이음(Lap Joint)
㉡ 맞대기 이음(Butt Joint)

③ 리벳의 열수
㉠ 한줄 리벳이음
㉡ 복줄 리벳이음

CHAPTER 04 용접이음

1. 용접이음의 종류

1) 용접부의 모양

(1) 그루브 용접(Groove Welding)

접합하려고 하는 모재 사이에 홈(Groove)을 만들어 용접하는 이음으로 한면 그루브와 양면 그루브가 있다.

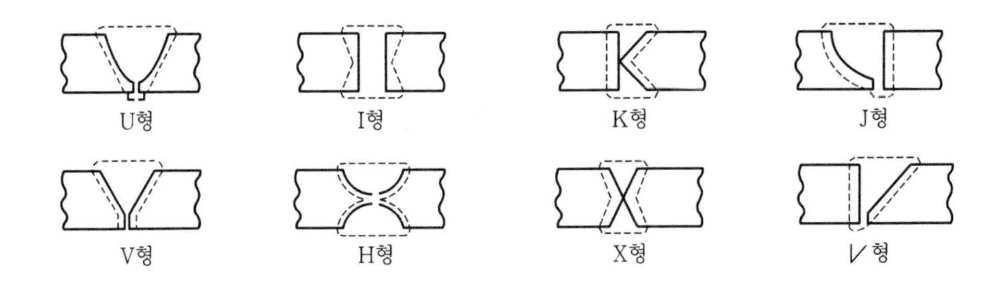

[그루브 용접]

(2) 필렛 용접(Fillet Weld)

직교하는 2개의 면을 접합하는 용접으로 삼각형 단면을 갖는다. 이 이음에서 삼각형의 빗변으로부터 이음의 루트까지의 거리를 목두께라 한다. 용접선의 방향이 힘의 방향과 직각인 것을 전면 필렛용접(Front Fillet Weld), 평행인 것을 측면 필렛용접(Side Fillet Weld)이라 한다.

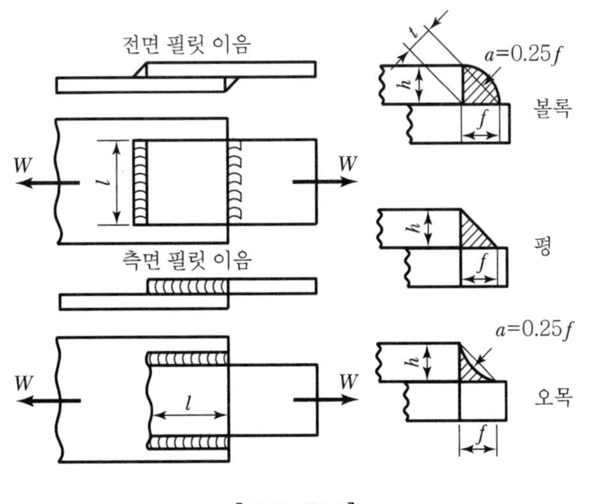

[필렛 용접]

(3) 플러그 용접(Plug Weld)

접합할 모재의 한 쪽에 구멍을 뚫고 판의 표면까지 가득히 비드를 쌓아 접합하는 용접이다.

(4) 비드 용접(Bead Weld)

모재에 홈을 만들지 않고 맞대어 그대로 그 위에 비드를 용착하는 용접이다.

2) 용접이음의 종류

(1) 맞대기 용접이음(Butt Weld Joint)
(2) 겹치기 용접이음(Lap Weld Joint)
(3) T형 용접이음
(4) 모서리 이음(Corner Weld Joint)
(5) 가장자리 이음(Edge Weld Joint)

2. 용접이음의 강도설계

1) 맞대기 용접이음

가해진 하중을 W(kg), 판의 두께를 h(mm), 용접길이를 l(mm), 용접부의 인장응력을 σ (kg/mm^2)라 하면 강도는 다음 식으로 나타낸다.

$$W = hl\sigma,\ M = \frac{1}{6}hl^2\sigma(\text{kg}\cdot\text{mm})$$

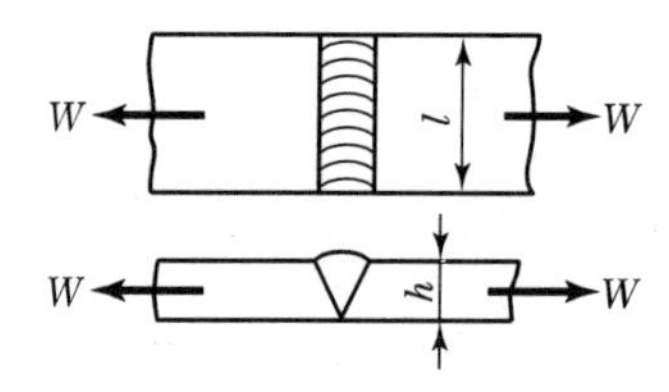

[맞대기 이음]

2) 필렛 용접이음

(1) 전면 필렛 용접이음

$$\sigma = \frac{W}{2tl} = \frac{W}{(2f\cos 45°)l}$$

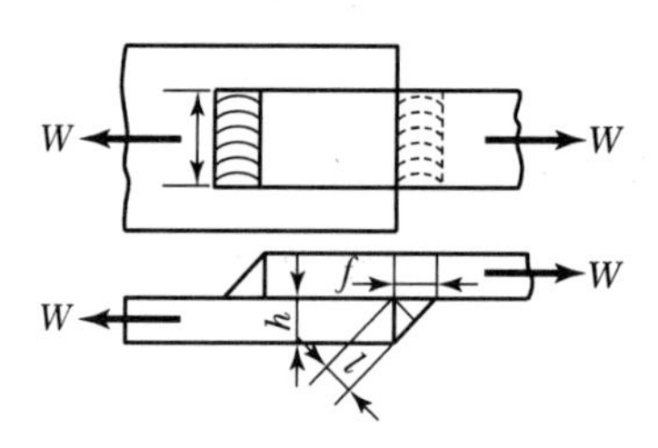

[전면 필렛 용접이음]

(2) 측면 필렛 용접이음

$$\tau = \frac{W}{2tl} = \frac{W}{(2f\cos 45°)l}$$

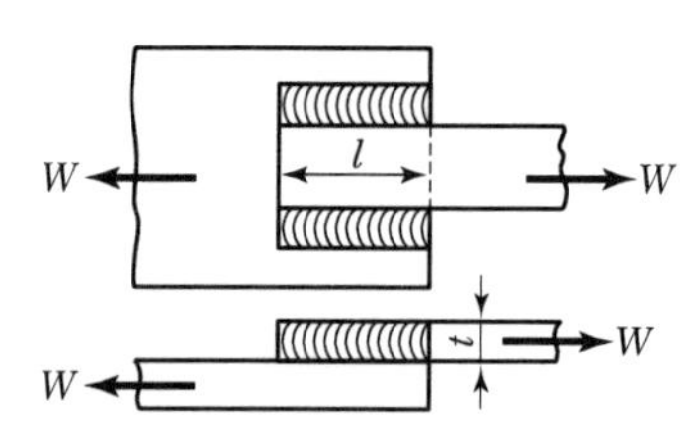

[측면 필렛 용접이음의 강도]

⑶ 비대칭형 단면을 갖는 부품의 필렛 용접

$$W = t(l_1 + l_2)\tau$$

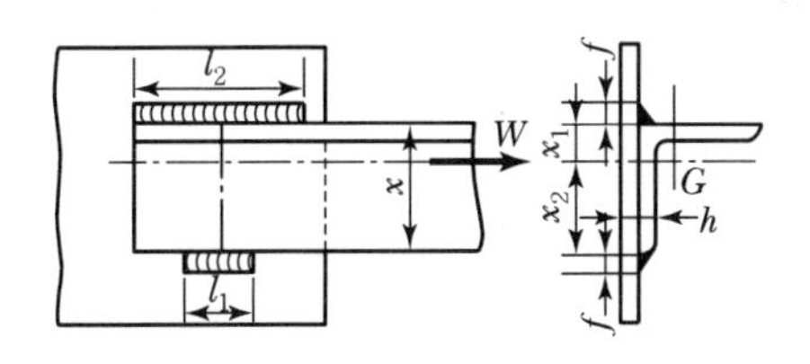

[필렛 용접(비대칭형)]

⑷ 편심하중을 받는 필렛 용접

① $\tan\theta = \dfrac{b}{l}$, $\tau_1 = \dfrac{WLr_B}{0.707fI_G}$

② 전단응력 : $\tau_2 = \dfrac{W}{0.707fl}$

③ 합성응력 : $\tau = \sqrt{{\tau_1}^2 + {\tau_2}^2 + 2\tau_1\tau_2\cos\theta}$

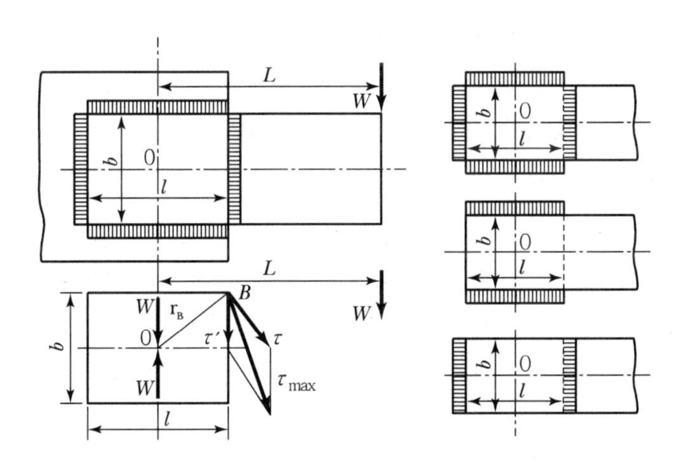

[필렛용접(편심하중)]

3) 용접이음효율

용접부는 가열냉각으로 재료가 취성화되므로 실제 모재의 강도보다는 저하한다. 그러므로 모재의 강도에 대한 용접부의 강도저하의 비율을 용접이음효율(η)이라 한다.

$\eta = k_1 k_2$ (k_1 : 형상계수, k_2 : 용접계수)

축

1. 축(Shaft)의 개요

1) 축의 분류

축은 기계부품 중에서 가장 중심적인 것으로, 동력이나 운동을 전달하는 회전부분이다. 탄소강이 널리 쓰이며, 고속회전이나 중하중의 기계용에는 Ni-Cr강, Cr-Mo강 등의 특수강도 쓰인다.

(1) 용도에 의한 분류

① 차축(Axle) : 회전체를 지지하거나 또는 회전하여도 동력을 전하지 않는 축이며, 주로 굽힘 모멘트를 받는다.(예 : 차량용 차축)

② 전동축(Transmission Shaft) : 축의 회전에 의하여 동력을 전달하는 축으로 주로 비틀림 모멘트를 받는다.(예 : 프로펠러축)

③ 스핀들(Spindle) : 강도와 함께 변형량이 적은 것을 요구하는 축이며, 굽힘과 비틀림 모멘트를 동시에 받는다.(예 : 공작기계의 주축)

(2) 형상에 의한 분류

① 직선축(Straight Shaft) : 일반적인 것으로 축심이 진원인 축이다.

② 크랭크축(Crank Shaft) : 왕복운동과 회전운동의 상호변환에 쓰이는 축이다.

③ 탄성축(Flexible Shaft) : 전동축이 큰 굽힘을 받을 때 축방향으로 자유로이 변형시켜 충격을 완화하는 축이다. 비틀림강도는 강하나 굽힘강도는 극히 작은 축

2) 축 설계 시 고려사항

축의 최적 설계를 위해서는 주어진 운전조건 및 하중조건 하에서 파손되지 않도록 하기 위해 충분한 강도와 작용하중에 의한 변형이 어느 한도 이하가 되도록 필요한 강성과 진동 및 위험속도를 고려하여 설계해야 한다.

(1) **강도(Strength)** : 정하중, 반복하중, 충격하중 등 하중의 종류에 따라 충분한 강도를 갖도록 설계해야 한다. 특히 Key 홈, 원주 홈, 단부 등의 모서리에 발생하는 응력집중을 고려하여 이를 완화시킬 수 있도록 설계할 것이 요망된다.

(2) **변형, 강성(Rigidity, Stiffness)** : 작용하중에 의한 변형이 어느 한도 이하가 되도록 필요한 강성(剛性)을 가져야 한다. 굽힘하중을 받는 축은 처짐이, 비틀림 하중을 받는 축은 비틀림각이 어느 한도를 넘으면 진동의 원인이 되므로 변형이 한도 이내가 되도록 해야 한다.

① 휨변형 : 굽힘하중을 받는 축에서는 강도가 충분하더라도 처짐이 어느 한도 이상이 되면 베어링 불균형, 베어링 틈새의 불균일, 기어의 물림상태의 부정 등의 원인에 의하여 기계적 불균형이 생긴다. 따라서 축의 종류에 따라서 처짐의 양이 어느 한도 이내에 있도록 처짐을 제한하여 설계해야 한다.

② 비틀림 변형 : 주기적 또는 확실한 전동을 요하는 축은 비틀림 각에 제한을 받게 된다. 예를 들면 긴 축의 양단이 동시에 회전하는 천정 주행 기중기의 회전축 같은 경우에 있어서 축의 비틀림 각이 크면 기계적 불균형이 생기므로 확실한 전동을 요하는 축은 비틀림 각을 제한하여 설계해야 한다.

③ 열응력(Thermal Stress) : 제트엔진, 증기터빈의 회전축과 같이 고온상태에서 사용되는 축은 열응력, 열팽창에 주의하여 설계해야 한다.

④ 부식(Corrosion) : 선박 프로펠러 축, 수차축, Pump 축 등과 같이 항상 액체 중에 접촉하고 있는 축은 전기적, 화학적 작용에 의해 부식하고 또 타격적인 접촉 압력이 작용하는 부분은 침식하여 소모되므로 축 설계 시 특히 주의해야 한다.

(3) **진동(Vibration) 및 위험속도**

① 진동 : 축은 굽힘 또는 비틀림 진동에 의하여 특히 공진(Resonance) 현상에 의하여 파괴되는 경우가 가끔 발생하므로 고속회전하는 회전체에 대해서는 진동에 주의하고 진동방지대책을 강구해야 한다.

② 위험속도(Critical Speed) : 축의 공진 진동수에 일치하는 축 회전속도를 위험 속도라 하는데 축의 상용 회전속도는 이와 같은 위험속도로부터 25% 이상 떨어진 상태에서 사용할 수 있도록 설계 시 고려해야 한다.

2. 축의 설계

1) 축의 강도설계

(1) 굽힘 모멘트만을 받는 축

축에 작용하는 굽힘 모멘트를 M(kg · mm), 굽힘응력을 σ(kg/mm^2), 단면계수를 Z, 축지름을 d(mm), 축재료의 허용굽힘응력을 σ_a라 하면

① 중실축의 경우

$$\sigma_a = \frac{M}{Z} = \frac{32M}{\pi d^3},\ d = \sqrt[3]{\frac{10.2M}{\sigma_a}}$$

② 중공축의 경우 : 내경을 d_1, 외경을 d_2라 하고, 내외경비 $n = d_1/d_2$라 하면

$$d_2 = \sqrt[3]{\frac{10.2M}{(1-n^4)\sigma_a}},\quad n = \frac{d_1}{d_2}$$

$$\frac{d_2}{d} = \sqrt[3]{\frac{1}{1-n^4}}$$

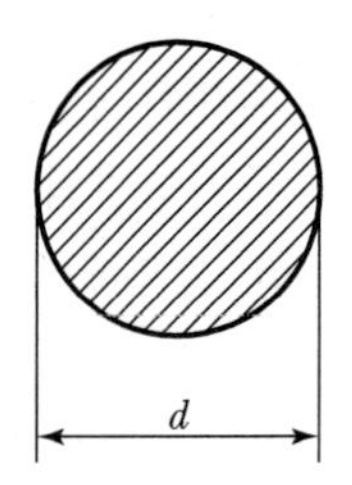

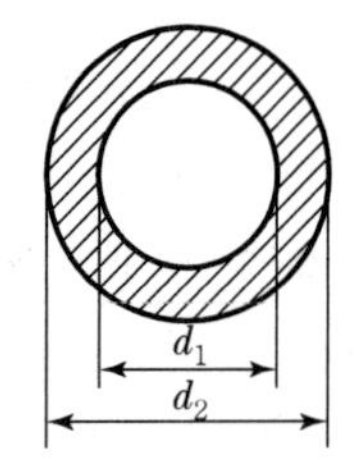

[중실축과 중공축]

(2) 비틀림 모멘트만을 받는 축

축에 작용하는 비틀림 모멘트를 T, 비틀림 응력을 τ, 극단면계수를 Z_p, 축재료의 허용 비틀림응력을 τ_a라 하면

① $T = Z_p \tau_a = \frac{\pi d^3}{16}\tau_a$, 강도의 비 = 극단면 계수의 비

② 중실축 지름 : $d = \sqrt[3]{\frac{16T}{\pi\tau}} = \sqrt[3]{\frac{5.1T}{\tau_a}}$

③ 중공축 지름 : $d = \sqrt[3]{\frac{5.1T}{(1-n^4)\tau_a}}$

(3) 굽힘과 비틀림 모멘트를 동시에 받는 축

① 축에 굽힘 모멘트와 비틀림 모멘트가 동시에 작용하는 경우 이들의 작용을 합성한 상당굽힘모멘트(Equivalent Bending Moment) M_e와 상당비틀림모멘트(Equivalent Twisting Moment) T_e를 도입한다.

상당비틀림 모멘트 : $T_e = \sqrt{T^2 + M^2}$

상당굽힘 모멘트 : $M_e = \dfrac{M + T_e}{2}$

② 축에는 M_e 또는 T_e가 단독으로 작용하는 것으로 생각하여 축지름을 계산할 수 있다.

중실축의 경우 $d = \sqrt[3]{\dfrac{10.2M_e}{\sigma_a}}$: 취성재료, $d = \sqrt[3]{\dfrac{5.1T_e}{\tau_a}}$: 연성재료

중공축의 경우 $d = \sqrt[3]{\dfrac{10.2M_e}{(1-n^4)\sigma_a}}$: 취성재료, $d = \sqrt[3]{\dfrac{5.1T_e}{(1-n^4)\tau_a}}$: 연성재료

중간재료는 두 식에서 안전한 것을 택한다.

(4) 동하중을 받는 축

축에 작용하는 모멘트가 일정하지 않고 변동하거나 충격적으로 작용하는 경우가 많다. 또 축에 설치된 물체의 무게나 풀리에 작용하는 벨트의 장력 때문에 회전할 때마다 반복하중을 받게 된다.

따라서 이런 동적효과를 고려하여 축설계 시 동적효과계수를 모멘트에 곱하여 계산한다.

$$d = \sqrt[3]{\frac{5.1}{\tau_a}\sqrt{(k_m M)^2 + (k_t T)^2}}$$

$$d = \sqrt[3]{\frac{10.2}{\sigma_a}\left(k_m M + \sqrt{(k_m M)^2 + (k_t T)^2}\right)}$$

k_m : 굽힘에 대한 동적효과계수, k_t : 비틀림에 대한 동적효과계수

2) 축의 강성(剛性) 설계

(1) 비틀림 강성(Rigidity)

토크를 전달하는 축에서는 탄성적으로 어느 각도만큼은 비틀어진다. 이 값이 매우 크면 진동의 원인이 된다. 따라서 축의 파괴강도와는 관계없이 비틀림 각도 어떤 제한을 줄 필요가 있다.

지금 l mm 거리에 두 축 단면 사이의 비틀림각을 θ라 하고, 축재료의 가로탄성계수를 G라 하면

$$\theta = \frac{Tl}{GI_p} = \frac{32Tl}{\pi d^4 G}(\text{rad}) = 583.6\frac{Tl}{d^4 G}(°)$$

일반적으로 전동축의 비틀림각을 축길이 1m당 0.25°로 제한한다.
따라서 $\theta/l = 0.25/1{,}000$, 축재료가 연강인 경우 G=8,300kg/mm²를 대입하면

① 중실축의 경우

$$d = 120\sqrt[4]{\frac{H_{ps}}{N}} = 130\sqrt[4]{\frac{H_{kW}}{N}}(\text{mm})$$

② 중공축의 경우

$$d = 120\sqrt[4]{\frac{H_{ps}}{(1-n^4)N}} = 130\sqrt[4]{\frac{H_{kW}}{(1-n^4)N}}(\text{mm})$$

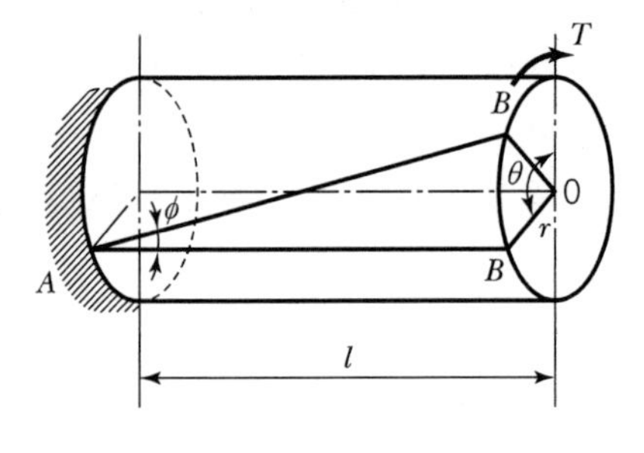

[축의 비틀림]

(2) 굽힘강성

양단 지지보에서 중앙에 집중하중이 작용하면 보의 처짐 δ는 다음과 같다.

$$\delta = \frac{Pl^3}{48EI}$$

처짐각은 다음과 같다.

$$\beta = \frac{Pl^2}{16EI}$$

그러므로 처짐과 처짐각 사이에는 다음 식이 성립한다.

$$\frac{\delta}{\beta}=\frac{1}{3}l$$

베벨기어의 축에서는 $\beta=1/1{,}000$을 한도로 하므로

$$\delta=\frac{1}{3{,}000}l$$

즉, 축의 길이 1m에 대하여 처짐은 0.3mm 이하로 제한하고 있다.

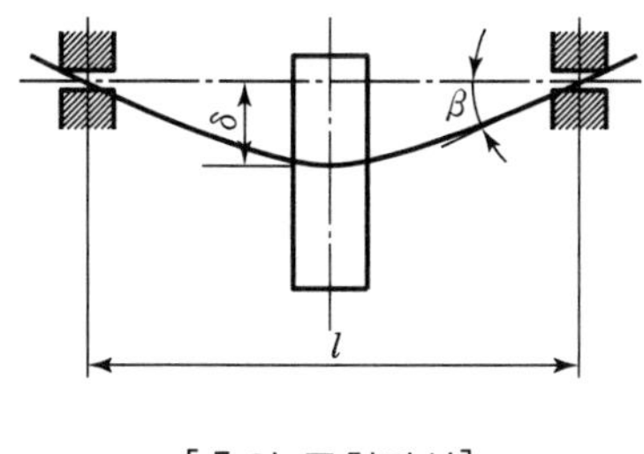

[축의 굽힘강성]

3) 축의 위험속도

(1) 위험속도

보통 축의 중심이 그 중심선상에 오도록 축을 가공하는 것은 매우 어려우므로 약간의 편심을 갖는다. 또 축의 자중이나 하중 때문에 그 편심도가 크게 된다. 이같이 축이 편심 때문에 고속회전을 하면 원심력이 커져 축에 진동이 생긴다.
속도가 어느 점에 달하면 원심력이 축의 강성 저항력을 이겨 이것에 의해 생긴 처짐은 편심을 크게 하여 결국 축이 파괴에 이른다. 이 축이 파괴될 때의 속도를 위험속도라 한다. 이것은 진동의 문제로서 고속회전하는 기계에서는 매우 중요하다.

(2) 위험속도의 계산식

① 축의 중앙에 1개의 회전질량을 가진 축

$$N_c=\frac{30}{\pi}w_c=\frac{30}{\pi}\sqrt{\frac{g}{\delta}}=300\sqrt{\frac{1}{\delta}}$$

w_c : 위험각속도(rad/s), $g=980\text{cm/s}^2$, δ : 축의 처짐(cm)

② 여러 개의 회전체를 가진 축

Dunkerley의 실험공식 : $\frac{1}{N_c^2} = \frac{1}{{N_{c1}}^2} + \frac{1}{{N_{c2}}^2} + \cdots$

4) 베어링 사이의 간격

(1) 굽힘강성에 의한 베어링 간격(스판의 길이)

$$l = 100\sqrt[3]{d^2}\,(\mathrm{mm})$$

(2) 굽힘강도에 의한 베어링 간격

$$l_1 = 320\sqrt{d}\,(\mathrm{mm}),\ \ l_2 = 400\sqrt{d}\,(\mathrm{mm})$$

(3) 어윈(Urwin)의 실험식

$$l = K\sqrt{d}\,(\mathrm{mm})$$

CHAPTER 06 축이음

1. 축이음의 분류

1) 커플링

(1) **고정 커플링(Fixed Coupling)** : 일직선상에 있는 두 축을 연결하는 것으로 볼트 또는 키를 사용하여 결합한다. 이 커플링에는 원통커플링과 플랜지 커플링이 있다.

(2) **플랙시블 커플링(Flexible Coupling)** : 두 축이 일직선상에 있는 것을 원칙으로 하나 결합 시 고무나 가죽 등을 사용하므로 중심선이 일치되지 않는 경우나 진동을 완화할 때도 사용한다.

(3) **올덤 커플링(Oldham's Coupling)** : 두 개의 축이 평행되고 그 축의 중심선이 약간 어긋났을 때 각속도의 변화없이 회전동력을 전달하는 축이음이다.

(4) **유니버설 조인트(Universal Joint)** : 두 축이 어느 각도로 교차되고, 그 사이의 각도가 운전 중 다소 변하더라도 자유로이 운동을 전달할 수 있는 축이음이다.

2) 클러치

(1) **클로우 클러치(Claw Clutch)** : 클러치 중에서 가장 간단한 구조로 플랜지에 서로 물릴 수 있는 돌기모양의 이가 있어 이 이가 서로 물려 동력을 단속하게 된다.

(2) **마찰 클러치(Friction Clutch)** : 두 개의 마찰면이 밀어붙여 마찰면에 생기는 마찰력으로 동력을 전달하며 원판 클러치, 원추 클러치, 구형(Ball Type) 클러치가 있다.

(3) **유체 클러치(Hydraulic Clutch)** : 유체가 들어있어 유체로 동력을 전달하는 클러치이다.

(4) **원심력 클러치** : 입력축의 회전에 의한 원심력으로 클러치의 결합이 이루어진다.

(5) **한방향 클러치** : 원동축이 종동축보다 속도가 늦어졌을 때 종동축이 자유롭게 공진할 수 있도록 한 것이다. 한 방향만 동력을 전달하고 역방향은 전달시키지 못한다. (예 : 래칫 휠)

3) 축이음 설계 시 주의사항

(1) 설치 분해가 용이하도록 할 것
(2) 전동에 의해 이완되지 않을 것
(3) 토크 전달에 충분한 강도를 가질 것
(4) 회전부에 돌기물이 없도록 할 것
(5) 센터의 맞춤이 완전히 이루어질 것
(6) 회전균형이 완전하도록 할 것
(7) 경량이고 값이 염가일 것
(8) 양축 상호 간에 관계위치를 고려할 것

2. 축이음의 설계

1) **원통 커플링** : 주철제 원통 안에 두 축을 맞대어 키로 고정

마찰력 : $F=\mu\pi pdl=\mu\pi P,\ \ T=F\frac{d}{2}=\mu\pi P\frac{d}{2}$

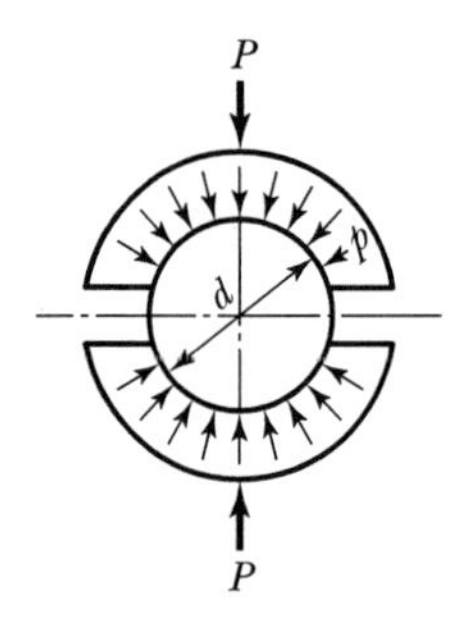

[원통 커플링]

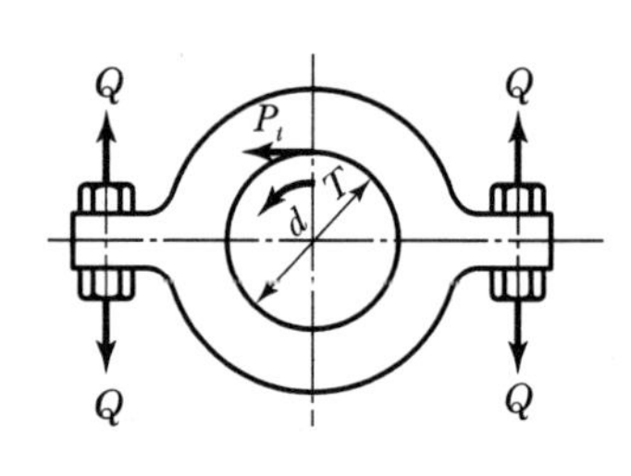

[클램프 커플링]

2) 클램프 커플링

접선력 : $P_t=\frac{2T}{d},\ \ T=Z_p\tau=\mu\pi W\frac{D}{2}$ (W : 축을 졸라매는 힘$(=QZ_1)$, $Z_1=Z/2$)

3) 플랜지 커플링

볼트지름을 δ, 볼트구멍의 피치원 지름을 D_B, 볼트의 수를 z, 볼트재료의 허용 전단응력을 τ라 하면

(1) 축의 허용 비틀림 모멘트 : $T=\frac{\pi d^3 \tau}{16}$, $T=P\frac{D}{2}$

(2) 볼트전단응력에 대한 비틀림모멘트 : $T_B=\pi z \delta^2 \tau_B \frac{D_B}{8}$

(3) 볼트인장응력 : $Q=\pi\frac{\delta^2}{4}\sigma_t$

(4) 플랜지 뿌리부분 : $T_f=\pi \tau_f D_f t \frac{D_f}{2}$

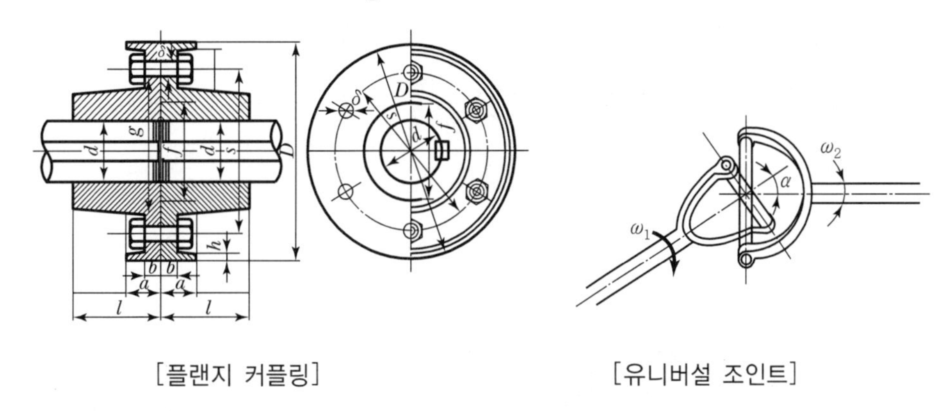

[플랜지 커플링] [유니버설 조인트]

4) 유니버설조인트(각도 α로 교차, 원동축의 회전각 θ)

(1) 개요

각도 α로 교차하는 경우로서 보통 30° 이하로 한다. 구조는 두 개의 요크를 각각 축에 붙이고, 두 개의 요크는 십자형 핀으로 결합한다. 구면 이중 크랭크 기구의 응용이다.

(2) 용도

회전 전동 중에 두 축을 맺는 각이 변해도 되므로 공작기계, 자동차의 전달기구, 압연 롤러 등에 널리 사용되고 있다.

(3) 특징

운동축이 1회전하면 종동축도 1회전하는 것은 다른 이음과 같으나 1회전 중 각속도는 원동축은 일정하지만 종동축의 회전이 변한다. 이 경우 소음과 진동이 발생할 수 있다. 원동축의 각속도를 w_1, 종동축의 각속도를 w_2, 원동축의 회전각을 θ라 하면

w_1과 w_2 사이에는 $\frac{w_2}{w_1}=\frac{\cos\alpha}{(1-\sin^2\theta\sin^2\alpha)}$

의 관계가 있다. w_2/w_1의 값은 $\theta=90°$, $270°$일 때 최댓값으로 $1/\cos\alpha$, $\theta=0°$, $180°$일 때 최솟값으로 $\cos\alpha$가 되어 원동축이 1회전 중 2번 반복하여서 변화한다.

종동축의 회전각 : $\tan\phi=\tan\theta, \cos\alpha$

원동축과 종동축을 같은 각속도로 하는 것이 가장 좋지만 $\alpha=30°$ 이하로 사용하는 것을 원칙으로 하고 5° 이하가 바람직하며 45° 이상에서는 사용이 불가능하다.

5) 클러치

(1) 맞물림 클러치

① 클로우의 굽힘응력 : $\sigma_b=\dfrac{Ph}{nZ}=\dfrac{Th}{nZR_m}$ (n : 클로우 수, Z : 단면계수)

② 클로우 뿌리에 생기는 전단응력 : $\tau_a=\dfrac{T}{nA_1R_m}$

③ 클로우 사이의 접촉면압으로 전달되는 토크 : $T=nA_2p_mR_m$

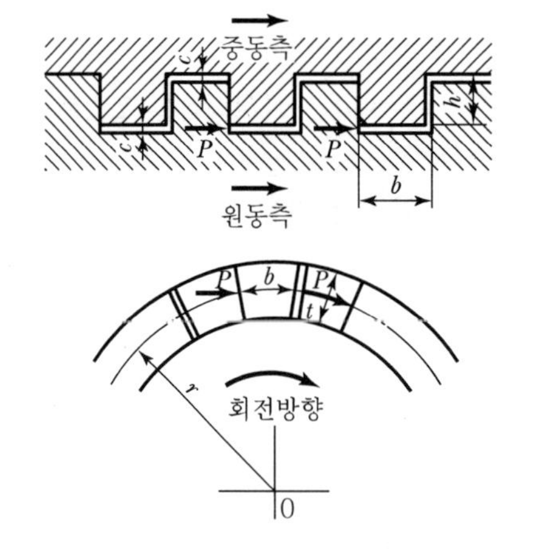

[각형 클로우 클러치의 설계]

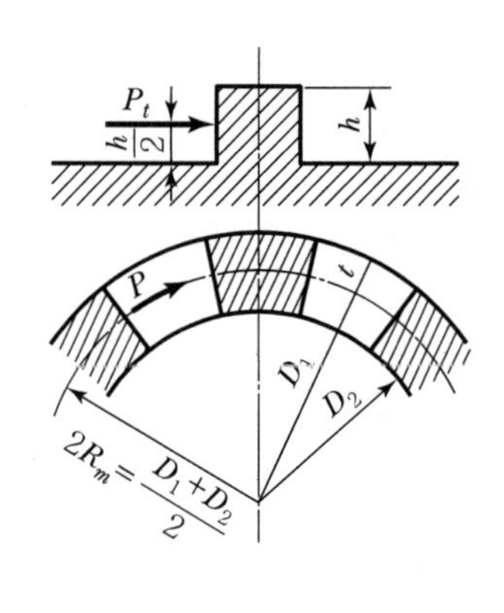

[각형 클로우 클러치의 토크]

(2) 원판 클러치

롤러와 원판장치로 구성되어 있으며 롤러가 원판의 중앙에서부터 외곽으로 자유롭게 왕복 이동을 하면서 원판의 회전속도를 변화시킨다. 또한 롤러가 원판의 중심을 넘어서 반대쪽에서 회전하면 원판은 반대방향으로 회전한다.

축방향으로 밀어붙이는 힘

$$P(\text{힘}) = \frac{\pi(D_2{}^2 - D_1{}^2)}{4} p_m \quad (p_m : \text{평균압력})$$

$$T = \mu P \frac{D_m}{2} = \mu \pi D_m{}^2 bp \frac{z}{2} \quad (z : \text{마찰면 수})$$

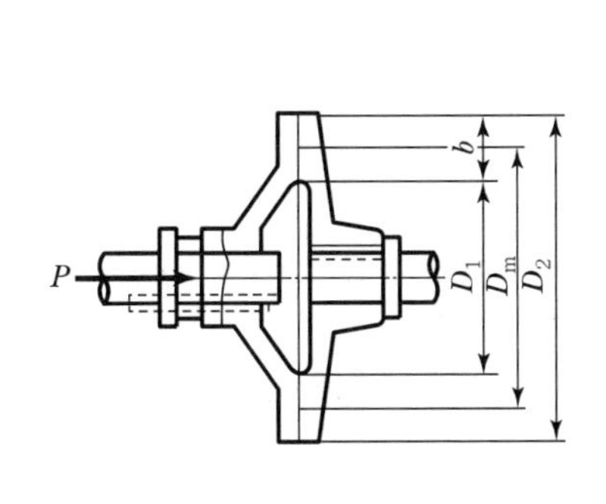

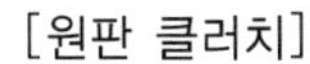
[원판 클러치]

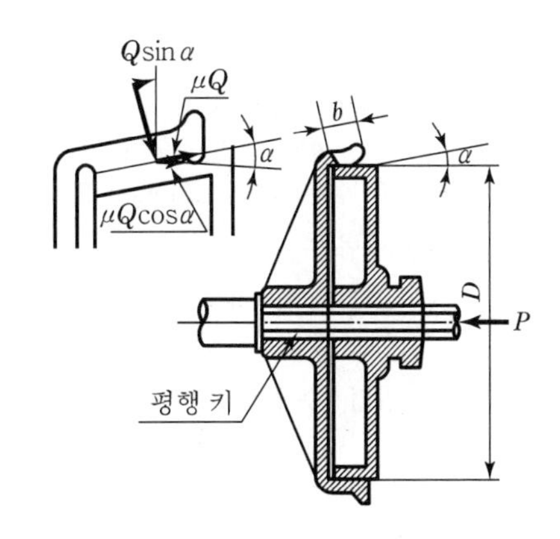

[원추 클러치]

(3) 원추 클러치

원추의 상부와 하부의 지름이 상이한 것을 이용하여 회전속도를 조정한다. 구동축과 종동축을 동시에 사용하는 경우도 있으며, 이 경우 회전속도비는 훨씬 커지게 된다. 또한 중간에 평행축을 놓으면 회전방향을 변화시킬 수 있다.

① 원추각의 반(α) : $\sin\alpha = \dfrac{(D_2 - D_1)}{2b}$

$P(\text{추력}) = Q(\sin\alpha + \mu\cos\alpha)$, $T = \mu Q \dfrac{D_m}{2}$

② 스러스트(축방향의 힘) : $T = \mu' P_t \dfrac{D_m}{2}$, $\mu' = \dfrac{\mu}{(\sin\alpha + \mu\cos\alpha)}$

③ $T = 716{,}200 \dfrac{H(ps)}{N} = \mu\pi D_m{}^2 b \dfrac{p}{2}$, $Q = 2\pi R_m bp$

[문제] 축과 구멍의 끼워맞춤

주로 기계부분에 있어서 서로 끼워 맞춰지는 둥근 구멍과 축에 대하여 각 기능에 적합하게 공차나 치수차를 주는 끼워맞춤방식이다. 억지끼워맞춤, 중간끼워맞춤, 헐거운끼워맞춤이 있으며 축을 구멍보다 약간 크게 만들어 열박음, 압입, 때려박음, 밀어박음 등으로 움직이지 않도록 끼워 맞춘다.

1. 수축체결

축을 구멍보다 크게 하여 압입(끼워맞춤) 체결하는 방법이다.

(1) 끼워 맞춤 종류
① 헐거운 끼워맞춤(Clearance Fit)
② 억지 끼워맞춤(Interference Fit)
③ 중간 끼워맞춤(Transition Fit)

(2) 체결방법

① 열박음 : 철도차륜의 강철 타이어를 축심에 박을 때와 같이 강한 끼워맞춤압력이 필요한 곳에 사용하는 방법이며 강철 타이어를 적당한 온도까지 가열한 후 축심에 끼운 후 서서히 냉각한다.

② 압입 : 수압기를 압입하는 정도의 수축이며 열박음보다 끼워맞춤압력이 적다. 차륜의 보스와 축과의 죔 등에 사용한다.

③ 때려박음 및 밀어박음 : 압입보다 더욱 약한 끼워맞춤이다. 풀리, 작은 지렛대, 발전기와 모터의 회전자 등을 축에 끼워맞출 때 사용한다.

(3) 체결강도
때려박음<압입<열박음
수축체결은 탄성변형 끼워맞춤 압력에서 생기는 마찰에 의한 조임으로 안전을 강화하기 위하여 Key와 Pin을 병행하여 사용한다.

2. 확대체결

구멍에 축을 집어넣고 내부로부터 확장시켜 체결력을 주는 방식으로 소성변형에 의한 고정방법이다.

CHAPTER 07 베어링

1. 베어링(Bearing)의 개요

1) 베어링과 윤활

(1) 베어링의 종류

회전축을 지지하는 부분을 베어링이라 하고, 베어링에 둘러싸여 회전하는 축의 부분을 저널(Journal)이라 한다.

축과 베어링은 상대운동을 하기 때문에 마찰이 생기고, 열이 발생되어 동력손실을 가져오며, 나아가 소손을 일으켜 기계손상의 원인이 된다. 따라서 기름 등에 의해 마찰을 감소하고, 발열을 제거하는 것이 윤활(Lubrication)이다.

베어링의 종류를 다음과 같이 분류한다.

① 접촉상태에 의한 분류

㉠ 슬라이딩 베어링(Sliding Bearing, Plain Bearing) : 베어링과 저널이 서로 미끄럼 접촉을 하는 것

㉡ 롤링 베어링(Rolling Bearing) : 베어링과 저널 사이에 볼이나 롤에 의하여 구름 접촉을 하는 것

② 하중방향에 의한 분류

㉠ 레이디얼 베어링(Radial Bearing) : 하중이 축에 수직방향으로 작용하는 데 쓰인다.

㉡ 스러스트 베어링(Thrust Bearing) : 하중이 축방향으로 작용하는 데 쓰인다. 레이디얼 하중과 스러스트 하중을 동시에 받는 곳에는 테이퍼 베어링이 쓰인다.

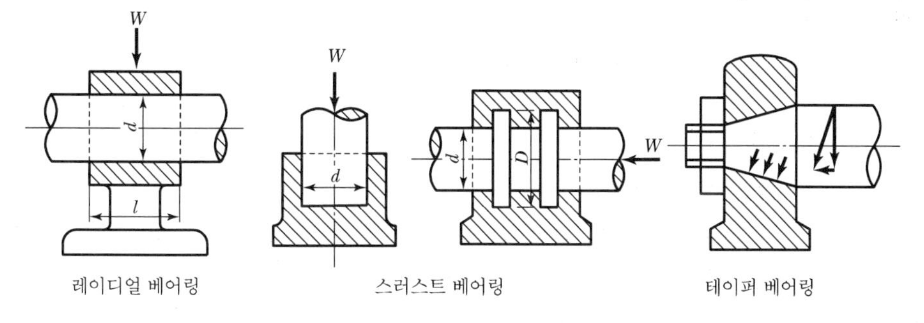

(a) 슬라이딩 베어링

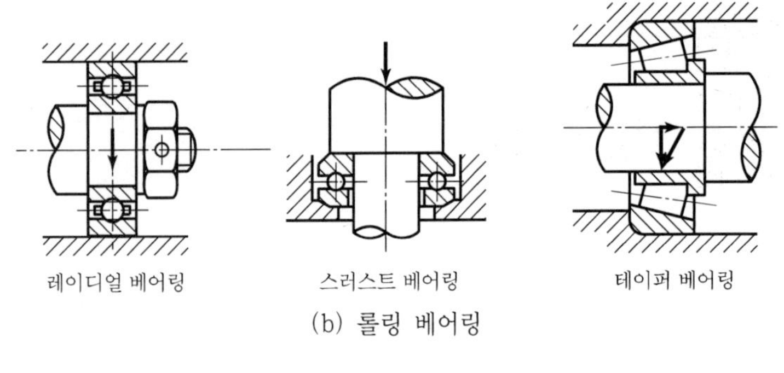

(b) 롤링 베어링

[베어링의 종류]

(2) 마찰과 윤활

① 마찰의 종류

㉠ 건식마찰(Dry Friction) : 접촉면에 윤활유가 없는 경우의 마찰로 고체마찰이라고도 한다.

㉡ 유체마찰(Fluid Friction) : 접촉면에 윤활유가 강한 유막을 형성하여 접촉면이 직접 접촉을 하지 않고 유막을 사이에 두고 마찰을 하는 상태이다.

㉢ 경계마찰(Boundary Friction) : 위 두 마찰상태의 중간상태로 접촉면 사이의 유막이 아주 얇은 경우의 마찰상태이다.

② 윤활의 종류

㉠ 완전윤활(Perfect Lubrication) : 유체마찰로 이루어지는 윤활상태를 나타내며, 유체윤활이라고도 한다.

㉡ 불완전 윤활(Imperfect Lubrication) : 유체마찰상태에서 유막이 약해지면서 마찰이 급격히 증가하기 시작하는 경계윤활상태로 경계윤활이라고도 한다.

2. 슬라이딩 베어링

1) 슬라이딩 베어링의 기초이론

(1) 윤활유의 점도

윤활유의 성질 중에서 가장 중요한 것으로 마찰면에 구성된 유막의 두께에 관계가 있다. 점도는 온도상승에 따라 급격히 감소하고, 밀도는 온도상승과 더불어 저하한다. 절대점도 단위는 포아즈로 나타낸다.

$$1\text{포아즈} = 1\text{dyne} \cdot \text{sec/cm}^2 = 1\text{g/cm} \cdot \text{sec}, \quad \frac{F}{A} = \mu \frac{dv}{dy}$$

(2) 페트로프(Petroff)의 베어링식

$$\mu = \frac{\pi^2}{30} \frac{\eta N}{p} \frac{r}{c} \qquad \left(\frac{\eta N}{p} : \text{베어링 계수}\right)$$

η : 절대점도, p : 베어링 압력

페트로프의 베어링 방정식에서 $\frac{\eta N}{p}$은 무차원량으로 유막의 상태 및 두께에 관한 값이다. 이 값이 크면 유막이 두껍게 되어 유체윤활상태가 되고, 이 값이 작으면 유막이 얇게 되어 마찰상태로 된다.

마찰계수는 주로 $\frac{\eta N}{p}$ 값에 의하여 결정되므로 양호한 마찰상태를 얻으려면 이 값 $\frac{\eta N}{p}$이 어느 정도 이상 내려가지 않아야 한다.

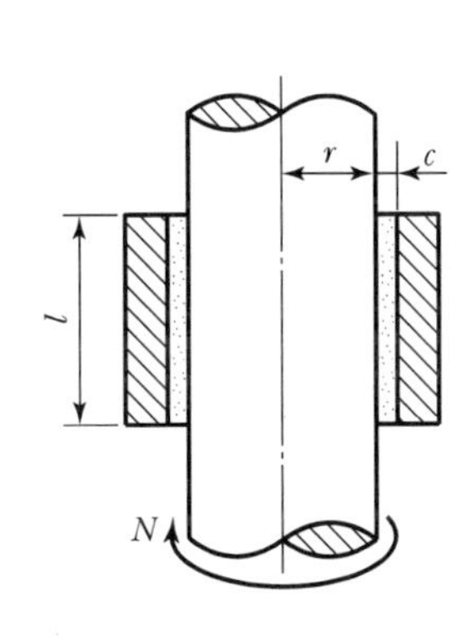

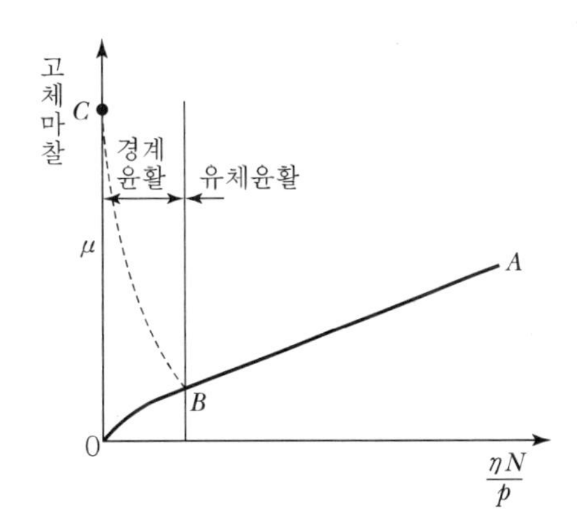

[베어링의 마찰특성곡선]

(3) pv(발열계수) 값

베어링의 단위투영면적당 단위시간에 소비되는 일량은 μpv이다. 이 마찰일은 열로 변하고, 발열과 방열이 균형을 이룰 때까지 베어링의 온도가 상승한다. 따라서 발열량이 크게 되면 베어링의 온도가 높아져 소손이 생기므로 μpv의 값을 적당한 값 이하로 하여야 한다.

μ의 값은 p나 v의 크기에 의해서도 변하므로 pv 값을 설계상 기준치로 하여야 한다.

2) 미끄럼 베어링의 재료

(1) **주철** : 저속 회전용에 쓰인다.

(2) **동합금** : 구리에 약 30%의 납을 첨가한 합금을 켈밋(Kelmet)(Cu+Pb)이라 한다.

(3) **화이트 메탈** : 주석을 주성분으로 하여 구리, 납, 안티몬을 첨가한 합금을 배빗메탈(Babbit Metal)

(4) **소결합금** : 금속분말을 형에 넣어 가압, 가열하여 성형한 후 윤활유 속에 담가둠으로써 입자 사이에 윤활유가 스며들어 온도가 상승하면 윤활유가 밖으로 나오고, 온도가 낮아지면 다시 입자 사이에 들어가게 된다. 이 같은 베어링을 오일리스 베어링(Oiless Bearing)이라 한다.

(5) **기타** : 알루미늄 합금 주철은 내식성, 내마멸성이 우수하다.

3) 미끄럼 베어링의 설계

(1) 레이디얼 저널의 설계

① 끝 저널(End Journal)의 설계

㉠ 끝 저널의 지름 : $M=\frac{Pl}{2}=\sigma_b\frac{\pi d^3}{32}$, $d=\sqrt[3]{\frac{5.1Pl}{\sigma_a}}$

㉡ 폭경비 : $p_a=\frac{P}{A}=\frac{P}{dl}$, $\frac{l}{d}=\sqrt{\frac{\sigma_a}{5.1p_a}}$, $H(ps)=\frac{\mu Pv}{75}$

㉢ 저널의 길이 : $l=\frac{\pi PN}{1,000\times 60\times pv}$ (pv : 최대 허용속도계수)

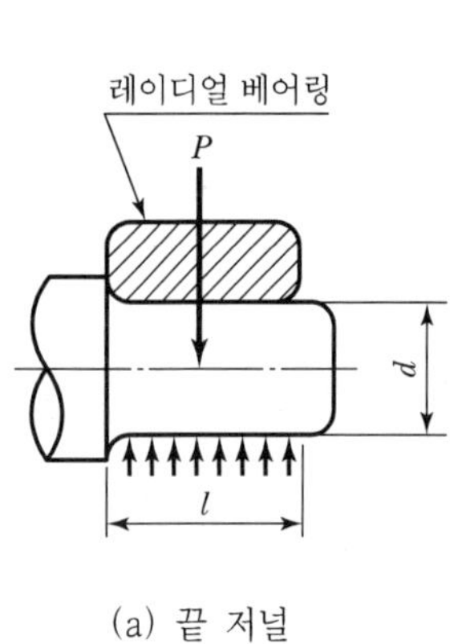

(a) 끝 저널

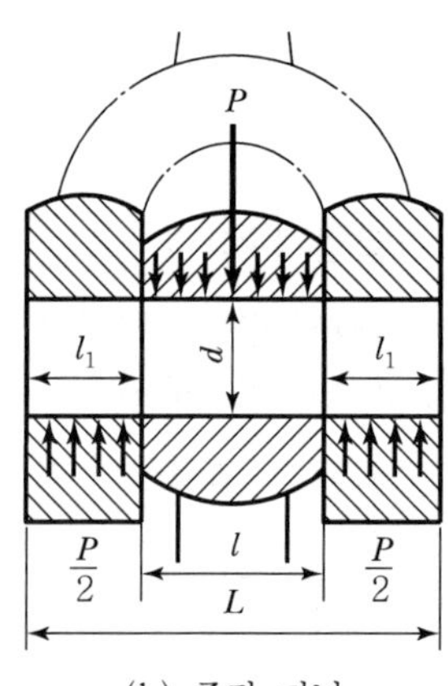

(b) 중간 저널

[레이디얼 저널]

② 중간 저널(Neck Journal)의 설계

㉠ 중간 저널의 지름 : $d = \sqrt[3]{\frac{4Pl}{\pi\sigma_a}}$

㉡ 폭경비 : $\frac{l}{d} = \sqrt{\frac{\sigma_a}{1.9p_a}}$

③ 마찰열

㉠ 마찰일 : $W_f = FV = \mu Pv \quad \left(v = \frac{\pi d_m N}{60,000}\right)$

㉡ 단위면적당 마찰일 : $w_f = \frac{W_f}{dl} = \mu pv(\text{kg/mm}^2 \cdot \text{m/s})$

(2) 스러스트 저널의 설계

① 피벗 저널(Pivot Journal)의 베어링 압력

㉠ 중실축의 경우 : $p_m = \frac{4P}{\pi d^2}$

㉡ 중공축의 경우 : $p_m = \frac{4P}{\pi(d_2{}^2 - d_1{}^2)}$

$$P = p_m \pi \frac{d_2 + d_1}{2} \frac{d_2 - d_1}{2} = p_m \pi d_m b$$

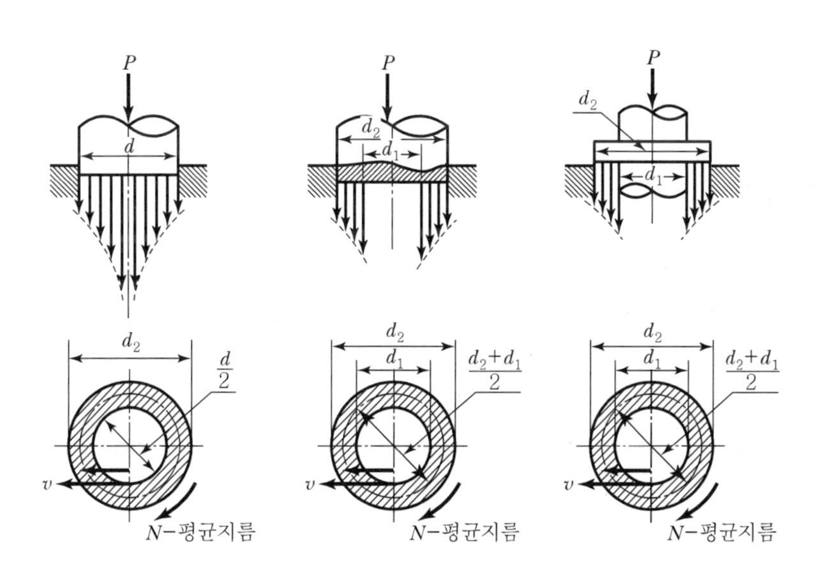

[피벗 저널의 압력분포와 마찰일]

② 컬러 저널(Collar Journal)의 베어링 압력

$$p = \frac{4P}{\pi(d_2{}^2 - d_1{}^2)z}$$

③ 마찰열

㉠ 피벗 저널의 마찰열

ⓐ 중실축의 경우 : $d = \frac{PN}{30,000pv}$

ⓑ 중공축의 경우 : $d_2 - d_1 = \frac{PN}{30,000pv}$

㉡ 컬러 저널의 마찰열 : $d_2 - d_1 = \frac{PN}{30,000pvz}$

4) 미끄럼 베어링의 세부 설계

(1) 캡(Cap)의 굽힘강도

볼트 : $\sigma = \frac{P/2}{\pi\delta^2/4}$

(2) 베어링 바디의 강도

3. 구름 베어링

1) 미끄럼 베어링과 구름 베어링의 비교

구름 베어링은 외륜(Outer Race)과 내륜(Inner Race) 사이에 전동체를 넣어 내륜을 축에 고정하여 축이 회전할 때 내륜도 회전하고 전동체는 구름운동을 한다. 이 베어링은 전동체에 의해 볼 베어링과 롤러 베어링으로 나눈다.

롤러 베어링은 다시 원통롤러베어링, 원추롤러베어링, 구면롤러베어링, 니들롤러베어링 등으로 나누며, 전동체의 열수에 의하여 단열과 복열로 나눈다.

[미끄럼 베어링과 구름 베어링의 비교]

구분	미끄럼 베어링	구름 베어링
마찰	크다.	적다.
하중	스러스트, 레이디얼 하중을 1개의 베어링으로는 받을 수 없다.	두 개의 하중을 1개의 베어링으로 받는다. 충격하중으로 전동체와 내외륜의 접촉부에 자국이 생기기 쉽다.
음향	정숙	전동체, 궤도면의 정밀도에 따라 소음이 생기기 쉽다.
호환성	규격이 통일되고 호환성이 크다. 단, 자가제작은 곤란하다.	자가제작은 용이하나 규격이 통일되지 않으므로 호환성이 적다.
내충격성	작다.	크다.
내열성	고온에 비교적 강하다.	고온에 약하여 100℃ 이상은 곤란하다.
속도성능	저속에 유리	고속에 유리
수명	궤도면에 반복응력을 받으므로 비교적 짧다.	압력변동이 작고 수명이 길다. 단, 눌러붙음에 특히 주의해야 한다.
설치	간단	내외륜 끼워맞춤에 주의가 필요하다.
윤활	윤활장치가 필요하다. 윤활유 선택에 주의해야 한다.	그리스 윤활의 경우 윤활장치가 필요 없다. 점도의 영향을 받지 않는다.
가격	저렴	고가

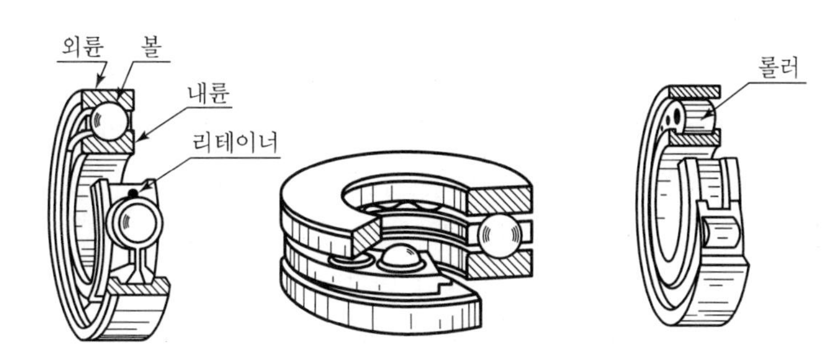

[구름 베어링의 내부]

2) 구름 베어링의 종류와 호칭

(1) 구름 베어링의 종류

① 레이디얼 베어링

㉠ 단열 깊은 홈형 : 주로 레이디얼 하중을 받는 것으로 가장 널리 사용되며, 내륜과 외륜이 분리되지 않는 형식이다.

㉡ 마그네틱형 : 내륜과 외륜을 분리할 수 있는 형식으로 조립이 편리하다.

㉢ 자동 조심형 : 외륜의 내면이 구면상으로 되어 있어 다소 축이 경사될 수 있는 형식이다.

㉣ 앵귤러형 : 볼과 궤도륜의 접촉각이 존재하기 때문에 레이디얼 하중과 스러스트 하중을 받는 형식이다.

② 스러스트 베어링 : 이 베어링은 스러스트 하중만 받을 수 있고, 고속회전에는 부적합하다. 한쪽 방향의 스러스트 하중만이 작용하면 단식을, 양쪽 방향의 스러스트가 작용하면 복식을 사용한다. 볼 베어링은 전동체와 궤도륜이 점접촉을 하나, 롤러 베어링은 선접촉을 하므로 큰 하중에 견딘다. 또 원추 롤러 베어링은 원추 모양의 롤러를 쓰기 때문에 레이디얼 하중과 스러스트 하중을 동시에 견딜 수 있다.

(2) 구름 베어링의 호칭과 치수

구름 베어링의 주요 치수는 ISO에 의하여 정해져 있고, 번호 기호에 의하여 베어링의 형식 및 주요 치수를 표시하게 되어 있다. 즉, 베어링의 종류를 결정하기 위하여 형식번호 이외에 각 형식에 공통된 안지름 번호, 지름 기호, 너비 번호 등이 정해져 있고, 이들의 조합에 의하여 베어링의 주요치수가 정해진다. 구름 베어링의 기호는 기본기호(베어링의 형식기호, 치수기호, 안지름 번호, 접촉각 기호)와 보조기호로 되어 있다. 구름 베어링은 내경을 기준으로 하여 그 내경에 대하여 여러 가지의 외경 및 폭을 조합시키며, 내경에 의하여 외경과 폭의 관계가 정해진다. 이것을 지름기호와 폭 기호로 나타낸다.

Example 6 2 08 z C2(틈새기호) P4(등급기호)

6 : 형식기호(단열 깊은 홈 볼 베어링), 2 : 치수기호 02의 0을 생략한 것(경하중), 08 : 안지름 기호(8×5=40), z : 실드 기호, C2 : 틈새기호(C2 틈새), P4 : 등급기호(4급)

① 형식기호

1 : 복열자동(Spherical Ball Bearing)

2 : 복열자동 조심(큰너비)(Spherical Roller Bearing)

3 : 테이퍼 롤러 베어링

5 : 스러스트 볼 베어링

6 : 깊은 홈 볼 베어링
7 : 앵귤러 콘택트 볼 베어링
8 : 스러스트 실린드리컬 롤러 베어링
N : 원통 롤러 베어링

② 지름기호 : 0, 1, 2, 3, 4가 있어 0과 1은 특별 경하중, 2는 경하중, 3은 중(中)하중, 4는 중(重)하중형이라 한다.

③ 폭기호 : 0, 1, 2, 3이 있다.

④ 치수기호 : 폭 기호와 지름기호를 합한 것으로 03이란 폭기호가 0이고, 지름기호가 3이다.
이상은 레이디얼 베어링의 경우이고, 스러스트 베어링에서는 폭기호 대신에 높이 기호(1, 2, 3, 4)를 쓴다.

⑤ 내경번호 : 내경 20mm 이상 500mm 미만에서는 이것을 5로 나눈 값을 두 자리 수로 나타낸다. 즉, 내경 25mm일 때는 내경번호는 05로 나타낸다.
이 이하에서는 내경 10mm 미만은 치수와 번호가 같고, 10~17mm까지는 내경번호 00은 10mm, 01은 12mm, 02는 15mm, 03은 17mm로 나타내고, 또 중간치수 22, 28, 32는 /의 뒤에 안지름 숫자로서(예/28과 같이) 표시한다.
이 밖에 구름 베어링의 형식에 따라 형식기호가 정해져 있으며, 구름 베어링의 호칭번호는 형식기호, 치수기호, 안지름 번호를 순서대로 조합하여 4자리 또는 5자리 숫자(또는 기호)로 표시하도록 되어 있다.

⑥ 밀봉기호
z : 한쪽 Shield, zz : 양쪽 Shield, u : 한쪽 Seal(일본 D), uu : 양쪽 Seal(일본 DD)

⑦ 틈새기호
C2 : 보통보다 작은 틈새, 무기호 : 보통틈새, C3 : 보통보다 약간 큰 틈새
C4 : C3보다 약간 큰 틈새, C5 : C4보다 약간 큰 틈새

⑧ 등급기호
SP : 초정밀급, H : 상급, P : 정밀급, 무기호 : 일반급

⑨ 7205B(접촉각)
A : 30°, B : 40°, C : 15°

3) 구름 베어링의 기본설계

(1) 기본 동 정격하중과 정격수명

① 부하용량(Load Capacity) : 구름 베어링이 견딜 수 있는 하중의 크기를 말하며, 구름 베어링이 정지하고 있는 상태에서 정하중이 작용할 때 견딜 수 있는 하중의

크기를 정적 부하용량이라 한다. 또 회전 중에 있는 구름 베어링이 견딜 수 있는 하중의 크기를 동적(Dynamic) 부하용량이라 한다.

② 베어링 수명(Bearing Life) : 구름 베어링의 궤도륜과 전동체가 반복응력을 받아 피로를 일으켜 접촉 표면에 최초로 플레이킹(Flaking)이 일어날 때까지의 총회전수를 말한다.

▣ 수명에 미치는 영향

㉠ Moment 하중 : 베어링에 작용하는 하중이 베어링 중심선을 통과하지 않을 경우 모멘트가 생기며 보통 하중의 50~100% 증가한다.

㉡ 충격하중 : 기계 운전 상황에 따라 충격하중이 발생한다.

㉢ 진동

㉣ 온도

③ 계산수명(정격수명 : Rating Life) : 동일 조건하에서 베어링 그룹(Bearing Group)의 90%가 피로, 박리(Flaking) 현상을 일으키지 않고 회전할 수 있는 총 회전수를 말한다.

④ 기본부하용량(Basic Load Capacity) : 여러 개의 같은 베어링을 개별적으로 운전할 때 정격수명이 100만 회전이 되는 방향과 크기가 변동하지 않는 하중을 말하며, 기본동정격하중 또는 기본부하용량이라고도 한다. 수명을 시간으로 나타낼 경우는 500시간을 기준으로 한다. 즉 $33.3 \times 60 \times 500 = 10^6$이므로 33.3rpm으로 500시간의 수명에 견디는 하중이 기본부하용량이 된다. 기본정적부하용량을 C_0, 기본동적부하용량을 C로 나타낸다.

(2) 구름 베어링의 정격수명 계산식

구름 베어링에서 계산수명을 L_n(rpm), 베어링 하중을 P(kg), 기본부하용량을 C(kg)라 하면 다음 식이 주어진다.

$$L_n = \left(\frac{C}{P}\right)^r \times 10^6(\text{Rev})$$

여기서 r : 볼 베어링에서는 3, 롤러 베어링에서는 10/3으로 한다.

위 식을 변형하면

$$\frac{L_n}{10^6} = \left(\frac{C}{P}\right)^r$$

단, C를 100만 회전이라고 규정하였으므로 L_n의 단위는 10^6이다. L_h를 수명시간이라 하면 $L_n = L_h \times 60 \times N$이 된다.

$$\frac{L_h \times 60 \times N}{10^6} = \left(\frac{C}{P}\right)^r, \quad \frac{L_h \times 60 \times N}{33.3 \times 500 \times 60} = \left(\frac{C}{P}\right)^r$$

$$L_h = 500 \times \left(\frac{C}{P}\right)^r \times \frac{33.3}{N}, \quad L_h = 500 f_h{}^r$$

이라 하면 f_h를 수명계수라 한다.

$$f_h = \frac{C}{P}\sqrt[r]{\frac{33.3}{N}}, \quad f_h = f_n \frac{C}{P}$$

여기서 $f_n = \sqrt[r]{\frac{33.3}{N}}$ 을 속도계수라 한다.

(3) 하중계수와 베어링 하중

① 하중계수 : 실제 베어링에 가해지는 하중은 동적하중이기 때문에 파악하기가 곤란하다. 베어링 설계에서는 이론하중을 P_{th}라 하고, 여기에 계수를 곱하여 베어링 하중 P를 구한다.

베어링 하중 : $P = f_w P_{th}$ (f_w : 하중계수)

② 평균유효하중 : 베어링에 작용하는 하중의 크기는 주기적으로 변동하는 경우가 있는데 이때 최소하중($P_{\min}$)에서 최대하중($P_{\max}$)으로 변동하면 다음과 같다.

$$P = \frac{1}{3}(P_{\min} + 2P_{\max})$$

③ 등가하중 : 베어링 하중은 레이디얼 하중과 스러스트 하중이 동시에 가해지는 경우도 있는데, 이때 두 하중을 레이디얼 하중이나 스러스트 하중으로 환산한 하중을 등가하중(Equivalent Load)이라 한다. 등가하중을 환산하는 방법은 다음과 같다. 레이디얼 하중을 F_r, 스러스트 하중을 F_a라 하면 두 하중이 동시에 작용할 때 등가 레이디얼 하중(Equivalent Radial Load) P_r은

$P_r = XVF_r + YF_a$ (X : 레이디얼계수, V : 회전계수, Y : 스러스트계수)

④ 윤활조건(dN값) : 구름 베어링을 연속적으로 사용하면 베어링의 형식 윤활방법 등에 의해 일정한 허용한계속도가 있다는 것이 알려져 있다. 이 한계속도는 속도지수 dN으로 주어진다. d는 베어링의 안지름이고, N은 매분 회전수이다.

회전수 : $N = dN/d$ (dN : 한계속도지수, d : 베어링 안지름)

CHAPTER 08 마찰차

1. 마찰차(Friction Wheel)의 개요

1) 마찰차의 특성

마찰차는 2개의 바퀴를 직접 접촉시켜 밀어붙임으로써 그 사이에 생기는 마찰력을 이용하여 동력을 전달시키는 장치이다. 이 마찰차의 특성은

(1) 운전이 정숙하다.
(2) 전동의 단속이 무리없이 행하여진다.
(3) 효율은 떨어진다.
(4) 무단 변속하기 쉬운 구조로 할 수 있다.
(5) 일정 속도비는 얻을 수 없다.
(6) 과부하일 경우 미끄럼에 의하여 다른 부분의 손상을 방지할 수 있다.

2) 마찰차의 종류

(1) 원통마찰차(Cylindrical Friction Wheel)

두 축이 평행한 경우로 평마찰차, V홈 마찰차 등이 있다.

(2) 원추마찰차(Bevel Friction Wheel)

두 축이 서로 교차하는 경우에 사용하는 마찰차이다.

(3) 변속마찰차(Variable Friction Wheel)

두 마찰차의 속도비를 어느 범위 내에서 자유롭게 연속적으로 변화시킬 수 있는 것으로 구면차, 이반스 마찰차, 원추와 원판차를 이용한 것이 있다.

2. 마찰차의 설계

1) 원통마찰차

(1) 평마찰차

① 속도비

$$i=\frac{w_B}{w_A}=\frac{N_B}{N_A}=\frac{D_A}{D_B}=\frac{Z_A}{Z_B}$$

② 중심거리

외접 : $C=\frac{D_A+D_B}{2}$, 내접 : $C=\frac{D_A-D_B}{2}$

③ 마찰에 의한 전달동력

$$H=\frac{\mu Pv}{75}=\frac{\mu P\pi DN}{75\times 60\times 1{,}000}(\text{PS}),\ H=\frac{\mu Pv}{102}=\frac{\mu P\pi DN}{102\times 60\times 1{,}000}(\text{kW})$$

④ 마찰차의 폭 : $b=\frac{P}{p_0}$ (p_0 : 허용접촉압력(kg/mm)

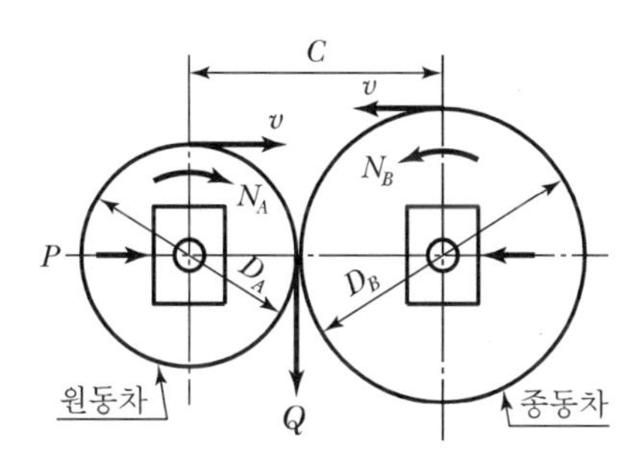

[원통 마찰차]

(2) 홈마찰차

① 마찰계수

㉠ 측면수직력 : $Q=\frac{P}{\sin\alpha+\mu\cos\alpha}$

㉡ 마찰력 : $F=\mu Q=\frac{\mu P}{\sin\alpha+\mu\cos\alpha}=\mu' P,\ \mu'=\frac{\mu}{\sin\alpha+\mu\cos\alpha}$

② 홈의 깊이와 수

㉠ 홈의 깊이 : $h=0.94\sqrt{\mu' P}$

㉡ 홈의 수 : $z=\frac{Q}{2hp_o}=\frac{l}{2h}$ (l : 마찰차가 접촉하는 전체길이)

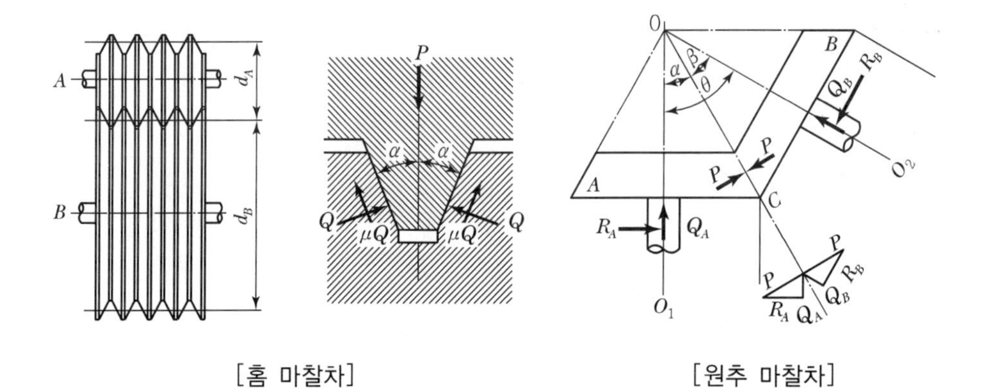

[홈 마찰차] [원추 마찰차]

2) 원추 마찰차

(1) 속도비와 축각

① 외접인 경우

- 축각 : $\tan\alpha = \dfrac{\sin\theta}{\dfrac{N_A}{N_B}+\cos\theta}$

$\tan\beta = \dfrac{\sin\theta}{\dfrac{N_B}{N_A}+\cos\theta}$, 속도비 : $i = \dfrac{v_B}{v_A} = \dfrac{\sin\alpha}{\sin\beta}$

- 축각이 90° : $\tan\alpha = \dfrac{N_B}{N_A}$, $\tan\beta = \dfrac{N_A}{N_B}$

② 내접인 경우

$\tan\alpha = \dfrac{\sin\theta}{\cos\theta - \dfrac{N_A}{N_B}}$, $\tan\beta = \dfrac{\sin\theta}{\cos\theta - \dfrac{N_B}{N_A}}$

(2) 전달동력

$P = \dfrac{Q_A}{\sin\alpha} = \dfrac{Q_B}{\sin\beta}$, $H = \dfrac{\mu P v}{75} = \dfrac{\mu Q_A v}{75\sin\alpha} = \dfrac{\mu Q_B v}{75\sin\beta}$

(3) 베어링에 걸리는 하중

$R_A = \dfrac{Q_A}{\tan\alpha}$, $R_B = \dfrac{Q_B}{\tan\beta}$

(4) 접촉압력과 바퀴의 너비

바퀴의 너비 : $b = \dfrac{Q_A}{p_o\sin\alpha} = \dfrac{Q_B}{p_o\sin\beta}$

CHAPTER 09 기어전동장치

1. 기어

1) 기어의 종류

기어는 회전체의 원둘레에 등간격으로 이를 만들어 이것이 서로 물려서 회전과 토크를 강제적으로 전달하는 기계요소로서 큰 동력을 확실히 전달한다.

기어를 두 축의 상대위치로 분류하면 다음과 같다.

⑴ 두 축이 평행한 경우에 사용되는 것 : 스퍼 기어, 헬리컬 기어, 랙과 피니언, 인터널 기어

⑵ 두 축이 교차하는 경우에 사용되는 것 : 베벨 기어, 크라운 기어

⑶ 두 축이 평행도 교차도 않는 경우에 사용되는 것 : 웜 기어, 나사 기어, 하이포이드 기어

2) 종류 및 용도

⑴ 평행축 기어

2개의 치차축이 평행인 경우이며 회전운동을 전달한다.

① 평기어(Spur Gear) : 이 끝이 직선이며 축에 평행한 원통기어

② 랙과 피니언 : 원통 기어의 피치 원통의 반지름을 무한대로 한 것

③ 헬리컬 기어(Helical Gear) : 이 끝이 헬리컬 선을 가지는 원통 기어

④ 안기어(Internal Gear) : 원통 또는 원추의 안쪽에 이가 만들어져 있는 기어

⑵ 2개의 치차축이 어느 각도로 만나는 기어

① 베벨기어(Bevel Gear) : 교차되는 2축 간에 운동을 전달하는 원추형의 기어

② 마이터 기어(Miter Gear) : 선각인 2축 간의 운동을 전달하는 기어

③ 앵귤러 베벨기어(Angular Bevel Gear) : 직각이 아닌 2축 간에 운동을 전달하는 기어

④ 크라운 기어(Crown Gear) : 피치면이 평면인 베벨기어

⑤ 직선 베벨기어(Straight Bevel Gear) : 이 끝이 피치 원추의 모직선과 일치하는 경우의 베벨기어

⑥ 스파이럴 베벨기어(Spiral Bevel Gear) : 기어와 물리는 크라운 기어의 이 끝이 곡선으로 된 베벨기어

⑦ 제롤 베벨기어(Zerol Bevel Gear) : 나선각이 “0”인 한 쌍의 스파이럴 베벨기어
⑧ 스큐(Skew) : 기어와 물리는 크라운 기어의 이 끝이 직선이고, 꼭지점에 향하지 않는 베벨기어

(3) 2개의 치차축이 평행하지 않고 만나지도 않는 기어

① 스크루 기어(Screw Gear) : 교차하지 않고 또 평행하지도 않는 2축 간에 운동을 전달하는 기어
② 나사기어(Crossed Helical Gear) : 헬리컬 기어의 한 쌍을 스크루 축 사이의 운동 전달에 이용하는 기어
③ 하이포이드 기어(Hypoid Gear) : 스크루 축 간에 운동을 전달하는 원추형 기어의 한 쌍
④ 페이스 기어(Face Gear) : 스퍼기어 또는 헬리컬 기어와 서로 물리는 원판상 기어의 한 쌍, 두 축이 교차하는 것과 스크루하는 것이 있으며 축각이 보통 직각이다.
⑤ 웜기어(Worm Gear) : 웜과 이와 물리는 웜 휠에 의한 기어의 한 쌍, 보통 선 접촉을 하고 두 축이 직각으로 되는 것이 많다.
⑥ 웜(Worm) : 한 줄 또는 그 이상의 줄 수를 가지는 나사모양의 기어
⑦ 웜휠(Worm Wheel) : 웜과 물리는 기어
⑧ 장고형 웜기어장치(Hourglass Worm Gear) : 장고형 웜기어와 웜기어장치

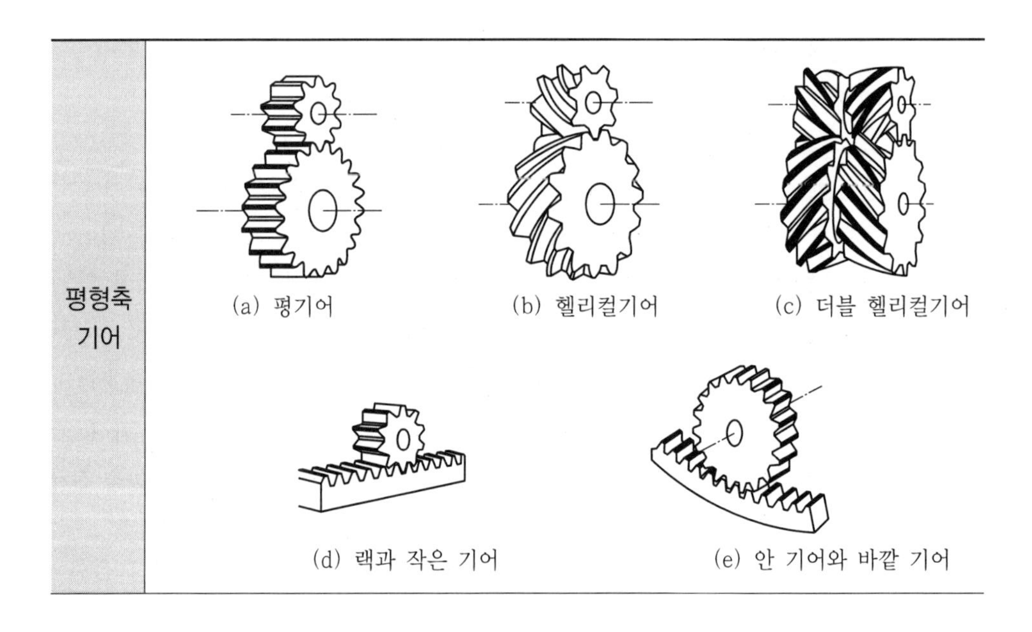

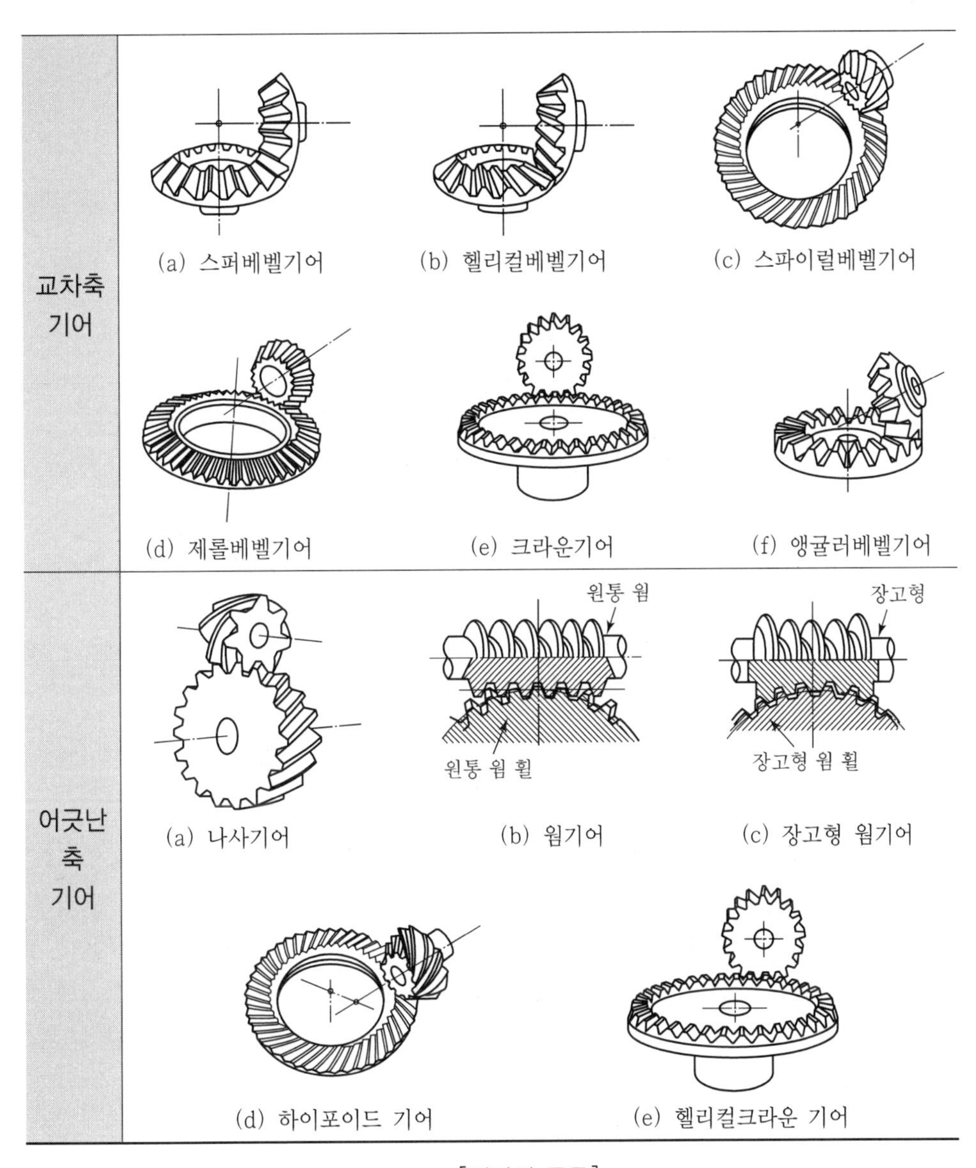

[기어의 종류]

3) 치형곡선

(1) 인벌류트 곡선(Involute Curve)

원에 실을 감아 실의 한 끝을 잡아당기면서 풀어나갈 때 실의 한 점이 그리는 궤적을 말하며, 이 원을 기초원이라 한다.

■ 특징(동력전달용)

① 치형의 제작가공이 용이하다.
② 호환성이 우수하다.
③ 물림에서 축간 거리가 다소 변하여도 속도비에 영향이 없다.
④ 이뿌리 부분이 튼튼하다.
⑤ 사이클로이드보다 마멸에 의한 형체 변화가 큰 단점이 있다.
⑥ 압력각이 항상 일정하고 14.5° 또는 20°가 일반적이다.

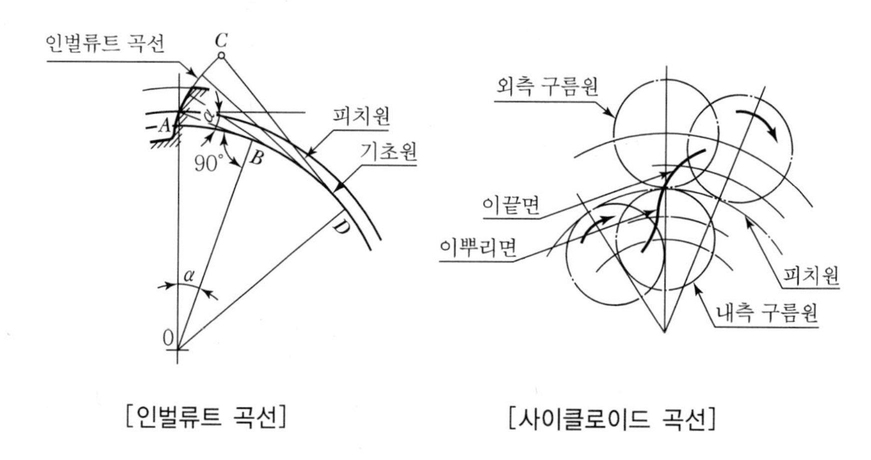

[인벌류트 곡선]　　[사이클로이드 곡선]

(2) 사이클로이드 곡선(Cycloid Curve)

원둘레의 외측 또는 내측에 구름원을 놓고 구름원을 굴렸을 때 구름원의 한 점이 그리는 궤적을 말하며, 이 경우 구름원이 구르고 있는 원을 피치원이라 한다. 이 피치원을 경계로 외측에 그려진 곡선을 에피사이클로이드 곡선(Epicycloid Curve), 내측에 그려진 곡선을 하이포사이클로이드 곡선(Hypocycloid Curve)이라 한다.

■ 특징

① 접촉면에 미끄럼이 적어 마멸과 소음이 적다.
② 효율이 높다.
③ 피치점이 완전히 일치하지 않으면 물림이 불량하다.
④ 치형가공이 어렵고 호환성이 적다.
⑤ 압력각이 항상 변동하여 정밀 기계용(계기, 시계 등)으로 적합하다.

(3) 치형곡선으로서의 만족하여야 할 조건

물고 돌아가는 두 개의 기어가 일정 각속비로 회전하려면 접촉점의 공통 법선은 일정점을 통과하여야 한다.

반대로 접촉점의 법선이 일정점을 통과하는 곡선은 치형곡선으로 된다. 이것이 치형곡선이 성립되는 기구학적 필요조건이다. 즉 기어가 미끄럼 접촉을 하면서 일정한 회전속도로 동력을 전달하려면 접촉할 때마다 접촉점에서 2개의 이의 접촉 곡선에 세운 공통법선이 두 기어의 중심선 위의 일정한 점인 피치점을 항상 통과하여야 한다.

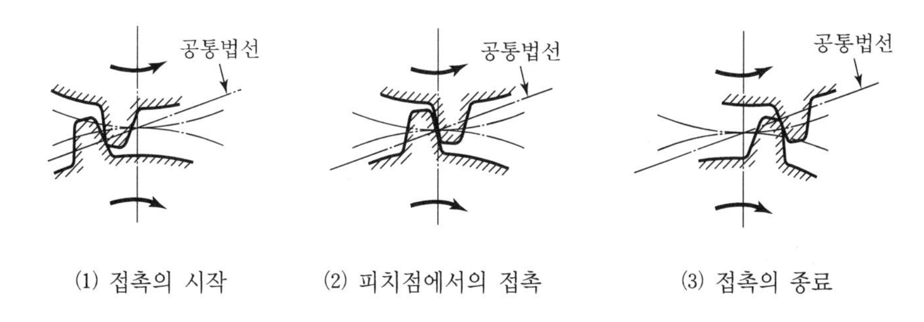

(1) 접촉의 시작 (2) 피치점에서의 접촉 (3) 접촉의 종료

4) 기어의 각부 명칭

(1) **피치원(Pitch Circle)** : 기어는 마찰차의 요철을 붙인 것으로 원통 마찰차로 가상할 때 마찰차가 접촉하고 있는 원에 해당하는 것이다.

(2) **원주피치(Circular Pitch)** : 피치원 위에서 측정한 이웃하는 이에 해당하는 부분 사이의 거리를 말한다.

(3) **기초원(Base Circle)** : 이 모양의 곡선을 만드는 원이다.

(4) **이끝원**

(5) **이뿌리원**

(6) **이끝높이**

(7) **이뿌리 높이**

(8) **총 이높이**

(9) **이두께** : 피치원에서 측정한 이의 두께

(10) **유효 이높이**

(11) **클리어런스**

(12) **백래시(Back Lash)** : 한 쌍의 이가 물렸을 때 이의 뒷면에 생기는 간격이다.

① 기어의 Backlash는 다음 사항을 고려하여 물림상태에서 이의 뒷면에 약간의 틈새를 준다.

- 윤활유의 유막두께, 기어치수오차, 중심거리 변동, 열팽창, 부하에 의한 이의 변형
- 즉, Backlash를 허용하지 않으면 원활한 전동을 할 수 없다.

$C = C_n/\cos\alpha$, $C_r = C_n/2\sin\alpha$, Helical Gear : $C = C_n/\cos\alpha \cdot \cos\beta$

② Back Lash를 주는 방법

- 중심거리를 C_r만큼 크게 하는 방법
- 기어 이 두께를 작게 하는 방법

  속도비가 클 때는 기어의 이 두께만 감하고 속도비가 1이면 양쪽 두께를 같이 얇게 한다.

(13) **기어와 피니언** : 한 쌍의 기어가 서로 물려 있을 때 큰 쪽을 기어라 하고, 작은 쪽을 피니언이라 한다.

(14) **압력각** : 한 쌍의 이가 맞물렸을 때 접점이 이동하는 궤적(그림에서 NM)을 작용선이라 한다. 이 작용선과 피치원의 공통접선과 이루는 각을 압력각이라 하며 α로 나타낸다. α는 14.5°, 20°로 규정되어 있다.

(15) **법선피치(Normal Pitch)**

기초원 지름 : $D_g = D\cos\alpha$ (D : 피치원 지름)

법선 피치 : $p_n = \dfrac{\pi D_g}{z} = \dfrac{\pi D\cos\alpha}{z} = p\cos\alpha$

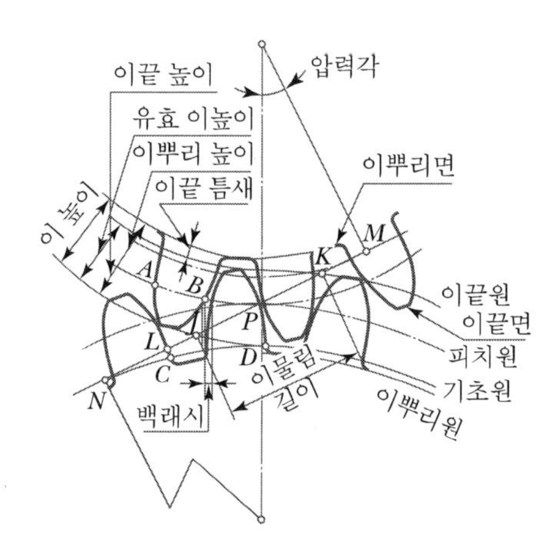

[기어의 각부 명칭]

5) 표준기어의 이의 두께

피치원이 동일하더라도 잇수를 적게 하고 이를 크게 깎아 강도를 크게 할 수 있고 반대로 잇수를 많이 하고 이의 크기를 작게 가공할 수 있다. 이와 같이 이의 크기를 결정하는 세 가지의 종류를 기준으로 하고 있다.

(1) 원추피치

피치원 둘레를 잇수로 나눈 값 $p=\frac{\pi D}{z}=\pi m$

(2) 모듈(Module)

피치원의 지름을 잇수로 나눈 값 $m=\frac{D}{z}=\frac{p}{\pi}$

(3) 지름피치(Diametral Pitch)

$DP=\frac{z}{D}(\text{in})=\frac{\pi}{p}(\text{in}),\ m=\frac{25.4}{DP}=\frac{1}{m}=\frac{25.4z}{D}=\frac{25.4\pi}{p}$

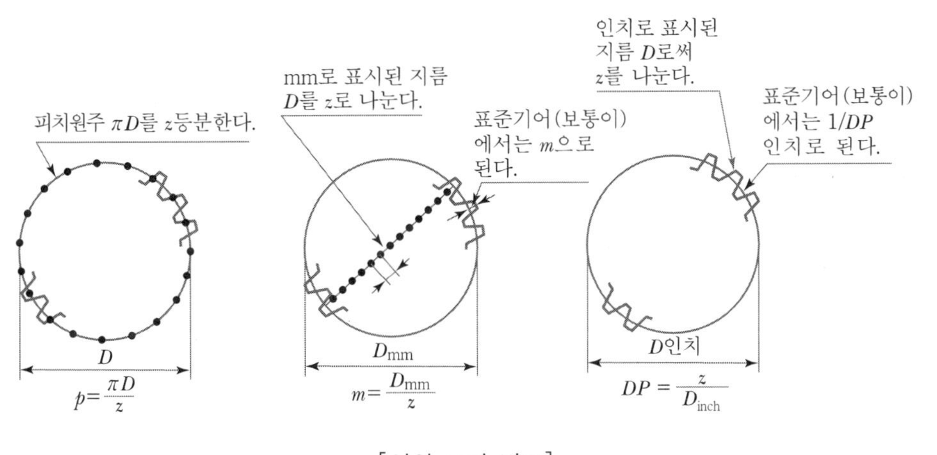

[이의 크기 비교]

6) 인벌류트 함수

$\theta=\tan\alpha-\alpha=\text{inv}\alpha$, θ를 각 α의 인벌류트 함수라 함

7) 물림률(Contact Ratio)

기어가 미끄럼 없이 회전하기 위해서는 적어도 한 쌍의 이가 물림이 끝나기 전에 다음 한 쌍의 이가 물리기 시작해야 한다. 그림에서 두 기어의 이끝원이 작용선을 자른 길이 ab를 물림길이라 한다. 물림길이를 법선피치로 나눈 값을 물림률이라 한다. 물림률이 클수록 1개

의 이에 걸리는 부담이 적게 되므로 진동과 소음이 적고 강도에 여유가 있으므로 기어의 수명에 길게 된다.

기어가 연속적으로 회전하기 위해서는 물림률 ε는 $\varepsilon>1$이어야 한다.

$$물림률 : \epsilon = \frac{접촉호의\ 길이}{원주피치} = \frac{물림길이}{법선피치} = \frac{ab}{p\cos\alpha}$$

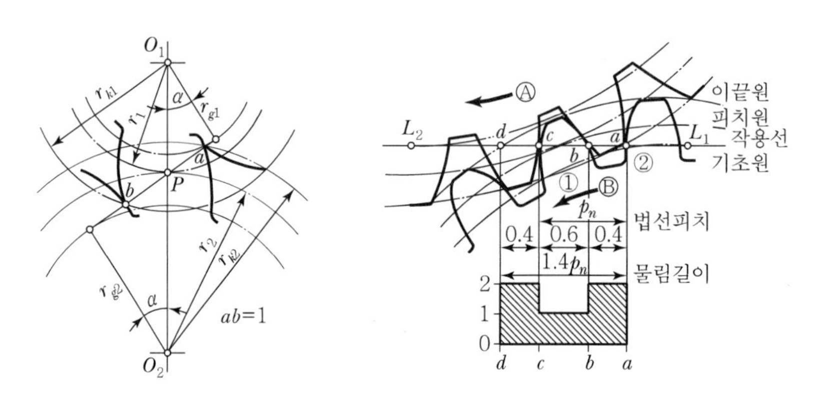

[물림률] [물림률의 의미]

8) 이의 간섭과 언더컷

(1) 이의 간섭(Interference of Tooth)

인벌류트 기어에서 두 기어의 잇수비가 현저히 크거나 잇수가 작은 경우에 한쪽 기어의 이끝이 상대편 기어의 이뿌리에 닿아서 회전되지 않는 경우가 있다. 이 같은 현상을 이의 간섭이라 한다.

▣ 이의 간섭을 막는 방법

① 이의 높이를 줄인다.

② 압력각을 증가시킨다.(20° 이상)

③ 치형의 이끝면을 깎아낸다.

④ 피니언의 반경방향의 이뿌리면을 파낸다.

(2) 언더컷(Undercut of Tooth)

랙 공구나 호브로 기어를 절삭하는 경우에 이의 간섭을 일으키면 회전을 저지하게 되어 기어의 이뿌리 부분은 커터의 이끝부분 때문에 파여져 가늘게 된다. 이 같은 현상을 언더컷이라 한다. 언더컷 현상이 생기면 이뿌리가 가늘어져 약하게 되고, 그 정도가 크면 치면의 유효부분이 작게 되어 물림길이가 감소되어 원활한 전동이 되지 않는다. 이 때문에 보통 언더컷이 생기지 않는 범위 내에서 사용하여야 한다.

언더컷을 일으키지 않는 한계 잇수는

$$z_g = \frac{2}{\sin^2\alpha} = \frac{2a}{\sin^2\alpha m} \quad (\alpha : \text{이높이})$$

이 식에서 계산한 값이 소수점 이하가 있을 때에는 올린 값으로 한다. 즉 이 값이 언더컷을 일으키지 않는 한계 잇수가 된다.

[언더컷을 일으키는 기어]

9) 표준기어와 전위기어

(1) 표준기어(Standard Gear)

기준 랙형 공구의 기준피치선과 이것과 물리고 있는 기어의 기준 피치원이 접하면서 미끄럼이 없이 회전하는 기어를 표준기어라 한다. 이 기어에서는 이 두께가 원주 피치의 1/2이다.

(2) 전위기어(Shift Gear)

기준 랙형 공구의 기준 피치선과 피치원이 접하지 않도록 설치하여 절삭한 기어를 전위기어라 한다. 이 기어에서 기준피치선과 기준피치원이 접하지 않도록 반경 방향으로 기준 랙형 공구를 이동시킨 것을 전위라 한다. 전위방법은 다음과 같다.

- 정전위(正轉位) : 기준피치원에서 바깥쪽으로 옮긴 경우
- 부전위(負轉位) : 기준피치원에서 안쪽으로 옮긴 경우

① 전위기어의 사용목적

㉠ 중심거리를 자유로 변경시키려 할 때

㉡ 언더컷을 피하고 싶을 때

㉢ 이의 강도를 개선하려고 할 때

㉣ 물림률 증대

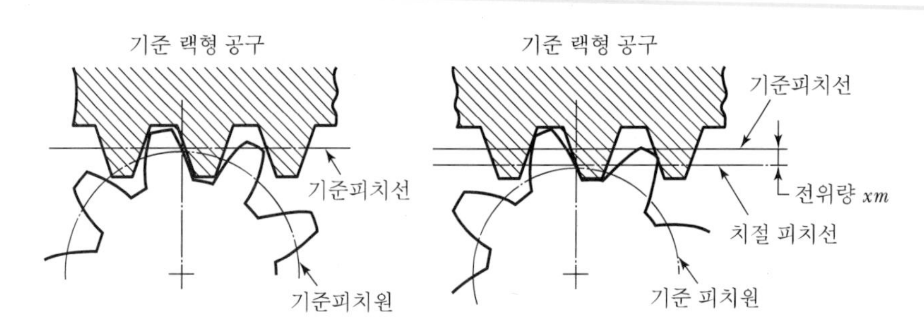

[표준기어와 전위기어]

② 전위치차의 장단점

㉠ 장점

- 공구의 종류가 적어도 되고 각종 기어에 응용된다.
- 모듈에 비하여 강한 이가 얻어진다.
- 주어진 중심거리의 기어설계가 용이하다.
- 최소 잇수를 극히 적게 할 수 있다.
- 물림률을 증대시킨다.

② 단점

- 교환성이 없게 된다.
- 베어링 압력을 증대시킨다.
- 계산이 복잡해진다.

(3) 전위기어의 설계

① 전위기어의 물림방정식(기본설계공식)

α : 공구압력각, α_b : 물림 압력각, z_1, z_2 : 기어의 잇수, x_1, x_2 : 기어의 전위계수, 백래시 B_f로 물고 있을 때의 압력각을 α_b, 기초원상의 밀각을 η_1, η_2라 하면 전위치차의 물림방정식은 다음과 같이 유도된다.

일반 평기어의 물림방정식 $\mathrm{inv}\alpha_b = \dfrac{1}{z_1+z_2}\left[\pi\left(1+\dfrac{B_f}{P_n}\right)\dfrac{z_1\eta_1+z_2\eta_2}{2}\right]$

위 식에 $\eta_1 = \dfrac{\pi}{z_1}2\mathrm{inv}\alpha - \dfrac{4\tan\alpha}{z_1}x_1$, $\eta_2 = \dfrac{\pi}{z_2}2\mathrm{inv}\alpha - \dfrac{4\tan\alpha}{z_2}x_2$를

대입하여 풀면

$$\mathrm{inv}\alpha_b = \frac{1}{z_1+z_2}\left[\pi\left(1+\frac{B_f}{P_n}\right)\right.$$
$$\left.-\left(\frac{\pi}{2}-\mathrm{inv}\alpha z_1 - 2\tan\alpha z_1 + \frac{\pi}{2}\mathrm{inv}\alpha z_2 - 2\tan\alpha x_2\right)\right]$$

$$= 2\tan\alpha \frac{x_1 + x_2}{z_1 + z_2} + \text{inv}\alpha + \frac{\pi B_f}{P_n(z_1 + z_2)}$$

법선피치 $P_n = \pi m \cos\alpha$를 대입하면, 전위치차의 물림방정식은

$$\text{inv}\alpha_b = 2\tan\alpha \frac{x_1 + x_2}{z_1 + z_2} + \text{inv}\alpha + \frac{B_f}{m\cos\alpha(z_1 + z_2)}$$

백래시를 0으로 하면($B_f = 0$)

$$\text{inv}\alpha_b = 2\tan\alpha \frac{x_1 + x_2}{z_1 + z_2} + \text{inv}\alpha$$

② 중심거리 증가계수

$$y = \frac{z_1 + z_2}{2}\left(\frac{\cos\alpha}{\cos\alpha_b} - 1\right)$$

③ 중심거리

$$C_f = \left(\frac{z_1 + z_2}{2} + y\right)m = C + ym$$

④ 이끝원 지름

$$D_{k1} = [(z_1 + 2) + 2(y - x_2)]m,\ D_{k2} = [(z_2 + 2) + 2(y - x_1)]m$$

(4) 전위계수의 선정

① 언더컷 방지를 위한 전위계수

$$x = 1 - \frac{z}{z_g} = 1 - \frac{z}{2}\sin^2\alpha$$

② 중심거리를 표준기어와 같게 하는 전위기어

③ Merrit의 전위계수

2. 각 기어의 설계

1) 스퍼기어의 강도설계

스퍼기어에서 한 쌍의 이가 물려 있을 경우, 이에 걸리는 응력은 굽힘응력과 접촉면에서의 면압을 생각할 수가 있다. 굽힘응력은 이가 부러지는 원인이 되며, 면압은 마멸과 피팅

(Pitting)의 원인이 된다.

(1) 굽힘강도(Lewis의 치형강도 계산식)

① 개요

동력전달용 기어의 강도설계에 있어서 이뿌리에 발생하는 굽힘응력에 의한 이의 절손 등을 검토해 기어의 부하능력을 설계하는 데 Lewis의 식이 적용된다.

② 치형강도

㉠ 조건

- 맞물림률을 1로 가정하고 전달 Torque에 의한 전하중이 1개의 이에 작용한다.
- 전하중은 이 끝에 작용한다.
- 이의 모양은 이뿌리의 이뿌리 곡선에 내접하는 포물선을 가로 단면으로 하는 균등강도의 Cantilever로 생각한다.

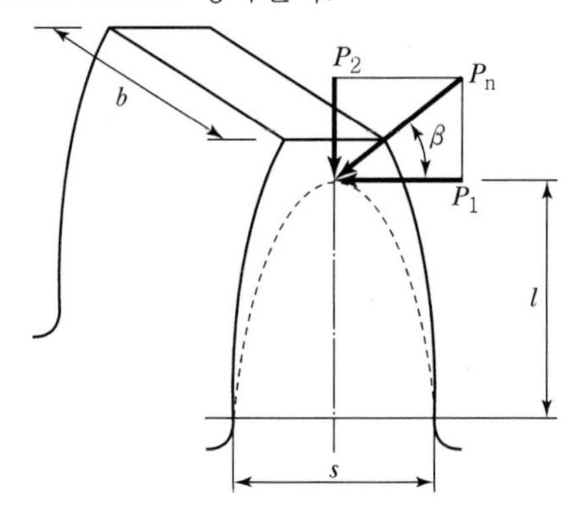

굽힘 Moment $M = P_1 l$ ·········· ①

단면계수 $Z = \frac{bS^2}{6}$ ·········· ②

굽힘응력 $\sigma_b = \frac{M}{Z} = \frac{P_1 l}{\frac{bS^2}{6}} = \frac{6P_1 l}{bS^2}$ ·········· ③

$P_n = \frac{P}{\cos\alpha},\ P_1 = P_n \cos\beta = \frac{P}{\cos\alpha}\cos\beta$ ·········· ④

③식에서 $\sigma_b = \frac{6P_1 l}{bS^2}$에 ④식을 대입하면

$$\sigma_b = \frac{6l}{bS^2}\frac{P}{\cos\alpha}\cos\beta,\quad P = \sigma_b \frac{bS^2\cos\alpha}{6l\cos\beta} = \sigma_b b \frac{S^2}{6l}\frac{\cos\alpha}{\cos\beta}$$

㉡ S, l 을 단위 Module로 나타내면

$$P=\sigma_a bm\frac{S^2}{6l}\frac{\cos\alpha}{\cos\beta}$$

여기서, $y=\frac{S^2}{6l}\frac{\cos\alpha}{\cos\beta}$로 놓으면 $P=\sigma_a bmy$ (y : 치형계수)

㉢ 치형계수(y)는 잇수, 압력각, 이높이 등에 의하여 변한다.

㉣ 허용응력(σ_a)은 기어의 속도, 재료의 종류, 정밀도 등에 의하여 상관적으로 결정된다. 이는 가하여지는 충격력에 의하여 주로 손상을 입는다. 정밀도가 나쁠수록 충격력을 받는 기회가 많다. 특히 이의 물림속도의 증가에 의하여 아주 증가된다. 이의 선속도는 허용응력을 결정하는 기초적인 요소가 된다.

- 저속도(10m/s 이하), 소홀히 기계 다듬질한 정도 : $\sigma_a=\sigma_0\left(\frac{3.05}{3.05+v}\right)$
- 중속도(5~20m/s), 기계 다듬질한 것 : $\sigma_a=\sigma_0\left(\frac{6.1}{6.1+v}\right)$
- 고속도(20~80m/s), 연마 정도 다듬질할 것 : $\sigma_a=\sigma_0\left(\frac{5.55}{5.55+v}\right)$

Lewis 공식은 기어의 잇수를 이미 알고 있는 경우 P, b, σ_a를 결정하는 데 적용하면 편리하다.

(2) 면압강도

$$P=f_v kbm\frac{2z_1z_2}{z_1+z_2}\quad (k: \text{접촉면 응력계수})$$

2) 헬리컬기어의 설계

(1) 헬리컬기어의 치형

① 스퍼기어는 이가 물리기 시작하여 끝날 때까지 선접촉을 하므로 잇면에 걸리는 하중의 변동이 커져서 진동이나 소음이 발생하기 쉽다. 그러나 헬리컬기어(Helical Gear)는 물림이 시작될 때는 점접촉이고, 이어 접촉폭이 점점 증가하여 최대가 되었다가 다시 접촉폭이 감소되어 점접촉으로 끝난다. 그러므로 탄성변형이 적어 진동이나 소음이 적다. 따라서 고속도 운전에 적합하다.

② 비틀림의 곡선 이에서는 1개의 이가 물고 있어도 물림이 잇면을 따라 전후 연속하고 있으므로 직선의 이보다 물림의 길이가 길고 이의 강도에는 유리하며 박용증기 터빈의 기어와 같이 수천 마력에 미치는 동력전달에 사용된다.

③ 물림이 잇면을 따라 전후 계속되고 있으므로 스퍼기어보다 물림률이 좋고 잇수가 적은 기어에서도 사용할 수 있으므로 큰 회전비를 얻을 수 있으며 한 쌍의 회전비 1/10~1/15 또는 그 이상의 것을 얻을 수 있다.

④ 실험상 스퍼기어보다 효율이 좋으므로 98~99%까지 얻을 수 있으며 아주 큰 동력과 고속 전동에는 주로 추력이 없는 더블헬리컬기어가 사용된다.

■ **치형방식** : 헬리컬기어는 스퍼기어와 달리 이가 축에 대하여 경사져 있다. 이 경사각을 비틀림각(Helical Angle) β라 하며, 이의 크기를 나타내는 기준이 된다.

- 축직각 방식 : 축에 직각인 단면의 치형(축직각 치형)으로 표시하는 방법
- 치직각 방식 : 잇줄에 직각인 단면의 치형(치직각 치형)으로 표시하는 방법

$$p_n = p_s \cos\beta,\ m_n = \frac{p_n}{\pi} = \frac{p_s \cos\beta}{\pi} = m_s \cos\beta$$

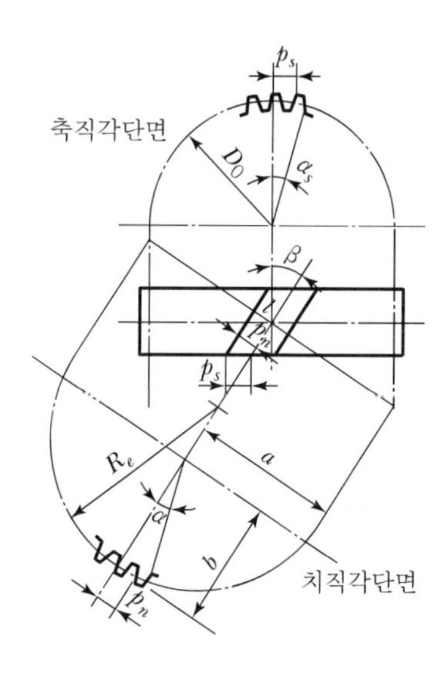

[헬리컬기어의 치형방식]

(2) 상당 스퍼기어

헬리컬기어의 축직각 단면에서는 피치원이 진원이 된다. 그러나 치직각 단면에서는 피치원이 타원이 된다. 이 타원에서 짧은 반지름은 진원의 반지름과 같으나 긴 반지름은 다르다.

피치점에서 반지름을 R_e라 하고, 이 반지름을 피치원의 반지름으로 하는 스퍼기어를

생각한다. 이 가상한 스퍼기어를 상당 스퍼기어(Equivalent Spur Gear)라고 한다. 또 이 기어의 잇수를 실제 잇수에 대하여 상당잇수라 한다.

치직각 단면의 잇수 : $z_e = \dfrac{D_e}{m} = \dfrac{D_s}{m\cos^2\beta} = \dfrac{z_m}{m\cos^3\beta} = \dfrac{z_s}{\cos^3\beta}$

$\leftarrow D_s = \dfrac{z_m}{\cos\beta}$ (z_s : 축직각 단면의 잇수)

① 피치원 지름 : $D_s = m_s z_s = \dfrac{m_n z_s}{\cos\beta}$

② 바깥지름 : $D_k = D_s + 2m_n = m_n\left(\dfrac{z_s}{\cos\beta} + 2\right)$

③ 중심거리 : $C = \dfrac{D_{s1} + D_{s2}}{2} = \dfrac{m_n(z_{1s} + z_{2s})}{2\cos\beta}$

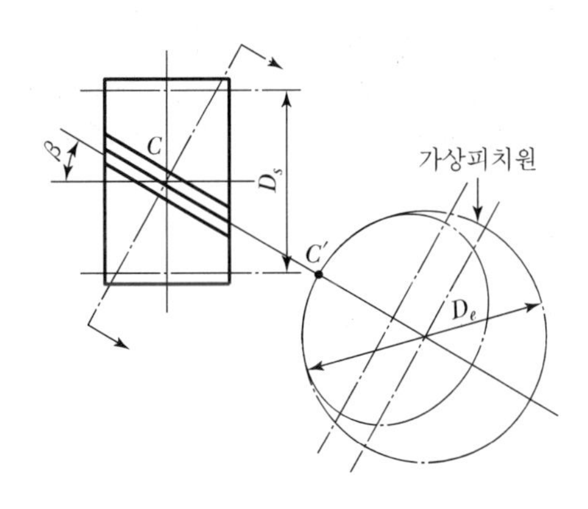

[상당 스퍼기어]

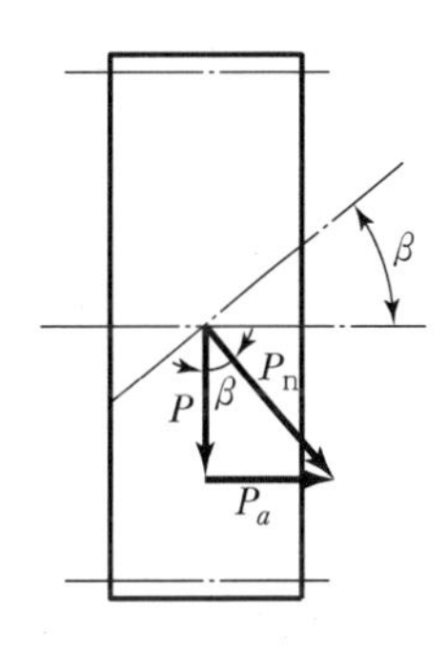

[헬리컬기어에 걸리는 하중]

(3) 강도계산

$P_n = \dfrac{P}{\cos\beta}$, 스러스트 : $P_a = P\tan\beta$

① 굽힘강도 : $P = f_v \sigma_a b m_n y_e$

② 면압강도 : $P = f_v \dfrac{C_w}{\cos^2\beta} k b m_s \dfrac{2z_{s1}z_{s2}}{z_{s1} + z_{s2}}$

3) 베벨기어의 설계

(1) 베벨기어(Bevel Gear)의 치형

2축의 중심선이 평행하지 않고 한점에서 만나고 있는 경우와 같이 원추면상에 방사선으로 치를 깎으면 우산꼭지모양의 기어가 되는데 이것을 베벨기어라 하고 회전을 전달하는 축과 회전을 받는 축이 어느 각도 보통 90°를 갖는 두 축 사이의 동력전달에 사용된다.

① 직선 베벨기어 : 잇줄이 원추의 모선과 일치하고 직선으로 되어 있는 것
② 헬리컬 베벨기어 : 잇줄이 직선으로 되어 있으나 모선에 대하여 경사되어 있는 것
③ 스파이럴 베벨기어 : 잇줄이 곡선으로 되어 있고, 모선에 대하여 경사되어 있는 것
④ 마이터 기어 : 두 축의 교차각이 직각이고, 잇수비가 1 : 1인 것
⑤ 제롤베벨기어 : 직선 베벨기어의 잇줄을 곡선으로 한 것

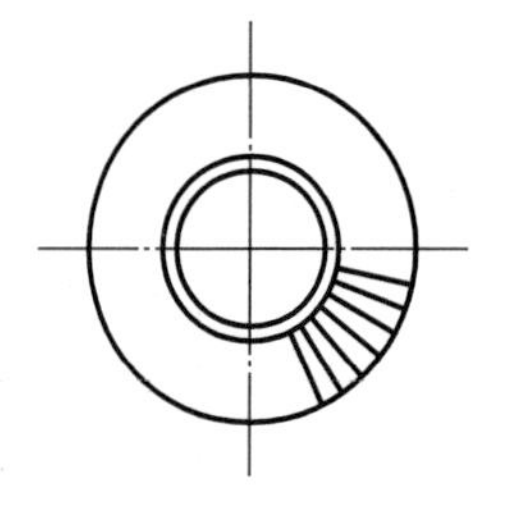

(a) 직선베벨기어

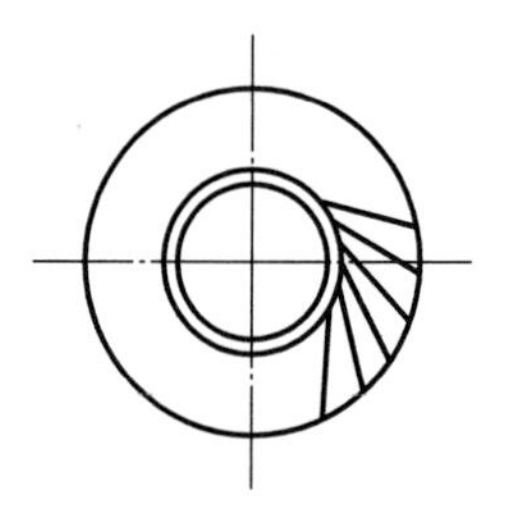

(B) 헬리컬베벨기어

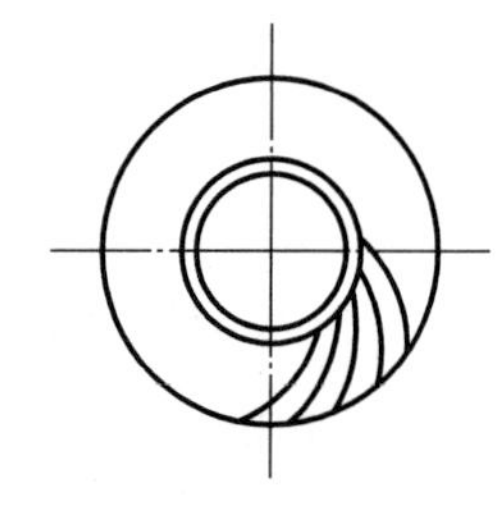

(C) 스파이럴베벨기어

[베벨기어의 종류]

(2) 베벨기어의 각부 치수

① 속도비 : $i = \frac{N_2}{N_1} = \frac{D_1}{D_2} = \frac{z_1}{z_2} = \frac{\sin\delta_1}{\sin\delta_2}$

② 피치 원추각 : $\tan\delta_1 = \frac{\sin\theta}{\frac{1}{i} + \cos\theta}$, $\tan\delta_2 = \frac{\sin\theta}{i + \cos\theta}$

$\theta = 90°$이면 $\tan\delta_1 = i$, $\tan\delta_2 = \frac{1}{i}$

③ 원추(모선의)거리 : $A = \frac{D_1}{2\sin\delta_1} = \frac{D_2}{2\sin\delta_2}$

바깥지름 : $D_{k1} = (Z_1 + 2\cos\delta_1)m$

(3) 상당 스퍼기어

잇수 : $z_e = \frac{z}{\cos\delta}$

(4) 베벨기어의 강도

① 굽힘강도 : $P = f_v \sigma_b b m Y_e \dfrac{(A-b)}{A}$

② 면압강도 : $P = 1.67 b \sqrt{D_1} f_m f_s$

4) 웜기어의 설계

(1) 웜기어

웜기어는 나사기어의 일종으로 서로 직각이지만 같은 평면 위에 있지 않는 두 축 사이를 전동하는 것이다. 이 경우 작은 쪽은 잇수가 매우 작고 나사모양으로 되어 있어 웜(Worm)이라 하고, 이것과 물리는 기어를 웜휠이라 한다.

웜기어는 작은 용적으로 큰 감속비를 얻을 수 있고, 회전이 조용하여 소음이 적은 특징이 있다. 또 역전을 방지할 수 있다.

① 단점

㉠ 잇면의 미끄럼이 크고 진입각이 작으면 효율이 낮다.
㉡ 웜휠은 연삭할 수 없다.
㉢ 인벌류트 원통기어와 같이 교환성이 없다.
㉣ 잇면의 맞부딪침이 있기 때문에 조정이 필요하다.
㉤ 웜휠의 공작에는 특수공구가 필요하다.
㉥ 웜휠의 정도 측정이 곤란하다.
㉦ 웜휠의 재질의 종류는 그다지 많지 않고 일반적으로 고가이다.
㉧ 웜과 웜휠에 추력하중이 생긴다.

② 용도

㉠ 모터, 내연기관 등 고속도 발동기의 감속장치
㉡ 역전방지기구
㉢ 공작기계 분해기구

속도비 : $i = \dfrac{N_g}{N_w} = \dfrac{Z_w}{Z_g} = \dfrac{l}{\pi D_g}$ (Z_w : 웜의 줄 수)

리드각 : $\tan\beta = \dfrac{Z_w p}{\pi D_w} = \dfrac{l}{\pi D_w}$, $D_w = 2p + 12.7$, 피치원지름 : $D_g = m Z_g$

(2) 웜기어의 효율

효율 : $\eta = \dfrac{z_w p P_2}{2\pi T} = \dfrac{\tan\beta}{\tan(\beta + \rho')}$

P_2 : 웜휠의 회전력, $\tan\rho' = \dfrac{\mu}{\cos\alpha}$

(3) 강도계산

① 굽힘강도 : $P = f_v \sigma_b b p_n y$

② 면압강도 : $P = f_v \phi D_g B_e K$

③ 발열에 의한 강도 : $P = C b_e p_s$

5) 기어장치

(1) 기어열

여러 개의 기어를 조합시켜 순서대로 옆 기어로 회전운동을 전달하도록 구성된 기어를 기어열(Gear Train)이라 한다.

① 기어열의 속도비

$$i = \frac{\text{원동기어의 잇수의 곱}}{\text{종동기어의 잇수의 곱}}$$

② 유성기어장치

두 기어가 각각 회전하면 동시에 한쪽 기어가 다른 쪽 기어의 축을 중심으로 공전하는 기어장치를 유성기어장치(Planetary Gear)라 하고, 기어 A를 태양기어(Sun Gear), 기어 B를 유성기어(Planet Gear)라 한다.

구 분	A	B	C
전체 고정	+N	+N	+N
암 C 고정	−N	$+N(z_a/z_b)$	0
합 계	0	$+N(1+z_a/z_b)$	+N

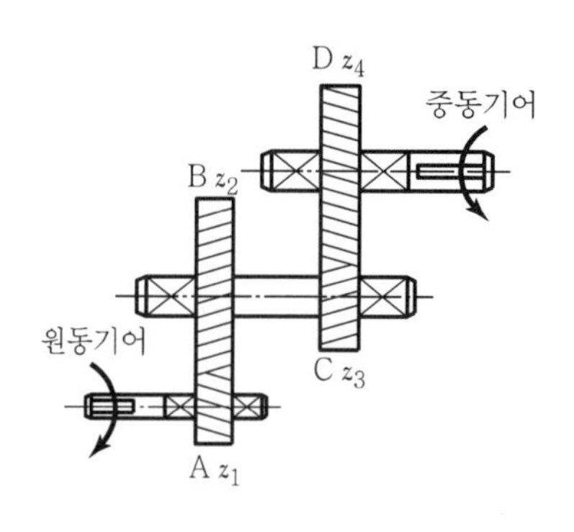

[기어열]

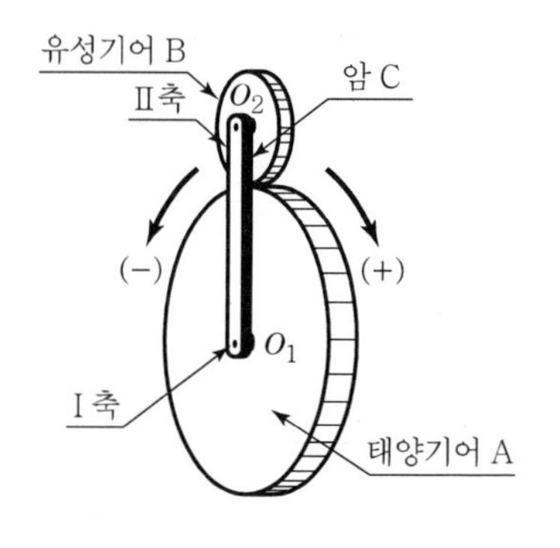

[유성기어장치]

CHAPTER 10 감아걸기 전동요소

1. 벨트전동

1) 벨트전동

(1) 벨트와 벨트풀리

벨트전동은 벨트풀리에 벨트를 감아 원동축에서 종동축으로 벨트와 벨트풀리 사이의 마찰이나 물림으로 동력을 전달하는 것이다.

벨트에는 가죽벨트, 직물벨트, 고무벨트, 강벨트, 복합벨트 등이 있다. 벨트가 벨트 풀리에 감겨 돌아갈 때 풀리의 큰 쪽으로 벨트가 옮겨가는 성질이 있다. 이 때문에 벨트가 벗겨지므로, 벗겨지지 않게 하기 위하여 벨트풀리의 단면 중앙부를 높게 만들고 있다(이것을 Crown이라 함). 축간거리가 길어도(10m까지 가능) 장치가 간단하며 가격이 저렴하다. 급격한 하중증가에도 미끄럼에 의해 안전하다.

(2) 벨트의 접촉각과 벨트의 길이

① 접촉각(Contact Angle) : 평행한 두 축 사이에 벨트를 거는 경우 평행걸기(Open Belting)와 십자걸기(Cross Belting)가 있다. 이때 벨트가 벨트풀리와 접촉하고 있는 부분의 접촉각을 θ_1, θ_2, 축간거리를 C라 하면

㉠ 평행걸기의 경우

$$\theta_1 = 180 - 2\sin^{-1}\left(\frac{D_2 - D_1}{2C}\right),\ \ \theta_2 = 180 + 2\sin^{-1}\left(\frac{D_2 - D_1}{2C}\right)$$

㉡ 십자걸기의 경우

$$\theta = 180 + 2\sin^{-1}\left(\frac{D_2 + D_1}{2C}\right)$$

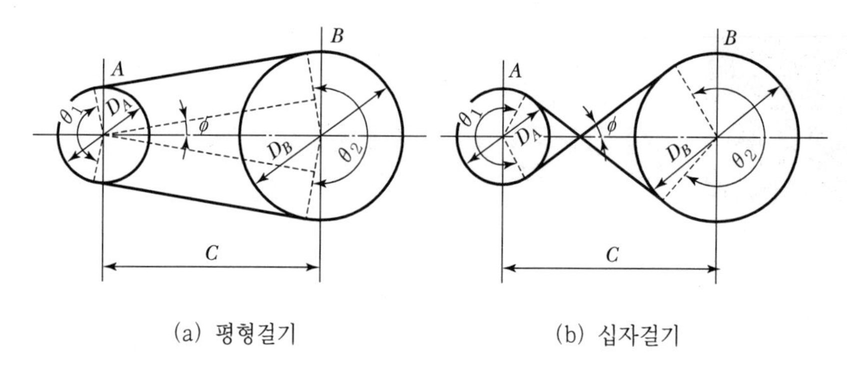

(a) 평형걸기 (b) 십자걸기

[벨트를 거는 방법]

② 벨트의 길이

㉠ 평행걸기의 경우 : $L=2C+\dfrac{\pi(D_1+D_2)}{2}+\dfrac{(D_2-D_1)^2}{4C}$

㉡ 십자걸기의 경우 : $L=2C+\dfrac{\pi(D_1+D_2)}{2}+\dfrac{(D_2+D_1)^2}{4C}$

③ 긴장풀리(Straining Pulley) : 접촉각을 크게 하기 위해

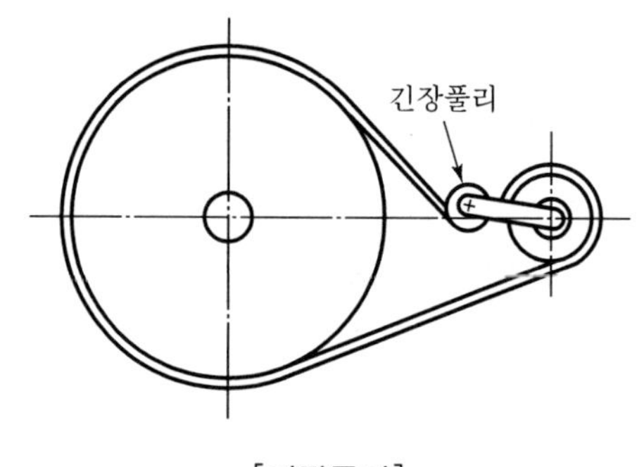

[긴장풀리]

(3) 벨트의 장력과 전달동력

① 속도비 : 벨트전동에서 원동풀리의 지름과 회전수를 D_1, N_1, 종동풀리의 지름, 회전수를 D_2, N_2, 벨트의 속도를 v, 두 풀리의 속도비를 i 라 하면

$$v=\frac{\pi D_1 N_1}{1,000\times 60}=\frac{\pi D_2 N_2}{1,000\times 60},\ i=\frac{N_2}{N_1}=\frac{D_1}{D_2}$$

② 벨트의 장력 : 벨트전동은 마찰전동으로 벨트를 감았을 때는 벨트에 장력이 생긴다. 이 장력을 초장력(Initial Tension)이라 하며 T_0로 나타낸다. 그러나 풀리가 회전하

면 벨트는 팽팽한 쪽과 느슨한 쪽이 생기는데, 팽팽한 쪽의 장력을 긴장측장력(Tight Side Tension, T_t), 느슨한 쪽의 장력을 이완측장력(Slack Side Tension, T_s)이라 한다. 또 T_t와 T_s의 장력 차이를 유효장력(Effective Tension, P)이라 한다.

초장력(Initial Tension) : $T_o = \frac{T_t + T_s}{2}$, 유효장력 : $P = T_t - T_s$

③ 벨트의 전달마력

회전력을 P(kg), 긴장측 장력을 T_t, 이완측 장력을 T_s, 마찰계수를 μ, 접촉각을 θ(Rad)이라 하고, 원심력(v=10m/s 이하인 경우)을 무시하면

$$H = \frac{Pv}{75},\ \frac{T_t}{T_s} = e^{\mu\theta}$$

이 식을 아이텔바인(Eytelvein) 식이라 하며, e=2.718이다.

$$P = T_t - T_s \text{이므로 } T_s = \frac{P}{e^{\mu\theta}-1},\ T_t = P\frac{e^{\mu\theta}}{e^{\mu\theta}-1}\ (v<10)$$

회전이 빠르면 원심력(v=10m/s 이상)의 영향을 고려하면

$\frac{T_t - T_c}{T_s - T_c} = e^{\mu\theta}$, $T_c = \frac{wv^2}{g}$이 된다.

단, w는 벨트 단위길이당의 무게(kg/m), v는 벨트의 속도(m/s), g는 중력 가속도(9.8m/s^2)이다.

따라서 $T_s - T_c = \frac{P}{e^{\mu\theta}-1}$, $T_t - T_c = P\frac{e^{\mu\theta}}{e^{\mu\theta}-1}$ $(v>10)$

원심력을 무시하면 $H = \frac{Pv}{75} = \frac{T_t v}{75} \times \frac{e^{\mu\theta}-1}{e^{\mu\theta}}$

원심력을 고려하면 $H = \frac{Pv}{75} = \frac{T_t v}{75} \times \frac{e^{\mu\theta}-1}{e^{\mu\theta}}\left(1 - \frac{w\ v^2}{T_t\ g}\right)$

• 전달동력 $\frac{dH}{dv} = 0$에서 $v_{\max}$가 된다.

$$T_t - \frac{3w}{g}v^2 = 0 \qquad \therefore\ v = \sqrt{\frac{T_t\, g}{3w}} = v_1$$

여기서 $w = brh$, $\sigma = \frac{T_t}{bh}$, $T_t = \sigma bh$

$$v_1 = v_{\max} = \sqrt{\frac{T_t g}{3w}} = \sqrt{\frac{\sigma bhg}{3rbh}} = \sqrt{\frac{\sigma g}{3r}}$$

- 최대전달마력

$$H = \frac{Pv}{75} = \frac{T_t v}{75} \times \frac{e^{\mu\theta}-1}{e^{\mu\theta}}\left(1 - \frac{w\ v^2}{T_t g}\right) = \frac{v}{75}\left(T_t - \frac{wv^2}{g}\right)\frac{e^{\mu\theta}-1}{e^{\mu\theta}}$$

$v_1 = v_{\max} = \sqrt{\frac{T_t\, g}{3w}}$ 의 경우 최대 전달마력 $H_{\max}$가 되고

$$H_{\max} = \frac{2}{3}\frac{T_t}{75}\sqrt{\frac{T_t\, g}{3w}}\,\frac{e^{\mu\theta}-1}{e^{\mu\theta}}$$

$T_t = \frac{wv^2}{g}$ 이면 $v_2{}^2 = \frac{T_t\, g}{w}$

즉 원심력과 벨트 장력의 구심력이 균형되어 벨트가 풀리를 밀어붙이는 힘이 0이 되어 동력을 전달할 수 없다.

$$\therefore\ v_2 = \sqrt{\frac{T_t\, g}{w}} = \sqrt{3}\,v_1$$

최대속도는 최대전달마력을 주는 속도의 $\sqrt{3}$ 배이다.

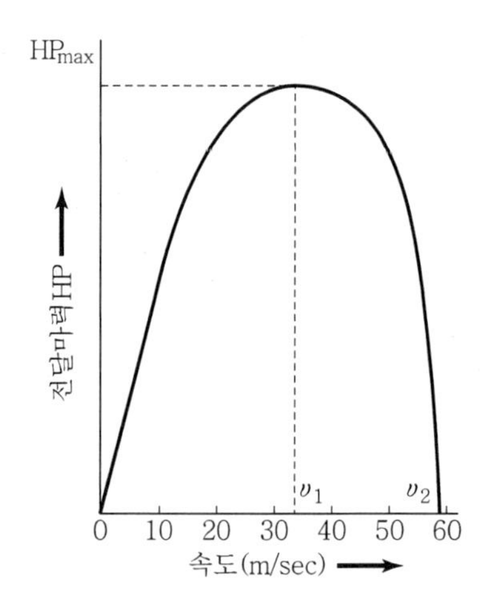

[최대속도와 전달마력의 관계]

벨트의 허용응력 : $\sigma = \frac{T_t}{\eta bt}$

(b : 너비, t : 벨트의 두께, η : 효율)

2) V벨트 전동

(1) V벨트의 규격

V벨트는 단면이 사다리꼴로 되어 있어 벨트 풀리의 V형 홈에 끼워져 벨트의 경사면과 홈 사이의 마찰력으로 동력을 전달한다. V벨트의 위쪽은 홈에 감겨 있어 인장을 받게 되므로 면포와 고무로 되어 있고, 아래쪽은 압축을 받으므로 주로 고무로 되어 있다. 또 중심부는 면사나 면포로 되어 있어 장력에 견딜 수 있다.

단면의 형상은 M, A, B, C, D, E형의 6종류가 있고, 단면의 각도는 40°인 사다리꼴이다. V벨트의 길이는 사다리꼴 단면의 중앙을 통과하는 원둘레의 길이를 유효길이라 부르며, 이것도 표준화되어 호칭번호를 나타낸다. 호칭번호는 인치단위의 값으로 25.4mm를 곱하면 V벨트의 유효길이가 된다. M형은 벨트길이를 바깥둘레로 나타낸다.

(2) V벨트의 특성

① 미끄럼이 적고, 속도비가 크다.

② 고속운전을 시킬 수 있다.

③ 장력이 작으므로 베어링에 걸리는 부하가 작다.

④ 운전이 정숙하다.

⑤ 벨트가 벗겨지는 일이 없다.

⑥ 이음이 없으므로 전체가 균일한 강도를 갖는다.

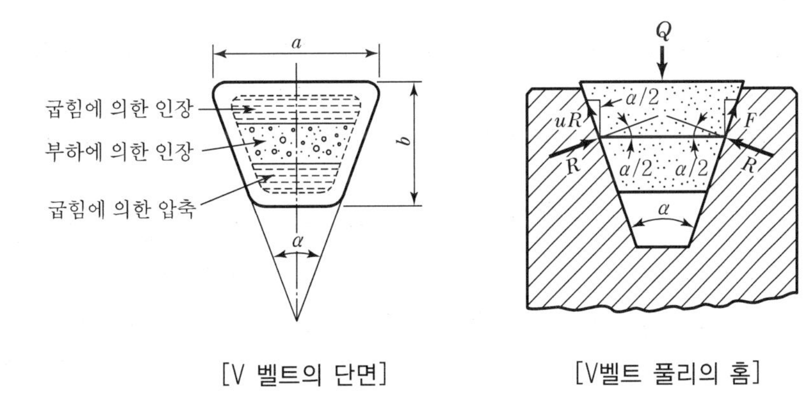

[V 벨트의 단면] [V벨트 풀리의 홈]

(3) V벨트 전동의 마찰계수

$$Q = 2R(\sin\alpha/2 + \mu\cos\alpha/2)$$

마찰력 : $F = 2\mu R = \dfrac{\mu}{\sin\alpha/2 + \mu\cos\alpha/2} Q = \mu' Q$

(4) V벨트의 장력과 전달마력

$$H = \frac{T_e v}{75}$$

벨트의 수 : $z = \frac{H}{H_0 k_1 k_2}$

(k_1 : 접촉각 수정계수, k_2 : 부하 수정계수, H_0 =벨트 1가닥의 전달동력)

2. 로프전동과 체인전동

1) 로프전동

와이어로프가 가지고 있는 유연성과 큰 인장강도를 이용하여 하역용 기계 등에 널리 사용되고 있으며, 특히 기계용 와이어로프의 성능은 기계 자체의 성능과 가동률을 좌우하는 소모성 부품으로서 경제성과 직결된다.

따라서 용도에 적합한 구조 및 크기의 선택과 취급 및 유지관리의 적정화가 필요하다.

(1) 로프의 구성

전동용 로프에는 면로프, 삼로프, 마닐라로프 등의 섬유로프와 강으로 만든 와이어로프가 있다.

로프는 벨트보다 먼거리에서도 전동이 가능하여 광산, 토목공사 등에 사용되었다.

와이어로프는 강선(이것을 소선이라 한다)을 여러 개를 합하여 꼬아 작은 줄(Strand)을 만들고, 이 줄을 꼬아 로프를 만드는데 그 중심에 심(대마를 꼬아 윤활유를 침투시킨 것)을 넣는다.

마심 대신에 가느다란 와이어로프를 사용하는 경우가 있으며 이것을 Independent Wire Rope Core의 약어로 IWRC라고 한다. 이 IWRC 와이어로프는 마심을 사용한 보통의 것보다 취급상의 유연성은 적으나 강도가 크므로 기계에 많이 상용한다.

로프의 구성은 로프의 스트랜드수×소선의 개수로 표시하며, 크기는 단면 외접원의 지름으로 나타낸다.

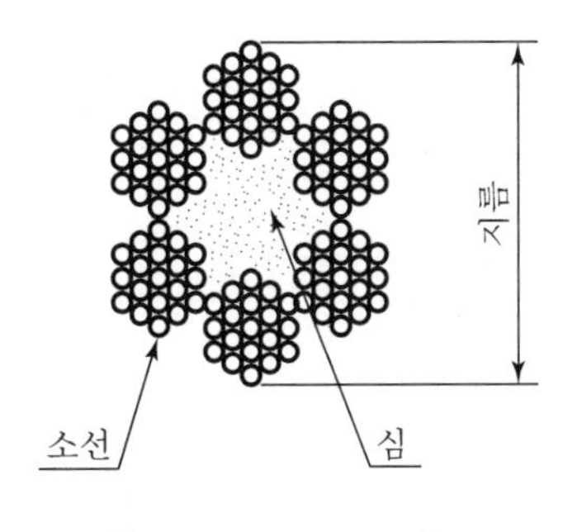

[로프의 지름 표시]

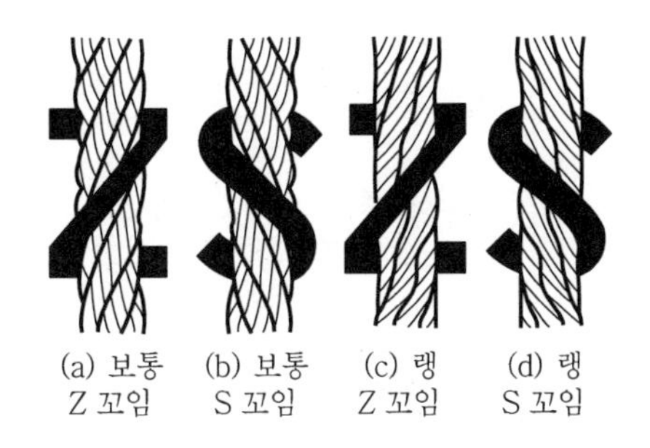

[와이어 로프의 꼬임명칭]

(2) 강도 및 안전율

로프의 꼬임방법은 다음과 같다.

① 보통 꼬임(Ordinary Lay) : 스트랜드의 꼬임방향과 소선의 꼬임방향이 반대인 것

② 랭 꼬임(Lang's Lay) : 스트랜드의 꼬임방향과 소선의 꼬임방향이 같은 것 마멸에 강하다.

와이어로프의 소요강도는 다음 식에 의해 계산된다.

$$P = \frac{Q \times S}{n}$$

P : 로프 1줄에 걸리는 힘(t), n : 로프를 거는 줄 수
Q : 전하중(t), S : 안전율

이 P가 로프의 파단하중 이하인 것을 선정한다.

(3) 로프 풀리

로프 풀리는 시브(Sheave)라고도 하며, 주철이나 주강으로 만들고 바깥둘레에 30~60°의 V홈이 만들어져 있어 이 홈에 로프가 끼워져 사용된다.

로프 풀리에 로프를 거는 방법으로 병렬식(Multiple System)과 연속식(Continuous System)이 있다.

(4) 와이어로프 끝의 고정법

와이어로프 끝을 지지물에 장착할 로프의 고정법에는 그림과 같은 방법이 있다. 즉, ① 합금 및 아연 고정법, ② 클립고정법, ③ 쐐기고정법, ④ 딤블붙이 스폴라이스법, ⑤ 파워로크법 등이 있는데 현장에서는 딤블을 사용한 클립고정법이 많이 사용된다.

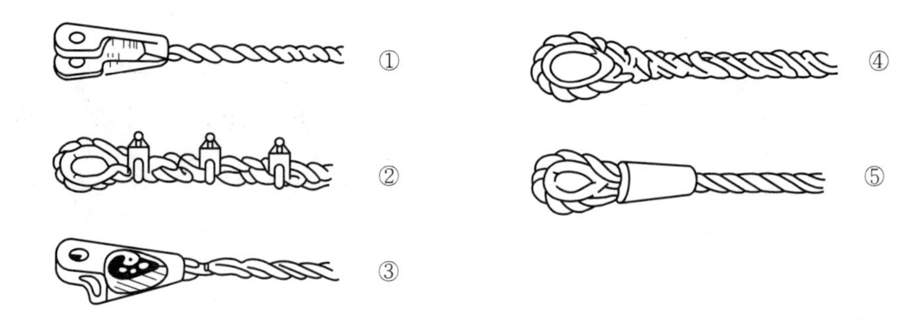

[와이어로프 끝의 고정법]

(5) 와이어로프의 안전율

와이어로프는 하중이 증가하는 데 따라 연신이 탄성한계를 넘게 되고 다시 하중을 증가시키면 절단되는데 이때의 하중을 절단하중이라 한다.

[와이어로프의 안전율]

용 도	안전율
수도 크레인용, 다리형 크레인의 거더 부양용	6
훅붙이 전동 크레인의 권양용	6
버킷 또는 리프팅 마그넷붙이 크레인의 권양용	8
화염에 닿는 것	8
인화 공용 엘리베이터 또는 이와 비슷한 것	10
스테이 로프	4
케이블 크레인의 메인로프 또는 레일로프	2.7

와이어로프에 가하는 하중은 취급방법, 굴곡, 마찰, 충격 등을 고려하여 그 사용도에 따라 가감할 필요가 있으며 가장 격심하게 사용되는 경우에는 절단하중의 1/10을 넘지 말아야 하고 가장 안전한 경우에는 1/5를 넘어서는 안 되며 이것을 안전하중이라 한다. 이 안전하중과 절단하중의 비를 정하중에 대한 안전율이라 하며 종래에는 정하중만 가지고 안전율을 산출하였으나 실제에 있어서는 이외에도 가속도에 의한 하중, 굴곡에 의한 증가 등도 고려해야 되므로 정하중에 이들 하중을 합한 것을 총 하중이라 하며 절단하중과 총 하중의 비를 총 하중에 대한 안전율이라 한다.

(6) 와이어로프의 검사

안전관리상 와이어로프는 크레인 엘리베이터 등에 있어서는 마모상태, 그외 기계의 와이어로프에 대해서는 마모, 소선의 절단, 비틀림, 손상, 연결부의 상태를 검사하게 되며 이것을 구체적으로 설명하면 다음과 같다.

① 마모 정도

직경을 측정하되 전자에 걸쳐 가장 많이 마모된 곳, 하중이 가해지는 곳 등을 여러 개소 측정한다. 원칙적으로 Wire Rope의 지름이 7% 이상 감소하면 교체한다.

② 단선 유무

단선의 수와 그 분포상태, 즉 동일 스트랜드에서의 단선개소, 동일 소선에서의 단선 개소 등을 조사하게 되며 크레인의 와이어로프에 있어서는 한 가닥에서 10% 이상 절단되면 신품과 교환한다.

③ 부식 정도

녹이 슨 정도와 내부의 부식 유무 등을 조사한다.

④ 보유 상태

와이어로프 표면상의 보유 상태와 윤활유가 내부에 침투된 상태 등을 조사한다.

⑤ 연결 개소와 끝부분의 이상 유무

삽입된 끝부분이 풀려 있는지의 유무와 연결부의 조임상태 등을 조사한다.

⑥ 기타 이상 유무

엉킴의 흔적 유무와 꼬임상태에 이상이 있는지를 조사한다.

(7) 와이어로프의 저장

예비품으로 와이어로프를 저장할 때에는 다음 사항에 유의한다.

① 통풍이 좋고 건조한 건물 내에 보관하여야 한다.

② 직사일광 또는 열원이 가까이 있는 곳에 두면 윤활유가 마르기 쉽다.

③ 먼지 등을 피하고 산 또는 유화물이 접촉되지 않도록 보관하여야 한다.

④ 부득이한 사정으로 옥외에 야적하는 경우에는 릴(Reel)이 지상으로부터 30cm 이상 떨어지도록 침목 등을 고여야 하며 눈, 비로부터 보호하기 위하여 천막을 사용하는 것이 좋다.

⑤ 장기간 저장 시에는 와이어로프에 도장된 윤활유가 기후조건에 의하여 풍화되기 쉬우므로 특히 우기에 주의를 요한다.

⑥ 와이어로프에 사용한 마심에 기름이 없으면 대기 중의 습기를 흡수, 그 수분에 의하여 마심은 부식되고 이것이 소선을 부식시켜 스트랜드가 갖고 있는 탄력성을 잃게 함으로써 와이어로프의 수명을 단축시키게 된다.

⑦ 따라서 마심을 사용하는 와이어로프에 있어서는 마심까지 침투하는 적당한 윤활유를 사용하는 것이 필요하다.

(8) Rope 설계상의 유의점

① 와이어로프는 가느다란 소선을 다수 꼰 것이 크다. 그러나 이와 같은 로프는 내마모성이 약하므로 유의해야 한다.

② 안전성이 특히 중요한 경우, 예를 들면 엘리베이터 등에서 로프는 병렬식으로 걸어 감아야 한다.

③ 로프는 풀리의 홈 밑바닥이 평탄하거나 또는 과대한 둥금새를 가질 경우 로프가 그 단면형상을 붕괴시키며 그 결과로 로프는 마모된다.

④ 권상 로프의 하중과 균형을 잡기 위하여 균형로프를 사용하는 것이 좋다.

(9) 로프 전동의 장단점

① 장점

- 대동력 전달에는 평벨트 및 V벨트보다 유리하다.
- 장거리 동력전달이 가능하다.
- 1개의 원동풀리에 여러 개의 종동풀리를 설치하여 운영한다.
- 벨트에 비하여 미끄럼이 적다.
- 고속운전에 적합하다.

② 단점

- 장치가 복잡하다. 즉 벨트와 같이 자유로이 걸고 벗길 수 없다.
- 조정이 어렵고 절단 시 수리가 곤란하다.
- 미끄럼이 적으나 동력전달이 불확실하다.

2) 체인전동

(1) 체인

체인전동은 벨트와 기어에 의한 전동을 겸한 것으로 벨트 대신에 체인을 쓰고, 이것을 기어에 해당하는 스프로킷(Sprocket)에 물려 동력을 전달한다. 주로 축간 거리가 짧고 기어전동이 불가능한 곳에 사용한다.

체인의 종류에는 여러 가지가 있으나 주로 롤러체인(Roller Chain)과 사일런트 체인(Silent Chain)이 사용되고 있다.

체인의 특징은 다음과 같다.

① 미끄럼이 없어 일정 속도비를 얻을 수 있다.

② 유지 및 수리가 쉽다.

③ 대 동력을 전달할 수 있고, 효율이 95% 이상이다.

④ 내유, 내열, 내습성이 크다.

⑤ 어느 정도의 충격을 흡수할 수 있다.

⑥ 진동과 소음이 나기 쉽고, 고속회전에 부적합하다.

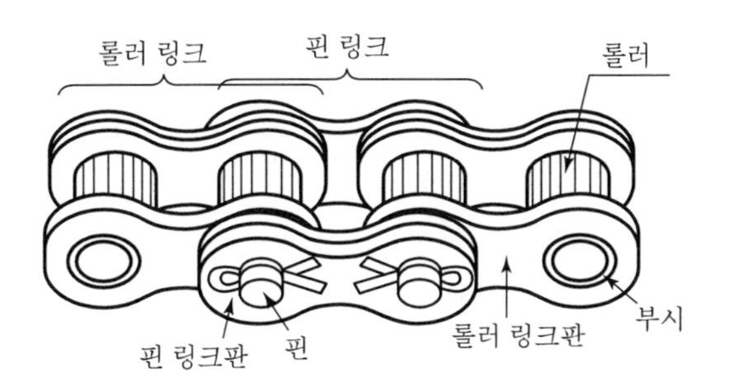

[롤러 체인]

(2) 롤러 체인의 설계 계산

① 체인의 길이 : 체인의 길이는 피치의 정수배가 되도록 짝수로 하여야 한다. 만약 홀수가 되면 옵셋 링크(Offset Link) 하나를 사용해야 한다.

체인의 길이를 L, 링크의 수를 L_n, 피치를 p, 축간거리를 C, 각 스프로켓의 잇수를 z_1, z_2라 하면 링크의 수는 근사적으로 다음과 같다.

$$\text{링크수} : L_n = \frac{L}{p} = \frac{2C}{p} + \frac{z_1 + z_2}{2} + \frac{0.0257p(z_2 - z_1)^2}{C}, \quad L = L_n p$$

이 계산에서 소수점 이하는 올려서 한 개의 링크로 한다.

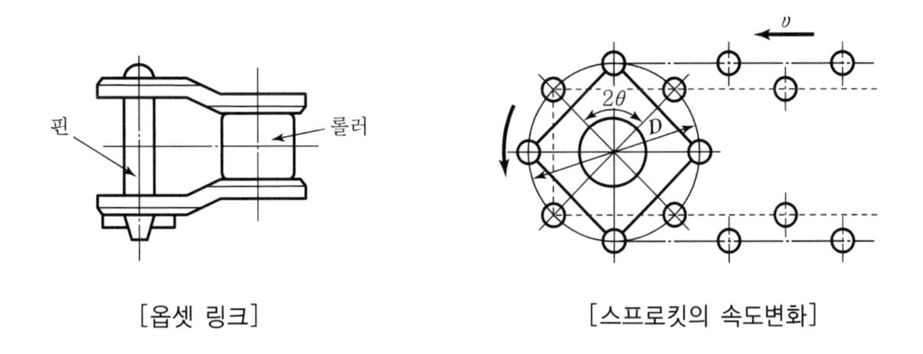

[옵셋 링크] [스프로킷의 속도변화]

② 체인속도 : 체인의 피치를 p(mm), 스프로킷의 회전수 N(rpm), 잇수를 z라 하면 체인의 속도 v(m/s)는 $v = \frac{Npz}{1,000 \times 60}$와 같다.

그러나 체인의 속도는 마치 다각형의 둘레에 벨트가 감겨져 회전하는 경우와 같다.

예를 들면 그림과 같이 잇수 8개의 스프로킷을 일정속도로 회전하는 경우와 같이 회전할 때 체인의 속도는 최대(실선)에서 최소(점선)의 범위로 변화한다. 이때 피치원 지름을 D_p라 하면

$$v_{\max} = \frac{\pi D_p N}{1{,}000 \times 60}, \quad v_{\min} = \frac{\pi D_p N}{1{,}000 \times 60} \times \cos\frac{\alpha}{2}$$ 이 된다.

체인속도는 이 때문에 주기적으로 $v_{\max}$과 $v_{\min}$ 사이를 변화하므로 장력의 변화, 소음, 진동의 원인이 된다. 따라서 속도 변동률 ε는

$$\varepsilon = \frac{v_{\max} - v_{\min}}{v_{\max}} \times 100 = \left(1 - \cos\frac{\pi}{z}\right) \times 100$$

③ 체인의 전달동력 : 체인의 회전력은 긴장측 장력으로 구한다. 전달동력을 H, 체인속도를 v(m/s)라 하고, 체인의 허용장력을 P_a(kg), 체인의 파단하중을 P_f(kg), 안전율을 S, 운전상태에서 정해지는 부하계수를 K라 하면,

$$P_a = \frac{P_f}{KS}, \quad H = \frac{P_a v}{75}$$

(P_f : 파단하중, P_a : 허용하중, K : 부하계수, S : 안전율)

(3) 스프로킷 휠 : 마모를 고르게 하기 위해 홀수

스프로킷의 기본치수는 다음과 같다.

① 피치원 지름 : $D_p = \dfrac{p}{\sin\dfrac{180°}{z}}$

② 바깥지름 : $D_0 = p\left(0.6 + \cot\dfrac{180°}{z}\right)$

③ 이뿌리원 지름 : $D_r = D_p - D_o$

④ 최대보스지름 : $D_H = p\left[\cos\dfrac{180°}{z} - 1\right] - 0.76$

(4) 사일런트 체인(Silent Chain)

사일런트 체인은 그림에 표시한 바와 같이 롤러 대신에 두 이를 형성하는 강판제 링크 플레이트를 핀으로 연결한 것이고, 체인의 양측 또는 중앙에는 체인이 가로로 이동하여 스프래킷에서 벗어나는 것을 방지하기 위해 그림과 같은 안내 링크를 넣는다.

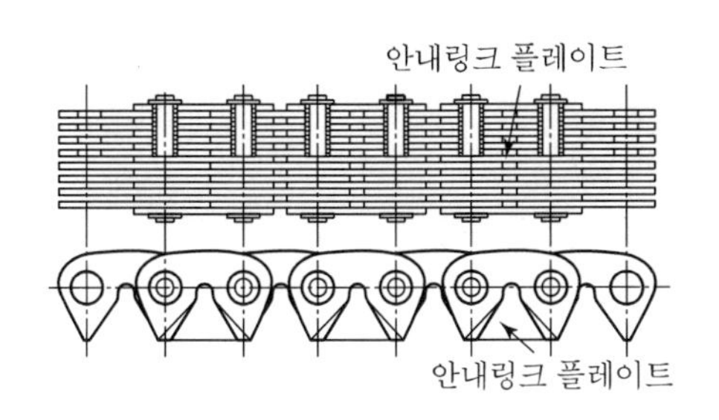

[사일런트 체인]

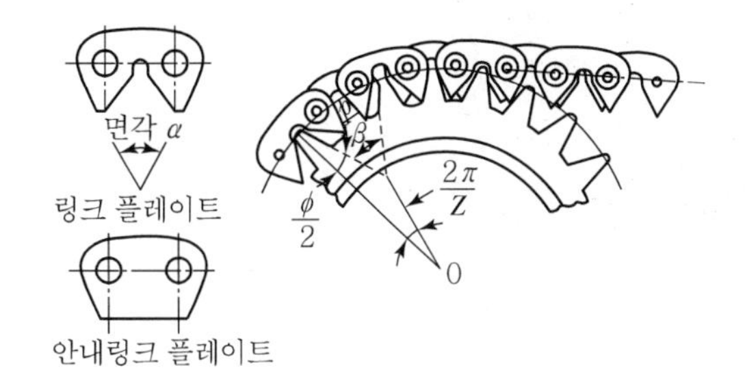

[사일런트 체인용 스프래킷의 치형]

체인의 링크 플레이트의 양단외측사면이 스프래킷의 돌리기를 한 이간격을 두고 밀착하여 맞물려가므로 소음이 적고, 체인의 핀이나 구멍이 마모하여 피치가 크게 되어도 체인과 이와의 접촉은 보존된다. 체인의 면각은 52~80°(52, 60, 70, 80)의 것이 사용되지만 52°의 것이 가장 많다.

축간거리는 30~50p 정도가 좋다. 사일런트 체인의 속도는 4~6m/s가 가장 적당하나, 윤활장치와 밀폐기가 구비되고 피치가 작으면 10m/s까지 허용된다. 스프래킷의 이의 형상이 인벌류트 치형으로 된 것도 사용되고 있는데 이것은 직선이의 것보다 정숙하고, 체인의 속도 30m/s, 전달동력이 100kW나 되는 고속, 대용량의 전동도 가능하다.

CHAPTER 11 브레이크 및 래칫

1. 브레이크

1) 브레이크 분류

브레이크는 운전 중 기계의 속도를 낮추거나 정지시키는 장치이다. 이 장치 중 가장 널리 쓰이는 것은 기계적인 마찰을 이용하여 운동에너지를 열에너지로 변환하는 마찰 브레이크(Friction Brake)이다.

작동방법에 의한 마찰 브레이크의 분류는 다음과 같다.

(1) 반경방향 브레이크

① 외부 수축식 브레이크(블록, 밴드브레이크)

② 내부 확장식 브레이크

(2) 축향 브레이크(원판, 원추브레이크)

힘의 전달방법에 의하여 분류하면 기계식 브레이크, 유압 브레이크, 공기 브레이크, 전자 브레이크 등이 있다.

2) 블록 브레이크

(1) 단식 블록 브레이크

① 평블록의 경우

㉠ $Q=\mu P,\ T=\dfrac{\mu PD}{2},\ Fa-Pb\pm\mu Pc=0$

㉡ 자동체결 : $F\le 0$, 우회전 : $b\le\mu c$

㉢ 우회전$(c>0)$: $F=\dfrac{P(b+\mu c)}{a}=\dfrac{Q(b+\mu c)}{\mu a}$

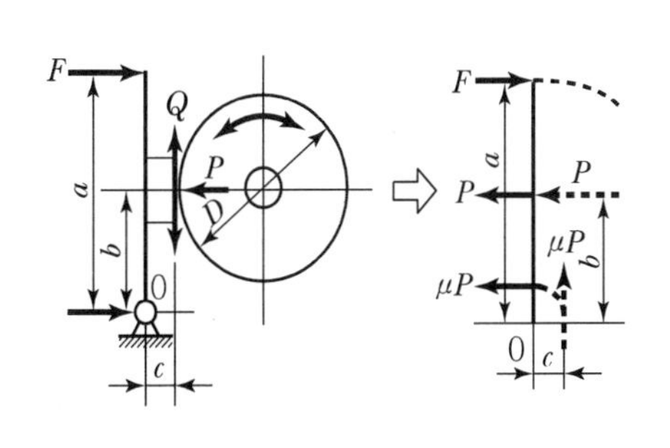

[단식 블록 브레이크의 조작력]

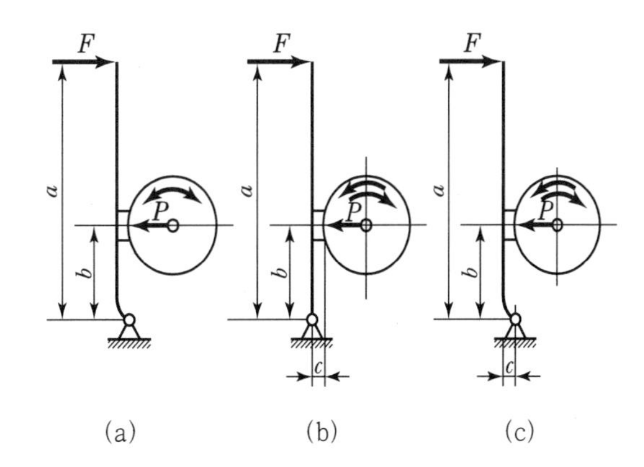

[블록 브레이크의 형식]

② V블록의 경우

㉠ $N=\dfrac{P}{2(\sin\alpha/2+\mu\cos\alpha/2)}$

㉡ 제동력 $Q=2\times\mu N=\dfrac{\mu P}{\sin\alpha/2+\mu\cos\alpha/2}=\mu' P$

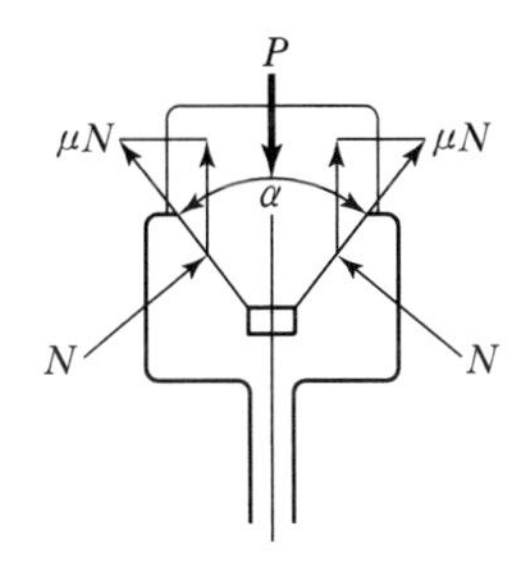

[V 블록 브레이크]

(2) 복식 블록 브레이크

$F=\dfrac{Qb}{\mu a}$, $F'=\dfrac{Fd}{e}=\dfrac{Qbd}{\mu ae}$

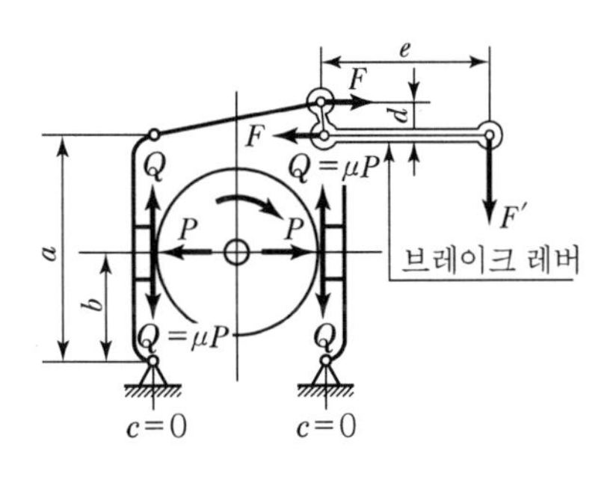

[복식 블록 브레이크]

(3) 브레이크 용량

① 제동압력 : $p=\dfrac{P}{A}=\dfrac{P}{be}$

② 마찰에 의한 일량 $W_f=\mu Pv=\mu pbev(\text{kg}\cdot\text{m/s})$

③ 마찰면의 단위면적당, 단위시간당의 일량은

$$w_f=\frac{W_f}{A}=\frac{\mu Pv}{A}=\mu pv(\text{kg/mm}^2\cdot\text{m/s})$$

여기서, μpv 값을 브레이크 용량(Capacity of Brake)

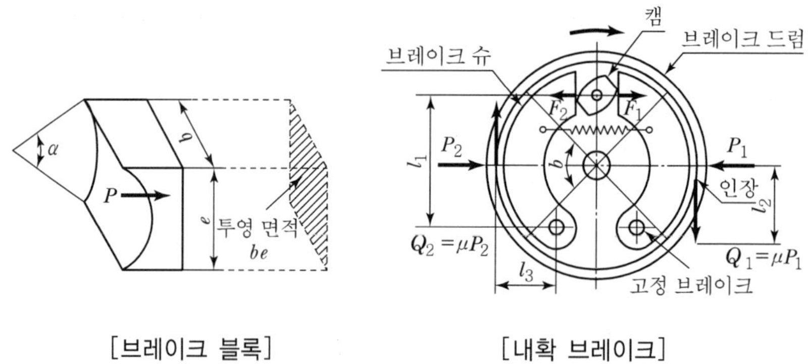

[브레이크 블록] [내확 브레이크]

3) 내부확장식 브레이크

$$T=\mu(P_1+P_2)\frac{D}{2}$$

4) 밴드 브레이크

밴드 브레이크는 브레이크 드럼에 밴드를 감아 이 밴드에 장력을 주어 마찰에 의해 제동하는 것이다.

마찰계수를 크게 하기 위하여 브레이크 밴드에는 석면, 직물, 나뭇조각, 가죽 등을 붙인다. 브레이크 레버에 가해지는 조작력을 F, 브레이크 드럼 원주상의 제동력을 Q, 밴드 양끝에서의 장력을 T_t, T_s 고정지점에서 조작력이 가해지는 점까지의 거리를 l, 밴드와 드럼과의 접촉각을 θ(rad), 마찰계수를 μ, 자연대수의 밑을 e라 하면

$T_t=T_s e^{\mu\theta}$이 된다.

한편 $T_t-T_s=Q$이므로 $T_t=Q\dfrac{e^{\mu\theta}}{e^{\mu\theta}-1}$, $T_s=Q\dfrac{1}{e^{\mu\theta}-1}$

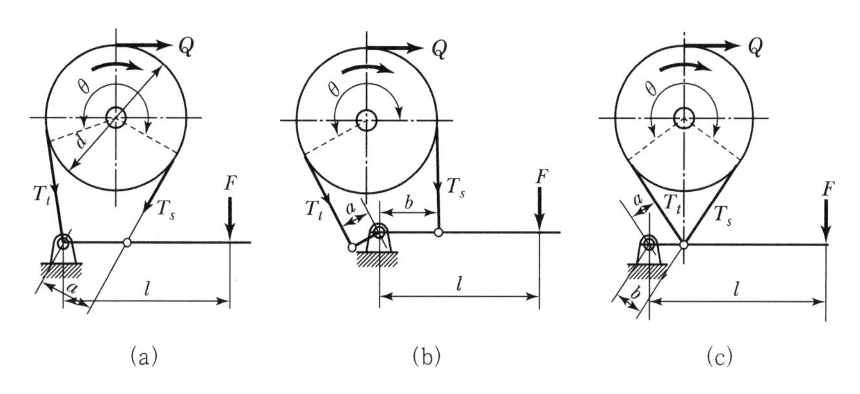

[밴드 브레이크의 제동력]

그림 (a)의 경우(단동식)

우회전일 때 $F=\frac{a}{l}\times\frac{Q}{e^{\mu\theta}-1}$, 좌회전일 때 $F=\frac{a}{l}\times\frac{Qe^{\mu\theta}}{e^{\mu\theta}-1}$

그림 (b)의 경우(차동식) : $Fl=T_s b-T_t a$

우회전일 때 $F=\frac{Q}{l}\times\frac{b-ae^{\mu\theta}}{e^{\mu\theta}-1}$, 좌회전일 때 $F=\frac{Q}{l}\times\frac{be^{\mu\theta}-a}{e^{\mu\theta}-1}$

그림 (c)의 경우(합동식) $F=\frac{a}{l}Q\frac{e^{\mu\theta}+1}{e^{\mu\theta}-1}$

차동식의 경우, 우회전에서는 $ae^{\mu\theta}\geq b$, 좌회전에서는 $a\geq be^{\mu\theta}$가 되면 $F\leq 0$으로 되어 자동제동(Self Actuating Brake)이 된다. 그러나 우회전의 경우 $ae^{\mu\theta}=b$이면 $F=0$으로 결정되나 $e^{\mu\theta}$는 항상 1보다 크고, $a<b$의 관계가 있으므로 좌회전의 경우 $be^{\mu\theta}$는 언제나 a보다 크므로 F는 결코 0이 되지 않는다. 즉 반시계방향 회전은 자유로 할 수 있으나 시계방향 회전은 할 수 없는 역전방지장치를 할 수 있다.
밴드가 받는 최대장력은 T_t이므로 이것에 의해 그 크기가 정해진다. 밴드의 폭을 b, 두께를 t, 허용인장응력을 σ_a라 하면 $T_t=bt\sigma_a$, $Fl=T_s a$

5) 축압 브레이크

(1) 원판 브레이크(Disk Brake)

제동력 : $Q=z\mu P$, $T=\frac{QD}{2}=\frac{z\mu PD}{2}$

(P : 축방향에 누르는 힘, D : 원판지름, z : 수)

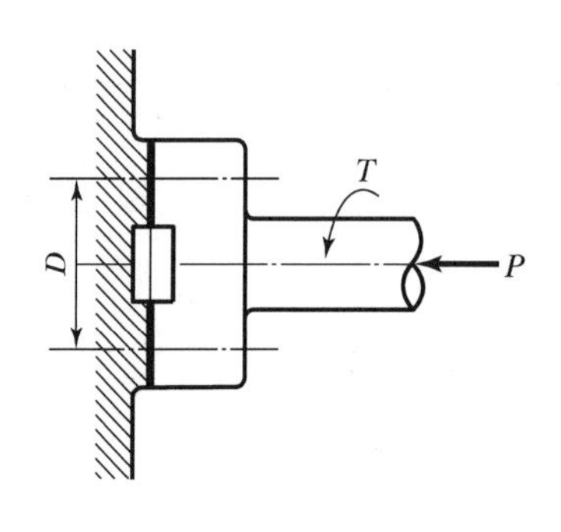

(a) 단판 브레이크

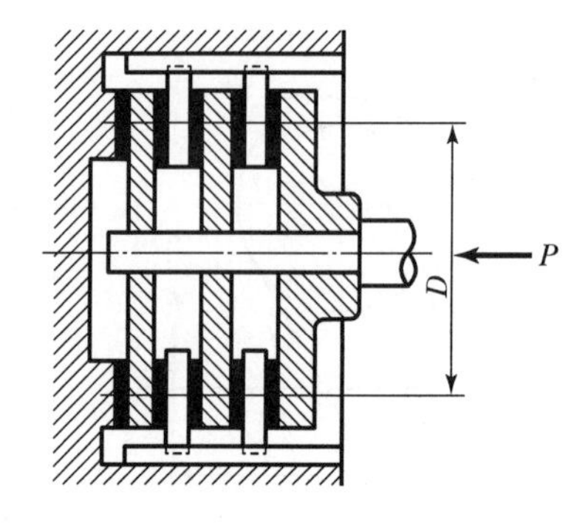

(b) 다판 브레이크

[원판 브레이크]

(2) 원추 브레이크(Cone Brake)

① 제동력 : $Q=\mu N=\frac{2T}{D}$, $P=N(\sin\alpha+\mu\cos\alpha)$

② 조작력 : $F=\frac{Pd}{c}=\frac{2T}{D}\frac{d}{c}\frac{\sin\alpha+\mu\cos\alpha}{\mu}$

③ 마찰면의 너비 : $b=\frac{N}{\pi Dp}=\frac{P}{\pi Dp(\sin\alpha+\mu\cos\alpha)}$

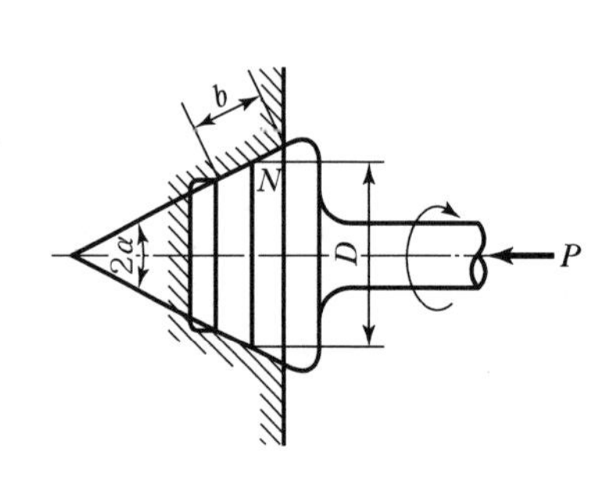

[원추 브레이크]

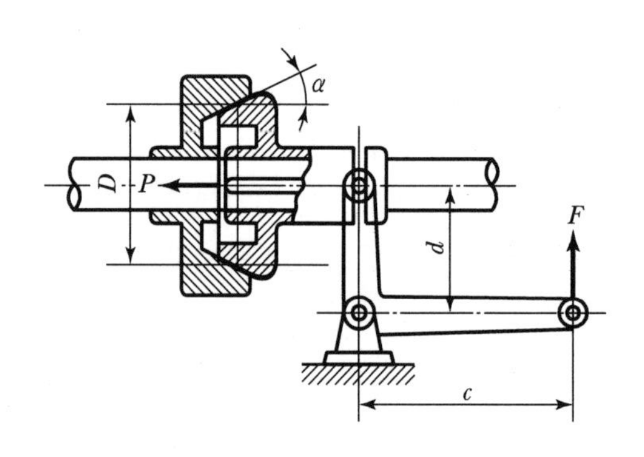

[원추 브레이크의 조작력]

2. 래칫휠

보통 래칫휠(Rachet Wheel)에는 외측, 내측, 측면 래칫휠이 있어 기계의 역전방지, 한 방향의 가동 클러치, 분할작업 등에 널리 쓰이고 있다.

1) 외측 래칫휠

(1) 래칫에 가한 힘 : $F=\dfrac{2T}{D}=\dfrac{2\pi T}{zp}$ ($p=\dfrac{\pi D}{z}$: 피치)

(2) 이뿌리의 굽힘 : $M=Fh=\dfrac{be^2\sigma_a}{6}$ (b : 래칫의 폭)

(3) 면압력 : $p=\dfrac{F}{bh}$

(4) 면압강도 : 피치 $p=3.75\sqrt[3]{\dfrac{T}{\phi z\sigma_a}}=4.75\sqrt[3]{\dfrac{T}{z\sigma_a}}$ (ϕ : 치폭계수)

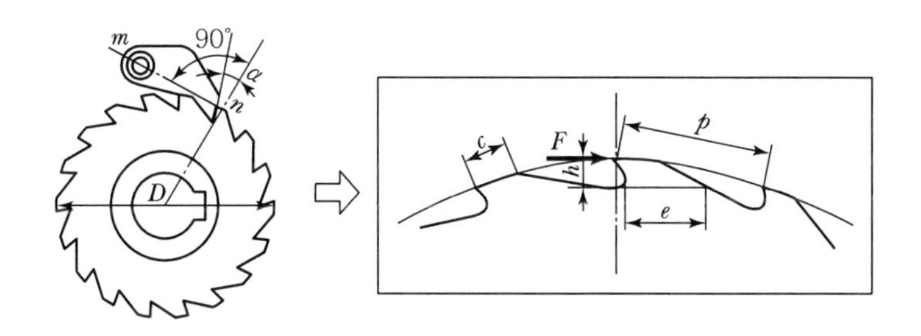

[외측 래칫휠]

2) 내측 래칫휠

$$p=2.37\sqrt[3]{\frac{T}{\phi z\sigma_a}}$$

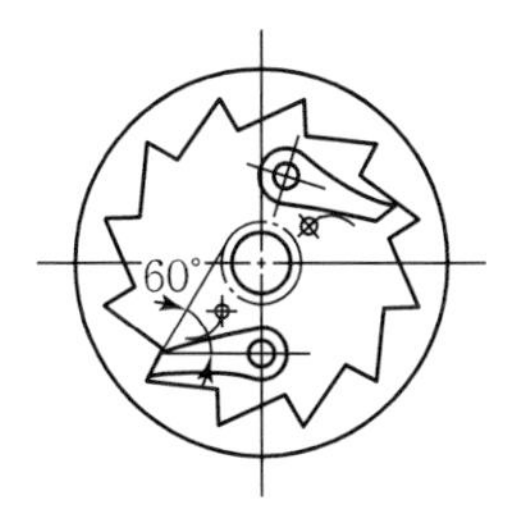

[내측 래칫휠]

3. 플라이휠

1) 플라이휠의 역학

(1) 관성 모멘트 : $I=\frac{\pi t\gamma}{2g}({r_2}^4-{r_1}^4)$ $(\mathrm{kg}\cdot\mathrm{mm}^2)$

(2) 운동에너지 증가 : $\Delta E=\frac{I({w_1}^2-{w_2}^2)}{2}$

(3) 에너지증가 : $\Delta E=qE=Iw^2\delta$

(q : 에너지 변동계수, δ : 각속도 변경계수$=\frac{w_1-w_2}{w}$)

(4) 에너지 : 4사이클 기관 : $E=4\pi T_m(T_m=716.2\times\frac{H}{N})$

(5) 에너지 변동계수 : $q=\frac{\Delta E}{E}$

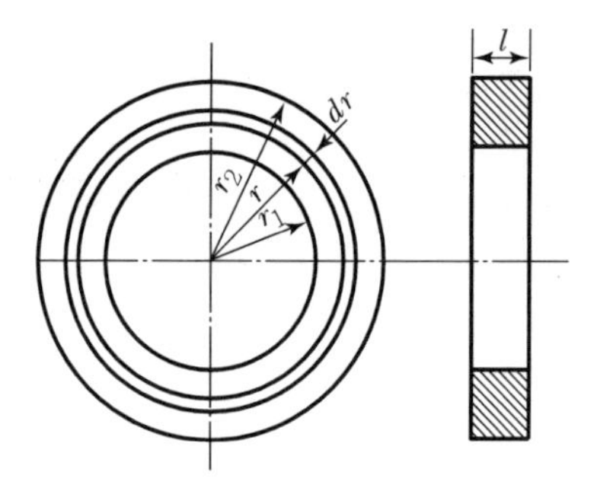

[플라이휠의 강도]

2) 플라이휠의 강도

원주응력 : $\sigma_t=\frac{r^2w^2\gamma}{g}=\frac{v^2\gamma}{g}$ (v : 림의 평균원주속도)

CHAPTER 12 스프링

1. 스프링의 개요

1) 스프링의 사용목적

① 충격에 의한 에너지를 변형을 일으켜 충격력을 약하게 하여 완충, 방진효과를 일으킨다.
② 탄성에너지를 축적하여 이것을 운동에너지로 바꾼다.
③ 하중과 변형이 일정한 관계에 있는 것을 이용하여 힘의 제어나 하중의 계측에 쓰인다.

2) 스프링의 작용과 종류

(1) 스프링의 작용

① 하중과 변형
스프링에 하중 P(kg)가 작용할 때 변형을 δ라 하면

$$P = k\delta(\text{kg}) \quad (k : \text{스프링 상수(Spring Constant)})$$

스프링을 조합하는 방법으로 직렬과 병렬이 있다. 각 스프링 상수를 k_1, k_2, k_3, …라 하면 조합한 스프링의 스프링 상수는
스프링 상수 병렬 : $k = k_1 + k_2 + \cdots$

직렬 : $\dfrac{1}{k} = \dfrac{1}{k_1} + \dfrac{1}{k_2} + \cdots$

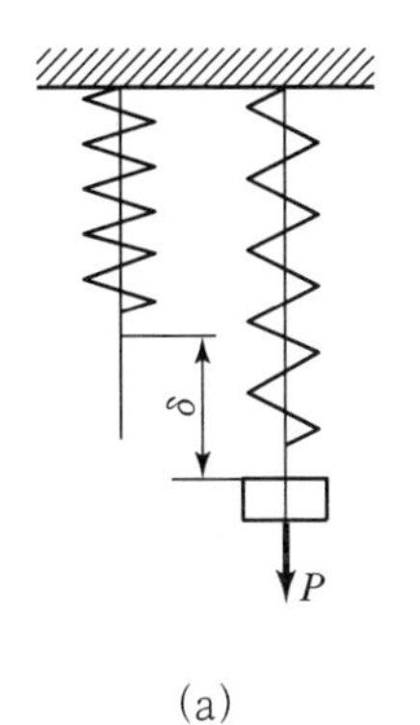

(a)

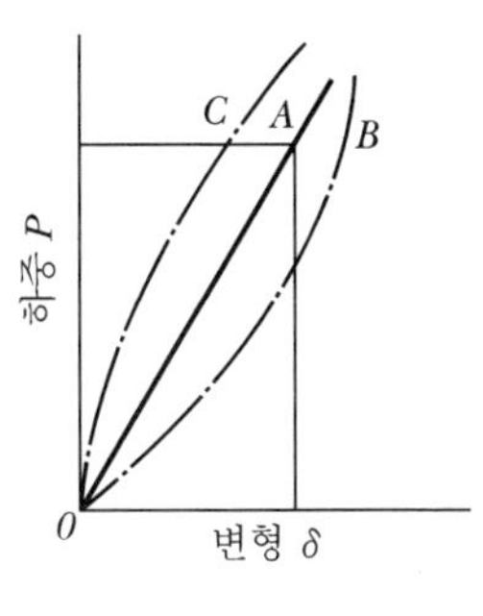

(b)

[스프링의 작용]

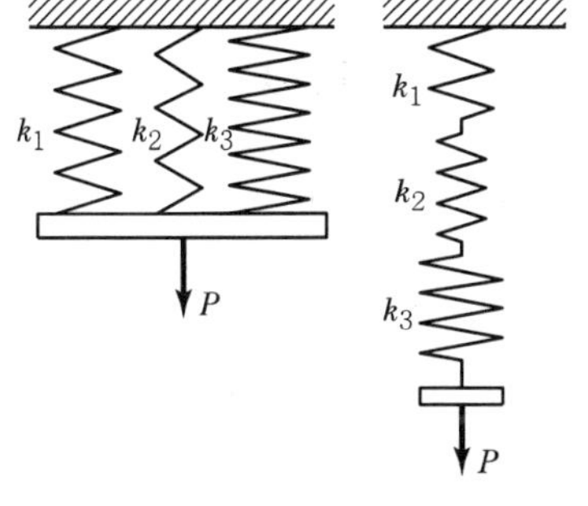

(a) 병렬 (b) 직렬

[스프링의 조합]

② 에너지의 흡수, 해방

탄성에너지 : $U = \frac{P\delta}{2} = \frac{k\delta^2}{2}$

③ 충격완화

충격력의 최대치 : $P_{max} = \sqrt{\frac{W}{g}}kv$

④ 스프링의 진동

진동수 : $f = \frac{1}{2\pi}\sqrt{\frac{kg}{W}}$

(2) 스프링의 종류

① 스프링의 형상에 의한 분류

㉠ 코일 스프링(Coil Spring) : 봉재를 나선 모양으로 감은 것

㉡ 판 스프링(Leaf Spring) : 판재를 겹쳐서 스프링으로 한 것

㉢ 토션바(Torsion Bar) : 둥근 막대를 비틀림 스프링으로 한 것

㉣ 스파이럴 스프링(Spiral Spring) : 박강판이나 띠강을 와선(渦線) 모양으로 감은 것

㉤ 벌류트 스프링(Volute Spring) : 스파이럴 스프링을 축방향으로 잡아올려 죽순과 같은 형상으로 만든 것

㉥ 접시 스프링(Disk Spring) : 판재를 접시모양으로 만든 스프링으로 스프링 상수가 크다.

② 사용재료에 의한 분류

㉠ 금속 스프링 : 강 스프링(탄소강, 합금강 스프링), 비철금속 스프링(동합금, 니켈합금)

㉡ 비금속 스프링 : 고무 스프링, 유체(공기, 액체) 스프링, 합성수지 스프링

2. 각종 스프링의 설계

1) 코일스프링

(1) 압축 코일스프링의 강도

① 비틀림 응력 : $\tau = K\frac{8PD}{\pi d^3}$ (K : 와일의 수정계수), $K = \frac{4C-1}{4C-4} + \frac{0.615}{C}$

② 스프링의 지수 : $C = \frac{D}{d}$ (D : 코일의 지름, d : 소선의 지름)

③ 스파이럴 스프링 에너지 : $U = \frac{\sigma^2 V}{6E}$

④ 처짐 : $\delta = \frac{8PD^3n}{Gd^4}$, $k = \frac{W}{\delta} = \frac{W}{Wl/AE} = \frac{AE}{l}$

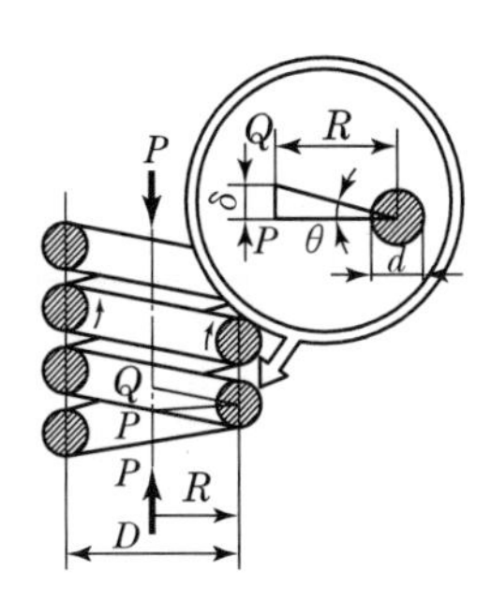

[코일스프링의 강도]

(2) 비틀림 코일스프링

스프링 상수 : $k = \frac{M}{\psi}$ (M: 굽힘 모멘트, ψ : 비틀림각)

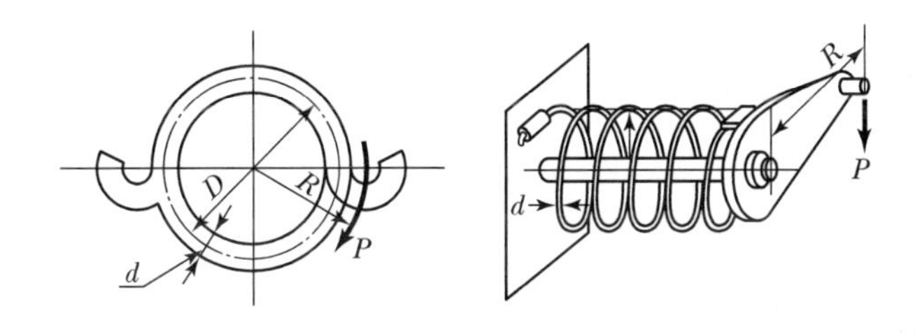

[비틀림코일스프링]

2) 토션바(비틀림응력)

(1) $\theta = \frac{32Tl}{\pi d^4 G}$(rad), $\tau = \frac{16T}{\pi d^3}$

(2) 스프링 상수 : $k = \frac{T}{\theta} = \frac{\pi d^4 G}{32l}$

(3) 탄성에너지 : $U = \frac{16Tl}{\pi d^4 G}$, $U = \frac{1}{2}T\theta$

(4) 단위체적당 탄성에너지 : $u=\dfrac{U}{V}=\dfrac{\tau^2}{4G}$

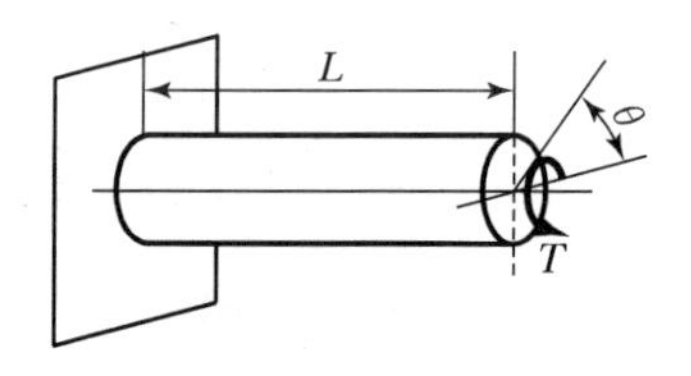

[토션바]

3) 판 스프링

(1) 겹판 스프링

① 스프링 응력 $\sigma=\dfrac{6Pl}{nbh^2}$　　② 처짐 $\delta=\dfrac{6Pl^3}{nEbh^3}$

(2) 양단 지지형 겹판스프링($P \rightarrow P/2,\ l \rightarrow l/2$)

① 스프링 응력 : $\sigma=\dfrac{3Pl}{2nbh^2}$

② 처짐 : $\delta=\dfrac{3Pl^3}{8nEbh^3}$

(3) 하중을 가할 때 : $\delta_1=\dfrac{5(1-\mu)}{5+\mu}\delta$

(4) 하중을 제거할 때 : $\delta_2=\dfrac{5(1+\mu)}{5+\mu}\delta$

δ_1, δ_2 : 마찰을 고려할 때의 처짐, δ : 마찰을 고려하지 않을 때의 처짐

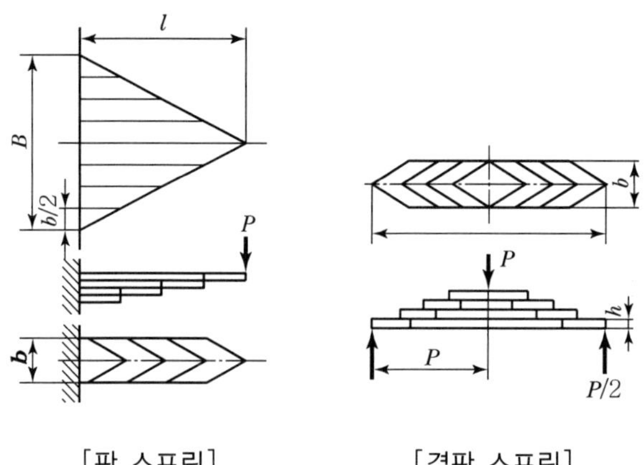

[판 스프링]　　[겹판 스프링]

CHAPTER 13 관, 관이음 및 밸브

1. 파이프

1) 파이프의 종류

(1) 주철관

강관보다 무겁고 약하나 내식성이 풍부하므로 매몰관으로 많이 사용된다. 내경을 호칭 치수로 하고, 길이는 보통 3~4m이다.

(2) 강관

제조법에 의하여 이음매 없는 강관과 이음매 있는 강관으로 나눈다.

① 가스관 : 저압용의 유체를 수송하는 관으로 호칭은 내경을 인치(inch)로 나타낸다.

② 배관용 강관 : 주로 15~100kg/cm^2, 350℃를 넘지 않는 각종 압력배관에 사용한다.

(3) 동관

내식성, 굴곡성이 우수하고 전기 및 열의 전도성이 좋으며, 내식성도 커 열교환기용관, 급수관, 압력계용 등에 쓰인다. 바깥지름×두께로 호칭한다.

(4) 연관

내산성이 강하고 굴곡이 자유로워 공작이 용이하기 때문에 상수도, 가스관에 사용한다. 안지름×두께로 호칭을 나타낸다.

(5) 알루미늄관

전기 및 열의 전도도가 높고 내식성, 가공성도 우수하므로 화학공업용, 전기기기, 건축용 구조재로 사용된다. 바깥지름×두께로 호칭을 나타낸다.

(6) 고무관

고무와 강인한 면을 결합시켜 만든 것으로 각 유체를 사용하는 데 널리 쓰인다.

(7) 염화 비닐관

연질과 경질이 있어, 연질은 내약품성이 우수하고, 경질은 강도가 크고 내산 · 내알칼리 · 내유 · 내식성이 우수하여 각 방면에 널리 쓰인다.

2) 파이프의 설계

(1) 파이프의 계산

① 파이프의 내경과 유량

유량 : $Q = Av = \dfrac{\pi d^2}{4} v$ (d : 안지름, v : 속도)

② 파이프의 강도

㉠ 내압을 받는 얇은 파이프

- 두께 : $t = \dfrac{pDS}{2\sigma_t \eta} + C$ (C : 부식 여유)
- 바깥지름 : $D_0 = D + 2t$

㉡ 내압을 받는 두꺼운 원통

원주응력 : $\sigma_t = \dfrac{p(r_2^{\ 2} + r_1^{\ 2})}{r_2^{\ 2} - r_1^{\ 2}}$

㉢ 파이프의 열응력

- 늘어난 길이 : $\lambda = \alpha(t - t_o)l$
- 응력 : $\sigma = \alpha(t - t_0)E$
- 힘 : $P = \sigma A$

3) 배관에서의 Schedule No

오늘날 강관의 치수는 안지름보다 바깥지름을 기준으로 하여 배관용 강관의 바깥지름과 스케줄(Schedule) 방식에 의하여 두께를 정하는 경향이다.
P를 배관압력 kgf/cm^2, S를 사용온도에서의 재료의 허용응력 kgf/mm^{2}으로 하면

스케줄 번호(番號)$=(P/S)\times 10$

로 하고 있다.

Example 응력 70kgf/cm^{2}의 물을 상온 부근 상태로 흐르게 하는 배관에서 STPG 38을 사용할 경우 어떤 치수의 관을 사용하면 좋은가?

$S = 38\times 1/4 = 9.5$, $P/S\times 10 = 70/9.5\times 10 = 73$

즉 대체로 스케줄 80을 사용하면 어떠한 바깥지름의 경우에도 만족한다.

2. 관이음

1) 관이음의 종류

배관은 재질과 크기에 따라 생산되는 최대 길이가 한정되어 있으므로 실제로 소요되는 길이에 따라 이음을 해야 한다. 이음은 자재의 재질, 이음의 장소, 시공의 난이 및 사용 시의 용이성 등을 종합 검토하여 설계 시 반영해야 한다.

(1) 나사식 관이음

관의 양 끝에 관용나사를 만들어 관이음으로 체결하여 연결하는 것이다. 나사 부분에서 유체의 누설을 막기 위하여 1/16의 테이퍼를 두거나 광명단, 패킹, 흑연 등을 바르는 경우가 있다.

가공 및 시공과 유지보수 시 분리가 용이하여 저압인 경우에 많이 사용한다.

나사식 관이음에는 각종 엘보, T, Y, 크로스 소켓, 니플 등이 있다.

용도 : 급수배관, 난방배관, 전선관

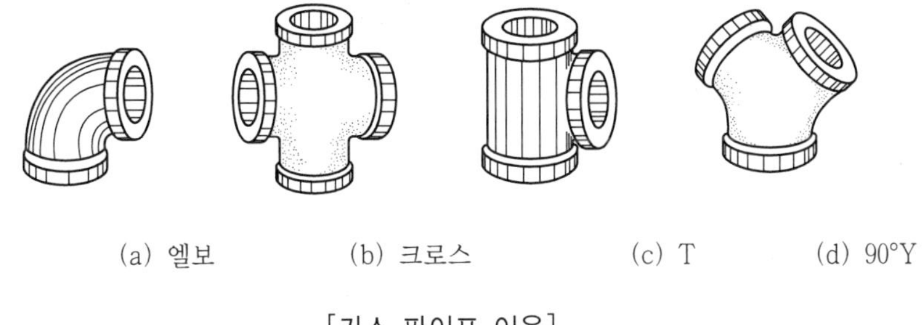

(a) 엘보 (b) 크로스 (c) T (d) 90°Y

[가스 파이프 이음]

(2) 플랜지 이음

이음하는 두 개의 배관에 플랜지를 용접한 후 두 개의 플랜지를 볼트 조인트하여 이음을 한다. 탄소강관은 물론 각종 재질의 배관이음과 기기이음에 사용하며, 사전에 공장에서 제작하면 시공을 쉽게 할 수 있고, 지름이 비교적 큰 관에 사용되며 유지 보수 시에는 쉽게 분리할 수 있다. 그러나 충격이나 휨 등으로 인하여 패킹이 손상되어 기밀성이 떨어진다.

용도 : 탄소강관, 합금강, PVC

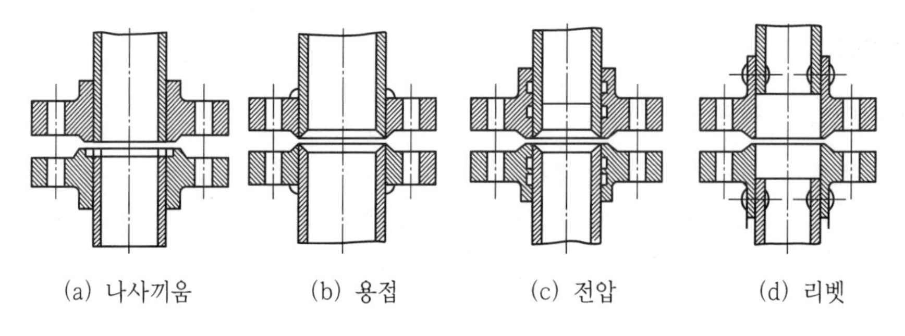

[플랜지 이음]

(3) 신축이음

관로에 신축밴드, 파형관, 미끄럼 이음 등을 연결하여 열응력에 따른 신축을 고려한 이음이다.

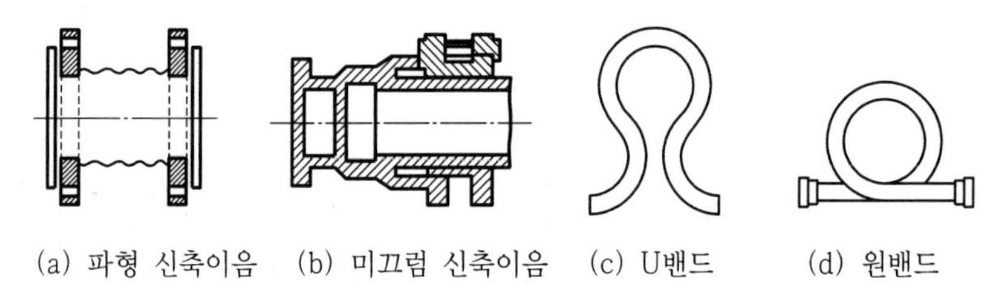

[신축 이음]

(4) 소켓이음

관 끝의 소켓에 다른 끝을 넣어 맞추고 그 사이에 대마, 무명사 등의 패킹을 넣은 후 다시 납이나 시멘트로 밀폐한 이음이다. 이음부에 가소성이 있다.

용도 : 주철관, 오지관, 콘크리트관

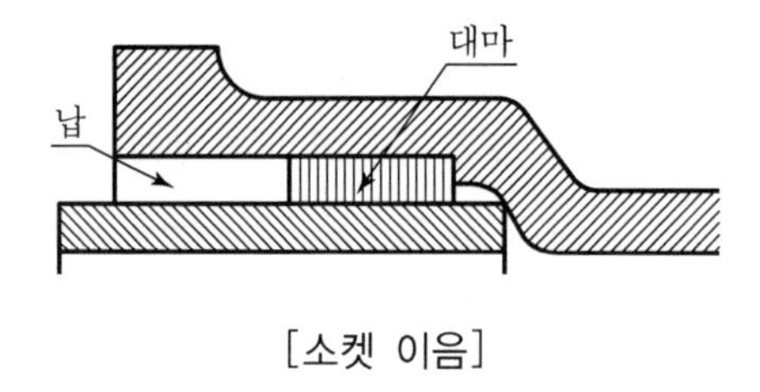

[소켓 이음]

(5) 미캐니컬 이음

플랜지 이음과 소켓 이음의 장점을 갖는 이음으로 이음부에는 가소성이 있어 침하 등이 우려되는 지하배관 등에 사용한다.

용도 : 주철관, 이종배관(강관+콘크리트관)

(6) 용접이음

배관 자재를 용해하여 서로 이음을 한다. 가공 및 시공이 용이하며 기밀성이 확실하므로 많이 사용한다.

용도 : 탄소강관, 합금강, 동관

(7) 플레어 이음(Flare Fitting)

관의 선단부를 원추형의 펀치로 나팔형으로 펴서 본체의 원추면에 슬리브와 너트로 조여 밀착시킨다. 이때 유밀(油密)은 금속과 금속이 밀착되어 이루어지며, 플레어의 편각도 θ는 10°, 37°, 45°의 세 종류가 있다.

이 이음방법은 연질의 얇은 관에 많이 응용되며 사용 압력범위에 한계가 있다.

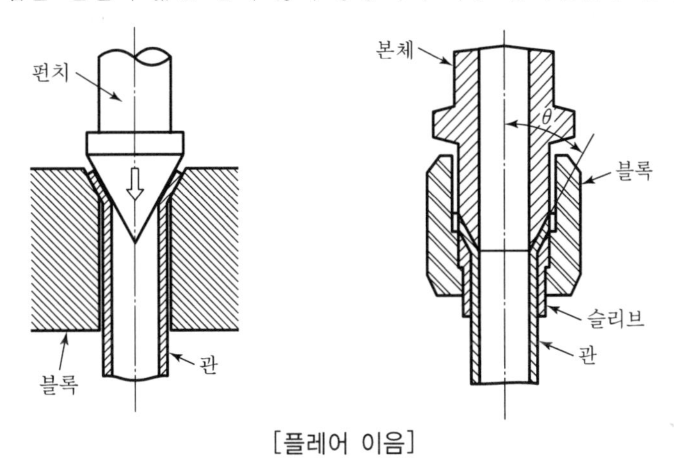

[플레어 이음]

(8) 플레어리스 이음(Flareless Fitting)

커넥터, 슬리브, 너트의 3부품으로 구성되며, 슬리브 선단은 표면경도가 비교적 높고 내부는 강인한 커팅에지(Cutting Edge)부가 있다. 이 이음방법은 관의 고착성, 유밀성이 좋고 진동, 충격에 의한 너트의 이완을 방지할 수 있으며 나사절삭, 용접, 플레어 작업이 필요없고 착탈이 간단하다.

용도 : 동관, 알루미늄관, 유압기기

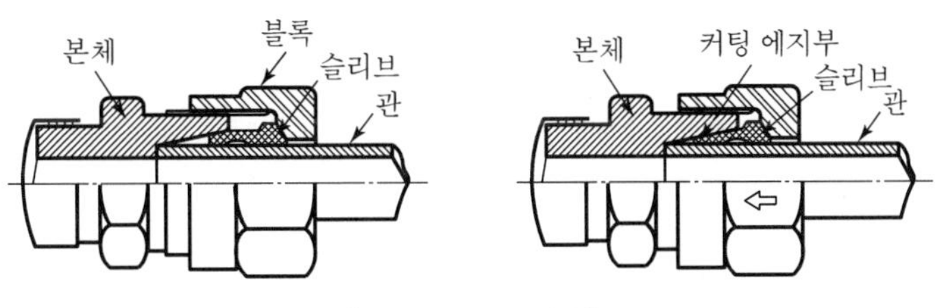

[플레어리스 이음]

PART 6 재료역학

CONTENTS

CHAPTER 01 응력과 변형률

1. 하중과 응력

1) 하중(Load)

물체가 외부에서 힘의 작용을 받았을 때 그 힘을 외력(External Force)이라 하고, 재료에 가해진 외력을 하중(Load)이라 한다.

(1) 하중이 작용하는 방법에 의한 분류

① 인장하중(Tensile Load) : 재료의 축방향으로 늘어나려고 하는 하중

② 압축하중(Compressive Load) : 재료의 축방향으로 밀어 줄어들게 하는 하중

③ 휨하중(Bending Load) : 재료를 구부려 휘어지게 하는 하중

④ 비틀림 하중(Torsional Load) : 재료를 비틀려는 하중

⑤ 전단하중(Shearing Load) : 재료를 가위로 자르려는 것처럼 작용하는 하중

(2) 하중이 걸리는 속도에 의한 분류

① 정하중(Static Load) : 시간과 더불어 크기와 방향이 변화하지 않거나, 변화하더라도 무시할 수 있을 정도의 아주 작은 하중

② 동하중(Dynamic Load) : 하중의 크기와 방향이 시간과 더불어 변화하는 하중으로 그 작용하는 방법에 의하여 다시 다음과 같이 나눈다.

㉠ 반복하중(Reapeated Load) : 하중의 크기와 방향이 같고 일정한 하중이 되풀이 하여 작용하는 하중

㉡ 교번하중(Alternative Load) : 하중의 크기와 방향이 음·양으로 반복하면서 변화하는 하중

㉢ 충격하중(Impact Load) : 짧은 시간 내에 급격히 변화하는 하중

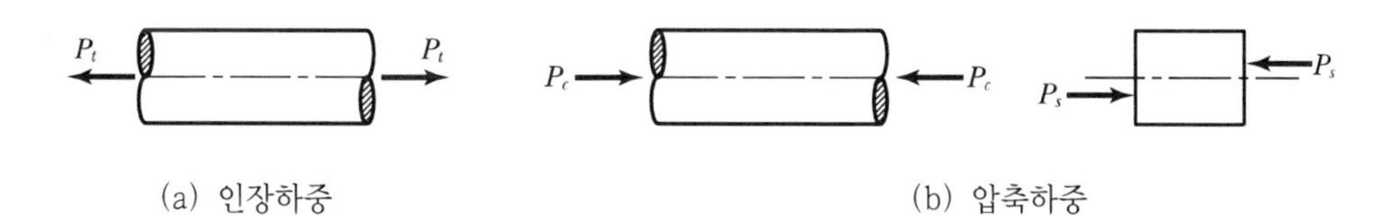

(a) 인장하중 (b) 압축하중

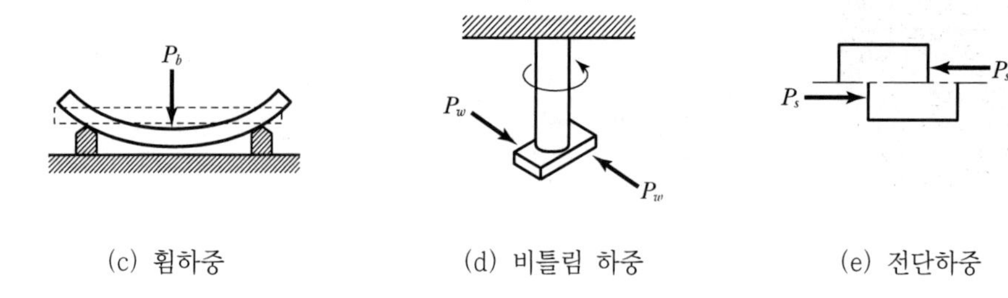

(c) 휨하중　　(d) 비틀림 하중　　(e) 전단하중

[작용하는 상태에 따른 하중의 분류]

(3) 분포상태에 의한 분류

① 집중하중(Concentrated Load)

② 분포하중(Distributed Load)

2) 응력(Stress)

어떤 물체에 하중이 걸리면 그 재료의 내부에는 저항하는 힘이 생겨 균형을 이루는데 이 저항력을 응력이라고 하며, 단위는 [kg/cm^2]으로 나타낸다.

(1) 응력의 종류

① 수직응력(Normal Stress) : 인장응력(Tensile Stress), 압축응력(Compressive Stress)

② 접선응력(Tangential Stress) : 전단응력(Shearing Stress)

(2) 인장응력과 압축응력

① 인장응력 : $\sigma_t = \dfrac{P_t}{A_o}$

② 압축응력 : $\sigma_c = \dfrac{P_c}{A_o}$

(P_t : 인장하중, P_c : 압축하중, A_o : 단면적)

(3) 전단응력

① 전단응력(Shearing Stress) : $\tau = \dfrac{P_s}{A_o}$ (P_s : 전단하중)

2. 변형률과 탄성계수

1) 변형률(Strain)

물체에 외력을 가하면 내부에 응력이 발생하며 형태와 크기가 변하는데, 그 변화량과 원래 치수와의 비율. 즉 단위길이에 대한 변형량으로서 변화의 정도를 비교한 것을 말한다.

(1) 종변형률(세로변형률 : Longitudinal Strain)

수직(축, 세로)변형률(Axial Strain) : $\varepsilon=\dfrac{l'-l}{l}=\dfrac{\delta_n}{l}$ (δ_n : 수직변형길이)

(2) 횡변형률(가로 변형률 : Lateral Strain)

가로변형률 : $\varepsilon'=\dfrac{d'-d}{d}=\dfrac{\lambda'}{d}$ (λ' : 가로변형길이)

(3) 전단변형률(Shearing Strain)

전단변형률 : $\gamma=\dfrac{\lambda_s}{l}$ (λ_s : 전단변형길이)

(4) 체적변형률(Volumetric Strain)

$\varepsilon_v=\dfrac{\Delta V}{V}=\varepsilon_1+\varepsilon_2+\varepsilon_3$, 재료가 등방성인 경우 $\varepsilon_v=3\varepsilon$

2) 훅(Hooke)의 법칙과 탄성계수

Thomas Young은 재료의 강성(Stiffness)을 측정하는 데 변형률에 대한 응력의 비를 사용할 것을 제안하였다. 이 비를 Young의 계수 혹은 탄성계수라 하고, 그 비는 응력과 변형률 선도의 직선부분 기울기이다.

(1) 훅(Hooke)의 법칙 : 비례한도 이내에서 응력과 변형률은 비례한다.

(2) 세로탄성계수(종탄성계수)

① $E=\dfrac{\sigma}{\varepsilon}=\dfrac{P/A}{\delta/l}=\dfrac{P\cdot l}{A\cdot\delta}$, $\delta=\dfrac{Pl}{AE}$

② 연강에서 세로탄성계수 $E=2.1\times10^6[\text{kg/cm}^2]$

(3) 가로탄성계수(횡탄성계수)

① $G=\dfrac{\tau}{\gamma}=\dfrac{P_s/A}{\lambda/l}=\dfrac{P_s\cdot l}{A\cdot\lambda}$

② 연강에서 가로탄성계수 $G=0.81\times10^6[\text{kg/cm}^2]$

3) 응력-변형률 선도

시험하고자 하는 금속재료를 규정된 시험편의 치수로 가공하여 축방향으로 잡아당겨 끊어질 때까지의 변형과 이에 대응하는 하중과의 관계를 측정함으로써 금속재료의 변형, 저항에 대하여 성질을 구하는 시험법이다.

이 시험편은 주로 주강품, 단강품, 압연강재, 가단주철품, 비철금속 또는 합금의 막대 및 주물의 인장시험에 사용한다. 시험편은 재료의 가장 대표적이라고 생각되는 부분에서 따서 만든다. 암슬러형 만능재료 시험기를 사용한다. 응력-변형률 선도를 조사함으로써 탄성한도, 항복점, 인장강도, 연신율, 단면수축률 등이 구해진다.

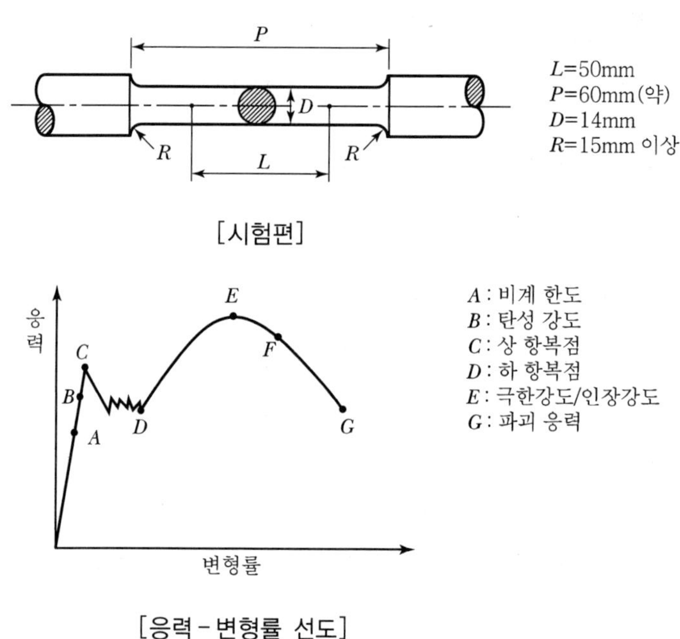

[시험편]

[응력-변형률 선도]

(1) A : 비례한도

응력과 변율이 비례적으로 증가하는 최대 응력

(2) B : 탄성한도

재료에 가해진 하중을 제거하였을 때 변형이 완전히 없어지는 탄성변형의 최대 응력. B점 이후에서는 소성변형이 일어난다.

(3) C : 상항복점

탄성한도를 지나 응력이 점점 감소하여도 변율은 점점 더 커지다가 응력의 증가 없이 급격히 변형이 일어나는 최대 응력

(4) D : 하항복점

항복 중 불안정 상태를 계속하고 응력이 최저인 점

(5) E : 극한강도

재료의 변형이 끝나는 최대 응력

(6) G : 파괴강도

변율이 멈추고 파괴되는 응력

(7) 진응력과 공칭응력의 관계식

$$\sigma\,(\text{진응력}) = \frac{W}{A(\text{시험편 본래의 단면적})}$$

$$\sigma\,(\text{공칭응력}) = \frac{W(\text{순간하중})}{A(\text{순간 단면적})}$$

4) 푸아송의 비(Poisson's Ratio)

(1) 푸아송의 비

종변형률(세로변형률) ε과 횡변형률(가로변형률) ε'의 비를 푸아송의 비라 하고 ν 또는 $1/m$로 표시한다.

$$\nu = \frac{1}{m} = \frac{\varepsilon'}{\varepsilon} = \frac{\lambda_s/d}{\delta/l} = \frac{l \cdot \lambda_s}{d \cdot \delta} \quad (m : \text{푸아송수 또는 횡축계수})$$

일반적으로 공업용 금속의 ν는 0.27~0.33 정도이다.

$$\varepsilon' = \frac{\varepsilon}{m} = \frac{\sigma}{mE}$$

$$\varepsilon_x = \frac{1}{E}[\sigma_x - \nu(\sigma_y + \sigma_z)], \quad \sigma_x = \frac{E}{1-\nu^2}(\varepsilon_x + \nu\varepsilon_y)$$

(2) 탄성계수 사이의 관계

$$G = \frac{E}{2(1+\nu)} = \frac{mE}{2(m+1)}, \quad K = \frac{GE}{9G-3E} \quad (K : \text{체적탄성계수})$$

3. 안전율과 응력집중

1) 안전율

(1) 허용응력(Allowable Stress)

기계나 구조물에 사용되는 재료의 최대 응력은 언제나 탄성한도 이하이어야만 하중을 가하고 난 후 제거했을 때 영구변형이 생기지 않는다. 기계의 운전이나 구조물의 작용이 실제적으로 안전한 범위 내에서 작용하고 있는 응력을 사용응력(Working Stress)이라 하고, 재료를 사용하는 데 허용할 수 있는 최대 응력을 허용응력이라 할 때 사용응력은 허용응력보다 작아야 한다.

사용응력 ≤ 허용응력 ≤ 탄성한도

(2) 안전율(Safety Factor)

안전율은 응력계산 및 재료의 불균질 등에 대한 부정확을 보충하고 각 부분의 불충분한 안전율과 더불어 경제적 치수결정에 대단히 중요한 것으로서 다음과 같이 표시된다.

$$S = \frac{\text{최대응력}(\sigma_u)}{\text{허용응력}(\sigma_a)} = \frac{\text{항복응력}(\sigma_y)}{\text{허용응력}(\sigma_a)}$$

안전율을 크게 잡을수록 설계의 안정성은 증가하나 그로 인해 기계·구조물의 중량이 무거워지고, 재료·공사량 등이 불리해지므로 최적 설계를 위해서 안전율은 안전성이 보장되는 한 가능한 작게 잡아야 한다.
안전율이나 허용응력을 결정하려면 재질, 하중의 성질, 하중과 응력계산의 정확성, 공작방법 및 정밀도, 부품형상 및 사용 장소 등을 고려하여야 한다.

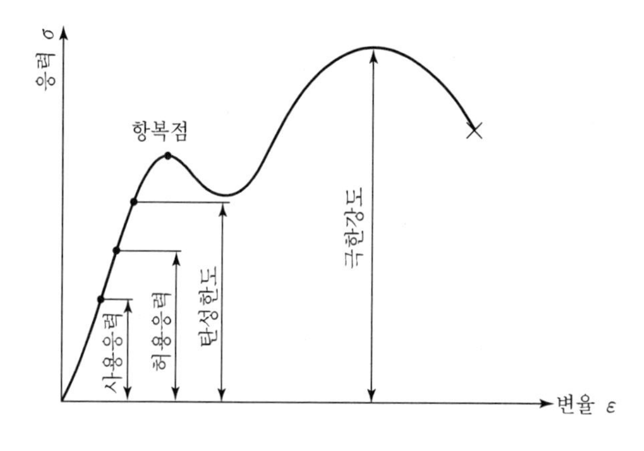

[응력-변형률 선도]

(3) 사용응력

구조물과 기계 등에 실제로 사용되었을 경우 발생하는 응력이다.

사용응력은 허용응력 및 탄성한도 내에 있어야 하며 설계를 할 때는 충격하중, 반복하중, 압축응력, 인장응력 등 각종 요인을 고려하여 실제로 발생될 응력을 산출한 후 충분히 안전하도록 재료를 선택하고 부재 크기 등을 정해야 한다.

(4) 안전율의 선정

① 재질 및 그 균일성에 대한 신뢰도 : 일반적으로 연성 재료는 내부 결함에 대한 영향이 취성재료보다 적다. 또 탄성파손 후에도 곧 파괴가 일어나지 않으므로 취성재료보다 안전율을 작게 한다. 인장굽힘에 대해서는 많이 검토가 되었으나 전단, 비틀림, 진동, 압축 등은 아직 불명확한 점이 안전율을 크게 한다.

② 응력계산의 정확도 : 형상 및 응력작용상태가 단순한 것은 정확도가 괜찮으나 가정이 많을수록 안전율을 크게 한다.

③ 응력의 종류 및 성질 : 응력의 종류 및 성질에 따라 안전율을 다르게 적용한다.

④ 불연속 부분의 존재 : 단단한 축, 키홈 등 불연속 부분에는 응력집중으로 인한 노치 효과가 있으므로 안전율을 크게 잡는다.

⑤ 사용 중 예측하기 어려운 변화의 가정 : 마모, 부식, 열응력 등에 다른 안전율을 고려한다.

⑥ 공작 정도 : 기계 수명에 영향을 미치므로 안전율을 고려한다.

(5) 경험적 안전율

재료 \ 하중	정하중	동 하 중		
		반복하중	교번하중	충격하중
주 철	4	6	10	15
연 강	3	5	8	12
주 강	3	5	8	15
동	5	6	9	15

(6) Cardullo의 안전율

신뢰할만한 안전율을 얻으려면 이에 영향을 주는 각 인자를 상세하게 분석하여 이것으로 합리적인 값을 결정

안전율 $S=a\times b\times c\times d$가 있다.

여기서, a : 탄성비, b : 하중계수, c : 충격계수, d : 재료의 결함 등을 보완하기 위한 계수

[정하중에 대한 안전율 최솟값]

재료	a	b	c	d	S
주 철	2	1	1	2	4
연 강	2	1	1	1.5	3
니켈강	1.5	1	1	1.5	2.25

2) 응력집중(Stress Concentration)과 응력집중계수, 응력확대계수

(1) 응력집중과 응력집중계수

균일단면에 축하중이 작용하면 응력은 그 단면에 균일하게 분포하는데, Notch나 Hole 등이 있으면 그 단면에 나타나는 응력분포상태는 불규칙하고 국부적으로 큰 응력이 발생되는 것을 응력집중이라고 한다.

최대응력(σ_{max})과 평균응력(σ_n)의 비를 응력집중계수(Factor of Stress Concentration) 또는 형상계수(Form Factor)라 부르며, 이것을 α_K로 표시하면 다음과 같다.

$$\alpha_K = \frac{\sigma_{max}}{\sigma_n}$$

α_K : 응력집중계수(형상계수), σ_{max} : 최대응력, σ_n : 평균응력(공칭응력)

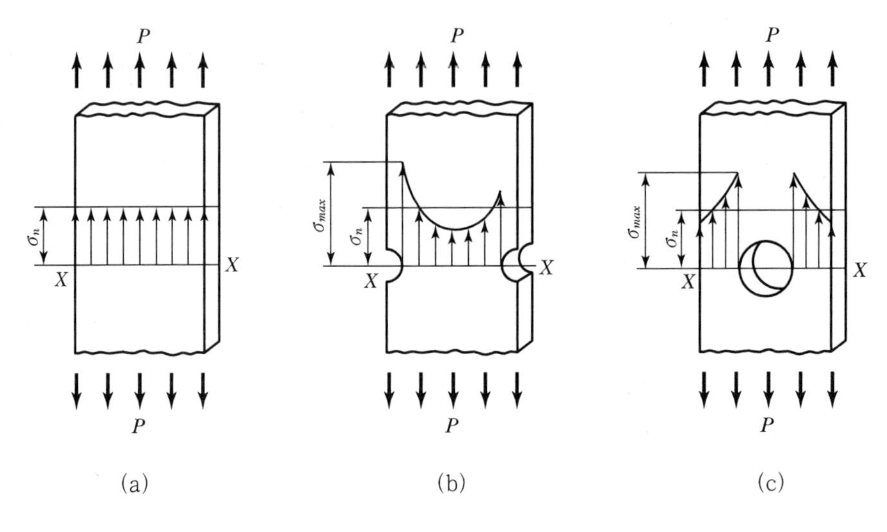

[응력집중]

그림(c)에서 판에 가해지는 응력은 구멍에 가까운 부분에서 최대가 되고 또 구멍에서 떨어진 부분이 최소가 된다. 응력집중계수의 값은 탄성률 계산 또는 응력측정시험(Strain Gauge, 광탄성시험)으로부터 구할 수 있다. 응력집중은 정하중일 때 취성재료 특히 주물에서는 크게 나타나고 반복하중이 계속되는 경우에는 노치에 의한 응력집중으로 피로균열이 많이 발생하고 있다. 그러므로 설계시점부터 재료에 대한 사항을 고려하여야 한다.

(2) 응력확대계수 k(Stress Intensify Factor)

선단의 반경이 한없이 작아진 것을 균열이라고 한다.
이 날카로운 균열 선단에서의 탄성응력집중계수는 무한대가 되므로 균열의 거동이나 파괴강도를 논할 때는 응력집중과는 다른 취급을 하여야 한다.
균열선단에는 낮은 응력하에서도 반드시 약간 크기의 소성역이 존재하며 이 소성역의 크기가 길이에 비해 훨씬 작을 때에는 탄성론에 의거해서 균열선단의 응력 및 왜곡(Distortion Warping : 비틀림을 받는 단면의 단면에 대하여 수직방향의 변형)의 분포를 나타내는 3개의 응력확대계수로 나타낼 수 있다.
〈적용〉 저응력 취성파괴, 피로균열, 환경균열의 진전이나 파괴 등에 적용, 소성역이 작다는 조건하에서만 적용

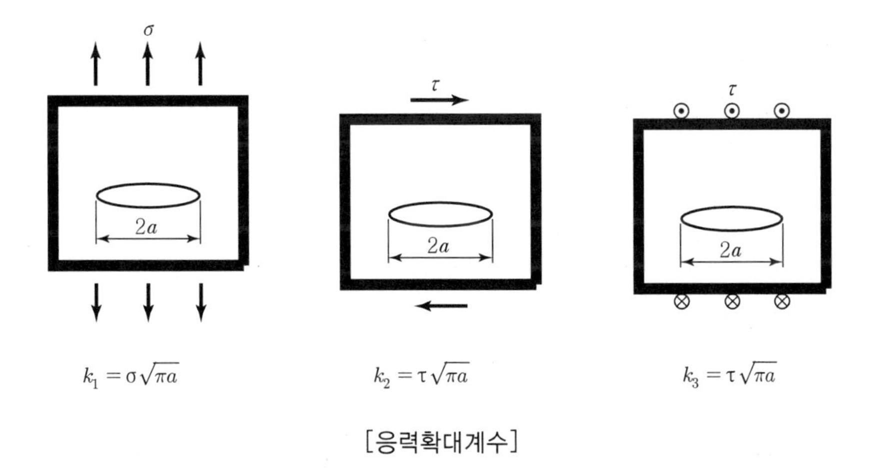

[응력확대계수]

[문제] 피로, 피로파괴, 피로강도, 피로수명

1. 피로, 피로파괴

기계나 구조물 중에는 피스톤이나 커넥팅 로드 등과 같이 인장과 압축을 되풀이해서 받는 부분이 있는데, 이러한 경우 그 응력이 인장(또는 압축)강도보다 훨씬 작다 하더라도 이것을 오랜 시간에 걸쳐서 연속적으로 되풀이하여 작용시키면 드디어 파괴되는데, 이 같은 현상을 재료가 "피로"를 일으켰다고 하며 이 파괴현상을 "피로파괴"라 한다.

2. 피로강도(피로한도)

어느 응력에 대하여 되풀이 횟수가 무한대가 되는 한계가 있는데 이 같은 응력의 최대한을 피로한도(피로강도)라 한다.

3. 피로한도에 영향을 주는 인자

(1) 치수효과 : 부재의 치수가 커지면 피로한도가 낮아진다.

(2) 표면효과 : 부재의 표면 다듬질이 거칠면 피로한도가 낮아진다.

$$\text{표면계수} = \frac{\text{임의의 표면거칠기 시험편의 피로한도}}{\text{Cu 이하의 표면거칠기 시험편의 피로한도}}$$

(3) 노치효과 : 단면치수나 형상 등이 갑자기 변하는 것에 응력집중이 되고 피로한도가 급격히 낮아진다.

$$\text{노치계수} = \frac{\text{노치가 없는 경우 피로한도}}{\text{노치가 있는 경우 피로한도}}, \quad \text{응력집중계수} = \frac{\text{피로응력}}{\text{공칭응력}}$$

(4) 압입효과 : 강압 끼워 맞춤, 때려박음 등에 의하여 피로한도가 낮아진다.

4. 피로강도를 상승시키는 인자

(1) 고주파 열처리
(2) 침탄, 질화 열처리
(3) Roller 압연
(4) Shot Peening & Sand Blasting
(5) 표층부에 압축잔류응력이 생기는 각종 처리

5. S-N 곡선

진폭응력(S), 반복횟수(N) 곡선을 의미한다. 재료는 응력이 반복해서 작용하면 정응력 경우보다도 훨씬 작은 응력 값에서 파괴를 일으킨다. 이 경우 파괴를 일으킬 때까지의 반복횟수는 반복되는 응력의 진폭에 따라 상당한 영향을 받는다. 이 관계를 표시하기 위하여 응력 진폭의 값 S를 종축에, 그 응력 진폭에서 재료가 파괴될 때까지의 반복횟수 N의 대수를 횡축에 그린 것을 S-N 곡선이라 한다.
일반적으로 강 같은 재료의 S-N 곡선은 그림과 같으며 응력 진폭이 작은 쪽의 파괴까지 반복횟수는 증가한다. 그러나 어느 응력치 이하로 어떤 응력을 반복해도 파괴가 생기지 않고 곡선은 평행이 된다. 이와 같이 곡선이 수평이 되기 시작하는 곳의 한계응력을 재료의 피로한도 또는 내구한도라 한다.
이때 반복횟수는 강에서 10^6, 10^7이지만 비철금속은 5×10^8이 되어도 S-N 곡선이 수평이 되지 않는 것이 있다.

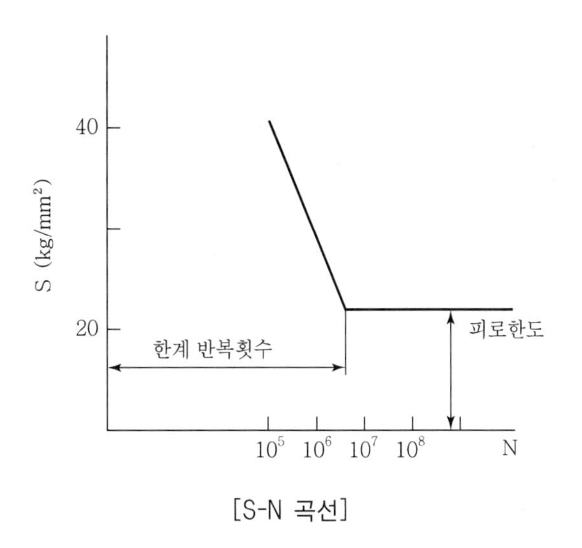

[S-N 곡선]

6. 피로수명

피로시험에서 방향이 일정하고 크기가 어느 범위 사이에 주기적으로 변화하는 응력을 되풀이하든가 혹은 인장과 압축응력을 되풀이하여 파괴에 이르기까지의 횟수를 피로수명이라 한다.

7. 피로강도와 인장강도 비율

(1) 회전 휨 피로강도 : $\sigma_{ab} = 0.25(\sigma_S + \sigma_B) + 5$[kg/mm²]

(2) 인장과 압축피로강도 : $\sigma_{wz} = (0.7 \sim 0.9)\sigma_{wb}$[kg/mm²]

σ_s : 인장항복점[kg/mm²] σ_B : 인장강도[kg/mm²]

8. 인장강도(σ_t)와 피로한도(δ_f)의 관계

피로한도(δ_f)=$0.5\sigma_t$

CHAPTER 02 재료의 정역학

1. 자중에 의한 응력과 변형률

1) 균일 단면의 봉

$$\sigma = \frac{P+\gamma Ax}{A}, \quad \sigma_{\max} = \frac{P}{A}+\gamma l$$

2) 균일강도의 봉

(1) 하중 W에 의한 전 신장량 : $\delta = \frac{\gamma}{E}\int_0^l x dx = \frac{\gamma}{E}\left[\frac{x^2}{2}\right]_0^l = \frac{\gamma l^2}{2E} = \frac{Wl}{2AE}$

(2) $\delta = \frac{\sigma}{E}l$

2. 열응력(Thermal Stress)

물체는 가열하면 팽창하고 냉각하면 수축한다. 이때 물체에 자유로운 팽창 또는 수축이 불가능하게 장치하면 팽창 또는 수축하고자 하는 만큼 인장 또는 압축응력이 발생하는데, 이와 같이 열에 의해서 생기는 응력을 열응력이라 한다.
그림에서 온도 t_1℃에서 길이 l 인 것이 온도 t_2℃에서 길이 l'로 변하였다면

신장량$(\delta) = l' - l = \alpha(t_2 - t_1)l = \alpha \Delta t l$ (α : 선팽창계수, Δt : 온도의 변화량)

변형률$(\varepsilon) = \frac{\delta}{l} = \frac{\alpha(t_2 - t_1)l}{l} = \alpha(t_2 - t_1) = \alpha \Delta t$

열응력$(\sigma) = E\varepsilon = E\alpha(t_2 - t_1) = E\alpha\Delta t$ (E : 세로탄성계수 혹은 종탄성계수)

$\alpha \cdot \Delta t \cdot l = \frac{Pl}{AE}$, 벽에 작용하는 힘$(P) = AE\alpha\Delta t$

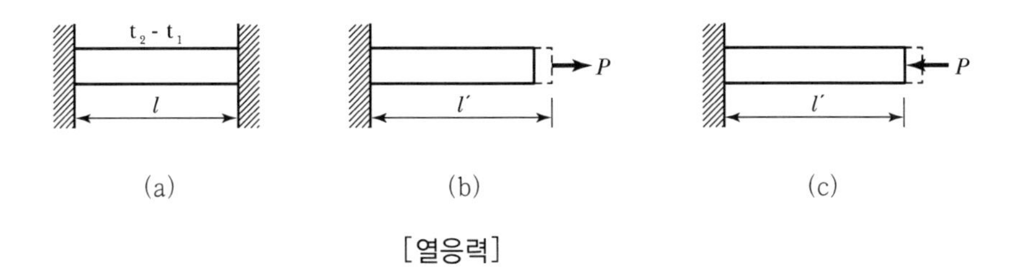

[열응력]

3. 탄성에너지(Elastic Strain Energy)

균일한 단면의 봉에 인장 또는 압축하중이 작용하면, 이 하중에 의해서 봉이 신장 또는 수축되어 변형이 일어나므로 하중이 움직이게 되어 일을 하게 된다. 이 일은 정적 에너지로서 일부 또는 전부가 변형의 위치에너지(Potential Energy)로 바뀌어 봉의 내부에 저장하게 되는데 이 에너지를 변형에너지(Strain Energy) 혹은 탄성에너지라 한다.

1) 수직응력에 의한 탄성에너지

균일한 단면봉의 탄성한도 내에서 하중 P를 작용시키면 봉은 δ만큼 늘어나서 재료에 대한 인장시험선도가 직선이 된다.

즉, 어느 하중의 최대치 P에 대응하는 변형량을 δ라 할 때, 하중이 dP만큼 증가하면 변형량도 $d\delta$만큼 증가하며, 그 일은 빗금 친 부분의 면적 a, b, c, d로 표시된다. 따라서 O에서 P에 이르기까지의 과정에서 행하여지는 전일량, 즉 탄성에너지는 다음과 같다.

- 수직응력에 의한 탄성에너지 : $U=\frac{1}{2}P\delta=\frac{P^2 l}{2AE}=\frac{\sigma^2}{2E}Al=\frac{E\varepsilon^2}{2}Al$
- 단위체적당 탄성에너지 : $u=\frac{U}{V}=\frac{\sigma^2 Al}{2E}\frac{1}{Al}=\frac{\sigma^2}{2E}=\frac{E\varepsilon^2}{2}(\text{kg}\cdot\text{cm/cm}^3)$

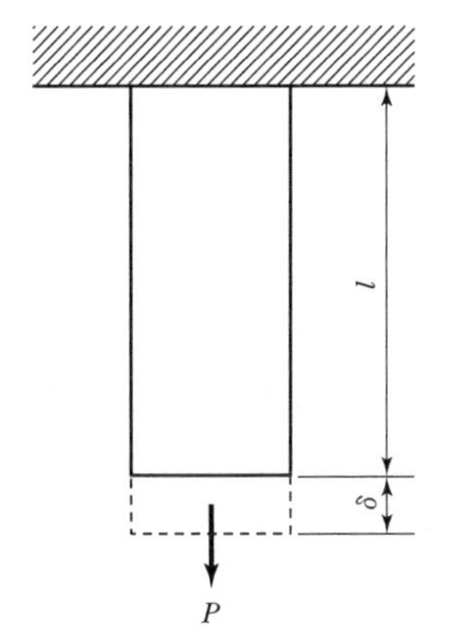

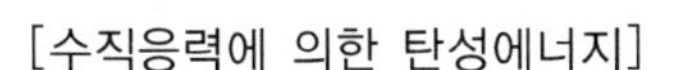
[수직응력에 의한 탄성에너지]

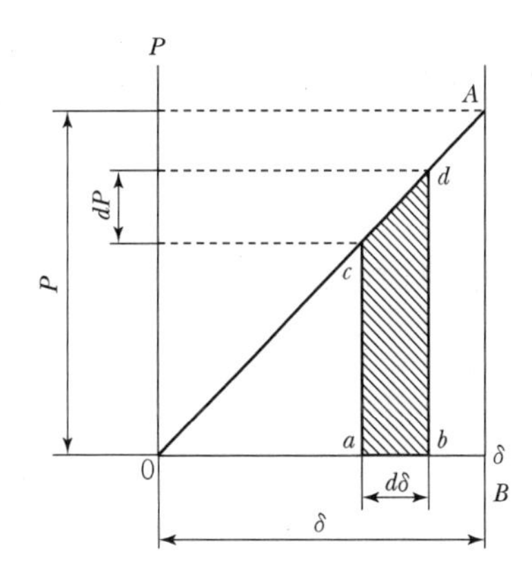

[인장시험선도]

• 탄성에너지에서 레질리언스 계수(Modulus of Resilience)

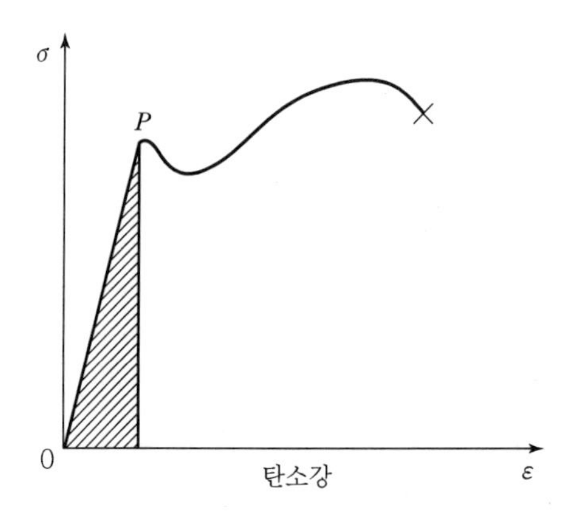

[레질리언스 계수]

레질리언스란 재료가 탄성범위 내에서 에너지를 흡수할 수 있는 능력을 표시한다. 레질리언스 계수는 재료가 비례한도에 해당하는 응력을 받고 있을 때의 단위체적에 대한 변형에너지의 밀도로서, 응력-변형률 선도의 해칭부분 면적과 같다.

레질리언스 계수 $u = \dfrac{\sigma^2}{2E}$

2) 전단응력에 의한 탄성에너지

(1) 전단응력에 의한 탄성에너지 : $U = \dfrac{F\delta_s}{2} = \dfrac{F^2 l}{2AG} = \dfrac{\tau^2 Al}{2G}$

(2) 최대 탄성에너지 : $u = \dfrac{U}{V} = \dfrac{\tau^2 Al}{2GAl} = \dfrac{G\gamma^2}{2}$

4. 충격응력(Impact Stress)

상단이 고정된 수직봉에서 봉의 길이를 l, 단면적을 A, 세로탄성계수를 E라 하고 충격에 의하여 생기는 최대인장응력을 σ, 최대신장을 δ라 하면 추가 낙하해 하단의 턱(Collar)에 충격을 주면 순간적으로 최대신장을 일으키고, 세로방향으로 진동이 일어난다.
이 진동이 재료의 내부마찰로 인하여 차차 없어지면 정하중 W에 대해 δ만큼 늘어나고 봉은 정지가 되는데, 낙하에 의하여 추 W가 하는 일 즉, 추가 봉에 주는 에너지는 $W(h+\delta)$이므로

$$W(h+\delta) = \frac{\sigma^2}{2E}Al, \quad \therefore \ \sigma = \sqrt{\frac{2EW(h+\delta)}{Al}} \ (\mathrm{kg/cm^2})$$

이 식에 $\delta = \frac{\sigma l}{E}$을 대입하여 정리하면,

$$Al\sigma^2 - 2Wl\sigma - 2WhE = 0, \ \ \sigma = \frac{W}{A}\left(1 + \sqrt{1 + \frac{2AEh}{Wl}}\right)$$

이 식에 정적인 신장량 $\delta_0 = \frac{Wl}{AE}$을 대입하면,

$$\sigma = \frac{W}{A}\left(1 + \sqrt{1 + \frac{2h}{\delta_0}}\right) = \sigma_0\left(1 + \sqrt{1 + \frac{2h}{\delta_0}}\right)$$

또한 봉에 생기는 최대 신장량은

$$\delta = \delta_0 + \sqrt{{\delta_0}^2 + 2h\delta_0} = \delta_0\left(1 + \sqrt{1 + \frac{2h}{\delta_0}}\right) \fallingdotseq (\delta_0 \ll h) \fallingdotseq \sqrt{2h\delta_0}$$

$$\delta_0 = \frac{Wl}{AE} \text{(정하중에 의한 처짐)}$$

만일 추를 갑자기 플랜지 위에 작용시켰을 경우, $h=0$이므로 $\sigma = 2\sigma_0$이고, $\delta = 2\delta_0$이다. 즉, 충격응력과 신장은 정응력 및 신장의 2배가 됨을 알 수 있다.

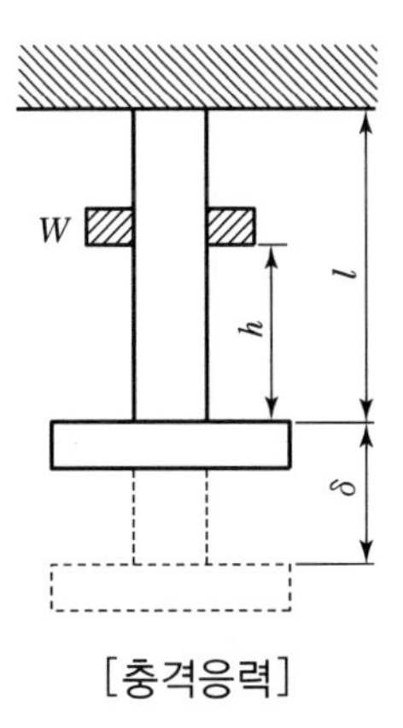

[충격응력]

5. 압력을 받는 원통

1) 내압을 받는 얇은 원통

(1) 원주방향의 응력(Circumferential Stress)

가로방향응력 : $\sigma_t = \frac{P}{A} = \frac{pDl}{2tl} = \frac{pD}{2t}(\mathrm{kg/cm^2})$

(원주방향의 내압 $P = pDl$), p : 단위면적당 압력

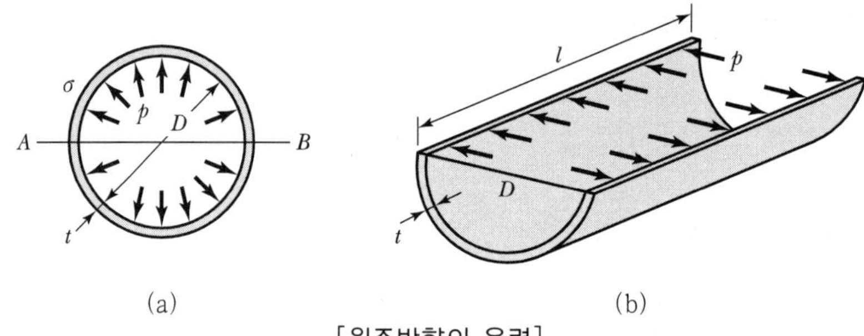

[원주방향의 응력]

(2) 축방향의 응력(Longitudinal Stress)

세로방향응력 : $\sigma_z = \frac{\frac{\pi}{4}D^2 p}{\pi Dt} = \frac{pD}{4t}(\mathrm{kg/cm^2})$ (축방향의 내압 $P = \frac{\pi D^2}{4}p$)

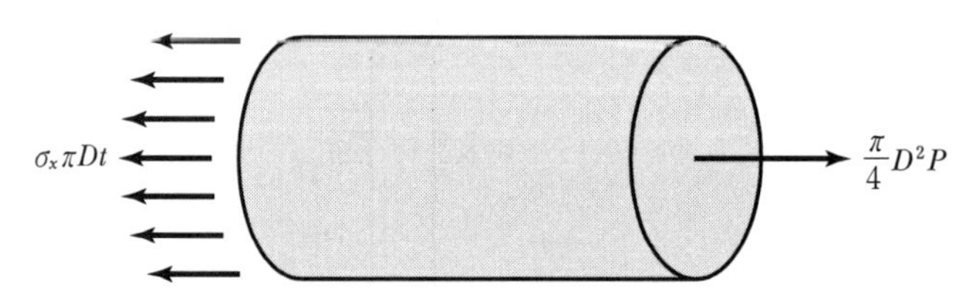

[축방향의 응력]

(3) 동판의 두께 : $\sigma_t \eta = \frac{pd}{2t}$, $t = \frac{pd}{2\eta\sigma_t}$ (σ_t : 사용응력, η : 용접효율)

2) 얇은 살두께의 구(球)

$$\sigma_t = \frac{pD}{4t}$$

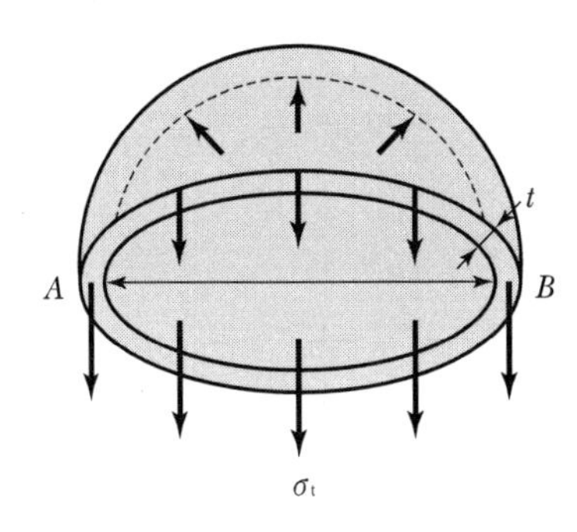

[얇은 살두께의 구]

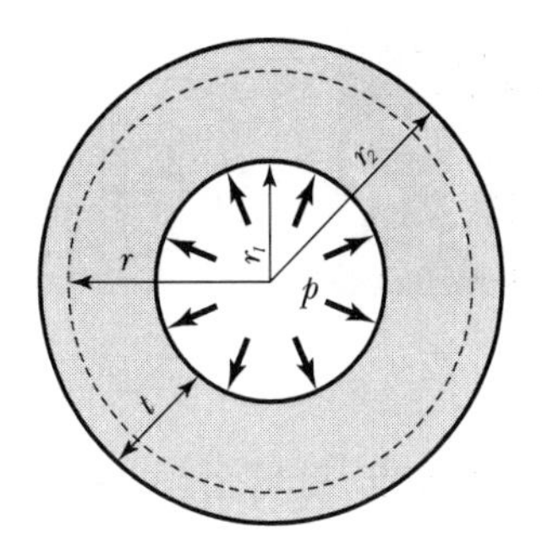

[내압을 받는 두꺼운 원통]

3) 내압을 받는 두꺼운 원통(후프)

(1) 응력

$$\sigma_t = p\frac{{r_1}^2({r_2}^2+r^2)}{r^2({r_2}^2-{r_1}^2)},\ (\sigma_t)_{\max} = (\sigma_t)_{r=r_1} = p\frac{{r_2}^2+{r_1}^2}{{r_2}^2-{r_1}^2} \quad (P : \text{내압})$$

$$\sigma_r = -p\frac{{r_1}^2({r_2}^2-r^2)}{r^2({r_2}^2-{r_1}^2)} \quad (- : \text{압축}),\ \sigma_{\min}(r=r_2) = \frac{2p{r_1}^2}{{r_2}^2-{r_1}^2}$$

$(P$: 내부압력, $(\sigma_t)_{\max}$: 최대후프응력, $r_2 = \frac{\text{외경}}{2}$, $r_1 = \frac{\text{내경}}{2})$

(2) $\frac{r_2}{r_1} = \sqrt{\frac{(\sigma_t)_{\max}+P}{(\sigma_t)_{\max}-P}}$

4) 회전하는 원환

원주방향 응력 : $\sigma_t = \frac{pr}{t} = \frac{\gamma r^2 w^2}{g} = \frac{\gamma \nu^2}{g}$ (단, $\nu = \frac{\pi d N}{60}$, γ는 비중)

CHAPTER 03 조합응력

1. 경사 단면에 작용하는 응력

1) 축응력

(1) 수직응력 : $\sigma_n = \dfrac{N}{A} = \dfrac{P\cos\theta}{\dfrac{A}{\cos\theta}} = \dfrac{P}{A}\cos^2\theta = \sigma_x\cos^2\theta$

(2) 전단응력 : $\tau_n = \dfrac{Q}{A} = \dfrac{P\sin\theta}{\dfrac{A}{\cos\theta}} = \dfrac{P}{A}\sin\theta\cos\theta = \dfrac{1}{2}\sigma_x\sin 2\theta$,

$\theta = 45°$이면 $\sigma_n = \tau_n$

(3) $(\sigma_n)_{\max} = (\sigma_n)_{\theta=0} = \sigma_x$, $\tau_{\max} = \tau_{\theta=45°} = \dfrac{1}{2}\sigma_x$

2) 공칭응력 : $\theta \Rightarrow \theta + 90°$

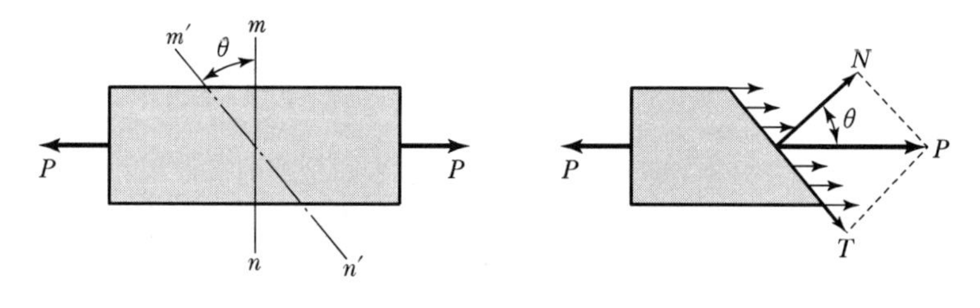

[경사단면의 법선력과 접선력]

3) 1축 응력에서 모어의 응력원(Mohr's Stress Circle)

(1) 반지름$= \dfrac{\sigma_x}{2}$

(2) $\sigma_n = \dfrac{\sigma_x}{2} + \dfrac{\sigma_x}{2}\cos 2\theta = \sigma_x\dfrac{1+\cos 2\theta}{2} = \sigma_x\cos^2\theta$, $\tau = \dfrac{1}{2}\sigma_x\sin 2\theta$

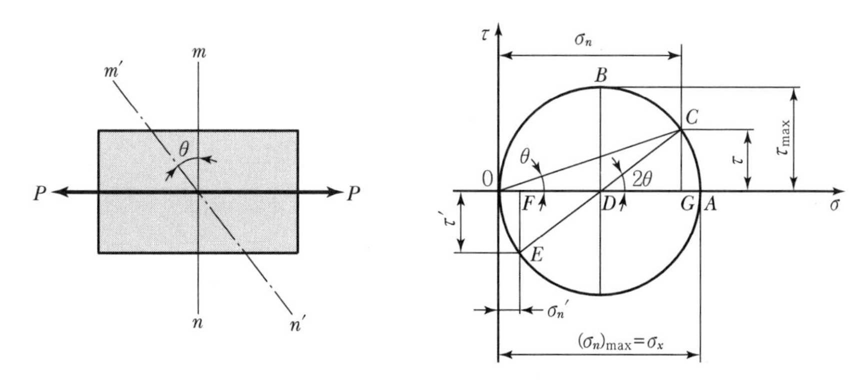

[단순응력의 모어원]

2. 평면응력

1) 직각방향의 수직응력

(1) 평면응력(2축응력)

① 수직응력 : $\sigma_n = \dfrac{\sigma_x + \sigma_y}{2} + \dfrac{\sigma_x - \sigma_y}{2}\cos 2\theta$

② 전단응력 : $\tau = \dfrac{\sigma_x - \sigma_y}{2}\sin 2\theta$

③ $(\sigma_n)_{\max} = (\sigma_n)_{\theta=0} = \sigma_x$, $\tau_{\max} = \tau_{\theta=45^\circ} = \dfrac{\sigma_x - \sigma_y}{2}$

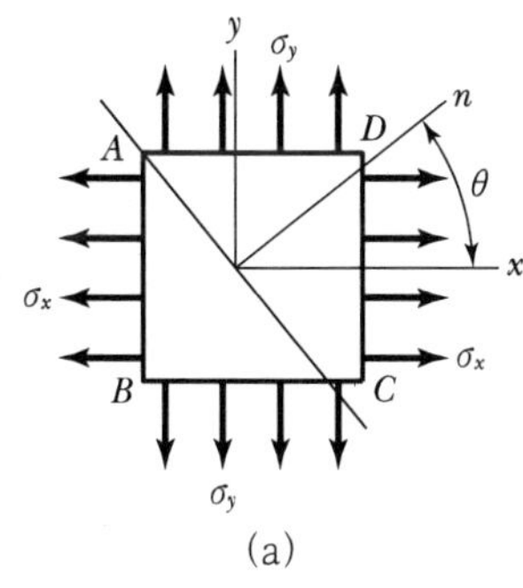

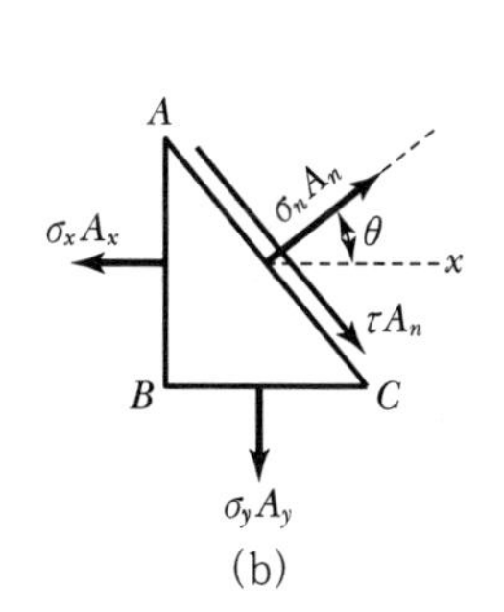

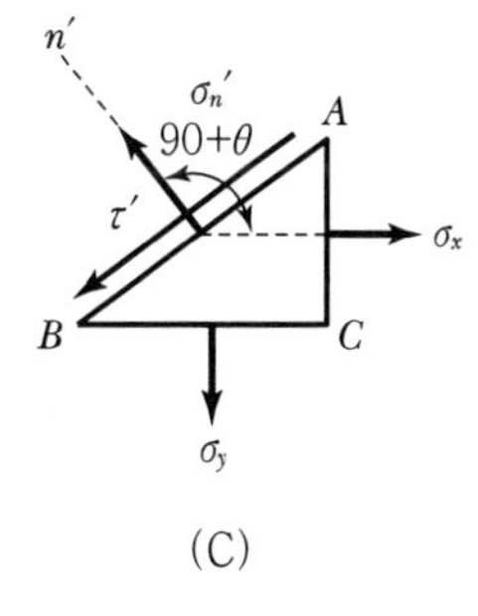

[직각방향의 수직응력]

(2) 2축응력에서 모어의 응력원

① 원의 반지름 : $\dfrac{\sigma_x - \sigma_y}{2}$

② 원점에서 원의 중심까지 : $\dfrac{\sigma_x + \sigma_y}{2}$

③ 법선응력 : $\sigma_n = \dfrac{\sigma_x + \sigma_y}{2} + \dfrac{\sigma_x - \sigma_y}{2}\cos 2\theta$

④ 전단응력 : $\tau = \dfrac{\sigma_x - \sigma_y}{2}\sin 2\theta$

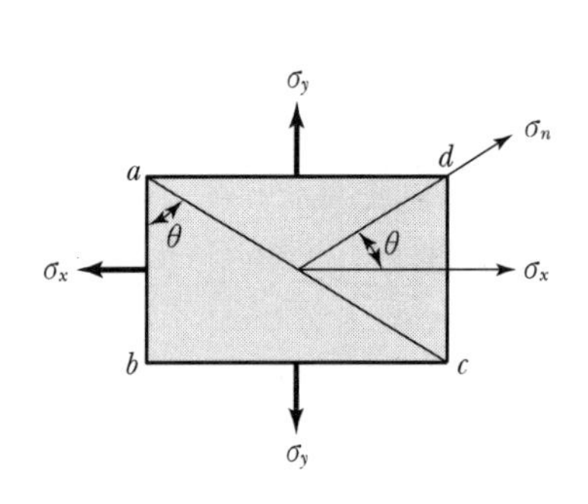

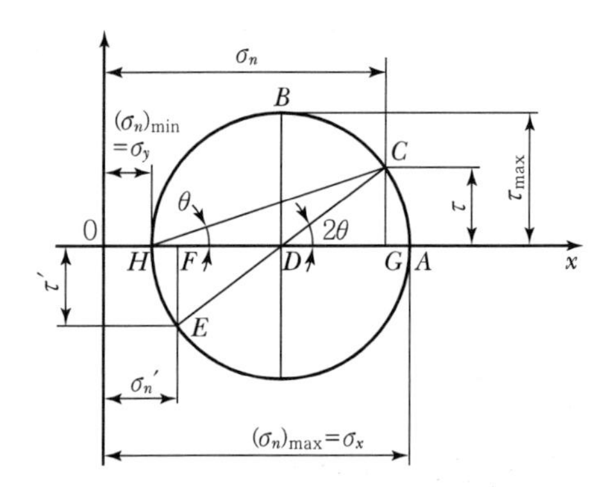

[직각방향의 2축응력에 대한 모어원]

2) 직각방향의 수직응력과 전단응력의 합성

(1) 평면응력(조합응력)

① 수직응력 : $\sigma_n = \dfrac{\sigma_x + \sigma_y}{2} + \dfrac{\sigma_x - \sigma_y}{2}\cos 2\theta - \tau_{xy}\sin 2\theta$

② 전단응력 : $\tau_n = \dfrac{\sigma_x - \sigma_y}{2}\sin 2\theta + \tau_{xy}\cos 2\theta$

③ $\sigma_1 = (\sigma_n)_{\max} = \dfrac{1}{2}(\sigma_x + \sigma_y) + \dfrac{1}{2}\sqrt{(\sigma_x - \sigma_y)^2 + 4{\tau_{xy}}^2}$

④ $\sigma_2 = (\sigma_n)_{\min} = \dfrac{1}{2}(\sigma_x + \sigma_y) - \dfrac{1}{2}\sqrt{(\sigma_x - \sigma_y)^2 + 4{\tau_{xy}}^2}$

⑤ $\tau_{\max} = \pm\dfrac{1}{2}\sqrt{(\sigma_x - \sigma_y)^2 + 4{\tau_{xy}}^2}$

여기서 σ_x와 σ_y의 부호가 같으면 $\tau_{\max} = \dfrac{1}{2}\sigma_1$

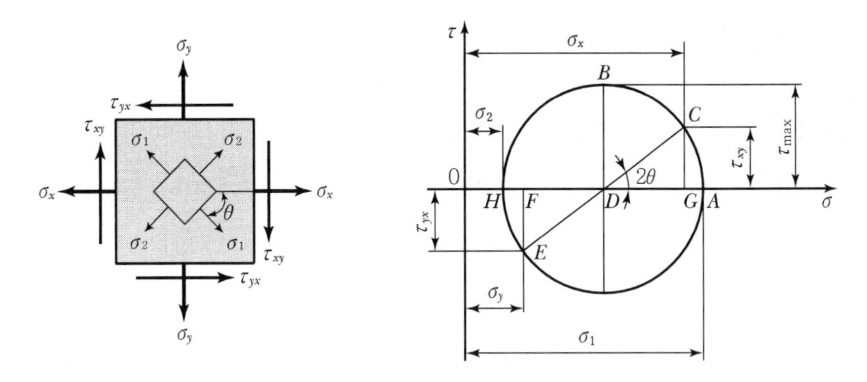

[직각방향의 응력과 전단응력에 대한 모어원]

(2) 평면응력에서의 모어의 응력원

① 원의 반지름(R) : $\dfrac{\sigma_1 - \sigma_2}{2} = \dfrac{1}{2}\sqrt{(\sigma_x - \sigma_y)^2 + 4{\tau_{xy}}^2}$

② $\sigma_1 = (\sigma_n)_{max} = \dfrac{1}{2}(\sigma_x + \sigma_y) + \dfrac{1}{2}\sqrt{(\sigma_x - \sigma_y)^2 + 4{\tau_{xy}}^2}$

③ $\sigma_2 = (\sigma_n)_{min} = \dfrac{1}{2}(\sigma_x + \sigma_y) - \dfrac{1}{2}\sqrt{(\sigma_x - \sigma_y)^2 + 4{\tau_{xy}}^2}$

④ $\tau_{max} = \pm \dfrac{1}{2}\sqrt{(\sigma_x - \sigma_y)^2 + 4{\tau_{xy}}^2}$

⑤ $\sigma_n = \overline{OD} + \overline{CG} = \dfrac{\sigma_x + \sigma_y}{2} + \dfrac{\sigma_x - \sigma_y}{2}\cos 2\theta - \tau_{xy}\sin 2\theta$

CHAPTER 04 평면도형의 성질

1. 단면 1차 모멘트와 도심

임의의 면적 A인 평면도형상에 미소면적 dA를 취하여 그 좌표를 x, y라 할 때 dA에서 X축, Y축까지의 거리를 곱한 양 ydA 및 xdA를 미소면적의 X축, Y축에 대한 1차 모멘트라 하고 그것을 도형의 전면적 A에 걸쳐 적분한 양을 X축, Y축에 대한 단면 1차 모멘트라 한다.

$$G_x = \int_A ydA, \quad G_y = \int_A xdA$$

(G_x : X축에 대한 단면 1차 모멘트, x, y : 도심까지의 거리, G_y : Y축에 대한 단면 1차 모멘트)

1) **도심** : 단면 1차 모멘트가 0이 되는 단면의 중심

2) **도심거리** : $\bar{y} = \dfrac{\int_A ydA}{\int_A dA}$, $\bar{x} = \dfrac{\int_A xdA}{\int_A dA}$

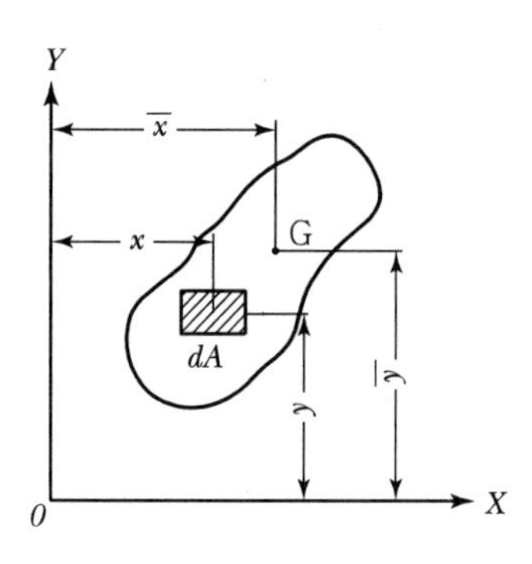

[단면 1차 모멘트와 도심]

2. 단면 2차 모멘트(관성모멘트)와 극관성 모멘트

1) 단면 2차 모멘트(Second Moment of Area)

면적이 A인 도형을 무한히 작은 면적으로 나누어 그 중 임의의 한 미소면적 dA의 도심으로부터 X, Y축에 이르는 거리를 x, y라 할 때, 미소면적 dA와 축까지의 거리 x 또는 y의 제곱을 곱해서 도형 전체에 대하여 총합한 것

$$I_x = \int_A y^2 dA,\ I_y = \int_A x^2 dA \quad (I: 2\text{차 단면 모멘트})$$

$$I_{x'} = I_G + d_{Ay}{}^2 \quad (I_G: \text{도심통과})$$

(1) 사각형

$$I_x = \int y^2 dA = \int_{-\frac{h}{2}}^{\frac{h}{2}} y^2 b dy = 2b\int_0^{\frac{h}{2}} y^2 dy = \frac{bh^3}{12},\ I_y = \frac{hb^3}{12}$$

$$I_z = I_x + d^2 A = \frac{bh^3}{12} + \left(\frac{h}{2}\right)^2 bh = \frac{1}{3}bh^3 y$$

(2) 삼각형

$$x = \frac{b}{h}(h-y),\ I_Z = \int y^2 dA = \int_0^h y^2 x dy = \frac{b}{h}\int_0^h y^2(h-y)dy = \frac{bh^3}{12}$$

$$I_G = I_z - d^2 A = \frac{bh^3}{12} - \left(\frac{h}{3}\right)^2 \frac{bh}{2} = \frac{bh^3}{36} y$$

(3) 사다리꼴

$$h : (h-y) = (b-a) : (x-a),\quad x = b + (a-b)\frac{y}{h}$$

$$I_x = \int_0^h y^2 dA = \int_0^h y^2 x dy = \frac{(3a+b)}{12}h^3$$

$$I_x = \text{사각형} + \text{삼각형} = \frac{ah^3}{3} + (b-a)\frac{h^3}{12} = (3a+b)\frac{h^3}{12}$$

(4) 원형

$$y = \rho\sin\theta,\ dA = \rho d\theta d\rho$$

$$I_x = \int y^2 dA = \int \rho^2 \sin^2\theta \rho d\theta d\rho = \int_0^{2\pi} (\int_0^r \rho^3 d\rho) \sin^2\theta d\theta$$

$$= \frac{r^4}{4} \int_0^{2\pi} \sin^2\theta d\theta = \frac{r^4}{4} \left[\frac{\theta}{2} - \frac{\sin 2\theta}{4} \right]_0^{2\pi} = \frac{\pi r^4}{4} = \frac{\pi d^4}{64}$$

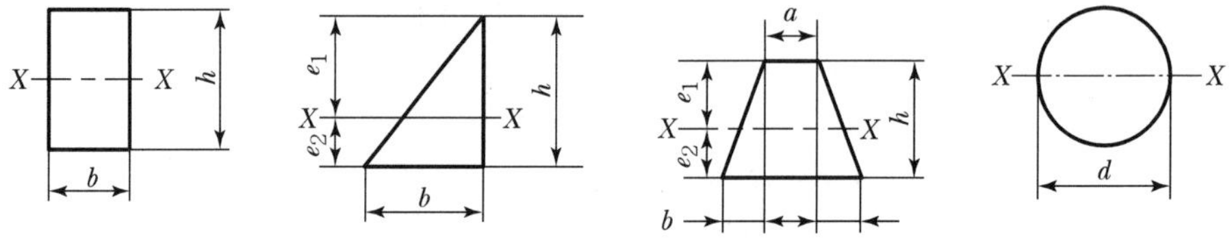

[사각형] [삼각형] [사다리꼴] [원형]

2) 극관성 모멘트(단면 2차 극모멘트)(Polar Moment of Inertia)

임의의 미소면적을 dA라 하고, X축, Y축의 0점을 극으로 하면, dA에서 극 0점까지의 거리는 r이므로 극관성 모멘트(또는 단면 2차 극모멘트) I_p는 다음과 같다.

$$I_p = \int_A r^2 dA = \int_A (x^2 + y^2) dA = \int_A x^2 dA + \int_A y^2 dA = I_x + I_y [\text{cm}^4]$$

그러므로 I_p는 X축, Y축에 대한 두 관성 모멘트를 합한 것과 같고 두 직교축이 대칭일 때는 $I_x = I_y$이므로

$$I_p = 2I_x = 2I_y \quad \therefore \ I_x = I_y = \frac{I_p}{2}$$

즉, 극관성 모멘트(또는 극단면 2차 모멘트)는 관성 모멘트의 2배이다.

(1) 사각형 도심 G에 대한 극관성 모멘트

$$I_p = I_x + I_y = \frac{bh^3}{12} + \frac{hb^3}{12} = \frac{bh(h^2 + b^2)}{12}$$

(2) 원형 도심 G에 대한 극관성 모멘트

$$I_p = I_x + I_y = 2I_x = 2I_y = \frac{\pi d^4}{32}$$

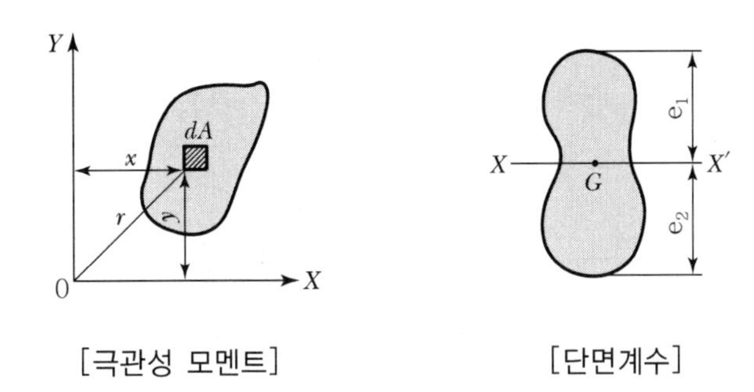

[극관성 모멘트] [단면계수]

3. 단면계수와 회전반경

1) 단면계수

축의 2차 모멘트(관성 모멘트) I를 도심 G를 통과하는 XX'축에서 단면의 외주까지의 거리 e_1 또는 e_2로 나눈 값을 단면계수라 한다.

$$\text{단면계수}(Z) = \frac{\text{도심축에 관한 단면 2차 모멘트}}{\text{도심에서 끝단까지의 거리}}$$

$$Z_1 = \frac{I_G}{e_1},\ Z_2 = \frac{I_G}{e_2}$$

$$\text{극단면계수}(Z_p) = \frac{\text{도심축에 관한 단면 2차 극모멘트}}{\text{도심에서 끝단까지의 거리}}$$

$$Z_p = \frac{I_p}{e} = \frac{I_p}{r}$$

2) 회전반경(Radius Gyration)

주어진 축에 대한 이 도형의 관성 모멘트 크기가 주어진 축에 대한 분포된 면적의 관성 모멘트와 같은 경우 주어진 축까지의 거리를 회전반경, 관성반경 혹은 단면 2차 반경이라 한다.

즉, 관성 모멘트를 그 면적으로 나눈 값의 평방근을 말한다.

$$\text{회전반경}(k) = \sqrt{\frac{\text{관성 모멘트(단면2차 모멘트)}}{\text{단면적}}} = \sqrt{\frac{I_G}{A}}$$

4. 평행축 정리

축 X와 거리가 m 만큼 떨어진 동일평면 : $I_x' = I_x + m^2 A$ (A : 전면적)

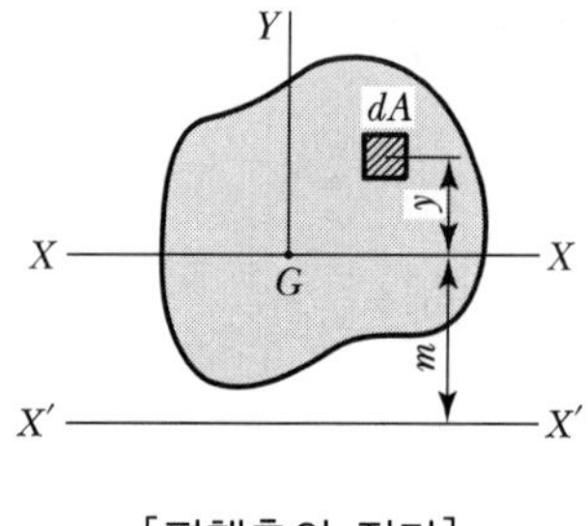

[평행축의 정리]

5. 상승 모멘트와 주축

1) 단면상승 모멘트

$$I_{xy} = \int_A xy dA (\text{대칭이면 } I_{xy} = 0)$$

2) 상승 모멘트

$$\tan 2\theta = \frac{-2I_{xy}}{I_x - I_y}$$

CHAPTER 05 축의 비틀림(Torsion)

1. 도형축의 비틀림

원형 단면축의 비틀림 : $\tau = G\gamma = \frac{G\delta_s}{L} = \frac{Gr\theta}{L}$

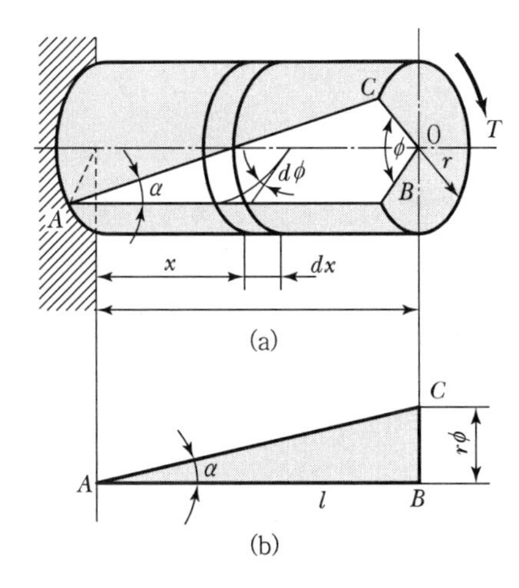

[원형축의 비틀림]

2. 동력축(Power Shaft)

축의 강도(强度)

(1) 축의 강도와 축지름

① 실축의 경우 : $T = Z_p\tau = \frac{\pi d^3}{16}\tau,\ d = \sqrt[3]{\frac{16T}{\pi\tau}}$

(T : 비틀림저항모멘트, Z_p : 극단면계수)

② 중공축의 경우 : $T = Z_p\tau = \frac{\pi}{16}d_2^{\,3}\left(1-\left(\frac{d_1}{d_2}\right)^4\right)\tau$

$$d_2 = \sqrt[3]{\frac{16T}{\pi\tau(1-x^4)}} \quad (\text{단, } x = \frac{d_1}{d_2})$$

⑵ 전달동력과 축지름

① 중실축의 경우 : $T=71{,}620\dfrac{H_{ps}}{N}\text{kg}\cdot\text{cm}=\dfrac{\pi d^3}{16}\tau,\ d\approx 71.5\sqrt[3]{\dfrac{H_{ps}}{\tau\cdot N}}[\text{cm}]$

$$T=97{,}400\frac{H_{kW}}{N}\text{kg}\cdot\text{cm}=\frac{\pi d^3}{16}\tau,\ d\approx 79.2\sqrt[3]{\frac{H_{kW}}{\tau\cdot N}}$$

② 중공축의 경우 : $H=\dfrac{Tw}{75\times 100}=\dfrac{2\pi NT}{75\times 100\times 60}$

$$d_2=79.2\sqrt[3]{\frac{H_{kW}}{\tau\cdot N(1-x^4)}}=\frac{d}{\sqrt[3]{1-x^4}}$$

⑶ 축의 강성도(剛性度)

$$\tau=\frac{Gr\theta}{l},\ \theta=\frac{\tau l}{Gr}=\frac{Tl}{GI_p}(\text{rad}),\ \theta^\circ=57.3\frac{Tl}{GI_p}=584\frac{Tl}{Gd^4}=\frac{180}{\pi}\frac{32}{\pi d^4}\frac{Tl}{G}$$

⑷ 바흐(Bach)의 축공식

① 실축의 경우 : $\theta=(1/4)^\circ,\ G=0.81\times 10^6\text{kg/cm}^2,\ L=1\text{m}$

$$T=\frac{GI_p\theta}{l}=71{,}620\frac{H_{ps}}{N},\ d=12\sqrt[4]{\frac{H_{ps}}{N}}=13\sqrt[4]{\frac{H_{kW}}{N}}$$

② 중공축의 경우 : $d_2\approx 12\sqrt[4]{\dfrac{H_{ps}}{N(1-x^4)}}=13\sqrt[4]{\dfrac{H_{kW}}{N(1-x^4)}}[\text{cm}]$

3. 비틀림 탄성에너지

비틀림을 받는 원형축은 토크에 의하여 생긴 에너지를 축 속에 저장시키는데, 이 에너지를 탄성에너지 또는 변형률 에너지라 한다.

$$U=\frac{1}{2}T\phi=\frac{T}{2}\times\frac{Tl}{GI_p}=\frac{T^2l}{2GI_p}=\frac{GI_p\phi^2}{2l}$$

이 식에 $T=\dfrac{\pi d^3}{16}\tau,\ I_p=\dfrac{\pi d^4}{32}$

축 전체의 탄성 변형에너지 : $U=\dfrac{{\tau_{\max}}^2}{4G}\pi r^2 l=\dfrac{T^2l}{2GI_p}=\dfrac{1}{2}T\phi=\dfrac{\tau^2}{4G}V$

중공 원형축 : $U=\dfrac{\tau^2}{4G}\left[1+\left(\dfrac{d_1}{d_2}\right)^2\right]\dfrac{\pi}{4}({d_2}^2-{d_1}^2)l$

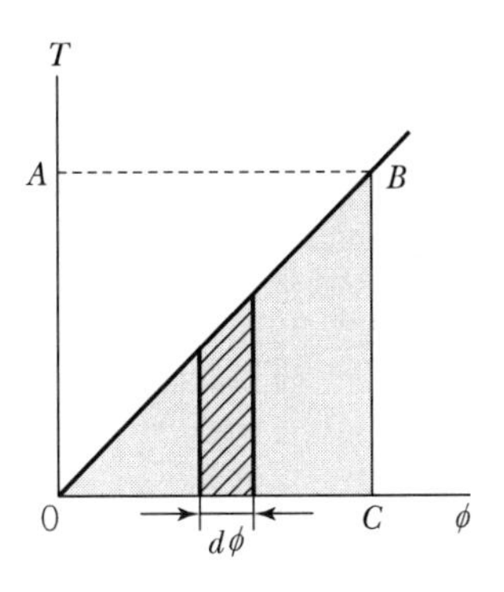

[비틀림 선도]

4. 코일 스프링(Coil Spring)

$$T = P \times R = Z_p \times \tau$$

$$\tau_1 = \frac{PR}{\frac{\pi d^3}{16}} = \frac{8PD}{\pi d^3} \text{(스프링소선의 비틀림응력)}$$

$$\tau_2 = \frac{P}{\frac{\pi d^2}{4}} \text{(전단응력에 의한 전단응력)}$$

$$\tau_{\max} = \tau_1 + \tau_2 = \frac{16PR}{\pi d^3} + \frac{4P}{\pi d^2} = \frac{16PR}{\pi d^3}\left(1 + \frac{d}{4R}\right) = \frac{16PR}{\pi d^3}\left(\frac{4m-1}{4m-4} - \frac{0.615}{m}\right)$$

$$(m = \frac{D}{d})$$

1) 처짐각(θ) : $\theta = \frac{Tl}{GI_p} = \frac{32Tl}{G\pi d^4} = \frac{64PR^2n}{Gd^4}$ $(T = PR,\ l = 2\pi Rn)$

2) 처짐(δ) : $U = T\frac{\theta}{2} = \frac{1}{2}PR\frac{64PR^2n}{Gd^4} = \frac{1}{2}P\delta,\ \delta = \frac{8PD^3}{Gd^4}n$

3) 스프링 상수(K) : $P = K\delta,\ K = \frac{P}{\delta} = \frac{Gd^4}{8D^3n}$

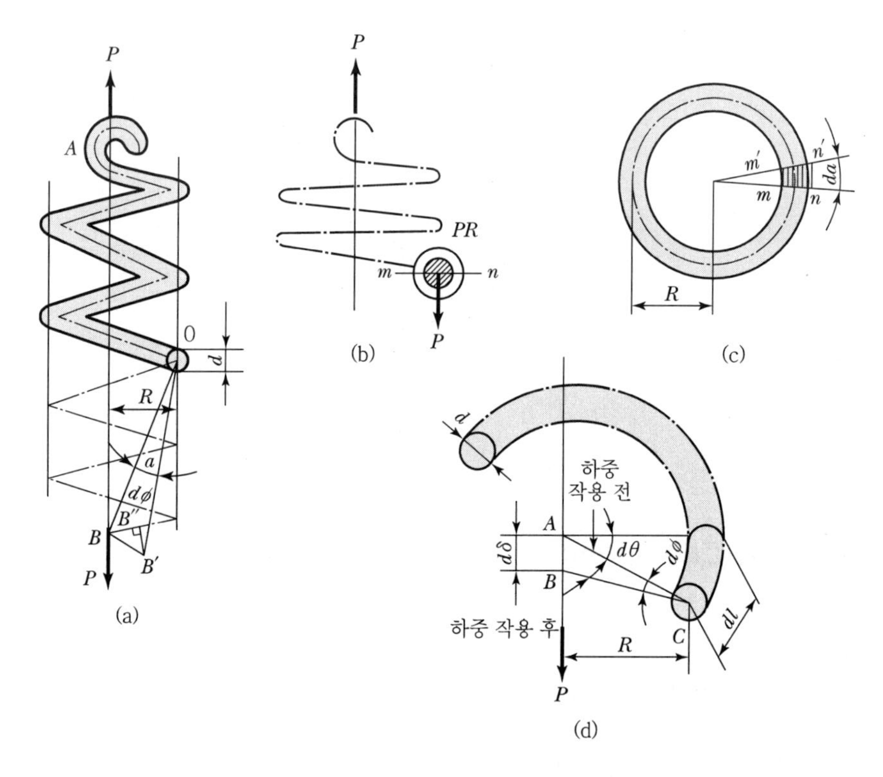

[코일스프링의 전단력과 처짐]

CHAPTER 06 보(Beam)의 전단과 굽힘

1. 보의 종류

1) 정정보

(1) 단순보(Simple Beam)
(2) 외팔보(Cantilever Beam)
(3) 돌출보(Over Hanging Beam)
(4) 겔버보(Gerber Beam)

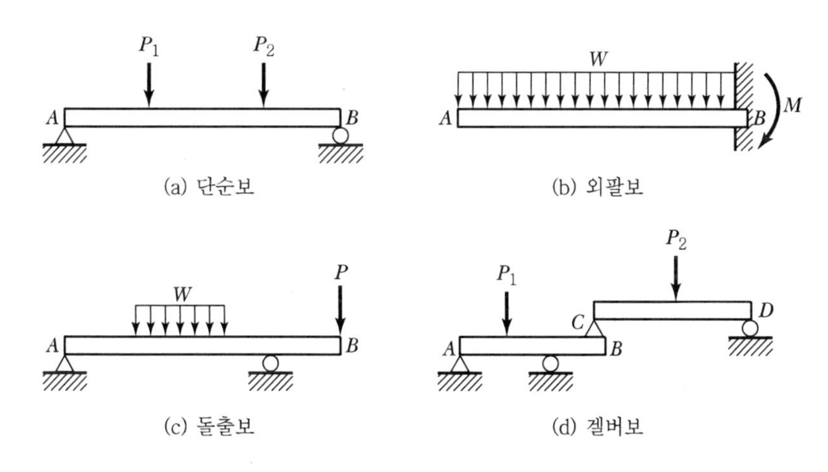

[정정보의 종류]

2) 부정정보

(1) 고정지지보(One End Fixed Other End Supported Beam)
(2) 양단지지보(Both Ends Fixed Beam)
(3) 연속보(Continuous Beam)

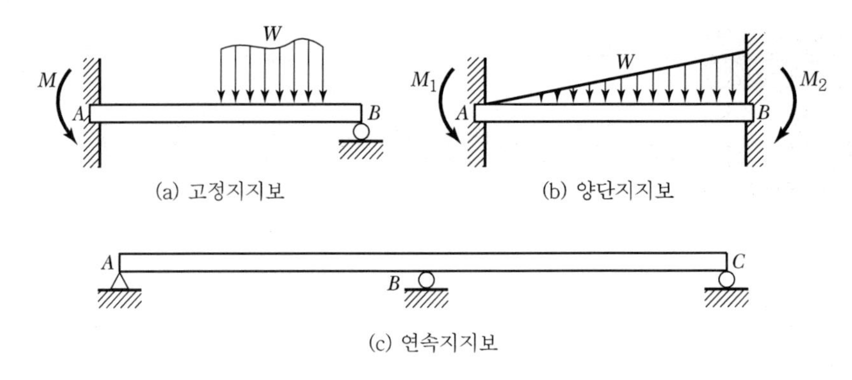

[부정정보의 종류]

2. 평형조건과 부호의 규약

1) 평형조건

보에 하중이 작용하는 경우 항상 안정된 평형상태를 유지하기 위해서는 그 지점에 반작용으로 하중에 저항하는 힘이 작용하는데 그 저항하는 힘을 반력(Reaction)이라 한다.

(1) 보의 작용하는 하중과 반력의 대수의 합은 0이어야 한다.($\Sigma F_i = 0$)

(2) 보의 임의점에 대한 굽힘 모멘트의 대수의 합은 0이어야 한다.($\Sigma M_i = 0$)

2) 부호의 규약

(1) 보에 작용하는 전단력을 V라 하면 우측보다 좌측을 밀어올리는 것을 +(양)로, 그 반대를 −(음)로 한다.

(2) 보에 작용하는 굽힘 모멘트를 M이라 하면 위쪽으로 오목한 것을 +(양)로, 그 반대로 위쪽으로 볼록한 것을 −(음)로 한다.

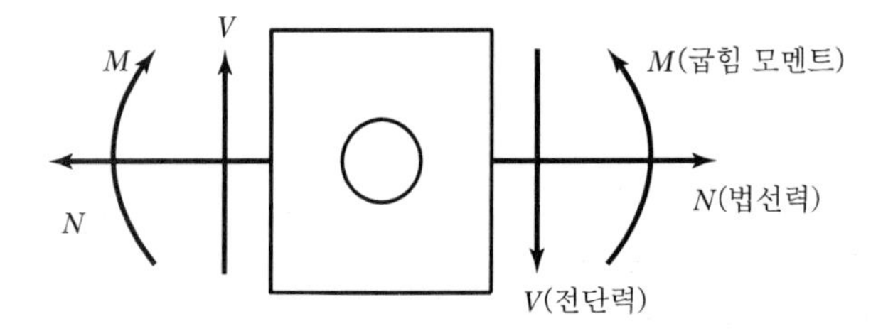

[부호의 규약]

(3) 전단력과 굽힘 모멘트의 미분 정의식

$$\frac{dM}{dx}=V,\ \frac{dV}{dx}=-w,\ \frac{d^2M}{dx^2}=\frac{dV}{dx}=-w$$

$$V=-\int wdx,\ M=\int Vdx=\iint wdxdx$$

3. 전단력 선도(SFD)와 굽힘모멘트 선도(BMD)

1) 단순보(Simple Beam)

(1) 집중하중을 받는 경우

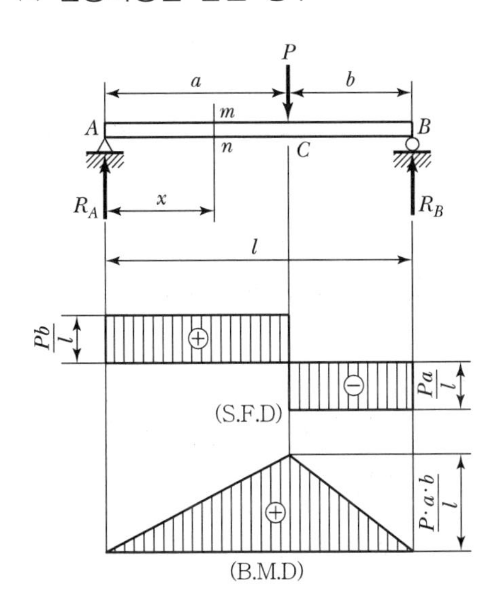

[집중하중을 받는 단순보]

(2) 등분포하중을 받는 경우

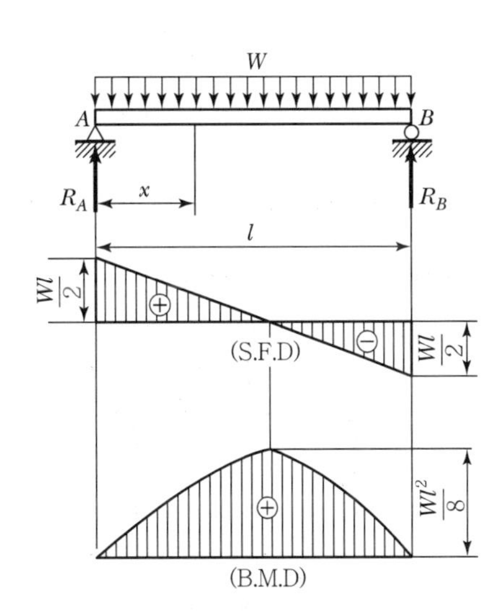

[등분포하중을 받는 단순보]

2) 외팔보(Cantilever Beam)

(1) 집중하중을 받는 경우

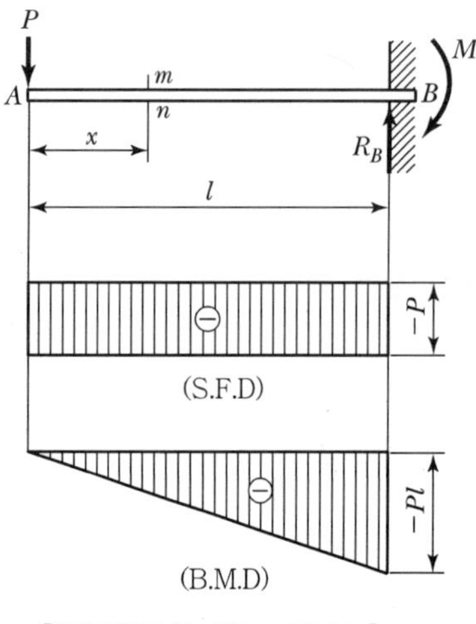

[집중하중을 받는 외팔보]

(2) 등분포하중을 받는 경우

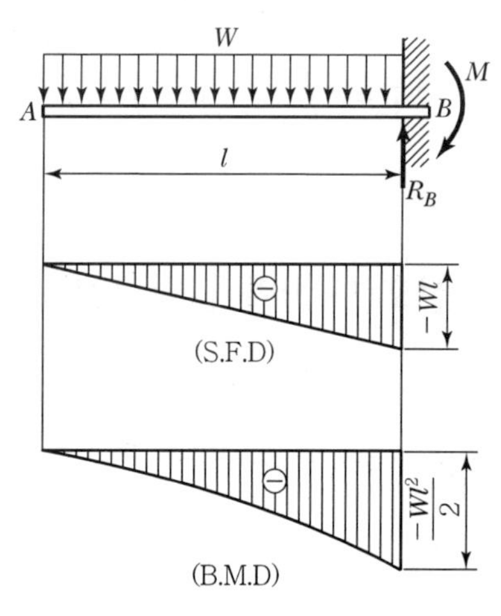

[등분포하중을 받는 외팔보]

3) 돌출보(내다지보 : Over Hanging Beam)

(1) 집중하중을 받는 경우

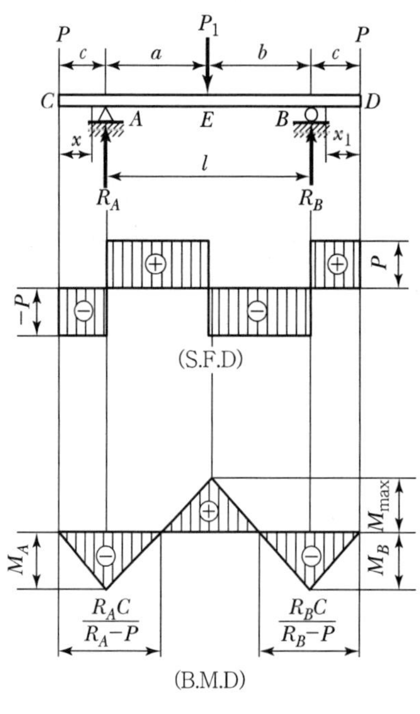

[집중하중을 받는 돌출보]

(2) 등분포하중을 받는 경우

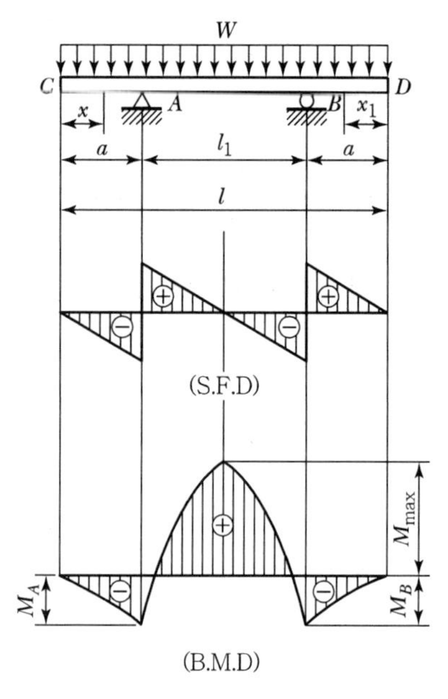

[등분포하중을 받는 돌출보]

보의 응력

1. 보의 굽힘응력(Bending Stress In Beam)

보의 단면에 굽힘 모멘트가 작용하면 수직응력이 생기는데 이것을 굽힘응력이라 하며, 수직하중을 받는 보에서의 $\overline{CD}$ 부분처럼 전단력이 걸리지 않고 굽힘 모멘트만 걸리는 부분의 상태를 순수굽힘(Pure Bending) 상태라 한다.

이와 같은 상태에서 구부러진 보를 보면 상부는 줄고, 하부는 늘어난다. 이때 줄지도 늘지도 않는 CD 면이 있는데 이 면을 중립면이라 하고, 이 중립면과 다른 단면의 교선을 그 단면의 중립축이라 한다.

또, 구부러짐이 일어나는 하중면과 중립면과의 교선을 탄성곡선이라고 하며, 이러한 변형이 일어나면 두 인접 단면 mn과 pq는 점 O에서 서로 만난다. 이들이 이루는 미소각을 $d\theta$라 하고 곡률반경(Radius of Curvature)을 ρ라 하면 탄성곡선의 곡률은 $1/\rho$로 되고, 중립면 CD에서 임의의 거리 y만큼 떨어진 cd면의 변형은

$$cd' = ab = dx = \rho d\theta,\ dd' = cd - cd' = (\rho + y)d\theta - \rho d\theta = yd\theta$$

그러므로 cd에서 변형률

$$\varepsilon = \frac{dd'}{cd'} = \frac{yd\theta}{\rho d\theta} = \frac{y}{\rho}$$

Hooke의 법칙에 대입하면

1) 순수 굽힘상태(C-D구간)

(1) $\sigma = E\varepsilon = \dfrac{Ey}{\rho}\left(y = \dfrac{L}{2}\right),\ M = \dfrac{EI}{\rho} \rightarrow \dfrac{1}{\rho} = \dfrac{M}{EI}$

(2) $\sigma = \dfrac{EyM}{EI},\ M = \dfrac{\sigma I}{y} = \dfrac{\sigma I}{e} = \sigma Z$

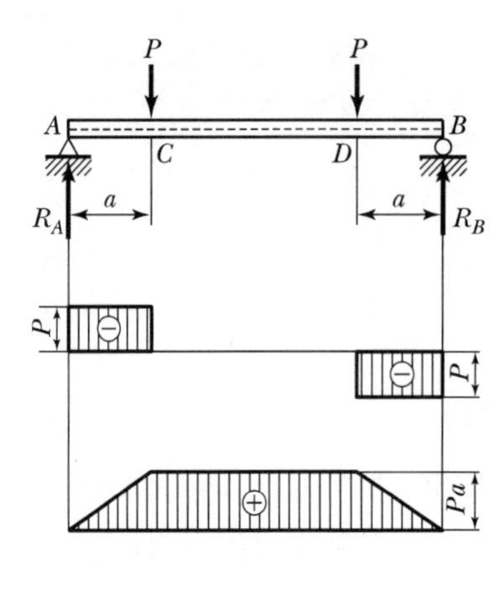

[수직하중을 받는 보]

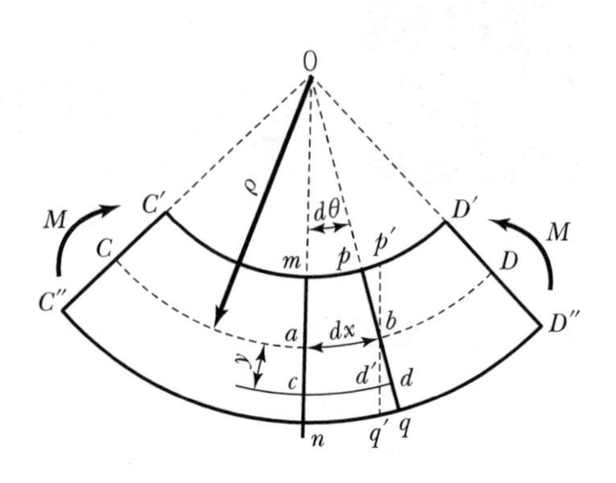

[보의 굽힘응력]

2) 각 단면의 형상에 대한 단면계수(Z)

(1) 사각형 단면 : $I=\dfrac{bh^3}{12},\ Z=\dfrac{I}{e}=\dfrac{bh^2}{6}=\dfrac{Ah}{6}$

(2) 원형 단면 : $I=\dfrac{\pi d^4}{64},\ Z=\dfrac{I}{e}=\dfrac{\pi d^3}{32}=\dfrac{Ad}{8}$

(3) 정사각형과 원형 단면의 비교

단면적이 같을 때 $\dfrac{\pi d^2}{4}=h^2,\ h=\dfrac{\sqrt{\pi}\,d}{2},\ \dfrac{Z_{사각}}{Z_{원}}=1.18$

정사각형이 18%만큼 더 경제적임

2. 보의 전단응력(Shearing Stress In Beam)

보가 하중을 받아 구부러지면 횡단면에 전단력이 일어나는데, 이 전단력은 그 단면상에 어떤 상태로 분포하는 전단응력 τ의 합력이다.

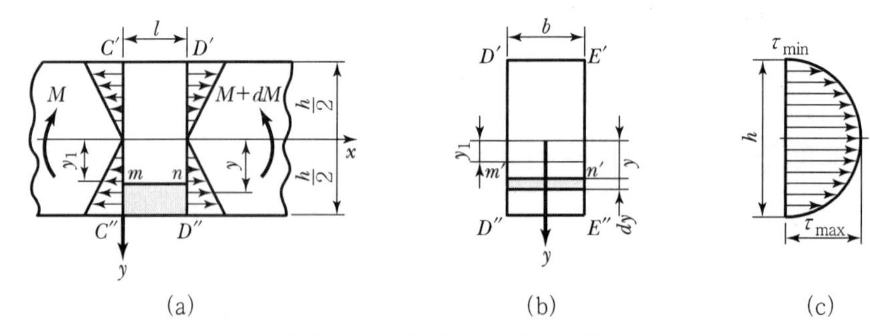

(a) (b) (c)

[직사각형 단면보의 전단응력]

그림의 (a)에서 $C'C''$에 작용하는 굽힘 모멘트를 M, $D'D''$에 작용하는 굽힘 모멘트를 $M+dM$이라 하면, mC''의 한 미소면적 dA상의 법선력은 σdA상의 법선력은 $\sigma dA = \frac{My}{I}dA$이고, 임의의 높이 y_1인 평면상의 전단응력을 τ라 하면 mn면상의 전단력은 τbl이 된다. 또 수평과 세로면상에 같은 크기의 공액 전단응력이므로 $\tau_{xy} = \tau_{yx}$이고 보의 임의의 단면에서 수평방향의 힘은 평형이 되어야 하므로

$$\tau bl + \int_{y_1}^{h/2} \frac{My}{I} dA = \int_{y_1}^{h/2} \frac{(M+dM)y}{I} dA$$

$$\therefore \ \tau = \frac{dM}{l} \frac{1}{bI} \int_{y_1}^{h/2} y dA$$

위 식에서 dM/l은 전단력 F이고, $\int_{y_1}^{h/2} y dA$는 보의 $m'n'D''E''$의 중립축에 관한 일차 모멘트 Q라 하면 $\tau = \frac{FQ}{bl}$

1) 직사각형 단면

직사각형 단면 : $\tau_{\max} = \frac{Ve^2}{2I} = \frac{3V}{2A} = \frac{3}{2}\tau_{ave}$

2) 원형 단면

원형 단면 : $\tau = \frac{4V}{3A} = \frac{4}{3}\tau_{ave}$

3. 굽힘과 비틀림에 의한 조합응력(Combined Stresses Due To Bending and Tortion)

축에 굽힘 모멘트와 비틀림 모멘트가 동시에 작용하는 경우 이들의 작용을 합성한 상당굽힘 모멘트(Equivalent Bending Moment) M_e와 상당비틀림 모멘트(Equivalent Twisting Moment) T_e를 도입한다.

상당비틀림 모멘트 : $T_e = \sqrt{T^2 + M^2}$, $\tau_a = \frac{T_e}{Z_p} = \frac{16}{\pi d^3} T_e$

상당굽힘 모멘트 : $M_e = \frac{M + T_e}{2}$, $\sigma_a = \frac{M_e}{Z} = \frac{32}{\pi d^3} M_e$

축에는 M_e 또는 T_e가 단독으로 작용하는 것으로 생각하여 축지름을 계산할 수 있다.

중실축의 경우 $d=\sqrt[3]{\dfrac{10.2M_e}{\sigma_a}}$: 취성재료, $d=\sqrt[3]{\dfrac{5.1T_e}{\tau_a}}$: 연성재료

중공축의 경우 $d=\sqrt[3]{\dfrac{10.2M_e}{(1-n^4)\sigma_a}}$: 취성재료, $d=\sqrt[3]{\dfrac{5.1T_e}{(1-n^4)\tau_a}}$: 연성재료

중간 재료는 두 식에서 안전한 것을 택한다.

[문제] **파손의 법칙**

1. 개요

일반적으로 기계부품은 조합응력의 상태로 사용되는 수가 많은데 이때의 파손조건을 제시하는 것이 파손의 법칙이며 응력, 변형률 또는 에너지의 조건식으로 표시된다. 정하중이고 응력분포가 균일한 경우 많은 학설이 제기되어 있는 바, 다음에 설계에 흔히 쓰이는 주요 학설의 내용을 설명하고자 한다.

2. 학설의 종류 및 내용

(1) 최대 주 응력설(Rakine의 설)

① 최대 주응력이 인장 또는 압축의 한계응력에 이르렀을 때 파손된다.

② 이 학설은 취성재료의 분리파손에 적용된다.

③ 취성재료의 축이 굽힘 모멘트 M과 비틀림 모멘트 T를 동시에 받을 경우 Rankine의 식 $M_e=\dfrac{1}{2}(M+\sqrt{M^2+T^2})$에 의하여 상당굽힘 모멘트 M_e를 구하고 이로부터 σ_1을 산출한다.

(2) 최대 전단 응력설(Coulomb, Guest의 설)

① 최대 전단응력 τ_1이 항복 전단응력 τ_y에 이르렀을 때 파손된다.

② 이 학설은 연성재료의 파손에 적용되며 기계요소의 강도설계에 가장 많이 사용된다.

③ 연성재료의 축이 M, T를 동시에 받을 때에는 Guest의 식 $T_e=\sqrt{M^2+T^2}$에 의하여 상당 비틀림 모멘트 T_e를 구하고 이로부터 τ_1을 산출하면 된다.

(3) 최대 주 변형률설(St. Venant의 설)

최대 주 변형률 ε_1이 단순 인장 또는 단순 압축일 때의 항복점에 있어서의 변형률 ε_f에 이르렀을 때 탄성 파손이 일어난다. $\varepsilon_1=\varepsilon_f$

(4) 최대 변형에너지설(Huber, Mises의 설)

① 변형에너지는 체적의 변형에너지와 전단의 변형에너지의 합이다. 이 전단의 변형에너지가 재료에 고유한 일정 값, 즉 단순 인장의 항복점에 있어서의 전단 변형에너지에 이르렀을 때 파손된다.

$$\sigma_y=\frac{1}{\sqrt{2}}\sqrt{(\sigma_1-\sigma_2)^2+(\sigma_2-\sigma_3)^2+(\sigma_3-\sigma_1)^2}$$

② 여기서 $\sigma_1=\sigma_2$일 때는 $\sigma_y=\sigma_1-\sigma_3$가 되고 $\tau_{max}=\dfrac{\sigma_1-\sigma_3}{2}=\dfrac{\sigma_y}{2}$가 되므로 최대 전단응력설과 일치한다.

③ 이 설은 연성재료의 미끄럼 파손에 가장 가깝게 일치하나 실제로는 식이 약간 복잡하므로 이 설에 가까운 최대 전단응력설이 사용되며 양 학설의 차이는 15% 이내이다.

(5) 기타

Mohr의 설, 전변형 에너지설, 내부 마찰설 등의 이론이 제안되고 있다.

CHAPTER 08 보의 처짐

보에 수직하중이 작용하면 보의 축 중심선이 구부러져 곡선이 되는데 이 구부러진 중심선을 처짐곡선(Deflection Curve) 또는 탄성곡선(Elastic Line)이라 하고 구부러지기 전의 중심선과 구부러진 곡선까지의 수직변위를 처짐(Deflection)이라 한다.

1. 처짐량 구하는 방법과 부호규약

1) 처짐량을 구하는 방법

(1) 처짐곡선의 미분 방정식을 풀어서 구하는 방법

(2) 면적 모멘트에 의한 방법

(3) 탄성에너지를 이용하는 방법

2) 부호규약

(1) Deflection : 하향+, 상향-

(2) Deflection Angle 부호 : 시계방향+, 반시계방향-

2. 처짐곡선의 미분 방정식

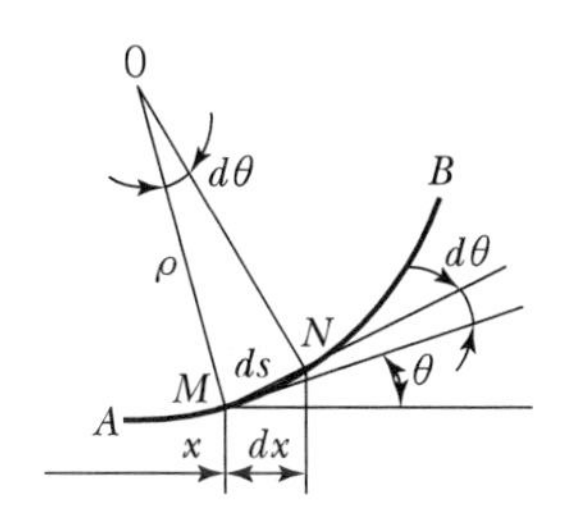

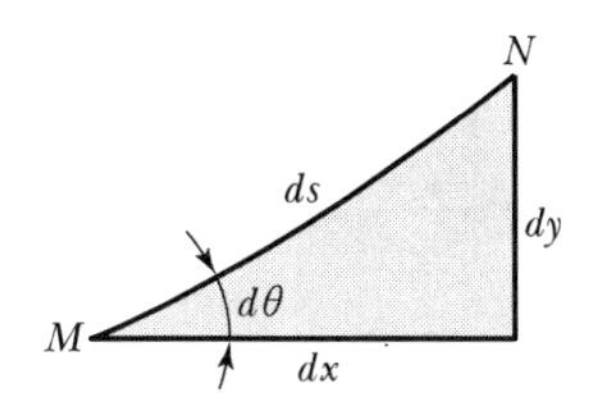

[보의 처짐]

① Bending Moment : $EI\frac{d^2y}{dx^2}=-M$

② 처짐각 : $EI\frac{dy}{dx}=-\int M_x dx + C_1$

③ 처짐 : $EIy=-\iint M_x dx + C_1 x + C_2$, ($EI$: 휨강성, C_1, C_2 : 적분상수)

④ 처짐의 부호 규약

$$y=\delta,\ \frac{dy}{dx}=\theta,\ EI\frac{d^2y}{dx^2}=-M,\ EI\frac{d^3y}{dx^3}=-\frac{dM}{dx}=-V$$

$$EI\frac{d^4y}{dx^4}=-\frac{d^2M}{dx^2}=\frac{-dV}{dx}=w$$

1) 외팔보의 처짐

(1) 집중하중을 받는 경우

$$EI\frac{d^2y}{dx^2}=-M=Px,\ EI\frac{dy}{dx}=\frac{Px^2}{2}+C_1,\ EIy=\frac{Px^3}{6}+C_1x+C_2$$

점 B, 즉 $x=l$일 때 $\frac{dy}{dx}=0$이므로 $C_1=-\frac{Pl^2}{2}$이고, $y=0$이므로

$C_2=\frac{Pl^3}{3}$이 된다.

정리하면 $\frac{dy}{dx}=\frac{P}{2EI}(x^2-l^2)$, $y=\frac{P}{6EI}(x^3-3l^2x+2l^3)$

최대 처짐각과 최대 처짐량은 $x=0$일 때 일어나므로

$$\theta=\frac{PL^2}{2EI},\ \delta=\frac{PL^3}{3EI}$$

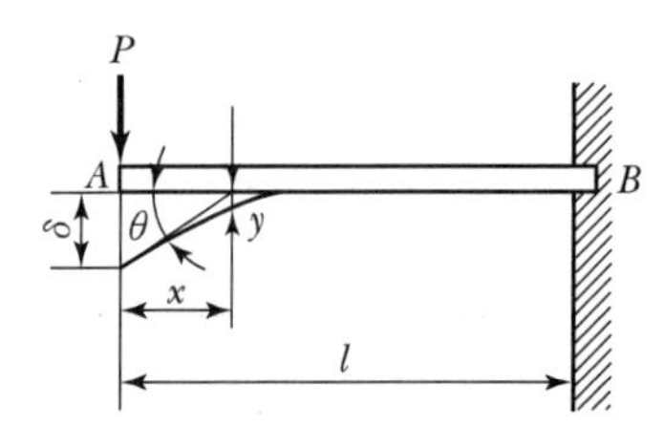

[집중하중을 받는 외팔보의 처짐]

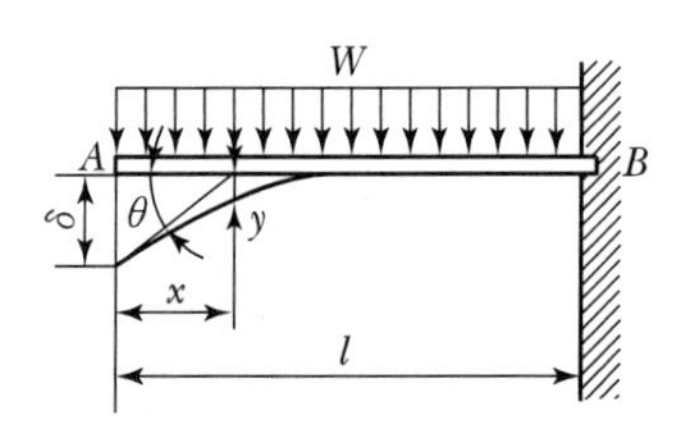

[등분포 하중을 받는 외팔보의 처짐]

(2) 등분포하중을 받는 경우

$$M = -EI\frac{d^2y}{dx^2} = -\frac{W x^2}{2}$$

$$\theta_{\max} = \left(\frac{dy}{dx}\right)_{\max} = -\frac{Wl^3}{6EI}, \quad \delta_{\max} = y_{\max} = \frac{Wl^4}{8EI}$$

2) 단순보의 처짐

(1) 집중하중을 받는 경우

$$M = -EI\frac{d^2y}{dx^2} = -\frac{P}{2}x$$

$x = \frac{l}{2}$일 때 $\frac{dy}{dx} = 0$이고 $x = 0$일 때 $y = 0$이다.

$$\theta_{\max} = \left(\frac{dy}{dx}\right)_{\max} = -\frac{Pl^2}{16EI}, \quad \delta_{\max} = y_{\max} = -\frac{Pl^3}{48EI}$$

(2) 등분포하중을 받는 경우

$$M = -EI\frac{d^2y}{dx^2} = -\frac{Wl}{2}x - \frac{Wx^2}{2}$$

$x = \frac{l}{2}$일 때 $\frac{dy}{dx} = 0$이고 $x = 0$일 때 $y = 0$이다.

$$\theta_{\max} = \left(\frac{dy}{dx}\right)_{\max} = -\frac{Wl^3}{24EI}, \quad \delta_{\max} = y_{\max} = -\frac{5\,Wl^4}{384EI}$$

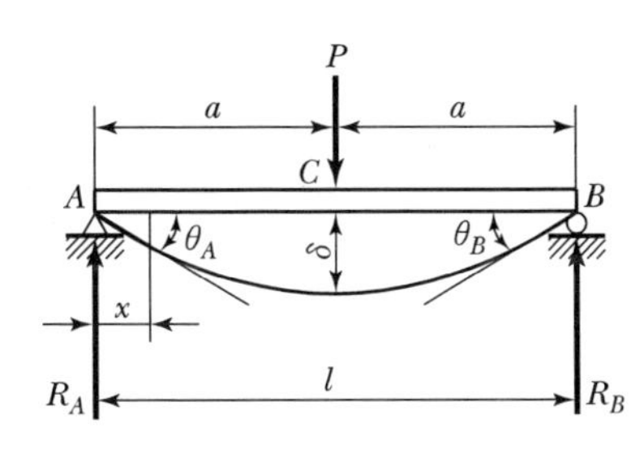

[집중하중을 받는 단순보의 처짐]

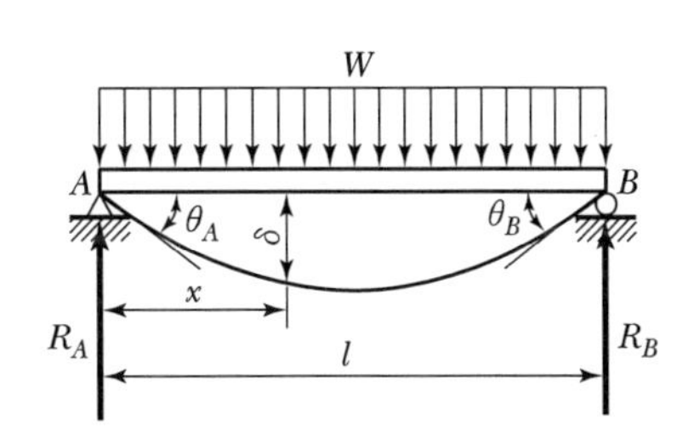

[등분포하중을 받는 단순보의 처짐]

3. 면적 모멘트법(Moment Area Method)

- 처짐각 : $\theta=\dfrac{A_m}{EI}$
- 처짐량 : $\delta=\dfrac{\bar{x}A_m}{EI}$ (A : 모멘트 선도의 면적, $\bar{x}$: 면적의 도심)

1) 외팔보

(1) 집중하중을 받는 경우

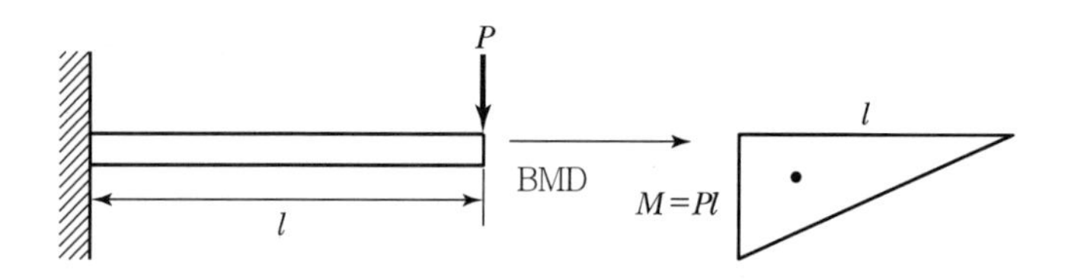

[집중하중을 받는 외팔보]

$$\theta=\frac{A_m}{EI}=\frac{1}{EI}\left(\frac{1}{2}PLL\right)=\frac{PL^2}{2EI},\ \ \delta=\frac{\bar{x}A_m}{EI}=\frac{1}{EI}\left(\frac{2L}{3}\cdot\frac{PL^2}{2}\right)=\frac{PL^3}{3EI}$$

(2) 등분포하중을 받는 경우

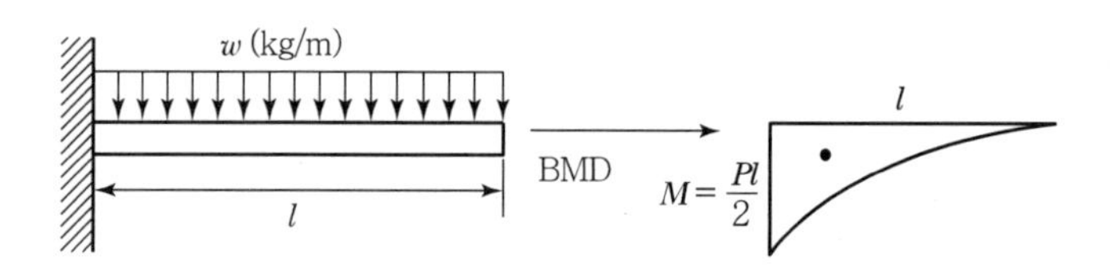

[집중하중을 받는 외팔보]

$$\theta=\frac{A_m}{EI}=\frac{1}{EI}\left(\frac{1}{3}\cdot\frac{wL^2}{2}\cdot L\right)=\frac{wL^3}{6EI}\delta=\bar{x}\frac{A_m}{EI}=\frac{1}{EI}\left(\frac{3L}{4}\cdot\frac{wL^3}{6}\right)=\frac{wL^4}{8EI}$$

2) 단순보

(1) 집중하중을 받는 경우

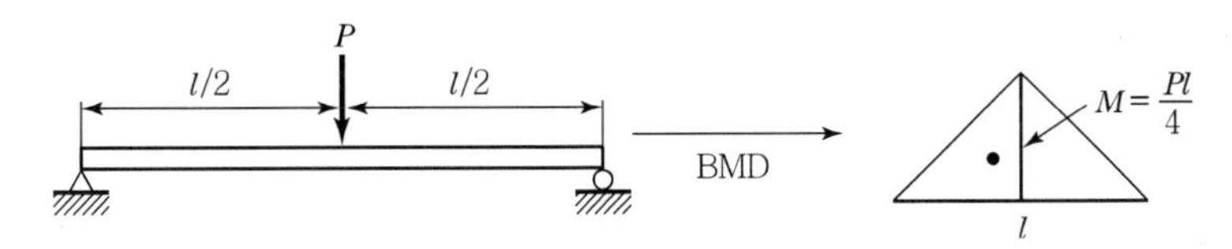

[집중하중을 받는 단순보]

$$\theta = \frac{A_m}{EI}\left(\frac{1}{2} \cdot \frac{L}{2} \cdot \frac{PL}{4}\right) = \frac{PL^2}{16EI}$$

$$\delta' = \frac{\bar{x}A_m}{EI} = \frac{1}{EI}\left(\frac{L}{6} \cdot \frac{PL^2}{16}\right) = \frac{PL^3}{96EI}$$

$$\delta = \frac{l\theta}{2} - \delta' = \frac{Pl^3}{32EI} - \frac{Pl^3}{96EI} = \frac{Pl^3}{48EI}$$

(2) 등분포하중을 받는 경우

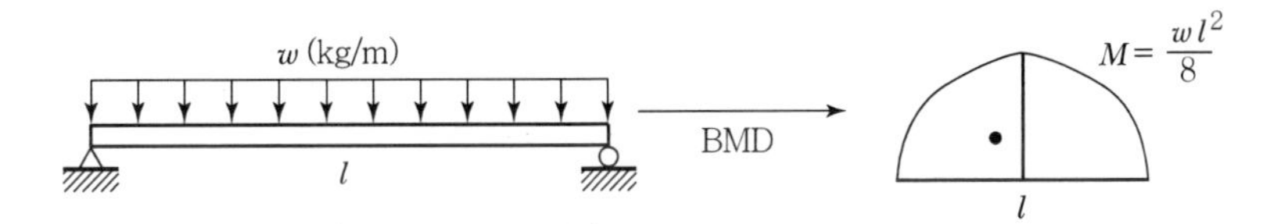

[등분포하중을 받는 단순보]

$$\theta = \frac{A_m}{EI} = \frac{PL^3}{24EI},\quad \delta = \frac{5wL^4}{384EI}$$

CHAPTER 09 부정정보

1. 일단고정 타단지지보

1) 집중하중을 받는 경우

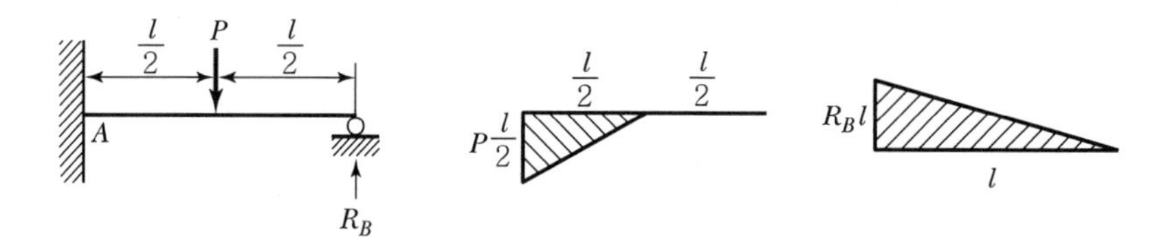

[집중하중을 받는 일단고정 타단지지보]

(1) P에 의한 처짐 : $\delta_1 = \dfrac{\bar{x}A_m}{EI} = \dfrac{1}{EI}\left(\dfrac{5L}{6}\cdot\dfrac{1}{2}\cdot\dfrac{PL}{2}\cdot\dfrac{L}{2}\right) = \dfrac{5PL^3}{48EI}$

(2) R_B에 의한 처짐 : $\delta_2 = \dfrac{\bar{x}A_m}{EI} = \dfrac{1}{EI}\left(\dfrac{2L}{3}\cdot\dfrac{1}{2}\cdot R_B LL\right) = \dfrac{R_B L^3}{3EI}$

(3) $\delta_1 = \delta_2$, $R_B = \dfrac{5P}{16}$, $R_A = \dfrac{11P}{16}$, $M_A = \dfrac{5PL}{16} - \dfrac{PL}{2} = -\dfrac{3PL}{16}$

(4) 최대처짐 : $\delta = \dfrac{1}{48\sqrt{5}}\dfrac{Pl^3}{EI}$, 중앙점 처짐 : $\delta = \dfrac{7}{768}\dfrac{Pl^3}{EI}$

2) 등분포하중을 받는 경우(중첩의 원리 적용)

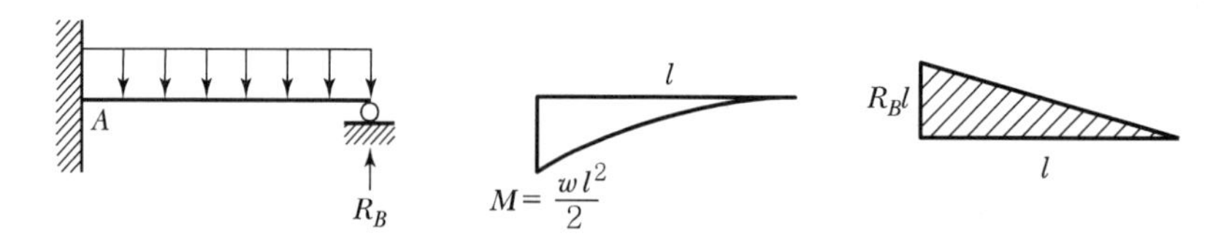

[등분포 하중을 받는 일단고정 타단지지보]

(1) W에 의한 처짐 : $\delta_1 = \dfrac{\bar{x}A_m}{EI} = \dfrac{1}{EI}\left(\dfrac{3L}{4}\dfrac{1}{3}\dfrac{wL^2}{2}L\right) = \dfrac{wL^4}{8EI}$

(2) R_B에 의한 처짐 : $\delta_2 = \dfrac{\bar{x}A_m}{EI} = \dfrac{1}{EI}\left(\dfrac{2L}{3}\dfrac{1}{2}R_BLL\right) = \dfrac{R_BL^3}{3EI}$

(3) $\delta_1 = \delta_2,\ R_B = \dfrac{3}{8}wl,\ R_A = \dfrac{5}{8}wl,\ M_{\max}$(전단력이 0인 곳)

$R_A - wx = 0,\ x = \dfrac{R_A}{w} = \dfrac{5}{8}l$

(4) $\delta_{\max} = 0.00054\dfrac{wl^2}{EI},\ \delta_{\text{center}} = \dfrac{1}{152}\dfrac{wl^4}{EI},\ M_{\max} = \dfrac{9}{128}wl^2$

2. 양단 고정보

1) 집중하중을 받는 경우

중앙에 집중하중이 작용할 경우(면적-모멘트법과 중첩의 원리 적용)

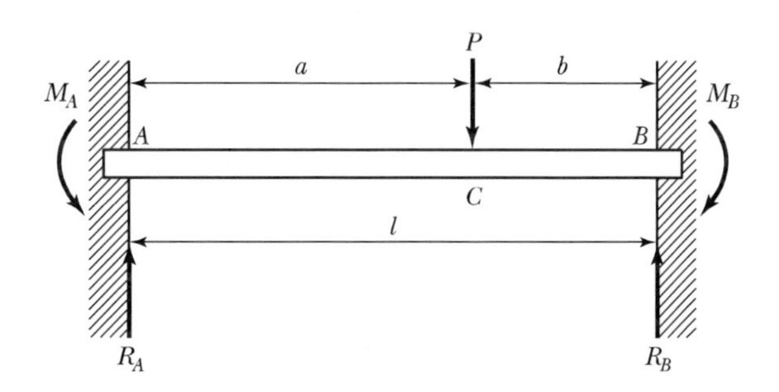

[집중하중을 받는 양단 고정보]

(1) $R_A = \dfrac{Pb^2}{l^3}(3a+b),\ R_B = \dfrac{Pa^2}{l^3}(a+3b),\ M_a = -\dfrac{Pab^2}{l^2},\ M_b = -\dfrac{Pa^2b}{l^2}$

(2) $\theta'_A = \dfrac{A_m}{EI} = \dfrac{1}{EI}\left(\dfrac{1}{2}\cdot\dfrac{PL}{4}\cdot\dfrac{L}{2}\right) = \dfrac{PL^2}{16EI},\ \theta''_A = \dfrac{A_m}{EI} = \dfrac{1}{EI}\left(M\dfrac{L}{2}\right) = \dfrac{ML}{2EI}$

(3) $\theta'_A = \theta''_A,\ M = \dfrac{PL}{8},\ \delta = \dfrac{PL^3}{192EI}$

2) 등분포하중을 받는 경우(면적-모멘트법과 중첩의 원리적용)

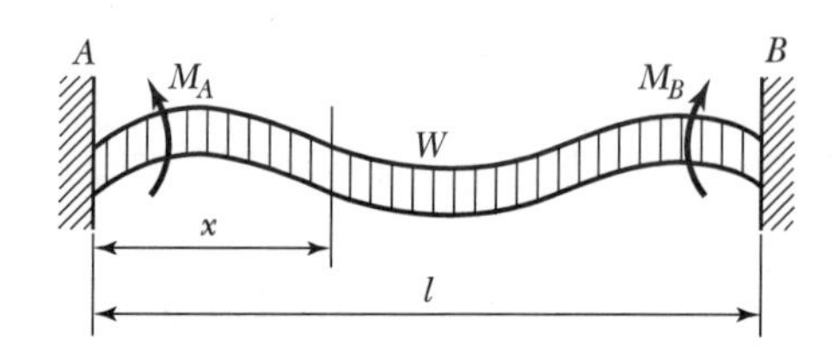

[등분포하중을 받는 양단고정보]

$$\theta'_A = \frac{wL^2}{24EI},\ \theta''_A = \frac{ML}{2EI},\ \theta'_A = \theta''_A,\ M = \frac{wL^2}{12},\ \delta = \frac{wL^4}{384EI},\ M_{중앙점} = \frac{wl^2}{24}$$

3. 연속보(Continuous Beam)

3지점의 보(Beams On Three Supports)

$$\delta_1 = \frac{59(2l)^4}{384EI} = \frac{59l^4}{24EI},\ \delta_2 = \frac{R_c(2l)^3}{48EI} = \frac{R_c l^3}{6EI}$$

$$\delta_1 = \delta_2,\ R_c = \frac{5}{4}ql,\ R_A = R_B = \frac{3}{8}ql$$

CHAPTER 10 특수단면의 보

1. 균일 강도의 보(Beam of Uniform Strength)

$\sigma = \dfrac{M}{Z}$=Constant인 보

1) 집중하중을 받는 외팔보

(1) 폭 b 가 일정할 때

$$\sigma = \frac{M}{Z} = \frac{Px}{\frac{bh^2}{6}} = \frac{Pl}{\frac{bh_0^2}{6}}, \quad h = h_0\sqrt{\frac{x}{l}}$$

$\delta = \dfrac{2PL^3}{3EI_0}$ 균일 단면보 처짐량 $\delta = \dfrac{PL^3}{3EI}$의 2배, $M = PL = \dfrac{b_0{h_0}^2}{6}\sigma$

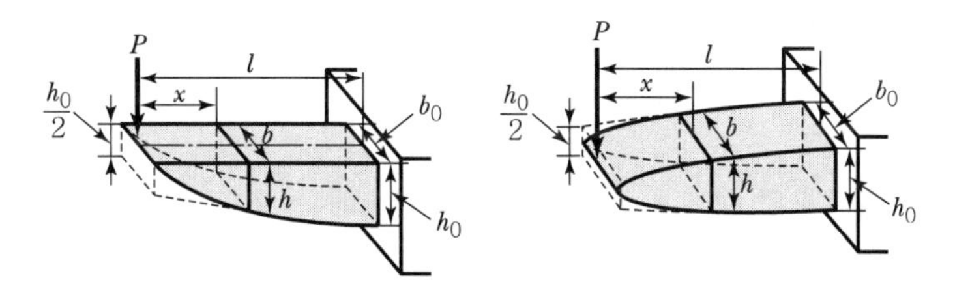

[폭이 일정하고 집중하중을 받는 외팔보]

(2) 높이 h 가 일정할 때

$$\sigma = \frac{M}{Z} = \frac{Px}{\frac{bh^2}{6}} = \frac{Pl}{\frac{b_0h^2}{6}}, \quad b = b_0\frac{x}{l}$$

$\delta = \dfrac{PL^3}{2EI_0}$ 균일 단면보 처짐량 $\delta = \dfrac{PL^3}{3EI_0}$의 1.5배

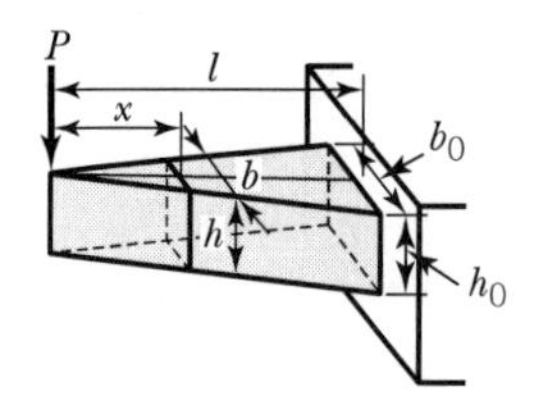

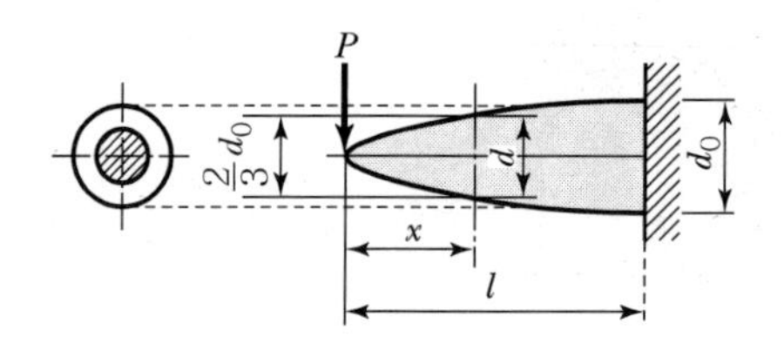

[높이가 일정하고 집중하중을 받는 외팔보]　[원형단면에 집중하중을 받는 외팔보]

(3) 원형단면의 경우

$$\sigma = \frac{M}{Z} = \frac{Px}{\frac{\pi d^3}{32}} = \frac{Pl}{\frac{\pi d_0^3}{32}},\ d = d_0\sqrt[3]{\frac{x}{l}}$$

$$\delta = \frac{3PL^3}{5EI_0}$$

2) 등분포하중을 받는 외팔보

(1) 폭 b가 일정할 때

$$\sigma = \frac{M}{Z} = \frac{\frac{wx^2}{2}}{\frac{bh^2}{6}} = \frac{\frac{wl^2}{2}}{\frac{bh_0^2}{6}},\ h = h_0\frac{x}{l}$$

$\delta = \dfrac{WL^4}{2EI}$ 균일 단면보 처짐 $\delta = \dfrac{WL^4}{8EI}$의 4배

(2) 높이 h가 일정

$$\sigma = \frac{M}{Z} = \frac{\frac{wx^2}{2}}{\frac{bh^2}{6}} = \frac{\frac{wl^2}{2}}{\frac{b_0h^2}{6}},\ b = b_0\left(\frac{x}{l}\right)^2$$

$\delta = \dfrac{WL^4}{4EI}$ 균일 단면보 처짐량 $\delta = \dfrac{WL^4}{8EI}$의 2배

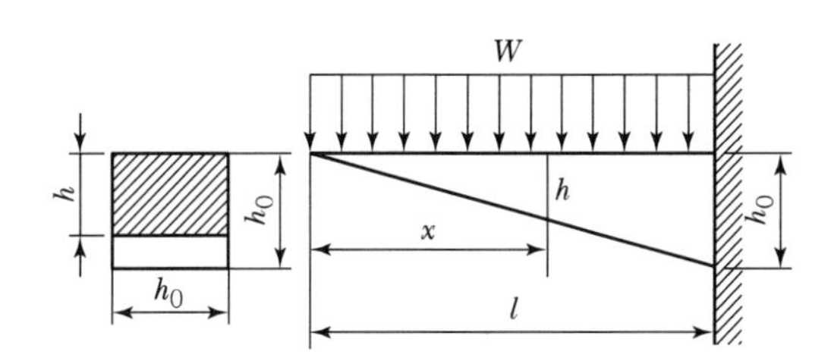

[폭이 일정하고 등분포하중을 받는 외팔보]

3) 직사각형 단면의 단순보

(1) 집중하중을 받는 경우

$$\sigma = \frac{Px/2}{bh^2/6} = \frac{P/2 \cdot l/2}{b{h_0}^2/6}, \ h = h_0\sqrt{\frac{2x}{l}}, \ b = b_0\frac{2x}{l}$$

(2) 균일 분포하중을 받는 경우

$$h = 2\frac{h_0}{l} = \sqrt{x(l-x)}, \ b = \frac{4b_0}{l^2}x(l-x)$$

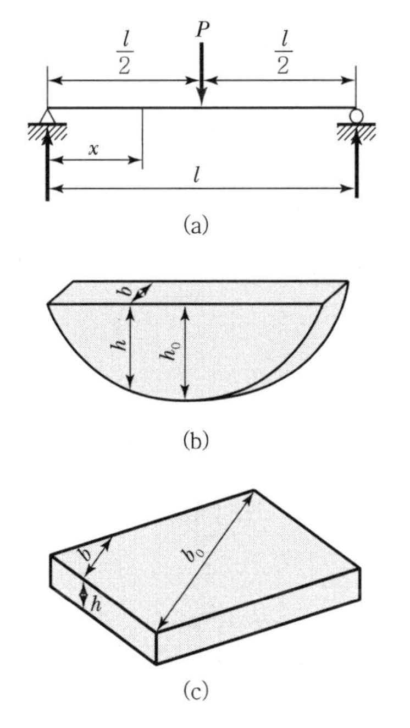

[집중하중을 받는 직사각형의 단순보]

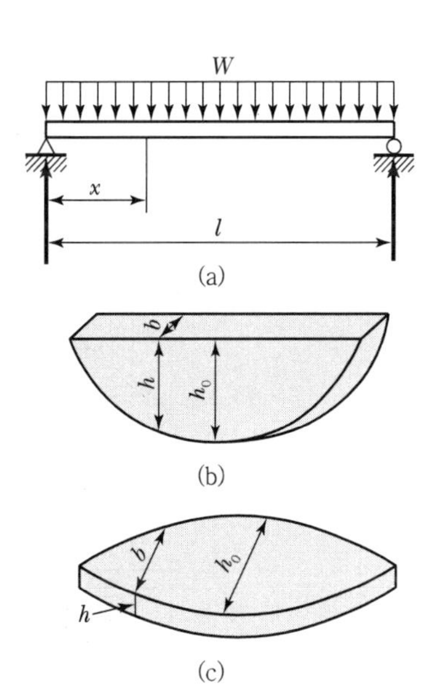

[균일분포하중을 받는 직사각형 단면의 단순보]

2. 겹판 스프링(Leaf Spring)

1) 3각판 스프링(외팔보) : 고정단의 단면계수

(1) $\sigma = \dfrac{M}{Z} = \dfrac{PL}{\dfrac{bh^2}{6}} = \dfrac{6PL}{bh^2} = \dfrac{6PL}{nbh^2}$

(2) 처짐량 $\delta = \dfrac{ML^2}{2EI} = \dfrac{PL^3}{2EI} = \dfrac{6PL^3}{nEbh^3}$

2) 양단 지지의 겹판 스프링(단순보) : 중앙단의 단면계수($L \rightarrow L/2$, $P \rightarrow P/2$)

$$\sigma = \frac{M}{Z} = \frac{\dfrac{PL}{4}}{\dfrac{bh^2}{6}} = \frac{3PL}{2bh^2} = \frac{3PL}{2nbh^2},\quad \delta = \frac{ML^2}{8EI} = \frac{\dfrac{PL}{4}L^2}{8E\dfrac{nbh^3}{12}} = \frac{3PL^3}{8nEbh^3}$$

$I = \dfrac{nbh^3}{12}$

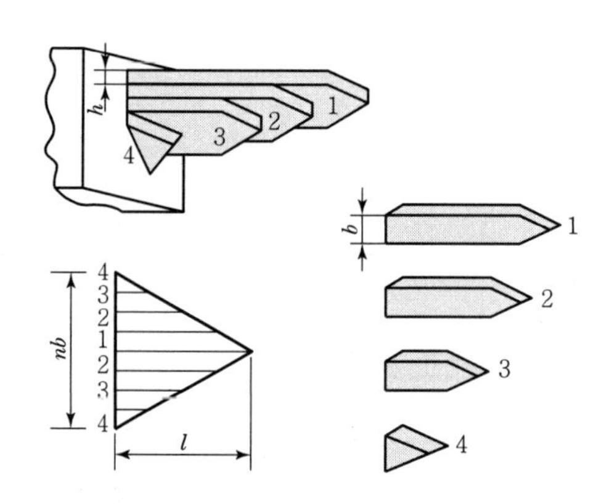

[겹판 스프링]

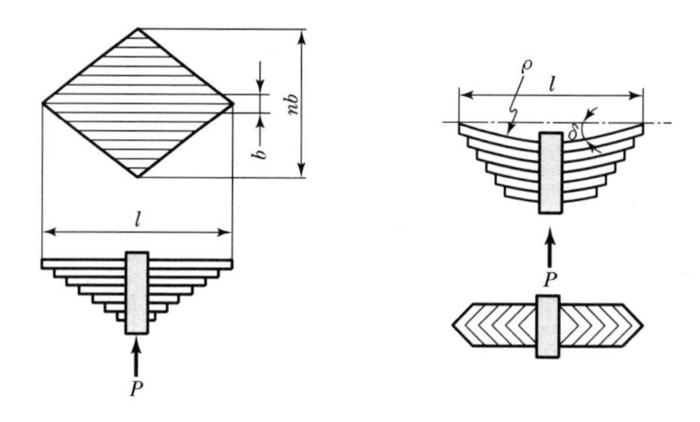

[차량용 스프링]

CHAPTER 11 기둥(Column)

1. 좌굴(Buckling)

단면의 치수에 비해 아주 긴 봉이 축방향에 압축하중을 받을 때 이 봉을 장주(Long Column) 또는 기둥이라 하는데, 단주에서는 압축하중에 생기는 응력 $\sigma = P/A$가 파괴하중까지 도달하여야 파괴되지만, 장주에서는 하중을 받으면 압축응력 이외에 굽힘응력이 생기고 이 굽힘응력이 증대되어 탄성한계에 도달하기 전에 구부러져 주저앉게 되는데 이것을 기둥의 좌굴이라 하고, 좌굴상태의 하중을 좌굴하중이라 한다. 또 좌굴현상을 일으키는 최대의 응력을 좌굴응력이라 한다.

1) 세장비(Slenderness Ratio)

기둥이 가늘고 긴 정도를 표시하는 경우로서 기둥의 길이 l과 단면의 최소 회전반경 k의 비를 말한다.

즉, 세장비 λ로 표시하면

$$세장비(\lambda) = \frac{기둥의\ 길이}{최소회전반경}$$

$$\lambda = \frac{l}{k}\ \left(단,\ k = \sqrt{\frac{I}{A}}\right)$$

세장비 λ가 작을수록 좌굴하중은 커진다.

2) 오일러의 공식(Euler's Formula)

(1) 좌굴하중과 응력

$$안전하중 = \frac{좌굴하중}{안전율}\quad P_S = \frac{P_{cr}}{S}$$

$$좌굴공식 : P_{cr} = \frac{n\pi^2 EI}{L^2}$$

$$좌굴응력 : \sigma_{cr} = \frac{P_{cr}}{A} = \frac{n\pi^2 EI}{l^2 A} = \frac{n\pi^2 Ek^2}{l^2} = \frac{n\pi^2 E}{\lambda^2} [\text{kg/cm}^2]$$

단, 단말계수 n은 기둥 양단의 조건에 따라 정한다.

$n=\frac{1}{4}$: 일단고정타단자유, $n=1$: 양단회전, $n=2$: 일단고정타단회전,

$n=4$: 양단고정

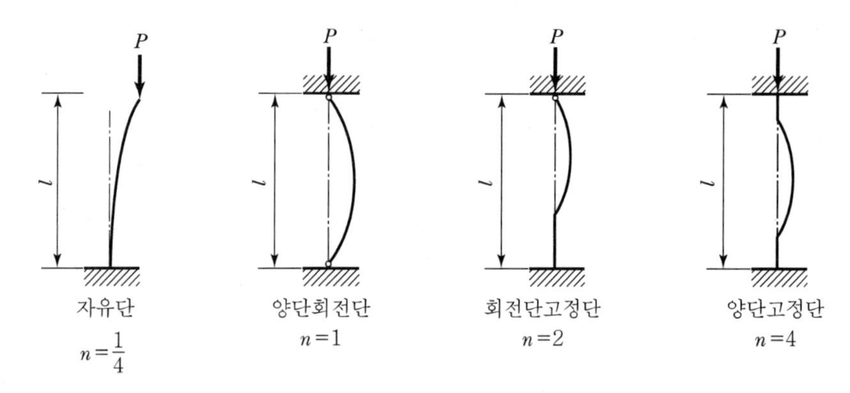

[기둥의 고정계수]

(2) 오일러공식의 적용범위

긴 기둥의 경우 $\lambda > 150$일 때 적용한다.

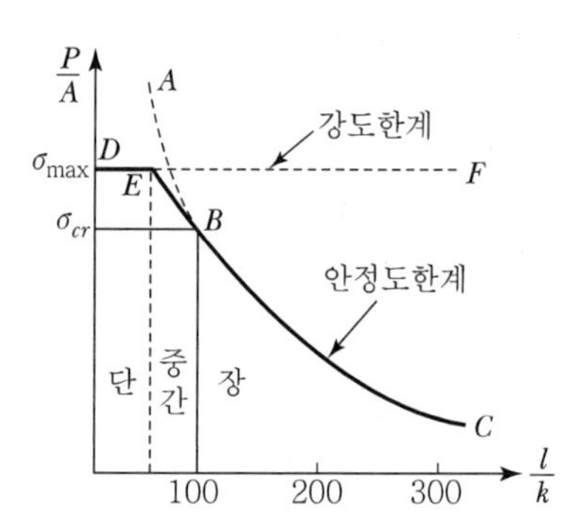

[오일러공식의 적용범위]

2. 장주의 실험공식

1) 고든랭킨의 공식(Gordon-Rankin's Formula) ← $\lambda < 102$

$$P_B = \frac{\sigma_c A}{1 + \frac{a}{n}\lambda^2}, \quad \sigma_B = \frac{P_B}{A} = \frac{\sigma_c}{1 + \frac{a}{n}\lambda^2}$$

(σ_c : 압축파괴응력, a : 실험정수)

2) 테트마이어의 좌굴공식 (Tetmajer's Formula)

$$\sigma_{cr} = \frac{P_{cr}}{A} = \sigma_b(1 - a\lambda + b\lambda^2)$$

PART 7 산업안전보건법

CONTENTS

CHAPTER 01 산업안전보건법

1. 안전인증

법 제84조(안전인증) ① 유해 · 위험기계 등 중 근로자의 안전 및 보건에 위해(危害)를 미칠 수 있다고 인정되어 대통령령으로 정하는 것(이하 "안전인증대상기계 등"이라 한다)을 제조하거나 수입하는 자(고용노동부령으로 정하는 안전인증대상기계 등을 설치 · 이전하거나 주요 구조 부분을 변경하는 자를 포함한다. 이하 이 조 및 제85조부터 제87조까지의 규정에서 같다)는 안전인증대상기계 등이 안전인증기준에 맞는지에 대하여 고용노동부장관이 실시하는 안전인증을 받아야 한다.

② 고용노동부장관은 다음 각 호의 어느 하나에 해당하는 경우에는 고용노동부령으로 정하는 바에 따라 제1항에 따른 안전인증의 전부 또는 일부를 면제할 수 있다.

1. 연구 · 개발을 목적으로 제조 · 수입하거나 수출을 목적으로 제조하는 경우
2. 고용노동부장관이 정하여 고시하는 외국의 안전인증기관에서 인증을 받은 경우
3. 다른 법령에 따라 안전성에 관한 검사나 인증을 받은 경우로서 고용노동부령으로 정하는 경우

③ 안전인증대상기계 등이 아닌 유해 · 위험기계 등을 제조하거나 수입하는 자가 그 유해 · 위험기계 등의 안전에 관한 성능 등을 평가받으려면 고용노동부장관에게 안전인증을 신청할 수 있다. 이 경우 고용노동부장관은 안전인증기준에 따라 안전인증을 할 수 있다.

④ 고용노동부장관은 제1항 및 제3항에 따른 안전인증(이하 "안전인증"이라 한다)을 받은 자가 안전인증기준을 지키고 있는지를 3년 이하의 범위에서 고용노동부령으로 정하는 주기마다 확인하여야 한다. 다만, 제2항에 따라 안전인증의 일부를 면제받은 경우에는 고용노동부령으로 정하는 바에 따라 확인의 전부 또는 일부를 생략할 수 있다.

⑤ 제1항에 따라 안전인증을 받은 자는 안전인증을 받은 안전인증대상기계 등에 대하여 고용노동부령으로 정하는 바에 따라 제품명 · 모델명 · 제조수량 · 판매수량 및 판매처 현황 등의 사항을 기록하여 보존하여야 한다.

⑥ 고용노동부장관은 근로자의 안전 및 보건에 필요하다고 인정하는 경우 안전인증대상기계 등을 제조 · 수입 또는 판매하는 자에게 고용노동부령으로 정하는 바에 따라 해당 안전인증대상기계 등의 제조 · 수입 또는 판매에 관한 자료를 공단에 제출하게 할 수 있다.

⑦ 안전인증의 신청 방법 · 절차, 제4항에 따른 확인의 방법 · 절차, 그 밖에 필요한 사항은 고용노동부령으로 정한다.

법 제85조(안전인증의 표시 등) ① 안전인증을 받은 자는 안전인증을 받은 유해·위험기계 등이나 이를 담은 용기 또는 포장에 고용노동부령으로 정하는 바에 따라 안전인증의 표시(이하 "안전인증표시"라 한다)를 하여야 한다.

② 안전인증을 받은 유해·위험기계 등이 아닌 것은 안전인증표시 또는 이와 유사한 표시를 하거나 안전인증에 관한 광고를 해서는 아니 된다.

③ 안전인증을 받은 유해·위험기계 등을 제조·수입·양도·대여하는 자는 안전인증표시를 임의로 변경하거나 제거해서는 아니 된다.

④ 고용노동부장관은 다음 각 호의 어느 하나에 해당하는 경우에는 안전인증표시나 이와 유사한 표시를 제거할 것을 명하여야 한다.

1. 제2항을 위반하여 안전인증표시나 이와 유사한 표시를 한 경우
2. 제86조제1항에 따라 안전인증이 취소되거나 안전인증표시의 사용 금지 명령을 받은 경우

법 제86조(안전인증의 취소 등) ① 고용노동부장관은 안전인증을 받은 자가 다음 각 호의 어느 하나에 해당하면 안전인증을 취소하거나 6개월 이내의 기간을 정하여 안전인증표시의 사용을 금지하거나 안전인증기준에 맞게 시정하도록 명할 수 있다. 다만, 제1호의 경우에는 안전인증을 취소하여야 한다.

1. 거짓이나 그 밖의 부정한 방법으로 안전인증을 받은 경우
2. 안전인증을 받은 유해·위험기계 등의 안전에 관한 성능 등이 안전인증기준에 맞지 아니하게 된 경우
3. 정당한 사유 없이 제84조제4항에 따른 확인을 거부, 방해 또는 기피하는 경우

② 고용노동부장관은 제1항에 따라 안전인증을 취소한 경우에는 고용노동부령으로 정하는 바에 따라 그 사실을 관보 등에 공고하여야 한다.

③ 제1항에 따라 안전인증이 취소된 자는 안전인증이 취소된 날부터 1년 이내에는 취소된 유해·위험기계 등에 대하여 안전인증을 신청할 수 없다.

법 제87조(안전인증대상기계 등의 제조 등의 금지 등) ① 누구든지 다음 각 호의 어느 하나에 해당하는 안전인증대상기계 등을 제조·수입·양도·대여·사용하거나 양도·대여의 목적으로 진열할 수 없다.

1. 제84조제1항에 따른 안전인증을 받지 아니한 경우(같은 조 제2항에 따라 안전인증이 전부 면제되는 경우는 제외한다)
2. 안전인증기준에 맞지 아니하게 된 경우
3. 제86조제1항에 따라 안전인증이 취소되거나 안전인증표시의 사용 금지 명령을 받은 경우

② 고용노동부장관은 제1항을 위반하여 안전인증대상기계 등을 제조·수입·양도·대여하는

자에게 고용노동부령으로 정하는 바에 따라 그 안전인증대상기계 등을 수거하거나 파기할 것을 명할 수 있다.

2. 자율안전확인의 신고

법 제89조(자율안전확인의 신고) ① 안전인증대상기계 등이 아닌 유해 · 위험기계 등으로서 대통령령으로 정하는 것(이하 "자율안전확인대상기계 등"이라 한다)을 제조하거나 수입하는 자는 자율안전확인대상기계 등의 안전에 관한 성능이 고용노동부장관이 정하여 고시하는 안전기준(이하 "자율안전기준"이라 한다)에 맞는지 확인(이하 "자율안전확인"이라 한다)하여 고용노동부장관에게 신고(신고한 사항을 변경하는 경우를 포함한다)하여야 한다. 다만, 다음 각 호의 어느 하나에 해당하는 경우에는 신고를 면제할 수 있다.

1. 연구 · 개발을 목적으로 제조 · 수입하거나 수출을 목적으로 제조하는 경우
2. 제84조제3항에 따른 안전인증을 받은 경우(제86조제1항에 따라 안전인증이 취소되거나 안전인증표시의 사용 금지 명령을 받은 경우는 제외한다)
3. 다른 법령에 따라 안전성에 관한 검사나 인증을 받은 경우로서 고용노동부령으로 정하는 경우

② 고용노동부장관은 제1항 각 호 외의 부분 본문에 따른 신고를 받은 경우 그 내용을 검토하여 이 법에 적합하면 신고를 수리하여야 한다.

③ 제1항 각 호 외의 부분 본문에 따라 신고를 한 자는 자율안전확인대상기계 등이 자율안전기준에 맞는 것임을 증명하는 서류를 보존하여야 한다.

④ 제1항 각 호 외의 부분 본문에 따른 신고의 방법 및 절차, 그 밖에 필요한 사항은 고용노동부령으로 정한다.

법 제90조(자율안전확인의 표시 등) ① 제89조제1항 각 호 외의 부분 본문에 따라 신고를 한 자는 자율안전확인대상기계 등이나 이를 담은 용기 또는 포장에 고용노동부령으로 정하는 바에 따라 자율안전확인의 표시(이하 "자율안전확인표시"라 한다)를 하여야 한다.

② 제89조제1항 각 호 외의 부분 본문에 따라 신고된 자율안전확인대상기계 등이 아닌 것은 자율안전확인표시 또는 이와 유사한 표시를 하거나 자율안전확인에 관한 광고를 해서는 아니 된다.

③ 제89조제1항 각 호 외의 부분 본문에 따라 신고된 자율안전확인대상기계 등을 제조 · 수입 · 양도 · 대여하는 자는 자율안전확인표시를 임의로 변경하거나 제거해서는 아니 된다.

④ 고용노동부장관은 다음 각 호의 어느 하나에 해당하는 경우에는 자율안전확인표시나 이와 유사한 표시를 제거할 것을 명하여야 한다.

1. 제2항을 위반하여 자율안전확인표시나 이와 유사한 표시를 한 경우
2. 거짓이나 그 밖의 부정한 방법으로 제89조제1항 각 호 외의 부분 본문에 따른 신고를 한 경우
3. 제91조제1항에 따라 자율안전확인표시의 사용 금지 명령을 받은 경우

법 제91조(자율안전확인표시의 사용 금지 등) ① 고용노동부장관은 제89조제1항 각 호 외의 부분 본문에 따라 신고된 자율안전확인대상기계 등의 안전에 관한 성능이 자율안전기준에 맞지 아니하게 된 경우에는 같은 항 각 호 외의 부분 본문에 따라 신고한 자에게 6개월 이내의 기간을 정하여 자율안전확인표시의 사용을 금지하거나 자율안전기준에 맞게 시정하도록 명할 수 있다.

② 고용노동부장관은 제1항에 따라 자율안전확인표시의 사용을 금지하였을 때에는 그 사실을 관보 등에 공고하여야 한다.

③ 제2항에 따른 공고의 내용, 방법 및 절차, 그 밖에 필요한 사항은 고용노동부령으로 정한다.

법 제92조(자율안전확인대상기계 등의 제조 등의 금지 등) ① 누구든지 다음 각 호의 어느 하나에 해당하는 자율안전확인대상기계 등을 제조 · 수입 · 양도 · 대여 · 사용하거나 양도 · 대여의 목적으로 진열할 수 없다.

1. 제89조제1항 각 호 외의 부분 본문에 따른 신고를 하지 아니한 경우(같은 항 각 호 외의 부분 단서에 따라 신고가 면제되는 경우는 제외한다)
2. 거짓이나 그 밖의 부정한 방법으로 제89조제1항 각 호 외의 부분 본문에 따른 신고를 한 경우
3. 자율안전확인대상기계 등의 안전에 관한 성능이 자율안전기준에 맞지 아니하게 된 경우
4. 제91조제1항에 따라 자율안전확인표시의 사용 금지 명령을 받은 경우

② 고용노동부장관은 제1항을 위반하여 자율안전확인대상기계 등을 제조 · 수입 · 양도 · 대여하는 자에게 고용노동부령으로 정하는 바에 따라 그 자율안전확인대상기계 등을 수거하거나 파기할 것을 명할 수 있다.

3. 안전검사

법 제93조(안전검사) ① 유해하거나 위험한 기계 · 기구 · 설비로서 대통령령으로 정하는 것(이하 "안전검사대상기계 등"이라 한다)을 사용하는 사업주(근로자를 사용하지 아니하고 사업을 하는 자를 포함한다. 이하 이 조, 제94조, 제95조 및 제98조에서 같다)는 안전검사대상기계 등의 안전에 관한 성능이 고용노동부장관이 정하여 고시하는 검사기준에 맞는지에 대하여 고용노동부장관이 실시하는 검사(이하 "안전검사"라 한다)를 받아야 한다. 이

경우 안전검사대상기계 등을 사용하는 사업주와 소유자가 다른 경우에는 안전검사대상기계 등의 소유자가 안전검사를 받아야 한다.

② 제1항에도 불구하고 안전검사대상기계 등이 다른 법령에 따라 안전성에 관한 검사나 인증을 받은 경우로서 고용노동부령으로 정하는 경우에는 안전검사를 면제할 수 있다.

③ 안전검사의 신청, 검사 주기 및 검사합격 표시방법, 그 밖에 필요한 사항은 고용노동부령으로 정한다. 이 경우 검사 주기는 안전검사대상기계 등의 종류, 사용연한(使用年限) 및 위험성을 고려하여 정한다.

법 제98조(자율검사프로그램에 따른 안전검사) ① 제93조제1항에도 불구하고 같은 항에 따라 안전검사를 받아야 하는 사업주가 근로자대표와 협의(근로자를 사용하지 아니하는 경우는 제외한다)하여 같은 항 전단에 따른 검사기준, 같은 조 제3항에 따른 검사 주기 등을 충족하는 검사프로그램(이하 "자율검사프로그램"이라 한다)을 정하고 고용노동부장관의 인정을 받아 다음 각 호의 어느 하나에 해당하는 사람으로부터 자율검사프로그램에 따라 안전검사대상기계 등에 대하여 안전에 관한 성능검사(이하 "자율안전검사"라 한다)를 받으면 안전검사를 받은 것으로 본다.

1. 고용노동부령으로 정하는 안전에 관한 성능검사와 관련된 자격 및 경험을 가진 사람
2. 고용노동부령으로 정하는 바에 따라 안전에 관한 성능검사 교육을 이수하고 해당 분야의 실무 경험이 있는 사람

② 자율검사프로그램의 유효기간은 2년으로 한다.

③ 사업주는 자율안전검사를 받은 경우에는 그 결과를 기록하여 보존하여야 한다.

④ 자율안전검사를 받으려는 사업주는 제100조에 따라 지정받은 검사기관(이하 "자율안전검사기관"이라 한다)에 자율안전검사를 위탁할 수 있다.

⑤ 자율검사프로그램에 포함되어야 할 내용, 자율검사프로그램의 인정 요건, 인정 방법 및 절차, 그 밖에 필요한 사항은 고용노동부령으로 정한다.

4. 안전보건개선계획

법 제49조(안전보건개선계획의 수립 · 시행 명령) ① 고용노동부장관은 다음 각 호의 어느 하나에 해당하는 사업장으로서 산업재해 예방을 위하여 종합적인 개선조치를 할 필요가 있다고 인정되는 사업장의 사업주에게 고용노동부령으로 정하는 바에 따라 그 사업장, 시설, 그 밖의 사항에 관한 안전 및 보건에 관한 개선계획(이하 "안전보건개선계획"이라 한다)을 수립하여 시행할 것을 명할 수 있다. 이 경우 대통령령으로 정하는 사업장의 사업주에게는 제47조에 따라 안전보건진단을 받아 안전보건개선계획을 수립하여 시행할 것을 명할 수 있다.

1. 산업재해율이 같은 업종의 규모별 평균 산업재해율보다 높은 사업장
2. 사업주가 필요한 안전조치 또는 보건조치를 이행하지 아니하여 중대재해가 발생한 사업장
3. 대통령령으로 정하는 수 이상의 직업성 질병자가 발생한 사업장
4. 제106조에 따른 유해인자의 노출기준을 초과한 사업장

② 사업주는 안전보건개선계획을 수립할 때에는 산업안전보건위원회의 심의를 거쳐야 한다. 다만, 산업안전보건위원회가 설치되어 있지 아니한 사업장의 경우에는 근로자대표의 의견을 들어야 한다.

시행령 제50조(안전보건개선계획 수립 대상) 법 제49조제1항제3호에서 "대통령령으로 정하는 수 이상의 직업성 질병자가 발생한 사업장"이란 직업성 질병자가 연간 2명 이상 발생한 사업장을 말한다.

5. 안전·보건진단, 공정안전보고서

법 제47조(안전보건진단) ① 고용노동부장관은 추락·붕괴, 화재·폭발, 유해하거나 위험한 물질의 누출 등 산업재해 발생의 위험이 현저히 높은 사업장의 사업주에게 제48조에 따라 지정받은 기관(이하 "안전보건진단기관"이라 한다)이 실시하는 안전보건진단을 받을 것을 명할 수 있다.

② 사업주는 제1항에 따라 안전보건진단 명령을 받은 경우 고용노동부령으로 정하는 바에 따라 안전보건진단기관에 안전보건진단을 의뢰하여야 한다.

③ 사업주는 안전보건진단기관이 제2항에 따라 실시하는 안전보건진단에 적극 협조하여야 하며, 정당한 사유 없이 이를 거부하거나 방해 또는 기피해서는 아니 된다. 이 경우 근로자대표가 요구할 때에는 해당 안전보건진단에 근로자대표를 참여시켜야 한다.

④ 안전보건진단기관은 제2항에 따라 안전보건진단을 실시한 경우에는 안전보건진단 결과보고서를 고용노동부령으로 정하는 바에 따라 해당 사업장의 사업주 및 고용노동부장관에게 제출하여야 한다.

⑤ 안전보건진단의 종류 및 내용, 안전보건진단 결과보고서에 포함될 사항, 그 밖에 필요한 사항은 대통령령으로 정한다.

법 제44조(공정안전보고서의 작성·제출) ① 사업주는 사업장에 대통령령으로 정하는 유해하거나 위험한 설비가 있는 경우 그 설비로부터의 위험물질 누출, 화재 및 폭발 등으로 인하여 사업장 내의 근로자에게 즉시 피해를 주거나 사업장 인근 지역에 피해를 줄 수 있는 사고로서 대통령령으로 정하는 사고(이하 "중대산업사고"라 한다)를 예방하기 위하여 대

통령령으로 정하는 바에 따라 공정안전보고서를 작성하고 고용노동부장관에게 제출하여 심사를 받아야 한다. 이 경우 공정안전보고서의 내용이 중대산업사고를 예방하기 위하여 적합하다고 통보받기 전에는 관련된 유해하거나 위험한 설비를 가동해서는 아니 된다.

② 사업주는 제1항에 따라 공정안전보고서를 작성할 때 산업안전보건위원회의 심의를 거쳐야 한다. 다만, 산업안전보건위원회가 설치되어 있지 아니한 사업장의 경우에는 근로자대표의 의견을 들어야 한다.

시행령 제43조(공정안전보고서의 제출 대상) ① 법 제44조제1항 전단에서 "대통령령으로 정하는 유해하거나 위험한 설비"란 다음 각 호의 어느 하나에 해당하는 사업을 하는 사업장의 경우에는 그 보유설비를 말하고, 그 외의 사업을 하는 사업장의 경우에는 별표 13에 따른 유해 · 위험물질 중 하나 이상의 물질을 같은 표에 따른 규정량 이상 제조 · 취급 · 저장하는 설비 및 그 설비의 운영과 관련된 모든 공정설비를 말한다.

1. 원유 정제처리업
2. 기타 석유정제물 재처리업
3. 석유화학계 기초화학물질 제조업 또는 합성수지 및 기타 플라스틱물질 제조업. 다만, 합성수지 및 기타 플라스틱물질 제조업은 별표 13 제1호 또는 제2호에 해당하는 경우로 한정한다.
4. 질소 화합물, 질소 · 인산 및 칼리질 화학비료 제조업 중 질소질 비료 제조
5. 복합비료 및 기타 화학비료 제조업 중 복합비료 제조(단순혼합 또는 배합에 의한 경우는 제외한다)
6. 화학 살균 · 살충제 및 농업용 약제 제조업[농약 원제(原劑) 제조만 해당한다]
7. 화약 및 불꽃제품 제조업

② 제1항에도 불구하고 다음 각 호의 설비는 유해하거나 위험한 설비로 보지 않는다.

1. 원자력 설비
2. 군사시설
3. 사업주가 해당 사업장 내에서 직접 사용하기 위한 난방용 연료의 저장설비 및 사용설비
4. 도매 · 소매시설
5. 차량 등의 운송설비
6. 「액화석유가스의 안전관리 및 사업법」에 따른 액화석유가스의 충전 · 저장시설
7. 「도시가스사업법」에 따른 가스공급시설
8. 그 밖에 고용노동부장관이 누출 · 화재 · 폭발 등의 사고가 있더라도 그에 따른 피해의 정도가 크지 않다고 인정하여 고시하는 설비

③ 법 제44조제1항 전단에서 "대통령령으로 정하는 사고"란 다음 각 호의 어느 하나에 해당하는 사고를 말한다.

1. 근로자가 사망하거나 부상을 입을 수 있는 제1항에 따른 설비(제2항에 따른 설비는 제외한다. 이하 제2호에서 같다)에서의 누출·화재·폭발 사고
2. 인근 지역의 주민이 인적 피해를 입을 수 있는 제1항에 따른 설비에서의 누출·화재·폭발 사고

시행령 제44조(공정안전보고서의 내용) 법 제44조제1항에 따른 공정안전보고서에는 다음 각 호의 사항이 포함되어야 한다.

1. 공정안전자료
2. 공정위험성 평가서
3. 안전운전계획
4. 비상조치계획
5. 그 밖에 공정상의 안전과 관련하여 고용노동부장관이 필요하다고 인정하여 고시하는 사항

시행규칙 제59조(안전보건진단기관의 지정신청 등) ① 안전보건진단기관으로 지정받으려는 자는 법 제48조제3항에 따라 별지 제6호서식의 안전보건진단기관 지정신청서에 다음 각 호의 서류를 첨부하여 지방고용노동청장에게 제출(전자문서로 제출하는 것을 포함한다)해야 한다.

1. 정관
2. 영 별표 15, 별표 16 및 별표 17에 따른 인력기준에 해당하는 사람의 자격과 채용을 증명할 수 있는 자격증(국가기술자격증은 제외한다), 경력증명서 및 재직증명서 등의 서류
3. 건물임대차계약서 사본이나 그 밖에 사무실의 보유를 증명할 수 있는 서류와 시설·장비 명세서
4. 최초 1년간의 안전보건진단사업계획서

② 제1항에 따라 신청서를 제출받은 지방고용노동청장은 「전자정부법」 제36조제1항에 따른 행정정보의 공동이용을 통하여 법인등기사항증명서 및 국가기술자격증을 확인해야 하며, 신청인이 국가기술자격증의 확인에 동의하지 않는 경우에는 그 사본을 첨부하도록 해야 한다.

③ 안전보건진단기관에 대한 지정서의 발급, 지정받은 사항의 변경, 지정서의 반납 등에 관하여는 제16조제3항부터 제6항까지의 규정을 준용한다. 이 경우 "안전관리전문기관 또는 보건관리전문기관"은 "안전보건진단기관"으로, "고용노동부장관 또는 지방고용노동청장"은 "지방고용노동청장"으로 본다.

시행규칙 제57조(안전보건진단 결과의 보고) 법 제47조제2항에 따른 안전보건진단을 실시한 안전보건진단기관은 영 별표 14의 진단내용에 해당하는 사항에 대한 조사 · 평가 및 측정 결과와 그 개선방법이 포함된 보고서를 진단을 의뢰받은 날로부터 30일 이내에 해당 사업장의 사업주 및 관할 지방고용노동관서의 장에게 제출(전자문서로 제출하는 것을 포함한다)해야 한다.

시행규칙 제50조(공정안전보고서의 세부 내용 등) ① 영 제44조에 따라 공정안전보고서에 포함해야 할 세부내용은 다음 각 호와 같다.

1. 공정안전자료
   가. 취급 · 저장하고 있거나 취급 · 저장하려는 유해 · 위험물질의 종류 및 수량
   나. 유해 · 위험물질에 대한 물질안전보건자료
   다. 유해하거나 위험한 설비의 목록 및 사양
   라. 유해하거나 위험한 설비의 운전방법을 알 수 있는 공정도면
   마. 각종 건물 · 설비의 배치도
   바. 폭발위험장소 구분도 및 전기단선도
   사. 위험설비의 안전설계 · 제작 및 설치 관련 지침서
2. 공정위험성평가서 및 잠재위험에 대한 사고예방 · 피해 최소화 대책(공정위험성평가서는 공정의 특성 등을 고려하여 다음 각 목의 위험성평가 기법 중 한 가지 이상을 선정하여 위험성평가를 한 후 그 결과에 따라 작성해야 하며, 사고예방 · 피해최소화 대책은 위험성평가 결과 잠재위험이 있다고 인정되는 경우에만 작성한다)
   가. 체크리스트(Check List)
   나. 상대위험순위 결정(Dow and Mond Indices)
   다. 작업자 실수 분석(HEA)
   라. 사고 예상 질문 분석(What-if)
   마. 위험과 운전 분석(HAZOP)
   바. 이상위험도 분석(FMECA)
   사. 결함 수 분석(FTA)
   아. 사건 수 분석(ETA)
   자. 원인결과 분석(CCA)
   차. 가목부터 자목까지의 규정과 같은 수준 이상의 기술적 평가기법
3. 안전운전계획
   가. 안전운전지침서
   나. 설비점검 · 검사 및 보수계획, 유지계획 및 지침서

다. 안전작업허가
라. 도급업체 안전관리계획
마. 근로자 등 교육계획
바. 가동 전 점검지침
사. 변경요소 관리계획
아. 자체감사 및 사고조사계획
자. 그 밖에 안전운전에 필요한 사항

4. 비상조치계획
가. 비상조치를 위한 장비 · 인력 보유현황
나. 사고발생 시 각 부서 · 관련 기관과의 비상연락체계
다. 사고발생 시 비상조치를 위한 조직의 임무 및 수행 절차
라. 비상조치계획에 따른 교육계획
마. 주민홍보계획
바. 그 밖에 비상조치 관련 사항

② 공정안전보고서의 세부내용별 작성기준, 작성자 및 심사기준, 그 밖에 심사에 필요한 사항은 고용노동부장관이 정하여 고시한다.

시행규칙 제51조(공정안전보고서의 제출 시기) 사업주는 영 제45조제1항에 따라 유해하거나 위험한 설비의 설치 · 이전 또는 주요 구조부분의 변경공사의 착공일(기존 설비의 제조 · 취급 · 저장 물질이 변경되거나 제조량 · 취급량 · 저장량이 증가하여 영 별표 13에 따른 유해 · 위험물질 규정량에 해당하게 된 경우에는 그 해당일을 말한다) 30일 전까지 공정안전보고서를 2부 작성하여 공단에 제출해야 한다.

시행규칙 제52조(공정안전보고서의 심사 등) ① 공단은 제51조에 따라 공정안전보고서를 제출받은 경우에는 제출받은 날부터 30일 이내에 심사하여 1부를 사업주에게 송부하고, 그 내용을 지방고용노동관서의 장에게 보고해야 한다.
② 공단은 제1항에 따라 공정안전보고서를 심사한 결과 「위험물안전관리법」에 따른 화재의 예방 · 소방 등과 관련된 부분이 있다고 인정되는 경우에는 그 관련 내용을 관할 소방관서의 장에게 통보해야 한다.

시행규칙 제53조(공정안전보고서의 확인 등) ① 공정안전보고서를 제출하여 심사를 받은 사업주는 법 제46조제2항에 따라 다음 각 호의 시기별로 공단의 확인을 받아야 한다. 다만, 화공안전 분야 산업안전지도사, 대학에서 조교수 이상으로 재직하고 있는 사람으로서 화공

관련 교과를 담당하고 있는 사람, 그 밖에 자격 및 관련 업무 경력 등을 고려하여 고용노동부장관이 정하여 고시하는 요건을 갖춘 사람에게 제50조제3호아목에 따른 자체감사를 하게 하고 그 결과를 공단에 제출한 경우에는 공단의 확인을 생략할 수 있다.

1. 신규로 설치될 유해하거나 위험한 설비에 대해서는 설치 과정 및 설치 완료 후 시운전 단계에서 각 1회
2. 기존에 설치되어 사용 중인 유해하거나 위험한 설비에 대해서는 심사 완료 후 3개월 이내
3. 유해하거나 위험한 설비와 관련한 공정의 중대한 변경이 있는 경우에는 변경 완료 후 1개월 이내
4. 유해하거나 위험한 설비 또는 이와 관련된 공정에 중대한 사고 또는 결함이 발생한 경우에는 1개월 이내. 다만, 법 제47조에 따른 안전보건진단을 받은 사업장 등 고용노동부장관이 정하여 고시하는 사업장의 경우에는 공단의 확인을 생략할 수 있다.

② 공단은 사업주로부터 확인요청을 받은 날부터 1개월 이내에 제50조제1호부터 제4호까지의 내용이 현장과 일치하는지 여부를 확인하고, 확인한 날부터 15일 이내에 그 결과를 사업주에게 통보하고 지방고용노동관서의 장에게 보고해야 한다.

③ 제1항 및 제2항에 따른 확인의 절차 등에 관하여 필요한 사항은 고용노동부장관이 정하여 고시한다.

시행규칙 제54조(공정안전보고서 이행 상태의 평가) ① 법 제46조제4항에 따라 고용노동부장관은 같은 조 제2항에 따른 공정안전보고서의 확인(신규로 설치되는 유해하거나 위험한 설비의 경우에는 설치 완료 후 시운전 단계에서의 확인을 말한다) 후 1년이 지난 날부터 2년 이내에 공정안전보고서 이행 상태의 평가(이하 "이행상태평가"라 한다)를 해야 한다.

② 고용노동부장관은 제1항에 따른 이행상태평가 후 4년마다 이행상태평가를 해야 한다. 다만, 다음 각 호의 어느 하나에 해당하는 경우에는 1년 또는 2년마다 이행상태평가를 할 수 있다.

1. 이행상태평가 후 사업주가 이행상태평가를 요청하는 경우
2. 법 제155조에 따라 사업장에 출입하여 검사 및 안전·보건점검 등을 실시한 결과 제50조제1항제3호사목에 따른 변경요소 관리계획 미준수로 공정안전보고서 이행상태가 불량한 것으로 인정되는 경우 등 고용노동부장관이 정하여 고시하는 경우

③ 이행상태평가는 제50조제1항 각 호에 따른 공정안전보고서의 세부내용에 관하여 실시한다.

④ 이행상태평가의 방법 등 이행상태평가에 필요한 세부적인 사항은 고용노동부장관이 정한다.

6. 물질안전보건자료

법 제110조(물질안전보건자료의 작성 및 제출) ① 화학물질 또는 이를 함유한 혼합물로서 제104조에 따른 분류기준에 해당하는 것(대통령령으로 정하는 것은 제외한다. 이하 "물질안전보건자료대상물질"이라 한다)을 제조하거나 수입하려는 자는 다음 각 호의 사항을 적은 자료(이하 "물질안전보건자료"라 한다)를 고용노동부령으로 정하는 바에 따라 작성하여 고용노동부장관에게 제출하여야 한다. 이 경우 고용노동부장관은 고용노동부령으로 물질안전보건자료의 기재 사항이나 작성 방법을 정할 때 「화학물질관리법」 및 「화학물질의 등록 및 평가 등에 관한 법률」과 관련된 사항에 대해서는 환경부장관과 협의하여야 한다.

1. 제품명
2. 물질안전보건자료대상물질을 구성하는 화학물질 중 제104조에 따른 분류기준에 해당하는 화학물질의 명칭 및 함유량
3. 안전 및 보건상의 취급 주의 사항
4. 건강 및 환경에 대한 유해성, 물리적 위험성
5. 물리·화학적 특성 등 고용노동부령으로 정하는 사항

② 물질안전보건자료대상물질을 제조하거나 수입하려는 자는 물질안전보건자료대상물질을 구성하는 화학물질 중 제104조에 따른 분류기준에 해당하지 아니하는 화학물질의 명칭 및 함유량을 고용노동부장관에게 별도로 제출하여야 한다. 다만, 다음 각 호의 어느 하나에 해당하는 경우는 그러하지 아니하다.

1. 제1항에 따라 제출된 물질안전보건자료에 이 항 각 호 외의 부분 본문에 따른 화학물질의 명칭 및 함유량이 전부 포함된 경우
2. 물질안전보건자료대상물질을 수입하려는 자가 물실안전보건자료대싱물질을 국외에서 제조하여 우리나라로 수출하려는 자(이하 "국외제조자"라 한다)로부터 물질안전보건자료에 적힌 화학물질 외에는 제104조에 따른 분류기준에 해당하는 화학물질이 없음을 확인하는 내용의 서류를 받아 제출한 경우

③ 물질안전보건자료대상물질을 제조하거나 수입한 자는 제1항 각 호에 따른 사항 중 고용노동부령으로 정하는 사항이 변경된 경우 그 변경 사항을 반영한 물질안전보건자료를 고용노동부장관에게 제출하여야 한다.

④ 제1항부터 제3항까지의 규정에 따른 물질안전보건자료 등의 제출 방법·시기, 그 밖에 필요한 사항은 고용노동부령으로 정한다.

산업안전보건법 시행령

1. 자율안전확인대상 기계 · 기구

시행령 제77조(자율안전확인대상기계 등) ① 법 제89조제1항 각 호 외의 부분 본문에서 "대통령령으로 정하는 것"이란 다음 각 호의 어느 하나에 해당하는 것을 말한다.

1. 다음 각 목의 어느 하나에 해당하는 기계 또는 설비
   가. 연삭기(硏削機) 또는 연마기. 이 경우 휴대형은 제외한다.
   나. 산업용 로봇
   다. 혼합기
   라. 파쇄기 또는 분쇄기
   마. 식품가공용 기계(파쇄 · 절단 · 혼합 · 제면기만 해당한다)
   바. 컨베이어
   사. 자동차정비용 리프트
   아. 공작기계(선반, 드릴기, 평삭 · 형삭기, 밀링만 해당한다)
   자. 고정형 목재가공용 기계(둥근톱, 대패, 루타기, 띠톱, 모떼기 기계만 해당한다)
   차. 인쇄기
2. 다음 각 목의 어느 하나에 해당하는 방호장치
   가. 아세틸렌 용접장치용 또는 가스집합 용접장치용 안전기
   나. 교류 아크용접기용 자동전격방지기
   다. 롤러기 급정지장치
   라. 연삭기 덮개
   마. 목재 가공용 둥근톱 반발 예방장치와 날 접촉 예방장치
   바. 동력식 수동대패용 칼날 접촉 방지장치
   사. 추락 · 낙하 및 붕괴 등의 위험 방지 및 보호에 필요한 가설기자재(제74조제1항제2호아목의 가설기자재는 제외한다)로서 고용노동부장관이 정하여 고시하는 것
3. 다음 각 목의 어느 하나에 해당하는 보호구
   가. 안전모(제74조제1항제3호가목의 안전모는 제외한다)
   나. 보안경(제74조제1항제3호차목의 보안경은 제외한다)
   다. 보안면(제74조제1항제3호카목의 보안면은 제외한다)

② 자율안전확인대상기계 등의 세부적인 종류, 규격 및 형식은 고용노동부장관이 정하여 고시한다.

2. 안전검사 대상 유해 · 위험기계

시행령 제78조(안전검사대상기계등) ① 법 제93조제1항 전단에서 "대통령령으로 정하는 것"이란 다음 각 호의 어느 하나에 해당하는 것을 말한다.

1. 프레스
2. 전단기
3. 크레인(정격 하중이 2톤 미만인 것은 제외한다)
4. 리프트
5. 압력용기
6. 곤돌라
7. 국소 배기장치(이동식은 제외한다)
8. 원심기(산업용만 해당한다)
9. 롤러기(밀폐형 구조는 제외한다)
10. 사출성형기[형 체결력(型 締結力) 294킬로뉴턴(kN) 미만은 제외한다]
11. 고소작업대(「자동차관리법」 제3조제3호 또는 제4호에 따른 화물자동차 또는 특수자동차에 탑재한 고소작업대로 한정한다)
12. 컨베이어
13. 산업용 로봇

② 법 제93조제1항에 따른 안전검사대상기계등의 세부적인 종류, 규격 및 형식은 고용노동부장관이 정하여 고시한다.

CHAPTER 03 산업안전보건법 시행규칙

1. 안전인증 심사의 종류 및 방법

시행규칙 제110조(안전인증 심사의 종류 및 방법) ① 유해 · 위험기계 등이 안전인증기준에 적합한지를 확인하기 위하여 안전인증기관이 하는 심사는 다음 각 호와 같다.

1. 예비심사 : 기계 및 방호장치 · 보호구가 유해 · 위험기계 등 인지를 확인하는 심사(법 제84조제3항에 따라 안전인증을 신청한 경우만 해당한다)
2. 서면심사 : 유해 · 위험기계 등의 종류별 또는 형식별로 설계도면 등 유해 · 위험기계 등의 제품기술과 관련된 문서가 안전인증기준에 적합한지에 대한 심사
3. 기술능력 및 생산체계 심사 : 유해 · 위험기계 등의 안전성능을 지속적으로 유지 · 보증하기 위하여 사업장에서 갖추어야 할 기술능력과 생산체계가 안전인증기준에 적합한지에 대한 심사. 다만, 다음 각 목의 어느 하나에 해당하는 경우에는 기술능력 및 생산체계 심사를 생략한다.
   가. 영 제74조제1항제2호 및 제3호에 따른 방호장치 및 보호구를 고용노동부장관이 정하여 고시하는 수량 이하로 수입하는 경우
   나. 제4호가목의 개별 제품심사를 하는 경우
   다. 안전인증(제4호나목의 형식별 제품심사를 하여 안전인증을 받은 경우로 한정한다)을 받은 후 같은 공정에서 제조되는 같은 종류의 안전인증대상기계 등에 대하여 안전인증을 하는 경우
4. 제품심사 : 유해 · 위험기계 등이 서면심사 내용과 일치하는지와 유해 · 위험기계 등의 안전에 관한 성능이 안전인증기준에 적합한지에 대한 심사. 다만, 다음 각 목의 심사는 유해 · 위험기계 등 별로 고용노동부장관이 정하여 고시하는 기준에 따라 어느 하나만을 받는다.
   가. 개별 제품심사 : 서면심사 결과가 안전인증기준에 적합할 경우에 유해 · 위험기계 등 모두에 대하여 하는 심사(안전인증을 받으려는 자가 서면심사와 개별 제품심사를 동시에 할 것을 요청하는 경우 병행할 수 있다)
   나. 형식별 제품심사 : 서면심사와 기술능력 및 생산체계 심사 결과가 안전인증기준에 적합할 경우에 유해 · 위험기계 등의 형식별로 표본을 추출하여 하는 심사(안전인증을 받으려는 자가 서면심사, 기술능력 및 생산체계 심사와 형식별 제품심사를 동시에 할 것을 요청하는 경우 병행할 수 있다)

② 제1항에 따른 유해 · 위험기계 등의 종류별 또는 형식별 심사의 절차 및 방법은 고용노동부장관이 정하여 고시한다.

③ 안전인증기관은 제108조제1항에 따라 안전인증 신청서를 제출받으면 다음 각 호의 구분에 따른 심사 종류별 기간 내에 심사해야 한다. 다만, 제품심사의 경우 처리기간 내에 심사를 끝낼 수 없는 부득이한 사유가 있을 때에는 15일의 범위에서 심사기간을 연장할 수 있다.

1. 예비심사 : 7일
2. 서면심사 : 15일(외국에서 제조한 경우는 30일)
3. 기술능력 및 생산체계 심사 : 30일(외국에서 제조한 경우는 45일)
4. 제품심사
   가. 개별 제품심사 : 15일
   나. 형식별 제품심사 : 30일(영 제74조제1항제2호사목의 방호장치와 같은 항 제3호가목부터 아목까지의 보호구는 60일)

④ 안전인증기관은 제3항에 따른 심사가 끝나면 안전인증을 신청한 자에게 별지 제45호서식의 심사결과 통지서를 발급해야 한다. 이 경우 해당 심사 결과가 모두 적합한 경우에는 별지 제46호서식의 안전인증서를 함께 발급해야 한다.

⑤ 안전인증기관은 안전인증대상기계 등이 특수한 구조 또는 재료로 제조되어 안전인증기준의 일부를 적용하기 곤란할 경우 해당 제품이 안전인증기준과 같은 수준 이상의 안전에 관한 성능을 보유한 것으로 인정(안전인증을 신청한 자의 요청이 있거나 필요하다고 판단되는 경우를 포함한다)되면 「산업표준화법」 제12조에 따른 한국산업표준 또는 관련 국제규격 등을 참고하여 안전인증기준의 일부를 생략하거나 추가하여 제1항제2호 또는 제4호에 따른 심사를 할 수 있다.

⑥ 안전인증기관은 제5항에 따라 안전인증대상기계 등이 안전인증기준과 같은 수준 이상의 안전에 관한 성능을 보유한 것으로 인정되는지와 해당 안전인증대상기계 등에 생략하거나 추가하여 적용할 안전인증기준을 심의 · 의결하기 위하여 안전인증심의위원회를 설치 · 운영해야 한다. 이 경우 안전인증심의위원회의 구성 · 개최에 걸리는 기간은 제3항에 따른 심사기간에 산입하지 않는다.

⑦ 제6항에 따른 안전인증심의위원회의 구성 · 기능 및 운영 등에 필요한 사항은 고용노동부장관이 정하여 고시한다.

2. 기계 · 기구의 방호조치

시행규칙 제98조(방호조치) ① 법 제80조제1항에 따라 영 제70조 및 영 별표 20의 기계 · 기구에 설치해야 할 방호장치는 다음 각 호와 같다.

1. 영 별표 20 제1호에 따른 예초기 : 날접촉 예방장치
2. 영 별표 20 제2호에 따른 원심기 : 회전체 접촉 예방장치
3. 영 별표 20 제3호에 따른 공기압축기 : 압력방출장치
4. 영 별표 20 제4호에 따른 금속절단기 : 날접촉 예방장치
5. 영 별표 20 제5호에 따른 지게차 : 헤드 가드, 백레스트(backrest), 전조등, 후미등, 안전벨트
6. 영 별표 20 제6호에 따른 포장기계 : 구동부 방호 연동장치

② 법 제80조제2항에서 "고용노동부령으로 정하는 방호조치"란 다음 각 호의 방호조치를 말한다.

1. 작동 부분의 돌기부분은 묻힘형으로 하거나 덮개를 부착할 것
2. 동력전달부분 및 속도조절부분에는 덮개를 부착하거나 방호망을 설치할 것
3. 회전기계의 물림점(롤러나 톱니바퀴 등 반대방향의 두 회전체에 물려 들어가는 위험점)에는 덮개 또는 울을 설치할 것

③ 제1항 및 제2항에 따른 방호조치에 필요한 사항은 고용노동부장관이 정하여 고시한다.

PART 8 예상문제풀이

CONTENTS

안전관리론, 인간공학 및 시스템안전공학

01. 재해통계에서 강도율을 쓰고, 근로손실일수와 연근로시간수 산출방법을 설명하시오.

● 해답

1. 강도율(S.R ; Severity Rate of Injury)

$$\text{강도율} = \frac{\text{근로손실일수}}{\text{연근로시간수}} \times 1{,}000$$

[연근로시간 1,000시간당 재해로 인해서 잃어버린 근로손실일수]

2. 근로손실일수
   (1) 사망 및 영구 전노동 불능(장애등급 1~3급) : 7,500일
   (2) 영구 일부노동 불능(4~14등급)

등급	4	5	6	7	8	9	10	11	12	13	14
일수	5500	4000	3000	2200	1500	1000	600	400	200	100	50

   (3) 일시 전노동 불능(의사의 진단에 따라 일정기간 노동에 종사할 수 없는 상해)

$$\text{휴직일수} \times \frac{300}{365}$$

3. 연근로시간수
   연근로시간수 = 실근로자수×근로자 1인당 연간 근로시간수
   (1년 : 300일, 2,400시간, 1월 : 25일, 200시간, 1일 : 8시간)

02. 초기고장에서 디버깅(Debugging)과 버닝(Burning)에 대하여 설명하시오.

해답

1. 초기고장(감소형)

제조가 불량하거나 생산과정에서 품질관리가 안 돼 생기는 고장

(1) 디버깅(Debugging) 기간 : 결함을 찾아내어 고장률을 안정시키는 기간

(2) 번인(Burn-in) 기간 : 장시간 움직여보고 그동안에 고장난 것을 제거시키는 기간

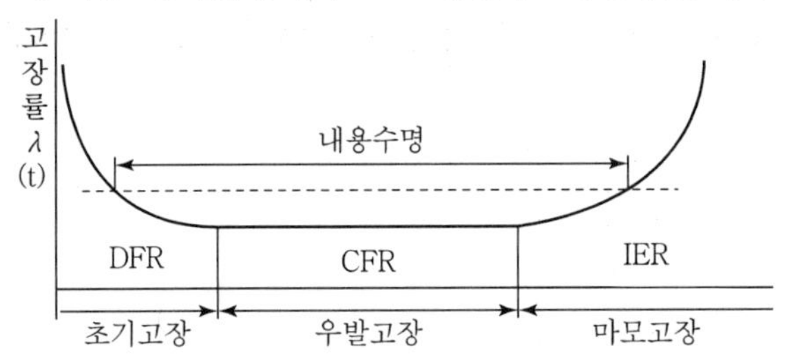

[기계의 고장률(욕조곡선, Bathtub Curve)]

03. 다음 그림은 결함수(Fault Tree)에서 같은 사건이 나타나지 않는 경우의 Top Event 발생경로를 나타낸 것이다. 사항 A, B, C, D, E의 발생 확률이 각각 0.1인 경우 Top Event의 발생 확률을 구하시오.

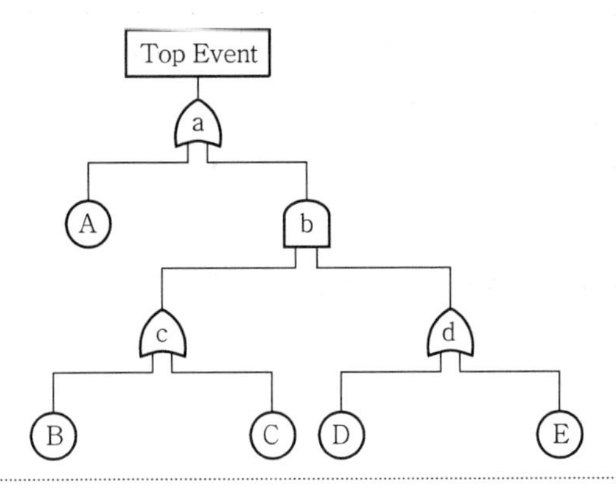

해답

Top Event의 발생확률 $= 1-(1-A)(1-b) = 1-(1-A)(1-c\times d)$

$= 1-(1-A)\times[1-\{1-(1-B)(1-C)\}]\times[1-\{1-(1-D)(1-E)\}]$

$= 1-(1-0.1)\times[1-\{1-(1-0.1)(1-0.1)\}]\times[1-\{1-(1-0.1)(1-0.1)\}]$

$= 0.13249$

04. 산업현장에서 사용하는 기계 · 기구 및 설비에 대한 안전점검의 정의, 목적, 종류에 대하여 쓰시오.

해답

1. 정의

안전점검은 설비의 불안전상태나 인간의 불안전행동으로부터 일어나는 결함을 발견하여 안전대책을 세우기 위한 활동을 말한다.

2. 안전점검의 목적

(1) 기기 및 설비의 결함이나 불안전한 상태의 제거로 사전에 안전성을 확보하기 위함이다.
(2) 기기 및 설비의 안전상태 유지 및 본래의 성능을 유지하기 위함이다.
(3) 재해 방지를 위하여 그 재해 요인의 대책과 실시를 계획적으로 하기 위함이다.

3. 종류

(1) 일상점검(수시점검) : 작업 전 · 중 · 후 수시로 실시하는 점검
(2) 정기점검 : 정해진 기간에 정기적으로 실시하는 점검
(3) 특별점검 : 기계 기구의 신설 및 변경 시 고장, 수리 등에 의해 부정기적으로 실시하는 점검으로 안전강조기간 등에 실시하는 점검
(4) 임시점검 : 이상 발견 시 또는 재해발생시 임시로 실시하는 점검

05. 시스템안전 해석 방법 중 FMEA(Failure Modes and Effects Analysis)의 개요와 장단점을 설명하시오.

해답

1. 개요

FMEA는 기계설비, 시스템, 장치 등에서 발생할 수 있는 고장유형과 이에 따른 결과를 분석하여 위험도를 구하고 여기에 순위를 부여하여 순위가 높은 것부터 개선하는 위험성평가 기법이다. 통상 FMEA에 CA(Critically Analysis, 치명도 분석)를 추가해서 FMECA라고도 부른다.

2. FMEA의 장단점 (FTA의 비교하여)

(1) FMEA는 개별적 사실로부터 일반적 문제점을 도출하는 귀납적방법(Bottom Up 방식)을 적용하고 있지만, FTA는 상위사상인 정상사상(재해나 사고)으로부터 하위사상을 찾아내는 연역적방법(Top Down 방식)을 적용하고 있는 점에서 FMEA와 FTA는 위험성을 찾아내는 접근방법이 기본적으로 다르다.

(2) 정량적인 위험성평가의 대표적인 기법인 FTA에 비해서 FMEA의 장점은 FTA에 비해서 비교적 간단하지만 체계적으로 단계별 분석이 가능하고, 특별한 지식이 없는 사람도 약간의 노력만 기울이면 해석할 수 있다는 장점이 있는 반면에 정성적인 평가이다 보니 논리적으로 약하고 또한 둘 이상의 요소가 고장나면 해석이 곤란하다는 단점도 있다.

(3) 따라서 FMEA와 FTA는 상호 보완관계가 있으므로 어떤 시스템 등의 위험성을 평가할 때는 이 둘을 병용하는 것이 바람직하다.

3. FMEA 수행절차

• FMEA를 수행할 때는 맨먼저
 - 평가대상 시스템에 대하여 분석하고
 - 고장모드와 영향에 대한 분석을 실시한 후
 - 위험도가 높은 사항은 치명도 분석(CA)을 실시하여 개선대책을 수립한다.

(1) 평가대상 시스템의 분석

FMEA를 시작하기 전에 분석대상이 되는 기계장치나 시스템의 설계내용 등을 충분히 이해하고 시스템의 구성, 작동원리, 기능 등에 대해서도 제대로 파악한 다음 FMEA 실시 기본방침을 정한다. 즉, 시스템의 기능적 분해 레벨을 ①시스템 레벨, ② 서브시스템 레벨, ③ 구성품 레벨, ④ 부품 레벨의 어느 수준까지 분해할 것인가에 대해서 결정한다.

복잡한 시스템을 부품수준까지 분해해버리면 FMEA 분석시 많은 시간과 노력이 필요하고, 결과도 복잡하게 되어 올바른 개선대책을 수립하여 시행하기가 어렵다

따라서 시스템의 경우는 서브시스템 또는 구성품 수준까지 분해하고, 구성품의 경우는 부품수준까지 분해하여 FMEA를 실시하는 것이 효과적이다.

(2) 고장모드와 그 영향 분석(FMEA)

전 단계에서 분해한 시스템이나 구성품에 대한 고장유형(고장모드)를 모두 밝혀내고 이것을 FMEA양식(설비명칭, 설비번호, 고장형태, 발생빈도, 고장영향, 고장감지 난이도, 위험도, 개선대책 등이 포함되어 있어야 함)에 기입한다. 이를 통해 어느 고장모드와 그 영향관계를 확인한다.

(3) 치명도 분석과 개선대책 수립

치명도 분석(CA, Critically Analysis)은 FMEA에서 밝혀진 높은 위험도를 갖는 고장모드가 시스템이나 기기 전체의 고장에 어느 정도 치명적인 영향을 미치는가를 정량적으로 평가하는 것이다.
CA를 통해 치명도가 높은 고장모드를 적출하고, 이에 대한 적절한 대책(설계변경 등)을 수립한다.
예컨대 설계단계에서 실시한 FMEA에는 재료의 형상이나 치수를 변경하거나 안전율을 수정한다.

4. FMEA 양식에 포함되어야 할 사항 (기재사항)

FMEA는 해당설비에서 발생 가능한 모든 고장유형을 체계적으로 상세히 밝혀내고 이것이 시스템에 미치는 영향을 검토하는 귀납적인 분석방법이다. 이 기법은 한 시스템의 개별 단위 고장원인을 파악하여 대책을 수립하는데 아주 효과적이다.

FMEA 양식은 검출하고자 하는 사안에 따라 다소 탄력적으로 작성할 수 있지만 일반적으로 설비명칭, 설비번호, 고장형태(고장모드), 발생빈도(발생도), 고장영향(심각도), 고장감지 난이도(검출도), 위험도, 개선대책 등은 필수적으로 포함되어야 한다.

〈 FMEA 일반 양식 〉

설비명칭	설비번호	고장형태 (고장모드)	발생빈도 (발생도)	고장영향 (심각도)	고장감지 난이도 (검출도)	위험도	개선대책

여기에서 위험도는 발생빈도(발생도), 고장영향(심각도), 고장감지 난이도(검출도) 점수를 각각 곱하여 얻은 점수이고, 이 위험도 점수를 정렬하여 높은 점수를 취득한 고장모드(형태)부터 개선대책을 수립하여 실시해야 한다.

06. 기계고장률의 기본모형 그림을 그리고 설명하시오.

해답

1. 초기고장(감소형)
   제조가 불량하거나 생산과정에서 품질관리가 안 돼 생기는 고장
   (1) 디버깅(Debugging) 기간 : 결함을 찾아내어 고장률을 안정시키는 기간
   (2) 번인(Burn-in) 기간 : 장시간 움직여보고 그동안에 고장난 것을 제거시키는 기간

2. 우발고장(일정형)
   실제 사용하는 상태에서 발생하는 고장으로 예측할 수 없는 랜덤의 간격으로 생기는 고장

   신뢰도 : $R(t) = e^{-\lambda t}$

   (평균고장시간 t_o인 요소가 t시간 동안 고장을 일으키지 않을 확률)

3. 마모고장(증가형)
   설비 또는 장치가 수명을 다하여 생기는 고장

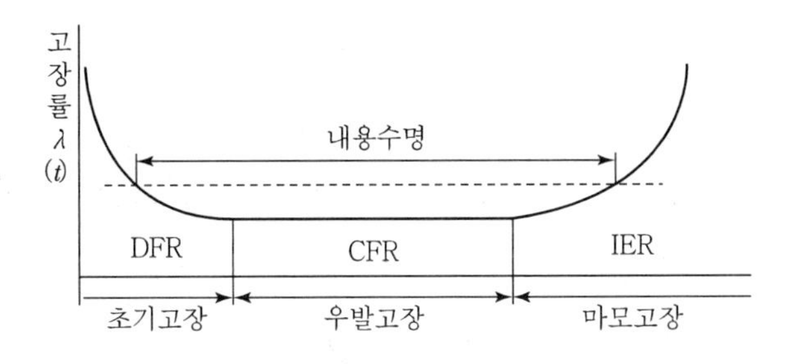

[기계의 고장률(욕조곡선, Bathtub Curve)]

07. 산업안전보건법상에 규정하고 있는 안전보건 표지의 분류 4가지를 설명하시오.

● 해답

1. 안전보건표지의 종류 및 색채
   (1) 금지표지 : 위험한 행동을 금지하는 데 사용되며 8개 종류가 있다.(바탕은 흰색, 기본모형은 빨간색, 관련 부호 및 그림은 검은색)
   (2) 경고표지 : 직접 위험한 것 및 장소 또는 상태에 대한 경고로서 사용되며 15개 종류가 있다.(바탕은 노란색, 기본모형, 관련 부호 및 그림은 검은색)
   ※ 다만, 인화성 물질 경고 · 산화성 물질 경고, 폭발성물질 경고, 급성독성 물질 경고 부식성 물질 경고 및 발암성 · 변이원성 · 생식독성 · 전신독성 · 호흡기과민성 물질 경고의 경우 바탕은 무색, 기본모형은 빨간색(검은색도 가능)
   (3) 지시표지 : 작업에 관한 지시 즉, 안전 · 보건 보호구의 착용에 사용되며 9개 종류가 있다.(바탕은 파란색, 관련 그림은 흰색)
   (4) 안내표지 : 구명, 구호, 피난의 방향 등을 분명히 하는 데 사용되며 7개 종류가 있다. 바탕은 흰색, 기본모형 및 관련 부호는 녹색, 바탕은 녹색, 관련 부호 및 그림은 흰색)

2. 안전보건표지의 종류와 형태

3 지시표지

301 보안경 착용	302 방독마스크 착용	303 방진마스크 착용	304 보안면 착용	305 안전모 착용

306 귀마개 착용	307 안전화 착용	308 안전장갑 착용	309 안전복 착용	

4 안내표지

401 녹십자표지	402 응급구호표지	403 들것	404 세안장치	405 비상용기구
			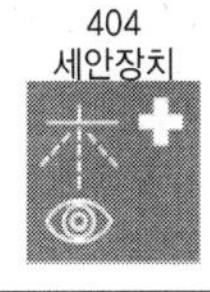	
406 비상구	407 좌측비상구	408 우측비상구		

5 관계자외 출입금지

501 허가대상물질 작업장	502 석면취급/해체 작업장	503 금지대상물질의 취급실험실 등
관계자외 출입금지 (허가물질 명칭) 제조/사용/보관 중 보호구/보호복 착용 흡연 및 음식물 섭취 금지	관계자외 출입금지 석면 취급/해체 중 보호구/보호복 착용 흡연 및 음식물 섭취 금지	관계자외 출입금지 발암물질 취급 중 보호구/보호복 착용 흡연 및 음식물 섭취 금지

6 문자추가시 예시문

- ▶ 내 자신의 건강과 복지를 위하여 안전을 늘 생각한다.
- ▶ 내 가정의 행복과 화목을 위하여 안전을 늘 생각한다.
- ▶ 내 자신의 실수로써 동료를 해치지 않도록 안전을 늘 생각한다.
- ▶ 내 자신이 일으킨 사고로 인한 회사의 재산과 손실을 방지하기 위하여 안전을 늘 생각한다.
- ▶ 내 자신의 방심과 불안전한 행동이 조국의 번영에 장애가 되지 않도록 하기 위하여 안전을 늘 생각한다.

08. 인간공학적인 측면에서 동작경제의 3원칙에 대해 설명하시오.

해답

1. 개요

재해를 예방하기 위해서는 작업 시 불필요한 동작이나 행동을 하지 않도록 하는 것이 중요하다. 불안전한 행동에 기인하여 발생하는 재해는 전체 재해의 약 88%에 이르는 데 이들 재해 중 상당 부분은 동작분석 등 작업분석의 개선을 통해서 예방될 수 있다.

동작경제원칙은 길브레드와 바안즈에 의해 개발되었는데 이것은 인간의 에너지를 낭비없이 효과적으로 사용하기 위해서 무리없이 작업동작을 수행하고자 하는 실용적인 법칙이다.

2. 동작경제 3원칙

동작경제의 원칙은 모든 작업에 직 · 간접적으로 적용되고 있다. 특히 바안즈의 동작경제원칙 즉, (1) 신체부위 사용에 대한 원칙, (2) 작업장 배치에 대한 원칙, (3) 기계설비 및 공구 설계에 대한 원칙 이 3가지 동작경제원칙은 제조업 등에서 작업개선이나 동작개선을 수행할 때 많이 이용되고 있는데 이에 대해서 살펴보면 다음과 같다.

(1) 신체부위 사용에 대한 동작경제원칙

① 양손의 동작은 동시에 시작하고 동시에 그 동작을 끝내야 한다.
② 두 팔의 동작은 반대 방향에서 대칭적으로 동시에 이루어져야 한다.
③ 휴식 시간을 제외하고 양손을 동시에 쉬어서는 안 된다.
④ 신체의 동작들은 작업을 만족스럽게 수행해 줄 수 있는 최소한의 동작이 되어야 한다.
⑤ 부드러운 연속 곡선동작은 돌발적인 급격한 방향전환을 가지는 직선동작보다 효과적이다.
⑥ 작업은 가급적 용이하게 그리고 자연스러운 리듬을 타고 수행될 수 있도록 정리되어야 한다.
⑦ 설비 등을 발로 조정하는 경우에는 가급적 손의 부담을 덜어 주어야 한다.

(2) 작업장 배치에 대한 동작경제원칙

① 공구 및 재료는 작업자가 발을 움직이지 않고 집을 수 있는 위치에 있어야 한다.
② 모든 공구 및 재료는 위치하는 장소가 일정하게 명확히 지정되고 정리정돈이 되어 있어야 한다.
③ 공구 및 재료를 사전에 정한 위치에 놓고 작업 중에 재료나 공구를 가지러 왕래하는 일이 없도록 해야 한다.
④ 공구나 재료 등은 작업자 주변에 두어 사용하기에 편리하도록 한다.
⑤ 재료를 담아 공급하는 용기상자 등은 작업자가 사용하는 위치까지 공급되도록 해야 한다.
⑥ 될 수 있는 데로 중력에 의한 낙하 또는 미끄러지는 방법 등을 공급방법을 사용한다.
⑦ 재료와 공구들은 최선의 동작이 연속될 수 있도록 배치되어야 한다.
⑧ 작업성질에 맞도록 앉은 자세와 선 자세를 정하고, 의자높이는 작업자와 작업특성에 맞도록 조절할 수 있어야 한다.
⑨ 작업자가 잘 보면서 작업을 할 수 있도록 한다. 이를 위해 적절한 조명을 해주어야 한다.
⑩ 조명은 규정에 따르고 작업자가 최대한 편안하게 작업할 수 있도록 한다.

(3) 기계 및 공구 설계에 대한 동작경제원칙

① 조작버튼, 레버, 핸들 등은 작업자가 몸의 위치를 변경하지 않고서 최대한 신속하고 편리하게 조작할 수 있는 위치에 배치한다.

② 둘 또는 그 이상의 공구는 가능하면 결합하여 사용한다.

③ 공구 및 재료는 가능한 한 작업자 앞에 둔다.

④ 어느 손가락에 대해서도 고유의 동작 능력에 따라서 부하가 주어지도록 해야 한다.

3. 결론

동작경제의 원칙은 작업동작 개선을 위한 착안점이라 할 수 있는데 이것은 구체적인 작업단계까지 분석함으로써 그 적용이 가능해 진다. 이러한 원칙들을 활용하고 작업이나 작업량을 검사해서 비효율적인 요소들을 개선해 나가기 위해서는 동작의 상호 관련성을 이해하는 것이 필요하다.

따라서 신체를 이용하는 작업 등에 대해서 동작의 상호 관련성을 파악하여, 동작 경제화를 실현, 작업피로를 경감시킴으로써 인적재해 유발 가능성을 줄이고 이를 통해 재해예방의 원동력으로 동작경제의 원칙을 활용할 수 있다.

09. 기계설비 산업재해의 감소 방안중에 하나인 'Fool Proof'에 대해 설명하고 적용사례 3가지를 설명하시오.

해답

1. Fool Proof의 정의

기계장치 설계단계에서 안전화를 도모하는 것으로 근로자가 기계 등의 취급을 잘못해도 사고로 연결되는 일이 없도록 하는 안전기구 즉, 인간과오(Human Error)를 방지하기 위한 것

2. Fool Proof의 예

(1) 가드

(2) 록(Lock, 시건) 장치

(3) 오버런 기구

10. 착시(Optical Illusion)현상의 종류 2가지만 설명하시오.

해답

착시는 물체의 물리적인 구조가 인간의 감각기관인 시각을 통해 인지한 구조와 일치되지 않게 보이는 현상

학설	그림	현상
Zoller의 착시	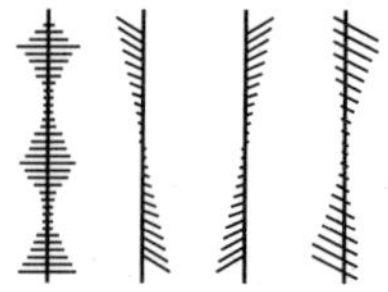	세로의 선이 굽어보인다.
Orbigon의 착시	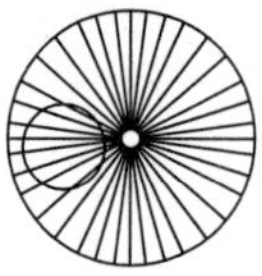	안쪽 원이 찌그러져 보인다.
Sander의 착시		두 점선의 길이가 다르게 보인다.
Ponzo의 착시		두 수평선부의 길이가 다르게 보인다.
Müler-Lyer의 착시	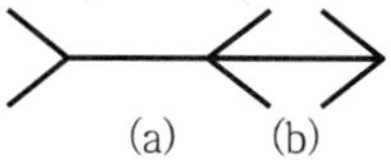 (a) (b)	a가 b보다 길게 보인다. 실제는 a=b이다.
Helmholz의 착시	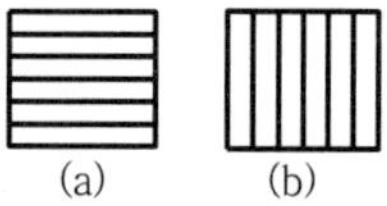 (a) (b)	a는 세로로 길어 보이고, b는 가로로 길어 보인다.
Hering의 착시	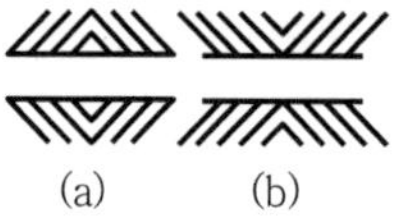 (a) (b)	a는 양단이 벌어져 보이고, b는 중앙이 벌어져 보인다.
Köhler의 착시 (윤곽착오)	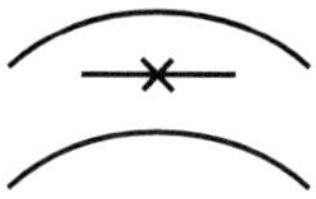	우선 평형의 호를 본 후 즉시 직선을 본 경우에 직선은 호의 반대방향으로 굽어보인다.
Poggendorf의 착시	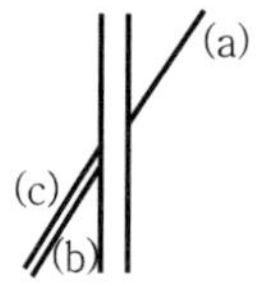 (a) (c) (b)	a와 c가 일직선으로 보인다. 실제는 a와 b가 일직선이다.

11. 재해손실비 평가(계산)방식 4가지만 분류하고 설명하시오.

● 해답

1. 하인리히 방식

『총 재해코스트=직접비+간접비』

(1) 직접비

법령으로 정한 피해자에게 지급되는 산재보험비

① 휴업보상비　② 장해보상비　③ 요양보상비

④ 유족보상비　⑤ 장의비, 간병비

(2) 간접비

재산손실, 생산중단 등으로 기업이 입은 손실

① 인적손실 : 본인 및 제 3자에 관한 것을 포함한 시간손실

② 물적손실 : 기계, 공구, 재료, 시설의 복구에 소비된 시간손실 및 재산손실

③ 생산손실 : 생산감소, 생산중단, 판매감소 등에 의한 손실

④ 특수손실

⑤ 기타손실

(3) 직접비 : 간접비=1 : 4

※ 우리나라의 재해손실비용은 「경제적 손실 추정액」이라 칭하며 하인리히방식으로 산정한다.

2. 시몬즈 방식

『총 재해비용=산재보험비용+비보험비용』

여기서, 비보험비용=휴업상해건수×A+통원상해건수×B+응급조치건수×C+무상해사고건수×D

A, B, C, D는 장해정도별에 의한 비보험비용의 평균치

3. 버드의 방식

총 재해비용=보험비(1)+비보험 재산비용(5~50)+비보험 기타비용(1~3)

(1) 보험비 : 의료, 보상금

(2) 비보험 재산비용 : 건물손실, 기구 및 장비손실, 조업중단 및 지연

(3) 비보험 기타비용 : 조사시간, 교육 등

4. 콤패스 방식

총 재해비용=공동비용+개별비용

(1) 공동비용 : 보험료, 안전보건팀 유지비용

(2) 개별비용 : 작업손실비용, 수리비, 치료비 등

12. 일반적으로 사용하는 재해통계(재해율)의 종류 3가지를 설명하시오.

해답

1. 연천인율(年千人率)

① $연천인율 = \frac{재해자수}{연평균\ 근로자\ 수} \times 1{,}000$

[근로자 1,000인당 1년간 발생하는 재해발생자 수]

② 연천인율=도수율(빈도율)×2.4

2. 도수율(빈도율)(F.R ; Frequency Rate of Injury)

$$도수율 = \frac{재해발생건수}{연근로시간수} \times 1{,}000{,}000$$

[근로자 100만 명이 1시간 작업시 발생하는 재해건수]

[근로자 1명이 100만 시간 작업시 발생하는 재해건수]

연근로시간수=실근로자수×근로자 1인당 연간 근로시간수

(1년 : 300일, 2,400시간, 1월 : 25일, 200시간, 1일 : 8시간)

3. 강도율(S.R ; Severity Rate of Injury)

$$강도율 = \frac{근로손실일수}{연근로시간수} \times 1{,}000$$

[연근로시간 1,000시간당 재해로 인해서 잃어버린 근로손실일수]

⊙ 근로손실일수

(1) 사망 및 영구 전노동 불능(장애등급 1~3급) : 7,500일

(2) 영구 일부노동 불능(4~14등급)

등급	4	5	6	7	8	9	10	11	12	13	14
일수	5,500	4,000	3,000	2,200	1,500	1,000	600	400	200	100	50

(3) 일시 전노동 불능(의사의 진단에 따라 일정기간 노동에 종사할 수 없는 상해)

$휴직일수 \times \frac{300}{365}$

13. 산업안전보건법규에 의한 안전모의 성능시험에 대해 5가지를 설명하시오.

해답

1. 안전모 성능시험 항목
   (1) 내관통성시험
   (2) 내전압성시험
   (3) 내수성시험
   (4) 난연성시험
   (5) 충격흡수성시험

2. 안전모 시험성능기준

항목	시험성능기준
내관통성	AE, ABE종 안전모는 관통거리가 9.5mm 이하이고, AB종 안전모는 관통거리가 11.1mm 이하이어야 한다.
충격흡수성	최고전달충격력이 4,450N을 초과해서는 안 되며, 모체와 착장체의 기능이 상실되지 않아야 한다.
내전압성	AE, ABE종 안전모는 교류 20kV에서 1분간 절연파괴 없이 견뎌야 하고, 이때 누설되는 충전전류는 10mA 이하이어야 한다.
내수성	AE, ABE종 안전모는 질량증가율이 1% 미만이어야 한다.
난연성	모체가 불꽃을 내며 5초 이상 연소되지 않아야 한다.
턱끈풀림	150N 이상 250N 이하에서 턱끈이 풀려야 한다.

14. 산업재해 발생 시 조치순서에 대해 설명하시오.

해답

1. 긴급처리
   (1) 피재기계의 정지 및 피해확산 방지
   (2) 피재자의 구조 및 응급조치(가장 먼저 해야 할 일)
   (3) 관계자에게 통보
   (4) 2차 재해방지
   (5) 현장보존

2. 재해조사
   누가, 언제, 어디서, 어떤 작업을 하고 있을 때, 어떤 환경에서, 불안전 행동이나 상태는 없었는지 등에 대한 조사 실시

3. 원인강구
   인간(Man), 기계(Machine), 작업매체(Media), 관리(Management) 측면에서의 원인분석

4. 대책수립
   유사한 재해를 예방하기 위한 3E 대책수립
   - 3E : 기술적(Engineering), 교육적(Education), 관리적(Enforcement)

5. 대책실시계획

6. 실시

7. 평가

15. 시스템 안전해석기법의 종류 중 5가지를 설명하시오.

해답

1. PHA(예비위험 분석, Preliminary Hazards Analysis)

   시스템 내의 위험요소가 얼마나 위험상태에 있는가를 평가하는 시스템안전프로그램의 최초단계의 분석 방식(정성적)

PHA에 의한 위험등급			
Class-1 : 파국	Class-2 : 중대	Class-3 : 한계	Class-4 : 무시가능

2. FHA(결함위험분석, Fault Hazards Analysis)

   분업에 의해 여럿이 분담 설계한 서브시스템 간의 인터페이스를 조정하여 각각의 서브시스템 및 전체 시스템에 악영향을 미치지 않게 하기 위한 분석방법

   • FHA의 기재사항

   (1) 구성요소 명칭
   (2) 구성요소 위험방식
   (3) 시스템 작동방식
   (4) 서브시스템에서의 위험영향
   (5) 서브시스템, 대표적 시스템 위험영향
   (6) 환경적 요인
   (7) 위험영향을 받을 수 있는 2차 요인
   (8) 위험수준
   (9) 위험관리

3. FMEA(고장형태와 영향분석법)(Failure Mode and Effect Analysis)

   시스템에 영향을 미치는 모든 요소의 고장을 형별로 분석하고 그 고장이 미치는 영향을 분석하는 방법으로 치명도 해석(CA)을 추가할 수 있음(귀납적, 정성적)

   1) 특징

   (1) FTA보다 서식이 간단하고 적은 노력으로 분석이 가능
   (2) 논리성이 부족하고, 특히 각 요소 간의 영향을 분석하기 어렵기 때문에 동시에 두 가지 이상의 요소가 고장 날 경우에 분석이 곤란함
   (3) 요소가 물체로 한정되어 있기 때문에 인적 원인을 분석하는 데는 곤란함

   2) 시스템에 영향을 미치는 고장형태

   (1) 폐로 또는 폐쇄된 고장
   (2) 개로 또는 개방된 고장
   (3) 기동 및 정지의 고장
   (4) 운전계속의 고장
   (5) 오동작

   3) 순서

   (1) 1단계 : 대상시스템의 분석

   ① 기본방침의 결정
   ② 시스템의 구성 및 기능의 확인
   ③ 분석레벨의 결정
   ④ 기능별 블록도와 신뢰성 블록도 작성

(2) 2단계 : 고장형태와 그 영향의 해석
① 고장형태의 예측과 설정
② 고장형에 대한 추정원인 열거
③ 상위 아이템의 고장영향의 검토
④ 고장등급의 평가
(3) 3단계 : 치명도 해석과 그 개선책의 검토
① 치명도 해석
② 해석결과의 정리 및 설계개선으로 제안

4) 고장등급의 결정

(1) 고장 평점법

$$C=(C_1 \times C_2 \times C_3 \times C_4 \times C_5)^{\frac{1}{5}}$$

여기서, C_1 : 기능적 고장의 영향의 중요도
C_2 : 영향을 미치는 시스템의 범위
C_3 : 고장발생의 빈도
C_4 : 고장방지의 가능성
C_5 : 신규 설계의 정도

(2) 고장등급의 결정
① 고장등급 Ⅰ(치명고장) : 임무수행 불능, 인명손실(설계변경 필요)
② 고장등급 Ⅱ(중대고장) : 임무의 중대부분 미달성(설계의 재검토 필요)
③ 고장등급 Ⅲ(경미고장) : 임무의 일부 미달성(설계변경 불필요)
④ 고장등급 Ⅳ(미소고장) : 영향 없음(설계변경 불필요)

5) FMEA 서식

(1) 고장의 영향분류

영향	발생확률
실제의 손실	$\beta=1.00$
예상되는 손실	$0.10 \le \beta < 1.00$
가능한 손실	$0 < \beta < 0.10$
영향 없음	$\beta=0$

(2) FMEA의 위험성 분류의 표시
① Category 1 : 생명 또는 가옥의 상실
② Category 2 : 사명(작업) 수행의 실패
③ Category 3 : 활동의 지연
④ Category 4 : 영향 없음

4. ETA(Event Tree Analysis)
   정량적, 귀납적 기법으로 DT에서 변천해 온 것으로 설비의 설계, 심사, 제작, 검사, 보전, 운전, 안전대책의 과정에서 그 대응조치가 성공인가 실패인가를 확대해 가는 과정을 검토

5. CA(Criticality Analysis, 위험성 분석법)
   고장이 직접 시스템의 손해와 인원의 사상에 연결되는 높은 위험도를 가지는 경우에 위험도를 가져오는 요소 또는 고장의 형태에 따른 분석(정량적 분석)

6. THERP(인간과오율 추정법, Technique of Human Error Rate Prediction)
   확률론적 안전기법으로서 인간의 과오에 기인된 사고원인을 분석하기 위하여 100만 운전시간당 과오도수를 기본 과오율로 하여 인간의 기본 과오율을 평가하는 기법
   1) 인간 실수율(HEP) 예측 기법
   2) 사건들을 일련의 Binary 의사결정 분기들로 모형화해서 예측
   3) 나무를 통한 각 경로의 확률 계산

7. MORT(Management Oversight and Risk Tree)
   FTA와 같은 논리기법을 이용하여 관리, 설계, 생산, 보전 등에 대해서 광범위하게 안전성을 확보하기 위한 기법(원자력 산업에 이용, 미국의 W. G. Johnson에 의해 개발)

8. FTA(결함수분석법, Fault Tree Analysis)
   기계, 설비 또는 Man-machine 시스템의 고장이나 재해의 발생요인을 논리적 도표에 의하여 분석하는 정량적, 연역적 기법

9. O & SHA(Operation and Support Hazard Analysis)
   시스템의 모든 사용단계에서 생산, 보전, 시험, 저장, 구조 훈련 및 폐기 등에 사용되는 인원, 순서, 설비에 대한 위험을 평가하고 안전요건을 결정하기 위한 해석방법(운영 및 지원 위험해석)

10. DT(Decision Tree)
   요소의 신뢰도를 이용하여 시스템의 신뢰도를 나타내는 시스템 모델의 하나로 귀납적이고 정량적인 분석방법

11. 위험성 및 운전성 검토(Hazard and Operability Study)
   1) 위험 및 운전성 검토(HAZOP)

1. 항목	2. 기능	3. 고장의 형태	4. 고장반응 시간	5. 사명 또는 운용단계	6. 고장의 영향	7. 고장의 발견방식	8. 시정활동	9. 위험성 분류	10. 소견

각각의 장비에 대해 잠재된 위험이나 기능저하, 운전, 잘못 등과 전체로서의 시설에 결과적으로 미

칠 수 있는 영향 등을 평가하기 위해서 공정이나 설계도 등에 체계적이고 비판적인 검토를 행하는 것을 말한다.

2) 위험 및 운전성 검토의 성패를 좌우하는 요인

(1) 팀의 기술능력과 통찰력
(2) 사용된 도면, 자료 등의 정확성
(3) 발견된 위험의 심각성을 평가할 때 팀의 균형감각 유지 능력
(4) 이상(Deviation), 원인(Cause), 결과(Consequence)들을 발견하기 위해 상상력을 동원하는 데 보조수단으로 사용할 수 있는 팀의 능력

3) 위험 및 운전성 검토절차

(1) 1단계 : 목적의 범위 결정
(2) 2단계 : 검토팀의 선정
(3) 3단계 : 검토 준비
(4) 4단계 : 검토 실시
(5) 5단계 : 후속 조치 후 결과기록

4) 위험 및 운전성 검토목적

(1) 기존시설(기계설비 등)의 안전도 향상
(2) 설비 구입 여부 결정
(3) 설계의 검사
(4) 작업수칙의 검토
(5) 공장 건설 여부와 건설장소의 결정

5) 위험 및 운전성 검토 시 고려해야 할 위험의 형태

(1) 공장 및 기계설비에 대한 위험
(2) 작업 중인 인원 및 일반대중에 대한 위험
(3) 제품 품질에 대한 위험
(4) 환경에 대한 위험

6) 위험을 억제하기 위한 일반적인 조치사항

(1) 공정의 변경(원료, 방법 등)
(2) 공정 조건의 변경(압력, 온도 등)
(3) 설계 외형의 변경
(4) 작업방법의 변경
   위험 및 운전성 검토를 수행하기 가장 좋은 시점은 설계완료 단계로서 설계가 상당히 구체화된 시점이다.

7) 유인어(Guide Words)

간단한 용어로서 창조적 사고를 유도하고 자극하여 이상을 발견하고 의도를 한정하기 위하여 사용되는 것

(1) NO 또는 NOT : 설계의도의 완전한 부정
(2) MORE 또는 LESS : 양(압력, 반응, 온도 등)의 증가 또는 감소
(3) AS WELL AS : 성질상의 증가(설계의도와 운전조건이 어떤 부가적인 행위)와 함께 일어남
(4) PART OF : 일부변경, 성질상의 감소(어떤 의도는 성취되나 어떤 의도는 성취되지 않음)
(5) REVERSE : 설계의도의 논리적인 역
(6) OTHER THAN : 완전한 대체(통상 운전과 다르게 되는 상태)

16. 산업안전보건법에 명시된 위험성평가의 목적에 대하여 간단히 쓰시오.

해답

1. 위험성평가의 목적
   위험성 평가의 목적은 다음 6가지로 나눌 수 있다.
   (1) 활동, 설비 및 공정상 위험요인의 사전발굴 및 개선
   (2) 발생 가능한 사고의 가능성, 특성, 결과의 예측
   (3) 설비의 안전성, 경제성 등의 검토
   (4) 잠재된 기계적 결함과 휴먼에러의 분석
   (5) 개선목표 설정 등 의사결정 자료로 활용
   (6) 근원적인 사고 발생가능성 제거

17. 재해의 원인 중 1차원인(직접원인)인 물적 원인과 인적원인의 예를 합하여 5가지 열거하시오.

해답

1. 불안전한 행동(인적 원인, 전체 재해발생원인의 88% 정도)
   사고를 가져오게 한 작업자 자신의 행동에 대한 불안전한 요소

   • 불안전한 행동의 예
   ① 위험장소 접근
   ② 안전장치의 기능 제거
   ③ 복장·보호구의 잘못된 사용
   ④ 기계·기구의 잘못된 사용
   ⑤ 운전 중인 기계장치의 점검
   ⑥ 불안전한 속도 조작
   ⑦ 위험물 취급 부주의
   ⑧ 불안전한 상태 방치
   ⑨ 불안전한 자세나 동작
   ⑩ 감독 및 연락 불충분

2. 불안전한 상태(물적 원인, 전체 재해발생원인의 10% 정도)
   직접 상해를 가져오게 한 사고에 직접관계가 있는 위험한 물리적 조건 또는 환경

   (1) 불안전한 상태의 예
   ① 물(物) 자체 결함
   ② 안전방호장치의 결함
   ③ 복장·보호구의 결함
   ④ 물의 배치 및 작업장소 결함
   ⑤ 작업환경의 결함
   ⑥ 생산공정의 결함
   ⑦ 경계표시·설비의 결함

(2) 불안전한 행동을 일으키는 내적요인과 외적요인의 발생형태 및 대책

① 내적요인

㉠ 소질적 조건 : 적성배치

㉡ 의식의 우회 : 상담

㉢ 경험 및 미경험 : 교육

② 외적요인

㉠ 작업 및 환경조건 불량 : 환경정비

㉡ 작업순서의 부적당 : 작업순서정비

③ 적성 배치에 있어서 고려되어야 할 기본사항

㉠ 적성검사를 실시하여 개인의 능력을 파악한다.

㉡ 직무평가를 통하여 자격수준을 정한다.

㉢ 인사관리의 기준원칙을 고수한다.

18. 시각 표시장치의 식별에 영향을 미치는 조건 3가지를 열거하시오.

해답

1. **조도** : 물체의 표면에 도달하는 빛의 밀도

(1) foot-candle(fc)

1촉광(촛불 1개)의 점광원으로부터 1foot 떨어진 구면에 비추는 빛의 밀도

(2) Lux

1촉광의 광원으로부터 1m 떨어진 구면에 비추는 빛의 밀도

$$조도 = \frac{광도}{(거리)^2}$$

2. 광도(Luminance)

단위면적당 표면에서 반사(방출)되는 빛의 양

(단위 : Lambert(L), foot-Lambert, nit(cd/m^2))

3. 휘도

빛이 어떤 물체에서 반사되어 나오는 양

19. 1954년에 인간욕구 5단계설을 발표한 매슬로(Maslow)가 1970년에 추가적으로 제6단계를 발표한바 있다. 제6단계는 무엇인가?

해답

- 매슬로의 제6단계 심미적 욕구(Aesthetic Needs) : 문화예술의 추구, 자연, 환경을 통한 심미적 욕구
- 외적인 아름다움보다는 오히려 정서적이고 감성적이며 내적인 아름다움을 추구하고자 하는 욕구이다. 사회적으로 이슈가 되고 있는 환경, 자연 등에 관심도가 높고, 문화예술을 감상하고 체험하며 즐기고자 한다.

20. 산업재해 발생의 메커니즘(모델)을 그림으로 표시하여 설명하시오.

해답

1. 산업재해 발생모델

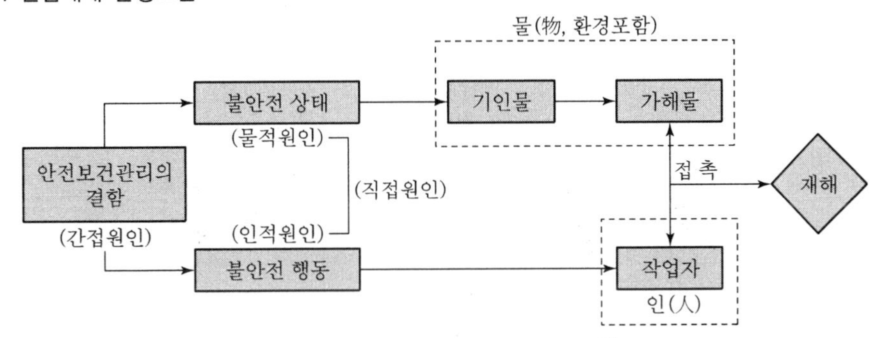

[재해발생의 메커니즘(모델, 구조)]

(1) 불안전한 행동
작업자의 부주의, 실수, 착오, 안전조치 미이행 등

(2) 불안전한 상태
기계·설비 결함, 방호장치 결함, 작업환경 결함 등

2. 재해발생의 메커니즘

(1) 하인리히(H. W. Heinrich)의 도미노 이론(사고발생의 연쇄성)

1단계 : 사회적 환경 및 유전적 요소(기초원인)
2단계 : 개인의 결함(간접원인)
3단계 : 불안전한 행동 및 불안전한 상태(직접원인) ⇒ 제거(효과적임)
4단계 : 사고
5단계 : 재해

제3의 요인인 불안전한 행동과 불안전한 상태의 중추적 요인을 배제하면 사고와 재해로 이어지지 않는다.

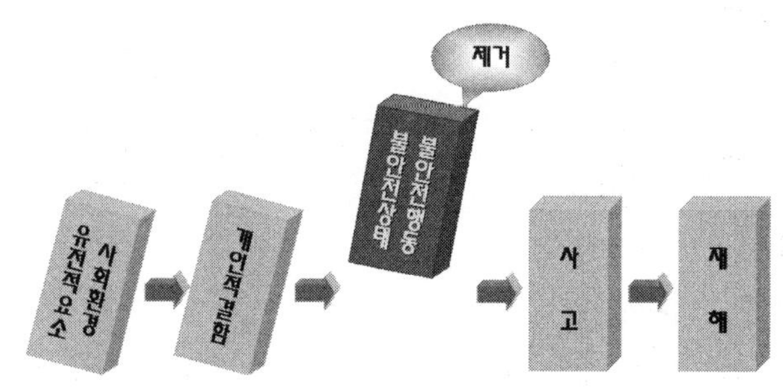

(2) 버드(Frank Bird)의 신도미노이론

1단계 : 통제의 부족(관리소홀), 재해발생의 근원적 요인
2단계 : 기본원인(기원), 개인적 또는 과업과 관련된 요인
3단계 : 직접원인(징후), 불안전한 행동 및 불안전한 상태
4단계 : 사고(접촉)
5단계 : 상해(손해)

3. 재해구성비율

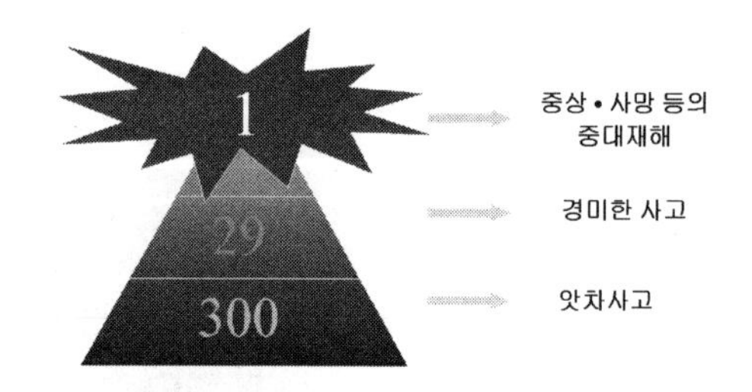

(1) 하인리히의 법칙

1 : 29 : 300
① 1 : 중상 또는 사망
② 29 : 경상
③ 300 : 무상해사고

330회의 사고 가운데 중상 또는 사망 1회, 경상 29회, 무상해사고 300회의 비율로 사고가 발생

▶ 미국의 안전기사 하인리히가 50,000여 건의 사고조사 기록을 분석하여 발표한 것으로 사망사고가 발생하기 전에 이미 수많은 경상과 무상해 사고가 존재하고 있다는 이론임(사고는 결코 우연에 의해 발생하지 않는다는 것을 설명하는 안전관리의 가장 대표적인 이론)

(2) 버드의 법칙

1 : 10 : 30 : 600

① 1 : 중상 또는 폐질
② 10 : 경상(인적, 물적 상해)
③ 30 : 무상해사고(물적 손실 발생)
④ 600 : 무상해, 무사고 고장(위험순간)

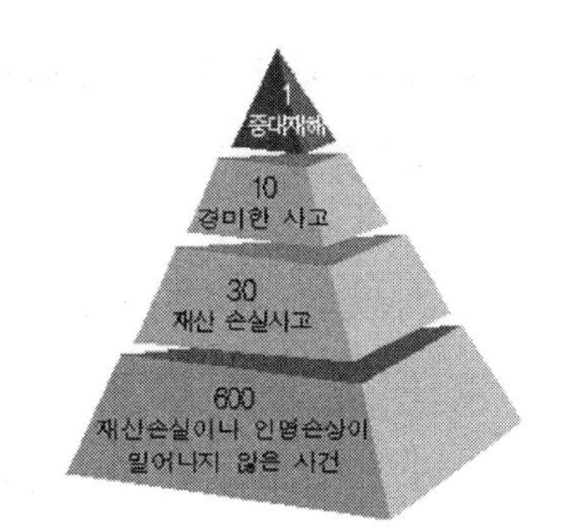

(3) 아담스의 이론

① 관리구조
② 작전적 에러(불안전 행동, 불안전 동작)
③ 전술적 에러
④ 사고
⑤ 상해, 손해

(4) 웨버의 이론

① 유전과 환경
② 인간의 실수
③ 불안전한 행동+불안전한 상태
④ 사고
⑤ 상해

21. 시스템 안전에서 안전성 평가(Safety Assessment)의 기본원칙 6가지를 서술하시오.

해답

□ 안전성 평가 6단계

1. 제1단계 : 관계자료의 정비검토
   (1) 입지조건
   (2) 화학설비 배치도
   (3) 제조공정 개요
   (4) 공정 계통도
   (5) 안전설비의 종류와 설치장소

2. 제2단계 : 정성적 평가(안전확보를 위한 기본적인 자료의 검토)
   (1) 설계관계 : 공장 내 배치, 소방설비 등
   (2) 운전관계 : 원재료, 운송, 저장 등

3. 제3단계 : 정량적 평가(재해중복 또는 가능성이 높은 것에 대한 위험도 평가)
   (1) 평가항목(5가지 항목)
      ① 물질 ② 온도 ③ 압력 ④ 용량 ⑤ 조작
   (2) 화학설비 정량평가 등급
      ① 위험등급Ⅰ : 합산점수 16점 이상
      ② 위험등급Ⅱ : 합산점수 11~15점
      ③ 위험등급Ⅲ : 합산점수 10점 이하

4. 제4단계 : 안전대책
   (1) 설비대책 : 10종류의 안전장치 및 방재 장치에 관해서 대책을 세운다.
   (2) 관리적 대책 : 인원배치, 교육훈련 등에 관해서 대책을 세운다.

5. 제5단계 : 재해정보에 의한 재평가

6. 제6단계 : FTA에 의한 재평가
   위험등급Ⅰ(16점 이상)에 해당하는 화학설비에 대해 FTA에 의한 재평가 실시

22. **다음은 FTA 해석의 일부이다. 사상 A가 발생될 확률은 0.3, 사상 B가 발생될 확률이 0.4인 경우 사상 Q가 발생될 확률은 얼마인가?**

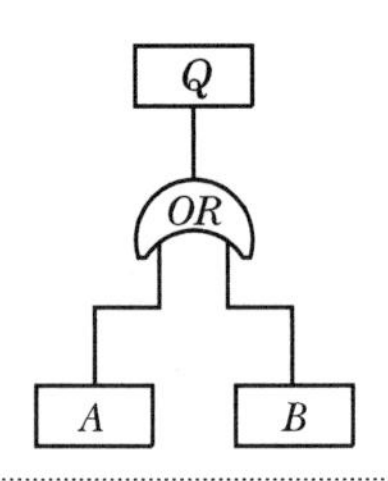

해답

$Q = 1 - [(1-A)(1-B)] = 1 - [(1-0.3)(1-0.4)] = 0.58$

23. 재해 예방의 4원칙 중 대책선정의 원칙 3가지를 쓰시오.

해답

1. 개요

재해예방을 위한 안전대책으로 3E 대책은 Engineering(기술적 대책), Education(교육적 대책), Enforcement(관리적 대책)을 말한다. 또한 산업재해의 발생원인을 3E 측면에서 분석해보면 교육적 원인이 60%로 가장 많은 비중을 차지하고 기술적 원인(20%)과 관리적 원인(20%)은 비슷한 점유율을 보인다. 3E는 산업재해를 예방하기 위한 안전대책이지만, 재해의 원인적인 측면에서 본다면 재해의 발생원인이 되기도 한다. 따라서 재해의 원인과 대책은 동전의 양면이 되기 때문에 동시에 이해하고 접근해야 한다.

2. 재해의 발생원인(3E 원인)

재해의 발생원인을 크게 근로자의 불안전한 행동과 기계설비 등의 불안전한 상태에 기인한 직접원인과 기초원인, 2차원인과 같은 간접원인(기초원인, 2차원인)으로 구분해보면 3E 중 Engineering은 재해발생의 직접원인이 되고, Education, Enforcement 는 간접원인이 된다.

(1) Engineering

산업재해가 기계설비의 결함이나 작업환경의 불량 등 불안전한 상태(물적 원인)에 기인한다는 관점에서 접근하고 이를 개선함으로써 재해를 예방할 수 있다고 보는 것이다.

(2) Education

작업을 할 때 해당분야의 지식이 부족하거나 기능이 결여되었을 때 또는 부적절한 작업 태도 등이 이유가 되어 작업자는 재해를 유발하는 불안전한 행동(인적원인)을 하게 되고 이로 인해 재해가 발생한다.

(3) Enforcement

경영자의 안전의식 결여 또는 안전보건관리조직의 부재 등에 기인하여 안전관리활동을 제대로 수행하지 않아 재해가 발생하는 경우도 많다.

3. 3E의 대책

안전을 확보하기 위한 대책으로 3E를 도입하면 그 해답을 쉽게 얻을 수가 있다. 왜냐면 3E 원인을 규명하여 이에 반대되는 대안이 곧 대책이 되기 때문이다.

(1) 기술적 대책으로는 안전한 기계 설비로 교체하든가 아니면 최소한 방호조치라도 확실히 해야 하며, 소음이나 분진 발생 등 불량하고 열악한 작업환경은 과감히 개선해 주어야 한다.

(2) 근로자가 안전작업절차 미준수 등과 같은 불안전한 행동을 하지 않도록 하기 위해서는 지속적이고도 충실한 안전교육과 훈련 실시해야 하며 교육 후에는 평가 등을 실시하여 교육의 효과가 배가 될 수 있도록 해야 한다.

(3) 관리적 대책으로는 안전관리체계를 갖추고 안전관리규정이나 안전수칙 등을 제정하여, 근로자가 이것을 철저히 이행할 수 있도록 관리해야 한다. 또한 동기부여를 위해 안전활동을 열심히 하는 직원에게는 인센티브를 주고 그 반대의 직원에게는 책임을 묻는 것도 필요하다.

4. 결론

3E대책은 안전의 3요소를 말하는 것으로 안전개선 수립 시 항목별로 구체적인 내용이 제시되어 추진되어야 한다.

24. 명예 산업안전 감독관의 임무를 5가지 이상 쓰시오.

해답

1. 개요

산업재해 예방활동에 대한 근로자의 참여를 활성화시키기 위하여 명예산업안전감독관제도를 95년 7월부터 도입하여 운영하여 왔으나, 법적인 근거가 없기 때문에 사업장의 협조가 제대로 이루어지지 않고 또한 명예산업안전감독관의 위촉범위와 권한이 지나치게 제한되어 명예산업안전감독관이 직무를 수행하는데 어려움이 많이 발생함

이에 따라 96년 12월 산업안전보건법 개정시 명예산업안전감독관제도를 법제화함으로써 명예산업안전감독관이 산재예방활동에 적극적으로 참여할 수 있는 토대를 마련함

2. 주요 사항

(1) 명예산업안전감독관의 위촉대상(산업안전보건법 시행령 제32조)

① 산업안전보건위원회 구성 대상 사업의 근로자 또는 노사협의체 구성·운영 대상 건설공사의 근로자 중에서 근로자대표(해당 사업장에 단위 노동조합의 산하 노동단체가 그 사업장 근로자의 과반수로 조직되어 있는 경우에는 지부·분회 등 명칭이 무엇이든 관계없이 해당 노동단체의 대표자를 말한다. 이하 같다)가 사업주의 의견을 들어 추천하는 사람

② 「노동조합 및 노동관계조정법」 제10조에 따른 연합단체인 노동조합 또는 그 지역 대표기구에 소속된 임직원 중에서 해당 연합단체인 노동조합 또는 그 지역 대표기구가 추천하는 사람

③ 전국 규모의 사업주단체 또는 그 산하조직에 소속된 임직원 중에서 해당 단체 또는 그 산하조직이 추천하는 사람

④ 산업재해 예방 관련 업무를 하는 단체 또는 그 산하조직에 소속된 임직원 중에서 해당 단체 또는 그 산하조직이 추천하는 사람

(2) 명예산업안전감독관의 해촉 사유(산업안전보건법 시행령 제33조)

① 근로자대표가 사업주의 의견을 들어 제32조제1항제1호에 따라 위촉된 명예산업안전감독관의 해촉을 요청한 경우

② 제32조제1항제2호부터 제4호까지의 규정에 따라 위촉된 명예산업안전감독관이 해당 단체 또는 그 산하조직으로부터 퇴직하거나 해임된 경우

③ 명예산업안전감독관의 업무와 관련하여 부정한 행위를 한 경우

④ 질병이나 부상 등의 사유로 명예산업안전감독관의 업무 수행이 곤란하게 된 경우

(3) 명예산업안전감독관의 임기

명예산업안전감독관의 임기는 2년으로 하되, 연임할 수 있다.

3. 명예산업안전감독관의 주요 업무(산업안전보건법 시행령 제32조)

명예산업안전감독관의 업무는 다음 각 호와 같다. 이 경우 제1항제1호에 따라 위촉된 명예산업안전감독관의 업무 범위는 해당 사업장에서의 업무(제8호는 제외한다)로 한정하며, 제1항제2호부터 제4호까

지의 규정에 따라 위촉된 명예산업안전감독관의 업무 범위는 제8호부터 제10호까지의 규정에 따른 업무로 한정한다.

① 사업장에서 하는 자체점검 참여 및 「근로기준법」 제101조에 따른 근로감독관(이하 "근로감독관"이라 한다)이 하는 사업장 감독 참여
② 사업장 산업재해 예방계획 수립 참여 및 사업장에서 하는 기계 · 기구 자체검사 참석
③ 법령을 위반한 사실이 있는 경우 사업주에 대한 개선 요청 및 감독기관에의 신고
④ 산업재해 발생의 급박한 위험이 있는 경우 사업주에 대한 작업중지 요청
⑤ 작업환경측정, 근로자 건강진단 시의 참석 및 그 결과에 대한 설명회 참여
⑥ 직업성 질환의 증상이 있거나 질병에 걸린 근로자가 여러 명 발생한 경우 사업주에 대한 임시건강진단 실시 요청
⑦ 근로자에 대한 안전수칙 준수 지도
⑧ 법령 및 산업재해 예방정책 개선 건의
⑨ 안전 · 보건 의식을 북돋우기 위한 활동 등에 대한 참여와 지원
⑩ 그 밖에 산업재해 예방에 대한 홍보 등 산업재해 예방업무와 관련하여 고용노동부장관이 정하는 업무

25. 안전관리 조직의 형태 3가지를 열거하고 각 조직의 장단점을 쓰시오.

해답

1. 안전보건조직의 목적

기업 내에서 안전관리조직을 구성하는 목적은 근로자의 안전과 설비의 안전을 확보하여 생산합리화를 기하는 데 있다.

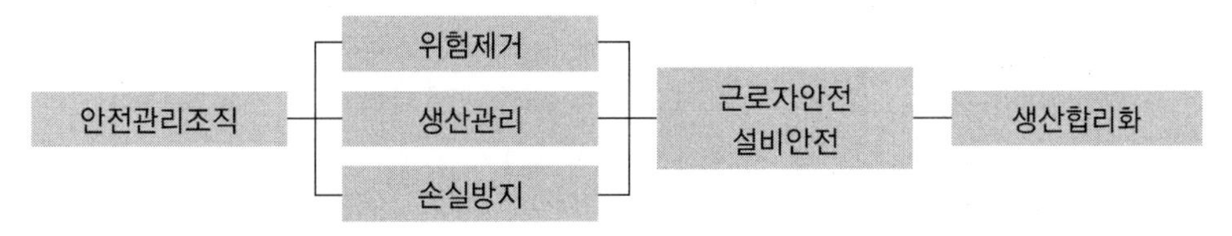

(1) 안전관리 조직의 3대 기능

① 위험제거기능 ② 생산관리기능 ③ 손실방지기능

2. 라인(LINE)형 조직

소규모기업에 적합한 조직으로서 안전관리에 관한 계획에서부터 실시에 이르기까지 모든 안전업무를 생산라인을 통하여 직선적으로 이루어지도록 편성된 조직

(1) 규모

소규모(100명 이하)

(2) 장점

① 안전에 관한 지시 및 명령계통이 철저함

② 안전대책의 실시가 신속함

③ 명령과 보고가 상하관계 뿐으로 간단명료함

(3) 단점

① 안전에 대한 지식 및 기술축적이 어려움

② 안전에 대한 정보수집 및 신기술 개발이 미흡

③ 라인에 과중한 책임을 지우기 쉽다.

(4) 구성도

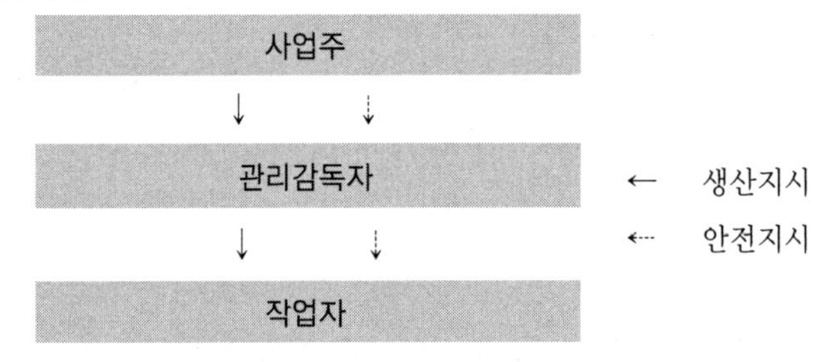

3. 스태프(STAFF)형 조직

중소규모사업장에 적합한 조직으로서 안전업무를 관장하는 참모(STAFF)를 두고 안전관리에 관한 계획·조정·조사·검토·보고 등의 업무와 현장에 대한 기술지원을 담당하도록 편성된 조직

(1) 규모

중규모(100~500명 이하)

(2) 장점

① 사업장 특성에 맞는 전문적인 기술연구가 가능함

② 경영자에게 조언과 자문역할을 할 수 있다.

③ 안전정보 수집이 빠르다.

(3) 단점

① 안전지시나 명령이 작업자에게까지 신속 정확하게 전달되지 못함

② 생산부분은 안전에 대한 책임과 권한이 없음

③ 권한다툼이나 조정 때문에 시간과 노력이 소모됨

(4) 구성도

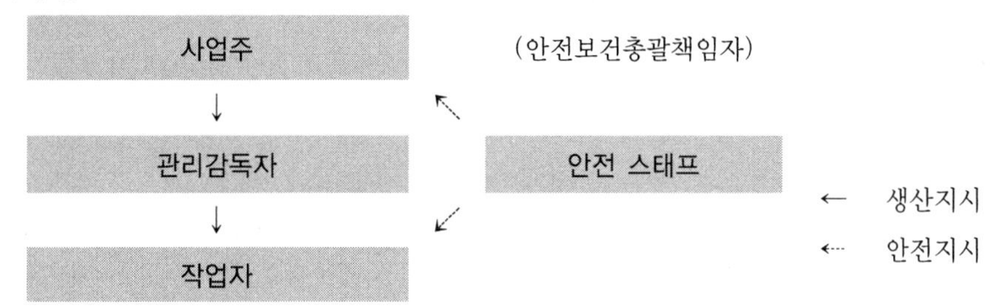

4. 라인 · 스태프(LINE - STAFF)형 조직(직계참모조직)

대규모사업장에 적합한 조직으로서 라인형과 스태프형의 장점만을 채택한 형태이며 안전업무를 전담하는 스태프를 두고 생산라인의 각 계층에서도 각 부서장으로 하여금 안전업무를 수행하도록 하여 스태프에서 안전에 관한사항이 결정되면 라인을 통하여 실천하도록 편성된 조직

(1) 규모

대규모(1,000명 이상)

(2) 장점

① 안전에 대한 기술 및 경험축적이 용이하다.
② 사업장에 맞는 독자적인 안전개선책을 강구할 수 있다.
③ 안전지시나 안전대책이 신속하고 정확하게 하달될 수 있다.

(3) 단점 : 명령계통과 조언의 권고적 참여가 혼동되기 쉽다.

(4) 구성도

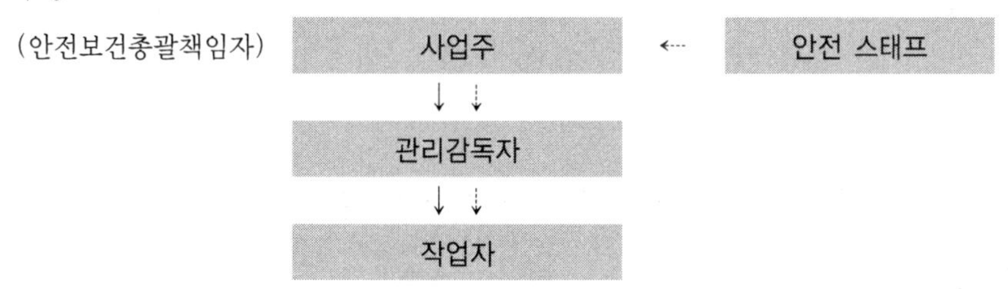

라인-스태프형은 라인과 스태프형의 장점을 절충 조정한 유형으로 라인과 스태프가 협조를 이루어 나갈 수 있고 라인에게는 생산과 안전보건에 관한 책임을 동시에 지우므로 안전보건업무와 생산업무가 균형을 유지할 수 있는 이상적인 조직

26. Risk Management(위험관리)에 대하여 그 종류와 단계 및 순서에 대하여 기술하시오.

해답

1. 개요

위험관리(Risk Management, 리스크 매니지먼트)는 위험성평가(Risk Assessment, 리스크 어세스먼트), 안전성평가(Safety Assessment, 세이프티 어세스먼트)와 동일한 말이다. 왜냐면, 산업재해를 예방하기 위한 위험관리는 산업안전에 속하는 것이므로 리스크 어세스먼트가 되고, 또한 세이프티 어세스먼트가 된다.

넓은 의미에서의 위험관리는 위험을 발견·확인, 측정·분석, 제어함으로 위험으로 인한 인적피해나 물적피해를 최소화 하는 것이라 할 수 있다. 좁은 의미의 위험관리(안전관리)는 회사 내의 근로자는 물론이고 고객이나 지역사회의 주민에 이르기까지 회사와 관련 있는 모든 사람들을 사고로부터 지키는 것이다.

위험관리는 1930년대 미국 내 기업들이 보험사에 지급하는 보험금을 줄이기 위해서 위험관리를 시작하였는데 현재는 경영적인 입장에서의 안전관리로 간주되고 있다. 위험관리나 안전관리의 업무내용은 동일하나 안전관리자가 추진하면 안전관리가 되고, 재무담당자가 업무를 추진하면 경영 위험관리가 된다.

예컨대 안전관리자가 재해예방을 위해 근로자의 불안전한 행동이나 기계설비의 불안전한 상태를 제거하는데 초점을 맞춘 위험관리는 안전관리가 되며, 재무담당자가 기업이윤의 극대화에 초점을 맞추면 경영 위험관리가 된다.

2. 위험(Risk) 종류

위험의 종류에는 기업과 제3자간의 사회적 위험, 기업 내에서 발생하고 있는 기업의 위험, 기업 내에 근무하는 작업자가 지니는 개인의 위험이 있으며, 이중 기업 내에서 발생하는 위험의 종류는 다음과 같다.

(1) 순수 위험(정태적 위험) : 위험 생겼을 때 손해만 발생
① 안전관리적인 위험(안전사고 등), 보험관리적인 위험, 자연재해 등
② 순수 위험=손실발생빈도×손실의 심각도
③ 순수 위험의 경우에는 기업이 손해를 입으면 사회도 거의 대부분 손해를 입는다.

(2) 투기적 위험(동태적 위험) : 위험이 생겼을 때 손해 또는 이익이 발생
① 경영 관리적인 위험 등
② 투기적 위험의 경우에는 기업이 손해를 입는다 해도 사회는 이익을 얻을 때가 종종 있다.

3. 위험관리 3원칙

(1) 부담할 수 있는 정도 이상의 위험은 절대로 피한다.
손해의 원인보다는 결과를 중시하며, 그 결과가 자기부담능력 이상인 경우 위험을 회피하거나 제3자에게 전가한다.

(2) 언제나 손실의 확률을 생각한다.

위험을 단순히 손해의 가능성으로만 생각하지 않고 손해의 발생빈도 혹은 심각도 등을 고려, 확률을 이용하여 관리한다.

(3) 작은 손실이 아까워 커다란 위험을 무릅쓰지 않는다.

보험료 절약을 위하여 거액의 손실을 부담하는 우를 범하여서는 안 된다.

4. 위험관리의 목적

위험관리는 기업활동 중에 발생할 수 있는 대형 안전사고, 갑작스런 재정의 악화 등과 같은 위험들이 발생하지 않도록 관리하는 것이며 또한 발생하였을 경우는 그 피해를 최소화하는 것이다.

기업에서 추구하는 위험관리(안전관리)의 종류는 크게 손실발생 전 위험관리와 손실발생후의 위험관리로 대별할 수 있 있다. 손실발생 전 위험관리는 위험도를 낮추기 위해 불확실성 제거에 초점을 맞추고, 손실발생 후 위험관리는 손실의 크기를 최소화하는데 초점을 맞춘다.

(1) 손실발생 전 위험관리의 목적(Pre-loss goals)

손실발생 전 위험관리의 목적은

① 금전적 손실을 방지하는 경제적 목적을 달성하고

② 위험으로 인한 불안감을 해소하며

③ 법적사항 등 각종 의무규정 등을 충족시키는데 있다.

위험이 사고로 이어질 경우 금전적 손실이 초래되기 때문에 그 발생확률을 낮추어야 한다. 잠재위험이 사고로 이어질 가능성을 낮추는데 소요되는 비용은 최저의 비용으로 최대의 효과를 기대할 수 있도록 해야 한다. 예컨대 설비의 고장주기가 10년인 설비를 1년에 한번씩 점검하는 것은 실익이 없는 것이다.

위험관리는 위험으로 인한 불안을 최소화시킴으로써 사고의 발생확률을 줄이는 것이다. 예컨대 제조업에서 전단기로 인한 손목 절단 재해가 다발하고 있는데 이들 재해를 예방하기 위해서는 광전자식 방호장치 등 관련 안전장치를 설치해서 불안을 최소화시킴으로써 사고 발생의 확률을 낮추는 것이다.

위험관리는 산업안전보건법, 고압가스안전관리법 등 각종 안전 관련 법규를 준수함으로써 안전사고의 발생확률을 줄이는데 그 목적이 있다.

(2) 손실발생 후 위험관리의 목적(Post-loss goals)

손실발생 후 위험관리의 목적은

① 기업이 생존하여 계속적인 경영활동을 유지하고

② 안정적인 수입원을 창출하여 기업이 지속적으로 성장토록 하며

③ 기업의 사회적 책임을 다하는데 있다.

손실발생 후 위험관리를 잘못하면 기업의 생존 자체가 어렵다. 예컨대 지난 1995년도 발생한 삼풍백화점 붕괴 사고와 같은 대형 안전사고가 발생한 기업들의 50% 정도가 사고의 여파로 파산한 것처럼 손실발생 후 위험관리를 제대로 하지 못하면 기업의 생존에 위협을 받는다. 따라서 기업이 생존하여

계속적으로 경영활동을 유지하기 위해서는 손실발생후의 위험관리를 잘해야 한다.

손실(사고)발생 후에도 기업의 시장점유율이나 생산활동이 위축되지 않고 오히려 사고를 전화위복의 기회로 삼아 안정적인 수입을 유지하고 지속적으로 기업을 성장시키기 위해서는 손실발생 후 위험관리를 얼마나 잘하느냐에 달려 있다.

대형 화학공장 등에서 화재, 폭발, 가스누출 등으로 중대산업사고 발생시 해당 사업장의 근로자는 물론이고 인근 사업장의 근로자 또는 지역주민 등에게까지 그 피해가 이어진다. 따라서 기업은 적절한 위험관리를 통해 사회에 대한 영향(위험)을 최소화하고 사회적 책임을 완수해야 한다. 사고발생시 그 피해의 최소화를 위해서는 평상시 비상조치계획 등을 수립하여 훈련을 실시함으로써 그 피해를 최소화 할 수 있다.

5. 위험관리의 순서 (5단계)

위험관리의 기본은 위험성평가(Risk Assessment)이며, 위험성평가 결과 도출된 문제점을 제거해가는 과정이 리스크 매니지먼트이다.

- 위험관리의 5단계는
  (1) 위험의 발굴 · 확인(Risk Identification)
  (2) 위험의 측정 · 분석(위험의 정량화, Risk Quantification)
  (3) 위험 처리기술의 선택(위험 감소대책)
  (4) 위험 감소대책 실시
  (5) 위험 계속 감시이다.

(1) 위험의 발굴 · 확인

위험관리의 출발점으로서 현장점검, 근로자의 면담 등을 통해서 위험을 지속적으로 발굴한다. 위험을 발굴하는 방법에는

① 표준화된 실문지를 이용하는 방법
② 과거에 발생한 사고 및 손실기록을 검토하는 방법
③ 외부의 전문가에게 의뢰하는 방법
④ 경쟁사는 위험을 어떻게 처리하고 있는지 알아보기 위해 실시하는 벤치마킹 등이 있다.
발견되지 못한 위험(아차사고 등)은 언제든지 인적, 물적 피해를 동반한 사고로 이어질 수 있기 때문에 반드시 모든 잠재위험요소를 발견해야 한다.

(2) 위험의 측정 · 분석(위험의 정량화)

위험을 발굴 · 확인한 후에는 과거에 발생한 사고 및 손실기록 등을 분석하여 장래의 사고발생확률과 피해규모를 계산한다. 즉 위험을 분석할 때는 손실발생빈도와 손실강도의 크기를 고려해야 한다.

(3) 위험 처리기술 선택(위험 감소대책)

위험 처리기술은 위험의 회피, 제거, 보유, 전가 4가지가 있다. 위험 처리기술을 선택할 때에는 손실발생의 빈도와 손실강도(피해규모)의 크기를 고려, 다음 기준에 근거하여 선택하면 된다.

항 목	낮은 손실강도(피해규모)	높은 손실강도(피해규모)
손실발생의 낮은빈도	보유(현행유지)	전가(보험 등)
손실발생의 높은빈도	제거(예방, 경감)	회피(사업포기 등)

① 위험의 회피

발생빈도도 높고 손실강도도 큰일은 하지 않는 것이다. 가장 단순하면서도 소극적인 위험처리기술로서 위험이 있는 일은 하지 않는 것이다. 이것은 예상되는 위험을 차단하기 위해, 그 위험에 관계되는 활동 자체를 행하지 않는 것이다.

- 예컨대 화학공장에서 폭발의 위험을 방지하기 위해 폭발물의 생산을 하지 않는다던지, 병원에서 의료사고를 방지하기 위해서 수술을 하지 않는 것 등이 위험의 회피에 해당된다.
- 위험의 회피는 위험이 수반되는 활동으로부터의 도망이며, 이익의 포기이기 때문에 소극적인 위험처리 수단이다.

② 위험의 제거

위험을 적극적으로 예방하고 경감하려고 하는 수단이 위험의 제거이다. 위험의 제거에는 위험의 방지, 분산, 결합, 제한이 있다.(방분결제) 이중 위험제거 기술 중에서 가장 중요한 위험의 방지에 대해서만 살펴보면 다음과 같다.

위험의 방지에는 위험의 발생빈도를 감소시키는 예방의 수단과 손해의 규모를 감소시키는 경감의 수단이 있다.

즉, 사고예방의 수단으로써 사고발생빈도를 줄이기 위해 기계에 각종 안전장치를 설치하거나 근로자에게 안전교육을 실시한다.

위험(사고)이 발생하였을 때 피해규모를 최소화하기 위해 소화기, 비상계단 등을 설치한다. 또한 사고발생 시나리오를 작성하여 훈련을 실시함으로써 유사시 피해최소화를 도모한다.

③ 위험의 보유

위험에 대해서 알지 못하여 보유하고 있는 소극적인 보유와 위험을 충분히 확인한 다음에 보유하고 있는 적극적인 보유가 있다.

④ 위험의 전가

기업은 되도록이면 위험을 회피하고 제거하려고 하지만 이것이 여의치 않을 때에는 위험을 전가시키려고 한다. 위험의 전가에 대한 대표적인 예가 보험이다.

(4) 위험 감소대책 실시

(5) 위험 계속 감시

27. 어떤 기계의 신뢰도(Reliability)가 시간에 따라 $R(t) = \exp^{-at}$로 변한다고 한다. 여기서 a는 상수, t는 시간이다. 불신뢰도(Unreliability) $F(t)$, 고장밀도함수(확률밀도 함수) $f(t)$, 순간고장률 $h(t)$를 구하시오.

해답

1. 평균고장간격(MTBF)$= \frac{1}{\lambda}$

2. 10시간 가동 시 신뢰도 : $R(t) = e^{-\lambda t}$

3. 고장 발생확률 : $F(t) = 1 - R(t)$

   $R = e^{-\lambda t} = e^{-t/t_0}$

   (λ: 고장률, t : 가동시간, t_0: 평균수명)

4. 고장밀도함수 : $f(t) = \frac{dF(t)}{dt}$

5. 순간고장률 : $h(t) = \frac{f(t)}{1-R(t)} = \frac{f(t)}{F(t)}$

28. 방사선 선원의 방출이 1m에서 시간당 100뢴트겐일 때, 2m와 4m에서 방사선량은 각각 얼마인가?

해답

방선산량은 거리의 제곱에 반비례

1. 2m : 100/4 = 25뢴트겐(roentgen)
2. 4m : 100/16 = 6.25뢴트겐

29. 인간욕구 5단계설을 매슬로(Maslow)가 주장하고 있다. 무엇인가?

해답

□ 매슬로(Maslow)의 욕구단계이론

1. 생리적 욕구(제1단계) : 기아, 갈증, 호흡, 배설, 성욕 등
2. 안전의 욕구(제2단계) : 안전을 기하려는 욕구
3. 사회적 욕구(제3단계) : 소속 및 애정에 대한 욕구(친화 욕구)
4. 자기존경의 욕구(제4단계) : 자기존경의 욕구로 자존심, 명예, 성취, 지위에 대한 욕구(승인의 욕구)
5. 자아실현의 욕구(성취욕구)(제5단계) : 잠재적인 능력을 실현하고자 하는 욕구(성취욕구)

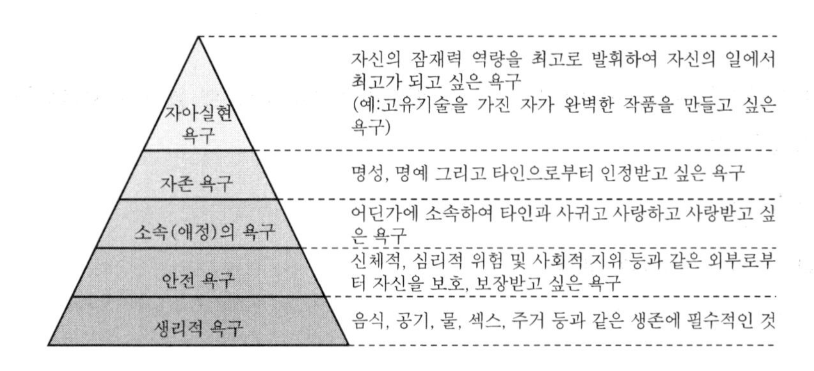

30. 하인리히(Heinrich)는 안전관리에 대한 이론(주장)을 5가지 측면에서 거론하고 있다. 이를 나열하고 이 중에서 해당사항에 대해 버드(Bird)는 어떻게 주장하는지를 비교하시오.

해답

1. 하인리히(H. W. Heinrich)의 도미노 이론(사고발생의 연쇄성)
   1단계 : 사회적환경 및 유전적 요소(기초원인)
   2단계 : 개인의 결함(간접원인)
   3단계 : 불안전한 행동 및 불안전한 상태(직접원인) ⇒ 제거(효과적임)
   4단계 : 사고
   5단계 : 재해

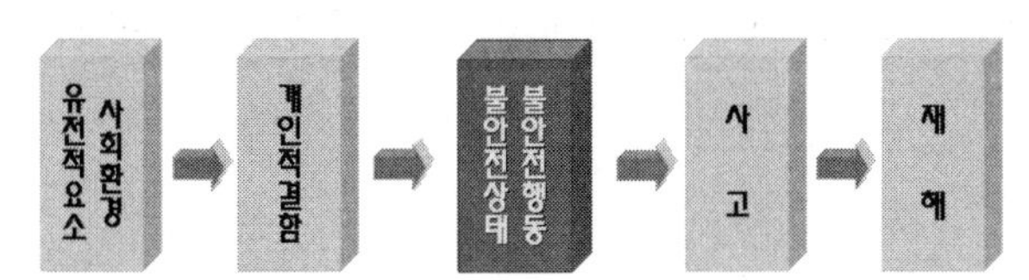

제3의 요인인 불안전한 행동과 불안전한 상태의 중추적 요인을 배제하면 사고와 재해로 이어지지 않는다.

2. 버드(Frank Bird)의 신도미노이론
   1단계 : 통제의 부족(관리소홀), 재해발생의 근원적 요인
   2단계 : 기본원인(기원), 개인적 또는 과업과 관련된 요인
   3단계 : 직접원인(징후), 불안전한 행동 및 불안전한 상태
   4단계 : 사고(접촉)
   5단계 : 상해(손해)

31. **휴먼에러(Human Error)의 원인을 설명하는 과정에 다음의 용어가 사용되고 있다. 각 항목을 설명하시오.**

1) Mistake

2) Lapses & Mode Error

3) Slip

4) Violation

해답

1. 착오(Mistake)
   상황해석을 잘못하거나 목표를 잘못 이해하고 착각하여 행하는 경우

2. 건망증(Lapse)
   여러 과정이 연계적으로 일어나는 행동 중에서 일부를 잊어버리고 하지 않거나 또는 기억의 실패에 의하여 발생하는 오류

3. 실수(Slip)
   상황이나 목표의 해석을 제대로 했으나 의도와는 다른 행동을 하는 경우

4. 위반(Violation)
   정해진 규칙을 알고 있음에도 고의로 따르지 않거나 무시하는 행위

32. LC50의 간단한 정의(LC : Lethal Concentration)

해답

1. 개요

유독성물질의 독성치를 확인하기 위해서 쥐나 토끼와 같은 동물에게 경구(입으로 먹을 때), 흡입(호흡기를 통해 섭취), 피부(주사에 의한 흡입)를 통해 독성물질을 투입하여 반수가 사망하는 독성치를 LC50이나 LD50으로 표시한다.

2. LC50의 정의

LC50의 의미는 어떠한 한 무리(모집단)의 실험동물 50%를 사망케 하는 공기 중의 가스농도나 액체중의 물질농도를 말한다.

(1) 흡입독성은 LC50을 의미하며 그 단위는 기체상태의 물질에 대해서는 ppm으로, 분말상태의 물질에 대해서는 mg/m^3 등으로 표시한다.
(2) 경구독성은 LD50을 의미하며 그 단위는 mg/kg이다. 즉 실험동물의 반수가 치사하는 양으로서 실험동물의 무게 1kg당 투여한 실험물질의 양(mg)을 말한다.
(3) 피부독성은 일반적으로 경구독성과 같은 단위를 사용하고 있다.

3. 실험방법

농도가 다른 가스물질을 일정시간 동물에 흡입시키고, 사망 개체수를 관찰한다. 이때 실험동물의 50%가 죽을 때의 가스 농도량을 관찰하여 LC50 값으로 한다. LC50의 값이 크면 클수록 그 독성은 낮은 것이다.

실험동물의 종류나 독성물질에 노출되는 경로(흡입, 경구, 피하) 등에 따라 치사량이 다르게 되므로 반수치사량을 표시할 때에는 이들도 같이 표시해준다. 같은 동물이라도 나이, 건강상태에 따라 반수치사량은 차이가 있지만. 일반적으로 50%가 죽을 확률이 있다는 것으로 토끼, 쥐, 개 등을 이용하여 실험적으로 구한다.

33. HAZARD, RISK, PERIL의 차이점을 설명하시오.

해답

1. 위험(Hazard)

   직·간접적으로 인적, 물적, 환경적 피해를 입히는 원인이 될 수 있는 실제 또는 잠재된 상태

2. 위험도(Risk)

   특정한 위험요인이 위험한 상태로 노출되어 특정한 사건으로 이어질 수 있는 사고의 빈도(가능성)와 사고의 강도(중대성) 조합으로서 위험의 크기 또는 위험의 정도를 말한다.(위험도=발생빈도×발생강도)

3. Peril

   Peril(손인)이란 손해를 발생하게 하는 우연한 사고(위험)를 말하는 것으로 보험에서 담보하고 있는 위험, 즉 화재, 낙뢰, 폭발, 풍수재, 홍수 등을 말합니다. An event which may cause a loss as a fire, windstorm or explosion(사고의 형태)

34. 버드(BIRD)에 의한 재해사고의 비율을 설명하시오.

해답

□ 버드의 법칙

1 : 10 : 30 : 600

① 1 : 중상 또는 폐질

② 10 : 경상(인적, 물적 상해)

③ 30 : 무상해사고(물적 손실 발생)

④ 600 : 무상해, 무사고 고장(위험순간)

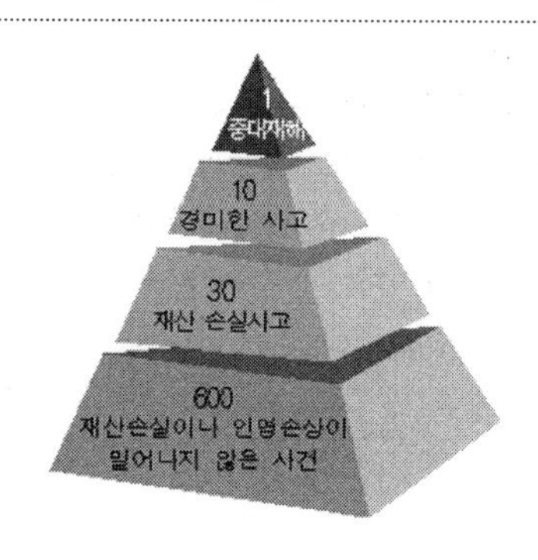

35. 최근 사회적 이슈가 되고 있는 업무상질병을 분류하고 예를 들어 간략히 기술하시오.

해답

1. 업무상 질병

질병의 이환(罹患)이 다음 요건에 해당되는 경우

(1) 유해요인을 취급하거나 이에 노출된 경력이 있을 것

(2) 작업시간, 종사기간, 노출량 및 작업환경 등에 의하여 유해인자에 노출되는 정도가 근로자의 질병 또는 건강장해를 유발할 수가 있다고 인정될 것

(3) 신체부위에 특이한 임상증상이 나타났다고 의학적으로 인정될 것

(4) 질병에 이환되어 요양의 필요성이나 보험급여 지급사유가 인정될 것

2. 업무상질병(직업병)의 개념 및 인정원칙

(1) 업무상질병의 개념

"업무상질병"이란 '직업병'이란 용어로도 사용되는 것으로서 업무상 사유로 인하여 발생한 질병을 의미하는 것으로 직업고유의 환경이나 작업방법의 특수성이 직접 또는 간접으로 장기간에 걸쳐 점진적으로 발생하는 성질을 지니고 있어 업무와의 상당인과관계를 정확히 파악하기가 곤란한 경우가 많아 이에 관한 판단을 하기 위하여 근로기준법시행령에 업무상질병의 종류를 열거되어 있고, 산업재해보상보험법시행규칙에서 업무상질병 또는 업무상질병으로 인한 사망에 대해 업무상재해인정기준을 구체적으로 명시되어 있습니다.

(2) 업무상질병의 인정원칙

근로자의 질병에의 이환이 아래 각항에 해당되는 경우로서 그 질병이 근로기준법시행령 제40조 제1항의 규정에 의한 업무상질병의 범위에 속하는 경우에는 업무상 요인에 의하여 이환된 질병이 아니라는 명백한 반증이 없는 한 이를 업무상질병으로 인정합니다.

① 근로자가 업무수행과정에서 유해요인을 취급하거나 이에 노출된 경력이 있을 것

② 유해요인을 취급하거나 이에 노출될 우려가 있는 업무를 수행함에 있어서 작업시간, 종사기간, 노출량 및 작업환경 등에 의하여 유해인자의 노출정도가 근로자의 질병 또는 건강장해를 유발할 수 있다고 인정될 것.

③ 유해요인에 노출되거나 취급방법에 따라 영향을 미칠 수 있는 신체부위에 그 유해인자로 인하여 특이한 임상증상이 나타났다고 의학적으로 인정될 것.

④ 질병에 이환되어 의학적인 요양의 필요성이나 보험급여 지급사유가 있다고 인정될 것.

36. **실시간(Real-Time) 상태기준보전(Condition-Based Maintenance, CBM)에서는 진동, 초음파, 온도, 압력 등 센서 측정기술을 보편적으로 적용한다. 이 방식의 문제점을 안전의 관점에서 설명하시오.**

해답

1. 시간기준보전을 할 경우 기계설비에 이상이 없다하더라도 점검주기가 도래하면 점검을 해야 하기 때문에 과잉보전이 될 가능성이 있고 이로 인해 비용이 많이 소요되는 단점이 있다. 이를 보완하기 위해서 설비의 상태를 감시하고 있다가 고장이 예측될 때만 점검하는 것이 상태기준보전이다. 즉, 상태기준보전은 정상적으로 운전 중인 기계에는 결코 손대지 않는 보전방식이다.

2. 기계설비의 유지보수작업에 있어 상태기준보전을 적용하는 방법에는 크게 2가지가 있다. 하나는 설비의 상태를 확인할 수 있는 진동 센서 등을 설비에 직접 설치하고 이들 센서를 통해 설비의 이상 유무를 감시실(조정실) 근무자에게 알려주는 on line 방식이고, 다른 하나는 정비작업자가 휴대용 데이터 수집기(Portabe Data Collector)나 측정기를 가지고 현장에서 설치된 설비를 감시하는 Off Line 방식이다.

   통상 on line 상태기준보전은 시간기준보전에 비해 감시시스템 설치 등 초기 투자비용이 많이 들어가기 때문에 공장 내 펌프나 압축기 등과 같은 중요 설비에 적용되고 있으며, 이들 설비에 진동이나 온도 또는 전류 변화치 등을 감지할 수 있는 센서를 부착하여 열화의 상태를 조정실 등에서 연속적으로 감시하는 것이다.

3. 일반적으로 상태기준보전을 실시하는 설비는 다음과 같다.
   ① 고장 발생시 안전이나 환경측면에서 큰 문제가 생기는 설비
   ② 펌프나 압축기와 같이 정지하면 생산의 치질이 발생하는 중요도가 높은 설비
   ③ 열화속도가 빠른 설비
   ④ 설비의 상태가 제품 품질에 많은 영향을 미치는 설비
   ⑤ 정비원이 설비에 접근할 수 없는 경우 또는 설비가 먼 곳에 있어 감시가 어려운 설비
   ⑥ 시간기준보전으로 관리 시 유지보수 비용이 과도하게 들어가는 경우

4. 이와 같은 상태기준보전을 실시하는 목적은 과잉보전을 막아 유지보수 비용을 절감시키는 것은 물론이고 기계설비의 열화를 조기에 발견하여 고장을 미연에 방지함으로써 기계설비의 신뢰성을 확보함으로써 안전성 증대, 품질 향상, 생산성 제고를 가져온다.

37. 음파의 진동수, 음의 강도, 음량에 대하여 설명하시오.

해답

1. 음파의 진동수(Frequency of Sound Wave) : 인간이 감지하는 음의 높낮이

소리굽쇠를 두드리면 고유진동수로 진동하게 되는데 소리굽쇠가 진동함에 따라 공기의 입자가 전후방으로 움직이며 이에 따라 공기의 압력은 증가 또는 감소한다. 소리굽쇠와 같은 간단한 음원의 진동은 정현파(사인파)를 만들며 사인파는 계속 반복되는데 1초당 사이클 수를 음의 진동수(주파수)라 하며 Hz(herz) 또는 CPS(cycle/s)로 표시한다.

2. 음의 강도(Sound intensity)

음의 강도는 단위면적당 동력(Watt/m²)으로 정의되는데 그 범위가 매우 넓기 때문에 로그(log)를 사용한다. Bell(B ; 두음의 강도비의 로그값)을 기본측정 단위로 사용하고 보통은 dB(Decibel)을 사용한다.(1dB=0.1B)

음은 정상기압에서 상하로 변하는 압력파(Pressure Wave)이기 때문에 음의 진폭 또는 강도의 측정은 기압의 변화를 이용하여 직접 측정할 수 있다. 하지만 음에 대한 기압치는 그 범위가 너무 넓어 음압수준(SPL, Sound Pressure Level)을 사용하는 것이 일반적이다.

$$\text{SPL(dB)} = 10\log\left(\frac{P_1^2}{P_0^2}\right)$$

P_1은 측정하고자 하는 음압이고 P_0는 기준음압($20\mu N/m^2$)이다.

이 식을 정리하면

$$\text{SPL(dB)} = 20\log\left(\frac{P_1}{P_0}\right)$$ 이다.

또한, 두 음압 P_1, P_2를 갖는 두 음의 강도차는

$$\text{SPL2} - \text{SPL1} = 20\log\left(\frac{P_2}{P_0}\right) - 20\log\left(\frac{P_1}{P_0}\right) = 20\log\left(\frac{P_2}{P_1}\right)$$ 이다.

거리에 따른 음의 변화는 d_1은 d_1거리에서 단위면적당 음이고 d_2는 d_2거리에서 단위면적당 음이라면 음압은 거리에 비례하므로 식으로 나타내면

$$P_2 = \left(\frac{d_1}{d_2}\right)P_1$$ 이다.

$\text{SPL2(dB)} - \text{SPL1(dB)} = 20\log\left(\frac{P_2}{P_1}\right)$에 위의 식을 대입하면

$$= 20\log\left(\frac{\frac{d_1 P_1}{P_2}}{P_1}\right) = 20\log\left(\frac{d_1}{d_2}\right) = -20\log\left(\frac{d_1}{d_2}\right)$$

따라서 $\text{dB2} = \text{dB1} - 20\log\left(\frac{d_1}{d_2}\right)$이다.

3. 음량(Loudness)

(1) Phon과 Sone

① Phon 음량 수준 : 정량적 평가를 위한 음량 수준 척도, phon으로 표시한 음량 수준은 이 음과 같은 크기로 들리는 1,000Hz 순음의 음압수준(dB)

② Sone 음량 수준 : 다른 음의 상대적인 주관적 크기 비교, 40dB의 1,000Hz 순음 크기(=40phon)를 1sone으로 정의, 기준음보다 10배 크게 들리는 음이 있다면 이 음의 음량은 10sone이다.
$\text{Sone치} = 2^{(\text{Phon치} - 40)/10}$

38. 전체 환기와 비교하여 국소환기의 장점에 대해 기술하시오.

해답

1. 개요

작업장 실내의 환기는 온도 차이로 인한 부력(내부순환)이나 송·배풍기와 같은 동력에너지를 이용하는 방법 등이 있는데 이를 대별하면 전체 환기와 국소환기가 있다.

전체 환기는 분진, 흄, 유해가스 등 작업장 내에 있는 유해물질에 의하여 오염된 전체 실내 공기를 옥외의 신선한 공기로 순환 대체시키는 희석환기법이고, 국소환기는 유해물질 발생원에서 생성된 유해물질이 주변공기 중에 함유되기 전에 가능한 고농도 상태로 국소적으로 공기를 흡입, 유해물질의 확산을 방지하는 것이다.

2. 전체 환기법

(1) 전체 환기는 독성이 낮은 유기용제가 포함된 공기를 효과적으로 제어하기 위하여 이용되는 경우가 대부분이다. 전체 환기로 독성이 높은 분진과 흄을 희석시키기 위해서는 많은 신선한 공기량이 필요하므로 효과적이지 못하다.
또한 전체 환기는 신선한 옥외의 공기를 오염된 작업장 내로 치환시켜 오염도가 낮은 상태로 유지해야 하나, 실내의 장해물, 개방된 창문 등으로 제기능을 발휘하지 못하는 경우가 많다.
한편 분진, 흄 등 유해물질의 제거를 위한 설계는 기술적으로 가능하다고 할지라도 투자비용이 많이 소요되는 경우가 많기 때문에 경제적 이유 등으로 인해 실제로는 불가능한 경우가 많다.

(2) (옥내 작업장에서) 전체 환기가 필요한 경우

① 유해물질 발생량이 그다지 많지 않거나 실내에 확산된 유해물질의 농도가 전체적으로 균일할 때

② 유해물질의 독성이 낮을 때

③ 유해물질의 배출원(발생원)이 여기저기 분산되어 있을 때

④ 이동식 용접기 등을 이용할 때와 같이 배출원이 움직일 때

⑤ 국소배기장치를 사용할 수 없을 때
- 펌프실, 조정실, 사무실 등

⑥ 냉난방이 불필요한 경우
 - 하절기, 동절기에 전체 환기를 할 경우 냉난방 비용 과다 소요

3. 국소환기법

(1) 국소환기는 유해물질이 발생하는 위치에 국소배기장치를 설치하여 발생원에서 발생된 유해물질이 주변 공기 중으로 함유되기 전에 가능한 고농도 상태로 국소적으로 공기를 흡입, 유해물질의 확산을 방지하기 때문에 전체환기법에 비해 초기투자비용 및 운영비용이 적은 것은 물론이고 환기효과도 크다.

(2) 국소배기장치의 장점
① 발생원에 직접 설치되기 때문에 작업자가 유해위험물질에 폭로되는 것을 근원적으로 줄일 수 있다.
 - 전체 환기로 유해물질을 완전하게 제거한다는 것은 상당한 어려움이 있다
② 초기 투자비용 및 유지보수 비용이 적게 소요된다.

(3) 국소배기장치가 필요한 경우
① 오염물질의 독성이 강한 경우
② 오명물질이 입자상인 경우
③ 배출량이 시간에 따라 변동하는 경우
④ 배출원에 근로자가 근접하여 작업하는 경우
⑤ 배출원이 크고, 배출량이 많은 경우
⑥ 냉난방 비용이 큰 경우
 - 하절기 및 동절기에 전체환기를 할 경우 냉난방비용 과다 소요

(4) 국소배기장치의 구성
국소배기장치는 후드, 덕트, 공기청정장치, 배풍기 및 배기구로 구성되어 있으며, 유해물질이 통과하는 순서는 후드, 공기청정장치, 배풍기, 배기구 순으로 흘러간다. 즉 공기 청정장치는 배풍기 앞에 설치해야 한다.

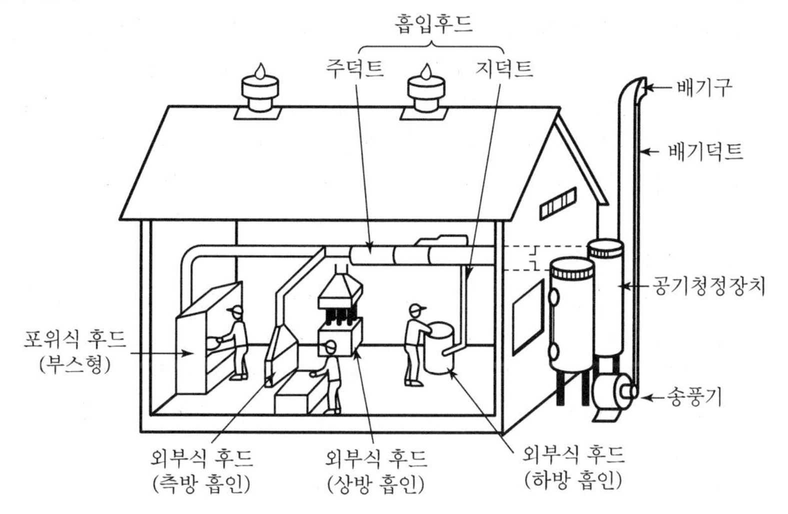

① 후드는 오염물질 발생원 가까이에 설치되어 발생원에서 생긴 오염물질을 한 곳으로 모으는 포집구로서 포위식(부스식), 외부식, 리시버식 등이 있다.
포위식은 발생원을 완전히 포위하는 형태의 후드로 유해물질을 외부로 나가지 못하게 하는 것이고, 외부식은 작업특성상 유해물질 발생원 바깥에 후드를 설치한 것이며 종류에는 상방흡인형, 하방흡인형, 측방흡인형이 있다. 또한 리시버식은 유해물질의 유동속도 방향으로 수평 설치하여 흡인하는 후드이다.

② 덕트는 후드에 직접 연결된 것으로 후드에서 흡입한 오염물질을 공기청정기까지 또는 최종 배출구까지 수송하는 관로로 덕트의 단면 형태에 따라 원형과 각형이 있다.

③ 공기청정장치는 후드로부터 포집된 유해물질을 정화시켜 맑은 공기를 대기로 내보는 장치로 건식과 습식이 있다.
건식에는 중력침강식, 사이클론식, 여과제진식(백필터식), 전기제진식 등이 있고, 습식에는 벤트리식 스크러버, 싸이클론식 스크러버 등이 있다.

④ 배풍기는 유해물질을 후드로부터 흡인하여 배기구에 보내는 것으로 일반적으로 송풍기 또는 팬이라고 부른다.

39. RBI(Risk Based Inspection)와 FFS((Fitness For Service)에 관하여 기술하시오.

해답

〈RBI(Risk Based Inspection)〉

1. 개요

위험기반검사는 화학제품이나 고압가스 제조업 등 위험설비를 보유하고 있는 장치산업에서 기계설비의 유지보수를 위해 최근 도입하여 사용하고 있는 설비의 검사방법이다.
예컨대 화학공장 설비 중에는 상압에서 이송되는 냉각수 배관과 같이 상대적으로 위험도가 낮은 저위험 설비와, 독성물질의 이송배관이나 고압의 반응기 등 위험도가 높은 고위험 설비가 있다. 이처럼 설비의 위험도가 다른 것을 고려하여 설비 검사에 활용하는 것이 위험기반검사이다.

2. 위험기반검사의 수행절차

위험기반검사 기법을 이용하여 설비를 검사할 때는 다음 순서에 준하여 실시하면 된다.

(1) 검사대상 설비에 대한 데이터 및 정보를 수집한다.
위험성평가에 필요한 데이터 및 정보를 수집할 때에는 해당설비의 위험성을 정성적, 정량적으로 평가하는데 필요한 사항을 포함해야 한다. 즉 설비의 신뢰성에 영향을 줄 수 다음과 같은 자료를 수집해야 한다.
① 설비의 종류(회전기계, 고정설비, 배관, 밸브 등)
② 설비의 재질

③ 검사방법, 고장발생 주기, 유지보수이력, 설비교체비용
④ 취급물질의 종류 및 수량
⑤ 운전조건(압력, 온도 등), 부식환경, 열화속도 등

(2) 사고 발생확률과 사고발생시 피해규모를 고려하여 설비의 위험도(위험의 크기)를 평가한다.
(3) 설비별 위험등급을 부여한다.
(4) 설비 위험등급에 따라 적절한 검사계획을 수립 · 실시한다.
설비의 위험등급을 고려하여 설비의 검사주기, 검사절차 및 검사방법 등 검사계획을 수립한 다음 검사를 실시한다. 이를 통해 위험등급이 높은 설비는 위험등급을 낮추도록 해야 한다.
(5) 이후 주기적으로 위험성 재평가를 실시하여 검사계획에 반영한다.

3. 설비 위험도의 정의

(1) 설비의 위험도(위험의 크기)는 설비의 고장발생 가능성과 고장발생시 손실의 크기를 곱하여 다음과 같이 정의할 수 있다.

위험도(Risk) = 설비의 고장발생 가능성(Uncertainty) × 고장 발생시 손실의 크기(Damage)

설비 위험도(Risk)는 위와 같이 고장발생 가능성과 고장발생시 피해규모의 곱으로 표시할 수 있다. 따라서 Risk는 가능성이나 피해가 없으면 0이 된다. 결국 설비관리활동은 가능성이나 손실의 크기를 줄여 위험도를 감소시키는 활동이라 할 수 있다.

(2) 설비의 고장발생 가능성과 고장 발생시 손실의 크기를 고려하여 계산한 위험도에 따라 해당 설비별 위험등급을 구분하고 위험등급이 높은 것은 검사방법의 개선 등을 통해 위험등급을 낮추어야 한다.

4. 위험기반검사의 접근법

위험기반검사는 크게 정성적 위험기반검사와 정량적 위험기반검사로 나눌 수 있다. 전자는 후자보다 검사에 필요한 데이터가 많이 필요하지는 않지만 최소한 다음과 같은 데이터는 확보해야 한다.

(1) 설비의 종류(회전기계, 고정설비, 배관, 밸브 등)
(2) 설비의 재질
(3) 검사방법, 고장발생 주기, 유지보수이력, 설비교체비용
(4) 취급물질의 종류 및 수량
(5) 운전조건(압력, 온도 등), 부식환경, 열화속도 등

5. 결론

최근 국내 대규모 화학공장 등에서 위험기반검사에 대한 관심이 점차 높아지고 있다. 이에 따라 사업장에서 도입하여 적용하고 있는 사례가 증가하고 있지만, 위험기반검사가 사업장의 일반적인 검사로 정착되기까지는 상당한 시간이 더 필요한 실정이다.

따라서 기존 설비 검사방법보다 안전성이나 효율성 측면에 탁월한 위험기반검사가 조기에 정착하기 위해서는 국내 사업장 현실에 부합하는 기법의 개발과 보급이 필요하다.

위험기반검사의 궁극적 목표는 설비 위험성에 기반을 둔 효과적인 검사를 통해 설비의 안전성을 확보하여 안전사고의 우려를 없애고 또한 고장 정지 등으로 인한 생산차질을 미연에 방지하여 경제적 효과

를 얻는 데 있다.

즉 위험기반검사의 도입은 기존의 전통적인 시간개념(Time-based)에 따른 과도한 보수에서 탈피하여 설비조건에 따른 검사를 실시하기 때문에 설비관리의 효율성을 증대시킬 수 있다.

〈사용 적합성 평가(FFS, Fitness For Service)〉

1. 개요

ASME 및 API 코드가 압력용기, 배관 등에 대한 설계, 제작, 검사 및 시험에 대한 기준을 제공하지만, 설비의 사용 도중에 발행하는 열화 및 검사결과 발견된 제작시의 결함 등에 대한 판정기준을 제공하지는 못한다.

따라서, 이처럼 사용단계에서 발생하는 열화, 제작시의 결함에 대한 정량적 평가를 통해 손상을 입은 압력용기 등 시설물을 계속 사용할 수 있는지 여부에 대한 결정을 내리기 위한 판단 도구로서 사용적합성평가(FFS)사용한다.

FFS는 API(미국석유협회)에서 권고하고 있는 사항으로 결함이나 손상을 가지고 있는 사용중인 설비(In-Service Component)가 현재 운전상태에서 계속 사용 가능한 지 여부를 여러 분야의 공학적 기술을 이용하여 정량적으로 평가함으로써 시설물의 현재상태 및 향후 잔존수명을 계산한다.

2. 사용적합성평가의 장점

사용적합성평가를 실시할 경우의 장점은 많이 있지만 중요한 사항에 대해서 기술하면 다음과 같다.

(1) 설비의 신뢰성 증대로 안전성 확보 및 가동률 증대
  - 설비의 안전성을 확보하여 화재, 폭발 등으로 인한 중대산업사고를 예방
(2) 설비의 사용기간 증가로 유지보수비용 절감
(3) 가혹한 운전조건(용량 증대운전 등)에서 사용할 수 있는 가능성 등을 확인할 수 있음
(4) 설비 검사주기 증가로 유지보수 비용절감 등
  - 불필요한 보수나 교체작업 제거
  - 적절한 시기에 보수를 할 수 있도록 보수시기 조정

3. 사용적합성평가

(1) 사용 적합성 평가결과 기계설비가 현재의 운전조건(사용조건)에 적합한 것으로 판명될 때는 적절한 검사 프로그램을 통해 주기적으로 필요한 검사를 실시하면서 계속 사용할 수 있다.
(2) 반면에 사용 적합성 평가결과, 기계설비가 현재의 운전조건(사용조건)에 적합하지 않은 것으로 판명될 때는 해당설비의 위험등급을 재평가한 후 위험등급을 조정하며 필요시 설비개선, 교체 등을 실시한다.

4. RBI와 FFS의 상호작용

RBI와 FFS는 석유화학공장 등에서 필요한 매우 중요한 설비관리기술로서 서로 유사한 점도 많지만 차이점도 이에 못지않다.

예컨대 RBI와 FFS 기술은 둘 다 기계설비의 위험도(Risk)에 기반한 설비관리기술이라는 유사점이 있지만, RBI는 위험도를 계산하기 위해 피해발생확률 및 피해크기를 사용하고 있고, 반면 FFS는 부분안전계수(Partial Safety Factor) 및 잔존강도계수(Remaining Strength Factor)가 허용하는 파손발생확률(피해크기에 근거하여 선택)에 근거하여 위험도를 계산한다.

따라서 FFS는 기계설비를 포괄적으로 평가하고 검사할 수 있는 RBI에 비해 기계설비를 좀더 정밀(세밀)하게 평가하고 검사할 수 있기 때문에 중요한 설비의 위험도를 계산하고 이에 따라 검사계획을 수립하는 데 이용된다.

40. 안전모 성능시험 항목을 열거하고, 각각의 성능기준 판정에 관하여 기술하시오.

● 해답

1. 안전모의 구조

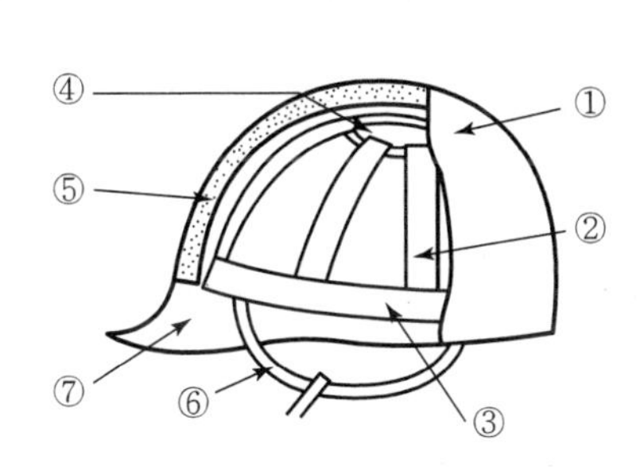

번호	명칭	
①	모체	
②	착장체	머리받침끈
③		머리고정대
④		머리받침고리
⑤	충격흡수재	
⑥	턱끈	
⑦	챙(차양)	

2. 안전인증대상 안전모의 종류 및 사용구분

종류(기호)	사용구분	비고
AB	물체의 낙하 또는 비래 및 추락에 의한 위험을 방지 또는 경감시키기 위한 것	
AE	물체의 낙하 또는 비래에 의한 위험을 방지 또는 경감하고, 머리부위 감전에 의한 위험을 방지하기 위한 것	내전압성 (주1)
ABE	물체의 낙하 또는 비래 및 추락에 의한 위험을 방지 또는 경감하고, 머리부위 감전에 의한 위험을 방지하기 위한 것	내전압성

(주1) 내전압성이란 7,000V 이하의 전압에 견디는 것을 말한다.

3. 안전모의 구비조건

(1) 일반구조

㉠ 안전모는 모체, 착장체(머리고정대, 머리받침고리, 머리받침끈) 및 턱끈을 가질 것
㉡ 착장체의 머리고정대는 착용자의 머리부위에 적합하도록 조절할 수 있을 것
㉢ 착장체의 구조는 착용자의 머리에 균등한 힘이 분배되도록 할 것
㉣ 모체, 착장체 등 안전모의 부품은 착용자에게 상해를 줄 수 있는 날카로운 모서리 등이 없을 것
㉤ 턱끈은 사용 중 탈락되지 않도록 확실히 고정되는 구조일 것
㉥ 안전모의 착용높이는 85mm 이상이고 외부수직거리는 80mm 미만일 것
㉦ 안전모의 내부수직거리는 25mm 이상 50mm 미만일 것
㉧ 안전모의 수평간격은 5mm 이상일 것
㉨ 머리받침끈이 섬유인 경우에는 각각의 폭은 15mm 이상이어야 하며, 교차되는 끈의 폭의 합은 72mm 이상일 것
㉩ 턱끈의 폭은 10mm 이상일 것
㉪ 안전모의 모체, 착장체를 포함한 질량은 440 g을 초과하지 않을 것

(2) AB종 안전모는 일반구조 조건에 적합해야 하고 충격흡수재를 가져야 하며, 리벳(Rivet) 등 기타 돌출부가 모체의 표면에서 5mm 이상 돌출되지 않아야 한다.

(3) AE종 안전모는 일반구조 조건에 적합해야 하고 금속제의 부품을 사용하지 않고, 착장체는 모체의 내외면을 관통하는 구멍을 뚫지 않고 붙일 수 있는 구조로서 모체의 내외면을 관통하는 구멍 핀홀 등이 없어야 한다.

(4) ABE종 안전모는 상기 ②, ③의 조건에 적합해야 한다.

4. 성능시험방법

① 내관통성시험
② 내전압성시험
③ 내수성시험
④ 난연성시험
⑤ 충격흡수성시험

항목	시험성능기준
내관통성	AE, ABE종 안전모는 관통거리가 9.5mm 이하이고, AB종 안전모는 관통거리가 11.1mm 이하이어야 한다.
충격흡수성	최고전달충격력이 4,450N을 초과해서는 안 되며, 모체와 착장체의 기능이 상실되지 않아야 한다.
내전압성	AE, ABE종 안전모는 교류 20kV에서 1분간 절연파괴 없이 견뎌야 하고, 이때 누설되는 충전전류는 10mA 이하이어야 한다.
내수성	AE, ABE종 안전모는 질량증가율이 1% 미만이어야 한다.
난연성	모체가 불꽃을 내며 5초 이상 연소되지 않아야 한다.
턱끈풀림	150N 이상 250N 이하에서 턱끈이 풀려야 한다.

41. 사고예방 원리의 5단계를 순서대로 쓰시오.

해답

□ 사고예방대책의 기본원리 5단계(사고예방원리 : 하인리히)

(1) 1단계 : 조직(안전관리조직)
① 경영층의 안전목표 설정
② 안전관리 조직(안전관리자 선임 등)
③ 안전활동 및 계획수립

(2) 2단계 : 사실의 발견(현상파악)
① 사고 및 안전활동의 기록 검토
② 작업분석
③ 안전점검, 안전진단
④ 사고조사
⑤ 안전평가
⑥ 각종 안전회의 및 토의
⑦ 근로자의 건의 및 애로 조사

(3) 3단계 : 분석·평가(원인규명)
① 사고조사 결과의 분석
② 불안전상태, 불안전행동 분석
③ 작업공정, 작업형태 분석
④ 교육 및 훈련의 분석
⑤ 안전수칙 및 안전기준 분석

(4) 4단계 : 시정책의 선정
① 기술의 개선
② 인사조정
③ 교육 및 훈련 개선
④ 안전규정 및 수칙의 개선
⑤ 이행의 감독과 제재강화

(5) 5단계 : 시정책의 적용
① 목표 설정
② 3E(기술, 교육, 관리)의 적용

42. 산업재해의 기본원인인 4M에 대해서 구체적으로 설명하시오.

해답

□ 4M 분석기법

① 인간(Man) : 잘못 사용, 오조작, 착오, 실수, 불안심리

② 기계(Machine) : 설계 · 제작 착오, 재료 피로 · 열화, 고장, 배치 · 공사 착오

③ 작업매체(Media) : 작업정보 부족 · 부적절, 협조 미흡, 작업환경 불량

④ 관리(Management) : 안전조직 미비, 교육 · 훈련 부족, 계획 불량, 잘못된 지시

항목	위험요인
Man (인간)	• 미숙련자 등 작업자 특성에 의한 불안전 행동 • 작업에 대한 안전보건 정보의 부적절 • 작업자세, 작업동작의 결함 • 작업방법의 부적절 등 • 휴먼에러(Human Error) • 개인 보호구 미착용
Machine (기계)	• 기계 · 설비 구조상의 결함 • 위험 방호장치의 불량 • 위험기계의 본질안전 설계의 부족 • 비상시 또는 비정상 작업 시 안전연동장치 및 경고장치의 결함 • 사용 유틸리티(전기, 압축공기 및 물)의 결함 • 설비를 이용한 운반수단의 결함 등
Media (작업매체)	• 작업공간(작업장 상태 및 구조)의 불량 • 가스, 증기, 분진, 흄 및 미스트 발생 • 산소결핍, 병원체, 방사선, 유해광선, 고온, 저온, 초음파, 소음, 진동, 이상기압 등 • 취급 화학물질에 대한 중독 등
Management (관리)	• 관리조직의 결함 • 규정, 매뉴얼의 미작성 • 안전관리계획의 미흡 • 교육 · 훈련의 부족 • 부하에 대한 감독 · 지도의 결여 • 안전수칙 및 각종 표지판 미게시 • 건강검진 및 사후관리 미흡 • 고혈압 예방 등 건강관리 프로그램 운영

43. 인간-기계 시스템에 사용되는 표시장치를 나타내는 정보의 유형에 따라 분류하고 설명하시오.

해답

□ 인간-기계 체계의 정의 및 유형

1. 인간-기계 통합체계는 인간과 기계의 상호작용으로 인간의 역할에 중점을 두고 시스템을 설계하는 것이 바람직함
2. 인간-기계 체계의 기본기능

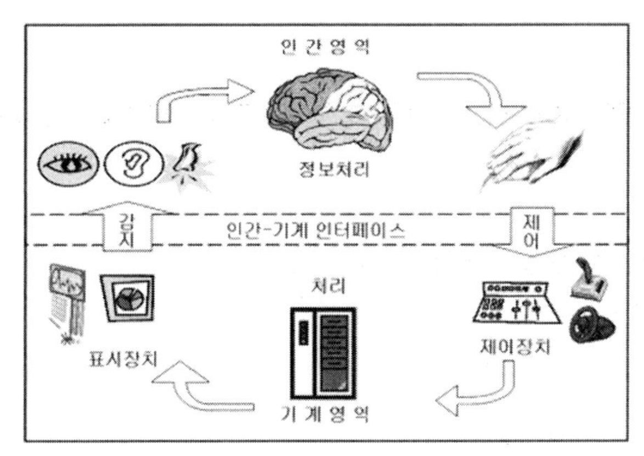

[인간-기계 체계에서 체계의 인터페이스 설계]

(1) 감지기능
① 인간 : 시각, 청각, 촉각 등의 감각기관
② 기계 : 전자, 사진, 음파탐지기 등 기계적인 감지장치

(2) 정보저장기능
① 인간 : 기억된 학습 내용
② 기계 : 펀치카드(Punch Card), 자기테이프, 형판(Template), 기록, 자료표 등 물리적 기구

(3) 정보처리 및 의사결정기능
① 인간 : 행동을 한다는 결심
② 기계 : 모든 입력된 정보에 대해서 미리 정해진 방식으로 반응하게 하는 프로그램(Program)

(4) 행동기능
① 물리적인 조정행위 : 조종장치 작동, 물체나 물건을 취급, 이동, 변경, 개조 등
② 통신행위 : 음성(사람의 경우), 신호, 기록 등

(5) 인간의 정보처리능력
인간이 신뢰성 있게 정보 전달을 할 수 있는 기억은 5가지 미만이며 감각에 따라 정보를 신뢰성 있게 전달할 수 있는 한계 개수가 5~9가지이다. 밀러(Miller)는 감각에 대한 경로용량을 조사한 결과 '신비의 수(Magical Number) 7±2(5~9)를 발표했다. 인간의 절대적 판단에 의한 단일자극의 판별범위는 보통 5~9가지라는 것이다.

정보량 $H = \log_2 n = \log_2 \frac{1}{p}$, $p = \frac{1}{n}$

여기서, 정보량의 단위는 bit(binary digit)임

인간정보처리 과정에서 실수(error)가 일어나는 것	
1. 입력에러 - 확인미스	2. 매개에러 - 결정미스
3. 동작에러 - 동작미스	4. 판단에러 - 의지결정의 미스

44. 평균고장간격(MTBF), 평균고장시간(MTTF), 평균수리시간(MTTR), 가용도에 대하서 설명하시오.

해답

1. 평균고장간격(MTBF ; Mean Time Between Failure)

시스템, 부품 등의 고장 간의 동작시간 평균치

(1) $MTBF = \frac{1}{\lambda}$, λ(평균고장률) $= \frac{\text{고장건수}}{\text{총가동시간}}$

(2) MTBF = MTTF + MTTR

= 평균고장시간 + 평균수리시간

2. 평균고장시간(MTTF ; Mean Time To Failure)

시스템, 부품 등이 고장 나기까지 동작시간의 평균치. 평균수명이라고도 한다.

(1) 직렬계의 경우

System의 수명 $= \frac{MTTF}{n} = \frac{1}{\lambda}$

(2) 병렬계의 경우

System의 수명 $= MTTF\left(1 + \frac{1}{2} + \frac{1}{3} + \cdots + \frac{1}{n}\right)$

여기서, n : 직렬 또는 병렬계의 요소

3. 평균수리시간(MTTR ; Mean Time To Repair)

총 수리시간을 그 기간의 수리 횟수로 나눈 시간. 즉 사후보전에 필요한 수리시간의 평균치를 나타낸다.

4. 가용도(Availability, 이용률)

일정 기간에 시스템이 고장없이 가동될 확률

(1) 가용도$(A) = \frac{MTTF}{MTTF + MTTR} = \frac{MTBF}{MTBF + MTTR} = \frac{MTTF}{MTBF}$

(2) 가용도$(A) = \dfrac{\mu}{\lambda + \mu}$

여기서, λ : 평균고장률, μ : 평균수리율

가용도$(A) = \dfrac{MTBF}{MTBF + MTTR} = \dfrac{12,000}{12,000 + 3,000} = 0.8$

45. 소음이 80dB(decibel)인 기계 2대의 합성소음은 몇 dB인가?

해답

전체소음도 PWL(dB)(PWL, Sound Power Level)

$= 10\log(10^{\frac{A_1}{10}} + 10^{\frac{A_2}{10}}) = 10\log(10^{\frac{80}{10}} + 10^{\frac{80}{10}}) ≒ 83.01$

46. 다음의 블록다이어그램과 같이 구성된 각각의 계에 대한 신뢰도 값을 계산하시오. 단, 각 요소의 신뢰도는 $R_1 = R_2 = R_3 = 0.9$의 값을 갖는다.

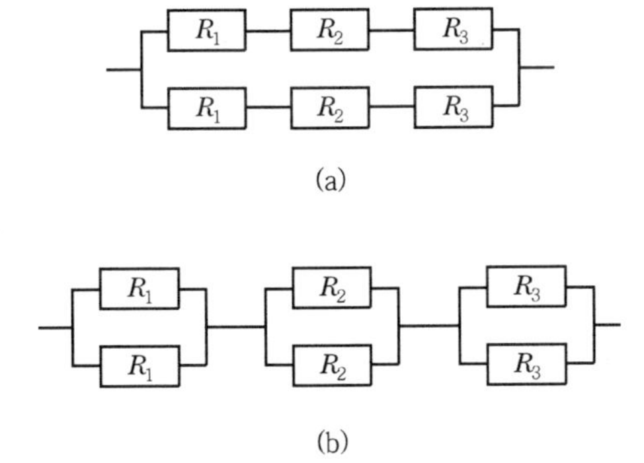

(a)

(b)

해답

1. (a) 신뢰도 $= 1 - [\{1 - (R_1 \times R_2 \times R_3)\}\{1 - (R_1 \times R_2 \times R_3)\}]$

$= 1 - [\{1 - (0.9 \times 0.9 \times 0.9)\}\{1 - (0.9 \times 0.9 \times 0.9)\}]$

$= 0.926$

2. (b) 신뢰도 $= \{1 - (1 - R_1)(1 - R_1)\} \times \{1 - (1 - R_2)(1 - R_2)) \times (1 - (1 - R_3)(1 - R_3)\}$

$= 0.970$

3. 신뢰도

(1) 인간과 기계의 직·병렬 작업

① 직렬 : $R_s = r_1 \times r_2$

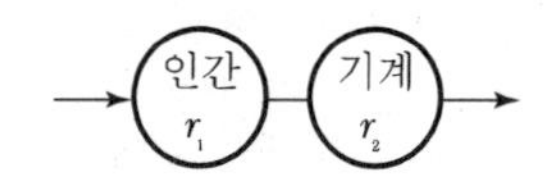

② 병렬 : $R_p = r_1 + r_2(1-r_1) = 1-(1-r_1)(1-r_2)$

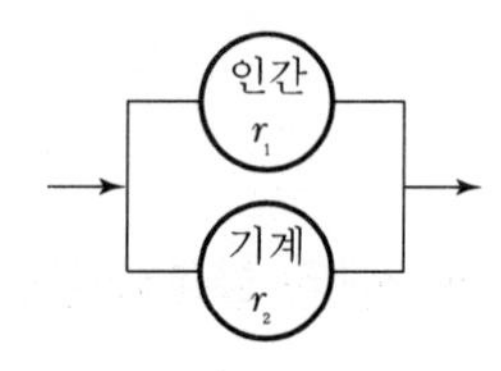

CHAPTER 02 기계위험방지기술

01. 기계의 운동 중에서 발생되는 위험점 5가지에 대해 예를 들어 설명하시오.

● 해답

1. 협착점(Squeeze Point)

   기계의 왕복운동을 하는 운동부와 고정부 사이에 형성되는 위험점(왕복운동+고정부)

[프레스 상금형과 하금형 사이]

2. 끼임점(Shear Point)

   기계의 회전운동하는 부분과 고정부 사이에 위험점이다. 예로서 연삭숫돌과 작업대, 교반기의 교반날개와 몸체사이 및 반복되는 링크기구 등이 있다.(회전 또는 직선운동 + 고정부)

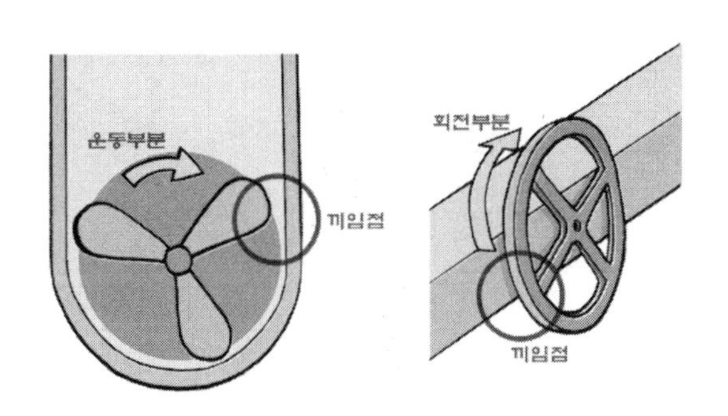

3. 절단점(Cutting Point)

회전하는 운동부 자체의 위험이나 운동하는 기계부분 자체의 위험에서 초래되는 위험점이다. 예로서 밀링커터와 회전둥근톱날이 있다.(회전운동자체)

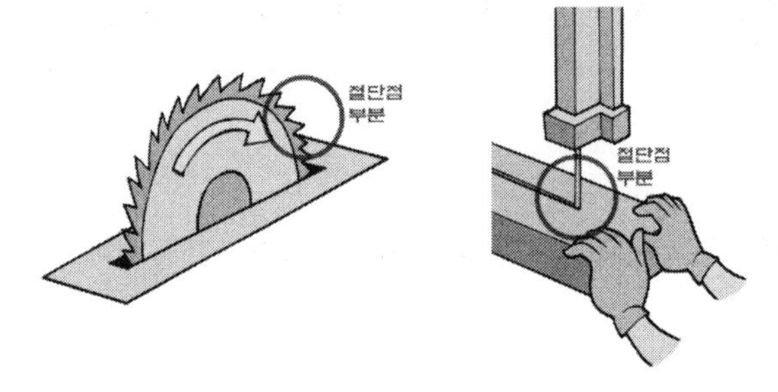

4. 물림점(Nip Point)

롤, 기어, 압연기와 같이 두 개의 회전체 사이에 신체가 물리는 위험점 형성

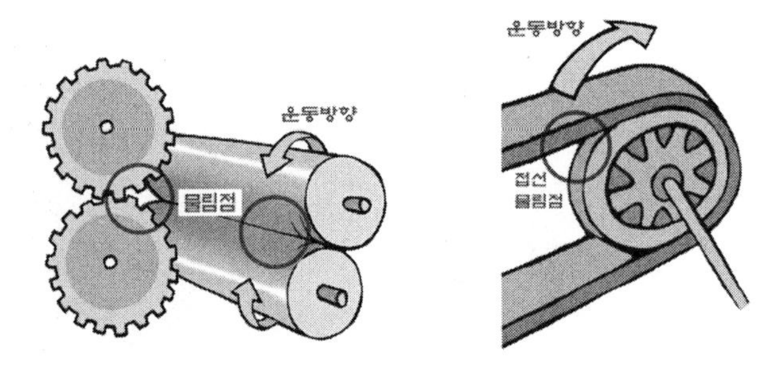

5. 접선물림점(Tangential Nip Point)

회전하는 부분이 접선방향으로 물려 들어갈 위험이 만들어지는 위험점(회전운동+접선부)

6. 회전말림점(Trapping Point)

회전하는 물체의 길이, 굵기, 속도 등이 불규칙한 부위와 돌기 회전부위에 장갑 및 작업복 등이 말려드는 위험점 형성(돌기회전부)

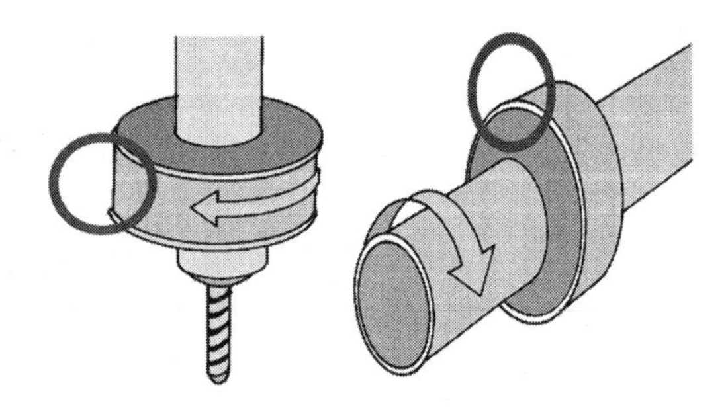

02. 기계 설비에서 풀프루프(Fool Proof)의 정의와 사용 예를 3가지만 설명하시오.

해답

1. 풀프루프의 정의
   작업자가 기계를 잘못 취급하여 불안전 행동이나 실수를 하여도 기계설비의 안전기능이 작용되어 재해를 방지할 수 있는 기능

2. 풀프루프의 종류
   ① 프레스 작업시 작업자의 신체의 일부가 위험점으로 들어가면 광선식 방호장치 등이 작동되어 기계가 자동으로 정지된다.
   ② 승강기의 경우 과부하가 되면 경보가 울리고 작동이 되지 않는다.
   ③ 크레인이 권상용 와이어로프가 무한정 감기지 않도록 권과방지장치를 설치한다.
   ④ 로봇이 설치된 작업장에서 안전방책문이 닫히지 않으면 로봇이 가동되지 않는다.
   ⑤ 기어나 체인 등 동력전달부의 덮개를 벗기면 운전이 정지된다.
   ⑥ 전기세탁기의 탈수기가 돌아가는 도중 뚜껑을 열면 탈수기가 정지한다.

03. 가스용접 작업 시 발생할 수 있는 사고의 유형에 대하여 설명하시오.

해답

산소-아세틸렌 용접 시 발생할 수 있는 재해의 유형은 화재사고, 폭발사고, 화상사고, 질식사고 이 4종류로 대별할 수 있다. 이에 대해서 살펴보면 다음과 같다.

〈산소-아세틸렌용접의 재해유형 및 예방대책〉

재해유형	발생원인	예방대책
화재사고	① 기름걸레, 도료 등 인화성물질이나 가연성 물질이 있는 곳에서 용접, 용단 등의 작업시 불티가 비산되어 화재 발생(비산 불티는 3,000℃ 이상의 고온으로 수평방향으로 약 11m 정도까지 흩어짐) ② 탱크, 배관 등의 용접 · 용단 작업시 내부에 존재하는 인화성 액체 또는 가연성 가스 등이 인화되어 화재 · 폭발 ③ 점화용 불붙이개 방치로 인한 화재	① 용접작업 전에 가연성 물질을 제거하거나 방염포 등을 설치하여 점화되지 않도록 조치 ② 상황 발생시 화재를 조기 진압할 수 있도록 소화기 등 소화설비를 비치한다. ③ 점화용 라이터를 사용하고 불붙이개를 사용하지 않는다.
폭발사고	① 아세틸렌 용기로 불꽃이 역화되어 용기가 폭발 ② 탱크, 배관 등의 용접 · 용단 작업시 내부에 존재하는 인화성 액체 또는 가연성 가스 등이 인화되어 화재 · 폭발 ③ 토치나 호스에서 누설된 가스가 점화원을 만나 폭발	① 건식역화방지기 또는 수봉식 역화방지기를 설치한다. ② 탱크, 배관 등의 용접 · 용단 작업시 내부에 인화성 액체 또는 가연성 가스 등이 존재하는지 여부를 확인하고 작업 실시 ③ 가스 누설이 없는 토치나 호스를 사용한다.
화상사고	① 화재나 폭발사고가 발생하였을 때 당해 작업자 및 주변의 작업자가 화상사고를 입는 경우 발생	① 앞서 기술한 바와 같이 화재 나 폭발을 예방할 수 있도록 조치해야 한다. ② 난연성의 작업복을 착용한다. ③ 소화기 및 소화설비 등을 비치
질식사고	① 탱크 내부 등 밀폐공간에서 용접작업 시 산소농도가 부족하여 재해 발생	① 작업 전에는 산소농도가 최소 18% 이상 되는지 확인한다. ② 작업 중에는 감시인을 둔다.

04. 프레스기의 양수조작식 방호장치 설치 시 안전거리와 구비조건을 설명하시오.

해답

1. 양수조작식 방호장치 정의

기계의 조작을 양손으로 동시에 하지 않으면 기계가 가동하지 않으며 한 손이라도 떼어내면 기계가 급정지 또는 급상승하게 하는 장치를 말한다.

[양수조작식 방호장치가 설치된 프레스]

2. 안전거리

$D = 1,600 \times (T_c + T_s)(\text{mm})$

여기서, T_c : 방호장치의 작동시간[즉 누름버튼으로부터 한 손이 떨어질 때부터 급정지기구가 작동을 개시할 때까지의 시간(초)]

T_s : 프레스의 급정지시간[즉 급정지 기구가 작동을 개시할 때부터 슬라이드가 정지할 때까지의 시간(초)]

3. 양수조작식 방호장치 설치 및 사용

① 양수조작식 방호장치는 안전거리를 확보하여 설치하여야 한다.
② 누름버튼의 상호 간 내측거리는 300mm 이상으로 한다.
③ 누름버튼 윗면이 버튼케이스 또는 보호링의 상면보다 25mm 낮은 매립형으로 한다.
④ 120SPM(Stroke Per Minute : 매분 행정수) 이상의 프레스 기계에 사용한다.

05. 연삭숫돌의 파괴원인을 5가지만 쓰시오.

● 해답

□ 연삭기의 파괴원인

(1) 숫돌에 균열이 있는 경우
(2) 숫돌이 고속으로 회전하는 경우
(3) 고정할 때 불량하게 되어 국부만을 과도하게 가압하는 경우 혹은 축과 숫돌과의 여유가 전혀 없어서 축이 팽창하여 균열이 생기는 경우
(4) 무거운 물체와 충돌했을 때
(5) 숫돌의 측면을 일감으로써 심하게 가압했을 경우(특히 숫돌이 얇을 때 위험하다)
(6) 숫돌과 일감 사이에 압력이 증가하여 열을 발생시키고 글라스(Glass)화되는 경우

06. 보일러의 장해를 일으키는 캐리오버(Carry Over)의 발생원인을 설명하시오.

● 해답

1. 캐리오버(Carry Over)

보일러 증기관 쪽으로 보내는 증기에 대량의 물방울이 포함되는 수가 있는데 이것을 캐리오버라 하며, 프라이밍이나 포밍이 생기면 필연적으로 캐리오버가 일어난다.

2. 캐리오버 원인

(1) 기실이나 증발수면의 협소
(2) 보일러 가동시 부하율이 과부하 상태
(3) 부하변동률이 심함
(4) 기수분리기의 고장
(5) 보일러 관수의 TDS(총용융 고형물) 농도가 높다
(6) 저 부하 운전, 저 압력 운전
(7) 청관제, 수질 개선제 과다 투약
(8) Blow down 미실시

07. 포집형 방호장치에 대한 그림을 그리고 설명하시오.

해답

포집형 방호장치는 위험장소에 대한 방호장치가 아니고 위험원에 대한 방호장치이다. 즉 위험원이 비산되거나 튀는 것을 포집(방지)하여 위험원을 차단하여 작업자를 보호하는 방법이다. 예컨대,

(1) 국소배기장치를 설치하여 연삭기에서 비산되는 금속입자들을 포집한다든지

(2) 연삭기에 덮개를 설치하여 탈락한 숫돌이 비산되어 작업자를 가격하는 것을 방지하는 것이나,

(3) 목재가공 둥근톱에 반발예방장치를 설치하여 날 후방에서 목재가 튀어 올라 근로자를 가격하는 것을 방지하는 것이다.

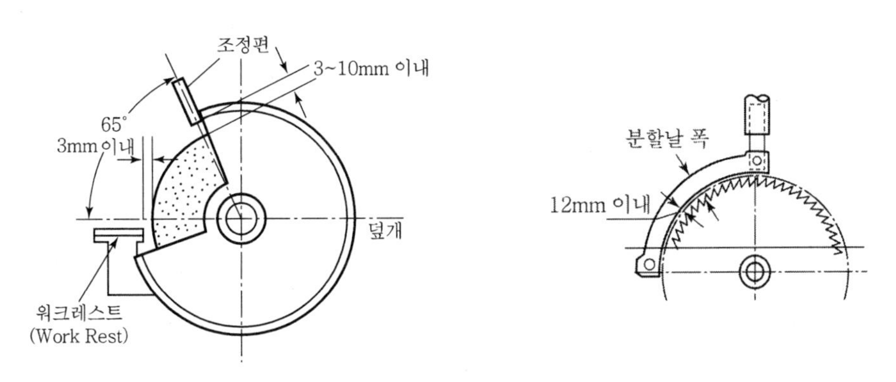

08. 기계설비의 방호는 위험장소와 위험원으로 분류되는데, 각각의 방호장치에 대하여 설명하시오.

해답

1. 위험장소에 대한 방호설비

(1) 격리형 방호장치

작업자가 작업점에 접촉되어 재해를 당하지 않도록 기계설비 외부에 차단벽이나 방호망을 설치하는 것으로 작업장에서 가장 많이 사용하는 방식(덮개)

예) 완전 차단형 방호장치, 덮개형 방호장치, 안전 방책

(2) 위치제한형 방호장치

조작자의 신체부위가 위험한계 밖에 있도록 기계의 조작장치를 위험구역에서 일정거리 이상 떨어지게 한 방호장치(양수조작식 안전장치)

(3) 접근거부형 방호장치

작업자의 신체부위가 위험한계 내로 접근하면 기계의 동작위치에 설치해놓은 기구가 접근하는 신체부위를 안전한 위치로 되돌리는 것(손쳐내기식 안전장치)

(4) 접근반응형 방호장치

작업자의 신체부위가 위험한계로 들어오게 되면 이를 감지하여 작동 중인 기계를 즉시 정지시키거나 스위치가 꺼지도록 하는 기능을 가지고 있다.(광전자식 안전장치)

2. 위험원에 대한 방호설비

(1) 포집형 방호장치

목재가공기의 반발예방장치와 같이 위험장소에 설치하여 위험원이 비산하거나 튀는 것을 방지하는 등 작업자로부터 위험원을 차단하는 방호장치

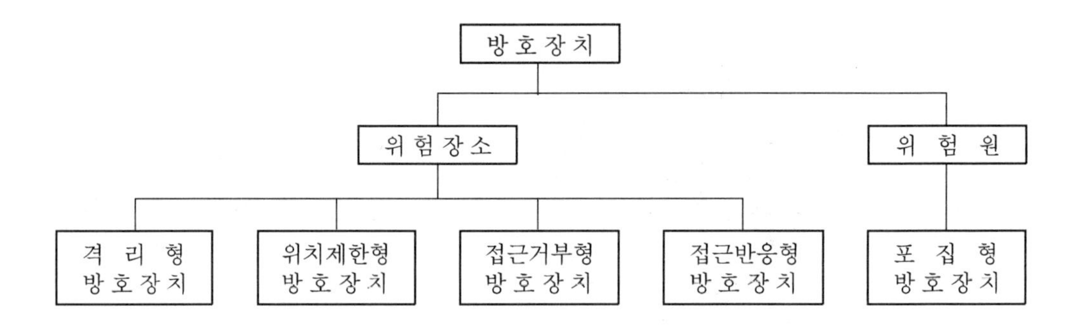

09. 사용 중인 롤러기의 방호장치인 급정지장치의 구비조건을 관련규정에 근거하여 설명하시오.

해답

1. 급정지장치의 종류

(1) 손조작식

비상안전제어로프(Safety Trip Wire Cable) 장치는 송급 및 인출 컨베이어, 슈트 및 호퍼 등에 의해서 제한이 되는 롤러기에 사용한다.

(2) 복부조작식

(3) 무릎조작식

(4) 급정지장치 조작부의 위치

급정지장치조작부의 종류	위치	비고
손으로 조작(로프식)하는 것	밑면으로부터 1.8m 이하	위치는 급정지장치 조작부의 중심점을 기준으로 한다.
복부로 조작하는 것	밑면으로부터 0.8m 이상 1.1m 이하	
무릎으로 조작하는 것	밑면으로부터 0.4m 이상 0.6m 이하	

[급정지장치가 설치된 롤러기]

2. 급정지장치의 성능기준

롤러를 무부하 상태로 회전시켰을 때 롤러 표면속도에 따른 급정지거리는 다음과 같다. 롤러 속도가 빠를 때는 말려 들어가는 속도가 빠르기 때문에 사고를 예방하기 위해서는 급정지거리가 짧아야 한다. 즉 급정지 성능이 좋아야 한다.

표면속도(m/min)	급정지거리
30미만	롤러 원주길이의 1/3 이내
30이상	롤러 원주길이의 1/2.5 이내

10. 타워크레인을 자립고(自立高) 이상의 높이로 설치하는 경우에 타워크레인의 지지에 대하여 설명하시오.

해답

1. 산업안전보건기준에 관한 규칙 제142조(타워크레인의 지지)
   ① 사업주는 타워크레인을 자립고(自立高) 이상의 높이로 설치하는 경우 건축물 등의 벽체에 지지하거나 와이어로프에 의하여 지지하여야 한다.
   ② 사업주는 타워크레인을 벽체에 지지하는 경우 다음 각 호의 사항을 준수하여야 한다.
   1. 「산업안전보건법 시행규칙」 제58조의4제1항제2호에 따른 서면심사에 관한 서류(「건설기계관리법」 제18조에 따른 형식승인서류를 포함한다) 또는 제조사의 설치작업설명서 등에 따라 설치할 것
   2. 제1호의 서면심사 서류 등이 없거나 명확하지 아니한 경우에는 「국가기술자격법」에 따른 건축구조·건설기계·기계안전·건설안전기술사 또는 건설안전분야 산업안전지도사의 확인을 받아 설치하거나 기종별·모델별 공인된 표준방법으로 설치할 것

3. 콘크리트구조물에 고정시키는 경우에는 매립이나 관통 또는 이와 동등 이상의 방법으로 충분히 지지되도록 할 것
4. 건축 중인 시설물에 지지하는 경우에는 그 시설물의 구조적 안정성에 영향이 없도록 할 것

③ 사업주는 타워크레인을 와이어로프로 지지하는 경우 다음 각 호의 사항을 준수하여야 한다.

1. 제2항제1호 또는 제2호의 조치를 취할 것
2. 와이어로프를 고정하기 위한 전용 지지프레임을 사용할 것
3. 와이어로프 설치각도는 수평면에서 60도 이내로 할 것
4. 와이어로프의 고정부위는 충분한 강도와 장력을 갖도록 설치하고, 와이어로프를 클립·샤클(shackle) 등의 고정기구를 사용하여 견고하게 고정시켜 풀리지 않도록 할 것

2. Wall Bracing의 고정

도심의 건축물에서 대표적으로 시공되고 있으나 아파트 건설현장에서도 타워크레인이 건물에 가까이 인접되어 있는 경우에 채택하여 사용되고 있는 방법이다. 국내에서 생산되는 중소형(3~16ton) 타워크레인들은 장비 구매 시 옵션으로 Bracing 품목을 요청하면 프레임, 핀, 타이바를 제조사에서 공급해준다. 타이바는 보통 Angle을 사각형 구조로 용접하여 출하되고 있으나 이러한 부재는 타워크레인과 건물 간의 이격거리가 최소 2.5m~최대 6m 정도로 거리제한이 된 부재를 사용한다.

현장에 사용하는 타워크레인이 건물과 이격거리가 크다면 수평력에 부합된 보다 큰 부재를 선정해서 시공해야 하며 이격거리가 멀수록 Bracing Tie의 내각이 아래의 그림과 같이 커지므로 부재선정에도 반드시 반영시켜야 한다.

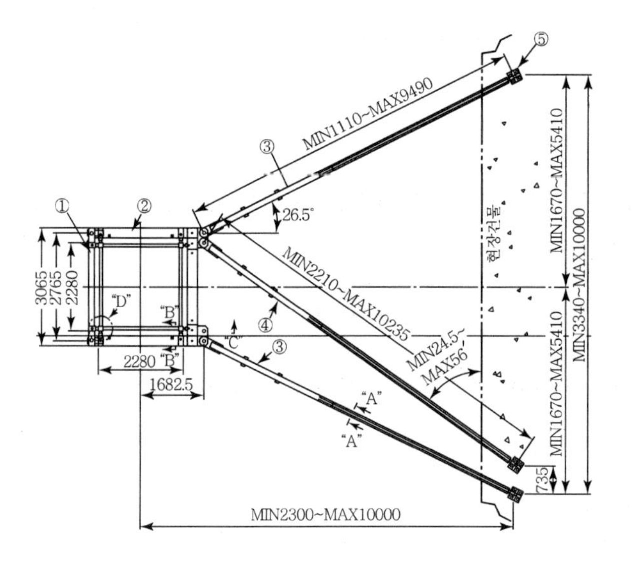

3. Wire Guying

과거 국내의 아파트 건설 현장에서 많이 사용되었으며, 현재는 안전성 관계로 Wall Bracing을 많이 사용하는 편이다.

설치된 와이어로프는 현수모양을 하고 있어서, 처진 정도는 로프의 장력에 달려 있으며 만일 타워가 바람에 의해 하중을 받는다면 타워는 기울어지고 현수선의 처짐이 줄어들면서 한 개 혹은 그 이상의 하중이 가해질 것이다. 이것은 로프가 늘어나는 것처럼 마스트에도 똑같이 작용한다. 하지만 로프에 부하를 주게 되면 구조적 신장과 탄성 인장이 발생되고 더욱 늘어나게 된다. 과도한 마스트 휨은 붕괴를 초래할 수 있기에 때문에 마스트가 과도하게 비틀릴 수 있는 복합적인 로프 길이 증가는 피해야 한다.

로프 신장은 조절할 수 있다. 구조적 신장은 프리스트레스트 로프를 사용하여 최소화 할 수 있지만 탄성 신장은 사이즈 큰 로프를 사용하면 제한할 수 있고, 가선 신장은 죔쇠나 그 밖의 도구들로 와이어에 프리로딩하여 줄일 수 있다. 프리로딩은 크레인이 나중에도 연직으로 유지될 수 있도록 신중히 이루어져야 한다.

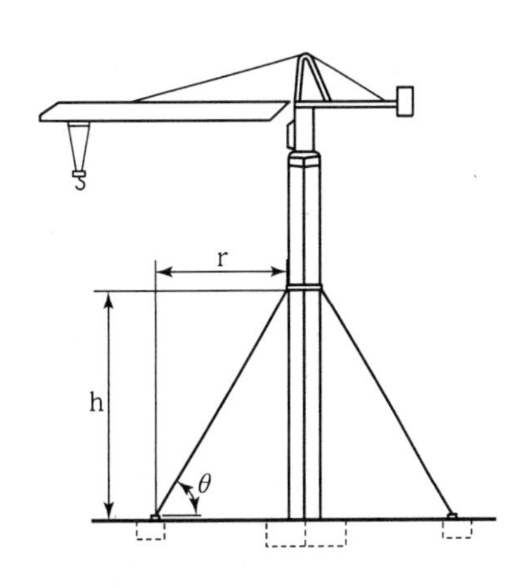

와이어가잉 설치, 프리로딩, 마스트 연직도 유지 후에 프리로드 힘과 마스트 연직도를 감시해야 한다. 처음에는 매일 며칠 동안 이러한 작업들이 이루어져야 한다. 큰 강풍이 지나간 후에는 프리로드가 안정되어감에 따라서 감시 간격을 늘릴 수 있다.(예를 들어, 로프로부터 구조적 인장이 완전히 제거되었을 때). 이와 함께 로프 클립과 같은 정비작업을 하고, 다시 조여야 한다.

11. 설비보전활동 중 예방보전(Preventive Maintanance)에 대하여 설명하시오.

해답

1. **예방보전**(preventive maintenance)과 **사후보전**(breakdown maintenance)을 설명하시오.

(1) **예방보전**(Preventive Maintenance)
설비를 항상 정상, 양호한 상태로 유지하기 위한 정기적인 검사와 초기의 단계에서 성능의 저하나 고장을 제거하던가 조정 또는 수복하기 위한 설비의 보수 활동을 의미

(2) **사후보전**(Breakdown Maintenance)
고장이 발생한 이후에 시스템을 원래 상태로 되돌리는 것

2. 예방보전의 종류에는 어떠한 것들이 있는지 들고 설명하시오.

(1) 시간계획보전 : 예정된 시간계획에 의한 보전
(2) 상태감시보전 : 설비의 이상상태를 미리 검출하여 설비의 상태에 따라 보전
(3) 수명보전(Age-based Maintenance) : 부품 등이 예정된 동작시간(수명)에 달하였을 때 행하는 보전

12. 산업안전보건법에 의거, 실시하고 있는 안전검사 대상 리프트의 3종류와 주요 구조부를 설명하시오.

해답

1. 안전검사 대상 리프트
   건설용리프트, 일반작업용 리프트, 이삿짐운반용 리프트

2. 리프트의 "주요 구조부분"이란 다음 각 목과 같다.
   (1) 와이어로프식 건설작업용 리프트 : 가이드레일, 운반구, 설치기초, 전동기, 감속기, 와이어로프, 제어반, 방호장치
   (2) 랙 및 피니언식 건설작업용 리프트 : 마스트, 운반구, 설치기초, 전동기, 감속기, 랙 및 피니언, 제어반, 방호장치
   (3) 일반작업용 리프트 : 권상장치, 가이드레일 또는 마스트, 운반구, 설치기초, 전동기, 감속기, 와이어로프 또는 체인, 랙 및 피니언, 제어반, 유압장치 및 설비, 방호장치

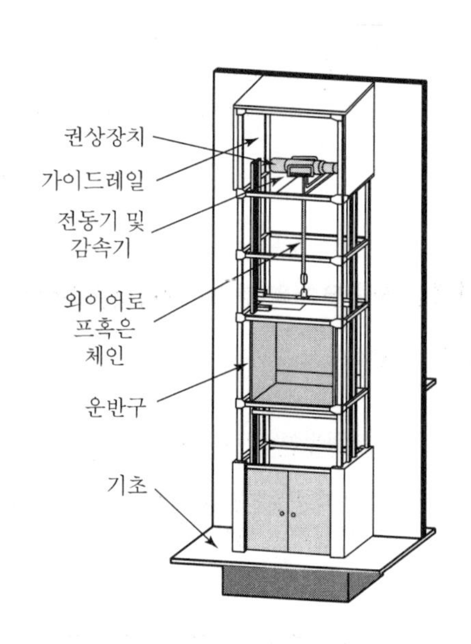

   (4) 이삿짐운반용 리프트 : 상 · 하부 프레임 등의 구조부분, 턴테이블, 아웃트리거, 기복장치, 사다리 붐 조립체(사다리 붐, 헤드 가이드, 연장 베드), 윈치, 운반구 조립체, 동력 인출장치, 전기장치, 유압장치, 조작장치, 와이어로프, 안전장치

13. 목재가공용 둥근톱기계의 반발예방장치에 대하여 설명하시오.

해답

1. 둥근톱기계의 반발예방장치(안전보건규칙 제105조)

   사업주는 목재가공용 둥근톱기계[(가로 절단용 둥근톱기계 및 반발(反撥)에 의하여 근로자에게 위험을 미칠 우려가 없는 것은 제외한다)]에 분할날 등 반발예방장치를 설치하여야 한다.

2. 분할날(Spreader)

   (1) 분할날의 두께

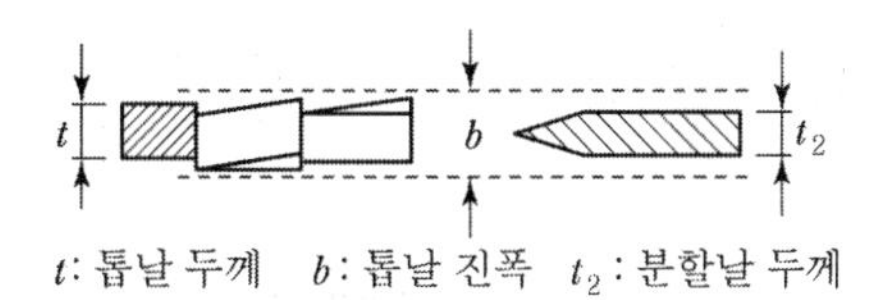

t: 톱날 두께 b: 톱날 진폭 t_2: 분할날 두께

분할날의 두께는 톱날 두께 1.1배 이상이고 톱날의 치진폭 미만으로 할 것

$1.1t_1 \leq t_2 < b$

   (2) 분할날의 길이

$$l = \frac{\pi D}{4} \times \frac{2}{3} = \frac{\pi D}{6}$$

   (3) 톱의 후면 날과 12mm 이내가 되도록 설치함
   (4) 재료는 탄성이 큰 탄소공구강 5종에 상당하는 재질이어야 함
   (5) 표준 테이블 위 톱의 후면날 2/3 이상을 커버해야 함
   (6) 설치부는 둥근톱니와 분할날과의 간격 조절이 가능한 구조여야 함
   (7) 둥근톱 직경이 610mm 이상일 때의 분할날은 양단 고정식의 현수식이어야 함

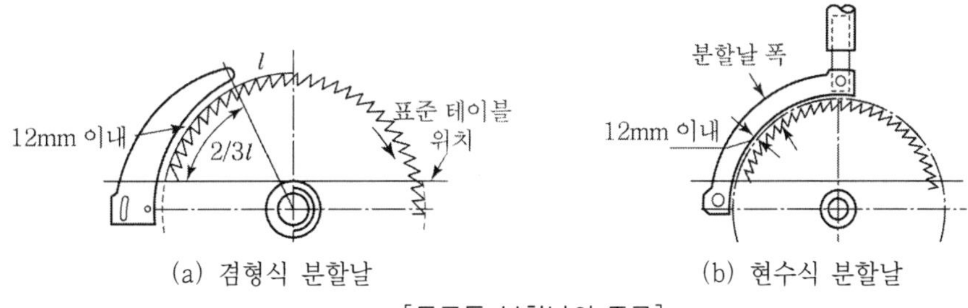

(a) 겸형식 분할날 (b) 현수식 분할날

[둥근톱 분할날의 종류]

3. 반발방지기구(Finger)

(1) 가공재가 톱날 후면에서 조금 들뜨고 역행하려고 할 때에 가공재면 사이에서 쐐기작용을 하여 반발을 방지하기 위한 기구를 반발방지기구(Finger)라고 한다.

(2) 작동할 때의 충격하중을 고려해서 일단 구조용 압연강재 2종 이상을 사용

(3) 기구의 형상은 가공재가 반발할 경우에 먹혀 들어가기 쉽도록 함

(4) 일명 '반발방지 발톱'이라고 부르기도 한다.

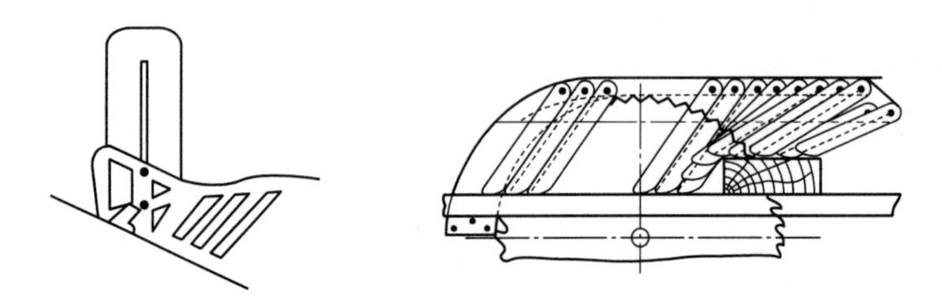

[반발방지기구]

4. 반발방지롤(Roll)

(1) 가공재가 톱 후면에서 들뜨는 것을 방지하기 위한 장치를 말함

(2) 가공재의 위쪽 면을 언제나 일정하게 누르고 있어야 함

(3) 가공재의 두께에 따라 자동적으로 그 높이를 조절할 수 있어야 함

(4) 가공재를 충분히 누르는 강도를 갖추어야 함

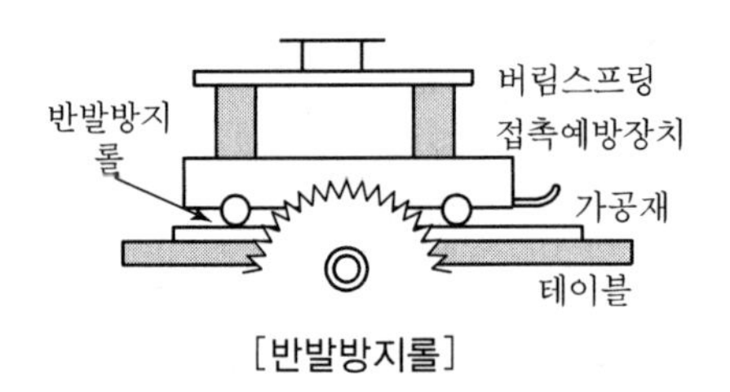

[반발방지롤]

14. 위험기반검사(Risk Based Inspection)에서 위험도순위표(Risk Ranking Matrix) 작성방법과 위험도에 따른 관리방안을 설명하시오.

해답

□ 위험성평가 5단계

1. 위험성 평가 흐름도 및 5단계 절차는 〈그림1〉, 〈그림 2〉과 같다.

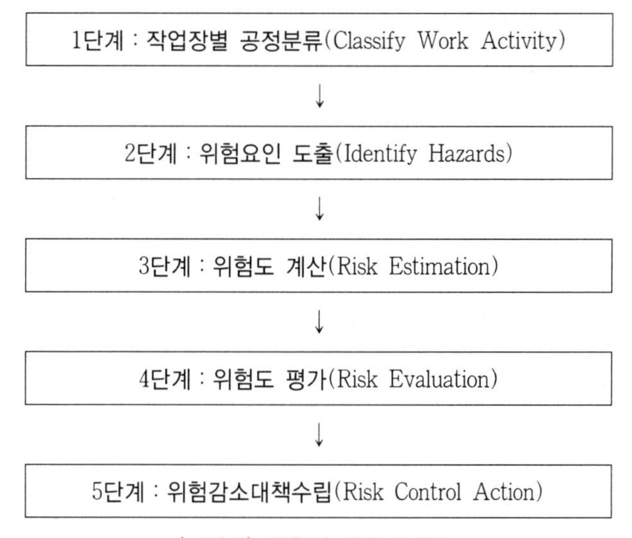

〈그림 1〉 위험성 평가 흐름도

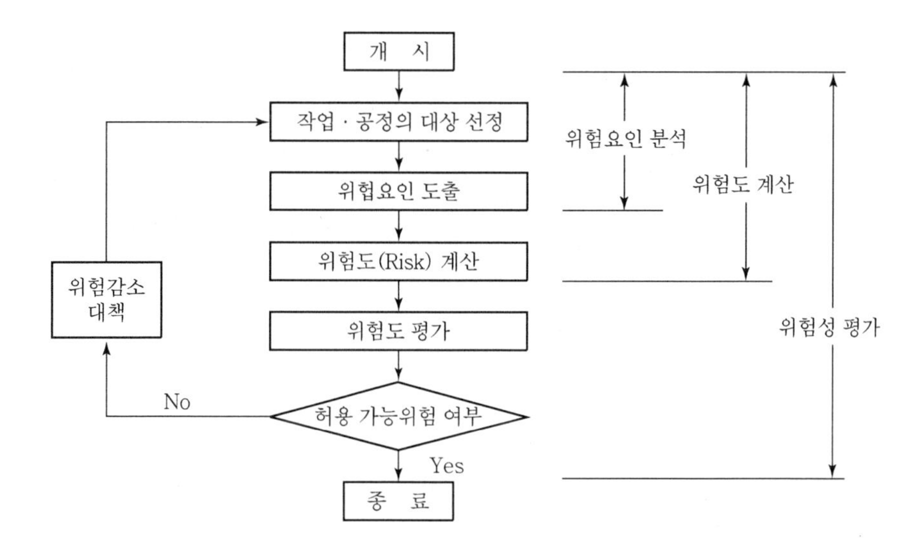

〈그림 2〉 위험성평가의 5단계 절차

2. 단계별 수행절차

(1) 1단계 : 작업장별 공정분류(Classify Work Activity)

① 위험성평가의 최초는 평가대상 공정 또는 작업으로 분류하는 것으로 분류방법으로는 장소(작업장, 공장)별 또는 생산공정(작업)별 2가지가 있으나 생산부서별 생산공정을 평가대상단위로 분류하는 것이 보통이며, 이를 위해 작업공정흐름도를 그리고 평가대상 공정을 파악한다.

② 작업공정흐름도에서 평가대상 작업·공정을 결정하면 위험성평가대상 리스트(List)를 작성하여 평가대상을 확정한다.

③ 공정별 내에서 각 작업의 분류에는 정상적인 작업이외에 연간 보수 및 보전작업 등 비정상적인 상황에 대한 대응적 작업을 추가하여 위험성 평가를 할 수 있도록 작업활동을 분류하도록 한다.

④ 위험성평가 대상공정 및 작업에 대하여 아래 다음과 같은 필요한 정보를 사전에 수집하고 평가시 활용해야 한다.

(2) 2단계 : 위험요인의 도출(Identify Hazards)

① 1단계에서 위험성평가 대상으로 선정된 세분화된 공정·작업에 대하여

- 재해로 발전할 작업·공정상 위험은 어떤 것이 있는가?
- 재해를 당할 가능성의 대상은 누구인가?
- 재해는 어떤 원인과 경로로 발생하는가?

등의 3가지 질문에 기초하여 위험요인을 도출한다.

② 위험요인의 대상은 다음 사항을 포함한다.

- 사용기계·기구에 대한 위험원의 확인
- 사용물질에 대한 위험원 확인
- 예상되는 오사용 및 고장
- 노출 등 작업환경
- 작업 중 예상되는 작업자의 불안전한 행동
- 무리한 동작을 유발하는 불안정한 공정
- 작업자 특성(장애자, 연소자, 고령자, 외국인, 계약직, 미숙련자, 협력직원 등)

③ 평가대상의 세부공정·작업에 대하여 어떠한 유해·위험요인이 있는가는 평가팀원의 브레인스토밍을 통하여 도출하고 위험성평가표의 유해위험요인 란에 기입한다.

이 단계에서 중요한 점은 평가공정·작업에서 위험을 감지하고 있는 근로자가 직접 참여하여 경험했던 재해사례, 아차사고, 오사용 및 설비의 고장 등 잠재적 불안전한 상태와 행동을 규명하는 것이다.

〈4M 위험요인 도출방법〉

- 위험을 Machine(기계적), Media(물질·환경적), Man(인적), Management (관리적) 등 4개 항목으로 구분평가
- "기계적" 항목은 모든 생산설비의 불안전 상태를 유발시키는 설계·제작·안전장치 등을 포함한 기계자체 및 기계주변의 위험 평가
- "물질 및 환경적" 항목은 소음, 분진, 유해물질 등 작업환경 평가
- "인적" 항목은 작업자의 불안전 행동을 유발시키는 인적위험 평가
- "관리적" 항목은 안전의식 해이로 사고를 유발시키는 관리적인 사항 평가

(3) 3단계 : 위험도 계산(Risk Estimation)

① 2단계에서 파악된 대상공정 및 작업의 유해위험요인에 대하여 그 유해위험요인이 사고로 발전할 수 있는 빈도(가능성)와 사고발생시 사고의 강도(피해크기)를 단계별로 수준(Level)을 정하고 양자를 조합하여 위험도(위험의 크기)를 계산하는 것으로 사업장 규모 및 특성에 따라 위험성 평가팀에 의하여 사전에 사내 표준으로 빈도와 피해크기에 대한 수준(Level)을 정하여야 한다.

② 각 위험요인에 대한 위험도(R) 계산은 빈도 수준과 강도 수준의 조합으로 이루어진 위험도(위험의 크기) 수준을 결정한다.

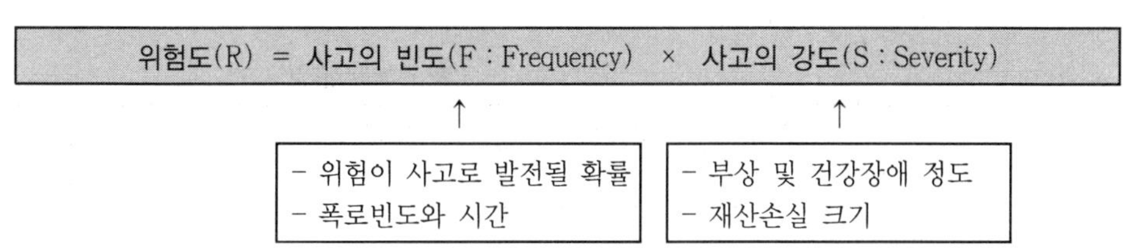

③ 위험도 계산에 필요한 발생빈도의 수준을 5단계로, 피해크기의 수준을 4단계로 정한 예시는 〈표 1〉 및 〈표 2〉와 같으며 이는 사업장 규모, 업종특성에 따라 발생빈도와 피해크기의 단계를 축소하거나 확장하여 정할 수 있다.

〈표 1〉 사고발생 빈도(가능성)(예시)

빈도 구분	빈도 수준	내용
빈도 없음	1	10년 1회 정도 발생할 경우
빈도 낮음	2	3년 1회 정도 발생할 경우
빈도 있음	3	1년 1회 정도 발생할 경우
빈도 높음	4	1개월 1회 정도 발생할 경우
빈번함	5	1일 1회 정도 발생할 경우

〈표 2〉 사고의 강도(피해크기)(예시)

강도 구분	강도 수준	내용
영향 없음	1	재해로 인한 인적손실이 없는 경우
미상	2	경미한 재해를 포함한 불휴업 재해인 경우
경상	3	휴업재해인 경우
중상	4	사망 또는 노동력 상실재해를 가져오는 치명적인 재해인 경우

④ 위험도(R, 위험의 크기) 계산방법

각 위험요인에 대한 위험도(R) 계산은 빈도 수준과 강도 수준의 조합으로 이루어진 위험 크기의 수준을 결정하는 것이다.

- 앞에서 예시한 사고발생 빈도(가능성 수준)의 5단계와 사고발생시 사고의 강도(피해크기 수준)의 4단계를 조합한 〈표 3〉 위험도 계산조합표를 예시하고 있으며 평가팀에서 위험성 평가대상인 위험요인에 대해 사고가능성과 사고발전시 피해크기의 수준이 얼마인지를 결정하여 유해위험요인별로 위험성평가서에 기입한다.
- 최종적인 위험도를 결정할 때에는 현재의 안전조치 상황을 고려하여 가능성과 중대성의 수준을 정하여야 한다.

〈표 3〉 위험도계산 조합표

빈 도 \ 강도	강도 / 수준	영향없음 1	미상 2	경상 3	중상 4
없음	1	1	2	3	4
낮음	2	2	4	6	8
있음	3	3	6	9	12
높음	4	4	8	12	16
빈번함	5	5	10	15	20

(4) 4단계 : 위험도 평가(Risk Evaluation)

① 위험도 평가는 3단계에서 행한 유해·위험요인별 위험도 계산값(수준)에 따라 그 위험이 허용할 수 있는 범위인가? 허용할 수 없는 범위인가?를 평가하기 위한 것으로 유해위험요인별 위험도의 수준에 따라 〈표 4〉의 예시같이 6가지 수준으로 나누고 위험수준별로 관리기준을 달리 정하여 5단계에서의 위험감소대책에 대한 기준으로 삼는다.

〈표 4〉 위험도평가 조합표의 기준(예시)

위험도 수준		관리 기준	비고
1~3	무시할 수 있는 위험	안전대책이 전혀 필요 없음	위험작업을 수용함(현 상태로 계속 작업 가능)
4~6	미미한 위험	안전정보 및 주기적 작업교육의 제공이 필요한 위험	
8	경미한 위험	위험의 표시부착, 작업절차서 표기 등 관리적 대책이 필요한 위험	
9~12	상당한 위험	정기보수기간에 안전감소대책을 세워야 하는 위험	조건부위험작업수용(현재는 위험이 없으면 작업을 계속하되, 위험 감소활동을 실시하여야 한다)
12~15	중대한 위험	긴급 임시안전대책을 세운 후 작업을 하되 정기보수기간에 안전대책을 세워야 하는 위험	
16~20	허용불가 위험	작업즉시 중단(작업을 지속하려면 즉시 개선을 실행해야 하는 위험)	위험작업 불허(즉시 작업을 중지한다)

② 유해위험요인이 사고로 발전할 빈도(F)과 사고발생시 강도(S)의 수준을 조합한 위험도 (위험크기) 수준을 위험요인별로 위험성평가서에 기입한다.

(5) 5단계 : 위험 감소대책 수립(Risk Control Action)

① 4단계의 위험도를 평가한 후에는 각 위험도 수준별로 예시된 〈표4〉의 관리기준에 따라 개선조치를 취하여야 하며 특히 위험의 정도가 허용할 수 없는 위험 즉 「상당한 위험」 또는 「중대한 위험」, 「허용 불가 위험」에 대해서는 구체적 위험감소 대책을 수립하여 감소대책 실행 이후에는 허용할 수 있는 범위의 위험으로 끌어내리는 조치를 취하여야 한다.

② 위험요인별 구체적 위험감소대책은 현재의 안전대책을 고려하여 수립하며 위험평가서의 개선대책란에 기입한다.

③ 아무리 위험 감소 대책을 취하여도 허용할 수 있는 범위로 위험도가 낮추어지지 않은 위험에 대한 관리는 위험을 근원적으로 제거할 수 있는 새로운 공정 또는 기계의 도입을 채택하거나 위험의 물질을 안전한 물질로 대체 사용하는 것이 좋다.

④ 위험감소대책을 수립할 때는 위험수준과 재해감소효과 또는 사업장의 생산활동 및 정기보수시기를 고려하여 위험감소 우선순위 및 실행계획[첨부양식3 (예시)]을 작성하여 감소대책의 내용은 "합리적으로 실천가능한 낮은 위험수준(ALARP ; As Low As Reasonable Practical)"의 정신에 입각하여 작성되어야 한다.

15. 크레인 등의 양중기에 사용하는 브레이크에 대하여 설명하시오.

해답

1. 브레이크의 개요

기계운동부분의 에너지를 흡수하여 그 운동을 멈추게 하든지 또는 운동속도를 조절하여 위험을 방지하는 기계요소를 브레이크라 한다. 일반적으로 운동에너지를 고체마찰에 의하여 열에너지로 바꾸는 마찰브레이크가 가장 많이 사용된다.

공작기계, 자동차 등에 사용되는 브레이크는 클러치와 거의 같지만 그 기능은 완전히 반대이다. 즉 클러치는 토크를 주어서 가속시키지만, 브레이크는 토크를 빼서 감속시키는 것이다.

2. 브레이크의 종류

(1) 원주브레이크

① 외주브레이크 : 블록브레이크, 밴드브레이크

② 내주브레이크

(2) 축향브레이크

① 원판브레이크(단판식, 다판식)

② 원추브레이크

(3) 자동하중브레이크

워엄, 나사, 캠, 코일, 체인, 원심력 브레이크 등이 있다.

(4) 래칫브레이크

3. 브레이크의 특징

(1) 원주브레이크

브레이크륜(brake ring)의 내부 또는 외부에 블록(block) 등을 설치 이것을 축심(반지름) 방향으로 밀어붙여 그 사이의 마찰력으로 제동하는 브레이크를 말한다.

예컨대 블록브레이크는 브레이크륜(brake ring)의 원주 위에 1개 또는 2개의 블록 등을 설치하여 이것을 눌러 붙여 제동을 한다.

(2) 축향브레이크

원동축과 종동축 사이에 마찰판을 설치하고 이것을 축방향으로 밀어 붙여 그 사이에 생기는 마찰력으로 제동하는 브레이크로서 가장 널리 사용되고 있다.

여기에는 원판브레이크와 원추브레이크가 있는데 원추브레이크는 원판브레이크에 비해 적은 힘으로 큰 제동력을 얻을 수 있다.

(3) 자동하중브레이크

(승강기, 리프트에 사용되는) 윈치(winch, 권양기) 등에 많이 사용되는 자동하중브레이크는 모터로 하물을 감아올릴 때에는 브레이크 작용을 하지 않고 클러치 작용만을 한다. 그러나 하물을 내릴 때

에는 하중 자신이 브레이크 작용을 함으로써 하물의 내려오는 속도를 제어한다.

즉, 모터를 권하의 방향으로 회전시키면 자동하중브레이크의 제동력에 저항하여 권하가 이루어진다. 하중 내려오는 속도가 모터의 속도보다 크게 되면 자동적으로 브레이크가 작동되고, 하중이 내려오는 속도는 모터의 속도보다 크게 되지 않는다. 즉 하물을 내릴 때에도 자동하중브레이크의 제동력을 이기기 위한 회전 모멘트를 축에 주어야 한다.

① 워엄 브레이크
② 나사 브레이크
③ 캠 브레이크
④ 코일 브레이크
⑤ 체인 브레이크
⑥ 원심력 브레이크

(4) 래칫브레이크

래칫브레이크는 주로 역회전 방지용으로 사용된다.

16. 양중기에 사용하는 과부하방지장치의 종류 3가지를 쓰시오.

해답

1. 과부하 방지장치(Overload Limiter)의 종류와 특성

종류	원리	적용기계	비고
전자식 (J-1)	스트레인게이지 등을 이용한 전자 감응방식으로 과부하상태 감지	크레인, 곤돌라 리프트, 승강기	Moment Limiter 포함
전기식 (J-2)	권상모터의 부하변동에 따른 전류 변화를 감지하여 과부하상태 감지	크레인	정지상태에서는 감지하지 못하기 때문에 층간 정지적재 가능한 승강기, 리프트, 곤돌라 사용불가
기계식 (J-3)	전기, 전자방식이 아닌 기계・기구학적 방법에 의하여 과부하상태를 감지	크레인, 곤돌라 리프트, 승강기	방폭구조 및 구조물 자체의 감지기능 포함

(1) 전자식 과부하방지장치

전자식 과부하방지장치는 스트레인 게이지(로드셀), 컨트롤 부분으로 구성되어 있으며, 로드셀에 부착되어 있는 스트레인 게이지의 전기식 저항값의 변화에 따라 아주 민감하게 동작하는 신호장치이다.

이 방법도 중요부분이 로드셀 부분으로 로드셀의 제조성능에 따라 감지의 정확성이 크게 좌우된다. 그리고 변화되는 중량을 디지털로 표시하여 알려줄 수 있어 아주 편리한 안전장치이지만, 가격이 비싸다는 단점이 있다.

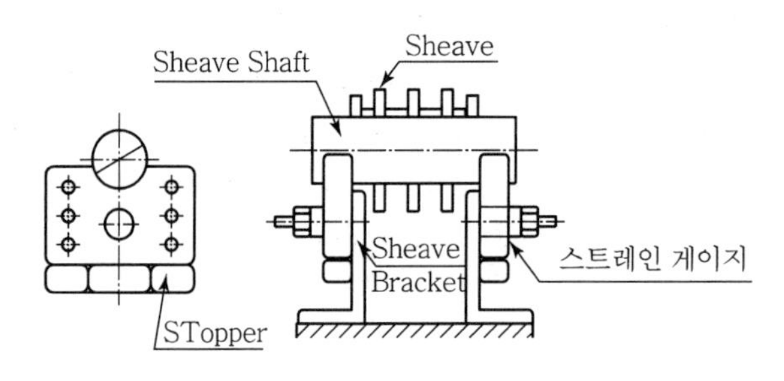

(a) 시브 고정형

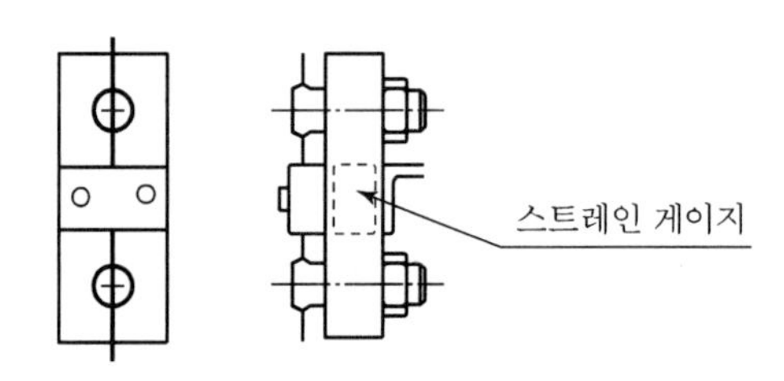

(b) 와이어 로프 고정형

[전자식 과부하방지장치 고정위치]

전자식 과부하방지장치의 감지방법은 하중의 방향에 따라 인장로드셀 방법, 압축로드셀 방법이 있으며 크레인, 호이스트, 양중기 등의 설계/제작 당시부터 설치하는 것이 바람직하다. 기 설치된 양중기에는 부착에 위험이 따르고 설치가 곤란한 경우가 많다.

(2) 전기식 과부하방지장치

전기식 과부하방지장치는 권상모터 전류변화를 변류기(Current Transformer, CT)로 감지하여 크레인을 정지시키는 방법으로 일반작업 현장에서 많이 활용되고 있는 방호장치이다.

이것은 크레인에 과부하방지장치가 부착되지 않는 곳에 설치가 용이하며 가격은 다른 종류에 비하여 저렴하기 때문에 많은 사업장에서 선호하고 있는 것이다.

그러나 화물용 승강기와 같이 상층에서 하층으로 또는 하층에서 상층으로 운반하는 크레인에서는 전기식 과부하방지장치를 사용할 수 없다. 그 이유는 권상모터가 동작할 때만 CT가 감지하여 동작함으로써 정지상태에서는 과부하를 감지하지 못하는 단점이 있다.

또 크레인이 고속용 권상모터와 저속용 권상모터가 있는 경우에는 과부하방지기를 2개 부착하여야 하므로 적합하지 않다. 전기식 과부하방지장치는 호이스트, 천장크레인 등 비교적 소형의 크레인에 많이 활용된다.

(3) 기계식 과부하방지장치

기계식 과부하방지장치는 삼상 또는 단상 유도 전동기 등을 사용하는 기계를 과부하에서 보호하기 위하여 스프링의 탄력성을 이용한 정지형 안전장치로서 부하의 하중을 스프링에 작용하는 하중으로 환산했을 때 스프링의 정격 탄성력 이상으로 작용하면 내부의 마이크로 스위치를 동작하여 운전상태를 정지하는 안전장치이다.

□ 기계식 과부하방지장치 사용 시 주의사항

㈎ 봉인이 해체된 기계식 과부하방지장치는 신뢰도를 보장할 수 없다.

㈏ 사용 중 과부하 상태가 발생하여 기계가 정지되었을 경우에는 과부하의 원인을 제거한 후 Reset 버튼을 동작하여 기계에 무리가 가지 않도록 해야 한다.

㈐ 연간 3~4회 설치시의 부하를 걸고 정확한 동작이 이루어지는지 확인해야 한다.

17. 국제노동기구(I.L.O)에서 정한 롤러기의 맞물림점에 설치하는 가드의 개구부 간격을 계산하는 식을 설명하시오.

해답

□ 울(Guard)의 설치(개구부 간격)

가드를 설치할 때 일반적인 개구부의 간격은 다음의 식으로 계산한다.

$Y = 6 + 0.15X (X < 160\text{mm})$ (단, $X \geq 160\text{mm}$이면 $Y = 30$)

여기서, Y : 개구부의 간격(mm)

X : 개구부에서 위험점까지의 최단거리(mm)

다만, 위험점이 전동체인 경우 개구부의 간격은 다음 식으로 계산한다.

$Y = 6 + \frac{X}{10}$ (단, $X < 760\text{mm}$에서 유효)

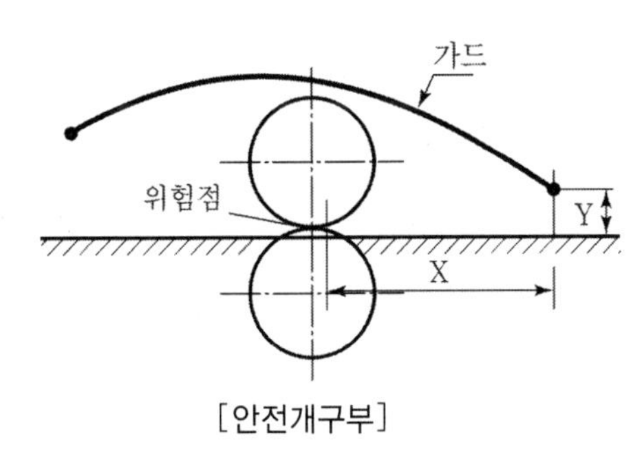

[안전개구부]

18. 산소-아세틸렌용접 작업 중 발생하는 역화의 원인과 방지대책에 대하여 쓰시오.

해답

1. 가스용접작업 중 팁의 과열이나 막힘에 의해 팁 속에서 폭발음을 내면서 불꽃이 저압인 아세틸렌 호스 쪽으로 타 들어가는 현상이다. 즉 고압의 산소(3~4kg/cm^2)가 저압의 아세틸렌(0.1~1.3kg/cm^2) 측으로 역류(역화)하여 올 때 불꽃이 함께 들어오는 것을 말한다.

   용접작업 중 역화가 발생하면 아세틸렌 발생기 또는 용기의 폭발 위험이 있기 때문에 반드시 역화방지기 등을 설치하여 안전을 확보한 상태에서 용접을 해야 한다. 이와 같은 높은 위험성 때문에 산업안전보건기준에 관한 규칙 제289조에는 아세틸렌 발생기와 토치 사이에 안전기(역화방지장치)를 설치하도록 규정하고 있다.

2. 역화의 원인
   (1) 장시간 용접작업으로 인해 팁이 과열되었을 때
   (2) 팁으로 이물질이 침투하거나 팁의 손상으로 팁끝이 막혔을 때
   (3) 산소의 압력이 지나치게 높을 때
   용접 시 산소 3~4kg/cm^2, 아세틸렌 0.1~1.3kg/cm^2
   (4) 토치의 성능이 용접작업에 적합하지 않을 때
   (5) 압력조정기 고장으로 압력의 불균형이 발생했을 때
   (6) 용접 중 팁 끝이 용접부에 접촉(단락)하여 유체의 흐름이 방해를 받을 때

3. 역화 방지대책
   (1) 역화방지기(안전기)를 설치한다.
   (2) 팁이 과열되었을 때는 물에 식힌다.
   (3) 팁이 막혔을 때는 팁브러시로 팁 구멍을 청소한다.
   (4) 토치의 성능이 용접에 적합하지 않을 때는 용접에 알맞은 팁을 사용한다.
   (5) 작업시작 전 압력조정기의 성능을 점검한다.
   (압력조정기의 고장으로 압력의 불균형이 발생하는 것을 예방)
   (6) 위급상황 시에는 호스를 꺾어 유체의 흐름을 차단한다.(역화현상으로 호스가 뜨거워졌을 때)

19. 지게차(Fork Lift) 작업 시 발생 가능한 재해 유형을 설명하시오.

해답

□ 지게차에 의한 재해(KOSHA CODE 지게차안전작업에 관한 지침)

1. 화물의 낙하
   (1) 불안전한 화물의 적재
   (2) 부적당한 작업장치 선정
   (3) 미숙한 운전조작
   (4) 급출발, 급정지 및 급선회

2. 협착 및 충돌
   (1) 구조상 피할 수 없는 시야의 악조건(특히 대형화물)
   (2) 후륜주행에 따른 하부의 선회 반경

3. 차량의 전도
   (1) 요철 바닥면의 미정비
   (2) 취급되는 화물에 비해서 소형의 차량
   (3) 화물의 과적재
   (4) 급선회

20. 보일러의 장애 및 사고원인 중 발생증기(보일러 수)의 이상으로 나타나는 현상 3가지를 설명하시오.

해답

□ 발생증기의 이상

1. 프라이밍(Priming)

   보일러가 과부하로 사용될 경우에 수위가 올라가던가 드럼 내의 부착품에 기계적 결함이 있으면 보일러수가 극심하게 끓어서 수면에서 끊임없이 격심한 물방울이 비산하고 증기부가 물방울로 충만하여 수위가 불안정하게 되는 현상을 말한다.

2. 포밍(Foaming)

   보일러수에 불순물이 많이 포함되었을 경우 보일러수의 비등과 함께 수면부위에 거품층을 형성하여 수위가 불안정하게 되는 현상을 말한다.

3. 캐리오버(Carry Over)

   보일러 증기관쪽에 보내는 증기에 대량의 물방울이 포함되는 수가 있는데 이것을 캐리오버라 하며, 프라이밍이나 포밍이 생기면 필연적으로 캐리오버가 일어난다.

21. 산업안전보건관계법 및 안전검사 고시에서 제시한 갑종 압력용기와 을종 압력용기를 정의하고, 압력용기의 주요 구조부분의 명칭을 3가지만 설명하시오.

해답

1. "갑종 압력용기"란 사용압력이 게이지 압력으로 0.2MPa(2kgf/cm^2) 이상인 화학공정 유체취급 용기와 설계압력이 게이지압력으로 1MPa(10kgf/cm^2)를 초과하는 공기 및 질소저장탱크를 말하며, "을종 압력용기"란 그 밖의 용기를 말한다.

2. 압력용기의 "주요 구조부분"이란 동체, 경판 및 지지대(새들 및 스커트 등) 등을 말한다.

22. 기계설비의 보전(maintenance)에 대한 다음 사항에 답하시오.

1. 예방보전(preventive maintenance)과 사후보전(breakdown maintenance)을 설명하시오.

해답

(1) 예방보전(Preventive Maintenance)
설비를 항상 정상, 양호한 상태로 유지하기 위한 정기적인 검사와 초기의 단계에서 성능의 저하나 고장을 제거하던가 조정 또는 수복하기 위한 설비의 보수 활동을 의미

(2) 사후보전(Breakdown Maintenance)
고장이 발생한 이후에 시스템을 원래 상태로 되돌리는 것

2. 예방보전의 종류에는 어떠한 것들이 있는지 들고 설명하시오.

해답

(1) 시간계획보전 : 예정된 시간계획에 의한 보전
(2) 상태감시보전 : 설비의 이상상태를 미리 검출하여 설비의 상태에 따라 보전
(3) 수명보전(Age-based Maintenance) : 부품 등이 예정된 동작시간(수명)에 달하였을 때 행하는 보전

23. 압력용기에 부착된 압력조정기(Regulator)에 관하여 구체적으로 설명하고 취급상 주의사항을 쓰시오.

해답

- 압력 용기 또는 압축기에 의하여 얻어진 고압의 1차 압력을, 사용하는 압력(2차 압력)으로 조정하는 기기
- 압력조정기를 선정할 때는 1차 압력과 2차 압력 범위를 정할 필요가 있다. 2차 압력의 조절은 압력조정용 핸들을 조작하여야 한다. 압력조정기의 1차 접속은 가스의 종류에 따라서 오른쪽 나사와 왼쪽 나사가 있다. 또한, 압력조정기에 부착되어 있는 부르동관 압력계는 잔압(殘壓)이라고도 불리는 압력용기 압력이나 2차 공급 압력의 감시용으로 쓰인다.
- 그밖에도, 유체 기계의 운전 때 비정상적인 압력 상승이 일어나면 작동되어 압력 상승을 막도록 한 압력조정기도 있다. 불의의 압력 상승으로 기계 또는 그와 연관된 배관 등이 파괴되는 것을 방지하기 위해 규정된 압력 이상이 되면 작동하여 압력 상승을 차단하는 작용을 하는 장치이다.

24. 기계설비의 안전기본원칙에서 근원적인 안전화(본질안전)에 대하여 설명하시오.

● 해답

□ 기계설비의 본질적 안전

1. 본질안전조건

   근로자가 동작상 과오나 실수를 하여도 재해가 일어나지 않도록 하는 것. 기계설비에 이상이 발생되어도 안전성이 확보되어 재해나 사고가 발생하지 않도록 설계되는 기본적 개념이다.

2. 풀프루프(Fool Proof)

   (1) 정의

   작업자가 기계를 잘못 취급하여 불안전 행동이나 실수를 하여도 기계설비의 안전기능이 작용되어 재해를 방지할 수 있는 기능

   (2) 가드의 종류

   ① 인터록가드(Interlock Guard)
   ② 조절가드(Adjustable Guard)
   ③ 고정가드(Fixed Guard)

3. 페일세이프(Fail Safe)

   기계나 그 부품에 고장이나 기능불량이 생겨도 항상 안전하게 작동하는 구조와 기능을 추구하는 본질적 안전

4. 인터록장치

   기계의 각 작농부분 상호 간을 전기적, 기구적, 유공압장치 등으로 연결해서 기계의 각 작동부분이 정상으로 작동하기 위한 조건이 만족되지 않을 경우 자동적으로 그 기계를 작동할 수 없도록 하는 것

25. 목재가공용 둥근톱기계의 재해예방을 위한 방호장치를 분류하고 설명하시오.

해답

□ 목재가공용 둥근톱 기계

1. 둥근톱 기계의 방호장치

날접촉예방장치	반발예방장치	
가동식 덮개	분할날	
	겸형식 분할날	현수식 분할날
덮개의 하단이 항상 가공재 또는 테이블에 접한다. / 분할날은 대면해 있는 부분의 날		
고정식 덮개	반발방지기구	
	송급위치에 부착	

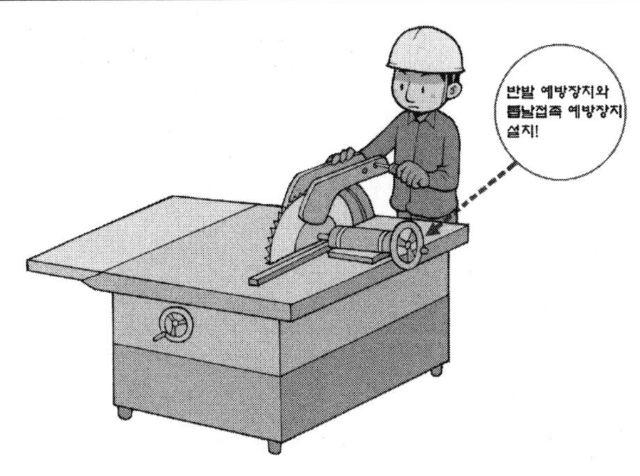

2. 톱날접촉예방장치의 구조

(1) 둥근톱기계의 톱날접촉예방장치(안전보건규칙 제106조)

목재가공용 둥근톱기계(휴대용 둥근톱을 포함하되, 원목제재용 둥근톱기계 및 자동이송장치를 부착한 둥근톱기계를 제외한다)에는 톱날접촉예방장치를 설치하여야 한다.

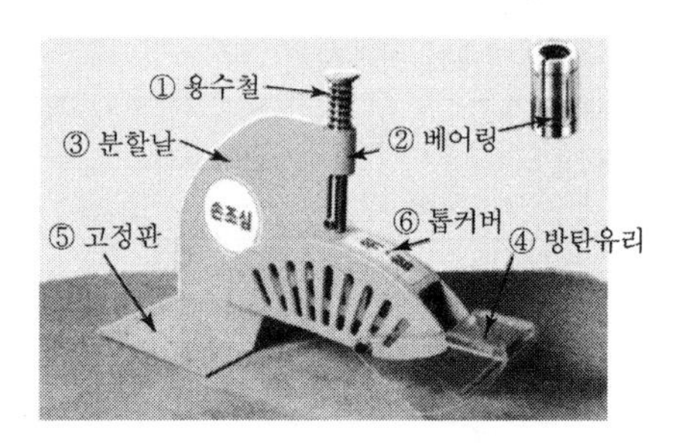

(2) 고정식 접촉예방장치

박판가공의 경우에만 사용할 수 있는 것이다.

(3) 가동식 접촉예방장치

본체덮개 또는 보조덮개가 항상 가공재에 자동적으로 접촉되어 톱니를 덮을 수 있도록 되어 있는 것이다.

3. 반발예방장치의 구조 및 기능

(1) 둥근톱기계의 반발예방장치(안전보건규칙 제105조)

목재가공용 둥근톱기계(가로절단용 둥근톱기계 및 반발에 의하여 근로자에게 위험을 미칠 우려가 없는 것은 제외한다)에 분할날 등 반발예방장치를 설치하여야 한다.

(2) 문할날(Spreader)

① 분할날의 두께

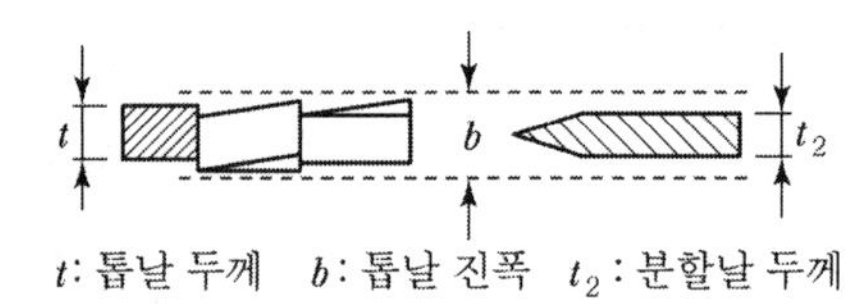

t: 톱날 두께 b: 톱날 진폭 t_2: 분할날 두께

분할날의 두께는 톱날 두께 1.1배 이상이고 톱날의 치진폭 미만으로 할 것

$$1.1t_1 \le t_2 < b$$

② 분할날의 길이

$$l = \frac{\pi D}{4} \times \frac{2}{3} = \frac{\pi D}{6}$$

③ 톱의 후면 날과 12mm 이내가 되도록 설치함

④ 재료는 탄성이 큰 탄소공구강 5종에 상당하는 재질이어야 함

⑤ 표준 테이블 위 톱의 후면날 2/3 이상을 커버해야 함
⑥ 설치부는 둥근톱니와 분할날과의 간격 조절이 가능한 구조여야 함
⑦ 둥근톱 직경이 610mm 이상일 때의 분할날은 양단 고정식의 현수식이어야 함

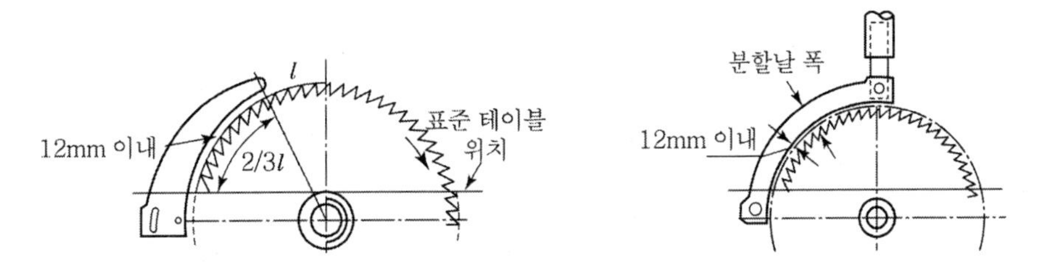

(a) 겹형식 분할날 (b) 현수식 분할날

[둥근톱 분할날의 종류]

(3) 반발방지기구(Finger)

① 가공재가 톱날 후면에서 조금 들뜨고 역행하려고 할 때에 가공재면 사이에서 쐐기작용을 하여 반발을 방지하기 위한 기구를 반발방지기구(Finger)라고 한다.
② 작동할 때의 충격하중을 고려해서 일단 구조용 압연강재 2종 이상을 사용
③ 기구의 형상은 가공재가 반발할 경우에 먹혀 들어가기 쉽도록 함
④ 일명 '반발방지 발톱'이라고 부르기도 한다.

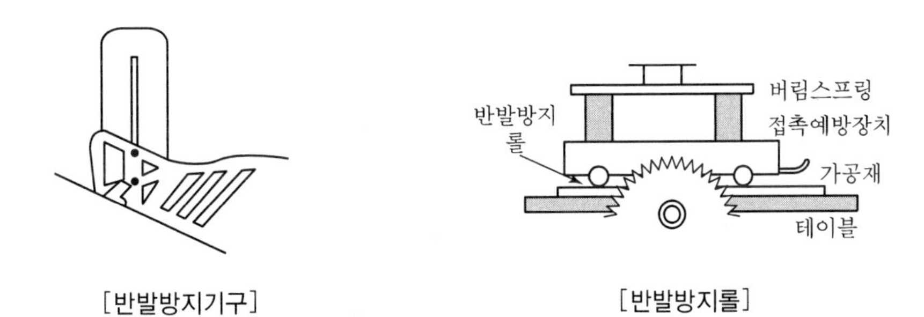

[반발방지기구] [반발방지롤]

(4) 반발방지롤(Roll)

① 가공재가 톱 후면에서 들뜨는 것을 방지하기 위한 장치를 말함
② 가공재의 위쪽 면을 언제나 일정하게 누르고 있어야 함
③ 가공재의 두께에 따라 자동적으로 그 높이를 조절할 수 있어야 함
④ 가공재를 충분히 누르는 강도를 갖추어야 함

4. 둥근톱기계의 안전작업수칙

(1) 장갑을 끼고 작업하지 않는다.
(2) 작업 전에 공회전시켜서 이상 유무를 점검한다.
(3) 두께가 얇은 재료의 절단에는 압목 등의 적당한 도구를 사용한다.
(4) 톱날이 재료보다 너무 높게 솟아나지 않게 한다.
(5) 작업자는 작업 중에 톱날 회전방향의 정면에 서지 않을 것

26. 보일러에서 압력방출장치와 압력제한장치를 설명하시오.

◉ 해답

1. 보일러 안전장치의 종류

보일러의 폭발 사고를 예방하기 위하여 압력방출장치 · 압력제한스위치 · 고저수위조절장치 · 화염검출기 등의 기능이 정상적으로 작동될 수 있도록 유지 · 관리하여야 한다.(안전보건규칙 제119조)

(1) 고저수위 조절장치(안전보건규칙 제118조)

사업주는 고저수위조절장치의 동작상태를 작업자가 쉽게 감시하도록 하기 위하여 고저수위지점을 알리는 경보등 · 경보음장치 등을 설치하여야 하며, 자동으로 급수되거나 단수되도록 설치하여야 한다.

(2) 압력방출장치(안전밸브)(안전보건규칙 제116조)

사업주는 보일러의 안전한 가동을 위하여 보일러 규격에 적합한 압력방출장치를 1개 또는 2개 이상 설치하고 최고사용압력(설계압력 또는 최고허용압력을 말한다. 이하 같다) 이하에서 작동되도록 하여야 한다. 다만, 압력방출장치가 2개 이상 설치된 경우에는 최고사용압력 이하에서 1개가 작동되고, 다른 압력방출장치는 최고사용압력 1.05배 이하에서 작동되도록 부착하여야 한다.

(3) 압력제한스위치(안전보건규칙 제117조)

사업주는 보일러의 과열을 방지하기 위하여 최고사용압력과 상용압력 사이에서 보일러의 버너연소를 차단할 수 있도록 압력제한스위치를 부착하여 사용하여야 한다.

압력제한 스위치는 상용운전압력 이상으로 압력이 상승할 경우 보일러의 파열을 방지하기 위하여 버너의 연소를 차단하여 열원을 제거함으로써 정상압력으로 유도하는 장치이다.

27. 보호구, 방호장치 또는 위험기계 등 작업자의 안전에 중요한 산업용 제품의 근원적 안전성 확보를 위한 제도를 제조단계와 사용단계로 나누어 설명하시오.

해답

1. 설계 · 제작단계의 안전조건

(1) 근원적 안전성을 확보한다.
Fool Proof, Fail Safe 기능을 가진 안전장치를 내장한다.

(2) 구조적 안전성을 확보한다.
① 충분한 강도를 갖도록 설계한다.
정하중, 반복하중, 충격하중 등 사용하는 하중의 종류에 따라 충분한 강도를 가져 파괴되지 않아야 한다.
② 사용환경에 적합한 재료를 선정한다.
온도, 압력, 부식, 진동, 충격 등 물리적, 화학적 요인에 충분히 견딜 수 있는 재료를 선정한다.

(3) 적정한 안전율 적용
사용재료에 대한 신뢰도, 하중의 종류, 하중(응력) 계산의 정확도, 단차, 구멍 등 불연속 부분의 존재, 사용조건(환경)의 영향, 가공방법 및 가공정밀도의 양부 등을 고려하여 안전율을 적용한다.

(4) 제작에 대한 신뢰성
가공불량, 열처리 불량, 용접 후 잔류응력 등을 제거한다.

2. 설치단계의 안전조건(기계설비 설치시 고려해야 할 사항)
(1) 기계설비의 배치가 작업의 흐름이나, 근로자의 동선에 부합하도록 한다.
(2) 기계설비 수변에 원부재료 능을 적재할 수 있도록 공간을 확보한다.
작업자가 안전하게 이동할 수 있도록 작업통로를 확보한다.
(3) 기계설비에 방호장치를 부착한다.
외부로 돌출된 키 · 핀 등은 묻힘형으로 하고, 기어 · 벨트 · 체인 · 플라이휠 등 동력전달장치의 회전부에는 안전덮개를 설치한다.
(4) 외부로 노출된 전기장치의 충전부를 방호하여 감전재해를 예방한다.
(5) 기계설비는 공장 내 다른 시설물과 조화를 이루는 색채를 선정한다. 또한 금지, 경고, 지시, 안내 등 근로자의 주의를 환기시킬 수 있는 안전보건표지를 부착한다.
(6) 작업에 따른 적절한 조명을 선정한다.

3. 시운전단계의 안전조건
(1) 기기별 단독운전에 따르는 안전조치를 한다.
(2) Group별 운전에 따르는 안전조치를 한다.
(3) 무부하 Test에 따르는 안전조치를 한다.
(4) 부하 Test에 따르는 안전조치를 한다.

(5) 작업표준 및 기준을 제정한다.
(6) 적절한 보호구를 착용토록 한다.
(7) 기계운전에 필요한 관련 교육을 충분히 실시한다.
(8) 비상조치훈련을 실시한다.

4. 사용단계의 안전조건 (작업 중의 안전조건)
(1) 협착점
(2) 끼임점
(3) 절단점
(4) 물림점(접선물림점)
(5) 회전말림점
(6) 진동, 소음
(7) 가공중인 부품, 소재의 비산
(8) 가공칩이나 절삭유의 비산 등에 기인한 재해를 예방하기 위하여 위험부분에 대해서는 안전장치를 설치하고, 또한 위급상황 등 비상시를 대비한 급정지장치 등 브레이크를 구비한다. 그리고 조작장치 등은 인간공학적으로 설계하여 작업체계에 적합하도록 한다.

5. 결론
최근 산업구조의 급속한 변화에 따라 복잡하고 고도화된 기계설비의 도입이 증가추세에 있으며, 이에 따라 새로운 재해형태가 예상되고 있다. 따라서 기계설비에 의한 재해를 예방하기 위해서는 설계・제작단계에서 풀프루프, 페일세이프 등 근원적 안전성을 확보해야 하고, 설치단계에는 작업의 흐름이나 주변설비에 대한 고려가 필요하며, 시운전단계에는 설비의 작동상태에 따른 위험요인을 완벽하게 제거해야 한다. 또한 사용단계(운전단계)에서의 안전도 확보해야 한다.

28. 공기압축기에서 공기탱크의 과압(Overpressure)시 안전하게 조치할 수 있는 방안을 설명하시오.

해답

1. 공기압축기 방호장치
   공기압축기에는 기계의 고장 등으로 인해 최고사용압력 이상으로 압력이 상승할 경우 대기 중으로 압력을 방출하거나 압축기의 작동을 멈추게 하여 사고를 예방할 수 있도록 안전밸브, 언로드밸브 등과 같은 방호장치를 설치해야 한다.

2. 안전밸브(safety Valve, 압력방출장치)
   공기탱크의 내부 압력을 감지하여 설정압력 이상이 되었을 때 공기탱크의 파손이나 전동기의 과부하방지 등을 위해 안전밸브를 1개 이상 설치하여야 한다.
   이때 안전밸브의 설정압력은 공기탱크 최고사용압력 이하이어야 하며, 다단 압축기는 각 단마다 안전밸브를 설치해야 한다.

3. 언로더밸브(또는 압력제한스위치)
   공기탱크 내의 압력이 설정된 압력 이상으로 상승하면 자동으로 언로더 파일럿 밸브가 작동하여 무부하 운전을 하게 됨으로써 탱크 내부의 압력상승을 막는다. 이후 탱크 내부의 압력이 설정압력 이하가 되면 다시 부하운전으로 전환되어 공기를 압축한다.

   언로더 파일럿 밸브는 안전장치로서 설치되었지만 압축기가 무부하 운전으로 전환되면 축동력이 감소하고, 대기 중의 공기가 실린더 내에 출입하면서 실린더를 냉각시키는 장점이 있기 때문에 일석이조의 효과가 있다.(안전설비가 경제적인 이득까지도 주는 좋은 예이다.)

29. 공기압축기 설치장소 선정시 고려사항을 3가지 이상 쓰시오.

해답

□ 공기압축기 설치장소 선정시 고려할 사항(3가지 이상)
1. 압축기의 급유, 점검, 조정, 수리, 검사 등이 용이한 장소에 설치
2. 옥외 설치시 직사광선을 받지 않아야 하고, 옥내 설치시에는 통풍이 양호한 장소로 실내온도가 40℃ 이상 되지 않는 것에 설치
3. 건축물 벽체와 최소 30cm 이상 이격된 장소에 설치
4. 다른 기계설비와는 최소 1.5m 이상 이격된 장소에 설치
5. 방음실, 방음벽 등 방음대책이 강구되어 있는 장소에 설치

30. 기계설비의 안전화 방안을 외형적, 기능적 관점에서 서술하시오.

해답

1. 외형의 안전화

(1) 묻힘형이나 덮개의 설치(안전보건규칙 제87조)

① 사업주는 기계의 원동기 · 회전축 · 기어 · 풀리 · 플라이휠 · 벨트 및 체인 등 근로자가 위험에 처할 우려가 있는 부위에 덮개 · 울 · 슬리브 및 건널다리 등을 설치하여야 한다.

② 사업주는 회전축 · 기어 · 풀리 및 플라이휠 등에 부속하는 키 · 핀 등의 기계요소는 묻힘형으로 하거나 해당 부위에 덮개를 설치하여야 한다.

③ 사업주는 벨트의 이음부분에 돌출된 고정구를 사용하여서는 아니된다.

④ 사업주는 제1항의 건널다리에는 안전난간 및 미끄러지지 아니하는 구조의 발판을 설치하여야 한다.

(2) 별실 또는 구획된 장소에의 격리

원동기 및 동력전달장치(벨트, 기어, 샤프트, 체인 등)

(3) 안전색채를 사용

기계설비의 위험 요소를 쉽게 인지할 수 있도록 주의를 요하는 안전색채를 사용

① 시동단추식 스위치 : 녹색

② 정지단추식 스위치 : 적색

③ 가스배관 : 황색

④ 물배관 : 청색

2. 기능상의 안전화

최근 기계는 반자동 또는 자동 제어장치를 갖추고 있어서 에너지 변동에 따라 오동작이 발생하여 주요 문제로 대두되므로 이에 따른 기능의 안전화가 요구되고 있다.

예) 전압 강하시 기계의 자동정지, 안전장치의 일정방식

3. 구조부분의 안전화(강도적 안전화)

(1) 재료의 결함

① 재료(조직)의 결함으로 인하여 예상강도를 얻지 못한다.

② 재료 내부의 미소 크랙으로 인한 피로파괴
③ 가공조건이나 사용환경에 부적합한 재료의 사용

(2) 설계시의 잘못
설계 잘못의 주된 원인으로서 부하예측과 강도계산의 오류를 생각할 수 있으며 이들을 고려하여 적절한 안전계수를 도입하여야 한다.

(3) 가공의 잘못
최근에 고급강을 재료로 사용하는 경우는 필요한 기계적 특성을 얻기 위하여 적절한 열처리를 필요로 한다. 이때 열처리의 결함이 재해의 원인이 되기도 한다. 또 용접부위 크랙의 혼입과 같은 용접가공 불량이나 용접 후의 열처리 잘못으로 인한 잔류응력이 취성파괴를 일으키며 기계가공상의 잘못으로 인한 응력집중은 피로파괴의 원인이 된다.

31. 보일러(Boiler)의 이상현상 및 사고원인에 대하여 설명하시오.

해답

1. 보일러의 사고형태 및 원리

(1) 사고형태
수위의 이상(저수위일 때)

(2) 발생증기의 이상
① 프라이밍(Priming) : 보일러가 과부하로 사용될 경우에 수위가 올라가던가 드럼 내의 부착품에 기계적 결함이 있으면 보일러수가 극심하게 끓어서 수면에서 끊임없이 격심한 물방울이 비산하고 증기부가 물방울로 충만하여 수위가 불안정하게 되는 현상을 말한다.
② 포밍(Foaming) : 보일러수에 불순물이 많이 포함되었을 경우 보일러수의 비등과 함께 수면부위에 거품층을 형성하여 수위가 불안정하게 되는 현상을 말한다.
③ 캐리오버(Carry Over) : 보일러 증기관쪽에 보내는 증기에 대량의 물방울이 포함되는 수가 있는데 이것을 캐리오버라 하며, 프라이밍이나 포밍이 생기면 필연적으로 캐리오버가 일어난다.

(3) 수격작용, 워터해머(Water Hammer)
물을 보내는 관로에서 유속의 급격한 변화에 의해 관내 압력이 상승하거나 하강하여 압력파가 발생하는 것을 수격현상이라고 한다. 관내의 유동, 밸브의 개폐, 압력파 등과 관련이 있다.

(4) 이상연소
이상연소현상으로는 불완전연소, 이상소화, 2차 연소, 역화 등이 있다.

(5) 저수위의 원인
① 분출밸브 등의 누수
② 급수관의 이물질 축적

③ 급수장치 및 수면계의 고장

2. 사고원인

(1) 보일러 압력상승의 원인
① 압력계의 눈금을 잘못 읽거나 감시가 소홀했을 때
② 압력계의 고장으로 압력계의 기능이 불완전할 때
③ 안전밸브의 기능이 정확하지 않을 때

(2) 보일러 부식의 원인
① 급수처리를 하지 않은 물을 사용할 때
② 불순물을 사용하여 수관이 부식되었을 때
③ 급수에 해로운 불순물이 혼입되었을 때

(3) 보일러 과열의 원인
① 수관과 본체의 청소 불량
② 관수 부족시 보일러의 가동
③ 수면계의 고장으로 드럼 내의 물 감소

(4) 보일러 파열
보일러의 파열에는 압력이 규정압력 이상으로 상승하여 파열하는 경우와 최고사용 압력 이하이더라도 파열하는 경우가 있다.

32. 프레스에 양수조작식 방호장치를 설치하고자 한다. 이때 안전거리(다이의 위험한계에서 누름버튼까지의 거리)는 얼마로 하여야 하는가? 단, 스위치조작 후 급정지장치가 작동개시까지 시간은 50(ms), 급정지장치가 작동을 개시한 때부터 슬라이드가 정지할 때까지의 시간은 100(ms)이다.

해답

1. 양수조작식 방호장치 정의
기계의 조작을 양손으로 동시에 하지 않으면 기계가 가동하지 않으며 한 손이라도 조작스위치에서 떨어지면 기계가 급정지 또는 급상승하게 하는 장치를 말한다.

[양수조작식 방호장치가 설치된 프레스]

2. 안전거리

$$D = 1{,}600 \times (T_c + T_s)(\text{mm})$$

여기서, T_c : 방호장치의 작동시간[즉 누름버튼으로부터 한 손이 떨어질 때부터 급정지기구가 작동을 개시할 때까지의 시간(초)]

T_s : 프레스의 급정지시간[즉 급정지 기구가 작동을 개시할 때부터 슬라이드가 정지할 때까지의 시간(초)]

3. 계산식

$$D = 1{,}600 \times (T_c + T_s)(\text{mm}) = 1{,}600 \times (50 + 100) \times 10^{-3} = 240\text{mm}$$

33. 둥근톱 날접촉 예방장치의 완제품 표면에 표시되어야 할 4가지 사항에 대해 기술하시오.

해답

방호장치 자율안전확인 고시 제17조(자율안전확인 제품표시의 붙임) 자율안전확인 제품에는 규칙 제62조에 따른 표시 외에 다음 각 목의 사항을 표시한다.

가. 형식 또는 모델명
나. 규격 또는 등급 등
다. 제조자명
라. 제조번호 및 제조연월
마. 자율안전확인 번호

34. 프레스의 양수조작식 방호장치는 양 버튼의 누름시간 차이가 몇 초(sec) 이내에서 작동해야 하는가? 또한 교류아크(Arc)용접기의 자동전격방지기는 몇 초(sec) 이내에 220V가 안전전압인 25V로 떨어져야 하는가?

해답

1. 누름버튼을 양손으로 동시에 조작하지 않으면 작동시킬 수 없는 구조이어야 하며, 양쪽버튼의 작동시간 차이는 최대 0.5초 이내일 때 프레스가 동작되도록 해야 한다.
2. 1초

35. 지게차(Fork Lift)의 마스트(Mast)에 대한 사항이다. 전경각과 후경각의 최대허용각도는 얼마인가? 또한 최대 올림 높이는 일반적으로 몇 m로 하는가? 그리고 지게차가 화물을 적재하고 이동 시 포크(Fork)는 지면(地面)에서 얼마정도 떨어져야 안전한가?

해답

안정도	지게차의 상태	
	옆에서 본 경우	위에서 본 경우
하역작업 시의 전후 안정도 : 4% (5톤 이상은 3.5%)	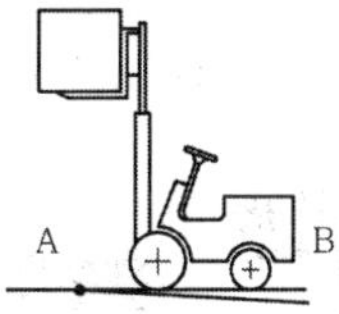 A B	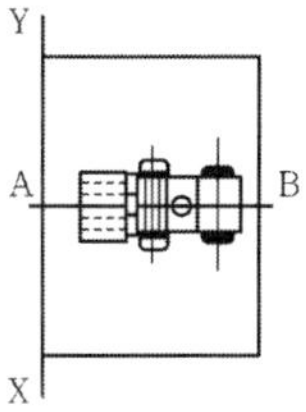 Y A B X
주행 시의 전후 안정도 : 18%	 A B	
하역작업 시의 좌우 안정도 : 6%	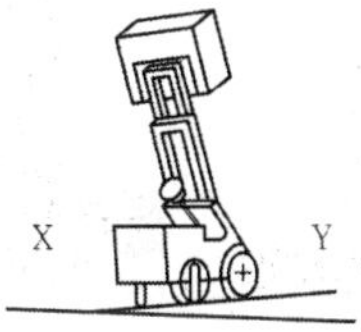 X Y	
주행 시의 좌우 안정도 : (15+1.1V)% V는 최고 속도(km/h)	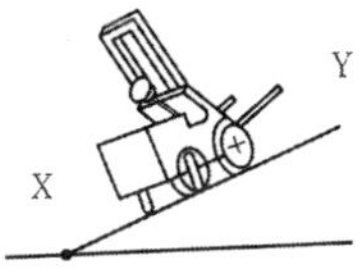 Y X	
안정도 $= \frac{h}{l} \times 100(\%)$ 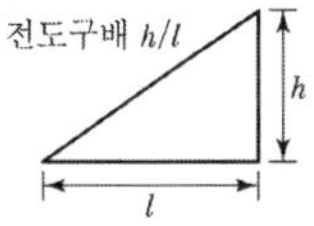 전도구배 h/l, h, l		

- 바닥으로부터 포크의 이격거리가 10~30cm를 유지하도록 마스트와 백레스트에 페인트 또는 색상테이프 등을 부착한다.
- 전경각 : 5~6°, 후경각 : 10~12°
- 최대올림높이 : 3m

(참고 : 건설기계 안전기준에 관한 규칙)

36. **(1) 광전자식 안전프레스의 안전거리, (2) 급정지무효 안전거리의 정의 및 (3) 급정지 무효 안전거리 계산방식에 대해 각각 기술하시오.**

해답

1. 광전자식(감응식) 방호장치

(1) 정의

광선 검출트립기구를 이용한 방호장치로서 신체의 일부가 광선을 차단하면 기계를 급정지 또는 급상승시켜 안전을 확보하는 장치를 말한다.

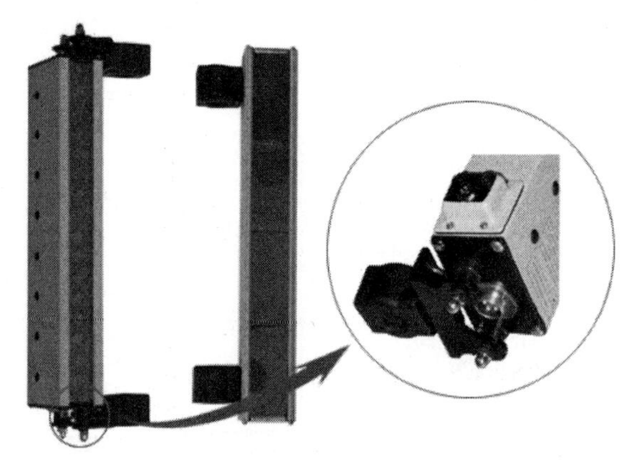

[광전자식 안전장치]

(2) 광선식 방호장치의 종류

① 광원에 의한 분류

백열선구형과 발광 다이오드형이 있다.

② 수광방법에 의한 분류

반사형과 투과형이 있다.

(3) 방호장치의 설치방법

$$D = 1{,}600(T_c + T_s)$$

여기서, D : 안전거리(mm)

T_c : 방호장치의 작동시간[즉 손이 광선을 차단했을 때부터 급정지기구가 작동을 개시할 때까지의 시간(초)]

T_s : 프레스의 최대정지시간[즉 급정지 기구가 작동을 개시할 때부터 슬라이드가 정지할 때까지의 시간(초)]

2. 급정지무효 안전거리(위험기계기구 방호장치 성능검정)

(1) 안전일 행정에 있어서의 급정지 무효

보통 급정지 무효점이 하사점 전에 있기 때문에 비록 하사점 전에 누름 버튼에서 손을 떼었어도 슬라이드는 정지하지 않고 상사점까지 운동을 계속한다.

단, 급정지 무효점의 설정에 있어서는 안전거리를 유지하도록 특히 주의하여야 한다.

(2) 급정지 무효 안전거리

$$D = \frac{800\theta}{3N}$$

여기서, θ : 급정지 무효개시점과 하사점과의 이루는 각도

N : 매분 행정수(spm)

D : 급정지 무효 안전거리(단위 mm)

37. 지게차 운전 시 운전자에게 주지시켜야 할 금지사항에 대해 5항목을 기술하시오.

해답

□ 지게차(포크리프트) 운전 중의 주의사항

1. 정해진 하중이나 높이를 초과하는 적재를 하지 않는다.
2. 운전자 이외의 사람은 탑승하지 말아야 한다.
3. 급격한 후진은 피한다.
4. 견인시는 반드시 견인봉을 사용한다.
5. 지게차를 운전하는 근로자는 좌석안전띠(안전벨트)를 착용하여야 한다.

38. 컨베이어의 안전을 위한 조치사항을 간략히 쓰시오.

해답

1. 컨베이어의 안전조치 사항
   (1) 인력으로 적하하는 컨베이어에는 하중 제한 표시를 할 것
   (2) 기어·체인 또는 이동 부위에는 덮개를 설치할 것
   (3) 지면으로부터 2m 이상 높이에 설치된 컨베이어에는 승강 계단을 설치할 것
   (4) 컨베이어는 마지막 쪽의 컨베이어부터 시동하고, 처음 쪽의 컨베이어부터 정지한다.

2. 컨베이어 안전장치의 종류

(1) 비상정지장치(안전보건규칙 제192조)
컨베이어 등에 해당 근로자의 신체의 일부가 말려드는 등 근로자가 위험해질 우려가 있는 경우 및 비상시에는 즉시 컨베이어 등의 운전을 정지시킬 수 있는 장치를 설치하여야 한다.

(2) 덮개 또는 울(안전보건규칙 제193조)
컨베이어 등으로부터 화물의 낙하로 근로자가 위험에 처할 우려가 있는 경우에 해당 컨베이어 등에 덮개 또는 울을 설치하는 등 낙하방지를 위한 조치를 하여야 한다.

(3) 건널다리(안전보건규칙 제195조)
운전 중인 컨베이어 등의 위로 근로자를 넘어가도록 하는 경우에는 위험을 방지하기 위하여 건널다리를 설치하는 등 필요한 조치를 하여야 한다.

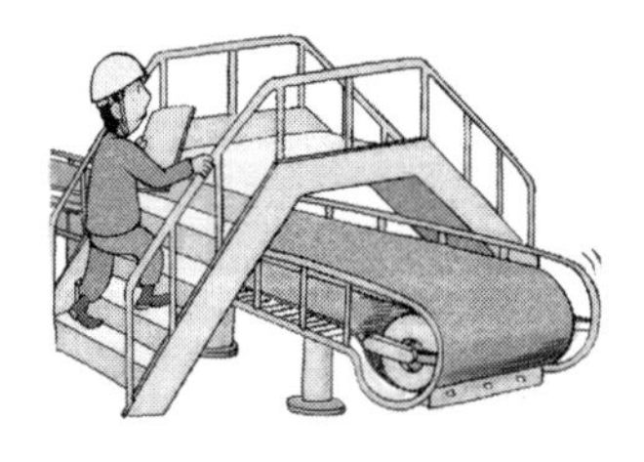

(4) 역전방지장치(안전보건규칙 제191조)
컨베이어·이송용 롤러 등을 사용하는 경우에는 정전·전압강하 등에 따른 화물 또는 운반구의 이탈 및 역주행을 방지하는 장치를 갖추어야 한다. 역전방지장치 형식으로는 롤러식, 라쳇식, 전기브레이크가 있다.

39. 다음 그림에서 A점이 정적평형(정지상태) 유지하려면 힘 F는 몇 kgf인가?

● 해답

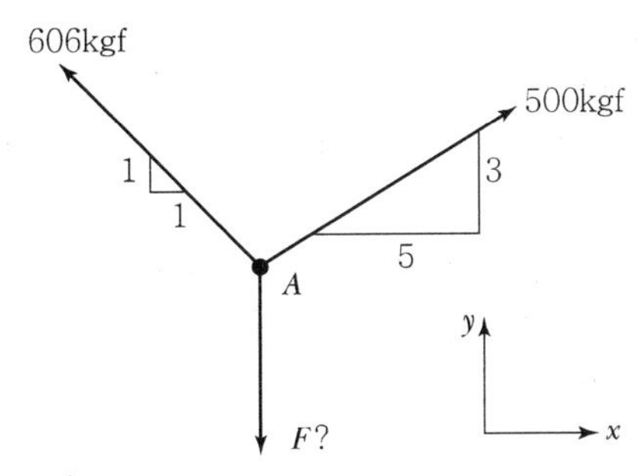

$$F = \frac{1}{\sqrt{2}} \times 606 + \frac{3}{\sqrt{34}} \times 500 = 685.7\text{kg}$$

40. 기계설비의 위험점 중 접선물림점을 갖는 설비의 예를 3가지 이상 열거하시오.

● 해답

□ 접선물림점(Tangential Nip Point)

회전하는 부분이 접선방향으로 물려 들어갈 위험이 만들어지는 위험점(회전운동+접선부)

V-풀리(pulley)와 V-벨트(belt), 체인과 스프라켓 기어, Roller와 평벨트

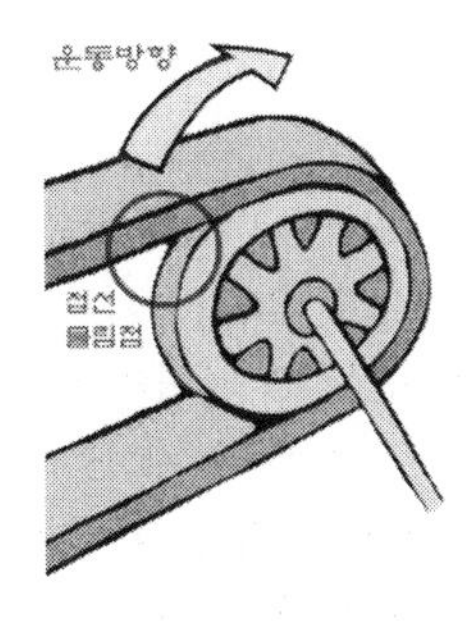

41. 아크 용접 시 사용되는 자동전격방지장치의 개념을 간략히 설명하시오.

해답

1. 교류아크 용접작업의 안전
   교류아크 용접작업 중에 발생하는 감전사고는 주로 출력측 회로에서 발생하고 있으며, 특히 무부하일 때 그 위험도는 더욱 증가하나, 안정된 아크를 발생시키기 위해서는 어느 정도 이상의 무부하전압이 필요하다. 아크를 발생시키지 않는 상태의 출력측 전압을 무부하전압이라고 하고, 이 무부하전압이 높을 경우 아크가 안정되고 용접작업이 용이하지만 무부하 전압이 높아지게 되면 전격에 대한 위험성이 증가하므로 이러한 재해를 방지하기 위해 교류 아크 용접기에 자동전격방지장치(이하 전격방지장치)를 설치하여 전격의 위험을 방지하고 있다.

2. 자동전격방지장치(Voltage reducing device)

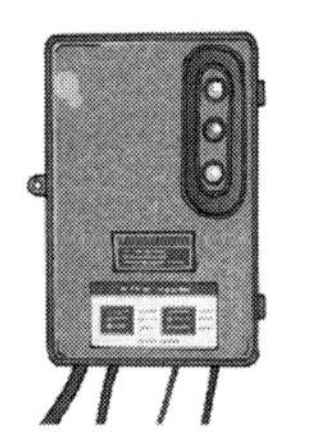
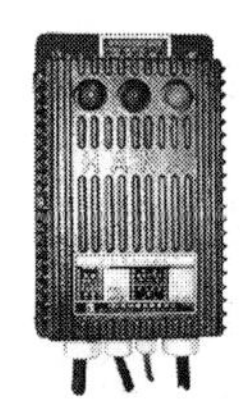

[전격방지장치]

(1) 전격방지장치의 기능
전격방지장치라 불리는 교류아크 용접기의 안전장치는 용접기의 1차 측 또는 2차 측에 부착시켜 용접기의 주회로를 제어하는 기능을 보유함으로써 용접봉의 조작, 모재에의 접촉 또는 분리에 따라, 원칙적으로 용접을 할 때에만 용접기의 주회로를 폐로(ON)시키고, 용접을 행하지 않을 때에는 용접기 주회를 개로(OFF)시켜 용접기 2차(출력)측의 무부하전압(보통 60~95[V])을 안전전압(25~30[V] 이하 : 산안법 25[V] 이하)으로 저하시켜 용접기 무부하시(용접을 행하지 않을 시)에 작업자가 용접봉과 모재 사이에 접촉함으로써 발생하는 감전의 위험을 방지(용접작업중단 직후부터 다음 아크 발생시까지 유지)하고, 아울러 용접기 무부하시 전력손실을 격감시키는 2가지 기능을 보유한 것이다.(용접선의 수명증가와는 무관함)

(2) 전격방지장치의 구성 및 동작원리

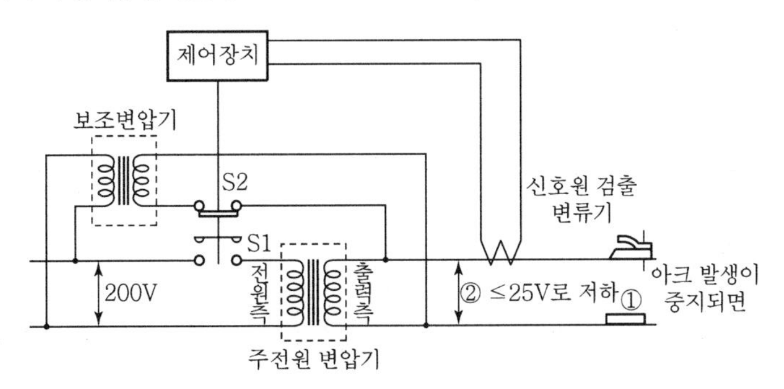

[전격방지장치의 회로도]

① 용접상태와 용접휴지상태를 감지하는 감지부

② 감지신호를 제어부로 보내기 위한 신호증폭부

③ 증폭된 신호를 받아서 주제어장치를 개폐하도록 제어하는 제어부 및 주제어장치의 크게 4가지 부분으로 구성

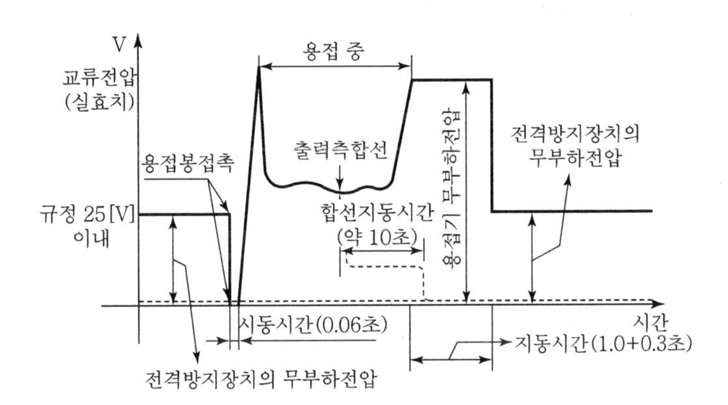

[전격방지장치의 동작특성]

42. 기계기구, 장치에 적용하는 안전설계기법 중 Fool Proof와 Fail Safe에 대해 정의, 주요 기구를 예를 들어 설명하시오.

해답

1. Fool Proof

(1) 정의

기계장치 설계단계에서 안전화를 도모하는 것으로 근로자가 기계 등의 취급을 잘못해도 사고로 연결되는 일이 없도록 하는 안전기구 즉, 인간과오(Human Error)를 방지하기 위한 것

(2) Fool Proof의 예

① 가드 ② 록(Lock, 시건) 장치 ③ 오버런 기구

2. 페일세이프(Fail Safe)

기계나 그 부품에 고장이나 기능불량이 생겨도 항상 안전하게 작동하는 구조와 기능을 추구하는 본질적 안전

(1) Fail-Safe의 기능면에서의 분류

① Fail-Passive : 부품이 고장났을 경우 통상 기계는 정지하는 방향으로 이동(일반적인 산업기계)
② Fail-Active : 부품이 고장났을 경우 기계는 경보를 울리는 가운데 짧은 시간 동안 운전가능
③ Fail-Operational : 부품의 고장이 있더라도 기계는 추후 보수가 이루어질 때까지 안전한 기능 유지

(2) 기능적 Fail-Safe

철도신호의 경우 고장 발생 시 청색신호가 적색신호로 변경되어 열차가 정지할 수 있도록 해야 하며 신호가 바뀌지 못하고 청색으로 있다면 사고 발생의 원인이 될 수 있으므로 철도신호 고장시에 반드시 적색신호로 바뀌도록 해주는 제도

43. 지게차(Fork Lift) 관련 재해예방을 위한 안전관리 요소를 5가지 이상 들고 설명하시오.

해답

1. 작업계획서의 작성
   (1) 사업주는 사업장에서 지게차를 이용하여 하역 및 운반작업을 할 때에는 지게차별로 운행경로 및 작업방법이 포함된 작업계획서를 작성하고 그 작업계획에 따라 작업을 실시하여야 한다.
   (2) 사업주는 작업계획내용을 근로자에게 교육하여야 한다.
   (3) 작업계획서 작성시기는 다음과 같다.
      ① 일상작업은 최초 작업개시 전
      ② 작업장내 구조, 설비 및 작업방법이 변경되었을 때
      ③ 작업장소 또는 화물의 상태가 변경되었을 때
      ④ 지게차 운전자가 변경되었을 때

2. 작업지휘자의 지정
   사업주는 지게차를 사용하여 작업을 하는 때에는 당해 작업의 지휘자를 지정하여 작업계획에 따라 지휘하도록 하여야 한다.

3. 신호
   사업주는 유도자를 배치할 경우에는 일정한 신호방법을 정하여 신호하도록 하여야 하며, 지게차 운전자는 그 신호에 따라야 한다.

4. 출입의 금지
   지게차의 포크에 의하여 지지되어 있는 화물의 밑에 근로자를 출입시켜서는 안 된다. 다만, 위험이 없도록 안전지주 또는 안전블록 등을 사용한 경우에는 그러하지 아니하다.

5. 운전위치 이탈시의 조치
   (1) 포크 및 버킷 등의 하역장치를 가장 낮은 위치에 둔다.
   (2) 운동기를 정지시키고 브레이크를 확실히 거는 등 갑작스러운 주행을 방지하기 위한 조치를 한다.

6. 지게차의 이송
   지게차를 화물자동차에 싣거나 내리는 작업에 있어서 발판·성토 등을 사용하는 때에는 당해 차량의 전도 또는 전락 위험이 없도록 다음 사항을 준수하여야 한다.
   (1) 싣거나 내리는 작업을 평탄하고 견고한 장소에서 한다.
   (2) 발판을 사용하는 때에 충분한 길이·폭 및 강도를 가진 것을 사용하고 적당한 경사를 유지하기 위하여 견고하게 설치한다.
   (3) 가설대 등을 사용하는 때에는 충분한 폭 및 강도와 적당한 경사를 확보한다.

7. 승차석 외의 탑승제한

지게차를 사용하여 작업을 하는 때에는 승차석 외에 위치에 근로자가 탑승하여서는 아니되며, 부득이 하게 탑승할 경우에는 추락 등에 의한 위험이 없도록 조치하여야 한다.

8. 수리 등의 작업 시 조치

지게차의 수리 또는 부속장치의 장착 및 해체작업을 하는 때에는 당해 작업의 지휘자를 지정하여 다음 사항을 준수하도록 하여야 한다.

(1) 작업순서를 결정하고 작업을 지휘한다.
(2) 낙하방지를 위한 안전지주 또는 안전블록 등의 사용상황 등을 점검한다.

9. 싣거나 내리는 작업

단위화물의 무게가 100kgf 이상인 화물을 싣는 작업(로프걸이작업 및 덮개를 벗기는 작업을 포함한다. 이하 같다)을 하는 때에는 당해 작업의 지휘자를 지정하여 다음 사항을 준수하도록 하여야 한다.

(1) 작업순서 및 그 순서마다의 작업방법을 정하고 작업을 지휘할 것
(2) 기구 및 공구를 점검하고 불량품을 제거할 것
(3) 당해 작업을 행하는 장소에는 관계자외의 출입을 금지시킬 것
(4) 로프를 풀거나 덮개를 벗기는 작업을 행하는 때에는 적재함의 화물이 낙하할 위험이 없음을 확인한 후에 당해 작업을 하도록 할 것.

10. 사용의 제한

지게차의 허용하중(지게차의 구조 및 재료와 포크 등에 적재한 화물의 중심위치에 따라 부하시킬 수 있는 최대하중을 말한다) 및 운행상황을 고려하여 능력을 초과하여 사용해서는 안 된다.

44. 두 개의 Wire(혹은 환봉)로 지탱되는 하중이 25ton이다(자중무시). Wire의 한강도(인장강도)를 16kgf/mm²이라 할 때, 안전계수를 5로 고려한다면 다음 그림에 필요한 Wire의 최소직경은 몇 mm인가?

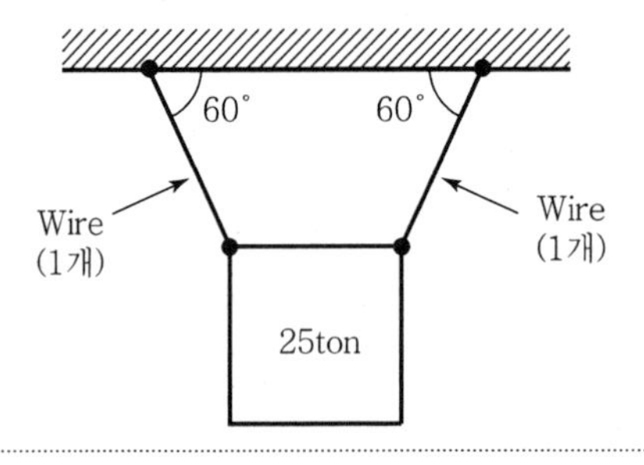

● 해답

$2\times\cos 30°\times F=25$, $F=14.433\text{ton}=14,433\text{kgf}$, $16\times\dfrac{\pi d^2}{4}=14,433\times 5$, $d=75.7\text{mm}$

45. 목재 가공용 기계 중 둥근톱 기계는 통상 주속도 2,000(mm/min) 전후에서 사용된다. 재해는 가공재의 송급니 비탈니(후면날)에서 반발된 가공재가 작업자를 가격하여 재해가 발생된다. 반발을 일으키는 원인은 가공재가 톱의 비탈니를 통과할 때 회전하는 톱니에 걸려서 발생된다. 이러한 원인을 제거하기 위한 목적으로 적용한 방호장치를 (가)라 한다. 두께는 사용하는 톱니의 (나)배 이상으로 되어 있다. 부착위치는 (다)를 덮어야 한다. 톱니와의 간격은 (라)(mm) 이내가 되어야 한다. (가)~(라)에 적합한 내용을 기입하시오.

해답

(가) 분할날, (나) 1.1 (다) 후면날 2/3 이상 (라) 12

□ 분할날(Spreader)

① 분할날의 두께

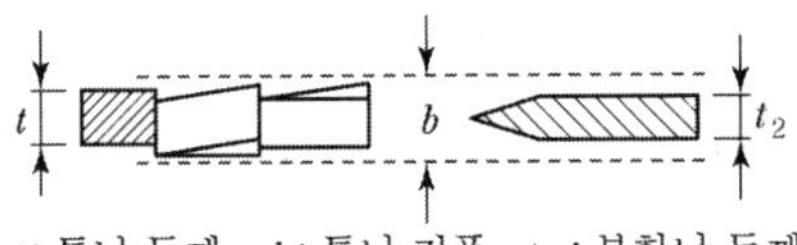

t: 톱날 두께 b: 톱날 진폭 t_2: 분할날 두께

분할날의 두께는 톱날 두께 1.1배 이상이고 톱날의 치진폭 미만으로 할 것

$1.1t_1 \leq t_2 < b$

② 분할날의 길이

$$l = \frac{\pi D}{4} \times \frac{2}{3} = \frac{\pi D}{6}$$

③ 톱의 후면 날과 12mm 이내가 되도록 설치함

④ 재료는 탄성이 큰 탄소공구강 5종에 상당하는 재질이어야 함

⑤ 표준 테이블 위 톱의 후면날 2/3 이상을 커버해야 함

⑥ 설치부는 둥근톱니와 분할날과의 간격 조절이 가능한 구조여야 함

⑦ 둥근톱 직경이 610mm 이상일 때의 분할날은 양단 고정식의 현수식이어야 함

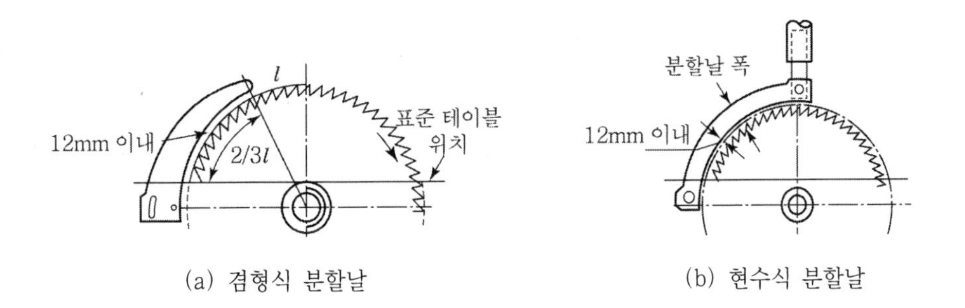

(a) 겸형식 분할날 (b) 현수식 분할날

[둥근톱 분할날의 종류]

46. 타워크레인 운전자와 신호수간의 의사전달 시 준수사항에 관하여 기술하시오.

해답

1. 각종 건설현장 등에서 중추적 역할을 하는 타워크레인은 무거운 물체를 높이 들어 올리는 것이 가능하고, 작업범위가 넓기 때문에 특히, 대도시의 밀집된 고층 건축공사에 많이 사용되고 있다. 최근에는 플랜트건설, 철탑건설 또는 항만하역용의 타워크레인이 다양하게 사용되고 있다.

   타워크레인 작업에는 전담 신호수가 있어야 한다. 즉 타워크레인 1기마다 타워크레인 기사 경험이 있는 사람을 전담 신호수로 배치하고 무전기 등 통신장비를 가지고 타워크레인 기사에게 신호를 보내야 한다.

2. 제조업, 건설업 등 산업현장에서 크레인을 사용하여 작업할 때에 신호자가 운전자에게 취해야 할 표준 신호 방법에 대해서는 노동부 고시 등에 명시되어 있는데 이에 대해서 살펴보면 다음과 같다.
   (1) 신호자와 운전자간의 거리가 멀어서 수신호의 식별이 어려울 때에는 깃발이나 무전기를 이용하여 신호한다.
   (2) 크레인을 사용하여 작업을 할 때에는 신호방법을 해당 작업장과 운전석 옆에 비치하여 이를 작업자가 숙지할 수 있도록 한다.
   (3) 크레인의 운전자 및 신호자를 신규로 채용하거나 교체할 때는 신호방법에 대한 교육을 실시해야 한다.
   (4) 신호자는 해당 작업에 대하여 충분한 경험이 있는 자로서 크레인 1대에 1명을 지정한다.
   (5) 여러 명이 동시에 운반물을 훅에 매다는 작업을 할 때에는 작업책임자가 신호자가 되어 지휘한다.
   (6) 운전자와 작업자가 잘 볼 수 있도록 신호자는 붉은색 장갑 등 눈에 잘 띄는 색의 장갑을 착용한다.
   (7) 운전자는 신호수가 요구한 동작 지시를 안전 문제로 이행할 수 없을 때 진행 중인 크레인 운전작업을 일시중지하고 수정된 작업지시를 요구한다.
   (8) 신호자는 작업장의 책임자가 지명한 자만이 할 수 있도록 한다.
   (9) 신호수는 줄걸이 작업자와 긴밀한 연락을 취해야 한다.
   (10) 신호수는 줄걸이 작업자와 운전자의 중간 시야가 차단되지 않는 위치에 있어야 한다.
   (11) 신호수는 크레인의 성능, 작동 등을 충분히 이해하고 비상시 응급처치가 가능하도록 항시 현장의 상황을 확인하여야 한다.
   (12) 인양물이 신호수에게 보이지 않는 지점에 운반되는 경우를 제외하고, 운전자에게 신호를 보내는 것은 1인으로 하며, 필요할 경우에는 보조 신호수를 선임한다.
   (13) 운전자는 신호수로부터 신호를 받으면 경음기 등을 울려 확인하고 운전을 시작한다.

47. 안전율(계수) 및 기준강도를 결정할 때 고려할 사항 5가지를 설명하시오.

해답

1. 허용응력(Allowable Stress)

기계나 구조물에 사용되는 재료의 최대 응력은 언제나 탄성한도 이하이어야만 하중을 가하고 난 후 제거했을 때 영구변형이 생기지 않는다. 기계의 운전이나 구조물의 작용이 실제적으로 안전한 범위 내에서 작용하고 있는 응력을 사용응력(Working Stress)이라 하고, 재료를 사용하는 데 허용할 수 있는 최대 응력을 허용응력이라 할 때 사용응력은 허용응력보다 작아야 한다.

사용응력 ≤ 허용응력 ≤ 탄성한도

2. 안전율(Safety Factor)

안전율은 응력계산 및 재료의 불균질 등에 대한 부정확을 보충하고 각 부분의 불충분한 안전율과 더불어 경제적 치수결정에 대단히 중요한 것으로서 다음과 같이 표시된다.

$$S = \frac{\text{최대응력}(\sigma_u)}{\text{허용응력}(\sigma_a)} = \frac{\text{항복응력}(\sigma_y)}{\text{허용응력}(\sigma_a)}$$

안전율을 크게 잡을수록 설계의 안정성은 증가하나 그로 인해 기계 · 구조물의 중량이 무거워지고, 재료 · 공사량 등이 불리해지므로 최적 설계를 위해서 안전율은 안전성이 보장되는 한 가능한 작게 잡아야 한다.

안전율이나 허용응력을 결정하려면 재질, 하중의 성질, 하중과 응력계산의 정확성, 공작방법 및 정밀도, 부품형상 및 사용 장소 등을 고려하여야 한다.

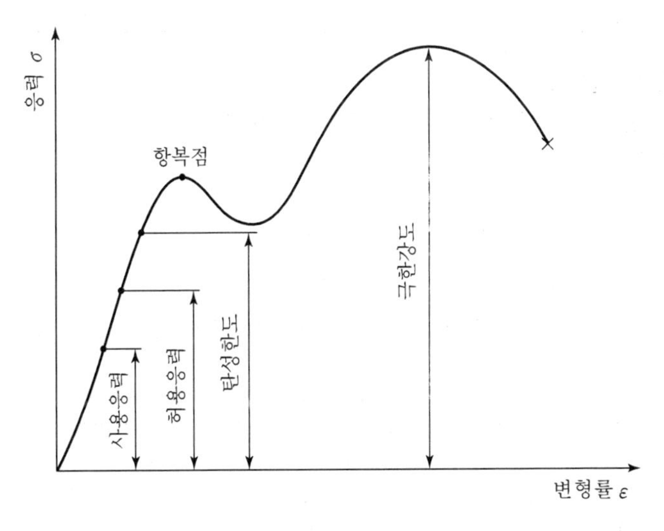

[응력-변형률 선도]

3. 사용응력

구조물과 기계 등에 실제로 사용되었을 경우 발생하는 응력이다. 사용응력은 허용응력 및 탄성한도 내에 있어야 하며 설계를 할 때는 충격하중, 반복하중, 압축응력, 인장응력 등 각종 요인을 고려하여 실제로 발생될 응력을 산출한 후 충분히 안전하도록 재료를 선택하고 부재 크기 등을 정해야 한다.

4. 안전율의 선정

① 재질 및 그 균일성에 대한 신뢰도 : 일반적으로 연성 재료는 내부 결함에 대한 영향이 취성재료보다 적다. 또 탄성파손 후에도 곧 파괴가 일어나지 않으므로 취성재료보다 안전율을 작게 한다. 인장굽힘에 대해서는 많이 검토가 되었으나 전단, 비틀림, 진동, 압축 등은 아직 불명확한 점이 안전율을 크게 한다.

② 응력계산의 정확도 : 형상 및 응력작용상태가 단순한 것은 정확도가 괜찮으나 가정이 많을수록 안전율을 크게 한다.

③ 응력의 종류 및 성질 : 응력의 종류 및 성질에 따라 안전율을 다르게 적용한다.

④ 불연속 부분의 존재 : 단단한 축, 키홈 등 불연속 부분에는 응력집중으로 인한 노치효과가 있으므로 안전율을 크게 잡는다.

⑤ 사용 중 예측하기 어려운 변화의 가정 : 마모, 부식, 열응력 등에 다른 안전율을 고려한다.

⑥ 공작 정도 : 기계 수명에 영향을 미치므로 안전율을 고려한다.

5. 경험적 안전율

하중 / 재료	정하중	동하중		
		반복하중	교번하중	충격하중
주철	4	6	10	15
연강	3	5	8	12
주강	3	5	8	15
동	5	6	9	15

6. Cardullo의 안전율

신뢰할만한 안전율을 얻으려면 이에 영향을 주는 각 인자를 상세하게 분석하여 이것으로 합리적인 값을 결정

안전율 $S = a \times b \times c \times d$ 가 있다.

여기서, a : 탄성비, b : 하중계수, c : 충격계수

d : 재료의 결함 등을 보완하기 위한 계수

[정하중에 대한 안전율 최솟값]

재료	a	b	c	d	S
주철	2	1	1	2	4
연강	2	1	1	1.5	3
니켈강	1.5	1	1	1.5	2.25

48. 설계착오의 원인을 5가지만 예시하고 안전관리 측면에서 간단히 설명하시오.

해답

1. 서론
   기계나 구조물 등의 파괴나 붕괴로 인한 사고(재해)를 자세히 들여다보면 이중 상당부분은 설계자의 설계오류 또는 설계는 올바르게 되었다 하더라도 제작과정 중 가공불량 등에 기인하여 발생하는 경우가 많이 있다.

2. 설계 및 가공착오의 원인

   (1) 설계착오의 원인
   ① 재료선정의 오류
   ② 하중의 종류 및 성질에 대한 예측 착오
   ③ 하중견적(추산) 및 응력계산의 착오
   ④ 안전계수의 적용착오
   ⑤ 설계자의 능력부족
   ⑥ 설계자료의 미흡
   설계를 제대로 하기 위해서는 사용하중, 사용온도, 사용압력 등 관련자료가 풍부해야 한다.
   ⑦ 잦은 설계변경

   (2) 가공착오의 원인
   ① 작업자의 도면 오판독
   ② 작업자의 기능도 부족
   ③ 불량자재 사용
   ④ 가공정밀도가 불량한 기계 사용(마모된 바이트 등을 사용)
   ⑤ 용접불량 및 용접 후 풀림 등 열처리 미실시
   용접사의 기능 부족에 기인하여 발생하는 용접불량이 대부분임
   ⑥ 제품검사 미실시 및 검사수준 미달

3. 안전관리 대책

   (1) 설계단계
   ① 하중 종류에 따른 기준강도를 적용한다.
   - 정하중 : 연성재료는 항복강도를 기준으로 설계하고, 취성재료는 인장강도를 기준으로 설계한다.
   - 반복, 교번하중 : 피로강도
   - 충격하중 : 내충격강도

   ② 안전율 적용 시 하중의 종류, 하중계산, 응력계산을 정확히 하고 또한 온도, 습도, 부식 등 사용환경을 충분히 고려한다.

③ 사전안전성 평가를 실시한다.
- 유해위험 기계기구 및 설비 등의 검사 : 서면심사(산안법 제34조)
- 유해위험방지계획서 제출 : 공사착공 30일전(산안법 제48조)

④ 설계자료 확보
- 사용하중, 사용온도, 사용압력 등 관련자료를 충분히 확보한다.

⑤ 설계인원 확보
- 경험이 많은 설계인원을 확보한다.

⑥ 재료 선정 시 제조사가 제공하는 Mill Sheet를 확인하고, 필요시 샘플을 채취하여 기계적 성질을 확인한다.

(2) 제작단계

① 작업자의 도면 판독 능력을 배양한다.

② 숙련된 기능공을 확보한다.
- 숙련된 용접공을 확보하여 용접불량(오버랩, 언더컷 등)에 기인하여 발생하는 가공착오를 방지한다.
- 유자격자(자격증 소지자)에게 용접을 실시하도록 한다.

③ 정밀도의 오차범위가 허용범위에 있는 기계를 사용한다.
- 가공재의 다듬질 불량으로 해당부분에 응력집중이 발생하여 피로파괴 등을 일으킬 수 있다.

④ 사용 자재 입고 시 품질검사를 철저히 한다.

⑤ 완성품에 대한 검사를 실시한다.(필요시 전수검사 실시)

⑥ 가공이나 조립작업 시 작업절차를 준수한다.

4. 결론

산업안전보건법에서는 이러한 설계착오 및 가공착오로 인한 사고를 예방하기 위하여 유해위험방지계획서 제출 및 심사, 유해위험기계기구 및 설비 등의 검사를 실시하여 근원적 안전을 확보할 수 있는 제도를 두고 있다.

따라서 사전 안전성 평가를 철저히 시행하여 설계·제작·설치단계의 위험요인을 미연에 제거하여 근원적으로 안전을 추구해야 한다.

49. 프레스 재해를 방지하기 위하여 실시하는 안전점검 및 안전수칙에 대하여 설명하시오.

해답

1. 서론

프레스는 상하 금형 사이에 금속 또는 비금속 등을 넣고 이것을 압축하거나 절단하여 제품을 생산하는 유용한 기계이지만 작업특성상 ① 소재의 투입과 추출, ② 공급한 소재의 위치수정, ③ 금형 교체 등과 같은 비정상 작업 시 작업자의 신체의 일부가 금형 사이에서 형성되는 위험한계에 쉽게 노출되기 때문에 매우 위험한 기계이다.

프레스 작업 중 발생하는 재해는 방호장치의 미작동과 같은 기계설비의 불안전한 상태에 기인하여 발생하는 재해도 있지만 대부분의 재해는 안전점검의 소홀 등과 같은 관리적 요인과 안전수칙 미준수와 같은 불안전한 행동에 기인해서 발생하는 경우가 많다.

따라서, 제조업에서 재해발생 비율이 가장 높은 프레스(전단기 포함) 작업의 재해를 줄이기 위해서는 일상점검, 정기점검 등을 통해 기계를 최적의 상태로 만들고 작업자의 안전의식을 함양해서 작업수칙을 철저히 지키도록 해야 한다.

2. 프레스 재해방지를 위한 안전점검 및 안전수칙

(1) 금형 부착 시의 안전점검

프레스의 금형을 설치하거나 조정할 때 또는 해체할 때 상하 금형 사이에서 협착재해가 빈발하는데 이와 같은 재해를 예방하기 위해서는 금형 부착 시 다음과 같은 사항에 대해서 안전점검을 실시해야 한다.

① 안전블럭의 상태를 확인한다.
 - 인터록 장치의 정상작동 여부 등

② 상하 금형의 볼트, 너트 체결상태를 확인한다.

③ 금형 운반방법이 적정한지 확인한다.(운반 중 낙하사고 방지)
 - 와이어로프의 상태, 운반용 훅(4개소)의 설치유무, 운반용구의 적정성 등

④ 프레스의 압입능력 등을 확인한다.

⑤ 금형의 외관을 점검한다.

⑥ 프레스의 메인스위치가 꺼져 있는지 확인한다.

⑦ 작업감시자가 배치되어 있는지 확인한다.

⑧ 금형의 부착순서가 적정한지 확인한다.

(2) 작업 시작 전 안전점검

① 방호장치의 기능 및 정상작동 여부

② 프레스를 공회전시켜 클러치 및 브레이크의 기능 및 정상작동 여부

③ 크랭크축 · 플라이휠 · 슬라이드 · 연결봉 및 연결 나사의 풀림 유무

④ 프레스를 공회전시켜 1행정 1정지 기구, 급정지장치 및 비상정지장치의 기능 및 정상작동 여부

⑤ 프레스의 금형 및 고정볼트 상태

⑥ 슬라이드 또는 칼날에 의한 위험방지 기구의 기능 상태(프레스, 전단기)
⑦ 전단기의 칼날 및 테이블의 상태(전단기)

(3) 운전, 가공 중의 안전수칙

① 정해진 수공구 및 지그를 이용하여 작업한다.
- 운전 가공 중에는 금형 사이에 손을 넣지 않는다.
② 안전모 등 필요한 보호구를 착용한다.
③ 작업자세는 무리하지 않도록 하며 필요시 보조도구 등을 활용한다.
④ 작업 중 프레스의 상태(과부하, 이상소음, 누기, 누유 등)를 수시로 확인한다.
⑤ 2인 1조 등 공동작업 시 신호 등을 미리 정해 두고 작업구분 전환스위치는 작업자가 임의 전환하지 않는다.(페달을 밟는 사람을 정해 놓고 서로의 신호를 정확하게 지킨다)
⑥ 작업 도중 안전의 미비점이 발견되면 즉시 작업을 중단하고 책임자에게 연락한다.
⑦ 운전, 가공 중 기계를 떠날 때는 반드시 기계의 운전을 정지한다.

(4) 정지 시 안전수칙

① 운전, 가공 중 자리를 떠날 때는 반드시 기계의 운전을 정지한다.
② 플라이휠의 정지를 손으로 누르지 않아야 한다.
③ 정전 시에는 즉시 스위치를 꺼야 한다.
④ 정지 중인 기계의 페달을 밟지 않는다.(정지 중인 기계를 작동시키지 않는다)
⑤ 클러치가 연결된 상태로 기계의 운전을 정지하면 안 된다.

(5) 보수 시 안전수칙

① 금형이나 기계의 각부는 임의로 작업해서는 안 된다.(작업감시자 배치 등)
② 수리를 할 때는 스위치를 끄고, 반드시 지지봉을 삽입한다.
③ 수리가 끝날 때는 '수리 중', 또는 '스위치를 넣지 말 것' 이라는 표지를 부착하여 제3자가 스위치를 넣지 못하도록 한다.
④ 조정이나 준비 중에 발을 페달 위에 올려놓지 않아야 한다.
(생각하지 못한 사이에 발에 힘이 가거나 밟으면 기계가 작동하여 재해로 이어질 수 있음)

50. 2MPa의 내압이 작용되고 있는 원통형 및 구형 압력용기가 있다. 각 압력용기에 요구되는 최소두께를 각각 결정하시오. 단, 각 용기의 내경은 2m이고, 재료의 항복강도는 200MPa, 항복강도에 대한 안전계수는 3, 부식여유는 2mm이다.

해답

$$t=\frac{pD}{2\sigma_a}+C=\frac{2\times 2{,}000}{2\times 200/3}+2=32\text{mm}$$

51. 공장 자동화의 추진과정에서 고려해야 할 안전상 방호대책을 논하시오.

해답

1. 서론

공장자동화는 제조업 등에서 인건비 상승 문제와 인력난을 해소하고 제품 생산성과 품질을 향상시키고자 지난 80년대부터 많이 도입하였다. 자동화 설비가 도입된 이후 지속적인 기술개발 등을 통해 이전보다 자동화 기술은 많이 진보하였다. 그러나 작업자의 안전을 확보하기 위한 풀프루프나 페일세이프의 기술 발전은 이에 미치지 못하고 있는 실정이다.

자동화기술은 산업용 로봇과 같이 작업자가 필요 없는 완전자동화, 프레스 작업과 같이 작업자가 필요한 반자동화로 나눌 수 있다. 그러나 완전자동화도 초기 세팅은 사람이 하기 때문에 인간이 개입하지 않는 자동화는 생각할 수 없다.

복잡한 기능을 내장한 자동기계는 인간이 예상치 못한 움직임(작동)을 하는 경우가 많다. 예컨대 산업용 로봇의 가동범위 내로 작업자가 들어가 불의의 재해를 당하는 경우도 있으며, 또한 프레스와 같이 작업자가 개입되는 반자동화설비의 경우 기계의 속도를 따라가지 못하는 작업자가 사고를 당하는 등 자동화가 오히려 재해를 증가시키는 경우도 있다.

따라서, 자동화 설비에 기인하여 발생하는 재해는 자동화의 정도에 따라 재해의 발생횟수나 규모가 다르기 때문에 산업재해와 자동화의 관계를 일률적으로 말할 수는 없다.

2. 자동기계의 개념

기계에 대해서 다양한 방법으로 정의되어 있지만 이것을 요약하면 기계(Machine)란 몇 개의 부품이 결합되어 제한된 공간에서 상호운동(Relative Motion)을 통하여 주어진 에너지 등을 이용, 인간에게 유용한 일을 하는 것을 말한다. 여기서 상호운동이란 직선운동, 왕복운동, 회전운동, 선회운동 등을 말한다.

자동기계는 크게 세 부분으로 구분할 수 있다. 외부의 에너지를 공급받아 일을 하는 액추에이터(Actuator, 모터 등), 액추에이터의 작업완료여부 및 그 상태를 감지하는 센서(Sensor), 그리고 센서로부터 입력되는 각종 정보를 분석・처리하여 필요한 명령을 내리는 처리장치(Processor, 컴퓨터)로 구성되어 있다.

액추에이터, 센서, 처리장치는 자동화설비를 구축하기 위한 하드웨어이며, 실제 자동화 설비를 제어하여 제품을 생산하기 위해서는 하드웨어뿐만 아니라 네트워크, 인터페이스 등과 같은 소프트웨어 기술이 필요하다. 그래서 액추에이터, 처리장치, 센서, 소프트웨어, 인터페이스를 설비 자동화에 필요한 5대 요소라고도 한다.

3. 자동화 기기의 도입에 따른 안전관리상의 장단점 비교

최근 제조업 등 산업현장에서 근로자의 안전이나 제품의 품질 또는 생산성 등 여러 측면을 종합적으로 검토하여 자동화기기를 많이 도입하고 있는데 이에 따른 안전관리상의 장단점을 살펴보면 다음과 같다.

(1) 자동화 시 안전관리상의 장점

① 작업자의 수작업을 없애기 때문에 작업자가 위험영역에 접근하는 횟수를 감소시켜 안전사고의 발생확률을 줄어들게 한다.

② 작업자의 육체적인 피로를 감소시킨다. 또한 유해가스, 분진, 소음, 진동 등 나쁜 작업환경 속의 작업에서 작업자를 벗어나게 해준다. 중량물 운반작업 등을 기계가 대신함으로써 육체피로를 감소시킨다.

③ 진공이나 고압력 또는 방사선 등이 있는 곳에서 인간은 작업이 불가능하거나 작업효율이 굉장히 낮지만 이러한 곳에서 이루어지는 작업을 자동화하면 안전사고 예방은 물론이고 생산성 향상을 꾀할 수 있다. 작업자를 대신해서 유해위험작업을 기계가 수행한다.

(2) 자동화 시 안전관리상의 단점(문제점)

최근 제조업 등에 설치된 자동기계에서 재해가 많이 발생하고 있는데 특히 중소규모 사업장에서 많이 사용하고 있는 프레스, 전단기, 매니퓰레이터 등 반자동화설비에 의한 재해가 빈발하고 있다. 자동화 설비의 안전상의 문제점 중 중요한 몇 가지를 살펴보면 다음과 같다.

① 설비의 제어가 소프트웨어에 의해 이루어지기 때문에 제어 프로그램 등에 이상이 있으면 인간이 미처 예상치 못한 움직임(작동)을 보여 재해가 발생하는 경우가 있다.

② 자동화 라인이 복잡화되고 기술이 고도화됨에 따라 설비의 이상 발견 시 작업자가 지식 부족 등의 이유로 즉시 대처할 수 없는 경우가 있다. 또한 생산라인의 대형화로 기계 정지 시 손실이 크기 때문에 안전사고가 우려되는 비상시에도 라인의 정지를 결정하기가 어려운 면이 있다.

③ 자동화 라인에 들어가는 부품은 여러 회사에서 생산한 제품을 사용한다. 따라서 기계의 고장이 발생했을 때 부품 수급이 어려워 고장난 기계를 그대로 사용하다가 안전사고가 발생하는 경우도 있다. 특히 외국에서 도입하는 부품은 납기가 길어 이러한 경우가 종종 있다.

④ 자동화 라인의 이상 발생 시 이를 해결하는 것은 인간이지만, 인간의 안전이 충분히 고려되지 않아 자동기계나 설비를 유지보수 도중 사고가 발생하는 경우가 종종 있다.

⑤ 단순하게 반복되는 지루한 작업으로 인해 작업자가 기계부품이라는 생각을 가질 수 있고 이로 인해 근로 의욕을 저하시키는 경우가 있다.

4. 자동화설비의 안전대책

자동화설비의 안전대책은 페일세이프나 풀프루프 기능을 내장한 기계설비를 설계 · 제작하는 등 기계 측면에서의 안전대책과 기계의 운전이나 조작 또는 점검, 수리, 급유작업 등 작업방법면에서의 안전대책이 필요한데 이에 대해서 살펴보면 다음과 같다.

(1) 기계 측면에서의 안전대책

① 기계가 고장 나면 수리, 조정 등은 불가피하기 때문에 자동기계에 들어가는 부품은 신뢰도가 높은 부품을 사용해서 수리, 조정 횟수를 근본적으로 줄여 유지보수 중 발생하는 재해를 예방해야 한다. 또한 제어장치 등 주요 부위는 페일세이프(Fail safe), 풀프루프(Fool proof) 기능을 갖춘 구조로 한다.

② 작업자에게 위험을 미칠 수 있는 기어나 샤프트 등 동력전달부위는 안전덮개 등을 설치하여 충분하게 방호조치하고 또한 기계 표면에는 날카로운 부위가 없도록 한다.

③ 프레스의 게이트가드 등과 같이 개폐 횟수가 많은 것은 인터록 장치를 하고, 위험구역에 신체의 일부가 들어갔을 때에는 즉시 기계가 멈추는 광전자식 방호장치 등을 부착한다.

④ 선반 등을 이용하여 가공작업을 할 때에는 비산하는 칩(chip)이나 냉각수로부터 작업자를 보호하기 위해 실드(shied) 즉, 투명 플라스틱 커버를 설치한다.

⑤ 컨베이어 등에 부착되는 비상정지장치는 위험상황 발생 시 작업자가 움직이지 않고 즉시 작동할 수 있도록 작업자의 주위의 잘 보이는 곳에 설치한다.

⑥ 조작장치 등은 작업자의 신체 또는 어떠한 물체에 부딪치더라도 불의에 작동되지 않도록 묻힘형으로 하거나 커버를 설치한다.

⑦ 자동기계가 정지했을 때 이것이 '외관상의 정지인가', '조건을 가지는 정지인가', 또는 '완전정지인가'의 구분이 명확히 될 수 있도록 '표시등'을 설치한다. 이것은 특히 산업용 로봇에 필요하다.

(2) 작업방법에 대한 안전대책

① 자동기계의 협착점 등 위험부위를 충분히 감안하여 작업절차나 작업순서를 작성한다. 또한 사고가 발생하면 당황하여 사고의 원인이 된 불량부위를 찾지 못하는 경우가 흔히 있기 때문에 이를 방지하기 위해 체크리스트를 작성하고 평소 훈련을 지속적으로 실시한다.

② 기계 이상 발견 시 안전을 위해서 기계를 정지시키도록 작업순서가 작성되어 있음에도 불구하고, 자동화라인이 대형화됨에 따라 기계정지시 손실이 크기 때문에 운전을 정지하지 않는 경우가 흔히 있다. 따라서 기계 이상으로 인하여 안전사고 등이 우려될 때는 즉시 기계를 정지시킬 수 있는 권한을 작업자에게 분명히 부여해야 한다.

③ 기계 고장 등 이상 발견 시 책임자에게 신속하게 보고하고 책임자의 지휘하에 수리 등의 작업이 진행될 수 있도록 한다.(임의작업 금지)

④ 기계의 점검, 수리, 조정, 급유 등의 작업시에는 반드시 기계를 정지하고 작업할 수 있도록 유지보수 지침을 작성하고 지속적인 교육훈련을 실시해야 한다.

52. 설비진단 기술을 (1) 간이진단 기술과 (2) 정밀진단 기술의 2단계로 나눌 때 각각에 대하여 설명하시오.

해답

1. 개요

일반적으로 진단이란 말은 우리사회에서 광범위하게 많이 사용되고 있다. 예컨대 병원에 정기건강검진을 받으러 온 환자를 의사가 진단하여 현재까지는 큰 이상이 없지만 나중에 질병으로 이어질 수 있는 소지가 있는 상태에 있다면 의사는 적절한 조치를 취해 환자가 질병에 걸리지 않도록 한다. 마찬가지로 기계설비진단도 이와 마찬가지로 기술자가 설비의 이상 유무를 진단하는 것이다.

설비진단이란 설비의 현재 상태량을 파악함으로써 설비의 이상이나 고장에 대한 원인은 물론이고 앞으로의 설비 경향을 예지·예측하여 필요한 대책을 세우는 것이라 할 수 있다. 즉 설비진단기술이란, ① 설비 고장의 원인이 되는 모든 스트레스, ② 열화 또는 가혹도, ③ 설비의 성능이나 기능, 운전상태 등 제반의 설비상태를 파악하여 올바른 보전기술을 적용하기 위한 기술이라 할 수 있다.

2. 설비 진단기술의 종류

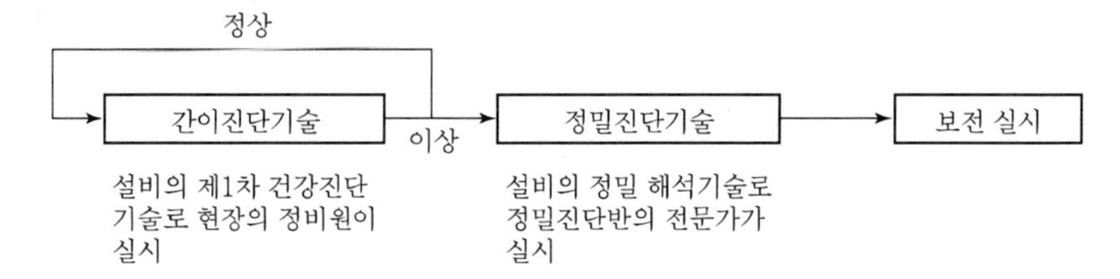

(1) 간이 진단기술

간이진단은 병원에서 실시하는 제1차 건강진단에 해당되는 것으로 ① 짧은 시간에 다수의 설비 이상 유무를 진단할 수 있으며, ② 설비의 열화 등 경향관리를 통해 이상의 조기 발견이 가능하며, ③ 정밀진단 대상설비의 선정이 가능하다. 통상 간이진단은 오퍼레이터가 실시하고 있으며 고도의 전문지식이나 기술을 습득하지 않은 사람도 간이진단을 할 수가 있다.

간이 진단기술에는 크게 점검기술과 감시기술 2가지가 있다. 점검기술은 정비원이 휴대용 간이진단기나 오감으로 설비상태를 순회 체크하는 기술이고, 감시기술은 감시장치로 조정실 등에서 설비의 이상유무 등을 연속적으로 감시하는 기술을 말한다.

(2) 정밀 진단기술

정밀진단은 설비의 간이진단을 통해 설비의 이상 징후를 발견했을 때 전문지식이나 기술을 습득하고 있는 사내외 엔지니어가 실시하는 것으로 정밀진단을 통해 ① 설비이상의 종류나 위치 또는 정도를 알 수 있으며, ② 설비이상의 원인을 파악하고 이를 제거할 수 있고, ③ 스트레스, 강도 등의 검출, 평가는 물론이고 최적복구시기나 복구방법의 파악도 가능하다.

정밀 진단기술에는 크게 인지기술과 예측기술 2가지가 있다. 인지기술은 설비의 현 시점에서 이상의 종류를 파악하는 기술이고, 예측기술은 장래의 상태를 예측하는 기술이다. 예를 들면 병원에서 의사가 환자가 앓고 있는 질병이 위염인지, 위궤양인지를 파악하는 것은 인지기술이며, 그 병이 앞으로 나을 수 있는지 없는지를 진단하는 것은 예측기술이라고 할 수 있다.

53. 공작기계에서 안전확보를 위한 제어기능 중 Fail-safe 또는 Fool-proof 대상이 되는 기능을 5가지 이상 간단히 설명하시오.

● 해답

1. Fool Proof

(1) 정의

기계장치 설계단계에서 안전화를 도모하는 것으로 근로자가 기계 등의 취급을 잘못해도 사고로 연결되는 일이 없도록 하는 안전기구, 즉 인간과오(Human Error)를 방지하기 위한 것

(2) Fool Proof의 예

① 가드 ② 록(Lock, 시건) 장치 ③ 오버런 기구

☞ 동력전달부의 덮개를 벗기면 운전이 정지됨(인터록)
☞ 프레스 작업 중 작업자의 신체 일부가 위험점으로 들어가면 자동 정지
☞ 크레인의 권상 및 권하 시 사고를 예방하기 위한 권과방지장치

2. 페일세이프(Fail Safe)

기계나 그 부품에 고장이나 기능불량이 생겨도 항상 안전하게 작동하는 구조와 기능을 추구하는 본질적 안전

(1) Fail-Safe의 기능면에서의 분류

① Fail-Passive : 부품이 고장 났을 경우 통상 기계는 정지하는 방향으로 이동(일반적인 산업기계)
② Fail-Active : 부품이 고장 났을 경우 기계는 경보를 울리는 가운데 짧은 시간 동안 운전 가능
③ Fail-Operational : 부품의 고장이 있더라도 기계는 추후 보수가 이루어질 때까지 안전한 기능 유지

(2) 기능적 Fail-Safe

철도신호의 경우 고장 발생 시 청색신호가 적색신호로 변경되어 열차가 정지할 수 있도록 해야 하며 신호가 바뀌지 못하고 청색으로 있다면 사고 발생의 원인이 될 수 있으므로 철도신호 고장 시에 반드시 적색신호로 바뀌도록 해주는 제도

☞ 프레스의 클러치나 브레이크에 고장이 발생하면 슬라이드가 급정지
☞ 내진소화기구를 적용한 석유난로
☞ 엘리베이터에 정전 발생 시 브레이크가 작동하도록 하는 장치 등

54. 각종 자동화 기기의 도입에 따른 안전관리상의 장단점을 설명하시오.

해답

1. 서론

공장자동화는 제조업 등에서 인건비 상승 문제와 인력난을 해소하고 제품 생산성과 품질을 향상시키고자 지난 80년대부터 많이 도입하였다. 자동화 설비가 도입된 이후 지속적인 기술개발 등을 통해 이전보다 자동화 기술은 많이 진보하였다. 그러나 작업자의 안전을 확보하기 위한 풀프루프나 페일세이프의 기술 발전은 이에 미치지 못하고 있는 실정이다.

자동화기술은 산업용 로봇과 같이 작업자가 필요 없는 완전자동화, 프레스 작업과 같이 작업자가 필요한 반자동화로 나눌 수 있다. 그러나 완전자동화도 초기 세팅은 사람이 하기 때문에 인간이 개입하지 않는 자동화는 생각할 수 없다.

복잡한 기능을 내장한 자동기계는 인간이 예상치 못한 움직임을 하는 경우가 많다. 예컨대 산업용 로봇의 가동범위 내로 작업자가 들어가 불의의 재해를 당하는 경우도 있으며, 또한 프레스와 같이 작업자가 개입되는 반자동화설비의 경우 기계의 속도를 따라가지 못하는 작업자가 사고를 당하는 등 자동화가 오히려 재해를 증가시키는 경우도 있다.

따라서, 자동화 설비에 기인하여 발생하는 재해는 자동화의 정도에 따라 재해의 발생횟수나 규모가 다르기 때문에 산업재해와 자동화의 관계를 일률적으로 말할 수는 없다.

2. 자동기계의 개념

기계에 대해서 다양한 방법으로 정의되어 있지만 이것을 요약하면 기계(Machine)란 몇 개의 부품이 결합되어 제한된 공간에서 상호운동(Relative Motion)을 통하여 주어진 에너지 등을 이용, 인간에게 유용한 일을 하는 것을 말한다. 여기서 상호운동이란 직선운동, 왕복운동, 회전운동, 선회운동 등을 말한다.

자동기계는 크게 세 부분으로 구분할 수 있다. 외부의 에너지를 공급받아 일을 하는 액추에이터(Actuator, 모터 등), 액추에이터의 작업완료여부 및 그 상태를 감지하는 센서(Sensor), 그리고 센서로부터 입력되는 각종 정보를 분석·처리하여 필요한 명령을 내리는 처리장치(Processor, 컴퓨터)로 구성되어 있다.

액추에이터, 센서, 처리장치는 자동화설비를 구축하기 위한 하드웨어이며, 실제 자동화 설비를 제어하여 제품을 생산하기 위해서는 하드웨어뿐만 아니라 네트워크, 인터페이스 등과 같은 소프트웨어 기술이 필요하다. 그래서 액추에이터, 처리장치, 센서, 소프트웨어, 인터페이스를 설비 자동화에 필요한 5대 요소라고도 한다.

3. 자동화 기기의 도입에 따른 안전관리상의 장단점 비교

최근 제조업 등 산업현장에서 근로자의 안전이나 제품의 품질 또는 생산성 등 여러 측면을 종합적으로 검토하여 자동화기기를 많이 도입하고 있는데 이에 따른 안전관리상의 장단점을 살펴보면 다음과 같다.

(1) 자동화 시 안전관리상의 장점

① 작업자의 수작업을 없애기 때문에 작업자가 위험영역에 접근하는 횟수를 감소시켜 안전사고의 발생확률을 줄어들게 한다.

② 작업자의 육체적인 피로를 감소시킨다. 또한 유해가스, 분진, 소음, 진동 등 나쁜 작업환경 속의 작업에서 작업자를 벗어나게 해준다. 중량물 운반작업 등을 기계가 대신함으로써 육체피로를 감소시킨다.

③ 진공이나 고압력 또는 방사선 등이 있는 곳에서 인간은 작업이 불가능하거나 작업효율이 굉장히 낮지만 이러한 곳에서 이루어지는 작업을 자동화하면 안전사고 예방은 물론이고 생산성 향상을 꾀할 수 있다. 작업자를 대신해서 유해위험작업을 기계가 수행한다.

(2) 자동화 시 안전관리상의 단점(문제점)

최근 제조업 등에 설치된 자동기계에서 재해가 많이 발생하고 있는데 특히 중소규모 사업장에서 많이 사용하고 있는 프레스, 전단기, 매니퓰레이터 등 반자동화설비에 의한 재해가 빈발하고 있다. 자동화 설비의 안전상의 문제점 중 중요한 몇 가지를 살펴보면 다음과 같다.

① 설비의 제어가 소프트웨어에 의해 이루어지기 때문에 제어 프로그램 등에 이상이 있으면 인간이 미처 예상치 못한 움직임을 보여 재해가 발생하는 경우가 있다.

② 자동화 라인이 복잡화되고 기술이 고도화됨에 따라 설비의 이상 발견 시 작업자가 지식 부족 등의 이유로 즉시 대처할 수 없는 경우가 있다. 또한 생산라인의 대형화로 기계 정지 시 손실이 크기 때문에 안전사고가 우려되는 비상시에도 라인의 정지를 결정하기가 어려운 면이 있다.

③ 자동화 라인에 들어가는 부품은 여러 회사에서 생산한 제품을 사용한다. 따라서 기계의 고장이 발생했을 때 부품 수급이 어려워 고장난 기계를 그대로 사용하다가 안전사고가 발생하는 경우도 있다. 특히 외국에서 도입하는 부품은 납기가 길어 이러한 경우가 종종 있다.

④ 자동화 라인의 이상 발생 시 이를 해결하는 것은 인간이지만, 인간의 안전이 충분히 고려되지 않아 자동기계나 설비를 유지보수 도중 사고가 발생하는 경우가 종종 있다.

⑤ 단순하게 반복되는 지루한 작업으로 인해 작업자가 기계부품이라는 생각을 가질 수 있고 이로 인해 근로 의욕을 저하시키는 경우가 있다.

4. 자동화설비의 안전대책

자동화설비의 안전대책은 페일세이프나 풀프루프 기능을 내장한 기계설비를 설계 · 제작하는 등 기계 측면에서의 안전대책과 기계의 운전이나 조작 또는 점검, 수리, 급유작업 등 작업방법면에서의 안전대책이 필요한데 이에 대해서 살펴보면 다음과 같다.

(1) 기계 측면에서의 안전대책

① 기계가 고장 나면 수리, 조정 등은 불가피하기 때문에 자동기계에 들어가는 부품은 신뢰도가 높은 부품을 사용해서 수리, 조정 횟수를 근본적으로 줄여 유지보수 중 발생하는 재해를 예방해야 한다. 또한 제어장치 등 주요 부위는 페일세이프(Fail Safe), 풀프루프(Fool Proof) 기능을 갖춘 구조로 한다.

② 작업자에게 위험을 미칠 수 있는 기어나 샤프트 등 동력전달부위는 안전덮개 등을 설치하여 충분하게 방호조치하고 또한 기계 표면에는 날카로운 부위가 없도록 한다.

③ 프레스의 게이트 등과 같이 개폐 횟수가 많은 것은 인터록 장치를 하고, 위험구역에 신체의 일부가 들어갔을 때에는 즉시 기계가 멈추는 광전자식 방호장치 등을 부착한다.
④ 선반 등을 이용하여 가공작업을 할 때에는 비산하는 칩(chip)이나 냉각수로부터 작업자를 보호하기 위해 실드(Shied) 즉, 투명 플라스틱 커버를 설치한다.
⑤ 컨베이어 등에 부착되는 비상정지장치는 위험상황 발생 시 작업자가 움직이지 않고 즉시 작동할 수 있도록 작업자의 주위의 잘 보이는 곳에 설치한다.
⑥ 조작장치 등은 작업자의 신체 또는 어떠한 물체에 부딪치더라도 불의에 작동되지 않도록 묻힘형으로 하거나 커버를 설치한다.
⑦ 자동기계가 정지했을 때 이것이 '외관상의 정지인가', '조건을 가지는 정지인가', 또는 '완전정지인가'의 구분이 명확히 될 수 있도록 '표시등'을 설치한다. 이것은 특히 산업용 로봇에 필요하다.

(2) 작업방법에 대한 안전대책
① 자동기계의 협착점 등 위험부위를 충분히 감안하여 작업절차나 작업순서를 작성한다. 또한 사고가 발생하면 당황하여 사고의 원인이 된 불량부위를 찾지 못하는 경우가 흔히 있기 때문에 이를 방지하기 위해 체크리스트를 작성하고 평소 훈련을 지속적으로 실시한다.
② 기계 이상 발견 시 안전을 위해서 기계를 정지시키도록 작업순서가 작성되어 있음에도 불구하고, 자동화라인이 대형화됨에 따라 기계정지시 손실이 크기 때문에 운전을 정지하지 않는 경우가 흔히 있다. 따라서 기계 이상으로 인하여 안전사고 등이 우려될 때는 즉시 기계를 정지시킬 수 있는 권한을 작업자에게 분명히 부여해야 한다.
③ 기계 고장 등 이상 발견 시 책임자에게 신속하게 보고하고 책임자의 지휘하에 수리 등의 작업이 진행될 수 있도록 한다.(임의작업 금지)
④ 기계의 점검, 수리, 조정, 급유 등의 작업시에는 반드시 기계를 정지하고 작업할 수 있도록 유지보수 지침을 작성하고 지속적인 교육훈련을 실시해야 한다.

55. 공장배치(3단계)와 안전조건 5가지에 대해서 설명하시오.

해답

1. 개요

공장의 시설 및 배치(공장배치 3단계)는 새로운 제품을 생산하기 위하여 기계설비를 설치할 경우 생산성을 증대시키고 작업안전을 확보하기 위해서는 작업이나 공정의 흐름에 적합하도록 기계설비를 배치해야 한다.

아무리 좋은 기계설비를 설치하였다 하더라도 인간공학적인 측면이나 시스템공학적인 측면의 Lay out이 검토되지 않으면 작업능률은 물론이고 근로자의 안전도 장담할 수 없다.

따라서 기계설비를 배치할 때는 인간-기계시스템을 고려, 생산성은 물론이고 작업자의 안전도 충분히 확보될 수 있도록 최적의 상태로 배치해야 한다.

2. 공장배치의 3단계

신규공장을 설립할 때는 먼저 어떠한 제품을 얼마만큼 생산할 것인가?, 또는 주 공략시장은 어디로 할 것인가? 등에 대한 공장 설립목표를 명확히 하고, 이 목적에 알맞게 공장을 건설해야 한다.

(1) 제1단계 : 지역배치

공장의 입지(위치)를 선정할 때는 시장과의 거리, 원부재료의 공급선, 인적자원 등을 충분히 고려해야 한다.

(2) 제2단계 : 건물배치

공장, 사무실, 창고, 부대시설 등의 위치를 결정한다.

(3) 제3단계 : 기계배치

공장에 배치되는 기계는 작업이나 공정의 흐름에 적합하도록 배치한다.

3. 공장 내 기계설비 배치 시(Lay Out) 고려해야 할 사항

공장을 건설한 후에는 기계설비를 배치해야 하는데 이때는 생산성은 물론이고 작업자의 안전을 확보할 수 있도록 해야 한다. 공장 내 기계설비를 배치 시 유의해야 할 사항을 살펴보면 다음과 같다.

(1) 불필요한 운반작업이 없도록 작업이나 공정 흐름에 적합하도록 기계설비를 배치한다.
(2) 작업자가 능률적으로 일할 수 있도록 기계설비를 배치한다.
(3) 기계의 정비, 보수, 수리 등의 작업이 용이하도록 설치한다.
(4) 작업자가 통행하는 안전통로를 구획하고 황색 페인트 등으로 표시한다.
(5) 기어, 벨트, 체인 등의 회전부분은 작업자 통로에 노출되지 않도록 한다.
(6) 원부재료나 제품의 보관장소는 충분히 확보한다.
(7) 위험물질은 필요한 양만 작업장에 보관하고 별도의 보관장소를 확보하여 보관한다.
(8) 압력용기, 고압설비, 고속회전체 등 위험도가 높은 기계설비를 설치할 때는 이상 시 그 피해를 최소화하기 위해 다른 설비나 작업자 등의 위치를 고려한다.
(9) 소음을 내는 기계를 배치할 때는 격벽을 설치한다.
(10) 천장에 크레인 등을 설치할 때는 기둥에 대한 강도 등을 충분히 검토하여 설치한다.
(11) 추후 공장의 증설 등도 고려해서 설비를 배치한다.

56. 연삭숫돌의 지름이 25cm이다. 500rpm으로 회전하는 경우 원주속도를 m/min의 단위로 답하시오.

해답

숫돌의 원주속도

$$\text{원주속도}: v = \frac{\pi DN}{1,000}(\text{m/min}) = \frac{\pi \times 250 \times 500}{1,000} = 392.5\text{m/min}$$

여기서, 지름 : D(mm), 회전수 : N(rpm)

57. 용접변형과 잔류응력에 대해서 설명하시오.

해답

1. 개요

산업현장에서 금속구조물이나 제품을 제작 · 설치할 때 이용하는 이음방법은 용접, 리벳, 볼팅 작업 등이 있다. 이중 용접이음은 작업성, 안전성, 경제성, 미관 등이 좋기 때문에 그 사용범위가 점차로 확대되고 있으며 또한 지속적인 기술 개발로 용접의 신뢰성도 높아가고 있다.

그러나 용접작업은 그 특성상 해당 부재에 잔류응력이 발생할 수밖에 없는데 이 잔류응력은 구조물의 강도에 직접적으로 영향을 주고 있다. 따라서 용접작업을 할 때에는 잔류응력의 제거 방법 등에 대해서 면밀히 검토하고 최적의 용접방법을 선택해서 작업에 임해야 한다.

2. 용접변형과 잔류응력과의 관계

용접작업은 국부적으로 급열, 급랭의 과정을 동반하기 때문에 용접 시공시 용접변형 및 잔류응력은 피할 수 없다. 용접변형과 잔류응력은 서로 상반되는 효과를 나타낸다. 즉 용접시 구속상태가 작으면 잔류응력은 작게 되지만 용접변형은 크게 된다. 반면에 용접금속이 자유롭게 수축하지 못 할 정도로 구조물의 구속상태가 크면, 용접변형은 작게 되지만 잔류응력은 크게 된다.

예컨대 박판에서는 모재가 변형되기 쉽기 때문에 잔류응력이 적게 되지만, 그 대신 용접변형이 크게 되고 이것이 제품의 결함이 되는 경우가 많이 있다. 이와 반대로 후판에서는 모재의 변형이 거의 허용되지 않기 때문에 잔류응력이 커지며 이로 인해 용접부가 터지는 경우가 있다.

또한 용접 잔류응력은 용접구조물의 피로강도를 저하시키거나, 취성파괴, 응력부식균열 등을 유발하며, 용접변형은 구조물의 치수나 형상 등 외관에 악영향을 끼친다. 따라서 용접 시공시 용접변형과 잔류응력을 최소화하기 위해서 많은 노력을 해야 한다.

3. 잔류응력 발생원인

금속에 따라 정도 차이는 있지만 모든 금속부재는 온도가 올라가면 팽창하고, 온도가 내려가면 수축한다. 이 이유 때문에 용접작업 시 잔류응력이 발생하는 것이다. 즉 용접작업 시 용융부위가 응고될 때 또는 열영향 부위가 냉각될 때 수축이 발생한다. 그러나 열영향을 받지 않은 모재는 열영향부가 수축되는 것을 방해한다. 따라서 열영향부는 인장응력이 발생하고 이것은 잔류응력으로 남게 된다.

예컨대 V형 맞대기 이음에서 다층 용접을 할 때 1층보다 2층의 용착금속이 많다. 즉 수축량이 2층 용접이 크기 때문에 2층 쪽을 향하여 부재가 휘게 된다. 휘는 정도는 이음의 종류에 따라 다르다. 일반적으로 V형 이음이 U, X, H형 이음보다 휘는 정도가 크다. 또한 판 두께보다는 용접 층수에 따라 영향을 많이 받는다.

용접작업 시 발생하는 잔류응력(residual stress)은 외적 구속여부, 용접입열, 판두께, 모재의 크기, 용접 순서 등과 같은 여러 인자에 의해 크게 영향을 받는다.

4. 잔류응력이 용접부에 미치는 영향

(1) 연성파괴

연성재료는 내부에 항복점에 가까운 잔류응력이 존재하여도 강도에는 그다지 큰 영향이 없다. 통상 잔류응력이 있는 물체에 외력을 가하면 그 부분은 소성변형을 시작하는데, 이 상태에서 외력을 제거하면 잔류응력이 크게 감소한다.

(2) 취성파괴

재료의 연성이 부족하여 거의 소성변형하지 않고 파괴되는 경우에는 잔류응력이 아주 크게 영향을 미친다. 즉 잔류응력이 클수록 더 낮은 응력하에서 재료가 파괴된다.

'로버트슨 시험'에 따르면 잔류응력은 취성 저지온도 이하에서만 취성파괴에 영향을 미친다. 따라서 잔류응력을 제거하지 않고 용접 구조물을 사용할 때에는 사용온도가 그 구조물의 취성 저지온도 이상이 되도록 해야 한다.

(3) 피로강도

연강의 용접이음에서 항복점에 가까운 정하중을 가하면 잔류응력은 크게 감소한다. 또한 반복하중을 가하는 경우에도 잔류응력을 어느 정도 감소시키기는 하지만, 가하는 응력이 항복점보다 훨씬 작은 경우로 반복되면 잔류응력은 크게 감소되지 않게 된다.

(4) 응력부식균열

잔류응력이 존재하면 부식이 촉진된다. 이것을 응력부식(Stress Corrosion)이라고 한다. 용접선 방향에서는 거의 항복점에 가까운 잔류 인장응력이 있는데 이것은 응력부식의 중요한 원인이 된다. 응력부식의 주요한 인자는 일반적으로 금속재료의 화학조성, 부식매질, 응력크기, 사용온도 등이다.
부식과정은 재료 중 부식 감수성이 큰 곳이 침식되어 노치가 형성되고, 이 곳에 응력집중이 가해져서 균열이 발생하며 이것이 반복되면 결국 재료가 파괴된다.

5. 잔류응력의 완화 방법

(1) 용접시공에 의한 잔류응력 완화법

① 용착금속의 양을 적게 하면 수축량이 적어지기 때문에 잔류응력이 경감된다. 따라서 이음 형상에 있어서 가능한 루트 간격을 적게 해야 한다.

② 잔류응력의 발생을 적게 하는 용접법을 선택한다. 일반적으로 비석법(스킵법, Skip)이 잔류응력을 가장 적게 발생시킨다. 그러나 전진법, 후퇴법, 대칭법 등은 용접선 방향에 거의 항복응력과 같은 크기의 잔류응력을 발생시킨다.

③ 용접 이음부를 50~150℃로 예열하면 용접 후 냉각속도가 완만하게 되어 잔류응력이 경감된다.

(2) 잔류응력 완화법(3가지)

① 응력 제거풀림(Stress Relief Annealing) : 잔류응력 제거법으로 가장 널리 쓰이는 방법이다. 이것은 용접물 전체를 노중에서 가열하거나 또는 국부적으로 가열한 후 서냉(노냉)하는 것이다. 예컨대 판두께 25mm 연강의 경우 600~650℃로 가열한 후 서냉하면 잔류응력이 제거된다.

② 피닝(Peening) : 구면상의 선단을 갖는 특수해머(Hammer)로 용접부(비드 및 비드주변)를 연속적으로 타격하여 표면층에 소성 변형을 주어, 용착부의 인장응력을 완화하는 방법이다. 통상 고온에서 피닝하는 것보다는 상온에서 피닝하는 것이 잔류응력을 완화시키는데 더 효과적이다.

③ 기계적 응력 완화법(Mechanical Stress Relief) : 잔류응력이 존재하는 구조물에 어떤 하중을 걸어 용접부를 약간 소성변형 시킨 후, 하중을 제거하면 잔류 응력이 현저하게 감소하는 현상을 이용하는 방법이다. 예컨대 용접선 방향에 인장하중을 가한 후 하중을 없애면 용접선 방향의 잔류응력이 완화된다.

6. 용접변형의 발생원인

(1) 모재의 영향

모재의 열팽창 계수가 크고, 열 전달이 잘되는 재료 일수록 용접부 변형이 빌생하기 쉬운 경향이 있다. 이러한 차이점은 탄소강(Carbon Steel)과 스테인리스강(Stainless Steel)의 용접부에서 쉽게 발견할 수 있는 현상으로, 열팽창이 큰 Stainless Steel 용접부는 Carbon Steel에 비해 더 큰 용접부 변형을 나타낸다.

(2) 용접부 형상의 영향

V형 이음에서는 각 변화가 한 방향에서만 일어나지만 X형 이음부에서는 뒷면 용접시 발생하는 각 변화가 반대 방향이므로 앞면 용접의 각 변화와 상쇄되어 전체적인 각 변형이 작게 된다.

(3) 용접 속도의 영향

용접 속도를 빠르게 하는 것이 각 변형을 방지하는데 효과적이다. 용접속도가 느릴수록 (용접부에) 전파되는 용접열이 많아지고, 속도가 빠를수록 적어지니까 진행이 빠를수록 변형이 적어진다.

(4) 고능률의 대입열 용접일수록 많은 용융금속이 발생하기 때문에 응고 수축에 의한 응력(변형)도 크게 작용한다. 따라서 용접부 변형을 최소화하기 위해서는 가능한 한 저입열의 용접방법으로 용접하는 것이 좋다.

7. 용접변형의 종류

용접치수 결함은 대부분 용접변형에 의해서 발생하는데 이러한 용접변형은 같은 평면에서 발생하는 면내변형과 다른 평면에서 발생하는 면외변형으로 나눌 수 있다. 이에 대해서 살펴보면 다음과 같다.

구분	그림	내용
판의 면내변형	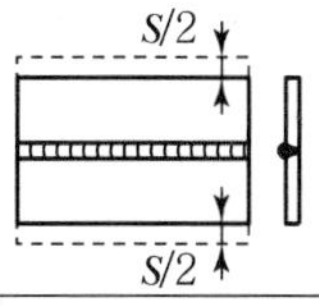 $S/2$, $S/2$	• 횡수축 : 용접선에 직각방향의 수축
	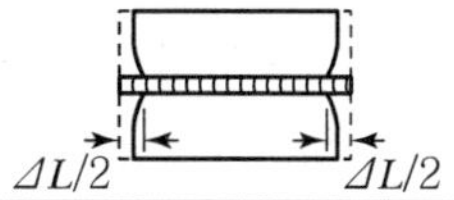 $\Delta L/2$, $\Delta L/2$	• 종수축 : 용접선 방향의 수축
	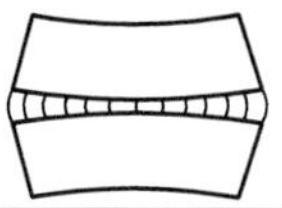	• 휨변형 : 판폭이 좁은 경우에 생기는 휨변형
판의 면외변형	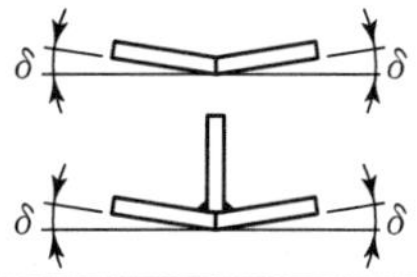 δ, δ, δ, δ	• 휨방향 휨변형(각변형) : 판두께 방향의 수축량의 차에 의한 힘
		• 종방향 휨변형 : 용접선이 단면의 중립축과 다르기 때문에 생기는 휨변형
		• 좌굴형식의 변형 : 박판에 생기는 좌굴응력에 의한 좌굴
		• 비틀림형식의 변형 : 교정은 매우 어려움

(1) 면내 변형에는 ① 횡수축(가로수축, 용접선의 직각방향 수축), 종수축(세로수축, 용접선 방향의 수축), 회전변형(맞대기 이음에서 용접이 진행됨에 따라 미 용접부의 홈 간격이 벌어지거나 좁혀지면서 발생하는 변형)이 있다.

(2) 면외 변형에는 ① 가로굽힘변형(각변형, 용접선 직각방향의 굽힘변형), ② 세로굽힘변형(용접선과 같은 방향의 굽힘 변형), 이 외에도 좌굴변형, 비틀림 변형 등이 있다.

8. 용접변형의 교정방법

(1) 냉간 가압법

실온에서 기계적인 힘을 가함으로써 변형을 교정하는 방법으로 판두께가 비교적 얇은 경우에 적용된다. 피닝법은 용접변형을 감소시킬 뿐만 아니라 잔류응력을 완화시키거나 용접균열을 방지하는 데에도 도움이 된다. 특히 용접 중 각 층마다 피닝을 행하는 경우 각변형을 제거할 수 있다.

(2) 가열 가압법

가열 가압법은 변형이 생긴 부분을 재료의 열간가공 온도까지 가열하여 변형을 교정하는 방법이다. 이때 가열온도는 재료에 따라 상이하지만 통상 연강의 경우 500~600℃ 정도가 적당한 열간 가공온도가 된다. 또한 연강의 경우 250~300℃의 구간에서는 청열취성이 발생하여 재료가 취약해지기 때문에 이 온도는 피해야 한다.

(3) 국부가열 냉각법

변형이 생긴 용접 부재를 국부적으로 가열하여 급랭시킴으로써 발생하는 인장응력을 이용하여 굽힘 변형을 교정하는 방법이다. 국부가열법에는 선 가열법과 점 가열법이 있다.

선 가열법은 가열 토치를 선상으로 이동시키면서 가열하는 방법으로서 가열부의 표면과 이면의 온도차를 이용해서 굽힘을 교정한다. 또한 점 가열법은 두께 6mm 이하인 박판의 굽힘 변형을 교정하는 데 사용된다.

9. 결론

용접작업 시 발생하는 잔류응력과 용접변형은 서로 반대로 움직이는 경우가 많다. 즉 변형을 적게 하면 잔류응력이 커지고, 반대로 잔류응력을 적게 하기 위해 자유로운 상태로 하면 변형의 발생이 커진다. 우리가 유념해야 할 것은 용접작업을 할 때 용접 수축 등으로 인한 변형을 남길 것인가 아니면 변형을 남기지 않고 잔류응력을 허용할 것인가는 해당 부재의 요구조건에 따라서 결정해야 하는 것이다.

예컨대 용접변형은 제품이나 구조물의 정밀도를 감소시키고 그 외관을 망칠뿐만 아니라, 때로는 인장강도, 피로강도 등에도 영향을 미친다. 잔류응력은 사용 중에 서서히 변형이 생기면 박판에 있어서는 국부좌굴을 후판은 취성파괴를 유발시킨다.

일반적으로 박판에서는 용접변형이 문제가 되고 후판에서는 잔류응력이 문제가 되므로 이에 대한 대책을 수립하여 용접을 실시하면 큰 무리가 없다.

58. 허용응력(許容應力)과 안전계수(安全係數)에 대해서 설명하시오.

해답

1. 허용응력(Allowable Stress)

기계나 구조물에 사용되는 재료의 최대 응력은 언제나 탄성한도 이하이어야만 하중을 가하고 난 후 제거했을 때 영구변형이 생기지 않는다. 기계의 운전이나 구조물의 작용이 실제적으로 안전한 범위 내에서 작용하고 있는 응력을 사용응력(Working Stress)이라 하고, 재료를 사용하는 데 허용할 수 있는 최대 응력을 허용응력이라 할 때 사용응력은 허용응력보다 작아야 한다.

사용응력 ≤ 허용응력 ≤ 탄성한도

2. 안전율(Safety Factor)

안전율은 응력계산 및 재료의 불균질 등에 대한 부정확을 보충하고 각 부분의 불충분한 안전율과 더불어 경제적 치수결정에 대단히 중요한 것으로서 다음과 같이 표시된다.

$$S=\frac{\text{최대응력}(\sigma_u)}{\text{허용응력}(\sigma_a)}=\frac{\text{항복응력}(\sigma_y)}{\text{허용응력}(\sigma_a)}$$

안전율을 크게 잡을수록 설계의 안정성은 증가하나 그로 인해 기계·구조물의 중량이 무거워지고, 재료·공사량 등이 불리해지므로 최적 설계를 위해서 안전율은 안전성이 보장되는 한 가능한 작게 잡아야 한다.

안전율이나 허용응력을 결정하려면 재질, 하중의 성질, 하중과 응력계산의 정확성, 공작방법 및 정밀도, 부품형상 및 사용 장소 등을 고려하여야 한다.

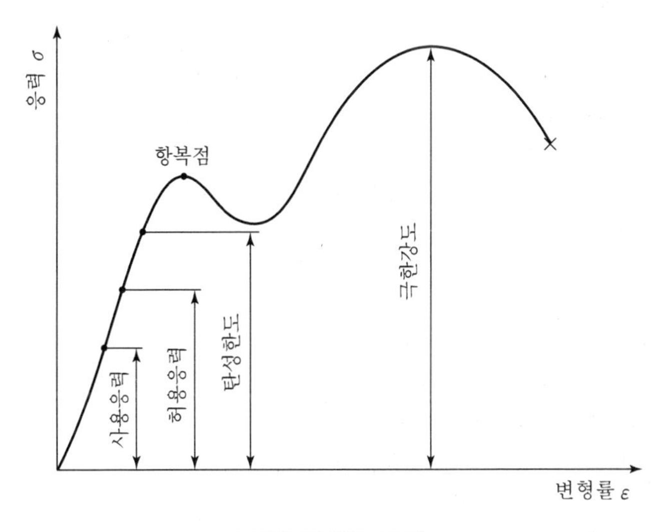

[응력-변형률 선도]

59. 기계설비 재해의 물적 원인 및 인적요인에 대해 기술하시오.

● 해답

1. 개요

제조업이나 건설업 등 산업현장에서 발생하는 전체 재해 중 강풍, 폭우 등으로 인한 천재(2%)를 제외한 나머지 98%의 재해는 직접원인인 근로자의 불안전한 행동(88%)이나 기계설비, 작업장 통로 등의 불안전한 상태(10%)에 기인하여 재해가 발생하고 있다.

이처럼 재해의 절대 다수는 근로자의 불안전행동과 기계설비의 불안전상태에 기인하여 재해가 발생하고 있는 실정이다. 따라서 근로자의 불안전한 행동과 기계설비의 불안전한 행동으로 인한 재해를 예방할 수만 있다면 모든 재해는 예방이 가능한 것이다.

사고발생 시 동종, 유사사고의 재발을 방지하기 위해서 사고의 직접원인을 제거하는 것도 중요하지만 그 이면에 있는 사고의 간접원인을 제거하지 못하면 동일 유형의 사고는 언제든지 재발할 수 있으므로 사고의 간접원인을 반드시 제거해야 하는 것이다.

2. 재해의 물적 원인

(1) 제조업이나 건설업 등의 작업현장에는 근로자를 위협하는 불안전 상태에 있는 위험요소들이 굉장히 많이 있으나 이 중에서 대표적인 사례를 적어보면 다음과 같다.

① 기계설비의 설계결함 또는 잦은 고장
② 방호장치의 안전장치가 작동되지 않음
③ 인화성물질 등 위험물질의 보관상태 불량
④ 풀프루프, 페일세이프 등 근원적 안전화 미흡
⑤ 설비 등 기계기구의 점검 불량

(2) 기계설비를 설계하거나 제작할 때에 풀프루프 또는 페일세이프와 같은 안전기능을 부가하여 근로자가 다소 불안전한 행동을 하거나 기계설비에 고장이 발생하더라도 이것이 사고(재해)로 이어지지 않도록 해야 한다. 즉 근원적으로 기계설비의 안전성을 확보하여 재해로부터 근로자를 보호해야 한다. 그러나 현실적으로 기술의 한계, 경제적인 이유 등으로 인해서 실현이 불가능할 경우가 있다. 이때에는 차선책으로 위해위험기구에 방호조치를 취해야 하고 이것마저도 불가능할 경우에는 마지막 소극적인 안전대책으로 근로자에게 보호구를 착용시킴으로써 기계설비 등 물적인 원인으로 인한 재해를 예방한다.

3. 재해의 인적 원인

(1) 제조업이나 건설업 등의 작업현장에는 근로자들이 흔히 범하는 불안전한 행동은 많이 있으나 이 중에서 대표적인 사례 몇 가지를 적어보면 다음과 같다.

① 보호구를 착용하지 않거나 불량하게 착용하는 경우
② 작업불편을 이유로 방호장치를 임의 해체하는 경우
③ 작업표준이나 작업절차를 지키지 않는 경우
④ 출입금지 지역에 대한 임의 출입

⑤ 불안전한 작업 자세나 작업동작

(2) 근로자들이 불안전한 행동을 하는 주된 이유는 작업의 위험에 대한 지식의 부족, 안전하게 작업을 수행할 수 있는 기능 부족, 그리고 안전에 대한 태도(의식) 부족이며 마지막으로 인간의 특성인 휴먼에러이다. 따라서 안전교육을 실시할 때는 지식, 기능, 태도교육에 역점을 두어야 하고 또한 교육을 통해서 휴먼에러를 예방할 수 있도록 해야 한다.

(3) 미국의 심리학자 레윈은 인간의 행동특성으로 $B=f(P \cdot E)$를 제시하였다. 이것의 의미는 인간의 행동(Behavior)은 사람(Person)과 환경(Environment)의 함수(Function)라는 것을 의미한다.
즉 인간의 불안전한 행동은 인적요인과 외적요인이 결합하여 발생한다는 것이다.
① 인적요인에는 근로자의 착오, 착각, 망각, 생략행위, 억측판단, 주변적 동작, 무의적 행동 등에 의한 심리적 요인이 있고, 또한 과로, 피로, 수면부족, 질병 등 생리적 요인, 그리고 직장 내 인간관계, 의사소통 등 직장적 요인이 있다.
② 외적(물적)요인에는 설비유지관리문제 등 설비적 요인, 작업자세, 작업속도, 작업강도, 작업자의 온습도, 조명, 먼지, 소음 등 작업적 요인과, 교육훈련이나 작업적성 배치의 부적정 또는 관리감독의 부적합 등 관리적 요인이 있다.

4. 결론

실제 재해가 발생하였을 경우 근로자의 불안전한 행동만으로 또는 기계설비의 불안전한 상태만으로 재해가 발생하는 경우는 극히 드물고 대부분의 재해는 이 두 가지가 겹쳐지면서 사고가 발생되고 있다. 따라서 사고방지를 위해서는 불안전한 행동과 불안전한 상태를 분리해서 대책을 수립하면 안 되고 이 둘을 통합하여 사고예방 대책을 수립해야 한다.
즉, 근로자의 불안전한 행동과 기계설비의 불안전한 상태에 기인한 재해를 예방하기 위해서는 3E 대책과 4M의 문제점을 개선함으로써 가능하다.

(1) 산업재해의 직접원인을 자세히 들여다보면 그 이면에는 간접원인(2차 원인, 기초원인)이 문제가 되어 재해가 발생하고 있다는 것을 알 수가 있다. 3E, 즉 기술적(Engineering), 교육적(Education), 관리적(Enforcement)인 문제로 인해서 재해가 발생하고 있다.
① 기술적 대책은 기계설비 등에 대하여 기술표준이나 작업표준 등을 정하고 그것을 활용하는 것이며,
② 교육적 대책은 기술, 지식 등을 이해시키고, 그 사용방법을 숙련시키는 것이고,
③ 관리적 대책은 전사원이 안전보건방침에 따라 안전활동을 수행할 수 있도록 근로자의 불안전한 행동 등 규제할 사항에 대해서는 규제를 하고 또한 장려할 사항에 대해서는 적극적으로 인센티브를 부여하는 등의 관리활동을 펼치는 것이다.

(2) 또한 재해예방을 위해서는 재해의 직접원인인 불안전한 행동과 불안전한 상태를 관리해야 하는데 이것은 결국 직접원인에 이르기 전 단계인 기본원인을 관리하는 것이다. 기본원인도 인적, 물적 두 가지 요인으로 나눌 수 있지만 크게 4M을 관리하면 된다. 이때에 4개의 M은 각각이 직접원인인 불안전한 행동이나 불안전한 상태 어느 것에 대해서도 원인이 된다는 것을 알 수 있다. 4M은 Man(인간), Machine(기계설비), Media(작업의 방법, 정보 등), Management(관리상 요인)의 문제점을 발굴하여 개선해야 한다.

60. 둥근톱 기계에서 발생될 수 있는 재해의 종류 및 방호조치의 종류에 대해 기술하시오.

해답

1. 개요

목재공장(제재소)이나 건설현장 등에서는 목재를 가공하기 위해서 목재가공 둥근톱을 사용한다. 이것은 원판의 원주에 톱니를 만들고 모터에 연결해서 목재를 절단하는 기계이다. 목재가공 둥근톱은 산업안전보건법에 규정된 위험기계기구 중 하나로서 재해를 예방하기 위해서는 날접촉예방장치, 반발방지장치 등과 같은 방호장치를 설치하고 사용해야 한다.

2. 재해발생유형

목재가공 둥근톱 작업 시 발생하는 재해의 종류는 많이 있지만, 이 중 다빈도 재해유형에 대해서 살펴보면 다음과 같다.

① 작업자의 손가락 등 신체의 일부가 톱날에 직접 접촉하여 발생하는 재해
② 톱날의 후면에서 가공재가 반발하면서(목재와 톱날이 간섭하면서) 튀어 올라 당해 작업자 및 주위 작업자를 가격하여 발생하는 재해
③ 작업자가 장갑을 착용하여 회전하는 톱날에 손이 말려들어가는 재해
④ 톱날이 정상속도를 내기 전에 작업을 시작하여 톱날의 파손으로 인한 재해

3. 목재가공시 작업안전수칙

① 날접촉예방장치 및 반발예방장치를 부착한다.(임의해체 금지)
② 손이 말려들 위험이 있는 장갑은 착용하지 않는다.
③ 작업 테이블의 높이는 작업자에게 적당하도록 조정한다.
④ 작업시작 전 톱날을 공회전시켜 이상 유무를 확인한다.
⑤ 톱날의 회선속노는 너무 빠르서나 느리게 하지 않는다.
⑥ 가공재의 이송속도는 너무 빠르게 하지 않는다. 특히 마디나 옹이 등이 있는 부분의 작업 시에는 더 천천히 이송한다.
⑦ 두께가 얇은 가공재는 압목(누름목, 누름봉 등) 등을 이용하여 작업한다.

4. 날접촉예방장치

가공재의 끝부분 등을 재단하거나 톱날 근처에서 톱밥 제거 등의 청소를 할 때 손가락 등 신체의 일부가 톱날에 접촉되어 절단 재해 등이 발생한다. 이들 재해를 예방하기 위해서 만들어진 것이 바로 날접촉예방장치인데 여기에는 가동식과 고정식이 있다.

1) 가동식 날접촉예방장치

가공재의 두께에 따라 조정이 가능

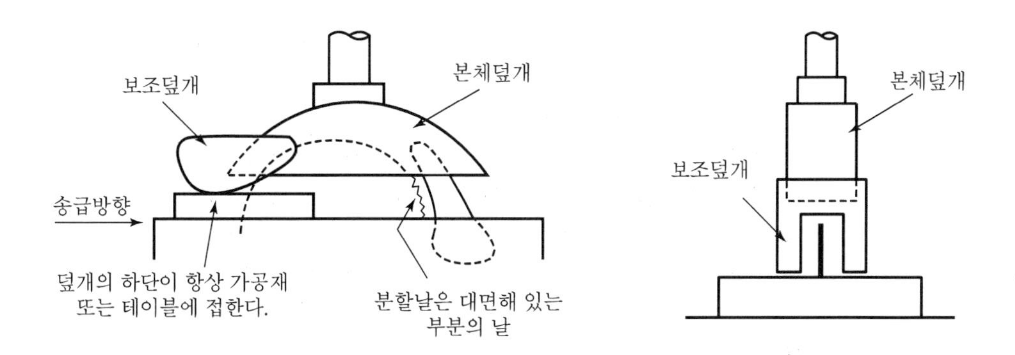

가공재를 송급하면 그 두께만큼 덮개가 올라가 덮개의 하단이 가공재의 상면에 접하게 되고, 송급이 종료되면 덮개의 하단이 테이블과 맞닿게 된다. 즉 어떠한 경우에라도 덮개의 하단이 항상 가공재 또는 테이블에 접하게 되기 때문에 작업자의 손이 톱날과 접촉할 수 없게 된다.

※ 설치기준 및 사용 시 주의사항

① 절단에 필요한 날부분 이외의 날은 항상 자동적으로 덮을 수 있는 구조가 되어야 한다. 이를 위해 본체 덮개는 상하 높이 조정이 가능해야 한다.

② 앞부분에 설치된 보조덮개는 작업자의 손이 톱날에 접근할 때 먼저 보조덮개에 접촉함으로써 작업자가 위험을 예지할 수 있도록 해야 한다. 또한 작업자가 톱날을 볼 수 있도록 보조덮개에 홈을 만들어 놓아야 한다.

③ 송급이 완료될 즈음에는 밀대 등 수공구를 사용한다.

④ 진동, 충격에 충분히 견딜 수 있는 강도를 가져야 한다.

2) 고정식 날접촉예방장치

얇은 가공재 절단 시 고정하여 사용

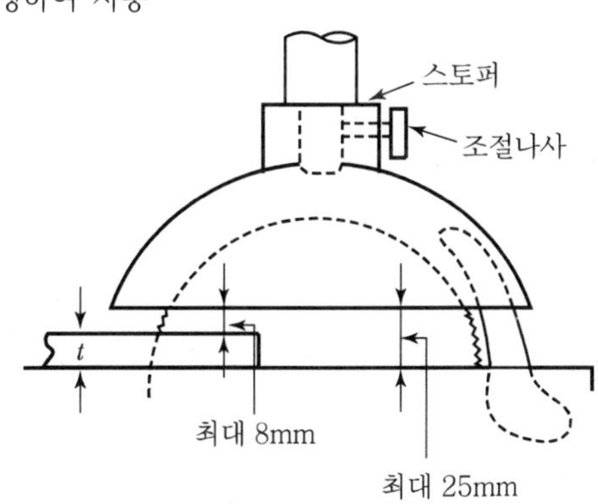

- 비교적 얇은 가공재(최대 25mm)를 절단할 때 사용하는 것으로 본체 덮개는 테이블 위의 일정한 위치에 조절나사로 고정된다. 또한 가동식에 있는 보조덮개가 없기 때문에 송급저항이 적고, 가공재의 표면이 상처를 입지 않는다.
- 반면 가공재를 송급하지 않을 때 덮개하단과 테이블상면 사이의 톱날이 노출되어 있기 때문에

덮개하단과 테이블 상면 사이의 간격은 25mm로 제한하고 있다.(25mm 위치에 stopper 설치)

※ 설치기준 및 사용 시 주의사항

① 덮개 하단과 가공재 상면 사이는 손가락이 들어가지 못하도록 8mm 이하로 제한한다.(가공재의 두께가 달라질 경우 그 때마다 덮개의 높이를 조정해야 한다)

② 덮개 하단과 테이블과의 사이는 25mm 이하가 되도록 한다.

③ 진동, 충격에 충분히 견딜 수 있는 강도를 가져야 한다.

5. 반발예방장치

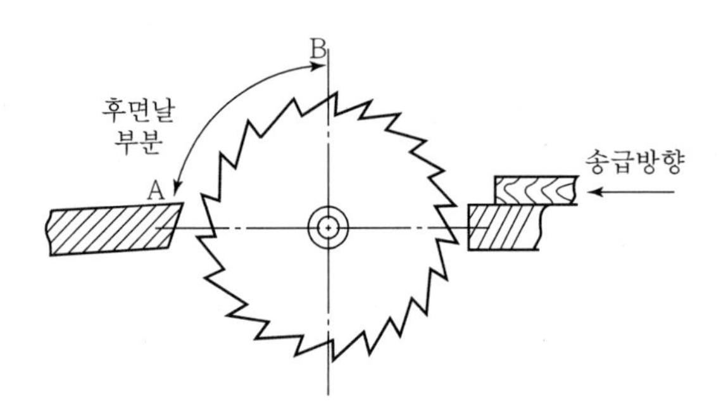

[톱의 뒷날부분(A~B)]

목재를 가공할 때 톱의 후면날 부분(톱의 뒷날 부분)에서는 가공재의 홈 부분이 후면날을 조이게 되고 이로 인해서 가공재가 서로 반발하게 된다.

또한, 톱날의 회전에 의해 가공재에는 아래에서 위로 밀어 올리는 힘이 작용하고 있기 때문에 들뜨려고 한다. 따라서, 가공재가 홈을 기준으로 서로 반발하면서 튀어 올라 당해 근로자 및 주변 근로자를 가격하는 재해가 발생한다.

이와 같이 가공재와 후면날과의 간섭을 방지하고자 설치하는 것이 반발예방장치인데 그 종류에는 분할날, 반발방지롤, 반발방지장치가 있다.

1) 분할날

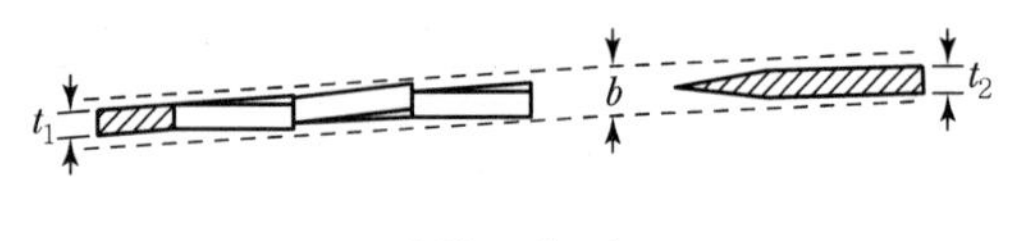

$$1.1l_1 \leq l_2 < b$$

[톱날과 분할날의 관계]

$$b_1 > b > b_2$$

$$\frac{1}{2}b_2 \leq b_2$$

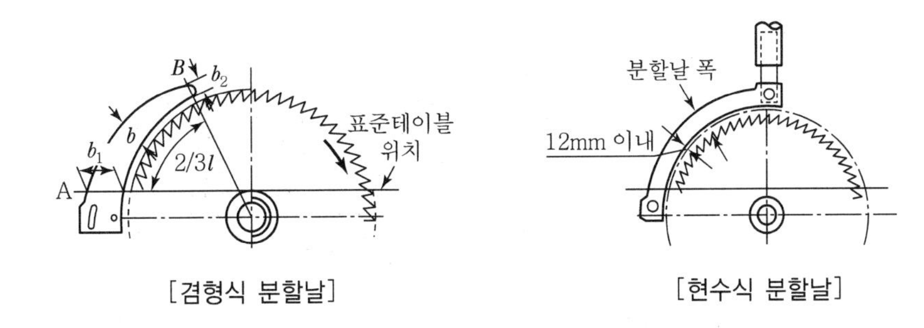

[겸형식 분할날] [현수식 분할날]

분할날은 절삭된 가공재의 홈 사이로 들어가면서 쐐기작용을 하여 가공재가 톱날을 조이지 않게 하는 것이다. 이것은 한쪽만을 고정하는 겸형식 분할날과 양단을 고정하는 현수식 분할날이 있다.

※ 설치기준 및 사용 시 주의사항

① 분할날의 두께는 사용하는 톱날 두께의 1.1배 이상이 되어야 하고, 또한 톱날의 치진폭 이하가 되어야 한다.(치진폭보다 크게 되면 전면날이 자르기 전에 쐐기작용이 발생함)

$1.1t_1 \le t < b$ (단, t_1 : 톱날의 두께, t : 분할날의 두께, b : 톱날의 치진폭)

② 분할날은 둥근톱 후면날 부분의 $\frac{2}{3}$ 이상을 덮어야 하고, 후면날과의 간격은 12mm 이내가 되어야 한다.

③ 톱날직경이 610mm 이상인 경우 안전을 위해서 양단을 고정하는 현수식 분할날을 사용한다.

④ 분할날은 쉽게 변형되지 않도록 충분한 강도가 있어야 하며, 설치부는 조절이 가능한 구조이어야 한다.

2) 반발방지롤

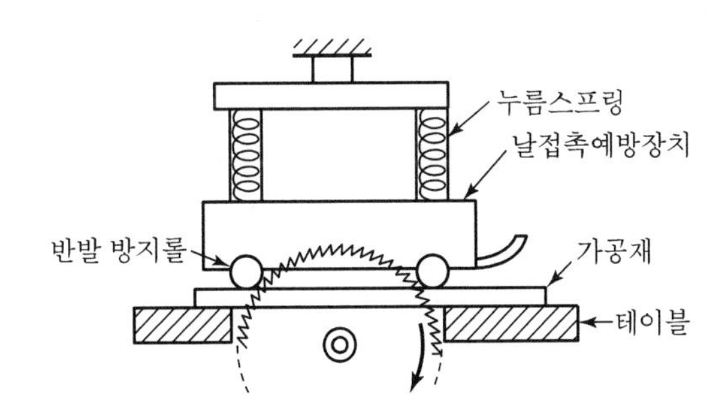

가공재가 톱날의 후면에서 들뜨려고 할 때 이를 방지하기 위하여 롤을 설치하고 스프링으로 누르는 것이다.

- 통상 반발방지롤은 날접촉예방장치의 본체에 설치된다.
- 가공재의 상면을 누르는 힘에 제약을 받기 때문에 톱날의 직경이 405mm가 넘는 둥근톱 기계에서는 사용하지 말아야 한다.

3) 반발방지장치

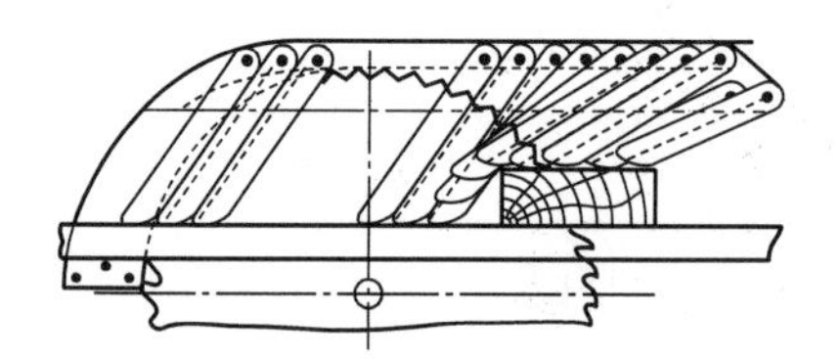

가공재가 톱날의 후면에서 들뜨려고 할 때, 조(爪, 손톱)가 톱날과 가공재 사이의 홈으로 물려 들어가 쐐기 작용을 함으로써 가공재가 날 후면에서 톱날을 조이지 않게 하는 것이다. 조를 제작할 때에는 물려 들어가기 쉬운 형상으로 만들어야 한다.

6. 목재가공용기계의 안전조치

1) 안전담당자의 지정·운영

목재가공용 기계를 5대 이상 보유 시에는 안전담당자를 지정 · 운영하여야 하며, 안전담당자의 직무는 다음과 같다.

① 목재가공용 둥근톱 기계를 취급하는 작업을 지휘하는 일
② 목재가공용 둥근톱 기계 및 그 방호장치를 점검하는 일
③ 목재가공용 둥근톱 기계 및 그 방호장치의 이상발견시 보고 및 필요한 조치를 취하는 일
④ 작업 중 지그 및 공구 등의 사용상황을 감독하는 일

2) 목재가공용기계의 작업안전수칙 준수

① 작업시작 전 기계를 공회전시켜 이상 유무를 확인한다.
② 작업테이블의 높이는 적정하게 조절한다.
③ 날접촉예방장치 및 반발예방장치를 부착한다.
④ 기계의 정면에 서지 않는다.
⑤ 톱니에 말려들 위험이 있는 장갑을 착용하지 않는다.
⑥ 두께가 얇은 것 등 작은 가공재를 절단할 때에는 압목(누름봉 등)이나 적당한 도구를 사용한다.
⑦ 회전속도는 너무 빠르거나 너무 느리게 하지 않는다.
⑧ 재료의 이송속도는 너무 빠르게 하지 않는다.
⑨ 마디, 옹이가 있는 부분의 작업 시에는 가공재를 천천히 이송한다.

7. 결론

목재가공용 둥근톱 작업 시 발생하는 재해는 날접촉예방장치, 반발예방장치만으로도 거의 대부분의 재해를 예방할 수 있다. 그러나 이들 방호장치는 마치 몸에 좋은 약이 입에 쓰다는 말이 있듯이 작업에 있어 약간의 불편함을 초래할 수 있다. 따라서 엔지니어는 지속적인 기술개발을 통해 작업에 전혀 불편함을 초래하지 않는 그런 방호장치를 개발할 수 있도록 노력해야 한다.

61. 캠구동 제한스위치(Cam Operated Limit Switch Interlock)는 인터록시스템에 매우 효과적이다. 인터록스위치는 포지티브모드(Positive Mode)에서 작동하게 되어 있으며 네거티브모드(Negative Mode)에서의 작동은 허용되지 않는 이유에 대해 작동원리를 도식하여 설명하시오.

해답

처음 열쇠를 돌리면 기계적으로 가드를 닫게 하고 계속 돌리면 전기스위치를 작동시켜 안전회로를 구성하는 인터록(Positive Mode 작동, Negative Mode 불가)

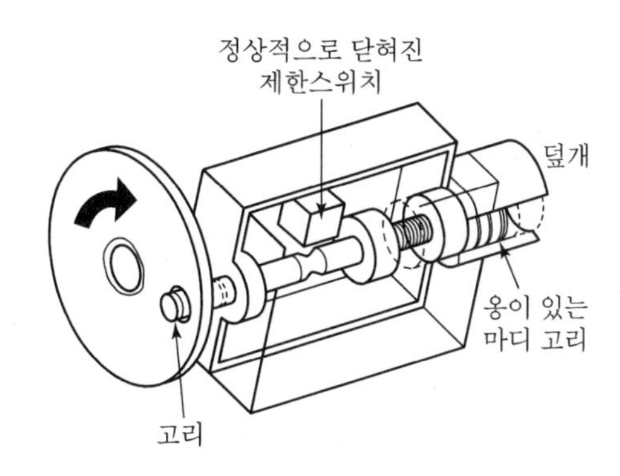

62. 공기압축기 작업시작에 앞서 점검사항에 대해 기술하시오.

해답

□ 공기압축기 작업시작 전 점검사항

1. 공기저장 압력용기의 외관상태 이상 여부
2. 언로드밸브(Unloading Valve)의 기능이 정상 작동되는지 여부
3. 탱크 하부의 드레인 밸브의 조작 및 배수
4. 공기저장 압력용기의 안전밸브(압력방출장치) 기능, 윤활유 상태 등
5. 회전부의 덮개 또는 울, 그 밖의 연결부위의 이상유무
6, 그 밖의 연결부위의 이상 유무

63. 목재가공용 둥근톱 기계의 방호장치 2종류를 제시하고, 설치요령을 설명하시오.

● 해답

1. 톱날접촉예방장치의 구조

(1) 둥근톱 기계의 톱날접촉예방장치(안전보건규칙 제106조)
목재가공용 둥근톱 기계(휴대용 둥근톱을 포함하되, 원목제재용 둥근톱 기계 및 자동이송장치를 부착한 둥근톱 기계를 제외한다)에는 톱날접촉예방장치를 설치하여야 한다.

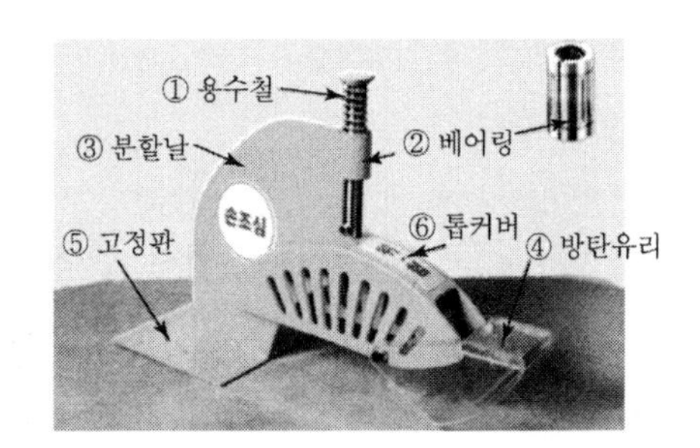

(2) 고정식 접촉예방장치
박판가공의 경우에만 사용할 수 있는 것이다.

(3) 가동식 접촉예방장치
본체덮개 또는 보조덮개가 항상 가공재에 자동적으로 접촉되어 톱니를 덮을 수 있도록 되어 있는 것이다.

2. 반발예방장치의 구조 및 기능

(1) 둥근톱 기계의 반발예방장치(안전보건규칙 제105조)
목재가공용 둥근톱 기계(가로절단용 둥근톱 기계 및 반발에 의하여 근로자에게 위험을 미칠 우려가 없는 것은 제외한다)에 분할날 등 반발예방장치를 설치하여야 한다.

(2) 분할날(Spreader)
① 분할날의 두께

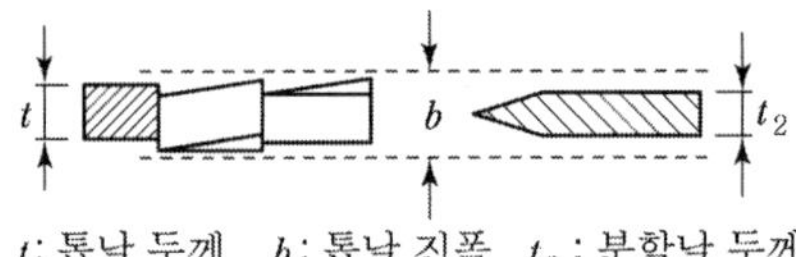

t: 톱날 두께 b: 톱날 진폭 t_2: 분할날 두께

분할날의 두께는 톱날 두께 1.1배 이상이고 톱날의 치진폭 미만으로 할 것

$1.1t_1 \le t_2 < b$

② 분할날의 길이

$$l=\frac{\pi D}{4}\times\frac{2}{3}=\frac{\pi D}{6}$$

③ 톱의 후면 날과 12mm 이내가 되도록 설치함
④ 재료는 탄성이 큰 탄소공구강 5종에 상당하는 재질이어야 함
⑤ 표준 테이블 위 톱의 후면날 2/3 이상을 커버해야 함
⑥ 설치부는 둥근톱니와 분할날과의 간격 조절이 가능한 구조여야 함
⑦ 둥근톱 직경이 610mm 이상일 때의 분할날은 양단 고정식의 현수식이어야 함

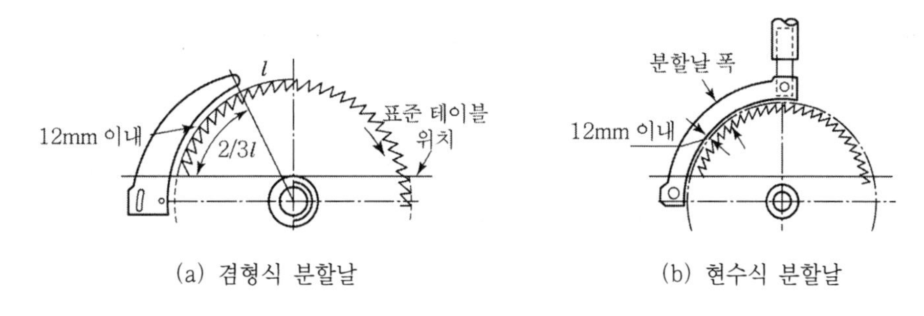

(a) 겸형식 분할날 (b) 현수식 분할날

[둥근톱 분할날의 종류]

(3) 반발방지기구(Finger)

① 가공재가 톱날 후면에서 조금 들뜨고 역행하려고 할 때에 가공재면 사이에서 쐐기작용을 하여 반발을 방지하기 위한 기구를 반발방지기구(Finger)라고 한다.
② 작동할 때의 충격하중을 고려해서 일단 구조용 압연강재 2종 이상을 사용
③ 기구의 형상은 가공재가 반발할 경우에 먹혀 들어가기 쉽도록 함
④ 일명 '반발방지 발톱'이라고 부르기도 한다.

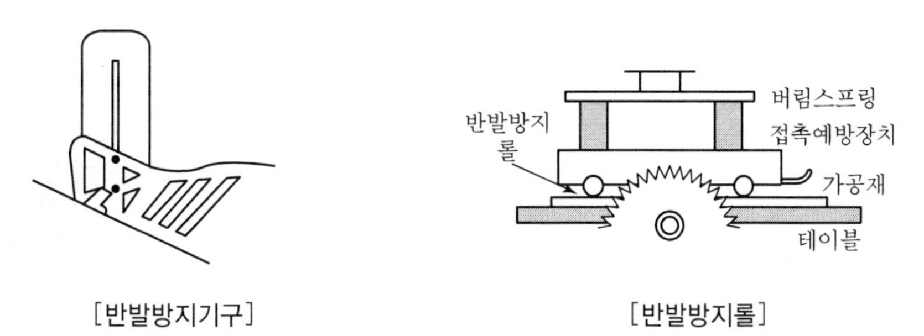

[반발방지기구] [반발방지롤]

(4) 반발방지롤(Roll)

① 가공재가 톱 후면에서 들뜨는 것을 방지하기 위한 장치를 말함
② 가공재의 위쪽 면을 언제나 일정하게 누르고 있어야 함
③ 가공재의 두께에 따라 자동적으로 그 높이를 조절할 수 있어야 함
④ 가공재를 충분히 누르는 강도를 갖추어야 함

(5) 보조안내판

주안내판과 톱날 사이의 공간에서 나무가 퍼질 수 있게 하여 죄임으로 인한 반발을 방지하는 것

(6) 반발예방장치의 설치요령

① 분할날에 대면하고 있는 부분과 가공재를 절단하는 부분 이외의 톱날을 덮을 수 있는 구조로 날 접촉 예방장치를 설치할 것

② 목재의 반발을 충분히 방지할 수 있도록 반발방지기구를 설치할 것

③ 두께가 1.1mm 이상이 되게 분할날을 설치할 것(톱날과의 간격 12mm 이내)

④ 표준 테이블 위의 톱 후면 날을 2/3 이상 덮을 수 있도록 분할날을 설치할 것

64. 타워크레인(T형 기준)의 주요 안전장치 중 5가지를 설명하시오.

해답

□ 크레인의 방호장치

사업주는 양중기에 과부하방지장치, 권과방지장치(捲過防止裝置), 비상정지장치 및 제동장치, 그 밖의 방호장치[(승강기의 파이널 리미트 스위치(Final Limit Switch), 조속기(調速機), 출입문 인터 록(Inter Lock) 등을 말한다]가 정상적으로 작동될 수 있도록 미리 조정해 두어야 한다.
(안전보건규칙 제134조)

1. 권과방지장치

양중기에 설치된 권상용 와이어로프 또는 지브 등의 붐 권상용 와이어로프의 권과를 방지하기 위한 장치이다. 리밋스위치를 사용하여 권과를 방지한다.

2. 과부하방지장치

하중이 정격을 초과하였을 때 자동적으로 상승이 정지되는 장치

3. 비상정지장치

작업자가 기계를 잘못 작동시킨 경우 등 어떤 불의의 요인으로 기계를 순간적으로 정지시키고 싶을 때 사용하는 정지버튼

4. 브레이크장치

운동체와 정지체의 기계적 접촉에 의해 운동체를 감속 또는 정지상태로 유지하는 기능을 가진 장치를 말한다.

5. 훅해지장치

훅걸이용 와이어로프 등이 훅으로부터 벗겨지는 것을 방지하는 방호장치

CHAPTER 03 기계공작법, 재료역학 및 기계설계

01. 재료에 크리프(Creep) 현상에 대해 그림을 그리고, 단계별로 설명하시오.

해답

1. 개요
금속이나 합금에 외력이 일정하게 계속될 경우 온도가 높은 상태에서는 시간이 경과함에 따라 연신율이 일정한도 늘어나다가 파괴된다. 구조물의 파괴를 방지하기 위한 재료시험의 하나이다.

2. Creep
금속재료를 고온에서 긴 시간 외력을 걸면 시간이 경과됨에 따라 서서히 변형이 증가하는 현상을 말한다. 응력이 작은 σ_1, σ_2의 경우 변형은 짧은 시간 조금 상승 후 일정치가 되고 σ_3나 σ_4에서는 변형이 조금 많아진다. 그러나 σ_5에서는 변형이 갑자기 커져 파괴가 되고 크리프가 정지되며 크리프율이 "0"이 된다.

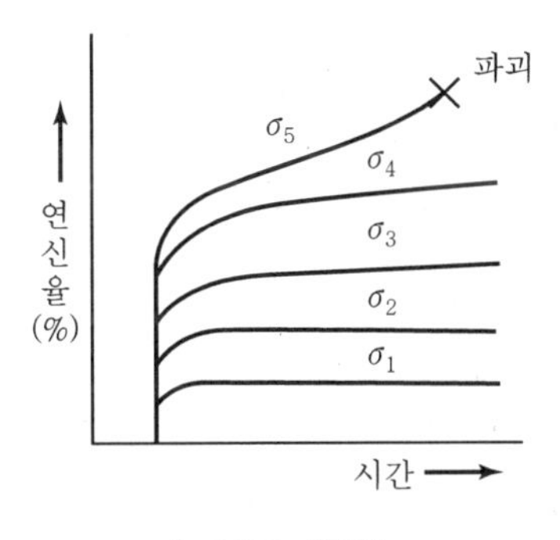

[크리프 현상]

3. 크리프 한도
크리프가 정지하여 크리프율이 "0"이 되는 응력의 한도를 말한다.

4. 크리프 시험
크리프 한도를 구하는 시험

5. 크리프 단위
kg/mm^2(인장응력과 동일한 단위)

02. 안전계수(Safety Factor)의 식을 쓰고, 안전율의 선정 시 고려해야 하는 사항을 설명하시오.

해답

1. 안전율(Safety Factor)

안전율은 응력계산 및 재료의 불균질 등에 대한 부정확을 보충하고 각 부분의 불충분한 안전율과 더불어 경제적 치수결정에 대단히 중요한 것으로서 다음과 같이 표시된다.

$$S = \frac{\text{최대응력}(\sigma_u)}{\text{허용응력}(\sigma_a)} = \frac{\text{항복응력}(\sigma_y)}{\text{허용응력}(\sigma_a)}$$

안전율을 크게 잡을수록 설계의 안정성은 증가하나 그로 인해 기계·구조물의 중량이 무거워지고, 재료·공사량 등이 불리해지므로 최적 설계를 위해서 안전율은 안전성이 보장되는 한 가능한 작게 잡아야 한다.

2. 안전계수 선정 시 고려사항

안전율이나 허용응력을 결정하려면 재질, 하중의 성질, 하중과 응력계산의 정확성, 공작방법 및 정밀도, 부품형상 및 사용 장소 등을 고려하여야 한다.

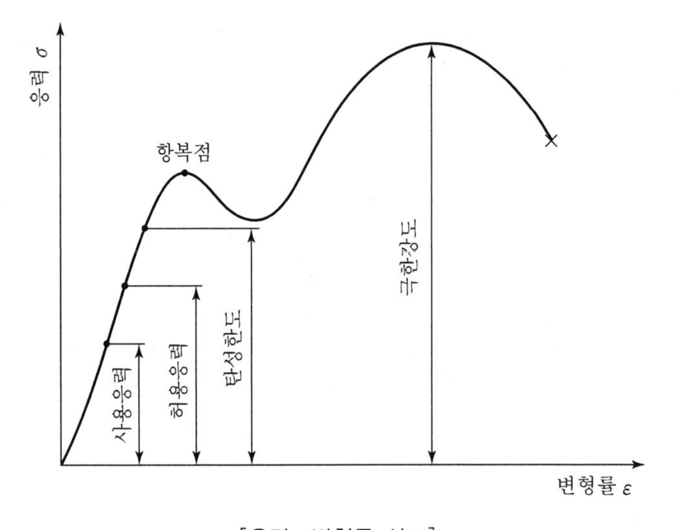

[응력-변형률 선도]

03. 액체침투탐상검사(LPT : Liquid Penetrant Testing) 방법 5단계를 설명하시오.

● 해답

□ 액체침투탐상검사(LPT ; Liquid Penetrant Testing)

1. 전처리
   시험체의 표면을 침투탐상검사를 수행하기에 적합하도록 처리하는 과정으로 침투제가 불연속 속으로 침투하는 것을 방해하는 이물질 등을 제거

2. 침투처리
   시험체에 침투제(붉은색 혹은 형광색)를 적용시켜 표면에 열려있는 불연속부속으로 침투제가 충분하게 침투되도록 하는 과정

3. 세척처리(침투제 제거)
   침투시간이 경과한 후 불연속 내에 침투되어 있는 침투제(유기용제, 물)는 제거하지 않고 시험체에 남아있는 과잉침투제를 제거하는 과정

4. 현상처리
   세척처리가 끝난 후 현상제(흰색 분말체)를 도포하여 불연속부 안에 남아있는 침투제를 시험체 표면으로 노출시켜 지시를 관찰

5. 관찰 및 후처리
   - 관찰 : 정해진 현상시간이 경과되면 결함의 유무를 확인하는 것
   - 후처리 : 시험체의 결함모양을 기록한 후 신속하게 제거하는 것

   표면 아래에 있는 불연속은 검출할 수 없고 표면이 거칠면 만족할 만한 시험결과를 얻을 수 없다.

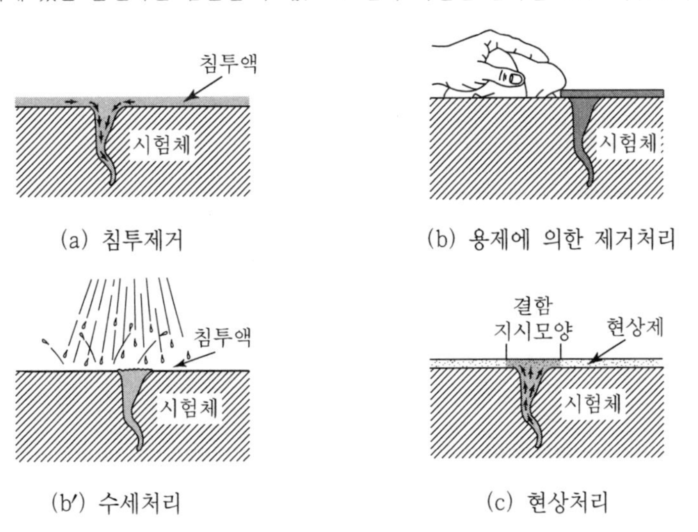

[침투탐상시험에 의한 결함지시모양의 형성 프로세스]

04. 기계 · 기구 등에 체결된 볼트와 너트의 이완방지방법 5가지를 설명하시오.

해답

결합용 나사의 리드각은 나사면의 마찰각보다 작게 하여 자립의 상태를 유지할 수 있도록 설계 · 제작하여 사용하고 있으나, 운전 중 진동과 충격 등에 의하여 볼트가 풀어지는 경우가 많아 이것을 방지하기 위한 방법이다.

1. 로크 너트의 사용
   2개의 너트를 사용하여 서로 죄여 너트 사이를 미는 상태로 하여 외부에서의 진동이 작용해도 항상 하중이 작용하고 있는 상태를 유지하는 방법

2. 분할핀을 사용
   볼트, 너트에 구멍을 뚫고 분할핀을 끼워 너트를 고정시키는 방법

3. 세트 나사의 사용
   너트의 옆면에 나사 구멍을 뚫어서 여기에 세트나사(Set Screw)를 끼워 볼트 나사부를 고정시키는 방법

4. 특수 와셔를 사용
   스프링 와셔, 혀달림 와셔(Tang Washer), 폴 와셔 등을 끼워 너트가 자립조건을 만족시키게 하는 방법

5. 나일론, 테프론 등의 와셔
   볼트 또는 너트와 부품 사이의 마찰력을 나사부의 마찰력보다 작게 한다.

05. 기계공작에서 비절삭가공 중 소성가공의 종류, 특징, 위험요인에 대하여 설명하시오.

해답

1. 소성과 소성변형

(1) 소성(Plasticity)

재료를 파괴시키지 않고 영구히 변형시킬 수 있는 성질

(2) 소성변형(Plastic Deformation)

고체를 당기는 힘이 탄성한도를 초과하면 늘어나는 것이 탄성변형의 경우보다 많이 증가하여 당기는 힘을 제거해도 처음의 길이로 되돌아가지 않고 늘어난 것이 일부 남아 있게 된다. 이와 같이 탄성한도 이상의 힘을 가하여 변형시키는 것을 소성변형이라 한다.

(3) 소성가공(Plastic Working)

소성가공은 금속이나 합금에 소성 변형을 하는 것으로 가공 종류는 단조, 압연, 선뽑기, 밀어내기 등이 있으며 금속이나 합금에 소성가공을 하는 목적은 다음과 같다.

① 금속이나 합금을 변형하여 소정의 형상을 얻는다.
② 금속이나 합금의 조직을 깨뜨려 미세하고 강한 성질로 만든다.
③ 가공에 의하여 생긴 내부 변형을 적당히 남겨 놓아 금속 특유의 좋은 기계적 성질을 갖게 한다.

소성가공은 변형을 일으키기 위하여 가열하는 온도에 따라 냉간가공과 열간가공으로 구분한다.
㉠ 냉간가공 : 재결정 온도 이하의 낮은 온도에서 가공
㉡ 열간가공 : 재결정 온도 이상의 높은 온도에서 가공
재결정 온도는 금속이나 합금의 종류에 따라 뚜렷하게 다르므로 냉간가공과 열간가공의 온도 범위는 금속이나 합금의 종류에 따라 다르다.

2. 소성가공의 종류

(1) 단조가공(Forging)

보통 열간가공에서 적당한 단조기계로 재료를 소성가공하여 조직을 미세화시키고, 균질상태에서 성형하며 자유단조와 형단조(Die Forging)가 있다.

(2) 압연가공(Rolling)

재료를 열간 또는 냉간가공하기 위하여 회전하는 롤러 사이를 통과시켜 예정된 두께, 폭 또는 직경으로 가공한다.

(3) 인발가공(Drawing)

금속 파이프 또는 봉재를 다이(Die)를 통과시켜, 축방향으로 인발하여 외경을 감소시키면서 일정한 단면을 가진 소재로 가공하는 방법

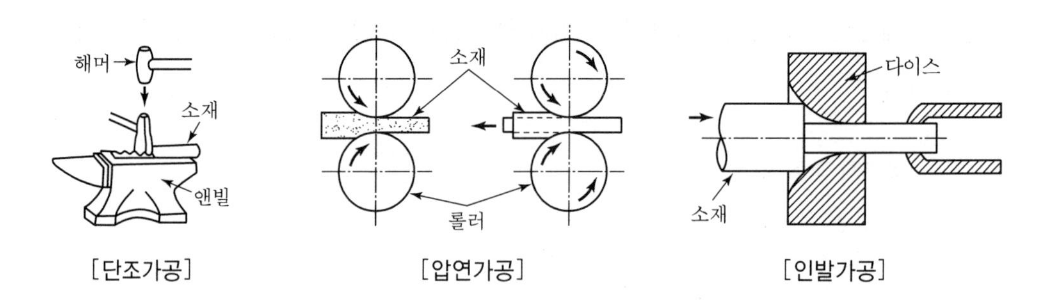

[단조가공] [압연가공] [인발가공]

(4) 압출가공(Extruding)

상온 또는 가열된 금속을 실린더 형상을 한 컨테이너에 넣고, 한쪽에 있는 램에 압력을 가하여 압출한다.

(5) 판금가공(Sheet Metal Working)

판상 금속재료를 형틀로써 프레스(Press), 펀칭, 압축, 인장 등으로 가공하여 목적하는 형상으로 변형 가공하는 것

(6) 전조가공

작업은 압연과 유사하나 전조 공구를 이용하여 나사(Thread), 기어(Gear) 등을 성형하는 방법

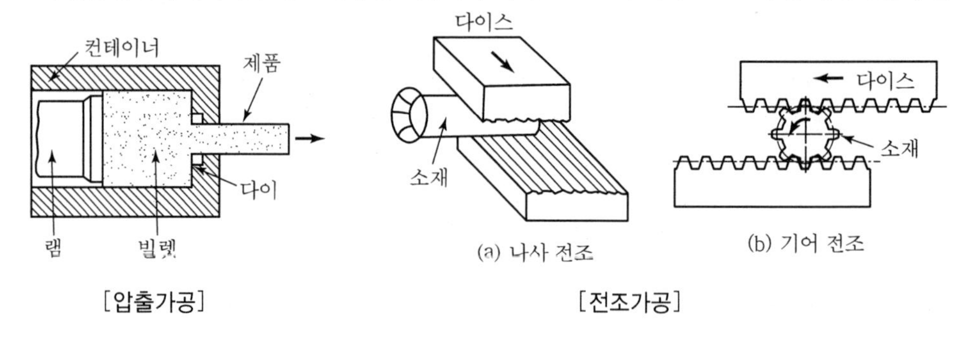

(a) 나사 전조 (b) 기어 전조

[압출가공] [전조가공]

3. 소성가공의 장점

(1) 보통 주물에 비하여 성형된 치수가 정확하다.
(2) 금속의 결정조직이 치밀하게 되고 강한 성질을 얻는다.
(3) 대량생산으로 균일제품을 얻을 수 있다.
(4) 재료의 사용량을 경제적으로 할 수 있다.

06. 금속재료의 응력집중계수를 설명하고, 노치 또는 원형홈이 있는 단면부에서의 응력집중상태를 설명하시오.

해답

□ 응력집중과 응력집중계수

균일단면에 축하중이 작용하면 응력은 그 단면에 균일하게 분포하는데, Notch나 Hole 등이 있으면 그 단면에 나타나는 응력분포상태는 불규칙하고 국부적으로 큰 응력이 발생되는 것을 응력집중이라고 한다.

최대응력(σ_{max})과 평균응력(σ_n)의 비를 응력집중계수(Factor of Stress Concentration) 또는 형상계수(Form Factor)라 부르며, 이것을 α_K로 표시하면 다음과 같다.

$\alpha_K = \dfrac{\sigma_{max}}{\sigma_n}$ (α_K : 응력집중계수(형상계수), σ_{max} : 최대응력, σ_n : 평균응력(공칭응력))

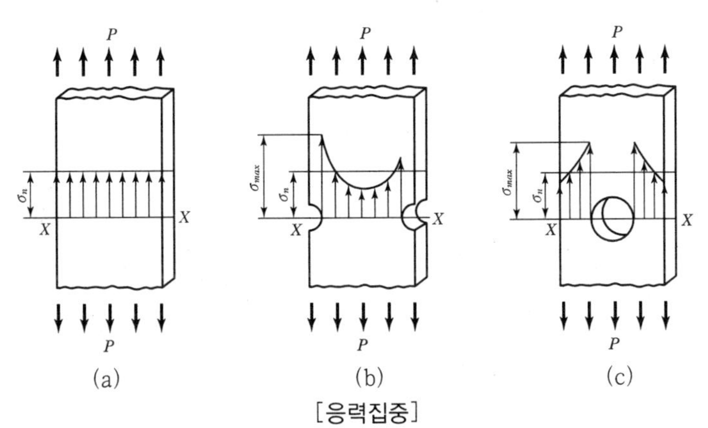

[응력집중]

그림(c)에서 판에 가해지는 응력은 구멍에 가까운 부분에서 최대가 되고 또 구멍에서 떨어진 부분이 최소가 된다. 응력집중계수의 값은 탄성률 계산 또는 응력측정시험(Strain Gauge, 광탄성시험)으로부터 구할 수 있다. 응력집중은 정하중일 때 취성재료 특히 주물에서는 크게 나타나고 반복하중이 계속되는 경우에는 노치에 의한 응력집중으로 피로균열이 많이 발생하고 있다. 그러므로 설계시점부터 재료에 대한 사항을 고려하여야 한다.

07. 그림과 같은 원통형 압력용기에서 원주방향의 응력(σ_t), 축방향응력(σ_z) 및 동판의 두께(t)를 계산하는 식에 대하여 설명하시오.

해답

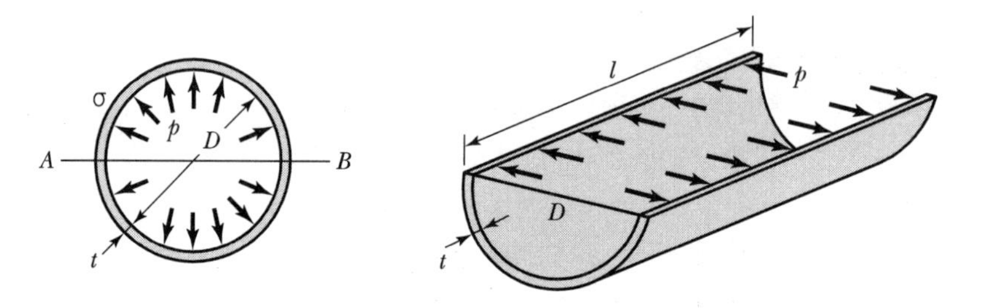

1. 원주방향의 응력(Circumferential Stress)

가로방향응력 : $\sigma_t = \dfrac{P}{A} = \dfrac{pDl}{2tl} = \dfrac{pD}{2t}(\text{kg/cm}^2)$

(원주방향의 내압 $P = pDl$, p : 단위면적당 압력)

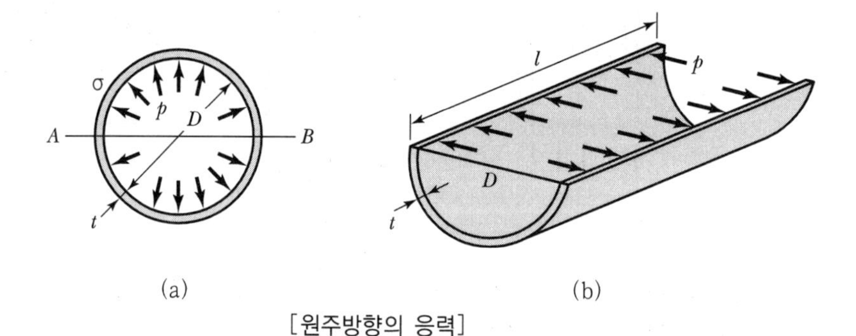

(a) (b)

[원주방향의 응력]

2. 축방향의 응력(Longitudinal Stress)

세로방향응력 : $\sigma_z = \dfrac{\frac{\pi}{4}D^2 p}{\pi D t} = \dfrac{pD}{4t}(\text{kg/cm}^2)$ (축방향의 내압 $P = \dfrac{\pi D^2}{4}p$)

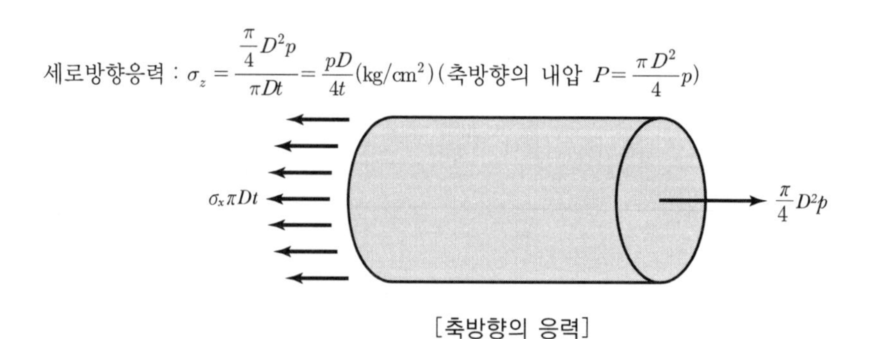

[축방향의 응력]

08. 기계설비의 소음방지대책 중 소음원, 전파경로 및 수음부에 대한 대책을 설명하시오.

해답

1. 서론

제조업 등에서 사용하고 있는 프레스, 전단기, 목재가공톱 등 대부분의 기계설비에서는 소음이 발생하고 있으며 이로 인해 작업자는 소음에 지속적으로 노출되어 있는 경우가 많다. 또한 귀마개 등을 착용하지 않고 작업에 임하여 소음성난청 등 업무상질병에 걸리는 경우가 많다.

작업자가 소음으로 인한 재해를 입지 않고 쾌적한 작업환경 속에서 건강하게 작업을 할 수 있도록 하기 위해서는 기계설비에서 발생되는 소음의 원인을 파악하고 대책을 수립함으로서 가능하다.

2. 소음 발생원인

소음이 많이 발생하는 공장은 기계설비에서 발생하는 소음원을 차단하기 위한 관리가 이루어지지지 않고 있으며, 또한 소음전달경로, 수음자에 대한 관리도 제대로 이루어지지 않고 있다. 이에 대하여 문제점 몇 가지만 적으면 다음과 같다.

(1) 기계를 작업장 중앙에 배치하여 작업장 전체로 소음이 확산되고, 베어링 등과 같은 소모품을 제 때 교환하지 않아 소음이 발생하고 있으며 또한 모터와 같이 소음, 진동이 발생하는 설비에 대하여 흡음재(방진재) 등을 사용하지 않고 있다. 또한 에어를 사용하는 공장에서는 에어의 누출 시 발생되는 소음 등이 있다.

(2) 작업자(수음자) 측면에서 보면 소음지역에서 작업하는 작업자는 귀마개, 귀덮개 등을 착용하고 작업해야 하나, 착용 시 불편함 등을 이유로 착용하지 않고 있으며, 소음에 장기간 노출된 근로자나 소음성 난청에 이환된 근로자에 대해서는 작업전환 등이 이루어지지 않고 있다. 또한 작업을 할 때에는 소음원을 등지고 작업해야 하는데 소음원을 향해 작업하는 경우도 있다.

3. 개선대책(소음방지대책 3단계)

제조업 등에서 종사하는 근로자가 강렬한 소음작업, 충격소음작업 등으로 인한 재해를 입지 않고 쾌적한 작업환경에서 건강하게 근무하기 위해서는 앞서 설명한 음원, 전달경로, 수음자에 대한 대책을 수립해야 한다.

먼저 근원적 안전대책으로 소음발생이 적은 기계설비를 도입하여 사용하는 것이 가장 좋다. 하지만 경제적으로 또는 기술적으로 실현하기가 곤란한 경우에는 차선책으로 기계설비의 배치 등을 바꿔 소음전달경로를 개선해야 한다. 그러나 이것마저도 곤란한 경우에는 마지막 소극적인 안전대책으로 근로자에게 귀마개, 귀덮개 등의 보호구를 착용하도록 해야 한다.

(1) 발생원(음원 측)에서의 대책

기계를 도입할 때는 소음발생이 적은 기계를 구입해야 한다. 또한 기계를 사용하면서 베어링 등의 소모품을 교환하지 않으면 이로 인한 소음이 커진다. 따라서 소모품 등은 주기적으로 교환해주어야 하며, 모터 등 진동기계설비의 하부에는 방진제를 설치하여 진동으로 인한 소음을 제거해야 한다.

회전체나 동력전달부에 설치한 방호덮개의 진동으로 큰 소음이 발생하는 경우가 있으므로 덮개 등은 철저히 고정하고, 이때 흡음재를 덮개에 부착하면 그 효과는 더욱 크다.

에어를 사용하는 공장 등에서는 호스에서 에어가 누출되면서 소음이 발생하는 경우가 많이 있으므로 이들에 대하여 점검을 철저히 해서 에어가 누출되지 않도록 해야 한다.

체인 등 동력전달부의 윤활이 제대로 되지 않으면 마찰소음이 발생하므로 이들에 대한 점검이나 보수를 철저히 한다.

(2) 소음 전달경로상의 대책
음원에서 발생된 소음이 수음자(작업자)로 전달되지 않도록 소음을 차단한다. 또는 소음의 거리감쇄 원리에 따라 음원과 수음자(작업자)의 거리가 멀리 떨어질수록 소음 수준도 감소하므로 소음발생 설비나 공정은 비소음 공정지역과 이격 시킨다.

소음을 발생하는 기계에는 흡음재를 부착한 방음벽을 설치해서 소음을 차단한다.

(3) 수음자측에서의 대책
마지막 소극적인 안전대책으로 소음지역에서 근무하는 작업자에게는 귀마개, 귀덮개 등 보호구를 지급하고 착용토록 해야 한다. 또한 특수건강진단 등을 실시하여 소음성 난청에 이환된 근로자는 비소음지역으로 작업전환을 해주어야 한다. 가능하다면 작업방법 등을 개선해서 작업자가 소음지역에 들어가지 않고 원격조작을 할 수 있도록 해주어야 한다.

09. 용접부 결함 중 용접변형, 잔류응력 외 6가지에 대하여 설명하시오.

해답

명칭	상태	원인
언더컷 (Under Cut)	용접선 끝에 작은 홈이 생김 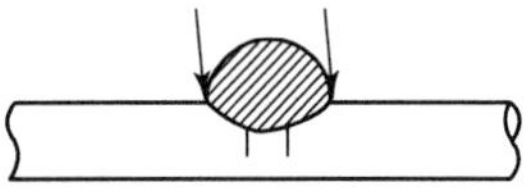	① 용접전류 과다 ② 용접속도 과속 ③ 아크길이가 길 때 ④ 용접봉 취급불량
오버랩 (Over Lap)	용융금속이 모재와 융합되어 모재 위에 겹쳐지는 상태 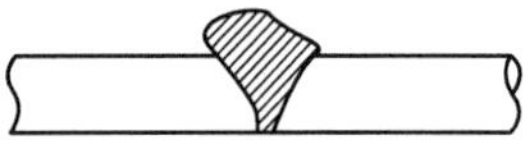	① 전류가 부족할 때 ② 아크가 너무 길 때 ③ 용접속도가 느릴 때 ④ 용접봉의 용융점이 모재의 용융점보다 낮을 때 ⑤ 모재보다 용접봉이 굵을 때
기공 (Blow Hole)	용착금속에 남아있는 가스로 인해 기포가 생김 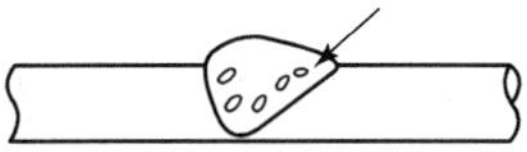	① 용접전류 과다 ② 용접봉에 습기가 많을 때 ③ 가스용접 시의 과열 ④ 모재에 불순물이 부착 ⑤ 모재에 유황이 과다할 때
스패터 (Spatter)	용융금속이 튀어 묻음 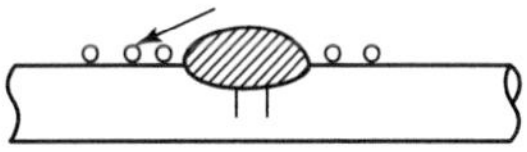	① 전류 과다 ② 아크 과대 ③ 용접봉 결함
슬래그 섞임 (Slag Inclusion)	녹은 피복제가 용착 금속 표면에 떠있거나 용착금속 속에 남아 있는 것 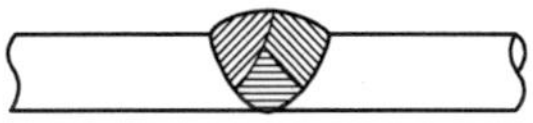	① 피복제의 조성불량 ② 용접전류, 속도의 부적당 ③ 운봉의 불량
용입불량	용융금속이 균일하지 못하게 주입됨 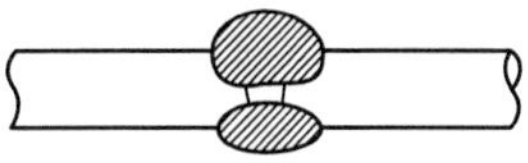	① 접합부 설계 결함 ② 용접속도 과속 ③ 전류가 약함 ④ 용접봉 선택 불량

10. 기계설비의 설계도에 표시된 "M18×2"와 "SM20C"에 대하여 설명하시오.

해답

1. 나사의 호칭 표시법
   미터나사의 경우

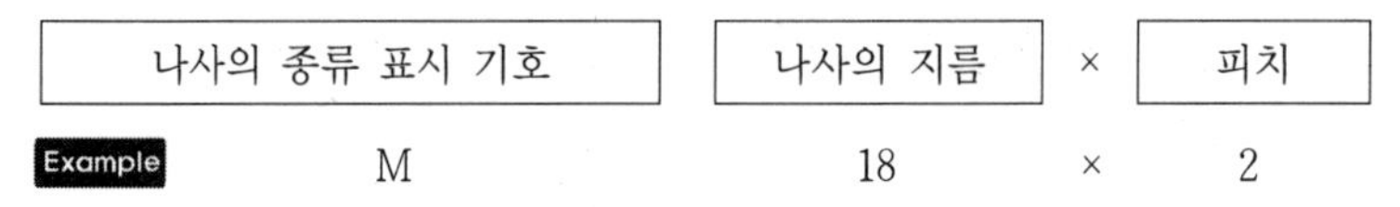

Example M 18 × 2

2. SM20C
   SM : 기계구조용 탄소강을 의미
   20C : 금속 성분 중에 탄소가 0.2% 정도 함유되어 있는 것을 의미

11. 재료를 담금질할 때의 질량효과(Mass Effect)에 대하여 설명하시오.

해답

□ 질량효과(Mass Effect)

재료의 질량 및 단면 치수의 대소에 의하여 열처리 효과가 달라지는 정도를 말한다. 재료를 담금질할 때 질량이 작은 재료는 내외부의 온도차가 없으나 질량이 큰 재료는 열의 전도시간이 길어 내외부의 온도차가 생기게 되며 이로 인하여 내부온도의 냉각지연으로 인해 담금질 효과를 얻기 곤란한 현상을 질량효과라 한다. 질량이 큰 재료일수록 질량효과가 크며 담금질 효과가 감소된다.

12. 용접부의 기계적인 파괴시험법 5가지를 설명하시오.

해답

□ 파괴시험

비파괴 검사와는 달리 용접할 모재, 용접부 성능 등을 조사하기 위해 시험편을 만들어서 이것을 파괴나 변형 또는 화학적인 처리를 통해 시험하는 방법을 말하며 기계적, 화학적, 금속학적인 시험법으로 대별된다.

1. 인장시험

시험하고자 하는 금속재료를 규정된 시험편의 치수로 가공하여 축방향으로 잡아당겨 끊어질 때까지의 변형과 이에 대응하는 하중과의 관계를 측정함으로써 금속재료의 변형, 저항에 대하여 성질을 구하는 시험법이다.

이 시험편은 주로 주강품, 단강품, 압연강재, 가단 주철품, 비철금속 또는 합금의 막대 및 주물의 인장시험에 사용한다. 시험편은 재료의 가장 대표적이라고 생각되는 부분에서 따서 만든다. 암슬러형 만능재료시험기를 사용한다. 하중-변형 선도를 조사함으로써 탄성한도, 항복점, 인장강도, 연신율, 단면수축률, 내격 등이 구해진다.

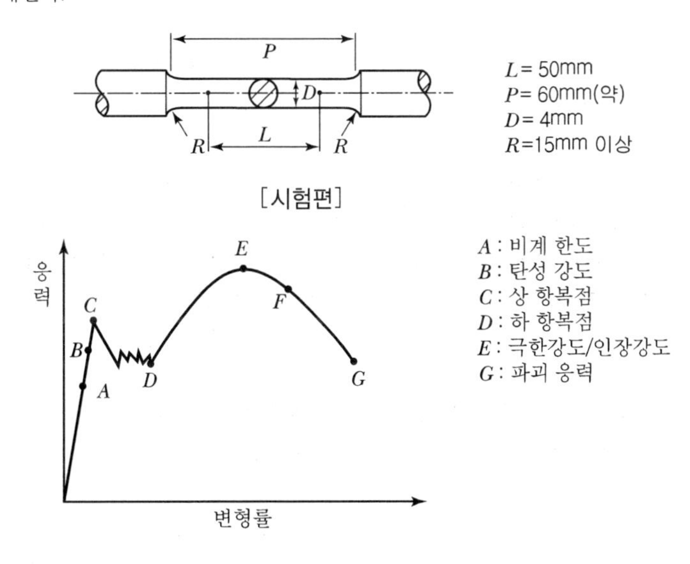

2. 압축시험

압축시험은 베어링용 합금, 주철, 콘크리트 등의 재료에 대하여 압축강도를 구하는 것이 목적이며 하중의 방향이 다를 뿐 인장시험과 같다.

시험기는 역시 암슬러형 만능재료시험기가 일반적이다.

3. 굽힘시험(Bending Test)

휨시험에도 항절시험과 판재의 휨시험 등이 있다.

(1) 항절시험

주철이나 목재의 휨에 의한 강도(항절 최대하중, 세로탄성계수, 비례한도, 탄성에너지 등)를 구한다. 암슬러형 만능재료시험기를 사용하여 시험편을 지지대 위에 놓고 압축시험과 같은 요령으로 시험한다.

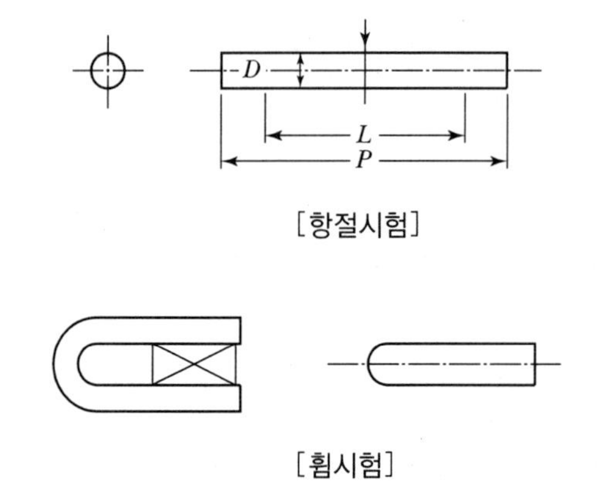

[항절시험]

[휨시험]

(2) 판재의 휨시험

규정된 안쪽 반지름 r을 가진 축이나 형(形)을 써서 규정의 모양으로 꺾어 휘어 판재의 표면에 균열이나 기타의 결함이 생길 때까지 휘어서 얻어지는 각도로 그 연성을 조사하는 것이다.

4. 비틀림 시험(Torsion Test)

시험편을 시험기에 걸어서 비틀림, 비틀림 모멘트, 비틀림각을 측정하여 가로탄성계수나 전단응력을 구한다. 시험편은 보통 둥근 막대를 쓰고 피아노선(0.65~0.95% C의 강선을 말한)이 시험은 규정의 비틀림 횟수 이상으로 비틀어지는가에 대한 것을 시험한다.

5. 충격시험

시험편에 V형 또는 U형의 노치(Notch)를 만들고 충격하중을 주어 재료를 파단시키는 시험법으로 샤르피(Charpy)식과 아이조드(Izod)식의 시험법을 이용한다.

6. 경도시험

경도시험편을 만들어 용착금속의 표면으로부터 1~2mm면을 평탄하게 연마한 다음 경도시험을 한다.

7. 크리프시험

금속이나 합금에 외력이 일정하게 계속될 경우 온도가 높은 상태에서는 시간이 경과함에 따라 연신율이 일정한도 늘어나다가 파괴된다. 금속재료를 고온에서 긴 시간 외력을 걸면 시간이 경과됨에 따라 서서히 변형이 증가하는 현상을 말한다.

13. 소성가공에서 열간가공에 대하여 설명하고, 냉간가공과 비교할 때 장점을 쓰시오.

해답

1. 냉간가공(상온가공 : Cold Working)

(1) 정의
재결정온도 이하에서 금속의 인장강도, 항복점, 탄성한계, 경도, 연율, 단면수축률 등과 같은 기계적 성질을 변화시키는 가공

(2) 특징
① 가공면이 아름답고 정밀한 모양으로 가공한다.
② 가공경화로 강도는 증가하나 연신율이 작아진다.
③ 가공방향으로 섬유조직이 생기고 판재 등은 방향에 따라 강도가 달라진다.

2. 열간가공(고온가공 : Hot Working)

(1) 정의
재결정온도 이상에서 하는 가공

(2) 장단점
① 장점 : 1회에 많은 양의 변형, 가공시간이 짧다. 동력이 적게 들며, 조직을 미세화
② 단점 : 표면이 산화되어 변질, 균일성이 적다. 치수에 변화가 많아짐

14. 고온 및 저온절삭에 대해서 설명하시오.

해답

1. 개요
가공재는 고온 및 저온에서의 특성이 틀리며 공구도 온도에 따른 영향을 받는다. 절삭 시 공작물을 200~800℃ 가열하여 연화시켜 절삭하기 쉬운 상태로 하여 절삭능률을 향상시키는 방법을 고온절삭이라 한다. 또한 0℃ 이하에서 공작물의 피삭성이 향상되고 공구의 마멸이 적게 되는 효과를 이용한 절삭법을 저온절삭이라 한다.

2. 고온절삭

(1) 고온절삭특징
① 장점 : 절삭저항이 감소된다.(피삭성이 향상된다) 구성인선의 미발생으로 다듬질면이 매끈하게 된다. 소비동력이 감소된다. 공구수명이 향상된다. 가공 변질층의 두께가 얇아진다.
② 단점 : 공작물의 열팽창으로 제품의 치수정밀도가 저하된다. 가열장치에 경비가 소요된다. 작업이 일반적으로 힘들다.

(2) 가열방법

① 전체가열법

㉠ 노 중에서 가열하고 꺼낸 후 공작기계에 장착하여 절삭하는 방식

㉡ 절삭이 빨라야 하고 냉각이 빠른 소형부품은 적용하기가 어려워 고온절삭에서의 일반적 가열방법은 국부가열법을 취한다.

② 국부가열법

㉠ 가스가열법 : 산소-아세틸렌가스에 의해 절삭부분을 국부적으로 가열하는 것으로 토치를 공구대에 장착한다. 절삭부위에 집중해서 가열하는 것이 곤란하고 재료의 내부까지 가열되나 간단한 설비와 손쉬운 가열방식으로 가장 경제적이다.

㉡ 고주파 가열법 : 고주파 유도전기코일을 공구대의 공구 바로 앞에 장착하여 고주파 전류로 가열하는 방법으로 공작물의 온도는 절삭온도, 이송속도, 전류, 주파수, 코일형상, 공작물의 크기 등에 의해 영향을 받는다. 편리한 방법이나 설비비가 고가이고 열효율이 나쁘다.

㉢ 아크 가열법 : 공구대에 탄소전극을 장착하여 공작물 간에 아크를 발생시켜 절삭부를 가열하는 방식으로 공작물 표피의 절삭부위에만 집중할 수 있고 열효율이 높으므로 우수한 방법이다.

㉣ 통전 가열법 : 공구, 공작물 간에 저전압 대전류를 통하여 절삭부위에서의 저항에 의한 발열을 이용하여 가열하는 방법으로 제어나 조작이 용이하고 실용성이 높으나 세라믹 공구와 같은 부도체의 공구에는 적용할 수 없다.

(3) 고온 절삭 시의 문제점과 대책

① 열팽창 : 척의 마모가 초래되므로 센터작업을 한다, 심압대는 축방향 팽창을 흡수하기 위해 스프링을 삽입한다, 공작기계·공구의 열영향을 방지하기 위해 수랭한다.

② 칩처리 : 회전커터 이용, 절삭조건의 적절한 선택

③ 공구의 마모 : 고온경도가 큰 공구선택, 경사각이 (-)인 공구 사용, 회전커터이용

3. 저온절삭

(1) 절삭작용

저온 취성을 나타내는 탄소강 등에서 다듬질면의 향상, 절삭저항의 감소, 공구수명의 향상이 기대되나 저온 취성이 없는 스테인리스강, 알루미늄 등에서는 효과가 적다.

(2) 냉각방법

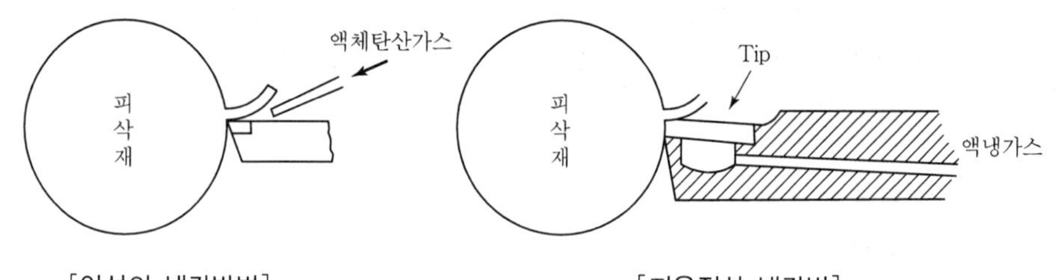

[인선의 냉각방법] [저온절삭 냉각법]

① 저온의 절삭제(냉각 알코올, 액체 탄산가스 등)를 분사하는 방법

② 공작물을 저온조에서 냉각 후 꺼내어 절삭하는 방법

③ 공구 내부에 냉매를 흘리는 방법

15. 나사의 자립조건과 나사의 풀림방지 방법들에 대하여 설명하시오.

● 해답

1. 나사의 효율

$$\eta=\frac{\text{나사가 이룬 일량}}{\text{나사에 준 일량}}=\frac{\text{마찰이 없는 경우의 회전력}}{\text{마찰이 있는 경우의 회전력}}$$

$$\eta=\frac{Qh}{2\pi rP}=\frac{\tan\alpha}{\tan(\rho+\alpha)},\ \eta(\text{삼각})=\frac{\tan\alpha}{\tan(\rho'+\alpha)}$$

나사가 스스로 풀리지 않는 한계는 $\alpha=\rho$이므로

$$\eta=\frac{\tan\rho}{\tan2\rho}=\frac{\tan\rho(1-\tan^2\rho)}{2\tan\rho}=\frac{1}{2}-\frac{1}{2}\tan^2\rho<0.5$$

즉 자립상태를 유지하는 나사의 효율은 50% 이하이다.

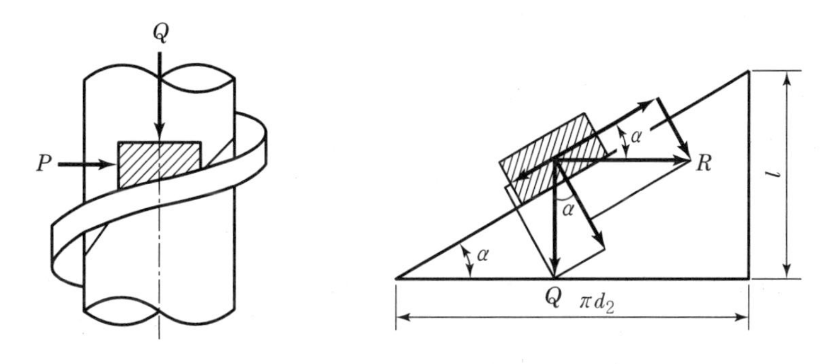

[사각나사의 마찰 및 회전토크]

2. 너트의 풀림방지법

결합용 나사의 리드각은 나사면의 마찰각보다 작게 하여 자립의 상태를 유지할 수 있도록 설계 · 제작하여 사용하고 있으나, 운전 중 진동과 충격 등에 의하여 볼트가 풀어지는 경우가 많아 이것을 방지하기 위한 방법이다.

(1) 로크너트의 사용 : 2개의 너트를 사용하여 서로 죄여 너트 사이를 미는 상태로 하여 외부에서의 진동이 작용해도 항상 하중이 작용하고 있는 상태를 유지하는 방법
(2) 분할핀을 사용 : 볼트, 너트에 구멍을 뚫고 분할핀을 끼워 너트를 고정시키는 방법
(3) 세트 나사의 사용 : 너트의 옆면에 나사 구멍을 뚫어서 여기에 세트나사(Set Screw)를 끼워 볼트 나사부를 고정시키는 방법
(4) 특수 와셔를 사용 : 스프링 와셔, 혀달림 와셔(Tang Washer), 폴 와셔 등을 끼워 너트가 자립조건을 만족시키게 하는 방법
(5) 나일론, 테프론 등의 와셔 : 볼트 또는 너트와 부품 사이의 마찰력을 나사부의 마찰력보다 작게 한다.

16. 구성인선(built-up edge)을 설명하고, 그 영향 및 대책에 대하여 설명하시오.

● 해답

1. 구성인선(Built-up Edge, 構成刃先)

연성이 큰 연강, Stainless강, Aluminium 등과 같은 재료를 절삭할 때 구성인선에 작용하는 압력, 마찰저항 및 절삭열에 의하여 Chip의 일부가 부착되는 것을 구성인선이라 하며, 이것은 주기적으로 발생하여 성장, 최대성장, 분열, 탈락 등의 과정을 반복한다.

Built-up Edge의 발생과 크기를 억제하는 데 효과가 있는 인자는 다음과 같다.

① 경사각(Rake Angle)을 크게 한다.
② 절삭속도(Cutting Speed)를 크게 한다.(120m/min 이상에서는 구성인선이 없어진다.)
③ Chip과 공구경사면 간의 마찰을 적게 한다.
  ㉠ 공구경사면을 매끄럽게 가공한다.
  ㉡ 절삭유를 사용하여 윤활과 냉각작용을 시킨다.
  ㉢ 초경합금공구와 같은 마찰계수가 작은 것을 사용한다.
④ 절삭 전(Uncut) Chip의 두께를 작게 한다.

2. Built-up Edge의 장단점은 다음과 같다

(1) 장점
절삭인을 보호하여 공구 수명을 연장시키는 경우가 있다.

(2) 단점
① Built-up Edge가 탈락될 때 공구의 일부가 떨어져 나가는 경우가 있어 공구수명을 단축시킨다.
② Built-up Edge의 날은 공구의 것보다 하위에 있어서 예정된 절삭깊이보다 깊게 절삭되며, 표면 정도와 치수정도를 해친다.

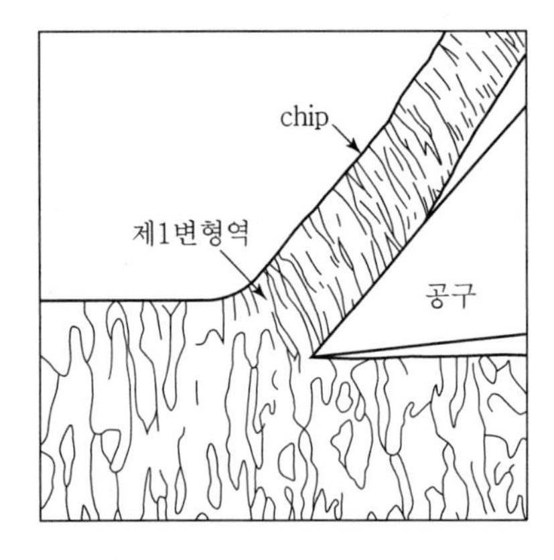

[Built-up Edge가 없는 연속형 Chip]

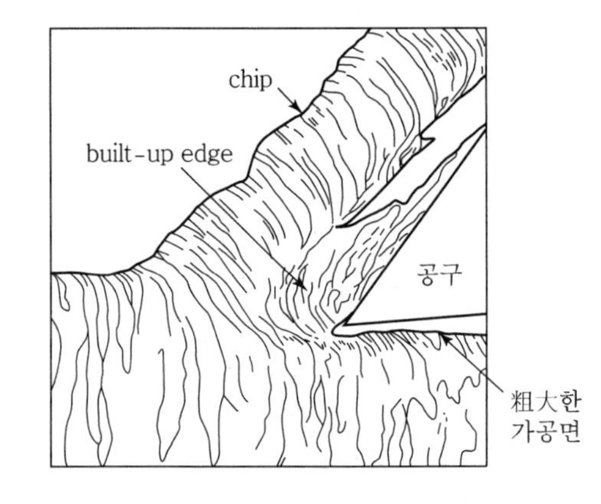

[Built-up Edge를 갖는 연속형 Chip]

17. 피로한도에 영향을 주는 요인 5가지를 쓰고, 설명하시오.

해답

1. 피로, 피로파괴

기계나 구조물 중에는 피스톤이나 커넥팅 로드 등과 같이 인장과 압축을 되풀이해서 받는 부분이 있는데, 이러한 경우 그 응력이 인장(또는 압축)강도보다 훨씬 작다 하더라도 이것을 오랜 시간에 걸쳐서 연속적으로 되풀이하여 작용시키면 드디어 파괴되는데, 이 같은 현상을 재료가 "피로"를 일으켰다고 하며 이 파괴현상을 "피로파괴"라 한다.

2. 피로강도(피로한도)

어느 응력에 대하여 되풀이 횟수가 무한대가 되는 한계가 있는데 이 같은 응력의 최대한을 피로한도(피로강도)라 한다.

3. 피로한도에 영향을 주는 인자

(1) 치수효과 : 부재의 치수가 커지면 피로한도가 낮아진다.

(2) 표면효과 : 부재의 표면 다듬질이 거칠면 피로한도가 낮아진다.

$$\text{표면계수} = \frac{\text{임의의 표면거칠기 시험편의 피로한도}}{\text{Cu 이하의 표면거칠기 시험편의 피로한도}}$$

(3) 노치효과 : 단면치수나 형상 등이 갑자기 변하는 것에 응력집중이 되고 피로한도가 급격히 낮아진다.

$$\text{노치계수} = \frac{\text{노치가 없는 경우 피로한도}}{\text{노치가 있는 경우 피로한도}}, \quad \text{응력집중계수} = \frac{\text{피로응력}}{\text{공칭응력}}$$

(4) 압입효과 : 강압 끼워 맞춤, 때려박음 등에 의하여 피로한도가 낮아진다.

(5) 환경

4. 피로강도를 상승시키는 인자

(1) 고주파 열처리

(2) 침탄, 질화 열처리

(3) Roller 압연

(4) Shot Peening & Sand Blasting

(5) 표층부에 압축잔류응력이 생기는 각종 처리

18. 주철에 포함된 주요 5원소를 쓰고, 그 영향을 설명하시오.

해답

1. 개요

탄소강에 하나 이상의 특수원소를 첨가하고 그 성질을 개선하여 여러 목적에 적합하도록 하기 위하여 특수강을 만드는 것이다.

2. 원소종류

Ni, Cr, Mn, Si, S, Mo, P, Cu, W, Al

3. 특성

(1) Ni

Ar_1 변태점을 낮게 하고 인장강도와 탄성한도 및 경도를 높이며 부식에 대한 저항을 증가시키고 인성을 해치지 않으므로 합금 원소로 가장 좋다.

① 인성증가

② 저온충격저항증가

(2) Cr

일정한 조직의 경우에도 최고 가열 온도를 높이거나 냉각온도를 빠르게 하면 변태점이 내려감으로 조직이 변화하며, Cr이 많아지면 임계냉각속도를 감소시켜 담금질이 잘되고 자경성(탄소강과 같이 기름이나 물에서 담금질하지 않고 공기만으로 냉각하여 경화되는 성질)을 갖게 된다. Cr은 소량의 경우도 탄소강의 결정을 미세화하고 강도나 경도를 뚜렷하게 증가시키며, 연신율은 그다지 해치지 않는다. 또한 담금질이 잘되고, 내마멸성, 내식성 및 내밀성을 증가시키는 특성이 있다.

① 내마보성 증가

② 내식성 증가

③ 내열성 증가

④ 담금성 증가

(3) Mn

탄소강에 자경성을 주며 Mn을 전량 첨가한 망간은 공기 중에서 냉각하여도 쉽게 마텐사이트 또는 오스테나이트 조직으로 된다. 즉, 탄산제 MnS 혼재 S의 나쁜 영향을 중화하고 탄소강의 점성을 증가시킨다. 고온 가공을 쉽게 하며 고온에서 결정의 성장 즉, 거칠어지는 것을 감소하고 경도, 강도, 인성을 증가시키며 연성은 약간 감소하여 기계적 성질이 좋아지고 담금성이 좋아진다.

Mn의 함유량에 따라 저망간강(2%)과 고망간강(15~17%)으로 구분한다. 저망간강은 값이 싼 구조용 특수강으로 조선, 차량, 건축, 교량, 토목 구조물에 사용하고 고망간강은 경도는 낮으나 대단히 연신율이 좋아 절삭이 곤란하고 내마멸성이 크기 때문에 준설선의 버켓 및 핀, 교차레일, 광석 분쇄기 등에 사용한다.

① 점성 증가

② 고온가공 용이
③ 고온에서 인장강도와 경도 등의 증가
④ 연성은 약간 감소

(4) Si

경도, 탄성한도, 인장강도를 높이며, 신율 및 충격치를 감소시키고 결정립의 크기를 증가시키며 소성을 낮게 하고 보통 0.35% 이하 함유하고 있어 영향이 거의 없다. 내식성이 우수하다.

① 전자기적 특성
② 내열성 증가

(5) S

MnS(황화망간)으로 존재하며 비중이 작으므로 표면에 떠올라 제거된다. 일부분에 많이 편석할 경우에는 강재의 약점이 되어 파괴의 원인이 되나 인장력, 연신율 및 충격치를 감소시킨다.

① 절삭성 증가
② 인장강도, 연신, 취성감소

(6) Mo

Ni를 절약하기 위하여 대용으로 사용하며 기계적 성질이나 담금질 질량 효과도 니켈, 크롬강과 차이가 없어 용접하기 쉬우므로 대용강으로 우수하게 사용된다.

① 뜨임취성방지
② 고온에서 인장강도 증가
③ 탄수화물을 만들어 경도를 증가

(7) P

Fe_3P(인화철)을 만들고 결정립을 거칠게 하며 경도와 인장강도를 다소 높이고 연신율을 감소시키며 상온에서는 충격치를 감소시켜 가공할 때 균열을 일으키기 쉽게 하며 강철의 상온 취성(Crack)의 원인이 된다.

(8) Cu

공중 내산성이 증가한다.

(9) W

고온에서 인장강도와 경도를 증가시킨다.

19. 윤활유의 사용목적 5가지와 구비조건 8가지를 쓰고, 설명하시오.

해답

1. 윤활유의 기능
   (1) 윤활작용 : 상대운동을 하고 있는 두 금속면 사이에 유막을 형성하여 유체윤활을 하게 한다.
   (2) 냉각작용 : 두 금속면의 상대운동에 의해 발생하는 열을 흡수하여 냉각작용을 한다.
   (3) 밀폐작용 : 연소실 벽과 피스톤 사이에 유막을 형성하여 가스의 누설을 방지한다.
   (4) 청정작용 : 엔진 내에서 발생되는 금속분말, 탄화물 찌꺼기 등을 운반하여 기관을 청결하게 한다.
   (5) 소음완화 작용 : 마찰, 충돌에 의하여 소음이 발생하는 것을 완화한다.

2. 윤활유의 구비조건
   (1) 양호한 유성(Oiliness)을 가질 것
   (2) 적당한 점성(Viscosity)을 갖고 유막이 강할 것
   (3) 온도변화에 따른 점도변화가 적을 것
   (4) 열이나 산에 대하여 강할 것
   (5) 카본의 생성이 적을 것
   (6) 금속의 부식이 적을 것
   (7) 열전도가 좋고, 내하중성이 클 것
   (8) 증발손실이 적을 것
   (9) 인화점이 높고 발열이나 화염에 인화되지 않을 것
   (10) 불순물이 혼합되지 않을 것
   (11) 가격이 저렴할 것

20. 아크 용접봉의 피복제 역할 7가지와 종류 5가지를 설명하시오.

해답

1. 피복(被覆)제

   금속아크용접의 용접봉에는 비피복용접봉(Bare Electrode)과 피복용접봉(Covered Electrode)이 사용된다. 비피복 용접봉은 주로 자동용접이나 반자동용접에 사용되고 피복 아크 용접봉은 수동아크용접에 이용된다. 피복제는 여러 기능의 유기물과 무기물의 분말을 그 목적에 따라 적당한 배합 비율로 혼합한 것으로 적당한 고착제를 사용하여 심선에 도포한다. 피복제는 아크열에 의해서 분해되어 많은 양의 가스를 발생하며 이들 가스가 용융금속과 아크를 대기로부터 보호한다. 또한 피복재는 그 목적에 따라 조성이 대단히 복잡하고 종류도 매우 많다.

(1) 피복제의 역할

① 공기 중의 산소나 질소의 침입이 방지된다.

② 피복제의 연소 Gas의 Ion화에 의하여 전류가 끊어졌을 때에도 계속 아크를 발생시키므로 안정된 아크를 얻을 수 있다.

③ Slag를 형성하여 용접부의 급랭을 방지한다.

④ 용착금속에 필요한 원소를 보충한다.

⑤ 불순물과 친화력이 강한 재료를 사용하여 용착금속을 정련한다.

⑥ 붕사, 산화티탄 등을 사용하여 용착금속의 유동성을 좋게 한다.

⑦ 좁은 틈에서 작업할 때 절연작용을 한다.

(2) 피복제의 종류 및 성분

① 아크 안정제

㉠ 기능 : 피복제의 성분이 아크열에 의해 이온(Ion)화하여 아크전압을 낮추고 아크를 안정시킴

㉡ 성분 : 산화티탄(TiO_2), 규산나트륨(Na_2SiO_3), 석회석, 규산칼륨(K_2SiO_3)

② 가스 발생제

㉠ 기능 : 중성 또는 환원성 가스를 발생하여 아크 분위기를 대기로부터 차단 보호하고 용융금속의 산화나 질화를 방지

㉡ 성분 : 녹말, 톱밥, 석회석, 탄산바륨($BaCO_3$), 셀룰로오스(Cellulose)

③ 슬래그 생성제

㉠ 기능 : 용융점이 낮은 가벼운 슬래그(Slag)를 만들어 용융금속의 표면을 덮어 산화나 질화를 방지하고 용융금속의 급랭을 방지하여 기포(Blow Hole)나 불순물 개입을 적게 함

㉡ 성분 : 산화철, 석회석, 규사, 장석, 형석, 산화티탄

④ 탈산제

㉠ 기능 : 용융금속 중에 산화물을 탈산 정련하는 작용

㉡ 성분 : 규소철(Fe－Si), 망간철(Fe－Mn), 티탄철(Fe－Ti), 알루미늄

⑤ 합금 첨가제

㉠ 기능 : 용접 금속의 여러 성질을 개선하기 위해 첨가하는 금속 원소

㉡ 성분 : 망간, 실리콘, 니켈, 크롬, 구리, 몰리브덴

⑥ 고착제(Binder)

㉠ 기능 : 용접봉의 심선에 피복제를 고착시킴

㉡ 성분 : 물유리, 규산칼륨(K_2SiO_3)

21. 연삭숫돌의 3요소와 자생작용을 설명하시오.

해답

1. 숫돌입자(Abrasive Grain)

(1) 숫돌입자의 구비조건

① 공작물을 연삭할 수 있는 충분한 경도를 가질 것
② 충분한 내마멸성이 있을 것
③ 충격에 견딜 수 있도록 탄성이 높을 것
④ 결합제에 의하여 쉽게 결합되고 성형성이 좋을 것
⑤ 손쉽게 얻을 수 있고 값이 쌀 것

2. 입도(Grain Size)

(1) 정의

숫돌입자는 메시(Mesh)로 선별하며 숫돌입자 크기의 굵기를 표시하는 숫자

(2) 입도와 연삭조건의 선택기준

① 거친연삭, 절삭깊이와 이송 등을 많이 줄 때 : 거친입도
② 다듬연삭 또는 공구의 연삭 : 고운입도
③ 경도가 높고 메진 일감의 연삭 : 고운입도
④ 연하고 연성이 있는 재료의 연삭 : 거친입도
⑤ 숫돌과 일감의 접촉면이 작을 때 : 고운입도
⑥ 숫돌과 일감의 접촉면이 클 때 : 거친입도

3. 결합도(Grade)

(1) 정의

숫돌입자의 결합상태를 나타내는 것으로 연삭 중에 숫돌입자에 걸리는 연삭저항에 대하여 숫돌입자를 유지하는 힘의 크고 작음을 나타내며 숫돌입자 또는 결합제 자체의 경도를 의미하는 것은 아니다. 결합도가 낮은 숫돌 또는 연한 숫돌은 숫돌입자가 숫돌표면에서 쉽게 이탈하는 숫돌을 말하며, 그 반대인 숫돌을 결합도가 높은 숫돌 또는 단단한 숫돌이라 한다.

(2) 연삭숫돌의 결합도

결합도	E, F, G	H, I, J, K	L, M, N, O	P, Q, R, S	T, U, V, W, X, Y Z
호칭	극히 연한 것	연한 것	중간 것	단단한 것	매우 단단한 것

4. 조직(Structure)

숫돌의 단위 용적당 입자의 양 즉 입자의 조밀상태를 나타낸다.

5. 결합제(Bond)

(1) 정의

숫돌입자를 결합하여 숫돌을 형성하는 재료

(2) 결합제의 필요조건

① 입자 간에 기공이 생기도록 할 것
② 균일한 조직으로 임의의 형상 및 크기로 만들 수 있을 것
③ 고속회전에 대한 안전강도를 가질 것
④ 열과 연삭액에 대하여 안전할 것

6. 자생작용

연삭작업을 할 때 연삭숫돌의 입자가 무디어졌을 때 떨어져 나가고 새로운 입자가 나타나 연삭을 하여 줌으로써 마모, 파쇄, 탈락, 생성이 숫돌 스스로 반복하면서 연삭하여 주는 현상

22. 와이어로프의 보통꼬임과 랭꼬임을 설명하고, 그 특성을 설명하시오.

해답

(1) 보통 꼬임(Regular Lay)

스트랜드의 꼬임방향과 소선의 꼬임방향이 반대인 것

① 로프 자체의 변형이 적다.
② 킹크가 잘 생기지 않는다.
③ 하중을 걸었을 때 저항성이 크다.

(2) 랭 꼬임(Lang's Lay)

스트랜드의 꼬임방향과 소선의 꼬임방향이 같은 것

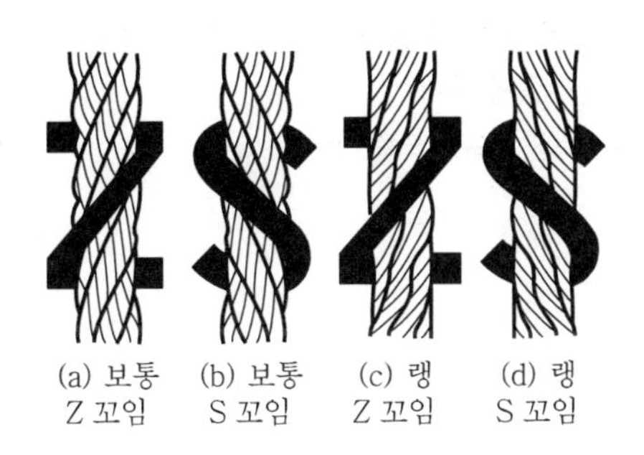

[와이어로프의 꼬임명칭]

23. 기계가공에서 절삭제를 사용하는 목적을 설명하시오.

● 해답

(1) 윤활작용 : 상대운동을 하고 있는 두 금속면 사이에 유막을 형성하여 유체윤활을 하게 한다.
(2) 냉각작용 : 두 금속면의 상대운동에 의해 발생하는 열을 흡수하여 냉각작용을 한다.
(3) 밀폐작용 : 연소실 벽과 피스톤 사이에 유막을 형성하여 가스의 누설을 방지한다.
(4) 청정작용 : 엔진 내에서 발생되는 금속분말, 탄화물 찌꺼기 등을 운반하여 기관을 청결하게 한다.
(5) 소음완화 작용 : 마찰, 충돌에 의하여 소음이 발생하는 것을 완화한다.

24. 선반작업에서 사용하는 칩브레이커(Chip Breaker)에는 여러 가지 형식이 있으나, 일반적으로 사용되는 칩브레이커의 종류를 설명하시오.

● 해답

1. 개요

절삭속도의 증가에 따라 장시간 연속절삭을 하는 경우에 발생된 칩은 공구, 일감 및 공작기계와 엉켜지게 되어 작업자에게 위험할 뿐만 아니라 적절히 처리되지 않으면 가공물에 흠집을 주고 공구 날끝에도 기계적 Chipping을 초래하게 되며 절삭유제의 유동을 방해한다.

절삭 시 발생되는 긴 칩을 위와 같은 문제 때문에 제어하고 적당한 크기로 잘게 부서지게 하기 위하여 공구 경사면을 변형시키는 칩브레이커가 필요한 것이다.

2. 칩브레이커의 목적

(1) 공구, 가공물, 공작기계가 서로 엉키는 것을 방지한다.
  ① 가공표면의 흠집 발생방지
  ② 공구 날끝의 치핑방지
  ③ Chip의 비산 등에 의한 작업자의 위험요인을 줄임
(2) 절삭유제의 유동을 좋게 한다.
(3) 칩의 제거 및 처리를 효율적으로 할 수 있다.

3. 칩브레이커의 형상과 공구 마모

(1) 형상

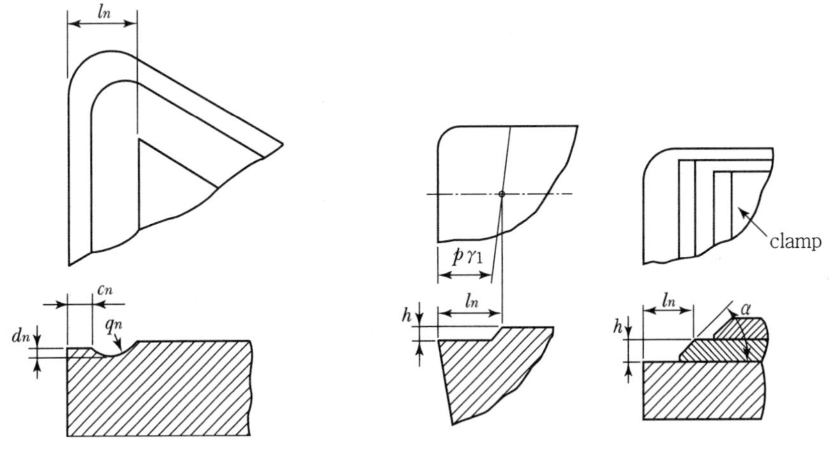

[홈(Groove)형 칩브레이커] [장애물(Obstruction)형 칩브레이커]

① 홈형 칩브레이커(Groove Type) : 공구의 경사면 자체에 홈을 만드는 방식

② 장애물형 칩브레이커(Obstruction Type) : 공구의 경사면에 별도의 부착물을 붙이거나 돌기를 만드는 방식

(2) 칩브레이킹에 의한 공구 마모

① 평면공구 : 공구가 마모될 때 공구면(Tool Face)에 Crating이 발생되어 칩브레이커의 역할을 한다. 최초에 발생되는 칩은 Ribbon Chip이 발생된다.

② 장애물형 칩브레이커 공구 : Chip의 곡률반경과 Chip Breaking을 제어할 수 있으며 공구의 마모를 감소시킨다. 공구 상면의 마모가 계속됨에 따라 Chip의 곡률반경이 감소하여 Chip이 너무 잘게 부서질 수 있다.

③ 홈형 칩브레이커 공구 : 공구의 마모율은 평면공구의 것과 같으나 초기부터 홈에 의해 Chip이 잘게 부서지며 마모가 계속됨에 따라 장애물형 칩브레이커 공구와 같은 현상을 나타낸다.

4. 선삭 시의 Chip 형태

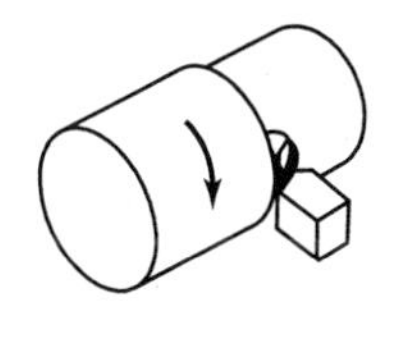

(a) 나선형 칩

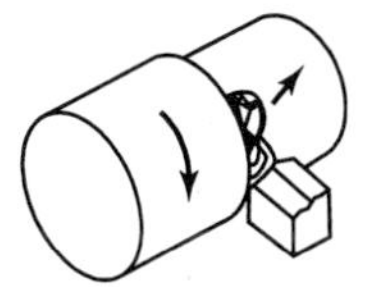

(b) 아크칩

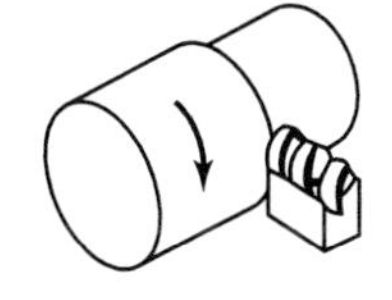

(c) Tubular Chip (3차원 절삭)

(d) Connecter-arc Chip (3차원 절삭)

[칩의 형태]

(1) 나선형 칩

① 절삭날의 경사각이 0도이면 절삭이 진행됨에 따라 점점 Chip의 곡률반경이 증가되며 이로 인해 Chip의 응력이 증가하여 마침내 파괴된다.

② 고속절삭에서 Chip이 자연스럽게 말리지 않고 칩브레이커가 없다면 절삭이 진행되면서 Chip은 직선으로 공구의 상면을 흐르고 서로 얽히는 Ribbon Chip이 발생된다.

(2) 아크칩(Arc Chip)

① 칩브레이커를 설치하여 발생하는 치빙 가공면과 부딪히도록 작은 조각으로 부서지게 한 칩

② 잘게 부서진 아크칩은 공작물의 회전 시 공작물에 의해 튕겨져서 작업자에게 위험을 줄 수 있다.

(3) Tubular Chip

① 3차원 절삭에서 발생되는 것으로 Chip의 나선각을 칩의 유동각과 거의 같고 경사각과도 거의 같다.

② 곡률반경이 너무 작을 때 칩이 공구면을 접촉하여 생기는 칩이며 칩의 곡률반경을 조정하여 Chip의 파괴형태를 개선할 수 있다.

(4) Connected-arc Chip

① Chip의 자유단을 가공물에 부딪히게 하고 회전이 계속될 때 자유단이 밀려서 공구의 Flank에 부딪혀 곡률반경이 증가되고 응력의 증가로 칩이 파괴되는 형식

② 곡률반경이 너무 크면 칩은 공구와 부딪치지 않고 밑면으로 치우쳐 공구를 감는다. 곡률반경이 너무 작으면 칩이 공구상면과 접촉하여 Tubular 칩이 발생된다.

25. 수소(H_2)가 강의 용접부에 미치는 영향을 5가지만 설명하시오.

해답

□ 수소에 의한 크랙(Hydrogen Included Cracking)

주로 HAZ부에 나타나는 Cold Cracking으로서 모든 용접 Crack 중 가장 치명적이고 아직까지 원인이 분명히 규명되지 않았으며, 일부 밝혀진 원인으로는 Martensite 조직, 수소, 잔류응력 등이 Crack 발생의 요인이다.

수소는 용접 중 대기, 용접할 모재의 탄소수소(Hydro Carbons) 또는 용접봉 피복제의 습기 등으로부터 용접부에 침부한다.

수소는 비교적 확산성이 좋으므로 용접부 냉각 중일 때와 상온에서 HAZ 내로 확산된다. 용접 후 바로 냉각속도(Cooling Rate)에 의해 열영향부에 단단한 Martensite 조직이 형성되고, 수소의 존재로 말미암아 잔류응력의 영향에 의해 Crack을 유발하게 된다. 크랙을 일으키는 요인은 다음과 같다.

① 수소의 존재　② 높은 잔류응력　③ 감수성이 있는 미세조직

용접부에 존재하는 수소는 기공으로 주로 존재하게 되는데 용접직후에 불안정한 상태로 있다가 열이나 외부 응력 피로등의 외적 요인이 주어지면 기공의 부피변화나 내부의 결함의 핵으로 작용하게 되어 균열과 같은 심각한 용접 문제를 발생시킨다.

26. **부식의 여러 가지 형태 중에서 부식피로(Corrosion fatigue)와 캐비테이션 부식(Cavitation Corrosion)에 대한 개요 및 방지책을 설명하시오.**

해답

1. 개요

금속재료는 구조용으로 좋으나 부식에 대하여 아주 약하므로 부식방지에 대한 대책을 강구해야 한다.

2. 부식의 조건 특성

(1) 대기 중에서 부식

대기 중에는 탄산가스와 습기가 있으며, 금속의 조직도 불균일하므로 전기와 화학적인 부식이 진행하며 수산화제이철[$Fe(OH)_3$], 수산화제일철[$Fe(OH)_2$], 탄화철[$FeCO_3$] 등으로 구성된 녹이 생기고 이 녹은 공기 중의 습기를 흡수하여 부식이 빠르게 진행된다.

(2) 액체 중에서 부식

금속은 물이나 바닷물에서 부식이 잘 되며 대기와 액체에 번갈아 노출시키면 부식에 더 빨리 진행된다. 그러나 탄산가스가 적은 땅이나 물속 또는 콘크리트 속에서는 부식이 적거나 방지된다. 금속이 산류에 부식되는 정도는 산의 농도에 따라 다르며 알칼리 용액은 철을 부식시키지 않는다.

3. 방지대책

(1) 피복에 의한 방법

금속(Zn, Sn, Ni, Cr, Cu, Al)막으로 피복하는 방법으로 아연(Zn) 피복은 가장 경제적이고 유용하다.

(2) 산화철 등 생성에 의한 방법

금속의 표면에 치밀하고 안정된 산화물 또는 기타의 화합물의 피막을 생기게 하는 법으로 청소법, 바우어 바프법, 게네스법, 파커라이징법, 코스레드법 등이 있다.

(3) 전기화학법

금속보다 이온화 경향이 큰 재료(예 : 아연 등)를 연결하여 아연이 부식되므로 금속의 부식을 방지하는 것으로 컴벌런드법이 있다.

4. (펌프의) 캐비테이션(Cavitation)

(1) 개요

물의 경우 2% 정도, 석유계 유압유의 경우 7~10% 정도가 체적비로 공기가 용해되어 있다. 따라서 물이나 기름 등이 액체에서 공기가 분리되어 기포가 발생하게 된다. 특히 수력기계나 유압장치 내의 유체 흐름에 있어서 저압부가 생겨서 그 압력강하로 인해 유체의 온도가 포화증기압 이하가 되면 액체 중에 용해되었던 공기가 분리되어 기포가 되고 거기에 공동(空洞)현상이 발생하게 된다. 이와 같은 현상을 캐비테이션이라 하고, 이 기포는 압류되어 고압 영역에 도달하면 갑자기 압궤(押潰)되어 국부적으로 초고압을 발생시켜 소음, 재료의 파괴, 압력의 변동, 진동 등을 수반하므로 가급적 캐비테이션의 발생을 방지해야 된다.

(2) 캐비테이션 발생에 의한 현상

① 소음, 진동을 발생시키며 펌프는 운전이 불안정하게 되어 급기야는 운전불능의 상태에 이르기까지 한다.

② 심한 부식이 발생되어 펌프의 수명을 단축시키고 사고의 원인이 된다.

③ 양정 및 효율이 급저하되며 펌프의 성능이 저하된다.

④ 온도가 상승하면 증기압도 높아지므로 고압 저온의 액체가 저압 고온이 될수록 캐비테이션이 잘 일어난다.

⑤ 액체가 관의 수축부를 통과할 때 베르누이 방정식에 의하여 목 부분의 압력이 낮아지는데, 이때 그 유체의 증기압까지 내려가면 기체의 유리와 증기의 발생으로 캐비테이션이 발생할 수 있다.

27. 레이놀즈수(Reynolds Number)에 대해서 설명하시오.

해답

□ 레이놀즈수(Reynolds Number)

층류와 난류의 구분 척도의 무차원 수를 레이놀즈수라 한다.

(1) 레이놀즈수 : 영국인 레이놀즈는 관속의 유체흐름상태가 층류인지 난류인지를 $Re=\frac{VD}{\nu}$로 판단할 수 있음을 발견하였다.

$$Re=\frac{\text{관성력}}{\text{점성력}}=\frac{\rho VD}{\mu}=\frac{VD}{\nu}$$

(μ : 점성계수, ρ : 밀도, ν : 동점성 계수, D : 관의 직경, V : 유동평균속도)

레이놀즈수는 점성 유동에서 중요한 의미를 가진다. 또한 무차원수인 Re는 층류와 난류의 구분 척도로 사용되며 관마찰계수(f)와 관계한다.

① 층류 : 유체의 유동속도가 느리면 유체 입자들은 층을 형성하듯 곧은 진로를 따라 흐르게 되는데 이같이 유선이 규칙적으로 정연히 흘러가는 상태를 층류라 한다.

유체의 전단응력은 $\tau=\mu\frac{du}{dy}$이다.

$$Re<2,100,\ f=\frac{64}{Re}$$

② 난류 : 유체의 속도가 빠르면 유체입자들이 불규칙하게 움직이면서 흐르게 되는데 이같이 유선이 불규칙적인 혼합된 유동

유체의 전단응력은 $\tau = \eta \frac{du}{dy}$ (η : 와점성계수), $Re > 4{,}000$

③ 층류와 난류 사이를 천이구역이라 한다.

$2{,}100 < Re < 4{,}000$

(2) 층류에서 난류로 바뀌는 레이놀즈수(4,000)를 상압계 레이놀즈수라 하고 난류에서 층류로 바뀌는 레이놀즈수(2,100)를 하압계 레이놀즈수라 한다.

(3) 레이놀즈의 상사(相似)법칙 : 실형과 모형의 유동 사이에 $(Re)_p = (Re)_m$ 이 성립되면 두 유동은 상사를 이룬다. 또한 이 법칙이 성립하는 모형을 레이놀즈 Model이라 하는데 유로 내의 마찰손실, 비행체의 양력과 항력, 비압축성과 압축성 유동에서의 경계층 문제 등은 레이놀즈 모형이다.

28. 부식(Corrosion)에 영향을 주는 인자에 대해서 설명하시오.

해답

1. 개요

금속부식이란 수중, 대기 중 또는 가스 중에서 금속의 표면이 비금속성 화합물로 변화하는 것과 그밖에 화학약품 또는 기계적 작용에 의한 소모를 포함한 넓은 의미의 부식을 뜻한다.

일반적으로 화학작용에 의한 것을 Corrosion이라 하고, 기계적 작용에 의한 것을 Errosion이라 한다. 금속재료는 구조용으로 좋으나 부식에 대하여 아주 약하므로 부식방지에 대한 대책을 강구해야 한다.

2. 부식의 종류

(1) 전면부식

동일 환경 조건에 접해 있는 금속 표면에 시간이 경과함에 따라 거의 균등하게 소모되어 가는 경우로서 금속재료의 두께를 사용 연수의 부식 예상 두께만큼 두꺼운 것을 사용하여 부식에 대처한다.

(2) 국부부식

금속 자체의 재질, 조직, 잔류응력 등의 차이 조건으로서 농도, 온도, 유속, 혼합가스 등의 차이에 의하여 금속 표면의 부식이 일부분에 공상 또는 구상으로 진행되는 경우이다.

(3) 이종 금속 접촉에 의한 부식

조합된 금속재료가 각각의 전극, 전위차에 의하여 전지를 형성하고 그 양극이 되는 금속이 국부적으로 부식되는 일종의 전식현상이다.

(4) 전식
외부 전원에서 누설된 전류에 의하여 일어나는 부식을 말한다. 예를 들면, 직류의 단선 가공식 전철 레일에서 누설한 전류에 의하여 지중 매설관이나 철말뚝이 국부적으로 부식되는 현상이 대표적이다.

(5) 극간 부식
금속체끼리 또는 금속과 비금속체가 근소한 틈새를 두고 접촉하고 있을 때 여기에 전해질 수용액이 침투되어 농염 전지 또는 전위차를 구성하여 그 양극부의 역할을 하는 틈새 속에서 급속하게 일어나는 부식현상이다.

(6) 입계부식(Intergranular Corrosion)
금속의 결정입자 간의 경계에서 선택적인 부식이 발생하여 이 부식이 입자 간을 따라 내부로 진입하는 부식현상으로서 물체에 입자부식이 일어나면 기계적 강도가 현저하게 저하한다.(알루미늄 합금, 18-8 스테인리스강, 황동 등)

(7) 선택부식
어떤 재료의 합금 성분 중에서 일부 성분만이 용해하고 부식하기 힘든 금속 성분이 남아서 강도가 약한 다공상의 재질을 형성하는 부식이다. 예를 들면, 황동의 합금 성분은 동과 아연이며 탈아연 현상에 의하여 부식된 황동관은 급격한 수압 변동 시 터져버린다.

(8) 응력부식
응력에는 잔류응력과 외부응력이 있으며, 재질 내부에 응력이 공존하게 되면 급격하게 부식하거나 갈라짐 현상이 생긴다.

(9) 찰과(擦過)부식
재료의 입자가 접촉해 있는 경계면에서 극소, 근소한 상대적 슬립이 일어나므로 생기는 손상을 말한다.

3. 부식의 원인

(1) 내적 요인
부식속도에 영향을 주는 금속재료 면에서의 인자로는 금속의 조성, 조직, 표면상태, 내부응력 등을 들 수 있다.

① 금속조직의 영향 : 철이나 강의 조직은 일반적인 탄소강이나, 저합금강의 조성범위 내에서는 천연수 또는 토양에 따라 부식속도가 크게 달라지지는 않는다. 금속을 형성하는 결정상태 면에서는 일반적으로 단종합금이 다종합금보다 내식성이 좋다.
② 가공의 영향 : 냉간가공은 금속 표면의 결정 구조를 변형시키고 결정입계 등에 뒤틀림이 생겨서 부식 속도에 영향을 미친다. 대기 중에서와 같이 약한 부식 환경에서는 표면을 매끄럽게 하는 것이 효과적이다.
③ 열처리의 영향 : 풀림이나 불림은 조직을 균일화시켜서 불균일한 결정 분포 또는 잔류응력을 제거하여 안정시키므로 내식성을 향상시킨다.

(2) 외적 요인
① pH의 영향 : pH 4~7의 물에서는 철 표면이 수산화물의 피막으로 덮여서 부식속도는 pH값에 관계없이 피막을 통하여 확산되는 산소의 산화작용에 의하여 결정되며 pH 4 이하의 산성물에서

는 피막이 용해해 버리므로 수소 발생형의 부식이 일어난다.

② 용해 성분의 영향 : $AlCl_3$, $FeCl_3$, $MrCl_2$ 등과 같이 가수분해(加水分解)하여 산성이 되는 염기류는 일반적으로 부식성이고 동일한 pH값을 갖는 산류의 부식성과 유사하다. 한편 $NaCO_3$, Na_3PO_4 등과 같이 가수 분해하여 알칼리성이 되는 염기류는 부식 제어력이 있으며, $KMnO_4$, Na_2CrO_4 등과 같은 산화염은 부동상태에 도움이 되므로 무기성 부식 제어재로 이용된다.

③ 온도의 영향 : 개방 용기 중에서는 약 80℃까지는 온도 상승에 따라 부식온도가 증가하지만 비등점에서는 매우 낮은 값이 이용된다. 그 이유는 온도 상승에 따라 반응속도가 증대하는 반면 산소 용해도가 현저히 저하하기 때문이다.

(3) 기타 요인

① 아연에 의한 철의 부식 : 아연은 50~95℃의 온수 중에서 급격하게 용해하며 전위차에 의한 부식이 발생한다.

② 동이온에 의한 부식 : 동이온은 20~25℃의 물속에서 1~5ppm이든 것이 43℃ 이상이 되면 급격히 증가하여 수질에 따라 다르지만 70℃ 전후에서 250ppm 정도로 경과하여 부식이 발생한다.

③ 이종금속 접촉에 의한 부식 : 염소이온, 유산이온이 함유되어 있거나 온수 중에서는 물이 전기분해하여 이종금속 간에 국부 전기를 형성하고 이온화에 의한 부식이 발생한다.

④ 용존산소에 의한 부식 : 산소가 물의 일부와 결합하여 OH를 생성하고 수산화철이 되어 부식하며, 배관회로 내에 대기압 이하의 부분이 있으면 반응이 심해진다.

⑤ 탈아연현상에 의한 부식 : 15% 이상의 아연을 함유한 황동재의 기구를 온수 중에서 사용할 때 발생한다.

⑥ 응력에 의한 부식 : 인장, 압축 응력이 작용하거나 절곡 가공 또는 용접 등으로 내부응력이 남아 있는 경우 발생한다.

⑦ 온도차에 의한 부식 : 국부적으로 온도차가 생기면 온도차 전지를 형성하여 부식한다.

⑧ 유속에 의한 부식 : 배관 내에 염소이온, 유산이온, 기타 금속이온이 포함되는 경우 유속이 빠를수록 부식이 증가한다.

⑨ 염소이온, 유산이온에 의한 부식 : 동이온, 녹, 기타 산화물의 슬러지가 작용하여 부식한다.

⑩ 유리탄산에 의한 부식 : 지하수 이용 시 물속에 유리탄산이 함유되어 있는 경우 부식한다.

⑪ 액의 농축에 의한 부식 : 대도시에서 노출 배관에는 대기오염에 의한 질소화합물, 유황산화물이 농축하여 물의 산성화에 따른 부식이 발생한다.

29. **일반적인 금속재료의 단순인장시험에 대한 다음 물음에 답하시오.**

1) 대략적인 응력 - 변형률 곡선을 그리고 극한강도(인장강도), 항복강도, 비례한도를 표시하시오.

2) 재료의 연성(ductility)을 나타내는 단면감소율(단위 : %)과 연신율(단위 : %)을 정의하시오.

3) 재료의 인성(toughness)을 정의하고 어떻게 나타낼 수 있는지 설명하시오.

해답

1. 응력 - 변형률 곡선

인장시험은 재료의 항복점, 인장강도, 신장 등을 알 수 있는 시험이다.

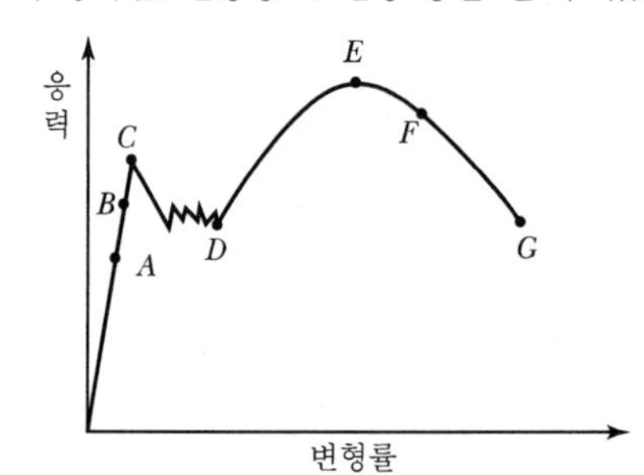

A : 비계 한도
B : 탄성 강도
C : 상 항복점
D : 하 항복점
E : 극한강도/인장강도
G : 파괴 응력

2. 연성의 표시방법

(1) 연신율

시험편의 늘어난 길이를 원래의 시험편 길이로 나눈 값의 백분율로 다음과 같이 정의된다.

$$\epsilon = \frac{l_f - l_0}{l_0} \times 100\%$$

단, l_f : 시험편이 늘어난 후의 길이, l_0 : 원래의 길이

(2) 단면감소율

시험편의 감소된 단면적을 원래의 단면적으로 나눈 값의 백분율로 다음과 같이 정의된다.

$$\phi = \frac{A_0 - A_f}{A_0} \times 100\%$$

단, A_0 : 원래의 단면적, A_f : 시험편이 늘어난 후 줄어든 단면적

3. 인성(toughness)

단순 인장력이 0에서 서서히 증가하여 파괴점에 도달할 때 재료의 단위체적에 대한 일을 말한다. 즉 응력 - 변형률 선도 아래에서(0에서) 파괴점까지의 면적으로 나타낸다.

재료의 인성, 소성역에서 에너지를 흡수하는 능력을 나타낸다.(단위 : in-lb/in^3, N-m/m^3)

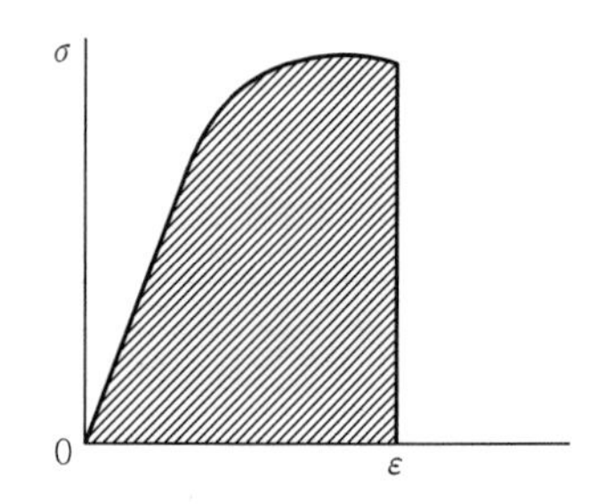

30. **Pump에서 발생하는 이상현상 중 수격작용(Water Hammering)의 현상과 그 원인 및 방지대책을 3가지 이상 쓰시오.**

해답

1. 수격작용(Water Hammering)

(1) 개요

관속을 충만하게 흐르고 있는 액체의 속도를 급격히 변화시키면 액체에 심한 압력 변화가 발생하는 현상이다.

(2) 원인

비교적 긴 송수관으로 액체를 수송하고 있을 때 정전 등으로 펌프의 운전이 갑자기 멈춘 경우 송수관 내의 액체는 관성력에 의하여 현 상태대로 유동하려 하지만 펌프송출구 직후의 액체는 흐름이 약해져 멈추려고 한다. 이에 따라 펌프의 와류실에는 압력강하가 발생하고, 펌프 송출구로부터 와류실에의 역류가 발생하게 되면, 급격한 압력강하와 상승이 발생한다.

(3) 방지대책

① 밸브를 이용하여 압력상승을 막는다.

- Check Valve를 쓰지 않고 양액을 역류시킨다. 이 경우 회전차와 전동기는 역회전한다.
- 역류가 일어나기 전에 강제적으로 밸브를 닫아 압력상승을 줄인다.
- 상승된 압력을 안전밸브에서 직접 배출시킨다.
- 송출구에 설치된 메인밸브를 정전과 동시에 자동적으로 신속히 닫아버린다.

② 압력강하를 막는 방법

- 펌프에 Flywheel을 붙여 관성효과를 이용, 회전수와 관내 유속의 변화를 느리게 한다.
- Surge Tank(조압수조)를 설치하여 축적된 에너지를 방출하거나 관액의 에너지를 흡수한다.
- 관지름을 크게 하여 양액의 유속을 줄이고 관성력을 떨어뜨린다.

③ 수력작용의 해석을 통하여 미리 설계에 고려하여 적절한 수격방지대책을 세워야 한다.

④ 밸브를 펌프 송출구 가까이 설치한다.

31. 비파괴시험방법 중 자분탐상검사(MT)의 자화방법 5가지를 쓰고 설명하시오.

해답

1. 자분탐상검사(MT ; Magnetic Particle Testing)

   자분탐상검사란 강성 자성체의 시험 대상물에 자장을 걸어주어 자성을 띠게 한 다음 자분을 시편의 표면에 뿌려주고 불연속에는 외부로 누출되는 누설 자장에 의한 자분 무늬를 판독하여 결함의 크기 및 모양을 검출하는 방법이다.

   자분탐상은 자성체 시편이 아니면 검사할 수 없으며, 시편 내부에 깊이 존재하는 결함에 의한 누설 자장은 외부로 흘러나오지 못한다. 따라서 자분탐상에 의하여 검출할 수 있는 결함의 크기는 표면과 표면 바로 밑 5mm 정도이다.

   - 장점 : 표면에 존재하는 미세결함 검출능력이 우수, 현장 적응성이 우수
   - 단점 : 시험표면의 영향이 크다, 기록이 곤란하다. 자력선의 방향에 결함이 수직으로 있어야 한다.

2. 자화방법

   (1) 원형자계를 발생시키는 방법(원형 자화법) : 축통전법, 직각통전법, 전류관통법, 프로드법, 자속관통법

   (2) 선형자계를 발생시키는 방법(선형 자화법) : 코일법, 극간법

   (3) 자화방법의 분류와 특징

자화방법	자화방법의 설명	장점	단점	검출할 수 있는 결함의 방향	비고
축통전법	실험체의 축향으로 직접 전류를 흘린다.	비교적 형상이 복잡한 시험체도 정밀하게 검사할 수 있다. 반자계가 작다.	전류에 직각 방향인 시험체의 굵기가 굵을수록 큰 자화전류를 필요로 한다. 스파크의 우려가 있다.	전류에 평행한 결함 즉, 축방향의 결함이 잘 검출되며, 축에 직각인 결함은 검출할 수 없다.	축류의 외경에 적용한다.
직각통전법	시험체의 축에 대해 직각인 방향으로 직접 전류를 흘린다.	축통전법과 동일	축통전법과 동일	축에 직각인 방향의 결함이 가장 잘 검출되며 축방향의 결함은 검출할 수 없다.	축류의 끝면과 끝부분 주변면에 적용한다.
프로드법	시험체의 국부에 2개의 전극을 대고 전류를 흐르게 한다.	비교적 형상이 복잡한 시험체도 정밀하게 검사할 수 있으며, 대형 시험체의 검사에 적당하다. 반자계가 작다.	전류가 크기 때문에 시험체에 프로드 자국이 남기 쉽다.	프로드를 연결한 선과 평행인 방향의 결함에 대하여 가장 감도가 좋다. 직각방향의 결함은 검출할 수 없다.	형상이 복잡한 것도 적용할 수 있다.
전류관통법	시험체의 구멍 등에 통과시킨 관통봉(도체)에 전류를 흘린다.	관 등, 튜브모양의 내경과 측면 및 외경을 능률적으로 검사할 수 있다. 반자계가 적어 스파크의 우려가 없다.	외경이 클수록 큰 전류가 필요하다.	축통전법과 동일	관이음에 적용한다.
코일법	시험체를 코일 속에 넣고 전류를 흘린다.	특별히 대전류를 흐르게 하는 장치를 필요로 하지 않고, 충분히 큰 자계를 걸 수 있다. 스파크 우려가 없다.	반자계가 작용하므로 끝부분은 자극의 형성 때문에 탐상할 수 없다.	코일감은 방향의 결함에 대해 가장 감도가 좋다. 코일 직각방향의 결함은 검출할 수 없다.	축류 등의 표면결함 검출에 효과적이다.
극간법	시험체 또는 시험할 부위를 전자석 또는 영구자석의 자극 사이에 놓고 자화하는 방법이다.	무게가 가벼워 취급하기 쉽다. 표면결함을 검출하기 좋다. 스파크 우려가 없다.	전자속이 장치의 철심 단면적에 의해 정해지기 때문에, 직류에서는 철심보다 단면적이 큰 것은 사용할 수 없다. 직·교류라도 자극 주변은 누설자속이 많아 탐상할 수 없다.	자극을 연결한 선과 직각방향의 결함에 대해 가장 감도가 높다. 평행방향의 결함은 검출할 수 없다.	일반적으로 표면결함 검출에 효과적이다.
자속관통법	시험체의 구멍 등에 통과시킨 자성체에 교류 자속 등을 가함으로써 시험체에 유도전류를 흘린다.	전류관통법과 동일	외경이 클수록 큰 교류 자계가 필요하다.	원주방향의 결함에 대해 가장 감도가 높다. 지름방향의 결함은 검출할 수 없다.	전류관통법과 동일

32. 금속에서 국부적으로 발생되는 부식의 종류를 4가지 들고 설명하시오.

해답

1. 전면부식
   동일 환경 조건에 접해 있는 금속 표면에 시간이 경과함에 따라 거의 균등하게 소모되어 가는 경우로서 금속재료의 두께를 사용 연수의 부식 예상 두께만큼 두꺼운 것을 사용하여 부식에 대체한다.

2. 국부부식
   금속 자체의 재질, 조직, 잔류응력 등의 차이 조건으로서 농도, 온도, 유속, 혼합가스 등의 차이에 의하여 금속 표면의 부식이 일부분에 공상 또는 구상으로 진행되는 경우이다.

3. 이종 금속 접촉에 의한 부식
   조합된 금속재료가 각각의 전극, 전위차에 의하여 전지를 형성하고 그 양극이 되는 금속이 국부적으로 부식되는 일종의 전식현상이다.

4. 전식
   외부 전원에서 누설된 전류에 의하여 일어나는 부식을 말한다. 예를 들면, 직류의 단선 가공식 전철 레일에서 누설한 전류에 의하여 지중 매설관이나 철말뚝이 국부적으로 부식되는 현상이 대표적이다.

5. 극간 부식
   금속체끼리 또는 금속과 비금속체가 근소한 틈새를 두고 접촉하고 있을 때 여기에 전해질 수용액이 침투되어 농염 전지 또는 전위차를 구성하여 그 양극부의 역할을 하는 틈새 속에서 급속하게 일어나는 부식현상이다.

6. 입계부식(Intergranular Corrosion)
   금속의 결정입자 간의 경계에서 선택적인 부식이 발생하여 이 부식이 입자 간을 따라 내부로 진입하는 부식현상으로서 물체에 입자부식이 일어나면 기계적 강도가 현저하게 저하한다.(알루미늄 합금, 18-8 스테인리스 강, 황동 등)

7. 선택부식
   어떤 재료의 합금 성분 중에서 일부 성분만이 용해하고 부식하기 힘든 금속 성분이 남아서 강도가 약한 다공상의 재질을 형성하는 부식이다. 예를 들면, 황동의 합금 성분은 동과 아연이며 탈아연 현상에 의하여 부식된 황동관은 급격한 수압 변동 시 터져버린다.

8. 응력부식
   응력에는 잔류응력과 외부응력이 있으며, 재질 내부에 응력이 공존하게 되면 급격하게 부식하거나 갈라짐 현상이 생긴다.

9. 찰과(擦過)부식
   재료의 입자가 접촉해 있는 경계면에서 극소, 근소한 상대적 슬립이 일어나므로 생기는 손상을 말한다.

33. 가공경화(加工硬化)에 대하여 간단히 기술하시오.

해답

1. 재결정

   금속의 결정입자를 적당한 온도로 가열하면 변형된 결정입자가 파괴되어 점차로 미세한 다각형 모양의 결정입자로 변화

2. 가공도와 재결정 온도

   재결정 온도와 가공도와의 관계를 조사하여 보면 일반적으로 가공도가 큰 재료의 재결정은 낮은 온도에서 생기고, 가공도가 작은 것의 재결정은 높은 온도에서 생긴다. 가공도가 큰 것은 새로운 결정핵이 생기기 쉬우므로 재결정이 낮은 온도에서 생긴다. 그러나 가공도가 작은 것은 결정핵의 발생이 적어 높은 온도까지 가열하지 않으면 재결정이 완료되지 않는다.

   일반적으로 변형량이 클수록 변형 전의 결정립이 작을수록 금속의 순도가 높을수록 변형 전의 온도가 낮을수록 재결정 온도는 낮아진다.

3. 가공경화와 재결정온도

   금속재료를 상온에서 Forging, Rolling, 인발, 압출, Press 가공 등의 가공을 하면 강도와 경도가 증가하고 연율은 줄어든다. 이 현상을 가공 경화라 하며 원인은 상온에서 금속의 유동성이 불량한데 가공하기 위한 큰 외력이 증가하므로 내부응력이 증가하여 발생한다. 이때 조직에서 부서진 결정 입자가 있는데 이것을 가열하여 어떤 온도로 유지하면 새로운 결정 입자가 생겨 가공 경화된 부분이 원상태로 돌아간다.

   이 현상을 재결정 온도라 부른다. 이와 같이 재결정이 생기는 온도를 재결정 온도라고 하며 강철은 400~500℃ 정도이다. 따라서 재결정 온도 이상에서의 가공은 가공경화가 발생하지 않는다. 이와 같은 가공을 열간가공이라 하고 재결정 온도 이하의 가공을 냉간가공이라 한다.

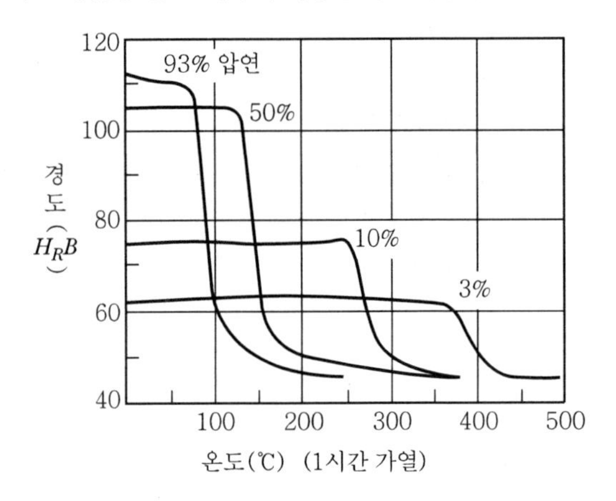

34. 아래의 와이어로프의 기호를 각기 설명하시오.

1) 6×7+FC　　　　2) 6×Fi(7)+IWRC

해답

1. 6×7+FC
   (1) 6 : 스트랜드(strand) 수
   (2) 7 : 각각의 스트랜드를 구성하고 있는 소선(wire)의 수
   (3) FC : 섬유심(Fiber Core)

2. 6xFi(7)+IWRC
   (1) 6 : 스트랜드 수
   (2) Fi : 스트랜드 수가 필러형
   (3) (7) : 스트랜드를 구성하는 소선의 개수
   (4) IWRC : Independent Wire Rope Core) 심감대신에 와이어로프를 심으로 하여 꼰 것으로 각종 건설 기계, 기중기등 파단력이 높은 로프가 요구되는 곳에 사용

3. 와이어로프의 구성

와이어로프는 강선(이것을 소선이라 한다)을 여러 개 합하여 꼬아 작은 줄(Strand)을 만들고, 이 줄을 꼬아 로프를 만드는데 그 중심에 심(대마를 꼬아 윤활유를 침투시킨 것)을 넣는다.

로프의 구성은 로프의 "스트랜드 수×소선의 개수"로 표시하며, 크기는 단면 외접원의 지름으로 나타낸다.

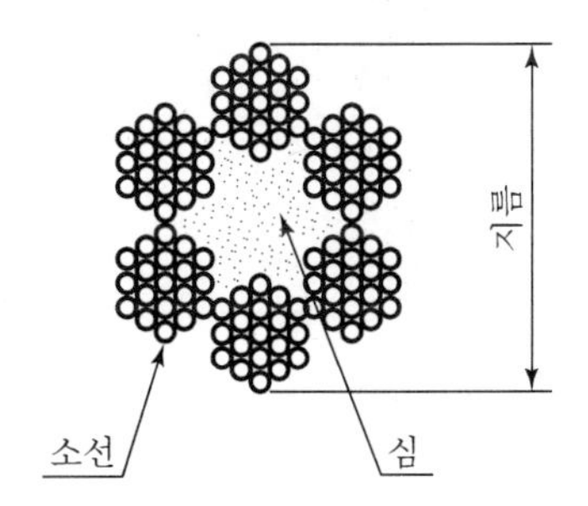

[로프의 지름 표시]

6xS(19)+FC	6xS(19)+IWRC	8xS(19)+FC	8xS(19)+IWRC	6xFi(29)+FC	6xFi(29)+IWRC
6xFS(19)+IWRC	6xW(19)+IWRC	8xW(19)+FC	8xW(19)+IWRC	6xWS(31)+FC	6xWS(31)+IWRC

35. 기계장치의 공진(Resonance)현상 발생원인을 설명하시오.

해답

외부에서 들어오는 진동이나 신호를 통해 어떤 특정 주파수의 진동이나 신호가 강해지는 것. 예를 들어 그네나 추를 흔들 때 그 운동에 맞춰서 힘을 가하면 아주 적은 힘으로도 크게 흔들리게 된다. 이와 같이 외부에서 가해지는 진동 주파수가 그 물체의 고유 진동 주파수와 일치하는 것을 공진이라고 하며, 이 주파수를 공진 주파수라고 한다. 관악기나 파이프 오르간은 관 속의 공기 진동을, 현악기나 피아노는 줄의 공진을, 라디오의 튜닝(채널 선택)은 코일과 콘덴서의 전기를 이용한 공진을 사용한다.

36. 승강기의 정격속도가 아래일 때 조속기와 비상정지장치가 각기 작동하는 범위는 얼마의 속도인가?

1) 30m/min인 경우　　2) 60m/min인 경우

해답

기계적 과속방지장치이며 엘리베이터에서는 구동로프의 움직임을 멈추고 지지하는 데에 쓰이는 와이어-로프구동방식의 원심장치를 말한다. 이는 카 안전장치동작의 첫 단계이다. 카가 하향으로 주어진 속도에 대해 과속하는 경우 구동모터와 브레이크의 전원을 차단하고 조속기스위치를 개방한다. 어떤 방식에 있어서는 카가 상향으로 주어진 속도에 대해 과속하는 경우에도 구동모터와 브레이크에 전원을 차단하고 조속기 스위치를 개방하기도 한다. 이상속도 발생시 카의 속도가 정격속도의 1.3배(카의 정격속도가 45m/min 이하의 엘리베이터에 있어서는 63m/min)를 초과하지 않는 범위 내에서 과속 스위치가 동작하여 전원을 끊고 브레이크를 작동시킨다. 이것은 상승, 하강, 양방향에 작동되어야 한다. 이 스위치는 브레이크의 고장이나 주 로프가 끊어지는 경우에는 카를 정지시킬 수 없으므로 2차 동작으로써 정격속도의 1.4배(카의 정격속도가 45m/min 이하의 엘리베이터에서는 68m/min)를 초과하지 않는 범위에서 조속기 로프를 기계적으로 잡아 비상정지장치를 작동시킨다. 이 2차 동작은 하강 방향에서만 작동한다.

37. 비파괴검사방법에서 내부결함(內部缺陷)을 검사하는 시험방법 2가지를 제시하고 차이점을 상대 비교하여 설명하시오.

해답

1. 방사선에 의한 투과검사(RT ; Radiographic Testing)

(1) X-ray 촬영검사

X선은 2극의 진공관으로 구성된 X선관에 의해 발생시킨다. X선관은 음극이 텅스텐필라멘트이고 양극은 금속표적(대음극)으로 되어 있으며, X선관 내에는 고진공으로 되어 있다. 음극의 필라멘트에 전류를 흘려 필라멘트를 백열상태의 고온으로 하면 열전자가 진공 중으로 방출된다. X선관은 양극에 고전압을 걸면 필라멘트로부터 방출된 열전자는 가속되어, 운동에너지를 증가하면서 양극의 표적에 충돌하여, 여기서 열전자의 운동에너지의 대부분은 열로 변하여 표적을 가열하게 되고, 일부의 에너지가 X선으로 변환되어 방사된다. X선은 짧은 전자파로서 투과도가 강한 것 이외에 사진필름 촬영이 가능하다. 또 투과력이 크고 강도와 노출시간의 조절로 사진 촬영이 용이할 뿐 아니라 γ-ray에 비하여 촬영 속도가 느리고 전원 및 냉각수 공급 등의 번거로움도 있으나 γ-ray에 비하여 투과력 조정이 가능하여 박판의 금속 결함 촬영도 가능하여 미세한 판별도 가능하다.

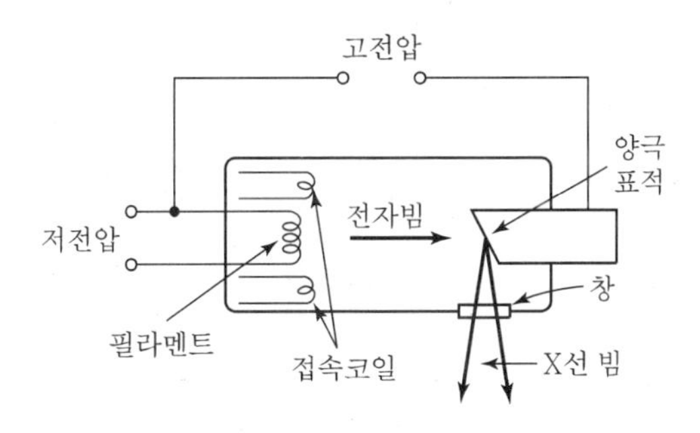

[X선관의 개략도]

(2) γ-ray 촬영검사

핵반응에 의해 다양한 방사성 동위원소가 생성되는데, 핵반응로에서 중성자를 충돌시키는 것이 공업용 방사선을 얻는 가장 중요한 방법이 된다. 예를 들면, 자연상태에서 안정된 ^{59}Co와 ^{191}Ir 원소에 중성자가 충돌하면 γ선이 생성된다.

γ-ray는 투과력이 매우 강하여 두꺼운 금속 촬영에 적합하다. 촬영장소가 협소하다든가 위치가 고소인 경우 X-ray 장비에 비하여 간편하기 때문에 널리 쓰이고 있으나 박판 금속의 경우 투과력 조정이 불가능하여 중간 금속 물질을 넣고 촬영하는 등 번거로움이 많다. 특히 촬영 시 외부와의 차폐가 어려우며 보관 등 많은 주의가 필요하다.

2. 초음파 탐상검사(UT ; Ultrasonic Testing)

금속재료 등에 음파보다도 주파수가 짧은 초음파(0.5~25MHz)의 Impulse(반사파)를 피검사체의 일면(一面)에 입사시킨 다음, 저면(Base)과 결함부분에서 반사되는 반사파의 시간과 반사파의 크기를 브라운관을 통하여 관찰한 후 결함의 유무, 크기 및 특성 등을 평가하는 것으로 타 검사방법에 비해 투과력이 우수하다. 초음파 탐상은 주로 내부결함의 위치, 크기 등을 비파괴적으로 조사하는 결함검출기법이다. 결함의 위치는 송신된 초음파가 수신될 때까지의 시간으로부터 측정하고, 결함의 크기는 수신되는 초음파의 에코높이 또는 결함에코가 나타나는 범위로부터 측정한다. 초음파탐상법의 종류는 원리에 따라 크게 펄스 반사법, 투과법, 공진법으로 분류되며, 이중에서 펄스반사법이 가장 일반적이며 많이 이용된다.

(1) 장점

- 방사선과 비교하여 유해하지 않다.
- 감도가 높아 미세한 결함을 검출할 수 있다.
- 투과력이 좋으므로 두꺼운 시험체의 검사가 가능하다.

(2) 단점

- 표면이 매끈해야 하고, 조립체에 사용하지 않고, 결함의 기록이 어렵다.
- 시험체의 내부구조가 검사에 영향을 준다.
- 불감대(Dead Zone)가 존재한다.
- 검사자의 폭넓은 지식과 경험이 필요하다.

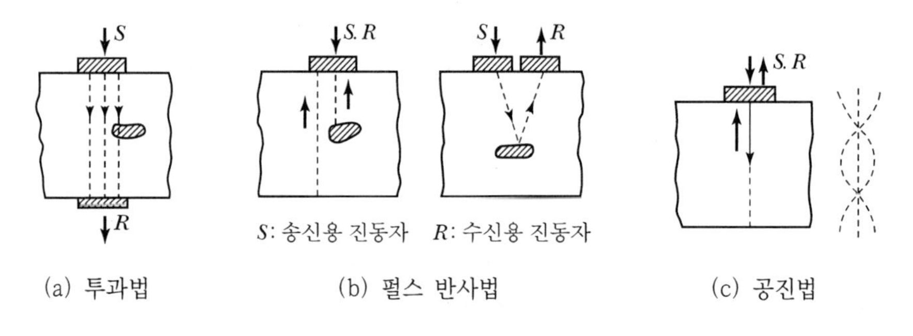

[초음파 탐상법의 종류]

38. 단순 인장시험의 결과를 이용하여 재료의 연성(ductility)을 표시하려 한다. 연성을 나타내는 양을 두 가지 들고 정의하시오.

해답

1. 연성(ductility)의 정의

연성은 기계재료가 파단될 때까지 얼마나 많은 변형을 견딜 수 있는지에 대한 척도로서 사용된다. 재료의 연성은 통상 연신율과 단면감소율로 표시한다.

2. 연성의 표시방법

(1) 연신율

연신율은 시험편의 늘어난 길이를 원래의 시험편 길이로 나눈 값의 백분율로 다음과 같이 정의된다.

$$\epsilon = \frac{l_f - l_0}{l_0} \times 100\%$$

단, l_f : 시험편이 늘어난 후의 길이, l_0 : 원래의 길이

(2) 단면감소율

단면감소율은 시험편의 감소된 단면적을 원래의 단면적으로 나눈 값의 백분율로 다음과 같이 정의된다.

$$\phi = \frac{A_0 - A_f}{A_0} \times 100\%$$

단, A_0 : 원래의 단면적, A_f : 시험편이 늘어난 후 줄어든 단면적

39. 프레스가공 용어 중 피어싱(piercing)과 블랭킹(blanking)에 대하여 설명하시오.

해답

1. 블랭킹(Blanking) : 판재를 펀치로써 뽑는 작업을 말하며 그 제품을 Blank라고 하고 남은 부분을 Scrap이라 한다.

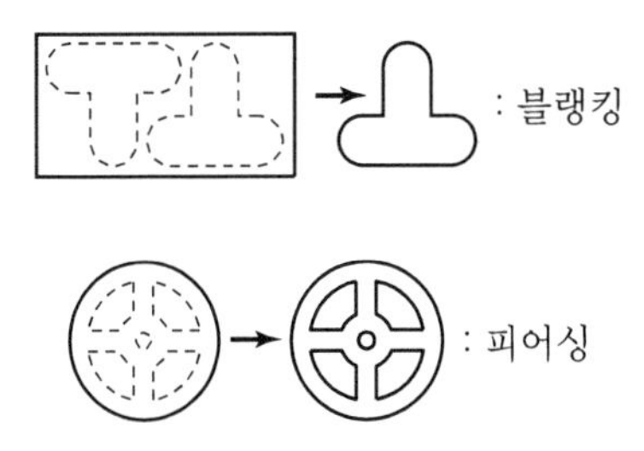

2. 피어싱 : 천공작업. 펀치를 이용하여 프레스로 구멍을 뚫는 작업

40. 갈바니 부식이란 어떠한 부식인가 설명하시오.

해답

1. 부식원인

2종의 금속이 서로 접촉해서 수중에 존재할 때에 일어나는 현상이며 전지작용과 비슷하다. 이것을 접촉 부식 또는 갈바니 부식(Galvanic Corrosion)이라고 부르며, 이종금속의 접촉점 근처에 많이 생긴다.

양금속 간의 이온화 경향차가 크고 또한 액(液)의 전도가 좋고 또한 액의 운동이 심할수록 부식하기 쉽다. 액에 접하는 표면적이 큰 귀금속에 표면적이 작은 비금속이 접촉할 때 심하게 부식이 일어나지만 비금속이 비교적 큰 면적일 때는 거의 생기지 않는다.

철관과 동관을 접속 배관하여 관 속에 물을 채우면 Fe는 Cu보다 이온화 경향이 크므로 철은 항상 이온(Fe^{2+})으로 되어 용출하려고 한다. 이 경향은 수중의 Fe^{2+}의 농도가 작을수록 커진다.

한편 구리는 이온화 경향이 철보다 작으므로 항상 주위의 Cu^{2+}가 전하를 상실하고 Cu가 되어 석출된다.

그래서 전류는 물을 통해서 철관으로 향한다. 여기서 철관은 전하가 감소되어 부전기를 지니게 되는데 접속관을 통해 동관에서 철관으로 흐르는 전류에 의해 중화되어 부식이 계속 진행된다.

이때 수소가스는 동관의 벽면에 박막이 되어 부착하는데 수중의 용존산소와 결합하여 물이 되고 전기의 전리 현상이 더욱 계속되어 부식작용이 진행된다. 난류 중에 있는 금속의 부식이 매우 빠른 것도 여기에 기인한다.

수중에 염분이 있든가 물이 산성 또는 알칼리성일 경우에는 전도성이 커지므로 부식은 한층 촉진된다.

실제의 예는 이종금속관이 접속되어 있는 경우뿐 아니라 동종 금속관의 납땜용접, 금속관과 포금제 기구와의 접속, 기타 금속 소재의 불순물 등으로 인해 부식이 진행된다.

2. 방지대책

이종 금속관이 접촉하고 있는 경우, 비금속의 면적을 귀금속의 면적보다 크게 만든다. 따라서 용접에 사용하는 용접봉, 경납땜에 사용하는 경납, 리베팅에 사용하는 리베트 등에 그 주재료보다도 이온화 경향이 낮은 금속을 사용하면 좋은 결과를 얻을 수 있다.

41. 피로파괴 및 금속재료의 피로한도 향상방법에 대하여 기술하시오.

● 해답

1. 피로, 피로파괴

기계나 구조물 중에는 피스톤이나 커넥팅 로드 등과 같이 인장과 압축을 되풀이해서 받는 부분이 있는데, 이러한 경우 그 응력이 인장(또는 압축)강도보다 훨씬 작다 하더라도 이것을 오랜 시간에 걸쳐서 연속적으로 되풀이하여 작용시키면 드디어 파괴되는데, 이 같은 현상을 재료가 "피로"를 일으켰다고 하며 이 파괴현상을 "피로파괴"라 한다.

2. 피로강도(피로한도)

어느 응력에 대하여 되풀이 횟수가 무한대가 되는 한계가 있는데 이 같은 응력의 최대한을 피로한도(피로강도)라 한다.

3. 피로한도에 영향을 주는 인자

(1) 치수효과 : 부재의 치수가 커지면 피로한도가 낮아진다.

(2) 표면효과 : 부재의 표면 다듬질이 거칠면 피로한도가 낮아진다.

$$표면계수 = \frac{임의의\ 표면거칠기\ 시험편의\ 피로한도}{Cu\ 이하의\ 표면거칠기\ 시험편의\ 피로한도}$$

(3) 노치효과 : 단면치수나 형상 등이 갑자기 변하는 것에 응력집중이 되고 피로한도가 급격히 낮아진다.

$$노치계수 = \frac{노치가\ 없는\ 경우\ 피로한도}{노치가\ 있는\ 경우\ 피로한도},\quad 응력집중계수 = \frac{피로응력}{공칭응력}$$

(4) 압입효과 : 강압 끼워 맞춤, 때려박음 등에 의하여 피로한도가 낮아진다.

4. 피로강도를 상승시키는 인자

(1) 고주파 열처리

(2) 침탄, 질화 열처리

(3) Roller 압연

(4) Shot Peening & Sand Blasting

(5) 표층부에 압축잔류응력이 생기는 각종 처리

5. S-N 곡선

진폭응력(S), 반복횟수(N) 곡선을 의미한다. 재료는 응력이 반복해서 작용하면 정응력 경우보다도 훨씬 작은 응력 값에서 파괴를 일으킨다. 이 경우 파괴를 일으킬 때까지의 반복횟수는 반복되는 응력의 진폭에 따라 상당한 영향을 받는다. 이 관계를 표시하기 위하여 응력 진폭의 값 S를 종축에, 그 응력 진폭에서 재료가 파괴될 때까지의 반복횟수 N의 대수를 횡축에 그린 것을 S-N 곡선이라 한다.

일반적으로 강 같은 재료의 S-N 곡선은 그림과 같으며 응력 진폭이 작은 쪽의 파괴까지 반복횟수는 증가한다. 그러나 어느 응력치 이하로 어떤 응력을 반복해도 파괴가 생기지 않고 곡선은 평행이 된다. 이와 같이 곡선이 수평이 되기 시작하는 곳의 한계응력을 재료의 피로한도 또는 내구한도라 한다.

이때 반복횟수는 강에서 10^6, 10^7이지만 비철금속은 5×10^8이 되어도 S-N 곡선이 수평이 되지 않는 것이 있다.

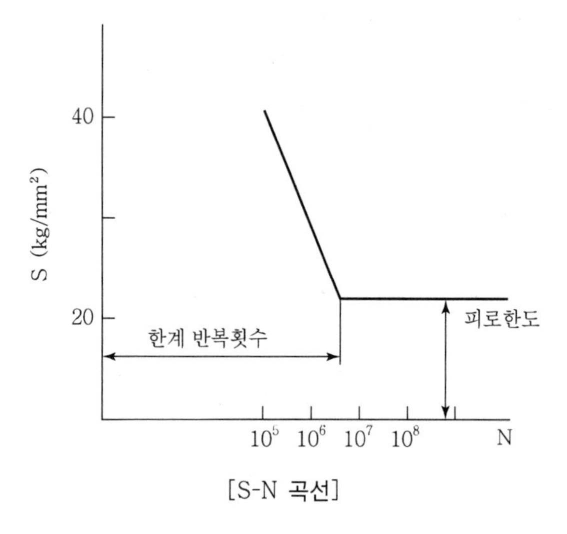

[S-N 곡선]

6. 피로수명

피로시험에서 방향이 일정하고 크기가 어느 범위 사이에 주기적으로 변화하는 응력을 되풀이하든가 혹은 인장과 압축응력을 되풀이하여 파괴에 이르기까지의 횟수를 피로수명이라 한다.

7. 피로강도와 인장강도 비율

(1) 회전 휨 피로강도 : $\sigma_{ab} = 0.25(\sigma_S + \sigma_B) + 5$[kg/mm²]

(2) 인장과 압축피로강도 : $\sigma_{wz} = (0.7 \sim 0.9)\sigma_{wb}$[kg/mm²]

σ_s : 인장항복점[kg/mm²]

σ_B : 인장강도[kg/mm²]

8. 인장강도(σ_t)와 피로한도(δ_f)의 관계

피로한도(δ_f) $= 0.5\sigma_t$

42. 펌프의 공동현상(Cavitation)과 서징(Surging)을 설명하고 발생원인과 방지대책을 쓰시오.

해답

1. 서지 현상

유량조정밸브의 가변 오리피스를 급격히 닫거나 변환밸브의 유로를 갑자기 변환하는 경우, 유체의 운동에너지가 탄성에너지로 변화되어 급격한 압력상승으로 나타나게 되고, 발생된 압력상승은 압력파가 되어 그 유체 속에 전파된다. 이와 같이 유압회로 중에 과도하게 발생한 이상압력 변동을 서지 현상이라 하며, 변동최대압을 서지압력이라 한다.

2. (펌프의) 캐비테이션(Cavitation)

(1) 개요

물의 경우 2% 정도, 석유계 유압유의 경우 7~10% 정도가 체적비로 공기가 용해되어 있다. 따라서 물이나 기름 등이 액체에서 공기가 분리되어 기포가 발생하게 된다. 특히 수력기계나 유압장치 내의 유체 흐름에 있어서 저압부가 생겨서 그 압력강하로 인해 유체의 온도가 포화증기압 이하가 되면 액체 중에 용해되었던 공기가 분리되어 기포가 되고 거기에 공동(空洞)현상이 발생하게 된다. 이와 같은 현상을 캐비테이션이라 하고, 이 기포는 압류되어 고압 영역에 도달하면 갑자기 압궤(押潰) 되어 국부적으로 초고압을 발생시켜 소음, 재료의 파괴, 압력의 변동, 진동 등을 수반하므로 가급적 캐비테이션의 발생을 방지해야 된다.

(2) 캐비테이션 발생에 의한 현상

① 소음, 진동을 발생시키며 펌프는 운전이 불안정하게 되어 급기야는 운전불능의 상태에 이르기까지 한다.

② 심한 부식이 발생되어 펌프의 수명을 단축시키고 사고의 원인이 된다.

③ 양정 및 효율이 급저하되며 펌프의 성능이 저하된다.

④ 온도가 상승하면 증기압도 높아지므로 고압 저온의 액체가 저압 고온이 될수록 캐비테이션이 잘 일어난다.

⑤ 액체가 관의 수축부를 통과할 때 베르누이 방정식에 의하여 목 부분의 압력이 낮아지는데, 이때 그 유체의 증기압까지 내려가면 기체의 유리와 증기의 발생으로 캐비테이션이 발생할 수 있다.

(3) 원심펌프의 캐비테이션

① 발생원인

날개바퀴 입구에 가까운 날개의 표면에서 압력이 가장 크게 내려가고 그것이 포화증기압 이하로 되면 발생한다.

② 발생부위

상기한 바와 같이 날개바퀴 입구부가 가장 높고 출구부에서는 틈새 부분과 안내 날개의 입구부 등에서도 발생한다.

③ 캐비테이션이 잘 발생하는 경우

㉠ 흡입 양정이 클 때

㉡ 유온이 높을 때

㉢ 날개바퀴의 원주 속도가 클 때
㉣ 날개바퀴의 형상에 결함이 있을 때
㉤ 펌프에 물의 과속으로 인한 유량의 증가가 생길 때 펌프 입구에서 발생

(4) 캐비테이션 계수

국소부의 압력 P가 물의 증기압 P_v로 되었을 경우 캐비테이션이 발생하므로 상류측 압력$(P-P_v)$과 동압과의 비를 취하여 표시되는 무차원수를 토마의 캐비테이션 계수 σ라고 한다.

$$\sigma = \frac{\Delta h}{H} = \frac{\dfrac{P_a}{\gamma} - \dfrac{P_v}{\gamma} - Z_s}{H}$$

여기서, v : 상류 측의 유속, P_a : 대기압
Z_s : 흡입높이, P_v : 포화증기압
γ : 물의 비중량, H : 펌프양정
Δh : 유효흡입수두(NPSH)

상기 식에서 캐비테이션 계수(σ)가 작아지면 rpm이 떨어져 흡입효율이 저하된다.

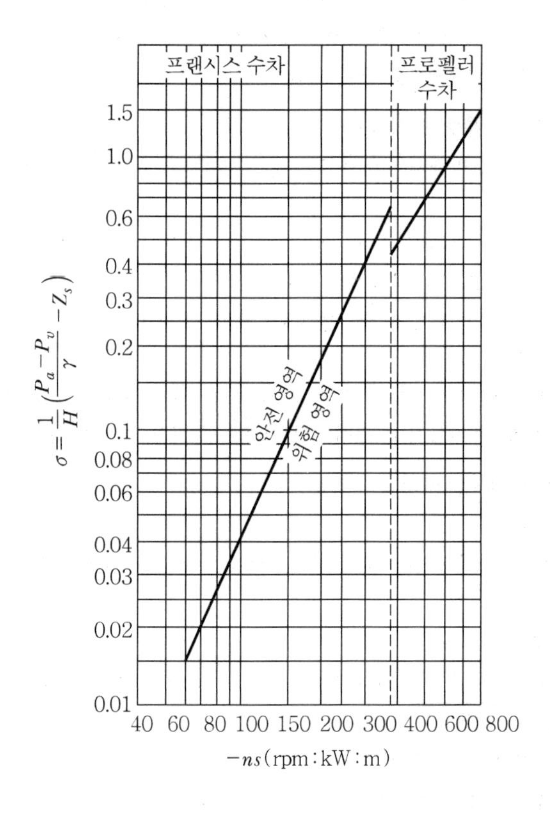

(5) 캐비테이션 방지법

① 펌프의 설치 위치를 낮춘다.

② 단흡입펌프로 $NPSH_{re}$가 만족되지 않는 경우는 양흡입펌프로 설치한다.

③ 흡입관 손실을 가능한 한 작게 한다.

④ 펌프 회전수를 작게 한다.

⑤ 밸브나 곡관을 가능한 한 작게 한다.

⑥ 양쪽 흡입펌프를 사용하거나 펌프를 2대로 나눈다.

⑦ Impeller의 재질을 침식에 강한 재질(18-8 스테인리스 등)로 바꾼다.

⑧ 흡입배관의 관경을 크게 한다.

⑨ 소화설비용 펌프의 경우는 $NPSH_{re}$를 알게 되면 Cavitation을 일으키지 않고 운전할 수 있는 펌프의 고정된 위치(수면상 높이)를 결정할 수 있다.

㉠ $NPSH_{av} = NPSH_{re}$: 발생한계

㉡ $NPSH_{av} > NPSH_{re}$: 발생하지 않음

㉢ $NPSH_{av} \geq NPSH_{re} \times 1.3$: 설계 시 적용

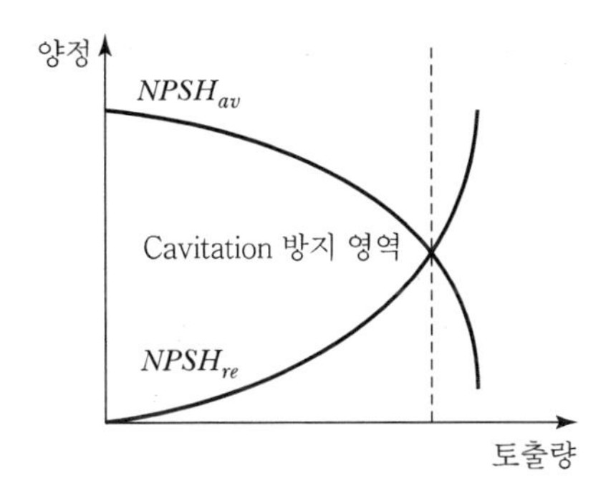

43. S-N 곡선에 관한 다음 물음에 답하시오.

1) S-N 곡선이란?

2) 응력비(R)는 어떻게 정의되는가?

해답

1. S-N 곡선

진폭응력(S), 반복횟수(N) 곡선을 의미한다. 재료는 응력이 반복해서 작용하면 정응력 경우보다도 훨씬 작은 응력 값에서 파괴를 일으킨다. 이 경우 파괴를 일으킬 때까지의 반복횟수는 반복되는 응력의 진폭에 따라 상당한 영향을 받는다. 이 관계를 표시하기 위하여 응력 진폭의 값 S를 종축에, 그 응력 진폭에서 재료가 파괴될 때까지의 반복횟수 N의 대수를 횡축에 그린 것을 S-N 곡선이라 한다.

일반적으로 강 같은 재료의 S-N 곡선은 그림과 같으며 응력 진폭이 작은 쪽의 파괴까지 반복횟수는 증가한다. 그러나 어느 응력치 이하로 어떤 응력을 반복해도 파괴가 생기지 않고 곡선은 평행이 된다. 이와 같이 곡선이 수평이 되기 시작하는 곳의 한계응력을 재료의 피로한도 또는 내구한도라 한다.

이때 반복횟수는 강에서 10^6, 10^7이지만 비철금속은 5×10^8이 되어도 S-N 곡선이 수평이 되지 않는 것이 있다.

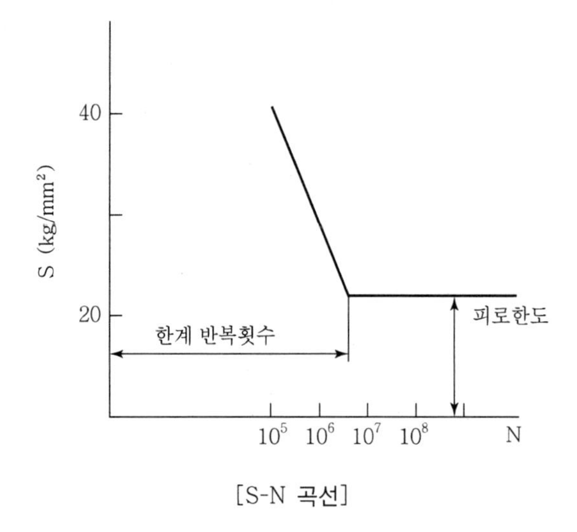

[S-N 곡선]

2. 응력비의 정의

응력비(Stress Ratio) $= \dfrac{\sigma_{min}}{\sigma_{max}}$

44. 침투탐상법에 관하여 탐상의 원리를 설명하시오.

해답

□ 액체침투탐상검사(LPT ; Liquid Penetrant Testing)

1. 전처리
   시험체의 표면을 침투탐상검사를 수행하기에 적합하도록 처리하는 과정으로 침투제가 불연속 속으로 침투하는 것을 방해하는 이물질 등을 제거

2. 침투처리
   시험체에 침투제(붉은색 혹은 형광색)를 적용시켜 표면에 열려있는 불연속부속으로 침투제가 충분하게 침투되도록 하는 과정

3. 세척처리(침투제 제거)
   침투시간이 경과한 후 불연속 내에 침투되어 있는 침투제(유기용제, 물)는 제거하지 않고 시험체에 남아있는 과잉침투제를 제거하는 과정

4. 현상처리
   세척처리가 끝난 후 현상제(흰색 분말체)를 도포하여 불연속부 안에 남아있는 침투제를 시험체 표면으로 노출시켜 지시를 관찰

5. 관찰 및 후처리
   - 관찰 : 정해진 현상시간이 경과되면 결함의 유무를 확인하는 것
   - 후처리 : 시험체의 결함모양을 기록한 후 신속하게 제거하는 것
     표면 아래에 있는 불연속은 검출할 수 없고 표면이 거칠면 만족할 만한 시험결과를 얻을 수 없다.

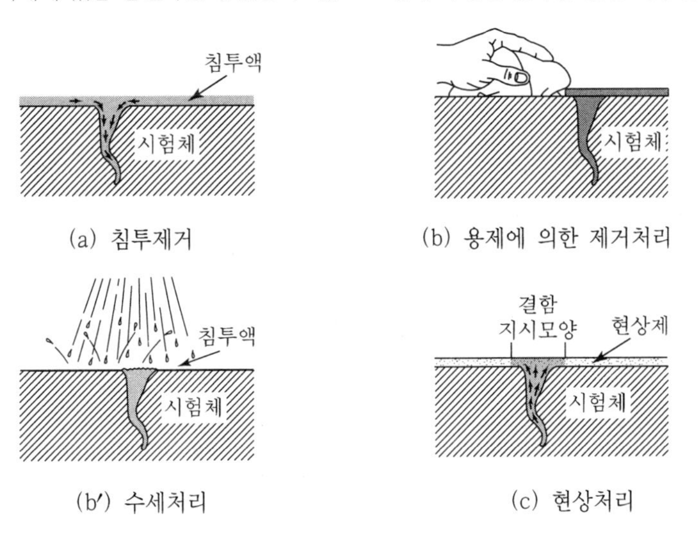

(a) 침투제거　(b) 용제에 의한 제거처리
(b′) 수세처리　(c) 현상처리

[침투탐상시험에 의한 결함지시모양의 형성 프로세스]

45. 스케줄 40(Sch. 40)인 배관을 사용하여 유체를 이송하려 한다. 유체의 사용압력은 얼마로 하여야 하는가?(단, 배관의 허용압력은 500kg/cm^{2}이다.)

해답

□ 배관에서의 Schedule No

오늘날 강관의 치수는 안지름보다 바깥지름을 기준으로 하여 배관용 강관의 바깥지름과 스케줄(Schedule) 방식에 의하여 두께를 정하는 경향이다.

P를 배관압력 kgf/cm^2, S를 사용온도에서의 재료의 허용응력 kgf/mm^{2}으로 하면

스케줄 번호$=(P/S)\times10$

$$40=\frac{P}{500}\times10,\ \ P=2{,}000\text{kg/cm}^2$$

46. 탄소강의 성질 및 함유원소의 영향 중 온도에 따른 성질 3가지에 대해서 기술하시오.

해답

1. 탄소강

(1) 순철의 종류

① α철 : A_3(912℃) 이하의 체심입방격자(예 : Fe, Mo, W, K, Na)

② β철 : 768℃~912℃의 체심입방격자

③ γ철 : 912℃~1,394℃의 면심입방격자(예 : Al, Cu, Ag, Au)

④ δ철 : A_4(1,394℃) 이상의 체심입방격자

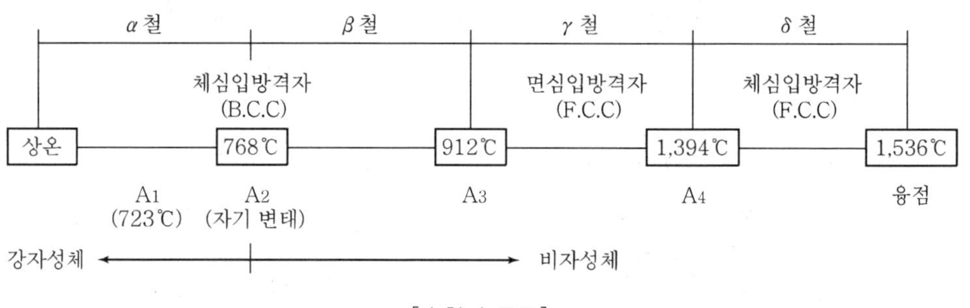

[순철의 종류]

(2) 순철의 변태점

① 동소변태 : 원자 배열의 변화가 생기는 변태(A_3 : 912℃, A_4 : 1,394℃ 변태)

② 자기변태(A_2 변태)

㉠ 결정구조에 변화를 일으키지 않는 변태

㉡ 순철이 768℃ 부근에서 급격히 강자성체로 되는 변태

2. 철-탄소(Fe-C)계의 평형상태도

Fe-C계의 평형상태를 표시한다. 그림 중의 실선은 Fe-Fe_3C계, 파선은 Fe-C(흑연)계의 평형상태도이다. C는 철 중에서 여러 가지의 형태로 나타난다. 즉, 강철이나 백선에 있어서는 6.67% C의 곳에서 시멘타이트 Fe_3C(철과 탄소의 금속간화합물)를 일으킨다. 실제로 쓰이는 강철은 이 시멘타이트 Fe_3C와 Fe의 이원계이며, 철 중에 함유되어 있는 탄소는 모두 Fe_3C의 모양으로 존재한다.

Fe_3C는 약 500~900℃ 사이에서는 불안정하여 철과 흑연으로 분해하기 때문에 철·시멘타이트계는 준안정상태로 철·흑연계는 안정상태로 표시되고 있으나, 강철에 있어서는 흑연이 유리하는 일이 거의 없으므로, 실선으로 표시된 철-시멘타이트계의 준안정상태로도 설명된다.

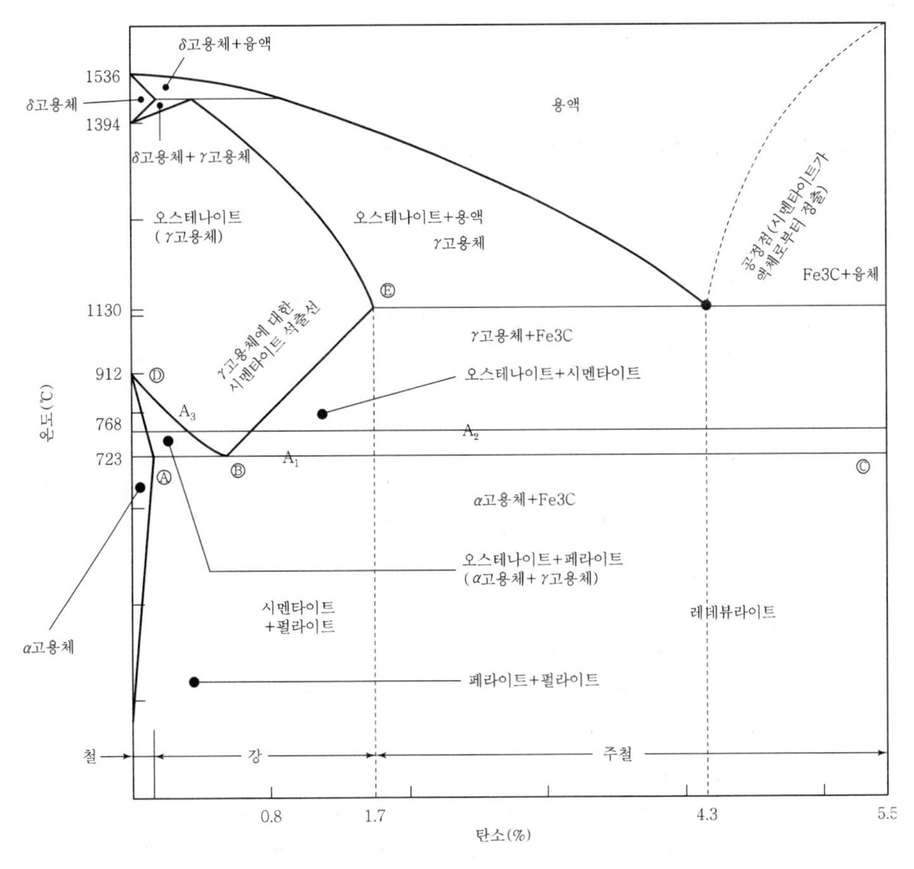

[철-탄소의 평형상태도]

3. 조직

탄소량에 따라 일반적으로 아래와 같이 분류한다.

(1) Austenite

γ고용체로 Fe－C계의 탄소강에서는 1.7% 이하의 C가 γ철에 고용된 것을 말하며 Ferrite보다 강하고 인성이 있다.

(2) Ferrite

α고용체를 말하며 Fe－C계의 탄소강에서는 0.03% 이하의 α철에 고용된 것을 말하며 대단히 여리다.

(3) Cementite

Fe－C계의 탄소강에서는 6.67%의 C를 함유하고 있으며 단단하며 여리고 약하다.

(4) Pearlite

Ferrite와 Cementite가 층상으로 된 조직으로 0.8%의 C를 함유하는 공석강이며, 강하고 자성이 크다.

(5) Ledeburite

2.0%의 C의 γ고용체와 6.67% C의 Cementite의 공정 조직으로 주철에 나타난다.

47. 축 설계 시 고려할 사항 5가지를 들고 기술하시오.

해답

□ 축 설계 시 고려사항

축의 최적 설계를 위해서는 주어진 운전조건 및 하중조건 하에서 파손되지 않도록 하기 위해 충분한 강도와 작용하중에 의한 변형이 어느 한도 이하가 되도록 필요한 강성과 진동 및 위험속도를 고려하여 설계해야 한다.

(1) 강도(Strength)

정하중, 반복하중, 충격하중 등 하중의 종류에 따라 충분한 강도를 갖도록 설계해야 한다. 특히 Key 홈, 원주 홈, 단부 등의 모서리에 발생하는 응력집중을 고려하여 이를 완화시킬 수 있도록 설계할 것이 요망된다.

(2) 변형, 강성(Rigidity, Stiffness)

작용하중에 의한 변형이 어느 한도 이하가 되도록 필요한 강성(剛性)을 가져야 한다. 굽힘하중을 받는 축은 처짐이, 비틀림 하중을 받는 축은 비틀림각이 어느 한도를 넘으면 진동의 원인이 되므로 변형이 한도 이내가 되도록 해야 한다.

① 휨변형 : 굽힘하중을 받는 축에서는 강도가 충분하더라도 처짐이 어느 한도 이상이 되면 베어링 불균형, 베어링 틈새의 불균일, 기어의 물림상태의 부정 등의 원인에 의하여 기계적 불균형이 생긴다. 따라서 축의 종류에 따라서 처짐의 양이 어느 한도 이내에 있도록 처짐을 제한하여 설계해야 한다.

② 비틀림 변형 : 주기적 또는 확실한 전동을 요하는 축은 비틀림 각에 제한을 받게 된다. 예를 들면 긴 축의 양단이 동시에 회전하는 천정 주행 기중기의 회전축 같은 경우에 있어서 축의 비틀림 각이 크면 기계적 불균형이 생기므로 확실한 전동을 요하는 축은 비틀림 각을 제한하여 설계해야 한다.

③ 열응력(Thermal Stress) : 제트엔진, 증기터빈의 회전축과 같이 고온상태에서 사용되는 축은 열응력, 열팽창에 주의하여 설계해야 한다.

④ 부식(Corrosion) : 선박 프로펠러 축, 수차축, Pump 축 등과 같이 항상 액체 중에 접촉하고 있는 축은 전기적, 화학적 작용에 의해 부식하고 또 타격적인 접촉 압력이 작용하는 부분은 침식하여 소모되므로 축 설계 시 특히 주의해야 한다.

(3) 진동(Vibration) 및 위험속도

① 진동 : 축은 굽힘 또는 비틀림 진동에 의하여 특히 공진(Resonance) 현상에 의하여 파괴되는 경우가 가끔 발생하므로 고속회전하는 회전체에 대해서는 진동에 주의하고 진동방지대책을 강구해야 한다.

② 위험속도(Critical Speed) : 축의 공진 진동수에 일치하는 축 회전속도를 위험 속도라 하는데 축의 상용 회전속도는 이와 같은 위험속도로부터 25% 이상 떨어진 상태에서 사용할 수 있도록 설계 시 고려해야 한다.

48. 용접부의 파괴 시험법 중 기계적 시험법과 화학적 시험방법, 금속학적 시험방법 중 기계적 시험방법 5가지와 금속학적 시험방법 2가지에 대해서 설명하시오.

해답

□ 파괴시험

비파괴 검사와는 달리 용접할 모재, 용접부 성능 등을 조사하기 위해 시험편을 만들어서 이것을 파괴나 변형 또는 화학적인 처리를 통해 시험하는 방법을 말하며 기계적, 화학적, 금속학적인 시험법으로 대별된다.

(1) 인장강도시험

인장시험편을 만들어 시험편을 인장시험기에 걸이 파단시켜 항복점, 인장강도, 연신율을 조사한다.

(2) 굽힘시험

표면굽힘, 뒷면굽힘, 측면굽힘이 있으며 시험편을 지그를 사용하여 U자형으로 굽혀 균열과 굽힘 연성 등을 조사하여 결함의 유무를 판단한다.

(3) 경도시험

경도시험편을 만들어 용착금속의 표면으로부터 1~2mm면을 평탄하게 연마한 다음 경도시험을 한다.

① 브리넬경도　　② 로크웰경도

③ 비커스경도　　④ 쇼어경도

(4) 충격시험

시험편에 V형 또는 U형의 노치(Notch)를 만들고 충격하중을 주어 재료를 파단시키는 시험법으로 샤르피(Charpy)식과 아이조드(Izod)식의 시험법을 이용한다.

(5) 피로시험

시험편의 규칙적인 주기의 반복하중을 주어 하중의 크기와 파단될 때까지의 반복횟수에 따라 피로강도를 측정한다.

(6) 화학적 시험

① 화학분석 : 금속에 포함된 각 성분원소 및 불순물의 종류, 함유량 등을 알기 위하여 금속 분석을 하는 것이다.

② 부식시험 : 스테인리스강, 구리합금 등과 같이 내식성의 금속 또는 합금의 용접부에서 주로 하는 시험법이며 습부식시험, 고온부식시험(건부식), 응력부식시험이 있다.

③ 수소시험 : 용접부에 용해된 수소는 은점, 기공, 균열 등의 결함을 유발하므로 용접부에는 0.1 ml/g 이하의 수소량으로 규제하고 있으며 수소의 양을 측정하는 시험법으로 45℃ 글리세린 치환법과 진공가열법이 있다.

(7) 금속학적 시험

① 파면시험 : 인장 및 충격 시험편의 파단면 또는 용접부의 비드를 따라 파단하여 육안을 통해 균열, 슬래그 섞임, 기공, 은점 등 내부 결함의 상황을 관찰하는 방법이다.

② 육안조직시험 : 용접부의 단면을 연마하고 에칭(Etching)을 하여 매크로 시험편을 만들어 용입의 상태, 열영향부의 범위, 결함 등의 내부결함이나 변질상황을 육안으로 관찰한다.

③ 마이크로(Micro) 조직검사

시험편을 정밀 연마하여 부식액으로 부식시킨 후 광학현미경이나 전자현미경으로 조직을 정밀 관찰하여 조직상황이나 내부결함을 알아보는 방법이다.

49. Chip Breaker의 목적과 선삭 시 칩의 형태 3가지를 설명하시오.

해답

1. 개요

절삭속도의 증가에 따라 장시간 연속절삭을 하는 경우에 발생된 칩은 공구, 일감 및 공작기계와 엉켜지게 되어 작업자에게 위험할 뿐만 아니라 적절히 처리되지 않으면 가공물에 흠집을 주고 공구 날끝에도 기계적 Chipping을 초래하게 되며 절삭유제의 유동을 방해한다.

절삭 시 발생되는 긴 칩을 위와 같은 문제 때문에 제어하고 적당한 크기로 잘게 부서지게 하기 위하여 공구 경사면을 변형시키는 칩브레이커가 필요한 것이다.

2. 칩브레이커의 목적

(1) 공구, 가공물, 공작기계가 서로 엉키는 것을 방지한다.
  ① 가공표면의 흠집 발생방지
  ② 공구 날끝의 치핑방지
  ③ Chip의 비산 등에 의한 작업자의 위험요인을 줄임
(2) 절삭유제의 유동을 좋게 한다.
(3) 칩의 제거 및 처리를 효율적으로 할 수 있다.

3. 칩브레이커의 형상과 공구 마모

(1) 형상

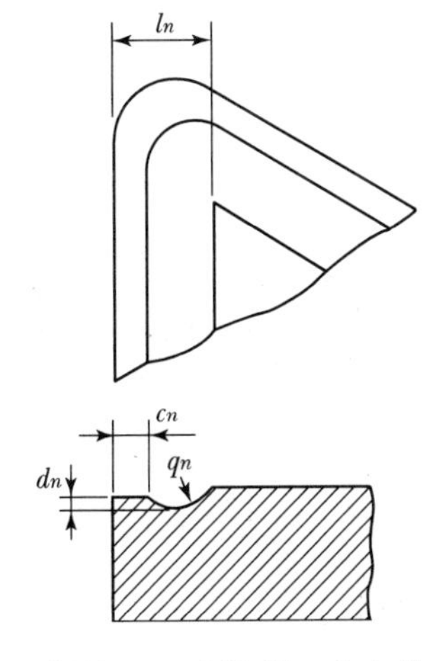

d_n : Chip-Breaker Groove Depth
c_n : Chip-Breaker Land Width
l_n : Chip-Breaker Distance
q_n : Chip-Breaker Groove Radius

[홈(Groove)형 칩브레이커]

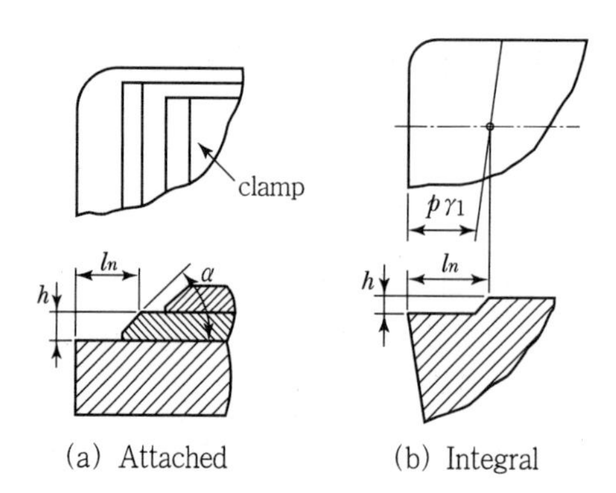

h : Chip-Breaker Height
l_n : Chip-Breaker Distance
α : Chip-Breaker Wedge Angle
pr_1 : Chip-Breaker Angle

[장애물(Obstruction)형 칩브레이커]

① 홈형 칩브레이커(Groove Type) : 공구의 경사면 자체에 홈을 만드는 방식
② 장애물형 칩브레이커(Obstruction Type) : 공구의 경사면에 별도의 부착물을 붙이거나 돌기를 만드는 방식

(2) **칩브레이킹에 의한 공구 마모**

① 평면공구 : 공구가 마모될 때 공구면(Tool Face)에 Crating이 발생되어 칩브레이커의 역할을 한다. 최초에 발생되는 칩은 Ribbon Chip이 발생된다.
② 장애물형 칩브레이커 공구 : Chip의 곡률반경과 Chip Breaking을 제어할 수 있으며 공구의 마모를 감소시킨다. 공구 상면의 마모가 계속됨에 따라 Chip의 곡률반경이 감소하여 Chip이 너무 잘게 부서질 수 있다.
③ 홈형 칩브레이커 공구 : 공구의 마모율은 평면공구의 것과 같으나 초기부터 홈에 의해 Chip이 잘게 부서지며 마모가 계속됨에 따라 장애물형 칩브레이커 공구와 같은 현상을 나타낸다.

4. 선삭 시의 Chip 형태

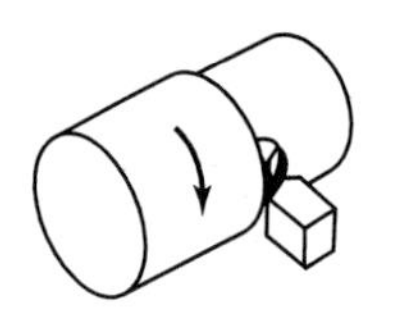
(a) 나선형 칩

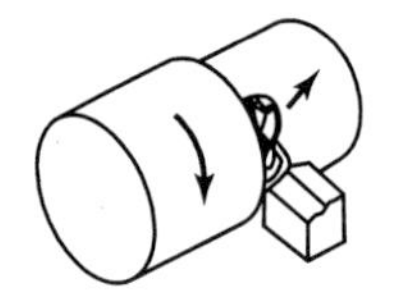
(b) 아크칩

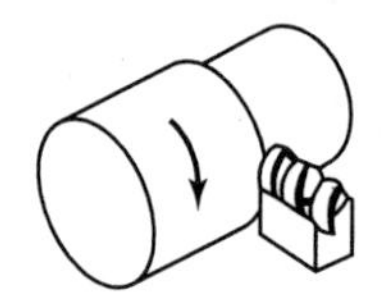
(c) Tubular Chip (3차원 절삭)

(d) Connecter-arc Chip (3차원 절삭)

[칩의 형태]

(1) **나선형 칩**

① 절삭날의 경사각이 0도이면 절삭이 진행됨에 따라 점점 Chip의 곡률반경이 증가되며 이로 인해 Chip의 응력이 증가하여 마침내 파괴된다.

② 고속절삭에서 Chip이 자연스럽게 말리지 않고 칩브레이커가 없다면 절삭이 진행되면서 Chip은 직선으로 공구의 상면을 흐르고 서로 얽히는 Ribbon Chip이 발생된다.

(2) 아크칩(Arc Chip)

① 칩브레이커를 설치하여 발생하는 치빙 가공면과 부딪히도록 작은 조각으로 부서지게 한 칩

② 잘게 부서진 아크칩은 공작물의 회전 시 공작물에 의해 튕겨져서 작업자에게 위험을 줄 수 있다.

(3) Tubular Chip

① 3차원 절삭에서 발생되는 것으로 Chip의 나선각을 칩의 유동각과 거의 같고 경사각과도 거의 같다.

② 곡률반경이 너무 작을 때 칩이 공구면을 접촉하여 생기는 칩이며 칩의 곡률반경을 조정하여 Chip의 파괴형태를 개선할 수 있다.

(4) Connected-arc Chip

① Chip의 자유단을 가공물에 부딪히게 하고 회전이 계속될 때 자유단이 밀려서 공구의 Flank에 부딪혀 곡률반경이 증가되고 응력의 증가로 칩이 파괴되는 형식

② 곡률반경이 너무 크면 칩은 공구와 부딪히지 않고 밑면으로 치우쳐 공구를 감는다. 곡률반경이 너무 작으면 칩이 공구상면과 접촉하여 Tubular 칩이 발생된다.

50. 용접 시 발생하는 잔류응력 완화법 3가지에 대해서 설명하시오.

해답

□ 용접 후 잔류응력을 제거하는 방법

1. 피닝(Peening)법

각 용접층마다 비드 표면을 두드려서 소성 변형을 시켜 응력을 제거하는 동시에 변형을 교정하는 것

2. 응력제거풀림법(Stress Relief Annealing)

A_1 변태점 이하의 응력제거 풀림방법이며 치수의 교정, 연성의 증가, 충격치의 회복, 강도의 증가 등을 기대할 수 있다.

3. 저온응력제거법(Low Temperature Stress Relief)

용접선의 양쪽을 저속으로 이동하는 가스화염으로 폭 약 150mm에 걸쳐서 150~200℃로 가열한 후 물로 즉시 냉각시켜 용접선 방향의 인장응력을 완화하는 방법으로 Linde법이라고 한다.

51. 드릴 고정방법 3가지와 일감의 고정방법 3가지에 대해서 기술하시오.

해답

1. 드릴의 고정법

① 드릴척을 사용하는 방법 : 직선자루드릴(13mm 이하의 드릴)을 고정할 때는 자콥스 척(Jacobs Drill Chuck)을 사용한다.

[Jacobs Chuck]

② 드릴을 주축에 직접 고정하는 방법 : 주축의 하단에 있는 모스테이퍼 구멍에 테이퍼 자루 드릴을 끼운다.

③ 소켓(Socket) 또는 슬리브(Sleeve)를 사용하는 방법 : 주축에 끼울 수 없는 테이퍼 자루 드릴을 소켓이나 슬리브에 끼워 주축에 고정한다. 끼운 드릴이 빠지지 않을 때에는 소켓 구멍에 드릴 뽑개를 사용하여 뺀다.

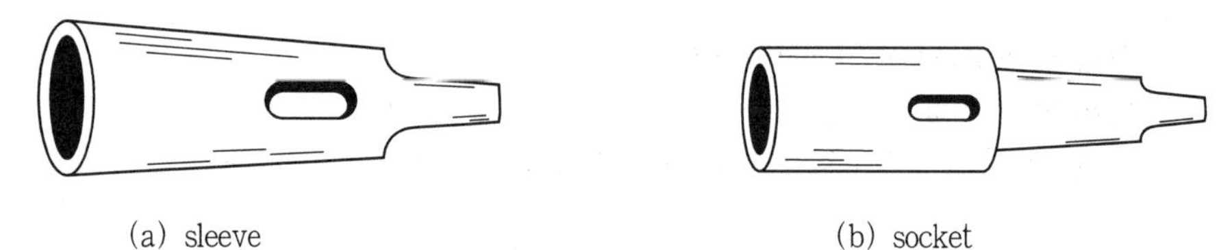

(a) sleeve (b) socket

[Drill Socket과 Sleeve]

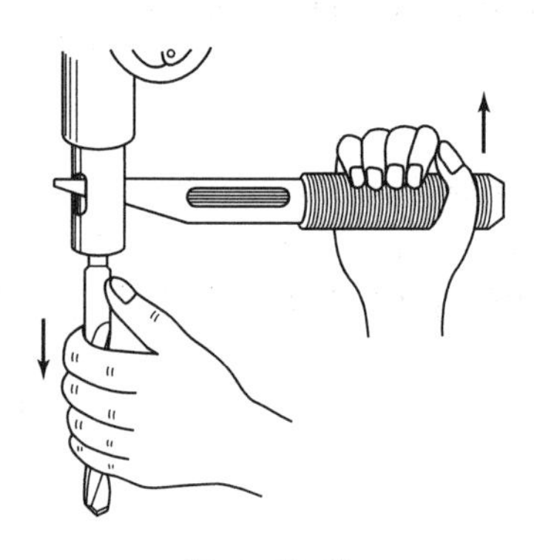

[Drill 뽑기]

2. 드릴작업
① 일감의 고정법
㉠ Vise에 의한 고정 : 보통 일감을 고정할 때 사용
㉡ Clamp에 의한 고정 : 앵글플레이트, 스크루잭, T-bolt 등을 사용하여 일감을 고정한다.
㉢ Jig에 의한 고정 : 정확한 위치에 구멍을 뚫을 수 있다.
② 지그작업(Jig Work)
㉠ 정의 : 많은 구멍에 정확한 구멍을 뚫도록 드릴의 위치를 정확히 안내할 수 있는 공구 즉 지그를 사용하여 하는 작업
㉡ 지그의 종류 : 플레이트지그(Plate Jig)와 박스지그(Box Jig)가 있어 사용 목적에 따라 대량생산에 이용된다.

52. 연삭숫돌의 드레싱 및 트루밍에 대해서 기술하시오.

해답

1. 드레싱
숫돌면의 표면층을 깎아내어 절삭성이 나빠진 숫돌의 면에 새롭고 날카로운 날끝을 발생시켜 주는 법

(1) 눈메움(Loading)
결합도가 높은 숫돌에 구리와 같이 연한 금속을 연삭하였을 때 숫돌 표면의 기공에 칩이 메워져 연삭이 잘 안 되는 현상
① 원인
ⓐ 숫돌 입자가 너무 잘다.
ⓑ 조직이 너무 치밀하다.
ⓒ 연삭 깊이가 깊다.
ⓓ 숫돌바퀴의 원주속도가 너무 느리다.
② 결과
ⓐ 연삭성이 불량하고 다듬면이 거칠다.
ⓑ 다듬면에 떨림 자리가 생긴다.
ⓒ 숫돌입자가 마모되기 쉽다.

(2) 무딤(Glazing)
결합도가 지나치게 높으면 둔하게 되어 숫돌입자가 떨어져 나가지 않아 숫돌 표면이 매끈해지는 현상
① 원인
ⓐ 연삭숫돌의 결합도가 높다.
ⓑ 연삭숫돌의 원주 속도가 너무 크다.
ⓒ 숫돌의 재료가 일감의 재료에 부적합하다.

② 결과

ⓐ 연삭성이 불량하고 일감이 발열한다.

ⓑ 과열로 인한 변색이 일감 표면에 나타난다.

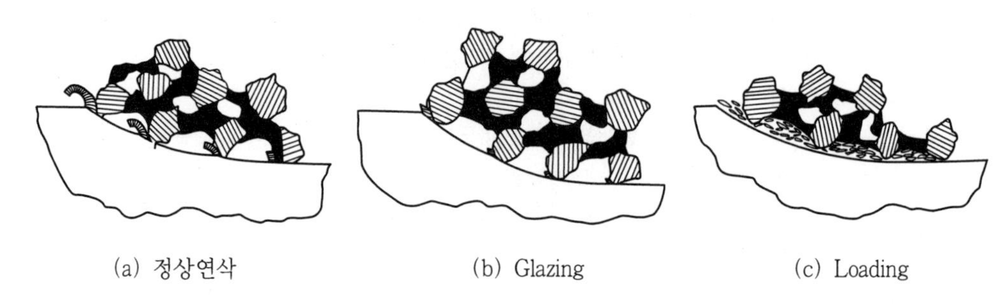

[숫돌의 결합도와 연삭 상태]

(3) **입자탈락**

숫돌바퀴의 결합도가 그 작업에 대하여 지나치게 낮을 경우 숫돌입자의 파쇄가 일어나기 전에 결합체가 파쇄되어 숫돌입자가 입자 그대로 떨어져 나가는 것

2. **트루잉(Truing)**

숫돌의 연삭면을 숫돌과 축에 대하여 평행 또는 정확한 모양으로 성형시켜 주는 법

(1) **크러시롤러(Crush Roller)**

총형 연삭을 할 때 숫돌을 일감의 반대모양으로 성형하며 드레싱하기 위한 강철롤러로 저속회전하는 숫돌바퀴에 접촉시켜 숫돌면을 부수며 총형으로 드레싱과 트루잉을 할 수 있다.

(2) **자생작용**

연삭작업을 할 때 연삭숫돌의 입자가 무디어졌을 때 떨어져 나가고 새로운 입자가 나타나 연삭을 하여줌으로써 마모, 파쇄, 탈락, 생성이 숫돌 스스로 반복하면서 연삭하여 주는 현상

53. 담금질 균열의 발생원인 2가지와 방지대책 5가지에 대해서 설명하시오.

해답

□ 담금질 균열(Quenching Crack)

(1) 개요

강재는 급랭으로 체적이 급격히 팽창하며 특히 오스테나이트로 변태할 때 가장 큰 팽창을 나타내며 균열을 수반한다. 이와 같이 담금질을 할 때 발생되는 균열을 담금질 균열이라 한다.
담금질 균열은 내외부의 팽창정도의 차이에 의해 내부의 응력이 과대해져 발생된다.

(2) 발생원인

① 담금질 직후에 나타나는 균열
담금질할 때 재료 표면은 급속한 냉각으로 인해 수축이 생기는 반면 내부는 냉각속도가 느려 펄라이트 조직으로 변하여 팽창한다. 이때 내부응력이 균열의 원인이 된다.

② 담금질 후 2~3분 경과 시 나타나는 균열
담금질이 끝난 후에 생기는 균열로써 냉각에 따라 오스테나이트가 마텐사이트 조직으로 변할 때 체적팽창에 의해 발생되며 변화가 동시에 일어나지 않고 내부와 외부가 시간적인 차이를 두고 일어나기 때문이다.

(3) 방지대책

① 급랭을 피하고 250℃ 부근(Ar″점)에서 서랭하며 마텐사이트 변태를 서서히 진행시킨다.
② 담금질 후 즉시 뜨임 처리한다.
③ 부분적 온도차를 적게 하고 부분단면을 일정하게 한다.
④ 구멍이 있는 부분은 점토, 석면으로 메운다.
⑤ 가능한 수랭보다 유랭을 선택한다.
⑥ 재료의 흑피를 제거하여 담금액과의 접촉을 잘되게 한다.

54. 금속의 취화현상 5가지를 들고 설명하시오.

해답

1. 청열취성(Blue Shortness)
   철은 200℃~300℃에서 상온일 때보다 인성이 저하하는 특성으로 탄소강 중의 인(P)이 Fe와 결합하여 인화철(Fe_3P)을 만들어 입자를 조대화시키고 입계에 편석되므로 연신율을 감소시키고 충격치가 낮아지는 청열취성의 원인이 된다. 이때 강의 표면이 청색의 산화막으로 푸르게 보인다.

2. 적열취성(Red Shortness)
   황(S)이 많은 강이 약 950℃에서 인성이 저하되는 특성이며 황은 Fe와 결합하여 FeS를 형성하는데 FeS는 결정립계에 그물모양으로 석출되어 매우 취약하고 용융온도가 낮기 때문에 고온 가공성(단조, 압연)을 해친다. 매우 유해하며 적열상태에서는 강을 취약하게 한다.

3. 뜨임취성
   강을 담금질한 것을 1,000℃ 정도 가열하면 α Martensite에서 β Martensite로 변하며 강도가 변해서 단단해지고 취약해진다.

4. 저온취성
   온도가 내려감에 따라 Slide 저항이 급격히 커지고 변형이 곤란해서 취약해진다.

5. 상온취성(Cold Shortness)
   탄소강은 온도가 상온 이하로 내려가면 강도와 경도가 증가되나 충격값은 크게 감소된다. 특히 인(P)을 함유한 탄소강은 인에 의해 인화철(Fe_3P)을 만들어 결정입계에 편석하여 충격값을 감소시키고 냉간가공 시 균열을 가져온다.

55. 공진현상을 설명하시오.

해답

외부에서 들어오는 진동이나 신호를 통해 어떤 특정 주파수의 진동이나 신호가 강해지는 것을 공진이라 한다. 예를 들어 그네나 추를 흔들 때 그 운동에 맞춰서 힘을 가하면 아주 적은 힘으로도 크게 흔들리게 된다. 이와 같이 외부에서 가해지는 진동 주파수가 그 물체의 고유 진동 주파수와 일치하는 것을 공진이라고 하며, 이 주파수를 공진 주파수라고 한다. 관악기나 파이프 오르간은 관 속의 공기 진동을, 현악기나 피아노는 줄의 공진을, 라디오의 튜닝(채널 선택)은 코일과 콘덴서의 전기를 이용한 공진을 사용한다.

56. 기계설비에 발생하는 부식(Corrosion)의 정의, 종류, 발생 메커니즘, 영향요인, 방지대책을 논하시오.

해답

1. 개요

금속재료는 구조용으로 좋으나 부식에 대하여 아주 약하므로 부식방지에 대한 대책을 강구해야 한다.

2. 부식의 조건 특성

(1) 대기 중에서 부식

대기 중에는 탄산가스와 습기가 있으며, 금속의 조직도 불균일하므로 전기와 화학적인 부식이 진행하며 수산화제이철[$Fe(OH)_3$], 수산화제일철[$Fe(OH)_2$], 탄화철[$FeCO_3$] 등으로 구성된 녹이 생기고 이 녹은 공기 중의 습기를 흡수하여 부식이 빠르게 진행된다.

(2) 액체 중에서 부식

금속은 물이나 바닷물에서 부식이 잘 되며 대기와 액체에 번갈아 노출시키면 부식에 더 빨리 진행된다. 그러나 탄산가스가 적은 땅이나 물속 또는 콘크리트 속에서는 부식이 적거나 방지된다. 금속이 산류에 부식되는 정도는 산의 농도에 따라 다르며 알칼리 용액은 철을 부식시키지 않는다.

3. 부식의 원인

(1) 내적 요인

부식속도에 영향을 주는 금속재료 면에서의 인자로는 금속의 조성, 조직, 표면상태, 내부응력 등을 들 수 있다.

① 금속조직의 영향 : 철이나 강의 조직은 일반적인 탄소강이나, 저합금강의 조성범위내에서는 천연수 또는 토양에 따라 부식속도가 크게 달라지지는 않는다. 금속을 형성하는 결정상태 면에서는 일반적으로 단종합금이 다종합금보다 내식성이 좋다.

② 가공의 영향 : 냉간가공은 금속 표면의 결정 구조를 변형시키고 결정입계 등에 뒤틀림이 생겨서 부식 속도에 영향을 미친다. 대기 중에서와 같이 약한 부식 환경에서는 표면을 매끄럽게 하는 것이 효과적이다.

③ 열처리의 영향 : 풀림이나 불림은 조직을 균일화시켜서 불균일한 결정 분포 또는 잔류응력을 제거하여 안정시키므로 내식성을 향상시킨다.

(2) 외적 요인

① pH의 영향 : pH 4~7의 물에서는 철 표면이 수산화물의 피막으로 덮여서 부식속도는 pH값에 관계없이 피막을 통하여 확산되는 산소의 산화작용에 의하여 결정되며 pH 4 이하의 산성물에서는 피막이 용해해 버리므로 수소 발생형의 부식이 일어난다.

② 용해 성분의 영향 : $AlCl_3$, $FeCl_3$, $MrCl_2$ 등과 같이 가수분해(加水分解)하여 산성이 되는 염기류는 일반적으로 부식성이고 동일한 pH값을 갖는 산류의 부식성과 유사하다. 한편 $NaCO_3$, Na_3PO_4 등과 같이 가수 분해하여 알칼리성이 되는 염기류는 부식 제어력이 있으며, $KMnO_4$, Na_2CrO_4 등

과 같은 산화염은 부동상태에 도움이 되므로 무기성 부식 제어재로 이용된다.

③ 온도의 영향 : 개방 용기 중에서는 약 80℃까지는 온도 상승에 따라 부식온도가 증가하지만 비등점에서는 매우 낮은 값이 이용된다. 그 이유는 온도 상승에 따라 반응속도가 증대하는 반면 산소 용해도가 현저히 저하하기 때문이다.

(3) 기타 요인

① 아연에 의한 철의 부식 : 아연은 50~95℃의 온수 중에서 급격하게 용해하며 전위차에 의한 부식이 발생한다.

② 동이온에 의한 부식 : 동이온은 20~25℃의 물속에서 1~5ppm이든 것이 43℃ 이상이 되면 급격히 증가하여 수질에 따라 다르지만 70℃ 전후에서 250ppm 정도로 경과하여 부식이 발생한다.

③ 이종금속 접촉에 의한 부식 : 염소이온, 유산이온이 함유되어 있거나 온수 중에서는 물이 전기분해하여 이종금속 간에 국부 전기를 형성하고 이온화에 의한 부식이 발생한다.

④ 용존산소에 의한 부식 : 산소가 물의 일부와 결합하여 OH를 생성하고 수산화철이 되어 부식하며, 배관회로 내에 대기압 이하의 부분이 있으면 반응이 심해진다.

⑤ 탈아연현상에 의한 부식 : 15% 이상의 아연을 함유한 황동재의 기구를 온수 중에서 사용할 때 발생한다.

⑥ 응력에 의한 부식 : 인장, 압축 응력이 작용하거나 절곡 가공 또는 용접 등으로 내부응력이 남아 있는 경우 발생한다.

⑦ 온도차에 의한 부식 : 국부적으로 온도차가 생기면 온도차 전지를 형성하여 부식한다.

⑧ 유속에 의한 부식 : 배관 내에 염소이온, 유산이온, 기타 금속이온이 포함되는 경우 유속이 빠를수록 부식이 증가한다.

⑨ 염소이온, 유산이온에 의한 부식 : 동이온, 녹, 기타 산화물의 슬러지가 작용하여 부식한다.

⑩ 유리탄산에 의한 부식 : 지하수 이용 시 물속에 유리탄산이 함유되어 있는 경우 부식한다.

⑪ 액의 농축에 의한 부식 : 대도시에서 노출 배관에는 대기오염에 의한 질소화합물, 유황산화물이 농축하여 물의 산성화에 따른 부식이 발생한다.

4. 방지대책

(1) 피복에 의한 방법

금속(Zn, Sn, Ni, Cr, Cu, Al)막으로 피복하는 방법으로 아연(Zn) 피복은 가장 경제적이고 유용하다.

(2) 산화철 등 생성에 의한 방법

금속의 표면에 치밀하고 안정된 산화물 또는 기타의 화합물의 피막을 생기게 하는 법으로 청소법, 바우어 바프법, 게네스법, 파커라이징법, 코스레드법 등이 있다.

(3) 전기화학법

금속보다 이온화 경향이 큰 재료(예 : 아연 등)를 연결하여 아연이 부식되므로 금속의 부식을 방지하는 것으로 컴벌런드법이 있다.

57. 강판의 폭 20(cm), 두께 20(mm)인 경우 판의 중앙에 직경 4(cm)의 구멍이 뚫어져 있다. 축방향에 2,000(kgf)의 인장하중이 작용한다면 응력집중계수는 얼마인가? 단, 탄성시험에 의해 발생되는 최대응력은 250(kgf/cm^{2}이다.

해답

$$\sigma_n = \frac{2,000}{16 \times 2} = 62.5, \quad \alpha_k = \frac{250}{62.5} = 4$$

58. 차량계 건설기계의 로프스(ROPS)에 대하여 기술하시오.

해답

□ ROPS(Roll Over Protective Structures)

보통 건설기계가 전도되었을 때 안전벨트를 착용한 운전원과 건설기계 자체의 손상이 가능한 적도록 보호하는 장치(ISO/3471)

1. 요구되는 성능

(1) 전도시 충격에 견뎌낼 수 있는 충분한 강도가 요구된다.

(2) 충격을 ROPS 부재에 흡수할 수 있도록 적당한 탄성 또는 소성 변형할 수 있는 성능이 요구된다.

(3) 사용 부재는 저온(−30℃)에서의 충격 시험에 합격한 철강을 사용한다.

(4) 조립용 Bolt는 높은 강도를 견뎌낼 수 있는 것을 사용한다.

2. 일반적인 성능

(1) 연약 지반에는 건설기계 전도시 엔진, 유압장치 등의 제동 제어 작용을 할 것

(2) 콘크리트, 암반 등 변형이 크게 일어나지 않는 토질인 경우 ROPS가 변형하면서 차량의 전도 에너지를 흡수하여 잇달아 일어나는 충격에 대해서 적절히 대처해 나갈 것

(3) 차량이 전도상태에 이르렀을 때, 이미 변형된 ROPS가 차량 중량을 떠받칠 수 있을 것

59. 전조가공(Form Rolling)에 대해서 설명하시오.

해답

□ 전조가공

(1) 정의

열경화된 전조 다이 표면에 전조할 일감을 넣고 압부하면서 소재를 회전시켜 표면이 소성변형되어 제품이 되는 가공방법

(2) 특징

나사, 기어, 볼(Ball)의 대량생산에 쓰이며 기계적 성질과 피로강도가 증가되고 충격에 대하여 강하다.

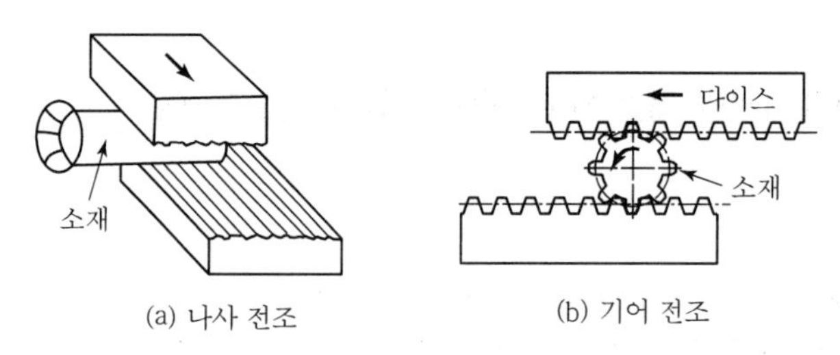

(a) 나사 전조　　(b) 기어 전조

[전조가공]

60. 응력집중(Stress Concentration)과 응력집중계수(Stress Concentration Factor)에 대해서 설명하시오.

해답

1. 응력집중과 응력집중계수

균일단면에 축하중이 작용하면 응력은 그 단면에 균일하게 분포하는데, Notch나 Hole 등이 있으면 그 단면에 나타나는 응력분포상태는 불규칙하고 국부적으로 큰 응력이 발생되는 것을 응력집중이라고 한다.

최대응력(σ_{max})과 평균응력(σ_n)의 비를 응력집중계수(Factor of Stress Concentration) 또는 형상계수(Form Factor)라 부르며, 이것을 α_K로 표시하면 다음과 같다.

$$\alpha_K = \frac{\sigma_{max}}{\sigma_n}$$

α_K : 응력집중계수(형상계수), σ_{max} : 최대응력, σ_n : 평균응력(공칭응력)

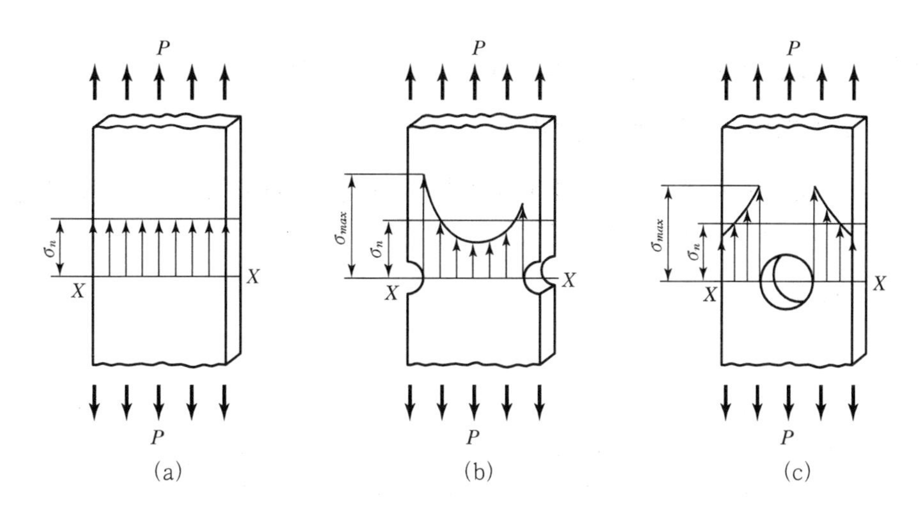

[응력집중]

그림(c)에서 판에 가해지는 응력은 구멍에 가까운 부분에서 최대가 되고 또 구멍에서 떨어진 부분이 최소가 된다. 응력집중계수의 값은 탄성률 계산 또는 응력측정시험(Strain Gauge, 광탄성시험)으로부터 구할 수 있다. 응력집중은 정하중일 때 취성재료 특히 주물에서는 크게 나타나고 반복하중이 계속되는 경우에는 노치에 의한 응력집중으로 피로균열이 많이 발생하고 있다. 그러므로 설계시점부터 재료에 대한 사항을 고려하여야 한다.

2. 응력확대계수 k(Stress Intensify Factor)

선단의 반경이 한없이 작아진 것을 균열이라고 한다. 이 날카로운 균열 선단에서의 탄성응력집중계수는 무한대가 되므로 균열의 거동이나 파괴강도를 논할 때는 응력집중과는 다른 취급을 하여야 한다.

균열선단에는 낮은 응력하에서도 반드시 약간 크기의 소성역이 존재하며 이 소성역의 크기가 길이에 비해 훨씬 작을 때에는 탄성론에 의거해서 균열선단의 응력 및 왜곡(Distortion Warping : 비틀림을 받는 단면의 단면에 대하여 수직방향의 변형)의 분포를 나타내는 3개의 응력확대계수로 나타낼 수 있다.

〈적용〉 저응력 취성파괴, 피로균열, 환경균열의 진전이나 파괴 등에 적용, 소성역이 작다는 조건하에서만 적용

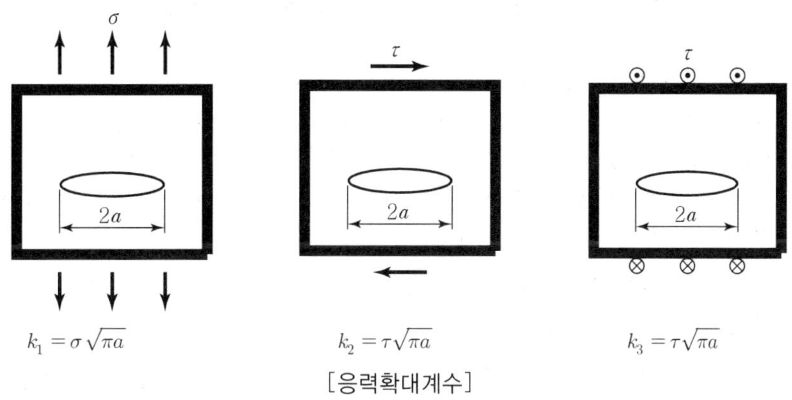

[응력확대계수]

61. **안전확인 시스템을 구축하기 위하여 다음을 답하시오.**

1) 엔트로피의 개념을 설명하시오.

2) 안전정보의 개념을 도입하여 안전적인 측면에서 어떠한 계(엔트로피 증대계 또는 엔트로피 감소계)가 요구되는지 선택하고 설명하시오.

해답

1. 개요

고립된 계에서 온도가 다른 두 물체를 접촉시켰을 때 저온의 물체에 있는 열에너지가 고온의 물체로 이동해서 저온의 물체는 더 차가워지고 고온의 물체는 더 뜨거워져도 이 때 이동하는 에너지양만 같다면 에너지 보존의 법칙인 열역학 제1법칙에는 위배되지 않지만 이러한 과정은 실제로는 일어날 수 없다. 즉 열역학 제1법칙으로는 에너지가 보존된다는 것은 설명할 수 있으나, 열(에너지)의 이동 방향에 대해서 설명할 수 가 없다.

그러나 열역학 제2법칙(엔트로피 증가의 법칙)은 자연계에서 일어날 수 있는 비가역 현상을 설명할 수 있다. 열역학 제2법칙은 엔트로피를 정의한 법칙으로 가역과정과 비가역과정을 설명할 수 있으며, 어떤 계를 고립시켜서 외부와의 상호작용을 없애 주었을 때 그 계의 분자나 원자들은 더욱 더 불규칙한 운동, 즉 무질서한 운동을 하게 되는 쪽으로 진행된다는 법칙이다.

2. 열역학 제2법칙에 대한 표현

(1) 클라우지우스 표현

열은 고온의 물체에서 저온의 물체 쪽으로 흘러가고 스스로 저온에서 고온으로 흐르지 않는다. 따라서 성적계수가 무한대인 냉동기는 제작이 불가능하다

(2) 캘빈-플랑크의 표현

일정한 온도의 물체로부터 열을 빼앗아 이것을 모두 일로 바꾸는 장치는 존재하지 않는다. 즉 열기관의 효율이 100%인 장치는 제작이 불가능 하다.

(3) 고립된 계의 비가역변화는 엔트로피가 증가하는 방향으로 진행한다.

3. 열역학 제2법칙과 엔트로피

열역학 제2법칙은 에너지 보존법칙이 아닌 방향성의 법칙(일은 모두 열로 전환될 수 있으나 열은 모두 일로 전환될 수 없다)이기 때문에 제2법칙을 정량적으로 표현하기 위하여 엔트로피 개념이 도입되었고, 또한 어떤 계에 있어 그 계의 엔트로피는 압력, 온도 등과 함께 물질의 상태를 알 수 있게 해주는 상태량이 된다.

엔트로피는 어떤 계의 무질서를 나타내는 상태량으로 그 계가 질서가 있으면 엔트로피가 작고 무질서한 상태이면 엔트로피가 크다

따라서 비가역현상은 무질서한 방향으로 진행되므로 엔트로피가 증가하는 방향으로 진행한다.

이와 같이 자연계의 모든 현상은 엔트로피가 증가하는 방향으로 진행한다.

열역학에 있어 비가역과정의 대표적인 예로는 열의 흐름, 마찰에 의한 열의 발생, 기체의 자유팽창, 가스의 혼합, 스로틀링(교축) 등이 있으며 이 모두는 엔트로피가 증가하게 된다.

4. 안전 측면에서 엔트로피

(1) 엔트로피 증가의 법칙은 어떤 계를 고립시켜서 외부와의 상호작용을 없애 주었을 때 그 계의 분자나 원자들은 더욱 더 불규칙한 운동, 즉 무질서한 운동을 하게 되는 쪽으로 진행한다는 것이다.

즉, 엔트로피는 무질서의 상태를 의미하는데 어떤 시스템을 그냥 내버려두면 언젠가 엔트로피가 최대 수준까지 증가하며, 결국 시스템은 기능을 정지하거나 해체되어 버리고 만다.

예컨대 집안 청소에 있어서도 집안청소를 하지 않고 그냥 두면 엉망이 되고 만다. 즉 일부러 어지럽히지 않아도 먼지 등으로 인해 저절로 더러워진다. 따라서 집안을 지금의 상태 그대로 유지하려고만 해도 매일 쓸고 닦고 치우고 해야 한다.

따라서 어떤 시스템이 계속 주어진 목적을 달성할 수 있기 위해서는 엔트로피의 증가를 억제하는 활동 또는 입력이 반드시 필요하게 되는데 안전사고를 예방하기 위해서는 안전활동이 필요한 것이다.

(2) 작업장 등 사업장 내를 하나의 고립계로 간주하면 고립계의 엔트로피는 저절로 증가하기 때문에 기계설비의 불안전한 상태나 근로자의 불안전한 행동을 관리하지 않으면 결국 작업장 내의 엔트로피는 증가할 수밖에 없기 때문에 이것은 사고로 이어질 수 있다.

따라서 사업장에서 안전사고를 방지하기 위해서는 엔트로피를 감소할 수 있는 활동 즉 안전활동 등을 실시하여 기계설비 등의 불안전한 상태는 개선 등을 통해 안전한 상태로 유지하고, 근로자의 불안전한 행동은 교육 등을 통해 안전하게 행동할 수 있도록 해야 한다.

5. 결론

엔트로피가 증가한다는 것은 질서와 무질서의 개념에서 보면 질서가 감소하고 무질서가 증가한다는 것이다. 질서가 감소한다는 말은 정리정돈이 되어 있지 않다는 말이다. 정리는 필요한 것과 필요하지 않는 것을 구분하는 것이고, 정돈은 필요한 것이 필요한 위치에 있어 바로 사용할 수 있도록 하는 것이다.

안전관리활동을 하지 않으면 작업장 내의 엔트로피는 증가하여 작업장이 지저분해지고 정리, 정돈이 제대로 되지 않는다. 이로 인해 작업장에서 안전사고가 발생할 수 도 있기 때문에 우리는 안전사고를 예방하기 위해서 안전관리활동 즉 엔트로피 감소운동을 지속적으로 해야 한다.

62. 기계설비의 열화의 종류 및 현상에 관하여 기술하시오.

해답

1. 열화 현상

열화(deterioration)는 기계설비를 구성하는 부품들의 물리·화학적 성질이 저하되어 그 기능이 퇴화되는 것을 말한다. 일반적으로 기계설비는 사용 중에 열화하여 초기의 성능을 내지 못하는 경우가 많이 있다. 이것은 구성 재료가 변질되거나 마모하여 초기의 강도를 상실해가기 때문에 발생하는 것이다.

예컨대 자동차를 구입해서 어느 정도 타면 점화플러그나 엔진오일과 같은 부품은 열화되는데 이것은 자동차의 환경조건(주행거리, 운전습관 등)에 따라 다르다.

또한 기계설비의 열화는 인간의 노화와 마찬가지로 어떤 한두 가지 원인에 의해서 발생하는 것은 드물고 대부분 여러 가지 복합적인 요인에 의해서 진행되는 경우가 많다.

2. 열화의 종류

열화의 원인은 기계설비의 부품이 주어진 환경에서 끊임없이 공격을 받기 때문에 발생하는 것이다. 환경에 의한 공격은 크게 물리적 요인과 화학적 요인 2가지로 나눌 수 있다.

물리적 요인에는 기계설비에 발생하는 정적응력은 물론이고 동적응력(진동, 충격 등), 침식(Cavitation, 마모 등)이 있으며, 화학적 요인에는 국부부식, 전면부식 등 각종 부식(Corrosion)이 있다.

3. 기계설비 열화에 따른 유지보수방식

(1) 기계설비는 원칙적으로 재질특성이나 사용조건에 의해서 변해가지만 그 경향은 수명기간의 각 단계별로 일정한 형태를 가진다. 일반적으로 기계설비는 다음과 같은 고장특성(욕조곡선)을 갖는다.

〈 설비의 열화패턴과 최적보전방식의 관계 〉

열화형태명	열화형태		보전방식		
			BM	TBM	CBM
고장률 감소형 (DFR)		고장률이 시간경과에 따라 감소하는 타입	×	×	◎
고장률 일정형 (CFR)		고장률이 시간경과에 따라 무관계하게 일정한 타입	○	×	◎
고장률 증가형 (IFR)		고장률이 시간경과에 따라 증가하는 타입	×	◎	○

주) ◎ : 최적, ○ : 적당, × : 부적당,
BM : 사후보전, TBM : 시간기준보전, CBM : 상태기준보전

(2) 설비의 보전방식을 결정하기 위해서는 설비의 위험도(안전환경성, 생산성 등), 고장률, 정비이력 등을 종합적으로 판단하고 이에 따라 설비의 위험등급을 부여하고 위험등급이 낮은 설비는 사후보전, 위험등급이 높은 설비는 예방보전을 한다.

사후보전(BDM ; Break Down Maintenance)은 기계설비에 고장이 발생한 후에 설비를 정비하는 것이고 예방보전(예지보전, PM ; Preventive Maintenance)은 기계설비 고장발생 전에 설비를 점검하는 것이다.

(3) 예방보전 방법에는 크게 시간기준보전(TBM ; Time Based Maintenance), 상태기준보전(CBM ; Condition Based Maintenance) 및 분해점검형보전(IR ; Inspection & Repair)이 있다.

예방보전방식을 결정하기 위해서 설비의 위험도 등을 찾아내야 하는데 이때 일반적으로 많이 사용하는 기법은 신뢰성중심보전(RCM ; Reliability Centered Maintenance)과 위험기반검사(RBI ; Risk Based Inspection)가 있다. 배관 등과 같은 고정기계는 RBI기법을 통해 설비의 위험도를 구분하고, 펌프 등과 같은 회전기계는 RCM을 통해 설비의 개별부품에 대한 고장률 등을 구해서 설비의 보전방식을 결정한다.

63. 강도설계에 사용되는 다음의 파손이론에 대하여 설명하시오.

1) 최대 주응력설 **2) 최대 전단응력설**

해답

1. 개요

일반적으로 기계부품은 조합응력의 상태로 사용되는 수가 많은데 이때의 파손조건을 제시하는 것이 파손의 법칙이며 응력, 변형률 또는 에너지의 조건식으로 표시된다. 정하중이고 응력분포가 균일한 경우 많은 학설이 제기되어 있는 바, 다음에 설계에 흔히 쓰이는 주요 학설의 내용을 설명하고자 한다.

2. 학설의 종류 및 내용

(1) 최대 주 응력설(Rakine의 설)

① 최대 주응력이 인장 또는 압축의 한계응력에 이르렀을 때 파손된다.

② 이 학설은 취성재료의 분리파손에 적용된다.

③ 취성재료의 축이 굽힘 모멘트 M과 비틀림 모멘트 T를 동시에 받을 경우 Rankine의 식 $M_e = \frac{1}{2}\left(M + \sqrt{M^2 + T^2}\right)$에 의하여 상당굽힘 모멘트 M_e를 구하고 이로부터 σ_1을 산출한다.

(2) 최대 전단 응력설(Coulomb, Guest의 설)

① 최대 전단응력 τ_1이 항복 전단응력 τ_y에 이르렀을 때 파손된다.

② 이 학설은 연성재료의 파손에 적용되며 기계요소의 강도설계에 가장 많이 사용된다.

③ 연성재료의 축이 M, T를 동시에 받을 때에는 Guest의 식 $T_e = \sqrt{M^2 + T^2}$에 의하여 상당 비틀림 모멘트 T_e를 구하고 이로부터 τ_1을 산출하면 된다.

(3) 최대 주 변형률설(St. Venant의 설)

최대 주 변형률 ε_1이 단순 인장 또는 단순 압축일 때의 항복점에 있어서의 변형률 ε_f 에 이르렀을 때 탄성 파손이 일어난다. $\varepsilon_1 = \varepsilon_f$

(4) 최대 변형에너지설(Huber, Mises의 설)

① 변형에너지는 체적의 변형에너지와 전단의 변형에너지의 합이다. 이 전단의 변형에너지가 재료에 고유한 일정 값, 즉 단순 인장의 항복점에 있어서의 전단 변형에너지에 이르렀을 때 파손된다.

$$\sigma_y = \frac{1}{\sqrt{2}}\sqrt{(\sigma_1-\sigma_2)^2+(\sigma_2-\sigma_3)^2+(\sigma_3-\sigma_1)^2}$$

② 여기서 $\sigma_1 = \sigma_2$일 때는 $\sigma_y = \sigma_1 - \sigma_3$가 되고 $\tau_{\max} = \frac{\sigma_1 - \sigma_3}{2} = \frac{\sigma_y}{2}$가 되므로 최대 전단응력설과 일치한다.

③ 이 설은 연성재료의 미끄럼 파손에 가장 가깝게 일치하나 실제로는 식이 약간 복잡하므로 이 설에 가까운 최대 전단응력설이 사용되며 양 학설의 차이는 15% 이내이다.

(5) 기타

Mohr의 설, 전변형 에너지설, 내부 마찰설 등의 이론이 제안되고 있다.

64. 끼워맞춤의 종류 3가지를 들고 설명하시오.

해답

주로 기계부분에 있어서 서로 끼워 맞춰지는 둥근 구멍과 축에 대하여 각 기능에 적합하게 공차나 치수차를 주는 끼워맞춤방식이다. 억지끼워맞춤, 중간끼워맞춤, 헐거운끼워맞춤이 있으며 축을 구멍보다 약간 크게 만들어 열박음, 압입, 때려박음, 밀어박음 등으로 움직이지 않도록 끼워 맞춘다.

1. 수축체결

축을 구멍보다 크게 하여 압입(끼워맞춤) 체결하는 방법이다.

(1) 끼워맞춤 종류

① 헐거운 끼워맞춤(Clearance Fit)
② 억지 끼워맞춤(Interference Fit)
③ 중간 끼워맞춤(Transition Fit)

(2) 체결방법

① 열박음 : 철도차륜의 강철 타이어를 축심에 박을 때와 같이 강한 끼워맞춤압력이 필요한 곳에 사용하는 방법이며 강철 타이어를 적당한 온도까지 가열한 후 축심에 끼운 후 서서히 냉각한다.
② 압입 : 수압기를 압입하는 정도의 수축이며 열박음보다 끼워맞춤압력이 적다. 차륜의 보스와 축과의 죔 등에 사용한다.
③ 때려박음 및 밀어박음 : 압입보다 더욱 약한 끼워맞춤이다. 풀리, 작은 지렛대, 발전기와 모터의 회전자 등을 축에 끼워맞출 때 사용한다.

(3) 체결강도

때려박음 < 압입 < 열박음

수축체결은 탄성변형 끼워맞춤 압력에서 생기는 마찰에 의한 조임으로 안전을 강화하기 위하여 Key와 Pin을 병행하여 사용한다.

2. 확대체결

구멍에 축을 집어넣고 내부로부터 확장시켜 체결력을 주는 방식으로 소성변형에 의한 고정방법이다.

65. 구조물의 재질이 KS재료기호 SS400으로 표시되어 있는 경우, SS 및 400의 의미를 쓰고 안전계수가 5인 경우 허용 인장응력은 얼마인가?

해답

1. SS400
   - SS : 일반 구조용 압연 강재(Rolled steel for structure)
   - 400 : 인장강도가 $400N/mm^2 = 41kgf/mm^2$

   참고) SS41과 SS400은 동일한 재질임. SS41은 JIS 규격표시이고, SS400은 KS 규격표시임

2. 허용인장응력(안전계수 6)

   $$허용인장응력 = \frac{400}{5} = 80N/mm^2$$

66. 잇수가 20개이고 700[rpm]으로 회전하는 스프로 킷 휠에 의하여 회전하는 40번 롤러체인(피치 : 12.70mm)의 평균속도[m/s]를 구하시오.

해답

- 체인속도 : 체인의 피치를 p(mm), 스프로킷의 회전수 N(rpm), 잇수를 z라 하면,

  체인의 속도 v(m/s)는 $v = \frac{Npz}{1,000 \times 60}$와 같다.

$$v = \frac{Npz}{1,000 \times 60} = \frac{700 \times 12.7 \times 20}{1000 \times 60} = 2.96$$

67. 엔탈피에 대하서 설명하시오.

해답

1. 엔탈피 : 전열량 또는 함열량이라고도 하며 열역학적 상태량이다.

   $H=U$(내부에너지)$+PV$(일)(SI) $=U+APV$(공학단위)

   단위질량당 : $h=u+pv(SI)=u+Apv$(공학단위)

   $Q=(U_2-U_1)+W$

   $Q=(U_2-U_1)+(P_2V_2-P_1V_1)=(U_2+P_2V_2)-(U_1+P_1V_1)=H_2-H_1$

   $q=h_2-h_1$

2. 동적 변화에서 얻은 열량은 전부 내부 에너지의 증가가 되고 등압 변화에서는 엔탈피의 증가가 된다. 예를 들면 보일러 내 물의 가열은 등압에서 열을 얻으므로 수열량은 엔탈피의 차로 계산한다.

3. 정압과정의 열량변화는 엔탈피 변화량과 같다.

68. 베어링 선정시 검토해야 할 사항에 대하여 논하시오.

해답

베어링이 모터의 축 등 고속으로 회전하는 축을 받쳐야 하므로 베어링메탈은 마찰계수가 작아야 하고, 마찰을 작게 해서 과열을 방지하기 위해 사용하는 윤활유를 잘 유지하며, 마찰로 생긴 열을 기계의 바탕금속에 전하기 위해 열전도성이 좋아야 한다. 이 조건을 달성하기 위해서 연한 금속 바탕에 상당히 단단한 금속간화합물의 결정편(結晶片)이 산재된 조직으로 된 것이 바람직하다. 이와 같이 되면, 단단한 베어링메탈이 축을 받치고, 연한 바탕은 어느 정도 마찰로 닳아 오목해져서, 여기에 윤활유가 고이게 되며, 마찰로 생긴 열은 바탕금속을 지나 기계 본체로 빠져나갈 수 있다. 그리고 내피로성, 내마모성도 좋아야 한다.

69. 강의 표면경화법 5종 이상에 대한 특징을 구체적으로 설명하시오.

해답

1. 표면경화

물체의 표면만을 경화하여 내마모성을 증대시키고 내부는 충격에 견딜 수 있도록 인성을 크게 하는 열처리

2. 침탄경화법 : 표면에 탄소를 침투

0.2%C 이하이며 저탄소강 또는 저탄소 합금강을 함탄 물질과 함께 가열하여 그 표면에 탄소를 침입 고용시켜서 표면을 고탄소강으로 만들어 경화시키고 중심 부분은 연강으로 만드는 것이다. 침탄강은 마멸에 견디는 표면경화층의 부분과 강인성이 있는 중심으로 구성되어 있어 캠, 회전축 등에 사용된다.

(1) 침탄용강의 구비조건

① 저탄소강이어야 한다.
② 장시간 가열하여도 결정입자가 성장하지 않아야 한다.
③ 표면에 결함이 없어야 한다.

(2) 침탄제의 종류

① 목탄, 골탄, 혁탄
② $BaCO_3$ 40%와 목탄 60%의 혼합물
③ 목탄 90%와 NaCl 10%의 혼합물
④ KCN 및 $K_4Fe(CN)_6$ 등의 분말
⑤ 황혈염과 중크롬산가리의 혼합물

(3) 침탄경화법의 종류

① 고체침탄법
철재의 침탄상자에 고체 침탄제와 침탄 촉진제를 넣고 밀폐한 후 가열 유지하여 저 탄소강 표면에 침탄층을 얻음
② 가스침탄법(Gas Carburizing)
주로 작은 부품의 침탄에 이용되는 것으로 메탄가스나 프로판가스, 아세틸렌가스 등 탄화수소계 가스를 변성로에 넣어 니켈을 촉매로 하여 침탄가스로 변성 후, 오스테나이트화된 금속의 표면을 접촉시키면 활성탄소가 침입하여 침탄이 일어난다.
③ 액체침탄법(Liquid Carburizing, Cyaniding, 시안화법)
강철을 황혈염 등의 CN화합물을 주성분으로 한 청산소다(NaCN), 청산칼리(KCN)로서 표면을 경화하는 방법이다. 보통 침탄법은 탄소만 침투되지만 청화법은 청화물(CN)이 철과 작용하여 침탄과 질화가 동시에 진행되므로 침탄질화법이라 한다.

3. 질화법

(1) 원리

노 속에 강재를 넣고 암모니아 가스를 통하게 하면서 500~530℃ 정도의 온도로 50~100시간 유리하면 표면에 질소가 흡수되어 질화물이 형성되어 침탄보다 더 강한 질화2철(Fe_4N)이나 질화1철 (Fe_2N)이 된다. 질화법은 다른 열처리와 달리 A_1 변태점 이하의 온도로 행하며 담금질할 필요가 없고 치수의 변화도 가장 작다. 내마멸성과 내식성, 고온 경도에 안정이 된다.

(2) 특징

① 경화층은 얇고, 경도는 침탄한 것보다 더욱 크다.

② 마모 및 부식에 대한 저항이 크다.

③ 침탄강은 침탄 후 담금질하나 질화법은 담금질할 필요가 없어 변형이 적다.

④ 600℃ 이하의 온도에서는 경도가 감소되지 않고 또 산화도 잘되지 않는다.

⑤ 가열온도가 낮다.

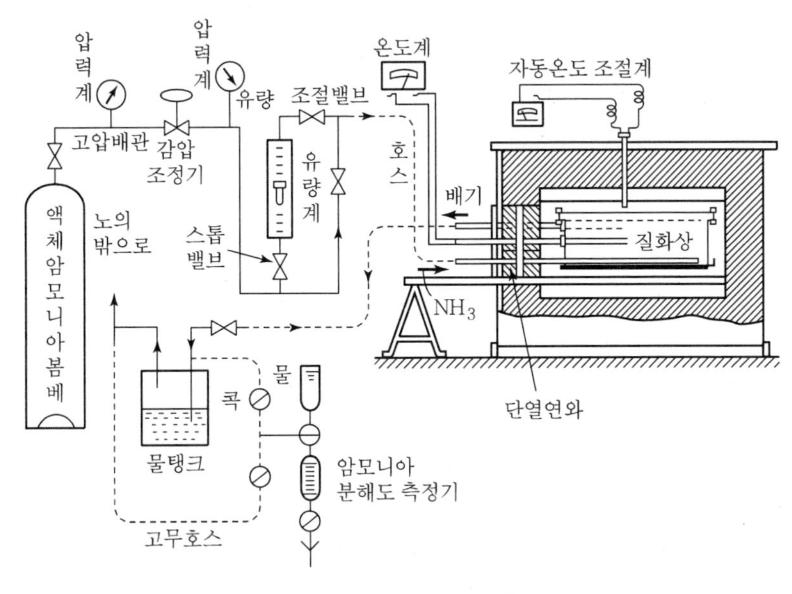

[질화로와 장치 계통도]

(3) 질화법의 종류

① 가스질화

- 질화방법 : 질소는 강에 잘 용해되지 않지만 500℃ 정도로 50~100시간 암모니아(NH_3) 가스를 가열하면 발생기 질소가 철 등과 반응하여 Fe_4N, Fe_2N 등의 질화물을 만들면서 강으로 침투되는데, 질화층의 두께는 보통 0.4~0.9mm 정도이며 은회색의 단단한 경화면이다.

② 액체질화(연질화)

- 질화방법 : 가스질화법은 처리시간이 길고 제한된 질화용강에만 처리가 가능하므로 이러한 단점을 개선하기 위해 시안화나트륨(NaCN), 시안화칼륨(KCN) 등을 주성분으로 한 염욕로에서 500~600℃로 5~15시간 가열하여 질화층을 얻는다. 특히 처리 중 반응을 촉진시키기 위해 혼합염 중에 공기를 불어 넣는 터프트라이드(Tufftride) 방법이 있다.

4. 화염경화(Flame Hardening)

(1) 원리

탄소강이나 합금강에서 0.4~0.7% 탄소 전후의 재료를 필요한 부분에 산소-아세틸렌 화염으로 표면만을 가열하여 오스테나이트로 한 다음, 물로 냉각하여 표면만이 오스테나이트로 만드는 경화. 크랭크축, 기어의 치면, Rail의 표면 경화에 적합하다.

(2) 종류

① 고정식 화염경화 : 피 가열물을 코일 중에 정지한 상태에서 냉각시키든가 또는 냉각제에 침지하여 급랭 열처리한다.

② 이동식 화염경화 : 피 가열물이 긴 것을 연속적으로 가열할 수 있도록 특수버너가 장치되어 있으며 가열한 후에는 급랭하여 표면을 경화시킨다.

(3) 특징

① 부품의 크기와 형상의 제약이 적다.

② 국부 열처리가 가능하고 설비비가 저렴하다.

③ 담금질 변형이 적다.

④ 가열온도 조절이 어렵다.

5. 고주파경화

(1) 원리

소재에 장치된 코일 속으로 고주파 전류를 흐르게 하면 소재 표면에는 맴돌이 전류(Eddy Current)가 유도되며, 이로 인해 생긴 고주파 유도열이 표면을 급속 가열시키고 가열된 소재를 급랭시키면 소재 표면이 담금질되어 경화되는 표면경화법이다.

(2) 장점

① 표면부분에 에너지가 집중하므로 가열시간을 단축할 수 있다.(수초 이내)

② 피 가열물의 Strain을 최대한도로 억제할 수 있다.

③ 가열시간이 짧으므로 산화 및 탈탄의 염려가 없다.

④ 값이 저렴하여 경제적이다.

(3) 표피효과

주파수가 클수록 유도전류가 표면 부위만을 집중되어 흐르는 것을 말하며 따라서 주파수가 클수록 경화 깊이는 얇아지고 주파수가 작으면 경화 깊이는 깊어진다.

6. 쇼트 피닝(Shot Peening)

냉간가공의 일종이며 금속재료의 표면에 고속력으로 강철이나 주철의 작은 알갱이를 분사하여 금속표면을 경화시키는 방법이다.

7. 방전 경화법(Squart Hardening)

피 경화물을 음극(－), 상대를 양극(＋)으로 하여 대기 중에서 방전을 일으켜 표면에 질화, 금속에 침투, 담금질 등을 하여 표면을 경화하는 방법

8. Hard Facing

금속표면에 Stellite(Co－Cr－W－C 합금), 초경합금, Ni－Cr－B계 합금 등의 특수 금속을 융착시켜서 표면 경화층을 만드는 방법

70. 평치차(Spur Gear)에 대하여 다음 용어에 답하시오.

1) 원주피치(Circular Pitch)

2) 이두께(Tooth Thickness)

3) 뒤틈(Back Lash)

4) 이끝높이(Addendum)

5) 피치원(Pitch Circle)

해답

□ 기어의 각부 명칭

(1) 피치원(Pitch Circle) : 기어는 마찰차의 요철을 붙인 것으로 원통 마찰차로 가상할 때 마찰차가 접촉하고 있는 원에 해당하는 것이다.
(2) 원주피치(Circular Pitch) : 피치원 위에서 측정한 이웃하는 이에 해당하는 부분 사이의 거리를 말한다.
(3) 기초원(Base Circle) : 이 모양의 곡선을 만드는 원이다.
(4) 이끝원
(5) 이뿌리원
(6) 이끝높이(addendum) : 피치원에서 이끝원까지의 거리이다.
(7) 이뿌리 높이(Dedendum) : 이뿌리원에서 피치원까지의 반경길이
(8) 총 이높이
(9) 이두께 : 피치원에서 측정한 이의 두께
(10) 유효 이높이
(11) 클리어런스
(12) 백래시(Back Lash) : 한 쌍의 이가 물렸을 때 이의 뒷면에 생기는 간격이다.
① 기어의 Backlash는 다음 사항을 고려하여 물림상태에서 이의 뒷면에 약간의 틈새를 준다.
- 윤활유의 유막두께, 기어치수오차, 중심거리 변동, 열팽창, 부하에 의한 이의 변형
- 즉, Backlash를 허용하지 않으면 원활한 전동을 할 수 없다.

$$C = C_n/\cos\alpha,\ \ C_r = C_n/2\sin\alpha,\ \text{Helical Gear} : C = C_n/\cos\alpha \cdot \cos\beta$$

② Back Lash를 주는 방법
- 중심거리를 C_r만큼 크게 하는 방법
- 기어 이 두께를 작게 하는 방법

속도비가 클 때는 기어의 이 두께만 감하고 속도비가 1이면 양쪽 두께를 같이 얇게 한다.

(13) 기어와 피니언 : 한 쌍의 기어가 서로 물려 있을 때 큰 쪽을 기어라 하고, 작은 쪽을 피니언이라 한다.
(14) 압력각 : 한 쌍의 이가 맞물렸을 때 접점이 이동하는 궤적(그림에서 NM)을 작용선이라 한다. 이 작용선과 피치원의 공통접선과 이루는 각을 압력각이라 하며 α로 나타낸다. α는 14.5°, 20°로 규정되어 있다.

⒂ 법선피치(Normal Pitch)

기초원 지름 : $D_g = D\cos\alpha$(D : 피치원 지름)

법선 피치 : $p_n = \dfrac{\pi D_g}{z} = \dfrac{\pi D\cos\alpha}{z} = p\cos\alpha$

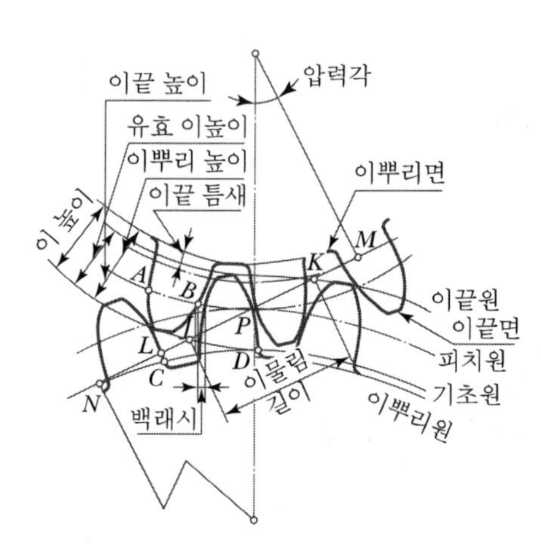

[기어의 각부 명칭]

71. 내부에너지가 50kcal인 작동유체를 가열하여 60kcal까지 증가하고 외부에 4,270kgf · m의 일을 하였다면, 이때 가해진 열량은 얼마인가?

해답

$\therefore \Delta Q = \Delta U + A\Delta W = 10 + 4,270 \times \dfrac{1}{427} = 20\text{kcal}$

□ 열역학 제1법칙의 일반 관계식

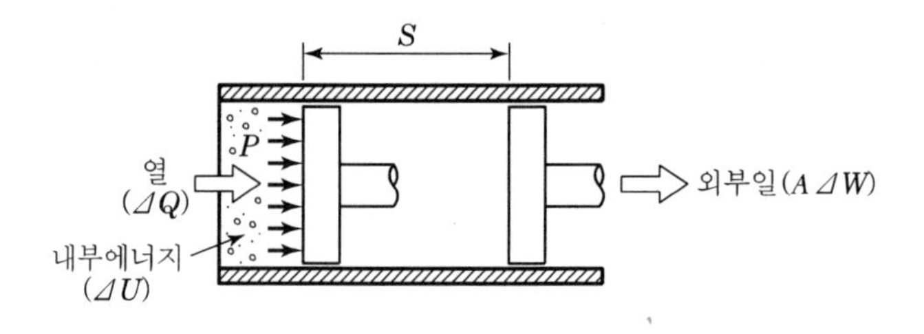

[열역학 제1법칙]

열량의 증가량 = 내부에너지 증가량 + 외부일(열역학 제1법칙)

(일의 열당량 : A = 1/J = 1/427(kcal/kgf · m) 일의 열당량)

72. 평면도 및 평행도를 기하공차(geometric tolerance)의 표시기호(KS B 0608 및 0425)로 표시하고 간단히 설명하시오.

해답

적용하는 형체	공차의 종류		기호
단독형체	모양공차	진직도공차(Straightness)	⏤
		평면도공차(Flatness)	▱
		진원도공차(Roundness)	○
		원통도공차(Cylindricity)	⌭
단독형체 또는 관련형체		선의 윤곽도 공차(Profile of Any Line)	⌒
		면의 윤곽도 공차(Profile of Any Surface)	⌓
관련형체	자세공차	평행도 공차(Parallelism)	∥
		직각도 공차(Squareness)	⊥
		경사도 공차(Angularity)	∠
	위치공차	위치도 공차(True Position)	⌖
		등축도 공차 또는 등심도 공차(Concentricity)	◎
		대칭도 공차(Symmetry)	⌯
	흔들림 공차	원주 흔들림 공차	↗
		온 흔들림 공차	⌰

□ 평행 : 같은 평면(平面) 상(上)의 두 직선(直線) 또는 공간(空間)의 두 평면(平面)이나 한 직선(直線)과 한 평면(平面)이 아무리 연장(延長)하여도 서로 만나지 않음

□ 평면도의 측정

기계의 평면부분이 이상 평면에서 어느 정도 벗어나 있는지를 표시하는 것으로써 평면 부분의 가장 높은 점과 낮은 점을 지나는 두 가상평면의 거리로써 표시한다.

⑴ 직선 정규에 의한 측정

진직도를 나이프 에지나 직각 정규로 재서 평면도를 측정

⑵ 정반에 의한 측정

정반의 측정면에 광명단을 얇게 칠한 후 측정물을 접촉하여 측정면에 나타난 접촉점의 수에 따라 판단하는 측정

⑶ 옵티컬 플랫(Optical Flat)

광학적인 측정기로서 옵티컬 플랫은 유리나 수정으로 만든다. 정반을 측정 면에 접촉시켰을 때 생기는 간접 무늬의 수로 평면을 측정하는 것으로 간섭무늬 한 개의 크기는 약 0.3μm이다.

73. 공칭응력과 진응력에 대하여 설명하시오.

해답

1. 개요

재료의 인장시험 시 시편은 항복 이후부터 단면적이 빠르게 감소하기 시작한다. 공칭응력은 이러한 단면적의 감소를 고려하지 않고 원래의 단면적을 기준으로 구한 값이고, 진응력은 실제 감소한 단면적을 기준으로 구한 값이다. 따라서 진응력은 공칭응력보다 항상 크게 되며, 진응력－진변형률 곡선은 공칭응력－공칭변형률 곡선보다 위에 있게 된다.

진응력을 계산하기 위해서는 변형 도중의 단면적 계산에 필요한 직경을 시험 도중 계속 측정해야 하기 때문에 직경 데이터를 얻기 어렵고, 또한 그것을 도시하기가 쉽지 않기 때문에 진응력－진변형률 곡선은 일반적으로 반복적인 인장시험보다는 재료의 연구개발에 많이 이용된다.

2. 공칭응력－공칭변형률, 진응력－진변형률

(1) 공칭응력(Nominal Stress)－공칭변형률(Nominal Strain)

공칭응력은 시험하중을 시험편의 원래 단면적으로 나눈 값으로 표시하고, 공칭변형률(공학적변형률)은 시험편의 변형전후의 길이 차이를 원래 길이로 나눈 값으로 표시한다.

① 공칭응력 : $\sigma_n = \dfrac{P}{A_0}$

P : 시험하중, A_0 : 시편의 원래 단면적

② 공칭변형률 : $e = \dfrac{l - l_o}{l_o}$

l : 시험편의 변형 후 길이, l_0 : 시험편의 원래 길이

(2) 진응력(True Stress)-진변형률(True Strain)

진응력은 시험하중을 시험편 변형 순간의 단면적으로 나눈 값으로 표시하고, 진변형률은 어느 순간에 변화된 길이를 그 변화되기 직전 순간의 시편 전체 길이로 나눈 값으로 표시한다.

① 진응력 : $\sigma_t = \dfrac{P}{A}$

P : 시험하중, A : 시험편 변형 순간의 단면적

※ 진응력과 공칭응력은 $\sigma_t = \sigma_n(1+e)$ 관계에 있고, 진응력이 항상 크다.

② $\epsilon = \displaystyle\int_{l_o}^{l} \frac{dl}{l} = \ln\left(\frac{l}{l_o}\right)$

l : 시험편의 변형 후 길이, l_0 : 시험편의 원래 길이

3. 진응력-진변형률 곡선(True Stress-true Strain Curve)

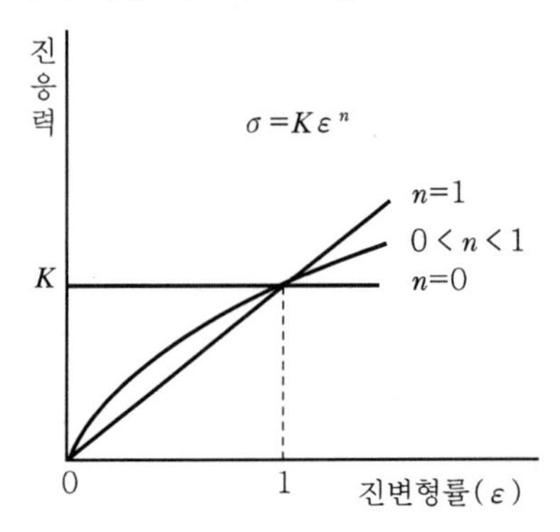

진응력-진변형률 곡선은 통상 흐름곡선이라고도 부르는데 이것은 금형을 이용하여 자동차 차체를 생산하는 경우처럼 소성변형이 많이 발생하는 경우에 이용하면 도움이 된다.

유도과정을 생략하고 진응력과 진변형율, 가공경화지수와 관계식을 구하면 다음과 같은 멱경화법칙(Power law of Hardening)이 성립한다. 이 멱경화의 법칙은 흑의 탄성한계를 넘어선 소성변형시 많이 이용하고 있다.

$\sigma = K\varepsilon^n$(psi)

여기서, σ : 진응력, K : 소성계수, ε : 진변형률, n : 가공경화지수

(1) $n=0$인 경우는 재료를 가공하여도 재료가 경화되지 않는다는 의미이며, 이런 재료를 완전소성체라 한다.(하중을 제거하면 탄성변형 없이 영구변형만 남는다)

(2) $n=1$인 경우는 완전탄성체로서 유리, 세라믹 등의 재료가 이에 해당한다. 재료가 견딜 수 없는 하중에 도달하면 바로 파단되며 영구변형은 없다.

네킹(Necking)이 시작될 때의 진변형률 값은 가공경화지수 n값과 같다. 따라서 n값이 커지면 네킹이 시작되기 전에 재료가 인장될 수 있는 변형률도 그 만큼 증가된다.

즉, 가공경화지수가 큰 재료는 네킹(Necking)이 늦게 발생하기 때문에 연성(연신율)이 크다. 반면에 온도가 증가하면 연성, 인성 등은 증가하고, 탄성계수, 항복응력, 인장강도, 가공경화지수 n값은 감소한다.

4. 결론

재료에 따라 소성계수, 가공경화지수 등은 정해지는데 가공경화지수가 크면 재료를 성형하는데 많은 힘이 필요하다. 즉 자동차 자체를 스테인리스로 제작하지 않고 강으로 제작하는 이유는 재료의 단가도 비싸지만, 더 큰 이유는 스테인리스가 강보다 가공경화지수가 크기 때문에 변형을 원활히 하기 위해서는 고가의 성형기를 사용해야 하기 때문이다.

74. 항복응력(Yield Stress)과 극한응력(Ultimate Stress)에 대하여 그림으로 설명하시오.

해답

□ 응력 변형률 선도

시험하고자 하는 금속재료를 규정된 시험편의 치수로 가공하여 축방향으로 잡아당겨 끊어질 때까지의 변형과 이에 대응하는 하중과의 관계를 측정함으로써 금속재료의 변형, 저항에 대하여 성질을 구하는 시험법이다.

이 시험편은 주로 주강품, 단강품, 압연강재, 가단주철품, 비철금속 또는 합금의 막대 및 주물의 인장시험에 사용한다. 시험편은 재료의 가장 대표적이라고 생각되는 부분에서 따서 만든다. 암슬러형 만능재료 시험기를 사용한다. 응력-변형률 선도를 조사함으로써 탄성한도, 항복점, 인장강도, 연신율, 단면수축률 등이 구해진다.

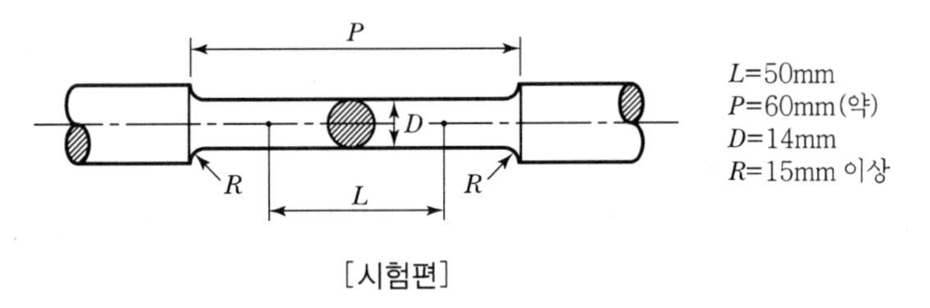

[시험편]

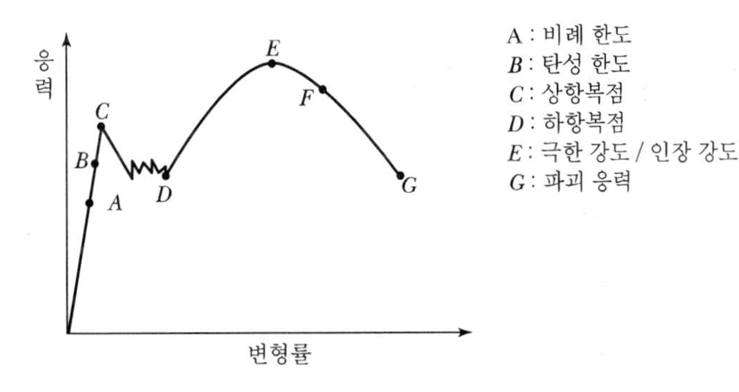

[응력-변형률 선도]

(1) A : 비례한도

응력과 변율이 비례적으로 증가하는 최대 응력

(2) B : 탄성한도

재료에 가해진 하중을 제거하였을 때 변형이 완전히 없어지는 탄성변형의 최대 응력. B점 이후에서는 소성변형이 일어난다.

(3) C : 상항복점

탄성한도를 지나 응력이 점점 감소하여도 변율은 점점 더 커지다가 응력의 증가 없이 급격히 변형이 일어나는 최대 응력

(4) D : 하항복점

항복 중 불안정 상태를 계속하고 응력이 최저인 점

(5) E : 극한강도

재료의 변형이 끝나는 최대 응력

(6) G : 파괴강도

변율이 멈추고 파괴되는 응력

(7) 진응력과 공칭응력의 관계식

$$\sigma(\text{진응력}) = \frac{W}{A(\text{시험편 본래의 단면적})},\ \sigma(\text{공칭응력}) = \frac{W(\text{순간하중})}{A(\text{순간 단면적})}$$

75. Nrpm으로 H_{kW}를 전달하는 외경 $d_2$mm, 내경 $d_1$mm 길이 Lm의 중공원축이 있다. 다음 각 항의 물음에 답하시오.

1) Torque(토크) T를 구하시오.

2) 극단면 2차 모멘트를 구하시오.

3) 비틀림각을 구하시오.

4) 극단면 계수를 구하시오.

5) 전단응력을 구하시오.

해답

1) $T = 97{,}400 \times H/N$

2) $I_p = \dfrac{\pi(d_2^4 - d_1^4)}{32(d_2 - d_1)}$

3) $\theta = \dfrac{\tau l}{Gr} = \dfrac{Tl}{GI_p}(\text{rad})$

4) $Z_p = \dfrac{\pi d^3}{16}$

5) $T = Z_p \tau$

76. 뜨임처리(Tempering)에 대하여 설명하시오.

해답

1. 뜨임의 정의

담금질한 강은 경도가 증가된 반면 취성을 가지게 되므로 경도가 감소되더라도 인성을 증가시키기 위해 A_1변태점 이하의 적당한 온도로 가열하여 물, 기름, 공기 등에서 적당한 속도로 냉각하는 열처리

2. 방법

(1) 저온 템퍼링

① 주로 150~200℃ 가열 후 공랭시키며 템퍼링 시간은 25mm 두께당 30분 정도 유지한다.

② 공구강 등과 같이 높은 경도와 내마모성을 필요로 하는 경우 마텐사이트 특유의 경도를 떨어뜨리지 않고 치수안정성과 다소의 인성을 향상시킨다.

(2) 고온 템퍼링

① 주로 500~600℃ 가열 후 급랭(수랭, 유랭)시킴. 서랭 시 템퍼링 취성이 발생한다.

② 기계 구조용강 등과 같이 높은 인성을 필요로 하는 경우 솔바이트를 얻는 처리법이다.

(3) 등온 템퍼링(Isothermal Tempering)

① 소재를 Ar″점 이상의 온도로 가열하고 일정시간 유지하여 마텐사이트를 베이나이트로 변태시킨 다음 적당한 온도로 냉각하여 균일한 온도가 될 때까지 유지한 후 공랭시킨다.

② 베이나이트 뜨임이라고도 하며 고속도강을 등온 뜨임하면 인성과 절삭능력이 향상된다.

3. 뜨임취성

인성이 경화와 같이 증가하는 것이 아니고 인성이 저하하는 것

(1) 저온뜨임취성

① 뜨임온도가 200℃ 부근까지는 인성이 증가하나 300~350℃에서는 저하한다.

② 인이나 질소를 많이 함유한 강에 확실히 나타남

③ Si를 강에 첨가하면 취성 발생온도가 300℃ 정도까지 상승

(2) 고온시효취성

① 500℃ 부근에서 뜨임할 때 인성이 시간의 경과에 따라 저하하는 현상

② 600℃ 이상 온도에서 템퍼링 후 급랭하고 Mo을 첨가하여 취성을 방지한다.

(3) 뜨임서랭취성

550~650℃에서 서랭한 것의 취성이 물 및 기름에서 냉각한 것보다 크게 나타나는 현상

4. 뜨임색(Temper Colour)

뜨임할 때 담금질한 표면을 깨끗이 닦아서 철판 위에 얹어 놓고 가열하면 산화철의 얇은 막이 생겨 이것이 온도에 따라 독특한 색을 나타내는 것을 말하며 이것으로 뜨임온도를 판단할 수 있다.

5. 뜨임균열(Temper Crack)

(1) 발생원인

① 뜨임 시 급가열했을 때

② 탈탄층이 있을 때

③ 뜨임온도에서 급랭했을 때

(2) 대책

① 급가열을 피하고 뜨임온도에서 서랭한다.

② 뜨임 전 탈탄층을 제거한다.

77. 열응력(熱應力, Thermal Stress)에 대해서 설명하시오.

해답

물체는 가열하면 팽창하고 냉각하면 수축한다. 이때 물체에 자유로운 팽창 또는 수축이 불가능하게 장치하면 팽창 또는 수축하고자 하는 만큼 인장 또는 압축응력이 발생하는데, 이와 같이 열에 의해서 생기는 응력을 열응력이라 한다.

그림에서 온도 t_1℃에서 길이 l인 것이 온도 t_2℃에서 길이 l'로 변하였다면

신장량$(\delta) = l' - l = \alpha(t_2 - t_1)l = \alpha \Delta t\, l$ (α : 선팽창계수, Δt : 온도의 변화량)

변형률$(\epsilon) = \dfrac{\delta}{l} = \dfrac{\alpha(t_2 - t_1)l}{l} = \alpha(t_2 - t_1) = \alpha \Delta t$

열응력$(\sigma) = E\varepsilon = E\alpha(t_2 - t_1) = E\alpha\Delta t$ (E : 세로탄성계수 혹은 종탄성계수)

$\alpha \cdot \Delta t \cdot l = \dfrac{Pl}{AE}$, 벽에 작용하는 힘$(P) = AE\alpha\Delta t$

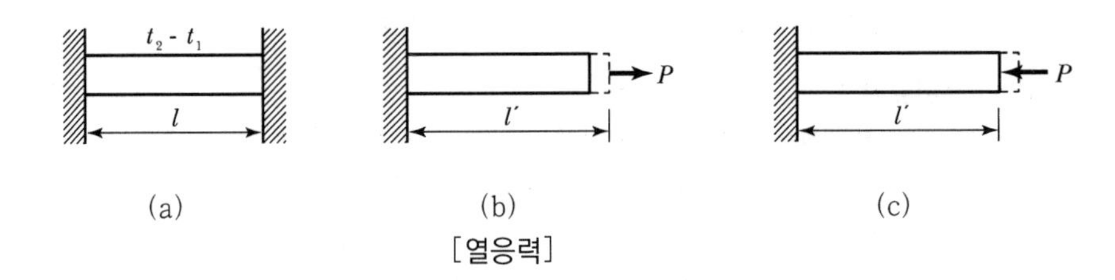

(a) (b) (c)

[열응력]

78. 계측기를 사용해 측정 시 미치는 영향에 대해서 4가지 이상 설명하시오.

해답

□ 오차의 종류

1. 개인오차

   측정하는 사람에 따라서 생기는 오차

2. 계통오차

   동일 측정조건에서 같은 크기의 부호를 갖는 오차로서 측정기의 구조, 측정압력, 측정 시의 온도, 측정기의 마모에 따른 오차

   (1) 계기오차 : 측정계기의 불완전성 때문에 생기는 오차

   (2) 환경오차 : 측정할 때 온도, 습도, 압력 등 외부환경의 영향으로 생기는 오차

   (3) 개인오차 : 개인이 가지고 있는 습관이나 선입관이 작용하여 생기는 오차

3. 우연오차

   주위의 환경에 따라서 생기는 오차

4. 시차

   측정기의 눈금과 눈 위치가 같지 않을 때 생기는 오차

5. 평의오차(Bias Error)

   측정이 되기 전부터 각종 요인들로 인해 오차를 유발할 수밖에 없는 오차로 측정기의 종류와 정밀도에 좌우됨

79. 안지름 300mm, 두께 6mm인 강제원통형 용기에 가할 수 있는 내압력 p는 얼마인가? 단, 강의 인장강도는 45.9kg/mm²이다.

해답

$$\sigma_t = \frac{P}{A} = \frac{pDl}{2tl} = \frac{pD}{2t}(\text{kg/cm}^2),\ 45.9 = \frac{p \times 300}{2 \times 6},\ p = 1.836$$

80. 용접봉 피복제의 작용(5가지)과 형식(3가지) 대해서 설명하시오.

해답

1. 개요

아크용접을 할 때에는 용가재로서 피복용접봉 또는 나용접봉을 사용한다. 나용접봉은 심선 주위에 피복을 입히지 않은 것이고 피복용접봉은 심선 주위에 용제(flux)를 피복한 것이다.

피복용접봉을 이용하여 용접작업시 금속봉(심선)은 모재에 녹아 들어가고 외부의 피복재는 비중차에 의해 떠올라 용접부 표면을 덮어 용접부가 대기 중에 노출되는 것을 방지한다. 이를 통해 용접부의 산화를 방지하고 또한 불순물 등이 용접부에 침투하는 것을 막는다.

초창기 아크용접에서는 나용접봉을 많이 사용했으나 용접부의 산화 등 여러 가지 문제점 때문에 최근에는 특수한 경우를 제외하고는 피복용접봉을 사용한다.

2. 공기로부터 용융부의 차단방법

용융금속을 공기로부터 차단하는 방법에는
(1) 불활성 가스 등을 용융부에 직접 공급하는 방법(Gas Shielding)
(2) 피복재를 이용하여 용융금속을 보호하는 방법(Electrode Coating)
(3) 용제(플럭스, flux) 내부에서 arc를 운용하는 방법(Flux Shielding)이 있다.
불활성가스를 이용하여 용융부를 보호하는 용접법에는 대표적으로 MIG, TIG 용접 등이 있으며, 피복제를 이용하여 용접하는 방법에는 Shielded Metal Arc Welding(SMAW, 피복금속아크용접)이 있고, 또한 flux 내부에서 arc를 운용하는 용접에는 Submerged Arc Welding(SAW)이 있다.

3. 피복제(Electrode Coating)의 작용(5가지)

(1) Arc 열에 의해 피복제가 연소되면서 보호가스(Shielding Gas)가 발생하여 공기 중의 산소나 질소가 용융부에 침투하는 것을 방지한다.
(2) 비드 표면에 슬래그(Slag)를 형성하여 냉각속도를 느리게 함으로써 용접부의 급랭을 방지하는 것은 물론이고 대기로부터 악영향을 차단한다.
(3) 피복제 연소가스의 이온화에 의하여 교류아크용접기에서 순간적으로 전류가 끊어졌을 때에도 arc를 계속 발생시켜 안정된 arc를 얻을 수 있도록 한다.
(4) 피복제 내의 첨가 원소는 조절이 가능하므로 용착금속에 필요한 원소를 보충하여 용접부의 재질을 개선 할 수 있다. 불순물과 친화력이 큰 성분을 사용하여 용착금속을 정련할 수도 있으며, 붕사, 산화티탄 등을 사용하면 용융금속의 유동성을 좋게 한다.
(5) 수직 및 위보기 자세의 용접을 용이하게 한다.

4. 피복제의 형식(3가지)

피복제의 형식을 대별하면 Gas 발생식, Slag 생성식, 반 Gas 발생식이 있으며 이에 대해서 살펴보면 다음과 같다.

(1) 가스 발생식 피복제는 고온에서 환원성 가스 또는 불활성 가스를 발생하는 물질을 피복제에 첨가하

여 용접 시 이 가스가 용융부를 덮어 공기의 악영향으로부터 용융금속을 보호한다.

가스발생체로 유기물이 많이 사용되기 때문에 유기물식 용접봉이라고도 한다. 이러한 Gas 발생식 피복제의 특징을 열거하면 다음과 같다.

① Arc가 세게 분출되므로 arc가 안정된다.
② 모든 자세의 용접에 적합하다.
③ 용접속도가 빨라 능률적이다.
④ Slag는 다공성이고 쉽게 부서져서 Slag의 제거가 용이하다.

(2) 슬래그 생성식 피복제는 고온에서 슬래그를 많이 생성하는 물질을 주성분으로 하여, 용접부가 공기와 접촉하는 것을 차단하고, Slag가 용접부 위에 굳어져 용접부의 급랭을 방지한다. 피복제는 주로 무기물로 되어 있기 때문에 이 피복제로 도포된 용접봉을 무기물식 용접봉이라고도 한다.

(3) 반 가스 발생식 피복제는 가스 발생식과 슬래그 생성식의 특징을 절충한 것으로서, 이것은 슬래그 생성식에 환원성 가스나 불활성 가스를 발생시키는 성분을 첨가한 것이다.

5. 심선(금속봉)의 역할

연강용 피복아크용접봉의 심선 지름은 판두께 등에 따라 다르지만 일반적으로 3~8mm가 많이 사용된다. 또한 심선의 재질은 주철, 특수강, 비철합금 등에는 일반적으로 모재와 동일한 재질을 사용한다. 연강일 경우에는 탄소가 적은 저탄소봉을 사용한다. 연강에서 저탄소봉을 사용하는 이유는 강의 연성을 증가시키고 용해온도를 높여 용입을 좋게 하기 위해서이다.

심선에 포함된 원소 중 Mn은 탈산제로서 작용하지만 이것이 너무 많으면 재질이 경화되어 취성이 발생하기 때문에 적정한 양의 망간이 포함된 것을 사용해야 한다. 또한 인(P)은 상온취성을 유발하고, 황(S)은 고온취성을 일으킨다.

81. 와셔(Washer)의 용도를 4가지 이상 설명하고, 나사의 풀림방지를 위한 방법 4가지를 설명하시오.

해답

1. 와셔의 용도 (4가지)
   (1) 너트의 풀림 방지를 위해서 사용
   스프링와셔, 폴와셔, 혀붙이와셔, 이붙이와셔, 중지판 등
   (2) 구멍이 볼트의 지름보다 아주 큰 경우(평와셔 등)
   (3) 내압력(耐壓力)이 낮은 목재 또는 고무 등에 볼트를 사용하는 경우(목재형 각형와셔, 평와셔 등)
   (4) 볼트와 너트의 자리면에 경사면(요철 등)이 있는 경우(경사용 각형와셔 등)

2. 나사의 풀림방지법 (4가지)

볼트, 너트를 이용하여 부재를 연결할 때 나사의 자립조건이 구비되어 있으면, 즉 마찰각이 리드각 보다 크면 마찰에 의해 나사가 풀리지 않는다. 그러나 사용 중에 진동, 충격 등 여타의 영향을 받아 나사 자립조건의 한계를 벗어나면 나사가 풀어지게 된다.

나사의 풀림은 기계구조물의 탈락 등으로 이어지고 이것은 사고(재해)를 초래할 수 있다 이에 따라 현장에서 나사의 풀림방지를 위해 여러 가지 방법을 고안해서 사용하고 있는데 이중 많이 사용하는 것을 살펴보면 다음과 같다.

(1) 로크 너트(Lock Nut)를 사용하는 방법
2개의 너트를 사용하여 둘 사이를 서로 미는 상태로 하면, 하중이 항상 작용하고 있는 상태를 유지할 수 있기 때문에 외부에서 진동이나 충격이 작용하여도 너트가 풀리지 않는다.

(2) 분할 핀(Split Pin)을 사용하는 방법
끝부분에 구멍이 뚫린 볼트와 홈붙이너트(Castle Nut)를 사용하여 부재를 조립한 후 분할 핀을 이용하여 고정하는 방법이다.

(3) 세트 스크류(Set Screw)를 사용하는 방법
너트의 옆면에 나사 구멍을 내고 여기에 세트 스크류를 이용하여 고정하는 방법이다.

(4) 자동죔너트(Self Locking nut)를 사용하는 방법
너트에 있는 6개의 다리는 안쪽으로 굽혀져 있기 때문에 이 부분이 볼트의 나사산을 압축하여 너트의 풀림을 방지한다.

(5) 와셔(Washer)를 사용하는 방법

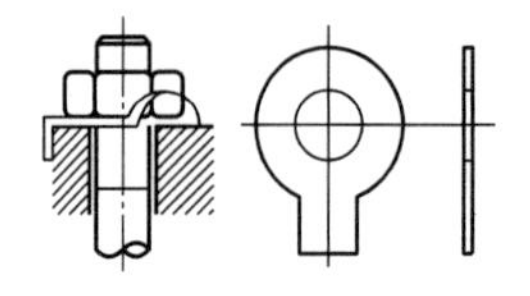

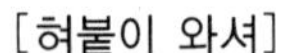
[혀붙이 와셔]

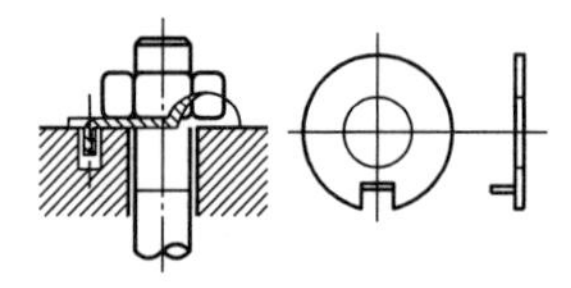
[폴와셔]

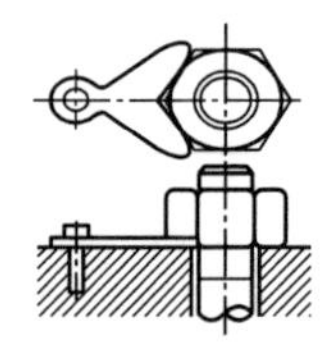
[중지판]

① 스프링와셔(Spring Washer) : 너트의 밑에 탄성력을 가진 스프링 와셔를 삽입하여 고정하는 방법이다.

② 혀붙이와셔(Tongue Washer) : 와셔에 달린 혀(Tongue)를 접합체에 굽혀서 고정하고, 와셔의 일부는 구부려서 너트가 회전하지 못하도록 한다.

③ 이붙이와셔(Tooth Lock Washer) : 와셔에 달린 잇날의 스프링 작용을 이용하여 너트가 회전하지 못하도록 한다.

④ 폴와셔(Pawl Washer) : 와셔에 달린 폴(Pawl)을 체결부에 뚫려진 구멍에 넣고, 와셔의 일부를 접어 굽혀서 너트가 회전하지 못하도록 한다.

⑤ 중지판(Locking Plate) : 작은 나사를 이용, 너트의 옆면에 중지판을 설치하여 너트가 회전하지 못하도록 한다.

(6) 철사를 사용하는 방법

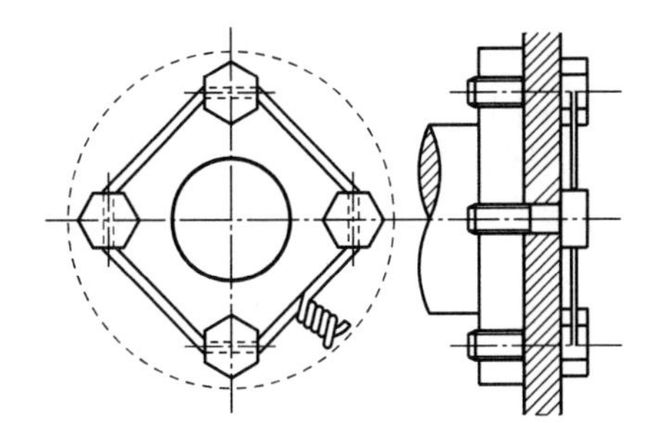

차량의 바퀴를 조립할 때처럼 여러 개의 너트를 이용하여 부재를 조립할 경우 너트 모두를 하나의 철사로 감아 풀림을 방지하는 방법이다.

CHAPTER 04 산업안전보건법

01. MSDS(Material Safety Data Sheet)에 대하여 간단히 설명하시오.

● 해답

[산업안전보건법]

제110조(물질안전보건자료의 작성 및 제출) ① 화학물질 또는 이를 함유한 혼합물로서 제104조에 따른 분류기준에 해당하는 것(대통령령으로 정하는 것은 제외한다. 이하 "물질안전보건자료대상물질"이라 한다)을 제조하거나 수입하려는 자는 다음 각 호의 사항을 적은 자료(이하 "물질안전보건자료"라 한다)를 고용노동부령으로 정하는 바에 따라 작성하여 고용노동부장관에게 제출하여야 한다. 이 경우 고용노동부장관은 고용노동부령으로 물질안전보건자료의 기재 사항이나 작성 방법을 정할 때 「화학물질관리법」 및 「화학물질의 등록 및 평가 등에 관한 법률」과 관련된 사항에 대해서는 환경부장관과 협의하여야 한다.

1. 제품명
2. 물질안전보건자료대상물질을 구성하는 화학물질 중 제104조에 따른 분류기준에 해당하는 화학물질의 명칭 및 함유량
3. 안전 및 보건상의 취급 주의 사항
4. 건강 및 환경에 대한 유해성, 물리적 위험성
5. 물리 · 화학적 특성 등 고용노동부령으로 정하는 사항

② 물질안전보건자료대상물질을 제조하거나 수입하려는 자는 물질안전보건자료대상물질을 구성하는 화학물질 중 제104조에 따른 분류기준에 해당하지 아니하는 화학물질의 명칭 및 함유량을 고용노동부장관에게 별도로 제출하여야 한다. 다만, 다음 각 호의 어느 하나에 해당하는 경우는 그러하지 아니하다.

1. 제1항에 따라 제출된 물질안전보건자료에 이 항 각 호 외의 부분 본문에 따른 화학물질의 명칭 및 함유량이 전부 포함된 경우
2. 물질안전보건자료대상물질을 수입하려는 자가 물질안전보건자료대상물질을 국외에서 제조하여 우리나라로 수출하려는 자(이하 "국외제조자"라 한다)로부터 물질안전보건자료에 적힌 화학물질 외에는 제104조에 따른 분류기준에 해당하는 화학물질이 없음을 확인하는 내용의 서류를 받아 제출한 경우

③ 물질안전보건자료대상물질을 제조하거나 수입한 자는 제1항 각 호에 따른 사항 중 고용노동부령으로 정하는 사항이 변경된 경우 그 변경 사항을 반영한 물질안전보건자료를 고용노동부장관에게 제출하여야 한다.

④ 제1항부터 제3항까지의 규정에 따른 물질안전보건자료 등의 제출 방법 · 시기, 그 밖에 필요한 사항은 고용노동부령으로 정한다.

02. 산업안전보건법 제34조 및 동법 시행규칙 제58조에 의거 법정검사를 받아야 하는 대상 기계 · 기구 및 설비에 대하여 아래 항목을 포함한 내용을 도표로 작성하시오.

1) 심사대상 기계 · 기구 및 설비
2) 심사대상 범위
3) 심사의 구분

해답

[산업안전보건법 시행규칙]

제110조(안전인증 심사의 종류 및 방법) ① 유해 · 위험기계 등이 안전인증기준에 적합한지를 확인하기 위하여 안전인증기관이 하는 심사는 다음 각 호와 같다.

1. 예비심사 : 기계 및 방호장치 · 보호구가 유해 · 위험기계 등 인지를 확인하는 심사(법 제84조제3항에 따라 안전인증을 신청한 경우만 해당한다)
2. 서면심사 : 유해 · 위험기계 등의 종류별 또는 형식별로 설계도면 등 유해 · 위험기계 등의 제품기술과 관련된 문서가 안전인증기준에 적합한지에 대한 심사
3. 기술능력 및 생산체계 심사 : 유해 · 위험기계 등의 안전성능을 지속적으로 유지 · 보증하기 위하여 사업장에서 갖추어야 할 기술능력과 생산체계가 안전인증기준에 적합한지에 대한 심사. 다만, 다음 각 목의 어느 하나에 해당하는 경우에는 기술능력 및 생산체계 심사를 생략한다.
   가. 영 제74조제1항제2호 및 제3호에 따른 방호장치 및 보호구를 고용노동부장관이 정하여 고시하는 수량 이하로 수입하는 경우
   나. 제4호가목의 개별 제품심사를 하는 경우
   다. 안전인증(제4호나목의 형식별 제품심사를 하여 안전인증을 받은 경우로 한정한다)을 받은 후 같은 공정에서 제조되는 같은 종류의 안전인증대상기계등에 대하여 안전인증을 하는 경우
4. 제품심사 : 유해 · 위험기계 등이 서면심사 내용과 일치하는지와 유해 · 위험기계 등의 안전에 관한 성능이 안전인증기준에 적합한지에 대한 심사. 다만, 다음 각 목의 심사는 유해 · 위험기계 등별로 고용노동부장관이 정하여 고시하는 기준에 따라 어느 하나만을 받는다.
   가. 개별 제품심사 : 서면심사 결과가 안전인증기준에 적합할 경우에 유해 · 위험기계 등 모두에 대하여 하는 심사(안전인증을 받으려는 자가 서면심사와 개별 제품심사를 동시에 할 것을 요청하는 경우 병행할 수 있다)
   나. 형식별 제품심사 : 서면심사와 기술능력 및 생산체계 심사 결과가 안전인증기준에 적합할 경우에 유해 · 위험기계 등의 형식별로 표본을 추출하여 하는 심사(안전인증을 받으려는 자가 서면심사, 기술능력 및 생산체계 심사와 형식별 제품심사를 동시에 할 것을 요청하는 경우 병행할 수 있다)

[산업안전보건법 시행령]

제74조(안전인증대상기계 등) ① 법 제84조제1항에서 "대통령령으로 정하는 것"이란 다음 각 호의 어느 하나에 해당하는 것을 말한다.

1. 다음 각 목의 어느 하나에 해당하는 기계 또는 설비
   가. 프레스
   나. 전단기 및 절곡기(折曲機)

다. 크레인
라. 리프트
마. 압력용기
바. 롤러기
사. 사출성형기(射出成形機)
아. 고소(高所) 작업대
자. 곤돌라

2. 다음 각 목의 어느 하나에 해당하는 방호장치
가. 프레스 및 전단기 방호장치
나. 양중기용(揚重機用) 과부하 방지장치
다. 보일러 압력방출용 안전밸브
라. 압력용기 압력방출용 안전밸브
마. 압력용기 압력방출용 파열판
바. 절연용 방호구 및 활선작업용(活線作業用) 기구
사. 방폭구조(防爆構造) 전기기계 · 기구 및 부품
아. 추락 · 낙하 및 붕괴 등의 위험 방지 및 보호에 필요한 가설기자재로서 고용노동부장관이 정하여 고시하는 것
자. 충돌 · 협착 등의 위험 방지에 필요한 산업용 로봇 방호장치로서 고용노동부장관이 정하여 고시하는 것

3. 다음 각 목의 어느 하나에 해당하는 보호구
가. 추락 및 감전 위험방지용 안전모
나. 안전화
다. 안전장갑
라. 방진마스크
마. 방독마스크
바. 송기(送氣)마스크
사. 전동식 호흡보호구
아. 보호복
자. 안전대
차. 차광(遮光) 및 비산물(飛散物) 위험방지용 보안경
카. 용접용 보안면
타. 방음용 귀마개 또는 귀덮개

② 안전인증대상기계 등의 세부적인 종류, 규격 및 형식은 고용노동부장관이 정하여 고시한다.

03. **산업안전보건법 제80조(유해하거나 위험한 기계 · 기구에 대한 방호조치), 동법 시행령 제70조(방호조치를 해야 하는 유해하거나 위험한 기계 · 기구), 동법 시행규칙 제98조(방호조치)의 규정에 의한 기계 · 기구에 설치하여야 할 방호장치 중 다음 기계 · 기구에 설치할 방호장치를 쓰시오.**

1) 프레스 또는 전단기(1종)
2) 압력용기(1종)
3) 목재가공용 둥근톱(2종)
4) 크레인, 승강기, 곤돌라, 리프트(2종)
5) 보일러(2종)
6) 산업용 로봇(2종)

해답

[산업안전보건법 시행규칙]

제98조(방호조치) ① 법 제80조제1항에 따라 영 제70조 및 영 별표 20의 기계 · 기구에 설치해야 할 방호장치는 다음 각 호와 같다.

1. 영 별표 20 제1호에 따른 예초기 : 날접촉 예방장치
2. 영 별표 20 제2호에 따른 원심기 : 회전체 접촉 예방장치
3. 영 별표 20 제3호에 따른 공기압축기 : 압력방출장치
4. 영 별표 20 제4호에 따른 금속절단기 : 날접촉 예방장치
5. 영 별표 20 제5호에 따른 지게차 : 헤드 가드, 백레스트(backrest), 전조등, 후미등, 안전벨트
6. 영 별표 20 제6호에 따른 포장기계 : 구동부 방호 연동장치

② 법 제80조제2항에서 "고용노동부령으로 정하는 방호조치"란 다음 각 호의 방호조치를 말한다.

1. 작동 부분의 돌기부분은 묻힘형으로 하거나 덮개를 부착할 것
2. 동력전달부분 및 속도조절부분에는 덮개를 부착하거나 방호망을 설치할 것
3. 회전기계의 물림점(롤러나 톱니바퀴 등 반대방향의 두 회전체에 물려 들어가는 위험점)에는 덮개 또는 울을 설치할 것

04. **고용노동부령이 정하는 중대재해에 해당하는 재해 3가지를 쓰시오.**

해답

□ 중대재해(산업안전보건법 시행규칙 제2조)

산업재해 중 사망 등 재해의 정도가 심한 것으로서 다음에 정하는 재해 중 하나 이상에 해당되는 재해를 말한다.

① 사망자가 1명 이상 발생한 재해
② 3개월 이상의 요양이 필요한 부상자가 동시에 2명 이상 발생한 재해
③ 부상자 또는 직업성질병자가 동시에 10명 이상 발생한 재해

05. 안전보건개선계획에 대하여 다음 각 물음에 답하시오.
1) 안전보건개선계획의 개요
2) 안전보건개선계획 대상사업장으로 선정되는 사유 4가지

해답

(1) 안전보건개선계획의 개요

산업안전보건법 제50조에서는 노동부장관은 사업장의 시설 기타 사항에 대해서 산업재해의 방지를 도모하기 위해 종합적인 개선계획을 강구할 필요가 있다고 인정했을 때는, 사업주에 대해 안전보건개선계획의 작성을 지시할 수 있도록 규정하고 있다.

(2) 안전보건개선계획 대상사업장으로 선정되는 사유 4가지

1. 산업재해율이 같은 업종의 규모별 평균 산업재해율보다 높은 사업장
2. 사업주가 필요한 안전조치 또는 보건조치를 이행하지 아니하여 중대재해가 발생한 사업장
3. 대통령령으로 정하는 수 이상의 직업성 질병자가 발생한 사업장
4. 제106조에 따른 유해인자의 노출기준을 초과한 사업장

06. 산업안전보건법에서 규정하고 있는 공정안전보고서(PSM)의 제출대상 업종과 공정안전보고서에 포함시켜야 할 세부사항을 기술하시오.

해답

「산업안전보건법 시행령」

제43조(공정안전보고서의 제출 대상) ① 법 제44조제1항 전단에서 "대통령령으로 정하는 유해하거나 위험한 설비"란 다음 각 호의 어느 하나에 해당하는 사업을 하는 사업장의 경우에는 그 보유설비를 말하고, 그 외의 사업을 하는 사업장의 경우에는 별표 13에 따른 유해·위험물질 중 하나 이상의 물질을 같은 표에 따른 규정량 이상 제조·취급·저장하는 설비 및 그 설비의 운영과 관련된 모든 공정설비를 말한다.

1. 원유 정제처리업
2. 기타 석유정제물 재처리업
3. 석유화학계 기초화학물질 제조업 또는 합성수지 및 기타 플라스틱물질 제조업. 다만, 합성수지 및 기타 플라스틱물질 제조업은 별표 13 제1호 또는 제2호에 해당하는 경우로 한정한다.
4. 질소 화합물, 질소·인산 및 칼리질 화학비료 제조업 중 질소질 비료 제조
5. 복합비료 및 기타 화학비료 제조업 중 복합비료 제조(단순혼합 또는 배합에 의한 경우는 제외한다)
6. 화학 살균·살충제 및 농업용 약제 제조업[농약 원제(原劑) 제조만 해당한다]
7. 화약 및 불꽃제품 제조업

② 제1항에도 불구하고 다음 각 호의 설비는 유해하거나 위험한 설비로 보지 않는다.
1. 원자력 설비
2. 군사시설
3. 사업주가 해당 사업장 내에서 직접 사용하기 위한 난방용 연료의 저장설비 및 사용설비
4. 도매 · 소매시설
5. 차량 등의 운송설비
6. 「액화석유가스의 안전관리 및 사업법」에 따른 액화석유가스의 충전 · 저장시설
7. 「도시가스사업법」에 따른 가스공급시설
8. 그 밖에 고용노동부장관이 누출 · 화재 · 폭발 등의 사고가 있더라도 그에 따른 피해의 정도가 크지 않다고 인정하여 고시하는 설비

③ 법 제44조제1항 전단에서 "대통령령으로 정하는 사고"란 다음 각 호의 어느 하나에 해당하는 사고를 말한다.
1. 근로자가 사망하거나 부상을 입을 수 있는 제1항에 따른 설비(제2항에 따른 설비는 제외한다. 이하 제2호에서 같다)에서의 누출 · 화재 · 폭발 사고
2. 인근 지역의 주민이 인적 피해를 입을 수 있는 제1항에 따른 설비에서의 누출 · 화재 · 폭발 사고

[산업안전보건법 시행령]

제44조(공정안전보고서의 내용) ① 법 제44조제1항 전단에 따른 공정안전보고서에는 다음 각 호의 사항이 포함되어야 한다.
1. 공정안전자료
2. 공정위험성 평가서
3. 안전운전계획
4. 비상조치계획
5. 그 밖에 공정상의 안전과 관련하여 고용노동부장관이 필요하다고 인정하여 고시하는 사항

07. 산업안전보건법에서 정하고 있는 안전검사 대상 유해 · 위험기계를 10가지 쓰시오.

해답

[산업안전보건법 시행령]

제78조(안전검사대상기계 등) ① 법 제93조제1항 전단에서 "대통령령으로 정하는 것"이란 다음 각 호의 어느 하나에 해당하는 것을 말한다.
1. 프레스
2. 전단기
3. 크레인(정격 하중이 2톤 미만인 것은 제외한다)
4. 리프트
5. 압력용기

6. 곤돌라
7. 국소 배기장치(이동식은 제외한다)
8. 원심기(산업용만 해당한다)
9. 롤러기(밀폐형 구조는 제외한다)
10. 사출성형기[형 체결력(型 締結力) 294킬로뉴턴(kN) 미만은 제외한다]
11. 고소작업대(「자동차관리법」 제3조제3호 또는 제4호에 따른 화물자동차 또는 특수자동차에 탑재한 고소작업대로 한정한다)
12. 컨베이어
13. 산업용 로봇

08. 고속회전체에 대한 회전시험 중 지켜야 할 안전기준을 쓰고, 비파괴검사를 실시하여야 할 대상을 쓰시오.

해답

1. 산업안전보건기준에 관한 규칙 제114조(회전시험 중의 위험방지)

   사업주는 고속회전체[터빈로터·원심분리기의 버킷 등의 회전체로서 원주속도(圓周速度)가 초당 25미터를 초과하는 것으로 한정한다. 이하 이 조에서 같다]의 회전시험을 하는 경우 고속회전체의 파괴로 인한 위험을 방지하기 위하여 전용의 견고한 시설물의 내부 또는 견고한 장벽 등으로 격리된 장소에서 하여야 한다. 다만, 고속회전체(제115조에 따른 고속회전체는 제외한다)의 회전시험으로서 시험설비에 견고한 덮개를 설치하는 등 그 고속회전체의 파괴에 의한 위험을 방지하기 위하여 필요한 조치를 한 경우에는 그러하지 아니하다.

2. 산업안전보건기준에 관한 규칙 제115조(비파괴검사의 실시)

   사업주는 고속회전체(회전축의 중량이 1톤을 초과하고 원주속도가 초당 120미터 이상인 것으로 한정한다)의 회전시험을 하는 경우 미리 회전축의 재질 및 형상 등에 상응하는 종류의 비파괴검사를 해서 결함 유무(有無)를 확인하여야 한다.

09. 타워크레인에 대한 작업계획서 작성 시 포함되어야 할 내용과 강풍 시 작업제한 등에 대하여 설명하시오.

해답

1. 산업안전보건기준에 관한 규칙 [별표 4] 사전조사 및 작업계획서 내용(제38조제1항 관련)

작업명	사전조사 내용	작업계획서 내용
1. 타워크레인을 설치 · 조립 · 해체하는 작업	-	가. 타워크레인의 종류 및 형식 나. 설치 · 조립 및 해체순서 다. 작업도구 · 장비 · 가설설비(假設設備) 및 방호설비 라. 작업인원의 구성 및 작업근로자의 역할 범위 마. 제142조에 따른 지지 방법

2. 산업안전보건기준에 관한 규칙 제37조(악천후 및 강풍 시 작업중지)

① 사업주는 비 · 눈 · 바람 또는 그 밖의 기상상태의 불안정으로 인하여 근로자가 위험해질 우려가 있는 경우 작업을 중지하여야 한다. 다만, 태풍 등으로 위험이 예상되거나 발생되어 긴급 복구작업을 필요로 하는 경우에는 그러하지 아니하다.

② 사업주는 순간풍속이 초당 10미터를 초과하는 경우 타워크레인의 설치 · 수리 · 점검 또는 해체 작업을 중지하여야 하며, 순간풍속이 초당 20미터를 초과하는 경우에는 타워크레인의 운전작업을 중지하여야 한다.

10. 산업안전기준에 관한 규칙에서 양중기라고 정의하는 기계를 설명하시오.

해답

[산업안전보건기준에 관한 규칙]

제132조(양중기) ① 양중기란 다음 각 호의 기계를 말한다.

1. 크레인[호이스트(hoist)를 포함한다]
2. 이동식 크레인
3. 리프트(이삿짐운반용 리프트의 경우에는 적재하중이 0.1톤 이상인 것으로 한정한다)
4. 곤돌라
5. 승강기

② 제1항 각 호의 기계의 뜻은 다음 각 호와 같다.

1. "크레인"이란 동력을 사용하여 중량물을 매달아 상하 및 좌우[수평 또는 선회(旋回)를 말한다]로 운반하는 것을 목적으로 하는 기계 또는 기계장치를 말하며, "호이스트"란 훅이나 그 밖의 달기구 등을 사용하여 화물을 권상 및 횡행 또는 권상동작만을 하여 양중하는 것을 말한다.
2. "이동식 크레인"이란 원동기를 내장하고 있는 것으로서 불특정 장소에 스스로 이동할 수 있는

크레인으로 동력을 사용하여 중량물을 매달아 상하 및 좌우(수평 또는 선회를 말한다)로 운반하는 설비로서 「건설기계관리법」을 적용 받는 기중기 또는 「자동차관리법」 제3조에 따른 화물 · 특수자동차의 작업부에 탑재하여 화물운반 등에 사용하는 기계 또는 기계장치를 말한다.

3. "리프트"란 동력을 사용하여 사람이나 화물을 운반하는 것을 목적으로 하는 기계설비로서 다음 각 목의 것을 말한다.
   가. 건설작업용 리프트 : 동력을 사용하여 가이드레일을 따라 상하로 움직이는 운반구를 매달아 사람이나 화물을 운반할 수 있는 설비 또는 이와 유사한 구조 및 성능을 가진 것으로 건설현장에서 사용하는 것
   나. 삭제 〈2019. 4. 19.〉
   다. 자동차정비용 리프트 : 동력을 사용하여 가이드레일을 따라 움직이는 지지대로 자동차 등을 일정한 높이로 올리거나 내리는 구조의 리프트로서 자동차 정비에 사용하는 것
   라. 이삿짐운반용 리프트 : 연장 및 축소가 가능하고 끝단을 건축물 등에 지지하는 구조의 사다리형 붐에 따라 동력을 사용하여 움직이는 운반구를 매달아 화물을 운반하는 설비로서 화물자동차 등 차량 위에 탑재하여 이삿짐 운반 등에 사용하는 것
4. "곤돌라"란 달기발판 또는 운반구, 승강장치, 그 밖의 장치 및 이들에 부속된 기계부품에 의하여 구성되고, 와이어로프 또는 달기강선에 의하여 달기발판 또는 운반구가 전용 승강장치에 의하여 오르내리는 설비를 말한다.
5. "승강기"란 건축물이나 고정된 시설물에 설치되어 일정한 경로에 따라 사람이나 화물을 승강장으로 옮기는 데에 사용되는 설비로서 다음 각 목의 것을 말한다.
   가. 승객용 엘리베이터 : 사람의 운송에 적합하게 제조 · 설치된 엘리베이터
   나. 승객화물용 엘리베이터 : 사람의 운송과 화물 운반을 겸용하는 데 적합하게 제조 · 설치된 엘리베이터
   다. 화물용 엘리베이터 : 화물 운반에 적합하게 제조 · 설치된 엘리베이터로서 조작자 또는 화물취급자 1명은 탑승할 수 있는 것(적재용량이 300킬로그램 미만인 것은 제외한다)
   라. 소형화물용 엘리베이터 : 음식물이나 서적 등 소형 화물의 운반에 적합하게 제조 · 설치된 엘리베이터로서 사람의 탑승이 금지된 것
   마. 에스컬레이터 : 일정한 경사로 또는 수평로를 따라 위 · 아래 또는 옆으로 움직이는 디딤판을 통해 사람이나 화물을 승강장으로 운송시키는 설비

11. 밀폐공간 작업 시 유해공기 기준과 기본 작업절차를 쓰시오.

해답

[안전보건규칙]

제619조(밀폐공간 작업 프로그램의 수립 · 시행) ① 사업주는 밀폐공간에서 근로자에게 작업을 하도록 하는 경우 다음 각 호의 내용이 포함된 밀폐공간 작업 프로그램을 수립하여 시행하여야 한다.

1. 사업장 내 밀폐공간의 위치 파악 및 관리 방안
2. 밀폐공간 내 질식 · 중독 등을 일으킬 수 있는 유해 · 위험 요인의 파악 및 관리 방안
3. 제2항에 따라 밀폐공간 작업 시 사전 확인이 필요한 사항에 대한 확인 절차
4. 안전보건교육 및 훈련
5. 그 밖에 밀폐공간 작업 근로자의 건강장해 예방에 관한 사항

② 사업주는 근로자가 밀폐공간에서 작업을 시작하기 전에 다음 각 호의 사항을 확인하여 근로자가 안전한 상태에서 작업하도록 하여야 한다.

1. 작업 일시, 기간, 장소 및 내용 등 작업 정보
2. 관리감독자, 근로자, 감시인 등 작업자 정보
3. 산소 및 유해가스 농도의 측정결과 및 후속조치 사항
4. 작업 중 불활성가스 또는 유해가스의 누출 · 유입 · 발생 가능성 검토 및 후속조치 사항
5. 작업 시 착용하여야 할 보호구의 종류
6. 비상연락체계

③ 사업주는 밀폐공간에서의 작업이 종료될 때까지 제2항 각 호의 내용을 해당 작업장 출입구에 게시하여야 한다.

제620조(환기 등) ① 사업주는 근로자가 밀폐공간에서 작업을 하는 경우에 작업을 시작하기 전과 작업 중에 해당 작업장을 적정공기 상태가 유지되도록 환기하여야 한다. 다만, 폭발이나 산화 등의 위험으로 인하여 환기할 수 없거나 작업의 성질상 환기하기가 매우 곤란한 경우에는 근로자에게 공기호흡기 또는 송기마스크를 지급하여 착용하도록 하고 환기하지 아니할 수 있다.

② 근로자는 제1항 단서에 따라 지급된 보호구를 착용하여야 한다.

제621조(인원의 점검) 사업주는 근로자가 밀폐공간에서 작업을 하는 경우에 그 장소에 근로자를 입장시킬 때와 퇴장시킬 때마다 인원을 점검하여야 한다.

제622조(출입의 금지) ① 사업주는 사업장 내 밀폐공간을 사전에 파악하여 밀폐공간에는 관계 근로자가 아닌 사람의 출입을 금지하고, 별지 제4호서식에 따른 출입금지 표지를 밀폐공간 근처의 보기 쉬운 장소에 게시하여야 한다.

② 근로자는 제1항에 따라 출입이 금지된 장소에 사업주의 허락 없이 출입해서는 아니 된다.

제623조(감시인의 배치 등) ① 사업주는 근로자가 밀폐공간에서 작업을 하는 동안 작업상황을 감시할 수 있는 감시인을 지정하여 밀폐공간 외부에 배치하여야 한다.

② 제1항에 따른 감시인은 밀폐공간에 종사하는 근로자에게 이상이 있을 경우에 구조요청 등 필요한 조치를 한 후 이를 즉시 관리감독자에게 알려야 한다.

③ 사업주는 근로자가 밀폐공간에서 작업을 하는 동안 그 작업장과 외부의 감시인 간에 항상 연락을 취할 수 있는 설비를 설치하여야 한다.

제624조(안전대 등) ① 사업주는 밀폐공간에서 작업하는 근로자가 산소결핍이나 유해가스로 인하여 추락할 우려가 있는 경우에는 해당 근로자에게 안전대나 구명밧줄, 공기호흡기 또는 송기마스크를 지급하여 착용하도록 하여야 한다.

② 사업주는 제1항에 따라 안전대나 구명밧줄을 착용하도록 하는 경우에 이를 안전하게 착용할 수 있는 설비 등을 설치하여야 한다.

③ 근로자는 제1항에 따라 지급된 보호구를 착용하여야 한다.

제625조(대피용 기구의 비치) 사업주는 근로자가 밀폐공간에서 작업을 하는 경우에 공기호흡기 또는 송기마스크, 사다리 및 섬유로프 등 비상시에 근로자를 피난시키거나 구출하기 위하여 필요한 기구를 갖추어 두어야 한다.

12. 산업안전보건기준에 관한 규칙에 의하여 원동기, 회전축 등의 위험방지를 사업주가 실시하는 3가지를 설명하시오.

해답

[안전보건규칙]

제87조(원동기 · 회전축 등의 위험 방지) ① 사업주는 기계의 원동기 · 회전축 · 기어 · 풀리 · 플라이휠 · 벨트 및 체인 등 근로자가 위험에 처할 우려가 있는 부위에 덮개 · 울 · 슬리브 및 건널다리 등을 설치하여야 한다.

② 사업주는 회전축 · 기어 · 풀리 및 플라이휠 등에 부속되는 키 · 핀 등의 기계요소는 묻힘형으로 하거나 해당 부위에 덮개를 설치하여야 한다.

13. 산업안전보건기준에 관한 규칙을 중심으로 양중기의 와이어로프에 관한 다음 물음에 답하시오.

1) 와이어로프의 안전계수는?

2) 와이어로프의 절단방법에서 주의할 점은?

3) 사용할 수 없는 와이어로프는?

해답

1. 와이어로프의 안전계수는?

[안전보건규칙]

제163조(와이어로프 등 달기구의 안전계수) ① 사업주는 양중기의 와이어로프 등 달기구의 안전계수(달기구 절단하중의 값을 그 달기구에 걸리는 하중의 최댓값으로 나눈 값을 말한다)가 다음 각 호의 구분에 따른 기준에 맞지 아니한 경우에는 이를 사용해서는 아니 된다.

1. 근로자가 탑승하는 운반구를 지지하는 달기와이어로프 또는 달기체인의 경우 : 10 이상
2. 화물의 하중을 직접 지지하는 달기와이어로프 또는 달기체인의 경우 : 5 이상
3. 훅, 샤클, 클램프, 리프팅 빔의 경우 : 3 이상
4. 그 밖의 경우 : 4 이상

2. 와이어로프의 절단방법에서 주의할 점은?

[안전보건규칙]

제165조(와이어로프의 절단방법 등) ① 사업주는 와이어로프를 절단하여 양중(揚重)작업용구를 제작하는 경우 반드시 기계적인 방법으로 절단하여야 하며, 가스용단(溶斷) 등 열에 의한 방법으로 절단해서는 아니 된다.

② 사업주는 아크(arc), 화염, 고온부 접촉 등으로 인하여 열영향을 받은 와이어로프를 사용해서는 아니 된다.

3. 사용할 수 없는 와이어로프는?

□ 와이어로프의 사용금지기준(안전보건규칙 제167조)

다음 각 목의 어느 하나에 해당하는 와이어로프를 달비계에 사용해서는 아니 된다.

가. 이음매가 있는 것

나. 와이어로프의 한 꼬임[스트랜드(strand)를 말한다. 이하 같다]에서 끊어진 소선(素線)[필러(pillar)선은 제외한다]의 수가 10퍼센트 이상(비자전로프의 경우에는 끊어진 소선의 수가 와이어로프 호칭지름의 6배 길이 이내에서 4개 이상이거나 호칭지름 30배 길이 이내에서 8개 이상)인 것

다. 지름의 감소가 공칭지름의 7퍼센트를 초과하는 것

라. 꼬인 것

마. 심하게 변형되거나 부식된 것

바. 열과 전기충격에 의해 손상된 것

14. **가스집합용접장치의 취급작업에서 안전담당자의 유해 · 위험방지업무의 직무 수행에 대해 기술하시오.**

해답

[안전보건규칙]

제2관 가스집합 용접장치

제291조(가스집합장치의 위험 방지) ① 사업주는 가스집합장치에 대해서는 화기를 사용하는 설비로부터 5미터 이상 떨어진 장소에 설치하여야 한다.

② 사업주는 제1항의 가스집합장치를 설치하는 경우에는 전용의 방(이하 "가스장치실"이라 한다)에 설치하여야 한다. 다만, 이동하면서 사용하는 가스집합장치의 경우에는 그러하지 아니하다.

③ 사업주는 가스장치실에서 가스집합장치의 가스용기를 교환하는 작업을 할 때 가스장치실의 부속설비 또는 다른 가스용기에 충격을 줄 우려가 있는 경우에는 고무판 등을 설치하는 등 충격방지 조치를 하여야 한다.

제292조(가스장치실의 구조 등) 사업주는 가스장치실을 설치하는 경우에 다음 각 호의 구조로 설치하여야 한다.

1. 가스가 누출된 경우에는 그 가스가 정체되지 않도록 할 것
2. 지붕과 천장에는 가벼운 불연성 재료를 사용할 것
3. 벽에는 불연성 재료를 사용할 것

제293조(가스집합용접장치의 배관) 사업주는 가스집합용접장치(이동식을 포함한다)의 배관을 하는 경우에는 다음 각 호의 사항을 준수하여야 한다.

1. 플랜지 · 밸브 · 콕 등의 접합부에는 개스킷을 사용하고 접합면을 상호 밀착시키는 등의 조치를 할 것
2. 주관 및 분기관에는 안전기를 설치할 것. 이 경우 하나의 취관에 2개 이상의 안전기를 설치하여야 한다.

제294조(구리의 사용 제한) 사업주는 용해아세틸렌의 가스집합용접장치의 배관 및 부속기구는 구리나 구리 함유량이 70퍼센트 이상인 합금을 사용해서는 아니 된다.

제295조(가스집합용접장치의 관리 등) 사업주는 가스집합용접장치를 사용하여 금속의 용접 · 용단 및 가열작업을 하는 경우에는 다음 각 호의 사항을 준수하여야 한다.

1. 사용하는 가스의 명칭 및 최대가스저장량을 가스장치실의 보기 쉬운 장소에 게시할 것
2. 가스용기를 교환하는 경우에는 관리감독자가 참여한 가운데 할 것
3. 밸브 · 콕 등의 조작 및 점검요령을 가스장치실의 보기 쉬운 장소에 게시할 것
4. 가스장치실에는 관계근로자가 아닌 사람의 출입을 금지할 것
5. 가스집합장치로부터 5미터 이내의 장소에서는 흡연, 화기의 사용 또는 불꽃을 발생할 우려가 있는 행위를 금지할 것
6. 도관에는 산소용과의 혼동을 방지하기 위한 조치를 할 것
7. 가스집합장치의 설치장소에는 적당한 소화설비를 설치할 것
8. 이동식 가스집합용접장치의 가스집합장치는 고온의 장소, 통풍이나 환기가 불충분한 장소 또는 진동이 많은 장소에 설치하지 않도록 할 것
9. 해당 작업을 행하는 근로자에게 보안경과 안전장갑을 착용시킬 것

15. 산업안전보건기준에 관한 규칙에 따른 작업장의 관리기준을 설명하시오.

해답

[안전보건규칙]

제3조(전도의 방지) ① 사업주는 근로자가 작업장에서 넘어지거나 미끄러지는 등의 위험이 없도록 작업장 바닥 등을 안전하고 청결한 상태로 유지하여야 한다.

② 사업주는 제품, 자재, 부재(部材) 등이 넘어지지 않도록 붙들어 지탱하게 하는 등 안전 조치를 하여야 한다. 다만, 근로자가 접근하지 못하도록 조치한 경우에는 그러하지 아니하다.

제4조(작업장의 청결) 사업주는 근로자가 작업하는 장소를 항상 청결하게 유지 · 관리하여야 하며, 폐기물은 정해진 장소에만 버려야 한다.

제5조(오염된 바닥의 세척 등) ① 사업주는 인체에 해로운 물질, 부패하기 쉬운 물질 또는 악취가 나는 물질 등에 의하여 오염될 우려가 있는 작업장의 바닥이나 벽을 수시로 세척하고 소독하여야 한다.

② 사업주는 제1항에 따른 세척 및 소독을 하는 경우에 물이나 그 밖의 액체를 다량으로 사용함으로써 습기가 찰 우려가 있는 작업장의 바닥이나 벽은 불침투성(不浸透性) 재료로 칠하고 배수(排水)에 편리한 구조로 하여야 한다.

제6조(오물의 처리 등) ① 사업주는 해당 작업장에서 배출하거나 폐기하는 오물을 일정한 장소에서 노출되지 않도록 처리하고, 병원체(病原體)로 인하여 오염될 우려가 있는 바닥 · 벽 및 용기 등을 수시로 소독하여야 한다.

② 사업주는 폐기물을 소각 등의 방법으로 처리하려는 경우 해당 근로자가 다이옥신 등 유해물질에 노출되지 않도록 작업공정 개선, 개인보호구(個人保護具) 지급 · 착용 등 적절한 조치를 하여야 한다.

③ 근로자는 제2항에 따라 지급된 개인보호구를 사업주의 지시에 따라 착용하여야 한다.

제7조(채광 및 조명) 사업주는 근로자가 작업하는 장소에 채광 및 조명을 하는 경우 명암의 차이가 심하지 않고 눈이 부시지 않은 방법으로 하여야 한다.

제8조(조도) 사업주는 근로자가 상시 작업하는 장소의 작업면 조도(照度)를 다음 각 호의 기준에 맞도록 하여야 한다. 다만, 갱내(坑內) 작업장과 감광재료(感光材料)를 취급하는 작업장은 그러하지 아니하다.

1. 초정밀작업 : 750럭스(lux) 이상
2. 정밀작업 : 300럭스 이상
3. 보통작업 : 150럭스 이상
4. 그 밖의 작업 : 75럭스 이상

16. 에스컬레이터(수평보행기 포함)의 구조와 갖추어야 할 방호장치를 설명하시오.

해답

- 에스컬레이터 : 동력에 의하여 운전되는 것으로서 사람을 운반하는 연속계단이나 보도상태의 승강기를 말한다.

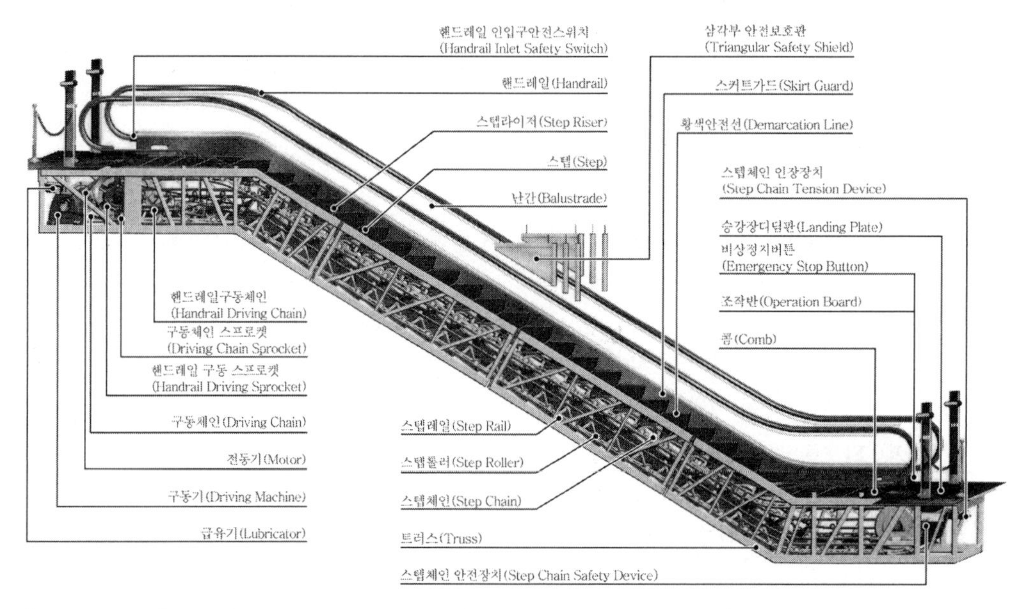

[안전보건규칙]

제133조(정격하중 등의 표시) 사업주는 양중기(승강기는 제외한다) 및 달기구를 사용하여 작업하는 운전자 또는 작업자가 보기 쉬운 곳에 해당 기계의 정격하중, 운전속도, 경고표시 등을 부착하여야 한다. 다만, 달기구는 정격하중만 표시한다.

제134조(방호장치의 조정) ① 사업주는 다음 각 호의 양중기에 과부하방지장치, 권과방지장치(捲過防止裝置), 비상정지장치 및 제동장치, 그 밖의 방호장치[승강기의 파이널 리미트 스위치(final limit switch), 속도조절기, 출입문 인터록(inter lock) 등을 말한다]가 정상적으로 작동될 수 있도록 미리 조정해 두어야 한다.

1. 크레인
2. 이동식 크레인
3. 리프트
4. 곤돌라
5. 승강기

② 제1항제1호 및 제2호의 양중기에 대한 권과방지장치는 훅 · 버킷 등 달기구의 윗면(그 달기구에 권상용 도르래가 설치된 경우에는 권상용 도르래의 윗면)이 드럼, 상부 도르래, 트롤리프레임 등 권상장치의 아랫면과 접촉할 우려가 있는 경우에 그 간격이 0.25미터 이상[직동식(直動式) 권과방지장치는 0.05미터 이상으로 한다]이 되도록 조정하여야 한다.

③ 제2항의 권과방지장치를 설치하지 않은 크레인에 대해서는 권상용 와이어로프에 위험표시를 하고 경보장치를 설치하는 등 권상용 와이어로프가 지나치게 감겨서 근로자가 위험해질 상황을 방지하기 위한 조치를 하여야 한다.

제135조(과부하의 제한 등) 사업주는 제132조제1항 각 호의 양중기에 그 적재하중을 초과하는 하중을 걸어서 사용하도록 해서는 아니 된다.

17. **산업용 로봇에 의한 재해예방을 위하여 사업주가 취해야 할 조치(작업지침)의 예를 5가지 이상 열거하시오.**

해답

[안전보건규칙]

제13절 산업용 로봇

제222조(교시 등) 사업주는 산업용 로봇(이하 "로봇"이라 한다)의 작동범위에서 해당 로봇에 대하여 교시 등[매니퓰레이터(manipulator)의 작동순서, 위치 · 속도의 설정 · 변경 또는 그 결과를 확인하는 것을 말한다. 이하 같다]의 작업을 하는 경우에는 해당 로봇의 예기치 못한 작동 또는 오(誤)조작에 의한 위험을 방지하기 위하여 다음 각 호의 조치를 하여야 한다. 다만, 로봇의 구동원을 차단하고 작업을 하는 경우에는 제2호와 제3호의 조치를 하지 아니할 수 있다.

1. 다음 각 목의 사항에 관한 지침을 정하고 그 지침에 따라 작업을 시킬 것
   가. 로봇의 조작방법 및 순서
   나. 작업 중의 매니퓰레이터의 속도
   다. 2명 이상의 근로자에게 작업을 시킬 경우의 신호방법
   라. 이상을 발견한 경우의 조치
   마. 이상을 발견하여 로봇의 운전을 정지시킨 후 이를 재가동시킬 경우의 조치
   바. 그 밖에 로봇의 예기치 못한 작동 또는 오조작에 의한 위험을 방지하기 위하여 필요한 조치
2. 작업에 종사하고 있는 근로자 또는 그 근로자를 감시하는 사람은 이상을 발견하면 즉시 로봇의 운전을 정지시키기 위한 조치를 할 것
3. 작업을 하고 있는 동안 로봇의 기동스위치 등에 작업 중이라는 표시를 하는 등 작업에 종사하고 있는 근로자가 아닌 사람이 그 스위치 등을 조작할 수 없도록 필요한 조치를 할 것

제223조(운전 중 위험 방지) 사업주는 로봇의 운전(제222조에 따른 교시 등을 위한 로봇의 운전과 제224조 단서에 따른 로봇의 운전은 제외한다)으로 인하여 근로자에게 발생할 수 있는 부상 등의 위험을 방지하기 위하여 높이 1.8미터 이상의 울타리(로봇의 가동범위 등을 고려하여 높이로 인한 위험성이 없는 경우에는 높이를 그 이하로 조절할 수 있다)를 설치하여야 하며, 컨베이어 시스템의 설치 등으로 울타리를 설치할 수 없는 일부 구간에 대해서는 안전매트 또는 광전자식 방호장치 등 감응형(感應形) 방호장치를 설치하여야 한다. 다만, 고용노동부장관이 해당 로봇의 안전기준이 「산업표준화법」 제12조에 따른 한국산업표준에서 정하고 있는 안전기준 또는 국제적으로 통용되는 안전기준에 부합한다고 인정하는 경우에는 본문에 따른 조치를 하지 아니할 수 있다.

제224조(수리 등 작업 시의 조치 등) 사업주는 로봇의 작동범위에서 해당 로봇의 수리 · 검사 · 조정(교시 등에 해당하는 것은 제외한다) · 청소 · 급유 또는 결과에 대한 확인작업을 하는 경우에는 해당 로봇의 운전을 정지함과 동시에 그 작업을 하고 있는 동안 로봇의 기동스위치를 열쇠로 잠근 후 열쇠를 별도 관리하거나 해당 로봇의 기동스위치에 작업 중이란 내용의 표지판을 부착하는 등 해당 작업에 종사하고 있는 근로자가 아닌 사람이 해당 기동스위치를 조작할 수 없도록 필요한 조치를 하여야 한다. 다만, 로봇의 운전 중에 작업을 하지 아니하면 안 되는 경우로서 해당 로봇의 예기치 못한 작동 또는 오조작에 의한 위험을 방지하기 위하여 제222조 각 호의 조치를 한 경우에는 그러하지 아니하다.

18. 밀폐장소에서의 용접작업 시 안전상 필요한 조치에 대하여 설명하시오.

해답

[안전보건규칙]

제2절 밀폐공간 내 작업 시의 조치 등

제619조(밀폐공간 작업 프로그램의 수립 · 시행) ① 사업주는 밀폐공간에서 근로자에게 작업을 하도록 하는 경우 다음 각 호의 내용이 포함된 밀폐공간 작업 프로그램을 수립하여 시행하여야 한다.

1. 사업장 내 밀폐공간의 위치 파악 및 관리 방안
2. 밀폐공간 내 질식 · 중독 등을 일으킬 수 있는 유해 · 위험 요인의 파악 및 관리 방안
3. 제2항에 따라 밀폐공간 작업 시 사전 확인이 필요한 사항에 대한 확인 절차
4. 안전보건교육 및 훈련
5. 그 밖에 밀폐공간 작업 근로자의 건강장해 예방에 관한 사항

② 사업주는 근로자가 밀폐공간에서 작업을 시작하기 전에 다음 각 호의 사항을 확인하여 근로자가 안전한 상태에서 작업하도록 하여야 한다.

1. 작업 일시, 기간, 장소 및 내용 등 작업 정보
2. 관리감독자, 근로자, 감시인 등 작업자 정보
3. 산소 및 유해가스 농도의 측정결과 및 후속조치 사항
4. 작업 중 불활성가스 또는 유해가스의 누출 · 유입 · 발생 가능성 검토 및 후속조치 사항
5. 작업 시 착용하여야 할 보호구의 종류
6. 비상연락체계

③ 사업주는 밀폐공간에서의 작업이 종료될 때까지 제2항 각 호의 내용을 해당 작업장 출입구에 게시하여야 한다.

제620조(환기 등) ① 사업주는 근로자가 밀폐공간에서 작업을 하는 경우에 작업을 시작하기 전과 작업 중에 해당 작업장을 적정공기 상태가 유지되도록 환기하여야 한다. 다만, 폭발이나 산화 등의 위험으로 인하여 환기할 수 없거나 작업의 성질상 환기하기가 매우 곤란한 경우에는 근로자에게 공기호흡기 또는 송기마스크를 지급하여 착용하도록 하고 환기하지 아니할 수 있다.

② 근로자는 제1항 단서에 따라 지급된 보호구를 착용하여야 한다.

제621조(인원의 점검) 사업주는 근로자가 밀폐공간에서 작업을 하는 경우에 그 장소에 근로자를 입장시킬 때와 퇴장시킬 때마다 인원을 점검하여야 한다.

제622조(출입의 금지) ① 사업주는 사업장 내 밀폐공간을 사전에 파악하여 밀폐공간에는 관계 근로자가 아닌 사람의 출입을 금지하고, 별지 제4호서식에 따른 출입금지 표지를 밀폐공간 근처의 보기 쉬운 장소에 게시하여야 한다.

② 근로자는 제1항에 따라 출입이 금지된 장소에 사업주의 허락 없이 출입해서는 아니 된다.

제623조(감시인의 배치 등) ① 사업주는 근로자가 밀폐공간에서 작업을 하는 동안 작업상황을 감시할 수 있는 감시인을 지정하여 밀폐공간 외부에 배치하여야 한다.

② 제1항에 따른 감시인은 밀폐공간에 종사하는 근로자에게 이상이 있을 경우에 구조요청 등 필요한 조치를 한 후 이를 즉시 관리감독자에게 알려야 한다.

③ 사업주는 근로자가 밀폐공간에서 작업을 하는 동안 그 작업장과 외부의 감시인 간에 항상 연락을 취할 수 있는 설비를 설치하여야 한다.

제624조(안전대 등) ① 사업주는 밀폐공간에서 작업하는 근로자가 산소결핍이나 유해가스로 인하여 추락할 우려가 있는 경우에는 해당 근로자에게 안전대나 구명밧줄, 공기호흡기 또는 송기마스크를 지급하여 착용하도록 하여야 한다.

② 사업주는 제1항에 따라 안전대나 구명밧줄을 착용하도록 하는 경우에 이를 안전하게 착용할 수 있는 설비 등을 설치하여야 한다.

③ 근로자는 제1항에 따라 지급된 보호구를 착용하여야 한다.

제625조(대피용 기구의 비치) 사업주는 근로자가 밀폐공간에서 작업을 하는 경우에 공기호흡기 또는 송기마스크, 사다리 및 섬유로프 등 비상시에 근로자를 피난시키거나 구출하기 위하여 필요한 기구를 갖추어 두어야 한다.

부록 과년도 기출문제

63회 기계안전기술사 기출문제(2001년도)

[1교시] 다음 문제 중 10문제를 선택하여 설명하시오.(각 10점)

1. 도수율과 강도율의 공식을 기술하시오.
2. 용접 결함 중 구조결함의 발생원인 5가지를 드시오.
3. 위험성 평가(Risk Assessment)의 평가순서 5가지를 쓰시오.
4. 인베스트먼트 주조(Investment Casting)에 의해 만들어진 기계부품을 열처리(특히, 뜨임처리, 즉 Tempering)할 때 얻어지는 이점을 안전의 관점에서 설명하시오.
5. 보일러의 장해 중 캐리오버(Carriover)에 대해 설명하고 발생원인 3가지만 드시오.
6. 절삭용 단인공구(바이트)에 사용되는 칩브레이커(Chip Breaker)의 용도와 구조를 간략히 설명하시오.
7. 냉간가공과 열간가공을 간단히 설명하시오.
8. 기계설비의 안전장치 중 개회로(Open-loop) 제어와 폐회로(Closed-loop) 제어 방식의 예를 각각 3가지씩 드시오.
9. 베어링 간 거리가 500mm이고 지름이 50mm인 축 중앙에 중량 500kgf인 회전체가 장착되어 있다. 축의 자중을 무시할 때 가로 진동에 의한 위험회전속도를 구하시오.(단, Young's Modulus는 $E=2.1\times10^4$kgf/mm^{2}이다.)
10. S-N Curve를 그리고 피로한계를 설명하시오.
11. Crane의 Wire Rope에 3,000kg의 중량을 걸어 20m/sec^{2}의 가속도로 감아올릴 때 걸리는 총 하중은?
12. 재해원인 중 물적 원인과 인적 원인의 특징과 예를 각각 3가지씩 열거하시오.
13. 비파괴 검사법을 5가지 열거하시오.

[2교시] 다음 문제 중 4문제를 선택하여 설명하시오.(각 25점)

1. 안전관리는 위험관리로 볼 수 있다. 위험관리의 목적을 손실발생 전과 손실발생 후로 나누어 설명하시오.
2. 프레스 작업 중 손 부위의 상해를 막기 위한 안전조치를 단계별 방호대책(물적 대책)에 근거하여 논하시오.
3. 각종 메카트로닉스(자동화) 기기의 도입에 따른 안전관리상의 장단점을 논하시오.
4. 크리프(Creep) 현상에 대해 간단히 설명하시오.

5. 강판의 허용인장 응력 σ_a=8kgf/mm², 용접부의 허용응력 σ_a'=7kgf/mm², 강판두께 t=10mm, 용접길이 L=150mm, 용접이음 효율 η=0.8일 때 그림과 같은 맞대기 용접에서 용접부 목단면의 길이는 얼마인가?

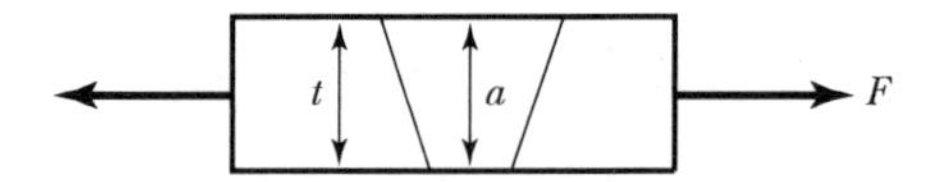

6. 어떤 사업장의 X부서와 Y부서의 재해율은 아래 표와 같다. 각 부서의 Safe-T-score를 계산하고, 안전관리 측면에서의 심각성 여부에 관하여 간단하게 서술하시오.

연도	구분	X부서	Y부서
'96	사고	10건	1,000건
	근로 총 시간 수	10,000인시	1,000,000인시
	빈도율	1,000	1,000
'97	사고	15건	1,100건
	근로 총 시간 수	10,000인시	1,000,000인시
	빈도율	1,500	1,100

[3교시] 다음 문제 중 4문제를 선택하여 설명하시오.(각 25점)

1. 요소안전과 시스템안전의 차이점을 간략하게 설명하시오.
2. 한 기업의 생산성을 간단하게 정의하고 안전관리 활동이 이에 미치는 영향을 설명하시오.
3. 프레스의 자체검사 시 고려되는 검사항목 중 5개 이상 적으시오.
4. 그림과 같은 중앙에 지름이 d=100mm의 구멍이 뚫린 폭 b=220mm의 판에 인장하중 W=3,600kg이 작용할 때, 안전율을 13 이상으로 하려면 판의 두께는 얼마 이상으로 해야 하는가?(단, 재료의 인장강도는 39kg/mm²이다.)

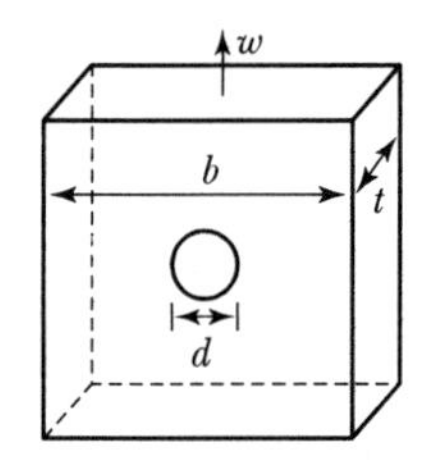

5. 피로한도에 영향을 주는 요인 5가지를 들고 설명하시오.
6. 접촉면의 안지름 D_1=80mm, 바깥지름 D_2=120mm인 단판 클러치로 N=1,500rpm에서 Hp=2PS의 동력을 전달할 때, 원판(disk)을 밀어붙이는 힘을 구하시오.(단, 마찰계수는 μ=0.2이다.)

[4교시] 다음 6문제 중 4문제를 선택하여 설명하시오.(각 25점)

1. 교류 arc 용접 시 발생할 수 있는 재해의 유형을 5가지 들고, 방호대책을 설명하시오.
2. Al 1100과 vanadium은 다음과 같은 진응력-진변형률(true stress-true strain) 관계를 가진다. 어느 재료가 더 연성이 큰지 설명하시오.

   σ=2,600$\varepsilon^{0.2}$psi(Al 1100)

   σ=11,200$\varepsilon^{0.35}$psi(Vanadium)
3. 기계부품의 연성파괴와 취성파괴의 차이점을 예를 들어 설명하시오.
4. 축지름 50mm에 그리스로 윤활되는 단열 레이디얼 볼베어링을 사용한다. 축 회전속도가 415rpm일 경우 그리스 윤활제 교체시간을 구하라.(단, 단열 레이디얼 볼 베어링의 dN=1.1×10^{10}이다.)
5. 용접 변형과 잔류응력에 대해 논하고, 용접 시 잔류응력 방지 방법을 열거하시오.
6. 산업안전보건법 시행령 제11조에 의하여 안전 담당자를 지정해야 할 작업을 5가지 이상 열거하고 설명하시오.

기계안전기술사 기출문제(2001년도)

[1교시] 다음 13문제 중 10문제를 선택하여 설명하시오.(각 10점)

1. 안전계수(Safety Factor)의 식을 쓰시오.
2. 뉴턴의 점성법칙을 쓰시오.
3. 질량이 20kg인 물질의 무게를 저울로 달아보니 19kgf이었다. 이 곳의 중력 가속도는 얼마인가?
4. 지름이 120mm인 관에서 유체의 레이놀즈수가 20,000이라 할 때 관 지름이 240mm이면 레이놀즈수는 얼마인가?
5. 역화(Back Fire)의 방지대책을 쓰시오.(단, 보일러에 한함)
6. 작업장 내 통로기준에 대해 안전을 고려하여 설명하시오.
7. 보전작업의 안전화에 대해 설명하시오.
8. 2톤을 올리는 나사잭(Screw Jack)이 있다. 그 피치가 5mm인 암의 길이가 75cm일 때 이것을 올리는 데 필요한 힘은 얼마인가?
9. 소성가공의 종류를 4가지 이상 쓰시오.
10. 재료의 파괴형식 종류를 쓰고 각각에 대하여 설명하시오.
11. 구름 베어링 규격이 6224이다. 호칭 번호에 대하여 설명하시오.
12. 절삭저항의 3분력을 크기 순서대로 쓰시오.
13. 롤러기(Roller)의 방호장치에 대해 종류를 쓰고 간략하세 설명하시오.

[2교시] 다음 6문제 중 4문제를 선택하여 설명하시오.(각 25점)

1. 크레인의 작업시작 전 점검사항에 대해 설명하시오.
2. 보일러(Boiler)의 압력제한 스위치에 대해 설명하시오.
3. 응력부식 균열 및 부식피로의 특징을 쓰시오.
4. 용접 결함의 종류와 각종 용접 결함 그림을 간략하게 그리고 설명하시오.
5. 재해 예방을 위한 원칙과 기본원리를 간략히 쓰시오.
6. 보호구의 검정대상 보호구를 5가지만 쓰고 그 중에서 한 가지 이상 구비조건에 대해 간략하게 설명하시오.

[3교시] 다음 6문제 중 4문제를 선택하여 설명하시오.(각 25점)

1. 가연성 물질의 연소형태를 쓰고 간략하게 설명하시오.
2. 공작기계의 특성을 쓰고 그 안전성에 대해서 간략하게 설명하시오.
3. 와류탐상시험의 특징을 쓰고 장점 및 단점에 대해 설명하시오.
4. 그림과 같은 봉을 압축하였더니 12cm가 되었다. 수축률 $\varepsilon=0.0066$일 때 최초의 길이 L은 얼마인가?

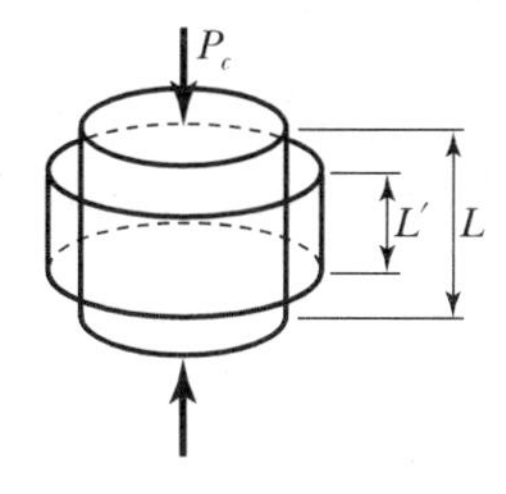

5. 기계설비 재해의 원인을 물적 원인과 인적 원인으로 분류하여 요약하시오.
6. 공장 자동화를 추진할 때 안전을 고려할 대책안을 간략하게 설명하시오.

[4교시] 다음 6문제 중 4문제를 선택하여 설명하시오.(각 25점)

1. 크리프 한도(Creep Limit)에 대하여 설명하시오.
2. 기계설비의 배치 계획 시에 안전에 대해 유의사항을 간략하게 쓰시오.
3. 프레스(Press)기의 안전수칙에 대해 알고 있는 바를 안전장치에 관하여 간략하게 쓰시오.
4. 기계설비의 방호장치에 대해 개요를 간략히 쓰시오.
5. Acoustic Emission(음향방출)법을 이용한 비파괴검사 방법과 초음파(Ultrasonic) 탐상법을 이용한 비파괴검사법의 장단점을 쓰고 적용 예를 드시오.
6. 저항선 스트레인게이지를 사용하여 압력용기의 안전도를 측정하는 방법을 쓰시오.

66회 기계안전기술사 기출문제(2002년도)

[1교시] 다음 13문제 중 10문제를 선택하여 설명하시오.(각 10점)

1. 기계설비의 신뢰도를 정의하고 수식으로 표시하시오.
2. 치차(Gear)의 모듈(Module)은 무엇인가?
3. 산업안전보건법에 근거하여 중대재해를 정의하시오.
4. 에스컬레이터에 이용되는 래칫(Ratchet) 기구에 대하여 설명하시오.
5. 부르동관 압력계(Bourdon Type Pressure Gauge)의 원리를 설명하시오.
6. 절삭가공기계의 공구재료로서 구비조건 4가지를 열거하시오.
7. 탄산가스 아크 용접을 설명하시오.
8. 비압축성 유체에서 베르누이 방정식(Bernoulli's Equation)을 적고 각 항에 대하여 설명하시오.
9. 재료가 탄성한도 내에서 하중(P)이 가해져서 Δx만큼의 변형이 발생하였다. 이때 변형에너지(U)는 얼마인가?
10. 가연성 액체의 인화점에 대하여 설명하시오.
11. 산업용 로봇에서 교시(敎示, Teaching)란 무엇인가?
12. 안전작업하중(SWL)이 5톤(ton)인 줄걸이용 와이어로프를 2줄로 줄걸이 각도 60도로 하여 사용할 때 최대 사용하중은 얼마인가?
13. 압력배관의 두께를 표시하는 스케줄 번호(Schedule Number)는 무엇인가?

[2교시] 다음 6문제 중 4문제를 선택하여 설명하시오.(각 25점)

1. 3,600rpm으로 회전하는 35.5kW 모터에 필요한 원형 단면축의 지름은 최소 몇 mm인가? (단, 축의 허용전단응력은 60MPa이다.)
2. 중량이 9.8kN인 고정된 크레인으로 23.5kN의 크레이트(crate)를 들어 올린다. 크레인은 A점에서 힌지로, B점에서 로커(rocker)로 고정되어 있다. 크레인의 중심(重心)이 G점일 경우 A, B점의 반력(反力) 성분을 구하시오.

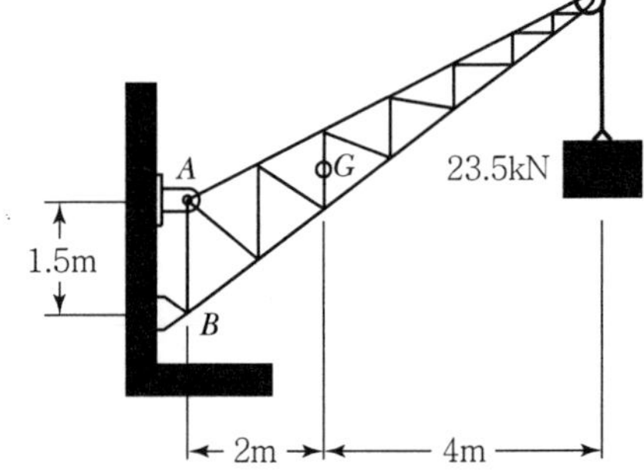

3. 산소-아세틸렌 용접에서 발생할 수 있는 재해 유형과 예방대책에 대하여 설명하시오.
4. 인간-기계 통합 시스템의 기능을 쓰시오.
5. 윤활유(Lubricant)에 대하여 다음에 답하시오.
   1) 사용목적(5가지 이상) 2) 윤활방식(5가지 이상)
6. 프레스의 방호장치의 종류별 설치조건을 설명하시오.

[3교시] 다음 6문제 중 4문제를 선택하여 설명하시오.(각 25점)

1. 원통 연삭작업의 결함에는 1) 진원도 불량, 2) 원통도 불량, 3) 숫돌의 위치불량, 4) 떨림, 5) 이송흔적, 6) 거칠은 가공면 등이 있다. 이들 각각에 대한 원인과 대책을 쓰시오.(단, 5가지를 선택하여 쓰시오.)
2. 일반적으로 공작기계는 사용하는 사이에 진동으로 인한 나사의 이완(Looseness), 회전 부분이나 습동부분이 마모 및 열화된다. 따라서 공작기계 각 부분의 조정이 필요하다. 위의 공작기계의 일반적인 조정부분을 열거하고, 각각의 판정기준과 조정방법에 대하여 설명하시오.
3. 중요하거나 대형인 기어 감속기는 여러 가지 상태감시 및 기록을 유지하여 경향관리를 한다. 감시 및 기록유지 항목에 대하여 설명하시오.
4. 승강기는 아래 방향으로 4,500kgf의 부하(Load)이고, 상향 가속도는 1.8m/sec^{2}이다. 이때의 와이어로프의 허용응력은 60kgf/mm^2, 안전계수는 10이다. 위의 조건하에서 와이어로프의 단면적을 구하시오.
5. 철판과 같은 판재에 충격이 가해졌을 때 발생하는 소음을 댐핑(Damping) 처리로써 소음을 감소시킬 때 주의사항을 열거하고 설명하시오.
6. 보일러의 자체 검사항목을 설명하시오.(단, 산업안전기준에 관한 규칙에 근거)

[4교시] 다음 6문제 중 4문제를 선택하여 설명하시오.(각 25점)

1. 안전교육의 원칙에 대하여 논하시오.
2. 재해조사 시 유의사항을 열거하시오.
3. 천장크레인에는 1) 운전실 조작식, 2) 지상 조작식(펜던트 스위치 조작식), 3) 무선 조작식이 있다. 이들 각각에 대한 운전자 중심에서 안전작업 방법에 대하여 논하시오.
4. 기계설비에 대한 방호장치를 6가지로 분류하고 각각에 대하여 예를 들어 설명하시오.
5. 소음 레벨(Level)이 80dB인 기계가 10대 있다. 이때의 합성소음은 얼마인가?(단, 점원으로 가정함)
6. 자동반송 장치 중에서 재해의 위험이 큰 1) 무인 반송차와 2) 자동창고(스태카 크레인)의 안전대책에 대하여 설명하시오.

기계안전기술사 기출문제(2002년도)

[1교시] 다음 13문제 중 10문제를 선택하여 설명하시오.(각 10점)

1. 금속재료의 대표적 성질을 5가지만 열거하시오.
2. 인간공학적 최적설계란 무엇인가?
3. 차량계 운반기계의 작업계획서에 포함되어야 할 항목을 쓰시오.
4. 도수율과 강도율의 의미를 공식으로 설명하시오.
5. 절삭용 단인공구(바이트)에 사용하는 Chip Breaker의 구조를 그림으로 설명하고 용도를 설명하시오.
6. 안전, 보건교육용 교안 작성 시 유의사항 5가지를 쓰시오.
7. 안전밸브의 작동을 불가능하게 하는 요인 5가지를 쓰시오.
8. "접근방호형" 안전장치란 무엇인가?
9. RWL(Recommended Weight Limit)란 무엇인가?
10. 안전, 보건 경영체제 구성요소 5단계를 쓰시오.
11. RBI(Risk Based Inspection)이란 무엇인가?
12. 장시간 사용하는 기계설비의 안전계수를 설계 시와 유지보수의 관점에서 각각 정의하시오.
13. 기계설비의 안전화 방안을 외형(관), 구조, 기능의 관점에서 설명하시오.

[2교시] 다음 6문제 중 4문제를 선택하여 설명하시오.(각 25점)

1. 두께가 25mm인 중공원형봉에 압축하중 100kN을 가하고 있다. 재료의 항복응력은 50MPa이며 안전계수가 2일 때 원기둥의 최소외경 d_o를 구하시오.
2. 회전기계의 위험발생요인과 예방조치를 쓰시오.
3. 화학설비의 부속설비 중 금속배관의 응력 해석 시 고려하여야 할 하중의 종류를 쓰고 간단히 설명하시오.
4. 안전, 보건 경영체제 구성요소 중 계획수립, 실행단계에서 수립하여야 할 항목을 쓰시오.
5. 사업장의 재해예방 활동에 대한 근로자(노동조합)의 참여를 활성화시키기 위하여 산업안전보건법에 의하여 위촉된 명예 산업안전감독관의 임무를 설명하시오.
6. 기계, 설비에서의 소음방지 대책을 3단계로 구분하여 설명하시오.

[3교시] 다음 6문제 중 4문제를 선택하여 설명하시오.(각 25점)

1. 기계설비의 자동화에 사용되는 제어방식에는 개회로제어(Open-Loop Control)와 폐회로 제어(Closed-Loop Control)가 있다. 각각의 방식에 대하여 간략하게 설명하고 산업현장에서 볼 수 있는 안전장치의 예를 각각에 대하여 2가지 이상 열거하시오.
2. 프레스 안전대책 중 No-hand in Die 방식을 설명하고 예를 드시오.
3. 절삭가공 중 공작물의 모서리에 발생하는 버(Burr)의 문제점을 안전의 관점에서 설명하고 제거작업(모따기 또는 Deburring) 시 안전대책을 논하시오.
4. 사업장의 안전, 보건경영체계 운영과정에서 작업자의 실수를 유발하는 사고유발요인(Accident Causation Model) 11가지를 쓰고 항목별로 간단히 설명하시오.
5. 연삭기 숫돌의 파괴원인을 5가지 이상 열거하시오.
6. 동물용 사료 제조업체의 혼합기에서 발생한 다음 중대재해 사례를 읽고 발생원인과 동종 재해예방 대책을 쓰시오.

   [재해내용]

   사료제조용 혼합기에서 원료의 혼합 및 배출을 완료한 후, 혼합기를 정지시킨 상태에서 혼합기 내부에 들어가 청소작업을 실시하던 중, 타 작업자가 혼합기를 가동시켜 혼합기 내부 브레이드와 원통 사이에 협착 사망한 재해임

[4교시] 다음 6문제 중 4문제를 선택하여 설명하시오.(각 25점)

1. 기계, 설비, 공정에 대한 위험성 평가를 효과적으로 수행하기 위한 절차 6단계를 쓰고 단계별로 설명하시오.
2. 금속재료의 표면거칠기, 잔류응력이 각각 피로파괴에 미치는 영향을 설명하시오.
3. 교류 ARC 용접 시 발생할 수 있는 재해의 유형을 5가지 들고 방호대책을 설명하시오.
4. 천장크레인 무부하 시험 시 검사 항목과 항목별 검사내용을 쓰시오.
5. 회전하는 기계로부터 얻어진 진동신호를 기초로 상태 기준 보전을 실시하려 한다.
   1) 시간기준 보전과 비교하여 장점을 설명하시오.
   2) 잔여진동이 있을 경우 나타나는 진동특성을 열거하고 진동신호의 변화를 개괄적으로 설명하시오.
6. 공장 내의 기계설비에서 발생하는 재해를 예방하기 위한 위험관리 5단계를 쓰고 단계별로 적용 예를 설명하시오.

69회 기계안전기술사 기출문제(2003년도)

[1교시] 다음 13문제 중 10문제를 선택하여 설명하시오.(각 10점)

1. 다음의 블록다이어그램과 같이 구성된 각각의 계에 대한 신뢰도 값을 계산하시오.(단, 각 요소의 신뢰도는 $R_1 = R_2 = R_3 = 0.9$의 값을 갖는다.)

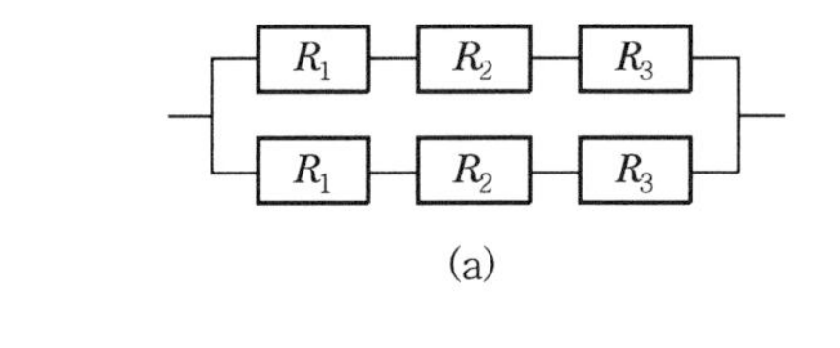

(a)

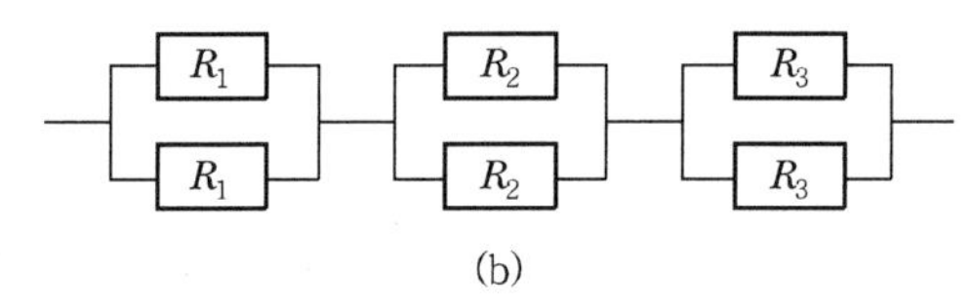

(b)

2. 열응력(熱應力, Thermal Stress)에 대해서 설명하시오.
3. 다음에서 제시하는 각각의 위험요소를 Hazard 6points로 구분하시오.
   1) 프레스의 금형조립 부위　　2) 연삭숫돌과 작업대 사이
   3) 회전대팻날　　4) 롤러의 회전부위
   4) 체인의 스프로킷　　6) 나사회전부
4. 응력집중(應力集中)에 대해서 간단히 설명하시오.
5. 다음과 같이 4본의 와이어로프를 이용하여 정사각형의 화물 상단 모서리에 연결하여 들어 올리고 있다. 각각의 슬링로프에 최대로 작용시킬 수 있는 하중이 2ton일 경우 최대로 들어 올릴 수 있는 화물의 하중을 구하시오.
6. 냉간가공과 열간가공에 대해서 설명하시오.
7. 양중기의 종류에 대해 기술하고 공통적으로 설치되는 방호장치를 쓰시오.
8. 강의 열처리는 공업적으로 널리 사용되는데 그 목적을 5가지 이상 설명하시오.
9. 방호장치의 분류에서 위험장소에 적용되는 방호장치에 대해 기술하시오.
10. 계측기를 사용해 측정 시 미치는 영향에 대해서 4가지 이상 설명하시오.
11. 안지름 300mm, 두께 6mm인 강제원통형 용기에 가할 수 있는 내압력 p는 얼마인가? (단, 강의 인장강도는 45.9kg/mm^{2}이다.)
12. 공장배치(3단계)와 안전조건 5가지에 대해서 설명하시오.

13. 연삭숫돌의 지름이 25cm이다. 500rpm으로 회전하는 경우 원주속도를 m/min의 단위로 답하시오.

[2교시] 다음 6문제 중 4문제를 선택하여 설명하시오.(각 25점)

1. 다음과 같이 후크로 경사진 화물을 들어 올리고 있다. 슬링로프 2본과 화물과 이루는 각은 그림과 같다. 다음의 각 물음에 답하시오.
   1) 각각의 슬링로프에 작용하는 인장하중 F_1, F_2를 구하시오.
   2) 후크로 들어 올리는 작업의 안전성을 평가하시오.(단, 후크 단면 A의 허용응력은 0.2ton/cm^2, A단면의 직경 $d=100$mm, $R=100$mm, A단면의 단면계수는 $Z=\pi d^3/32$ 이다.)

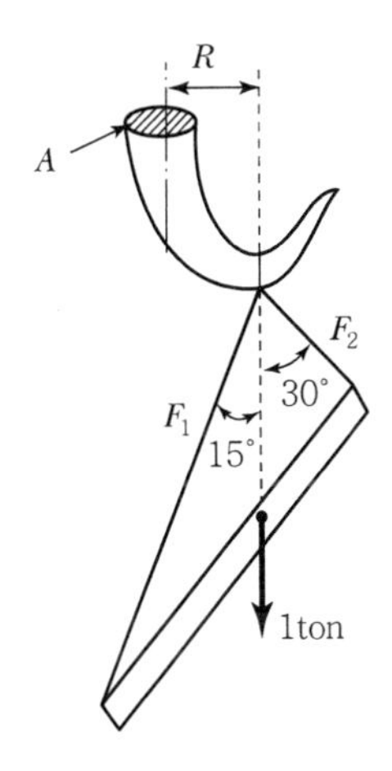

2. 용접변형과 잔류응력에 대해서 설명하시오.
3. 본질적 안전화의 Fail-safe의 개념에 대해 실드빔 센서(Shield Beam Sensor)를 대상으로 다음에 대해 설명하시오.
   1) 구조
   2) 안전검출 및 위험검출방법
   3) Fail-safe가 가능한 이유
4. 허용응력(許容應力)과 안전계수(安全係數)에 대해서 설명하시오.
5. 기계설비 재해의 물적 원인 및 인적 요인에 대해 기술하시오.
6. 지름 5cm, 길이 1.5m인 연강의 한끝을 고정하고, 다른 끝에 8,000kg · cm의 비틀림 모멘트가 작용할 때, 이 봉에 생기는 최대전단응력을 구하시오.(소수점 3자리에서 반올림)

[3교시] 다음 6문제 중 4문제를 선택하여 설명하시오.(각 25점)

1. 다음과 같은 구조로 물건을 쌓아 놓은 경우 벽에 힘(kg)은 얼마로 작용하는가?(단, A, B의 무게는 각각 5kg이다.)

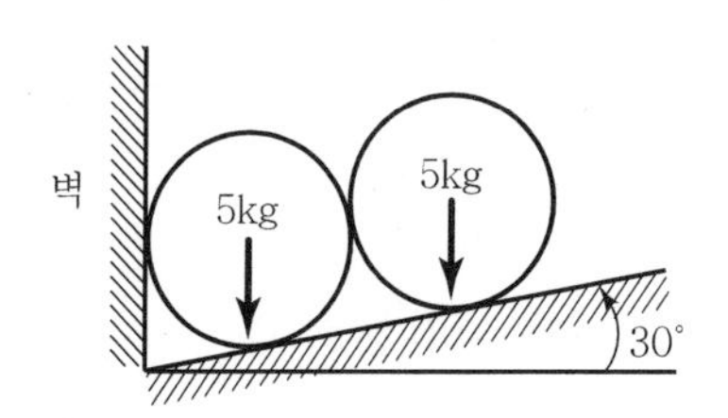

2. 단조작업 시 위험요인과 작업안전 수칙에 대해서 각각 5가지 이상 설명하시오.
3. 광선식 안전장치를 대상으로 위험검출형과 안전확인형을 비교 설명하시오.
4. 기계설비의 안전조건 5가지를 들어 설명하시오.
5. 둥근톱 기계에서 발생될 수 있는 재해의 종류 및 방호조치의 종류에 대해 기술하시오.
6. 12톤의 인장력을 받는 리벳(Rivet) 양쪽 덮개판맞대기 이음이 있다. 리벳의 지름을 16mm라 하면 몇 개의 리벳이 필요한가?(단, 리벳의 허용전단력은 6kg/mm^{2}이며, 소수점 1자리에서 반올림하여 정수로 표시한다.)

[4교시] 다음 6문제 중 4문제를 선택하여 설명하시오.(각 25점)

1. 로봇의 재해를 방지하기 위해 교시작업 중 조작미스에 의한 동작의 이상 발견 시 작동되는 매니퓰레이터(Manipulator)의 속도를 규정함으로써 재해를 미연에 방지할 수 있다. 위험 시(매니퓰레이터 이상 작동에 의한 불의동작 발생 시) 안전거리(매니퓰레이터와 인간과의 거리)를 200mm로 유지시키도록 교시속도(mm/s)를 규정하시오.

   단, 매니퓰레이터의 오버런(Over Run) 거리(정지스위치를 눌러 완전히 매니퓰레이터가 정지하기까지 발생되는 거리)는 실험 결과 다음의 값을 얻었다.

매니퓰레이터 속도(mm/s)	오버런(Over Run) 거리(mm)
10	2
20	3
30	4

   단, 교시작업 중 오동작 발생 시 데드만스위치로 정지조작까지의 10회의 시간측정 결과 스위치 조작의 딜레이 시간(Delay Time)은 다음 값을 얻었다.

스위치 딜레이 시간(sec) : 1.0, 1.0, 1.1, 1.0, 0.9, 0.95, 1.0, 0.95, 1.0, 1.05

2. 용접봉 피복제의 작용(5가지)과 형식(3가지)에 대해서 설명하시오.
3. 캠 구동 제한스위치(Cam Operated Limit Switch Interlock)는 인터록시스템에 매우 효과적이다. 인터록스위치는 포지티브모드(Positive Mode)에서 작동하게 되어 있으며 네거티브모드(Negative Mode)에서의 작동은 허용되지 않는 이유에 대해 작동원리를 도식하여 설명하시오.
4. 와셔(Washer)의 용도를 4가지 이상 설명하고, 나사의 풀리 방지를 위한 방법 4가지를 설명하시오.
5. T형 이음에서 강판의 두께가 h=8mm이고, 작용하중이 4,000kg일 때 용접길이 l은 몇 mm로 할 것인가?(단, 허용인장응력은 10kg/mm^{2}이다.)
6. 공기압축기 작업 시작에 앞서 실시하는 점검사항에 대해 기술하시오.

기계안전기술사 기출문제(2003년도)

[1교시] 다음 문제 중 10문제를 선택하여 설명하시오.(각 10점)

1. 평치차(Spur Gear)에 대하여 다음 용어에 답하시오.
   1) 원주피치(Circular Pitch)
   2) 이두께(Tooth Thickness)
   3) 뒤틈(Back Lash)
   4) 이끝높이(Addendum)
   5) 피치점(Pitch Point)
2. 내부에너지가 50kcal인 작동유체를 가열하여 60kcal까지 증가하고 외부에 4,270kgf・m의 일을 하였다면, 이때 가해진 열량은 얼마인가?
3. 어떤 기계의 평균고장간격(MTBF)은 12,000시간이고, 이 기계의 평균수리간격(MTTR)은 3,000시간이다. 이 기계의 가동성(Availability)을 구하시오.
4. 기계・설비 정비 시 잠금장치 및 표지판 부착에 대하여 사업주와 근로자의 역할을 각각 4가지 이상 쓰시오.
5. 소음이 80dB(decibel)인 기계 2대의 합성소음은 몇 dB인가?
6. 평면도 및 평행도를 기하공차(Geometric Tolerance)의 표시기호(KS B 0608 및 0425)로 표시하고 간단히 설명하시오.
7. 배관의 스케줄 번호(Schedule Number)를 간단히 설명하시오.
8. 알루미늄(Al 1100)과 Vanadium은 다음과 같은 진응력-진변형률(True Stress-true Strain) 관계를 나타낸다. 어느 재료가 연성(Ductility)이 더 큰지 설명하시오.

   Al 1100 : $\sigma = 2{,}600\ \varepsilon^{0.2}$psi

   Vanadium : $\sigma = 11{,}200\ \varepsilon^{0.35}$psi
9. 도수율과 강도율의 공식을 적고 설명하시오.
10. 항복응력(Yield Stress)과 극한응력(Ultimate Stress)을 연성재료와 취성재료에 대하여 그림으로 설명하시오.
11. 정성적 안전성 평가와 정량적 안전성 평가의 차이점을 간략히 설명하시오.
12. 기계설비의 안전화 방안을 외형, 구조, 기능의 관점에서 각각 2가지씩 열거하시오.
13. 접촉스위치(Contact Switch)의 일종인 누름버튼 스위치의 기계적 Bouncing에 의한 접촉불량(또는 스위치불량)을 해소하기 위한 Debouncing 기능을 간략하게 설명하시오.

[2교시] 다음 문제 중 4문제를 선택하여 설명하시오.(각 25점)

1. 구름베어링의 4가지 부품을 간단히 설명하시오.
2. 메커니컬실(Mechanical Seal)의 특징을 5가지 이상 쓰시오.
3. 산업용 로봇의 작업시작 전 점검사항은 무엇인가?
4. 안전관리를 위한 시각표시장치의 목적을 열거하고 시각표시장치의 식별에 영향을 미치는 조건을 설명하시오.
5. 일반적으로 생산성과 안전확보는 상충 또는 절충(Trade-off) 관계라고 말한다. 그러나 오늘날 많은 경우에 있어서 안전의 확보가 생산성의 향상을 가져오거나 반대로 생산성을 저해하는 요인이 안전에 심대한 영향을 미치는 예를 볼 수 있다. 이와 같은 예를 3가지 이상 제시하시오.
6. 다음에 주어진 인터록용 센서의 특징 및 적용방법(대상)을 간략히 설명하시오.
   1) 근접센서　　2) 광센서　　3) 리미트 스위치

[3교시] 다음 문제 중 4문제를 선택하여 설명하시오.(각 25점)

1. 위험성평가(분석) 기법의 선정원칙을 5가지 이상 제시하시오.
2. 240rpm으로 8kW를 전달하는 위경 70mm, 내경 60mm 길이 2m의 중공원축이 있다. 다음 각 항의 물음에 답하시오.(단, $G=0.81\times10^4\text{kgf/mm}^2$)
   1) Torque(토크) T를 구하시오.
   2) 극단면 2차 모멘트를 구하시오.
   3) 비틀림각을 구하시오.
   4) 극단면 계수를 구하시오.
   5) 전단응력을 구하시오.
3. 공작기계에서 안전확보를 위한 제어기능 중 Fail-safe 또는 Fool-proof 대상이 되는 기능을 5가지 이상 간단히 설명하시오.
4. 인터넷을 이용한 웹기반 감시 및 제어시스템을 활용하여 생산설비를 원격관리 및 제어하려 한다.
   1) 웹기반 감시 및 제어시스템이 적용된 가상생산시스템(Virtual Manufacturing System)의 개념을 설명하시오.
   2) 이 경우, 발생할 수 있는 안전상의 문제점을 3가지 이상 들고 간략히 설명하시오.
5. 철 소재의 인베스트먼트주조(Investment Casting)에 의해 만들어진 기계소재 또는 설비를 뜨임처리(Tempering)하여 얻어지는 이점을 안전의 관점에서 설명하시오.
6. 크레인에 적용될 수 있는 안전장치의 예를 5가지 이상 들고 간략하게 설명하시오.

[4교시] 다음 문제 중 4문제를 선택하여 설명하시오.(각 25점)

1. 프레스의 급정지(Sudden Stop)장치와 비상정지(Emergency Stop)장치의 차이는 무엇인가?
2. 안전관리를 위험관리의 관점에서 5단계로 구분하고 그 방법을 설명하시오.
3. 원심펌프(Centrifugal Pump)의 캐비테이션(Cavitation) 방지대책을 5가지 이상 쓰시오.
4. 각종 자동화 기기의 도입에 따른 안전관리상의 장단점을 설명하시오.
5. 공작기계의 안전확보를 위하여 다음에 답하시오.
   1) 비대칭 고장설계의 의미
   2) 방호(안전)장치에 대한 "위험검출형"과 "안전확인형"을 구분하는 의미
6. 안전관리는 위험관리로 볼 수 있다. 위험관리의 목적을 손실발생 전과 후로 나누어 설명하시오.

72회 기계안전기술사 기출문제(2004년도)

[1교시] 다음 13문제 중 10문제를 선택하여 설명하시오.(각 10점)

1. 용접부에서 나타나는 결함의 종류를 5가지만 쓰시오.
2. 설계착오의 원인을 5가지만 예시하고 안전관리 측면에서 간단히 설명하시오.
3. 산업안전보건법 제33조(유해위험 기계 기구 등의 방호조치 등), 동법 시행령 제27조(방호조치를 하여야 할 유해 또는 위험기계 기구 등), 동법 시행규칙 제46조(방호조치)의 규정에 의한 기계기구에 설치하여야 할 방호장치 중 다음 기계기구에 설치할 방호장치를 쓰시오.
   1) 프레스 또는 전단기(1종)
   2) 압력용기(1종)
   3) 목재가공용 둥근톱(2종)
   4) 크레인, 승강기, 곤돌라, 리프트(2종)
   5) 보일러(2종)
   6) 산업용 로봇(2종)
4. 순간 고장률(Failure Rate)이 λ로 일정한 기계설비의 시간 t에서의 신뢰도 R과 확률밀도 함수 $f(t)$는 어떻게 표시되는지 쓰시오.
5. 기계의 위험점 5가지를 열거하고 각각에 대한 예를 한 가지씩만 드시오.
6. 동력을 전달하는 축을 설계할 때 고려하여야 할 사항을 5가지만 쓰시오.
7. 길이 30, 단면 4cm×5cm의 탄소강재가 2ton의 인장력에 의하여 0.12cm가 늘어났다. 이때의 응력, 변형률 및 종탄성계수(Young율)은 얼마인가?(단, 탄성한도 내에서 변형이 발생하였다고 가정한다.)
8. 구조물의 재질이 KS재료기호 SS400으로 표시되어 있는 경우, SS 및 400의 의미를 쓰고 안전계수가 5인 경우 허용인장응력을 쓰시오.
9. 잇수가 20개이고 700rpm으로 회전하는 스프로킷 휠에 의하여 회전하는 40번 롤러체인(피치 : 12.70mm)의 평균속도(m/s)를 구하시오.
10. 사고예방 원리의 5단계를 순서대로 쓰시오.
11. 보일러에서는 일반적으로 물을 펌프로 가압한 후 열을 가하여 증기나 온수를 만든다. 이와 같이 가압과 가열을 동시에 하는 이유를 엔탈피의 정의 식을 사용하여 설명하시오.
12. 아래 그림과 같이 가공된 프레스의 크랭크축에 응력집중 현상에 의한 피로파괴가 발생될 경우 균열 발생점(P)과 발생된 균열의 성장방향(D)을 그림으로 표시하시오.

※ 성장방향은 정면도에, 발생점은 단면도에 표시

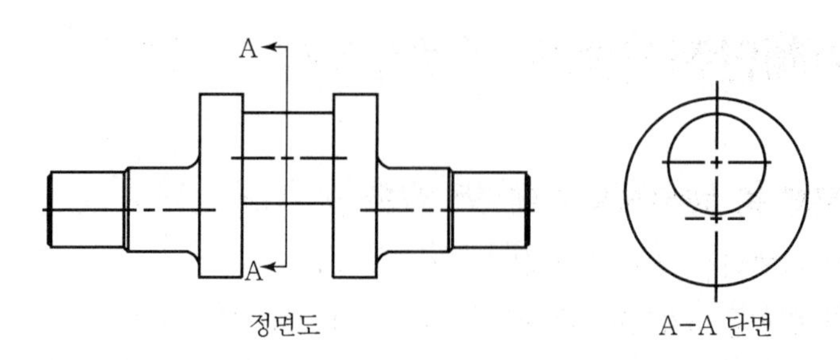

13. 노동부령이 정하는 기계, 기구 및 설비에 대하여 다음과 같은 시기에 행하는 검사의 종류를 쓰시오.(동일한 검사일 수도 있음)
    1) 제작 전
    2) 설치완료 후
    3) 제작완료 후
    4) 매 기간마다
    5) 공기 및 질소저장탱크 제작 중

[2교시] 다음 6문제 중 4문제를 선택하여 설명하시오.(각 25점)

1. 산업재해의 기본원인인 4M에 대해서 구체적으로 설명하시오.
2. 베어링 선정 시 검토해야 할 사항에 대하여 논하시오.
3. 재해예방의 4원칙에 대해 논하시오.
4. 두께 10mm, 폭 120mm, 허용 인장응력 6kg/mm^{2}인 강판을 맞대기 용접 이음 할 때의 허용하중과 용접목두께를 구하시오.(단, 용접효율은 80%, 용접부의 허용응력은 5kg/mm^{2}로 한다.)
5. FMEA(Failure Mode and Effect Analysis)에 대한 다음 물음에 답하시오.
    1) FMEA란 무엇인지 설명하시오.
    2) 설비명칭, 설비번호 외에 FMEA양식에 포함되는 항목을 5가지만 들고 설명하시오.
6. 금속의 비파괴 검사방법 중 초음파 탐상에 대한 주요 내용을 쓰고 설명하시오.

[3교시] 다음 6문제 중 4문제를 선택하여 설명하시오.(각 25점)

1. 밀폐장소에서의 용접 작업 시 안전상 필요한 조치에 대하여 설명하시오.
2. 프레스 재해를 방지하기 위하여 실시하는 안전점검에 대하여 다음과 같이 나누어 설명하시오.
    1) 금형 부착 시의 안전점검
    2) 작업 시작 전 안전점검

3) 운전 가공 중의 안전수칙
4) 정지 시 안전수칙
5) 기타 사항

3. 기계설비의 안전화 개념인 Fool Proof와 Fail Safe를 설명하고 사례도 열거하시오.
4. 원심펌프의 공동현상(Cavitation)에 대해 기술하시오.
5. 2MPa의 내압이 작용되고 있는 원통형 및 구형 압력용기가 있다. 각 압력용기에 요구되는 최소두께를 각각 결정하시오.(단, 각 용기의 내경은 2m이고, 재료의 항복강도는 300MPa, 항복강도에 대한 안전계수는 3, 부식여유는 2mm이다.)
6. 승강기의 안전(방호)장치 5가지를 들고 설명하시오.

[4교시] 다음 6문제 중 4문제를 선택하여 설명하시오.(각 25점)

1. 강의 표면경화법 5종 이상에 대한 특징을 구체적으로 설명하시오.
2. 공장 자동화의 추진과정에서 고려해야 할 안전상 방호대책을 논하시오.
3. 연삭숫돌의 파괴 원인과 연삭기의 방호대책을 다음과 같이 구분하여 설명하시오.
   1) 구조면에서
   2) 작업면에서
4. 인간-기계 시스템에 사용되는 표시장치를 나타내는 정보의 유형에 따라 분류하고 설명하시오.
5. 금속재료의 기계적 성질 중 강도, 연성, 인성들에 대하여 설명하고 이들 성질과 파괴모드와의 관계를 설명하시오.
6. 설비진단 기술을 다음의 2단계로 나눌 때 각각에 대하여 설명하시오.
   1) 간이진단 기술
   2) 정밀진단 기술

기계안전기술사 기출문제(2004년도)

[1교시] 다음 13문제 중 10문제를 선택하여 설명하시오.(각 10점)

1. 정사각형 단면(2cm×2cm)의 봉을 경사각 a°로 부착하려 한다. 접착면의 경사각과 봉의 안전한 인장하중을 구하시오.(단, 인장에 대한 봉의 허용응력은 80kgf/cm², 전단응력에 대한 봉의 허용응력은 50kgf/cm²이다.)

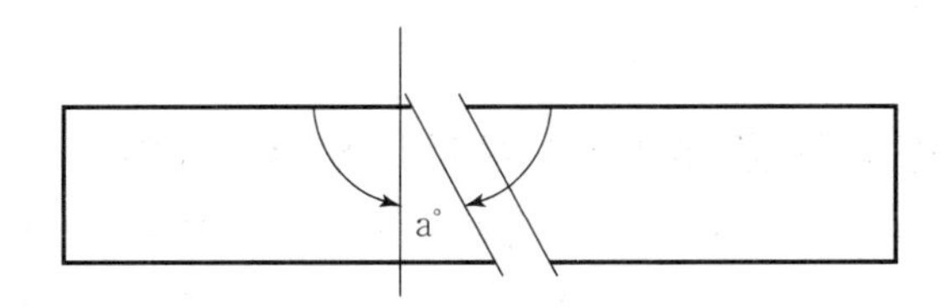

2. 전동기에서 이상진동 및 소음발생 시 점검항목을 기술하시오.
3. 철강재료의 크리프(Creep) 현상에 대해서 설명하시오.
4. 목재 가공용 기계 중 둥근톱 기계는 통상 주속도 2,000mm/min 전후에서 사용된다. 재해는 가공재의 송급니 비탈니(후면날)에서 반발된 가공재가 작업자를 가격하여 재해가 발생된다. 반발을 일으키는 원인은 가공재가 톱의 비탈니를 통과할 때 회전하는 톱니에 걸려서 발생된다. 이러한 원인을 제거하기 위한 목적으로 적용한 방호장치를 (㉮)라 한다. 두께는 사용하는 톱니의 (㉯)배 이상으로 되어 있다. 부착위치는 (㉰)를 덮어야 한다. 톱니와의 간격은 (㉱)mm 이내가 되어야 한다. ㉮~㉱에 적합한 내용을 기입하시오.
5. 제품설계업무의 진전(흐름절차) 5단계를 기술하시오.
6. 강판의 폭 20cm, 두께 20mm인 경우 판의 중앙에 직경 4cm의 구멍이 뚫어져 있다. 축방향에 2,000kgf의 인장하중이 작용한다면 응력집중계수는 얼마인가?(단, 탄성시험에 의해 발생되는 최대응력은 250kgf/cm²이다.)
7. 비파괴시험 중 표면시험과 체적시험 방법의 종류를 기술하시오.
8. 차량계 건설기계의 로프스(ROPS)에 대하여 기술하시오.
9. 용접결함에는 치수결함, 구조(構造)결함, 성질(性質)결함이 있다. 이 중 구조결함의 발생원인 5가지를 기술하시오.
10. 선원으로부터 떨어진 임의 거리에서 900mR/hr의 강도를 반가층을 이용하여 30mR/hr 이하로 감쇠시키려 한다. 필요한 납의 두께를 구하시오.(단, 납의 반가층 두께는 0.49inch이다.)
11. 압력용기(Vessel)에서 강도계산서 작성에 필요한 구조부분을 기술하시오.

12. 전조가공(Form Rolling)에 대해서 설명하시오.
13. 무지향성 점음(點音)·소음원이 3차원 공간상에 위치하고 있다. 음원으로부터 20m 떨어진 곳의 SPL=76[dB(A)]이다. 이 음원의 PWL 및 음향파워는 각각 얼마인가?

[2교시] 다음 6문제 중 4문제를 선택하여 설명하시오.(각 25점)

1. 전체 환기와 비교하여 국소환기의 장점에 대해 기술하시오.
2. 현장에서 아크(Arc) 용접작업 시 발생되는 재해요소를 기술하시오.
3. 보일러의 장해 중 캐리오버(Carryover) 현상에 대해서 설명하고 발생원인을 3가지만 기술하시오.
4. 자동화기계의 안전성 평가지표에 대해 설명하고 기존의 평가방법과의 차이점에 대해 설명하시오.
5. 산업기계류에 대하여 제조물책임법(PL)에 대비한 인간공학적 평가항목에 관하여 기술하시오.
6. 응력집중(Stress Concentration)과 응력집중계수(Stress Concentration Factor), 응력집중 완화대책 4가지에 대해서 설명하시오.

[3교시] 다음 6문제 중 4문제를 선택하여 설명하시오.(각 25점)

1. 안전확인시스템을 구축하기 위하여 다음에 답하시오.
   1) 엔트로피의 개념을 설명하시오.
   2) 안전정보의 개념을 도입하여 안전적인 측면에서 어떠한 계(엔트로피 증대계 또는 엔트로피 감소계)가 요구되는지 선택하고 설명하시오.
2. 타워크레인 운전자와 신호수 간의 의사전달 시 준수사항에 관하여 기술하시오.
3. 안전율(계수) 및 기준강도를 결정할 때 고려할 사항 5가지를 설명하시오.
4. 산업용 로봇의 재해유형에 대해 기술하시오.
5. 기계설비의 열화의 종류 및 현상에 관하여 기술하시오.
6. 강도설계에 사용되는 다음의 파손이론에 대하여 설명하시오.
   1) 최대 주응력설
   2) 최대 전단응력설

[4교시] 다음 6문제 중 4문제를 선택하여 설명하시오.(각 25점)

1. 실드빔센서(Shield Beam Sensor or Tube Sensor)의 1) 구조, 2) 기능의 특징, 3) 장점, 4) 적용 예에 대하여 설명하시오.
2. RBI(Risk Based Inspection)와 FFS((Fitness For Service)에 관하여 기술하시오.
3. 끼워맞춤의 종류 3가지를 들고 설명하시오.
4. 양중기의 재해유형과 자체검사 사항에 대하여 기술하시오.
5. 안전모 성능시험 항목을 열거하고, 각각의 성능기준 판정에 관하여 기술하시오.
6. 기계설비의 안전조건 5가지를 설명하시오.

기계안전기술사 기출문제(2005년도)

[1교시] 다음 문제 중 10문제를 선택하여 설명하시오.(각 10점)

1. 산업재해 발생 시 조치해야 할 순서의 Flow Chart 7단계를 쓰시오.
2. 컨베이어, 이송용 롤러의 안전을 위한 조치사항을 간략히 쓰시오.
3. 양중작업을 위한 Wire Rope의 안전계수 기준과 사용금지기준을 쓰시오.
4. LC50의 간단한 정의(LC ; Lethal Concentration)를 쓰시오.
5. 다음 그림에서 A점이 정적평형(정지상태)을 유지하려면 힘 F는 몇 kgf인가?

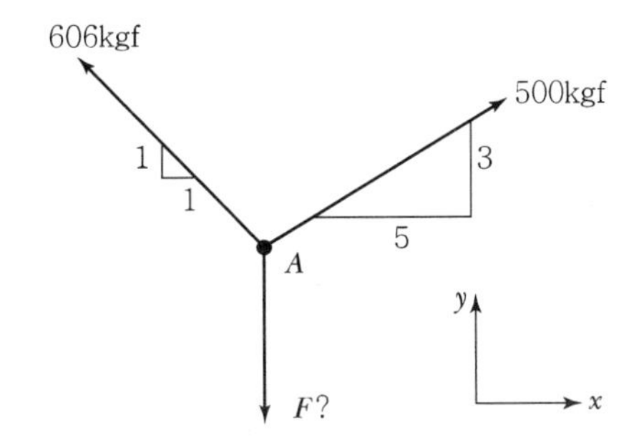

6. 회전기계의 공진현상을 설명하시오.
7. 내압 P를 받는 얇은 원통형(Thin-Walled Cylinder) 보일러에서 발생하는 원주방향응력(Hoop Stress, σ_h)과 축방향응력(Axial Stress, σ_a)의 크기를 안전의 관점에서 비교, 설명하시오.
8. 기계설비의 위험점 중 접선물림점을 갖는 설비의 예를 3가지 이상 열거하시오.
9. 아크용접 시 사용되는 자동전격방지장치의 개념을 간략히 설명하시오.
10. 기계설비의 안전화 방안을 외형, 구조, 기능의 관점에서 2가지씩 열거하시오.
11. Hazard, Risk, Peril의 차이점을 설명하시오.
12. 버드(Bird)에 의한 재해사고의 비율을 설명하시오.
13. 산업용 기계에 사용되는 축(Shaft)의 설계 시 고려해야 할 사항을 쓰시오.

[2교시] 다음 문제 중 4문제를 선택하여 설명하시오.(각 25점)

1. 최근 사회적 이슈가 되고 있는 업무상 질병을 분류하고 예를 들어 간략히 기술하시오.
2. 기계설비의 금속표면에 발생하는 잔류응력의 영향과 개선방안을 안전의 관점에서 설명하시오.
3. 기계프레스(Press)가 갖추어야 할 안전기준을 쓰고, 프레스에 적용할 수 있는 방호장치 종류와 구조를 간략히 설명하시오.
4. 리프트(Lift)가 갖추어야 할 방호장치를 열거하고 안전기준을 설명하시오.
5. 기계기구, 장치에 적용하는 안전설계기법 중 Fool Proof와 Fail Safe에 대해 정의, 주요 기구를 예를 들어 설명하시오.
6. 산업안전보건법에 의해 시행되고 있는 안전인증(Safety Certification) 제도의 의의와 안전인증 대상 4가지를 쓰시오.

[3교시] 다음 문제 중 4문제를 선택하여 설명하시오.(각 25점)

1. 산업보건기준에 따른 작업장의 관리기준을 설명하시오.
2. 에스컬레이터(수평보행기 포함)의 구조와 갖추어야 할 방호장치를 설명하시오.
3. 지게차(Fork Lift) 관련 재해예방을 위한 안전관리 요소를 5가지 이상 들고 설명하시오.
4. 보일러에서 압력방출장치와 압력제한장치를 비교 설명하시오.
5. 기계설비에 발생하는 부식(Corrosion)의 정의, 종류, 발생메커니즘, 영향요인, 방지대책을 논하시오.(단, 배관설비를 중심으로)
6. 우리나라의 1년간 발생된 산업재해의 도수율이 3.5, 강도율이 2.5라고 할 때 다음 물음에 답하시오.
   1) 환산도수율과 환산강도율을 구하고, 의미를 설명하시오.
   2) 재해통계에 사용되고 있는 도수율, 강도율, 환산도수율, 환산강도율의 정의와 계산식을 쓰시오.

[4교시] 다음 문제 중 4문제를 선택하여 설명하시오.(각 25점)

1. 자체검사 시 반드시 기록해야 할 사항을 제시하고 검사대상 기계기구의 예를 열거하시오.
2. 기계설비의 자동화가 유발하는 안전관리상 이점과 문제점을 설명하시오.
3. 인화성 또는 가연성 가스나 증기에 의한 방폭지역의 구분, 해당 장소, 방폭기기 선정원칙을 설명하시오.
4. 두 개의 Wire(혹은 환봉)로 지탱되는 하중이 25ton이다(자중 무시). Wire의 극한강도(인장강도)를 16kgf/mm^{2}이라 할 때, 안전계수를 5로 고려한다면 다음 그림에 필요한 Wire

의 최소직경은 몇 mm인가?

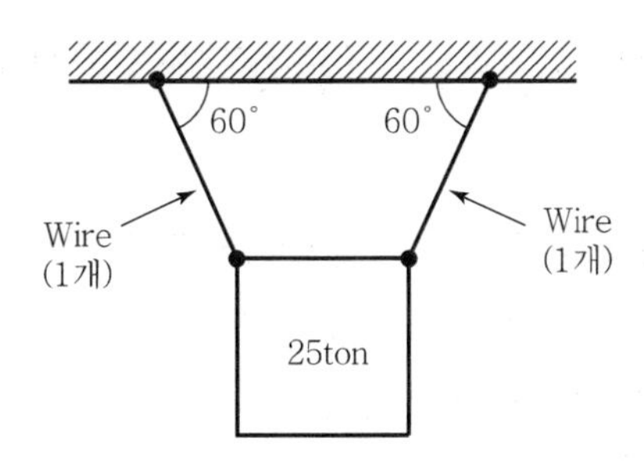

5. 실시간(Real-Time) 상태기준보전(Condition-Based Maintenance : CBM)에서는 진동, 초음파, 온도, 압력 등 센서 측정기술을 보편적으로 적용한다. 이 방식의 문제점을 안전의 관점에서 설명하시오.
6. 산업용 로봇에 의한 재해예방을 위하여 사업주가 취해야 할 조치(작업지침)의 예를 5가지 이상 열거하시오.

기계안전기술사 기출문제(2005년도)

[1교시] 다음 문제 중 10문제를 선택하여 설명하시오.(각 10점)

1. 위험형태에 따른 위험점의 분류에 대해 5개 이상 기술하시오.
2. 스케줄 40(Sch. 40)인 배관을 사용하여 유체를 이송하려 한다. 유체의 사용압력은 얼마로 하여야 하는가?(단, 배관의 허용압력은 500kg/cm^{2}이다.)
3. 보일러 운전 시 발생증기 이상현상 3가지에 대해서 기술하시오.
4. 프레스에 양수조작식 방호장치를 설치하고자 한다. 이때 안전거리(다이의 위험한계에서 누름버튼까지의 거리)는 얼마로 하여야 하는가?(단, 스위치조작 후 급정지장치가 작동개시까지 시간은 50ms, 급정지장치가 작동을 개시한 때부터 슬라이드가 정지할 때까지의 시간은 100ms이다.)
5. 둥근톱 날접촉 예방장치의 완제품 표면에 표시되어야 할 4가지 사항에 대해 기술하시오.
6. 프레스의 양수조작식 방호장치는 양 버튼의 누름시간 차이가 몇 초(Sec) 이내에서 작동해야 하는가? 또한 교류아크(Arc)용접기의 자동전격방지기는 몇 초(Sec) 이내에 220V가 안전전압인 25V로 떨어져야 하는가?
7. 가스폭발의 점화원이 될 수 있는 예를 5가지 이상 기술하시오.
8. 방사선 선원의 방출이 1m에서 시간당 100렌트겐일 때, 2m와 4m에서 방사선량은 각각 얼마인가?
9. FMEA(Failure Modes and Effects Analysis)에 대해서 기술하시오.
10. 탄소강의 성질 및 함유원소의 영향 중 온도에 따른 성질 3가지에 대해서 기술하시오.
11. 매슬로(Maslow)의 인간욕구 5단계설을 설명하시오.
12. 축설계 시 고려할 사항 5가지를 들고 기술하시오.
13. 지게차(Fork Lift)의 마스트(Mast)에 대한 사항이다. 전경각과 후경각의 최대허용각도는 얼마인가? 또한 최대 올림 높이는 일반적으로 몇 m로 하는가? 그리고 지게차가 화물을 적재하고 이동 시 포크(Fork)는 지면(地面)에서 얼마 정도 떨어져야 안전한가?

[2교시] 다음 문제 중 4문제를 선택하여 설명하시오.(각 25점)

1. 광선식 안전장치의 고장 특성에 대해 투과형과 반사형으로 구분하여 다음 각 항에 답하시오.
   1) 장치의 형태
   2) 위험검출방식
   3) 고장 시 수광기 출력
2. 1) 광전자식 안전프레스 안전거리의 정의, 2) 급정지무효 안전거리의 정의, 3) 급정지무효 안전거리 계산방식에 대해 각각 기술하시오.
3. 하인리히(Heinrich)는 안전관리에 대한 이론(주장)을 5가지 측면에서 거론하고 있다. 이를 나열하고 이 중에서 해당사항에 대해 버드(Bird)는 어떻게 주장하는지를 비교하시오.
4. 산업안전보건법 제34조 및 동법 시행규칙 제58조에 의거 법정검사를 받아야 하는 대상 기계·기구 및 설비에 대하여 아래 항목을 포함한 내용을 도표로 작성하시오.
   1) 검사대상 기계·기구 및 설비
   2) 검사대상 범위
   3) 검사의 구분(설계·완성·성능·정기·자체검사)
   4) 정기 및 자체검사 주기
5. 용접부의 파괴 시험법 중 기계적 시험법과 화학적 시험방법, 금속학적 시험방법 중 기계적 시험방법 5가지와 금속학적 시험방법 2가지에 대해서 설명하시오.
6. Chip Breaker의 목적과 선삭 시 칩의 형태 3가지를 설명하시오.

[3교시] 다음 문제 중 4문제를 선택하여 설명하시오.(각 25점)

1. 가스집합용접장치의 취급작업에서 안전담당자의 유해·위험방지업무의 직무 수행에 대해 기술하시오.
2. 산업현장에서 보유하고 있는 기계설비의 안전화 방안 및 보전 방안을 구분하여 기술하시오.
   1) 안전화 방안
   2) 보전 방안
3. 용접 시 발생하는 잔류응력 완화법 3가지와 변형교정법 2가지에 대해서 설명하시오.
4. 펌프의 공동현상(Cavitation)과 서징현상(Surging)을 설명하고, 그 원인 및 방지대책을 2가지 이상 기술하시오.
   1) 공동현상(Cavitation)
   2) 서징현상(Surging)
5. 드릴 고정방법 3가지와 일감의 고정방법 3가지에 대해서 기술하시오.
6. 연삭숫돌의 드레싱 및 트루밍에 대해서 기술하시오.

[4교시] 다음 문제 중 4문제를 선택하여 설명하시오.(각 25점)

1. 산업용 로봇에서 사용되는 "압력감지안전매트"의 압력감지 신호 계통도 5가지를 기술하시오.
2. 담금질 균열의 발생원인 2가지와 방지대책 5가지에 대해서 설명하시오.
3. 휴먼에러(Human Error)의 원인을 설명하는 과정에 다음의 용어가 사용되고 있다. 각 항목을 설명하시오.
   1) Mistake
   2) Lapses & Mode Error
   3) Slip
   4) Violation
4. 지게차 운전 시 운전자에게 주지시켜야 할 금지사항에 대해 5항목을 기술하시오.
5. 산업현장의 회전기계(Rotating Machinery)에 발생되는 진동(Vibration)의 형태 3가지를 들고 이에 해당하는 사례를 들어 설명하시오.
6. 금속의 취화현상 5가지를 들고 설명하시오.

78회 기계안전기술사 기출문제(2006년도)

[1교시] 다음 문제 중 10문제를 선택하여 설명하시오.(각 10점)

1. 시스템 안전에서 안전성 평가(Safety Assessment)의 기본원칙 6가지를 서술하시오.
2. Creep 현상에 대하여 간단히 기술하시오.
3. 단순 인장시험의 결과를 이용하여 재료의 연성(Ductility)을 표시하려 한다. 연성을 나타내는 양을 두 가지 들고 정의하시오.
4. 프레스가공 용어 중 피어싱(Piercing)과 블랭킹(Blanking)에 대하여 설명하시오.
5. 기계나 구조물의 피로한도에 영향을 주는 요인 5가지만 쓰시오.
6. 다음은 FTA 해석의 일부이다. 사상 A가 발생될 확률은 0.3, 사상 B가 발생될 확률이 0.4인 경우, 사상 Q가 발생될 확률은 얼마인가?

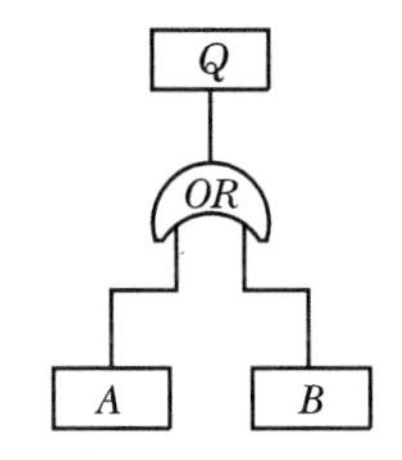

7. 재해예방의 4원칙 중 대책선정의 원칙 3가지를 쓰시오.
8. 도수율과 강도율을 설명하고 공식을 간단히 쓰시오.
9. 갈바니 부식이란 어떠한 부식인가 설명하시오.
10. MSDS(Material Safety Data Sheet)에 대하여 간단히 설명하시오.
11. 명예 산업안전 감독관의 임무를 5가지 이상 쓰시오.
12. 용접부의 결함에는 어떠한 것들이 있는지 5가지를 기술하시오.
13. 나사의 체결에서 너트의 풀림 방지방법 4가지를 기술하시오.

[2교시] 다음 문제 중 4문제를 선택하여 설명하시오.(각 25점)

1. 피로파괴 및 금속재료의 피로한도 향상방법에 대하여 기술하시오.
2. 인터록가드(Interlock Guard)에 대하여 응용사례를 들어 기술하시오.
3. 크레인의 안전장치에는 어떠한 것들이 있는가? 4가지를 들어 설명하시오.
4. 어떤 기계설비에 대한 FMEA(Failure Mode and Effect Analysis) 해석을 하려고 한다. 양식(Form)에 의하여 FMEA 해석을 행할 경우 설비의 명칭 등 설비를 정의하기 위한 항

목 외에 FMEA 양식에 포함시켜야 할 주요 항목을 5가지 들고 설명하시오.

5. 펌프의 공동현상(Cavitation)과 서징(Surging)을 설명하고 발생원인과 방지대책을 쓰시오.
6. 방호장치인 가드(Guard)를 구조상으로 분류 설명하고 산업현장에서 응용되는 사례를 간단히 쓰시오.

[3교시] 다음 문제 중 4문제를 선택하여 설명하시오.(각 25점)

1. 기계설비의 위험점 종류를 쓰고 산업현장에서 적용되는 사례를 2가지 이상 서술하시오.
2. 공기압축기에 대해서 간단히 설명하고 설치장소 선정 시 고려사항을 3가지 이상 쓰시오.
3. 안전관리 조직의 형태 3가지를 열거하고 각 조직의 장단점을 쓰시오.
4. 프레스작업의 위험성과 그 대책을 기술하시오.
5. 양중기의 와이어로프에 관한 다음 물음에 답하시오.(산업안전기준에 관한 규칙을 중심으로)
   1) 와이어로프의 안전계수는?
   2) 와이어로프의 절단방법에서 주의할 점은?
   3) 사용할 수 없는 와이어로프는?
6. S-N 곡선에 관한 다음 물음에 답하시오.
   1) S-N 곡선이란?(간단히 그림으로 그리고 설명하시오.)
   2) 응력비 R은 어떻게 정의되고 피로수명에 주는 영향은?

[4교시] 다음 문제 중 4문제를 선택하여 설명하시오.(각 25점)

1. Risk Management(위험관리)에 대하여 그 종류와 단계 및 순서에 대하여 기술하시오.
2. 제조물 책임법 중 결함의 3가지를 쓰고 응용사례를 들어 설명하시오.
3. 자분탐상법과 침투탐상법에 관하여 탐상의 원리를 설명하고 검지 가능한 결함, 장단점을 비교 설명하시오.
4. 어떤 기계의 신뢰도(Reliability)가 시간에 따라 $R(t)=\exp(-at)$로 변한다고 한다. 여기서 a는 상수, t는 시간이다. 불신뢰도(Unreliability) $F(t)$, 고장밀도함수(확률밀도 함수) $f(t)$, 순간고장률 $h(t)$를 구하시오.
5. 기계설비의 안전화 방안을 외형적, 기능적 관점에서 서술하시오.
6. 보일러(Boiler) 폭발 사고의 방지장치를 설명하고 자체검사 항목을 3가지 이상 서술하시오.

기계안전기술사 기출문제(2007년도)

[1교시] 다음 문제 중 10문제를 선택하여 설명하시오.(각 10점)

1. 가공경화(加工硬化)에 대하여 간단히 기술하시오.
2. 산업안전기준에 관한 규칙에 의하여 원동기, 회전축 등의 위험방지를 위해 사업주가 실시하는 3가지를 설명하시오.
3. 금속의 절삭가공 시 모서리에 발생하는 버(Burr)의 부정적인 영향을 간략히 기술하시오.
4. 방식(防蝕)의 대책을 3가지 제시하시오.
5. 하인리히가 강조한 사고발생 연쇄성의 5단계를 제시하시오.
6. 재해의 원인 중 1차 원인(직접원인)인 물적 원인과 인적 원인의 예를 합하여 5가지 열거하시오.
7. 아래의 와이어로프의 기호를 각기 설명하시오.
   1) 6×7+FC
   2) 6×Fi(7)+IWRC
8. 기계설비에 의해 형성되는 위험점을 6가지로 분류하시오.
9. 시각 표시장치의 식별에 영향을 미치는 조건 3가지를 열거하시오.
10. 1954년에 인간욕구 5단계설을 발표한 매슬로(Maslow)가 1970년에 추가적으로 제6단계를 발표한 바 있다. 제6단계는 무엇인가?
11. 산업안전보건법에서 정의한 중대재해에 해당하는 3가지의 경우를 제시하시오.
12. 안전작업하중(SWL)이 3톤(ton)인 줄걸이용 와이어로프를 그림과 같이 연결하였을 때 최대 사용하중(W)은 얼마인가?

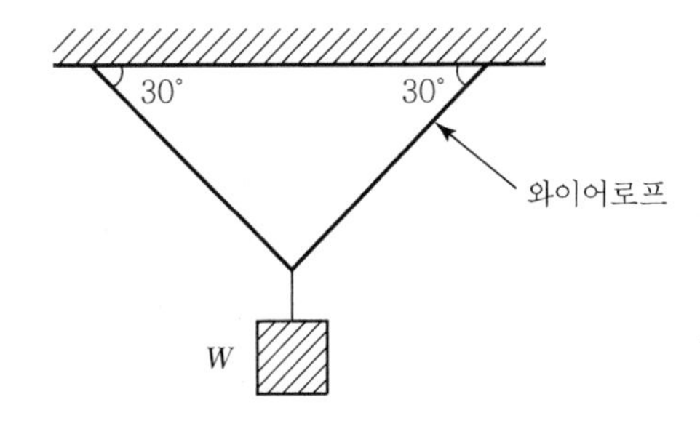

13. 기계장치의 공진(Resonance)현상 발생원인을 설명하시오.

[2교시] 다음 문제 중 4문제를 선택하여 설명하시오.(각 25점)

1. 승강기의 정격속도가 아래일 때 조속기와 비상정지장치가 각기 작동하는 범위는 얼마의 속도인가?
   1) 30m/min인 경우
   2) 60m/min인 경우
2. 비파괴검사방법에서 내부결함(內部缺陷)을 검사하는 시험방법 2가지를 제시하고 차이점을 상대 비교하여 설명하시오.
3. 기계설비의 안전기본원칙에서 근원적인 안전화(본질안전)에 대하여 설명하시오.
4. 목재가공용 둥근톱 기계의 재해예방을 위한 방호장치를 분류하고 설명하시오.
5. 보일러에서 압력방출장치와 압력제한장치를 비교 설명하시오.
6. 보호구, 방호장치 또는 위험기계 등 작업자의 안전에 중요한 산업용 제품의 근원적 안전성 확보를 위한 제도를 제조단계와 사용단계로 나누어 설명하시오.

[3교시] 다음 문제 중 4문제를 선택하여 설명하시오.(각 25점)

1. FTA와 ETA의 차이점을 설명하시오.
2. 공기압축기에서 공기탱크의 과압(Overpressure) 시 안전하게 조치할 수 있는 방안 3가지를 설명하시오.
3. 산업안전기준에 관한 규칙 제100조에 의해 양중기를 분류하고 설명하시오.
4. 롤러기의 방호장치인 급정지장치에 대해서 설명하시오.
5. 생산현장에서의 안전확보가 생산성 향상을 가져오거나 생산성 저하요인이 안전에 심대한 영향을 미치는 예를 각각 3가지 제시하시오.
6. 다음에 주어진 인터록용 센서의 형태 및 특징을 간략하게 설명하시오.
   1) 근접센서
   2) 광센서
   3) 접촉센서

[4교시] 다음 문제 중 4문제를 선택하여 설명하시오.(각 25점)

1. 산업재해 발생의 메커니즘(모델)을 그림으로 표시하여 설명하시오.
2. 기계고장률의 욕조곡선(Bath-tub Curve)을 그림으로 그린 후 단계별로 어떤 상황인지를 설명하시오.
3. 기계설비의 방호원리와 방호장치를 분류하고 설명하시오.
4. 크레인에서 사용하는 과부하 방지장치의 종류 및 원리를 설명하시오.

5. 움직이는 기계장치 또는 설비의 동적 안정성 평가는 대단히 어렵기 때문에 이를 대체할 수 있는 정적인 상태를 가정하고 안정성을 평가하는 경우가 많다. 지게차(Fork Lift)의 좌/우 회전 시 지게차 또는 적재화물의 전도 및 미끄러짐 등 동적 안정성을 평가하기 위한 방법을 설명하시오.
6. 로봇작업 시 작동영역과 작업자의 이동영역이 겹치면 안전상 문제가 발생할 수 있다. 작업환경의 무질서한 정도(안전사고 발생 가능한 정도로 통상 엔트로피로 불린다.)를 아래 그림에 정의된 로봇의 작동영역과 안전영역과의 중첩영역을 기준으로 정량적으로 표현하면 아래의 식과 같다.

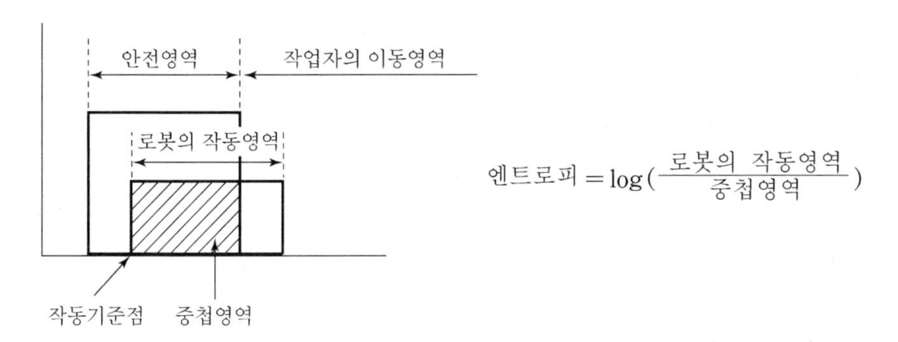

위 사실로부터 로봇작동영역의 작업자 이동영역 안으로의 확장과 작업자 이동영역의 로봇 작동영역 침범 중 어느 것이 안전상 더 불리한지 설명하시오.(단, 이는 이론적 평가로 실제 상황에서는 다양한 요인에 의해 상이한 결과를 나타낼 수 있으며, 그림 중 로봇의 작동기준점은 변하지 않는다고 가정한다.)

기계안전기술사 기출문제(2008년도)

[1교시] 다음 문제 중 10문제를 선택하여 설명하시오.(각 10점)

1. 산업안전보건법 시행규칙에 규정된 자체검사 대상 기계·기구 중 검사주기가 1년에 1회 이상인 기계·기구 5가지를 들어보시오.
2. 롤러 작업에서 두 롤(Roll) 각각의 직경을 D, 손가락의 직경을 d, 두 롤의 간격을 a라 하는 경우 각 변수가 커짐에 따라 손이 롤에 빨려 들어갈 위험은 어떻게 되는가를 설명하시오.
3. 고장률(Failure Rate)이 h로 일정한 설비에서 신뢰도함수, 불신뢰도함수, 고장밀도함수를 시간의 함수로 표시하시오.
4. 두께가 10mm이고 내경이 2m인 구형 압력용기가 있다. 압력용기 재료의 인장강도는 400MPa이고 허용응력은 인장강도를 기준으로 안전계수가 4가 되도록 결정될 때 이 용기에 가할 수 있는 최대 내압을 구하시오.(단, 부식여유는 고려하지 않고, 이음효율은 100%라고 한다.)
5. 아차사고가 일어날 경우 이를 중시하고 대책을 마련하고 있다. 그렇게 하는 안전원리상의 이유는 무엇인가?
6. 소성가공(Plastic Working)에 대하여 간단히 설명하시오.
7. 윤활제의 목적과 구비조건에 대하여 설명하시오.
8. 보일러 장해요인 중 캐리오버 현상에 대하여 설명하시오.
9. 산업안전보건법에 명시된 위험성평가의 목적에 대하여 간단히 쓰시오.
10. 플랜지 이음부의 밀봉장치에 사용되는 개스킷(Gasket)의 선정기준을 쓰시오.
11. 레이놀즈수(Reynolds Number)에 대해서 설명하고, 차원해석을 통하여 무차원수가 됨을 보이시오.
12. 부식(Corrosion)에 영향을 주는 인자에 대해서 설명하시오.
13. 연천인율, 도수율, 강도율, 종합재해지수를 간단히 설명하고 식을 쓰시오.

[2교시] 다음 문제 중 4문제를 선택하여 설명하시오.(각 25점)

1. 연삭기 작업 시 재해유형과 구조면 및 작업면에서의 안전대책을 3가지 이상 쓰시오.
2. 산업재해 발생원인을 하인리히 이론에 근거하여 설명하고, 사고예방대책을 논하시오.
3. 산업안전보건법 시행규칙에 규정된 승강기의 자체검사에서의 검사항목과 자체검사 후 기록 보존하여야 할 사항을 기술하시오.
4. 염색침투액을 사용한 침투탐상법의 시험방법을 5단계로 나누어 설명하시오.
5. 용접작업과 관련한 강구조물 용접시방서(Structural Welding Code : AWS D 1.1)에서 규정한 위험요인 5가지와 각각 재해에 대한 예방대책을 설명하시오.
6. 공정위험성 평가기법 5가지를 쓰고 각각에 대하여 설명하시오.

[3교시] 다음 문제 중 4문제를 선택하여 설명하시오.(각 25점)

1. 일반적인 금속재료의 단순인장시험에 대한 다음 물음에 답하시오.
   1) 대략적인 응력-변형률 곡선을 그리고 극한강도(인장강도), 항복강도, 비례한도를 표시하시오.
   2) 재료의 연성(Ductility)을 나타내는 단면감소율(단위 : %)과 연신율(단위 : %)을 정의하시오.
   3) 재료의 인성(Toughness)을 정의하고 어떻게 나타낼 수 있는지 설명하시오.
   4) 재료의 강도와 인성 및 연성의 일반적인 관계는 어떻게 되는지 설명하시오.
2. 교류아크용접에서 발생될 수 있는 감전에 의한 재해를 방지하기 위한 대책에 대하여 설명하시오.
3. 생산현장에서 자주 사용하는 프레스 기계에서 작업자가 손가락이 절단되는 사고사례를 FTA 시스템방식을 순차적으로 전개하여 결함수를 분석 설명하시오.
4. Pump에서 발생하는 이상현상 중 수격작용(Water Hammering)의 현상과 그 원인 및 방지대책을 3가지 이상 쓰시오.
5. 유체의 저장, 반응 혹은 분리 등의 목적을 위하여 사용하는 압력용기의 위험요인과 방호장치의 종류를 쓰고 간단히 설명하시오.
6. 비파괴시험방법 중 자분탐상검사(MT)의 자화방법 5가지를 쓰고 설명하시오.

[4교시] 다음 문제 중 4문제를 선택하여 설명하시오.(각 25점)

1. 산업안전보건법에서 규정하고 있는 공정안전보고서(PSM)의 제출대상 업종과 공정안전 보고서에 포함시켜야 할 세부사항을 기술하시오.
2. 밀폐공간 작업 시 유해공기 기준과 기본 작업절차를 쓰시오.
3. 벨트컨베이어(Belt Conveyor)의 1) 작업시작 전 점검항목과 2) 설비 설계순서에 대해 설명하시오.
4. 기계설비의 보전(Maintenance)에 대한 다음 사항에 답하시오.
   1) 예방보전(Preventive Maintenance)과 사후보전(Breakdown Maintenance)을 설명하시오.
   2) 예방보전의 종류에는 어떠한 것들이 있는지 들고 설명하시오.
   3) 고장률이 시간에 따라 일정한 설비는 어떤 보전이 적합한지 설명하시오.
5. 금속에서 국부적으로 발생되는 부식의 종류를 4가지 들고 설명하시오.
6. 압력용기에 부착된 압력조정기(Regulator)에 관하여 구체적으로 설명하고 취급상 주의사항을 쓰시오.

기계안전기술사 기출문제(2009년도)

[1교시] 다음 문제 중 10문제를 선택하여 설명하시오.(각 10점)

1. 산업안전보건법상에 규정하고 있는 안전보건 표지의 분류 4가지를 설명하시오.
2. 연삭숫돌의 3요소와 자생작용을 설명하시오.
3. 하인리히의 재해 발생의 원인에서 발생에 이르기까지의 5단계 도미노 이론(Domino Theory)을 설명하시오.
4. 인간공학적인 측면에서 동작경제의 3원칙에 대해 설명하시오.
5. 기계설비 산업재해의 감소방안 중에 하나인 'Fool Proof'에 대해 설명하고 적용사례 3가지를 설명하시오.
6. 와이어로프의 보통꼬임과 랭꼬임을 설명하고, 그 특성을 설명하시오.
7. 착시(Optical Illusion)현상의 종류를 2가지만 설명하시오.
8. 목재가공용 둥근톱기계의 방호장치 2종류를 제시하고, 설치요령을 설명하시오.
9. 타워크레인(T형 기준)의 주요 안전장치 중 5가지를 설명하시오.
10. 기계가공에서 절삭제를 사용하는 목적을 설명하시오.
11. 산업안전기준에 관한 규칙에서 양중기라고 정의하는 기계를 설명하시오.
12. 국제노동기구(I.L.O)에서 정한 롤러기의 맞물림점에 설치하는 가드의 개구부 간격을 계산하는 식을 설명하시오.
13. 선반작업에서 사용하는 칩브레이커(Chip Breaker)에는 여러 가지 형식이 있으나, 일반적으로 사용되는 칩브레이커의 종류를 설명하시오.

[2교시] 다음 문제 중 4문제를 선택하여 설명하시오.(각 25점)

1. 2008년 개정된 산업안전보건법 시행규칙에 의한 「안전인증 심사의 종류와 방법」에 대하여 설명하시오.
2. 산소-아세틸렌용접 작업 중 발생하는 역류(Contra Flow), 역화(Back Fire), 인화(Flash Back)에 대하여 설명하시오.
3. 재해손실비 평가(계산)방식을 4가지만 분류하고 설명하시오.
4. 지게차(Fork Lift) 작업 시 발생 가능한 재해유형 및 대책을 설명하시오.
5. 볼트와 너트의 체결에서 풀림을 방지할 수 있는 방법 4가지를 설명하시오.
6. 냉간가공과 열간가공에 대해 설명하시오.

[3교시] 다음 문제 중 4문제를 선택하여 설명하시오.(각 25점)

1. 프레스 및 전단기의 방호장치 중 작업 시 금형 사이에 손이 들어갈 필요가 없는 구조(No-hand in Die)방식과 작업 시 금형 사이에 손이 들어가는 구조(Hand in Die)방식에 대한 대책을 설명하시오.
2. 수소(H_2)가 강의 용접부에 미치는 영향을 5가지만 설명하시오.
3. 일반적으로 사용하는 재해통계(재해율)의 종류 4가지를 설명하시오.
4. 산업안전보건법규에 의한 안전모의 성능시험에 대해 5가지를 설명하시오.
5. 기계설비의 공진현상의 정의, 발생원인, 특성, 대책을 설명하시오.
6. 엘리베이터에서 카(케이지)가 종점스위치 작동불량으로 종점스위치를 현저하게 지나치는 것을 방지하는 파이널 리미트스위치(Final Limit Switch)의 구비조건과 기능을 설명하시오.

[4교시] 다음 문제 중 4문제를 선택하여 설명하시오.(각 25점)

1. 보일러의 장애 및 사고원인 중 발생증기(보일러 수)의 이상으로 나타나는 현상 3가지를 설명하시오.
2. 산업안전보건관계법 및 안전검사 고시에서 제시한 갑종 압력용기와 을종 압력용기를 정의하고, 압력용기의 주요 구조부분의 명칭을 3가지만 설명하시오.
3. 산업재해 발생 시 조치순서에 대해 설명하시오.
4. 시스템 안전해석기법의 종류 중 5가지를 설명하시오.
5. 부식의 여러 가지 형태 중에서 부식피로(Corrosion Fatigue)와 캐비테이션 부식(Cavitation Corrosion)에 대한 개요 및 방지책을 설명하시오.
6. 용접결함의 발생원인과 대책을 설명하시오.

90회 기계안전기술사 기출문제(2010년도)

[1교시] 다음 문제 중 10문제를 선택하여 설명하시오.(각 10점)

1. 산업안전보건법에서 정하고 있는 안전검사 대상 유해·위험기계를 10가지 쓰시오.
2. 용접부 결함 중 용접변형, 잔류응력 외 6가지에 대하여 설명하시오.
3. 기계설비의 설계도에 표시된 "M18×2"와 "SM20C"에 대하여 설명하시오.
4. 고장력볼트(High Tensile Bolt)를 사용하여 체결하여야 하는 예 5가지를 쓰시오.
5. 접근 거부형 방호장치와 포집형 방호장치에 대하여 설명하시오.
6. 노동부령이 정하는 중대재해에 해당하는 재해 3가지를 쓰시오.
7. 재료를 담금질할 때의 질량효과(Mass Effect)에 대하여 설명하시오.
8. 고속회전체에 대한 회전시험 중 지켜야 할 안전기준을 쓰고, 비파괴검사를 실시하여야 할 대상을 쓰시오.
9. 산업안전기준에 관한 규칙에 기술된 양중기에서 사용할 수 없는 와이어로프의 기준을 설명하시오.
10. 용접부의 기계적인 파괴시험법 5가지를 설명하시오.
11. 소성가공에서 열간가공에 대하여 설명하고, 냉간가공과 비교할 때 장점을 쓰시오.
12. 베어링메탈의 구비조건 5가지를 설명하시오.
13. 고온 및 저온절삭에 대해서 설명하시오.

[2교시] 다음 문제 중 4문제를 선택하여 설명하시오.(각 25점)

1. 산업안전보건법에 의거 실시하고 있는 안전인증심사의 종류 및 내용을 설명하시오.
2. 나사의 자립조건과 나사의 풀림방지 방법들에 대하여 설명하시오.
3. 내경이 2m이고, 두께가 2cm인 탄소강으로 제작된 원통형 압력용기에 1MPa의 압력이 작용하고 있다. 압력용기에 작용하는 원주방향 및 축방향 응력을 구하고, 이 압력용기가 과도한 압력에 의하여 파손되는 경우 원통에서 발생되는 균열의 방향에 대하여 설명하시오.
4. 침투탐상법(Penetration Test)의 특징과 작업과정을 설명하시오.
5. 구성인선(Built-up Edge)을 설명하고, 그 영향 및 대책에 대하여 설명하시오.
6. 크레인 등의 양중기에 사용하는 정지용 브레이크 3종류와 속도제어용 브레이크 2종류를 쓰고 구조, 장점 및 단점을 표로 만들어 작성하시오.

[3교시] 다음 문제 중 4문제를 선택하여 설명하시오.(각 25점)

1. 양중기에 사용하는 과부하방지장치의 종류 3가지를 쓰고, 작동원리 및 적용하는 양중기 명칭을 쓰시오.
2. 산업현장에서 사용하는 기계·기구 및 설비에 대한 안전점검의 종류, 안전점검요령, 안전점검대상 기계기구 및 설비를 쓰시오.
3. 어떤 기계설비 부품의 고장특성은 지수분포를 따른다고 한다. 이때 고장밀도 함수는 $f(t) = h \cdot \exp(-ht)$로 표시된다. 여기서 t는 시간(단위 years), h는 상수이다. 이 부품의 경우 $h = 0.02$(failures/year)라고 할 때 다음 각 물음에 답하시오.
   1) 이 부품의 평균 수명은 몇 년인가?
   2) 이 부품의 고장확률이 20%가 될 때 이 부품을 교환하려고 할 경우 몇 년 사용 후 교환하여야 하는가?
4. 연삭기의 주요 재해유형과 연삭숫돌의 주요 파괴원인에 대하여 설명하시오.
5. 피로한도에 영향을 주는 요인 5가지를 쓰고, 설명하시오.
6. 주철에 포함된 주요 5원소를 쓰고, 그 영향을 설명하시오.

[4교시] 다음 문제 중 4문제를 선택하여 설명하시오.(각 25점)

1. 안전보건개선계획에 대하여 다음 각 물음에 답하시오.
   1) 안전보건개선계획의 개요
   2) 안전보건개선계획 대상사업장으로 선정되는 사유 4가지
   3) 안전보건개선계획의 주요 내용 3항목
2. 윤활유의 사용목적 5가지와 구비조건 8가지를 쓰고, 설명하시오.
3. 타워크레인에 대한 작업계획서 작성 시 포함되어야 할 내용과 강풍 시 작업제한 등에 대하여 설명하시오.
4. 시스템안전 해석방법 중 FMEA(Failure Modes and Effects Analysis)의 개요와 장단점을 설명하시오.
5. 기계고장률의 기본모형 그림을 그리고 설명하시오.
6. 아크 용접봉의 피복제 역할 7가지와 종류 5가지를 설명하시오.

93회 기계안전기술사 기출문제(2011년도)

[1교시] 다음 문제 중 10문제를 선택하여 설명하시오.(각 10점)

1. 재해통계에서 강도율을 쓰고, 재해손실일수와 연근로시간수의 산출방법을 설명하시오.
2. 산업안전보건법에 의거한 의무안전인증대상기계 · 기구 및 설비에 대하여 설명하시오.
3. 재료의 크리프(Creep) 현상에 대해 그림을 그리고 단계별로 설명하시오.
4. 안전계수(Safety Factor)의 식을 쓰고, 안전율의 선정 시 고려해야 하는 사항을 설명하시오.
5. 초기 고장에서 디버깅(Debugging)과 버닝(Burning)에 대하여 설명하시오.
6. 기계의 운동 중에서 발생되는 위험점 5가지에 대해 예를 들어 설명하시오.
7. 기계설비에서 풀프루프(Fool Proof)의 정의와 사용 예를 3가지만 설명하시오.
8. 액체침투탐사검사(LPT ; Liquid Penerant Testing) 방법 5단계를 설명하시오.
9. 가스용접 작업 시 발생할 수 있는 사고의 유형에 대하여 설명하시오.
10. 프레스기의 양수조작식 방호장치 설치 시 안전거리와 구비조건을 설명하시오.
11. 연삭숫돌의 파괴원인을 5가지만 쓰시오.
12. 보일러의 장해를 일으키는 캐리오버(Carry Over)의 발생원인을 설명하시오.
13. 포집형 방호장치에 대한 그림을 그리고 설명하시오.

[2교시] 다음 문제 중 4문제를 선택하여 설명하시오.(각 25점)

1. 다음 그림은 결함수(Fault Tree)에서 같은 사건이 나타나지 않는 경우의 Top Event 발생 경로를 나타낸 것이다. 사상 A, B, C, D, E의 발생 확률이 각각 0.1인 경우 Top Event의 발생 확률을 구하시오.

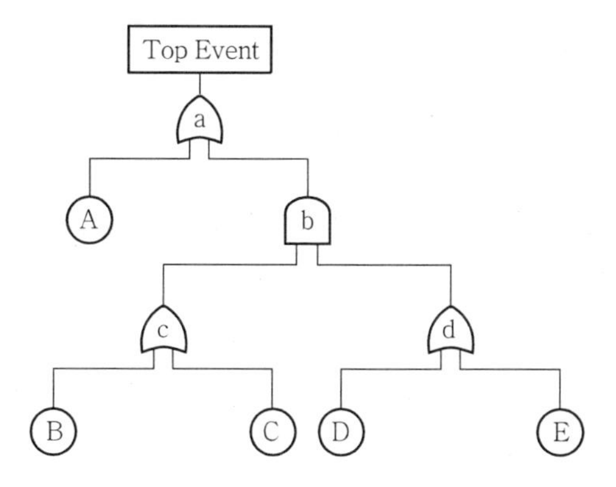

2. 기계 · 기구 등에 체결된 볼트와 너트의 이완방지방법 5가지를 설명하시오.
3. 기계설비의 방호는 위험장소와 위험원으로 분류하는데, 각각의 방호장치에 대하여 설명하시오.
4. 사용 중인 롤러기의 방호장치인 급정지장치의 구비조건을 관련규정에 근거하여 설명하시오.
5. 엘리베이터 안전장치의 종류와 기능을 5가지만 쓰시오.
6. 기계공작에서 비절삭가공 중 소성가공의 종류, 특징, 위험요인에 대하여 설명하시오.

[3교시] 다음 문제 중 4문제를 선택하여 설명하시오.(각 25점)

1. 금속재료의 응력집중계수를 설명하고, 노치 또는 원형 홈이 있는 단면부에서의 응력집중 상태를 설명하시오.
2. 기계설비, 부품 등의 부식(Corrosion) 중 전위차 부식(Galvanic Corrosion) 및 틈새부식(Crevice Corrosion)의 정의, 발생 메커니즘, 영향요인 및 방지책을 설명하시오.
3. 그림과 같은 원통형 압력용기에서 원주방향의 응력(σ_t), 축방향응력(σ_z) 및 동판의 두께(t)를 계산하는 식에 대하여 설명하시오.

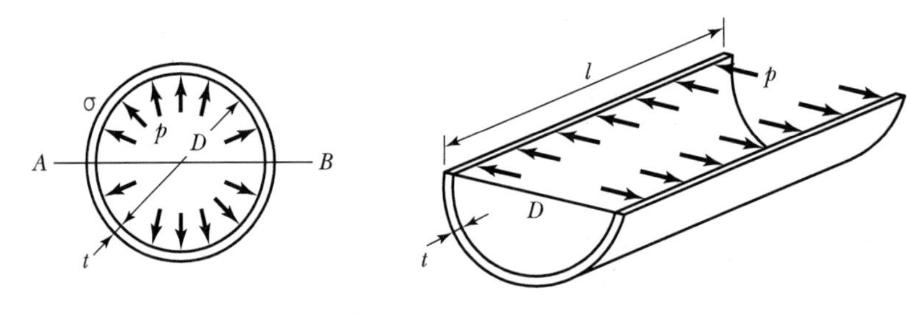

4. 타워크레인을 자립고(自立高) 이상의 높이로 설치하는 경우에 타워크레인의 지지에 대하여 설명하시오.
5. 유체를 사용하는 회전기계 및 왕복동 기계에서 일어나는 진동의 원인을 설명하시오.
6. 보일러의 안전장치 중 압력방출장치와 압력제한스위치의 기능, 동작원리, 구조, 설치장소를 비교 설명하시오.

[4교시] 다음 문제 중 4문제를 선택하여 설명하시오.(각 25점)

1. 기계설비의 소음방지대책 중 소음원, 전파경로 및 수음부에 대한 대책을 설명하시오.
2. 설비보전활동 중 예방보전(Preventive Maintenance)의 방법을 3가지만 설명하시오.
3. 산업안전보건법에 의거, 실시하고 있는 안전검사 대상 리프트의 3종류와 주요 구조부를 설명하시오.
4. 목재가공용 둥근톱기계의 반발예방장치 3가지에 대하여 설명하시오.

5. 다음 그림에서 게이트가드(Gate Guard)식 안전장치에 인터로크 장치가 잘못 설치되어 있다.
   1) 잘못 설치된 이유를 설명하시오.
   2) 올바른 구조의 인터로크 장치를 그림으로 나타내고 설명하시오.

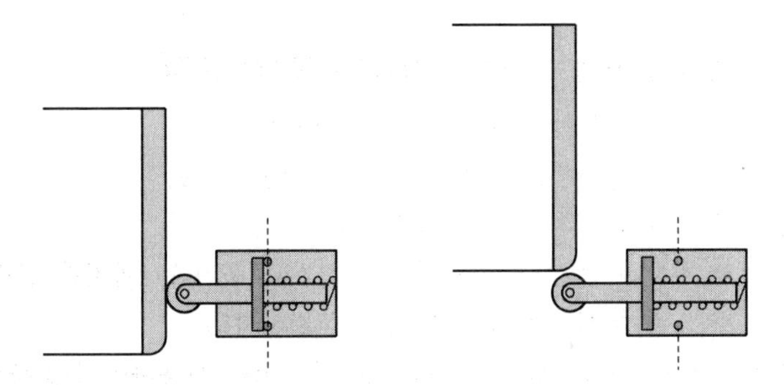

6. 위험기반검사(Risk Based Inspection)에서 위험도순위표(Risk Ranking Matrix) 작성방법과 위험도에 따른 관리방법을 설명하시오.

96회 기계안전기술사 기출문제(2012년도)

[1교시] 다음 문제 중 10문제를 선택하여 설명하시오.(각 10점)

1. 고정식 축이음의 종류를 5가지만 쓰고, 설명하시오.
2. 재료의 정적(靜的)시험 방법을 6가지만 쓰고, 설명하시오.
3. 절삭유의 효과에 대하여 4가지만 설명하시오.
4. 용접용 가스로 사용할 때 갖추어야 할 연료가스의 조건을 4가지만 설명하시오.
5. 산업재해 발생 시 조치사항을 순서에 따라 설명하시오.
6. 기계설비의 신뢰도(Reliability)를 3개의 Key Word를 사용하여 설명하시오.
7. 랙 및 피니언(Rack & Pinion)식 건설용 리프트의 운반구 추락에 대비한 낙하방지 장치(Governor)에 대한 작동원리 및 작동기준을 설명하시오.
8. 산업안전보건법에서 정하고 있는 사업장의 안전보건관리책임자의 직무에 대해 5가지만 설명하시오.
9. 크레인의 충돌방지장치(Anti Collision Device)에 대하여 다음 사항을 설명하시오.
   1) 충돌방지장치 설치대상 크레인
   2) 충돌방지장치의 작동기준
   3) 충돌방지장치의 종류
10. 바우싱거 효과(Bauschinger Effect)에 대해 설명하시오.
11. 현행 산업안전보건법에 따라 방호조치를 하여야 할 유해하거나 위험한 기계·기구의 종류 6가지와 각각에 대한 방호장치를 설명하시오.
12. 고주파 용접에 대해 설명하시오.
13. 지그(jig) 사용의 이점 8가지에 대하여 설명하시오.

[2교시] 다음 문제 중 4문제를 선택하여 설명하시오.(각 25점)

1. 강(steel)의 표면 경화법에 대해 설명하시오.
2. 유압제어밸브(Hydraulic Control Valve)를 기능에 따라 분류하고 설명하시오.
3. 동작 경제의 원칙에 대해 설명하시오.
4. 산업용 로봇이 갖추어야 할 안전기능에 대해 설명하시오.
5. 굽힘 가공 시 재료와 형상상의 주의사항에 대해 설명하시오.
6. 금속의 결함검사법의 종류 5가지를 쓰고, 각각에 대해 설명하시오.

[3교시] 다음 문제 중 4문제를 선택하여 설명하시오.(각 25점)

1. 에어실린더(Air Cylinder)의 트러블 현상을 8가지만 쓰고, 각각에 대한 원인을 설명하시오.
2. 전위기어(Profile Shifted Gear)에 대해 다음 사항을 설명하시오.
   1) 개요
   2) 사용목적 3가지
3. 소성가공에 대해 다음 사항을 설명하시오.
   1) 특징 4가지
   2) 종류 6가지
4. 산업안전보건기준에 관한 규칙에서 정하고 있는 고소작업대에 대해 다음 사항을 설명하시오.
   1) 설치할 때의 준수사항
   2) 이동할 때의 준수사항
   3) 사용할 때의 준수사항
5. 수평사출성형기를 형체부, 성형부, 사출부로 나누어 각각에 대한 위험성과 필요한 방호장치에 대해 설명하시오.
6. 설계 시 안전계수(Factor of Safety)를 도입하는 이유에 대해 결정인자를 중심으로 설명하시오.

[4교시] 다음 문제 중 4문제를 선택하여 설명하시오.(각 25점)

1. 아세틸렌가스의 위험성을 5가지만 설명하시오.
2. 기계 설계 시 고려해야 할 위험요소에 대해 6가지만 설명하시오.
3. 산업안전보건법에서 정하고 있는 위험성 평가에 대해 다음 사항을 설명하시오.
   1) 위험성 평가의 목적
   2) 위험도
   3) 위험성 평가 시기
   4) 위험성 평가 시 주의사항
   5) 위험성 평가 절차(1~5단계의 과정 설명)
4. 산업안전보건기준에 관한 규칙에서 정하는 안전난간의 구조 및 설치요령을 설명하시오.
5. 자동반송장치 중에서 사고발생의 위험이 큰 자동창고 스태커 크레인(Stacker Crane)의 장비 안전운전을 위한 조건과 무인반송차의 설계 및 계획단계에서의 안전확보에 대해 설명하시오.
6. 용접부 결함의 종류와 특징 중 치수상 결함과 구조상 결함에 대해 설명하시오.

99회 기계안전기술사 기출문제(2013년도)

[1교시] 다음 문제 중 10문제를 선택하여 설명하시오.(각 10점)

1. 바이오리듬(Biorhythm)의 종류와 개요를 설명하시오.
2. 승객용 엘리베이터에서 카용 레일의 사용목적을 설명하시오.
3. 환기가 불충분한 장소에서 용접·용단 등 화기작업을 할 때 화재예방에 필요한 사항을 5가지만 쓰시오.
4. 금속을 용해하는 용해로의 종류와 그 특징에 대하여 설명하시오.
5. 산업안전보건법령상 중대재해와 중대산업사고에 대하여 설명하시오.
6. 타워크레인의 마스트 지지방법 2가지를 그림을 그리고, 설명하시오.
7. 사업장 무재해운동의 기법 중 하나인 5C의 개요와 효과에 대하여 설명하시오.
8. 위험(Hazard) 및 위험도(Risk)에 대한 용어를 설명하고, 위험도를 구하는 공식을 쓰시오.
9. 관성력을 점성력으로 나눈 것으로 모든 유체에 적용되는 무차원수인 용어 및 공식을 쓰시오.(단, 공식에 사용된 변수는 단위를 포함하여 쓰시오.)
10. 와이어로프의 사용금지기준과 인화공용으로 사용할 경우의 안전계수에 대하여 설명하시오.
11. 재해통계의 목적과 역할에 대하여 설명하시오.
12. 기어의 크기를 표시할 때 사용하는 3가지 기준을 설명하고, 관련 공식과 기호의 의미에 대하여 설명하시오.
13. 산업안전심리의 5대 요소에 대하여 설명하시오.

[2교시] 다음 문제 중 4문제를 선택하여 설명하시오.(각 25점)

1. 지게차의 운행 시 안전을 확보하기 위한 요건에 대하여 설명하시오.
2. 이용자 및 관리자가 승강로에 추락하는 것을 방지하기 위한 엘리베이터용 안전장치인 도어 인터록의 구성, 기능 및 동작순서에 대하여 설명하시오.
3. 산업안전보건법령상 제조업 유해·위험방지계획서 제출대상 업종과 특정설비에 대하여 설명하시오.
4. 조명이 작업에 미치는 영향과 조명의 적절성을 결정하는 요인 및 조명장치 설계 시 고려사항을 설명하시오.
5. 재해손실비용의 종류와 산정방법에 대하여 설명하시오.
6. 기어나 감속기를 유지·보수할 때 기어 손상의 종류와 손상방지책에 대하여 설명하시오.

[3교시] 다음 문제 중 4문제를 선택하여 설명하시오.(각 25점)

1. 연삭숫돌의 취급 시 안전대책과 숫돌의 파괴원인에 대하여 설명하시오.
2. 위험성 평가의 정의, 방법 및 절차에 대하여 설명하시오.
3. 산업용 로봇의 안전작업을 위한 지침을 정할 때의 항목과 수리작업 등을 할 때의 조치에 대하여 설명하시오.
4. 비파괴검사의 종류와 주요 위험요인 및 안전대책에 대하여 설명하시오.
5. 선반작업 시 발생할 수 있는 재해유형과 위험방지대책(안전수칙), 그리고 방호장치에 대하여 설명하시오.
6. 위험기계·기구의 종류를 나열하고, 프레스와 전단기의 방호장치에 대하여 설명하시오.

[4교시] 다음 문제 중 4문제를 선택하여 설명하시오.(각 25점)

1. 기계설비의 안전화 방안 중 외형적 안전화와 구조적 관점에서의 안전화에 대하여 설명하시오.
2. 근로자 정기안전보건교육의 필요성과 교육 시 포함되어야 할 내용에 대하여 설명하시오.
3. 보일러의 장애요인, 사고원인 및 안전대책에 대하여 설명하시오.
4. 축을 설계할 때 안전 측면에서 고려할 사항에 대하여 설명하시오.
5. 컨베이어의 종류, 위험성, 안전장치의 종류 및 안전조치에 대하여 설명하시오.
6. 절삭유의 사용목적, 종류 및 구비조건과 작업할 때의 안전(보건)대책에 대하여 설명하시오.

102회 기계안전기술사 기출문제(2014년도)

[1교시] 다음 문제 중 10문제를 선택하여 설명하시오.(각 10점)

1. 보일러의 폭발사고를 예방하기 위하여 기능이 정상적으로 작동될 수 있도록 사업주가 유지 관리하여야 할 방호장치를 설명하시오.
2. 이삿짐 운반용 리프트를 사용하여 작업을 하는 경우, 이삿짐 운반용 리프트의 전도를 방지하기 위하여 사업주가 준수하여야 할 사항을 설명하시오.
3. 유해·위험 방지를 위한 방호조치를 하지 아니하고는 양도·대여·설치 사용하거나, 양도·대여를 목적으로 진열해서는 아니 되는 기계·기구를 설명하시오.
4. 위험기계·기구 의무안전인증 고시에서 정하는 고소작업대를 주행 장치에 따라 분류하여 설명하시오.
5. 물이 유동하는 관로에서 발생하는 수격 작용의 방지 대책에 대하여 설명하시오.
6. 소성가공(盤性加工) 시 금속재료에서 발생하는 가공경화(加工硬化)에 대하여 설명하시오.
7. 화물의 낙하에 의하여 지게차 운전자에게 위험을 미칠 우려가 있는 경우 지게차 헤드가드(Head Guard)의 설치기준을 설명하시오.
8. 달기체인의 사용금지 기준을 산업안전보건기준에 관한 규칙에 근거하여 설명하시오.
9. 연삭숫돌의 다음 사항에 대하여 설명하시오.
   1) 드레싱(Dressing)
   2) 트루잉(Truing)
   3) 자생작용
10. 하인리히의 사고예방 5단계를 설명하시오.
11. 금속재료의 단순인장시험을 통하여 알 수 있는 기계적 특성에 대하여 설명하시오.
12. 재료의 연성(Ductility)을 나타낼 수 있는 척도에 대하여 설명하시오.
13. 피로수명을 나타내는 S-N 곡선을 그리고, 피로한도에 대하여 설명하시오.

[2교시] 다음 문제 중 4문제를 선택하여 설명하시오.(각 25점)

1. 산업안전보건법 시행규칙에서 정하고 있는 공정안전보고서의 세부내용에 포함하여야 할 사항을 설명하시오.
2. 크레인에 사용되는 레일정지 기구의 설치기준을 설명하시오.
3. 기계설비의 방호원리를 단계별로 설명하시오.

4. 승강기의 구동방식을 로프식과 유압식으로 분류하여 설명하시오.
5. 안전검사의 목적과 안전검사 대상 기계 및 검사주기에 대하여 설명하시오.
6. 압력용기를 사용하는 중에 발생되는 부식의 종류 5가지에 대하여 설명하시오.

[3교시] 다음 문제 중 4문제를 선택하여 설명하시오.(각 25점)

1. 프레스의 광전자식 방호장치 안전거리 설치기준과 준수해야 할 사항 2가지를 설명하시오.
2. 교류 아크용접기의 자동전격방지기 작동원리에 대하여 설명하고, 설치하여야 할 장소를 제시하시오.
3. 체결용 나사에 윤활유를 사용해서는 안 되는 이유를, 나사의 자립조건을 이용하여 설명하시오.
4. 시각적 표시장치의 목적과 식별에 영향을 미치는 조건을 설명하시오.
5. 4M 유해위험요인 파악 방법에서 4M의 의미와 각각에 해당되는 유해위험요인에 대하여 설명하시오.
6. 방사선투과시험의 원리와 시험에서 사용되는 투과도계에 대하여 설명하시오.

[4교시] 다음 문제 중 4문제를 선택하여 설명하시오.(각 25점)

1. 산업안전보건기준에 관한 규칙에서 정하고 있는 양중기의 종류를 제시하고, 각 해당 기계를 설명하시오.
2. 위험기계·기구 의무안전인증 고시에서 정하고 있는 롤러기 급정지장치의 기능과 설치방법 기준을 설명하시오.
3. 유압식 승강기에서 사용되고 있는 안전밸브 종류 4가지와 그 기능에 대하여 설명하시오.
4. 에스컬레이터(Escalator)의 안전장치 중 역구동방지장치를 포함하여 5가지를 설명하시오.
5. 기계설비의 방호장치는 격리형, 위치제한형, 접근거부형, 접근반응형, 감지형 및 포집형으로 나눌 수 있다. 각각에 대하여 예를 들어 설명하시오.
6. 두께가 t, 내부 반지름 r인 원통형 압력용기에 압력 p가 작용되고 있다. 다음 사항에 대하여 설명하시오.
   1) 원통부에 발생되는 최대수직응력
   2) 원통부에 발생되는 절대최대전단응력

기계안전기술사 기출문제(2015년도)

[1교시] 다음 문제 중 10문제를 선택하여 설명하시오.(각 10점)

1. 산업안전보건법령상의 안전보건관리체계에서 안전보건관리책임자의 업무에 대하여 설명하시오.
2. 사업장의 음압(dB)수준이 80dB~110dB일 경우 산업안전보건법상의 기준 허용 소음 노출시간을 표시하고 소음을 통제하는 일반적인 방법을 구체적으로 설명하시오.
3. 산업안전보건법령상의 제조업 유해·위험방지계획서 제출대상 특정설비에 대하여 설명하시오.
4. 기계고장률의 기본모형(욕조곡선, Bathtub Curve)을 그림으로 도시하고 설명하시오.
5. 기계장치에 사용하는 정량적인 동적표시장치의 3가지 기본형과 각각의 종류에 대하여 설명하시오.
6. 정전기로 인한 화재폭발 등의 방지대상 설비를 나열하시오.
7. 유압작동유의 구비조건에 대하여 10가지만 쓰시오.
8. 기어에서 이빨의 크기를 표시하는 기본요소(원주피치, 모듈, 지름피치)와 이들 상호 간의 관계식을 단위를 포함하여 설명하시오.
9. 양중기에 사용하는 과부하방지장치의 종류와 특성에 대하여 설명하시오.
10. 선반가공을 할 때 발생되는 칩(Chip)의 모양을 4가지 종류로 구분할 수 있는데 이에 대하여 설명하시오.
11. 산업안전보건법령상의 안전인증대상 기계·기구 및 설비(10종)와 보호구(12종)를 구분하여 그 대상을 쓰시오.
12. 방사선투과검사원이 발전소건설현장에서 검사업무를 할 때 주요 위험요인과 작업 전 및 작업 중의 안전수칙(대책)을 쓰시오.
13 로프는 사용에 따라 마모와 피로가 수반되고 연속적인 하중이 주어짐에 따라 늘어나게 된다. 이러한 늘어남은 전형적인 3단계의 신율특성을 보이는데 이에 대하여 설명하시오.

[2교시] 다음 문제 중 4문제를 선택하여 설명하시오.(각 25점)

1. 산업현장에서 사용하는 지게차를 작업용도에 따라 분류하고, 설명하시오.
2. 비파괴검사방법 중 액체침투탐상(또는 염색침투탐상)과 자분탐상검사의 장단점을 설명하고, 적용 시 안전대책을 설명하시오.

3. 기계설비의 본질안전화는 안전기능 내장, Fool Proof 기능 및 Fail Safe 기능이 있다. 이에 대하여 적용사례를 포함하여 설명하고 본질안전화의 문제점을 설명하시오.
4. 강의 담금질 조직은 냉각속도에 따라 구분이 되는데 그 종류를 나열하고, 특성을 설명하시오.
5. 가스용접 작업 시 발생할 수 있는 사고의 유형과 발생원인 및 예방대책에 대하여 설명하시오.
6. 구름베어링(Rolling Bearing)과 미끄럼베어링(Sliding Bearing)에 대한 특징을 비교 설명하시오.

[3교시] 다음 문제 중 4문제를 선택하여 설명하시오.(각 25점)

1. 용접부의 기계적인 파괴시험법에 대하여 설명하시오.
2. 응력집중 및 응력집중계수에 대하여 설명하고, 응력집중 완화대책에 대하여 4가지만 쓰고 설명하시오.
3. 엘리베이터에서 사용하는 비상정지장치(Safety Gear)와 완충기(Buffer)의 기능 및 종류에 대하여 설명하시오.
4. 컨베이어에서 생길 수 있는 위험점의 종류를 나열하고, 발생할 수 있는 위험성과 안전조치에 대하여 설명하시오.
5. 피로한도(Fatigue Limit)에 영향을 주는 인자를 7가지만 설명하고, 피로한도의 향상방안에대하여 3가지만 설명하시오.
6. 공기압축기의 작업시작 전 점검사항과 운전개시 및 운전 중 주의사항에 대하여 설명하시오.

[4교시] 다음 문제 중 4문제를 선택하여 설명하시오.(각 25점)

1. 가드의 유형을 4가지로 분류하고, 각각에 대한 종류 및 특징에 대하여 설명하시오.
2. 기계·설비의 배치 시 옥내통로 및 계단의 안전조건에 대하여 설명하시오.
3. 안전관리 측면에서의 설계 및 가공착오의 원인과 대책에 대하여 설명하시오.
4. 승강기 안전부품 중의 하나인 상승과속방지장치용 브레이크의 대표적 종류 4가지와 성능기준에 대하여 설명하시오.
5. 건조설비의 설치 시 준수사항에 대하여 설명하시오.
6 위험성 평가의 일반원칙과 평가절차 5단계를 순서대로 설명하고, 대표적인 평가기법 4가지의 특징과 장단점에 대하여 설명하시오.

기계안전기술사 기출문제(2016년도)

[1교시] 다음 문제 중 10문제를 선택하여 설명하시오.(각 10점)

1. 양정 220m, 회전수 2,900rpm, 비속도(Specific Speed)가 176인 4단 원심펌프의 유량(m^3/min)을 구하고, 에어바인딩(Air Binding) 현상에 대하여 설명하시오.
2. 화학설비공장의 공정용 스팀을 생산하는 보일러를 신규로 설치할 경우 가동 전 점검사항에 대하여 설명하시오.
3. 강(Steel)의 5대 원소와 각각의 함유원소가 금속에 미치는 영향을 설명하시오.
4. 화학설비산업의 펌프 및 배관 플랜지 이음부의 밀봉장치에 사용되는 가스켓 선정기준과 액체 위험물 취급 시 발생할 수 있는 유동대전 현상에 대하여 설명하시오.
5. 산업안전보건기준에 관한 규칙상에서 지게차의 헤드가드(Head Guard)를 설치 시 준수사항에 대하여 설명하시오.
6. 레버풀러(Lever Puller) 또는 체인블록(Chain Block)을 사용하는 경우의 준수사항에 대하여 설명하시오.
7. 근로자가 관리대상 유해물질이 들어 있던 탱크 등을 개조 · 수리 또는 청소를 하거나 내부에 들어가서 작업하는 경우의 조치사항에 대하여 설명하시오.
8. 압력용기에서 파열판을 설치하는 조건에 대하여 설명하시오.
9. 압력배관용 배관의 스케줄(Schedule) 번호에 대하여 설명하고, 압력배관용 탄소강관(KSD 3562)의 스케줄 번호 종류를 쓰시오.
10. 강의 동소체와 동소변태, 변태점에 대하여 설명하시오.
11. 바나듐어택(Vanadium Attack)에서 응력집중을 완화시키기 위해서 일반적으로 사용되는 방법을 5가지만 설명하시오.
12. 탄소강의 표면경화법은 크게 "화학적 표면경화법"과 "물리적 표면경화법"으로 나눌 수 있는데 이 "화학적 표면경화법"과 "물리적 표면경화법"의 종류를 쓰시오.
13. [보기]의 교류아크용접기 자동전격방지기 표시에서 각 항목에 대하여 설명하고, 교류 아크용접기 작업 시 위험요인 및 안전작업 수칙을 쓰시오.

[보기]
SP－3A－H

[2교시] 다음 문제 중 4문제를 선택하여 설명하시오.(각 25점)

1. 사업장에서 고압가스 저장실에 가연성 가스집합장치를 설치하려고 한다. 가스누출경보기 설치조건에 대하여 설명하시오.(단, 기준/대상/설치장소/설치위치/경보설정 및 성능 순으로 설명하시오.)
2. 용접작업과 관련한 강구조물 용접시방서(Structural Welding Code : AWS D1.1)에서 규정한 위험요인의 예방책과 용접재료의 P-NO 및 F-NO에 대하여 설명하시오.
3. 화학설비공장에서 운전 중인 배관 검사 시 안전조치 사항과 열화에 쉽게 영향을 받는 배관 시스템을 검사하기 위해 특별히 주의할 사항에 대하여 안전보건기술지침(KOSHA Guide)에 따라 설명하시오.
4. 재료의 피로파괴에 대해 도시화하여 설명하시오.
5. 공기 Spring 장치의 특징과 장단점을 각각 4가지만 설명하시오.
6. 베어링의 기본 정격수명식을 유도하시오.

[3교시] 다음 문제 중 4문제를 선택하여 설명하시오.(각 25점)

1. Clean Room 청정도, Class 100, 설계 시 고려사항 4가지를 설명하시오.
2. 산업안전보건법상 자율안전 확인 대상 기계・기구, 방호장치, 보호구 종류에 대하여 설명하시오.
3. 스테인리스강(Stainless Steel)을 금속조직으로 분류하여 대표적인 3가지의 종류와 특성을 각각 비교하여 설명하시오.
4. 배관의 부식발생 메커니즘과 내적・외적원인 및 방지대책과 부식의 종류에 대하여 설명하시오.
5. 바하(Bach)의 축공식을 유도하시오.
6. 굽힘밴딩에서 스프링 백(Spring Back) 발생요인과 방지대책에 대하여 설명하시오.

[4교시] 다음 문제 중 4문제를 선택하여 설명하시오.(각 25점)

1. 기계가공 업종에서 수리작업 시 안전작업허가제도(운영절차, 허가서 작성 및 발급 확인 사항, 승인 시 확인사항, 기계업종의 예시 5가지)에 대하여 설명하시오.
2. 고체 원재료를 이송하는 벨트 컨베이어(Belt Conveyor) 설비의 작업시작 전 점검항목 및 설비의 설계항목과 방호장치에 대하여 설명하시오.
3. 겨울철 탄소강관(Carbon Steel) 재질의 물배관 동파와 관련하여 다음 각 물음에 답하시오.
   1) 동파원인 및 동파방지방법 5가지와 동결심도를 설명하시오.
   2) 배관부에 시행하는 자분탐상검사의 자화방법 5가지와 각각의 장단점에 대하여 설명하시오.
4. Oilless Bearing의 종류 2가지를 쓰고, 특성을 3가지만 설명하시오.
5. 치차 변속장치에서 소음 · 진동의 발생원인과 대책에 대하여 설명하시오.
6. 기계설비 위험성 평가를 수행하기 위한 자료수집, 유해 · 위험요인 파악, 위험성 추정, 위험성 결정, 감소대책 수립 및 실시, 기록사항에 대하여 설명하시오.

기계안전기술사 기출문제(2017년도)

[1교시] 다음 문제 중 10문제를 선택하여 설명하시오.(각 10점)

1. 체인슬링과 체인호이스트에 조립된 체인의 신장과 지름감소에 대한 폐기기준을 설명하시오.
2. 미끄럼베어링에서 베어링계수와 마찰계수의 관계에 대하여 그림을 그려 설명하시오.
3. 벨트전동에서 발생되는 크리핑(Creeping) 현상과 플래핑(Flapping) 현상을 설명하시오.
4. 프레스의 방호장치 5가지 중 확동식 클러치가 부착된 프레스에 부적합한 방호장치의 종류를 쓰고, 부적합한 이유를 설명하시오.
5. 다음 각 번호에 대한 와이어로프 기호를 설명하시오.

6	×	Fi(24)	×	IWRC	B종	20mm
①		②		③	④	⑤

6. 타워크레인 사용 중 악천후 및 강풍 시 작업중지 조건을 설명하시오.
7. 산업안전보건법 시행규칙에서 정하는 명령진단 대상사업장을 쓰시오.
8. 안전인증대상 보호구 중 안전화에 대한 등급 및 사용장소를 설명하시오.
9. 다음의 각 번호에 대한 용접기호를 설명하시오.

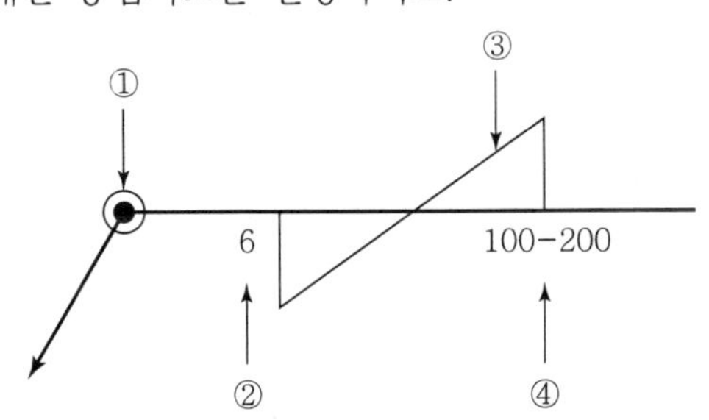

10. 산업안전보건법 시행규칙에서 규정하고 있는 사업장 안전보건 교육과정 5가지와 과정별 교육시간을 쓰시오.
11. 이삿짐 운반용 리프트의 전도 및 화물의 낙하 방지를 위해 사업주가 취해야 할 조치를 설명하시오.
12. 산업안전보건법 시행령에서 안전검사를 받아야 하는 유해·위험기계를 모두 쓰시오.(단, 현재 검사를 받아야 하는 유해·위험기계에 한함)
13. 에스컬레이터 또는 무빙워크의 출입구 근처에 부착하여야 할 주의표시 내용 4가지를 쓰시오.

[2교시] 다음 문제 중 4문제를 선택하여 설명하시오.(각 25점)

1. 지게차 작업에서 검토하여야 하는 다음 사항에 대하여 설명하시오.
   1) 최소 선회반경
   2) 최소 회전반경
   3) 최소 직각 통로 폭
   4) 최소 적재 통로 폭
2. 사업장에서 근로자가 출입을 하여서는 아니 되는 출입의 금지조건을 10가지만 설명하시오.
3. 프레스 재해예방 및 생산성 향상을 위하여 설치하는 재료의 송급 및 배출 자동화장치의 종류와 기능을 설명하시오.
4. 고소작업대와 관련하여 다음의 내용에 대하여 설명하시오.
   1) 무게 중심에 의한 분류
   2) 주행 장치에 따른 분류
   3) 주요 구조부
5. 연삭기의 주요 위험 요인을 열거하고 기술적 대책과 관리적 대책으로 구분하여 설명하시오.
6. 산업안전보건법 시행규칙에서 규정하고 있는 안전검사 면제조건을 10가지만 쓰시오.

[3교시] 다음 문제 중 4문제를 선택하여 설명하시오.(각 25점)

1. 차량탑재형 고소작업대 작업 시 발생 가능한 주요 유해·위험요인 및 주요 재해발생 형태별 안전대책을 설명하시오.
2. 제조업 유해·위험방지계획서 제출대상 업종 및 내상실비를 쓰고, 제출대상 업종의 유해·위험방지계획서에 포함시켜야 할 제출서류 목록을 쓰시오.
3. 사고를 발생시키는 불안전한 상태와 근로자의 불안전한 행동에 대한 각각의 사례를 7가지 쓰고 설명하시오.
4. 승강기시설안전관리법 시행규칙에서 규정하고 있는 승강기의 중대한 사고와 중대한 고장을 설명하시오.(단, 중대한 고장의 경우 엘리베이터와 에스컬레이터로 구분할 것)
5. 용접 작업 시 발생되는 유해인자를 물리적 인자와 화학적 인자로 나누고 유해 인자별 신체에 나타나는 현상을 설명하시오.
6. 크레인, 리프트, 프레스, 사출성형기 등 안전인증 대상 제품심사 시 적용하는 전기적 시험 4가지에 대하여 설명하시오.

[4교시] 다음 문제 중 4문제를 선택하여 설명하시오.(각 25점)

1. 보일러 운전 중 발생되는 대표적인 장해 6가지를 설명하시오.
2. 기계나 구조물 설계 관련 다음 용어에 대하여 설명하시오.
   1) 안전설계
   2) 사용응력과 허용응력
   3) 안전계수(Safety Factor)
   4) 허용응력과 안전계수와의 관계
3. 에어로졸(Aerosol)의 일종인 분진(Dust), 흄(Fume), 미스트(Mist)에 대하여 다음 사항을 설명하시오.
   1) 용어의 정의
   2) 생성과정
   3) 형상
   4) 입자의 크기
4. 기계에 잠재된 위험원의 종류 6가지에 대하여 사례를 들어 설명하시오.
5. 재해예방의 4원칙을 설명하시오.
6. 고장력볼트(High Tension Bolt)에 대한 다음 사항을 설명하시오.
   1) 정의
   2) 특징
   3) 산업용 기계 또는 설비 10개 종류에 대한 체결부위

기계안전기술사 기출문제(2018년도)

[1교시] 다음 문제 중 10문제를 선택하여 설명하시오.(각 10점)

1. 고장모드와 영향분석법(FMEA ; Failure Modes and Effects Analysis)의 정의와 장단점에 대하여 설명하시오.
2. 소성변형의 정의와 소성가공의 종류 3가지만 설명하시오.
3. 기계설비 설계 시 안전율 설정의 기본이 되는 응력-변형률 선도를 그림으로 도식하고 각 단계를 설명하시오.
4. 최근 고소작업대의 붐대 고정용 볼트 파단에 따른 중대재해가 다발하고 있다. 이와 관련하여 볼트의 피로파괴 해석의 기본이 되는 S-N 곡선을 그림으로 도식하고 피로한도의 정의에 대하여 설명하시오.
5. 석유화학공장에서 배관부의 결함을 확인하기 위하여 시행하는 비파괴검사방법의 종류에 대하여 5가지만 설명하시오.
6. 산업안전보건기준에 관한 규칙 제163조에서 정하고 있는 양중기의 와이어로프 등 달기구의 안전계수 구하는 식을 설명하시오.
7. 페일 세이프(Fail Safe)와 풀 프루프(Fool Proof)의 정의를 설명하시오.
8. 지게차의 넘어짐을 방지하기 위하여 하역작업 시의 전·후 안정도를 4% 이하로 제한하고 있는데, 안정도를 계산하는 식과 지게차 운행경로의 수평거리가 10m인 경우 수직높이는 얼마 이하로 하여야 하는지를 설명하시오.
9. 산업안전보건법령상 "안전검사 대상 유해·위험기계기구" 중 "안전인증대상 기계·기구"에 해당되지 않는 6종을 설명하시오.
10. 배관 내에서 발생되는 수격(Water Hammering)현상과 원심펌프에서 발생되는 Air Binding 현상에 대하여 설명하시오.
11. 강(Steel)의 5대 원소와 각 원소가 강에 미치는 영향에 대하여 설명하시오.

12. 다음 그림과 같이 중량물을 달아 올릴 때 줄걸이용 와이어로프 한 줄에 걸리는 장력 (W_1)을 구하고 줄걸이용 와이어로프의 보관방법에 대하여 설명하시오.

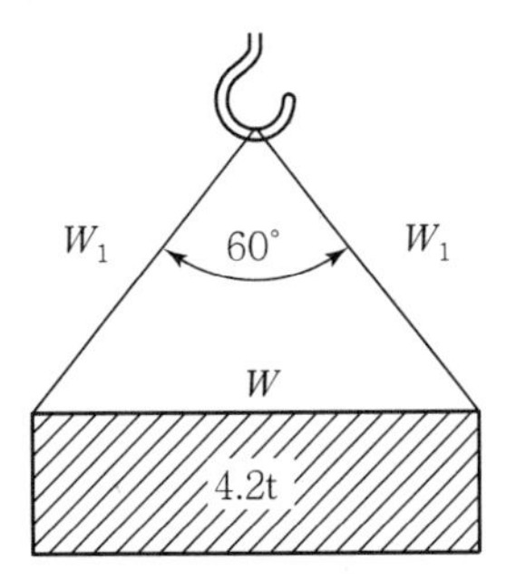

13. 겨울철 물배관이 동파되는 이유와 동파방지방법 및 동결심도에 대하여 설명하시오.

[2교시] 다음 문제 중 4문제를 선택하여 설명하시오.(각 25점)

1. 양중기에 사용되는 과부하방지장치 중 "전기식 과부하방지장치"와 "기계식 과부하방지장치"의 작동원리를 설명하고 건설용 리프트에 전기식 과부하방지장치를 설치하지 못하게 하는 이유를 설명하시오.
2. 보일러의 장애 중 발생증기 이상으로 나타나는 현상 3가지와 보일러의 방호장치에 대하여 설명하시오.
3. 오스테나이트계 스테인리스강에서 발생되는 입계부식의 현상과 방지대책에 대하여 설명하시오.
4. 방호장치 안전인증 고시에서 전량식 안전밸브와 양정식 안전밸브의 구분기준과 아래 [보기]의 안전밸브 형식표시의 ( ) 안의 내용에 대하여 설명하시오.

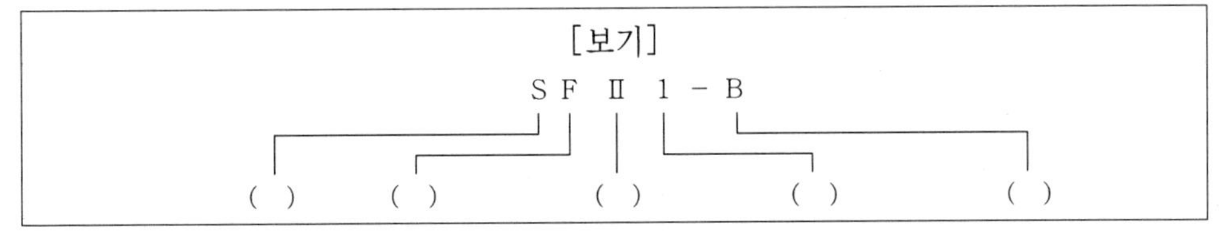

5. 최근 사업장에서 질소가스 유입에 따른 산소결핍으로 발생한 사망사고의 원인이 밀폐공간 작업 프로그램이 준수되지 않은 것으로 보도되고 있다. 밀폐공간에서 근로자가 작업을 하는 경우 사업자가 수립하는 밀폐공간 작업 프로그램에 대하여 설명하시오.
6. 스마트공장의 주요 구성설비인 산업용 로봇에서 발생하는 재해예방조치 중 해당 로봇에 대하여 교시(敎示) 등의 작업을 하는 경우 해당 로봇의 예기치 못한 작동 또는 오(誤)조작에 의한 위험을 방지하기 위한 조치에 대하여 설명하시오.

[3교시] 다음 문제 중 4문제를 선택하여 설명하시오.(각 25점)

1. 기계설비 방호장치의 6가지 분류를 설명하시오.
2. 랙 & 피니언식 건설용 리프트의 방호장치 5가지(경보장치와 리미트스위치는 제외)와 가설식 곤돌라의 방호장치 5가지를 기술하고 3상 전원차단장치와 작업대 수평조절장치의 역할에 대해 설명하시오.
3. 현장에서 기존에 사용하던 펌프의 임펠러(Impeller)의 바깥지름을 Cutting하여 사용하는 것과 관련하여 아래 사항에 대하여 설명하시오.
   1) 임펠러의 바깥지름을 Cutting하여 사용하는 이유
   2) 임펠러의 바깥지름을 Cutting하여 임펠러의 지름이 달라진 경우 유량, 양정, 동력의 관계식
   3) 과도하게 임펠러의 바깥지름을 Cutting할 경우 발생될 수 있는 악영향
4. 벨트컨베이어의 1) 작업시작 전 점검항목 2) 벨트컨베이어 설비의 설계 순서 3) 위험 기계·기구 자율안전확인 고시에 따른 벨트컨베이어 안전장치 4) 벨트컨베이어 퇴적 및 침적물 청소작업 시 안전조치에 대하여 설명하시오.
5. 볼트·너트의 풀림발생원인과 풀림방지장치의 종류에 대하여 설명하시오.
6. 프레스의 방호장치 중 양수조작식 방호장치에 대하여 아래 사항을 설명하시오.
   1) 양수조작식 방호장치의 안전확보 개념 및 구조
   2) 적용조건 및 설치위치(단, 확동식 프레스와 급정지성능이 있는 프레스로 구분하여 설명)

[4교시] 다음 문제 중 4문제를 선택하여 설명하시오.(각 25점)

1. 최근 타워크레인의 설치·조립·해제작업 중 중대재해가 연이어 빌생하고 있는데, 그 원인 중 하나가 작업계획서를 준수하지 않는다는 것이다.
   산업안전보건기준에 관한 규칙 제38조 "사전조사 및 작업계획서의 작성 등"에서 정하고 있는 작업계획서 작성 대상작업 13가지를 제시하고 타워크레인을 설치·조립·해체하는 작업의 작업계획서 내용 5가지를 설명하시오.
2. 고용노동부 안전검사 고시 중 크레인의 검사기준에서 정하고 있는 크레인의 전동기 절연저항 측정에 대하여 다음 사항을 설명하시오.
   1) 전동기의 절연저항 기준 값
   2) 절연저항 측정위치(절연저항 측정기의 적색선 접속위치 및 흑색선 접속위치)
   3) 절연저항 측정기가 아닌 멀티테스터의 저항모드로 측정한 저항 값을 절연저항 값으로 판단하면 안 되는 이유

3. 펌프에서 발생되는 이상 현상인 공동현상(Cavitation)과 관련하여 아래 사항에 대하여 설명하시오.
   1) 공동현상(Cavitation)의 정의
   2) 공동현상(Cavitation)에 따른 영향
   3) 공동현상(Cavitation)의 방지대책
4. 산업안전보건법 제49조의2에서 정하고 있는 공정안전보고서의 제출목적과 현장에서의 공정안전관리를 위한 12대 실천과제의 주요 내용을 설명하시오.
5. 산업안전보건법 시행령 제10조에서 정하고 있는 관리감독자의 업무 내용 7가지에 대하여 설명하시오.
6. 산업안전보건기준에 관한 규칙 제32조 "보호구의 지급 등"에서 정하고 있는 보호구를 지급하여야 하는 10가지 작업과 그 작업 조건에 맞는 보호구를 설명하시오.

117회 기계안전기술사 기출문제(2019년도)

[1교시] 다음 문제 중 10문제를 선택하여 설명하시오.(각 10점)

1. 설비보존 조직의 형태를 4가지로 분류하여 설명하시오.
2. 전기·기계기구에 의한 감전 위험을 방지하기 위하여 누전차단기를 설치해야 하는 대상을 설명하시오.
3. 유해물질 발생원으로부터 발생하는 오염물질을 대기로 배출하기 위한 국소배기(장치)의 설치 계통을 순서대로 쓰시오.
4. 화재 시 소화방법 4가지를 쓰시오.
5. 기계설비에서 발생하는 위험점 6가지를 예를 들어 설명하시오.
6. 재해발생 형태를 3가지로 분류하여 그림으로 그리고 설명하시오.
7. 금속의 인장 시험을 통하여 나타나는 응력－변형률 선도를 도시(圖示)하고 다음을 설명하시오.
   1) 탄성한도
   2) 상·하항복점
   3) 극한강도
   4) 파괴응력
8. 금속의 열처리 방법 중 풀림(Annealing)의 정의와 목적에 대하여 설명하시오.
9. 다음에 대하여 설명하시오.
   1) 산업안전보건법의 목적
   2) 산업재해
   3) 중대재해
10. 동작경제의 3원칙에 대하여 설명하시오.
11. 보일러 안전장치의 종류 중 3가지에 대하여 각각 설명하시오.
12. 펌프에서 서징(Surging) 현상의 발생조건 및 방지대책을 설명하시오.
13. 기계설비 방호장치인 고정형 가드(Guards)의 구비조건에 대하여 설명하시오.

[2교시] 다음 문제 중 4문제를 선택하여 설명하시오.(각 25점)

1. 컨베이어에 의한 위험 예방을 위하여 사업주가 취해야 할 안전장치와 조치에 대하여 설명하시오.
2. 용접부의 비파괴 검사방법 중 액체침투탐상검사의 작업단계와 장단점을 설명하시오.
3. 용접결함 중 언더컷과 오버랩의 발생원인과 방지대책에 대하여 설명하시오.
4. 유압회로 중 미터인 회로(Meter In Circuit)와 미터아웃 회로(Meter Out Circuit)에 대하여 설명하시오.
5. 설비진단기법 중 오일분석법에 대하여 설명하시오.
6. 제조물책임법에서 규정하고 있는 결함 3가지에 대하여 설명하시오.

[3교시] 다음 문제 중 4문제를 선택하여 설명하시오.(각 25점)

1. 안전인증대상 보호구 중 안전화를 등급별로 사용장소에 따라 구분하여 설명하시오.
2. 공정안전도면 중 PFD(Process Flow Diagram), P & ID(Process & Instrument Diagram)의 용도를 쓰고, 표시사항 중심으로 설명하시오.
3. 허용응력에 영향을 미치는 여러 인자에 대하여 설명하시오.
4. 소성가공에 이용되는 성질과 소성변형 방법에 따른 주요 소성가공법 3가지를 설명하시오.
5. 지게차의 재해예방활동과 관련하여 다음 사항을 설명하시오.
   1) 지게차 작업 시 발생되는 주요 위험성(3가지)과 그 위험요인
   2) 작업계획서 작성 시기
6. 통풍이나 환기가 충분하지 않고 가연물이 있는 건축물 내부나 설비 내부에서 화재위험작업을 하는 경우 화재예방을 위하여 준수하여야 할 사항에 대하여 5가지만 설명하시오.

[4교시] 다음 문제 중 4문제를 선택하여 설명하시오.(각 25점)

1. 기계설비에 있어서 신뢰도의 정의와 신뢰도 함수에 대하여 설명하시오.
2. 승강기시설안전관리법에서 규정하는 승강기 검사의 종류 4가지에 대하여 설명하시오.(2019년 1월 기준)
3. 위험성 평가에 관련하여 다음 사항을 설명하시오.
   1) 위험성 평가 실시규정에 포함시켜야 할 사항
   2) 수시평가 대상
   3) 유해위험요인 파악 방법
4. 프레스 및 전단기의 방호대책에 있어서 No-hand in Die 방식과 Hand in Die 방식에 대하여 설명하시오.
5. 산업안전보건법령에서 정하는 유해·위험방지계획서 제출 대상 사업장을 쓰시오.
6. 열처리에 있어서 경도불량이 나타나는 현상 3가지에 대하여 설명하시오.

120회 기계안전기술사 기출문제(2020년도)

[1교시] 다음 문제 중 10문제를 선택하여 설명하시오.(각 10점)

1. 사고체인(Accident Chain)의 5요소에 대하여 설명하시오.
2. 안전관리 조직의 종류에 대하여 3가지를 들고 설명하시오.
3. 위험점으로부터 20cm 떨어진 위치에 방호울을 설치하고자 한다. 이때 방호울의 최대 구멍 크기가 얼마인지 계산하시오.
4. 산업안전보건법의 보호 대상인 특수형태근로종사자의 직종에 대하여 설명하시오.
5. KS 규격에 따라 연삭숫돌에 아래와 같이 표시되어 있다. ①, ②, ③, ④, ⑤에 대한 사항을 설명하시오.

1호	405	×	50	×	38.10
(형상)	(외경)		(두께)		(구멍지름)

A	24	P	4	B	3,000(m/min)
(①)	(②)	(③)	(④)	(⑤)	(최고사용원주속도)

6. 줄걸이용 와이어로프의 연결고정방법을 4가지만 설명하시오.
7. 컨베이어의 안전장치 종류를 설명하시오.
8. 위험기계 · 기구 안전인증 고시에 따른 기계식 프레스의 안전블럭 설치 기준에 대하여 설명하시오.
9. 기계설비의 근원적 안전화를 위한 안전조건을 5가지만 나열하고, 이에 대한 예를 하나씩 들어 설명하시오.
10. 롤러기의 회전속도에 따른 급정지장치 성능에 대하여 설명하시오.
11. 금속재료에 있어서 응력집중 현상과 경감대책에 대해서 설명하시오.
12. 타워크레인의 주요 안전장치를 5가지만 설명하시오.
13. 지게차 헤드가드(Head Guard)의 강도 및 상부틀의 각 개구의 폭 또는 길이를 설명하시오.

[2교시] 다음 문제 중 4문제를 선택하여 설명하시오.(각 25점)

1. 산업재해 예방 강화를 위해 회사의 대표이사에게 안전 및 보건에 관한 계획을 수립하여 이사회에 보고하고 승인받도록 하는 대상 및 포함되어야 할 내용에 대하여 설명하시오.
2. 산업안전보건기준에 관한 규칙에서 정하고 있는 고소작업대의 안전조치 사항, 작업 시작 전 점검사항 및 방호장치의 종류에 대하여 설명하시오.
3. 프레스의 방호장치에서 양수조작식 방호장치와 양수기동식 방호장치의 차이점과 각각의 방호장치에 대한 안전거리 계산식을 설명하시오.
4. 근로자가 작업이나 통행으로 인하여 전기기계, 기구 또는 전로 등의 충전부분에 접촉하거나 접근함으로써, 감전위험이 있는 충전부분에 대해 감전을 방지하기 위하여 방호하는 방법 4가지를 설명하시오.
5. 볼트 체결 시 풀림방지 방법 4가지를 설명하시오.
6. 축의 설계에 있어서 고려해야 할 사항 5가지를 쓰고 설명하시오.

[3교시] 다음 문제 중 4문제를 선택하여 설명하시오.(각 25점)

1. 안전보건관리총괄책임자 지정 대상 사업장을 구분하고, 해당 직무 및 도급에 따른 산업재해 예방조치 사항에 대하여 설명하시오.
2. 산업안전보건기준에 관한 규칙에서 정하는 가설통로의 구조와 사다리식 통로의 구조에 대하여 설명하시오.
3. 보일러 취급 시 이상현상인 1) 포밍(Foaming), 2) 플라이밍(Priming), 3) 캐리오버(Carry Over), 4) 수격작용(Water Hammer), 5) 역화(Back Fire)에 대하여 설명하시오.
4. 제조물 책임법에 따르면 "제조물"이란 제조되거나 가공된 동산(다른 동산이나 부동산의 일부를 구성하는 경우를 포함한다)을 말한다. 제조물 책임법에서 규정하고 있는 결함에 대하여 설명하시오.
5. 타워크레인 작업과 관련하여 아래 사항을 설명하시오.
   1) 자립고(自立高) 이상의 높이로 설치하는 경우의 지지 방법
   2) 작업계획서 작성 시 포함되어야 할 사항
6. 비파괴검사 중 액체침투탐상검사(LPT : Liquid Penetrant Testing) 방법 5단계를 설명하시오.

[4교시] 다음 문제 중 4문제를 선택하여 설명하시오.(각 25점)

1. 안전보건관리 강화를 위한 원청의 책임 확대 및 위험의 외주화 방지를 위한 유해·위험 작업 도급 제한 등 개정된 산업안전보건법과 관련하여 아래 사항을 설명하시오.
   1) 도급금지 대상작업
   2) 도급승인 대상작업
   3) 도급승인 신청 시 제출 서류
   4) 안전 및 보건에 관한 평가항목
2. 작업장에서 동력을 사용하여 사람이나 화물을 운반하는 것을 목적으로 하는 리프트의 종류, 재해 발생유형 및 방호조치의 종류별 작동원리에 대해서 설명하시오.
3. 공작기계로 절삭가공 시 발생되는 칩의 종류 4가지를 설명하고, 구성인선(Built-up Edge, 構成刃先)에 대해서 설명하시오.
4. 금속의 경도시험 방법 4가지에 대해 설명하시오.
5. 산업용 로봇(이하 "로봇"이라 한다)의 작동범위에서 해당 로봇에 대하여 교시(敎示) 등의 작업을 하는 경우에 있어서 해당 로봇의 예기치 못한 작동 또는 오(誤)조작에 의한 위험을 방지하기 위한 조치를 3가지로 설명하시오.
6. 사업장 위험성 평가 실시와 관련하여 '사업장 위험성 평가 지침'에 따른 위험성 평가 절차에 대해서 설명하시오.

121회 기계안전기술사 기출문제(2020년도)

[1교시] 다음 문제 중 10문제를 선택하여 설명하시오.(각 10점)

1. 안전검사 고시(고용노동부 고시 제2020-43호)에서 제시한 갑종 압력용기와 을종 압력용기를 정의하고, 두 압력용기의 주요 구조부분의 명칭 3가지를 설명하시오.
2. 기계 · 기구에 적용되는 페일 세이프(Fail Safe)의 정의와 기능적인 측면을 3단계로 분류하여 설명하시오.
3. 산업안전보건법령상의 안전보건관리체계에서 안전보건관리담당자를 두어야 하는 사업의 종류와 사업장의 상시근로자 수, 안전보건관리담당자 업무에 대하여 설명하시오.
4. 산업현장에서 사용되고 있는 플랜지 이음부의 밀봉설비인 가스켓(Gasket) 선정기준에 대하여 설명하시오.
5. 산업재해의 ILO(국제노동기구) 구분과 근로손실일수 7,500일의 산출근거와 의미를 설명하시오.
6. 에너지대사율(Relative Metabolic Rate)의 산출식과 작업강도를 4가지로 구분하여 설명하시오.
7. 크레인을 사용하여 철판 등의 자재 운반 작업 시 사용하는 리프팅 마그넷(Lifting Magnet) 구조의 요구사항 4가지를 설명하시오.
8. 랙 및 피니언(Rack & Pinion)식 건설용 리프트의 운반구 추락에 대비한 낙하방지장치(Governor)에 대한 작동원리 및 작동기준을 설명하시오.
9. 강(Steel)의 5대 기본원소와 각 원소가 금속에 미치는 영향에 대하여 2가지씩 설명하시오.
10. 산업안전지도사(기계안전분야)의 직무 및 업무범위를 설명하시오.
11. 산업안전보건법 시행규칙 제50조(공정안전보고서의 세부 내용 등)에 따른 1) 공정위험성 평가서 종류와 2) 비상조치계획 작성 시 포함되어야 할 사항을 각각 5가지씩 설명하시오.
12. 비파괴시험방법 중 자분탐상검사의 자화방법 5가지에 대하여 설명하시오.
13. 유체기계 내의 유체가 외부로 누설되거나 외부 이물질의 유입을 방지하기 위해 사용되는 축봉장치의 종류 및 특징에 대하여 설명하시오.

[2교시] 다음 문제 중 4문제를 선택하여 설명하시오.(각 25점)

1. 하인리히(H. W. Heinrich)의 사고발생 연쇄성 이론 5단계 및 사고예방 원리 5단계에 대하여 설명하시오.
2. 타워크레인 관련된 내용을 설명하시오.
   1) 개정된(2019. 12. 26.) 타워크레인 설치 · 해체자격 취득 신규 및 보수 교육시간
   2) 산업안전보건법 시행규칙 제101조(기계 등을 대여받는 자의 조치) 타워크레인 대여받은 자의 조치내역
   3) 타워크레인 특별안전보건교육 내용 5가지
   4) 타워크레인 설치작업 순서
3. 산업안전보건법령상 교육대상(근로자, 안전보건관리책임자, 안전보건관리담당자, 특수형태근로종사자)에 대한 안전보건 교육과정별 교육시간에 대하여 설명하시오.
4. 기계 · 설비 유지 작업 시 행하는 LOTO(Lock-Out & Tag-Out)와 관련된 내용을 쓰고 설명하시오.
   1) Lock-Out & Tag-Out 정의
   2) LOTO 시스템의 필요성
   3) LOTO 실시절차
   4) LOTO 종류
5. 연삭작업에 사용하는 연삭숫돌의 1) 재해유형, 2) 파괴원인, 3) 방호대책, 4) 검사방법, 5) 표시법(예 : WA 54 Lm V-1호 D 205×16×19.05)에 대하여 각각 설명하시오.
6. 펌프(Pump)의 1) 설계 순서를 나열하고, 2) 현장에서 원심 펌프의 임펠러(Impeller) 외경을 Cutting하여 사용하는 원인, 3) 임펠러 시름이 다른 경우의 유량, 양정, 동력 관계식, 4) 펌프의 상사법칙을 벗어난 과도한 임펠러 Cutting 시 발생될 수 있는 영향에 대하여 각각 설명하시오.

[3교시] 다음 문제 중 4문제를 선택하여 설명하시오.(각 25점)

1. 운반하역작업 시 사용하는 아래의 줄걸이 용구의 폐기기준을 설명하시오.
   1) 체인(Chain)
   2) 링(Ring)
   3) 훅(Hook)
   4) 샤클(Shackle)
   5) 와이어로프(Wire Rope)
2. 지게차(Fork Lift) 관련 재해예방을 위한 안전관리 사항에 대하여 설명하시오.
3. 산업안전보건법령상 제조업 유해·위험방지계획서 제출 대상(사업의 종류 및 규모, 기계기구 및 설비), 심사구분 및 결과 조치에 대하여 설명하시오.
4. 산업안전보건법령상 안전검사 대상기계 등에 대하여 쓰고 규격 및 형식별 적용범위를 설명하시오.
5. 양중기에서의 크레인 1) 방호장치, 2) 작업안전수칙, 3) 고용노동부 고시(제2020-41호)에 의한 크레인 제작 및 안전기준의 안정도에 대하여 각각 설명하시오.
6. 용접작업 후 발생하는 1) 용접잔류응력 측정방법, 2) 잔류응력 완화법, 3) 변형교정법에 대하여 각각 설명하시오.

[4교시] 다음 문제 중 4문제를 선택하여 설명하시오.(각 25점)

1. 화재의 위험을 감시하고 화재 발생 시 사업장 내 근로자의 대피를 유도하는 업무만을 담당하는 화재감시자를 배치하여야 하는 작업장소와 가연성 물질이 있는 장소에서 화재 위험작업을 하는 경우에 화재예방에 필요한 준수사항에 대하여 설명하시오.
2. 사출성형기 1) 가드의 종류 3가지, 2) 가동형 가드의 Ⅰ형식(typeⅠ), Ⅱ형식(typeⅡ), Ⅲ형식(type Ⅲ)에 대하여 설명하시오.
3. 산업안전보건법령상 도급에 따른 산업재해 예방조치에 대하여 설명하시오.
4. 재해 손실비(Accident Cost) 산정방식에 대하여 설명하시오.
5. 가스용접에 사용되는 1) 아세틸렌 가스의 특성, 2) 용접·절단 작업 시 위험요인 중 화염의 역화 및 역류 발생요인과 방지대책, 3) 아세틸렌 발생기실 설치장소, 4) 발생기실의 구조에 대하여 각각 설명하시오.
6. 두 금속재를 용융된 금속 매개를 이용하여 서로 접합시키는 용접작업에서 1) 용접결함의 종류, 2) 용접시방절차서(WPS : Welding Procedure Specification)의 각 세부기재사항, 3) P-NO. 및 F-NO.의 차이점, 4) 용접작업과 관련한 강구조물 용접시방서(Structural Welding Code : AWS D 1.1)에서 규정한 위험요인과 예방대책을 설명하시오.

참고문헌

1. 「기계공작법」 김동원, 청문각, 1998
2. 「만화로 보는 산업안전・보건기준에 관한 규칙」 한국산업안전보건공단, 안전신문사, 2005
3. 「산업기계설비기술사」 강성두, 예문사, 2008
4. 「산업안전관리」 김병석, 형설출판사, 2005
5. 「산업안전관리공학론」 이진식, 형설출판사, 1996
6. 「산업안전공학개론」 정국삼, 동화기술, 1985
7. 「산업안전교육론」 김병석, 형설출판사, 1999
8. 「산업안전기사」 강성두 외, 예문사, 2010
9. 「산업안전보건 현장실무」 김병석・성호경・남재수, 형설출판사, 2000
10. 「(산업안전보건관리자를 위한)인간공학」 기도형, 한경사, 2006
11. 「산업안전산업기사」 강성두 외, 예문사, 2011
12. 「시스템안전공학」 갈원모 외, 태성, 2000
13. 「시스템안전공학」 김병석・나승훈, 형설출판사, 2006
14. 「인간공학」 양성환, 형설출판사, 2006
15. 「인간공학, 작업경제학」 박경수, 영지문화사, 2006
16. 「표준 공작기계」 서남섭, 동명사, 1993
17. 「(현대)인간공학」 정병용・이동경, 민영사, 2005

기계안전기술사

발행일 | 2012. 1. 10 초판발행
2020. 9. 30 1차 개정

저 자 | 에듀인컴 · 서창희 · 이종주

발행인 | 정 용 수

발행처 | 예문사

주 소 | 경기도 파주시 직지길 460(출판도시) 도서출판 예문사

T E L | 031) 955 – 0550

F A X | 031) 955 – 0660

등록번호 | 11 – 76호

정가 : 70,000원

ISBN 978-89-274-3685-0 13530

이 도서의 국립중앙도서관 출판예정도서목록(CIP)은 서지정보유통지원시스템 홈페이지(http://seoji.nl.go.kr)와 국가자료종합목록 구축시스템(http://kolis-net.nl.go.kr)에서 이용하실 수 있습니다.

(CIP제어번호 : CIP2020033993)